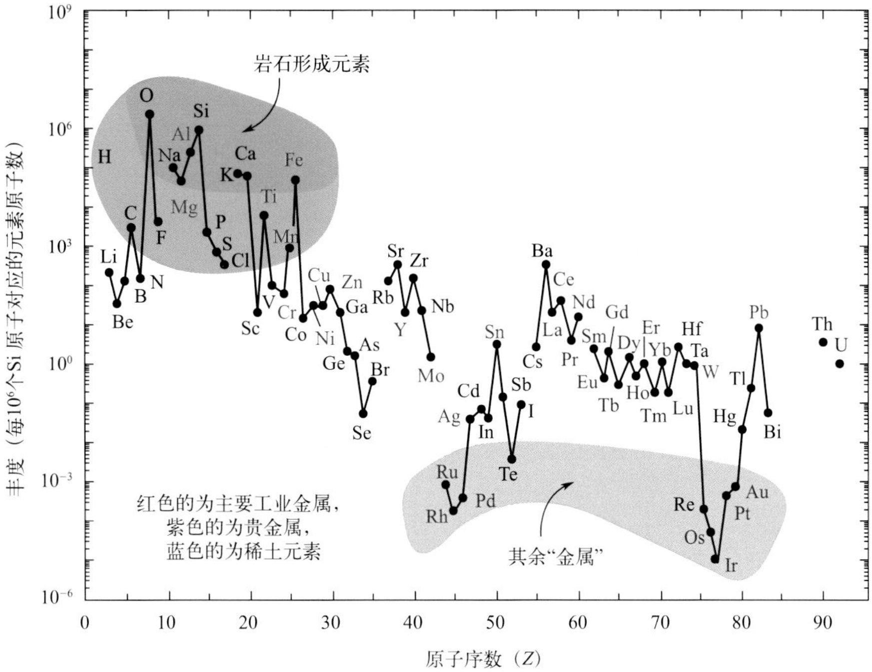

图 1-4　地壳中各元素的含量

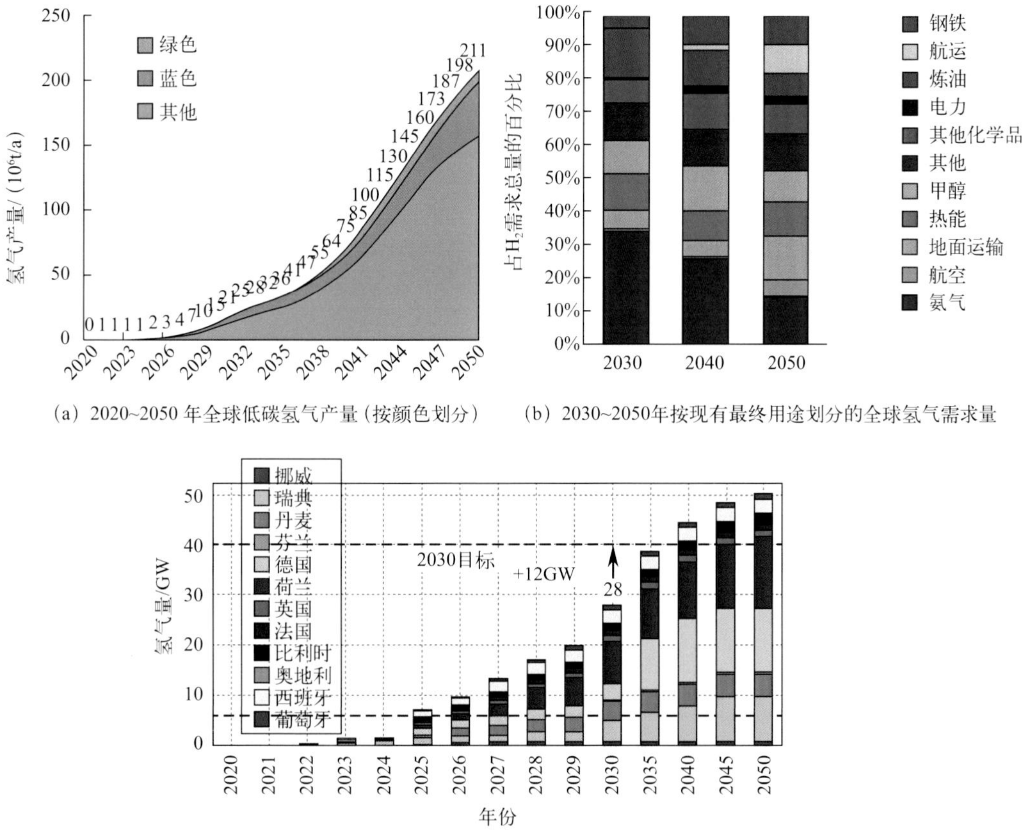

（a）2020~2050 年全球低碳氢气产量（按颜色划分）　（b）2030~2050年按现有最终用途划分的全球氢气需求量

（c）

图 1-34　绿氢产能今后的发展（a）、不同领域的氢能规模（b）以及欧洲一些国家和澳大利亚发布的氢气生产规划（c）

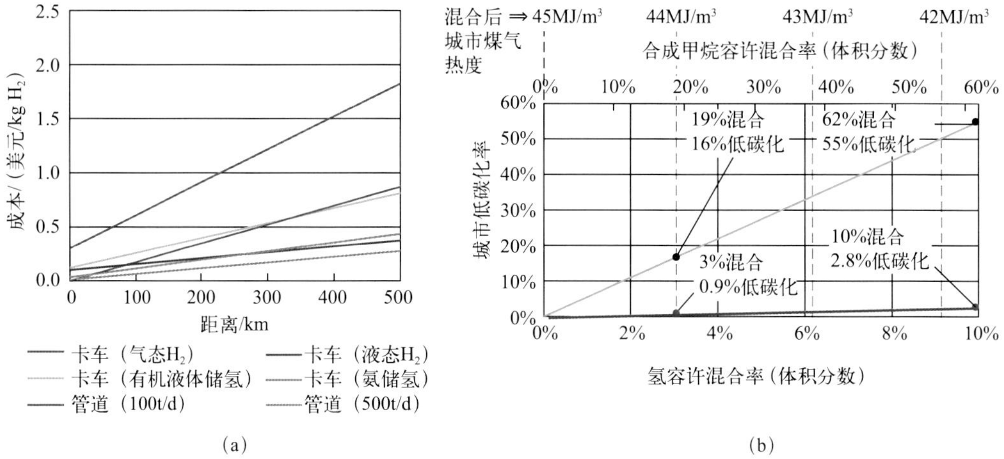

图 1-36　不同方式输运氢气的成本比较（a）以及管道混氢输运时输送能量和碳减排与混氢量的关系（b）

来源：国际能源机构，氢的未来、面向第 2 届 2050 年的煤气事业应有状态研究会

（一般财团法人日本能源经济研究所 柴田委员提交的资料）。

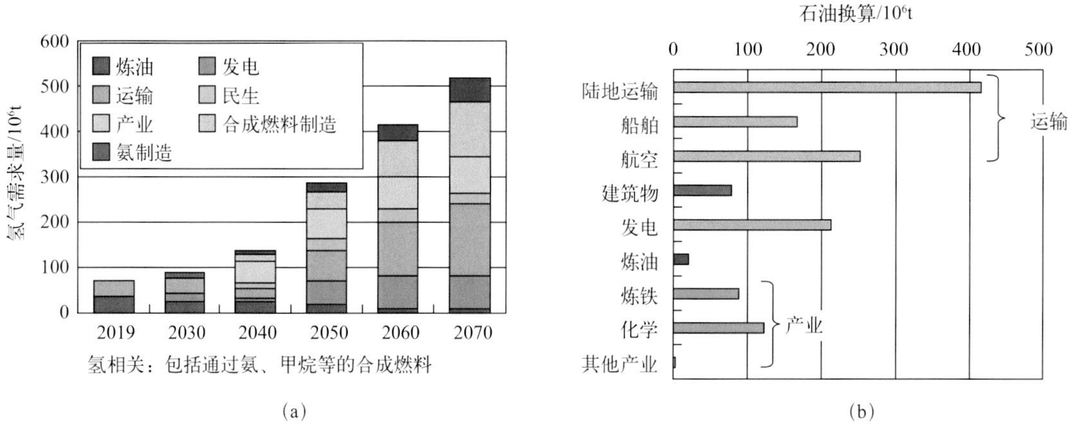

图 1-38　IEA 对全球氢气需求的增长（a）以及 2070 年各领域的氢能利用的推算（b）

来源：国际能源机构，《2020 年能源技术展望》。

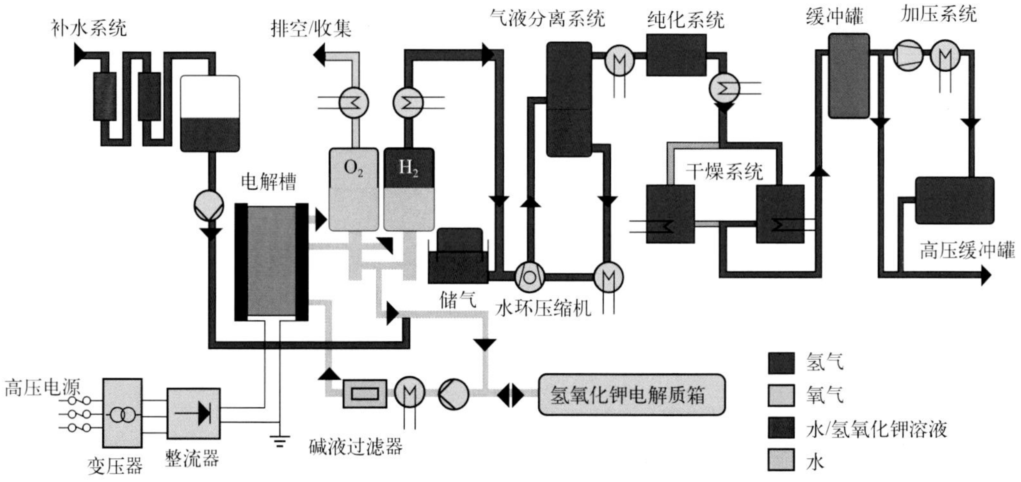

图 2-18　碱性电解水制氢装置及工艺流程

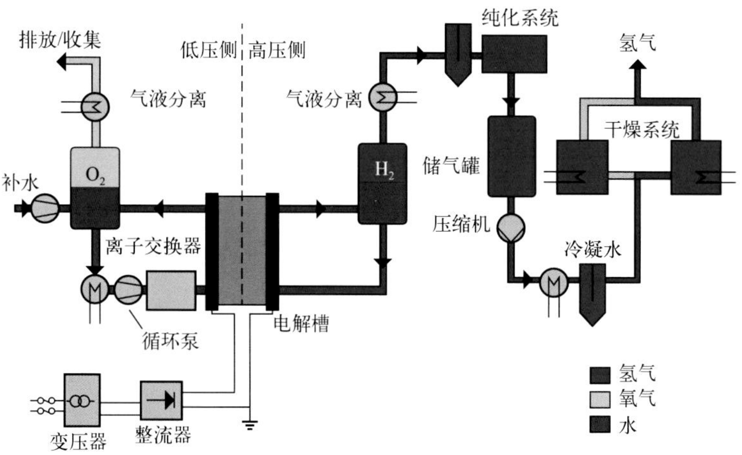

图 2-19 PEM 电解水制氢装置及工艺流程

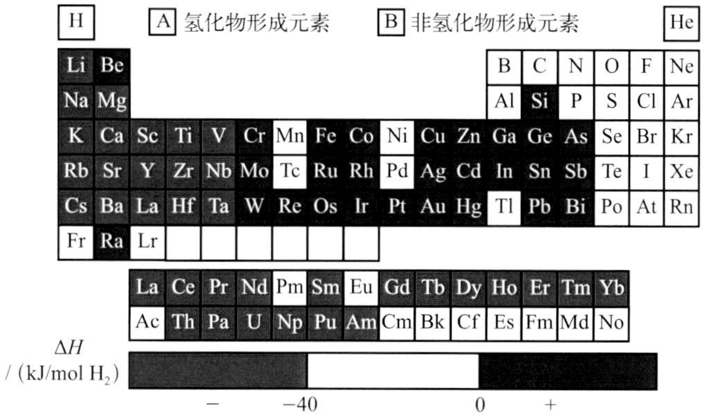

图 3-12 周期表中氢化物形成元素和非氢化物形成元素的分布

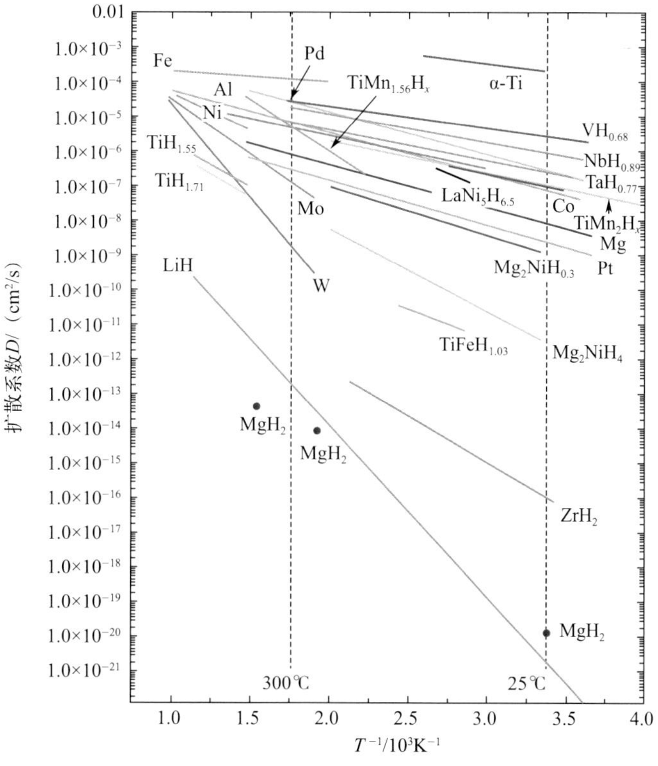

图 3-16 不同金属和金属氢化物中氢扩散系数的温度变化

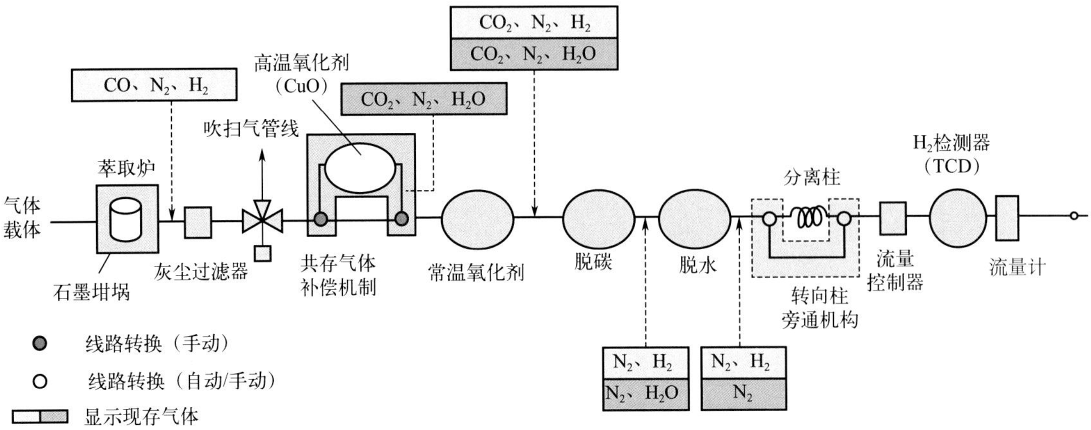

图 3-20　EMGA 621W 氢气分析仪器工作流程示意图

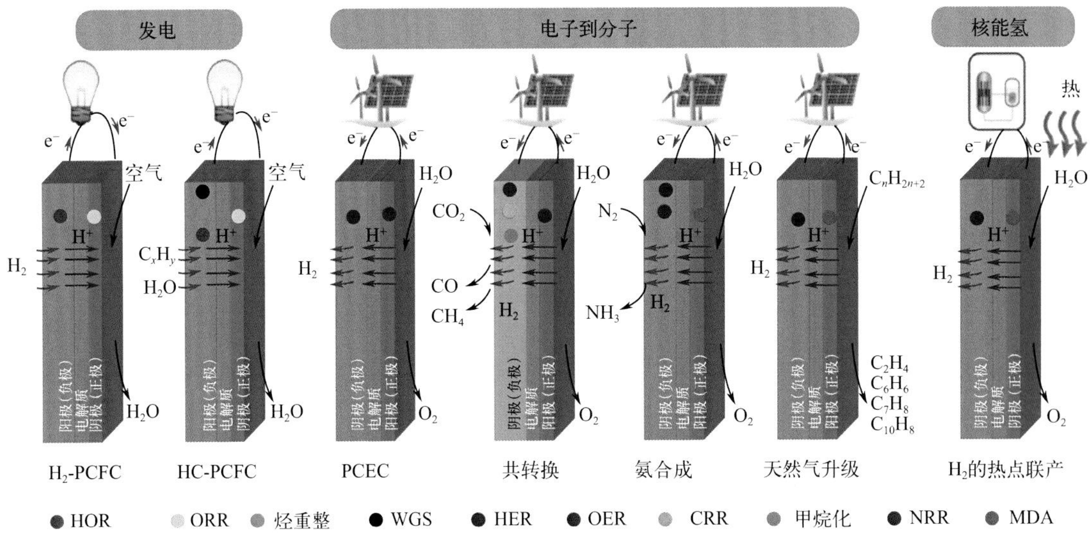

图 3-32　质子传导陶瓷电池应用示意图

（HOR 为氢氧化反应；ORR 为氧还原反应；WGS 为水煤气变换反应；HER 为析氢反应；OER 为析氧反应；CRR 为二氧化碳还原反应；NRR 为氮还原反应；MDA 为甲烷脱氢芳构化）

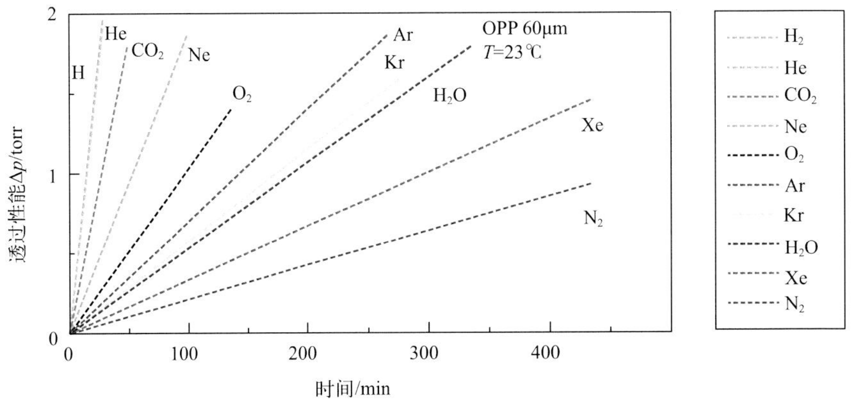

图 3-40　聚丙烯塑料膜（OPP）在 23℃ 的不同气体透过性能比较

（1torr＝133.32Pa）

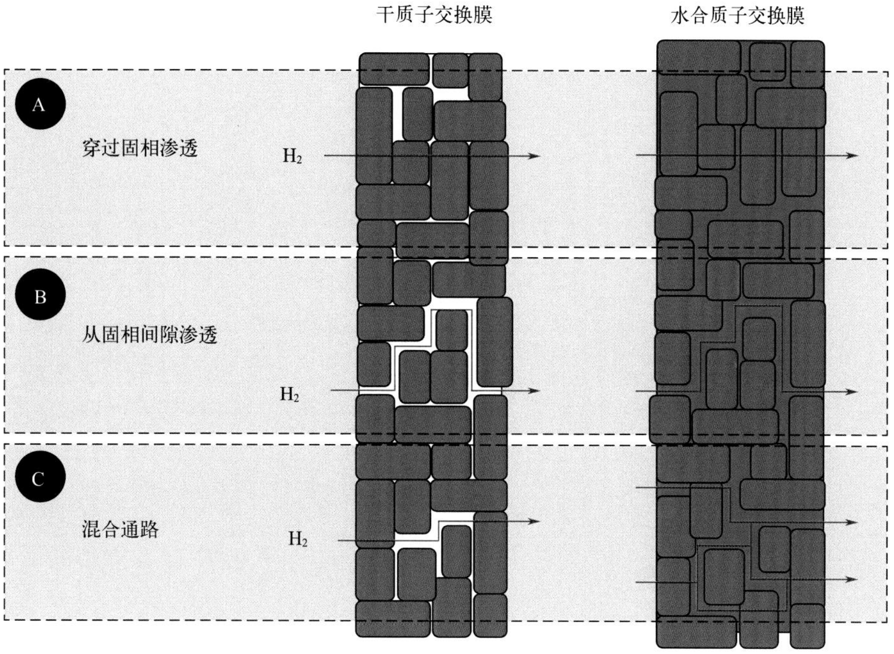

图 3-45　氢气以不同路径渗透通过 PEM 的示意图

（灰色区域代表固相，蓝色区域代表水相，白色代表孔洞；左侧为干膜，右侧为湿膜）

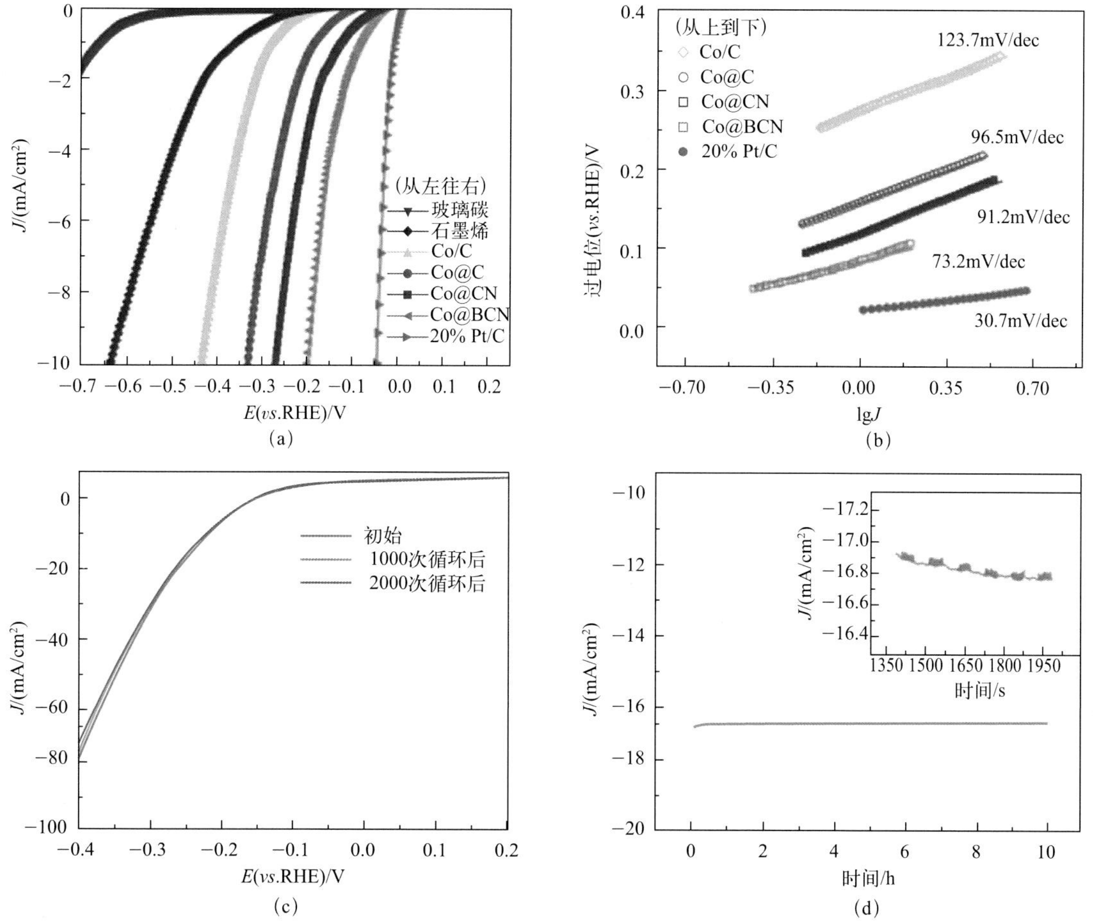

图 4-11

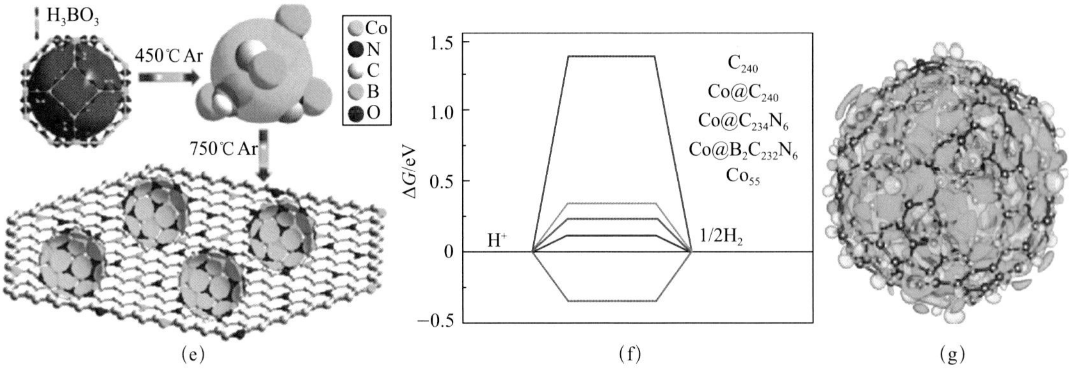

图 4-11　Co@BCN 与未作杂原子掺杂样品的性质对比

(a) 线性极化曲线对比；(b) Tafel 曲线与斜率对比；(c) Co@BCN 重复 10000 次循环伏安后线性极化曲线的变化；(d) Co@BCN 的恒电位持续电解中电流密度随时间的变化；(e) Co@BCN 的合成路线示意图；(f) 吸附能计算结果；(g) 电子云密度分布计算结果

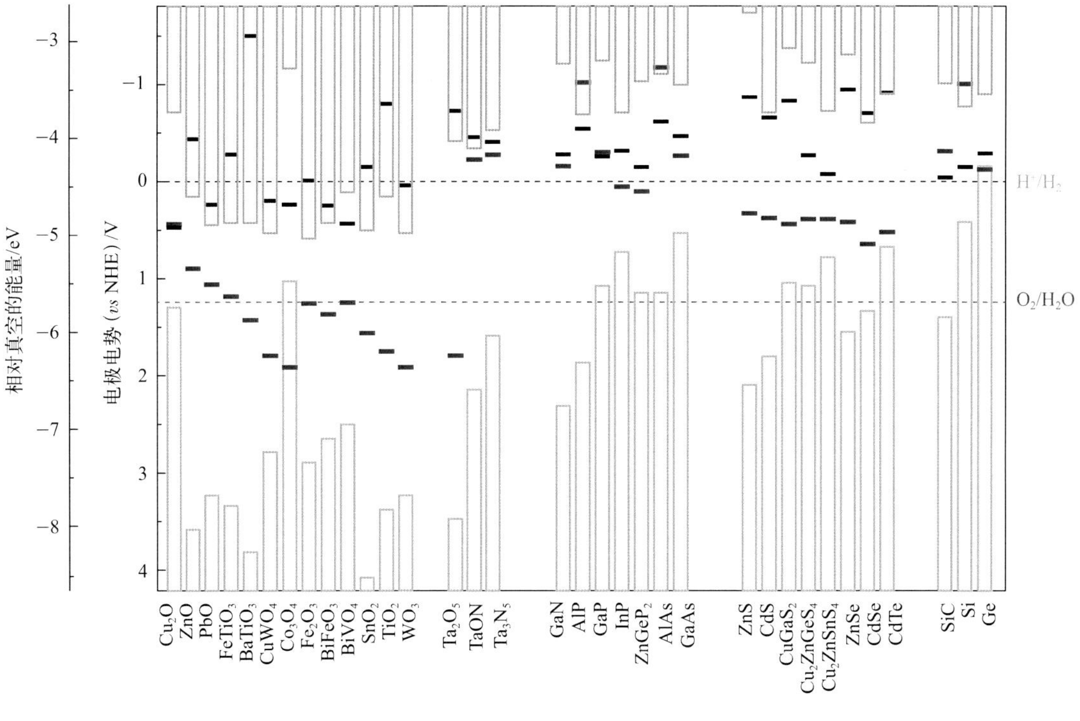

图 4-14　各种半导体在 pH= 0、298.15K 和 1bar 下相对于标准氢电极(SHE)和真空电位的自氧化(红色标记)及自还原电位(黑色标记)，以及导带(蓝色柱)和价带(绿色柱)

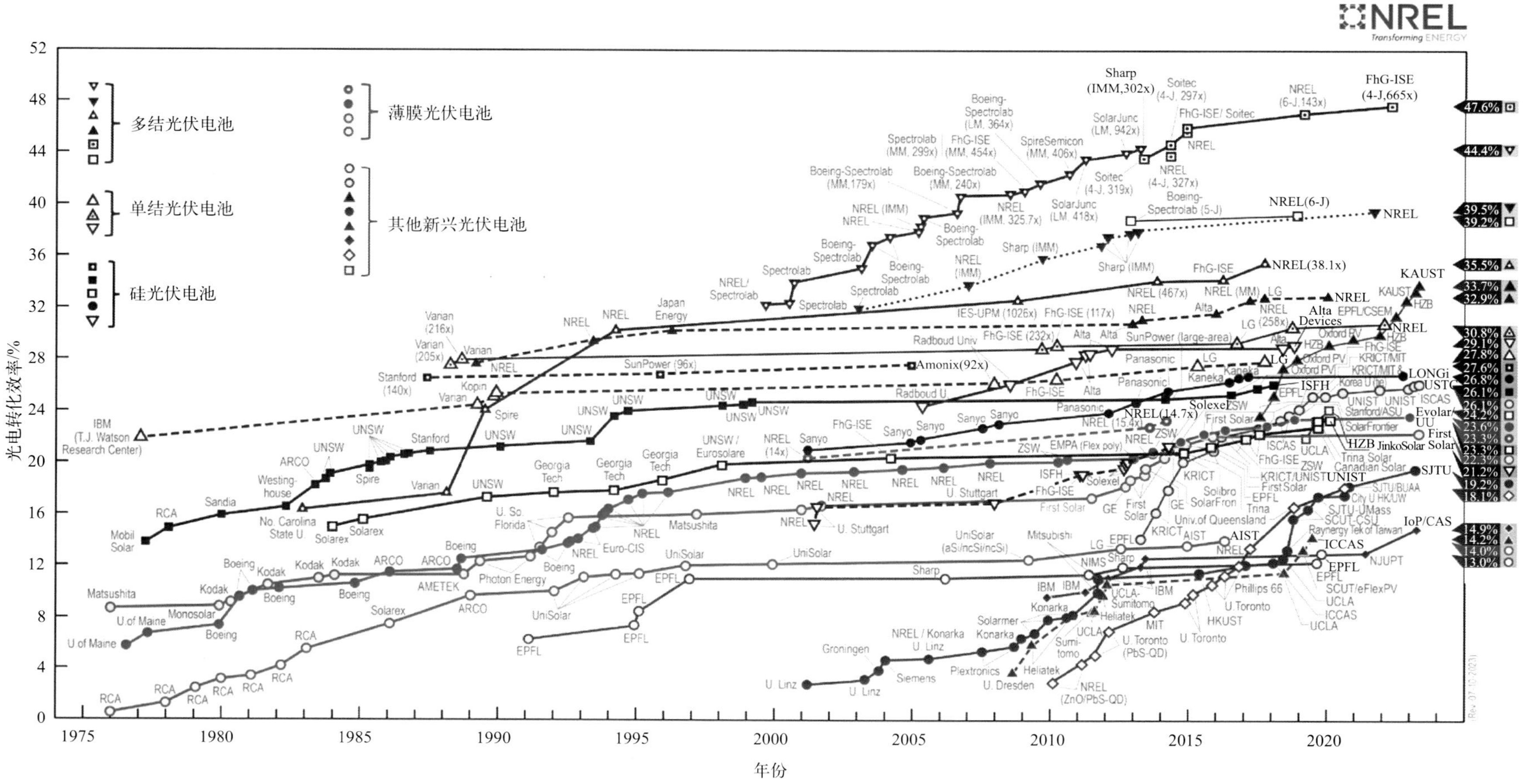

图4-15　各类光伏材料光电转化效率随年份的发展

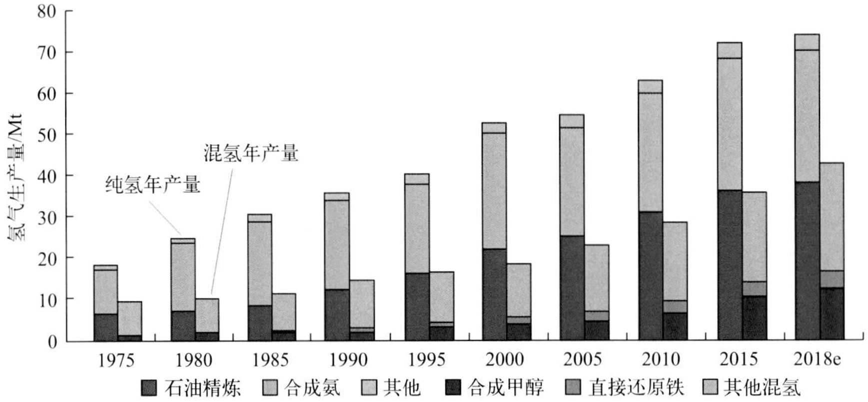

图 5-2　全球氢气的年增长及不同领域的用氢量

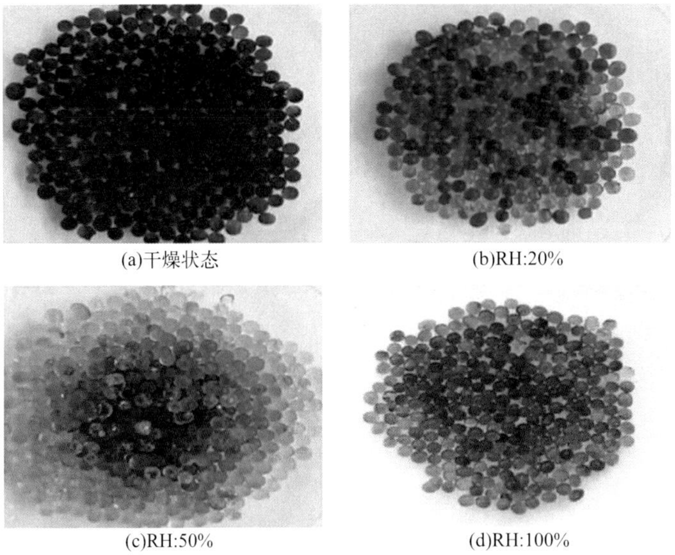

图 5-42　干燥硅胶吸水后的颜色变化

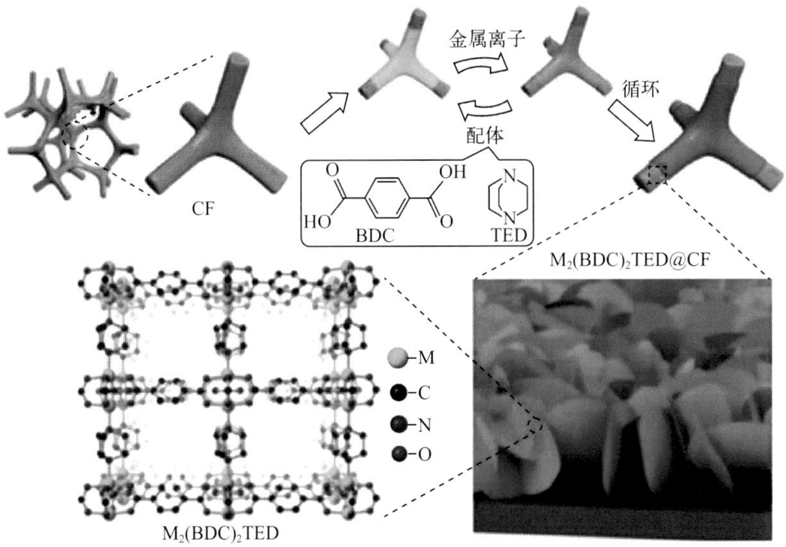

图 5-51　MOFs 的结构示意图

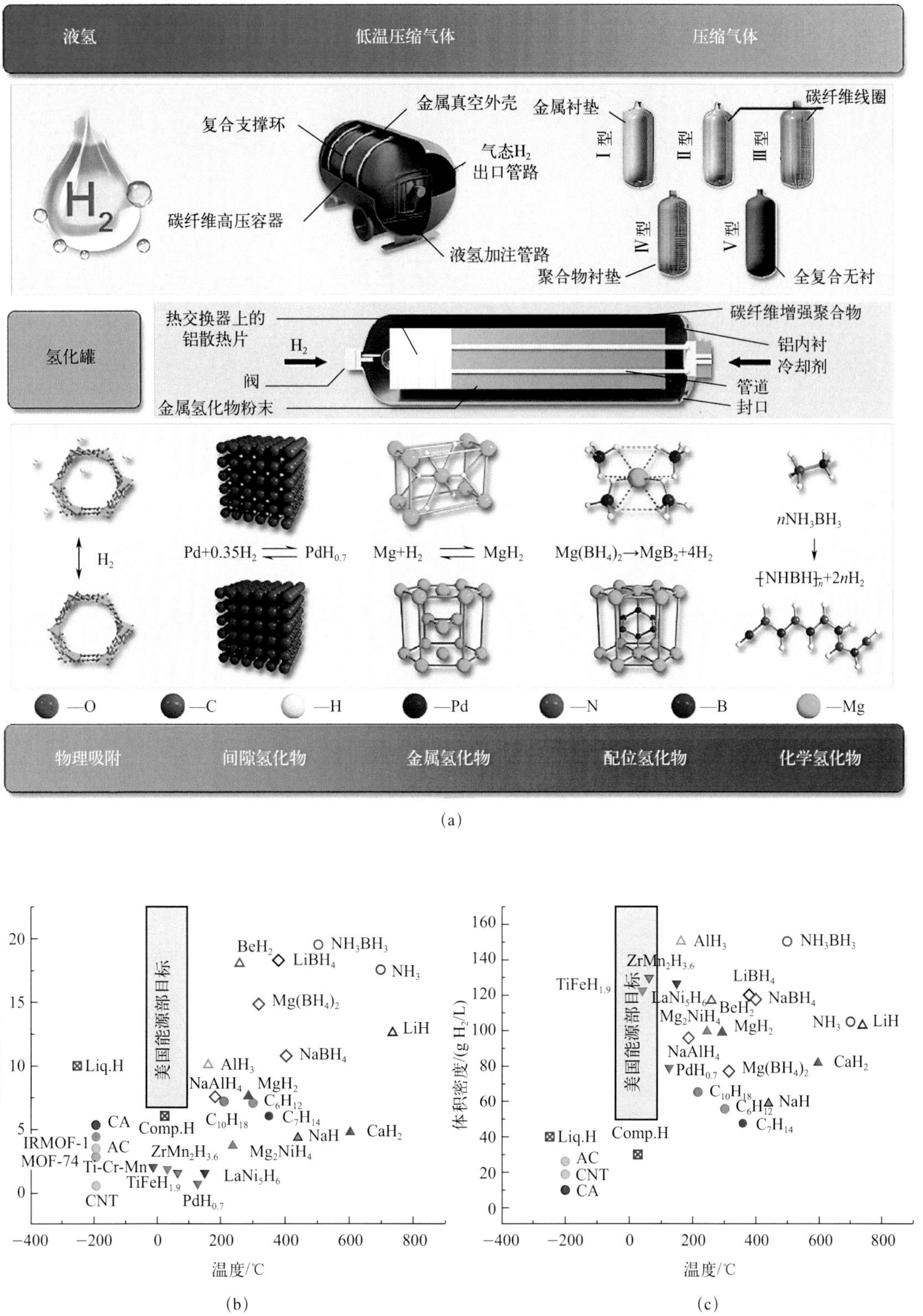

图 6-1 不同储氢技术介绍（a）以及不同储氢材料的质量储氢密度（b）和体积储氢密度（c）

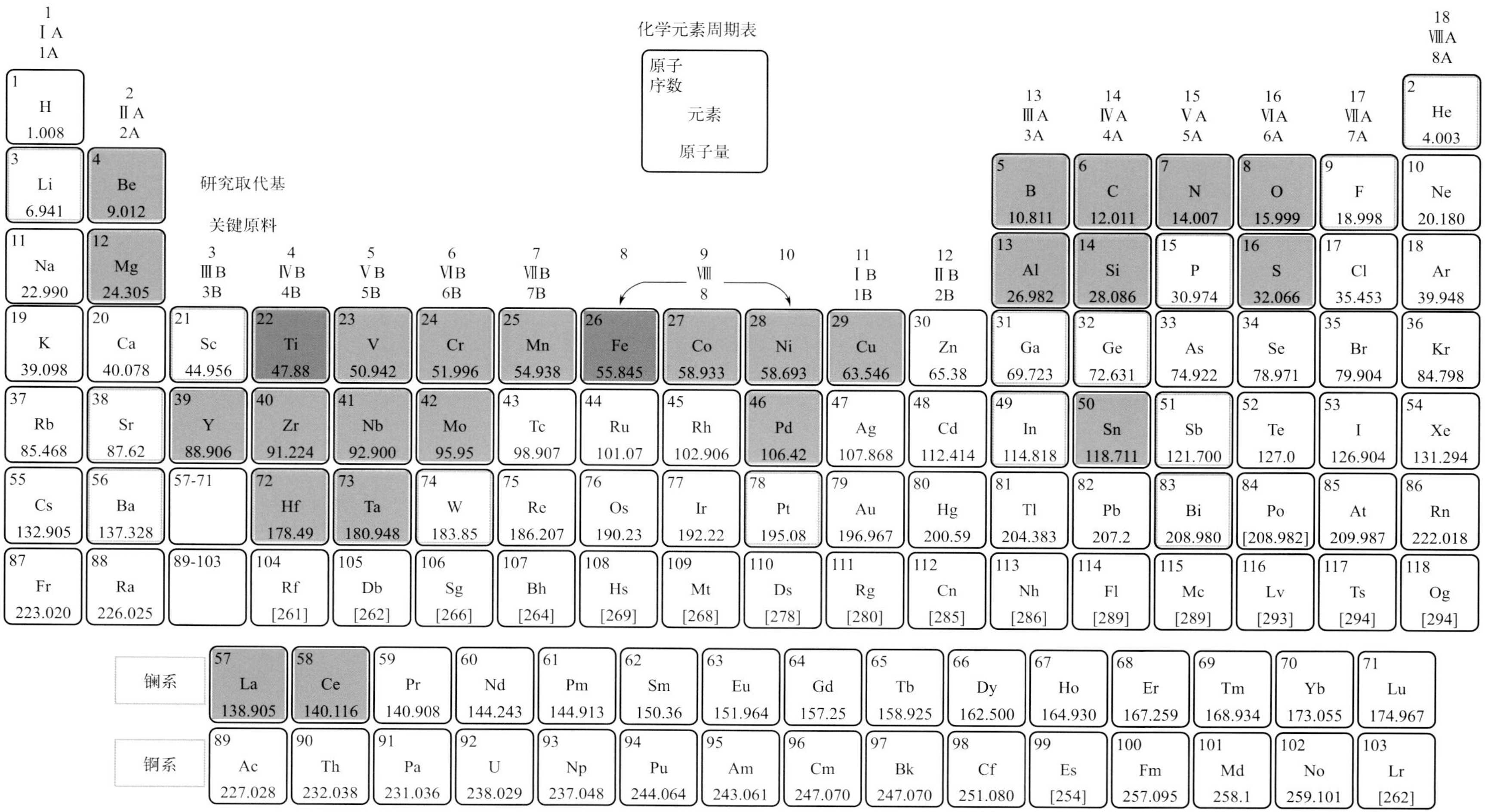

化学元素周期表
原子序数
元素
原子量
研究取代基
关键原料
1 ⅠA 1A
2 ⅡA 2A
3 ⅢB 3B
4 ⅣB 4B
5 ⅤB 5B
6 ⅥB 6B
7 ⅦB 7B
8
9 Ⅷ 8
10
11 ⅠB 1B
12 ⅡB 2B
13 ⅢA 3A
14 ⅣA 4A
15 ⅤA 5A
16 ⅥA 6A
17 ⅦA 7A
18 ⅧA 8A
1 H 1.008
2 He 4.003
3 Li 6.941
4 Be 9.012
5 B 10.811
6 C 12.011
7 N 14.007
8 O 15.999
9 F 18.998
10 Ne 20.180
11 Na 22.990
12 Mg 24.305
13 Al 26.982
14 Si 28.086
15 P 30.974
16 S 32.066
17 Cl 35.453
18 Ar 39.948
19 K 39.098
20 Ca 40.078
21 Sc 44.956
22 Ti 47.88
23 V 50.942
24 Cr 51.996
25 Mn 54.938
26 Fe 55.845
27 Co 58.933
28 Ni 58.693
29 Cu 63.546
30 Zn 65.38
31 Ga 69.723
32 Ge 72.631
33 As 74.922
34 Se 78.971
35 Br 79.904
36 Kr 84.798
37 Rb 85.468
38 Sr 87.62
39 Y 88.906
40 Zr 91.224
41 Nb 92.900
42 Mo 95.95
43 Tc 98.907
44 Ru 101.07
45 Rh 102.906
46 Pd 106.42
47 Ag 107.868
48 Cd 112.414
49 In 114.818
50 Sn 118.711
51 Sb 121.700
52 Te 127.0
53 I 126.904
54 Xe 131.294
55 Cs 132.905
56 Ba 137.328
57-71
72 Hf 178.49
73 Ta 180.948
74 W 183.85
75 Re 186.207
76 Os 190.23
77 Ir 192.22
78 Pt 195.08
79 Au 196.967
80 Hg 200.59
81 Tl 204.383
82 Pb 207.2
83 Bi 208.980
84 Po [208.982]
85 At 209.987
86 Rn 222.018
87 Fr 223.020
88 Ra 226.025
89-103
104 Rf [261]
105 Db [262]
106 Sg [266]
107 Bh [264]
108 Hs [269]
109 Mt [268]
110 Ds [278]
111 Rg [280]
112 Cn [285]
113 Nh [286]
114 Fl [289]
115 Mc [289]
116 Lv [293]
117 Ts [294]
118 Og [294]
镧系
57 La 138.905
58 Ce 140.116
59 Pr 140.908
60 Nd 144.243
61 Pm 144.913
62 Sm 150.36
63 Eu 151.964
64 Gd 157.25
65 Tb 158.925
66 Dy 162.500
67 Ho 164.930
68 Er 167.259
69 Tm 168.934
70 Yb 173.055
71 Lu 174.967
锕系
89 Ac 227.028
90 Th 232.038
91 Pa 231.036
92 U 238.029
93 Np 237.048
94 Pu 244.064
95 Am 243.061
96 Cm 247.070
97 Bk 247.070
98 Cf 251.080
99 Es [254]
100 Fm 257.095
101 Md 258.1
102 No 259.101
103 Lr [262]

图6-17 TiFe（蓝色）合金替代元素（绿色）图

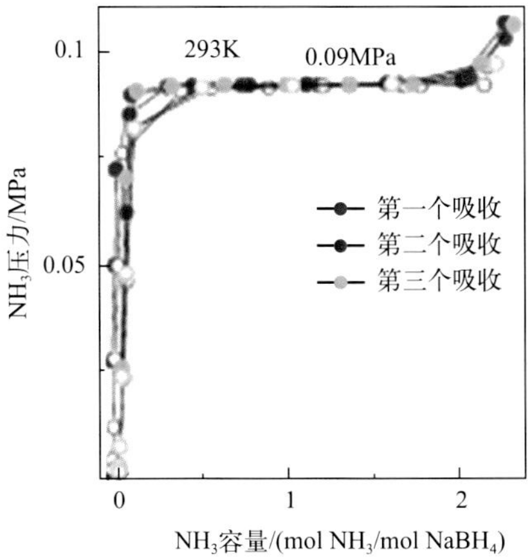

图 6-62　$NaBH_4$-NH_3 系 PCT 曲线

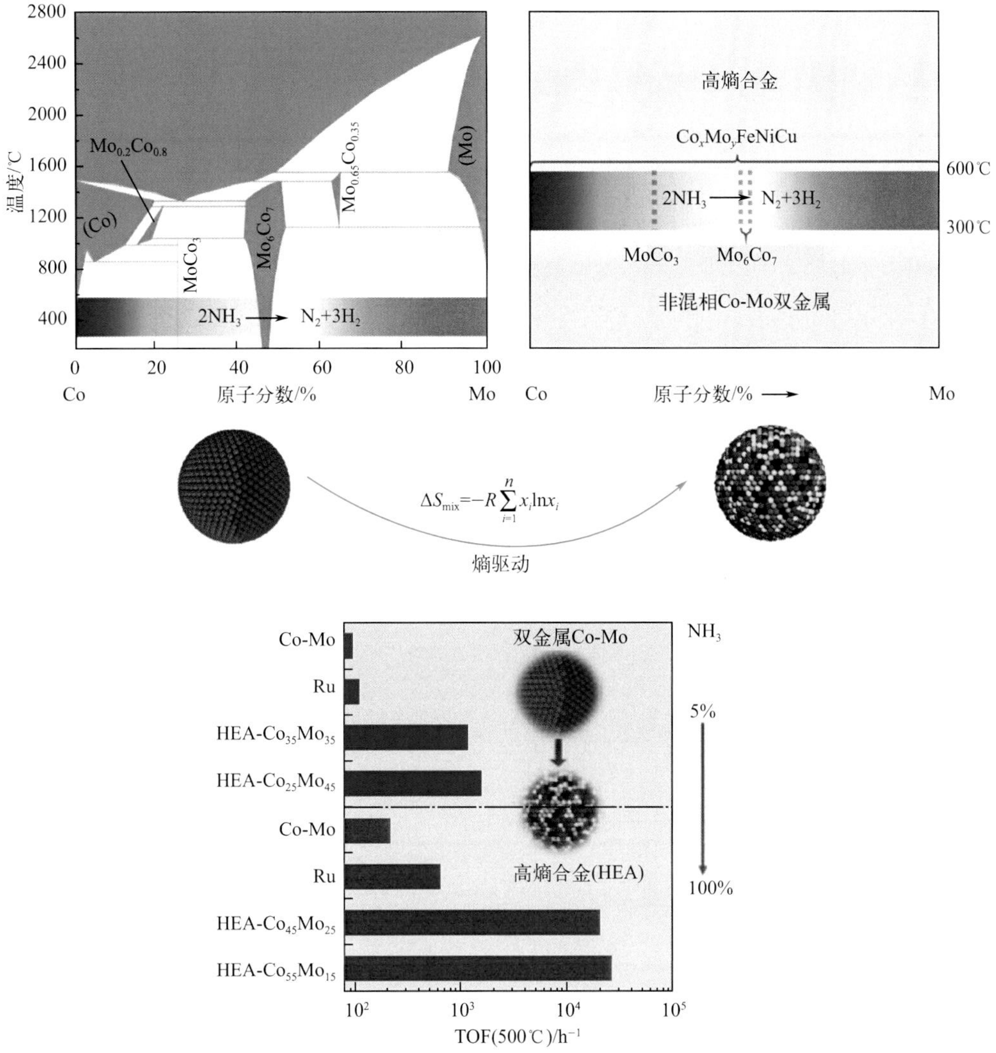

图 6-65　HEAs 催化剂打破传统二元合金的混溶性限制原理示意图

及不同成分合金 NH_3 分解情况比较

TOF—周转频率（turnover frequency）

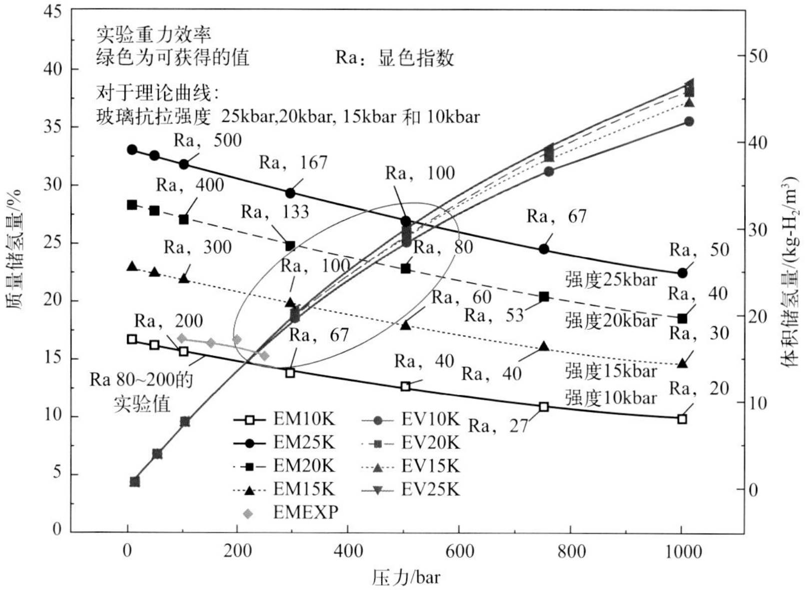

图 6-70　不同玻璃强度下 HGM 的质量储氢量和体积储氢量随压力的变化

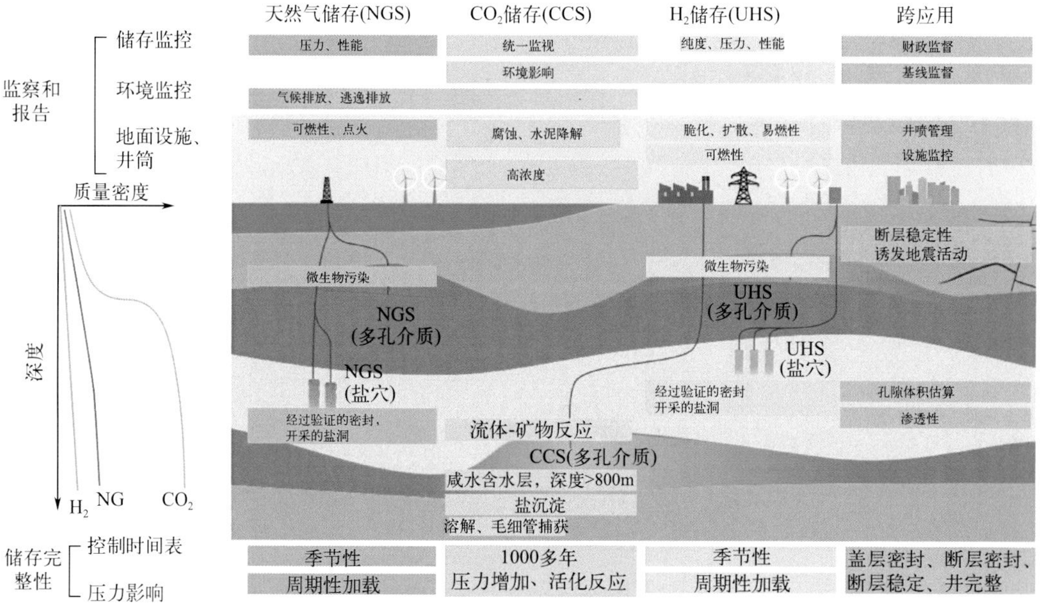

图 6-71　天然气、CO_2 和 H_2 地下储存的比较

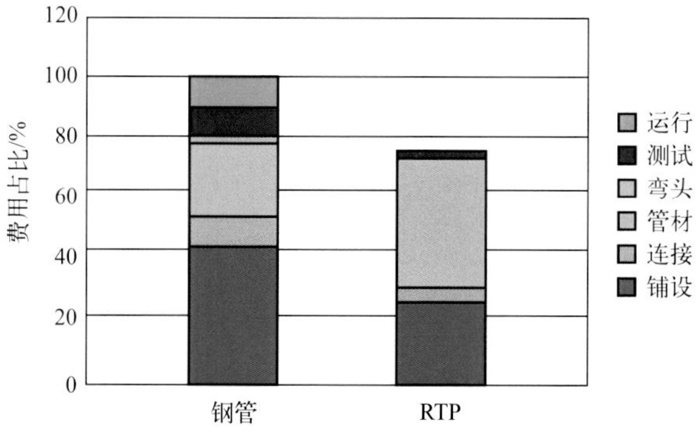

图 7-18　芳纶纤维 RTP 和钢管的费用对比

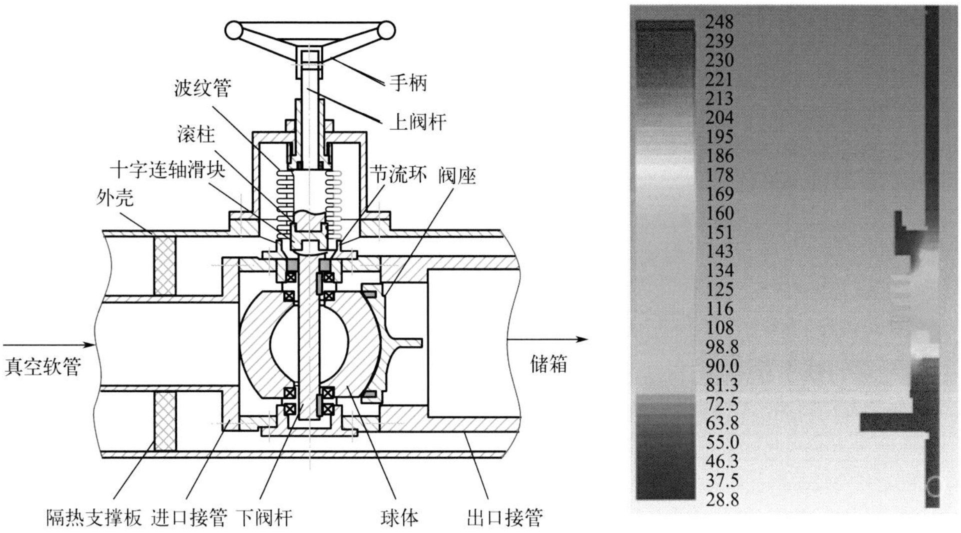

图 8-33　北京航天动力研究所生产的一款液氢加注阀的结构简图

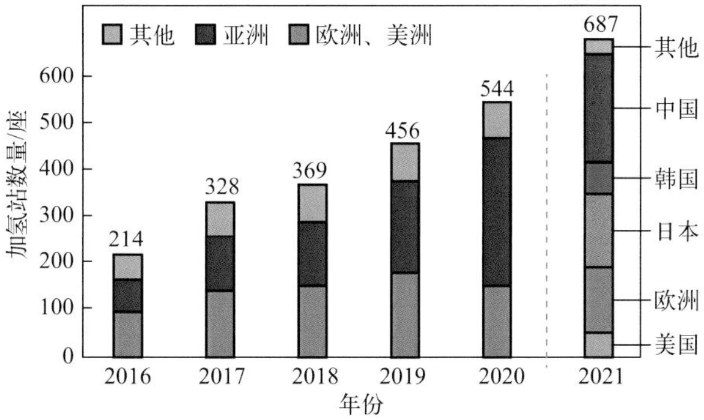

图 10-3　截止到 2021 年全球加氢站数量与国家分布

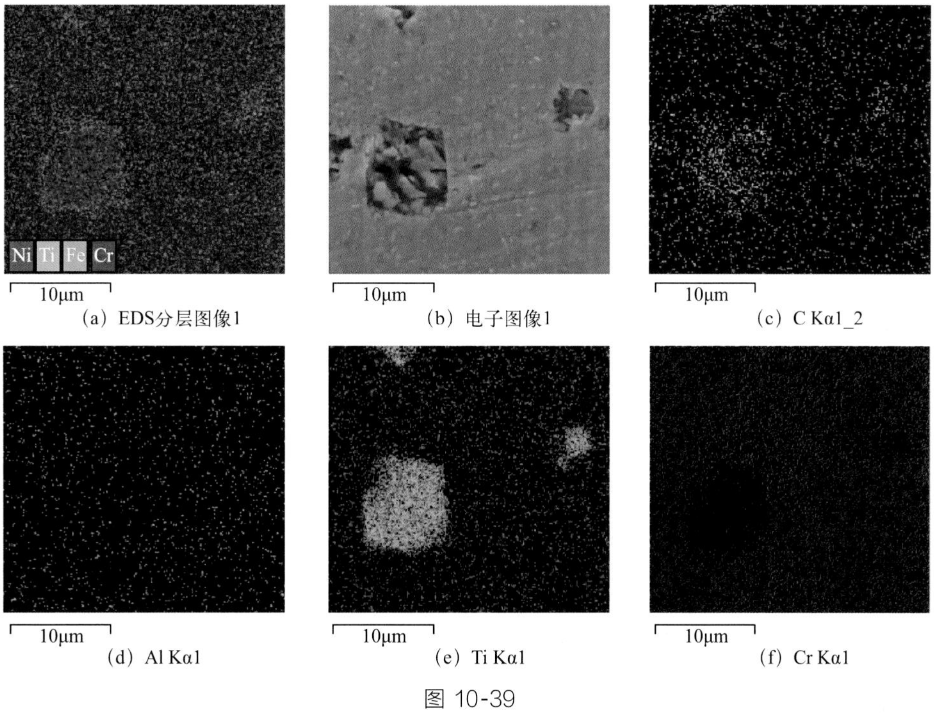

图 10-39

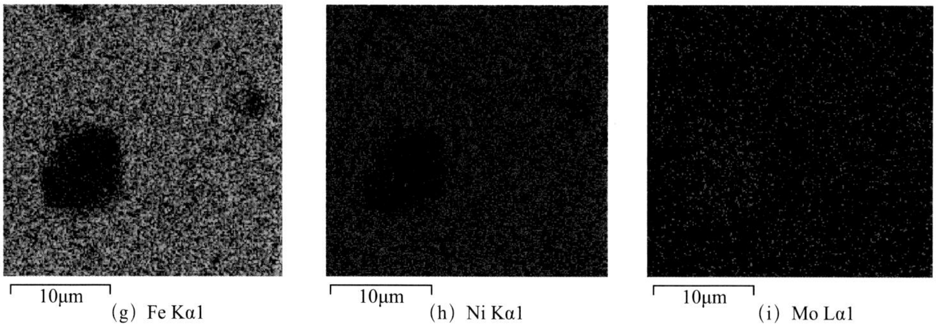

图 10-39　阀杆表面剥落位置的元素分析

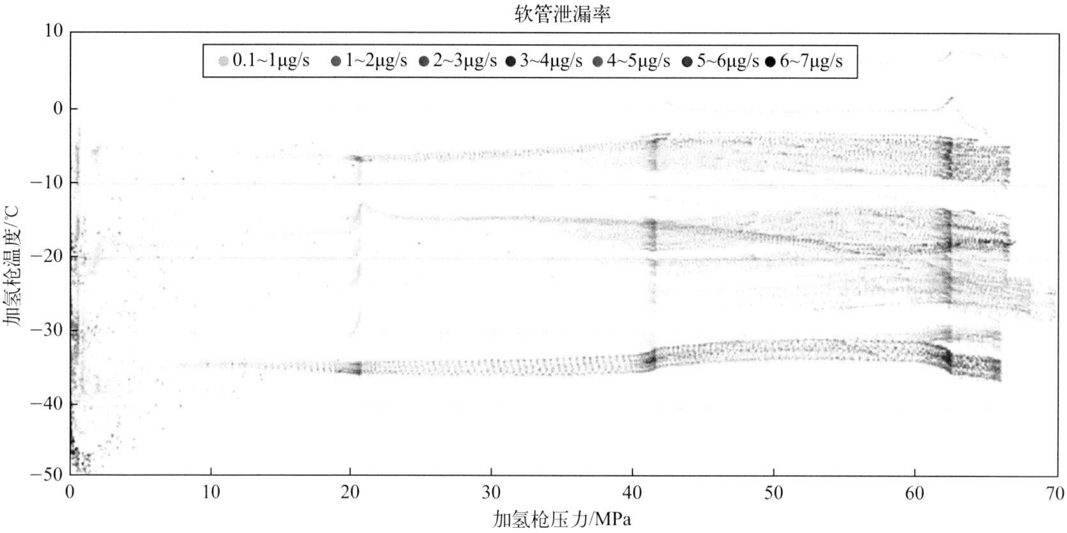

图 10-45　软管泄漏率与压力和温度的关系图谱

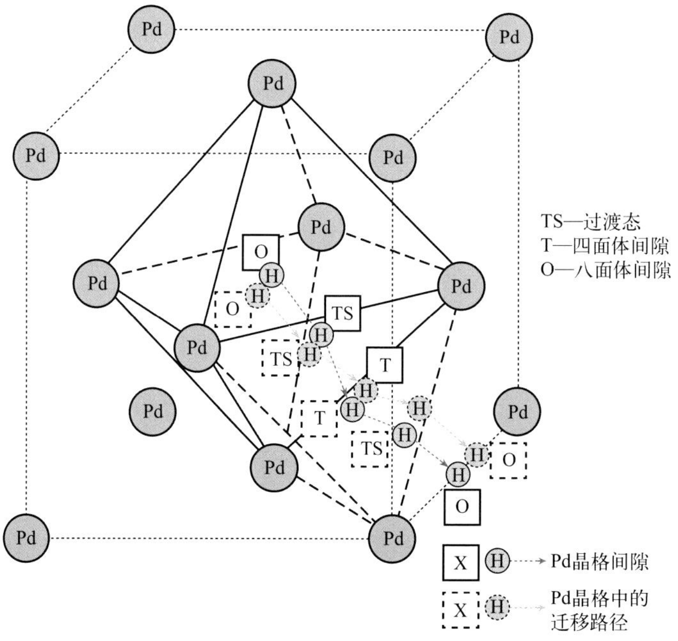

图 11-11　钯晶格中的八面体位、四面体位示意图

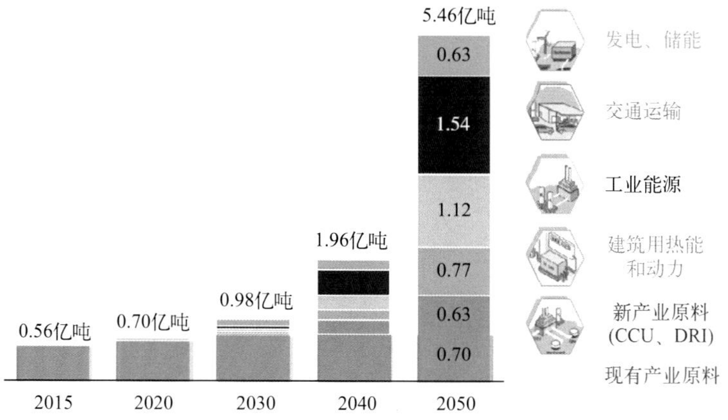

图 12-5 今后世界各领域氢气用量的增长

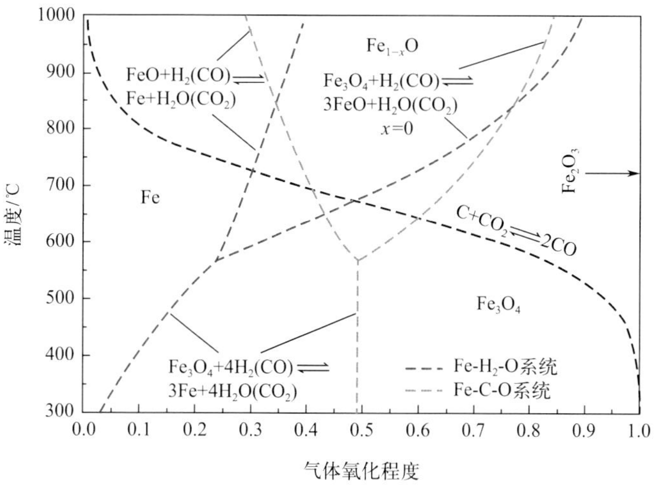

图 12-26 Baur-Glaessner 图

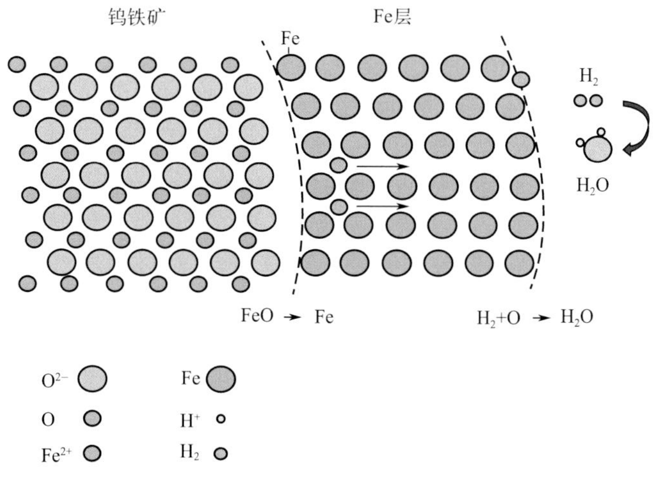

图 12-31 原子尺度上的氢还原钨铁矿示意图

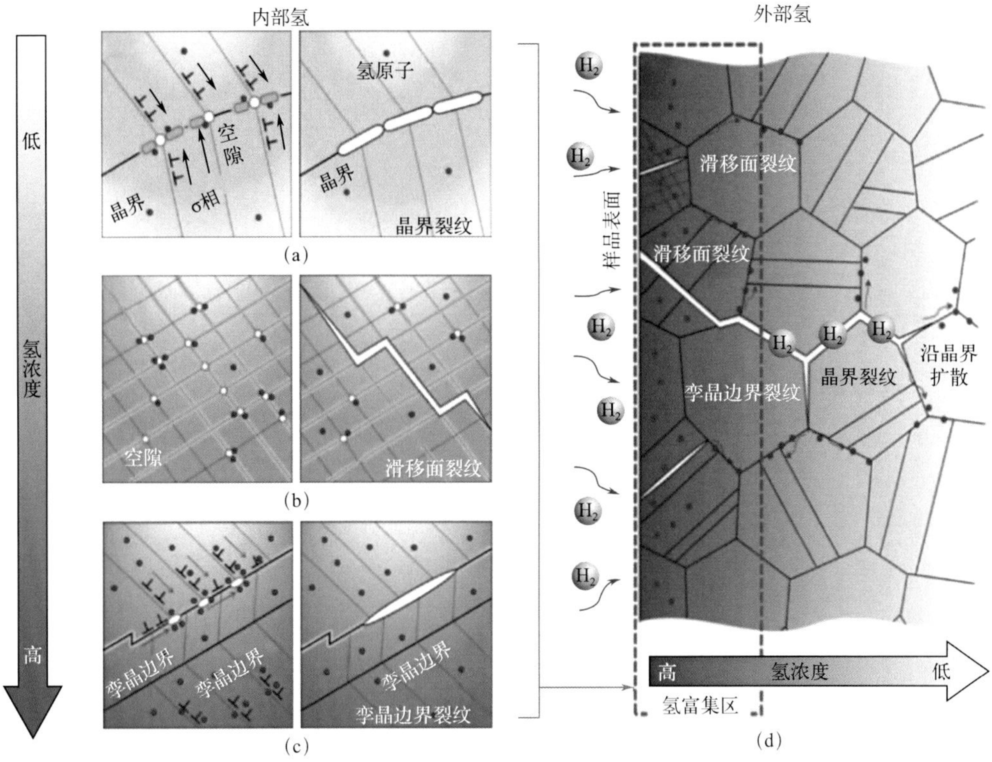

图 14-11　内部氢脆［（a）沿晶界的裂纹扩展；（b）沿滑移面的裂纹扩展；（c）沿孪晶边界的裂纹扩展］和外部氢脆的裂纹萌生及扩展过程（d）

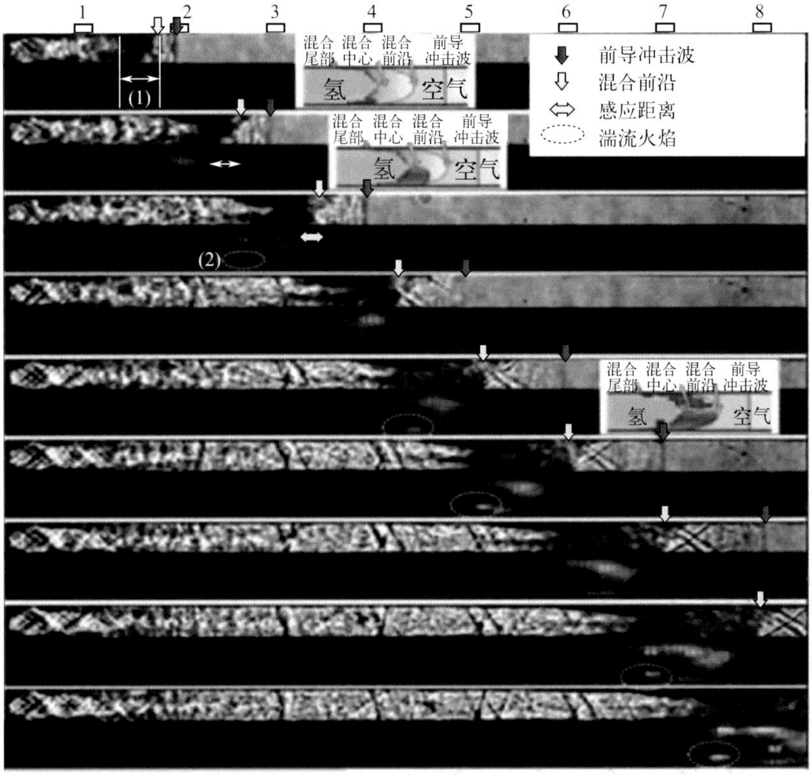

图 14-34　矩形透明管道内氢气自燃火焰的形成与传播

氢能利用关键技术系列

氢能材料

Hydrogen Energy Materials

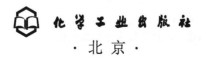

李星国　等 编著

化学工业出版社

·北京·

内 容 简 介

在碳减排的大潮下，氢能受到广泛关注。氢能产业链中各领域都会使用不同的材料，要求它们具有相应的性能。氢能产业与材料密切相关，理解材料中的氢，掌握材料制备和性能调控技术决定着氢能产业的发展。

《氢能材料》第 1、2 章介绍了氢气基本特性和氢能产业链中的设备及相关材料。为了便于读者理解氢与材料的相互作用，第 3 章特别介绍了金属、陶瓷和有机物等材料中的氢溶入、氢状态、氢行为以及对材料性能的影响。第 4～8 章介绍了氢气制备、纯化、储存和输运领域的相关材料。第 9～14 章介绍了燃料电池、加氢站、氢气传感器、氢冶金、氢安全等氢能应用领域中的关键材料。本书不仅介绍了材料的设计和制备、性能表征和调控方法，而且介绍了一些关键材料的生产厂家、型号和特性、存在的问题和发展动态，可使读者较全面和深入地认识氢能相关材料。

本书可供能源、交通、石油、化工、电子、冶金、宇航等领域与氢能源使用和研究相关的学生、研究者、工程技术人员、科研管理人员参考使用。

图书在版编目（CIP）数据

氢能材料 / 李星国等编著. -- 北京 ：化学工业出版社，2024.12. -- （氢能利用关键技术系列）.

ISBN 978-7-122-46003-5

Ⅰ. TK91； TB34

中国国家版本馆 CIP 数据核字第 2024Y21129 号

责任编辑：袁海燕　　　文字编辑：丁海蓉
责任校对：边　涛　　　装帧设计：刘丽华

出版发行：化学工业出版社
（北京市东城区青年湖南街 13 号　邮政编码 100011）
印　　装：北京建宏印刷有限公司
787mm×1092mm　1/16　印张 51¼　彩插 8　字数 1334 千字
2025 年 1 月北京第 1 版第 1 次印刷

购书咨询：010-64518888　　　售后服务：010-64518899
网　　址：http://www.cip.com.cn
凡购买本书，如有缺损质量问题，本社销售中心负责调换。

定　　价：358.00 元

前言

能源的使用历经三次革命。第一次以蒸汽机的发明和应用为代表，第二次以内燃机和电的发明及应用为代表，这两次能源革命都是以煤炭、石油和天然气等化石能源为主。第三次则是以风、光发电为主的绿色新能源的开发和应用，逐步实现“非化石能源对化石能源的替代”。化石燃料作为传统能源，问题已经浮现，二氧化碳排放激增，极端天气也越来越多，由此引发了第三次能源革命。第三次能源革命的关键是清洁能源、储能、智能化。氢能作为一种热值高、污染小、可由水制取、资源丰富的清洁能源，在“双碳”目标大背景下，为各行业脱碳提供了重要途径，被视为21世纪最具发展潜力的清洁能源和解决3E（能源安全、环境清洁和经济成长）问题的新途径。

人类能源使用从木炭、煤炭、重油、轻油逐渐变迁到甲烷和氢气，变化特点是这些碳氢化合物中碳越来越少、氢越来越多，终极阶段是纯氢。氢气具有独特的物理和化学性质，有电的地方就能用氢，有碳减排的地方就有氢能应用的机会。氢能利用可以获得其他技术难以获得的效果，如氢储能是长周期、大规模可再生能源的最佳储能方式，可再生能源制成氢能之后能储存任何期限，可以应对以周、月、季和年为单位的用电负荷周期性变化。目前氢能的应用已经渗透到传统能源的各个方面，主要应用在交通和工业领域，同时，氢能在建筑、发电、军事等领域也有广泛应用。

虽然氢能发展还面临着成本高、技术不成熟、基础设施薄弱等诸多问题，氢能发展也因此受到很多质疑，但是有以下多个重要的原因势必推动氢能的发展：①化石资源的枯竭；②环境污染和CO_2减排；③大规模能源储运的需求；④可再生能源直接制氢；⑤方便合成氨、甲醇等其他燃料；⑥优异的还原特性。

为了建立一个以氢为基础的能源社会，需要解决以下问题：①大规模低成本制氢方法的开发和相关一次能源的确保；②建立安全的氢的制取、运输、储藏、供给网络；③开发各种高效利用氢的应用领域和市场；④确保构成氢能系统的金属、陶瓷和高分子等关键材料的资源及相应制造方法；⑤氢-材料相互作用中的基础现象、机理和调控方法；⑥推进社会对氢能的认知，解决能源系统变更对应的各种问题。这其中有两项都与材料相关。

氢能产业的开发需要考虑近期、中期和远期的不同目标，需要一步一步走，先易后难。不同地区氢能发展要结合各地区的资源和产业优势，不同企业发展氢能也要考虑各企业的基础和技术优势，确定最佳发展方向。成本是目前氢能产业发展的最大瓶颈，决定了氢能产业能做多大，能走多远，也可倒推相关技术的进步。近期氢能产业急需解决发电成本和制氢成本问题，低成本、高能量转化的电解水制氢技术和设备开发的发展很快，已经逐步形成产业。以氢燃料电池为核心的产业发展目前虽然艰难，但是氢燃料电池是一个革命式的能源转化技术，随着燃料电池制备成本的降低，该技术会被产业所接受，并能获得广泛应用，是一个值得持续开发的方向。不论是电解槽还是燃料电池，材料都是其中的核心技术。

氢能产业链中的制氢、氢分离、储氢、输运、应用等各个领域都会用到不同的材料，要求它们具有相应的特殊性能。这些材料所涉及的性能和性质包括机械与力学、化学腐蚀、催化活性、氢扩散、气密性、疏水性、氢脆、电传导、热传递等，不同环境下使用时需要考虑高温、低温、气氛、湿度等的影响，在安全性上还需要考虑材料的耐高压性能、氢气泄漏、氢脆等问题。氢能产业与材料密切相关，理解氢与材料的相互作用，掌握材料制备和性能调控关键技术在很大程度上决定着氢能产业的发展。

目前国内介绍氢能材料的专业书籍稀缺，我们很荣幸受化学工业出版社袁海燕编辑之约撰写此书，也很感谢袁海燕编辑给予我们这个机会。如果本书能够有助于读者对氢能产业链中材料的了解，能为广大的读者提供有益信息，我们将感到十分欣慰。

本书各章作者如下：

第 1 章　李星国（北京大学）、杜军钊（北京华胜信安电子科技发展有限公司）

第 2 章　宋固、李晨曦和许牧远（中国船舶集团有限公司综合技术经济研究院）

第 3 章　李星国（北京大学）

第 4 章　王腾（美国特拉华大学）

第 5 章　李星国（北京大学）、李栓（有研稀土新材料股份有限公司）

第 6 章　邓安强（宁夏大学）

第 7 章　刘志亮（哈尔滨工程大学）

第 8 章　解秀波（烟台大学）

第 9 章　郑捷（北京大学）

第 10 章　王秋实、赵文静和何广利（北京低碳清洁能源研究院）

第 11 章　陈均（中国工程物理研究院材料研究所）

第 12 章　李星国（北京大学）

第 13 章　时雨（北京大学分子工程苏南研究院）

第 14 章　李星国（北京大学）

本书撰写非常感谢北京大学化学学院新能源与纳米材料实验室的余洪蒽、谢泽威、库尔邦尼沙、靳汝湄、林友宇、杨少镭、蒋宇飞、胡朝元、冯兆路等同学的帮助，尤其感谢包钢钢联股份有限公司技术中心的彭泽清工程师和厦门大学的王琳琳同学在资料整理方面的帮助。另外，感谢化学工业出版社袁海燕编辑的帮助，感谢家人的支持。

由于作者编写水平和时间有限，书中难免有疏漏和不妥之处，还请读者予以批评指正。

编著者

2023 年 12 月 10 日

目录

第 1 章
氢气的基本特性

1.1 氢的形成、存在和发现

1.1.1 氢在宇宙中的分布

世界万物由什么组成，物质是怎么形成的，是远古最大的科学问题或者哲学问题。

“大爆炸宇宙论”（The Big Bang Theory）认为宇宙是由一个致密炽热的奇点于 137 亿年前的一次大爆炸后膨胀形成的，如图 1-1 所示。1927 年，比利时天文学家和宇宙学家勒梅特（Georges Lemaître）首次提出了宇宙大爆炸假说。1929 年，美国天文学家哈勃根据大爆炸假说提出了星系的红移量与星系间的距离成正比的哈勃定律，并推导出星系都在互相远离的宇宙膨胀说[1,2]。

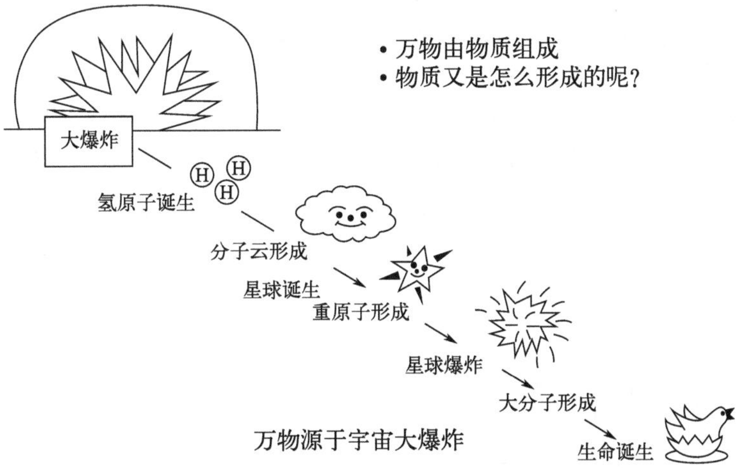

图 1-1　宇宙大爆炸与氢的形成

爆炸之初，物质以中子、质子、电子、光子和中微子等基本粒子形态存在，爆炸产生强大的引力、电磁力和核力。大爆炸后，宇宙开始膨胀和冷却，在最初的 3min 内，核子反应发生，产生了氢和氦，以及它们的同位素，同时产生极少量的锂，约 2h 基本上就结束了原子核的形成，更重的元素很久以后在恒星内产生。

氢（hydrogen，元素符号 H）是序号最小的元素，同时也是宇宙空间中分布最广、丰度最大的元素。如图 1-2 所示，按原子数计：氢 91%，氦 9%，其他<0.1%；按质量计：氢 73.9%，氦 24.0%，氧 1.0%，碳 0.5%，其他 0.6%。宇宙空间中氢主要以原子或等离子体状态存在，在诸多天文现象中扮演重要角色，如恒星的能量大多数由质子之间的核聚变反应维持，H 的等离子体与日冕、太阳风、极光等自然现象密切相关，H_2 分子云被认为与恒星的诞生有关。

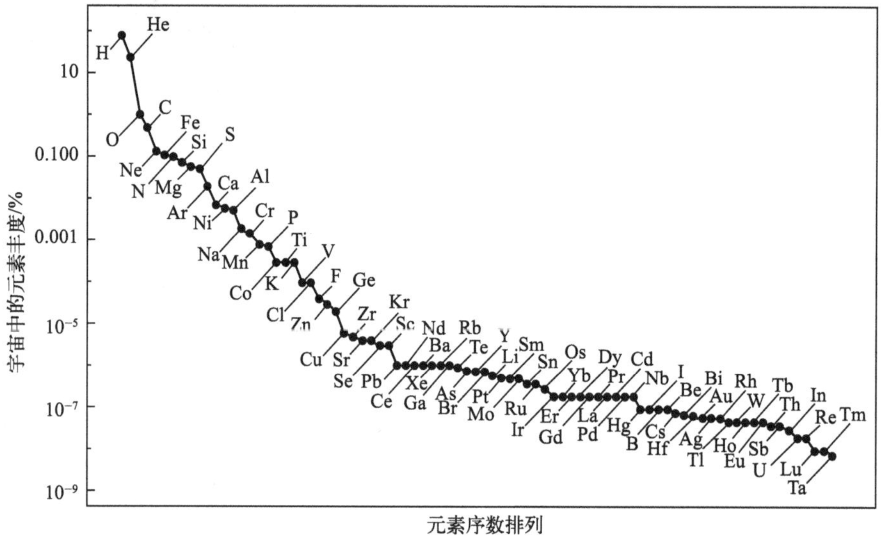

图 1-2 宇宙中各元素的含量

图 1-3 是太阳系的元素丰度分布[3-5]。从图中可知：a. H 和 He 是丰度最高的两种元素，这两种元素几乎占了太阳系中全部原子数目的 98%；b. 原子序数较低的元素区间，元素丰度随原子序数增大呈指数递减，而在原子序数较大的区间（Z>45），各元素丰度值很相近；c. 原子序数为偶数的元素其丰度大大高于相邻原子序数为奇数的元素[6,7]。CH_4 存在于巨大行星的大气圈中，其数量大大超过了氢。此外，在木星和土星的大气圈中也发现少量的氢。巨大的行星是由冰层围绕着核心组成的，有些是由高度压缩的氢组成的。

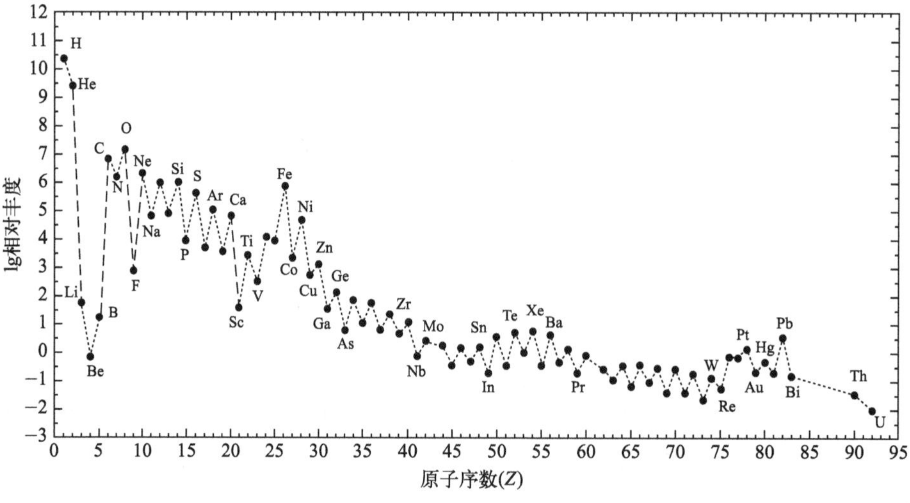

图 1-3 太阳系中各元素的含量（其中 Si 的含量归一化为 10^6）

图 1-4（另见文前彩图）是地壳中各元素的含量。元素丰度按质量比排列，前十位分别是：氧 46.6%、硅 27.7%、铝 8.1%、铁 5.0%、钙 3.6%、钠 2.8%、钾 2.6%、镁 2.1%、氢 0.76%、钛 0.44%[8,9]。氢排第九位，只占总质量的 1%，但按原子百分比算则占 17%。如果包括地幔、地核等整个地球，元素丰度按质量比排列，前八位分别是：铁 32.1%、氧 30.1%、硅 15.1%、镁 13.9%、硫 2.9%、镍 1.8%、钙 1.5%及铝 1.4%。因为氢主要存在于地壳及地表，按整个地球算，氢不可能排进前十。地壳层的氢化物少，仅有 1%以氢分子（H_2）的形式存在，其他的都是以 H_2O 或碳水化合物的形式存在。

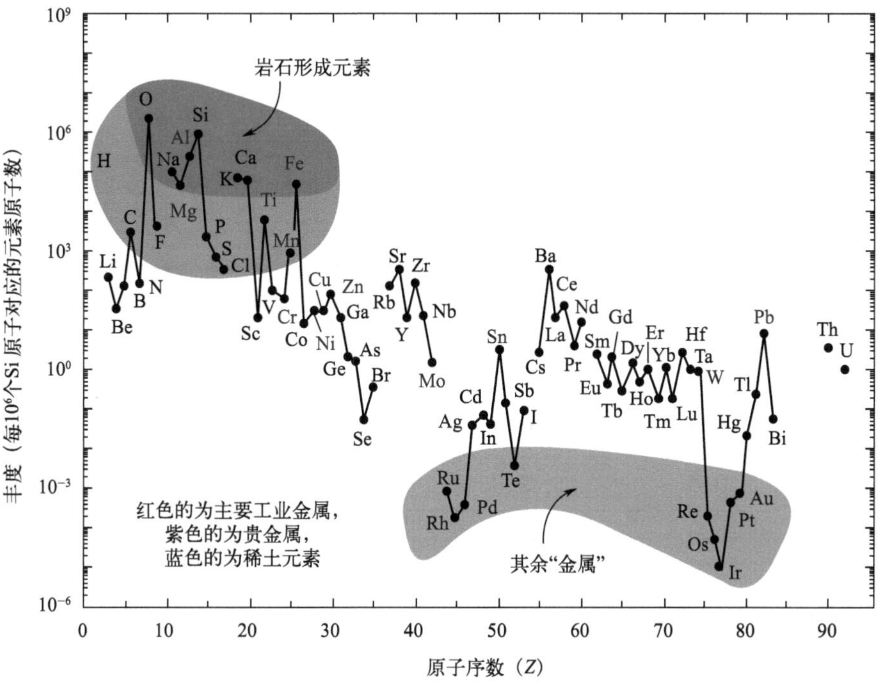

图 1-4 地壳中各元素的含量（颜色请见彩图）

地球大气中含氢很少，约占空气总体积的一千万分之五（0.5×10^{-6}），大多数氢都以水的形式存在。大气中 H_2 含量很低的原因是 H_2 太轻，容易脱离地球引力场。

表 1-1 是宇宙、太阳和人体内的元素分布[10]。由表可知，氢也是重要的生命元素。作为生命元素，可以合理地假设无论生命从哪里开始，氢都必须是最丰富的元素。这并不意味着基于钬或铪等稀有元素的生命不可能存在，只是可能性很小。自然界中有 85 种稳定元素（从氢到铀），其中只有四种即氢、碳、氮和氧，占地球上所有生命物质重量的 95%以上。除了氦气和氖气（由于惰性，它们不会形成化合物）外，这四种元素也是宇宙中最丰富的元素。奇怪的是，它们并不是地球上最丰富的四种元素（即氧、铁、硅和镁）。换句话说，生命物质的组成与恒星的组成更相似，而不是我们生活的星球。因此，有人提出了生命起源于地球之外的理论，这种想法也许并不奇怪，因为开尔文、诺贝尔奖得主弗朗西斯·克里克和天体物理学家弗雷德·霍伊尔也都这么认为。

人体的组成元素有 81 种，其中 O、C、H、N、Ca、P、K、S、Na、Cl、Mg 共 11 种，占人体质量的 99.95%以上，其余 70 种为微量元素。O、C、H、N、Ca、P 分别占人体质量的 61%、23%、10%、2.6%、1.4%和 1.1%。

表1-1 宇宙、太阳和人体内的元素分布（原子数）[10] 单位：%

地球		地壳		地球的大气层	
氧	50	氧	47	氮	78
铁	17	硅	28	氧	21
硅	14	铝	8.1	氩	0.93
镁	14	铁	5.0	碳	0.03
硫	1.6	钙	3.6	氖	0.0018
镍	1.1	钠	2.8	氦	0.00052
铝	1.1	钾	2.6		
宇宙		太阳		人类	
氢	92.47	氢	90.99	氢	61
氦	7.40	氦	8.87	氧	26
氧	0.06	氧	0.078	碳	10.5
碳	0.03	碳	0.033	氮	2.4
氮	0.01	氖	0.011	钙	0.23
氖	0.01	氮	0.010	磷	0.13
其他	0.01	镁	0.004	硫	0.13

1.1.2 氢气的发现

在许多语言中，氢都是“形成水的元素”的意思。氢被发现得比较早，早在16世纪马拉塞尔斯（Paracelous）就发现硫酸与铁反应时会产生一种能燃烧的气体。17世纪英国科学家波义耳（Robert Boyle）又重复了上述的实验。而作为一种纯的气体，H_2 是1766年英国科学家卡文迪许（Henry Cavendish）首先分离得到的，才确认它是一种与空气不同的易燃的新物质，他曾称之为“易燃空气”，甚至误认为这种气体就是燃素。直到1787年法国科学家拉瓦锡（Antoine Lavosier）才以希腊语中“成水的元素”之意为这种新的气体命名，在许多语言中氢也取这个含义，意为“成水元素”（和 O_2 燃烧生成水），并确定它是一种元素。氘于1931年由Harold Urey发现，次年Urey的研究组又制备得到了氘的氧化物重水。氚于1934年由Ernest Rutherford、Mark Oliphant和Paul Harteck发现。表1-2给出了氢的一些有代表性的突破和事件[11]。

表1-2 氢和氢能研究发展[11]

时间	研究发展
16世纪初	瑞士的马拉塞尔斯（Paracelous）发现硫酸和铁反应产生气体
17世纪早期	瑞士的迈恩发现硫酸和铁反应产生的气体可以燃烧

续表

时间	研究发展
1766 年	英国科学家卡文迪许把盐酸和锌反应生成的气体收集起来进行研究，并报道，确认了氢气
1784 年	法国罗伯特兄弟在气囊中充入氢气后，气囊开始上升，后来制造了一艘人力飞艇
1787 年	法国的拉瓦锡命名这种气体为氢，意为“成水的元素”
1839 年	英国的 W.R.Grove 以 Pt 为电极，以稀硫酸为电解液，制造了最早的氢气-氧气燃料电池
1861 年	德国的基尔霍夫和本森认识到地球外也有氢气
1890 年	瑞士数学教师约翰 · 雅各布 · 巴耳末（J.J.Balmer）发现氢原子可见光波段的光谱
1909 年	德国哈伯于 1902 年开始研究由氮气和氢气直接合成氨，于 1909 年实现了氨的工业化合成
1913 年	丹麦波尔基于氢原子光谱，提出“古典量子论”、原子结构模型
1929 年	德国“格拉夫 · 齐柏林”号飞艇开始了一次伟大的环球飞行
1931 年	Harold Urey 发现氘，次年 Urey 的研究组制得了重水，1934 年 Ernest 等发现了氚
1937 年	德国“兴登堡”号飞船爆炸，氢气飞船时代结束
20 世纪 50 年代初	美国利用液氢作超声速和亚声速飞机的燃料，改装了 B57 双引擎轰炸机的氢发动机，实现了氢能飞机上天
1954 年	苏联的托卡马克提出了一种利用磁约束来实现受控核聚变的环形容器
1957 年	苏联宇航员加加林乘坐人造地球卫星遨游太空
1963 年	美国的宇宙飞船上天，紧接着 1968 年阿波罗号飞船实现了人类首次登上月球的创举
1967 年	1967 年美国开发 Mg_2Cu，1968 年美国开发 Mg_2Ni，1969 年荷兰开发 $LaNi_5$
1970 年	美国通用汽车公司的技术研究中心提出了“氢经济”的概念
1976 年	美国斯坦福研究院开展了氢经济的可行性研究
1984 年 5 月	日本的氢汽车在富士高速公路上以 100km/h 的速度试车成功
1985 年	国际热核聚变实验堆（international thermonuclear experimental reactor，ITER）计划倡议于 1985 年提出，并于 1988 年开始实验堆的研究设计工作
1988 年 4 月	苏联成功试飞了第一架液氢飞机。 美国通用汽车公司使用燃料电池的“氢能概念车”，可持续行驶 800km，最高速度可达 190km/h
2003 年 11 月 20 日	由美国、澳大利亚、巴西、加拿大、中国、意大利、英国、冰岛、挪威、德国、法国、俄罗斯、日本、韩国、印度、欧盟委员会参加的《氢经济国际伙伴计划》在华盛顿宣告成立，这标志着国际社会在发展氢经济上已初步达成共识

1.2 氢原子及同位素

1.2.1 氢原子

氢原子 ^{1}H 代表了最基本的原子结构，即一个仅由一个质子构成的原子核和原子核外的一个电子，因此是原子结构研究的模型体系。氢原子的一些基本性质见表 1-3。

表1-3 氢原子的基本性质

氧化态	+1，-1	第一电离能	1312.0kJ/mol
原子质量	1.00794g/mol	电子亲和能	73kJ/mol
电子构型	$1s^1$	共价半径	(31±5) pm
电负性（Pauling）	2.20	van der Waals（范德华）半径	120pm

氢原子结构的研究始于氢原子光谱。1885 年 Johan Balmer 首次提出了描述可见光区域氢原子谱线位置的 Balmer 公式，5 年后瑞典科学家 Johannes Rydberg 总结出了更通用的公式：

$$\frac{1}{\lambda}=R_{y}\left(\frac{1}{n_{f}^{2}}-\frac{1}{n_{i}^{2}}\right) \tag{1-1}$$

其中，λ 为发射谱线的波长；n_i 和 n_f 分别是始态和终态的能级；$R_y=1.097373\times 10^{7}m^{-1}$，为 Rydberg 常量。

每条原子谱线都对应于电子由高能态向低能态的跃迁，在 Rydberg 公式中，$n_f>n_i$，根据 n_f 的不同取值，可将 H 原子谱线的线系划分为莱曼（Lyman）线系、巴尔曼（Balmer）线系、帕邢（Paschen）线系、布拉开（Brackett）线系、普丰德（Pfund）线系和汉弗莱斯（Humphreys）线系等线系，分别对应于 $n_f=1\sim6$，如图 1-5 所示。

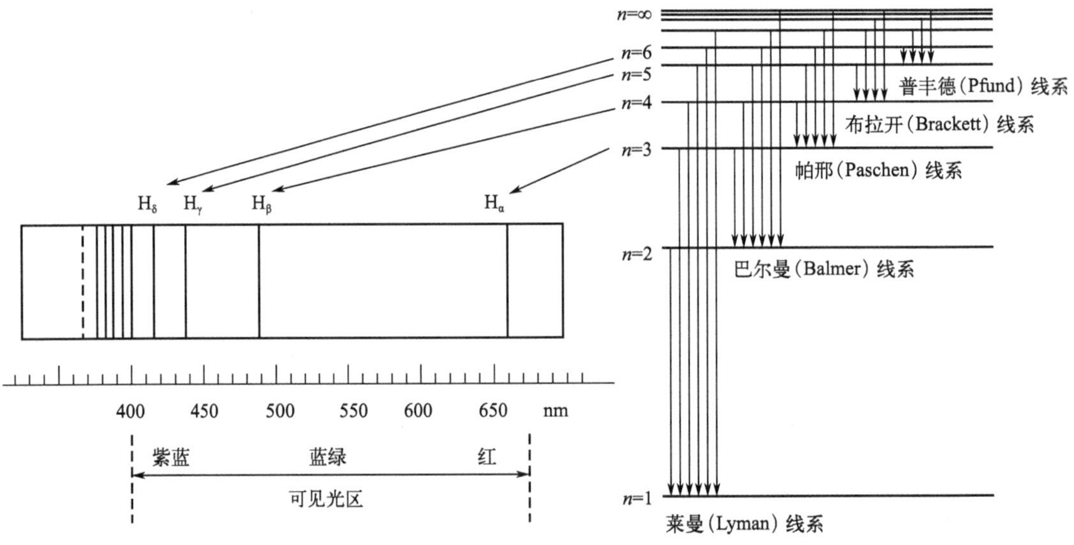

图 1-5 氢原子的能级和光谱图

历史上氢原子光谱的定量研究极大推动了量子理论的形成和发展。1914 年，Niels Bohr 提出了著名的 Bohr 原子模型，解释了 H 的原子光谱，正确地给出了光谱线的频率位置以及相应的能级差。更精确的原子模型由 Schrödinger 方程给出：

$$-\left(\frac{\hbar^2}{2m}\nabla^2-\frac{e^2}{r}\right)\Psi=E\Psi \tag{1-2}$$

其中，Ψ 为电子波函数；$\hbar=h/(2\mathrm{m})$，h 为 Planck 常量；m 和 e 分别为电子的质量和电荷；r 为电子间的距离；E 为电子能量；∇^2 为 Laplace 算符。

H 原子核外仅有一个电子，不存在电子间的相互作用，其 Schrödinger 方程可以获得解析解。

图 1-6 是氢原子的波函数分布。氢原子的电子波函数是量子化的，由一组量子数表示。其中主量子数 n 对应于波函数的径向分布，取值范围为正整数；角量子数 l 的取值范围是 0，1，2，…，$n-1$，代表了电子波函数的空间分布，共 n 个不同的数值；磁量子数 m 的取值范围是 $-l$，$-(l-1)$，$-(l-2)$，…，-1，0，1，…，$l-2$，$l-1$，l，共 $2l+1$ 个不同的数值。

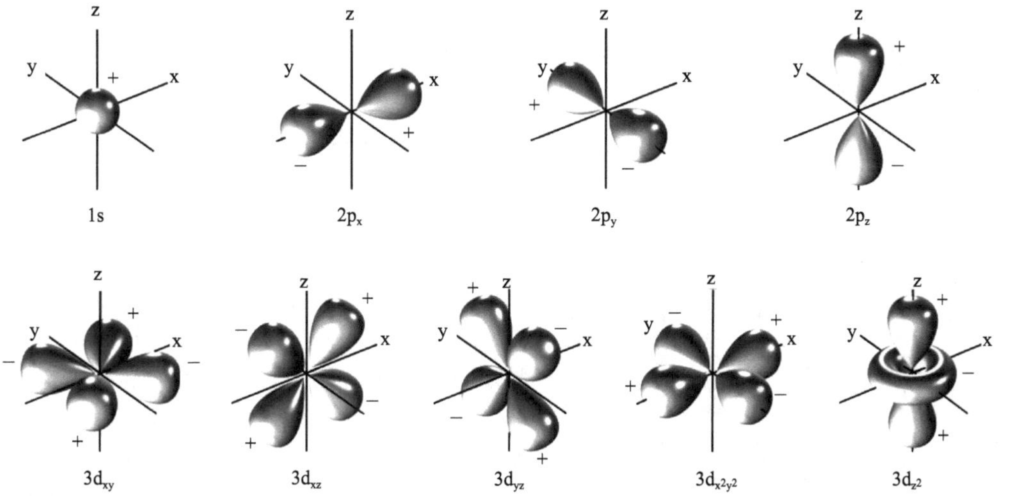

图 1-6 氢原子的波函数分布

1.2.2 氢的同位素

迄今已发现的 H 的同位素有7种，分别用^{1}H～^{7}H 来表示。其中原子核中质子数均为 1，中子数为 0～6 不等。各种 H 的同位素的基本性质总结于表 1-4 中。

表1-4 氢同位素的基本性质

核素	质子+中子	质量（原子单位）	半衰期	核自旋	RIC	RNV
^{1}H	1+ 0	1.00782503207（10）	稳定	1/2$^+$	0.999885（70）	0.999816～0.999974
^{2}H	1+ 1	2.0141017778（4）	稳定	1$^+$	0.000115（70）	0.000026～0.000184
^{3}H	1+ 2	3.0160492777（25）	12.32（2）年	1/2$^+$	10^{-17}	

续表

核素	质子+中子	质量（原子单位）	半衰期	核自旋	RIC	RNV
^4H	1+ 3	4.02781（11）	1.39（10）$\times 10^{-22}$ s	2^-		
^5H	1+ 4	5.03531（11）	> 9.1×10^{-22} s	$1/2^+$		
^6H	1+ 5	6.04494（28）	2.90（70）$\times 10^{-22}$ s	2^-		
^7H	1+ 6	7.05275（108）	2.3（6）$\times 10^{-23}$ s	$1/2^+$		

注：RIC（representative isotope composition），水中的组分，以摩尔分数计；RNV（range of nature variation），自然丰度变化范围，以摩尔分数计。

最常见的氢元素是^1H，即原子核中仅有一个质子，这种核素称为氕（protium），即通常所说的氢。由于氢几乎都是由^1H组成，所以，氢的最轻同位素^1H就决定了氢的性质。除^1H之外最常见的同位素为氘（deuterium，D），或称重氢，原子核中含一个质子和一个中子。D是一种稳定的同位素，以重水的形式存在于天然水中，平均约占氢原子总数的0.016%。氘于1931年由哥伦比亚大学的Harold Urey通过光谱学发现，但在当时中子还未被发现，因此D的发现给理论物理界带来了很大震动。Gilbert Newton Lewis于1933年首次获得了纯的重水样品。1934年Urey因发现氘而获得了诺贝尔物理学奖。在海洋中，D的摩尔分数约为H的1/6400。在宇宙空间中D通常与H形成双原子分子HD。在整个宇宙空间中，有H的地方通常也会有D的存在，与H相比D的含量很低，但摩尔分数变化不大，这为宇宙大爆炸理论间接提供了证据。

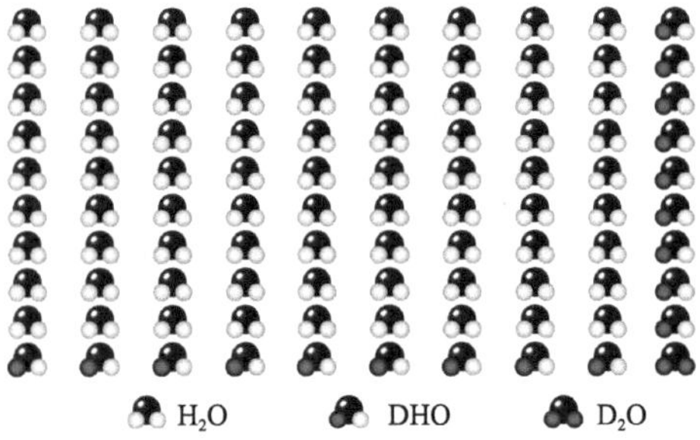

图1-7 90%重水中的3种水分子的组合比例

氘的氧化物称为重水，比普通水重11.6%。工业上通过富集海水中的重水来得到纯的重水。图1-7是90%重水中的H_2O、DHO和D_2O等3种水分子的组合比例。重水的化学性质与普通水非常类似，但对生物体有轻微毒性，摄入少量重水对人体几乎无害。重水是一种临床常用的同位素示踪剂。据估计一个70kg的成年人可以摄入4.8L重水而不产生明显的危害。

H和D的分离可以用电解法。电解水时，H的迁移速度比D的迁移速度快6倍，因此，在剩余物中D的浓度提高。重复电解，则得到D_2O，即重水。重水和普通水的物理性质有很大的不同，表1-5给出了它们的部分物理性质。

表1-5 H_2O和D_2O的若干物理性质

物理性质	H_2O	D_2O	物理性质	H_2O	D_2O
20℃时密度/（g/mL）	0.917	1.017	25℃下NaCl的溶解度/（g/100g水）	35.9	30.5
沸点/℃	100	101.42			
密度最大时的温度/℃	4	11.6	25℃下$BaCl_2$的溶解度/（g/100g水）	35.7	28.9
凝固点/℃	0	3.82			
20℃时介电常数/（F/m）	82	80.5			

氘在核聚变反应中有重要应用，例如氘与氚以及氘与^{3}He的聚变反应都是速率快且释放能量很高的聚变反应。重水在核反应中也作为中子的减速剂，以提高核裂变反应引发的概率。在第二次世界大战时重水也成为同盟国和德国争夺的战略物资。

氘的化学性质与普通氢类似，但是由于其质量以及核自旋的性质不同，用氘取代氢在光谱学方面有独特的应用。例如在液体的质子核磁共振中以氘代试剂为溶剂，可以有效地避免溶剂中质子信号的干扰；通过氘对氢的取代，可改变相应的化学键红外光谱中的峰位置，便于与背底 H 原子的区分；氘对 H 的取代在中子散射和质谱研究中也非常有用。

原子核中含有 2 个中子的氢同位素称为氚（tritium，T），也称为超重氢。氚是一种不稳定的同位素，可通过 β 衰变成为$^{3}_{2}He$，半衰期约 12.32 年。氘通过电解海水容易得到，但氚则很稀少，仅能通过锂的同位素与中子的核反应得到，或利用重水和中子的反应得到。在冷战期间美国用于核武器中的氚是 Savannah River Site 利用一个特殊的重水反应器得到的，在 2003 年重启氚制造之后，氚主要通过利用中子照射 Li 同位素得到。

氚有一定的放射性危害，但氚 β 衰变只会放出高速移动的电子，不会穿透人体。由于其（氚化水）的生物半衰期较短，在人体内仅为 14 天左右，因此危害性较小，只有大量吸入氚才对人体有害。在一些分析化学研究中，氚经常作为放射性的标记物，在全面禁止核试验条约签署之前，大量核武器试验产生的氚为海洋学家研究海洋环境和生物的演化提供了一个很好的示踪元素。

^{4}H（亦有命名为 quadrium）是一种很不稳定的放射性 H 同位素，原子核中包含 1 个质子和 3 个中子。^{4}H 是在探测辐射的中子时间接得到的，实验室可用高速运动的氘核轰击氚原子获得。^{4}H 通过辐射中子的方式衰减，半衰期仅为 $(1.39\pm0.10)\times10^{-22}s$。

^{5}H、^{6}H 和 ^{7}H 均为在实验室中合成的不稳定的放射性同位素。

1L 海水中含 30mg 氘，30mg 氘聚变产生的能量相当于 300L 汽油。氕、氘稳定，没有放射性。

一般情况下不同的同位素形成的同型分子表现出极为相似的物理和化学性质，例如$^{10}BF_3$与$^{11}BF_3$的键焓、蒸气压和路易斯酸性几乎相等。然而，质量差特大的氢同位素却表现得不同。表 1-6 是 H_2、D_2、H_2O 和 D_2O 的标准沸点与平均键焓，可以看到 H 和 D 的不同引起的变化很明显。

表1-6 H_2、D_2、H_2O 和 D_2O 的标准沸点与平均键焓

性质	H_2	D_2	H_2O	D_2O
标准沸点/℃	－252.8	－249.7	100.00	101.42
平均键焓/（kJ/mol）	436.0	443.3	463.5	470.9

1.2.3 核聚变反应的原理

核子形成原子核时，每个核子都会受到相邻核子的短程吸引力，由于核子数较小的原子核中位于表面的核子数目较多，受到的吸引力较小，因此每个核子的结合力随原子序数的增大而增大，当原子核直径约为 4 个核子时达到饱和。与此同时，带正电的质子由于库仑力而相互排斥，该作用力随原子序数上升而单调下降。这两个效果相反的作用力的综合作用使得原子核的稳定性首先随原子序数的上升而升高，当达到最大值后又随原子序数的升高而下降（图 1-8[12]）。对于轻原子核，获得原子核结合能的方式是核聚变（fusion）；而对于重原子

核，获得原子核结合能的方式是核裂变（fission）。

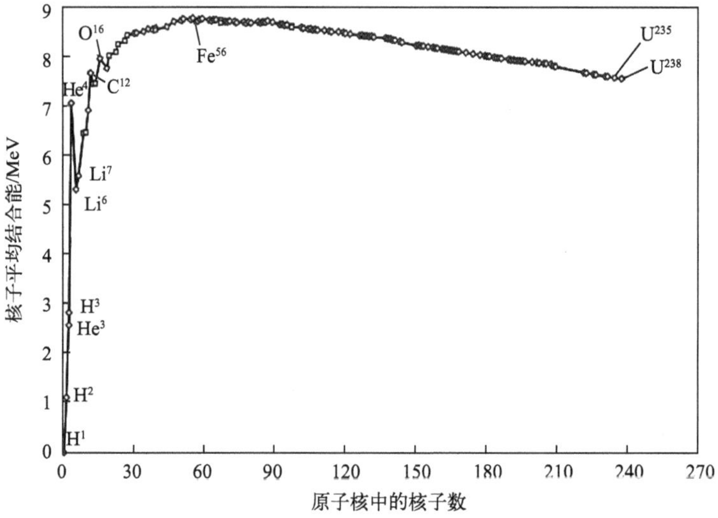

图 1-8 原子核结合能与原子序数的关系[12]

最常见的聚变反应是氢的两种同位素之间的聚变，如图 1-9 所示。

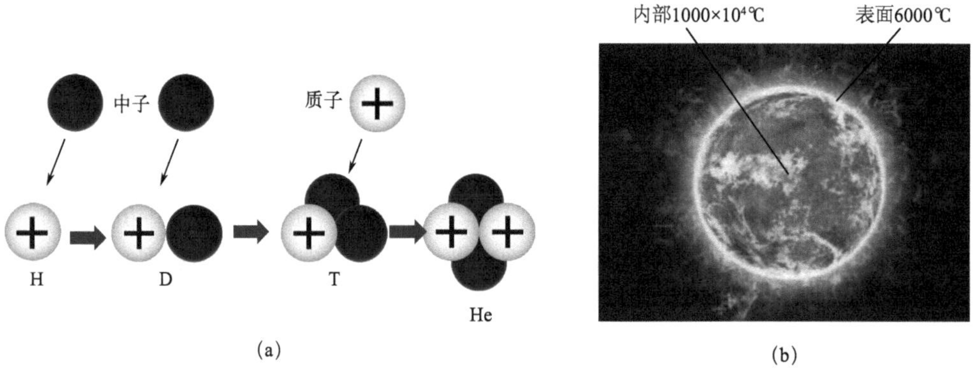

图 1-9 氢聚合生成氦的过程（a）和用紫外线拍摄的太阳照片（b）

在恒星中主要的聚变反应是质子聚变（^{1}H-^{1}H 聚变）形成氦核（α 粒子）的反应，如式(1-3) 所示。其净效果是四个质子发生聚变，形成 α 粒子，同时释放两个正电子（positron）、两个中微子（neutrino）和能量，可放出 167.6MeV 的能量。

$$4\,_{1}^{1}H \longrightarrow \,_{2}^{4}He + 2e^{+} + 2n + 167.6(MeV) \qquad (1\text{-}3)$$

式中，e^{+} 是正电子；n 是中微子。

核聚变过程释放的能量通常是巨大的，是普通化学反应的数百万倍，这是由于原子核内质子与中子之间的结合力远远高于原子核与电子的结合力。聚变释放的是原子核中核子（质子和中子）的结合能。太阳是把氢核作为燃料，通过核的聚合反应产生能源，也把氢的聚合反应称为太阳的火，太阳表面温度达到 6000℃，内部温度达到 1000×10^{4}℃。

但是，上述反应所需的能量阈值极高，即使在恒星中心的高温、高压条件下进行得也十分缓慢，在地面的人工聚变设施中实现上述反应几乎是不可能的。人工核聚变中使用的是

D-T 聚变，即氘和氚经聚变后形成^{4}He 核和一个中子，如式（1-4）和图 1-10 所示，可放出 17.6MeV 的能量。氚的主要用途是用在核聚变中。

$$^{3}_{1}H + ^{2}_{1}H \longrightarrow ^{4}_{2}He + ^{1}_{0}n + 17.6(MeV) \tag{1-4}$$

同带正电荷的质子在非常接近时将产生很大的斥力，因此聚变需要巨大的能量才能引发。例如在氢弹爆炸的核聚变反应中，需要利用原子弹爆炸产生的高温、高压引发聚变反应。从这个角度讲，H 的同位素在聚合反应中是最为有利的，因为其原子核中仅含有一个质子，所受斥力较小。但是，即便是将 D 和 T 核聚合也需要约 0.01MeV 的能量，而将电子从 H 原子中移除仅需 13.6eV 的能量，两者差 700 多倍。通常核聚变提供能量的方式有三种：如果使其中一种原子核加速，轰击另一种静止的原子核，称为束-靶聚变；如果使两种原子核都加速互相撞击，称为束-束聚变；如果两种原子核都是处于热平衡的等离子体的一部分，称为热核聚变。尽管存在很高的能量壁垒，但是核聚变释放的能量仍然远远高于使聚变发生所需的能量，例如 D-T 聚变放出的 17.6MeV 能量远高于其反应能量阈值 0.01MeV。

为了达到反应能量阈值 0.01MeV，要求氢原子达到很高的浓度和反应速率，如图 1-11 所示。将几千万摄氏度甚至几亿摄氏度高温的聚变物质装在什么容器里一直是困扰人们的难题。各种“奇奇怪怪”的装置，例如磁镜、直线箍缩、角向箍缩、仿星器等纷纷被提出来，但它们在约束等离子体方面都存在着这样或那样的问题。

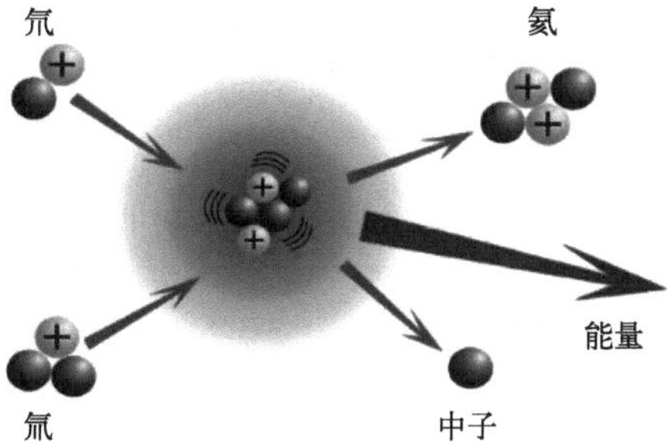

图 1-10　D-T 聚变反应示意图

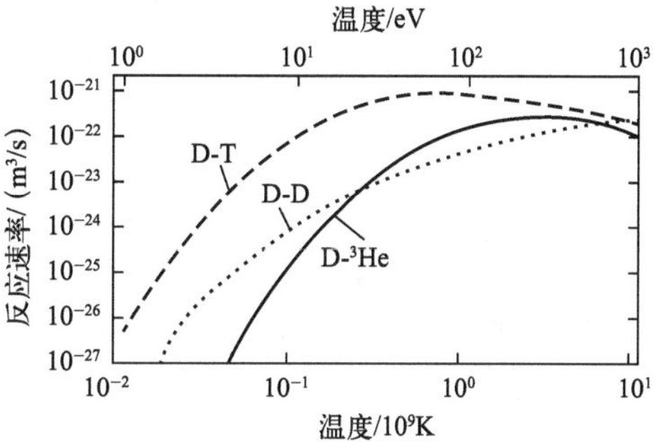

图 1-11　反应速率与等离子体温度之间的关系

1954 年，苏联“氢弹之父”萨哈洛夫在西伯利亚库尔恰托夫原子能研究所研制出第一个外形像甜甜圈一样的环形磁约束容器，并把这种装置命名为托卡马克（tokamak）。如图 1-12[13] 所示，托卡马克的中央是一个环形的真空室，外面缠绕着线圈，用强磁场将等离子体中的带电粒子约束在一个磁环中，使其不会接触到容器壁，保持热稳定状态。在通电的时候，托卡马克的内部会产生巨大的螺旋型磁场，将其中的等离子体加热到高温和高密度，以达到氢原子核聚变的目的。这种约束能够使等离子体在容器中的保持时间更长，从而增加核聚变反应的概率。此外，托卡马克还利用辐射和对流将等离子体中的热能捕获，并将其转化为电力。托卡马克核聚变也称超导托卡马克可控热核聚变（EAST）。

经过数十年国际磁约束聚变界的共同努力，托卡马克作为受控磁约束核聚变反应堆的科学可行性已得到初步验证。然而，要实现聚变能商业化，仅有科学可行性是不够的，还需要有工程可行性和商用可行性。1985 年，苏联领导人戈尔巴乔夫和美国总统里根在日内瓦峰会上倡议，由美、苏、欧、日共同启动“国际热核聚变实验堆（international thermonuclear experimental reactor，ITER）”计划。ITER 计划的目标是要建造一个可自持燃烧的托卡马

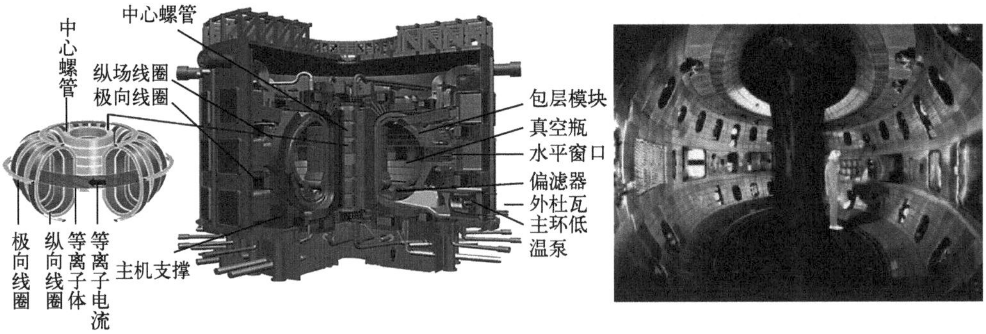

图 1-12 托卡马克示意图[13]

克核聚变实验堆，以便对未来聚变示范堆及商用聚变堆的物理和工程问题做深入探索。参加ITER 计划的七方总人口大约占世界人口的一半以上，并几乎囊括了所有的核大国。

表 1-7 是当今世界上最先进的大型托卡马克装置的情况，表 1-8 是核聚变有关的基本常数。氢的核能是人类梦寐以求的能源，是人造太阳，是能源利用的最高形式。如果掌握了这种技术，幻想中的星际穿越就有可能成真。

表1-7 当今世界上最先进的大型托卡马克装置的情况

托卡马克名称（简称）	主建国家	小半径 r/m	大半径 R_0/m	等离子体中心环形场磁感应强度（B_T）/T	等离子体中环形电流I_e/MA	开始运行时间
欧洲联合环形装置（JET）	欧洲共同体	1.3	2.80	2.8	3.0	1983 年 6 月
托卡马克聚变试验堆（TFTR）	美国	0.85	2.50	5.2	2.5	1982 年 12 月
日本托卡马克 60（JT60）	日本	1.00	3.00	5.0	3.0	1985 年 4 月
苏联第 15 号托卡马克（T-15）	苏联	0.70	2.40	3.5	1.4	1986 年建成
中国环流一号 HL-1	乐山，西南物理研究所	0.2	1.02	5.0	0.4	已工作
HT-613	合肥，等离子体物理所	0.125	0.45	0.6～0.8	0.3～0.4	已工作

表1-8 核聚变有关基本常数

电荷数 Z（原子数）	质量数 A	粒子	质量（原子质量单位 U）	质量/kg	丰度/%
0	0	电子 e	0.000549	9.109534×10^{-31}	
0	1	中子 n	1.009665	1.674954×10^{-27}	
1	1	质子 H	1.007276	1.672549×16^{-27}	99.985

续表

电荷数 Z（原子数）	质量数 A	粒子	质量（原子质量单位 U）	质量/kg	丰度/%
1	2	氘核 D，^2H	2.013553	3.343458×10^{-27}	0.0153
1	3	氚核 T，^3H	3.016501	5.007433×10^{-27}	
2	3	^3He	3.014933	5.006495×10^{-27}	0.00013
2	4	^4He	4.001503	6.644767×10^{-27}	99.99987
3	6	^6Li	6.013740	9.985764×10^{-27}	7.42
3	7	^7Li	7.014354	1.164780×10^{-20}	92.68
4	9	铍	9.00986	1.496168×10^{-26}	100
5	10	^{10}B	10.010757	1.662352×10^{-26}	19.78
5	11	^{11}B	11.018857	1.829754×10^{-26}	80.22
6	12	^{12}C	11.996709	1.992132×10^{-20}	98.89
6	13	^{13}C	13.000059	2.158746×10^{-26}	1.11

注：求原子质量时要加上电子质量。

1.3 氢分子的结构及物理性质

1.3.1 H_2的结构

氢通常 2 个原子结合在一起，称为氢分子，化学式为 H_2，分子量为 2.01588。H_2 是最简单的双原子分子，其成键模型可以简单描述为两个氢原子各提供一个电子，形成一个共价键，两个电子自旋相反，因此 H_2 呈抗磁性。从核间距-势能图（图 1-13）上可以看出，在两个电子自旋相反的条件下，两个氢原子构成的体系的能量在某一特定的核间距下达到最小值。H_2 分子中两个氢原子的平衡距离为 0.74611Å（1Å$=10^{-10}$m），键能为 4.52eV。

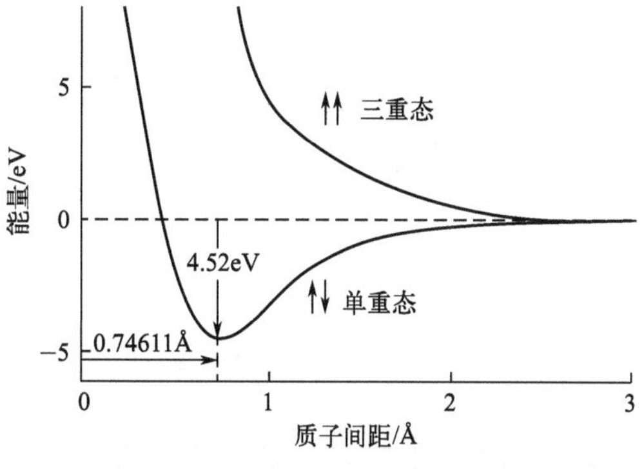

图 1-13　H_2 分子的核间距-势能图

分子轨道的观点认为，在形成 H_2 分子时，两个 H 原子的 1s 轨道的波函数通过线性组合，得到了两个分子轨道。成键轨道由两个原子的波函数同相位叠加获得，为反演对称结构，其能量低于未成键的原子轨道；反键轨道由两个原子的波函数反相位叠加获得，为反演反对称结构，其能量高于未成键的原子轨道。两个电子同时占据成键轨道，因此获得了净的能量，即为 H-H 键的键能。分子轨道理论将分子作为一个整体来处理，能较好地解释一些传统化学键理论不能很好解释的结构和现象，例如 H_2 分子与过渡金属的配位作用以及过渡金属对 H_2 分解的催化机理等，在后面讨论氢的化学反应和成键时会看到分子轨道理论更多的应用。

1.3.2 H_2的核自旋异构体

与电子自旋类似，原子核同样会自旋。^1H 原子核中仅有一个质子，因此核自旋量子数 $S=1/2$。当构成双原子分子时，核自旋有两种可能的组合：即两原子核自旋相同，此时整个 H_2 分子的自旋量子数为 $1/2+1/2=1$，分子为三重态，称为正氢（orthohydrogen，o-H_2）；或两原子核自旋相反，此时整个 H_2 分子的自旋量子数为 $1/2-1/2=0$，分子为单重态，称为仲氢（parahydrogen，p-H_2）[14]。图 1-14 是正氢和仲氢的分子结构示意图。这两种氢分子在能量上略有差别。

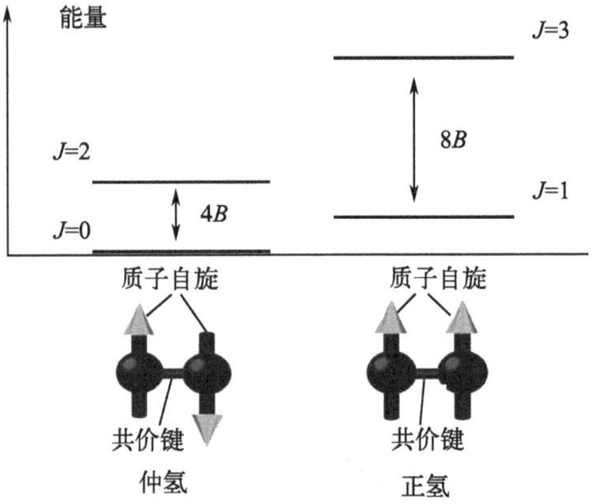

图 1-14　正氢和仲氢的分子结构示意图

［自旋能量 $E=BJ(J+1)$，$B=\frac{\hbar^2}{2I}$，$I=mR^2$，其中，J 为旋转量子数，$\hbar$ 为约化普朗克常量，I 为双原子分子惯性矩，m 为原子质量，R 为原子核之间的距离］

其波函数分别为：

$$\text{正氢的波函数}\Psi_s=\frac{1}{\sqrt{2}}[(\uparrow\downarrow)+(\uparrow\downarrow)] \tag{1-5}$$

$$\text{仲氢的波函数}\Psi_a=\frac{1}{\sqrt{2}}[(\uparrow\downarrow)-(\uparrow\downarrow)] \tag{1-6}$$

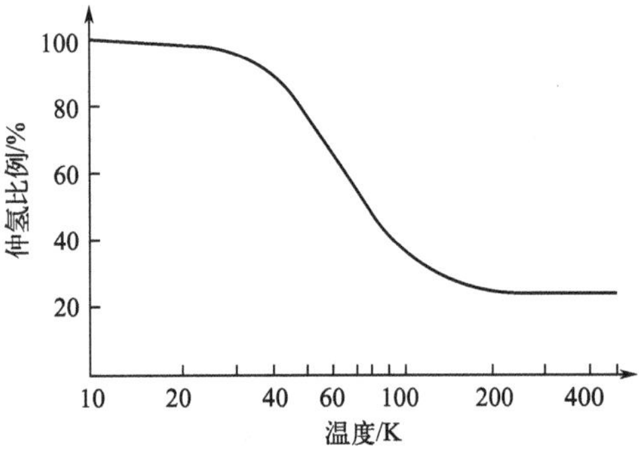

图 1-15　平衡态的氢气中仲氢比例随温度的变化

通常的氢气是这两种核自旋异构体的混合物，常温、常压下正氢的能量较低，在 273K 下正氢约占 75%；而在低温下仲氢更为稳定，接近 0K 时几乎所有的 H_2 均为仲氢。极限高温下两种核自旋异构体的比例可以由它们的统计权重得出：每个^1H 原子有两种核自旋状态，组成 H_2 分子后分子的核自旋状态数为 4，在这四种状态中，通过原子间波函数组合可以得知其中三种具有反演对称结构，属于正氢，一种为反演反对称结构，属于仲氢。因此，在高温极限下正氢的比例应为 75%，在 0℃时正氢比例已经十分接近 75%（图 1-15），表明两种异构体之间的能级差很低，但是在近室温下的转化比较缓慢。表 1-9 给出了正氢和仲氢的一些物理性能。

表1-9 正氢（$o\text{-}H_2$）和仲氢（$p\text{-}H_2$）的一些物理性能

物理性质	沸点时的液相		沸点时的气相		标准状态气体	
	$p\text{-}H_2$	$o\text{-}H_2$	$p\text{-}H_2$	$o\text{-}H_2$	$p\text{-}H_2$	$o\text{-}H_2$
密度/（kg/m^3）	70.78	70.96	1.338	1.331	0.0899	0.0899
定压比热容 c_p/［J/（mol·K）］	19.70	19.7	24.49	24.60	30.35	28.59
定容比热容 c_V/［J/（mol·K）］	11.60	11.6	13.10	13.2	21.87	20.3
黏度/mPa·s	13.2×10^{-3}	13.3×10^{-3}	1.13×10^{-3}	1.11×10^{-3}	8.34×10^{-3}	8.34×10^{-3}
声速/（m/s）	1089	1101	355	357	1246	1246
热导率/［W/（m·K）］	98.92×10^{-3}	100×10^{-3}	16.94×10^{-3}	16.5×10^{-3}	182.6×10^{-3}	173.9×10^{-3}
压缩因子	0.01712	0.01698	0.906	0.906	1.0005	1.00042

已发现顺磁性的气体分子如 NO、NO_2 等能有效地促进两种异构体之间的转化，而抗磁性气体如 N_2、CO_2 等都没有效果，溶液中的顺磁性离子也对转化有催化作用。正氢和仲氢在物理性质如蒸气压、三相点等以及振转光谱的性质上略有差别。

这种核自旋异构体在原子核自旋不为 0 的双原子分子中是十分普遍的，氢的三种同位素构成的双原子分子均有核自旋异构体。D 的核自旋量子数为 1，因此有三种核自旋状态。D_2 有 9 种核自旋状态，经分析其中 6 种为对称结构，3 种为反对称结构，因此在高温极限下正氘和仲氘的比例为 2∶1。T 与 H 一样核自旋量子数为 1/2，因此正氚和仲氚的高温极限比例也是 3∶1。

1.3.3 气态氢气

氢分子轻，比其他气体的扩散速度大，如图 1-16（a）所示。气体逃逸地球的速度是 11200m/s。氢分子的扩散速度随温度的升高会迅速增大，如图 1-16（b）所示，有一部分氢分子会逃逸出地球[15]。

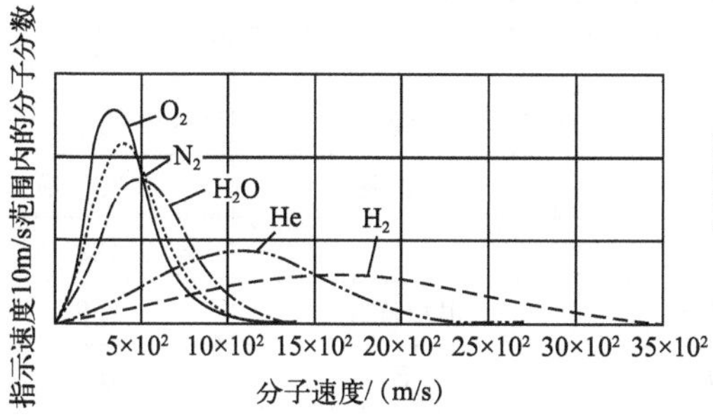

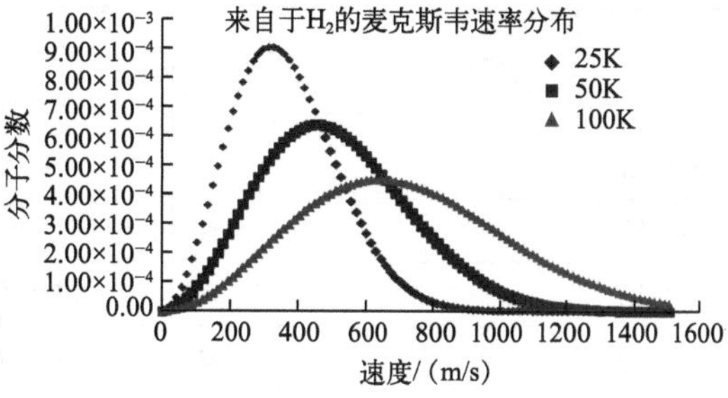

图 1-16 25℃时气体分子速度的分布（a）和氢分子不同温度下的速度分布（b）[15]

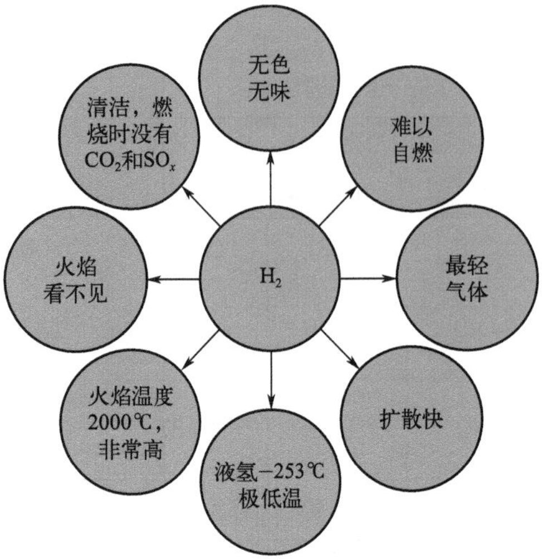

图 1-17 氢气的物理特性

氢气的物理特性如图 1-17 所示，基本特征如下。

① H 是宇宙中最丰富的元素。在质量方面，约占整个宇宙的 70%（以太阳为首，宇宙中的星星大部分都因氢的核聚变反应而发光）。

② 氢单体在自然界中几乎不存在，在地球上作为化合物存在（水、化石燃料、有机化合物等）。

③ H_2 是无色、无味、无臭的气体。

④ H_2 是最轻的气体（相对于空气的密度，0.0695），扩散速度快。

⑤ H_2 即使燃烧也很难看到火焰。

⑥ H_2 燃烧后会和氧气反应生成水。

⑦ H_2 在－252.6℃液化。

我国现行《氢气》标准经国家技术监督局批准发布并于1996 年 8 月 1 日开始实施，定义纯度 99.99%以下的氢气为工业氢，大于或等于 99.99%的为纯氢，大于或等于 99.999%的为高纯氢，大于或等于 99.9999%的为超纯氢。工业氢标准见表 1-10，纯氢、高纯氢和超纯氢的技术指标见表 1-11[16]。

表1-10 工业氢标准

项目名称			指标		
			优等品	一级品	合格品
氢气（H_2）的体积分数/%		≥	99.95	99.50	99.00
氧气（O_2）的体积分数/%		≤	0.01	0.20	0.40
氮和氩（N_2+ Ar）的体积分数/%		≤	0.04	0.30	0.60
水分	露点/℃	≤	-43	—	—
	游离水/（mL/40L 瓶）		—	无游离水	≤100

注：1. 中华人民共和国国家标准《氢气　第 1 部分：工业氢》（GB/T 3634. 1—2006）。

2. 管道输送以及其他包装形式的合格品工业氢的水分指标由供需方商定。

表1-11 纯氢、高纯氢和超纯氢的技术指标

项目名称		指标		
		超纯氢	高纯氢	纯氢
氢纯度/%	≥	99.99	99.999	99.9999
氧含量/10^{-6}	≤	5	1	0.2
氩含量/10^{-6}	≤	供需商定	供需商定	0.2
氮含量/10^{-6}	≤	60	5	0.4
一氧化碳含量/10^{-6}	≤	5	1	0.1
二氧化碳含量/10^{-6}	≤	5	1	0.1

续表

项目名称		指标		
		超纯氢	高纯氢	纯氢
甲烷含量/10^{-6}	≤	10	1	0.2
水分/10^{-6}	≤	10	3	0.5
杂质总含量/10^{-6}	≤	—	10	1

注：中华人民共和国国家标准《氢气 第2部分：纯氢、高纯氢和超纯氢》(GB/T 3634.2—2011)。

H_2 是最轻的气体，汉语中的“氢”即取此意。人们早在飞机发明之前就用氢气球实现了飞翔的梦想。1783 年 Jacques Charles 首先发明了氢气球，1852 年 Henri Giffard 发明了由氢气球作浮力的飞行器，后由德国人 Ferdinand von Zeppelin 改进得到了 Zeppelin 飞艇，于 1900 年首次试飞，从 1910 年到 1914 年间安全运送了 35000 多位乘客。氢气飞艇在第一次世界大战时用于空中的观察和投弹。直到 1937 年氢气飞艇发生空中燃烧爆炸事故，人们才逐渐停止使用氢气飞艇，而转为使用更安全的 He。

由于氢气的分子量是所有气体中最低的，因此具有所有气体中最高的热导率和扩散系数。氢气的主要物理性质见表 1-12。

表1-12 氢气的主要物理性质

性质	数值	性质	数值
分子量	2.016	压缩系数（标准状态）	1.0006
沸点（1atm 下）	20.268K	自动点火温度（标准状态）	858K
气体密度（标准状态）	83.765g/m^3	空中燃烧速度	2.7m/s
液体密度（标准沸点）	0.0708g/cm^3	火焰温度	2323K
临界压力	12.8atm	HHV（高热值）	141.86kJ/g
临界温度	33.19K	LHV（低热值）	119.93kJ/g
临界点密度	0.0314g/cm^3	爆炸极限（空气中）	18.3%～65%（体积分数）
蒸发热	445.59J/g		
熔化热	58.23J/g	爆炸极限（氧气中）	15%～90%（体积分数）
升华热	507.39J/g		
恒压比热（标准状态）	14.89J/（g·K）	燃烧极限（空气中）	4%～75%（体积分数）
比热比（c_p/c_v）	1.383		
定压比热容（标准沸点，液体）	9.69J/（g·K）	燃烧极限（氧气中）	4%～96%（体积分数）
三相点压力	0.0695atm		
三相点温度	13.803K	最小点火能量（空气中）	0.02mJ
声速（标准状态）	1294m/s		

注：1atm= 101325Pa。

1.3.4 气体方程

在低压状态下，H_2 可以认为是理想气体，遵守理想气体定律：

$$pV_m = RT \tag{1-7}$$

其中，p 为气体压力；V_m 为 1mol H_2 的体积；$R=8.314\text{J}/(\text{mol}\cdot\text{K})$，为气体常数；$T$ 是以 K 为单位的温度。

在压力较高时，H_2 的状态通常用范德华方程描述：

$$\left(p+\frac{a}{V_m^2}\right)(V_m-b)=RT \tag{1-8}$$

其中，参数 a 反映的是气体分子之间的相互作用，参数 b 反映的是气体分子本身所占的体积。对于 H_2，参数 $a=2.476\times10^{-2}\text{m}^6\text{Pa/mol}^2$，$b=2.661\times10^{-5}\text{m}^3/\text{mol}$。

对 H_2 状态更精确的描述见下面的状态方程[17]：

$$\left[p+\frac{a(p)}{V_m^{\beta}}\right][V-b(p)]=RT \tag{1-9}$$

此处，$a(p)$ 和 $b(p)$ 均是压力 p 的函数，分别由下面的式（1-10）、式（1-11）给出：

$$a(p)=\exp[a_1+a_2\ln p-\exp(a_3+a_4\ln p)] \tag{1-10}$$

$$b(p)=\begin{cases}\sum_{i=0}^{8} b_i \ln p^i & (p\geqslant 100\text{bar})(1\text{bar}=10^5\text{Pa})\\ b(100\text{bar}) & (p<100\text{bar})\end{cases} \tag{1-11}$$

指数参数 β 对温度有微弱的依赖性，由下面的式（1-12）给出：

$$\beta(T)=\begin{cases}\beta_0+\beta_1T+\beta_2T^2 & (T<300\text{K})\\ \beta(300) & (T\geqslant 300\text{K})\end{cases} \tag{1-12}$$

对于 H_2，上述参数的取值列于表 1-13[17] 中。

表1-13　氢气气体状态方程的参数[17]

参数	取值	参数	取值
β_0	2.9315	b_0	20.285
β_1	-1.531×10^{-3}	b_1	−7.44171
β_2	4.154×10^{-6}	b_2	7.318565
		b_3	−3.463717
		b_4	0.87372903
a_1	19.599	b_5	−0.12385414
a_2	−0.8946	b_6	9.8570583×10^{-3}
a_3	−18.608	b_7	-4.1153723×10^{-4}
a_4	2.6013	b_8	7.02499×10^{-6}

考虑到气体的非理性行为，在计算气体的热力学性质时应用逸度（fugacity）代替压力，逸度系数 $\varphi=f/p$ 由下式定义：

$$\ln(f/p)=\frac{1}{RT}\int_0^p\left(V_m-\frac{RT}{p}\right)dp=\sum_{i=1}\left(\frac{C_i p^i}{i}\right) \tag{1-13}$$

式中，f 为纯物质的逸度；p 为气体压力。

逸度系数表征了在一定压力下气体实际体积与理想体积的偏离，可以通过维里（Virial）系数 C_i 计算得到，相应的维里系数列于表 1-14 中[16]。

表1-14 不同温度下氢气的维里系数[16]

T/K	C_1	C_2	C_3	C_4	C_5
60	-3.54561×10^{-4}	1.66337×10^{-7}	-2.99498×10^{-11}	2.42574×10^{-15}	
77	-1.38130×10^{-4}	4.67096×10^{-8}	5.93690×10^{-12}	-3.24527×10^{-15}	3.54211×10^{-19}
93.15	-3.86094×10^{-5}	1.23153×10^{-8}	9.00347×10^{-12}	-2.63262×10^{-15}	2.40671×10^{-19}
113.15	1.32755×10^{-5}	1.01021×10^{-8}	4.43987×10^{-13}		
133.15	3.59307×10^{-5}	5.40741×10^{-9}	4.34407×10^{-13}		
153.15	4.24489×10^{-5}	5.03665×10^{-9}	8.93238×10^{-14}		
173.15	4.29174×10^{-5}	5.56911×10^{-9}	-2.11366×10^{-13}		
193.15	4.47329×10^{-5}	3.91672×10^{-9}	-4.92797×10^{-14}		
213.15	4.34505×10^{-5}	3.91417×10^{-9}	-1.50817×10^{-13}		
233.15	4.45773×10^{-5}	2.18237×10^{-9}	5.85180×10^{-14}		
253.15	4.48069×10^{-5}	8.98684×10^{-10}	2.03650×10^{-13}		
273.15	4.25722×10^{-5}	9.50702×10^{-10}	1.44169×10^{-13}		
293.15	3.69294×10^{-5}	2.83279×10^{-9}	-1.93482×10^{-13}		
298.15	3.49641×10^{-5}	3.60045×10^{-9}	-3.22724×10^{-13}		
313.15	4.16186×10^{-5}	-5.28484×10^{-10}	2.73571×10^{-13}		
333.15	4.05294×10^{-5}	-7.21562×10^{-10}	2.52962×10^{-13}		

此时气体的化学势可以由下面的式子给出：

$$\mu_H=\mu_H(p_0, T)-RT\ln(f/p_0) \tag{1-14}$$

对理想气体的偏离程度可以用压缩因子 Z 表示，其定义为：

$$Z=-\frac{1}{V}\frac{\partial V}{\partial p}=\frac{pV_m}{RT} \tag{1-15}$$

压缩因子与逸度系数之间的关系为：

$$\ln(f/p)=\int_0^p\frac{Z-1}{p}dp \tag{1-16}$$

氢气的热力学性质与温度和压力有关，可以通过下面的方法计算：

$$\Delta G(p, T)=\Delta G(p_0, T)+\int_{p_0}^{p}V_m dp \tag{1-17}$$

$$\Delta S(p, T)=\Delta S(p_0, T)+\int_{p_0}^{p}\frac{\partial V_m}{\partial T}dp \tag{1-18}$$

$$\Delta H=\Delta G+T\Delta S \tag{1-19}$$

H_2 的热力学函数随温度和压力变化的情况列于表 1-15[17] 和表 1-16 中。对氢气的热力学性质更详细的描述参见综述 [18]。

表1-15 氢气热力学函数随温度的变化（1bar）[17]

T/K	V_m /(cm³/mol)	ΔH /(J/mol)	ΔG /(J/mol)	ΔS/[J/(mol·K)]	T/K	V_m /(cm³/mol)	ΔH /(J/mol)	ΔG /(J/mol)	ΔS/[J/(mol·K)]
100	8314.34	2999	−7072	100.71	600	49886.04	17221	−73305	150.88
200	16628.68	5687	−18184	119.36	700	58200.38	20131	−88622	155.36
300	24943.02	8506	−30724	130.77	800	66514.72	23039	−104357	159.25
400	33257.36	11402	−44237	139.10	900	74829.05	25947	−120456	162.67
500	41571.70	14311	−58474	145.57	1000	83143.39	28852	−136879	165.73

表1-16 氢气热力学函数随压力的变化（300K）

p /bar	V_m /(cm³/mol)	ΔH /(J/mol)	ΔG /(J/mol)	ΔS/[J/(mol·K)]	p /bar	V_m /(cm³/mol)	ΔH /(J/mol)	ΔG /(J/mol)	ΔS/[J/(mol·K)]
1	24943.02	8506	−30724	130.77	2000	27.96	11529	−8615	67.15
2	12485.87	8507	−28994	125	5000	18.75	15896	−1962	59.53
5	5003.08	8510	−26704	117.38	10000	14.58	22319	6189	53.77
10	2508.87	8515	−24968	111.61	20000	11.56	33414	19013	48
20	1261.83	8526	−23224	105.84	50000	8.64	60517	48402	40.39
50	513.73	8560	−20895	98.18	100000	6.84	94585	86094	28.31
100	264.51	8620	−19091	92.37	200000	5.52	154070	146981	23.63
200	140.09	8747	−17210	86.52	500000	4.1	293183	287378	19.35
500	65.78	9176	−14454	78.77	1000000	3.23	472676	467424	17.51
1000	40.98	9954	−11924	72.93					

理想气体 $pV_m=RT$，$Z=1$。若一气体，在某一定温度和压力下 $Z\neq1$，则该气体与理想气体发生了偏差。$Z>1$ 时，$pV_m>RT$，说明在同温同压下实际气体的体积比理想气体状态方程式计算的结果要大，即气体的可压缩性比理想气体小。而当 $Z<1$ 时，情况恰好相反。

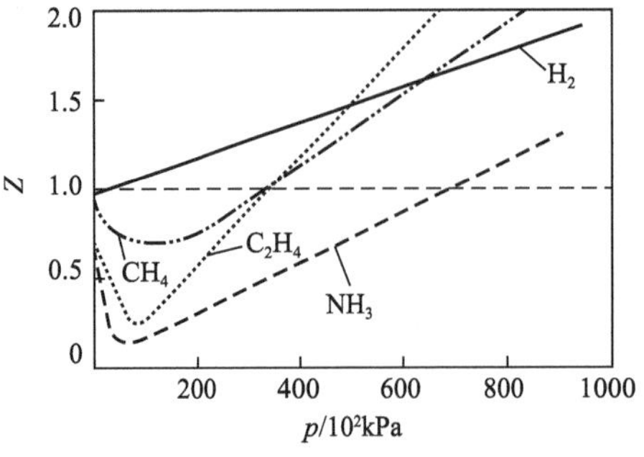

图 1-18 0℃时几种气体的 Z-p 曲线

图 1-18 为几种气体在 0℃ 时压缩因子 Z 随压力变化的曲线。从图中可以看出曲线有两种类型：一种是压缩因子 Z 始终随压力的增加而增大，如 H_2；另一种是压缩因子 Z 在低压时先随压力的增加而变小，达到最低点之后开始转折，随着压力的增加而增大，如 C_2H_4、CH_4 和 NH_3。事实上，对于同一种气体，随着温度条件的不同，以上两种情况都可能发生。

根据美国国家标准技术所（National Institute of Standards and Technology，NIST）材

料性能数据库提供的真实气体性能数据进行拟合，可以得到简化的氢气气态方程：

$$Z=\frac{pV_{\mathrm{m}}}{RT}=\frac{1+\alpha p}{T} \tag{1-20}$$

其中，$\alpha=1.9155\times10^{-6}$ K/Pa。在 173K<T<393K 范围内，最大相对误差为 3.80%；在 253K<T<393K 范围内，最大相对误差为 1.10%。

图 1-19 是压缩氢气的压力与体积密度（左纵坐标）和高压气罐壁厚/外径比（右纵坐标）的关系[19]。由图可知，氢气的密度随着压力的增加并不是像理想气体那样线性增加，而是逐渐趋于饱和，当压力大于 100MPa 时，体积密度的增加就很缓慢了。

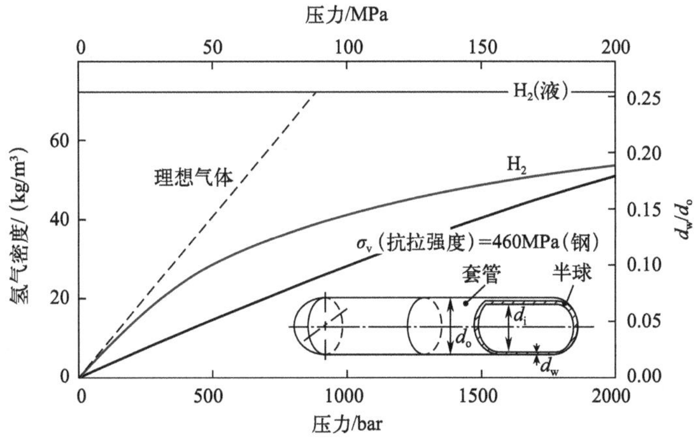

图 1-19 压缩氢气的压力与体积密度和高压罐壁厚/外径比的关系[19]

1.3.5 液态氢和固态氢

氢的相图如图1-20 所示。几种氢同位素双原子分子的三相点和临界点总结于表 1-17 中。

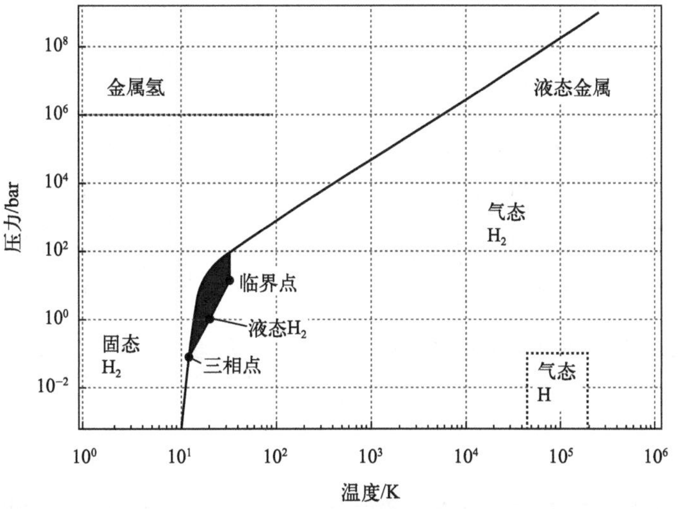

图 1-20 氢的相图

表1-17 几种氢同位素双原子分子的三相点和临界点

项目		$n\text{-}H_2$	$n\text{-}D_2$	$n\text{-}T_2$	HD	HT	DT
三相点	温度/K	13.96	18.73	20.62	16.60	17.63	19.71
	压力/kPa	7.3	17.1	21.6	12.8	17.7	19.4
临界点	温度/K	32.98	38.35	40.44	35.91	37.13	39.42
	压力/kPa	1.31	1.67	1.85	1.48	1.57	1.77
	正常沸点/K	20.39	23.67	25.04	22.13	22.92	24.38

图 1-21 是通过理论模拟计算获得的氢气相图。随着温度的不同，存在原子状气体、分子性气体、分子性固体、分子性液体等状态；随着压力的不同，存在等离子体、金属性液体、金属性固体等状态。

液态氢于 1898 年首次由 James Dewar 通过膨胀冷却法和他自己发明的 Dewar 瓶制备得到，次年他又获得了固态氢。若需要使 H_2 保持液态不沸腾，需在 20K 以下通过加压获得。在液态氢中核自旋为 0 的仲氢占了绝大多数（99.79%）。氢的固液平衡曲线可以用下面的方程表示[20]：

$$p_m = -51.49 + 0.1702(T_m + 9.689)^{1.8077} \tag{1-21}$$

液态氢常用作高密度氢气存储介质，主要用作火箭推进器燃料，虽然其质量能量密度很高，但是其体积能量密度却低于绝大多数燃料。液态氢需要在低温下储藏，低温系统的故障将导致 H_2 的泄漏，因此在液态 H_2 的存储和运输过程中需十分小心。

在低压下，氢气固化时形成六方晶格，此时绝大多数分子是仲氢，固态仲氢的晶格参数为：$a=376\text{pm}$，$c/a=1.623$。六方结构的固态氢随着压力不同呈现出三种不同的物相，在 4K 以下，分子的旋转自由度被抑制从而发生相变，形成面心立方结构[21]，如图 1-22 所示。

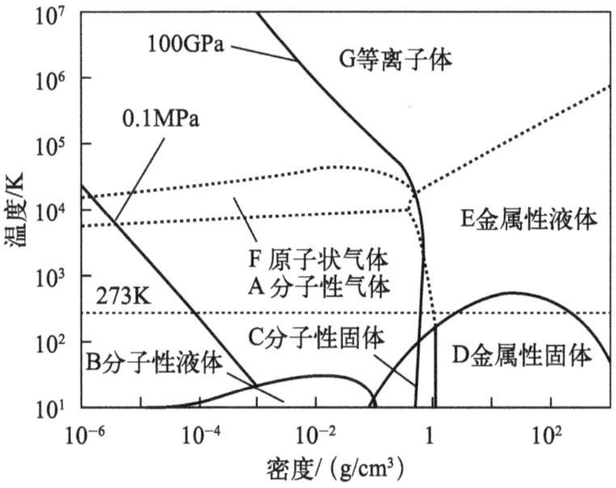

图 1-21 通过理论模拟计算获得的氢气相图

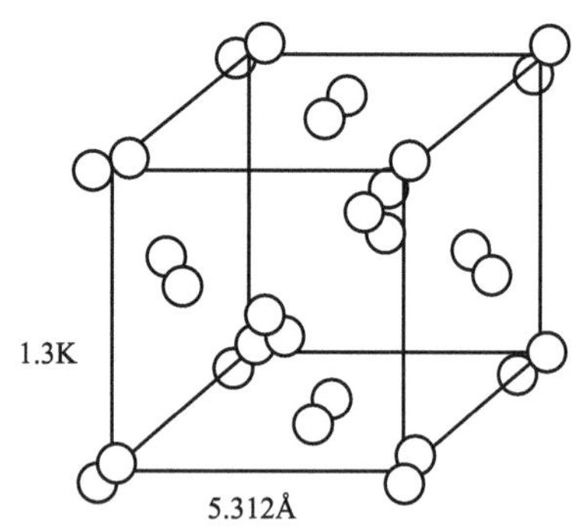

图 1-22 氢分子固态时的晶体结构（1Å= 0.1nm）

1.3.6 金属氢

无论是气态、液态还是固态，氢都是绝缘体。但在元素周期表中氢与碱金属位于同一族，因此很早就有关于是否存在金属态的氢的疑问。1935 年 E. Wigner 和 H. B. Huntington 预测在约 25GPa 的超高压下，氢有可能体现出金属性[22]。天文物理学家也认为在一些质量很大的行星（如木星、土星）核内由于很高的压力也可能存在金属态的氢，称为金属氢。理论预计金属态的氢将呈现出许多独特的物理学行为，包括在室温附近的超导特性[23]以及可能存在的一种全新的量子有序结构。在金属氢内储藏着巨大的能量，比普通 TNT（三硝基甲苯）炸药大 30～40 倍。

实验室中获得金属态氢的主要途径是通过在低温下对固态氢加上高压，在形成金属态氢之前会经历一系列的固态相转变。最开始预测的 25GPa 压力明显偏低，Narayana 等利用金刚石对顶砧产生了 342GPa 的高压，但是固体氢仍然表现出光学透明的绝缘体态[24]。因此，在实验室中获得金属氢被认为是高压物理最具挑战性的课题之一。

近年来对金属氢的超高压实验研究取得了比较大的进展，当前技术上已经能实现约 500GPa 的超高压，已超过地心的压力。2017 年哈佛大学的研究者声称在 5.5K 温度下，施加 465GPa 以上压力时观察到了金属态的氢[25]，但是这一结论并未得到学术界的广泛承认。最近法国科学家利用一种新型高压装置采集了 H_2 随着压力变化的红外光谱，观察到 400GPa 以上时 H_2 可能有向金属态转变的趋势（图 1-23[26]）。用实验验证金属氢存在的主要难点在于在超高压下对样品的物性测量非常困难，因此仍然没有被公认的金属氢存在的实验证据。

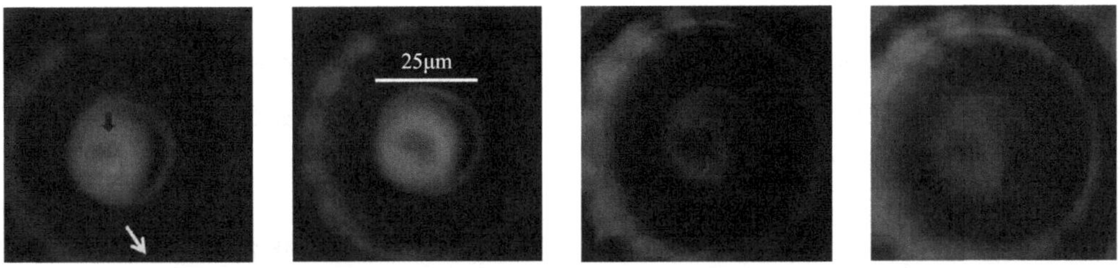

(a) 300GPa (b) 315GPa (c) 412GPa (d) 427GPa

图 1-23 固体氢在不同压力下的光学照片（400GPa 以上呈现出金属态）[26]

1.4 氢的化学性质

1.4.1 氢原子的电子结构和成键特征

氢的电子构型是$1s^1$。从电子构型上看，可以失去一个价电子，形成氢正离子 H^+；还可以得到一个价电子，形成氢负离子 H^-；还可以通过共享电子对形成共价键。从化合价上看，氢的化合价是+1 或−1。图 1-24 和图 1-25 分别是主要元素的电负性排列和不同状态氢的大小。元素周期表中，氢与碱金属同属ⅠA 族，因此虽然没有碱金属的强金属性，但在成键方面与碱金属有很多类似之处；同时氢原子的电子构型与该周期的饱和电子结构只差一个电子，从这个角度讲，氢与卤素也有类似之处。

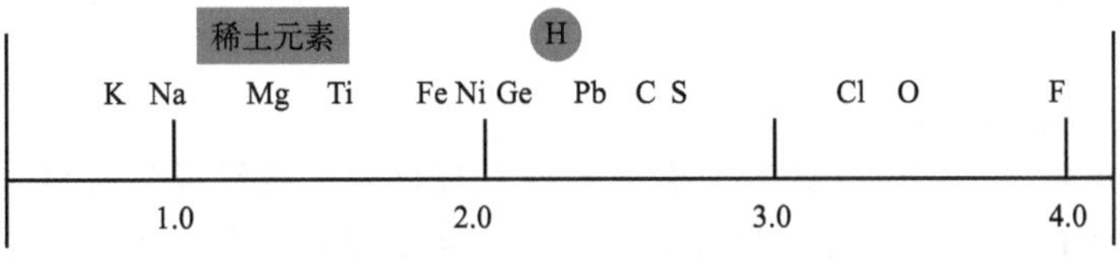

图 1-24 主要元素的电负性排列

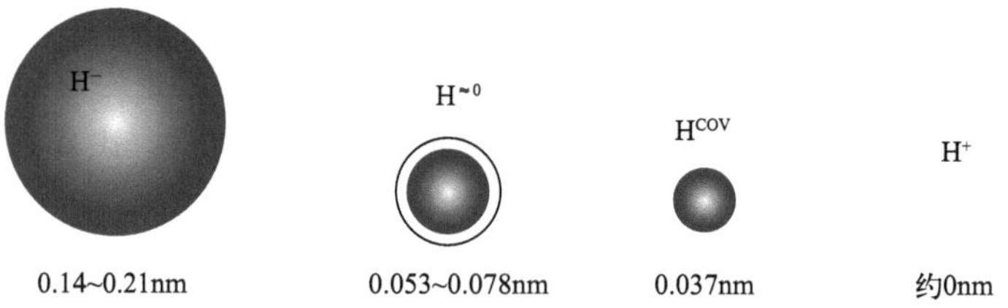

图 1-25 不同状态氢的大小
（上角 cov 表示共价键）

氢在形成化合物时的行为主要分为以下几种。

（1）失去价电子

氢原子失去它的 1s 电子形成 H^+，H^+ 主要存在于强酸中，由于质子的半径很小，因此具有很强的正电场，能使同它相邻的原子或分子强烈地变形。在等离子体状态之外的其他状态下，质子总是以与其他原子或分子结合的状态存在的，例如在酸性水溶液中 H^+ 的实际存在状态是水合离子 H_3O^+。

（2）结合一个电子

氢原子可以结合一个电子形成氢负离子 H^-，其电子构型为类似于氦原子的 $1s^2$ 结构，通常与活泼金属相结合形成离子型氢化物。与 H^+ 相反，H^- 半径较大，容易变形。H^- 容易与 H^+ 结合产生 H_2。

（3）形成共价键

氢与大多数非金属元素化合时通过共用电子对而形成共价型化合物，通常命名为某化氢。除了在 H_2 中外，其余情况下这种共价键都是极性的。氢的电负性为 2.20，高于多数元素，因此除卤素、氧、氮等少数几种元素外，氢与其他元素所形成的共价键中氢都带负电性。

（4）形成配体

氢负离子 H^- 可以作为配位体同过渡金属离子结合形成种类众多的络合物，例如 $HMn(CO)_5$ 和 $H_2Fe(CO)_4$ 等。在这种化合物中，M-H 键大多是共价型的，但一般计算氧化数时将 H 记为－1。

（5）形成氢键

氢与电负性强、原子半径小的非金属元素如 F、O 和 N 成键时，虽然键的类型为共价型，但电子云被强烈吸引向这些原子，从而使氢原子上带有较高密度的正电荷。这种氢原子会吸引邻近的高电负性原子上的孤电子对，形成分子间或分子内的额外相互吸引，称之为氢键，强度处于共价键和分子间作用力之间。

（6）形成桥键

通常情况下氢原子的配位数为 1，即只能形成单键。但在形成某些缺电子化合物如硼烷时，氢会形成多中心的桥键。

1.4.2 氢的化学反应

（1）氢与非金属的反应

氢气能与卤素单质、氧气、硫等非金属单质直接化合。虽然很多氢与非金属的化合物从热力学上看是非常有利于形成的，但由于氢气分子键能较高，因此在常温下 H_2 体现出一定的化学惰性，仅能与很活泼的非金属单质 F_2 反应。在光照条件下 H_2 能与 Cl_2 剧烈反应，这是由于光照导致自由基的生成从而引发链式反应。

合成氨是当前氢气最主要的用途。氨通过 Haber-Bosch 方法在高压和催化剂作用下由氮气和氢气直接反应合成。1909 年德国化学家 Fritz Haber 解决了合成氨过程中的一系列技术难题，之后 BASF（巴斯夫）公司购买了该专利，并由 Carl Bosch 成功实现工业化，Haber 和 Bosch 均因此获得诺贝尔化学奖。合成氨的反应通常在较高压力（15～25MPa）下进行，反应温度一般在 300～550℃。该反应需要催化剂。在最初的 Haber-Bosch 法中采用的催化剂是 Ru 和 Os，1909 年 Bosch 的助手 Alwin Mittasch 发现了廉价的铁催化剂，可以由氧化铁在氢气气氛中还原得到，这一催化剂使用至今。

（2）氢与金属的反应

许多金属如碱金属、碱土金属、稀土金属以及 Pd、Nb、U 和 Pu 等可与氢气作用形成金属氢化物。许多金属氢化物非常容易形成，之所以在通常状况下混合时反应速率较慢是由于表面吸附物种的存在，如果采用表面清洁、比表面积大的微细粉末反应将很容易进行，例如将氢化钒分解得到的金属钒粉末能在常温、常压下很快与氢气化合。事实上很多过渡金属不仅有与氢化合的能力，而且对 H_2 中共价键的离解也有催化作用，在储氢材料中通常用作催化剂以提高吸放氢的速率。利用某些金属如 Pd、U 等与氢可逆的化合、分解过程，可以制得纯度很高的氢气。金属氢化物在后面有专门的章节进行详细介绍。

（3）氢在冶金中的应用

氢气是工业上常用的还原剂，在高温下能还原许多类型的氧化物和氯化物以制备金属，在冶金中有非常重要的应用。如：

$$3H_2+Fe_2O_3 \longrightarrow 2Fe+3H_2O \qquad (1\text{-}22)$$

氢气的还原能力与温度以及氢气的流量有关，一般来说 H_2 能够还原 MnO 以及金属活性在 Mn 之后的元素形成的氧化物，但对于比 Mn 活泼的金属形成的氧化物或生成焓高于 MnO 的氧化物则不能还原。一般来说还原反应发生的温度均比热力学预测值高得多。在 1800K 以下对金属氧化物的还原能力中，H_2 介于 C 和 CO 之间，具体的顺序为：$Ca>Mg>Al>CaC_2>Si>C>H_2>CO$。

氢气也能在高温下跟某些氯化物反应，生成相应的单质，如利用 H_2 与 $SiCl_4$ 的反应可以制取高纯多晶硅：

$$2H_2+SiCl_4 \longrightarrow Si+4HCl \qquad (1\text{-}23)$$

（4）氢与过渡金属的配位反应

20 世纪以来配位化合物的合成以及表征技术得到了很大的发展，获得了很多超越经典化学键理论的配位化合物，其中非常具有代表性的一类就是过渡金属元素和氢的配位化合物。在这些配合物中，氢可以以原子形式与金属形成 M-H 键，也可以以双原子分子的形式作为配体。

1931 年，Hieber 首先制备得到了铁的羰基化合物 $H_2Fe(CO)_4$，此后数十年中过渡金属羰基化合物的研究获得了很大发展。1955 年，Wilkinson 制备得到了 Cp_2ReH（Cp 即 cyclopentadienyl，环戊二烯基），并通过 ^1H NMR（核磁共振氢谱）和红外光谱确定了 M-H 键的存在。近年来的研究发现了更多不同类型的 H 与过渡金属的配合物。一些典型的例子包括：$(PPh_3)phenCu$（η^2-BH_4），以 BH_4 作为双齿配体与金属中心结合；$[(CO)_5W\text{-}H\text{-}W(CO)_5]^-$，其中 H 作为桥键连接两个 W 原子；$[Co_6H(CO)_{15}]^-$，其中 H 原子位于 6 个 Co 原子构成的团簇的中心；具有多个氢配体的 $P(Ph^iPr_2)_3WH_6$，其中的 W 原子具有极高的配位数。这几类特殊的过渡金属与氢形成的配合物的结构式如图 1-26 所示[27]。

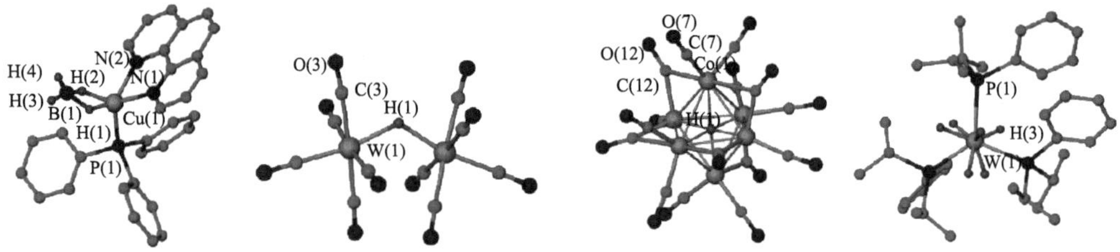

(a) (b) (c) (d)

图 1-26 几种具有特殊结构的过渡金属与氢的配合物[27]

(a) (PPh_3)phenCu（η^2-BH_4），Ph 为苯基，phen 为邻二氮菲；

(b) $[(CO)_5W\text{-}H\text{-}W(CO)_5]^-$；(c) $[Co_6H(CO)_{15}]^-$；(d) $P(Ph^iPr_2)_3WH_6$，^iPr 为异丙基

1984 年，Kubas 首次报道了存在完整的 H_2 分子的过渡金属与氢的配合物（P^iPr_3）$_2$(CO)$_3$W-（η^2-H_2），其分子结构和成键方式见图 1-27[27]。在 H_2 分子构成配位过程中，存在一个经典的 σ 型单键，由 H_2 的 HOMO（最高占据轨道）向金属中心提供电子；同时金属中心的 d 轨道与 H_2 分子的反键 σ 轨道也有一定程度的重叠，形成反馈键。向 H_2 的反键轨道提供电子将削弱 H_2 的共价键，使 H_2 更容易离解成原子，因此许多过渡金属都是涉及 H_2 反应的高效催化剂，通过控制金属中心的电子密度，可以有效地调控这种催化剂的活性。这种金属与 H_2 分子的直接配位作用也被用于提高物理吸附储氢材料的性能。

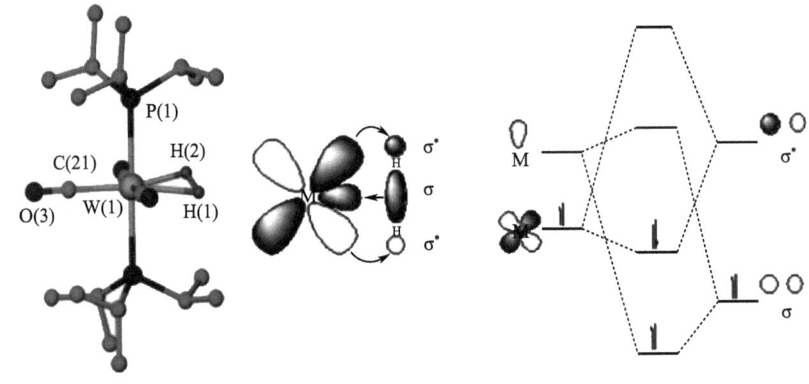

(a) (b)

图 1-27 （P^iPr_3）$_2$（CO）$_3$W-（η^2-H_2）的结构（a）和成键（b）示意图[27]

（5）氢在石油化工中的应用

氢的另一大应用领域是在石油化工中，主要包括不饱和化合物催化加氢、加氢裂化以及加氢脱硫、脱氮。

催化加氢是指在催化剂存在下氢气对有机物中 C═C、C═O、C≡C、C≡N等不饱和键进行加成反应，生成烷烃、醇、胺等。很多加氢反应是重要的工业有机合成反应，如对不饱和油脂加氢生成氢化油，通过对 C═O 双键加氢制备醇等。这类反应通常需要使用催化剂，多为具有催化 H_2 共价键断裂的金属如 Pd、Ni 等，通过催化剂的设计和反应条件的控制实现对加氢产物的控制是化学工业中非常重要的课题。

加氢裂化是在氢气作用下使长链烷烃分裂成链长较短的烷烃的过程：

$$C_{m+n}H_{2(m+n)+2}+H_2 \longrightarrow C_mH_{2m+2}+C_nH_{2n+2} \tag{1-24}$$

该过程首先于 1915 年在德国用于褐煤的气化，1960 年后随着沸石催化剂研究的进展和流化床反应器技术的进步，以及柴油和汽油需求量的快速上涨，这一过程被快速推广。这一方法的意义在于将石油炼制过程中分子量较大的石蜡和焦油转化为可用的汽油、柴油及液化气。该反应需要在较高的温度（260～450℃）和压力（35～200bar）下进行，并且需要催化剂。加氢裂化的催化剂是双功能催化剂，即包括加氢和裂化两部分，通常是酸性载体附着金属的形式。酸性载体为沸石型的催化剂，有较大的比表面积，同时提供酸性位点使大分子裂化；金属通常为过渡金属，包括贵金属如 Pd、Pt 以及 Mo、W、Ni 等。由于反应气氛中富含氢气，硫、氮等油品中对环境有害的杂质会被自动脱除。

加氢脱硫、脱氮是在氢气作用下使石油产品中的 S、N 杂原子形成 H_2S 和 NH_3 从而脱除：

$$C_2H_5SH+H_2 \longrightarrow C_2H_6+H_2S \tag{1-25}$$

由于含硫和氮的油品在燃烧过程中会产生 SO_2、NO_x 等会导致酸雨的气体，因此当前各国对油品中硫和氮的含量都作了严格的规定。工业上的加氢脱硫在 300～400℃、30～130bar 下进行，催化剂主要成分为 CoMo。生成的 H_2S 用胺溶液吸收，最后转化为单质硫。

1.4.3 氢化物

（1）概述

氢可以形成多种不同类型的化学键。氢与金属结合时，氢原子可以进入金属或合金的晶格形成填隙型的金属氢化物；或是以阴离子 H^- 形式存在形成离子型金属氢化物，后者常见于碱金属、碱土金属（除 Be 之外）和部分稀土金属的氢化物。氢与非金属元素形成的化合物中，通常是通过共用电子对形成共价键；与卤族、氧、氮等高电负性元素形成的化合物中，共价键的电子对偏向电负性较大的原子，因此氢原子显现明显的质子特性；而氢与电负性相近的其他主族元素形成的共价键的极性较弱，称为共价型氢化物。氢可以与缺电子的 B、Al 等元素以及过渡金属形成配合物阴离子，称为配位氢化物。利用电负性可以对氢形成的化学键类型进行初步判断，图 1-28 给出了元素周期表中各元素的电负性及其与氢形成的二元化合物的类型。本节讨论的氢化物不包括水、氨、卤化氢等质子型的化合物以及碳氢化合物。代表性的氢化物及其主要性质和应用总结于表 1-18 中。

表1-18 代表性的氢化物及其主要性质和应用

氢化物类型	填隙型金属氢化物	离子型金属氢化物	共价氢化物	配位氢化物
代表物质	$PdH_{0.8}$	LiH	SiH_4	$LiAlH_4$
氢的成键性质	原子态，位于金属晶格中	阴离子	形成共价键	H^- 作为配体形成配位键
合成方法	金属与氢直接反应	金属与氢直接反应	碱土金属硼化物、硅化物、磷化物的水解	离子型氢化物与金属氯化物的离子交换
主要应用	储氢合金、氢气分离和纯化	化学反应中的还原剂、储氢材料	半导体原料	化学反应中的还原剂、储氢材料

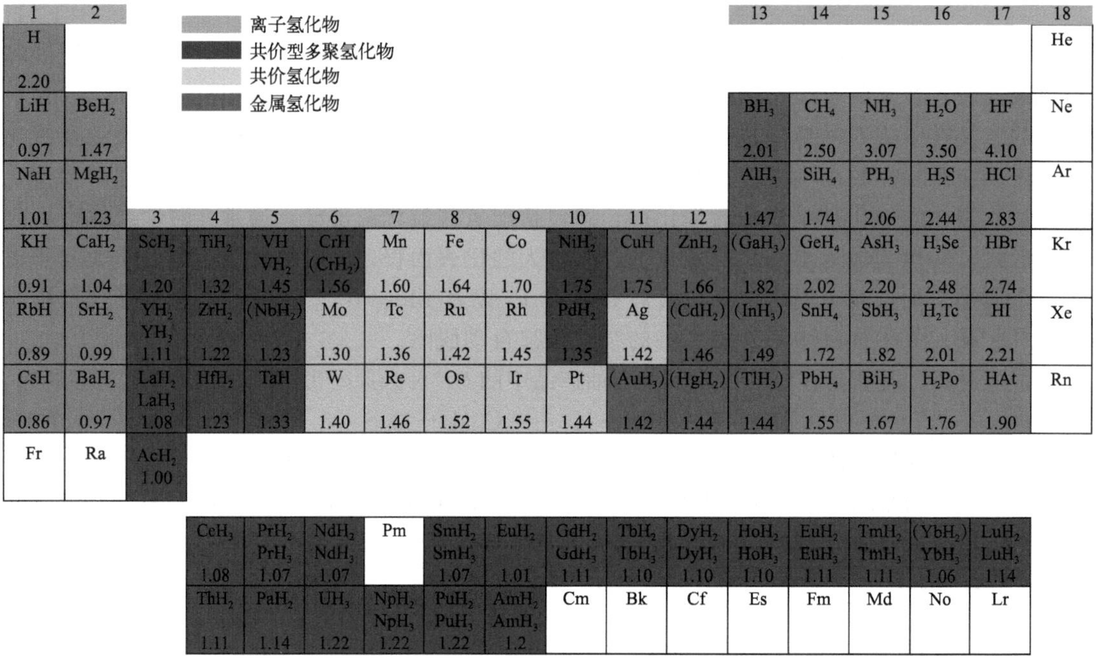
离子氢化物
共价型多聚氢化物
共价氢化物
金属氢化物
1 2 3 4 5 6 7 8 9 10 11 12 13 14 15 16 17 18
H 2.20
He
LiH 0.97
BeH2 1.47
BH3 2.01
CH4 2.50
NH3 3.07
H2O 3.50
HF 4.10
Ne
NaH 1.01
MgH2 1.23
AlH3 1.47
SiH4 1.74
PH3 2.06
H2S 2.44
HCl 2.83
Ar
KH 0.91
CaH2 1.04
ScH2 1.20
TiH2 1.32
VH VH2 1.45
CrH (CrH2) 1.56
Mn 1.60
Fe 1.64
Co 1.70
NiH2 1.75
CuH 1.75
ZnH2 1.66
(GaH3) 1.82
GeH4 2.02
AsH3 2.20
H2Se 2.48
HBr 2.74
Kr
RbH 0.89
SrH2 0.99
YH2 YH3 1.11
ZrH2 1.22
(NbH2) 1.23
Mo 1.30
Tc 1.36
Ru 1.42
Rh 1.45
PdH2 1.35
Ag 1.42
(CdH2) 1.46
(InH3) 1.49
SnH4 1.72
SbH3 1.82
H2Tc 2.01
HI 2.21
Xe
CsH 0.86
BaH2 0.97
LaH2 LaH3 1.08
HfH2 1.23
TaH 1.33
W 1.40
Re 1.46
Os 1.52
Ir 1.55
Pt 1.44
(AuH3) 1.42
(HgH2) 1.44
(TlH3) 1.44
PbH4 1.55
BiH3 1.67
H2Po 1.76
HAt 1.90
Rn
Fr
Ra
AcH2 1.00
CeH3 1.08
PrH2 PrH3 1.07
NdH2 NdH3 1.07
Pm
SmH2 SmH3 1.07
EuH2 1.01
GdH2 GdH3 1.11
TbH2 TbH3 1.10
DyH2 DyH3 1.10
HoH2 HoH3 1.10
EuH2 EuH3 1.11
TmH2 TmH3 1.11
(YbH2) YbH3 1.06
LuH2 LuH3 1.14
ThH2 1.11
PaH2 1.14
UH3 1.22
NpH2 NpH3 1.22
PuH2 PuH3 1.22
AmH2 AmH3 1.2
Cm
Bk
Cf
Es
Fm
Md
No
Lr

图 1-28 元素周期表中各元素的电负性及其与氢形成的二元化合物的类型

(2) 金属氢化物

氢与碱金属、碱土金属、过渡金属以及稀土金属均可以形成氢化物，如图 1-29 所示。

① 大部分是用单质直接化合的方法制备，极纯的金属才可得到含氢最高的产物。

② 都有金属的电传导性，以及显有其他金属性质，如磁性。

③ 除 $PbH_{0.8}$ 是非整比外，它们都有明确的物相，如 MH、MH_2、MH_3 等成分的氢化物，如图 1-30 所示。

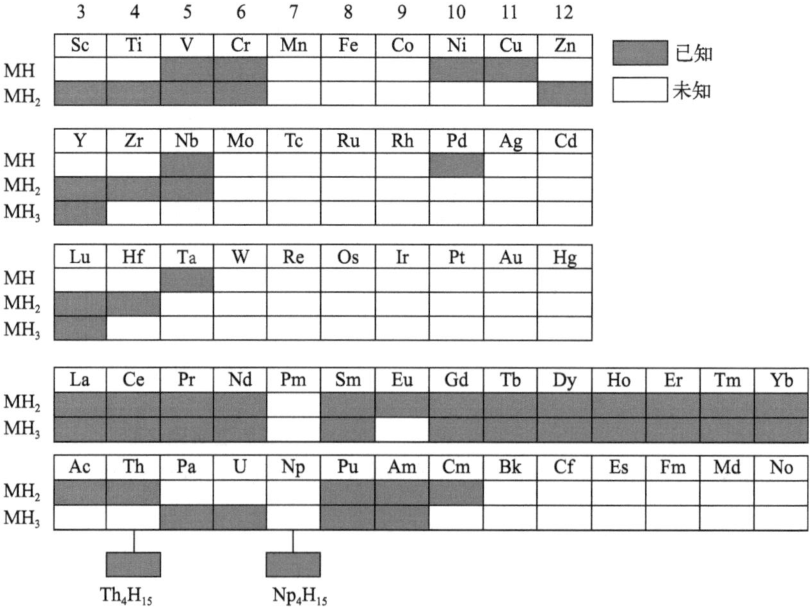

图 1-29 不同金属的氢化物形式

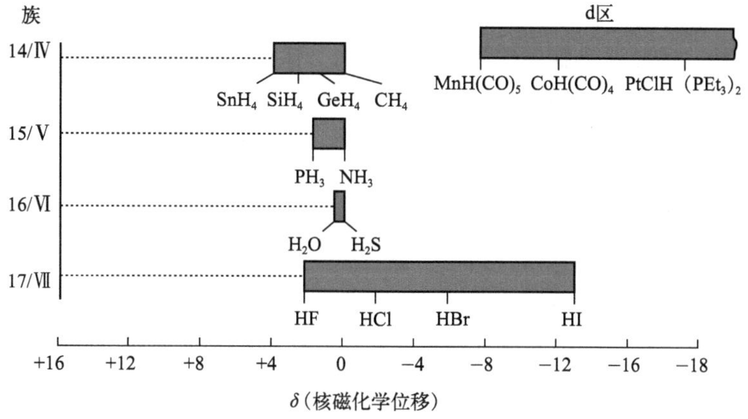

图 1-30 Ⅳ到Ⅶ族 p 区元素的氢化物

④ 过渡金属吸氢后往往发生晶格膨胀，产物的密度比母体金属的小。

⑤ 金属 Pt 具有催化作用，可以解释为表面 Pt 原子形成 Pt-H 键的键焓大得足以使键断开，却不足以补偿 Pt-Pt 金属键断裂所需的能量。

对于金属氢化物的成键理论有三种不同的理论模型：a. 原子态 H 理论，即 H 以原子形态存在于晶格的空隙中；b. 质子氢理论，即氢将其价电子提供给氢化物的导带中，以 H^+ 的形式存在；c. 氢负离子模型，即氢从导带获得一个电子，以 H^- 的形式存在。模型 a 比较适合描述金属和氢固溶体相，而具有确定化学计量比的金属氢化物其晶格结构通常会与相应的金属有很大的不同，此时质子模型和氢负离子模型均有不同程度的应用。

除 BeH_2 外的碱金属和碱土金属的氢化物均为离子型氢化物。1920 年，Moers 首次观察到 LiH 熔融后电导率迅速上升，而其他碱金属氢化物甚至在熔融之前就体现出了离子导电性。这种离子型氢化物的行为与卤化物类似，氢化物也能溶于相应的熔融卤化物中。碱金属和碱土金属的氢化物中的 H^- 具有很强的还原性，在很多情况下可以代替碱金属作为还原剂，同时 H^- 具有比较强的碱性，可以作为制备配位氢化物的原料。碱金属和碱土金属的氢化物对水与氧气均十分敏感，其水解反应是一种便捷式制氢的方法。

许多过渡金属能与氢形成二元化合物，一般来说ⅢB、ⅣB 和ⅤB 族元素的氢化物较为稳定，而 d 轨道上电子数较多的过渡金属氢化物均不太稳定。一个例外是 Pd，它可以形成最高氢含量为 $PdH_{0.8}$ 的稳定氢化物。在室温下 Pd 能吸收氢气使自身体积膨胀，H 能在 Pd 的晶格中迅速地扩散。在 200℃以上氢气对金属 Pd 有穿透性，可以利用这一特性将氢气与其他杂质气体分离，得到纯度很高的氢气。

稀土元素（RE）可以生成二氢化物 REH_2，其中 EuH_2 和 YbH_2 具有与碱土金属氢化物类似的正交晶系结构，而其他的镧系稀土二氢化物都具有萤石的面心立方结构。EuH_2 和 YbH_2 体现出离子性，而其他稀土二氢化物（LnH_2）的有效磁矩都接近相应的三价离子的理论值，属于金属型，可以表示为 $Ln^{3+}(e^-)(H^-)_2$。EuH_2 和 YbH_2 不能与氢继续化合，其他镧系元素的二氢化物可以继续氢化得到含氢量更高的氢化物，比例接近 REH_3。La～Nd 之间的元素形成三氢化物时仍然保持萤石结构，而 Nd 之后的三氢化物则呈六方晶系。并且随着 LnH_2 向 LnH_3 的转变，电阻率明显升高，逐渐变为半导体，可以认为 $Ln^{3+}(e^-)(H^-)_2$ 中的电子与 H 原子结合了。

(3) 主族元素与氢的共价型化合物

Ⅲ～Ⅴ主族元素的电负性与氢接近，可以与氢形成共价型的化合物，其中种类最多的是共价型的碳氢化合物。碳氢化合物的性质在有机化学中有专门的论述，本节只介绍除碳以外的共价型主族元素与氢形成的化合物。

硼能与氢形成多种共价型的氢化物，称为硼烷。对硼烷的研究始于 1912 年前后，20 世纪 50 年代以来高能燃料的研究使硼烷化学有了新的发展，目前确认的硼烷中性分子已超过 20 种。最简单的硼烷分子是乙硼烷（B_2H_6），它是一种无色气体，化学性质非常活泼，能自燃，同时有剧毒。乙硼烷通过加热分解可以得到分子量更高、结构更为复杂的硼烷。硼烷具有非常特殊的成键结构，其中氢不仅能形成经典的 B-H 单键，也可以形成 B-H-B 氢桥键，这主要来源于 B 的缺电子结构。分子轨道理论能很好地解释这种非经典化学键的形成原因，其基本思想是参与多中心键的几个原子轨道通过线性组合形成分子轨道，其中包含若干成键、非键和反键轨道，电子按照能级高低依次填入相应的分子轨道中。

铝的氢化物为固体，具有多种不同的相结构，其中最稳定的为 α-AlH_3，具有菱面体型的六方结构，每个 Al 周围有 6 个 H 原子。AlH_3 对空气和水不稳定，溶于四氢呋喃等醚类溶剂。分子形态的 Al-H 化合物不稳定，仅能在气相中形成。利用低温惰性气体基质，可以捕捉到铝与氢形成的 AlH_3 型分子具有平面三角结构；在固体 H_2 基质中观察到了类似于乙硼烷的 Al_2H_6 结构。

镓的氢化物与相应的硼和铝的氢化物有类似之处，分子型的 GaH_3 是一种黏胶状液体，温度高于－15℃时发生分解，加入乙醚可以增强其稳定性。$GaCl_3$ 与 $LiAlH_4$ 反应可制备得到二聚体 Ga_2H_6，其结构与乙硼烷类似，形成 Ga-H-Ga 氢桥键，其稳定性高于 GaH_3。固体氢化镓相对较稳定，其结构与 AlH_3 类似，Ga 的配位数为 6，较分子态的 GaH_3 稳定，在真空中加热至 140℃才开始释放 H_2。铟的氢化物也不稳定，单铟烷（InH_3）仅能在气态中通过质谱捕捉到。InH_3 能溶于乙醚中，形成相对较稳定的乙醚合物，但乙醚合物会慢慢分解，产生 $(InH)_n$ 沉淀。

硅与氢能形成多种共价型氢化物，其中大多数氢化物在形式上与烷烃类似，因此命名为硅烷。1902 年，Moissen 用硅化锂与酸反应发现了组成为硅氢化合物的气体，主要是 SiH_4 以及少量的 Si_2H_6。硅烷可以用碱金属或碱土金属的硅化物（最常见的是硅化镁）在酸性水溶液中水解生成，但用这种方法得到的通常是一系列不同分子量的硅烷的混合物。硅烷还可以在无水乙醚溶液中用 $LiAlH_4$ 还原 $SiCl_4$ 或硅氧醚得到。硅烷中最重要的是甲硅烷（SiH_4），为性质活泼的气体，在空气中会自燃。在高温下硅烷会发生分解，得到硅单质，工业上用这种方法来制备非晶或多晶硅，这是硅烷十分重要的一个用途。

与硅类似，锗也能与氢形成锗烷，如 GeH_4、Ge_2H_6、Ge_3H_8 等。锗烷的稳定性不如相应的硅烷，在较低温度（280℃）下就分解为单质锗和 H_2。但是锗烷在空气中不会自燃，同时水解也较硅烷慢。锗烷热分解也是制备半导体锗薄膜的有效方法之一。锡的氢化物包括 SnH_4 和 Sn_2H_6，其稳定性更差，SnH_4 在 100℃以上即迅速分解。SnH_4 是很好的还原剂，但是有剧毒。Pb 的氢化物 PbH_4 非常不稳定，在室温下即分解成单质。

磷的氢化物 PH_3 也称膦，可以通过金属磷化物水解获得。常温下膦为无色、有鱼腥味恶臭的气体，有剧毒，受热分解成单质磷和氢气。常见的磷的氢化物还包括双膦 P_2H_4，是肼的类似物。此外，还存在着聚合度不同的氢化物如 P_3H_5、P_4H_6、P_5H_5 等，均为磷化钙水解的产物。砷的氢化物 AsH_3（胂）可以通过在酸性溶液中以 Zn 还原亚砷酸，或是通过砷化物水解制备。AsH_3 在热力学上不稳定，但在室温下分解很缓慢。许多砷的检验方法

（如 Gutzeit 试砷法）都是基于对 AsH_3 的检验。锑的氢化物 SbH_3 比 AsH_3 的稳定性更差，通过氢气还原 $SbCl_5$ 或是金属与 Sb 的合金水解制备得到。这些元素的氢化物均不稳定，稳定性按 $PH_3 > AsH_3 > SbH_3$ 的顺序下降。由于受热会分解产生纯度很高的单质，这些氢化物常用作利用化学气相沉积法制备相应的Ⅲ～Ⅴ半导体（如 GaAs、InP 等）时的原料。

图 1-30 是氢与 p 区元素形成的二元分子化合物，包括人们熟悉的第 2 周期化合物（CH_4、NH_3、H_2O、HF）和各族中较重元素的相应化合物。

（4）配位氢化物

Al 和 B 具有缺电子的结构，能形成铝氢化物和硼氢化物等配位氢化物，结构中含有 AlH_4^- 和 BH_4^- 基团，可以看成 AlH_3 和 BH_3 接受一个 H^- 配位后的产物。铝还可以形成 AlH_6^{3-} 型的配位氢化物，可以通过加热 AlH_4^- 配位氢化物部分脱氢得到。

所有的碱金属和碱土金属都能形成硼氢化物，碱金属的硼氢化物都具有较高的稳定性，能溶于醚类、胺类以及液氨中，在质子溶剂如水和醇中也有一定的溶解性，但会水解放出氢气。$NaBH_4$ 是一种较温和的还原剂，在有机合成中用于将醛、酮、酯和酰卤还原成相应的醇，反应可以定量发生，但不能还原较稳定的羧酸、酰胺、亚胺、腈等物质。$NaBH_4$ 与其他金属卤化物的反应是制备许多金属硼氢化物的常用方法。$NaBH_4$ 的碱性水溶液具有很强的稳定性，在 Co 等过渡金属催化下可以快速放出氢气，是一种具有竞争力的供氢技术。$NaBH_4$ 还可以作为直接硼氢化物燃料电池的燃料。

铝氢化物不如相应的硼氢化物稳定，其分解温度较低，水解反应更为剧烈，还原性也更强。氢化锂铝 $LiAlH_4$ 是最常见的铝氢化物，能作为商品获得，具有很强的还原性，在许多有机合成反应中有重要应用，能有效地还原不饱和的碳氧键和碳氮键，得到相应的醇或胺。在无机化学中 $LiAlH_4$ 是制备氢化物、铝氢化物、硼氢化物的重要原料。

H. I. Schlessinger、H. C. Brown 和 A. E. Finholt 等在 1930～1950 年间陆续报道了常见的硼氢化物和铝氢化物的合成。碱金属硼氢化物可以通过硼酸酯与碱金属氢化物反应得到，其他硼氢化物可以通过碱金属硼氢化物与相应金属的氯化物发生离子交换反应得到。铝氢化物可以通过在乙醚、四氢呋喃、乙二醇二甲醚等溶剂中以金属氢化物和无水 $AlCl_3$ 进行离子交换获得，由于 $LiAlH_4$ 在醚类溶剂中具有一定的溶解度，因而可以滤去 LiCl 得到 $LiAlH_4$ 的醚溶液，而后通过蒸馏除去部分醚溶剂使 $LiAlH_4$ 析出。

过渡金属（TM）也可以形成具有 TMH_n^{m-} 配位阴离子的配位氢化物，如具有 9 配位侧面戴帽三棱柱型阴离子的 $BaReH_9$，具有 7 配位五角双锥型阴离子的 Mg_3MnH_7，具有 6 配位八面体型阴离子的 Mg_2FeH_6，具有 5 配位四方锥型阴离子的 Mg_2CoH_5，具有 4 配位四面体型阴离子的 Mg_2NiH_4，具有 4 配位平面正方形阴离子的 Mg_2PdH_4 等[28]。上述过渡金属配位氢化物可以用相应的金属作原料直接高压加氢得到。此外，氢也可以部分取代过渡金属氧化物中的氧，形成氧和氢与过渡金属共同配位的氧氢化物（oxyhydrides），例如 $BaTiO_3$ 与少量 CaH_2 在 450～550℃下密闭加热 4～7d 可以生成深蓝色的 $BaTiO_{3-x}H_x$，H 取代部分 O 与 Ti 配位[29]。

（5）高压氢化物相

在金属与氢气的反应中，将压力提高到吉帕（GPa）以上将会显著提高氢化物中氢的含量，得到常规条件下无法得到的更富氢的氢化物。例如常压下 H 仅能少量进入 Fe 的晶格，而在 20GPa 以上可以得到组成为 FeH 的氢化物，当压力提高到 136GPa 时，Fe/H 可以达到 3[30,31]。高压同样可以获得富氢的过渡金属配位氢化物，例如在 5GPa 氢压下，可以制备得到含有 CrH_7^{5-} 和 H^- 两种阴离子的 Mg_3CrH_8 相、含有 MoH_9^{3-} 和 H^- 两种阴离子的

Li_5MoH_{11} 相以及含有 NbH_9^{4-} 和 H^- 两种阴离子的 Li_6NbH_{11} 相[32,33]。

很多利用高压反应得到的超氢化物具有高温超导性质。2019 年报道了在近 200GPa 压力下合成的 LaH_{10}，超导温度在 250 K[34]；2020 年报道了在 267GPa 下，H_2S-H_2-CH_4 混合体系在室温（15℃）下出现超导特性，首次实现室温超导[35]。

1.5 氢气的能量

1.5.1 氢气的高热值和低热值

氢能是氢分子和氧分子反应生成水时放出的能量，准确地说应该是水相对于氢气和氧气的能量。因为大气中有大量的氧气，可以不在意氧气，而只关注氢气，并把氢气和氧气反应释放的能量称为氢能。1mol 的氢气能量即 1mol 的 H_2 和 1/2mol 的 O_2 所具有的能量与 1mol 的 H_2O（液体）具有的能量之差。标准状态（1atm，25℃）下，标准焓变是－285.830kJ，标准自由能的变化是－237.183kJ。焓变是全部能量的变化，自由能的变化是从焓变中可以取出来的能量，可以通过电池的方式作为电能取出来。没能以电能的形式取出的部分则是以热的形式释放出来，见图 1-31[36]。

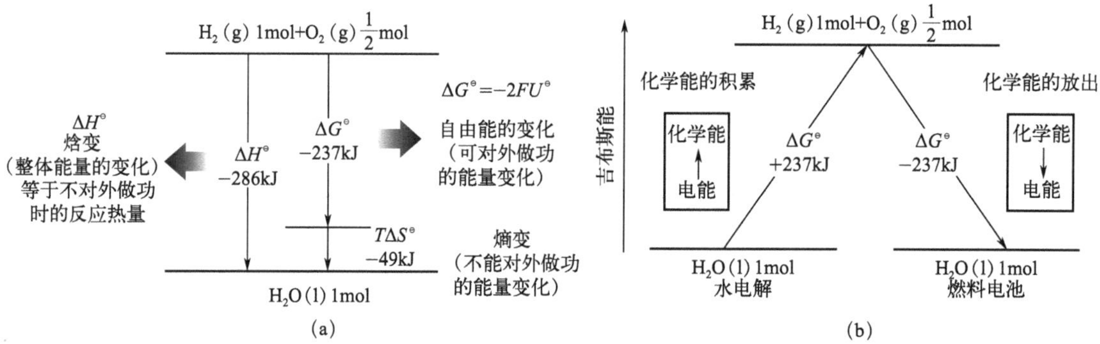

图 1-31 摩尔氢分子伴随水形成的焓变、吉布斯能变化、熵变（a）以及化学能和电能的转换（b）[36]

气体的燃烧发热值分为两种：一种是高热值（high heating value，HHV），即单位燃烧气体完全燃烧后，其烟气被冷却到初始温度，其中水蒸气以凝结水的状态排出时所释放的全部热量，即燃料完全燃烧且燃烧产物的水蒸气凝结为水时的反应热；另一种是低热值（lower heating value，LHV），即单位燃料气体完全燃烧后，其烟气被冷却到初始温度，其中的水蒸气以蒸汽的状态排出时所释放的全部热量，即燃料完全燃烧且燃烧产物中的水蒸气仍以气态存在时的反应热。低位发热量（低热值）等于高位发热量（高热值）减去水蒸发和燃料燃烧时加热物质所需要的热量，即由总热量减去冷凝热的差数。HHV（氢气）＝285.8kJ/mol H_2，LHV（氢气）＝242.8kJ/mol H_2。

图 1-32 是氢气与几种主要燃料的热值比较。由图可知，氢气的质量能量密度比其他燃料的高很多，体积能量密度相对比较小[37]。

表 1-19 和表 1-20[11] 是氢气与其他一些主要燃料的性质比较。氢能是一种高密度能源储存载体，具有很大的储能容量。能源的储存非常重要，可以有多种储存方式。一次能源以及可再生能源可以转变成化学能，以一种物质的形式储存，经过比较分析，转变成氢气是一种最佳的选择。氢气密度小、扩散能力强、热导率大、易燃易爆。

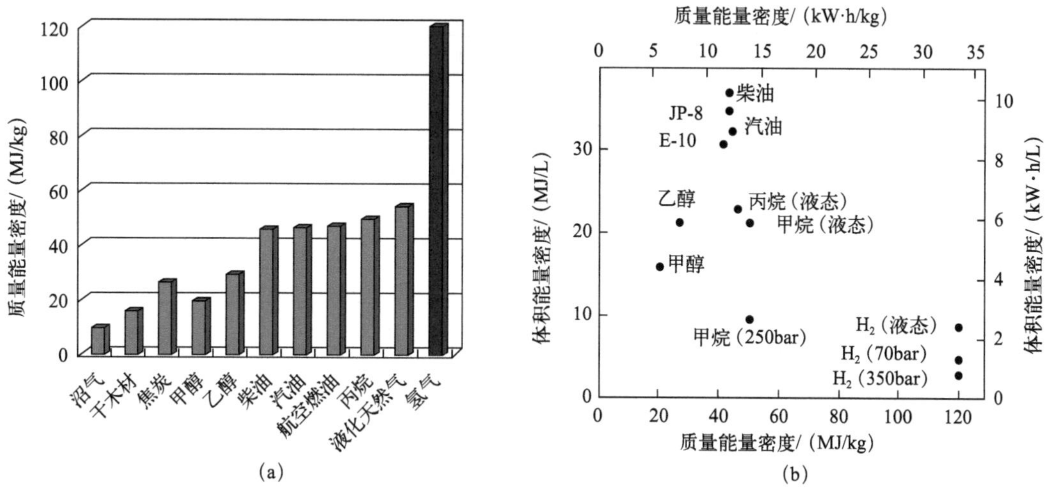

图 1-32 几种主要燃料的热值(质量能量密度和体积能量密度)的比较

表1-19 主要燃料的燃烧反应焓变和自由能变化

燃料	$\Delta H^{\ominus}$/(kJ/mol)	$\Delta H^{\ominus}/M$/(kJ/g)	$\Delta G^{\ominus}$/(kJ/mol)	$\Delta G^{\ominus}/M$/(kJ/g)
氢气(H_2)	−286	−143	−237	−118
甲烷(CH_4)	−890	−55.6	−818	−51.0
乙烷(CH_3CH_3)	−1560.5	−52	−1468.2	−48.9
丙烷($CH_3CH_2CH_3$)	−2220	−50.5	−2108.3	−47.9
甲醇(CH_3OH)	−727	−22.7	−702	−21.9
乙醇(CH_3CH_2OH)	−1366.9	−29.7	−1325.4	−28.8
一氧化碳(CO)	−283	−10.1	−257	−9.2
碳(C)	−394	−32.8	−394	−32.8
肼(N_2H_4)	−622	−23.9	−624	−19.5
二甲醚(CH_3OCH_3)	−1460	−31.7	−1390	−30.2
氨(NH_3)	−383	−22.5	−339	−19.9

注:*M* 为摩尔质量。

表1-20 主要燃料的燃烧性能[11]

参数		氢气(H_2)	天然气(以 CH_4 为主)	汽油(C_8H_{18})	柴油($C_{12}H_{22}$)	丙烷(C_3H_8)	一氧化碳(CO)
碳含量(质量分数)/%		0	75	84	86	82	43
密度/(kg/m³)		0.089	0.72	730~780(液)	830(液)	1.964	1.216
密度(液体)/(kg/L)		0.071	0.42	0.72~0.78	0.82~0.95	0.508	
低热值	MJ/kg	120	49.8	43.5	42.5	46.1	10.1
	MJ/m³	10.8	33.0	33×10^3(液)	35×10^3(液)	85.1	12.6

续表

参数	氢气（H_2）	天然气（以 CH_4 为主）	汽油（C_8H_{18}）	柴油（$C_{12}H_{22}$）	丙烷（C_3H_8）	一氧化碳（CO）
化学计量混合气低热值/（MJ/kg）	3.41	2.75	2.80		2.77	
定压热容/[J/（mol · K）]	29	37	228	348	75	
定容热容（常压，25℃）/[J/（mol · K）]	20	28			67	
理论空燃比/（kg/kg）	34.3	17.2	14.8	14.3	15.6	
当量混合比（体积分数）/%	29.6	9.5	1.9		4	
自燃温度/℃	585	540	273~310	200	480	
着火温度（点）/℃	582（空气）450（O_2）	590（空气）	460（空气）	228~470（空气）	480（空气）459（O_2）	650（空气）
火焰温度/℃	2045（空气）2660（O_2）	1875（空气）	2197（空气）	约 2027（空气）		
沸点/℃	−253	−162	27~225	180~360	−42	
空气中最小点火能/mJ	0.02	0.29	0.24	0.24	0.25	
辛烷值	130	125	92	25	110	
空气中可燃范围（体积分数）/%	4.0~75	5.3~15	1~7.6		2.1~9.5	
空气中爆炸范围（体积分数）/%	18.3~59	6.3~13.5	1.3~6.0			
火焰传播速度/（cm/s）	270~290	37.3	41.5	30.0	32	
空气中扩散系数（1atm，20℃）/（cm^2/s）	0. 63	0.16	0.08	0.05	0.09	0.175
热导率（常压、20℃）/[W/（m · K）]	0.182	0.34	0.021			0.023
淬熄距离/mm	0.64	2.1	2.0	—	2.03	
价格	60 元/kg	2.50 元/m^3（标）	6.98 元/L	6.68 元/L		

氢气作为能源好的一面是单位质量的能量大，但是单位体积的能量小，只有甲烷的1/3，所以高体积密度储存时麻烦，同时在天然气中掺氢气时，单位体积的发热量会减少。

氢是多用途的。如今已有的技术使氢能够以不同的方式生产、储存、移动和使用。各种各样的燃料能够产生氢气，包括可再生能源、核能、天然气、煤炭和石油。它可以通过管道以气体的形式运输，也可以通过船舶以液体的形式运输，就像液化天然气（LNG）一样。它可以转化为电力和甲烷，为家庭和饲料工业提供动力，也可以转化为汽车、卡车、轮船和飞机的燃料。

氢能够使可再生能源实现能源转换，成为可再生能源的一种能源载体。太阳能光伏（PV）和风能的发电量并不总是与负载很好地匹配，氢能是储存这些可再生能源的主要选择之一，而且储存的时间可以是数天、数周甚至数月，其成本也是最低的。通过氢或含氢燃料可以实现可再生能源的远距离输运，如可从澳大利亚或拉丁美洲等太阳能和风能资源丰富的地区将能源输送到数千公里以外的能源匮乏的地区。

氢能可以节省能源，降低环境负荷。燃料电池是从作为燃料的氢和空气中的氧的电化学反应中直接取出电能，所以发电效率很高。另外，通过有效利用电和热两方面，能够进一步提高总能量效率。因此，扩大燃料电池的活用范围，可以大幅度地节省能源。

1.5.2 与液态燃料的比较

许多化合物可以由氢、碳合成，满足流动性标准的一些碳氢化合物如表1-21所示。但是，考虑到制造、安全、燃烧等因素，则会从表1-21中删除一些或添加新的选项。表1-21中物质的主要性质如表1-22和表1-23所示[38,39]。

表1-21 满足流动性标准的一些化合物

化合物名称	英文	化学式
氨	ammonia	NH_3
辛烷	octane	C_8H_{18} 或 $CH_3(CH_2)_6CH_3$
甲苯	toluene (methylbenzene)	C_7H_8 或 $C_6H_5CH_3$
乙苯	ethylbenzene	C_8H_{10} 或 $C_6H_5CH_2CH_3$
异戊烷（2-甲基丁烷）	isopentane (2-methylbutane)	C_5H_{12} 或 $CH_3CH(CH_3)CH_2CH_3$
异丁烷（2-甲基丙烷）	isobutane (2-methylpropane)	C_4H_{10} 或 $CH_3CH(CH_3)CH_3$
乙基甲醚（EME）	ethylmethylether (EME)	C_3H_8O 或 $CH_3OC_2H_5$
二甲醚（DME）	dimethlyether (DME)	C_2H_6O 或 CH_3OCH_3
甲醇	methanol	CH_4O 或 CH_3OH
乙醇	ethanol	C_2H_6O 或 CH_3CH_2OH
液氢（用于比较）	hydrogen (for comparison)	H_2

表1-22 几种液态燃料的物理和能量性质

燃料	分子量	密度（25℃）/（kg/m^3）	氢质量密度/%	氢体积密度/（kg H_2/m^3）	HHV/（MJ/kg）	体积能量密度/（GJ/m^3）
氨	17.0	603	17.8	106	22.5	17.35
辛烷	114.2	698	15.8	110	47.9	33.43
甲苯	92.2	862	8.7	75	42.5	36.60
乙苯	106.2	863	9.4	81	43.0	37.10
异戊烷（2-甲基丁烷）	72.1	615	16.6	102	48.6	29.89
异丁烷（2-甲基丙烷）	58.1	551	13.3	95	49.4	27.20
乙基甲醚（EME）	60.1	725	16.6	97	35.1	25.43
二甲醚（DME）	46.1	669	13.0	87	31.7	21.19
甲醇	46.1	785	13.0	102	29.7	23.28
乙醇	32.0	787	12.5	98	22.7	17.86
液氢（用于比较）	2.0	70	100.0	70	141.9	9.93

表1-23 几种常见液体燃料携带氢的特性（0.1MPa，240K）

物理性质	NH_3	甲基环己烷（C_7H_{14}）	CH_3OH/H_2O	$(CH_3)_2O/3H_2$	液氢（H_2）
分子量	17.03	98.19	32.04/（18.02）	46.07/（6）	2.016
沸点/K	240	374	338	249	20.3
密度/（g/cm^3）	0.682	0.769	0.792/1.00	0.67（0.5MPa，293K）/1.00	0.0706
氢质量密度/%	17.8	6.16	12.1	12.1	100
氢体积密度/（kg/100L）	12.1	4.73	10.3	9.86	7.06
能量密度/（kcal/kg）	5000	1700	3400	3700	28000
世界需求量/10^8t	230	790	230	170	37

注：1kcal≈4.185kJ。

与液态或高压（80MPa）气态氢相比，上述化合物中的每一种单位体积所含能量是液态氢的2～4倍。其中，氨、甲醇、乙醇、二甲醚和甲苯的分子结构相对简单，而辛烷等是最佳的氢载体，单位体积能量密度也较高，如图1-33所示。

尽管每立方米液氨含有106kg的氢，但它有毒性。无论是输送能源还是氢气，最好的方法是将其与碳结合，制成液体燃料。与甲醇和乙醇相比，辛烷更难合成（例如通过费托法合成），更难改造以生产用于燃料电池的氢气。二甲醚（DME）具有良好的特性，但比醇类通用性差。

甲醇可以通过热机或直接甲醇燃料电池（DMFC）、熔融碳酸盐燃料电池（MCFC）和固体氧化物燃料电池（SOFC）直接转化为电能。它还可以很容易地转化为氢气，用于聚合物电解质燃料电池（PEFC 或 PEM）和碱性燃料电池（AFC）中。甲醇可以作为燃料电池和许多其他应用的通用燃料。

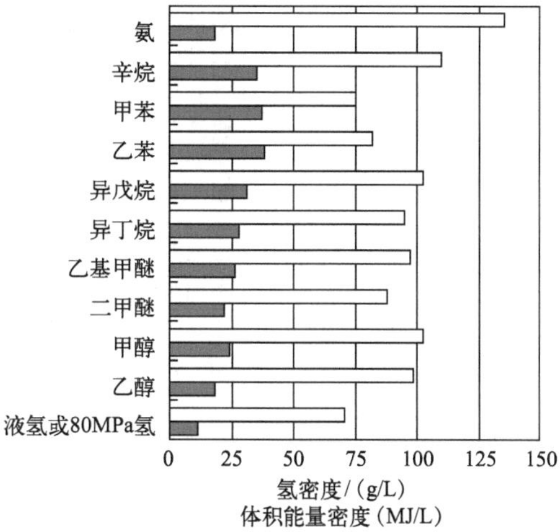

图 1-33 液态燃料的氢密度（白柱）和体积能量密度（灰柱）

乙醇无毒，可以直接从生物质中提取，例如通过发酵，也可以由生物碳和水合成。具有相对较高的体积能量密度，特别适合在车辆中使用。它可作为 85%混合汽油（E85）用在火花点火发动机车辆上，或作为 95%混合柴油（E95）用在压燃发动机车辆上。原则上，它也可以用于燃料电池汽车。因此，乙醇可能是基于可再生能源和二氧化碳循环利用的能源经济的一个极好的解决方案。

1.5.3 世界各国对氢气能量的研究动态

如今，低碳氢在全球能源市场中所占份额很小。不过，投资者看好其长期潜力。

大多数开发商和投资者仍处于制定氢能战略的早期阶段。中国（2060 年），日本、韩国和加拿大（全部为 2050 年）宣布的净零排放目标时间点，以及美国再次承诺遵守《巴黎协定》，表明应对全球变暖的政策势头势不可挡。世界正在转向脱碳，这对绿色氢能的发展起到了很大的推动作用。

2020 年夏天，欧盟公布了其氢能战略，目标是到 2024 年达到 6GW 的产能，到 2030 年达到 40GW。2020 年，德国、西班牙、葡萄牙、荷兰、芬兰、瑞典、波兰和加拿大都发布了国家氢能战略（图 1-34[40]，另见文前彩图），许多其他国家也会很快效仿。

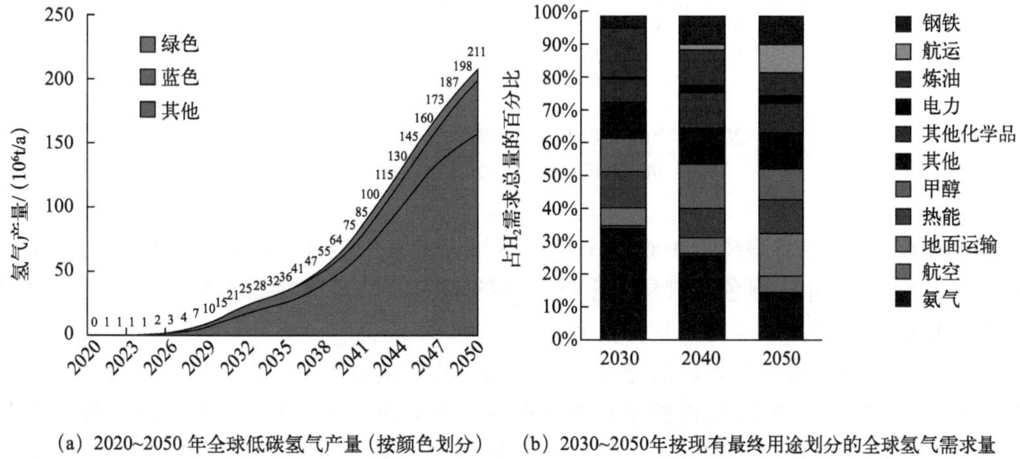

(a) 2020~2050 年全球低碳氢气产量（按颜色划分） (b) 2030~2050年按现有最终用途划分的全球氢气需求量

图 1-34

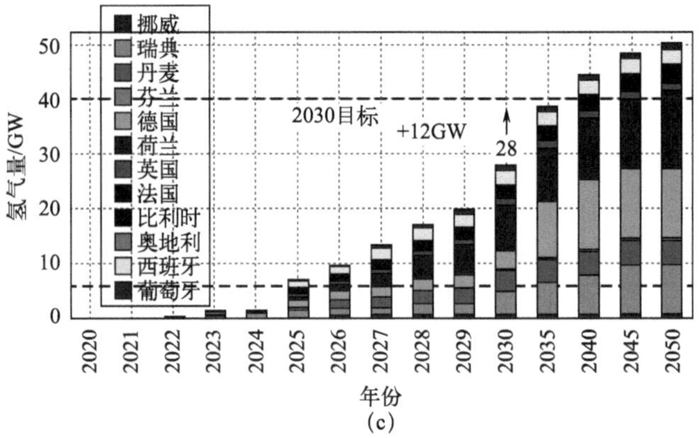

图 1-34　绿氢产能今后的发展（a）、不同领域的氢能规模（b）以及欧洲一些国家和澳大利亚发布的氢气生产规划（c）[40]

氢气生产逐步从灰氢或蓝氢向绿氢发展。正如我们在太阳能等其他零碳技术中看到的那样，随着电解槽产能和相关供应链的大规模扩大，资本成本将下降。电解过程非常耗能，原料成本占所有生产成本的60%至80%，几乎全部是电力成本，电力成本的下降对绿氢的发展至关重要。

图 1-35 是 2019 年和 2050 年不同能源制备氢气的预计成本比较[41]。到 2028 年至 2033 年，假设 2030 年电价为 30 美元/(MW·h) [0.2 元/(kW·h)]，绿色氢气将在几个市场上与化石燃料氢气具有竞争力。那是我们看到市场真正开始腾飞的时候。

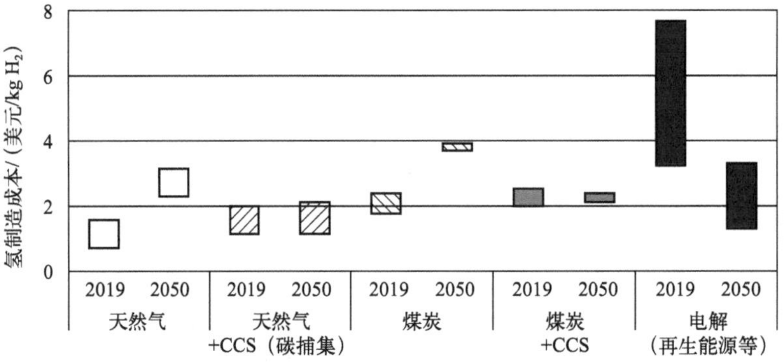

图 1-35　2019 年和 2050 年不同能源制备氢气的预计成本比较[41]

来源：国际能源机构，《2020 年能源技术展望》。

到 2050 年，世界将需要近 1000GW 的电解槽容量来满足我们的需求预测。这只是针对绿色氢气，到 2050 年，绿色氢气将占全球产量的 75%。CCS 支持的天然气或煤基氢气以及其他商业化前的生产方法也需要发挥重要作用。

建立氢气供应链是一项艰巨的任务。图 1-36（另见文前彩图）是不同方式输运氢气的成本比较以及管道混氢输运时输送能量和碳减排与混氢量的关系。大规模输氢时，管道是非常有效的方法。即使是现在，储氢量也在呈指数级增长，管道氢能输运已从一年前的 3.5GW 激增至今天的 26GW。其中约 2/3 在欧洲，沙特阿拉伯和澳大利亚也有大型项目。

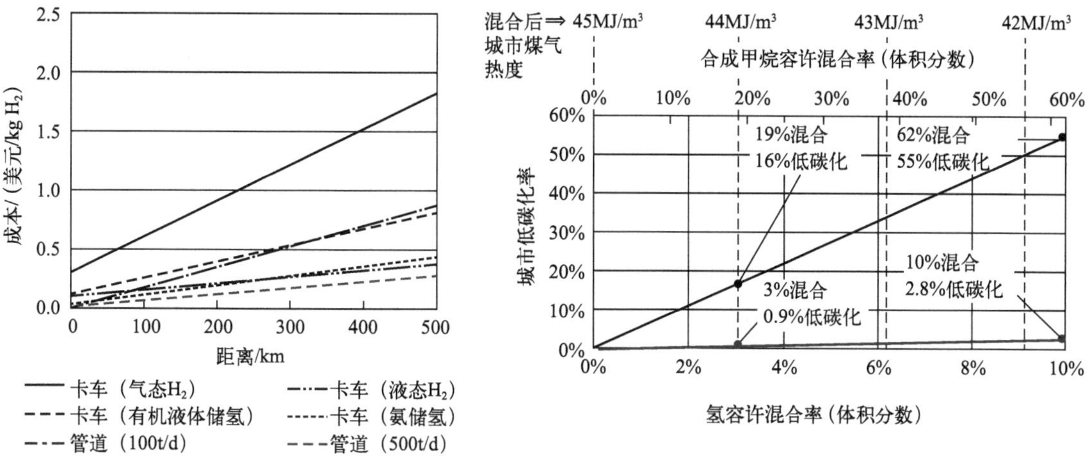

图 1-36 不同方式输运氢气的成本比较（a）以及管道混氢输运时输送能量和碳减排与混氢量的关系（b）

来源：国际能源机构，氢的未来、面向第 2 届 2050 年的煤气事业应有状态研究会

（一般财团法人日本能源经济研究所 柴田委员提交的资料）。

如此规模的电解水制氢将吸收相当于全球 12% 的电力供应。这超过了整个美国电力市场的年供应量。此外，电解水制氢需使用间歇太阳能或风能向电解槽提供可靠的、具有成本效益的电力，储能或电网电力也必须纳入其中，这些都是相当大的挑战。

到 2050 年，在生产方面生产氢气的资本成本约为 1 万亿美元，而 2020 年的支出仅为 1 亿美元。到目前为止，各国政府共同计划拨款 1530 亿美元用于氢基础设施建设，这些经费很可能是在开发初期的赠款和贷款。目前很多大型石油公司、公用事业公司、能源技术专家、风险投资、私募股权、机构投资者和银行都对氢能开发有兴趣。

图 1-37 是全球氢基础设施市场规模发展预测。2020 年，全球氢基础设施市场规模将达 5500 亿元人民币，2015～2020 年间预计年增长率 7%。2020～2025 年，市场会加速增长，2025 年市场规模将达 1.1 万亿元人民币。2025 年后，市场每 5 年将扩大 2 倍，到 2050 年将形成 11.8 万亿元人民币的市场规模。

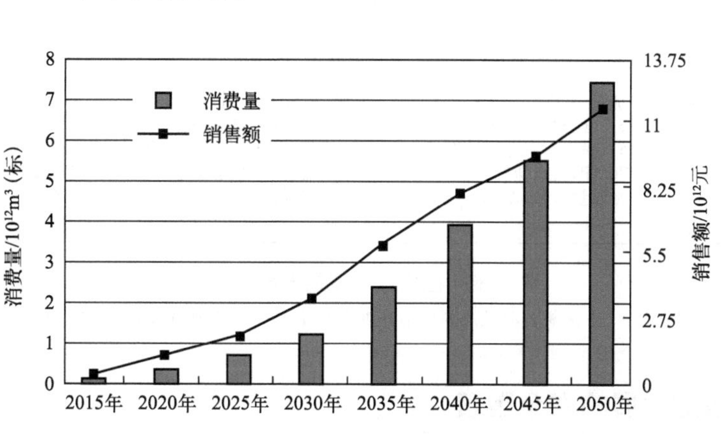

图 1-37 全球氢基础设施市场规模发展预测

数据来源：日经 BP 清洁技术研究所《世界氢基础设施项目总览》(2013 年 10 月)，按汇率 100/5.5 折算。

图 1-38（另见文前彩图）是 IEA（国际能源署）对全球氢气需求的增长以及 2070 年各

领域的氢能利用的推算，预计在交通（包括运输、船舶、航空）、产业、发电和合成燃料制造领域会有大的发展[41]。图 1-39 是国内今后氢能市场发展预测，预计氢能市场会从 2019 年的 3000 亿增长到 2050 年的 12 万亿。

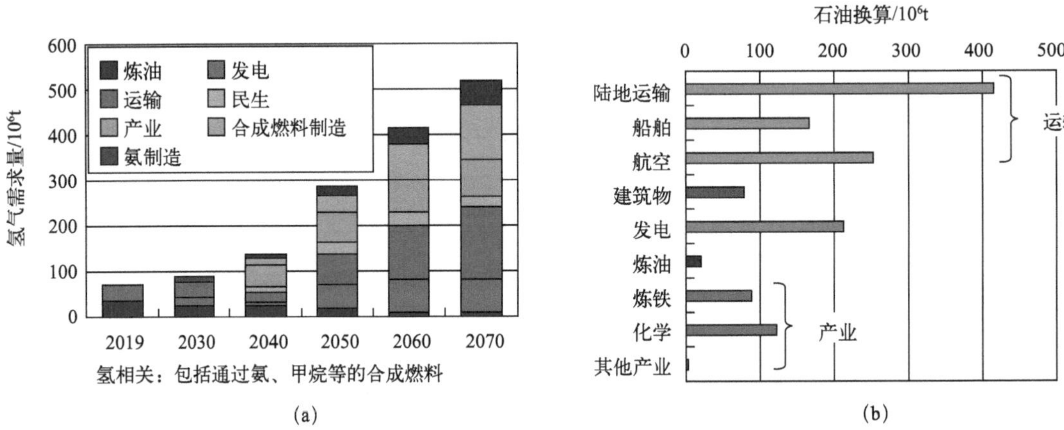

图 1-38 IEA 对全球氢气需求的增长（a）以及 2070 年各领域的氢能利用的推算（b）[41]

来源：国际能源机构，《2020 年能源技术展望》。

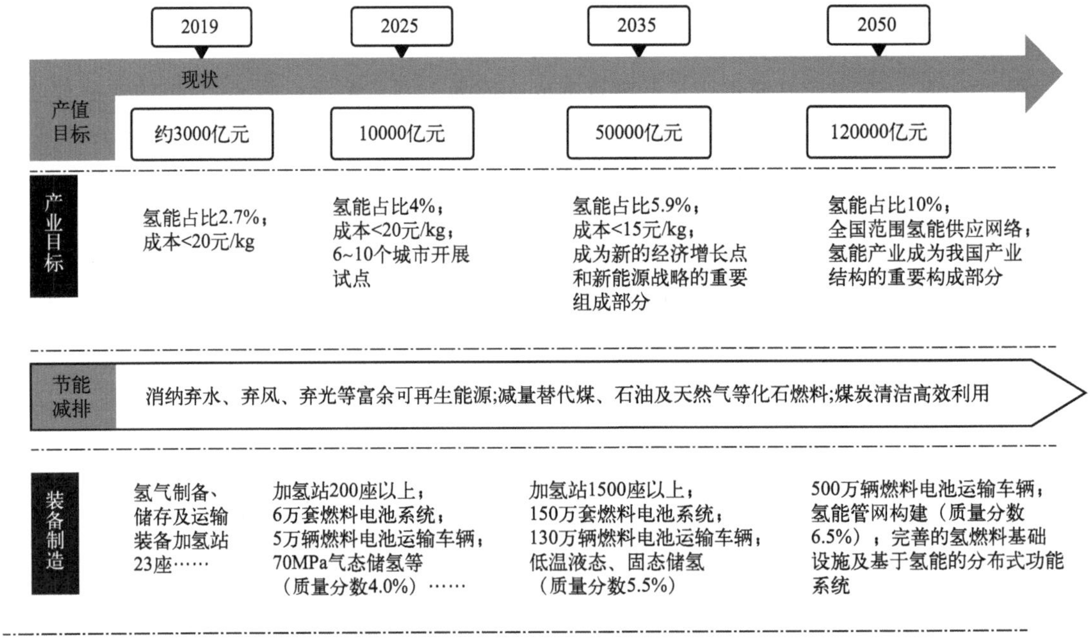

图 1-39 国内今后氢能市场发展预测

数据来源：《中国氢能源及燃料电池产业白皮书》——“中国氢能联盟”（2019）。

1.5.4 推动氢能发展的四个因素

虽然氢能发展还面临着成本高、技术不成熟、基础设施薄弱等诸多问题，但是有四个重要的原因势必推动氢能的发展。

① 化石资源的枯竭。石油和天然气只能用 40 余年，煤炭也仅能用 130 余年，急需探索

新的能源资源。

② 环境污染和温室效应问题严重，CO_2 减排刻不容缓，包括中国在内的很多国家宣布 2050 年温室效应气体净排放量为零，氢能利用是其中的一个关键技术。

③ 大规模能源储运的需求。风力和太阳能等可再生能源发电技术有了很大提高。国家能源局发布 2022 年全国电力工业统计数据。截至 12 月底，全国累计发电装机容量约 25.6 亿千瓦，同比增长 7.8%。其中，风电装机容量约 3.7 亿千瓦，同比增长 11.2%；太阳能发电装机容量约 3.9 亿千瓦，同比增长 28.1%。将来风光发电还会有更大发展，大规模的能源储存和输运成为了瓶颈，氢是最佳的与电相互转换的燃料，氢能和电能的并行是最佳的匹配方案。

④ 可再生能源直接制氢（$2H_2O \longrightarrow 2H_2 + O_2$），其他燃料合成都得用氢气，如甲醇（$CO_2 + 2H_2 = CH_4 + O_2$）、氨气（$N_2 + 3H_2 \longrightarrow 2NH_3$）等，甲酸、乙醇等的合成更复杂、困难。化工产业需要大量的氢气，将氢气作为燃料直接使用更方便，成本更低。氨、甲醇、甲酸、乙醇也都是间接使用氢能，会使氢能利用的途径更多。

1.6 氢气与材料的相关性

目前，氢能的开发更多地集中在交通领域上，尤其是氢能源汽车上。其实，氢能是一个很大的产业链，除了交通以外，在石油化工、金属冶炼、储能和分布式发电等领域也有重要的应用，如图 1-40 所示。

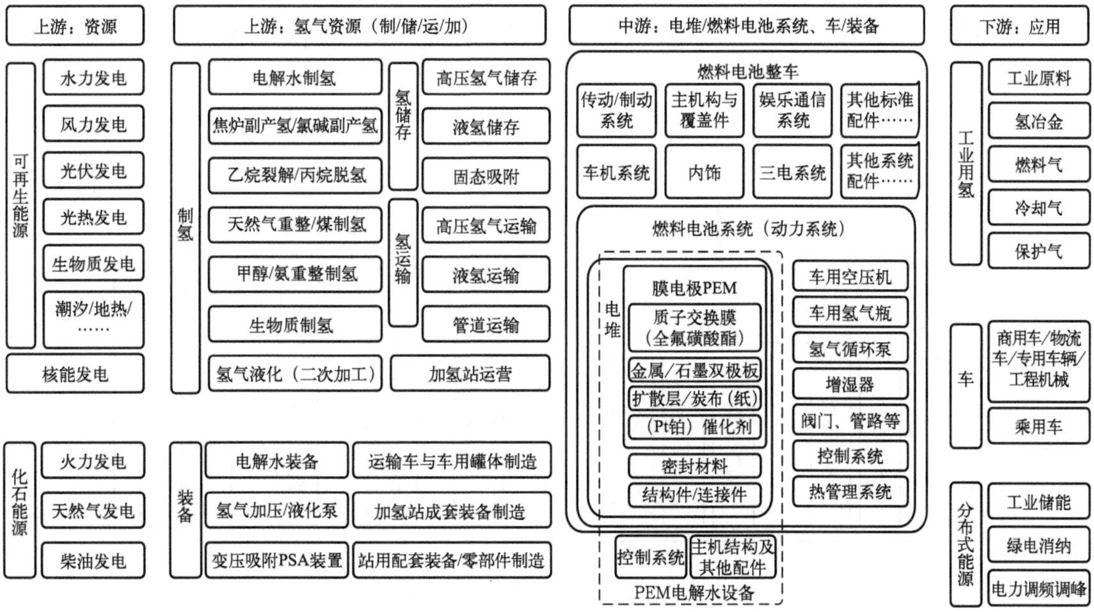

图 1-40 氢能核心产业链

新材料是氢能的基础和先导，是处于各个产业链最上游、技术壁垒最高的部分，将为新一轮氢能科技革命和产业革命提供坚实的物质基础。氢能产业链如图 1-41 所示[42]，主要包括氢气制备、氢气分离与提纯、氢气储运、氢能转换等环节，对新材料提出了越来越迫切的需求。

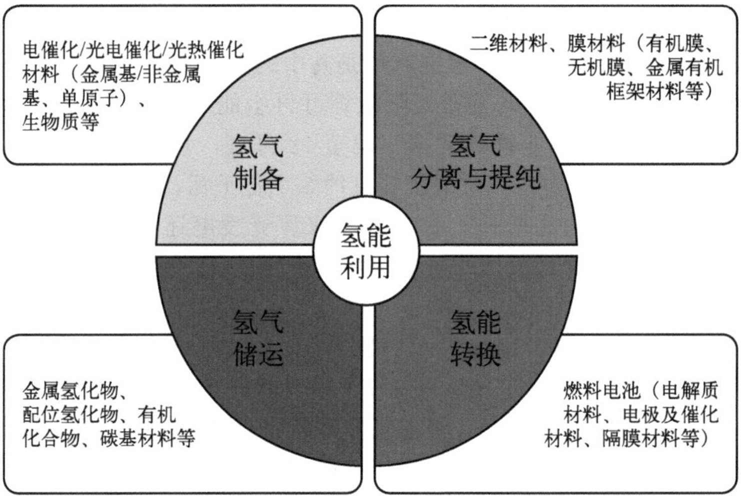

图 1-41　氢能利用中的新材料

1.6.1　制氢新材料

现在有多种制氢的方法，大体可以分成化学燃料制氢、含氢尾气副产氢回收、高温分解制氢、电解水制氢、其他方法制氢等 5 大类，如图 1-42 所示。不论是哪种方法，都离不开催化剂，如电催化剂、光催化剂、热催化剂等，催化剂的使用可以提高氢气转换效率，降低制氢成本。

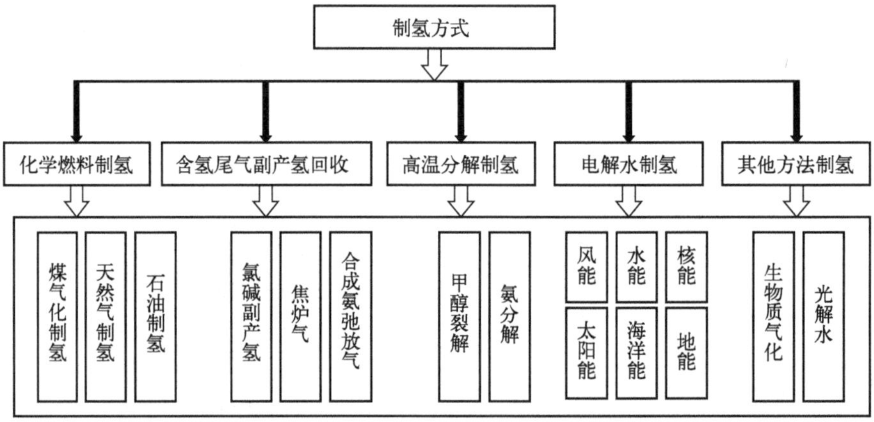

图 1-42　氢气制备的各种方法

氢气主要依靠天然气及煤等非可再生化石资源的重整来获得，随着碳中和的推进，可再生能源制氢成为了发展的方向，电解水制氢成为了绿氢的制造方法。根据使用电解质的不同，电解水的方式可分为碱性水电解（alkaline，ALK）、质子交换膜电解（proton exchange membrane，PEM）、固体氧化物高温水蒸气电解（solid oxide electrolysis cell，SOEC）、碱性阴离子交换膜电解（alkaline anion exchange membrane，AEM）等 4 种，基本性能参数和使用材料对比见表 1-24[43,44]。AEM 目前还在初步探索中；而 SOEC 由于环境的特殊性和公用工程条件的局限性，难以实施；相对来说，碱性水电解制氢、质子交换膜电解制氢较方便实施。除了催化剂外，对电极材料、隔膜、双极板材料都提出了新的要求。

表1-24 四种电解水制氢技术和材料的使用 [43, 44]

项目		碱性水电解（ALK）	质子交换膜电解（PEM）	固体氧化物高温水蒸气电解（SOEC）	碱性阴离子交换膜电解（AEM）
发展状况		商用化	商用化	研发和示范	研发中
电解效率（LHV）/%		63～70	56～60	74～84	
工作温度/℃		70～90	50～80	700～850	40～60
工作压力/bar		＜30	＜70	1	＜35
电解质		20%～30% KOH 或 NaOH	PEM（常用 Nafion）	Y_2O_3/ZrO_2	1mol/L KOH 或 $NaHCO_3$
电极/催化剂	O 侧	镀镍多孔不锈钢	Ir 氧化物	钙钛矿如 LSCF、LSM	Ni 或 NiFeCo
	H 侧	镀镍多孔不锈钢	炭黑@Pt 纳米颗粒	Ni/YSZ	Ni
电流密度/（A/cm^2）		0.2～0.4	1.5～3		
成本 CAPEX（系统）/（美元/kW）		600	1000	＞2000	
规模/［m^3（标）/h］		1000	单堆 100		
电堆寿命/h		50000	60000	20000	5000
能耗/（kW·h/kg）		50～78	50～83	40～50	40～69
负载波动范围		15%～110%	0～160%	30%～125%	5%～100%
启动时间		1～10min	1s～5min		
上下波动		0.2%～20%/s	100%/s		
停机		1～10min	数秒	不易频繁停启	

来源：IRENA（2018a;2020b）。

1.6.2 氢气分离和提纯新材料

氢气来源广泛，不同方法制取的原料气所含杂质种类、氢气纯度和制氢成本不同；氢气的利用形式多样，但不同应用场合对氢气纯度和杂质含量的要求有显著差异，因此根据原料气和产品气的条件与指标，选取技术可靠、经济性好的提纯方法至关重要。最常用的分离提纯方法如图 1-43 所示，有变压吸附法、低温吸附法、钯膜扩散法和金属氢化物法。

从富氢气体中去除杂质得到 5N 以上（≥99.999%）纯度的氢气大体可分为三个处理过程。第一步是对粗氢进行预处理，去除对后续分离过程有害的特定污染物，使其转化为易于分离的气体，传统的物理或化学吸收法、化学反应法是实现这一目的的有效方法；第二步是

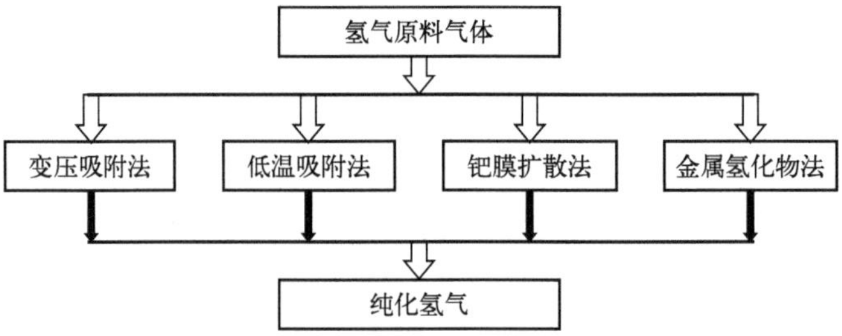

图 1-43 氢气分离的方法

去除主要杂质和次要杂质，得到一个可接受的纯氢水平（5N 及以下），常用的分离方法有变压吸附（PSA）分离、低温分离、聚合物膜分离等；第三步是采用低温吸附、钯膜分离、金属氢化物等方法进一步提纯氢气到要求的指标（5N 以上）。

PSA 法具有灵活性高、技术成熟、装置可靠等优势，是广泛使用的方法。PSA 法去除杂质气体的效果主要依赖选择吸附剂，利用吸附剂只吸附特定气体的特点，从而实现气体的分离。根据流动相（吸附质）与固体（吸附剂）表面的作用力，吸附可分为物理吸附和化学吸附两种，氢气的分离和纯化一般是以物理吸附为主，广泛使用的吸附剂有分子筛、活性炭、硅胶、活性氧化铝等。

膜分离技术因具有能耗低、可连续运行、成本低及操作简便等优点，是最具应用前景的氢气分离技术。膜材料是膜分离技术的基础和核心，主要包括有机膜、无机膜及有机无机杂化膜三类。有机膜的典型代表是高分子膜，如纯相高分子膜、多相高分子膜及高分子混合基质膜等。无机膜主要包括碳基膜材料、硅基膜材料、金属类膜材料及沸石类膜材料等，研究重点是优化制备参数，调控膜的孔径及孔结构，获得与目标筛分气体相匹配的性质。与高分子膜材料相比，无机膜具有较好的耐高温及耐腐蚀性能，但因其组成与结构相对固定，调控自由度相对较低。有机无机杂化膜的典型代表是金属有机框架膜材料，由有机配体和金属单元自组装形成周期性的网络结构，具有多样化的孔道结构，可根据具体应用场景进行灵活调控。

1.6.3 氢气储运新材料

氢气在常温常压下具有密度低、易燃烧及易扩散的特点，为其储存带来极大的挑战。如何实现安全可靠且高效储氢是亟待解决的技术难题之一。目前，储氢方法主要有高压气态储氢、低温液态储氢及固态储氢等途径（图 1-44[45]）。高压气态储氢成本最低、最简便、规模最大，是应用最广泛的方法。液态储氢发展很快，中长期会持续发展，现在已有液氢、有机液体储氢和氨储氢，也实现了较大规模的储氢示范和应用。固态储氢已逐渐发展为一种极具潜力的储氢方式。虽然储氢材料的研究已近半个世纪，目前仍处于探索阶段，尚无大规模应用实例，但将来固态储氢的关键问题获得突破的话，也会成为一种有效的储氢方法。

高压气态储氢的技术核心在于内胆材料、外层碳纤维材料及其缠绕成型技术。高压储氢罐已从Ⅰ型发展到了Ⅳ型，主要变化是内胆材料逐步从 Cr-Mo 钢、Al 合金发展到塑料。

利用固体材料及有机液体材料进行储氢，已逐渐发展为一种极具潜力的储氢方式，但面临的困境是缺乏廉价、高效、长寿命的新型储氢材料。理想的储氢材料需同时满足一系列苛

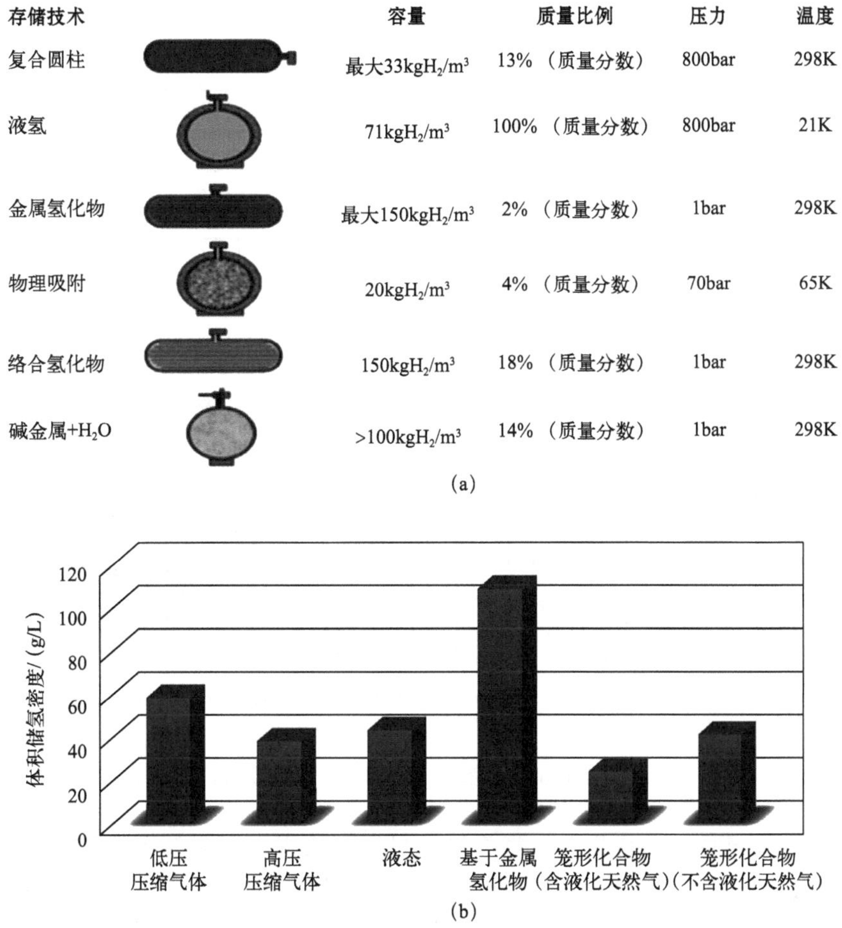

图 1-44 不同储氢方法（a）及特点（b）[45]

刻条件，如储氢密度高、储放氢速度快且工作条件温和、可逆循环性能好、使用寿命长等。

目前已有多种材料被用于储氢研究，主要包括无机材料与有机材料两大类。其中，无机储氢材料主要有金属与金属合金、配位氢化物及碳基材料等，有机材料主要有有机框架化合物、有机液体及多孔高分子等，如图 1-45 所示[46]。从目前的研究热点来看，储氢材料已从传统金属及合金逐渐转变为以轻质元素氢化物（如配位氢化物等）和多孔吸附材料（如金属有机框架结构）为主，但是实用的可逆储氢材料仍然是金属储氢合金。

隔膜式压缩机同样也是加氢站端的核心设备之一，但是目前国内加氢站的隔膜压缩机 90%以上选用进口压缩机，费用约为国产设备的 2 倍左右，加快氢气压缩设备的国产化进程，对氢能产业高质量发展十分必要。压缩机常出现故障，特别是硬质碎屑击伤膜片的事故较多。其次有补油泵装备相序错误、油路堵塞、阀件卡涩等问题造成的供油、润滑故障，引起拍缸，进而击伤膜片，引起膜片破裂。而油路系统工作是否正常对隔膜式压缩机的性能非常关键。此外，运输、吊装过程中撬块位移、变形导致电机对中不当，油路系统设计不合理，缸盖与夹持器螺栓断裂，缸盖螺栓预紧力不足，活塞杆与缸套同心度不良等也是导致压缩机故障较多的原因。

目前氢气的输运几乎都是依赖长管拖车，满足不了大规模氢气使用和氢能产业的发展，

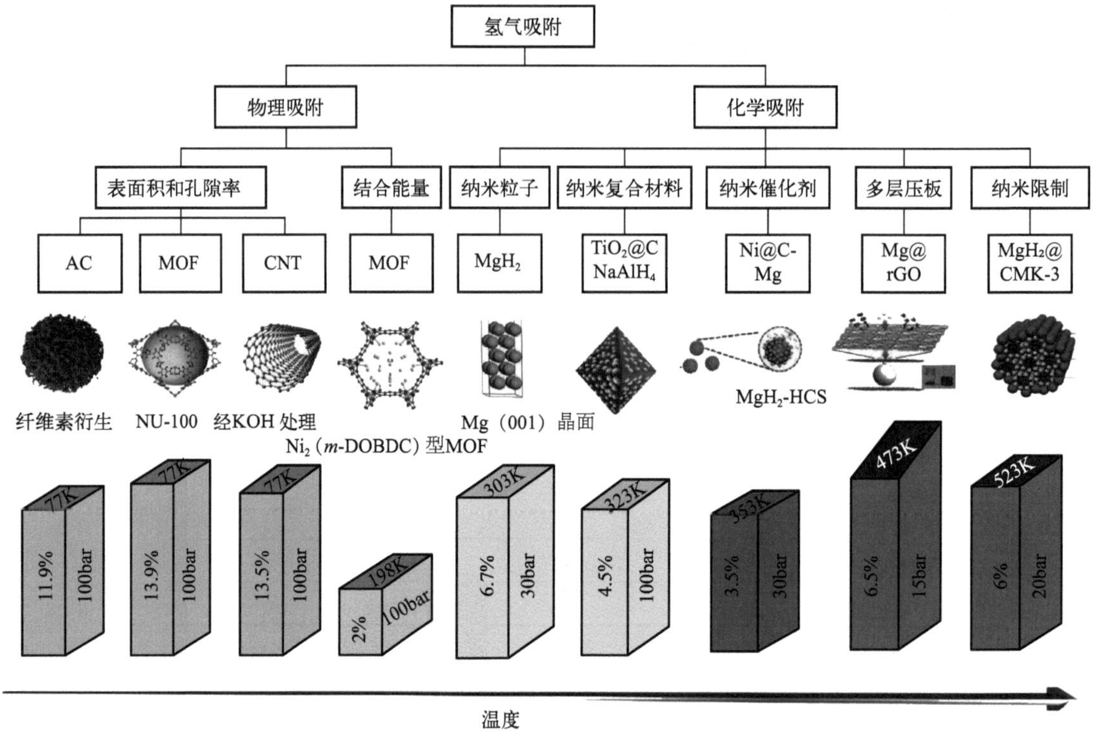

图 1-45 固态储氢和储氢材料[46]（图中百分数为质量分数）

管道输氢和液态输氢技术急待提高。氢气输运可以利用现有成熟的天然气管网、CNG（压缩天然气）和 LNG 加气站等设施，也可以新建或在现有站址基础上改扩建制氢加氢一体化站。通过加氢站内制氢，可减少氢气输运环节，降低氢气制储运的成本，而且更环保，符合未来能源的趋势。

1.6.4 氢能利用领域的新材料

氢能产业链主要环节包括氢气的获取与储运、氢能化学反应与载荷装备、工业/民用/交通部门的氢能利用等上、中、下游。目前氢气主要作为工业原料应用于石油、化工、化肥、冶金、工业保护气和冷却气、氢燃料发动（电）机做功、民用天然气掺氢等领域。合成氨、石油精炼及甲醇生产，这三大领域占比约为 90%，而其作为清洁燃料及其他方面的应用仅占 10%。交通领域，在多国的政策驱动下，氢能未来从商用车/专用车/工程机械到乘用车领域的应用将有望加速。因为氢气成本高，目前氢冶金尚不具备大幅推广的条件，但随着氢气成本降低和 CO_2 减排推进，今后也会得到发展。

氢气作为燃料最具吸引力的应用是燃料电池（用于发电、新能源车等），其最终的产物是水，可实现真正的零污染，是目前氢能利用开发中的重点之一。氢燃料电池与常见的锂电池不同，系统更为复杂，燃料电池系统包括电堆（催化剂、双极板、质子交换膜、气体扩散层）、气体供给系统（气体喷射器、高压氢密封阀、高压氢气罐、氢气循环泵、逆变器、氢气浓度传感器、加氢控制器）、空气供给系统（空压机、消声器、空气阀）和冷却系统（水泵、散热器、去离子装置），这些系统都涉及很多材料，如图 1-46 和图 1-47[47] 所示。

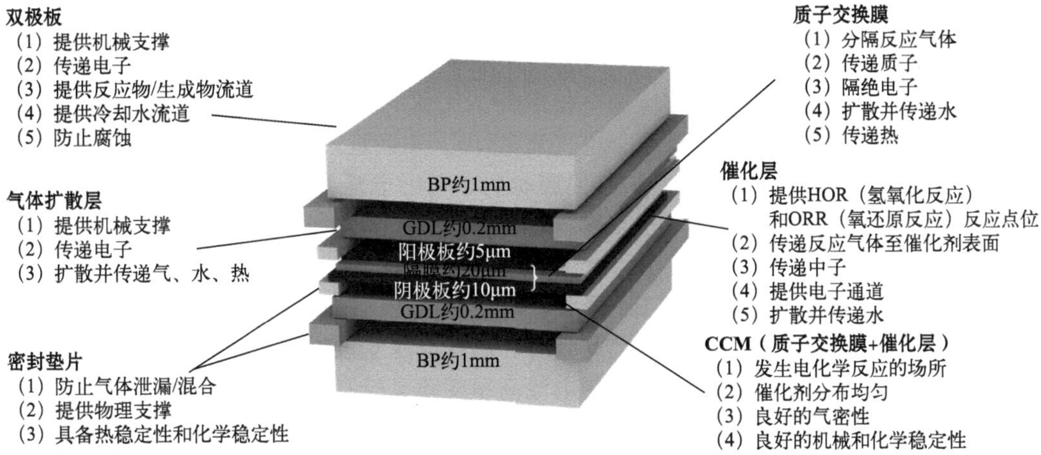

图 1-46 PEM 燃料电池堆与相关材料

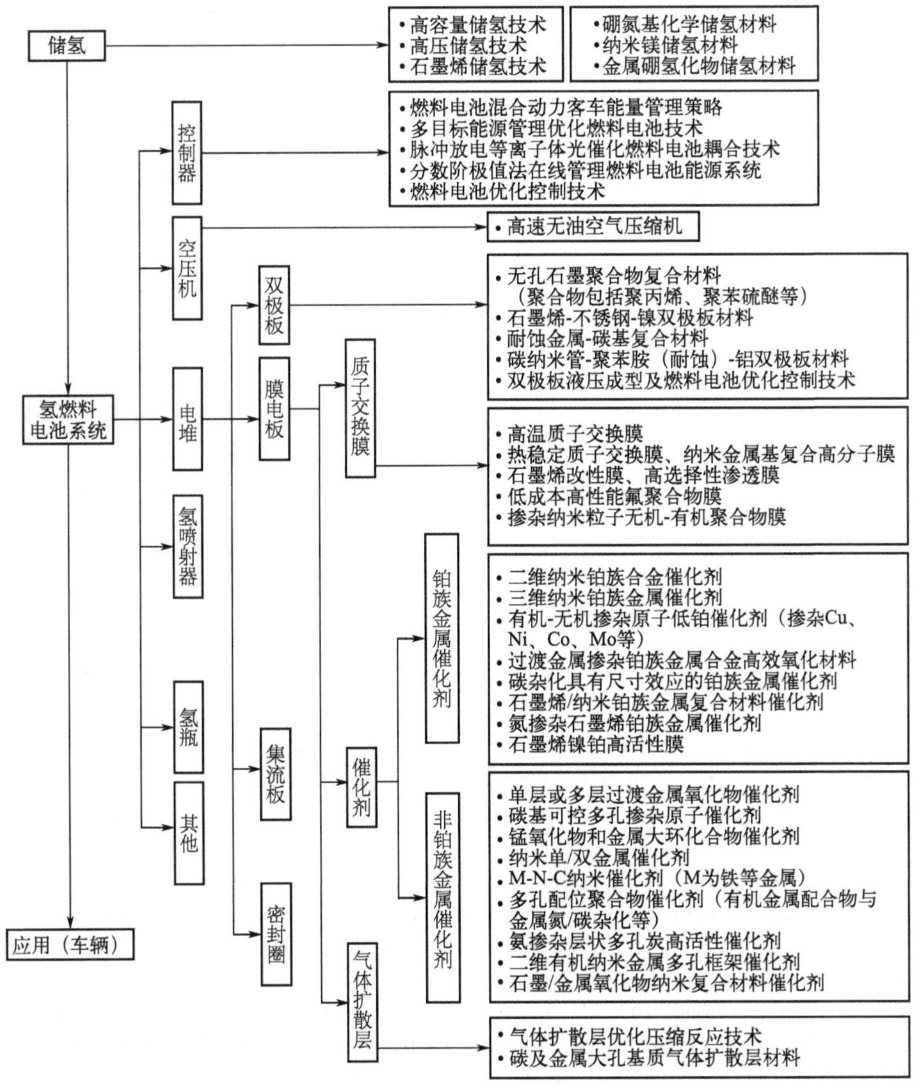

图 1-47 燃料电池堆相关的材料示意图[47]

氢能产业中的新材料大体可以分为如下三个方面：

（1）节能与新能源汽车领域

包括质子交换膜燃料电池电堆（膜电极组件、气体扩散层、极板）、燃料电池系统关键部件（空压机、增湿器、氢气循环泵、空气流量计）、车载氢系统关键部件（Ⅳ型瓶、瓶阀、减压阀、加氢口、氢气浓度传感器）、高温膜材料、动力电池关键材料、燃料电池铂族催化剂、电解质膜、汽车尾气处理用电子浆料材料。

（2）基础制造工艺及装备

包括Ⅳ型储氢瓶纤维缠绕成型工艺及装备；燃料电池不锈钢双极板成型工艺与装备、超薄钛合金双极板激光精密组对焊接工艺与装备、燃料电池双极板快速检测及评价技术、燃料电池双极板连续式镀膜工艺及装备、燃料电池高精度膜电极制造技术及装备。

（3）电力装备领域

包括氢内燃机、氢燃气轮机燃烧器、高压氢气隔膜式压缩机膜片、高精度氢气质量流量计。

氢能在不同领域的应用都涉及相关的材料，本书在后面分 13 章对不同领域相关材料进行介绍。

参 考 文 献

[1] Mark D Uehling. The story of hydrogen [M]. New York：Scholastic Inc，1995.

[2] Cox P A. Their origin，abundance，and distribution [M]. UK ：Oxford University Press，1989.

[3] John S Rigden，James O'Connel. Hydrogen：The essential element [J]. Am J Phys，2003，71 (2)：189-192.

[4] Roland Diehl. Nuclear-Astrophysics Lessons from INTEGRAL，Reports on Progress in Physics. https：//www. researchgate. net/publication/235397433

[5] Atkins P，Overton，Rourke P T，et al. Inorganic chemistry [M]. 5th ed. Oxford：Oxford University Press，2010.

[6] Edward Anders，Mitsuru Ebihara. Solar-system abundances of the elements [J]. Geochimica et Cosmochimica Acta，1982，46 (11)：2363-2380.

[7] Lodders K. Solar system abundances of the elements [J]. Astrophysics and Space Science Proceedings，2010：379-417.

[8] Yaroshevsky A A. Abundances of chemical elements in the earth's crust [J]. Gochemistry International，2006，44 (1)：48-55.

[9] Madhu. Difference Between Percent Abundance and Relative Abundance，February 26，2018. https：//www. differencebetween. com/difference-between-percent-abundance-and-vs-relative-abundance/

[10] The dynamic earth. https：//sdsu-physics. org/NaturalScience100/Topics/2Earth/2whats _ inside. html.

[11] 李星国. 氢与氢能 [M]. 北京：科学出版社，2022.

[12] McGrady G S，Guilera G. The multifarious world of transition metal hydrides [J]. Chemical Society Reviews，2003，32：383-392.

[13] 中科院之声."托卡马克"的前世今生. https：//mp. weixin. qq. com/s? _ biz＝MjM5NzIyNDI1Mw＝＝&mid＝404063852&idx ＝ 4&sn ＝ 02a1d47af879ff0e953312db2da64d39&chksm ＝ 3b3c6c3e0c4be528600862432d31620b9de11f1e5776fa88e454f70a765e4da16e3c166bcbe3&scene＝27.

[14] 用拉曼光谱测量正仲氢比例. https：//www. jasco-global. com/solutions/determination-of-ortho-and-para-hydrogen-ratio-by-using-raman-spectroscopy/.

[15] 气体分子动力学模型. http：//www. chem1. com/acad/webtext/gas/gas _ 5. html.

[16] Zhou L，Zhou Y. Determination of compressibility factor and fugacity coefficient of hydrogen in studies of adsorptive storage [J]. International Journal of Hydrogen Energy，2001，26：597-601.

[17] Hemmes H，Driessen A，Griessen R. Thermodynamic properties of hydrogen at pressures up to 1 Mbar and temperatures between 100and 1000 K [J]. Journal of Physics C-Solid State Physics，1986，19：3571-3585.

[18] Sakoda N，Shindo K，Shinzato K，et al. Review of the thermodynamic properties of hydrogen based on existing equations of state [J]. International Journal of Thermophysics，2010，31：276-296.

[19] Weast R C. Hand book of chemistry and physics [M]. Cleveland，Ohio：CRC Press，1987.

[20] Diatschenko V, Chu C W, Liebenberg D H, et al. Melting curves of molecular hydrogen and molecular deuterium under high pressures between 20 and 373 K [J]. Physical Review B, 1985, 32: 381-389.

[21] Toledano P, Katzke H, Goncharov A F, et al. Symmetry breaking in dense solid hydrogen Mechanisms for the transitions to phase Ⅱ and phase Ⅲ [J]. Hemley, Physical Review Letters, 2009, 103, 105301.

[22] Wigner E, Huntington H B. On the possibility of a metallic modification of hydrogen [J]. The Journal of Chemical Physics, 1935, 3: 764-770.

[23] Ashcroft N W. Metallic hydrogen: A high-temperature superconductor [J]. Physical Review Letters, 1968, 21: 1748-1749.

[24] Narayana C, Luo H, Orloff J, et al. Solid hydrogen at 342GPa: No evidence for an alkali metal [J]. Nature, 1998, 393: 46-49.

[25] Dias R P, Silvera I F. Observation of the wigner-huntington transition to metallic hydrogen [J]. Science, 2017, 355: 715-718.

[26] Loubeyre P, Occelli F, Dumas P. Synchrotron infrared spectroscopic evidence of the probable transition to metal hydrogen [J]. Nature, 2020, 577: 631-635.

[27] McGrady G S, Guilera G. The multifarious world of transition metal hydrides [J]. Chemical Society Reviews, 2003, 32: 383-392.

[28] Samir F, Matar F. Transition metal hydrido-complexes: Electronic structure and bonding properties [J]. Progress in Solid State Chemistry, 2012, 40: 31-40.

[29] Kobayashi Y, Hernandez O J, Sakaguchi T, et al. An oxyhydride of $BaTiO_3$ exhibiting hydride exchange and electronic conductivity [J]. Nature Materials, 2012, 11: 507-512.

[30] Antonov V E, Baier M, Dorner B, et al. High-pressure hydrides of iron and its alloys [J]. Journal of Physics: Condensed Matter, 2002, 14: 6427-6445.

[31] Pépin C M, Dewaele A, Geneste G, et al. New iron hydrides under high pressure [J]. Physical Review Letters, 2014, 113: 265504.

[32] Takagi S, Iijima Y, Sato T, et al. Formation of novel transition metal hydride complexes with ninefold hydrogen coordination [J]. Scientific Reports, 2017, 7: 44253.

[33] Takagi S, Iijima Y, Sato T, et al. True boundary for the formation of homoleptic transition-metal hydride complexes [J]. Angewandt Chemie International Edition, 2015, 54: 5650-5653.

[34] Drozdov A P, Kong P P, Minkov V S, et al. Superconductivity at 250 K in lanthanum hydride under high pressures [J]. Nature, 2019, 569: 528-531.

[35] Snider E, Dasenbrock-Gammon N, McBride R, et al. Room-temperature superconductivity in a carbonaceous sulfur hydride [J]. Nature, 2020, 586: 373-377.

[36] 水素・燃料電池ハンドブック編集委員会. 水素・燃料電池ハンドブック [M]. 東京: 株式会社オーム社, 2006.

[37] Sherif S A, Yogi Goswami D, Stefankos Elias K, et al. Handbook of hydrogen energy [M]. New York: CRC Press, 2014.

[38] Bossel, et al. The future of the hydrogen economy: Bright or bleak? [EB/OL]. Oct 28, 20040. http://www.oilcrash.com/articles/h2_eco.htm

[39] Aylward G H, Findlay T J V. Datensammlung chemie in Si-einheiten [M]. 3rd ed. Germany: WILEY-VCH, 1999.

[40] Hydrogen deployment accelerates but a lot remains to reach 40 GW EU target by 2030. https://fuelcellsworks.com/news/hydrogen-deployment-accelerates-but-a-lot-remains-to-reach-40-gw-eu-target-by-2030/.

[41] IEA. CO_2 emissions from fuel combustion [R]. Energy Technology Perspectives, 2020.

[42] 朱宏伟. 氢能与新材料 [J]. 自然杂志, 2023, 45 (1): 54-56.

[43] International Renewable Energy Agency (IREA). Green hydrogen cost reduction, ISBN: 978-92-9260-295-6, December 2020. https://www.irena.org/publications/2020/Dec/Green-hydrogen-cost-reduction

[44] International Renewable Energy Agency (IREA). Green Hydrogen Supply: A Guide to Policy Making. 2021. https://www.irena.org/publications/2021/May/Green-Hydrogen-Supply-A-Guide-To-Policy-Making

[45] 瑞士氢能协会. 关于氢的一切. https://hydropole.ch/en/hydrogen/storage

[46] Anshul Gupta, et al. Hydrogen clathrates: Next generation hydrogen storage materials [J]. Energy Storage Materials, 2021, 41: 69-107.

[47] 刘应都, 郭红霞, 欧阳晓平. 氢燃料电池技术发展现状及未来展望 [J]. 中国工程科学, 2021, 23 (4): 162-171.

第2章 氢能产业装备与材料

2.1 氢能主要应用场景

氢气作为传统的工业原料和新兴的燃料能源，市场空间巨大。据国际能源署预测，至2050年，全球氢气需求量将增长至5.28亿吨。当前氢的主要应用方向集中在工业、交通等领域，我国氢气95%用作制氨、炼化等传统石油化工生产的原材料，仅5%用于可再生能源储能发电和以氢燃料电池为核心的能源网络。未来随着氢能技术的深入推进，氢能将在工业、交通、发电、建筑等领域“多点开花”。据中国氢能联盟预测，如图2-1所示，到2060年，工业领域和交通领域氢气使用量分别占比60%和31%，发电领域和建筑领域占比分别为5%和4%。

2.1.1 工业

2.1.1.1 化工

当前全球氢气主要应用于化工领域，合成氨用氢占比超过50%。2023年，全球约55%的氢气用于氨合成，25%用于炼油厂加氢生产，10%用于甲醇生产，10%用于其他行业，如图2-2所示。

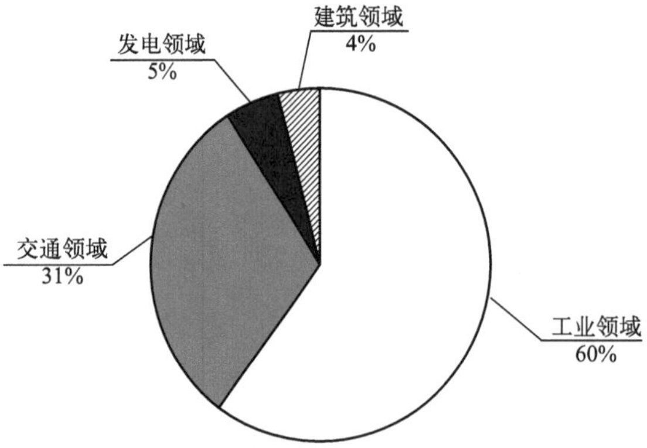

图2-1 2060年不同应用场景下我国氢能需求占比

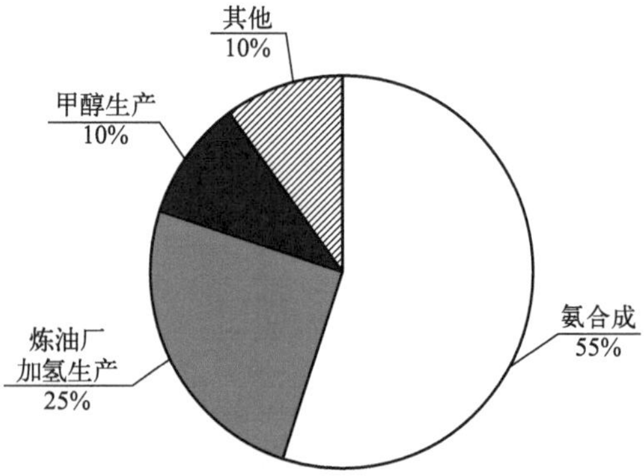

图2-2 2023年全球化工行业氢能应用领域分布

（1）合成氨

氨是氮氢化合物，广泛应用于氮肥、制冷剂及化工原料中。2020年全球工业合成氨

1.8×10^8t，约80%的氨作为化肥原料，其余20%的氨用于合成工业化学品。全球仅生产灰氨，每年就排放5×10^8t二氧化碳[1]，占全球能源消费的2%[2]，其中，约90%的氨产量采用哈伯-博世法工艺。按照每生产1t氨消耗0.18t纯氢计算，每年合成氨约消耗氢气0.33×10^8t。采用绿氢制氨技术路线已成为氢能清洁利用，实现双碳目标的重要途径。美国、欧盟各国、日韩等发达国家和地区均开始布局绿氨项目。美国能源部支持了17个绿氨项目，旨在将可再生能源转化为能源密度高的碳中性液体燃料；欧盟已将氨作为氢贸易主要技术路线之一，开始布局绿氢合成氨基础设施，开展绿氢制氨在交通及工业领域的示范应用研究[3]；日本计划到2030年，以氨与燃煤混烧方式替代燃煤发电站20%的煤炭供应，2050年实现纯氨发电，并在中东、澳大利亚等国家和地区建造海外绿氨生产基地；韩国政府宣布力求打造全球第一大氨气发电国。预计未来将会有更多绿氢合成氨化工项目。

（2）石油炼化

加氢技术是炼油化工一体化的核心。石油催化加氢是石油馏分（包括渣油）在氢气氛围下催化加工过程的通称。截至2023年，我国加氢装置年加工能力已超过5×10^7t。加氢过程按照生产目的不同可分为加氢精制、加氢裂化、渣油加氢炼化、润滑油加氢等。石油的加氢精制，目的是除去油品中的硫、氮、氧等杂原子及金属杂质，并对部分芳烃或烯烃加氢饱和，改善油品的使用性能[4]。加氢裂化包括烷烃加氢裂化反应制烯烃、烷烃加氢异构化使分子结构重整、烯烃加氢生成饱和烷烃和进行重整异构化、芳香烃加氢等。渣油加氢炼化指较重的原料油在较苛刻条件下，发生一定转化反应的加氢工艺过程[5]，如图2-3所示。润滑油加氢使润滑油的组分发生加氢精制和加氢裂化等反应，使一些非理想组分结构发生变化，以脱除杂原子和改善润滑油的使用性能。

（3）合成甲醇

甲醇是重要的化工原料，用于生产甲醛、二甲醚、丙烯、乙烯和汽油等。同时，甲醇具有12.6%（质量分数）的高氢含量和5.53kW·h/kg的高能量密度，是重要的液态燃料和氢能载体。甲醇既可以转化回氢气和一氧化碳用于质子交换膜燃料电池，也可以直接用于甲醇燃料电池，还可直接用作内燃机、涡轮机和燃料电池的燃料，应用前景十分广阔。目前二氧化碳加氢制甲醇技术正在从工业示范走向大规模商业化应用，日本、冰岛、美国等均已建成中试装置，冰岛的碳循环利用公司（CRI）采用的二氧化碳加氢制甲醇（ETL）专有绿色甲醇合成工艺，能够模拟光合作用吸收二氧化碳，每年可制取约4000吨甲醇，是目前能用于商业运行的较为先进的技术。我国已与冰岛碳循环利用公司签署合作协议，引进CRI技术建设10万吨级二氧化碳加氢制甲醇项目。采用氢气合成甲醇、甲烷或碳氢化合物，可以有效地存储和输运可再生能源制备得到的氢气，破解氢能产业制、储、运过程中的安全性和成本难题，有助于更加便利地利用清洁能源，为绿色能源转型提供了新的解决方案。

图2-3 渣油加氢装置

2.1.1.2 冶金

氢冶金技术路线主要分为高炉富氢冶炼、氢基直接还原、氢基熔融还原等3种模式。高炉富氢是将含氢介质注入高炉中，从而减少煤/焦炭的使用和二氧化碳排放的生产工艺。氢基直接还原是以富氢/全氢还原气为能源和还原剂，在温度还未达到铁矿石软化温度时，将铁矿石直接还原成固态海绵铁的生产工艺。根据反应器的不同，该工艺主要分为氢基竖炉和氢基流化床直接还原工艺，其中氢基竖炉直接还原工艺占主导地位。氢基熔融还原是以富氢或纯氢气体作为还原剂，在高温熔融状态下进行铁氧化物还原、渣铁分离，生产铁水的工艺方法。

目前，日本、欧洲各国、美国、韩国等产钢国家均提出了氢冶金规划项目。氢还原高炉炼铁项目主要有日本COURSE50、德国“以氢代煤”、韩国COOLSTAR等；氢冶金竖炉直接还原项目主要有欧盟ULCOSULCORED、德国SALCOS、奥钢联H2FUTURE、瑞典HYBRIT等。从全球直接还原铁的发展趋势来看，气基竖炉工艺是快速扩大直接还原铁生产的有效途径。2018年，气基直接还原铁产量占直接还原铁总产量的80%左右，具有显著的发展潜力和竞争力。近年来，我国先后开展了气基竖炉直接还原技术的开发与研究，如宝钢的富氢碳循环氧气高炉工艺实验，把脱碳后的煤气接入富氢碳循环高炉，与接入欧冶炉相比，富氢碳循环高炉吨铁燃料比下降近45kg，比传统高炉减排CO_2超过30%。如图2-4为低碳冶金工艺技术路线。

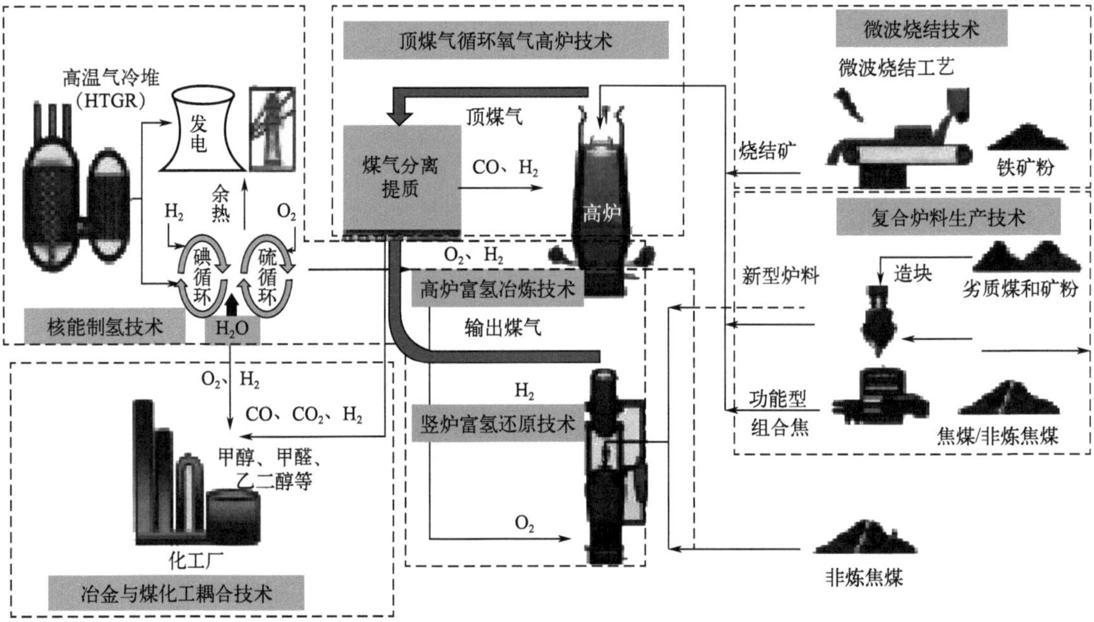

图 2-4 低碳冶金工艺技术路线

2.1.2 交通

2.1.2.1 氢燃料电池车

全球氢燃料电池汽车市场发展迅猛。截至2022年底，全球燃料电池汽车保有量为67488辆，2022年全球主要国家销售燃料电池汽车17920辆，同比增长9.9%。全球燃料电池车市场主要受到政策支持、技术创新和基础设施建设等因素的影响，预计未来将保持快速增长的态势，到2030年有望达到百万辆规模。我国是全球最大的汽车市场和新能源汽车市场，也是燃料电池车的重要推动者和参与者。2022 年中国氢燃料电池汽车销量为 12306 辆，占全球燃料电池汽车销量的 6.9%。我国燃料电池车市场受到国家和各级政府的政策扶持和引导，预计未来中国燃料电池车市场将继续保持高速增长。与纯电动汽车和传统燃油车相比，燃料电池汽车具有温室气体排放低、燃料加注时间短、续航里程高等优点，较适用于中长距离或重载运输（图 2-5），当前燃料电池汽车产业政策也优先支持商用车发展，现阶段国内燃料车以客车和重卡等商用车为主。

图 2-5　氢能物流车

2.1.2.2　氢动力火车

氢能在铁路交通领域的应用主要是与燃料电池结合构成动力系统，替代传统的内燃机。目前氢动力火车处于研发和试验阶段，欧洲、美国和中国等走在前沿。2019 年 6 月，英国在昆顿轨道技术中心公开了第一辆氢能源列车，但仅能储存 20kg 氢气，供给燃料电池工作 3h；德国在 2022 年开始运营世界上第一条由氢动力客运火车组成的环保铁路线，续航里程可达 1000km，最高时速达到 140km。我国从 2008 年起开展氢燃料电池在轨道交通领域的研究，2014 年成功研制出首辆燃料电池列车；2021 年中车大同公司成功研制的氢燃料电池混合动力机车如图 2-6 所示。该车设计时速已超过 80km，持续功率 700kW，满载氢气可以单机连续运行 24.5h，最大牵引载重超过 5000t。随着燃料电池技术的深入发展，氢能将助力我国轨道交通领域碳减排。

图 2-6　我国氢燃料电池混合动力机车

2.1.2.3　氢动力船舶

全球氢燃料电池船舶发展已取得一定成果。欧盟、德国、美国、挪威、日本等国际组织和国家在船用氢燃料电池推进技术领域处于领先地位，已实现船用氢燃料电池动力推进装置的示范及应用，并已进入推广应用阶段。目前，我国尚没有单独的氢燃料电池船舶产业发展政策或战略文件，针对氢燃料电池船舶的相关政策主要涵盖在各国氢能产业发展整体规划中，或者是绿色船舶发展规划中。我国已有多家燃料电池头部企业、船舶制造企业、院校和科研机构投入氢燃料电池船舶的研发和制造中，氢燃料电池游艇“蠡湖”号、游船“仙湖 1 号”、高温甲醇燃料电池“嘉鸿 01”、氢动力船舶“三峡氢舟 1 号”（如图 2-7 所示）等纷纷下水航行，为我国氢能船舶发展奠定了良好基础。未来，我国氢动力船舶应用场景，可按照先内河、湖泊，再近海，最后远洋的发展顺序，通过加大氢能利用范围和规模，打造氢能航运产业生态，促进重点地区氢能产业链全面发展。

2.1.2.4 氢动力飞行器

随着能源加速向低碳化、无碳化演变，航空业也面临能源体系变革带来的新挑战。据统计，航空领域 CO_2 排放量占全球 CO_2 排放总量的 2%以上[6]，而氢能源为低碳化航空发展提供了新机遇。相比于化石能源，燃料电池可减少 75%～90%的碳排放，在燃气涡轮发动机中直接燃烧氢气可减少 50%～75%的碳排放，合成燃料可减少 30%～60%的碳排放。氢动力飞机可能成为中短距离航空飞行的减碳方案，但在长距离航空领域，仍须依赖航空燃油。预计到 2060 年氢气能提供 5%左右的航空领域能源需求。

美国、欧盟等发达国家和地区纷纷出台涉及氢能航空发展的顶层战略规划，并开展相关项目示范。2022 年 12 月，法国空中客车公司推出名为“ZEROe”的零排放概念飞机，该飞机采用翼身融合设计的涡扇，可以搭载 200 名乘客，航程超过 2000nmi（1nmi＝1.852km）；2023 年 2 月，德国海德堡大学和德国航空航天中心（DLR）联合开发了一款名为“HY4”的四座氢燃料电池飞机，并在斯图加特机场进行了首次试飞；2023 年 3 月，英国零碳航空公司（ZeroAvia）宣布完成了首次使用液态氢作为燃料的飞机试飞。从发达国家规划及示范项目可以看出，氢能航空的发展将十分漫长，全球氢能航空产业主要目标仍是发展基础性技术，开展航空试验，小范围展开核心氢能组件应用和验证等。近年来我国氢能航空领域虽然取得了新的进展，但仍处于起步阶段。2019 年 3 月，我国氢能验证机“灵雀 H”试飞成功，试飞期间飞机飞行平稳，全系统状态良好（如图 2-8 所示）；2023 年 3 月，我国首款四座氢内燃机飞机验证机完成首飞，该飞机搭载国内首款 2.0L 零排放增压直喷氢内燃机，是我国自主研制的第一架以氢内燃机为动力的通航飞机。航空燃料电池及混合电推进系统可实现超低排放和零排放，为发展绿色航空提供了重要的技术路径，氢能在航空领域有望迎来广阔发展空间。

图 2-7 我国 500kW 级氢动力船舶“三峡氢舟 1 号”

图 2-8 中国商飞“灵雀 H”新能源验证飞机

2.1.3 发电

氢能源在电力领域的用途包括发电、储能、远距离传输和电力供应等。氢能发电可以用来解决电网削峰填谷、新能源稳定并网问题，还可以提高可再生能源所发电力并网的稳定性和电力系统安全性、灵活性，大幅降低碳排放。目前主要采用氢燃料电池发电技术与新能源耦合发电技术，使用燃料电池发电技术可以减少对煤炭的使用，减少 CO_2 的排放，并且发电效率很高。

在氢储能、发电技术方面，欧洲的发展相对成熟，有完整的技术储备和设备制造能力，也有多个配合新能源接入使用的氢储能系统的示范项目。美国、日本都将氢能发电作为电网新能源应用的长期重点发展方向进行战略规划。目前，国际上小型氢能“发电站”开始进入推广期，大型氢能发电示范站也在逐步建设中。我国氢能发电领域仍处于发展初期。2021 年张家口 200MW/800MW・h 氢储能发电工程通过专家评审，发电区是由 80 套大型电解水制氢装置、96 套吸放氢金属固态储氢装置、384 台 640kW 燃料电池模块等设备组成的大型制氢储氢、发电系统。这标志着我国氢能在大规模储能调峰应用场景迈出实质性的一步。未来氢储能、发电技术可在零碳园区、碳中和社区、偏远地区、岛屿等地进行深度推广[7]。

2.1.4 建筑

2.1.4.1 建筑热电联供

氢能热电联供是通过氢燃料电池系统的化学反应，将氢能转化为电能和热能，为建筑供应日常用电、夏季制冷和冬季取暖。全球多个国家积极探索氢能热电联供在建筑领域的应用。日本于 2009 年发起微型热电联产项目（Ene-Farm），截至目前，已推广超 30 万套固体氧化物燃料电池家用系统，保有量位居全球第一。意大利氢能住宅楼利用金属粉末氢储存技术和能源管理系统为居民更好地供给氢能源。荷兰范德文庭院氢基住宅区项目，采取城市电网和氢燃料电池的双电源供给方式，同时每户家庭配备 700W～1kW 户用燃料电池、纯氢燃料灶具等。英国 HyDeploy 项目通过构建天然气掺氢网络（掺氢比高达 20%）为住宅和企业供热。当前我国已有多个氢能热电联供示范项目落地。2021 年我国打造的全球首个离网氢能应用展示馆（以下简称“展示馆”）在上海国际汽车城落地，如图 2-9 所示。展示馆具备一套基于氢燃料电池的热电联供系统，脱离了传统电网供给，不仅可以为建筑提供热能、电能，还能通过对废热的回收利用为建筑制冷、控湿，有效实现了建筑节能。2022 年陕西榆林科创新城零碳分布式智慧能源中心示范项目建成投用，通过氢燃料电池发电，为建筑供电供暖。未来氢能将在建筑领域得到更为广泛的应用。

图 2-9 离网氢能应用展示馆

2.1.4.2 家用燃气

天然气掺氢燃料通过管网至家用灶具燃烧使用也被认为是改善城镇燃气质量与烟气排放的有效途径之一。美国、荷兰、英国等西方国家相继开展了天然气掺氢民用示范项目，通过天然气管网运输，掺氢天然气应用于民用燃气终端。英国 HyDeploy 天然气掺氢示范项目对民用燃气灶具进行了适应性评估，并已向 100 户居民供应含氢比例为 20%的掺氢天然气。美国 SoCalGas 天然气掺氢示范项目计划到 2030 年将氢气掺混比例提升为 20%，供居民用户使用。近几年来我国逐步开展天然气掺氢示范项目。2019 年国家电投集团建成了国内首个“绿氢”掺入天然气输送应用示范——辽宁朝阳天然气掺氢项目，如图 2-10 所示。该项目将可再生能源电解水制取的“绿氢”与天然气掺混后供燃气锅炉使用。该项目的顺利实施可为国内家用天然气掺氢燃料技术发展提供重要的借鉴经验。

图 2-10 辽宁朝阳天然气掺氢项目

2.2 装备与材料

氢能产业链装备与材料涵盖上、中、下游三个环节。上游主要为氢气制取装备与材料，具体包括化石原料制氢、电解水制氢、光催化制氢、生物质制氢的装备与材料等。中游包括氢能储运与加注的装备与材料。氢能储运的装备与材料主要涵盖气态储氢、液态储氢、固体储氢的装备与材料等。氢能加注的装备与材料则分为外供式加氢站、现场制氢加氢站的装备与材料等。下游则包括氢能燃料电池、氢燃料发动机等相关装备与材料。具体如图 2-11 所示。

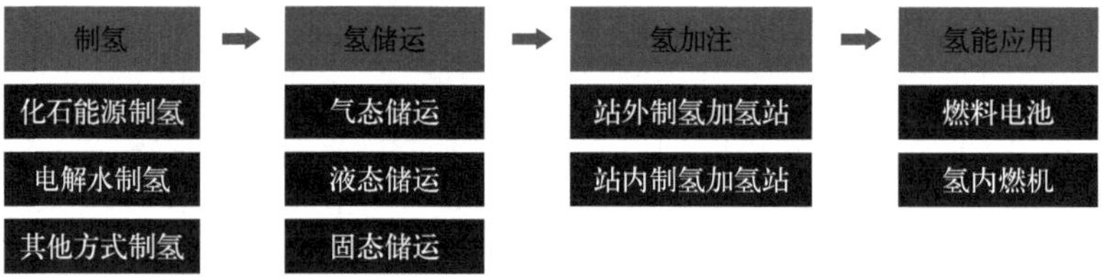

图 2-11 氢能全产业链流程

2.2.1 制氢领域

氢气根据制取方式的不同可分为灰氢、蓝氢和绿氢。灰氢是通过化石能源、工业副产品等生产的氢气，如煤制氢、天然气制氢、副产氢提纯制氢、甲醇制氢等，在生产过程中会产生二氧化碳等温室气体。蓝氢同样是利用化石燃料制成的氢气，但在生产过程中使用了碳捕集与封存技术，大大减少了碳排放，是灰氢发展到绿氢的过渡阶段。绿氢是指生物质制氢、光催化制氢、可再生能源（风能、太阳能等）通过电解水等方式制取的氢气，实现了制氢过程中二氧化碳零排放[8]。氢气制取方式如图 2-12 所示。

化石能源制氢价格一般相对更低，工艺技术较为成熟，目前应用于规模化制氢；而光伏、风力电解水制氢成本相对更高，工艺技术仍有待突破，目前应用相对较少；生物质制氢现阶段的商业化推广较少；光催化制氢目前处于研发阶段。根据中国煤炭工业协会统计，2021 年我国煤制氢、工业副产品制氢、天然气制氢、电解水制氢占比分别为 63.54%、

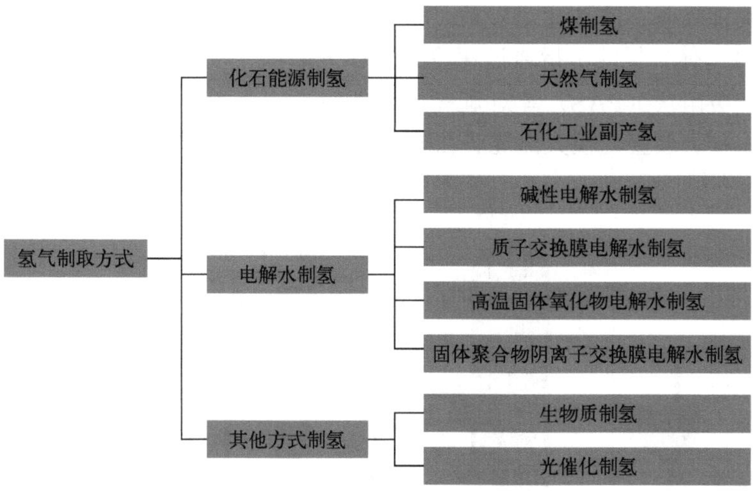

图 2-12 氢气制取方式分类

21.18%、13.76%、1.52%。整体来看，化石能源制氢仍是我国主流的制氢方式，如图 2-13 所示。

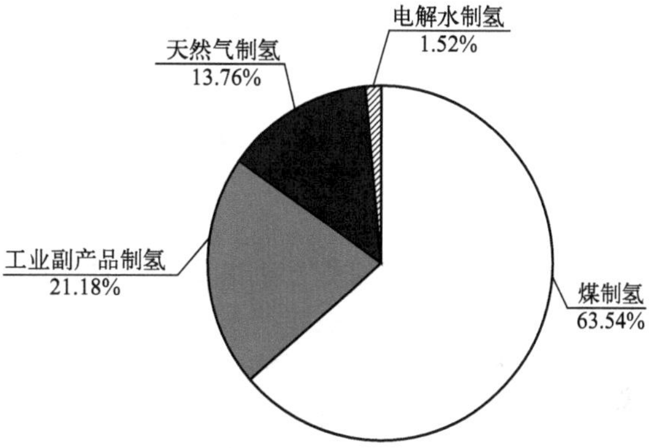

图 2-13 2021 年我国制氢方式占比

2.2.1.1 化石能源制氢

2.2.1.1.1 制氢工艺及技术进展

（1）煤制氢

我国拥有丰富的煤炭资源，目前氢气的来源也是以煤制氢为主。煤制氢技术包括煤的焦化制氢和煤的气化制氢。煤焦化制氢是在 900～1100℃隔绝空气的炼焦炉中进行的干馏过程[9]，产生焦炭、焦炉气、粗苯、氨和煤焦油等。煤焦化所得的煤气，目前大多作为城市煤气使用。煤气化是指在高温（900～1300℃）下使煤、焦炭或半焦等固体燃料与气化剂反应，转化成主要含有 H_2、CO 等气体的过程。生成的气体组成随固体燃料性质、气化剂种类、气化方法、气化条件的不同而有差别。气化剂主要是水蒸气、空气或氧气。煤干馏制取化工原料只能利用煤中一部分有机物质，而气化则可利用煤中几乎全部含碳、氢的物质。煤气化生成的 H_2 和 CO 是合成氨、合成甲醇以及 C_1 化工的基本原料，还可用来合成甲烷，称为替代天然气（SNG），可作为城市煤气。当前煤气化制氢是工业大规模制氢的首选方式。

煤气化制氢具有工艺成熟、成本低等优点。煤气化制氢是先将煤炭气化得到以 H_2 和 CO 为主要成分的气态产品，然后经过 CO 变换和分离、提纯等处理从而获得一定纯度的产品氢。气化过程是煤炭的一个热化学加工过程，包括一系列物理、化学变化。一般分为干燥、热解、气化和燃烧四个阶段。干燥属于物理变化，随着温度的升高，煤中的水分受热蒸发；其他阶段属于化学变化。变换过程是指将煤气化产生的合成气中的 CO 变换成 H_2 和 CO_2 的过程，调节气体成分以满足后部工序的要求。CO 变换技术依据变换催化剂的发展而发展，变换催化剂的性能决定了变换流程及其先进性。分离过程是指依托酸性气体脱除技术，通过溶液物理吸收、溶液化学吸收、低温蒸馏和吸附等方式，脱除合成气中多余的以CO_2为主的酸性气体。提纯是指通过深冷法、膜分离法、吸收-吸附法、钯膜扩散法、金属氢化物法及变压吸附法（PAS）等对氢气进行进一步纯化的过程[10]。近几年，煤制氢技术凭借原材料成本低、装置规模大的优势在全世界范围内迅速发展，工艺流程如图 2-14 所示。

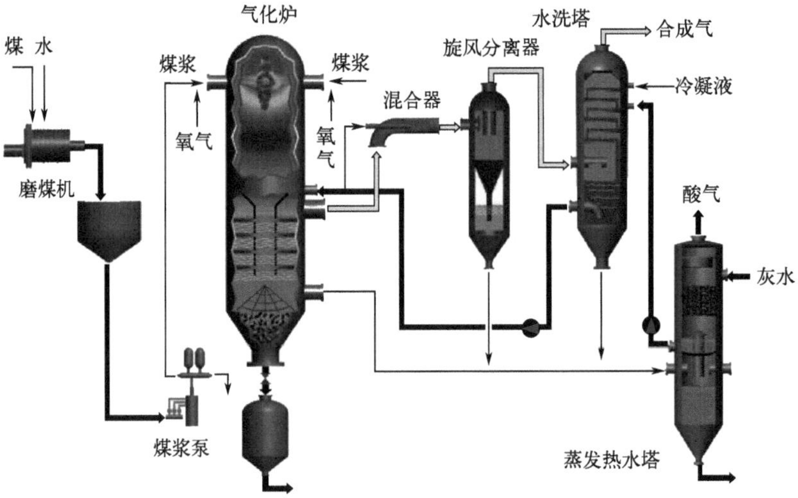

图 2-14 煤气化制氢工艺流程

（2）天然气制氢

利用天然气进行制氢的方法主要有两类：一是通过天然气转化富含氢气的混合气，去除杂质提纯得到高纯氢气，主要技术有水蒸气重整制氢技术、部分氧化制氢技术、自热重整制氢技术；二是直接将天然气裂解成氢气，副产品是碳材料，该方法可细分为高温热裂解、催化裂解、等离子体裂解、熔融金属裂解等。

天然气重整制氢流程主要包括原料气预处理、天然气蒸汽转化、一氧化碳变换、氢气提纯等。预处理主要指的就是原料气的脱硫，实际工艺运行当中一般采用天然气钴钼加氢串联氧化锌作为脱硫剂，将天然气中的有机硫转化为无机硫后再进行去除。由于这一过程处理的原料天然气的流量较大，所以需要采用压力较高的天然气气源或者在选择天然气压缩机的时候考虑较大的余量。天然气蒸汽转化是指在转化炉中采用镍系催化剂，将天然气中的烷烃转化为主要成分是一氧化碳和氢气的原料气的过程。一氧化碳变换是在催化剂存在的条件下和水蒸气发生反应，从而生成氢气和二氧化碳的过程，得到主要成分是氢气和二氧化碳的变换气。根据变换温度的不同可以将一氧化碳的变换工艺分为两种，即中温变换、高温变换。其中高温变换的温度在 360℃左右，中温变换的温度在 320℃左右。随着技术对策的发展，近年来开始采用一氧化碳高温变换加低温变换的两段工艺设置，这样可以进一步降低对资源的消耗，但对于转化气中一氧化碳含量不高的情况，可只采用中温变换。在氢气提纯方面，目前最常用的一种氢气提纯系统就是变压吸附系统，这种系统能耗低、流程简单、制取氢气的纯度较高，最高可达 99.99%。具体工艺流程如图 2-15 所示。

天然气部分氧化制氢是指甲烷与氧气的不完全燃烧生成一氧化碳和氢气，是轻放热反应且无需外界供热。为了提高甲烷的转化率以及防止颗粒状的炭烟尘的形成，通常反应温度高达 1300～1500℃[11]。过高的工作温度容易出现局部高温热点、产生固体炭而形成积炭等问题，因此通常需要添加催化剂来降低反应温度，催化剂主要是过渡金属以及钙钛矿氧化物。

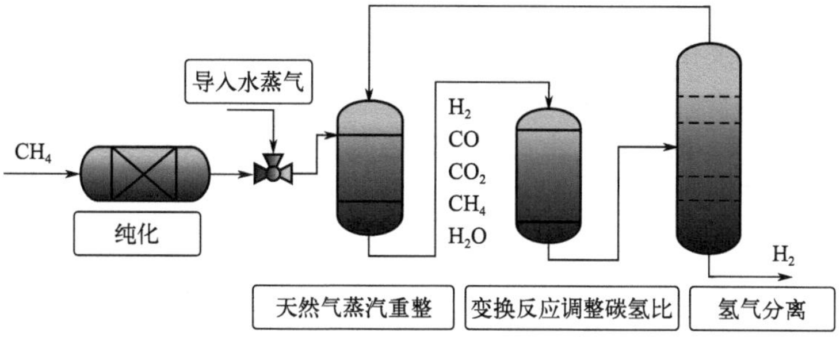

图 2-15 天然气重整制氢工艺流程

与蒸汽重整相比，部分氧化反应速率更快，但甲烷的转化效率较低，其转化率为 55%～65%。此外，由于需要向反应中输入纯氧，所以需要为装置配备空分系统，因此，部分氧化制氢工艺的建设投资较大。目前，该技术还没有实现规模化工业应用。

自热重整制氢是在部分氧化反应中引入蒸汽，使放热的部分氧化和吸热的蒸汽重整结合，并控制放热和吸热使其达到热平衡的一种自热重整技术。自热重整技术不需要外界提供热源，简化了系统并减少了启动时间。与蒸汽重整相比，自热重整的启动和停止更迅速；与部分氧化相比，自热重整制氢甲烷的转化效率较高，其转化率为 60%～75%，能产生更多的氢气。此外，自热重整制氢设备结构相对紧凑，使得这种方法制氢具有较好的市场潜力。但其反应温度较高，其设备与部分氧化设备一样需要耐高温，因而设备造价高。

天然气催化裂解制氢是将 CH_4 高温催化分解生成 CO 和 H_2，不仅可以得到不含 CO 和 CO_2 的 H_2，同时还可以得到碳纳米纤维、石墨烯等材料[12]，降低了制氢过程中的碳排放系数。该方法近年来得到业界的广泛重视。催化裂解技术产生的氢气纯度高，能耗相较蒸汽重整技术低，并且不产生碳氧化物，不需要进行进一步的变换反应消除碳氧化物。其生产设备比其他天然气制氢设备简单，投资较少，此外还能生产高附加值的碳产品，因此这种方法制氢有广阔的市场前景。但催化裂解反应中生成的炭富集在催化剂表面，易造成催化剂积炭失活。目前该工艺仍在研究开发阶段。

（3）工业副产氢

我国含氢工业尾气资源十分丰富，有氯碱副产氢、焦炉煤气制氢、炼厂重整制氢、轻烃裂解制氢［丙烷脱氢（PDH）和乙烷裂解］等多种途径。我国炼油、化工、焦化等主要工业副产气中大多含有 H_2，并且部分副产气 H_2 含量较高。工业副产气制氢相较于化石燃料制氢流程短，能耗低，并且与工业生产结合紧密，配套公辅设施齐全，下游 H_2 利用和储运设施较为完善，故工业副产气是目前较为理想的氢气来源；烧碱尾气通过电解饱和 NaCl 溶液制取，含氢量约为 97%；焦炉煤气经煤炭高温蒸馏后含氢量约为 57%；丙烷脱氢副产气通过丙烷催化脱氢制取，含氢量为 80%～92%；炼厂气以石脑油为原料制取，含氢量为 14%～90%[13]。

氯碱工业副产氢净化回收成本低，环保性较好，提纯后可以作为燃料电池车用燃料。以氯碱副产氢为原料时，氢中的主要杂质是氯、氯化氢、氧和氮等，具体制氢流程包括四个工序，即除氯、原料气压缩、脱氧干燥及变压吸附[14]。来自电解工序的氢气经过淋洗塔，用硫化钠溶液喷淋洗涤，除去氢气中的氯气。除去氯气的含氢尾气通过旋风分离器除去夹带的水分，借助氢气压缩机加压至 0.8MPa，进入汽水分离器除水，再进入脱氧器进行脱氧反应，除去氢气中的氧气。由于脱氧过程中放出大量热量，故从脱氧器出来的气体先通过氢气冷却器冷却，再通过冷凝器用冷冻水进一步冷却。冷却后的气体通过变压吸附除去氮气和少量杂质气，最后输出纯度在99.99%以上的氢气。目前，氯碱工业副产氢被视作最有可能提供大规模燃料电池用廉价氢源的重要途径。

焦炉煤气中约含55%的氢气，主流制氢工艺是焦炉煤气压缩净化后采用变压吸附法直接分离提纯氢气，如图2-16所示。焦炉煤气是煤炼焦过程的副产品，初步净化后的焦炉煤气由体积分数55%～60%的 H_2、23%～27%的 CH_4、5%～8%的CO、1.5%～3%的 CO_2、3%～5%的 N_2、0.3%～0.5%的 O_2、2%～3%的 C_n 等成分组成，同时还含有大量杂质组分如焦油、苯、萘、氨、氢化氰、有机硫、无机硫等。变压吸附制氢工艺流程主要分为四个工序。第一阶段是压缩，将炼焦厂产生的焦炉煤气压缩。第二阶段是预处理与净化，焦炉煤气经过冷却进入预净化装置，预脱除有机物、H_2S、NH_3 等杂质。再通过变温吸附（TSA）工艺进一步脱除易使吸附剂中毒的组分，如焦油、萘、硫化物。第三阶段是变压吸附，该步骤被认为是整个工艺的核心，用于除去氢气以外的绝大部分杂质组分。第四阶段是氢气精制，前一道工序获得的氢气一般含有少量氧气和水分，为了获得纯度达到99.999%的高纯氢还需要严格控制氧气含量。

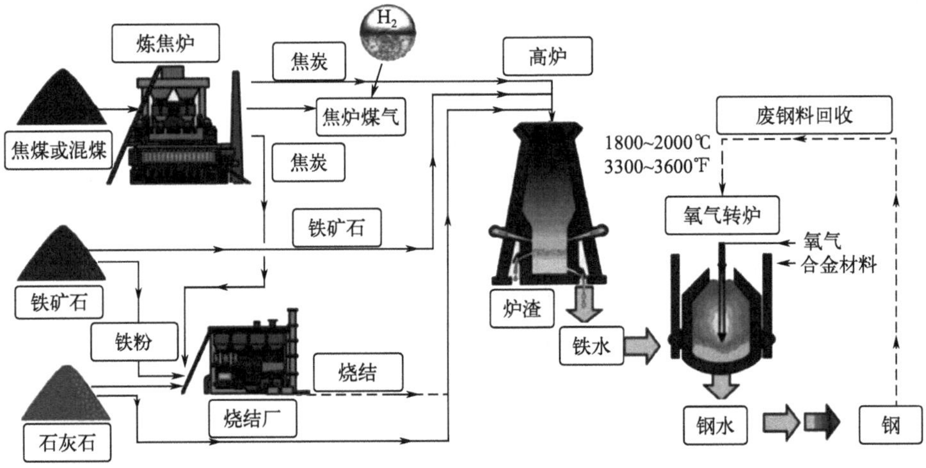

图2-16 煤炭炼焦过程提取氢气

2.2.1.1.2 制氢工艺装备

煤气化制氢的核心设备是煤气化炉，为大型设备，固定成本高，适用于大规模集中化生产。煤气化目前最通用的分类方法是按反应器分类，分为固定床（移动床）、流化床、气流床和熔融床。至今熔融床还处于中试阶段，而固定床（移动床）、流化床和气流床是工业化或建立示范装置的方法。提纯和碳捕集环节存在较为广阔的发展空间。现阶段氢气提纯主要有变压吸附（如图2-17所示）、深冷分离（低温精馏）、膜分离、色谱分离和吸收法等方法[15]。其中，深冷分离法和变压吸附法在工业生产中技术最为成熟。深冷分离法采用大型成套设备，由冷箱、换热器、精馏塔等组成。变压吸附法的核心在于专用吸附剂（分子筛）的研发，设备环节吸附塔结构、阀门和控制系统的设计对变压吸附的效果与系统寿命同样具有显著影响。变压吸附技术主流供应商多为掌握吸附剂研发技术的化工企业，开发相应的工艺和成套装置，向下游客户提供整体解决方案。

化石燃料制氢关键装备及材料具体如表2-1所示。

图 2-17　变压吸附装置

表2-1　化石燃料制氢关键装备及材料

一级（系统）	二级（分系统）	三级（装置/设备）
煤制氢	气化装置	煤气化反应器
		气化剂预热器
		废热回收器
		气体输送装备
		灰水加热器
	变换装置	变换炉
		变换催化剂
		换热器
		冷却器
		分离器
		压缩机
		废热回收系统
	净化装置	除尘器
		除沫器
		洗涤塔
		压缩机
	纯化装置	气体分离装置
		气体洗涤器
		氢气压缩机
		冷凝器
		精馏塔
		氢气泵
		蒸发器
		氢气干燥器

一级（系统）	二级（分系统）	三级（装置/设备）
天然气制氢	预处理装置	过滤器
		脱硫装置
		脱水装置
	转化装置	转化炉
		换热器
		余热锅炉
	变换装置	高温变换炉
		变换催化剂
	纯化装置	变压吸附装置
		氢气分离设备
		氢气提纯塔
工业副产气制氢	原料气制备装置	原料传输泵
		混合器
		预热器
		汽化器
		过热器
	催化转化装置	转化炉
		换热器
		反应器
		废气处理器
		催化剂
	气体分离装置	分离器
		气固相催化反应器
		压缩机
	氢气纯化装置	提纯设备
		高效制氢发生器

2.2.1.2 电解水制氢

电解水制氢是指水分子在直流电作用下被解离生成氧气和氢气，分别从电解槽阳极和阴极析出。根据工作原理和电解质的不同，电解水制氢技术通常分为四种，分别是碱性电解水技术（ALK）、质子交换膜电解水技术（PEM）、高温固体氧化物电解水技术（SOEC）和固体聚合物阴离子交换膜电解水技术（AEM）[16]。“双碳”目标提出后，国内电解水制氢项目规划和推进逐步加快，碱性电解水制氢技术已完成商业化进程，产业链发展成熟，并且具备成本优势，已实现大规模应用，2022 年国内碱性电解槽企业已披露产能接近 11GW；质子交换膜电解水技术则处于商业化初期，产业链国产化程度不足，电解槽双极板、膜材料以及铂、铱等贵金属催化剂材料成本更高且极度依赖进口；高温固体氧化物电解水技术和固体聚合物阴离子交换膜电解水技术还处于研发示范阶段，未实现商业化应用。

2.2.1.2.1 工艺及技术进展

（1）碱性电解水制氢

碱性电解水制氢是指在碱性电解液环境下进行电解水制氢的过程，电解液一般为 KOH 或 NaOH 水溶液。将电解质溶液置于电解槽内，通过隔膜将槽体分为阴、阳两室，各电极置于其中，电流在一定电压下通过电极将水分解，在阳极产生氧气，在阴极产生氢气，以此达到制氢目的。

碱性电解水制氢系统主要包括碱性电解槽主体和辅助系统（BOP），具体如图 2-18（另见文前彩图）所示[17]。碱性电解槽由电极、电解液、隔膜及极板、垫片等零部件组成。碱性电解槽工作温度一般为 70～90℃，产生的氢气纯度在 99%以上，经分离后的氢气需要脱除其中的水分和碱液。一般电解槽需要降低电压、增大电流以提高转化效率，成本与其制氢能力有关，制氢能力越大，成本越高。碱性电解水制氢装置辅助系统包括八大系统：电源供应系统、控制系统、气液分离系统、纯化系统、碱液系统、补水系统、冷却干燥系统及附属系统[18]。碱性电解水制氢是目前发展最为成熟的制氢技术，具备槽体结构简单、安全可靠、运行寿命长、操作简便、售价低廉等优点，是市场上主要的电解水制氢方式，广泛应用于冶金、医药、储能、食品等行业。

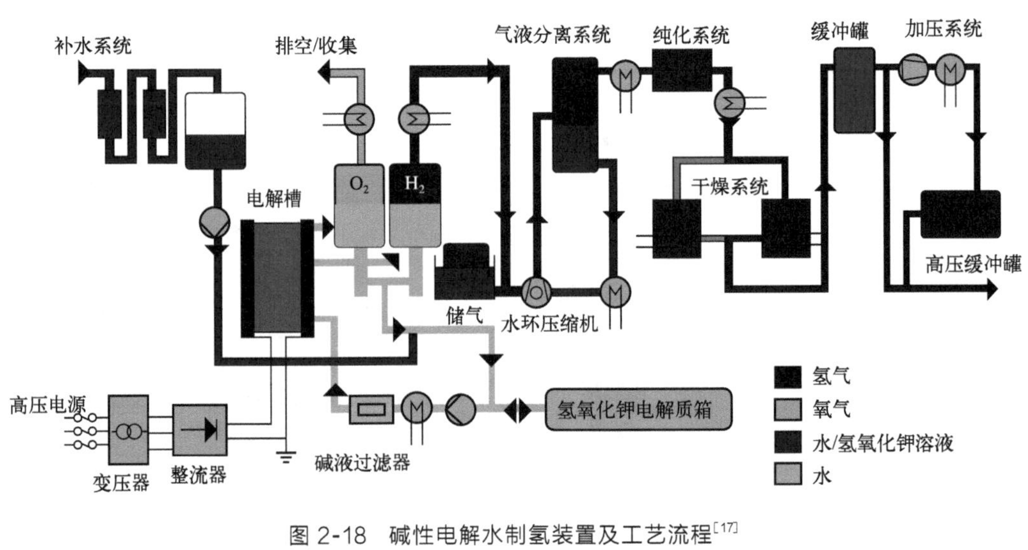

图 2-18 碱性电解水制氢装置及工艺流程[17]

（2）质子交换膜电解水制氢

PEM 电解水制氢与碱性电解水制氢的区别是，PEM 电解制氢使用质子交换膜作为固体电解质替代碱性电解槽使用的隔膜和碱性电解液，避免了潜在的碱液污染和腐蚀问题，安全性更高。PEM 电解水制氢同样是纯水发生电化学反应分解产生氧气和氢气的过程。

PEM 电解水制氢系统由 PEM 电解槽和辅助系统组成，具体如图 2-19（另见文前彩图）所示。PEM 电解槽结构与燃料电池类似，主要部件由内到外依次是质子交换膜、阴阳极催化层、阴阳极气体扩散层、双极板等。其中扩散层、催化层与质子交换膜组成膜电极，是整个水电解槽物料传输以及电化学反应的主场所，膜电极特性与结构直接影响电解槽的性能和寿命。PEM 电解水制氢装置辅助系统包括四大系统：电源供应系统、氢气干燥纯化系统、去离子水系统和冷却系统。

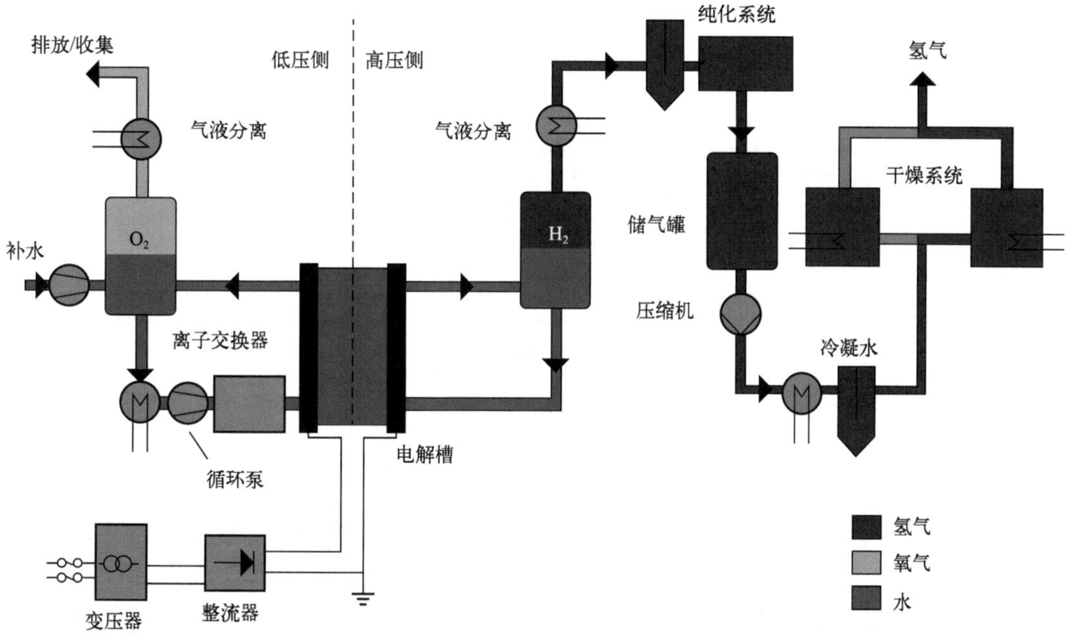

图 2-19 PEM 电解水制氢装置及工艺流程[18]

PEM 电解水电流密度高、电解槽体积小、运行灵活、利于快速变载，与风电、光伏等可再生能源电力具有良好的匹配性。当前 PEM 电解水制氢正处于规模化应用前夜，系统成本相对较高。全球领先企业主要分布在欧洲和北美洲，国内目前尚未完全突破兆瓦级大功率电解槽技术，与国际领先水平还有一定差距。

（3）高温固态氧化物电解水制氢

SOEC 采用固体氧化物为电解质材料，工作温度 800～1000℃，制氢过程电化学性能显著提升，效率更高。在高温下，SOEC 电解设备会减少对电能的需求，转而提升对废热的利用率，因此热能资源丰富的地区或废热较多的工业区是 SOEC 示范项目的理想场地，未来当可再生能源或先进核能供应充足时，SOEC 可能成为大规模制氢的主要路线之一。

SOEC 综合能效很高，但由于反应温度高、启停时间长，很难与间歇性的可再生能源电力相匹配，因此更适合廉价稳定的固定电力（如核电、水电等）。同时，高温高湿的工作环境进一步限制电解槽材料选择，也制约 SOEC 制氢技术的应用场景选择与大规模推广。目前全球正处于示范阶段，领先企业主要为德国德累斯顿太阳火公司 Sunfire 和丹麦托普索公司 HaldorTopsoe，国内中科院上海应用物理研究所的技术较为领先。

（4）固体聚合物阴离子交换膜电解水制氢

AEM 电解水技术结合了碱性电解水技术和 PEM 电解水技术的优点。相比碱性电解水技术，AEM 技术具有更快的响应速度和更高的电流密度；而相比 PEM 电解水技术，AEM 技术的制造成本更低。AEM 电解水设备运行时，原料水从 AEM 设备的阴极侧进入。水分子在阴极参与还原反应并得到电子，生成氢氧根离子和氢气。氢氧根离子通过聚合物阴离子交换膜到达阳极后，参与氧化反应并失去电子，生成水和氧气，如图 2-20 所示。根据设备设计的不同，有时会在原料水中加入一定量的 KOH 溶液或者 $NaHCO_3$ 溶液作为辅助电解质，这有助于提高 AEM 电解设备的工作效率。

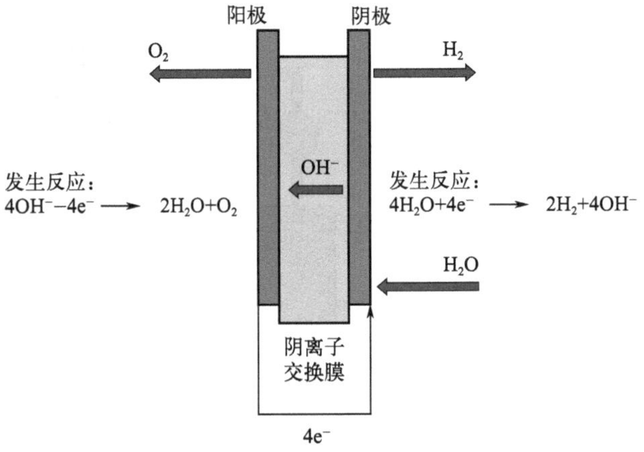

图 2-20 AEM 电解水设备示意图

AEM 电解水技术因其独特的低成本、高效率优势被认为是最具发展前景的电解水制氢技术。目前 AEM 技术尚处于研发阶段。其研发方向分为碱性电解水制氢设备和纯水制氢设备。前者的研发重点是提升电流密度和耐久性；后者是提升膜的稳定性，并使用先进的催化剂来提升性能和耐久性。目前 AEM 电解槽单堆规模可达 $25m^3$（标）/h，集成电解槽规模可达 $200m^3$（标）/h。AEM 电解技术未来的发展方向，将是高效催化剂、聚合物膜、膜电极等关键材料的研发以及提高单堆功率或大规模集成技术。另外，AEM 的单位电堆成本低于 PEM，故通过降低小室电压来提升 AEM 的电能效率也是研发策略之一。

ENAPTER 作为国际上领先的开发、制造商，已实现了 AEM 电解制氢小型产品的商业化。目前 ENAPTER 的研发重点是在纯水制氢设备中提升膜的传导性和耐久性，以期达到电流密度$>1A/cm^2$（小室工作电压 1.8V）和衰减速率$<15mV/1000h$ 的性能参数。在膜的研发方面，加拿大 Ionomr Innovations Inc 公司已取得一定的进展，其 Aemion+™ 膜可解决 AEM 聚合物结构中不稳定分解机制问题。

2.2.1.2.2 制氢工艺装备及材料

（1）碱性电解水制氢

碱性电解水制氢装置包括主体设备、辅助设备及电控设备三部分。主体设备由电解槽和附属设备一体化框架组成，电解槽为核心设备；辅助设备包括水箱、碱箱、补水泵和气体减压分配框架等；电控设备包括整流柜、配电柜等。

碱性电解槽是电解反应发生的主要场所，通常呈圆柱形。电解槽主体是由端压板、密封垫、极板、电极、隔膜等零部件组装而成，如图 2-21 所示。电解槽包括数十甚至上百个电解小室，由螺杆和端板把这些电解小室压在一起形成圆柱状或正方形，每个电解小室以相邻的 2 个极板为分界，包括正负双极板、阳极电极、隔膜、密封垫圈、阴极电极 6 个部分[19]。电极通常采用镍网或泡沫镍，其性能对电流密度和电解效率有决定性影响，其成本约占系统成本的 28%；隔膜用于将两极隔离开，要求保障气密性的同时降低电阻，以减少电能损耗；密封垫片用于解决极片之间的绝缘问题，其绝缘性能对电解效率、安全、系统使用寿命均有影响。

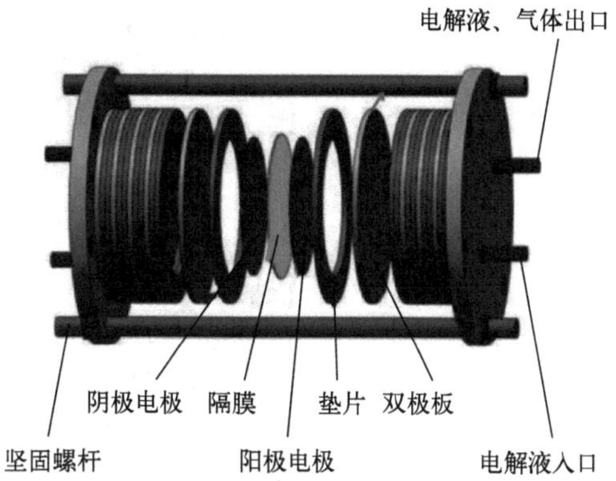

图 2-21　碱性电解水制氢装置主体设备

极板是碱性电解槽的支撑组件，其作用是支撑电极和隔膜以及导电，如图 2-22 所示。国内极板材质一般采用铸铁金属板、镍板或不锈钢金属板，极板经机加工冲压成乳突结构，与极框焊接后镀镍加工而成。镍是非消耗性电极，在碱液里面不易被腐蚀。乳突结构有支撑电极和隔膜的作用，电解液可以在乳突与隔膜布形成的流道中流动，同时乳突还有输电的作用。极框上分布有气道孔和液道孔，与主极板焊接的部分被称为舌板，极框最外侧为密封线区，其余为隔膜和密封垫的重合区[20]。

图 2-22　碱性电解槽极板

隔膜的作用是防止碱性电解槽在电解过程中氢气和氧气发生混合。适用于碱性电解槽的隔膜应具备以下要求：a. 保证氢气和氧气分子不能通过隔膜，但允许电解液离子通过；b. 能够耐高浓度碱液的腐蚀；c. 具有较好的机械强度，能够长时间承受电解液和生成气体的冲击，隔膜结构不被破坏；d. 为了降低电能损耗，隔膜必须要有较小的面电阻，因此隔膜孔隙率要尽可能高；e. 在电解温度和 pH 条件下隔膜能够保持化学稳定；f. 原料易得、无毒、无污染，废弃物易处理。用于碱性电解槽的隔膜最早使用石棉隔膜，目前主流使用的是聚苯硫醚（PPS）隔膜，高性能隔膜采用的是 PPS 涂覆无机层的复合膜，另外科研院所研发的重点隔膜还有聚四氟乙烯树脂改性石棉隔膜、聚醚醚酮纤维隔膜、聚砜纤维隔膜等。

电极是电化学反应发生的场所，也是决定电解槽制氢效率的关键。目前国内大型碱性电解槽使用的电极，大多以镍基材料为主，如纯镍网、泡沫镍或者以纯镍网或泡沫镍为基底喷涂高活性催化剂。镍网一般是由 40～60 目的镍丝网经过裁圆而成，镍丝的直径大约在 200μm。镍网产品比较成熟，价格低廉，具有良好的耐酸、耐碱、耐高温等性能。泡沫镍价格低廉、产品成熟，电极材料内部充满大量微孔，表面积非常大，溶液与电极的接触面积因此大大增大，缩短了传质距离，极大地提高了电解反应效率，如图 2-23 所示。

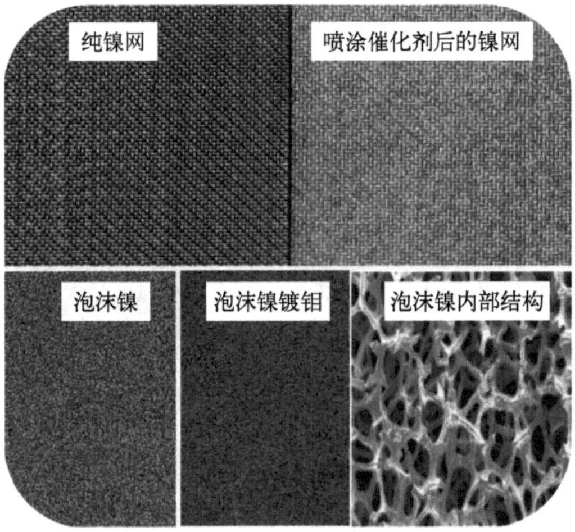

图 2-23 碱性电解槽电极（势银）

催化剂种类主要有两种：一种是高活性镍基催化剂，目前常见的有雷尼镍、活化处理的硫化镍、镍钼合金或者活化处理的镍铝粉等[21]；另一种是含有贵金属的催化剂（铂系催化剂、钌系催化剂、铱系催化剂等）。涂层方式有喷涂、滚涂、化学镀等方式，不同方式生产的产品的性能和成本也会有差异。国内电解槽电极喷涂分三种，即只喷涂阳极、只喷涂阴极和阴阳极全部喷涂。

碱性电解水制氢关键装备及材料具体如表 2-2 所示。

表2-2 碱性电解水制氢关键装备及材料

一级（系统）	二级（分系统）	三级（装置/设备）	一级（系统）	二级（分系统）	三级（装置/设备）
碱性电解水制氢	电解槽	双极板	碱性电解水制氢	氢气储存装置	氢气储罐
		隔膜			氢气压缩机
		极网		辅助装置	空气压缩机
		端板			空气储罐
		密封垫			冷却水装置
	气液处理装置	氢分离器			纯水装置
		氧分离器			氮气吹扫装置
		气液分离器			整流器
		换热器			变压器
		循环泵			配电柜
	氢气纯化装置	洗涤器			PLC 控制柜
		脱氧器		自动控制和监测装置	压力传感器
		氢气干燥器			温度传感器
		氢气冷却器			液位传感器
		氢气过滤器			气体浓度监测探测器
		加热器			

（2）质子交换膜电解水制氢

PEM电解槽是PEM电解水制氢装置的核心部分，电解槽的最基本组成单位是电解池，如图2-24所示[22]。根据功率的大小，一个PEM电解槽包含数十甚至上百个电解池。每个电解池由5部分组成，由内而外主要由质子交换膜、阴/阳极催化剂层、气体扩散层和双极板组成。目前，国内PEM电解槽产业规模较小，主要原因是关键材料质子交换膜生产技术由欧美、日本等巨头垄断，国内电解槽厂商使用的质子交换膜主要向杜邦进口，成本和供应链均面临一定压力。此外，PEM电解槽使用的贵金属催化剂也存在进口依赖性。国内PEM电解槽产业的发展，需要国产关键材料环节的进一步突破。

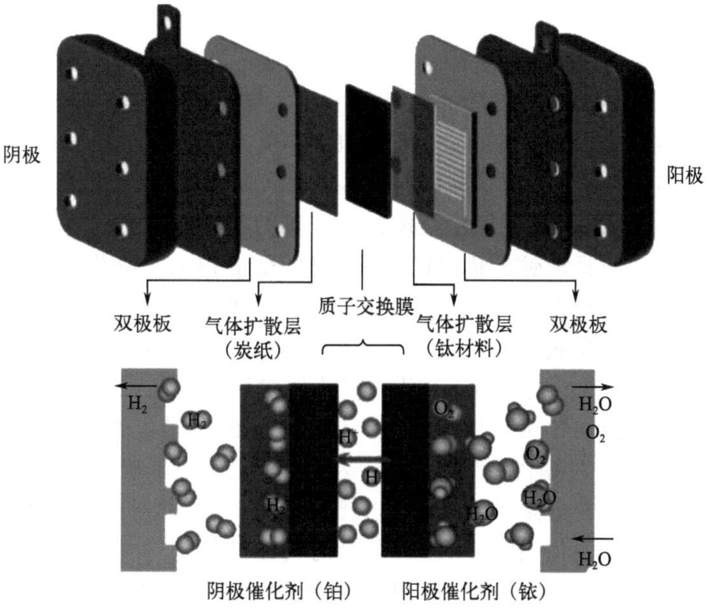

图2-24 PEM电解槽结构及原理图[22]

质子交换膜是PEM电解槽的核心零部件之一。在PEM电解槽中，质子交换膜既充当质子交换的通道，又作为屏障防止阴阳极产生的氢气和氧气互相接触，并为催化剂涂层提供支撑。因此，质子交换膜需要具备极高的质子传导率和气密性，极低的电子传导率。与此同时，质子交换膜还需要具备良好的化学稳定性，可以承受强酸性的工作环境；较强的亲水性至关重要，可有效预防质子交换膜局部缺水，避免干烧。质子交换膜的性能直接影响着PEM电解槽的运行效率和寿命。与燃料电池质子交换膜（厚度10μm左右）相比，PEM电解槽使用的质子交换膜更厚（150～200μm），在加工过程中更容易发生肿胀和变形，膜的溶胀率更高，加工难度更大。目前使用的质子交换膜大多采用全氟磺酸基聚合物作为主要材料。国内外使用最广泛的主要为杜邦（科慕）的Nafion™系列，例如Nafion115和117系列质子交换膜，其他膜产品包括陶式的XUS-B204膜以及旭硝子的Flemion®膜等。国内的PEM电解槽生产企业对于进口质子交换膜仍然具有很高的依赖性。由于质子交换膜生产技术长期被欧美和日本等国家所垄断，国内工业级的PEM产品几乎全部使用杜邦的Nafion™系列质子交换膜。目前，国内仅有少数企业有能力生产应用于PEM电解槽的质子交换膜产品。

阴、阳极催化剂是PEM电解槽的重要组成部分。由于阴、阳极催化剂是电化学反应的场所，催化剂需要具备良好的抗腐蚀性、催化活性、电子传导率和孔隙率等特点，才能确保

PEM 电解槽可以稳定运行。和燃料电池相比，PEM 电解槽在催化剂的使用上更加依赖贵金属材料。在 PEM 电解槽的强酸性运行环境下，非贵金属材料容易受到腐蚀，并可能和质子交换膜中的磺酸根离子结合，降低质子交换膜的工作性能。目前常用的阴极催化剂是以碳为载体材料的铂碳催化剂。在酸性和高腐蚀性的环境下，铂仍然可以保持较高的催化活性，确保电解效率；而碳基材料既为铂提供了载体，也充当着质子和电子的传导网络。催化剂中的铂载量约在 0.4～0.6g/cm^2，铂的质量分数约在 20％～60％。阳极的反应环境比阴极更加苛刻，对催化剂材料的要求更高。由于阳极电极材料需要承受高电位、富氧环境和酸性环境的腐蚀，常用的碳载体材料容易被析氧侧的高电位腐蚀降解，因此一般选用耐腐蚀且析氧活性高的贵金属作为 PEM 电解槽阳极侧的催化剂。结合催化活性和材料稳定性来看，铱、钌及其对应的氧化物（氧化铱和氧化钌）是目前最适合作为 PEM 阳极侧催化剂的材料。相比于氧化铱，虽然氧化钌的催化活性更强，但在酸性环境下氧化钌容易失活，稳定性比氧化铱稍差。因此，氧化铱是目前应用最广泛的阳极催化剂。催化剂中的铱载量约为 1～2g/cm^2[23]。PEM 电解槽催化剂对贵金属的依赖可能是阻碍 PEM 快速推广的因素之一。应用于 PEM 电解槽的催化剂铂、铱、钌等贵金属产量稀少、成本高昂。铱作为 PEM 电解槽阳极最重要的催化剂材料，供应上存在很大的制约。目前全球铱的产量约为 7t/a，远远少于其他贵金属，其中 85％左右的铱产自南非，目前铱的价格已高达 1000 元/g 以上。降低催化剂中贵金属的含量已经成了目前催化剂技术开发的主要方向。在催化剂中加入非贵金属基化合物，例如非贵金属的硫化物、氮化物、氧化物等，可以在保持催化活性的前提下，降低铂的使用量。

气体扩散层（简称 GDL 或 PTL），又称多孔传输层或集流器，是夹在阴阳极和双极板之间的多孔层。气体扩散层作为连接双极板与催化剂层的桥梁，确保了气体和液体在双极板与催化剂层之间的传输，并提供有效的电子传导。因此，为了确保气液传输效率和导电性能，气体扩散层既需要具有合适的孔隙率，又需要具有良好的导电性，确保电子传输效率。PEM 电解槽的气体扩散层材料选择和燃料电池的气体扩散层选择有所不同。燃料电池通常选择炭纸作为阴极和阳极的气体扩散层材料。在 PEM 电解槽中，由于阳极的电位过高，高氧化性的运行环境足以氧化炭纸材料，因此通常选择耐酸、耐腐蚀的钛基材料作为 PEM 电解槽阳极气体扩散层的主要材料，并制作成钛毡结构以确保气液传输效率，如图 2-25 所示。钛基材料在长时间的使用下容易钝化，形成高电阻的氧化层，降低电解槽的工作效率。为了防止钝化现象的发生，通常会在钛基气体扩散层上涂抹一层含有铂或者铱的涂层进行保护，确保电子传导效率。PEM 电解槽的阴极电位较阳极更低，炭纸或钛毡都可以作为气体扩散层的材料。钛毡式气体扩散层的制作工艺较为复杂。高纯的钛材料需要经过一系列的工艺，包括钛纤维制作、清洗、烘干、铺毡、裁剪、真空烧结、裁剪、涂层等一系列的工艺[24]，才可以入库保存。未来，气体扩散层优化的关键在于保持系统的动态平衡。随着水电解反应的持续推进，阳极生成的氧气会逐渐积聚在气体扩散层的通道内，阻塞流道，对液态水的运输产生潜在的影响。这可能会导致气液传输效率下降，对 PEM 电解槽的工作效率产生负面影响。在气液逆流的情况下，减小气液阻力，及时移除阳极产生的氧气，并将液态水及时运输至阳极催化层，将是气体扩散层优化的方向。孔隙率、孔径尺寸和厚度等指标都是未来需要研究的重点。

双极板不仅是支撑膜电极和气体扩散层的部件，也是汇流气体（氢气和氧气）及传导电子的重要通道，如图 2-26 所示。阴阳极两侧的双极板分别汇流阴极产生的氢气和阳极产生的氧气，并将它们输出。因此，双极板需要具备较高的机械稳定性、化学稳定性和低氢渗透性。阳极产生的电子经由阳极双极板进入外部电路，再通过阴极双极板进入阴极催化层。因此，双极板还需要具备高导电性。PEM 电解槽双极板和燃料电池双极板的结构与使用材料有很大的区别。在结构方面，PEM 电解槽双极板不需要加入冷却液对设备进行冷却，使用一板两场的结构就可以满足运行需求，相比于燃料电池双极板两板三场的结构更为简单。在材料方面，PEM 电解槽中阳极的电位过高，燃料电池常用的石墨板或者不锈钢制金属板容易被腐蚀降解。使用钛材料可以很好地避免金属腐蚀导致的离子浸出，预防催化剂的活化电位受到毒害。但由于钛受到腐蚀后，容易在表面形成钝化层，增大电阻，通常会在钛板上涂抹含铂的涂层来保护钛板。钛基双极板的生产工艺目前有冲压工艺、蚀刻工艺等。相比之下，冲压工艺的单位加工成本更低，更适合于大规模化生产，可能会成为未来主要的工艺路线。

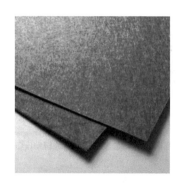

图 2-25 钛毡实例

图 2-26 PEM 双极板

质子交换膜电解水制氢关键装备及材料如表 2-3 所示。

表2-3 质子交换膜电解水制氢关键装备及材料

一级（系统）	二级（分系统）	三级（装置/设备）
质子交换膜电解水制氢	电解槽	双极板
		质子交换膜
		气体扩散层
		催化剂
		端板
		密封垫
	气液处理装置	氢分离器
		氧分离器
		换热器
		循环泵
	氢气纯化装置	氢气气液分离器
		脱氧器
		氢气干燥器
		氢气冷却器
		氢气过滤器
		加热器
质子交换膜电解水制氢	氢气储存装置	氢气储罐
		氢气压缩机
	辅助装置	空气压缩机
		空气储罐
		冷却水装置
		纯水装置
		氮气吹扫装置
		整流器
		变压器
		配电柜
		PLC（可编程逻辑控制器）控制柜
	控制和监测装置	压力传感器
		温度传感器
		液位传感器
		气体浓度监测探测器

(3) 高温固体氧化物电解水制氢

高温固体氧化物电解池是在高温下将电能和热能转化为化学能的电解设备。相比常温电解水，SOEC 高温电解水可以提供更高的能源转化效率。此外，由于不需要使用贵金属催化剂，SOEC 还具备材料成本低廉的优势。

SOEC 电解系统最基本的组成单元是 SOEC 电解池，多个电解池组装成 SOEC 电堆。多个电堆和气体处理系统、气体输送系统组合成 SOEC 电解模块，最终多个模块组合成一个完整的 SOEC 系统，如图 2-27 所示。电解质、阴极和阳极是 SOEC 电解池的核心组成部分，直接影响着 SOEC 设备的工作性能和工作效率。

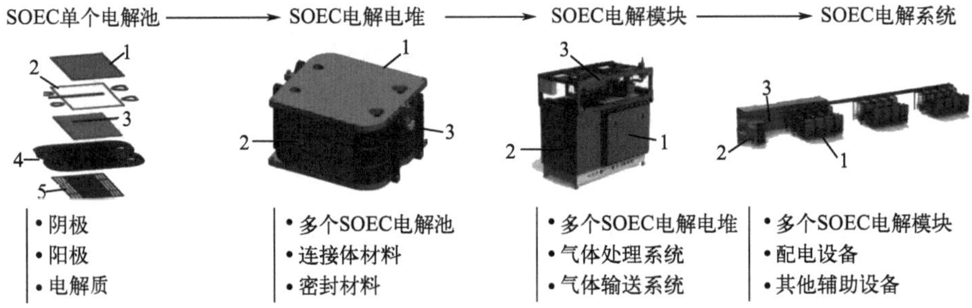

图 2-27 SOEC 电解水系统构成图

1—阴极；2—隔膜；3—阳极；4—双极板；5—气体扩散层

电解质的性质决定了 SOEC 的技术路线和阴、阳极材料的选择（高温下热膨胀系数需保持一致）。电解质的主要作用是将在阴极产生的氧离子传导至阳极，阻隔电子电导，并防止阴阳极产生的氢气和氧气相互接触。因此，电解质层需要有极高的离子传导率和极低的电子传导率。为了防止阴极的氢气渗透进入阳极，电解质层的气密性必须高。此外，为了减少电解池的欧姆损耗，电解质层的厚度要尽可能减小。电解质材料通常选用导电陶瓷材料。在 800～1000℃的高温运行环境下，常用的电解质材料有钇稳定的氧化锆（YSZ）和钪稳定的氧化锆（ScSZ）[25]。由于 YSZ 既可以提供优良的氧离子电导率，相比 ScSZ 又具备一定的成本优势，已经成了最常用的电解质材料。在 600～800℃的中温运行环境下，镧锶镓镁（LSGM）、钐掺杂的氧化铈（SDC）和钆掺杂的氧化铈（GDC）也是较为常用的电解质材料。

阴极是原料水分解的场所，并提供电子传导通道。这要求阴极材料具有良好的电子电导率、氧离子电导率和催化活性，以确保反应的顺利进行。与此同时，由于阴极需要和高温水蒸气直接接触，阴极材料需要在高温高湿的条件下具备化学稳定性。材料还必须具备合适的孔隙率，以保证电解所需水蒸气的供应和氢气产物的输出。由于在高温下，热膨胀系数不匹配会导致过高的机械应力，最终使材料破碎，因此，阴极材料必须和电解质材料具有类似的热膨胀属性。阴极材料通常选用金属陶瓷复合材料。镍（Ni）、钴（Co）、铂（Pt）、钯（Pd）都满足 SOEC 对阴极材料的要求。镍的成本较低，对水的分解反应具有良好的催化活性，用 Ni 和 YSZ 制造的金属陶瓷复合材料是最常用的阴极材料。使用 YSZ 和 Ni 作为阴极材料，可以使阴极的热膨胀系数接近以 YSZ 为主要材料的电解质，保持 SOEC 的机械稳定性。YSZ 还可以提高界面的电化学反应活性，确保 SOEC 的工作效率。

阳极是产生氧气的场所。阳极材料必须要在高温氧化的环境下保持稳定。与此同时，为了确保氧气的顺利产出，阳极材料必须具备优良的电子电导率、氧离子电导率和催化活性；材料必须采用多孔结构，便于氧气的流通。另外，为了保持高温下的机械稳定性，阳极材料的热膨胀系数也必须和电解质相匹配。使用钙钛矿氧化物制备的导电陶瓷材料是目前最常用的阳极材料。其中，掺杂锶的锰酸镧（LSM）的化学催化活性高，和 YSZ 电解质的热膨胀系数接近[26]，是其中最具代表性的材料之一。

（4）固体聚合物阴离子交换膜电解水制氢

AEM 电解池是组成 AEM 电解系统的基本单位。多个 AEM 电解池组成 AEM 电解模块。大量的 AEM 电解模块和多个辅助系统构成 AEM 电解水系统。其中，辅助系统包括氢气处理和干燥系统、水箱、水处理净化系统和交流直流转换器等。阴极材料、阳极材料和阴离子交换膜是 AEM 电解池的核心构成，直接影响着 AEM 电解池的工作效率和设备寿命等。

阴离子交换膜的作用是将氢氧根离子从阴极传导至阳极。因此，构成阴离子交换膜的材料需要具备较高的阴离子传导性和极低的电子传导性。由于在 AEM 电解设备中，局部区域会出现高碱性，理想条件下，阴离子交换膜需要具备优秀的化学稳定性和机械稳定性。为了隔绝阴极和阳极，防止氢气和氧气相互接触发生爆炸，阴离子交换膜必须具备极低的气体渗透性。目前的阴离子交换膜通常选用聚合物作为其主要材料。由于 AEM 电解水技术还处于研发阶段，现阶段仍未找到最合适的材料，在研发中使用较多的有芳香族聚合物。

阴极材料和阳极材料的主要作用是催化水分解反应，并将产生的氢气与氧气及时输出。因此，阴极材料和阳极材料必须具备较强的催化活性与多孔性。为了电极反应的顺利进行，阴极材料和阳极材料必须具备较高的阴离子传导性和电子传导性。现阶段使用最多的阴极材料主要是镍，阳极材料主要是镍铁合金。铁和镍不但对水的分解有较强的催化活性，而且来源广、成本低。由于 AEM 不需要在高腐蚀性的环境下运行，因此阴阳极材料中不需要加入钌元素等贵金属催化剂和钛，这大大降低了 AEM 设备的制造成本。目前开发的阴离子交换膜仍然无法兼顾工作效率和设备寿命。因此，有关 AEM 的研究主要聚焦于开发合适且高效的聚合物阴离子交换膜。另外，在实验室研发阶段，电极材料中仍然会加入少量的贵金属。因此，开发低成本的高效非贵金属催化剂也是 AEM 研究的重点之一。

固体聚合物阴离子交换膜电解水制氢关键装备及材料如表 2-4 所示。

表2-4 固体聚合物阴离子交换膜电解水制氢关键装备及材料

一级（系统）	二级（分系统）	三级（装置/设备）	一级（系统）	二级（分系统）	三级（装置/设备）
阴离子交换膜电解水制氢	电解槽	双极板	阴离子交换膜电解水制氢	氢气纯化装置	氢气干燥器
		阴离子交换膜			氢气冷却器
		气体扩散层			氢气过滤器
		催化剂			加热器
		端板		氢气储存装置	氢气储罐
		密封垫			氢气压缩机
	气液处理装置	氢分离器		辅助装置	空气压缩机
		氧分离器			空气储罐
		气液分离器			冷却水装置
		换热器			纯水装置
		循环泵			氮气吹扫装置
	氢气纯化装置	洗涤器			整流器
		脱氧器			变压器

续表

一级（系统）	二级（分系统）	三级（装置/设备）	一级（系统）	二级（分系统）	三级（装置/设备）
阴离子交换膜电解水制氢	辅助装置	配电柜	阴离子交换膜电解水制氢	自动控制和监测装置	温度传感器
		PLC 控制柜			液位传感器
	自动控制和监测装置	压力传感器			气体监测探测器

2.2.1.3 其他方式制氢

2.2.1.3.1 制氢工艺与技术

（1）生物质制氢

生物质制氢技术可分为生物质热转化制氢、微生物发酵制氢两种。对于含有较多纸板和塑料等物质的城市垃圾，可以使用热解气化技术制氢；对于含水率较高的生物质或者垃圾，如厨余垃圾等，可以使用生物发酵技术制氢。按不同的菌种分类，生物发酵技术又可分为两种技术路线，即甲烷菌路线和产氢菌路线。

热解气化制氢技术由于气体处理过程复杂，生物质-垃圾热解气化制氢目前在国内暂没有商业化运行项目。国内企业如东方锅炉、大唐集团等正在布局热解气化制氢领域。2022 年 10 月，国内首台/套生物质气化-化学链制氢多联产应用研究中试项目在中国大唐集团安徽马鞍山当涂发电公司“点火”成功。

生物发酵技术中，目前甲烷菌应用于沼气制氢技术比较成熟，已经开始商业化推广，国内已有数十套小型的撬装式沼气制氢装置运行，国内大型的沼气制氢装置也可达 50000m^3(标)/h。产氢菌的应用此前一直处于实验室研发阶段，距离商业化应用尚有一段距离。2023 年 2 月，生物制氢产氢菌在国内有了重要突破，国内首个生物制氢及发电一体化项目在哈尔滨市平房污水处理厂完成入场安装、联调，启动试运行。项目包括制氢、提纯、加压、发电、交通场景应用、发酵液综合利用等六大系统。制氢采用生物质-垃圾发酵制氢技术，以农业废弃秸秆、园林绿化废弃物、餐厨垃圾、高浓有机废水等作为发酵底物，以高效厌氧产氢菌种作为氢气生产者。

总体来说，生物质制氢现阶段的商业化推广比较少，未来是否有发展潜力取决于四项关键点：一是否能提高产氢效率；二是否能实现连续流产氢，进而实现工业化生产；三装备是能否规模化；四是否能获取廉价原料。

（2）太阳能制氢

太阳能制氢可分为光催化分解水制氢和太阳能热化学循环制氢和人工光合作用制氢等[27]。光催化分解水制氢的过程比较复杂，当太阳光照射光催化剂时，光催化剂进行捕获、吸收、产生激子，少量存在的激子向表面发生迁移，迁移到反应活性中心分解水产生氢气。光催化剂制氢效率较高，可用的材料较多，但是转换率偏低。光催化制氢技术的研究重点主要集中在开发催化活性高、稳定性好、成本低的光催化剂。热化学制氢技术是利用聚光器加热水，当温度达到 2500K 以上时水分解为氢气和氧气。热化学制氢技术方法简单，效率高，但是需要高倍聚光器才能获得分解需要的温度。研究发现，热化学制氢技术在光照条件下可以利用光催化剂降低对温度的要求。人工光合作用制氢技术是模拟植物的光合作用，利用太阳光制氢，制氢过程与电解水相似，制氢效率快，环境友好，但转化效率低，发展缓慢。

太阳能制氢目前均处于研发阶段，未来研发的关键是提高产氢材料的产氢效率及稳定性。国内“太阳能-氢能转化效率”等关键指标尚未达到可规模化示范的标准，较国际上还有一定差距。

2.2.1.3.2 制氢装备及材料

生物质制氢和太阳能制氢关键装备及材料如表 2-5 所示。

表2-5 生物质制氢和太阳能制氢关键装备及材料

一级（系统）	二级（分系统）	三级（装置/设备）	一级（系统）	二级（分系统）	三级（装置/设备）
间歇式光催化制氢	光源设备	紫外汞灯	生物质热解制氢	气体净化设备	过滤器
		可见氙灯			冷却器
	反应设备	光反应器			洗涤器
		光反应液			干燥器
		光催化剂			吸附剂
		循环泵			膜分离设备
		调节阀			循环泵
		磁力搅拌器	生物质气化制氢	生物质预处理设备	破碎机
		加热器			磨机
	监测设备	气相色谱仪			筛分机
		辐射计			混合机
		流明仪			输送机
		光谱仪		气化反应设备	气化炉
		激光功率计			气化器
生物质热解制氢	生物质预处理设备	破碎设备			烘干器
		干燥设备			蒸汽发生器
		分离器			压力传感器
		气化设备		气体净化设备	气体净化器
	热解反应设备	流化床反应器			冷却器
		固定床反应器			过滤器
		移动床反应器			洗涤器
	气化反应设备	气化反应器			旋风分离器

2.2.2 氢储运领域

氢储运是连接制氢装置及下游应用客户的桥梁，储运技术直接影响上下游产业布局，储运技术的发展与演变也将间接重塑上下游格局。储氢技术主要包含气态储运、液态储运、固态储运等三种方式，如图 2-28 所示。其中气态储运包括高压气罐储氢、管道储氢等；液态储运包括液氢储运、有机液体储氢等；固态储运分为物理储氢和化学储氢两种[28]。高压气态储氢为全球范围内商业化应用最广泛、最成熟的一种储氢方式，产业链也最完整；低温液态储氢次之；有机液体储氢目前整体处于研究示范阶段；固态储氢技术小容量商业化应用开始，大容量应用还在示范探索阶段；碳吸附/金属框架物等固态储氢仍处于研究探索阶段。

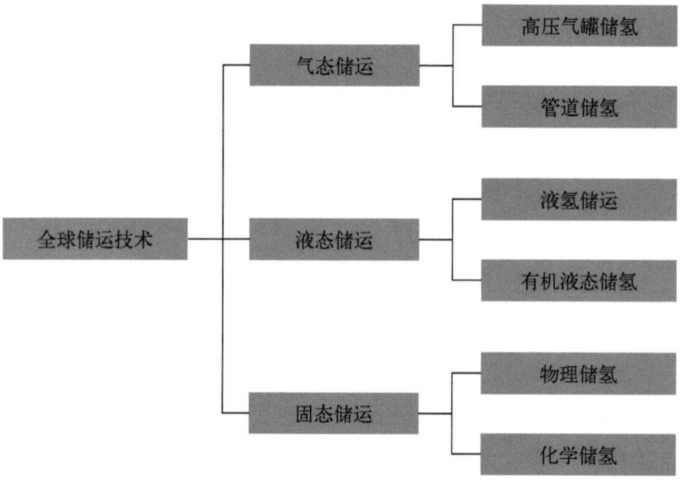

图 2-28 氢储运方式分类

2.2.2.1 气态储运

(1) 高压气态储氢装备与材料

气态储氢是将氢气压缩后以高密度气态形式在高压下储存的技术，该技术设备结构相对简单(图 2-29)，压缩氢气制备能耗低，温度适应范围广，成本低，是目前发展最成熟的储氢技术。储氢瓶包括四类，其中Ⅰ型、Ⅱ型技术较为成熟，主要用于常温常压下的氢气储存；Ⅲ型和Ⅳ型储氢瓶主要用于高压储氢，适用于氢燃料汽车、加氢站等。无内胆的Ⅴ型储氢瓶尚处于研发阶段[29]。

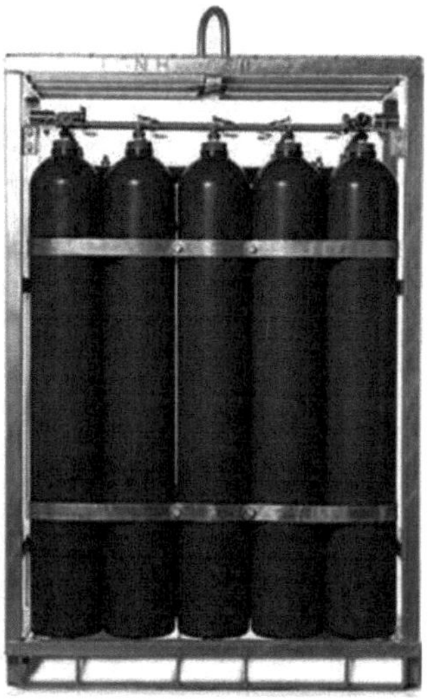

图 2-29 集装格用氢气瓶

内胆是储氢瓶的核心部件，其制作工艺决定了储氢瓶的使用类型。由钢质无缝内胆构成的固定式大型储氢罐一般用于加氢站储氢，如中集安瑞科公司研发的钢质无缝高压储氢瓶式容器，可应用于70MPa 氢气加氢站，设计压力达 103MPa，最大工作压力达 93MPa。由碳纤维外层和铝/塑料内胆构成的高压轻质储氢容器一般用作车载储氢瓶，我国普遍使用Ⅲ型储氢瓶，而国外已经广泛使用 70MPa 的Ⅳ型瓶，如美国通用公司的双层结构储氢瓶，储氢压力达到 70MPa 的同时体积与 35MPa 储氢瓶一致，日本丰田公司 Mirai 汽车使用 70MPa/122.4L 车载储氢瓶能达到 5.7%的质量容量，并储存 5kg 的氢气。

虽然Ⅳ型瓶最大储氢压力高达 70MPa，但是其较低的储氢密度导致储氢系统体积很大，不利于在有限空间的场景下使用。得益于新型轻质的碳纤维外层和铝/塑料内胆技术的发展，储氢材料与储氢粉体材料间空隙共同参与储氢的气-固高压复合储氢技术受到广泛关注。在复合储氢瓶内，除了储氢材料本身可储存氢气外，储氢粉体材料间空隙也参与储氢，从而实现了气-固复合储氢。图 2-30 展示了高压复合储氢罐的结构。

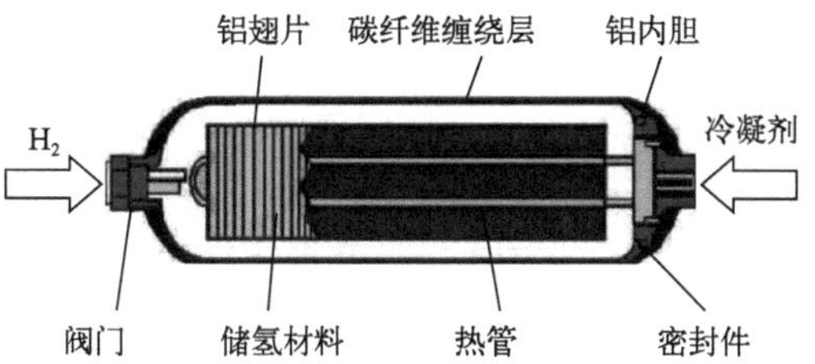

图 2-30 高压复合储氢罐结构示意图

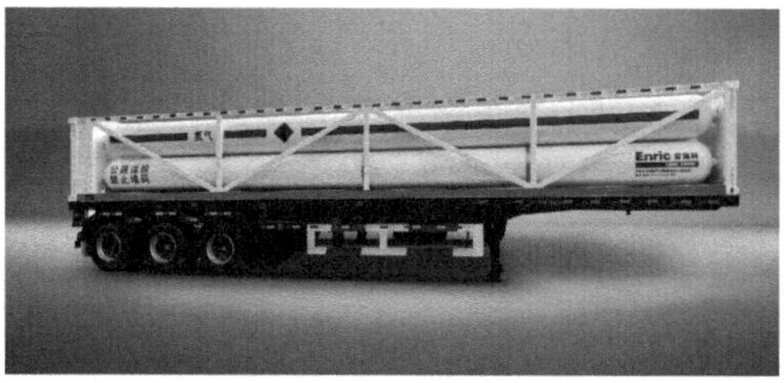

图 2-31 长管氢气拖车示例

(2) 高压气态运氢装备

气态氢的运输目前有两种方案，分别是管束式集装箱或长管氢气拖车运输和管道运输。管束式集装箱和长管氢气拖车由于技术要求中等、技术成熟度较高，是目前最常用的高压气态运氢方式，如图 2-31 所示。国外常采用 45MPa 纤维全缠绕高压储氢瓶长管拖车运氢，单车运氢量可达约 700kg，目前国外最先进的长管拖车可达 52MPa 超高压，并且配备自动控制阀门，能够与加氢站系统对接直接进入加氢机进行加氢。我国大多以 20MPa 长管拖车运氢，采用钢制大容积无缝高压气瓶，单车运氢量约 300kg，与国外有较大的技术差距，缩小差距的一方面是Ⅳ型高压储氢瓶技术的突破，另一方面是扩大相关设备生产量从而实现规模下的降本效应。

长距离管道输氢及天然气掺氢因运量大，单根管道可实现十万吨级每年的输氢量，近些年随着氢能的发展，相关的布局企业、项目、研究都在增加。我国长距离氢气运输管道总长度在 400km 左右，压力在 1～21MPa 之间，在建规划的项目投资额接近 30 亿元。天然气掺氢方面，欧美多个国家已广泛开展天然气管道掺氢输送应用基础研究与试验测试，在役管道最高掺氢比例达 20%，英国、意大利、德国、荷兰等国开展了 40 余项工业示范，国内目前只有较少的探索示范，还没有长距离的天然气掺氢管道落地，总体来说管道输氢成本低，但需要建立在大规模用量基础上。

气态储运关键装备及材料如表 2-6 所示。

表2-6 气态储运关键装备及材料

<table>
<tr><th>一级（系统）</th><th>二级（分系统）</th><th>三级（装置/设备）</th><th>一级（系统）</th><th>二级（分系统）</th><th>三级（装置/设备）</th></tr>
<tr><td rowspan="7">高压储运</td><td rowspan="6">高压储氢设备</td><td>储氢罐</td><td rowspan="2">高压储运</td><td rowspan="2">高压储氢输运设备</td><td>氢气长管拖车</td></tr>
<tr><td rowspan="2">储氢瓶
（Ⅰ、Ⅱ、Ⅲ、Ⅳ）</td><td>氢气运输船</td></tr>
<tr><td rowspan="5">管道输运</td><td rowspan="5">管道输氢设备</td><td>输气管道</td></tr>
<tr><td>储氢气瓶组合阀</td><td>增压设备</td></tr>
<tr><td>压力传感器</td><td>稳压罐</td></tr>
<tr><td>压力调节器</td><td>调节阀</td></tr>
<tr><td>高压储氢输运设备</td><td>氢气管束式集装箱</td><td>计量设备</td></tr>
</table>

2.2.2.2 液态储运

液态储氢主要有物理层面上的低温液态储氢和化学层面上的液态氢载体储氢。低温液态储氢技术是当前常见的氢储运方式之一，国外已广泛用于液氢加氢站日常运营，我国液氢行业相对落后，主要应用在航空航天领域。液态氢载体储氢（有机液体储氢）在远距离输送时有较大成本优势，但距离商业化应用还较远。

2.2.2.2.1 液态储氢装备与材料

（1）低温液态储氢

液态储氢是将氢气在一定条件下压缩冷却（－240℃，0.1MPa）至液化后再保存在绝热真空容器（－253℃，0.1MPa）中的一种储氢方式[30]。与气态储氢相比，液态储氢具有体积密度大、安全性好、氢气纯度高、加注时间短等优点。液氢产业链分为氢液化、液氢储运和液氢加注三部分。其中氢液化是液氢产业链的核心部分。

氢液化装置主要由透平膨胀机、换热器、压缩机和氢转化器等设备组成。目前国外的大型氢液化装置主要采用液氮预冷搭配氢透平膨胀机组的技术路线，小型氢液化设备大多采用氦透平膨胀机制冷搭配 J-T 节流阀液化的技术路线。美国空气产品公司、德国林德集团和法国液化空气集团已掌握成熟的氢透平膨胀机技术，并有能力提供单个产能超过 30t/d 的氢液化设备，几乎垄断了氢液化装置的市场和技术领域。和国外相比，我国液氢装备发展正迎头赶上。北京航天 101 所、北京中科富海低温科技有限公司、江苏国富氢能技术装备股份有限公司等单位和企业都已经掌握了比较成熟的氢液化设计流程。航天 101 所和中科富海都开发出了以氦透平膨胀机为核心的氢液化装置，如图 2-32 所示；国富氢能开发出了以氢透平膨胀机为核心的氢液化装置。当前液氢生产工厂的建设成本高、能耗高，必须提高生产规模，才能有效降低单位成本，提高液氢的竞争力，而氢透平膨胀机是提高生产规模的核心所在。液氮预冷搭配氢透平膨胀机的技术组合产生的制冷能耗相较氦透平膨胀机技术要低 25%左右，并且设备简单，是当下大型氢液化装置的工艺首选。目前航天 101 所和中科富海都已经开始进行氢透平膨胀机的开发研究，国富氢能拟在河南洛阳和山东投建的液氢生产工厂均将采用氢透平膨胀机技术，产能在 8.6～10t/d。

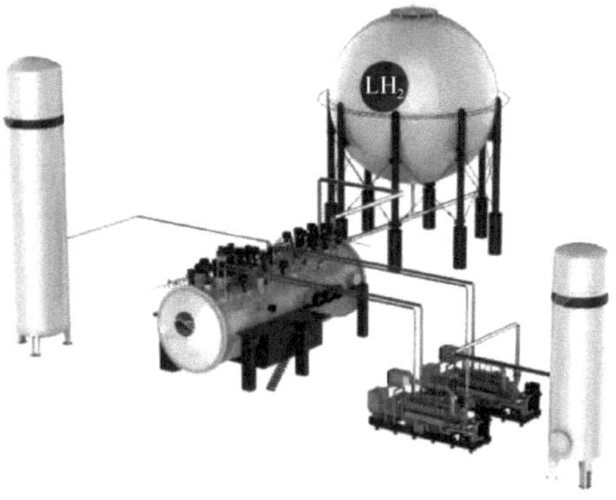

图 2-32 液态储氢装备

液氢储存装置对储罐的隔热技术要求很高，通常采用多层真空隔热技术。目前，美国 Gardner Cryogenics 公司、美国 Chart 公司、日本川崎重工业株式会社和俄罗斯深冷机械公司 Cryogenmesh 等企业代表了液氢储运的产业前沿。Gardner Cryogenics 公司是美国第一家提供液氢罐车的企业，容积达到 $65m^3$，并将每日气化损耗保持在 0.2%以下。美国 Chart 公司目前已在全球建设了超过 800 个液氢储罐，最大的超过 $650m^3$。俄罗斯深冷机械公司 Cryogenmesh 也提供多种规格的储罐，最大的达到 $1400m^3$，也向中国出口过 $100m^3$ 的液氢铁路罐。国内已打破液氢储罐的技术壁垒，缩短了和国外的技术差距，实现了液氢储罐的自主生产。由张家港中集圣达因低温装备有限公司、南京航天晨光公司和四川空分设备有限公司联合生产的液氢储罐在海南文昌发射场运行良好。国富氢能也已经生产出液氢储罐和液氢罐车的样品，将应用于洛阳液氢生产项目。

（2）有机液体储氢

有机液体储氢，原理是通过催化加氢反应将贫氢有机物转化成富氢有机物，从而将氢气储存起来，然后通过脱氢过程实现氢释放[31]。由于在储存期间，氢与相应的液态有机氢载体（LOHC）共价结合，LOHC 在常温下为液体，并显示出与原油等相似的特性，因此可以使用现有基于原油的基础设施实现处理、运输和储存。常用有机液态氢载体有环己烷、甲基环己烷等。

有机液体储氢质量密度大（6%），常温、常压下可稳定存在，便于利用现有储油和运输设备，还能多次循环使用。但苛刻的技术操作条件如需要催化加氢/脱氢装置、脱氢反应需低压高温非均向条件，使这项技术还处于小规模示范阶段。德国巴拉德公司的有机液体储氢技术处于行业领先地位，其将在德国多尔马根建成世界上最大的绿氢存储中试工厂，使用二苄基甲苯作为储氢载体，每年可以在 LOHC 上储存约 1800t 氢气；日本 ENEOS 炼油厂利用甲基环己烷储氢，后通过海运从文莱进口氢气。

提高有机液态氢载体在低温下的加氢/脱氢效率是有机液体储氢技术从实验室研究到产业应用的关键一步。液态氢载体是研究的重要方向之一，例如开发储氢密度更高、氢化动力学更温和的液态氢载体，采用优化后的共晶混合物可以在保证较高氢化选择性的同时具有优异的可逆性，调控表面羟基或者表面氧空位（SOV）等氢载体性质，可以改善二苄基甲苯的加氢/脱氢反应动力学和循环性能。加氢/脱氢催化剂的研究也是有机液体储氢研究的重要方向之一，将非均相催化剂如 Ru、Ni、Pd-Rh 等用于大型 LOHC 系统，不需要将催化剂和反应混合物分离，从而单独操作反应器和储罐，为大型系统的操作提供了便利。除了液态氢载体和催化剂的创新外，反应装置结构优化也是重要方向之一，例如采用减压反应精馏塔或者通过双壁固定床进行预加热，从而避免过高的反应温度，也是控制能耗的有效手段。

2.2.2.2.2 液态运氢装备

液态氢储运的两种常用载体是液氢槽车、专用液氢驳船、液氢管道等。

液氢槽车常用于中短距离城市间运氢，在运输距离大于 400km 时具有可观的经济效应，目前国外最先进的车载液氢储瓶容量最大可达 $360m^3$，我国也已具备制造 $300m^3$ 可移动式液氢槽车的实力。

专用液氢驳船在长距离海运中极具成本优势，2021 年日本“氢能前沿号”成功将液氢从澳大利亚运到神户，是全球首次海上液氢运输的成功实践；加拿大和欧盟也计划将液氢从加拿大运往欧洲，从而论证液氢大规模运输的可行性；我国在该技术领域相对空白，尚未有相关示范项目。

液氢管道运输是前景广阔的前沿运氢技术，液态氢能量密度相对较高，适合远距离、大容量输送，但是氢气液化能耗高、效率低，而且氢气容易腐蚀管道，一旦发生事故，危害极大。现有技术只能在很短距离内实现液氢运输，美国肯尼迪发射场使用液氢管道也只能将液氢从球型液态储氢罐运送到 440m 外的发射点。目前对于超低温环境下流体在换热器和膨胀机等关键部件中的流动特性尚不明确，关于液氢流动的理论研究较少，当前对该技术的研究主要集中在超低温环境下的氢气液态流体特性上，尚未推进太多技术应用进展，若能解决液氢运氢难点问题，将开启氢能大规模远距离输送的新时代。

液态储运关键装备及材料如表 2-7 所示。

表2-7 液态储运关键装备及材料

一级（系统）	二级（分系统）	三级（装置/设备）	一级（系统）	二级（分系统）	三级（装置/设备）
低温液态储氢	低温液化设备	氢气纯化设备	低温液态储氢	液氢储运设备	加氢站用大型储罐
		高速膨胀机			车用小型储罐
		高效正-仲氢转化设备			运输储罐
			有机液体储氢	有机液体储氢设备	有机液体储氢材料
		高效换热器			加氢/脱氢催化剂
		低温阀门			供热脱氢装置
		氢气液化装置			有机液体输送泵

2.2.2.3 固态储运

（1）固态储氢材料

固态储氢是通过吸附作用将氢气加注到固体材料中保存起来的储氢技术，其体积储氢密度大、安全性好、吸放氢速度稳定、运输不需要管道，具有广阔的应用前景。但鉴于目前固态储氢材料普遍存在加氢难度大、氢化物封装成本高等技术瓶颈，该技术仍处于实验室研究阶段，其前沿技术研究集中在新型固态储氢材料的开发和利用及其加氢/脱氢反应的优化等方面。

物理吸附性储氢材料主要有金属有机骨架（MOFs）和碳纳米管（CNTs）。MOFs 由于高比表面积和可调节的孔径、孔体积、孔几何形状的特点，是物理吸附性储氢材料代表之一。现有研究大多聚焦在 MOFs 结构对储氢性能的影响，例如改性 MOFs 材料、经过特殊设计的超多孔 MOFs 材料和三维结构 MOFs 材料均可以显著提高氢吸附能力，关于 MOFs 结构与储氢的关系仍处于初步探索阶段。CNTs 也是物理吸附性储氢材料重点研究对象，和 MOFs 一样，目前对 CNTs 吸附氢的机理还不明确，研究 CNTs 结构对储氢的影响是主流方向，如改性 CNTs 材料及内部缺陷位分布、CNTs 材料构造的交叉纳米管网络、新型 CNTs 复合材料结构等。

合金储氢材料如 $ZrFe_2$、$TiCr_2$ 合金等已被广泛用于高压复合储氢罐中，也能单独作为合金储氢材料使用，是理想的合金储氢材料之一。常见合金类型有 AB_5、AB、AB_2 等，例如已经产业化的 $LaNi_5$ 储氢合金、TiFe 储氢合金、$TiMn_2$ 储氢合金，但这些传统合金材料重量储氢率低，不足以满足车载储氢的需求。近年来许多学者对这些合金储氢材料进行优化，希望找到一种性能优越的新型合金材料，例如常用于制造高压复合储氢瓶的镁基合金、$ZrFe_2/TiCr_2$ 储氢合金、高熵合金。

金属氢化物储氢材料中，镁基合金氢化物由于质量轻、密度小、储氢量大、资源丰富、价格低廉、无污染，被认为是最有应用前景的金属氢化物储氢材料之一，缺点是吸放氢动力学性能不足，目前还处于研究优化阶段，研究主要集中在通过改变锻造条件优化微观结构，通过改性复合材料提高综合性能，或者聚焦于材料内部效应等。轻金属 Al 基氢化物具有储氢密度高、可控性好的特性，氢化铝钠（$NaAlH_4$）稳定性处于稳定氢化物和介稳态氢化物的边缘，其储氢量大，在催化剂的作用下脱氢温度显著降低且在高氢压环境下可部分再生[32]，被认为是最适合制造高压复合储氢罐的材料之一，其结构和脱氢反应在经过优化后可以实现多次质量分数为 4.9%的 H_2 稳定可逆容量，具有良好的经济性能。

硼氢化物储氢材料中，氨硼烷（NH_3BH_3）备受关注，其水解储氢为非可逆储氢且脱氢机理仍在研究阶段。2021 年，有学者发现一种全新的氨硼烷体系——乙二胺双硼烷(EDAB)，其脱氢产物可以在 $NaBH_4$ 和水的共同作用下在室温下进行可逆的脱氢反应和再生，具有广泛的应用前景。硼氢化锂（$LiBH_4$）具有理论上 18.4%的高储氢容量，是硼氢化物储氢材料的代表之一，目前学术界倾向于将金属氢化物加入硼氢化物中，使硼氢化锂失稳，从而提高其脱氢性能。

(2) 固态运氢装备

虽然固态储运氢技术整体上处于实验研究阶段，但 Mg 基储氢材料发展相对成熟，如上海氢枫能源技术公司基于镁基材料研发的固态运氢车，具有高密度储氢容量和常温常压储运的优势，是固态运氢装备商用的重要实践，如图 2-33 所示。

图 2-33 固态运氢车示例

固态储运关键装备及材料具体如表 2-8 所示。

表2-8 固态储运关键装备及材料

一级（系统）	二级（分系统）	三级（装置/设备）	一级（系统）	二级（分系统）	三级（装置/设备）
物理储氢	储氢材料	碳材料	物理储氢	储氢设备	压力控制设备
		金属-有机骨架材料			安全设备
		沸石类材料	化学储氢	储氢材料	金属单质储氢材料
	储氢设备	储氢罐			合金储氢材料
		换热设备			复杂氢化物储氢材料
		压力、温度控制设备		储氢设备	换热设备
		氢气压缩机			压力、温度控制设备
		温控设备			储氢罐

2.2.3 氢加注领域

2.2.3.1 加氢站工艺及技术

加氢站可以分为多种类型，如图 2-34 所示。按照制氢地点，加氢站可分为站外制氢加氢站（off-site）和站内制氢加氢站（on-site）；按照建设形式，可分为固定式加氢站和移动式加氢站；按照氢气储存状态，可分为液氢加氢站和高压氢气加氢站；按照加注方式，可分为单级加注加氢站和多级加注加氢站；按照制氢方式分，可分为电解水制氢加氢站、工业副产氢加氢站、天然气重整制氢加氢站、甲醇重整制氢加氢站等。业界通常将加氢站分为站外制氢加氢站和站内制氢加氢站两种。站外制氢加氢站的氢气是从外部生产后输送至加氢站内，而站内制氢加氢站是在站内生产氢气满足加氢站的用氢需求，站内制氢一般以电解水制氢、天然气重整制氢为主。

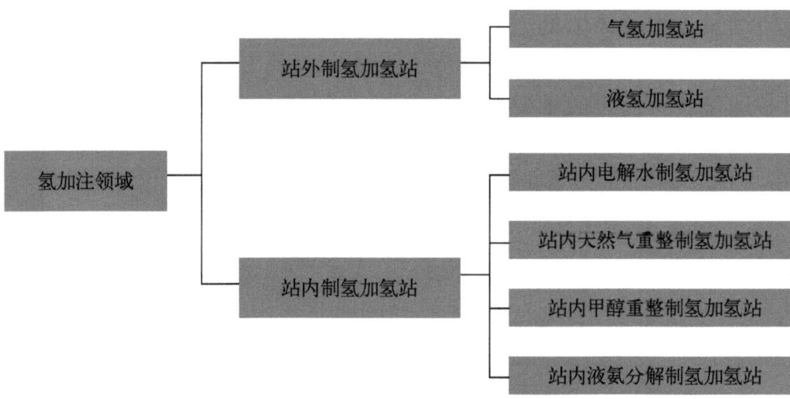

图 2-34　氢加注方式分类

（1）站外制氢加氢站

站外制氢加氢站在加氢站内无氢气生产装置，其氢气是通过氢气长管拖车（运输高压气态氢）、液氢槽车（运输低温液态氢）或者管道输送的方式进行运输，其氢气来源可以是工业副产氢、天然气重整制氢、甲醇重整制氢、电解水制氢等。氢气运至加氢站后，在站内进行压缩、储存、加注等步骤。氢气集中制取可以降低制氢成本，但是其运输成本在现阶段还很高。

氢气长管拖车将氢气运输至加氢站后，装有氢气的半挂车与牵引车分离并和卸气柱相连接。随后氢气进入压缩机内被压缩，并先后输送至高压、中压、低压储氢罐（或氢气储气瓶组，本书以储氢罐为例进行说明，以下同）中分级储存；液氢槽车将液氢运输至加氢站，与加氢站连接后进入站内的液氢储罐。液氢储罐中的氢通过汽化器进行汽化，汽化后的氢气进入缓冲罐；目前采用管道输送方式的加氢站较少。该流程是氢气先从氢气管道中进入缓冲罐，随后进入压缩机内被压缩后，先后输送至高压、中压、低压储氢罐中分级储存。

（2）站内制氢加氢站

站内制氢加氢站是在加氢站内自备了制氢系统，可以自主制取氢气，氢气经纯化和压缩后进行储存（图 2-35）。目前小型的站内制氢加氢站主要采用站内电解水的方法制氢。另外，还有站内天然气重整制氢、甲醇重整制氢、太阳能或风能制氢等。站内制氢

图 2-35　站内制氢加氢站

的方式无需用到运输槽车或氢气长管拖车，虽然可以省去相对较高的氢气运输费用，但是增加了加氢站系统的复杂程度。

站内电解水制氢加氢由于电解技术成熟，适合于小规模的制氢，并能在站内实现零排放，因而不少加氢站采用了站内电解水制氢的方式。水在电解装置的阴阳两极分别产生氢气和氧气。氢气进入气水分离器进行干燥，干燥后在氢气纯化器中纯化。本流程中纯化的目的是除去氧气及杂质，以达到燃料电池汽车对氢气质量的要求（氢气体积分数>99.9999%）。纯化后的氢气通过缓冲罐后进入压缩机内被压缩，最后进行分级存储。

站内天然气重整制氢加氢是脱硫后的天然气和水蒸气在高温、催化剂的条件下在重整装置中反应生成氢气、一氧化碳以及二氧化碳等，随后通过变压吸附装置（PSA）将氢气分离出来。分离出来的氢气进一步在氢气纯化器中纯化。本流程中纯化的目的是进一步除去一氧化碳、二氧化碳、甲烷等杂质。纯化后的氢气通过缓冲罐后进入压缩机内被压缩，并先后输送至高压、中压、低压储氢罐中分级储存。

2.2.3.2 加氢站装备

加氢站三大核心设备为氢气压缩机、高压储氢罐、氢气加注机，加氢站通过外部供氢和站内制氢获得氢气后，经过调压干燥系统处理后转化为压力稳定的干燥气体，随后在氢气压缩机的输送下进入高压储氢罐储存，最后通过氢气加注机为燃料电池汽车进行加注。目前设备制造的发展方向主要是加速国产化进程，从而降低加氢站的建设成本。三大核心设备技术日渐成熟，叠加政策优势，将促进氢能产业链的发展。

目前加氢站使用的压缩机主要有隔膜式压缩机、液驱活塞式压缩机、离子式压缩机等。

隔膜式压缩机是一种特殊结构的容积式压缩机，如图2-36所示。用膜片将被压缩介质与油液分开，膜片由液压油驱动，膜片在液压油推力的作用下来回摆动，从而完成吸气、压缩、排气循环往复的过程。隔膜压缩机膜腔中压缩气体不与任何润滑油接触，而且通过静密封件与外界做到完全密封，因此气体压缩过程中保证无泄漏、气体不受污染，从而能够获得满足燃料电池汽车纯度要求的高压氢气，并且隔膜压缩机启动运行后能适应长时间加注工况。由于这些突出优势，隔膜压缩机率先在中国加氢站领域得到应用，在氢气充装领域几乎实现全覆盖，并且氢气充装领域隔膜压缩机几乎全部国产。

图2-36 加氢站隔膜式压缩机

液驱活塞式压缩机是由液压油作为驱动介质，通过驱动侧活塞带动气体加压活塞运动实现气体的吸入和推出，气体侧缸筒上安装了单向阀，当活塞回程时气体压力打开吸入侧单向阀，输出侧单向阀处于关闭状态，实现吸气，而当活塞推程时，吸入侧单向阀关闭，输出侧单向阀打开，实现气体输出。液驱活塞式压缩机的缸结构设计有十几种，缸结构设计决定其是否适用于高纯气体压缩，可用于高纯气体压缩的缸结构设计共有三种。液驱压缩机结构相对简单，技术成熟，积累了大量的工业经验，并且压力范围大，同时液驱压缩机电机运转和缸体运转相对隔离，启停机不影响压缩机寿命，可以频繁启停且带压启动，压缩频率低，对基础要求相对较低，因体积小容易做成撬装。从以上对比可以看出，隔膜压缩机和液驱活塞式压缩机均有各自优点，加氢站建设过程中压缩机选型优化是关键。

离子式压缩机能实现等温压缩，但因技术尚未成熟，没有大规模使用。目前，国内氢能源用压缩机以进口为主，以国外供应商美国 Hydro-Pac 和 PDC 为主。

储氢容器储氢罐是加氢站的核心设备之一，在很大程度上决定了加氢站的氢气供给能力。加氢站内的储氢罐通常采用低压（20～30MPa）、中压（30～40MPa）、高压（40～75MPa）三级压力进行储存[33]。有时氢气长管拖车也作为一级储气（10～20MPa）设施，构成 4 级储气的方式。当前国内企业采用较多的储运技术是高压储氢技术，高压储氢时加氢是一个储氢气源与使用单元的物质和能量交换的过程，使大量的高能气体进入空气瓶中。根据生产和使用方式的不同，高压储氢设备大致可分为三种，即车用高压储氢容器、高压氢气输运设备、固定式高压氢气储存设备。储氢容器以国外供应商美国 AP 和美国 CPI 为主，国内具备相应技术和产品储备的公司主要有富瑞特装、安泰科技、京城股份、中材科技等。

加氢机是实现氢气加注服务的设备，加氢机上装有压力传感器、温度传感器、计量装置、取气优先控制装置、安全装置等，如图 2-37 所示。当燃料电池汽车需要加注氢气时，若加氢站是采用 4 级储气的方式，则加氢机首先从氢气长管拖车中取气；当氢气长管拖车中的氢气压力与车载储氢瓶的压力达到平衡时，转由低压储氢罐供气；以此类推，然后分别是从中压、高压储氢罐中取气；当高压储氢罐的压力无法将车载储氢瓶加注至设定压力时，则启动压缩机进行加注。加注完成后，压缩机按照高压、中压、低压的顺序为三级储氢罐补充氢气，以待下一次的加注。这样分级加注的方式有利于减少压缩机的功耗。

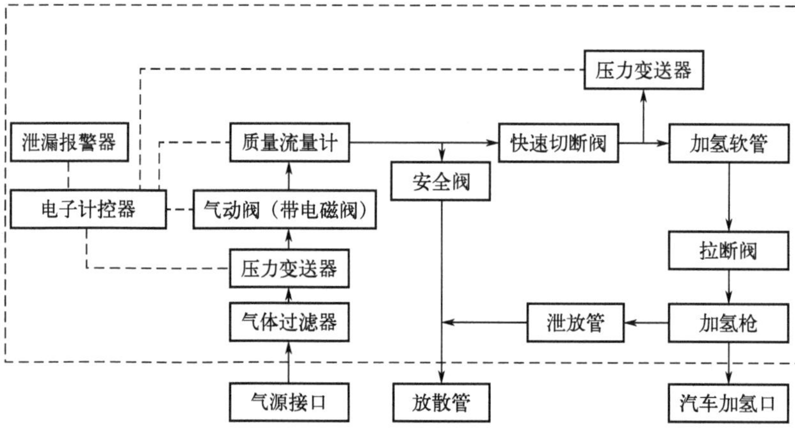

图 2-37 加氢机工艺流程

目前，加氢机国外供应商以德国 Linde 和美国 AP 为主，国内具备相应技术和产品储备的公司主要有富瑞特装、派瑞华氢、厚普股份、中泰股份、深冷股份等，加氢机（如图 2-38 所示）集成设计及控制系统、加氢枪、拉断阀、软管、流量计等主要核心部件的生产制造均已实现国产化。截至目前，国内已超过 80 余座站使用国产品牌，使用时间最长的已超过 6 年，性能和要求均优于相关标准。

加氢枪根据加注完成后的软管带压状态不同，分为 3 种形式，分别为 A 型枪、B 型枪和 C 型枪，如图 2-39 所示。目前国内额定工作压力 35MPa 等级的加氢枪，绝大部分采用的是 A 型枪；额定工作压力 70MPa 等级的加氢枪，绝大部分采用的是 C 型枪[34]。针对 A 型枪，产品的组成主要包括和加氢口连接的枪头部分、控制内部流道切换的集成式阀门以及手握把部分。针对 C 型枪，产品的组成主要包括和加氢口连接的枪头部分、内部流道控制部分、红外通信部分（可选）以及手握把部分。

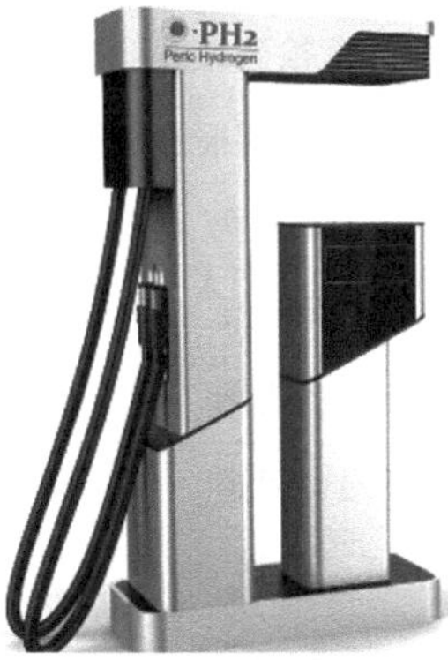

图 2-38 加氢机实例图

(a) (b)

图 2-39 35MPa 国产品牌加氢枪（a）和 70MPa 国产品牌加氢枪（b）

由于加氢枪对氢气密封和产品承压性能都有很高的要求，因此产品对于加工设备、加工工艺、装配环境以及测试设备都提出了一定的要求。加工设备和加工工艺的设定需要能加工出粗糙度满足要求的密封面，在保证加工能力后，在装配过程中对于装配环境也提出了高要求，应避免在装配过程中有杂质进入装配流程，影响产品密封性能。完善的测试设备也是保证产品性能的一大关键点。氢气的密封性检测设备和其他性能检测设备的灵敏度高低，决定了产品在出厂测试的时候能否快速准确地判定产品的密封性能以及其他性能是否符合出厂要求，因此完善且性能良好的测试设备是非常必要的。

加氢站关键装备如表 2-9 所示。

表2-9 加氢站关键装备

加注方式	一级（系统）	二级（分系统）	三级（装置/设备）
站外制氢加氢站	气氢加氢站	输送装置	卸气装置
			紧急停车装置
		氢气压缩设备	氢气压缩机
		氢气储存设备	大型高压储罐
			储氢瓶组
		加注机售气设备	加注枪
			高压氢气流量计
			过滤器
			预冷换热器
			高压换热器
			站车通信装置
			加注流量控制阀
			拉断阀
			高压软管

续表

加注方式	一级（系统）	二级（分系统）	三级（装置/设备）
站外制氢加氢站	气氢加氢站	站控设备	氢气纯度检测装置
			氢气检测仪及泄漏报警装置
			涉氢传感器
	液氢加氢站	输送装置	低温调节阀
			低温截止阀
			低温止回阀
			低温管路
		液氢压缩设备	液氢泵
		液氢储存设备	液氢储罐
			氢气再液化装置
		加注机售气设备	加注枪
			流量计
			站车通信装置
			加注流量控制阀
			安全阀
		站控设备	氢气纯度检测装置
			氢气检测仪及泄漏报警装置
			涉氢传感器
站内制氢加氢站	站内电解水制氢加氢站	制氢设备	电解水制氢装置
			气水分离器
			氢气纯化器
			缓冲气罐
			循环泵
		氢气压缩设备	氢气压缩机
		压缩氢气储存设备	大型高压储罐
			储氢瓶组
		加注机售气设备	加注枪
			高压氢气流量计
			过滤器
			预冷换热器
			高压换热器
			站车通信装置

续表

加注方式	一级（系统）	二级（分系统）	三级（装置/设备）
站内制氢加氢站	站内电解水制氢加氢站	加注机售气设备	加注流量控制阀
			拉断阀
			高压软管
		站控设备	氢气纯度检测装置
			氢气检测仪及泄漏报警装置
			涉氢传感器
	站内天然气重整制氢加氢站	制氢设备	天然气重整制氢装置
			变压吸附装置
			氢气纯化器
			缓冲气罐
		其他同站内电解水制氢加氢站	
	站内甲醇重整制氢加氢站	制氢设备	甲醇重整制氢反应器
			氢气纯化器
			催化燃烧器
			缓冲气罐
		其他同站内电解水制氢加氢站	
	站内液氨分解制氢加氢站	制氢设备	氨分解装置
		其他同站内电解水制氢加氢站	

2.2.4 氢能应用领域

2.2.4.1 燃料电池

燃料电池（FC）是把燃料中的化学能通过电化学反应直接转换为电能的发电装置，按电解质分类，燃料电池一般包括质子交换膜燃料电池（PEMFC）、磷酸燃料电池（PAFC）、碱性燃料电池（AFC）、固体氧化物燃料电池（SOFC）及熔融碳酸盐燃料电池（MCFC）等，如图 2-40 所示。PEMFC 具备低温下快速启动和工作、固态电解质不易流失、寿命长、比功率和比能量高等突出优点，是受关注最多的燃料电池，被认为是将来替代内燃机作为汽车动力电源的最理想方案[35]。

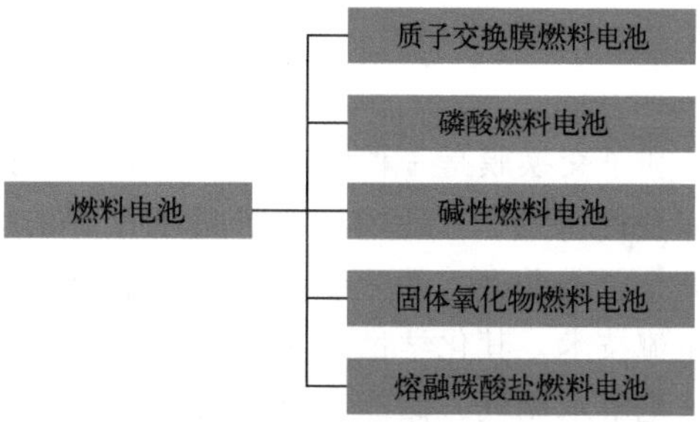

图 2-40 燃料电池分类

2.2.4.1.1 质子交换膜燃料电池

（1）原理及技术进展

质子交换膜燃料电池的工作原理是将燃料气体与氧化剂的化学能转化为电能，利用的是质子交换膜电解水制氢的逆反应，具体电化学反应原理如下：燃料氢气经双极板输送至膜电极，并被阳极气体扩散层均匀引导至阳极催化层发生反应，氢气被氧化，释放电子，形成带正电荷的氢离子，而后氢离子受电势差驱动穿过质子交换膜被引导至阴极催化层，电子则流入外部电路形成电流，同时氧化剂中氧气被引导至阴极催化层，被还原为氧离子后与氢离子结合生成水，水是质子交换膜燃料电池电化学反应的唯一副产物。

PEMFC 工作温度通常低于 100℃，属于低温燃料电池，可适应车用工况。其电解质为固体质子交换膜，与同样可低温运行的碱性燃料电池相比，电解质没有泄漏风险。PEMFC 启动时间小于 5s，功率密度可达 1.0～2.0W/cm^2，与其他类型燃料电池相比具备启动时间短、单位功率密度高的特点。PEMFC 研发已经超过 30 年时间，技术水平较为成熟。

(2) 装备及材料

质子交换膜燃料电池主要部件包括膜电极组件（MEA）、双极板及密封元件等，如图 2-41 所示。膜电极组件是电化学反应的核心部件，由阴阳极多孔气体扩散电极和电解质隔膜组成。额定工作条件下，单节电池工作电压仅为 0.7V 左右。为了满足一定应用背景的功率需求，燃料电池通常由数百个单电池串联形成燃料电池堆或模块。此外，还配置辅助系统、氢气循环系统、空气供给系统、控制与能量管理系统等，将燃料电池组成一个连续、稳定的供电电源。

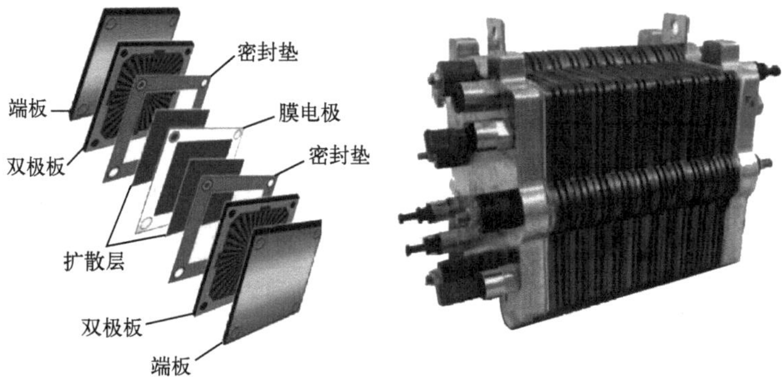

图 2-41　质子交换膜燃料电池电堆中单体电池结构

质子交换膜是一种固态电解质膜，位于燃料电池的中心部位，主要用来隔离燃料和氧化剂以及传递质子（H^+），要求具备良好的质子传导率、化学稳定性和机械稳定性。目前主要有全氟磺酸型、部分氟化磺酸型和新型非氟聚合物等类型[36]，其中，全氟磺酸型 PEM 是主流技术，其化学稳定性和机械稳定性好，产业化程度高，主要应用在氯碱工业、燃料电池、电解水制气、储能电池等领域。目前商用的全氟磺酸质子交换膜主要有杜邦 Nafion 系列膜、陶氏化学 Dow 膜、苏威 Aquivion 膜，以及旭硝子 Flemion 膜、旭化成 Aciplex 膜等，其中 Nafion 系列的市场占有率最高。国内东岳氢能具有从原料、中间体、单体到聚合物膜完整的全氟磺酸树脂产业链，已实现量产并批量供货。

在质子交换膜燃料电池中，催化剂可促进氢、氧在电极上的氧化还原过程，提高反应速率[37]，催化剂性能直接决定着燃料电池的性能、寿命和使用经济性。催化剂根据贵金属铂的含量分为铂催化剂、低铂催化剂与非铂催化剂。目前商用催化剂主要为铂催化剂，由于受到成本和寿命的限制，催化剂朝着低铂、无铂和铂合金催化剂方向发展。国外催化剂用量已实现<0.2g/kW，而我国催化剂用量普遍处于 0.3～0.4g/kW 的水平。当前市场下，开发出具有稳定性好、催化活性高且成本低的催化剂成了推动燃料电池商业化的一个明确方向，而提高铂稳定性、活性，降低铂载量的主要研究同样可以在其碳载体上实现突破，如对铂催化

剂的合金化，引入过渡金属与铂形成二元或多元体系，调控催化性能，减少催化剂的迁移和流失，或是对碳载体进行石墨化处理，提高载体的稳定性，选择导电性更好、更稳定的载体，如之前提到的基于碳纳米管的有序化膜电极的研发生产，其石墨晶格结构能够有效地提升膜电极的耐久性，与铂粒子的相互作用也可以大大提高催化剂的催化活性。实验表明，在相近的化学活性面积（ECSA）下，以碳纳米管作载体的铂催化剂的活性可以达到接近传统商业铂碳催化剂的两倍。目前国内主流的铂催化剂厂商有贵州铂业、喜马拉雅、济平新能源、氢电中科等，海外厂家目前主要还是 Johnson Matthey 及田中贵金属 Tanaka 等。在燃料电池工作的过程中，当外接负载出现大幅变化时，或当氢气燃料的供给不足时，可能会发生反极现象，这一效应会对电池产生不可逆的损害。为防止反极发生，厂商通常会在阳极加入抗反极催化剂，主要为铱碳（Ir/C）及二氧化铱（IrO_2），进一步防止反极现象发生。

气体扩散层（GDL）作为燃料电池核心组件膜电极的重要组成部分，通常由导电性能较好的多孔材料组成，承担电堆中气体传输分配、电子传导、支撑催化层、改善水管理等多种作用，通常由炭纤维纸、炭纤维布等材料构成。其中，炭纸由于质量较轻、表面结构平整、耐腐蚀性能好、孔隙率均匀、机械强度高，厚度也可根据产品要求进行灵活调整，更适合作为当前燃料电池产品使用。GDL 通常由炭纤维纸基底（GDB）及多孔层（MPL）组成，GDB 是生产出的炭纸或炭布产品，但其整体的孔径较大，大多在 50～150μm，而且分布不均，并不能直接作为 GDL 进行使用。因此，MPL 的存在显得极为重要，完成 MPL 涂覆后的 GDB 孔径可以达到 10～50μm，而且进一步优化了其传质、传热、导水和导电性能。因此，GDB 和 MPL 共同决定了 GDL 的产品特性。

双极板同样是燃料电池中不可或缺的一个重要组成部件，燃料电池电堆在进行堆叠时，通过双极板将其与相邻电池分开，双极板具备均匀分配燃料和氧化剂，实现电堆内各单电池间电的连接、支撑电堆、收集并导出电流、阻隔反应气体等功能[38]。双极板可分为石墨双极板、金属双极板和复合双极板。具体而言，石墨双极板具有良好的化学稳定性和高的电导率，是研究和应用最为广泛的材料，缺点是加工难度高、成本高、体积大等。目前石墨双极板技术最为成熟，基本已实现国产化，但耐久性和工程化有待验证。国内石墨双极板技术水平与国外相当，但厚度通常在 2mm 以上。复合膜压炭板在国外已突破 0.8mm 薄板技术，具备与金属板同样的体积功率密度；金属双极板较于石墨双极板，机械加工性好、能量密度高，但其耐腐蚀性差等缺点将导致电堆性能下降，使用寿命降低。因此，金属双极板的抗腐蚀能力是影响电堆寿命的重要因素之一。基于此，科研人员多在金属双极板表面涂覆耐腐蚀性涂层材料来增加耐腐蚀性，如贵金属、金属化合物、碳类膜等。复合材料双极板集合了石墨双极板和金属双极板的优点，但目前市场上复合石墨板电堆较少，主要是因为其成本高、工艺复杂。

空气供给模块的主要功能是控制空气供给与断开，以及向燃料电池电堆组件提供适宜压力、流量、湿度的空气，其零部件主要包括空气滤清器、空压机（如图 2-42 所示）、增湿器、流量计、电磁阀以及循环管线。经空气滤清器过滤后的大量清洁空气被空压机压缩导入，为提高质子交换膜燃料电池工作效率，还需经过增湿器将空气湿度调节至合适范围后输入燃料电池电堆参与反应，电磁阀则用于控制氢气供给与断开。

氢气供给模块的主要功能是控制氢气供给与断开，以及向燃料电池电堆组件提供适宜压力、流量的氢气，其零部件主要包括氢气入口电磁阀、减压器、氢气循环泵（如图 2-43 所示）、氢气出口电磁阀以及循环管线。减压器将氢气入口压力降至电堆适宜工作压力范围以内，电磁阀则用于控制氢气供给与断开。为提高氢气循环利用率，通过氢气循环泵将电化学反应后剩余的氢气运移至电堆氢气入口处重复使用。

图 2-42 空压机

图 2-43 氢气循环泵

散热模块可细分为电堆散热系统和辅助部件散热系统两类。电堆散热系统的主要功能是利用节温器特性调节并保持电堆温度处于合适工作范围。该散热系统分大、小循环，初始温度较低时采用小循环管路，随着温度的迅速升高逐步开启大循环管路，避免燃料电池电堆长时间工作在较低温度下，影响燃料电池发电效率及使用寿命，因此该系统兼具散热和加热两种功能。辅助部件散热系统一般集成于燃料电池整车，由整车管路及风扇完成散热循环。

监控模块的主要功能是利用数据采集系统对燃料电池发动机系统各项运行参数与状态进行检测，实时反馈至燃料电池汽车仪表仪器，并对发动机系统各项运行参数实时分析，针对系统反馈参数存在异常情况进行自动预警、全程记录。同时，车辆运行过程中可针对燃料电池发动机监测数据通过控制系统（VCU）传达指令，从而调节发动机系统相应参数，实现对燃料电池汽车发动机运转速度、输出扭矩等工况的精准调控。

质子交换膜燃料电池关键装备及材料如表 2-10 所示。

表2-10 质子交换膜燃料电池关键装备及材料

一级（系统）	二级（分系统）	三级（装置/设备）	一级（系统）	二级（分系统）	三级（装置/设备）
质子交换膜燃料电池系统	电堆	膜电极组件	质子交换膜燃料电池系统	氢气循环系统装置	减压阀
		双极板			电磁阀
		垫片			氢气质量流量计
	辅助系统装置	产物处理柜			氢气浓度传感器
		电磁阀		空气供给系统装置	空气压缩机
		减压阀			膜增湿器
		节温调节阀			空气过滤器
		气体组合阀			中冷器
		氢气低压传感器			流量传感器
		氢气双壁阀			电子节气门
		燃料供应阀柜		控制与能量管理装置	PLC 控制器
		水泵			安全监控柜
		水热管理柜			电源变换储存装置
	氢气循环系统装置	氢循环泵			水泵启动柜
		氢气喷射器			系统管理柜
		引射器			蓄电池
		汽水分离器			综合配电柜

2.2.4.1.2 固体氧化物燃料电池

(1) 原理及技术进展

固体氧化物燃料电池（SOFC），也称作陶瓷燃料电池，其工作在高温环境（600～1000℃）下，反应活性极高。在所有燃料电池构型中，它的能量转换效率是最高的（发电效率可达 65%）。此外，它还具有安静（无噪声）、绿色（低排放）、燃料来源广泛等诸多优点。因此，越来越多的国家提升了对 SOFC 技术的关注度和重视度，并陆续投入了大量资金进行该项技术的研发。国内的 SOFC 技术发展较晚，目前已取得一定的研究进展，并且能够自主研发出十几千瓦的 SOFC 发电系统，但在输出功率、生产成本及使用寿命等方面与国际领先水平还有较大的差距。

根据电解质载流子的不同，SOFC 可以分为氧离子传导型固体氧化物燃料电池（O-SOCs）和质子传导型固体氧化物燃料电池（H-SOCs），反应原理如图 2-44 所示。在 O-SOCs 中，氧气在阴极吸附、解离成两个氧原子，从外电路获得电子后发生还原反应生成氧离子，在化学势的驱动下从阴极传输到阳极，与吸附在阳极催化剂上的燃料气发生反应，生成水或其他含氧化合物，同时释放出电子，对外电路供电。在 H-SOCs 中，燃料气吸附在阳极催化剂表面并解离成质子和电子，电子进入外电路对外做功，而质子在化学势驱动下从阳极传输到阴极，与氧气和电子反应生成水。相比于 O-SOCs，由于 H-SOCs 的迁移离子为质子，具有较低的迁移活化能，因此更适宜在中低温（450～700℃）下运行；此外，H-SOCs 的产物水在阴极侧生成，因此不会稀释燃料气从而降低燃料利用率和单电池性能，而且在中等温度（300～700℃）下表现出显著的氢离子（质子）导电性，H-SOCs 是电化学能源应用中最有前景的电解质材料之一。

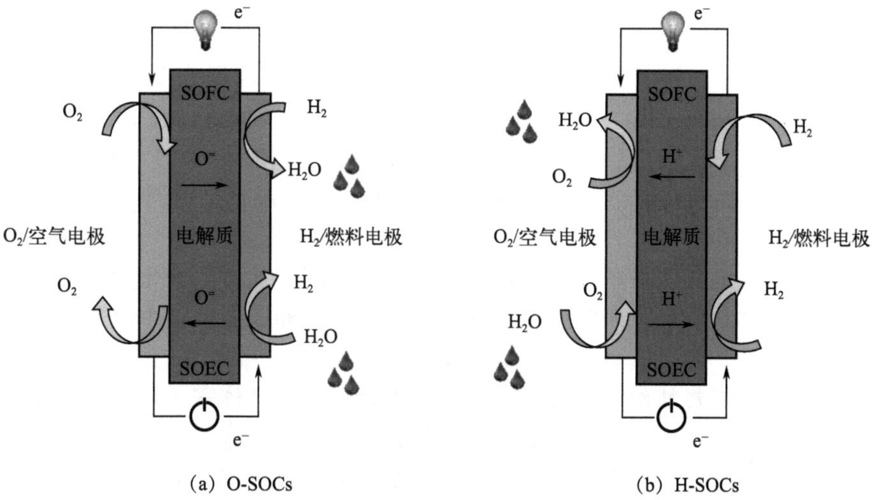

图 2-44 传导氧离子（O-SOCs）(a) 或质子（H-SOCs）(b) 的 SOFC 示意图

(2) 装备及材料

SOFC 发电系统主要由电堆和外围设施（BOP）两大部分组成，多片电池串联形成一定功率输出的 SOFC 电堆，BOP 主要包含供气部分、尾气回收部分、控制系统以及功率变换部分。供气部分能够管理燃料、空气流量并进行燃料处理；尾气回收部分能够将电堆未反应完的燃料进行回收，并预热系统输入的冷空气与燃料；控制系统进行系统的协调管控，在完成安全、快速负载跟踪的同时实现温度的优化管理；功率变换部分则将电堆的低电压大电流输出功率转换成日常使用的直流电或交流电，并进行能量管理。外围 BOP 系统的主要目标是为电堆提供稳定、理想的工作环境，让整个 SOFC 独立发电系统能够高效、长寿命地服役。

SOFC 中电解质是电池的核心，一般采用氧化物陶瓷制作，即烧结固熔体电解质——完全稳定化的 ZrO_2。电解质的性能直接决定电池的工作温度和性能。目前大量应用于 SOFC 的以 ZrO_2 为基底的固体电解质，通过在 ZrO_2 中掺入某些二价或三价氧化物，使 Zr^{4+} 的位置被低价的金属离子置换，结果不仅使 ZrO_2（萤石结构）从室温到高温（1000℃）都有稳定的相结构，而且电荷补偿作用使其中产生了更多的 O^{2-} 空位，从而增大了 ZrO_2 的离子电导率，同时扩展了离子导电的氧分压范围。在这种稳定化 ZrO_2 中，以 O^{2-} 空位作为媒介，即利用空位机理，表现出 O^{2-} 导电性。目前用作电解质的较为常见的材料为 Y_2O_3 稳定 ZrO_2（简称 YSZ）[39]，它的离子电导率在氧分压变化十几个数量级时，都不发生明显的变化。目前，如何制备性能合适的 YSZ 薄膜是研究的热点和难点。

SOFC 阳极要求材料电子电导率高，在还原气氛中稳定并保持良好的透气性，因而通常采用铂，但铂价格昂贵。用镍、钴等金属材料会存在热膨胀不匹配和附着问题，长期的高温工作还会降低其空隙率。目前研究的方向是以金属陶瓷作为阳极材料，比较理想的是 Ni 复合的 YSZ。研究合理的工艺，制备性能合适的 Ni-YSZ 复合材料是当前的主要任务。

SOFC 的阴极与阳极相似，是多孔的电子导电薄膜。由于电池的阴极在高温氧化气氛中工作，起传递电子和透过氧的作用，因此对阴极材料的要求比较苛刻。阴极材料应具有高的电导率、高温抗氧化性以及高温热稳定性，并且不与电解质起化学反应等特点。传统的材料为金属铂，近期发展的是掺杂氧化物陶瓷——$LaMnO_3$。作为 SOFC 的阴极材料，大量的实验证明，$La_{1-x}Sr_xMnO_3$ 是首选的阴极材料。

电解质和电极材料一起组成三合一形式的单体电池单元，单体电池的功率是有限的，只能产生 1V 左右的电压，为了获取大功率的电池组，必须将若干个单电池以各种方式（串联、并联、混联）连接在一起，这就需要连接体材料和封接材料。在 SOFC 中，要求连接体组元在高温下具有良好的电子导电性和稳定性。目前只有很少的几种氧化物能够用作 SOFC 连接体材料，如钙钛矿结构的铬酸镧（$LaCrO_3$）。高温合金材料用作 SOFC 连接体材料也是研究热点。

封接材料用于将电解质材料和连接体材料连接在一起，从力学和化学角度来看，密封剂需要具有与周围部件的热膨胀兼容性、高气密性、在空气和还原环境中的长期稳定性、化学兼容性以及电绝缘性。要求能耐高温，电池反应温度在 700～1000℃下，一般多用玻璃陶瓷混熔制备。此外，还需要其他附属材料，如用刚玉管作为氧气体室，用石英管作为燃料气体室，它们都带有进气口和出气口，均需密封连接，以便长期运行。

其他装备还包括燃料供给系统、空气供给系统、热管理系统、电气电控系统、废气能量回收系统等。燃料供给系统通常包括脱硫器、蒸汽发生器和重整器。燃料进入重整器之前需要先进行脱硫处理，在与水蒸气混合之后通入重整器重整。空气供给系统通常包括风机和预热器。预热器用于提前加热进入电堆的空气，以减小电堆内部及两侧电极的热梯度。热管理系统与 PEMFC 系统不同，SOFC 系统没有单独的冷却回路。一般通过控制空气供给系统的空气流量来控制和调节电堆内部的反应温度。电气电控系统对燃料电池系统的输出功率进行调节，并对各子系统进行控制，以实现电堆的最优操作条件。

高温固体氧化物燃料电池关键装备及材料如表 2-11 所示。

表2-11 高温固体氧化物燃料电池关键装备及材料

一级（系统）	二级（分系统）	三级（装置/设备）
高温固体氧化物燃料电池系统	电堆	单电池
		连接体（金属板、陶瓷板）
		多孔接触材料
		密封材料
	辅助单元装置	燃料供应阀柜
		水热管理柜
		系统环境固定柜
		鼓风机
		换热器
		空气预热器
		燃料电池控制器
		燃烧器
		热回收器

一级（系统）	二级（分系统）	三级（装置/设备）
高温固体氧化物燃料电池系统	辅助单元装置	蒸发器
		重整器
	燃料供给装置	燃料存储舱
		氢循环泵
		氢气喷射器
		氢气质量流量计
		氢气浓度传感器
		脱硫器
	控制与能量管理装置	安全监控柜
		水泵启动柜
		系统控制柜
		蓄电池
		综合配电柜

2.2.4.2 氢内燃机

2.2.4.2.1 原理及技术进展

内燃机种类丰富，按照所用燃料不同，可分为氢内燃机（如图 2-45 所示）、柴油和天然气双燃料内燃机、天然气内燃机、煤气内燃机、汽油内燃机等。氢内燃机的原理与油内燃机相同，它是一种通过燃烧反应气体释放化学能，通过气体膨胀做功的动力设备。氢燃料具有热值高、散热量大的特点，它可用作发动机燃料和传热介质。根据利用方式的不同，氢内燃机的热力循环可以分为常规热力循环和非常规热力循环。

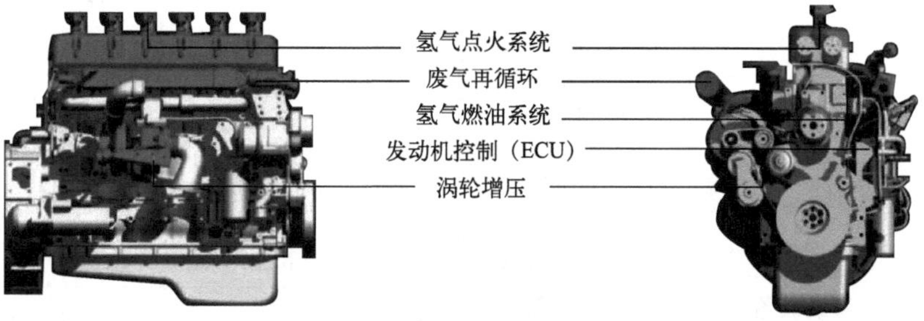

图 2-45 氢内燃机结构示意图

常规热力循环氢内燃机的配置与传统内燃机基本相似，只有燃烧室、控制系统和热交换器不同。非常规热力循环是指以液氢同时作为燃料和传热介质的内燃机热力循环，包括预冷循环、氢冷涡轮循环和回热循环。其中，预冷循环是指利用低温液氢冷却发动机的进气气流，从而减少压缩机的压缩功，提高循环效率；氢冷涡轮循环是指利用低温液氢与涡轮冷却空气进行热交换，从而提高涡轮进口温度，提高循环效率；回热循环是指利用氢燃料与内燃机高温废气进行热交换，从而提高氢燃料的焓值，降低能耗。

氢内燃机具有燃料适应性好、能减少碳排放等优势，在汽车制造、航空航天、船舶、发电系统等领域拥有广阔应用前景。我国氢内燃机行业尚处于起步阶段，商用化产品市场占比较少，本土企业集中于技术研发。未来伴随技术进步以及运行成本进一步降低，我国氢内燃机产量及质量将得到提升。

2.2.4.2.2 装备及材料

氢内燃机主要包括氢气供给系统、燃烧系统、动力系统、增压系统、控制系统等。其中，氢气供给系统和燃烧系统是氢内燃机的核心，它们直接影响到氢气的燃烧效率和发动机的性能。

氢内燃机的氢气供给系统主要包括氢气储存、氢气输送等装备。氢气储存装备主要用于储存高压氢气。这些装备包括高压储氢罐、压力调节器等。高压储氢罐需要具备较高的安全性和储氢密度，以适应高压、高温的储存环境。压力调节器则用于调节储氢罐内的压力，以保证氢气的稳定供应。氢气输送装备主要用于将高压氢气从储存装备输送到发动机。这些装备包括氢气压缩机、输送管道等。氢气压缩机用于将低压氢气压缩成高压氢气，以便供给发动机使用。输送管道则需要具备较高的密封性和耐压性，以保证氢气的稳定输送。

氢内燃机的燃烧系统主要包括燃烧室、火花塞、燃料喷射器等部件。燃烧室是燃料和空气混合并燃烧的地方，燃烧室的设计和形状会影响到燃料的燃烧效率与发动机的性能，一般来说，氢内燃机的燃烧室需要具备较高的压缩比和较小的容积，以提高燃料的燃烧效率和发动机的输出功率。火花塞用于点燃混合气，使燃料和空气发生化学反应，产生动力。火花塞的性能和寿命直接影响到发动机的可靠性及运行效率，一般来说，氢内燃机的火花塞需要具备较高的点火能量和较长的寿命，以适应高压、高温的燃烧环境。燃料喷射器用于将高压氢气喷入燃烧室中，与空气混合并燃烧，燃料喷射器的设计和控制直接影响到燃料的燃烧效率与发动机的性能，一般来说，氢内燃机的燃料喷射器需要具备较高的喷射压力、精确的控制精度和稳定的喷射特性，以适应不同的工作条件和运行要求。

氢内燃机关键装备及材料如表 2-12 所示。

表2-12 氢内燃机关键装备及材料

一级（系统）	二级（分系统）	三级（装置/设备）	一级（系统）	二级（分系统）	三级（装置/设备）
氢内燃机	氢气供给系统装置	氢气储罐	氢内燃机	燃烧系统装置	进气阀
		多点氢喷射控制单元			汽缸盖
		氢调压阀		动力系统装置	活塞部件
		氢过滤器			活塞环
		氢气浓度在线监测装置			主轴承、连杆轴承、止推轴承
		氢燃料喷射阀		增压系统装置	高温阀
		氢燃料喷射系统			空冷器
		氢输送泵			增压器
		氢泄漏探测、收集装置		控制系统装置	传感器
	燃烧系统装置	燃烧室			电子控制单元设备
		火花塞			执行器
					通信网络设备

参考文献

[1] hydrogen insights report (2021) [R]. Hydrogen Council, McKinsey & Company, 2021.

[2] Kyriakou V, Garagounis I, Vourros A, et al. Anelectrochemicalhaber-boschprocess [J]. Joule, 2020, 4 (1): 142-158.

[3] Miguel B M J. Hydrogenin north-western europe-avisiontowards, 2030 [J]. IEA, 2021.

[4] 杨军. 石油炼制中加氢技术问题研究 [J]. 石化技术, 2018, 25 (5): 71.

[5] 李靖, 王孝伟. 试析渣油加氢技术的应用及发展 [J]. 中国化工贸易, 2019, 31 (36): 146.

[6] 李可, 郭哲辉. 基于氢能规划的氢动力技术及交通领域应用场景分析 [J]. 汽车文摘, 2023 (6): 37-42.

[7] 李晨曦, 宋固, 刘佳音, 等. 基于企业视角的我国氢能产业发展研究 [J]. 中国能源, 2022, 44 (11): 36-41.

[8] 舟丹. 什么是灰氢、蓝氢和绿氢 [J]. 中外能源, 2021, 26 (8): 35.

[9] 杨永坤. 煤干馏技术应用分析 [J]. 黑龙江科技信息, 2009 (9): 16.

[10] 李佩佩, 翟燕萍, 王先鹏, 等. 浅谈氢气提纯方法的选取 [J]. 天然气化工 (C1 化学与化工), 2020, 45 (3): 115-119.

[11] 汪晓雷. 氢分子调控镍钴纳米材料介尺度机制及其加氢性能研究 [D]. 北京: 北京化工大学, 2021.

[12] 覃莉, 何阳东, 曾正荣, 等. 天然气氢炭联产工艺研究进展 [J]. 石油与天然气化工, 2023, 52 (4): 48-55, 65.

[13] 黄格省, 李锦山, 魏寿祥, 等. 化石原料制氢技术发展现状与经济性分析 [J]. 化工进展, 2019, 38 (12): 5217-5224.

[14] 熊新国, 徐秀杰. 氯碱厂副产氢气的分离提纯方法 [J]. 氯碱工业, 2009, 45 (12): 22-24.

[15] 杨淑萍, 李博, 景媛媛, 等. 炼厂干气中氢气及乙烯分离提纯技术进展 [J]. 能源化工, 2023, 44 (3): 6-11.

[16] 张春雁, 窦真兰, 王俊, 等. 电解水制氢-储氢-供氢在电力系统中的发展路线 [J]. 发电技术, 2023, 44 (3): 305-317.

[17] Green hydrogen costreduction [R]. IRENA, 2020.

[18] 李菁, 窦真兰, 王加祥, 等. 基于 RSOC 的风光氢能源系统功率分配策略研究 [J]. 综合智慧能源, 2023, 45 (7): 78-86.

[19] 王玉杰. 高效低耗碱性电解水制氢装置的结构设计及性能研究 [D]. 盐城: 盐城工学院, 2023.

[20] 郭育菁, 慕秀松, 周俊波, 等. 中小型工业化碱性水溶液制氢电解槽设计 [J]. 化学工程, 2020, 48 (9): 70-73.

[21] 罗贯文. 镍电解除铜后液同步除铁钴及其沉淀渣的综合利用 [D]. 长沙: 中南大学, 2022.

[22] ZhangKexin, LiangXiao. Statusand perspective sofkey materials for PEM electrolyzer [J]. Nano Research Energy, 2022.

[23] 王开丽. 基于 Pt 基纳米线的催化层构筑及其质子交换膜燃料电池性能研究 [D]. 天津: 天津理工大学, 2022.

[24] 张其翼. 钛基表面钙磷涂层的制备和生物活性研究 [D]. 成都: 四川大学, 2003.

[25] 孙杨, 陈海峰, 杨杰, 等. 固体氧化物燃料电池电解质发展现状 [J]. 中国材料进展, 2023, 42 (5): 421-430.

[26] 蔡长焜. LSCF 阴极材料的改性及电化学稳定性研究 [D]. 包头: 内蒙古科技大学, 2022.

[27] 安攀, 张庆慧, 杨状, 等. 双碳目标下太阳能制氢技术的研究进展 [J]. 化学学报, 2022, 80 (12): 1629-1642.

[28] 李敬法, 李建立, 王玉生, 等. 氢能储运关键技术研究进展及发展趋势探讨 [J]. 油气储运, 2023, 42 (8): 856-871.

[29] 黄嘉豪, 田志鹏, 雷励斌, 等. 氢储运行业现状及发展趋势 [J]. 新能源进展, 2023, 11 (2): 162-173.

[30] 刘延雷. 高压氢气快充温升控制及泄漏扩散规律研究 [D]. 杭州: 浙江大学, 2009.

[31] 李佳豪, 杨锦, 潘伦, 等. 含氮有机液体储放氢催化体系研究进展 [J/OL]. 化工进展: 1-26 [2023-09-28].

[32] 周超, 王辉, 欧阳柳章, 等. 高压复合储氢罐用储氢材料的研究进展 [J]. 材料导报, 2019, 33 (1): 117-126.

[33] 张镕驿, 王怀忠, 王依芮, 等. 车载高压氢气分级充注系统的设计与模拟 [J]. 太阳能学报, 2022, 43 (5): 427-432.

[34] 徐达成, 高怡晨, 谢欢. 氢燃料电池混合动力车制氢和充电技术的现状与展望 [J]. 世界科技研究与发展, 2020, 42 (5): 483-492.

[35] Sheng, L J, Wu H B, et al. Multi-function galanodes boost the transientpower and durability of proton exchang emembrane fuel cells [J]. Nature Communications, 2020, 11 (1): 1191.

[36] Chen H, Wang S, Liu F, et al. Base-acid doped poly-benzimidazole with high phosphoric acid retention forHT-PEMFC applications [J]. Journalof Membrane Science, 2020, 596: 117722.

[37] Zhang B W, Yang H L, Wang Y X, etal. A-comprehensive review on controlling surface composition of Pt-based bimetallic electrocat-alysts [J]. Advanced Energy Materials, 2018, 8 (20): 1703597.

[38] Li M, Luo S, Zeng C, et al. Corrosion behavior of tin coated type316 stainless steel in simulated pemfc environments [J]. Corrosion Science, 2004, 46 (6): 1369-1380.

[39] 佟泽. 新型固体氧化物燃料电池 CeO_2 基复合电解质的制备及性能研究 [D]. 上海: 上海交通大学, 2013.

第3章 材料中的氢

早期知道的氢对材料性能的影响是金属氢脆，即很少氢的溶入也会使金属变得易碎、破裂，失去耐用性。任何元素的存在都会影响金属的性能，但氢元素的影响则尤为显著，10^{-6} 级别的氢都可以对金属性能产生很大影响，而其他元素则要在浓度高很多的情况下才会造成相同的影响。金属中氢的浓度往往很小，很难修复，这使得直接测量金属中的氢含量，尤其是测量微米厚金属层中的氢分布很困难，金属的制备和加工过程中氢浓度的控制对材料工程师提出了重大的挑战[1-3]。

金属在制造和加工工序中容易吸收氢，这是钢铁材料和原子炉用的 Nb、Zr 等合金在使用前与使用中破损的原因。另外，像桥梁等结构物中经常使用的高强度螺栓，由于雨水的电解，氢从外部侵入，经过相当长的时间会突然发生延迟破坏。从这个角度来看，氢对金属来说，有时也是外敌。作为最小原子的氢能产生这样大的破坏力是什么原因呢？从理论和试验角度来看，研究金属-氢（M-H）系统都很有趣。

M-H 系统用于储能系统、传感器和催化等很多领域。这些场合通常被用作研究氢对材料性质的基本模型，尤其是当系统的尺寸很小，而且非块状贡献占主导地位时用得多。人们发现，M-H 系统的氢溶解度受材料结构、微观形貌和应力状况的强烈影响。对于小型体系，表面或界面相关区域变得重要，可改变 M-H 体系的整体溶解度和相界。在硬基片上沉积的薄膜中，由于薄膜被有效地固定在基片上，在氢加载过程中会产生压应力。这些应力强烈依赖于微观结构，可达到吉帕（GPa）级别。纳米颗粒甚至会改变它们的晶体结构，从而产生全新的相。这些材料微结构的变化都会影响氢的行为。

氢在材料中的行为几十年来一直受到科学界的关注，也有很多报道。氢的大多数性质都与氢原子的高迁移率有关，氢原子的迁移率甚至与水溶液中离子的迁移率相当。这种高迁移率是因为氢原子占据了主体晶格中的间隙位置，是由间隙扩散机制和量子力学隧穿的贡献引起的[4]。这种流动性使氢在材料中的分布，即使在室温下，也能迅速达到热力学平衡。M-H 系统通常被用作氢与材料作用的模型系统，这是因为一旦达到氢气环境或水溶液中质子的平衡条件，就可以通过测量氢气压力或电化学电位轻松获得 M-H 系统的热力学性质。例如，Lacher 首次使用 Pd-H 在准化学方法的框架内研究溶质/溶质相互作用。此外，在研究金属中氢的扩散时，发现了隧穿机制，也被视为固体中原子扩散的一种机制。沃尔克和阿列菲尔德等研究了与样品几何形状有关的氢密度调制行为，Zabel 等使用 M-H 系统研究了具有降维和调节氢亲和力的系统的行为。

另外，氢气被越来越广泛地用于石油、化工、能源储存、冶金、传感器和催化、气体纯化等很多领域[5,6]。进入 21 世纪，氢能的利用开始受到关注，随着 CO_2 减排的推进，作为可再生清洁能源的氢能开发尤为受到重视[7-10]。氢能开发包括氢气的制备、储存、输运以及应用等多个领域。在这些领域，相关材料都要与氢气相接触，它们在氢能开发中的作用及其安全使用成了重要的课题。氢和含氢材料的提取与加工对全球经济至关重要，加工过程中的安全控制对材料工程师也提出了重大挑战。

3.1 金属中的氢

长期以来氢在金属中的行为一直受到科学界的关注，金属中的氢作为一个传统的问题，随着氢能的广泛使用又变成了一个引人关注的前沿问题。了解氢进入金属的过程、氢在金属中的分布状态、氢的扩散行为以及氢对金属性能的影响规律不论是在基础研究上还是在产业开发上都有重要的价值。

3.1.1 氢进入金属的过程和在金属中的状态

氢是最小的元素，其原子结构由一个质子和一个电子组成，在自然状态下是双原子分子气体。相对于晶体晶格，氢分子的尺寸太大，氢气无法穿过气体/金属界面，也无法在金属中扩散。氢气必须在某些环境下，在气体/金属界面分解成单原子氢才可以进入金属和合金中。氢进入金属的方式有很多种，大体可以认为氢气进入金属经历四个过程，如图 3-1 所示：a. 在范德华力的吸引下气体氢在金属表面上吸附，被称为物理吸附。b. 由分子氢解离为氢原子，在化学结合力的作用下吸附在金属表面，被称为化学吸附。c. 氢原子从金属表面转移到其内部，从而在金属内部成为溶解氢。d. 表面溶解的氢原子从金属表面向其内部扩散。

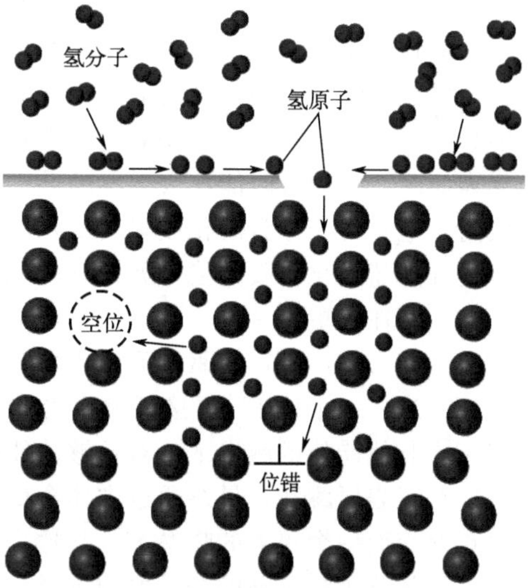

图 3-1 氢在金属表面吸附聚集和进入金属内部的模型

氢分子接近金属表面时，范德华力开始作用于它，将其拉近，先后经过表面物理吸附和随后的化学吸附过程，被吸附在金属表面。前者是分子状态，后者是氢分子解离为单原子状态，两种吸附的能量变化情况如图 3-2 所示。远离金属表面时，物理吸附能为零，随着分子接近金属表面，依靠金属表面和氢分子的范德华力的作用，其吸附能逐渐加强，能量在某个位置 d_1（约一个氢分子的大小，距离金属表面约 0.2nm）达到一个势阱 E_p（-10kJ/mol H_2），形成稳定的分子吸附状态。进一步靠近金属表面时，能量迅速增大，需要非常大的力才能以分子形态的氢靠近金属表面。因为范德华力很弱，E_p 不大，物理吸附的氢分子在加热或光照等条件下就很容易脱离金属表面。

当氢分子解离为氢原子时，化学吸附能量会大幅度升高，远离金属表面时其分解能为 440kJ/mol H_2，但是在接近金属表面时，开始迅速下降，并在某处 d_2（大体为 0.1nm）达到最小值 E_c（-50kJ/mol H_2），通过与金属表面原子共享电子，形成很稳定的原子吸附状

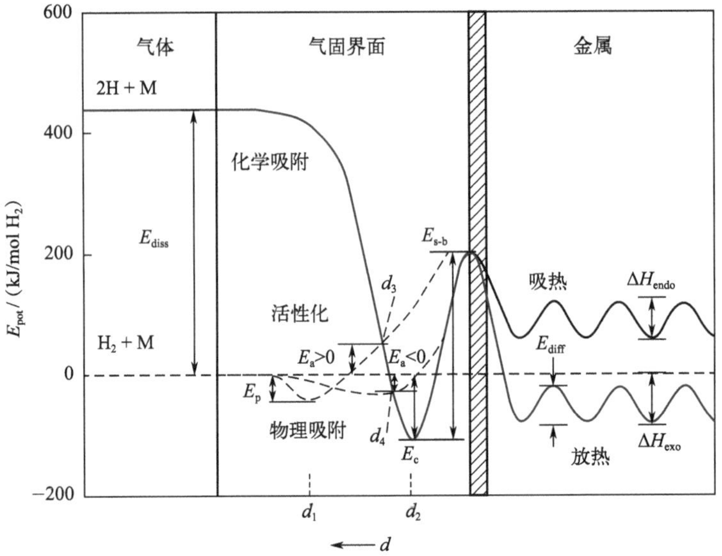

图 3-2 金属中氢元素的势能分布模型图

态。化学吸附能比物理吸附能大，氢原子不像物理吸附那样容易脱离金属表面，但可能具有较高的表面迁移率和相互作用，还可以在足够高的覆盖率的条件下形成表面相[11,12]。

在金属表面附近，物理吸附能和化学吸附能相差已经不是很大，氢分子有分裂成两个单原子的趋势，即由物理吸附转变成化学吸附。这种转变有两类，第一类是氢分子在进一步靠近金属表面时，物理吸附能在大于零的某一处开始超过化学吸附能，如点 d_3，开始转变成化学吸附。这类转变称为活化吸附转变，需要有一个活化能。第二类是物理吸附能在小于零的某一处开始超过化学吸附能，如点 d_4，这种情况下的转换不需要活化能，称为自发吸附转变。前一类往往更多一些。

在自由能（$\Delta G<0$）的驱动下，化学吸附的氢原子有进入金属内部的趋势。在室温下，这些氢原子进入一个比 E_p 更接近表面的能阱 E_c，但仍然无法到达金属表面。只有在更高的温度下或其他能量的激发下，有足够的能量来增加氢原子在金属表面的振动振幅，单原子氢才可以在亚表层跳跃，最终通过主体金属晶格，并在晶格中扩散。也就是说氢原子进入金属需要克服表面一个很大的势垒 E_{s-b}，这个能量也被称为活化能。进入金属后的氢的能量有比金属外气体分子能量高的和低的两种类型，前者伴随着一个 ΔH_{endo} 吸热反应，后者伴随着一个 ΔH_{exo} 放热反应，ΔH_{endo} 和 ΔH_{exo} 的大小与氢和金属的亲和能相关。

活化能 E_{s-b} 与金属表面状态密切相关。一般金属表面都会有一层氧化层，氧化层会阻碍氢原子向金属内部扩散。如图 3-3 所示，储氢合金 $LaNi_5$ 表面往往有 La_2O_3 层和 La_2O_3+Ni 层，为了使氢原子进入金属 $LaNi_5$ 中，需要对表面的氧化层进行清除，或者让氧化层破裂，这种处理也被称为活化过程。往往是先抽真空，然后对样品加温和加氢，通过多次反复循环处理来完成。金属及合金因为成分和表面氧化物状态不同，活化的难易程度有很大变化，稀

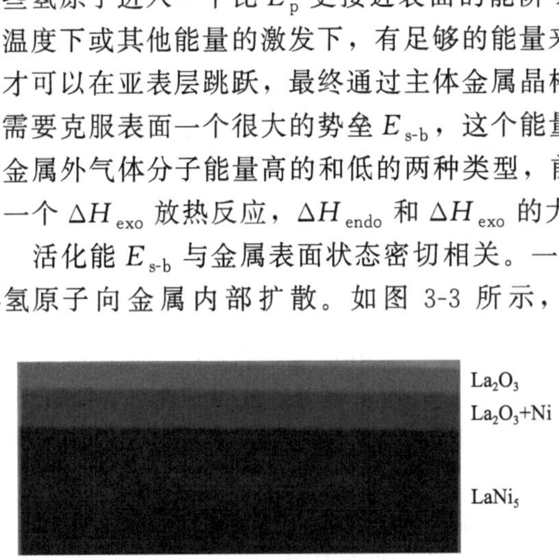

图 3-3 $LaNi_5$ 表层的氧化物

土合金容易一些，Ti 基合金困难一些。金属在最初活化处理阶段几乎不吸氢，这一段时间被称为活化孕育期，只有超过孕育期之后，才开始快速吸氢。孕育期的长短与合金的表面状态以及活化处理的温度和压力相关，一般来说，在相同的活化条件下，越难活化的金属，其活化孕育期也越长。表 3-1 列出了几类典型的储氢合金的活化条件[13]。

表3-1 几类典型的储氢合金的活化条件

样品	活化温度/K	活化压力/MPa	孕育期/min	活化循环次数/次	活化时间/min
AB（TiFe 系）	>723	5~8	10~120	5~10	200~300
AB_5（$LaNi_5$ 系）	293~473	0.5~2	0~10	2~3	30~60
AB_2（$TiMn_2$ 系）	473~573	2~4	0~20	2~5	30~150
A_2B（Mg_2Ni 系）	>773	3~5	20~60	7~10	200~300
BCC（V 系）	473~773	4~7	10~120	5~10	200~300

氢原子进入金属后，氢是裸露的吗？其实并不是一个单纯裸露的原子状态。金属和合金是通过原子最外层的电子（例如 Fe 或 Cu 为 4s 电子）形成共有自由电子云与 M^+ 点阵整体的相互作用结合在一起的，即金属键和导带的形成。氢与金属的结合有两种简单的形式：一种是金属中固溶的氢，最简单的模型可以理解为氢的一部分 1s 电子加入金属导带，氢本身成为 H^+，和 M^+ 一样与自由电子云结合，类似金属键，这被称为质子模型（protonic model）；另一种是金属氢化物，则金属最外层电子反过来转移到氢中，氢形成 H^-，通过 M^+ 和 H^- 的离子结合聚在一起，这被称为离子模型（anionic model）。

从能带的角度来看，氢在过渡金属中的固溶是氢的 1s 轨道电子进入过渡金属 3d 或 4d 轨道，形成共有电子云，共有电子为 0.6～0.7 个/氢原子[14]。氢离子和金属离子一样，与电子云相互作用，变成和金属原子一样的原子行为。因为氢的 1s 电子既没有全部保留下来，也没有全部变成自由电子，所以严格来说，氢既不是一个完整的 H^+，也不是一个完整的 H 原子，但为了方便一般还是称为氢原子。考虑到氢固溶时氢的结合状态与金属中金属离子和自由电子云结合的形式一样，把氢称为氢原子也不为过。氢的 1s 电子进入过渡金属的价带时，d 能带能级下降，增加结合力；而进入导带时，则 d 能带能级上升，增强反结合力，进而引起放热或吸热。

3.1.2 氢在金属中的固溶位置

金属中的氢位于何处，金属的结构如何变化是备受关注的问题。氢分子的直径为 2.12Å，氢原子的直径约为 1Å，质子只为 10^{-5}Å。氢的存在形态不同，伴随的体积变化也有很大差异，这就是导致氢在金属中的行为复杂和多样性的原因。氢分子的尺寸比金属原子大很多，氢原子比金属原子小很多，都不能以置换的形式固溶在金属中。金属中的间隙与氢原子尺寸相当，可为氢提供合适的位置。氢浓度小时，氢原子固溶于金属间隙中，母体金属的晶体结构几乎不发生变化，把这种间隙位置有氢原子的金属也称为间隙氢化物。

金属的晶体结构以面心立方（fcc）、体心立方（bcc）、密排六方（hcp）居多，具有较大空间间隙的有六配位的八面体（octahedral interstice，称为 O 位）和四配位的四面体（tetrahedral interstice，称为 T 位）。图 3-4 给出了 fcc、hcp、bcc 三种代表性晶体结构中的

T 位和 O 位[15]。由表 3-2 可知，在 fcc 和 hcp 中，O 位的间隙空间更大，bcc 中 T 位更大。

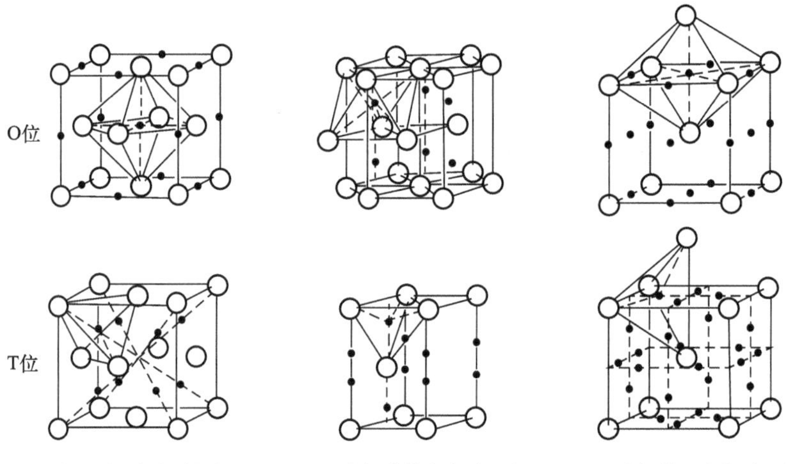

(a) 面心立方（fcc）　(b) 密排六方（hcp）　(c) 体心立方（bcc）

图 3-4　面心立方（fcc）、密排六方（hcp）和体心立方（bcc）结构中的间隙位置 O 位和 T 位[15]

表3-2　几种晶体结构中间隙的种类和平均每个金属原子的间隙数目与大小

<table>
<tr><th colspan="2">项目</th><th>体心立方</th><th>面心立方</th><th>密排六方</th></tr>
<tr><td colspan="2">晶胞内原子数</td><td>2</td><td>4</td><td>6</td></tr>
<tr><td colspan="2">配位数</td><td>8</td><td>12</td><td>12</td></tr>
<tr><td colspan="2">原子填充密度</td><td>0. 68</td><td>0. 74</td><td>0. 74</td></tr>
<tr><td rowspan="2">间隙尺寸</td><td>八面体
O 位</td><td>3 个
< 100> 向 0.154R
< 110> 向 0.633R</td><td>1 个
0.414R</td><td>1 个
0.414R</td></tr>
<tr><td>四面体
T 位</td><td>6 个
0.291R</td><td>2 个
0.225R</td><td>2 个
0.225R</td></tr>
<tr><td colspan="2">基本特点</td><td>T 位固溶；间隙空间小但数量多；间隙间距离小</td><td>O 位固溶；间隙空间大但数量少；间隙间距离大</td><td>O 位固溶；间隙空间大但数量少；间隙间距离大</td></tr>
</table>

注：间隙尺寸为半径 R 的金属原子球构成晶体时，间隙位置上可填充的最大可能球体大小。

在氢的位置检测中，中子射线衍射被广泛应用，这是因为中子射线与氢的相互作用较大。此外还有核反应离子通道法，该方法从各种方向将离子束入射到单个晶体样品中，检测与氢或重氢原子的反应。表 3-3 是利用中子分弹性散射测得的氢谐振子在金属中 T 位和 O 位的激发能量[16]，由此可见：

① 氢原子趋向于占据体积大的间隙，fcc 和 hcp 中优先占据 O 位，bcc 中优先占据 T 位。

② 间隙中的氢原子势能几乎是抛物面，不随同位素而变化。

③ O 位氢原子的激发能比 T 位的低，此外氢同位素（H、D、T）的激发能几乎与质量的平方根成反比，可由 $\Delta E=\sqrt{K/m}$ 来计算。

表3-3 非弹性中子散射测得的金属中氢的谐振子激发能级[16]

样品	结晶构造（相）	间隙种类	ΔE/meV	文献
$PdH_{0.68}$	fcc（α）	O	56	[17]
$PdD_{0.63}$	fcc（α）	O	36	[17]
$NiH_{0.75}$	fcc（α）	O	88	[18]
	fcc	T	147.6	[19]
	fcc	T	147.3	[19]
$YH_{0.2}$	hcp（α）	O	102	[20]
	hcp（α）	T	137	[20]
$VH_{0.5}$	bct（β）	Oz	221	[21]
$VH_{0.04}$	bcc（α）	T	120	[17]
$NbH_{0.75}$	约 bcc（β）	T	116	[22]
$NbD_{0.75}$	约 bcc（β）	T	86	[22]
$NbT_{0.75}$	约 bcc（β）	T	72	[22]
$TaH_{0.5}$	约 bcc（β）	T	121	[22]
$TaD_{0.5}$	约 bcc（β）	T	88	[22]

尽管氢被认为是由于原子半径小而进入晶体的晶格间隙中，但是相比氢原子尺寸，间隙空间往往还是不够大，在氢原子进入后都会伴有体积的膨胀。根据晶格常数的变化可以确定固溶氢原子引起的晶体体积的变化。设金属中平均原子体积为 Ω，每个氢原子引起的体积变化为 ΔV。如图 3-5 所示，测试的不同金属的 $\Delta V/\Omega$ 值为 0.174（Nb）、0.155（Ta）、0.19（V）、0.19（Pd），ΔV 的平均值为 2.99$\mathring{A}^3$（$2.99\times10^{-30}m^3$），几乎不依赖金属的种类和晶体结构[23-25]。

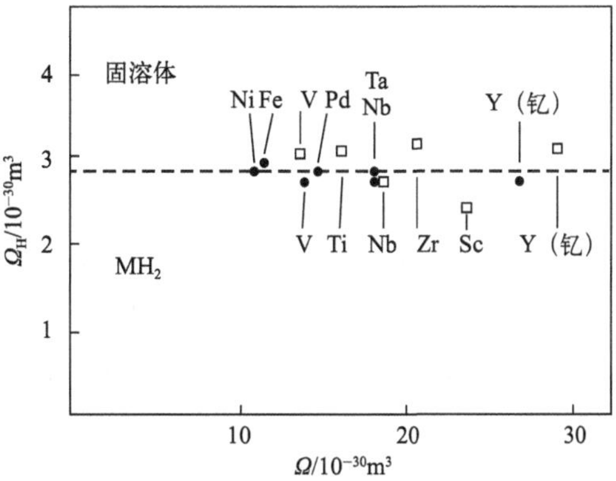

图 3-5 各种金属中晶格间氢原子的体积与母体金属的原子体积的关系[25]

晶体中的间隙很多，被占的间隙往往只是很小一部分。晶体中的氢原子尺寸具有一定的伸缩性，所以不宜将间隙位置考虑为一个几何点。氢在金属中的位置并不完全是由间隙大小来决定的。通过中子衍射和离子通道研究各种金属中的氢位置的结果表明，随金属和氢、氘的结合方式、浓度等的不同，氢的位置会不同，充满变化[26]。

值得一提的是，长范围内的缺陷引起的弹性应力场和氢原子周围的应变场之间的相互作用，以及短范围内局部应力场和相邻原子的结合状态的变化都会改变晶体的内能。当缺陷周围的氢原子势能比完整晶体中的固溶状态低时，氢原子容易被缺陷所俘获，在缺陷周围存在的概率变高。也就是说，除了在晶格中的 O 位和 T 位外，晶体空位、位错、界面、裂纹等处也会分布氢原子甚至氢分子，容易产生在这些缺陷处的氢富集，即氢的捕获。由此可以引起氢固溶浓度的提高、氢扩散速度下降以及缺陷的浓度和稳定性提高等现象。为此，可以把金属中氢的位置分为两大类：一类是前面所提到的晶格间隙处的固溶；另一类是缺陷处的捕获。前者属于热力学平衡态，受温度的影响大；后者属于非热力学平衡态，受生产工艺和使用状况的影响大。两类氢的热稳定性以及对金属性能的影响相差很大，前者更多的是影响电磁等物理性能，后者更多的是影响力学性能，如表 3-4 所示。

表3-4 两种不同位置的特点及影响的性能

项目	固溶位（晶格间隙）	缺陷位（捕获）
氢的位置	O 位和 T 位	空位、位错、空孔、析出物、晶界、微裂纹
存在状态	单原子	氢原子或氢分子
热力学状态	平衡状态	非平衡状态
热稳定性	高（在较高温度释放）	低（在较低温度释放）
分散状况	分散	相对集中
影响的性能	导电、导热、超导、磁性、储氢性能等	硬度、强度、塑性变形等力学性能
氢的扩散	势阱深，扩散慢	势阱分布宽，扩散快

如果陷阱位置是一个空位，单个氢原子的存在将降低空位引起的晶格应变，氢原子将成为替代物，而不是填隙物。当氢原子被如此捕获时，它变得相对不动，但被认为是一个单一的原子。如果陷阱是一个线缺陷，很可能是由于其更大的尺寸和更好的调节，那么沿着缺陷很可能会聚集一串氢原子。一串氢原子的存在不会固定位错，尽管它会增加移动所需的外加应力。然而，如果一条线缺陷上的两个相邻原子重新结合形成氢分子，则引起移动所需的外加应力会变得更大，从而有效地将位错固定在该点上。由于位错运动是塑性流动的基本过程，氢的存在降低了材料的延展性，增加了脆性破坏的可能性。在这种情况下，界面（如晶界或第二相）应被视为位错阵列，因此很可能积聚分子形式的溶质氢，使界面变脆。除了降低位错的迁移率，溶质氢还可以与溶剂金属反应形成氢化物，或与其他溶质元素反应形成新相[27]。

虽然晶体晶格内位置及其周围的畸变对于理解氢的扩散和晶格缺陷之间的相互作用是重要的，但是作为最轻元素的氢对各种物理刺激的反应很小，因此实验上不容易确定。铁中氢浓度极小也使问题变得困难。在表面科学方法中，分子与表面相互作用的研究传统上集中在定义明确的低指数表面上。特别是氢与金属表面的相互作用已成为研究表面基本反应步骤的模型系统。然而，众所周知，表面的缺陷，如台阶，对吸附和反应过程有着深远的影响。

氢的分子尺寸太大，无法在大多数金属中的间隙扩散，也无法轻易穿过气体/金属界面。如果金属熔化，分子氢则很容易溶解进熔融金属中，并有一部分分解为原子氢，在凝固时可以作为单原子溶质保留。如果材料是固体，则需要一些在气体/金属界面生成单原子氢的机制。

虽然氢是间隙溶质，但它仍然是单原子形式，即使在室温下也能相对流动。然而，这种可移动性在实际的金属晶体中会遇到问题。实际金属晶体远不够完美，存在各种缺陷，这些缺陷与氢的相互作用可诱导晶格应变降低，可以捕获氢，产生氢陷阱的效果。

金属中的固溶氢的能量由受近金属原子影响的电子状态决定。氢的固溶热 ΔH_0 用各种方法进行电子计算。有效介质理论（effective medium theory，EMT）是其中的一个。Norskov 引入了电子气密度分布随着电荷转移到添加原子而局部变化的概念[28]，并且计算添加原子能量 E_{em}（embedding energy）时考虑了添加原子和主原子的共价键作用。这里 E_{em} 是从合金的能量中减去与主金属分离的添加原子的能量的值。E_{em} 具有对添加原子的排斥力和随着电子气向添加原子的电荷转移而引起的吸引力的综合效果。过渡金属中氢的固溶随着金属原子序数（平均电子密度）的增加从发热反应转移到吸热反应，这是由于排斥力的增加。另外，在含氢的过渡金属中，氢的 1s 轨道和过渡金属的 3d 轨道是杂化的。所以，氢 1s 能级下降会增加结合力，3d 能级上升则会增强反结合力。

如果简单地把氢原子按玻尔半径 0.052nm 的球来考虑，把氢原子的大小简单地以玻尔半径 0.052nm 来考虑的话，普通的金属两边的间隙都不算窄，单按照间隙的大小好像不能决定氢的位置。这是因为除了间隙的大小和周围金属原子的位移引起的松弛以及伴随着的畸变能量的大小之外，间隙位置的选择似乎还受到电子状态和键合性的很大影响。

氢被认为是由于原子半径小而进入晶体的晶格间位置，并且已知有八面体位置和四面体位置。bcc 的 T 位比 fcc 的 O 位的间隙更大。事实上，α 相的 Nb、V、Ta 等确认氢进入 T 位。α-Fe 也可以同样考虑。然而，在最近的 Nb-Mo 合金测量中，在 Mo 含量低于 10%的情况下，如图 3-6 所示[29]，氢从 T 位被吸引到 Mo 原子的位置，氢被捕获在 Mo 原子上，但是随着 Mo 量的进一步增加，被 Mo 原子捕获的氢会减少，并在 20% Mo 中消失。报告还指出，随着 Mo 量的增加，氢将占据与 O 位不同的新位置。这些结果首次直接显示合金元素对氢的捕获陷阱，提供了随着氢位置变化引起的扩散速度和畸变的对称性变化等重要观点[30]。

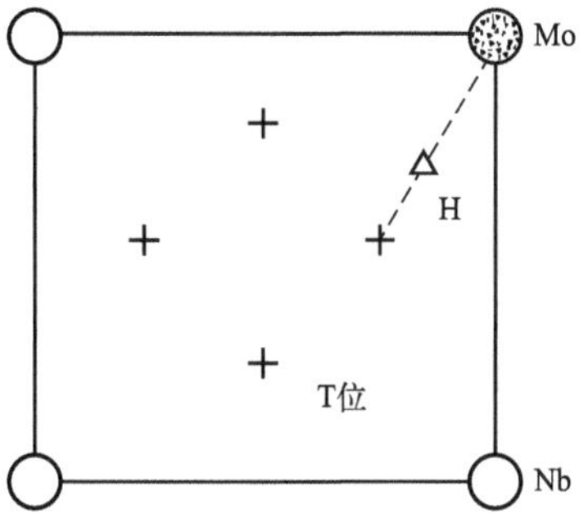

图 3-6 核反应通道法测定的 Nb-Mo 合金中的氢位置

3.1.3 金属中的氢固溶度

为了理解金属中的氢，需要对金属中的氢固溶性质有所了解。首先考虑热平衡金属中的氢浓度。如前所述 H_2 首先在金属表面物理吸附，解离成两个氢原子并稳定地化学吸附在金属表面，然后通过热活性化过程进入金属格点中。这个过程是可逆的，其反应可以用式（3-1）表示：

$$H_2(g) \rightleftharpoons H_2(a) \rightleftharpoons 2H(a) \rightleftharpoons 2H(s) \tag{3-1}$$

这里 g、a、s 分别表示气体氢、吸附氢以及固溶氢。

固溶于金属晶格内的氢的量，即固溶度（solubility）θ，在实验中很好地符合西韦茨（Sievert）定律，与氢气压力的平方根成正比，如式（3-2）所示：

$$\theta = C\sqrt{p} \tag{3-2}$$

式中，p 为氢气压力；C 为比例系数。

这里的固溶度是固溶的氢原子数与晶体中的晶格点数之比（N_H/N_L）。以前高纯度氢气环境和平衡状态下金属中的氢含量就是利用 Sievert 定律来计算的。Sievert 定律可以从热力学上推导出来[31,32]。氢从分子气体状态到金属中的固溶状态的反应式（3-1）可以简化为式（3-3）：

$$\frac{1}{2}H_2 \rightleftharpoons H_{sol} \tag{3-3}$$

这个反应两边氢的化学势 μ 相等，所以有式（3-4）：

$$\frac{1}{2}\mu_{H_2} = \mu_{H_{sol}} \tag{3-4}$$

设 μ^0 为 μ 的标准状态值，α 为活度，则可以用式（3-5）表示吉布斯自由能。

$$\mu = \mu^0 + RT\ln\alpha \tag{3-5}$$

式中，μ 为化学势；R 为气体常数；T 为热力学温度。

由式（3-4）和式（3-5）可以推得式（3-6）：

$$-\Delta G^0 = \frac{1}{2}\mu^0_{H_2} - \mu^0_{H_{sol}} = RT\ln\frac{\alpha_{H_{sol}}}{\alpha^{1/2}_{H_2}} \tag{3-6}$$

$$\Delta G^0 = \Delta H^0 - T\Delta S^0 \tag{3-7}$$

式中，ΔG^0 为标准自由能变化；ΔH^0 为标准自由焓变化；ΔS^0 为标准自由熵变化。

进而得到式（3-8）：

$$\alpha_{H_{sol}} = \alpha^{1/2}_{H_2}\exp\left(-\frac{\Delta H^0}{RT}\right)\exp\left(\frac{\Delta S^0}{R}\right) \tag{3-8}$$

这里 α_{H_2} 和 $\alpha_{H_{sol}}$ 分别是氢在气体状态和金属内的活度，分别对应着氢气压力与标准状态压力比 p/p_0 和在金属中的 N_H/N_L。值得注意的是，Sievert 定律不仅适用于氢气，也适用于其他双原子分子的气体吸收。Sievert 定律只表示温度恒定时的关系，但热力学推导同时说明，氢浓度不但随压力变化，也随温度变化，更准确的金属的氢固溶量可用式（3-9）来表示：

$$\theta = \sqrt{\frac{p}{p_0}} \times e^{-\frac{\Delta S^{nc}}{k_B}} \times e^{\frac{\Delta H}{k_B T}} = A e^{\frac{\Delta H}{k_B T}} \tag{3-9}$$

式中，ΔS^{nc} 为氢气固溶到金属中的熵变；k_B 为玻尔兹曼常数；A 为比例系数。

Sievert 定律中与压力 $\sqrt{p}$ 成比例很好地对应着等式（3-3）中的因子 1/2，证实了氢气在吸收过程中解离成了原子氢，与前面推测的氢在金属中的固溶过程一致。如果金属中的氢真是分子状态，则类似的热力学推导结果将是 θ 与 p 成正比，就如同在水中观察到的氢气、氧气或氮气的溶解一样。式（3-9）也表明氢溶解浓度随温度的变化与氢在金属中的固溶焓变相关。表 3-5 是氢在金属（合金）中的固溶热和固溶焓[33]。

表3-5 氢在金属中的固溶热和固溶焓[33]

金属（合金）	ΔH /(kJ/mol H)	$\Delta S/R$ /(mol H)$^{-1}$	温度范围 /℃	金属（合金）	ΔH /(kJ/mol H)	$\Delta S/R$ /(mol H)$^{-1}$	温度范围 /℃
Li（液相）	-52	-7	200~700	Sc	-90	-7	—
Na（液相）	2	—	100~400	Y	-82	-6	—
K（液相）	约 0	—	—	La（fcc）	-80	-8	—
Mg	21	-4	100~670	Ce（fcc）	-74	-7	—
Mg（液相）	27	—	700~900	Ti（hcp）	-53	-7	500~800
Al	67	-6	500	Ti（bcc）	-60	-6	900~1100
Al（液相）	59	—	730~1730	Zr（hcp）	-63	-6	500~800

续表

金属（合金）	ΔH /（kJ/mol H）	$\Delta S/R$ /（mol H）$^{-1}$	温度范围 /℃	金属（合金）	ΔH /（kJ/mol H）	$\Delta S/R$ /（mol H）$^{-1}$	温度范围 /℃
Zr（bcc）	−64	−6	860~950	Rh	27	−6	800~1600
Hf（hcp）	−36	−5	300~800	Ir	73	−5	1400~1600
V	−27	−8	150~500	Ni	16	−6	350~1400
Nb	−34	−8	>0	Ni（液相）	24	—	1490~1700
Ta	−37	−8	>0	Pd	−10	−7	−78~75
Cr	58	−5	730~1130	Pt	46	−7	—
Mo	50	−5	900~1500	Cu	42	−6	<1080
W	106	−5	900~1750	Ag	68	−5	550~961
Fe（bcc）	29	−6	7~911	Au	36	−9	700~900
Fe（fcc）	28		911~1394	U	10	−6	<668
Fe（bcc）	29		1394~1538	Mg_2Ni	−13		
Fe（液相）	33		1538~1820	TiFe	10		
Ru	54	−5	1000~1500	TaV_2	−58		
Co（fcc）	32	−6	1000~1492				

与气体状态加氢不同，在电镀或酸洗过程中会直接产生活性的氢原子，其中一部分以氢气的形式逸出，另一部分直接进入样品内部。由于不需要氢分子解离过程，而且活性的氢原子浓度远大于气体状态氢分子吸附和解离成原子的浓度，所以充氢速率要快很多。在一些氢气加热加压难以充氢的情况下，在电解或酸洗过程中却很容易充氢，这也是为什么研究氢脆行为时充氢往往都是通过电解方法的原因。

图 3-7 是不同金属中固溶氢与压力的关系[34]。图 3-8 为氢的固溶量与温度的变化关系，

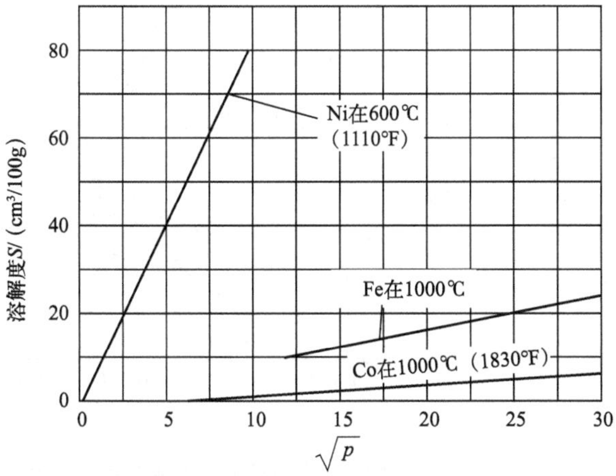

图 3-7　压力对 H_2 在固态金属中最大溶解度的影响

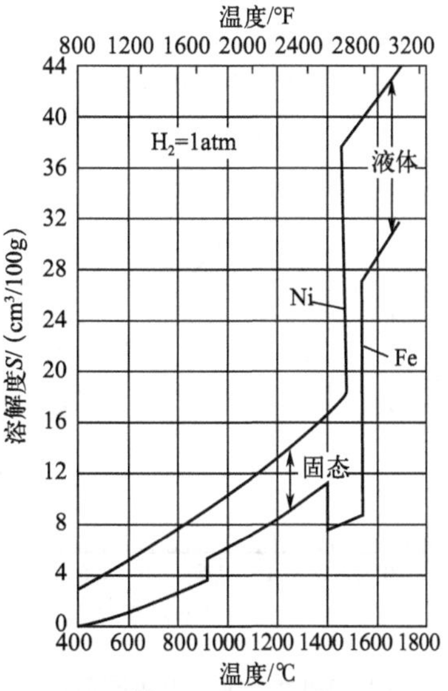

图 3-8　温度对 H_2 在固态与液态 Ni 和 Fe 中的溶解度的影响

（1atm＝101325Pa）

从图中可知金属发生相变时，氢的溶解度将发生显著的变化。氢在液体金属中的溶解度要比固体中的溶解度大很多。如果溶有大量氢的金属液体进行结晶，将有大量氢气被析出，析出的氢气将成为气泡逃逸出金属或被保留在金属内部成为气泡。

图 3-9 是 1atm 氢气下纯铁的氢固溶浓度随温度的变化。一般认为 α-Fe 中固溶的氢原子占据 bcc 晶格中四面体间隙（T 位），从而引起周围的铁点阵变形和体积膨胀。体积膨胀为 $2.0\times10^{-6}m^3/mol$ 氢或 $3.3\times10^{-3}nm^3$/氢原子，大体与其他金属中的氢固溶引起的膨胀相当。

如果晶体受外力或内应力的作用，应力场将与固溶氢原子引起的局部应变发生弹性相互作用，从而产生势场分布变化，形成对氢原子有势场梯度的环境，从而引起氢原子在晶体中的重新分布。由此，氢会在空位、位错、界面、析出物等地方偏析，其浓度往往比平衡时的浓度大很多。位错附近富集的固溶氢原子会对位错-位错之间以及位错与其他类型固溶杂质原子（C、N 等）之间产生屏蔽作用，这也是一种解释铁的强度因氢的固溶而下降的原因，但这一点还没有得到实验的支持。

图 3-10 是在 1bar 的氢气压力下，几种金属平衡条件下的氢含量（H/M）与温度倒数的相关性[30]。此图还显示了相应金属的固溶焓，是在低氢浓度的极限下获得的有效值。可以看出，在低温下，氢浓度要么非常高，要么非常低，这分别取决于氢吸收是放热的还是吸热的。在高温下，图中金属的氢浓度变得非常接近，数据外推到 $T\to\infty$ 时，浓度大约处在 10^{-3} 和 10^{-2} 之间的小范围内。值得注意的是，根据 ΔS_{nc} 中的值，几乎所有金属的高温吸收行为都具有这种相似性。这意味着，在极限 $T\to\infty$时，对于任何金属，$p=1bar$ 的氢/金属原子比与图 3-10 中的值相差不大，都趋近于 0.01%～1% H/M [（100～10000）$\times10^{-6}$] 数量级。

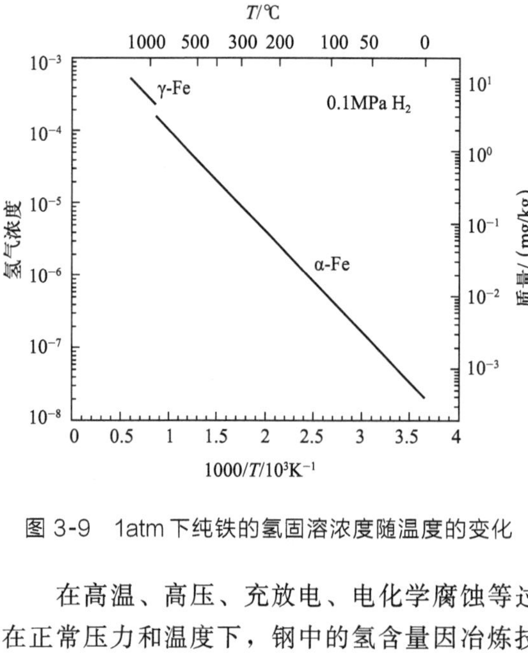

图 3-9 1atm 下纯铁的氢固溶浓度随温度的变化

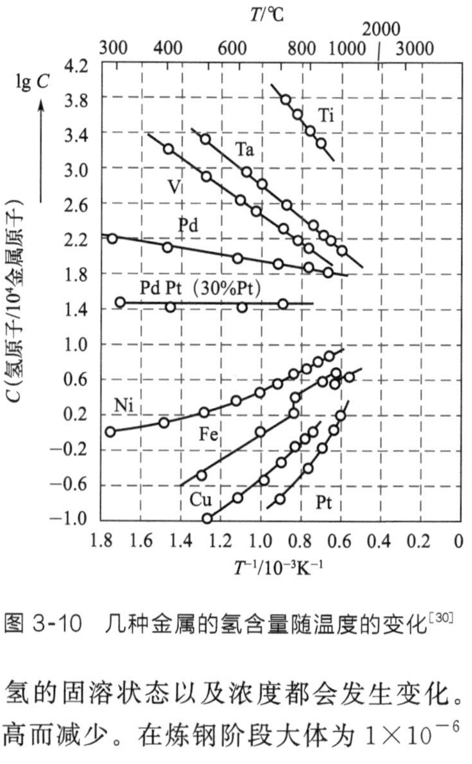

图 3-10 几种金属的氢含量随温度的变化[30]

在高温、高压、充放电、电化学腐蚀等过程中，氢的固溶状态以及浓度都会发生变化。在正常压力和温度下，钢中的氢含量因冶炼技术的提高而减少。在炼钢阶段大体为 1×10^{-6}

量级，在进一步制造加工过程中氢会释放，通常在 0.1×10^{-6} 以下。铁不会形成氢化物，但在高温和几吉帕的压力下，则会形成氢化铁（FeH_2）[1]。FeH_2 具有密排六方结构，完全不同于 bcc 相 α-Fe 母相结构。当再回到大气压和 153K 时，FeH_2 分解为 α-Fe 和分子氢。氢最初可能是单原子的，只有当它没有处在晶格间隙中，并释放到大气中或扩散到材料缺陷处时，才会结合形成分子氢。另外，在焊接等高温气氛下或在腐蚀环境中，则会有来自环境的氢侵入。由此而产生焊接气泡和冷裂纹等现象，氢含量成了检查焊接质量的经验指标。

3.1.4 金属中的氢固溶焓

金属中的固溶热常写为 ΔH_s，而金属氢化物的生成热写成 ΔH_f。ΔH_s 对应着图 3-2 中 ΔH_{exo} 或 ΔH_{endo}，随着金属元素的不同，其大小和符号都会发生变化。图 3-11 是浓度非常小的氢在不同过渡金属中的固溶热[35]。Ⅰ-Ⅴ族的元素，$\Delta H_s<0$，而Ⅵ～Ⅻ族除了 Tc 和 Pd 以外的元素，$\Delta H_s>0$，ΔH_s 的符号在Ⅴ和Ⅵ族之间反转。氢在金属中的固溶热和氢与金属形成氢化物的热是不同的概念，其大小也不同，但是相差不大。金属氢化物形成焓是储氢合金设计的重要指标。

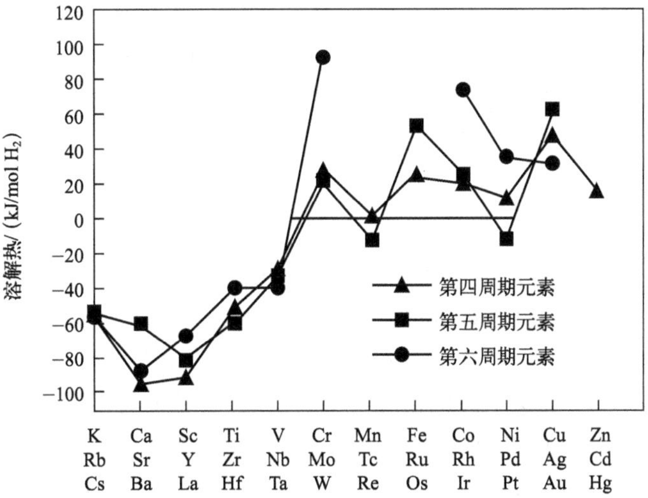

图 3-11 无限稀释的氢在不同过渡金属中的溶解热[35]

Fe、Ni、Cu、Mo、Co 等金属的氢固溶焓 $\Delta H_s>0$，是吸热反应。这类金属氢固溶量少，不形成氢化物，低温下固溶量会进一步减少。相反，Ti、Zr、V、Nb 等金属的氢固溶焓 $\Delta H_s<0$，是放热反应，能固溶大量的氢，形成稳定的金属氢化物，温度越低固溶量越多。低温时，$\Delta H_s<0$ 的元素，氢浓度可非常高，乃至无穷，而 $\Delta H_s>0$ 的元素，氢气浓度趋近 0。高温（接近液体状态）时，几乎所有金属的氢吸收行为都具有相似性，不论是Ⅰ～Ⅴ族元素还是Ⅵ～Ⅻ族元素，氢的浓度相互接近，趋近一致。外推到 $T\to\infty$时，氢浓度在很小范围内变化，大约（10^3～10^4）$\times10^{-6}$ 之间。

根据 ΔH_s 的正负，金属大体可以分为氢化物形成元素（A 元素，$\Delta H_s<0$）和非氢化物形成元素（B 元素，$\Delta H_s>0$），如图 3-12（另见文前彩图）所示。储氢合金往往都是 A 元素和 B 元素的组合，如 $LaNi_5$ 和 FeTi。

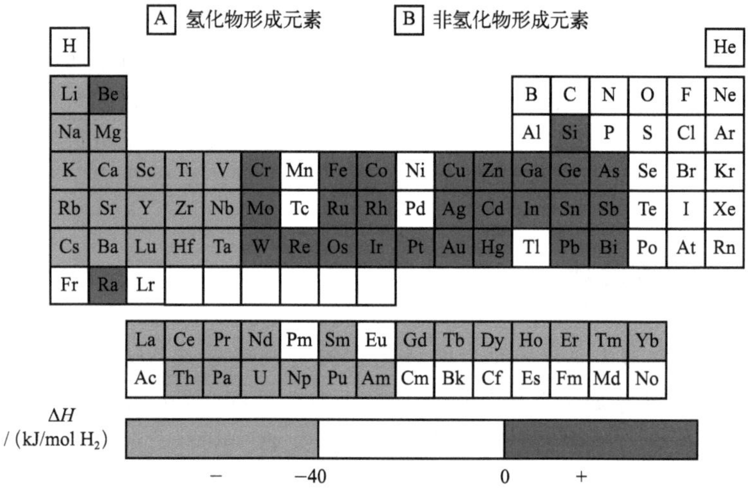

图 3-12 周期表中氢化物形成元素和非氢化物形成元素的分布

此外，金属加工大量引入晶格缺陷时，会增加氢的固溶浓度。而且，氢固溶焓 $\Delta H_s>0$ 的金属也可能产生放热反应，使氢更容易固溶。例如，退火的纯铁的 $\Delta H_s=+29$kJ/mol，氢固溶是吸热反应，但是通过高强度化处理产生大量晶格缺陷和预应力的混凝土用钢棒中 $\Delta H_s=-42$kJ/mol，是放热反应[36-38]。这表明实用金属材料含有许多晶格缺陷，随着陷阱的增加，更容易吸收氢气。

3.1.5 金属-氢相图

在足够低的浓度下,固溶体中总是可以发现氢的存在。在固溶体的范围内，有氢固溶的金属晶体结构与无氢固溶时的结构相同，仅晶格常数发生变化。一个元素在另一个元素中固溶多少与元素间的电负性、原子尺寸、价电子数目等的相差大小相关。因为氢与金属在这些方面都有很大的差别，在金属中的固溶量非常小，室温下尤其很小，大体在 10^{-6} 数量级。当氢在金属中的固溶量超过一定值时，金属-氢系统会发生相变，形成金属的氢化物。进一步增加氢含量就意味着金属氢化物不断增加，并与固溶相形成平衡。金属-氢状态图有调幅(spinodal)型、包析型、共析型以及它们的混合型等多种类型。如 Pd-H 是典型的调幅型，没有晶体结构变化，只有氢含量和晶格常数的突变；而 Ti-H 和 Mg-H 则属于共析型或包晶型，如图 3-13 所示。

金属氢化物通常非常易碎，它们的化学键不再需要是金属键。例如，碱金属的氢化物是离子型的，而一些稀土金属形成半导体氢化物，PdH_x 和 TiH_x 仍然是金属的。

在 Pd-H 体系中，钯原子在整个相图中形成 fcc 主体晶格，氢原子占据 O 位。当温度一定时，氢的浓度达到 α 相极限值后，氢浓度进一步增加时，就会析出富氢相 α′相。α′相与 α 相具有相同的 fcc 结构，但是晶格常数有了突变，α 和 α′共存区显示调幅分解区域大小[39]。氢浓度进一步增加的过程就是 α′相不断增加，α 相则不断减少直至消失。类似的调幅型相图在 Nb-H（调幅型和共析型复合）[40]、V-H（调幅型和共析型复合）[41,42] 等金属中也可以见到。

在 Ti-H 相图中，当氢浓度低时，有两个固溶体相，一个是低于 882℃ 的 hcp（α-Ti）

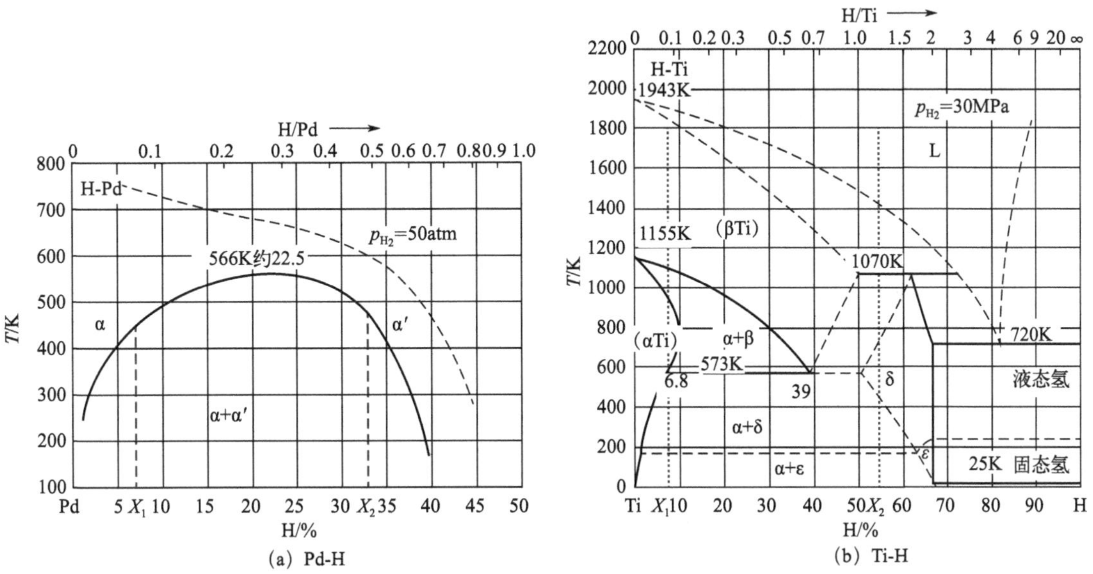

图 3-13 Pd-H 和 Ti-H 二元相图

相，另一个是高于该温度的 bcc（β-Ti）相。当氢浓度增加时，固溶的氢原子从随机占据间隙开始，最终达到具有氢规则排列的氢化物状态。当氢浓度>50%时，会出现 δ-相和 ε-相 Ti 的氢化物，其中 Ti 原子分别形成 fcc 和 fct 晶格。在氢浓度为 40%和 50%附近，分别有一个包晶和共析反应，所对应的包晶和共析温度分别为 1070K 和 573K[43]。

值得注意的是由氢固溶引起的 Ti 熔点下降 $\Delta T_m/\Delta x$ 达到（1～2）$\times 10^3$ K（ΔT_m 为熔点变化，Δx 为氢浓度变化），这是一个非常大的值，与其他晶格间隙杂质元素 C、N、O 等的大小相当。不同的是，在 Ti-H 中，包晶线和偏晶线的温度都很低，说明氢化物熔点低，不像碳化物、氮化物、氧化物那样稳定。这种氢引起的熔点下降现象在 M-H 系统中很普遍，被解释为氢原子在液相的间隙位置比固相的多[3]。

一般来说，在 fcc 金属（Ni、Pd、Rh 等）中，相图形态大都类似 Pd-H 相图。这类金属 O 间隙位/金属原子=1，可以固溶的最高氢浓度为 H/M≈1，更高氢浓度的氢化物还没有观察到。在 bcc、hcp 金属中，大都可以形成 MH_2 型氢化物，相图上可以观察到在氢化物熔点处有类似 Ti-H 相图中的共析反应或包晶反应，还可以很容易地推断出在更高氢浓度处氢化物 MH_3 形成的相分布[44]。

在固溶相和金属氢化物共存时，相图中有自由度（相律）定律：$f=c-p-n$（c 为元素种类；p 为相数；n 为外界因素）。当温度一定时，在两相平衡区，即便第二相增多，直到全是氢化物，其压力保持不变，这个压力也称为平台压力。图 3-14[39] 是 Pd-H 系和 Ti-H 系在不同温度下的平台压力变化。Ti 在 738～1100K 的平衡压为 200～800Pa，非常低。在 Re-H 系中，平衡压力会更低[45,46]。图 3-14 中的曲线称为 PCT 曲线，是衡量储氢合金性能的重要曲线。

两相平衡时，至少需要一种合金元素的长程扩散。金属合金中，由于元素扩散能力的限制，大都只能在几百摄氏度的温度以上才能进行有效的相分离和达到多相平衡。Pd-H 中，α 相和 α′相在室温乃至远低于室温的条件下都能达到平衡，这充分说明氢的扩散非常快。

大气中的氢分压几乎为零，按照相图，金属中的氢一定会一点点地释放出来，不会残存

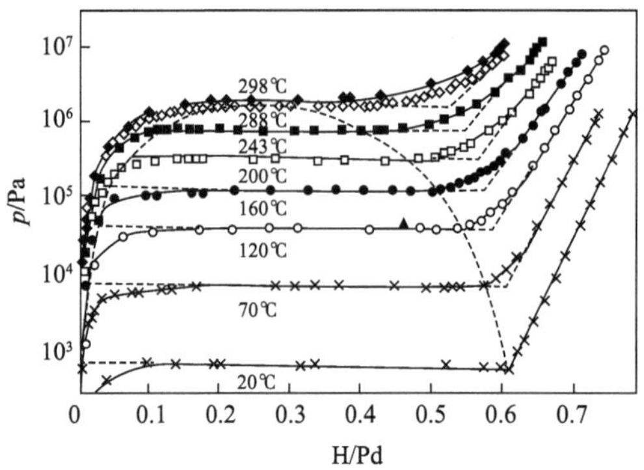

(a) Pd-H系

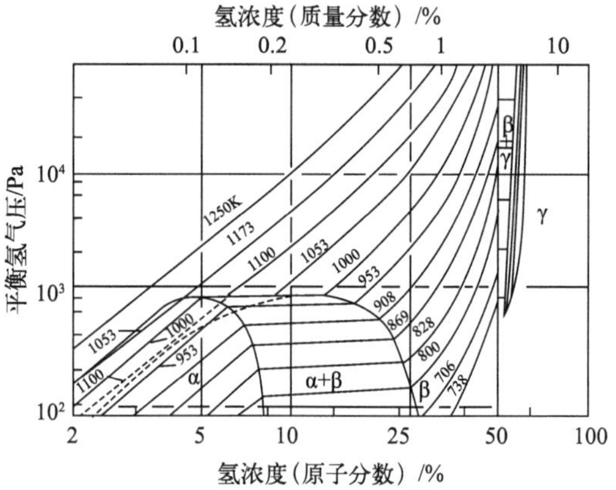

(b) Ti-H系

图 3-14 Pd-H 系和 Ti-H 系在不同温度下的平台压力变化[39]

在金属内。但实际上没有发生这种情况，这大都是由表面障碍引起的。如果不是相当的高温，氢会被限制在样品内。另外，在低温下，平衡压力会十分低，但金属中的氢也不会逐渐消失。一般来说，金属中的氢原子扩散快，很容易实现固相之间的平衡，但是固相-气相氢气之间的平衡则不容易实现。

3.1.6 氢在金属中的扩散

（1）氢的扩散

氢原子直径较小，氢在金属点阵内可以以很高的速度扩散，比任何其他元素都要快很多。室温下氢在 Fe 中的扩散系数为 $D \approx 1 \times 10^{-8} m^2/s$，比 C 在 Fe 中的大几个数量级。

金属原子通常是通过空位机制扩散，只能在相邻晶格是空位时才能移动，这个概率很小，扩散系数自然很小。氢原子可以从一个间隙跃迁到相邻空着的间隙，在氢原子周围找到空的邻近间隙的概率大，扩散跳跃概率高，并可以通过这种方式在金属中扩散得很远。这种机制为扩散提供了极大的便利，也是氢扩散极快的原因。即便是与其他间隙原子相比，氢从一个间隙跃迁到另一个间隙的势垒也很低。这两个因素决定了氢在金属中快速扩散的特性。

值得注意的是，在低温区域，氢扩散几乎不依赖于温度，对低温下快速扩散的机理还不完全清楚。可以想到的是氢原子的质量很小，量子效应和隧穿效应能起到作用。在低温下晶格振动会静止下来，能够激发氢跃迁的声子很少，必须借助声子以外的机制迁移，这就是隧穿效应，即某处的氢原子·金属晶格畸变·导带电子分布整体完整地移动到相邻处。因为遂穿前后氢的状态完全等价，可以通过隧穿过程来实现，自由电子在这个遂穿过程中起着决定性的作用。导带电子的能量状态几乎是连续的，所以导带电子和氢原子之间无论多小的能量交换都可以进行。也就是说，氢原子的运动可以引起导带电子的状态变化，反过来导带电子也会影响氢原子的运动。氢在 Nb、Ta 和 V 等金属中扩散的活化能是同位素质量的函数很好地支持了这种推测。

Kehr 等认为随着温度的变化，氢在金属中有四种可能的扩散机理[9,17,47]，如图 3-15 所示。在极低的温度下，氢作为能带态而形成离域化［图 3-15（a）］，在能带态中的氢的传播受到声子和晶格缺陷散射的限制。在稍高的温度下，氢被定域在具体的间隙中，是通过隧穿从一个间隙移动到另一个间隙［图 3-15（b）］。在高温下，可以借助声子的作用实现两个间隙间的跳跃［图 3-15（c）］，这涉及氢扩散的活化能，是经典的扩散机制，在高温时起主要作用。在极高的温度下，氢处于高于势垒的状态，此时的扩散与稠密气体和液体中的一样［图 3-15（d）］。

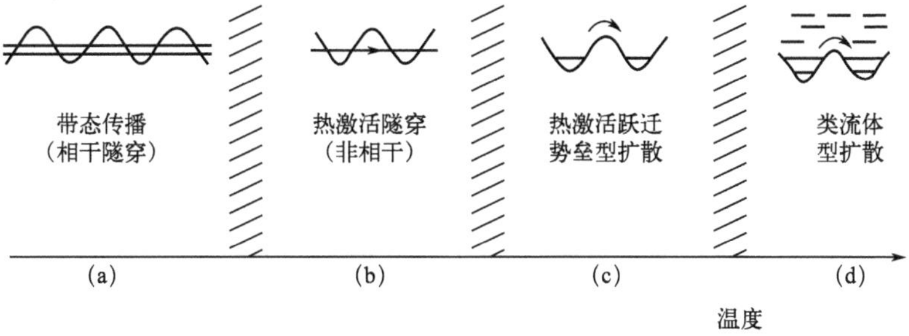

图 3-15 不同温度下氢在金属中的四种可能的扩散机理

图 3-16（另见文前彩图）是不同金属和金属氢化物中氢扩散系数的温度变化。氢在金属中的扩散比在金属氢化物中的扩散快，在室温附近，氢的扩散系数在 $10^{-7}\sim10^{-5}cm^2/s$ 数量级，远高于金属中金属原子的扩散系数（$10^{-10}\sim10^{-13}cm^2/s$），氢在 $LaNi_5$、TiMn、TiFe 等氢化物中的扩散系数大于 MgH_2 中的[48,49]。

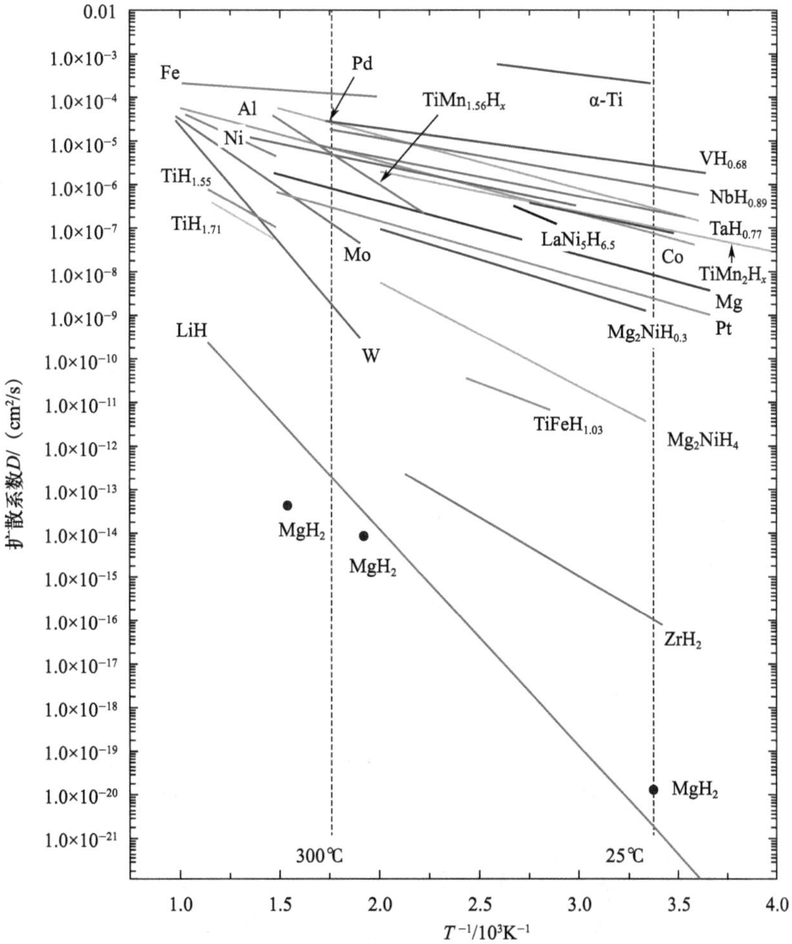

图 3-16 不同金属和金属氢化物中氢扩散系数的温度变化

图 3-17 是 V 金属中的 H、C 和 V 的扩散系数的温度变化[33]。由图可知，氢比 C 和 V 的扩散要快很多，而且在温度很低时也能保持很大的扩散系数。图 3-18 是 bcc 金属中氢同位素的扩散系数的温度变化[33,50]，这些金属中氢的扩散系数最大，氚的最小，展现了明显的同位素效应。

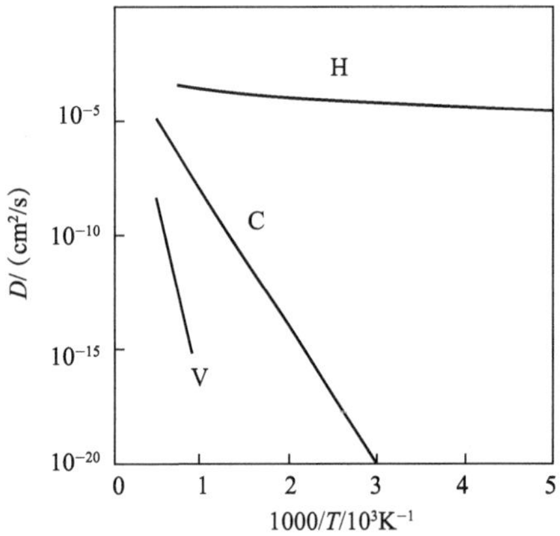

图 3-17 钒金属中的 H、C 和 V 的扩散系数的温度变化

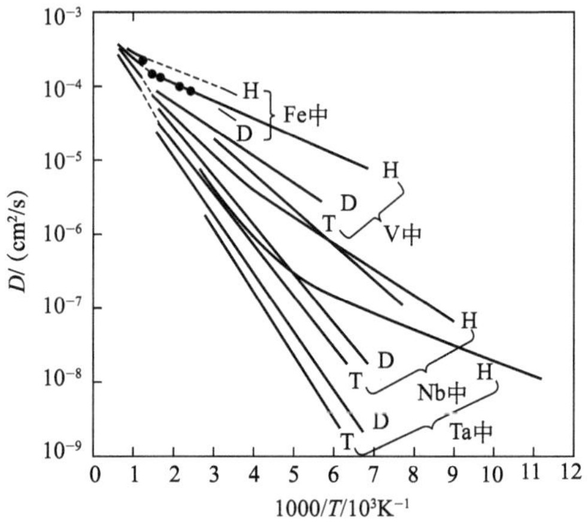

图 3-18 bcc 金属中氢同位素的扩散系数的温度变化[33]

表 3-6 是一些金属对应的氢扩散系数和同位素效应[33]。Pd 中氢的扩散系数比其他金属中的都快，而且在室温附近也有很大的扩散系数，这就是 Pd 金属膜常常用作氢分离膜的原因。值得注意的是不同金属往往展现不同的氢同位素扩散效应。Pd 金属中，同一温度下，T 的扩散速度大于 D 的，D 的大于 H 的，与图 3-18 中的 bcc 金属相反。

表3-6 一些金属对应的氢扩散系数和同位素效应

金属		E/eV	D_0 /(10^{-7}m²/s)	温度范围/℃	金属		E/eV	D_0 /(10^{-7}m²/s)	温度范围/℃
fcc 金属	Al-H	0.39	10～10^2		fcc 金属	Pd-T	0.276	10.5	290～323
	Ni-H	0.40	1.8	220～330		Ag-H	0.35	10	
		0.41	6.7	385～620		Pt-H	0.27	6	
		0.42	6.9	620～1600		Au-H	0.22	1	
	Ni-D	0.40	4.2	220～1273	hcp 金属	Lu-H	0.57		
	Ni-T	0.40	4.3	723～1273		Lu-D	0.63		
	Cu-H	0.40	11.3	723～1200		Y-H	0.6		
	Cu-D	0.38	7.3	723～1073		Ti-H	0.54	15	
	Cu-T	0.38	6.1	723～1073		Zr-H	0.51	10	
	Pd-H	0.13	0.042	131～220	bcc 金属	Fe-H	0.040	0.42	290～1040
		0.23	2.9	230～760		Fe-D	0.063	0.42	273～317
	Pd-D	0.206	1.7	218～333		V-H	0.045	0.31	143～667

续表

金属		E/eV	D_0 / ($10^{-7}m^2/s$)	温度范围/℃
bcc金属	V-H	0.113	0.89	810～1380
	V-D	0.073	0.38	176～573
	V-T	0.092	0.49	133～353
	NbH	0.068	0.09	108～250
		0.106	0.50	250～560
		0.144	1.0	873～1390
	Nb-D	0.127	0.52	148～560
bcc金属	Nb-T	0.135	0.46	159～283
	Ta-H	0.042	0.0028	90～190
		0.136	0.42	250～573
		0.167	1.0	986～1386
	Ta-D	0.152	0.38	146～573
	Ta-T	0.165	0.38	166～358

注：1. 数据是在氢浓度十分小时测得的。

2. hcp 金属的扩散系数一般有各向异性。Lu: D_a（a 轴方向的扩散系数）≈ D_c（c 轴方向的扩散系数），Y: $D_c \approx 2D_a$。Ti 和 Zr 的多晶的平均值为 ($2D_a + D_c$) /3。

表 3-7[51] 给出了常见的氢在金属中扩散系数的测试方法，有中子衍射、穆斯堡尔谱法、核磁共振（NMR）法、弹性后效法、电阻测量法等。不同人测得的氢扩散数据有时相差可以高达几个数量级。一个原因是氢扩散实验的结果受样品表面状态的影响很大，另一个原因是氢的扩散系数受金属本身纯度等因素的影响也很大。当金属中存在 O、N 等杂质原子时，这些原子对氢原子具有明显的俘获作用，从而可能大大降低氢的扩散系数。

表3-7 金属中氢扩散系数的测量方法[51]

序号	方法
①	透过 · 吸收 · 释放法→扩散系数 · 固溶度
②	弹性（Gorsky 效果）→扩散系数
③	NMR {缓和时间→跃迁频率；磁场梯度法→扩散系数}
④	中子准弹性衍射（QNS） {$q < 1/s$ → 扩散系数；$q \approx 1/s$ → 跃迁频率 · 路径}
⑤	淬火 · 回火实验（电阻测量）
⑥	内部摩擦

（2）氢气的渗透

金属制成膜后，由于 H_2 能以原子形式在其表面解离并固溶和扩散，对氢的分离选择性极高，可以用在氢气纯化上。图 3-19（a）是金属膜进行氢气纯化的示意图。目前产业上都是利用 Pd-Ag 合金做氢气分离膜，精制的氢气纯度可以达到通常方法难以检测的 99.99999995%以上（9 个 9 纯度），能够满足半导体产业杂质气体$<0.1\times10^{-6}$ 的高纯氢的要求。致密的金属膜可以理解为具有超微孔的分子筛膜，只有氢原子非常小，能够透过这些超微孔，而 C、N、O 比 H 大很多，很难通过这些超微孔[14]。

图 3-19（b）是各种金属中氢透过系数的温度变化[52]。可以看出，钽等非钯类金属的氢透过性能优于钯。金属的透氢性能与晶体结构有关，V、Nb 和 Ta 是 bcc 结构，而钯是 fcc 结构。如前所述，fcc 金属中氢位于 O 位，bcc 金属中氢进入 T 位。由表 3-2 可知，bcc 金属中的 T 位间隙距离比 O 位间隙距离短，容易扩散。从氢浓度角度来看，bcc 金属中的 T 位间隙数目多，氢溶解度也比 fcc 金属中的大。如第 5 章所述，氢透过率与氢扩散系数以及氢溶解度的积成正比，虽然 Pd 的氢扩散系数大，但从氢的扩散距离和溶解度来看，如图 3-19

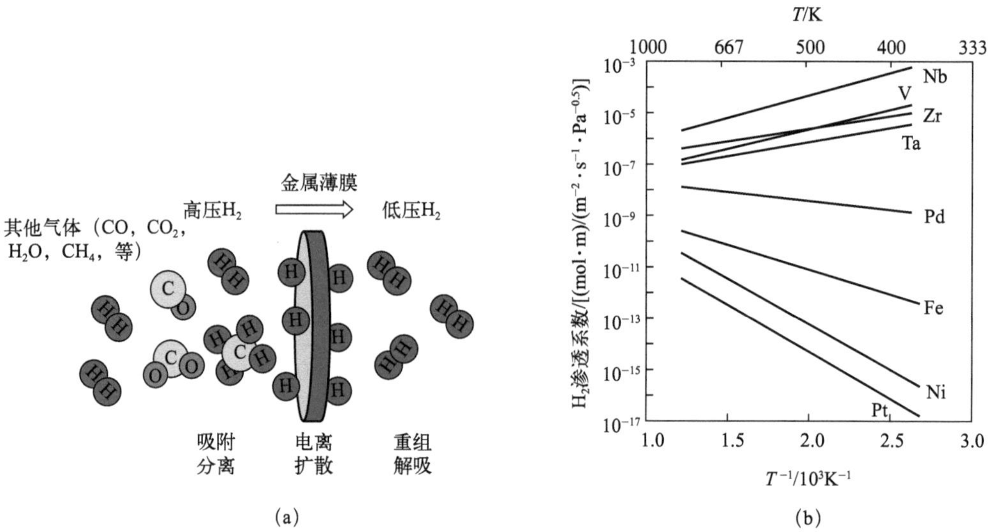

图 3-19 利用金属膜中的氢气扩散进行氢气纯化示意图（a）和各种金属的氢气透过特性（b）

（b）所示，V、Nb 和 Ta 等 bcc 金属的氢透过性能会更好。尽管如此，V、Nb 和 Ta 等金属与氢的亲和性太高，并溶入大量的氢，导致体积急剧膨胀从而破裂。另外，这些金属的氢气解离催化活性较低，同时杂质气体也容易引起金属氧化和中毒，导致氢渗透能力随着时间逐渐下降。为了解决这些问题，往往对Ⅳa 族和Ⅴa 族的金属进行合金化处理或对金属膜表面涂覆钯层，也获得了较好的结果。表 3-8 是各种金属膜的氢气分离基本特性。

表3-8 氢分离用的金属膜的基本特性[9, 53]

金属	晶体结构	氢溶解度（T= 27℃）	氢化反应焓 ΔH/（kJ/mol）	透氢度 Φ（T= 500℃）/[mol/（m·s·$Pa^{0.5}$）]	氢扩散活化能 /（kJ/mol）
Nb	bcc	0.05	−60（Nb-H）	1.6×10^{-6}	10.2
Ta	bcc	0.20	−78（$Ta-H_{0.5}$）	1.3×10^{-7}	14.5
V	bcc	0.05	−54（V-H）	1.9×10^{-7}	5.6
Fe	bcc	3×10^{-8}	+14（Fe-H）	1.8×10^{-10}	44.8（γ-Fe）
Cu	fcc	$<8\times10^{-6}$		4.9×10^{-12}	38.9
Ni	fcc	$<7.6\times10^{-5}$	−6（$Ni-H_{0.5}$）	7.8×10^{-11}	40.0
Pd	fcc	0.03	+20（Pd-H）	1.9×10^{-8}	24.0
Pt	fcc	$<1\times10^{-5}$	+26（Pt-H）	2.0×10^{-12}	24.7
Hf	hcp	α 约 0.01 β 约 1.0	−133（Hf-H）		
Ti	hcp	α 约 0.0014 β 约 1.0	−126（Ti-H）		
Zr	hcp	<0.01	−165（Zr-H）		

3.1.7 充氢和氢气的检测方法

为了评价金属的氢脆性能需要让金属充氢，常见的方法有：高压气相充氢、酸浸渍充氢、FIP 盐浴充氢、周期腐蚀充氢、阴极电解充氢（这是在不腐蚀钢材的情况下充氢，是广泛使用的方法）[54]。

① 高压气相充氢　在高压釜中进行氢气压力 98MPa 和 140MPa、温度 85℃以及时间 1000h 的暴露试验。在实验中使用纯度为 99.9999%的氢气。高压釜冷却后迅速取出试验片冷冻保管。

② 酸浸渍试验　在盐酸浸渍试验中，使用常温下的 0.36%（0.1mol/L）盐酸和 5%盐酸两种溶液，比液量为 $20mL/cm^2$。无论是 FIP 试验还是盐酸浸渍试验，浸渍时间都在 24～96h 的范围内变化。

③ FIP 盐浴充氢　在 FIP（federation internationale precentrate，即 NH_4SCN 水溶液）浸渍中的试验。如在 FIP 测试中，将试样浸渍在 50℃的 20% NH_4SCN 水溶液中。比液量为 $10mL/cm^2$ 以上。常用来对 PC（pre-stressed concert）钢棒进行评价。

④ 周期腐蚀充氢（干湿反复试验）（cyclic corrosion test，CCT）　按照 JASO M609-9119 的规定，进行盐水喷雾（35℃，5% NaCl）2h、干燥（60℃，相对湿度 20%～30%）4h、润湿（50℃，相对湿度 95%以上）2h 的干湿反复试验。试验时间最多为 336h。试验片在润湿过程后（盐水喷雾前）取出并冷冻保管。

⑤ 阴极电解充　在 3% NaCl 水溶液中，加入 3g/L 的硫氰酸铵（NH_4SCN）进行。在 0.01～$1mA/cm^2$ 范围内控制阴极电流密度的恒电流试验和在 −1.5～−0.9V（*vs.* 饱和 Ag/AgCl 电极）范围内控制电位的恒电位试验。导线连接到测试的一端，并且连接用硅树脂等覆盖。不进行脱气，在开放体系中进行试验。试验时间为 48h，比液量为 $20mL/cm^2$ 以上。在一些测试中，在恒流测试中测量电位，在恒电位测试中测量电流值。

一般来说，材料吸氢容易给人一种均匀地固溶氢的印象[31,55]。但是，如前所述，在含有各种晶格缺陷的实用金属材料中，存在多种氢捕捉位点。而且，各捕捉位点和氢的结合能是各种各样的。分析材料中氢存在状态的一种有效方法是连续升温脱氢法。此方法检测加热试样放出的气体成分来分析氢存在状态，包括：a. 放出氢的定量分析；b. 能够从氢释放峰值温度进行存在状态的分离；c. 氢与捕捉位点的结合力的评价等。

为了了解更高结合能脱离陷阱的位置，主要采用的是氩气中加热脱氢的气相色谱法（thermal desorption analysis，TDA）和真空中加热脱氢的质谱法（thermal desorption spectrometry，TDS）两种类方法。但是，氢释放峰值温度不仅受到来自陷阱位置的脱离限制速度的支配，有时也受到扩散限制速度的支配，因此在分析时，除了结合能的大小以外，还需要注意试样厚度、升温速度、缺陷密度的影响。

钢和金属中的氢含量往往是通过固体萃取或熔融的方法来分析。图 3-20（另见文前彩图）是 JY HORIBA 的 EMGA 621W 氢气分析仪器工作流程示意图，用于准确测量不同样品类型材料中的氢气含量，如黑色金属、有色金属、半导体或电子材料。通过在惰性气体中熔化样品提取氢含量，并通过高灵敏度热导检测器进行分析[56]。也可以通过加热到熔点以下（避免样品熔化），来提取样品中的氢含量。

样品置于石墨坩埚中，坩埚保持在脉冲炉的上下电极之间。高电流通过坩埚，使温度升高。除尘和除湿后，炉内产生的气体由热导检测器进行分析。

氢分析可使用几种不同类型的石墨坩埚，如小坩埚、长坩埚和内坩埚，如图 3-21 所示。

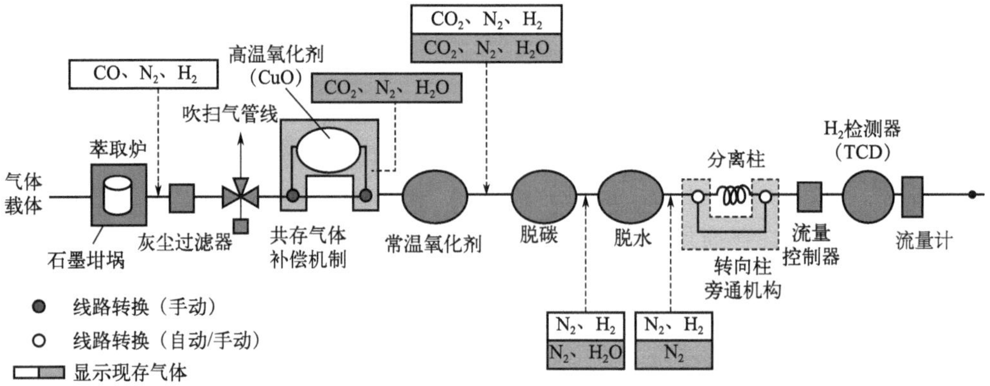

图 3-20　EMGA 621W 氢气分析仪器工作流程示意图

小坩埚用于高氢浓度，少量样品可以与这个坩埚一起使用。长坩埚用于低样品氢浓度，分析的样本量较大。也可以添加另一个小石墨坩埚，称为内坩埚，以改善温度均匀性。该坩埚可添加到之前的两个坩埚中。图 3-22 显示了 EMGA 621W 熔炉中施加的功率与坩埚不同位置处获得的温度之间的相关性。

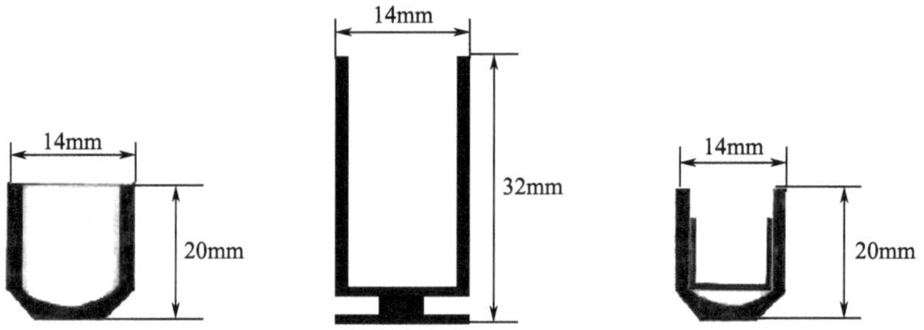

(a) 小坩埚　(b) 长坩埚　(c) 内坩埚

图 3-21　不同坩埚示意图

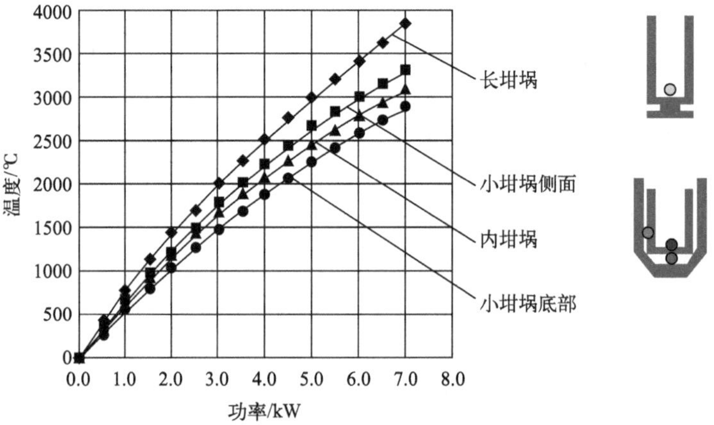

图 3-22　不同坩埚温度与功率的相关性

图 3-23 是通过热脱附质谱法（thermal desorption spectroscopy，TDS）检测到的纯铁

变形加工前后的氢发射光谱。从图中可以清楚地看到缺陷对氢固溶的影响，没有变形的样品中没有氢的释放，变形后则出现了两个氢气释放峰。进一步研究表明，在25℃附近的峰对应的是从位错处释放的，110℃附近的峰值对应于原子空位释放的，低维度缺陷处的氢捕获能更大。在分析氢对金属性能的影响时，特别是讨论氢脆时，不仅仅要关注氢的含量，更要关注氢的存在位置[25]。

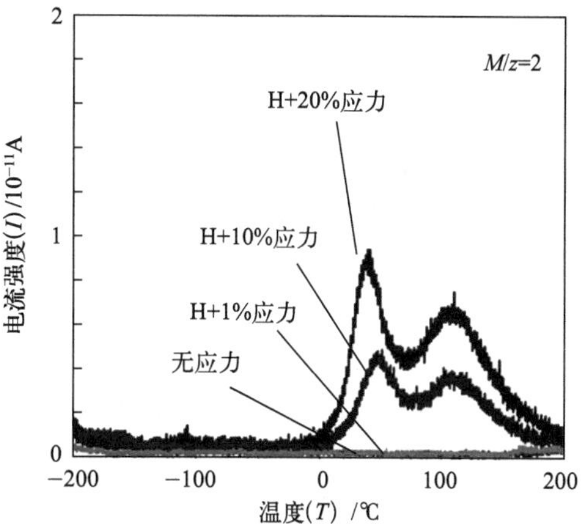

图 3-23 利用低温 TDS 检测到的边加氢边拉伸后的纯铁氢气释放光谱变化

（M—分子质量；z—电荷数；M/z—质荷比）

图 3-24 是在各种条件下进行了氢充电试验片的升温脱离氢分析曲线。图 3-24（a）～（d）的共同特征是无应变 Cr-Mo 钢的峰值温度最低，有应变 Cr-Mo 钢具有多个峰值，Cr-Mo-V 钢的峰值温度高于无应变 Cr-Mo 钢，与预应变 Cr-Mo 钢的一样，氢完全释放温度高至 300℃[54]。

另外，从预应变 Cr-Mo 钢的放氢峰来看，峰值形状随加氢方法的不同有所不同，如图 3-24（b）及图 3-24（c）中，高温侧（250℃）的峰值高于低温侧（100～150℃）的峰值，而图 3-24（a）及图 3-24（d）中则相反，低温侧的峰值比高温侧的峰值高。该机制通过升温脱离曲线的数值分析可以得到说明。

图 3-24（b）及图 3-24（c）加氢方式对应的总的吸收氢浓度少，并优先在 250℃的高温侧的陷阱位置填充氢。与此不同，图 3-24（a）及图 3-24（d）加氢方式对应的总的吸收氢量

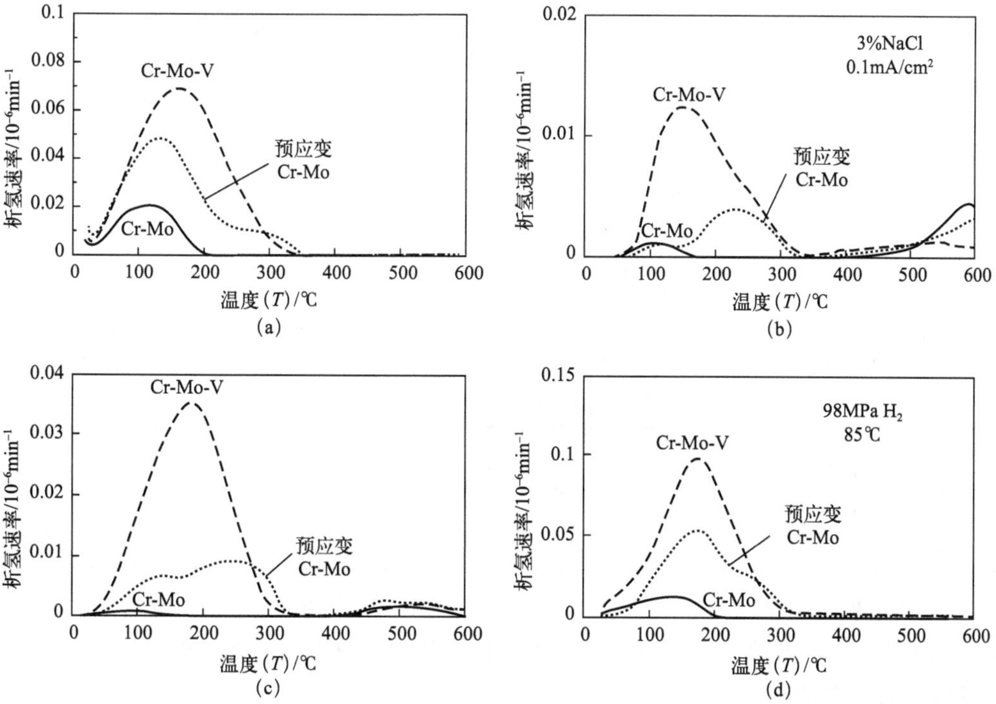

图 3-24 氢气在 100℃/h 速度的加热过程中，不同预充氢样品的放氢结果

（a）FIP 浴中浸渍试验；（b）阴极充电试验；（c）CCT；（d）高压氢中暴露试验

多，250℃的陷阱位置吸氢饱和后，在更低温侧的 100～150℃的陷阱位置还可以继续吸氢。低温侧（100～150℃）的氢释放峰对应的缺陷是位错（与氢的结合能 27kJ/mol），而高温侧（250℃）的氢释放峰对应的缺陷是空位（与氢的结合能 41.5kJ/mol）。需要注意，即便是同一材料，有时氢的存在状态会随着氢浓度的变化而变化。

阴极电解充氢是最便捷的加氢方法和材料抗氢脆检测方法。从古至今，许多研究人员都采用了各种电解质溶液中的阴极电解法，作为向钢铁引入氢的方法，以下按照惯例，将这种氢的导入方法称为电解氢充电，这是一种可以在非常宽的范围内控制固溶氢浓度的最佳方法[57]。

图 3-25 是阴极电解充氢材料强度试验设备示意图，由油压材料试验机、Pt 电极（counter electrode，CE）、饱和氯化银参照电极（reference electrode，RE）、电解池等组成。表 3-9 和表 3-10 是 SCM435 钢的成分和力学性能。

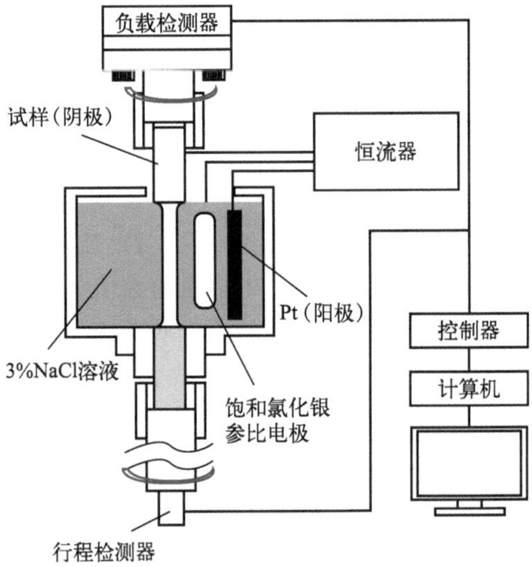

图 3-25 阴极电解充氢 SCM435 的拉伸实验示意图

表3-9 SCM435 的化学成分

项目	C	Si	Mn	P	S	Cu	Ni	Cr	Mo
占比	0.36	0.26	0.76	0.01	0.01	0.11	0.05	0.93	0.15

表3-10 SCM435 的力学性能

上屈服应力/MPa	0.2%屈服强度/MPa	抗拉强度/MPa	伸长率/%	断面收缩率/%	维氏硬度
904	905	996	15	65	298

图 3-26 是加氢阴极电流密度为 0、50A/m^2、400A/m^2 和 600A/m^2 时对应的拉伸实验结果，从图中可知拉伸强度几乎没变化，但是拉伸长度随着电流的增大而迅速下降，加氢引起了显著的脆性增加。

在评价氢燃料电池和氢站中使用的材料在氢气气氛下的疲劳强度特性时，使用高压氢气中的疲劳试验，或在板弯曲疲劳试验和共振疲劳试验中进行数十赫兹的试验，都会有应力梯度和危险体积的影响[58]。为了能够迅速且廉价地进行基于钢材疲劳特性的筛选评价，电解加氢环境下的疲劳试验也是常常使用的方法。

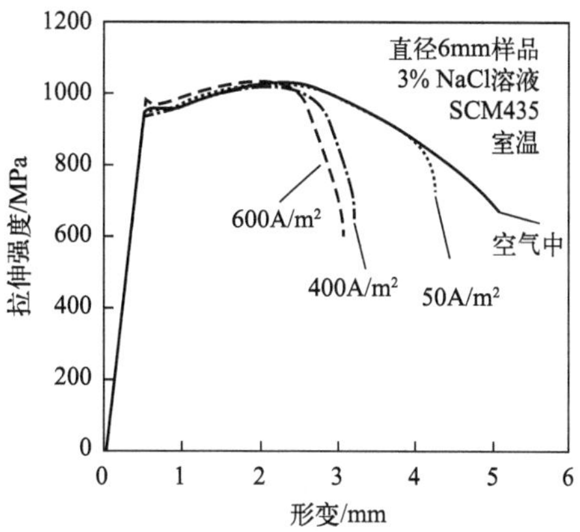

图 3-26 阴极电解充氢 SCM435 的拉伸实验应力应变曲线

电解池中，在 0.1mol/L 的氢氧化钠水溶液中以重量比 10∶1 的比例混合高分子凝聚剂，将 0.1mol/L 的氢氧化钠水溶液和高分子凝聚剂以重量比混合在 100∶5.5 的凝胶状电解液中，通过 PELITA 泵进行输送，以约 10mL/h 的流量加入试验片附近。将氢充电所需的电流从旋转疲劳试验机的旋转轴提供给试验片。将石墨制丸棒作为阳极电极，设置在试验片附近。除试验片的平行部外，用硅酮黏合剂进行密封，通过−20mA 恒定电流控制进行氢充电。在充氢环境中的所有试验中，在加负荷之前，先将试验片在试验机安装的状态下旋转，实施 24h 的充电加氢。另外，为了确认试验片浸入电解液本身对疲劳强度的影响，在电流值为 0mA 和试验应力为 640MPa 的条件下进行疲劳试验，N（失效循环周期）$=10^7$ 次的破坏强度为 50%疲劳强度，并称为疲劳限度。弯曲疲劳试验的试验温度为室温，试验频率为 33.4Hz。

图 3-27 中显示了在无电解和连续电解加氢下的旋转弯曲疲劳试验的结果。在电解加氢条件下，$N<4\times10^5$ 次的较短寿命范围内，疲劳寿命明显降低，求出的疲劳限度由于氢连续充电而降低了约 25MPa。另外，在图 3-27 中，利用阶梯法在高应力振幅侧取点计算可以获得 S-N 曲线（应力-寿命曲线）。

$$\sigma_a = A \times \lg N + B \tag{3-10}$$

其中，N 表示直到断裂为止的重复次数，次；σ_a 是负载应力振幅，MPa；A 和 B 是系数。

如图 3-27 所示，在 $\sigma_a=640$MPa 下，电解加氢的电流值为 0mA 时的断裂重复数（□标记）与无电解时的断裂重复数（◆标记）大致相同，可以说几乎不影响疲劳寿命，但是在 20mA 的电解下（●标记），则疲劳寿命 N 从 5×10^4 次下降到了 3×10^4 次。

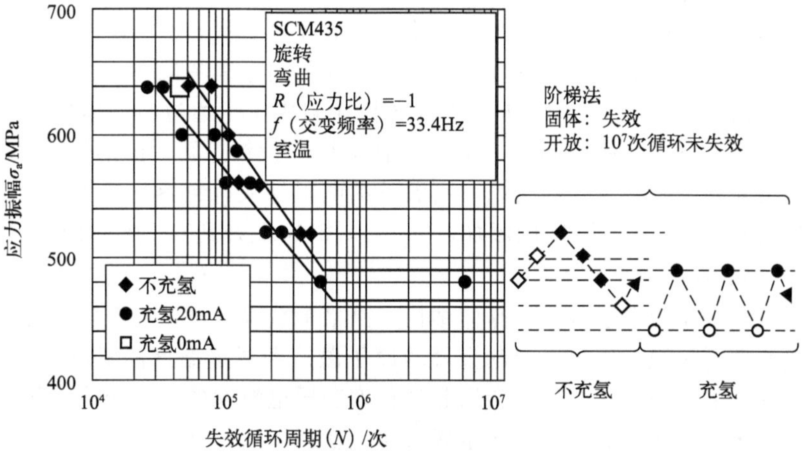

图 3-27 无电解加氢和有电解加氢条件下 SCM435 的疲劳试验结果

在进行电解加氢时，除了固溶氢本身的效果之外，还不能避免过饱和氢的沉淀效果和电解液的表面效应等影响。所以，在进行电解加氢力学性能检测时，需要细心注意实验条件的影响。在进行机械性质评价时，可以发现通过引入固溶氢，一般钢铁材料的变形应力往往上升，即固溶氢对钢铁中的位错运动具有抵抗力，也就是说，晶体的固溶硬化变得明显了。但以往的有些实验结果也有报道变形应力降低的，被解释为氢固溶引起的晶体软化[59,60]。

为了在塑性变形的过程中进行电解加氢，在拉伸试验机的样品保持部安装了硬质聚乙烯制的电解槽。电解加氢的方法是，电解液使用添加少量 As_2O_3 的标准硫酸溶液，将拉伸变形中的样品作为阴极，将 Pt 电极作为阳极，在自然大气中进行。作为此时电解条件的标准，电流密度为 $10A/m^2$，电解时间为 10min。这种电解液和电解条件是许多研究人员最广泛采用的，对于所引入的氢的固溶状态也可以说是比较清楚的。实验结果表明在上述电解条件和样品尺寸范围内，固溶氢在电解时间 3min 以内会渗透到整个样品中，退火状态下的固溶浓度约 0.1×10^{-6}（质量浓度），而塑性变形后约为（2～10）$\times10^{-6}$（质量浓度）。

3.1.8 氢对金属性能的影响

氢的固溶会对金属的力学、导电、磁性、超导等性能产生影响，对力学性能的影响尤其明显。氢在空位、位错、界面或微裂纹处的富集，会使位错被钉扎，硬度提高、塑性变形能力下降。如果缺陷是个空位，单个氢原子的直接进入将降低空位应变能，这时氢原子不是填充间隙，而是置换了金属原子。如果是一条位错，沿着位错很可能会聚集一串氢原子。虽然一串氢原子的存在会增加位错移动的阻力，但不至于完全钉扎位错。如果一条位错上的两个相邻氢原子结合形成氢分子，则会引起位错移动的阻力大幅增加，以致把位错钉扎在该处。位错运动是塑性变形的前提，不论是原子氢还是分子氢的存在都会降低金属的延展性，增加脆性破坏的可能性。晶界面和相界面可被视为是位错的阵列，因此这些界面处可能捕获大量氢原子或氢分子，并引起金属脆化。如果捕获的氢浓度大，还可以与金属发生反应形成氢化物，或与其他溶质元素反应形成新相，对力学性能影响更大。

在电学上，氢原子在金属中无序分布会破坏晶格势场的周期性，对自由电子产生散射，导致电阻增加。在氢原子浓度（氢原子数目与整体原子数目的比）$x\leqslant0.1$ 的范围内，电阻的增加与氢的浓度成正比，而且不同金属每 1% 的氢原子引起的电阻增加大体相当。电阻的增加也没有同位素效果，几乎不随温度变化。当氢的浓度增大后，电阻的增加随金属的种类不同会有所不同，与金属晶格畸变大小以及德拜温度高低相关。一旦变成金属氢化物后，氢原子就会规则排列，散射电子减弱，而且整个电子数和电子状态也会与母体金属有很大的差别，不同于固溶状态，电输运特性需要作为完全不同的问题来考虑[9]。

超导特性是由在费米能 E_F 附近自旋相反的两个自由电子通过与晶格振动（声子）的相互作用形成一对库珀电子对所引起的，这些库珀电子对整体成为一个新的量子力学状态。超导特性与声子引起的电阻有密切的关系，高温下的电阻越大，越容易成为超导温度 T_c 越高的超导体。研究发现 Al 中随着 H 的添加，T_c 从 1.37K 上升到 6.75K，同样的现象也在 In-H、Pb-H 和 Pd-H 中发现[61]。

通过改变母体金属的电子数量、晶体结构、晶格常数等，可以对金属的磁性产生很大的影响。对于过渡金属来说，氢可以引起金属的原子磁矩和居里温度的下降。对于稀土金属，不会引起金属原子磁矩的变化，但是会引起磁化率和居里温度的显著变化。氢对磁性的影响比较复杂，整体来说，还没有通过氢化金属及合金获得惊人磁性的例子[9]。

氢对金属性能的影响很多，因篇幅限制，这里就不予介绍。

3.2 陶瓷中的氢

3.2.1 氢在陶瓷中的侵入和扩散

氧化物与氢以及水的作用与原子核能领域轻水炉原料管的腐蚀、高放射性废弃物的地层处理、核聚变炉包层结构材料的氚隔离和回收等密切相关。聚变反应堆的原料氘和氚的原子半径很小，易渗透穿过聚变堆的包层材料，不仅会造成燃料的损失，直接影响聚变反应堆的安全性和稳定性，同时还会影响半导体材料、质子导电材料和电子材料的性能。但是针对氢在氧化物陶瓷材料中的溶入以及氢浓度分布方面的研究几乎没有。氢与氧化物的平衡及氧的势能的控制很困难，表面物理或化学吸附的氢与内部浸入的氢的区分也很困难，这些都使得陶瓷中的氢检测和研究比较困难。

总体来说，陶瓷中的氢浓度很低。图 3-28[62] 是氧化锆中的氢溶解度随温度的变化，大体在 10^{-5}mol H/mol 氧化锆，与金属锆的相比小很多。氧化钛和氧化铝中的氢浓度分别为 5×10^{-5}mol H/mol 氧化钛、10^{-5}mol H/mol 氧化铝。氧化锆中添加 Y 时，浓度增至 5×10^{-5}mol H/mol 氧化锆。单斜晶氧化锆的烧结体的氢浓度可以达到添加的 Y 的浓度。相比之下，钙钛矿结构氧化物的氢浓度会大一些，如 $SrCeO_3$ 的高达 10^{-2} 数量级，有相当大量的氢溶入氧化物中。氧化物中氢的状态根据氧化物的不同，有结晶水型、水和型、层间水型等不同类型，氧化锆中的氢是被氧捕获，以质子浸入的形式存在。

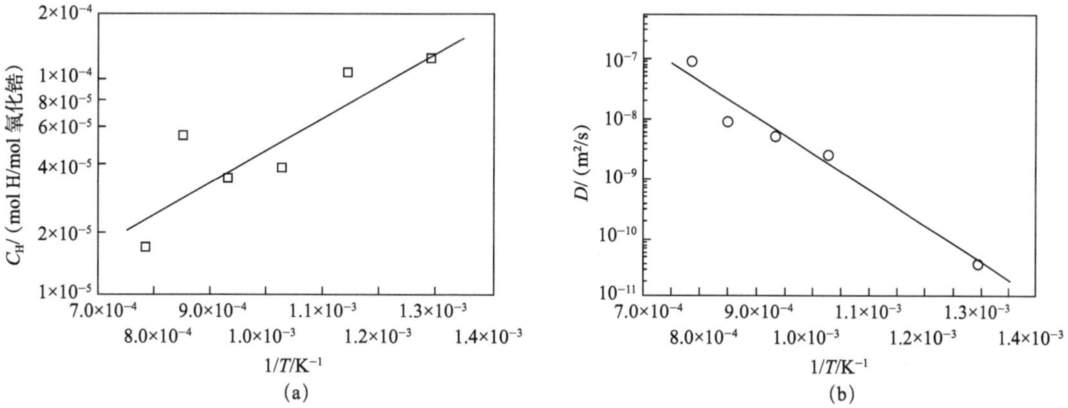

图 3-28 氧化锆中的氢溶解度 C_H（a）和氢扩散系数 D（b）与温度的相关性（氧气压 10^5Pa，水蒸气压 872Pa）[62]

除了氢的浓度外，有关氢的扩散速度也几乎没有数据。这是因为氧化物材料一般都是通过烧结制备的，烧结后的晶粒大小、晶界、气孔等微观组织往往都不一样，所测的数据往往会有很大变化。此外，因为浓度小，在测量方面往往也是很困难。与常规的方法相比，多频阻抗法可更好地进行氢扩散系数的测量。图 3-28（b）是利用多频阻抗法测得的 ZrO_2 陶瓷中氢扩散系数的变化。其大小和金红石单晶中的大体相当。ZrO_2 中氢的移动被认为是在氧原子间隙之间跳跃完成的。

图 3-29[63] 是不锈钢 SUS316L、TiAlN/TiMoN、TiAlN、TiC 和 TiN 等材料的氢气透

过率的比较。图 3-30[64] 是不同金属材料与 BC、SiC 和 Al_2O_3 的氢气透过率的比较。由此可见，陶瓷材料的氢气透过率在 $10^{-18} \sim 10^{-15}$mol H_2/(m·s·$Pa^{0.5}$)，比金属的小很多，所以陶瓷材料一般是很好的氢气隔离材料。

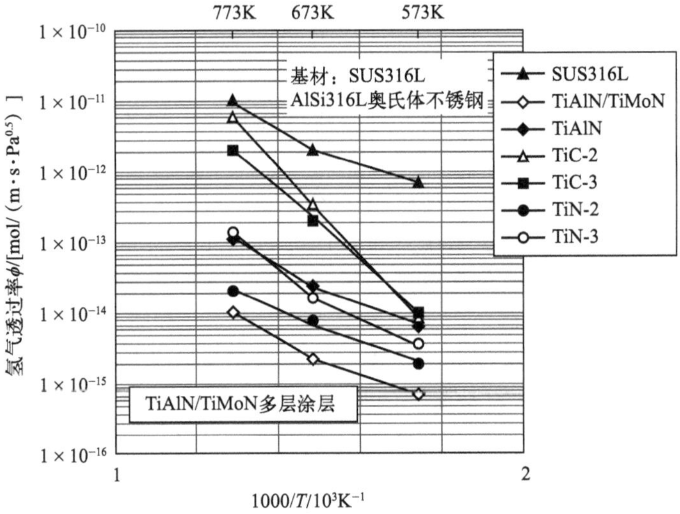

图 3-29 不锈钢 SUS316L、TiAlN/TiMoN、TiAlN、TiC 和 TiN 等材料的氢气透过率[63]

3.2.2 质子传导陶瓷材料

如上所述，传统陶瓷材料很少考虑氢的影响，但是现在质子传导氧化物的研发受到高度关注。质子传导氧化物是一种具有质子（氢离子，H^+）传导特性的金属固体氧化物，自 1980 年左右发现 $SrCeO_3$ 类钙钛矿型氧化物以来，一直受到关注，并在钙钛矿型结构材料中发现了具有高质子传导性的材料。质子传导氧化物对先进能源材料界来说并不新鲜，几十年来一直在积极研究。图 3-31[65-88] 展示了质子传导氧化物研究、应用和重大突破的历史概况。1964 年，法国科学家弗朗西斯·福拉特首次在 $LaAlO_3$ 中发现了陶瓷质子传导现象。两年后，Stotz 和 Wagner 提出了陶瓷氧化物中质子形成的水化机理。在接下来的几年里，该领域一直相对平静，直到 20 世纪 80 年代初至 90 年代，Iwahara 等提出并证明了质子传导氧化物的许多应用[89]。具有质子传导的氧化物可以构成以氢为燃料的燃料电池，通过其逆反应也可以电解水制氢，也可应用于氢传感器、电化学氢分离（氢泵）、电化学膜反应器等很多领域。与稳定氧化锆等氧化物离子传导性的固体电解质一样，可以用于各种能量转换、物质传输和转换中。

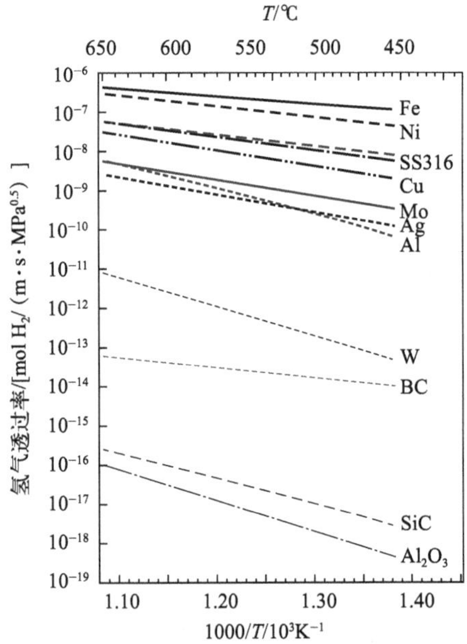

图 3-30 不同金属材料与 BC、SiC 和 Al_2O_3 的氢气透过率的比较[64]

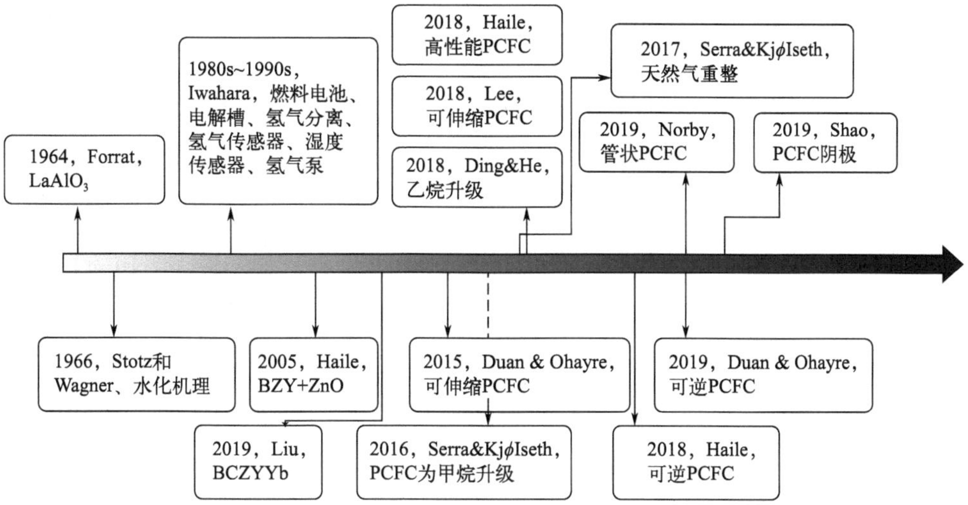

图 3-31 质子传导氧化物研究、应用和重大突破的历史概况[65-88]

尽管如此，由于质子陶瓷的可烧结性差和器件制造的复杂性带来的挑战，质子陶瓷燃料电池（PCFC）最初受到的关注相对较少。一个重要的工艺突破出现在 2005 年，当时 Babilo 等和 Yamazaki 等率先使用 ZnO 烧结助剂来增强致密性并显著降低所需的烧结温度。从那时起，越来越多的研究集中在通过添加包括 ZnO、NiO、CuO 和 CoO 在内的各种烧结助剂来进一步增强质子陶瓷的烧结。2015 年，Duan 等首先利用改良的烧结助剂辅助合成工艺制备了实验室规模的 PCFC，并在氢气和甲烷燃料中表现出优异的能源转化性能与长期稳定性。

经过 50 多年的探索，人们发现质子传导陶瓷有多种晶体结构，包括 ABO_3 基简单钙钛矿、棕铁矿 $A_2B_2O_5$ 基材料，以及 LnO_4 基正磷酸盐、正铌酸盐和正钽酸盐。但最普遍最优的质子传导氧化物是基于 Ba、Ce 和 Zr 的 ABO_3 钙钛矿。这类氧化物由于立方结构的最小畸变和大的晶胞体积而表现出最高的电导率，有利于质子迁移和通过水合形成质子。由于 Ba 的尺寸大，在这些结构中占据 A 位，而 Ce 和/或 Zr 主要占据 B 位。这类材料通常进一步分为四类，即钇掺杂的锆酸钡（BZY）、钇掺杂的铈酸钡（BCY）、钇和铈掺杂的锆酸锶（BZCY/BCY），以及钇、镱和铈掺杂的锆酸钡（BCZYYb）。

质子传导氧化物为能量转换和储存提供了很大的优势，并为几个重要工业过程的电气化提供了潜在的机会。如图 3-32 所示（另见文前彩图），质子传导氧化物的主要应用可以根据电化学转化过程和目标产品进行分类，包括：a. 用于发电的设备，包括氢 PCFC 和碳氢化合物 PCFC；b. 用于电子到分子过程的设备，包括用于可再生氢气生产的 PCECs/PCER、CO_2 和 H_2 的共转化、可再生氨合成以及电化学天然气升级和转化；c. 与核反应堆（或其他高价值热源）集成的电解槽，其可以以吸热模式将组合的热和功率转换为氢气；d. RePCEC，其可以在电力生产和燃料生产模式下运行，以实现灵活部署和/或长期储能。

除了氧化物外，还有其他的化合物，如磷酸盐，由于具有可调变的结构、较高的热稳定性和水稳定性等特点而成为质子传导材料的候选者。近年来，具有质子传导能力的磷酸盐的发展日渐崛起，其涵盖范围较广，包括沸石型磷酸盐、过渡金属磷酸盐、镧系磷酸盐等。

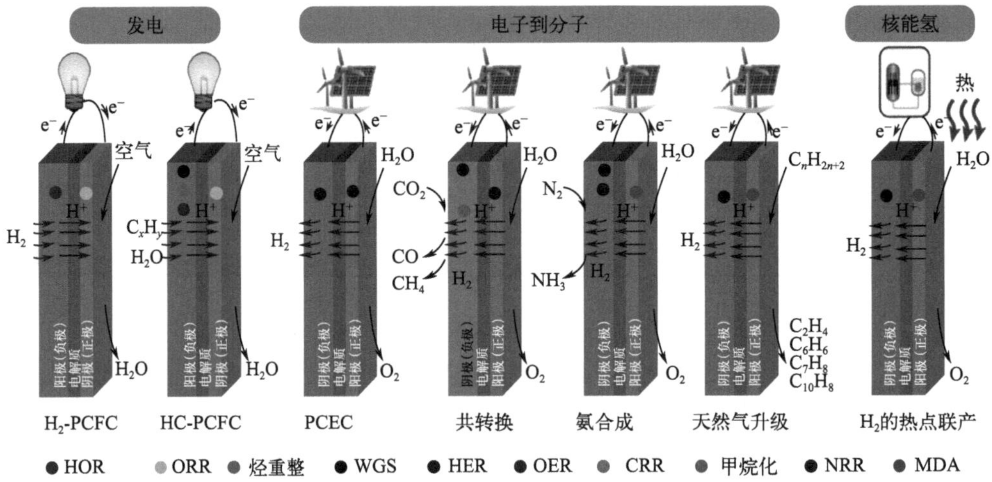

图 3-32 质子传导陶瓷电池应用示意图

（HOR 为氢氧化反应；ORR 为氧还原反应；WGS 为水煤气变换反应；HER 为析氢反应；OER 为析氧反应；CRR 为二氧化碳还原反应；NRR 为氮还原反应；MDA 为甲烷脱氢芳构化）

3.2.3 氧化物质子传导机制

在质子传导氧化物中，氢不是结晶的原始组成元素，而是从外界以质子的形式侵入氧化物中的，在比较高的温度下能显示稳定的质子导电性。但质子的浓度与外界环境相关，会形成一种动态平衡，又因为结构缺陷，其导电往往伴随着空穴导电和氧离子导电，其电学性质比较复杂。这种类型的电解质的发展非常惊人，这样的电解质做成的氢浓度传感器早已在铝冶金上得到了应用[90,91]。

与此不同，还有另一类质子传导氧化物，在这类氧化物中，氢是氧化物中的固有元素，作为掺杂进入氧化物中，形成质子传导的导电体，把这类导体统称为“缺陷结构型氧化物质子导电体”。

氧化物的电输运比较复杂，要完整精确地说明很困难，但利用缺陷结构模型可以大致说明质子导电的机制。如图 3-33（a）所示，当价电子数小的金属受体掺杂（p 型掺杂）取代了位于氧化物晶体正常位置的主体金属时，这种杂质金属置换缺陷会形成一个空的新掺杂能级，最典型的例子是 ZrO_2 中掺 Y_2O_3。一般来说，该能级可以位于价带顶端附近位置，所以价带的电子容易被热激发转移到该能级上，并在价带中生成空穴，成为空穴导电氧化物半导体。

除了金属元素掺杂形成点缺陷外，氧离子空位（或缺位）也会形成点缺陷，并在该处等同地留下 2 个电子。由于该能级靠近导带底部，其电子会通过热激发跃迁到导带，形成过剩电子。由于氧离子空位的存在，可以产生氧空位和过剩电子的迁移与导电。如果认为氧离子空位是掺杂剂的话，则其作用相当于施体掺杂（n 型掺杂），也会发生自由电子与氧化物中空穴的复合，产生电子空穴湮灭现象，如图 3-33（b）所示。金属受体掺杂和氧空位形成施体会引起电荷补偿，过剩电子和空穴都会减少。这种情况下，氧化物是通过氧空位直接移动导电，在高温下成为氧离子导电体。由于氧离子空位浓度随氧分压而发生变化，会引起空穴或电子过剩，从而也伴有电子迁移导电，最典型的是钇稳定氧化锆。

当外界存在氢时，在氧化物和外界之间，氧和氢也会发生相互交换作用。通常认为氢大多是位于氧附近的位置，以质子形式侵入氧化物中，起到施体掺杂的作用，产生过剩电子。与氧离子空位的情况相同，也会产生如图 3-33（c）所示的电子空穴自湮灭。氢的侵入可引起过剩电子和质子的迁移与电传导。当受体掺杂剂的大部分电荷被侵入型质子补偿时，电子导电很小，氧化物主要靠质子的直接移动而导电，通常认为这种情况为质子传导氧化物半导体。

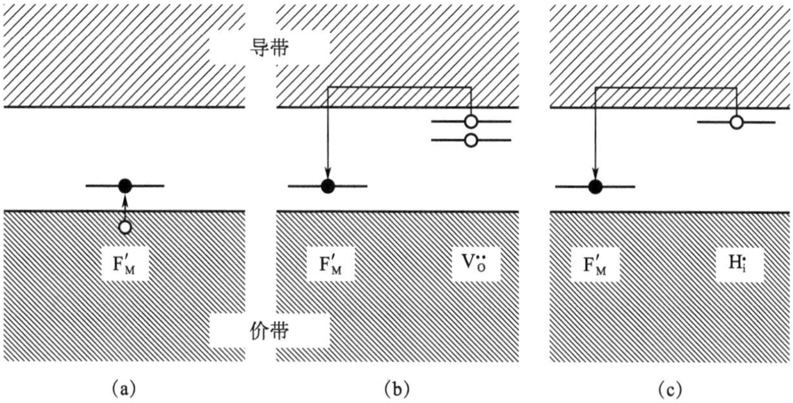

图 3-33 掺杂受体氧化物能带结构的概念图

（F'_M 是掺杂金属的能级，$V_O^{\cdot\cdot}$ 是氧空位的电子能级，$H_i^{\cdot}$ 是质子的能级）

实际情况下，纯粹由空穴、过剩电子、氧离子空位或质子迁移的单一导电几乎没有，往往是多种机制导电，一种起主导作用。空穴、过剩电子、氧离子空位、侵入型质子这 4 种缺陷在满足电中性平衡条件的同时，也需要与外界环境相互保持平衡，偏离了平衡位置的话，相应的电荷载体的迁移率大小会产生变化，从而引起对应的导电机制占优势。

氢和氧虽然各自独立地保持着平衡关系，但是如果氢侵入产生的电荷抵消主要是由氧离子空位减少引起的话，从外部来看，好像是氧化物产生了吸水现象一样。但是，严格地说，缺陷浓度的变化是由以上 4 种缺陷的平衡位置变化引起的，而且氢与氧并不总是保持 2∶1 关系进出氧化物。

上述氧化物中的氢缺陷平衡热力学见解早在 30 年前就由 Wagner [92,93] 提出来了。如果使用 Kröger 的符号来表示缺陷平衡式的话，可以写成以下 3 个独立的方程式：

$$\frac{1}{2}H_2 + h' = H_i^{\cdot} \tag{3-11}$$

$$O_O^X + 2h' = V_O^{\cdot\cdot} + \frac{1}{2}O_2 \tag{3-12}$$

$$h' + e' = 0 \tag{3-13}$$

这 3 个反应处于平衡状态，同时保持以下的电中性条件。

$$[H_i^{\cdot}] + 2[V_O^{\cdot\cdot}] + [h'] = n[F_M^n] + [e'] \tag{3-14}$$

其中，$V_O^{\cdot\cdot}$ 和 $H_i^{\cdot}$ 分别表示氧空位和氢缺陷；O_O^X 表示晶格氧缺陷；h'是空穴；e'是电子；[] 表示对应的浓度；F_M^n 表示 n 价离子化的受体掺杂金属 M。

式（3-14）表明质子浓度、2 倍的氧空位浓度与空穴浓度之和等于 n 倍的掺杂金属 M 的浓度与过剩电子浓度之和。

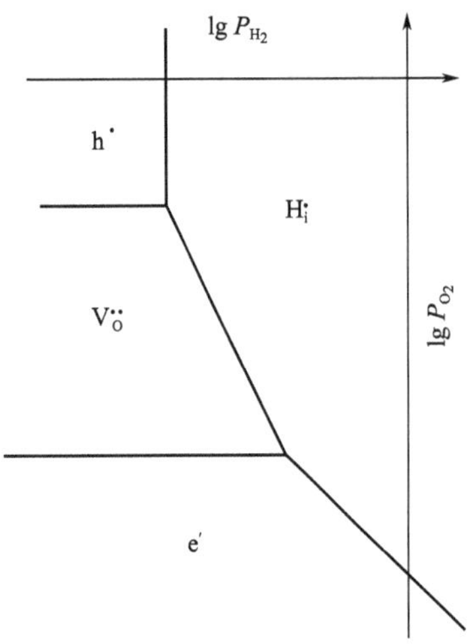

图 3-34 氢-氧电位状态图所示导电区域的概念图

氧化物中的缺陷可以有质子、氧空位、空穴和过剩电子等四种。4 种缺陷的浓度大小随环境中的氢分压和氧分压的大小而变化，如图 3-34 所示。在氧分压和氢分压都高（即水蒸气分压高）的条件下，缺陷以质子为主；在氧分压过低的情况下，过剩电子成为主要的缺陷；在边界线附近处是 2 种缺陷竞争；在边界线相交的附近是 3 种缺陷相互竞争。典型的氧化物电解质是 Yb 掺杂的 $SrCeO_3$。

由于质子不是陶瓷氧化物晶格中固有的，往往通过水合反应从外部引入，并产生带正电的氢氧化物缺陷，如式（3-15）所示：

$$H_2O_{(g)}+V_O^{\bullet\bullet}+O_O^X \longrightarrow 2OH_O^{\bullet} \qquad (3\text{-}15)$$

其中，$V_O^{\bullet\bullet}$、O_O^X 和 $OH_O^{\bullet}$ 分别表示晶格氧位的空位、晶格氧缺陷和氢氧根缺陷。受体掺杂剂（氧化态比主体阳离子低的阳离子）对于诱导外源性氧空位和实现显著的质子导电性是必不可少的。引入的质子的浓度和迁移率取决于许多因素，包括晶体结构、主体材料特性以及掺杂剂的性质和浓度。

3.2.4 质子陷阱

简要地说，质子侵入固体氧化物中的过程大致分为两个步骤。首先需要的是在固体氧化物中形成氧空位。当主体金属阳离子被受体金属阳离子（价数低的阳离子）取代时，为了满足体系的电中性条件，就会形成氧空位，随后质子（H）仅能侵入固体氧化物中[94,89]，在固体氧化物中作为羟基（—OH）存在的质子（H）配位在离氧位 0.1Å（1Å＝0.1nm）的地方。由于质子围绕氧的旋转和在氧位点之间的跳跃，从而引起质子在长范围内传导。

由于质子被认为是小的正点电荷，非常容易受到固体氧化物中局部静电引力的影响。质子作为羟基配位于氧，并使周围的阳离子电荷分布不均匀，特别是在受体取代的固体氧化物的掺杂剂周围，提供了相对带负电的环境。带正电荷的质子在相对带负电的环境中能量最低，变得稳定。简单地说，这就是质子陷阱（proton trap）。

由于被捕获的质子比没有被捕获的质子更难移动，这阻碍了质子传导。定量表示质子陷阱程度的是结合能（更准确地说是质子-掺杂剂结合能），质子被稳定化（质子陷阱）。在同一温度下，此陷阱的尺寸决定了可供宏观传导的质子浓度，所以也决定了质子电导率。因此，质子陷阱控制是开发快速质子传导氧化物非常重要的因素，详细情况请参照文献［95］。

常见的钙钛矿型质子传导氧化物有 $SrCeO_3$、$BaCeO_3$、$CaZrO_3$、$SrZrO_3$、$SrTiO_3$、稀土结构系等 6 大类，这些氧化物的掺杂元素有 Yb、Y、Sc 等[90]。根据式（3-11）～式（3-13）的平衡常数值和各电荷载体迁移率的大小，不同氧化物的导电状态有很大的不同。图 3-35 给出了在氢气气氛下的几种氧化物的电导率。这些数据可以认为是水蒸气在 0.1～10kPa 范围内的值。无论是哪种氧化物，随着温度的上升，质子的溶解量降低，电导率下降。温度进一步上升时，空穴导电和氧离子导电占优势，此时氧化物就不能称为质子导电体，其温度范围随氧化物而异。图中各化合物的高温侧显示了质子导电比率大致为 0.5 时的温度，此温度更依赖于氧分压，随着氧分压的上升，空穴导电量变大，因此可以认为质子导电区域主要是在低温侧。

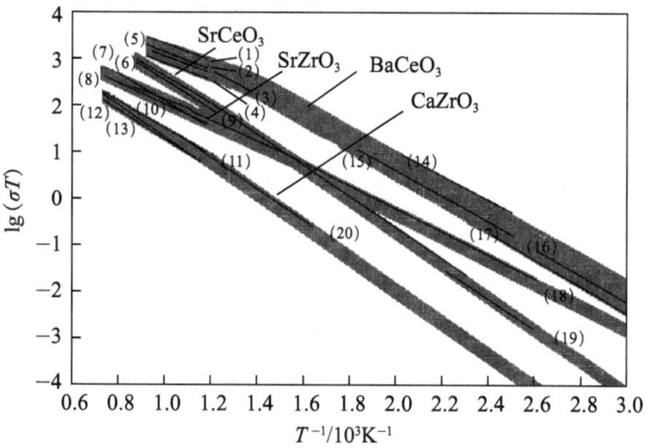

图 3-35 几种氧化物质子导体在氢气气氛下的电导率随温度的变化

[(1) $BaCe_{0.8}Sm_{0.2}O_3$; (2) $BaCe_{0.9}Nd_{0.103}$; (3) $BaCe_{0.9}Y_{0.103}$; (4) $BaCe_{0.95}Y_{0.05}O$; (5) $SrCe_{0.95}Yb_{0.05}O$; (6) $SrCe_{0.95}Yb_{0.05}O$; (7) $BaZr_{0.95}Y_{0.05}O$; (8) $SrZr_{0.95}Y_{0.05}O$; (9) $SrZr_{0.95}Yb_{0.05}O$; (10) $SrZr_{0.95}Y_{0.05}O$; (11) $CaZr_{0.9}In_{0.1}O_3$; (12) $CaZr_{0.96}In_{0.04}O$; (13) $CaZr_{0.95}In_{0.05}O$; (14) Paravi; (15) $BaCe_{0.8}Gd_{0.2}O_3$; (16) $BaCe_{0.95}Nd_{0.05}O$; (17) $BaCe_{0.8}Y_{0.2}O_3$; (18) $SrZr_{0.96}Y_{0.04}O$; (19) $SrCe_{0.95}Yb_{0.05}O_3$; (20) $CaZr_{0.9}In_{0.1}O_3$]

3.2.5 质子陶瓷燃料电池

随着氢能源的发展，固体氧化物燃料电池（SOFC）受到高度关注，氢离子传导的电解质是燃料电池中的一个核心材料，也是开发的重点。电解质除了在尽可能高的温度下有好的质子传导性外，还需要高的电极反应效率和燃料的多样性。

作为发电效率高的燃料电池，使用氧化物离子导体的 SOFC 的研究一直是主流，其难点是工作温度需要 600～1000℃的高温。然而，通过用质子导电陶瓷代替典型的 PCFC（质子陶瓷燃料电池）电解质，可以在 350～600℃的更低温度下实现相同或更高的燃料电池性能。这个温度范围提供了可以采用更便宜、更传统的工程材料的机会，如不锈钢、铜和镍。通过加入超薄电解质可以实现额外的性能增强。图 3-36[96] 显示了基于 $BaZr_{0.8}Y_{0.2}O_{3-\delta}$(BZY) 电解质的单电池的示意图。如果厚度可以减小到 2μm，并且可以消除晶界效应，则在 400℃下可以获得小于 0.01Ω/cm^2 的膜面积比电阻（ASR）。在 2A/cm^2 的电流密度下，由于电解质电阻小，这将导致仅 0.02V 欧姆过电位损失，显示了这些材料在低温操作中的巨大前景。

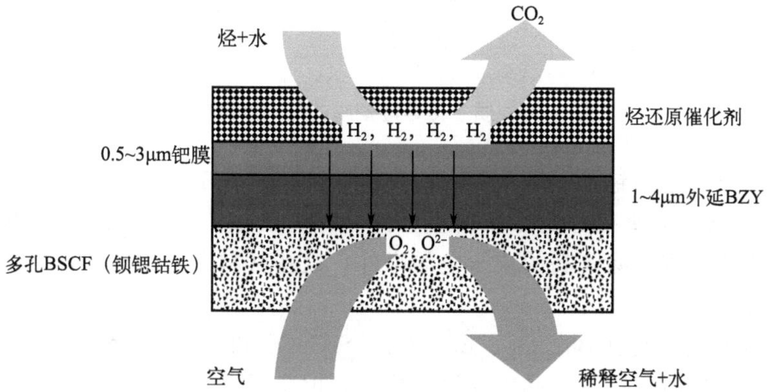

图 3-36 BZY 电解质单电池[96]

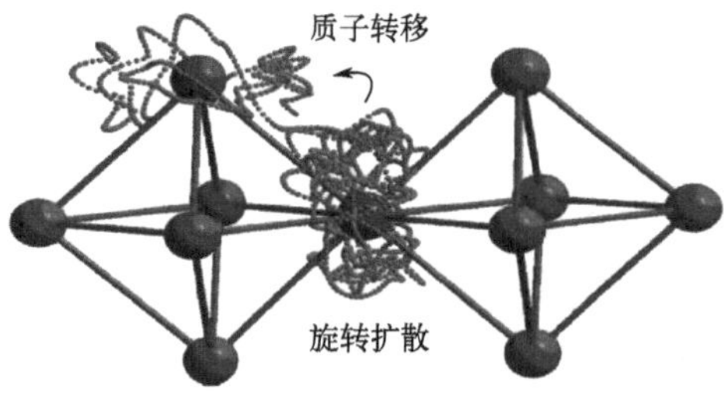

图 3-37 Grotthus 型质子传输机制

基质状态下的陶瓷往往并不显示高导电性，掺杂是一种有效提高质子传导性能的途径。如基质 $BaZrO_3$ 和 $BaCeO_3$ 的导电性低，但是通过掺杂稀土三价元素（Y^{3+}、Sc^{3+} 等）可以大幅度提高质子传导，而不是在 YSZ、SDC 和 LSGM 等陶瓷中更常看到的氧离子传导。通过将电荷载流子由氧离子改变为更具流动性的质子（传输机制如图 3-37 所示），在较低的温度下可以获得优异的电导性能。最近，人们发现这些陶瓷的性能在某些条件下可获得蒸汽渗透效果，这在新的燃料电池系统和其他一些应用中很有益处。

蒸汽渗透膜允许水蒸气的传输或分离，并有可能显著提高各种能量转换技术的效率，包括固体氧化物燃料电池、膜重整器和煤气化。图 3-38 是质子传导陶瓷膜的蒸汽渗透机理。直到最近，蒸汽渗透膜一直被忽视，因为人们普遍认为要么蒸汽不能被选择性地输送，要么输送速率远低于 O_2 输送膜（OTM）的替代品。最近的结果表明，这些认识并不准确，基于蒸汽渗透膜的燃料重整器已是 OTM 的一种令人信服的替代品。

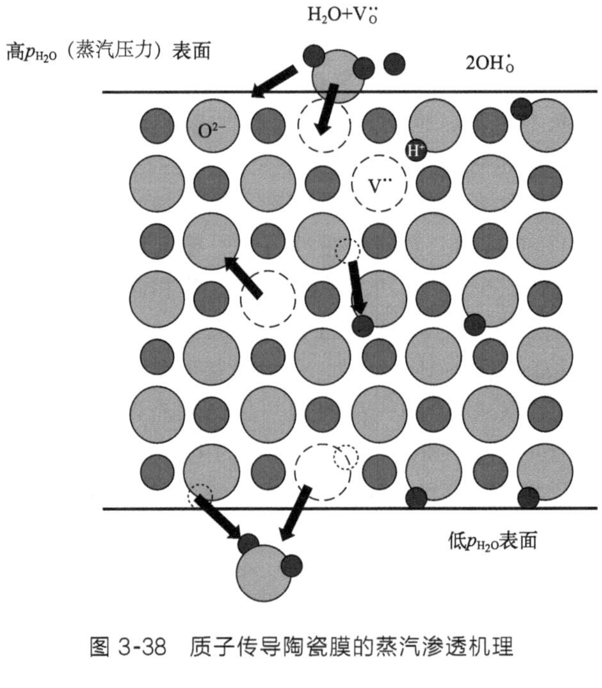

图 3-38 质子传导陶瓷膜的蒸汽渗透机理

特别值得注意的是掺钇锆酸钡（BZY）和掺钇铈酸钡（BCY）材料的蒸汽渗透电势。在过去的 10～15 年里，这些基于钙钛矿的质子传导材料已被广泛研究用于中温质子陶瓷燃料电池。最近，人们发现，除了高的质子电导率外，这些材料在合适的条件下还表现出令人惊讶的蒸汽渗透性能。

目前这类材料主要是以 $BaZrO_3$、$BaCeO_3$、$SrCeO_3$ 和 $CaZrO_3$ 钙钛矿结构氧化物为主。这些高温型质子导体材料原本结晶中并没有质子，但是通过添加作为受体的阳离子，在晶体中生成氧空位，通过该氧空位与气氛中的氢源气体的平衡可导入质子，形成质子传导。In

掺杂的 $CaZrO_3$ 作为氢传感器电解质已用在铝冶炼中，但是作为燃料电池的电解质，还存在导电率、质子迁移率、化学稳定性等问题[97]。

除了钙钛矿结构氧化物外，在磷酸盐中也发现了高温下的质子导电性，其中之一是稀土类磷酸盐 $LaPO_4$，通过用碱土类金属置换 La 的位置，确认了在高温、湿润气氛下显示质子导电性。图 3-39 是在氧分压一定（$p_{O_2}=1kPa$）的条件下，在湿润及干燥气氛下测定的未掺杂及掺杂 5%（摩尔分数，下同）Sr 的 $NdPO_4$ 的电导率，结果显示湿润气氛下的电导率比干燥气氛下的有显著增加。这样的倾向是高温型质子导体中经常出现的倾向，可以认为掺杂 5% Sr 的 $NdPO_4$ 是质子传导材料。掺杂 5% Sr 的 $NdPO_4$ 的电导率在 500～925℃ 为 $10^{-5.5}$～$10^{-3.5}$S/cm，与掺杂 Sr 的 $LaPO_4$ 质子导体的值大致相同。

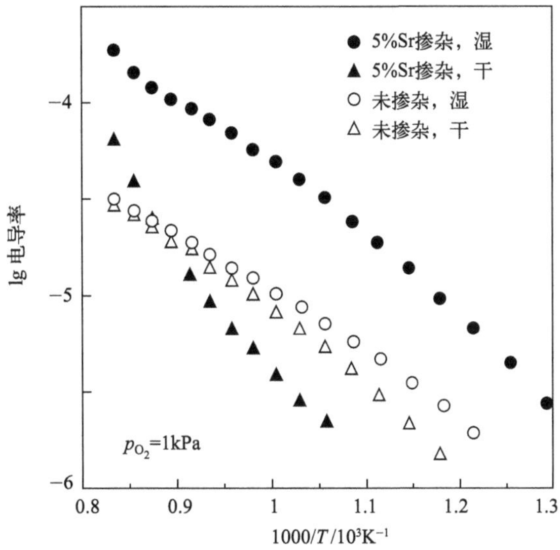

图 3-39 未掺杂和掺杂 5% Sr 的 $NdPO_4$ 在湿润和干燥气氛下的电导率

总之，质子传导氧化物或质子陶瓷由于其低成本和在中等温度（300～700℃）下的高质子传导性，正成为潜在的下一代电化学能量转换和存储材料[65,98-101]。质子传导陶瓷材料主要用作电化学电池中的电解质和这些应用中的电催化剂载体。目前对质子陶瓷的研究旨在开发具有成本效益和耐用的电化学设备，用于高效的能量转换和存储。

3.3 有机材料中的氢

3.3.1 聚合物膜的氢气渗透

用聚合物膜分离气体是一种已经成熟的技术，用聚合物膜从含有氮气、一氧化碳和碳氢化合物的混合物中分离氢气已经工业化[102]。聚合物膜属于致密型膜，进一步可分为玻璃膜和橡胶聚合物膜。玻璃膜具有较高的选择性但通量较低，橡胶聚合物膜具有较高的通量但选择性较低。聚合物膜的操作温度一般不超过 70℃，聚酰亚胺可在 100℃下长期使用。聚合物膜的费用较低，能够经受较大的压降，这些都是聚合物膜的优点，但机械强度差，溶胀和收缩大，容易受到一些气体（HCl、SO_x、CO_2 等）的腐蚀。目前广泛用于氢气分离的聚合物材料主要是聚丙烯、聚酰亚胺和聚砜等。

图 3-40[103]（另见文前彩图）是厚度为 60μm 的聚丙烯塑料膜（OPP）在 23℃的不同气体透过性能比较。从图中可知，H_2 和 He（H_2 和 He 几乎相同）的透过性能比其他气体的好很多，这与气体的分子大小密切相关。聚合物对气体的渗透性取决于气体的种类、聚合物的结构与性能以及气体与聚合物的相互作用。表 3-11[104] 是 25℃下各种致密聚合物膜的氢渗透性和选择性[40]。不同种类有机膜的氢气透过率（氢渗透性）相差很大，聚苯乙烯（polystyrene）的氢气透过率和选择性尤其比较高。

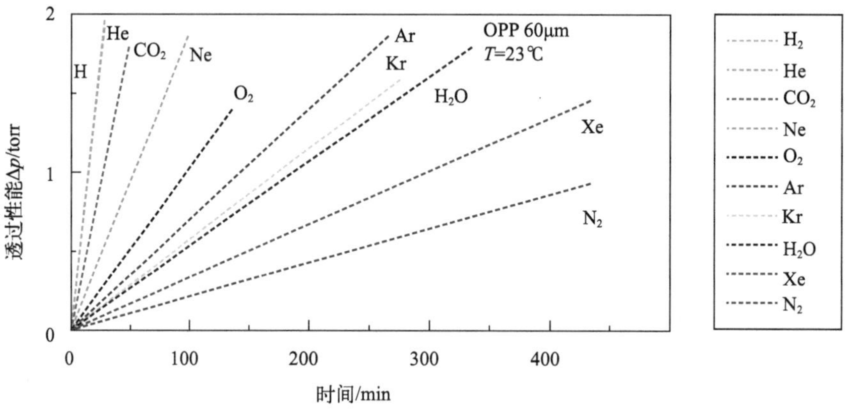

图 3-40 聚丙烯塑料膜（OPP）在 23℃的不同气体透过性能比较[103]
（1torr＝133.32Pa）

表3-11 25℃下各种致密聚合物膜的氢渗透性和选择性[104]

聚合物类型	氢渗透性 / [10^{-16}mol/（m · s · Pa）]	选择性		
		H_2/N_2	H_2/CH_4	H_2/CO_2
聚砜	40.5	15.1	30.3	2.0
聚苯乙烯	79.6	39.7	29.8	2.3
聚甲基丙烯酸甲酯	8.0	2.0	4.0	4.0
聚偏二氟乙烯	8.0	3.4	1.8	2.0

Ⅳ型氢气高压瓶的内层材料是有机材料，与金属材料不同的是，聚合物由于其结构特性会发生一定的氢气渗透现象，氢气通过表面吸附-溶解-扩散-解吸附等步骤可穿过聚合物中的自由体积[105]。现有研究表明，聚合物的结晶结构链段排列整齐，堆砌密度大，小分子渗透物难以渗入通过，透过过程主要是通过非晶区与结晶缺陷部分实现[106]。

张冬娜等研究了影响高密度聚乙烯（high density polyethylene，HDPE）氢渗透性的因素[105]，发现聚乙烯的结晶度对氢的渗透特性有非常重要的影响，如表 3-12 所示。此外，不同地区不同季节环境温度差异大，气瓶氢渗透量的测试和计算必须考虑具体的使用温度。

表3-12 HDPE 氢气渗透测试结果

样品	结晶性/%	渗透系数 / [$cm^3 \cdot cm/(cm^2 \cdot s \cdot Pa)$]	扩散系数 / (cm^2/s)	溶解度系数 / [$cm^3/(cm^2 \cdot s \cdot cm \cdot Hg)$]
1	54.4	1.744×10^{-13}	1.962×10^{-6}	1.185×10^{-4}
2	57.8	1.515×10^{-13}	1.538×10^{-6}	1.313×10^{-4}
3	61.9	1.315×10^{-13}	1.301×10^{-6}	7.580×10^{-4}

3.3.2 氢燃料电池质子交换膜

燃料电池具有易于运输和存储、燃料稳定性好、能量密度高、价廉易得等众多优点，有望替代传统的能量转化装置，替代可充电电池在手机、笔记本电脑、军用装备等方面的应用。质子交换膜（proton exchange membrane，PEM）是燃料电池中的核心部件，起到隔绝电子、分隔阴阳两极并传导离子的功能。质子交换膜的导电性直接关系到燃料电池的能量转换效率。图 3-41[107] 是燃料电池中的聚合物电解质膜及 PEM 中质子传导（迁移）的示意图。氢气在阳极分解为质子，在 PEM 中处于不同的状态，在电场的作用下从阳极往阴极迁移，并在阴极与氧反应生成水，实现化学能与电能的转换。

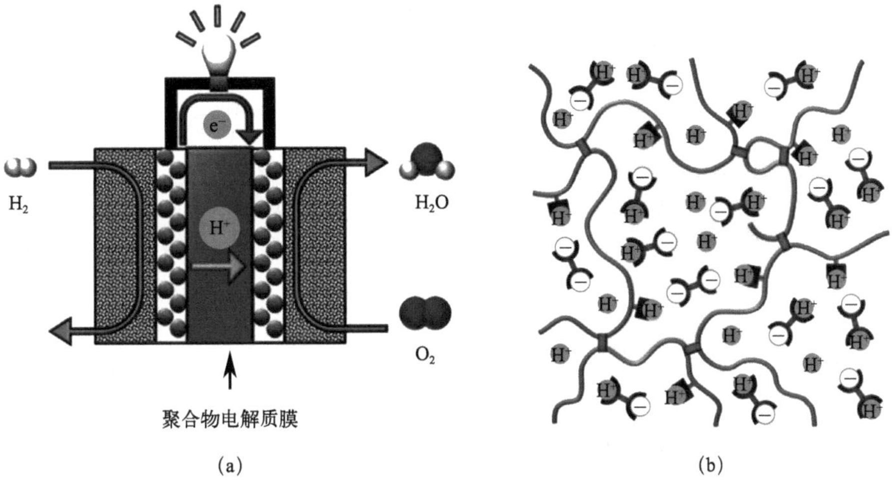

图 3-41 在燃料电池中的聚合物电解质膜（a）及 PEM 中质子迁移（b）[107]

基于 PEM 优异的力学性能与气体隔绝能力，高压 PEM 电解堆已实现商业化。但由于膜的吸水特性，在高压 PEM 电解堆运行过程中，仍存在气体渗透问题。在低电流密度区，气体渗透与安全、效率密切相关，而在高电流密度区，渗透影响膜的衰减。因此，明晰薄膜的氢气渗透理论和影响因素，研究不同运行参数对渗透的影响规律，对于质子交换膜电解堆的安全、高效运行至关重要[108]。

粒子或分子随机热运动引起的布朗运动将导致扩散，分子在距离 d 上的浓度差 Δc 会产生渗透通量 Φ，如菲克定律所描述：

$$\Phi = -D\frac{\Delta c}{d} \tag{3-16}$$

其中，D 表示分子在介质中的扩散系数。

根据亨利定律，介质中溶解气体的浓度 c_{gas} 与其分压 p_{gas} 及在介质中的溶解度 S_{gas} 密切相关，可以表示为：

$$c_{gas} = p_{gas}S_{gas} \tag{3-17}$$

由扩散引起的气体渗透率 ε_{gas} 是扩散系数（D_{gas}）与该气体在介质中溶解度的乘积：

$$\varepsilon_{gas} = D_{gas}S_{gas} \tag{3-18}$$

当膜将两个分压不同的腔室隔开时，利用式（3-17）与式（3-18），菲克定律可以表示为分压差 Δp_{gas} 的函数：

$$\Phi_{gas}=-\varepsilon_{gas}\frac{\Delta p_{gas}}{d} \tag{3-19}$$

由式（3-19）可以看出，影响气体渗透的因素主要有以下几个方面：一是温度、压力等外界参数，通过影响扩散系数 D_{gas} 与溶解度 S_{gas} 对渗透率产生影响；二是水合程度、厚度等膜的特性；三是膜两侧的分压差。

根据以上理论可知影响氢渗透的因素有温度、两侧的氢气压力、膜水合程度和电流密度等。

（1）温度和压力对氢气渗透率的影响

Ito 等[109]，Battino 和 Clever[110]，以及 Mann 等总结了氢气在水中的溶解度 S_{gas} 随外界温度与压力的变化规律，如图 3-42 所示。当压力处于 0.1～10MPa 范围内时，溶解度保持相对稳定，而当压力高于 10MPa 时，溶解度随压力的升高而降低。为此，Battino 等[110]提出了 0.1MPa 分压、273～353K 条件下氢气在水中的溶解度公式：

$$\ln S_{gas}=-48.1611+\frac{5528.45}{T}+16.8893\ln\left(\frac{T}{100}\right) \tag{3-20}$$

其中，S_{gas} 为氢气在水中的溶解度，mol/(m^3·Pa)；T 为温度，K。

K. Wise 和 Houghton 测试了氢气在 10～60℃范围内的扩散系数，提出了扩散系数与温度的函数关系式，其中 D_0=（4.9±0.3）cm^2/s，E_D=（16.51±0.17）kJ/mol：

$$D=D_0\exp\left(-\frac{E_D}{RT}\right) \tag{3-21}$$

其中，D 为扩散系数，cm^2/s；E_D 为扩散激活能，J/mol，R=8.314J/(mol·K)，为气体常数；T 为温度，K。

在高压 PEM 电解水制氢的常规运行压力范围（3.5MPa）内，扩散系数与溶解度主要受温度影响，而压力产生的影响很小，因此，渗透率也主要与温度相关。

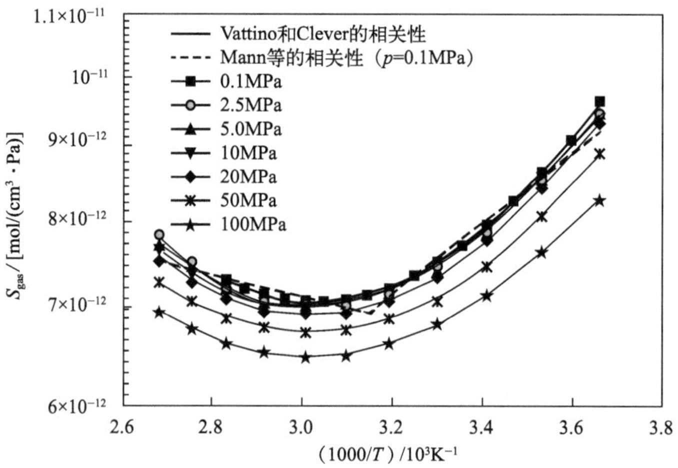

图 3-42 氢气在水中的溶解度 S_{gas} 随温度 T 变化的阿仑尼乌斯图

Nafion 膜是氢燃料电池中使用最广泛的质子交换膜。图 3-43 为在不同干湿状态下，氢气在 Nafion 117 膜中渗透率与温度关系的 Arrhenius（阿仑尼乌斯）曲线。可以看出，随温度的升高，渗透率呈增大的趋势。Nafion 湿膜中的氢气渗透率约为干膜的 5～10 倍，Nafion

干膜与聚四氟乙烯（PTFE）的氢气渗透率接近。

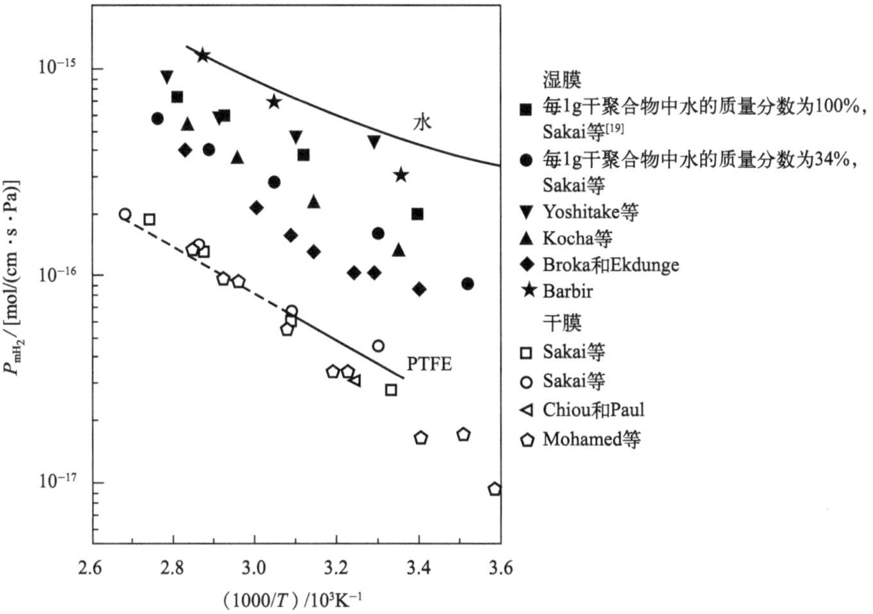

图 3-43　氢气在不同干湿状态下 Nafion 117 质子交换膜中渗透率的阿仑尼乌斯图

（2）膜水合程度对氢气渗透率的影响

Schalenbach 等通过试验测量了膜在不同水合程度下的氢气渗透率，测量是在 80℃、膜两侧压力为 0.1MPa（分别为 H_2 与 N_2）条件下进行的，通过对膜吹扫不同相对湿度的气体，使 Nafion 212（NR212）膜的水合程度发生变化，结果如图 3-44 所示。可以看出，氢渗透率随相对湿度的升高而增大。膜的水合程度随气体相对湿度的增加而提高，当膜发生水合时，水以水通道的形式积聚，由于水的氢气渗透率是干膜的 5～10 倍，通过水通道的气体渗透可以绕过固相路径（图 3-45，另见文前彩图），从而增大了氢气渗透率。

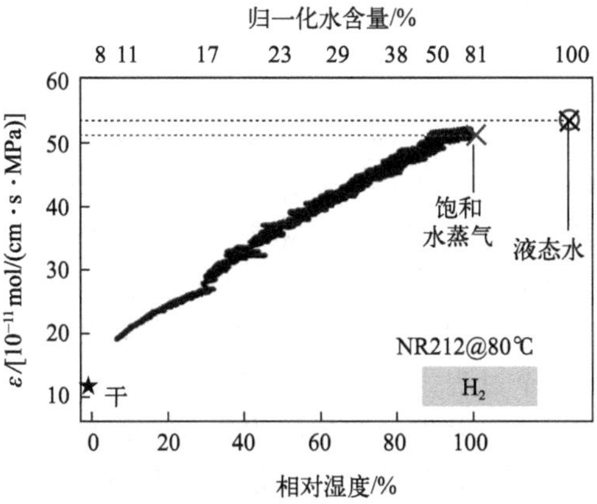

图 3-44　Nafion 212 膜在 80℃条件下的氢气渗透率与相对湿度、归一化水含量的关系

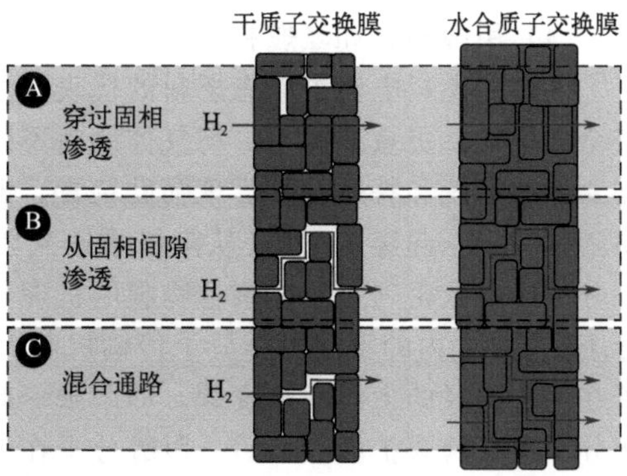

图 3-45　氢气以不同路径渗透通过 PEM 的示意图（灰色区域代表固相，蓝色区域代表水相，白色代表孔洞；左侧为干膜，右侧为湿膜，颜色见彩图）

（3）电流密度对氢气渗透的影响

Trinke 等研究了电解制氢运行电流密度对氢气渗透的影响，该研究是在 EF-40 膜、0.05～1A/cm^2、30～80℃、0.1～3.1MPa 阴极压力条件下进行的，图 3-46 给出了 80℃、阴极压力为 0.1MPa 条件下的结果[111]。从图 3-46（a）中可以看出，氧中氢的体积分数（φ_{H_2}）随运行电流密度的变化显示出双曲线的特征趋势，主要是由于析氧量随运行电流密度的升高而增加。在低电流密度下，阳极的氢含量非常高，这对于控制制氢系统的安全十分关键。将氧中氢体积分数换算为氢气渗透通量与渗氢电流密度（I_{H_2}），结果如图 3-46（b）所示，氢气渗透通量与渗氢电流密度随运行电流密度的增大呈线性增加的趋势。此外，图 3-46 中同时列出了其他文献的研究结果[112]，尽管所采用的膜与测试条件并不完全一致：如 Nafion 117 膜，T＝80℃，阴极压强 p_c＝0.7MPa；或 Nafion 117 膜，T＝85℃，阴极压强 p_c＝0.1MPa[113]，但氧中氢的体积分数与氢气渗透通量随运行电流密度均表现出类似的变化规律。

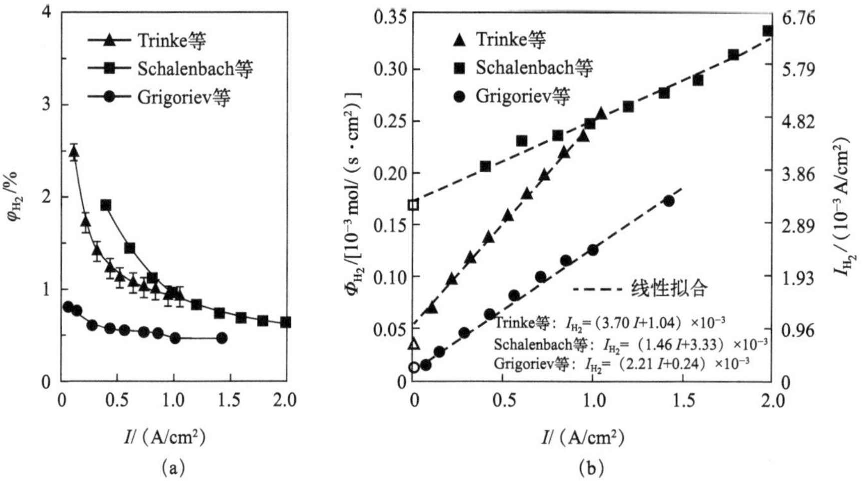

图 3-46 不同文献中运行电流密度对氢气渗透影响的关系曲线对比

（a）氧中氢体积分数；（b）氢气渗透通量和渗氢电流密度

（4）甲醇燃料和氢燃料

甲醇是燃料电池中液态燃料的代表，具有成本低、易于处理、易于存储以及使用和交付安全的优点。更重要的是，与气体燃料不同，甲醇水溶液的直接甲醇燃料电池（DMFC）不需要加湿系统和特殊的热管理辅助装置。但正是因为与水分子的极性相容性好，甲醇分子较易随水分子一起穿过 PEM 从阳极渗透到阴极侧。甲醇从阳极经由 PEM 到达阴极的过程与小分子通过致密（无孔）聚合物膜的机理一样，都是遵循“溶液扩散机理”。图 3-47 是甲醇分子在 PEM 内的不同组分分子传输机制[114,115]。整个过程主要分为三部分：首先，甲醇分子在渗透路径的上游高浓度侧，即阳极一侧向 PEM 的表面进行溶解吸附进入膜；然后，甲醇分子进行跨膜扩散；最后，甲醇分子在渗透路径的下游低浓度侧，即阴极一侧脱附析出从而离开 PEM。甲醇在膜表面的溶解过程是一个热力学过程，决定了其在甲醇溶液和膜相之间的分配比例；其在膜内的扩散过程是动力学过程，受到浓度梯度和电拖曳作用即质子迁移的共同影响；最后的脱附过程也是热力学过程。

由式（3-18）可知，只要降低甲醇的 D 和 S，便可以降低甲醇的渗透率。其中，对于溶

解度 S，主要由第一步和第三步来决定，但是通常通过降低第三步甲醇的溶出来控制化学势的差值进而降低甲醇的渗透是很难的，而且对于电池而言实际意义并不大。而扩散系数 D 则是甲醇分子在膜内扩散的难易程度系数。所以，降低燃料电池的甲醇渗透率主要是针对第一步和第二步对 MEA 进行优化。对于第一步优化甲醇的溶解过程，需要对 PEM 的表面进行改性，比如在膜基质上负载一层具有更高疏醇性的阻挡层；或是改变膜表面的物理结构，如微孔结构、粗糙度等都会影响甲醇向膜内的扩散程度。但是具有疏醇性的涂层在排斥甲醇的同时，对水的亲和力一般也会有所下降，并且其传质能力也往往不尽人意。此外，改变膜表面结构的时候，也会影响 PEM 与催化层 CL（catalyst layer）之间的相容性，进而也会提高传质阻力。

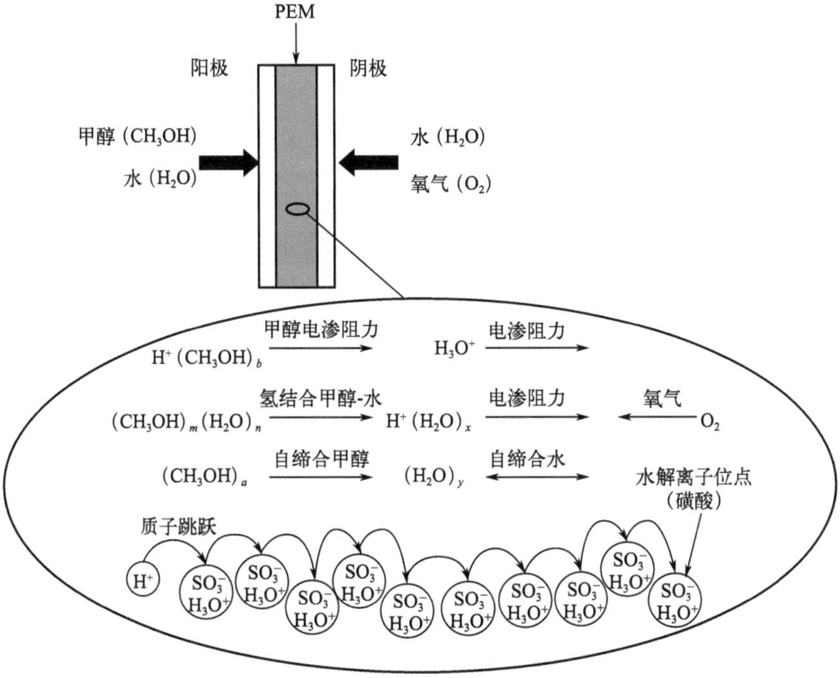

图 3-47 甲醇分子在 PEM 内的不同组分分子传输机制

氢气是燃料电池中气态燃料的代表。在燃料电池中，由于其相对分子尺寸小，从而容易经过单池的不同层来渗透。但是与甲醇分子所不同的是，氢气对水分子的亲和力差。氢气通过膜的路径并不集中于富离子区，反而更多的是膜内的自由体积部分。所以增加 PEM 相对湿度不会降低膜的传质阻力，所引起的氢气渗透程度的加剧一般并不大。

图 3-48 是 PEM 结构随水含量的变化。因为 PEM 的主要形态是由聚合物主链所维持的，同时膜的自由体积也主要存在于疏水区（主链形成的乏离子区），所以当氢气作为燃料时，提高 PEM 的尺寸稳定性尤为重要。在湿度和温度骤变等情况下，尽量降低膜尺寸的胀大，都有利于 PEM 对氢气的隔绝。此外，除了膜内微相区的渗透外，膜的宏观缺陷的渗透也不能忽视。如膜电极（membrane electrode assembly，MEA）长时间工作或是加工过程中操作不当都会造成 PEM 上出现针状微孔等缺陷。这些微孔作为缺陷区域会导致氢气加速渗透到阴极侧，在催化剂表面与氧气直接进行燃烧反应，形成单池内的局部热点。而这样的局部过热又会促进膜的湿热形变和蠕变发生，造成膜的当量质量（EW 值）、储能模量

(storage modulus) 以及 α-弛豫温度 (α-relaxation temperature) 的上升，从而进一步加快针孔的产生，形成恶性循环。

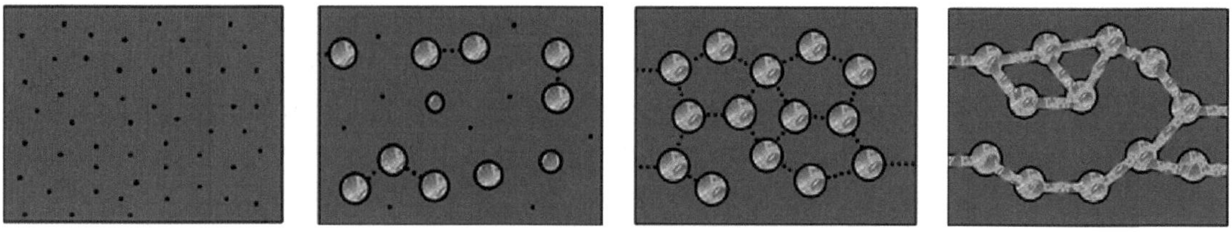

(a) λ=0　　(b) λ<2　　(c) λ=14　　(d) λ=22

图 3-48　PEM 膜结构随水含量的变化 (λ 为每个磺酸根所复合的水分子数)

3.3.3 PEM 的种类和质子传递机理

(1) PEM 的种类

PEM 是 PEMFC 的核心部件——MEA 的核心部分。所以，PEM 作为 PEMFC "核心的核心"，其性能的提升对于整个燃料电池性能提升的重要性不言而喻。在燃料电池中，PEM 具有两大主要功能：将阳极产生的质子传递到阴极；隔绝阴阳两极的反应物，将燃料与氧气的氧化还原反应分隔开来。除此之外，PEM 还要满足其他作为电池材料的要求：具有高质子电导率、低燃料渗透率、与催化剂接触良好；能够适应不同温度、强酸碱、湿度以及湿度骤变等不同的电池工作条件；良好的化学稳定性、使用寿命长，良好的机械性能、可加工性和尺寸稳定性，以及价格低廉[116]。

PEM 的种类繁多，按照功能化基团不同，可将质子交换膜分为磺酸型质子交换膜 ($—SO_3—$)、羧酸型质子交换膜 (—COO—) 以及磷酸型质子交换膜 ($—PO_3H—$)。其中，磺酸根相比于羧酸根具有较好的电离能力，相比于磷酸根更适于中低温下使用，因此磺酸型质子交换膜的研究较为普遍。此外，按照质子交换膜所用聚合物材料的不同，可以将质子交换膜分为全氟磺酸质子交换膜、部分含氟磺酸质子交换膜、复合质子交换膜和新型非氟磺酸质子交换膜等四类，如表 3-13 所示。

表3-13　不同种类质子交换膜对比情况[114, 115]

类型	材料	优点	缺点	代表产品
全氟磺酸质子交换膜	由碳氟主链和带有磺酸基团的醚支链构成	机械强度高，化学稳定性好，电导率较高，低温时电流密度大、质子传导电阻小，目前应用最广泛	温度升高使质子传导性能变差，高温下易发生化学降解，成本较高	杜邦 Nafion 系列膜，旭化成 Aciplex，旭硝子 Flemion，东岳集团 DF 等
部分含氟磺酸质子交换膜	用取代的氯化物代替氟树脂，或氯化物与无机或其他非氟化物共混	成本低，工作效率较高，并且能够使电池寿命提升到 15000h	机械强度及化学稳定性较差	代表产品是加拿大巴拉行 (BAM3G)

续表

类型	材料	优点	缺点	代表产品
复合质子交换膜	修饰材料和全氟磺酸树脂构成的复合膜	机械性能改善，改善膜内传导与分布，降低质子交换膜内阻	制备技术要求高	戈尔公司：多孔聚四氟乙烯基底与 Nafion 树脂结合
新型非氟磺酸质子交换膜	无氟化烃类聚合物膜	成本低，环境污染小	化学稳定性较弱	DAIS 公司：磺化苯乙烯-丁二烯/苯乙烯嵌共聚物膜

全氟磺酸质子交换膜是迄今为止研究和使用最为普遍的质子交换膜，具有其他材料很难替代的综合性能。目前使用的全氟磺酸质子交换膜主要包括杜邦公司的 Nafion 膜、Dow 公司的 Dow 膜、日本 Asahi Chemical 公司的 Aciplex 膜和 Asahi Glass 公司的 Flemion 膜。Nafion 膜是一种聚氟磺酸（PFSA）膜，其化学名称为全氟磺酸-聚四氟乙烯共聚物，具体化学结构见图 3-49。

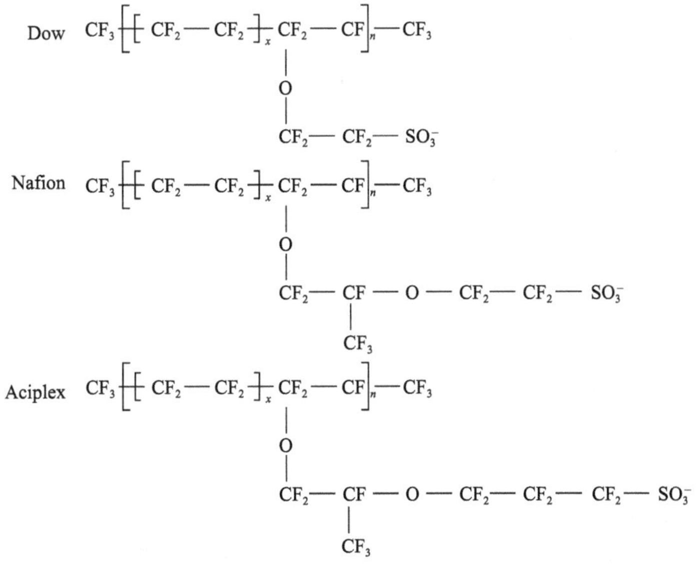

图 3-49 全氟磺酸膜的化学结构式（其中 *n* 为 6 到 10）

从化学结构上分析，以上全氟磺酸膜在结构上具有以下共性：其主链均为非极性的聚四氟乙烯 Teflon 疏水骨架，末端含有亲水性的醚键及磺酸根（$—SO_3H$）。主链上的 C-F 键的键长短，键能高（4.85×10^{-5}J/mol），并且氟原子的电负性强、半径较大，相邻氟原子之间相互排斥，使得聚合物中的氟原子沿锯齿状 C-C 链呈螺旋状分布，并且氟原子体积比较大（半径约为 0.64×10^{-10}m），因此能紧密地包覆在碳主链周围，形成氟原子保护层且其具有低表面自由能，使得全氟磺酸质子交换膜具有很高的机械强度，良好的耐热、耐酸碱等稳定性。此外，侧链的磺酸根可与 H^+ 形成亲水基团，既可以提供质子，又可以在其周围吸引水分子形成亲水簇。侧链中由于氟原子具有强吸电子性质，因此侧链的磺酸基团的酸性可与硫酸相当，保证了全氟磺酸膜的高质子电导率。

（2）PEM 中质子传递机理

质子从阳极传递到阴极的过程，分为多个步骤。虽然整体的电荷传递比较复杂，但对于相关的传递机理已经有了许多研究。经典的质子传递机理分为三类，即跳跃机理（the proton hopping mechanism；或称 Grotthuss 机理，Grotthuss mechanism），运载机理（卡车机理，vehicular mechanism）和表面机理（surface mechanism）[114,117,118]。

① 跳跃机理 是在德裔立陶宛化学家 Grotthuss 提出的“Grotthuss 机理”的基础上修正改良而来。1806 年，Grotthuss 首次提出：电荷的传输并非只能透过粒子振动，也可以透过化学键的断裂与重组来实现，如图 3-50 所示。这是科学家首次正确描述电解质中电荷传输的基本概念，称为“Grotthuss 机理”，至今依然得到广泛的认可。他提出的水溶液中电荷传输的相关理论，可以很好地解释诸如纯硫酸这样黏度大、电离度低并且离子流动缓慢的体系却有着很高传导率的现象。这是因为在该体系中，传导过程并不是通过带电离子携带电荷穿过体系来形成的。高传导率是质子在氢键长链中的定向迁移的结果。跳跃机理中，质子沿着水分子构建的氢键网络传递正是以此为基础的。

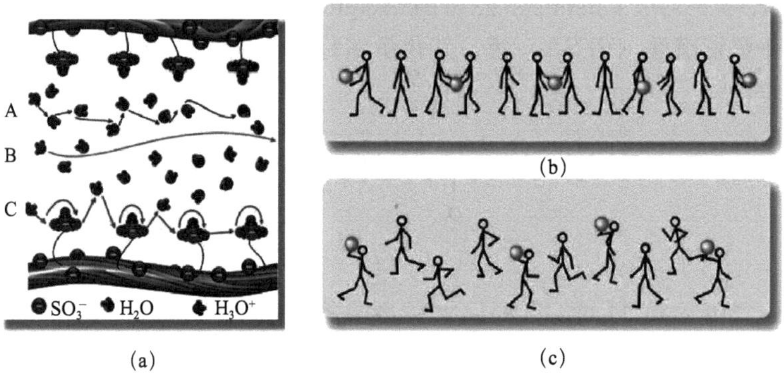

图 3-50 PEM 内不同的质子传递机理示意图

（a-A）和（b）跳跃机理；（a-B）和（c）运载机理；（a-C）表面机理。

之后，在 Huckel、Bernal、Fowler、Conway 以及 Agmon 等的推动下，适用于 PEM 内质子迁移的跳跃机理得到了进一步发展。质子是极易溶剂化的，尤其在水中，会很容易与水分子结合而形成氧鎓离子，即水合质子 H_3O^+。单个质子的总水合能约为 1117kJ/mol，而单个质子与单个水分子的结合能仅约为 714kJ/mol。所以质子在与自由水分子形成 H_3O^+ 之后，还会不断继续与 H_2O 相互作用而结合，最终主要以较为稳定的 Zundel 阳离子 $H_5O_2{}^+$（Zundel-ions，$[H_2O\cdots H\cdots OH_2]^+$）和 Eigen 阳离子 $H_9O_4^+$（Eigen-ions，$[H_3O\cdots(OH_2)_3]^+$）两种水合质子形式存在。如图 3-51（a）所示，在 Zundel 阳离子中，质子“共用”于两个水分子间；在 Eigen 阳离子中，质子则由一个中心 H_3O^+ 分子在氢键作用下同时和三个水分子相连构成。在这两种阳离子内，过量电荷区域的中心与此时处于对称状态的氢键整体键合中心是完全重合的。除了形成与“共用质子”的氢键之外，Zundel 阳离子中的每个 H_2O 都还可以通过两个氢键来成为质子供体。而 Eigen 阳离子中，三个外部的 H_2O 中的每一个都可以通过两个氢键成为质子供体，同时也可作为水合氢离子及额外水分子的受体。因此，阳离子内的任一水分子发生偶极取向，都会导致过剩质子的对称中心发生变化，进而促进氢键两端的水分子随之发生重新取向和质子置换。在这个过程中，便会有氢键的断裂及形成，进而促进 Zundel 阳离子和 Eigen 阳离子之间可相互转换，即 Zundel 阳离子可以转化成一个 Eigen 阳离子，而后者通过氢键的变化可能会转化为三个 Zundel 阳离子中的一个。在构型的不断转变过程中，质子得以在电解质的一侧沿链方向不断向前“跳跃”传递到另一侧，完成电荷的传输。这个由氢键连接而成的传递质子的水分子网络也因此被称为“质子导线”(proton wire)。在跳跃机理中，质子绝大部分时间都是以水合质子的形式存在的，只是在氢键间“跳跃”的瞬间克服氢键断裂的能垒，发生解离后才以独立的 H^+ 状态存在，而这也符合了 H^+ 易溶剂化的特点。

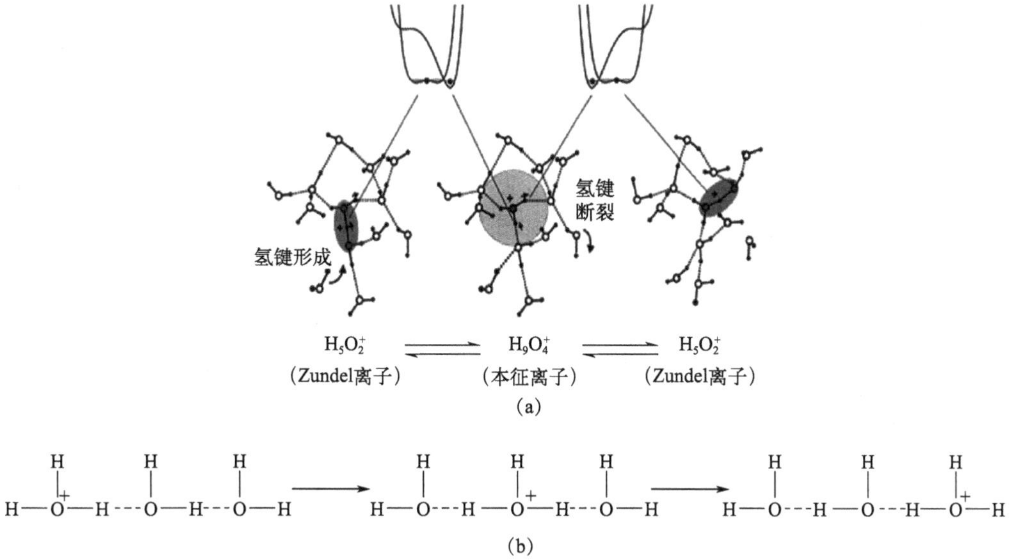

图 3-51 不同水合阳离子的构型转变（a）以及质子在水合氢键网络上传递（b）

② 运载机理　最早由 Albrecht Rabenau 的团队提出。它与跳跃机理的最大不同在于强调质子传递过程中载体是否迁移。如上所述，跳跃机理解释质子在氢键网络中移动的过程包括两个步骤：质子从 H_3O^+ 脱离并将其转换为水分子，然后对由此形成的水分子进行重新定向（旋转）和构型变换，以便能够吸收下一个质子，而上一个质子已整合到下一个水合阳离子上进而完成了电荷的传递。但在运载机理中，强调质子并不是以 H^+ 形式传递，而是以 H_3O^+、NH_4^+ 等复合离子的形式进行整体迁移，并且这些复合离子之间没有 H^+ 的传递；而没有结合质子的 H_2O、NH_3 等则同时进行与之相反方向的扩散。在这个过程中，H_2O、NH_3 等质子迁移起到了载体作用，被称为“运载工具”。但是需要注意的是，虽然运载机理体现的是明显的局部动力学，但是运载机理与简单分子扩散并不相同，因为后者并不涉及中性载体的逆向扩散。

③ 表面机理　其本质是质子经由亲水通道内的亲核基团进行传递，例如带负电的 $—SO_3^-$、$—CO_2^-$ 等或中性亲核的 $—NH_2$、—OH 等。很明显，这种大的复合基团在进行构象调整时需要更高的活化能。所以与之前的两种传递方式相比，表面机理的传递也需要更高的活化能。实验表明，在膜含水量相对较高的情况下，跳跃机理和运载机理占据更主导的地位。然而，随着含水量的减少，膜内传输通道内的表面自由水比例降低，质子通过表面机理传递的比例也就越来越高。需要注意的是，质子在不同基团的键合转移过程中所能“跳跃”的距离通常是小于载体间距的，所以质子在相邻基团间的传递也通常借助水合氢键网络完成。即质子首先从上一个基团上解离，然后传递至水合氢键网络上，再经由水合网络传递至下一载体的位点，最后结合至该载体之上。因此，跳跃机理和表面机理现也通常被统称为跳跃机理。

不仅在含水量较低的情况下，在其他条件（例如当酸性基团含量较高时）下，质子也是主要依靠表面机理进行传递的，如图 3-52 所示。T. Yamaguchi 团队发现，在具有多点吸附 ZrSPP 的磺化聚芳醚砜表面（capping-ZrSPP-SPES）形成的高密度酸结构中存在独特的质子传递方式，并称之为高密度酸机理（packed-acid mechanism）。结果显示，在 capping-ZrSPP-SPES 结构中的质子传导率超过了 ZrSPP 和 SPES 各自传导率的总和，以及通过简单混合方法制备的 ZrSPP-SPES 样品的传导率。并且出乎意料的是，在 90℃ 不同的 RH 值下，ZrSPP-SPES 的质子传导率 E_a 值也均低于 SPES 的。并且 NMR 结果表明，在通常可以作为质子传递载体的水分子没有移动的情况下，质子的传递依旧可以进行。基于实验结果和理论计算，作者提出这种“高密度酸”所产生的酸-酸相互作用（$H_3O^+ \longrightarrow SO_3H$ 和 $SO_3H \longrightarrow SO_3H$）减弱膜内的氢键作用，拦截了质子在其供体和受体之间来回“跳跃”的“伪传递过程”（质子被困在一对质子供体和质子受体之间），而产生了促进质子传导的弱氢键网络。

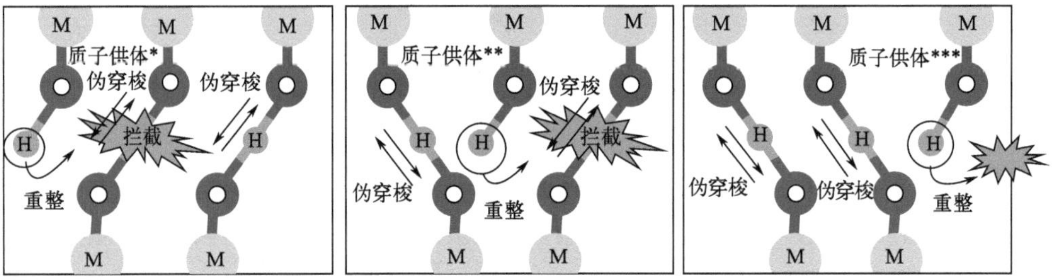

图 3-52 在具有高密度酸的区域中质子传导机理的示意图

④ 质子传输通道的构筑及调控策略 如前言所述，通常认为质子在 PEM 内的传递是由酸性基团（主要是磺酸基）作介导，与水分子结合在一起，在质子传输通道（proton transport channel，PTC）内发生的。根据分析，质子传导 σ_{H^+} 和质子迁移率（proton mobility，μ_{H^+}）有如下关系：

$$\sigma_{H^+} = F \times [H^+] \times \mu_{H^+} \tag{3-22}$$

其中，F 为法拉第常数；$[H^+]$ 代表质子活度，与质子浓度和磺酸基团的解离程度（由酸度系数 pK_a 和 PEM 中含水量决定）等因素有关。明显地，$[H^+]$ 是一个不可量化的参数，所以在实际计算比较中，可由酸浓度 $[—SO_3H]$ 代表。此外，质子迁移率也与酸性基团中阴离子的性质、酸性基团的距离、排布方式等因素有关。所以 μ'_{H^+} 也通常被有效质子迁移率代替。因此，可得出质子传导率的如下公式：

$$\sigma_{H^+} = F \times [—SO_3H] \times \mu'_{H^+} \tag{3-23}$$

由于酸浓度是离子交换容量（ion-exchange capacity，IEC）的函数。当膜内 IEC 保持在一个较低的值（通常小于 1meq/g）时，低的酸浓度不利于酸基团之间形成有效贯通连接的亲水区，而使得 σ_{H^+} 较低。随着 IEC 的增加，膜的传导率通常会增加。当继续升高达到 IEC 阈值后，膜内有效亲水区得以充分连接，进而使得传导率陡增，并在随后的一个范围内与 IEC 保持线性正相关。但是进一步升高 IEC，膜内过多的酸性基团会吸收膜“难以承受的”水量，而造成过度膜溶胀，反而降低了酸浓度，不利于质子的迁移，这与 $[H_2O]/[SO_3H]$（每个酸基团可占有水分子数目，通常也用 λ 表示）有关。研究表明，虽然每个酸基团吸附三个水分子（$\lambda=3$）时便可以形成水合氢离子，但直到 $\lambda=6$ 时才会发生电荷的完全分离。

而对于 Nafion 一类的 PFSA 膜来说，膜在吸水充分饱和（浸入水中）达到 $\lambda=16$ 左右时，传导才会达到最大值。因为此时膜充分溶胀，亲水区域连续程度最高，膜内质子依照跳跃机理进行传输的比例也达到最大。

3.3.4 PEM 存在的问题

尽管 PEM 的质子传导率较高，耐酸碱、耐热的稳定性较好，但是 PEM 大规模商业化应用仍然受到一定限制，主要有以下原因。

① 在高温低湿情况下，PEM 内质子传导率（proton conductivity，σ）降低。PEMFC 在高于 100℃的温度下进行实况工作是其未来的一大发展趋势。首先，这是因为在更高温度下，可以提高电池氧化还原反应的反应活性，尤其是对阴极还原反应的促进，使得反应难度下降，从而减少催化剂的用量。其次，温度升高有利于电池内的“水管理”。当温度低于 100℃时，在催化剂层的气液固三相反应界面容易留存过量的液态水，降低了气体的有效扩散，并降低了催化剂的有效活性催化面积，而造成了电池内的“水淹”现象。所以在低温时，水的及时排除对于电池有更高功率密度的表现尤为重要。升高温度是一种降低电池内液态水发生“水淹”的直接且便利的手段。最后，温度的升高也会增加催化剂的稳定性，增强其对于一氧化碳“中毒”的耐受性。实验表明，反应温度在 150℃以下时，铂对一氧化碳反应活性高。一氧化碳占据了铂的反应位点后，便会影响氢气的进一步氧化，而使催化剂催化效率下降，表现出“中毒现象”。但是温度升高至 160℃以上时，铂便可以耐受最高含有 3% 一氧化碳的氢气，从而大大降低了使用超高纯氢气所带来的高昂的成本压力。升高电池工作温度虽然益处多多，但是高温所带来的低湿却会干扰 PEM 内的质子传递效率。目前，类似于全氟磺酸膜的一类依靠磺酸传递质子的 PEM，在传递质子时对水分子的依赖性较强，而高温大大破坏了膜内的水合网络完整性。例如，Nafion 膜在 150℃以上、RH<10%时，其质子传导率甚至会降到 1mS/cm 以下。

② 对于燃料分子的阻隔率不足。PEM 很难做到完全隔绝开燃料分子（氢气、甲醇等）和氧化剂（空气、氧气等）。电池工作时，燃料的渗透会使其和氧气在阴极催化剂上直接反应，产生与电池电压相反的逆向电压，进而降低了燃料电池的开路电压。除此之外，在阴极上这种不充分的反应会有较多的副产物产生，其中的自由基（例如羟基自由基、超氧自由基等）会进攻 PEM 和催化剂，进而加速 PEM 的老化从而缩短寿命。当燃料为甲醇溶液时，其在阴极上还有可能生成一氧化碳而使阴极催化剂“中毒”（如下列反应过程）。除此之外，诸如氢气这样的气体燃料渗透还会增加电池爆炸的风险。同时，在一定程度上也降低了物料的有效使用率，从而增加了电池成本。

$$CH_3OH + Pt \longrightarrow Pt\cdot CH_2OH^* + H^+ + e^- \quad (3\text{-}24)$$

$$Pt\cdot CH_2OH^* + Pt \longrightarrow Pt_2\cdot CHOH^* + H^+ + e^- \quad (3\text{-}25)$$

$$Pt_2\cdot CHOH^* + Pt \longrightarrow Pt_3\cdot COH^* + H^+ + e^- \quad (3\text{-}26)$$

$$Pt_3\cdot COH^* \longrightarrow Pt\cdot CO^* + 2Pt + H^+ + e^- \quad (3\text{-}27)$$

$$Pt(M) + H_2O \longrightarrow Pt(M)\cdot OH^* + H^+ + e^- \quad (3\text{-}28)$$

$$Pt(M)\cdot OH^* + Pt\cdot CO^* \longrightarrow Pt + Pt(M) + CO_2 + H^+ + e^- \quad (3\text{-}29)$$

③ PEM 材料的稳定性不足。2020 年美国能源部（Department of Energy，DOE）提出燃料电池下一阶段的规划目标是要满足 5000h 的运行时长。这是对燃料电池系统的考验，更是对 PEM 稳定性的考验。因为 PEM 在工作过程中很难避免其老化现象的出现。PEM 老化

主要有机械老化、化学降解引起的衰减和老化以及金属离子结合引起的衰减。机械老化是因为膜的尺寸稳定性不足，使其在长时间的工作中受到机械应力的影响而产生蠕变或是细小的微裂纹。应力产生的主要来源有电池电压循环、开路电压（OCV）瞬变、相对湿度（RH）循环以及电池温度的循环等。其中，RH 变化所带来的影响最大。这可能是因为 RH 的循环变化所带来的 PEM 应变振荡幅度较大。反复的膨胀与收缩导致膜的强度降低，随之而来的尺寸变化造成其与 CL 层的接触不良或是过度挤压，甚至是形成局部针孔缺陷。另外，在电池的工作过程中，燃料分子的渗透或是金属离子催化电池反应副产物过氧化氢（H_2O_2）产生一些自由基，来进攻聚合物分子主链从而造成膜的降解，或是进攻侧链发生水解反应和去磺化反应，从而造成磺酸根基团流失。但是一味地采用不含醚键的纯烷烃链高分子来进行替代，由于其玻璃化转变温度一般不高，又会造成 PEM 的耐高温性能变差。除了以上原因之外，阳离子杂质还会加剧 PEM 的老化。这是因为大多数阳离子与 SO_3^- 的亲和力都比质子与 SO_3^- 的高，进而会在传质过程中通过离子交换取代质子。在 PEM 工作过程中，CL 中的活性组分溶解、气体扩散层 GDL(gas diffusion layer) 中金属成分的溶解，以及反应物中混入的金属离子都有机会在 PEM 内发生置换反应，从而增加膜的传质阻力和欧姆损耗。尤其是 Fe^{3+}、Ni^{2+}、Cu^{2+} 等金属离子，还会导致电拖曳作用，以及催化过氧化氢分解，加快自由基的产生。降低阳离子对 PEM 带来的负面影响的最简单可行的办法就是从源头处尽量避免阳离子杂质的引入，例如使用高纯氢气，在电池系统内增加空气净化装置，减少电池尤其是 CL 和 GDL 中易溶解的金属的使用，使用高稳定性管路材料等。图 3-53 是四种自由基攻击全氟硫酸聚合物的机理示意图。

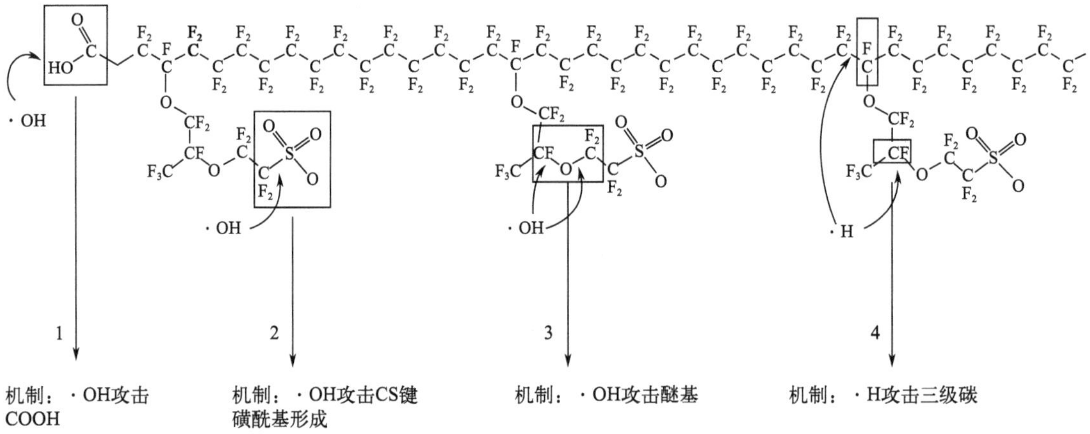

图 3-53 四种自由基攻击全氟硫酸聚合物的机理示意图

④ 成本高。以商业化的全氟磺酸 Nafion 117 膜为例，其在 2022 年初中国进口价格已超过 5000 美元/m^2。然而未来预期的大规模 PEMFC 电池车需要 PEM 的价格降到 10 美元/m^2 以下。而 DOE 也提出未来燃料电池的成本目标要小于 40 美元/kW。所以开发合成过程简单且成本低廉的 PEM 迫在眉睫。

为了得到综合性能更佳的质子交换膜，可以通过以下两个途径实现：一是对现有 Nafion 膜的改性；二是研发新型聚合物材料用于质子交换膜的研究。非氟碳氢主链的聚合物因其原料易得、成本低廉，成为时下质子交换膜的研究热点。从长远来看，在发展全氟磺酸质子交换膜的同时，仍需布局发展部分氟化、无氟型以及复合质子交换膜。这些，将对提升质子交换膜的性能，降低其生产成本，推动燃料电池汽车的普及具有重要意义。

3.3.5 有机液体储氢

化学储氢材料主要包括金属/合金储氢材料、有机液体储氢材料（liquid organic hydrogen carriers，LOHCs）、氢化物储氢材料等。相比于高压气态储氢、低温液态储氢和固态储氢等方式，有机液体储氢具有储氢量大、储存和运输不涉及高压、导热性好、可循环使用、维护简单安全等优点，具有较高的能量利用效率和较低的成本，可采用与石油、汽油相似的成熟管理办法并共享现有能量输运设施。

烯烃、炔烃、芳烃等不饱和有机液体可作为储氢材料，但从储氢量、储氢剂物性、能耗等指标来看，芳烃类最适合作储氢剂。现有常用的 LOCHs 主要包括碳环类芳烃、具有共轭结构的杂环化合物。储氢原理是借助某些烯烃、炔烃或芳香烃等不饱和液体有机物在催化剂作用下与 H_2 的加氢反应将氢能储存在加氢产物中，再借助脱氢反应实现氢的释放。早在1975 年就有学者提出了利用有机液体作为储氢载体的设想。加氢/脱氢反应为可逆反应，不饱和液体有机物为储氢剂，可循环使用。图 3-54 是 *N*-乙基咔唑（NEC）的加氢和脱氢示意图，一个 NEC 分子的 6 个双键打开，可以吸收 6 个 H_2，储氢质量密度可达 5.8%。

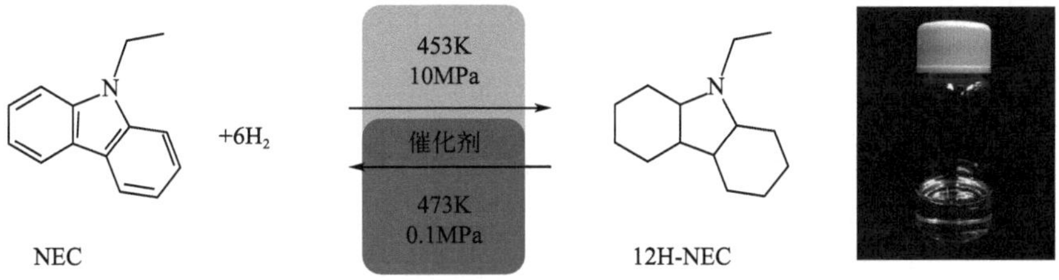

图 3-54 *N*-乙基咔唑的加氢和脱氢示意图

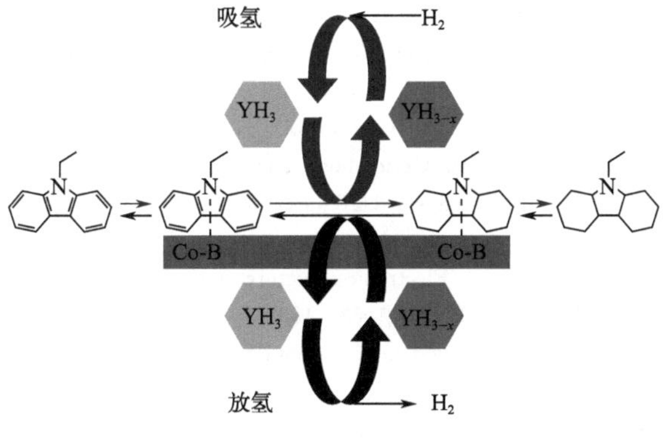

图 3-55 NEC 在 Y 氢化物催化剂作用下的吸放氢机理示意图

有机液体储氢的一个问题是吸放氢温度高和速度慢，缓解这个问题的一个途径是选择合适的催化剂。如图 3-55 所示，使用 Y 氢化物为催化剂，氢气可以通过 $YH_3 \longrightarrow YH_{3-x}$ 途径加到 NEC 上去，实现加氢。而 12H-NEC 上的氢通过 $YH_3 \longrightarrow YH_{3-x}$ 的途径放出氢气，实现供氢，可使 NEC 能在更低的温度下和以更快的速度实现吸放氢[119-121]。

在众多化学储氢技术中，有机液体储氢技术具有质量储氢密度高、可利用现有石化设施进行储运等优势，如果有机液体储氢技术得以实现工业化，便可借助石油尤其是成品油储运系统，实现氢能在常温常压下的储存和运输，使氢能在使用上成本更低并被广泛接受。

以有机液体为储氢载体的输氢方式也被称为“氢油”，可以像石油一样实现长距离管道运输，因而可降低氢能规模利用的储运成本。“氢油”管道输送涉及 3 个环节：a. 通过有机液体与 H_2 的加成反应实现氢能在常温常压下的液态储存；b. 储氢有机液体的管道输送；c. 储氢有机液体到达用户终端后借助催化剂实现氢能的释放和利用。可见，有机液体储氢技术及“氢油”管道运输是可再生能源制氢与大型发电厂、氢联合站、电网、氢能市场以及氢加注站等终端用户的纽带。

参 考 文 献

[1] Carter T J, Cornish L A. Hydrogen in metals [J]. Engineering Failure Analysis, 2001, 8: 113-121.

[2] Li Xinfeng, Ma Xianfeng, Zhang Jin, et al. Review of hydrogen embrittlement in metal: Hydrogen diffusion, hydrogen characterization, hydrogen embrittlement mechanism and prevention [J]. Acta Metallurgica Sinica, 2020, 33: 759-773.

[3] 苏彦庆，颜卉，王亮，等. 氢对金属有何作用 [J]. 自然杂志，2018，40 (5)：323-342.

[4] Pundt A, Kirchheim R. Hydrogen inmetals: Microstructural aspects [J]. Annu Rev Mater Res, 2006, 36: 555-608.

[5] 田中庸裕. 触媒化学一基礎から応用まで [M]. 日本：講談社，2017.

[6] 李星国，欧阳明智，彭泽清. 氢冶金研发和发展动态 [J]. 金属材料与冶金工程，2022，1：40-46.

[7] Zhang B, Wan H, Xu K Z, et al. Hydrogen energy economy development in various countries [J]. International Petroleum Economics, 2017, 25: 65.

[8] Staffell I, Scamman D, Abad A V, et al. The role of hydrogen and fuel cells in the global energy system [J]. Energy Environ Sci, 2019, 12: 463-491.

[9] 李星国，等. 氢与氢能 [M]. 2 版. 北京：科学出版社，2022.

[10] 李星国. 氢气制备和储运的状况与发展 [J]. 科学通报，2022，67 (4-5)：425-436.

[11] Züttel A. Fuels-Hydrogen storage | Hydrides [J]. Encyclopedia of Electrochemical Power Sources, 2009, 48 (2): 440-458.

[12] Andreas Züttel. Materials for hydrogen storage [J]. Materials today, 2003, 9: 24-33.

[13] 余学斌. C_{14} _ Laves 相与 BCC 相合金的储氢及电化学行为的研究 [D]. 北京：中国科学院，2004.

[14] 上宮成之. 水素分離金属膜 [J]. 膜 (Menbrane)，2005，30 (1)：13-19.

[15] Fukai Y. The metal-hydrogen system: Basic bulk properties [M]. Berlin : Springer Verlag, 2005.

[16] 深井有. 金属中の水素Ⅱ-固溶水素のミクロな存在状態 [J]. 日本金属学会会報，1985，24 (8)：671-682.

[17] Springer T. Hydrogen in metals Ⅰ [M]. Alefeld G, Volkl J, Eds. Berlin: Springer-Verlag, 1978: 75.

[18] Eckert J, Majkzrak C F, Passell L, et al. Optic phonons in nickel hydride [J]. Phys Rev, 1984, B29: 3700.

[19] Ikeda S, Watanabe N, Kai K. Crystal analyser TOF spectrometer (CAT) [J]. Physica, 120B+C, 1983, 120: 131-135.

[20] Bonnet J E, Wilson S K P, Ross D K. Electronic structure and properties of hydrogen in metals [M]. Jena P, Satterthwaite C B, Eds. N Y: Plenum Press, 1983: 183.

[21] Klauder D, Lottner V, Scheuer H. Investigation of the optic modes in VH0. 51 by neutron spectroscopy [J]. Solid State Commun, 1979, 32 : 617.

[22] Richter D. Localized mode energies and hydrogen potential in refractory metals [J]. J Less-Common Met, 1983, 89: 293-306.

[23] Yagi E, Koike S, Matsumoto T, et al. Site occupancy change of hydrogen in Nb-Mo alloys with Mo concentration [J]. Phys Rev B, 2002, 66: 024206.

[24] Peisl H. in "Hydrogen in Metals" Vol. Ⅰ [M]. Alefeld G, Volkl J, Eds. Berlin : Springer-Verlag, 1978: 53-74.

[25] Fukai Y. Site preference of interstitial hydrogen in metals [J]. J Less-Common Met, 1984, 101 : 1-16.

[26] 山口貞衛，小沢国夫. 核反応を用いたイオンチャネリング実験による格子間不純物原子の位置決定 [J]. 日本結晶学会誌，1978，20：199.

[27] 南雲道彦. 材料中の水素の存在状態Ⅱ [J]. Zairyo-to-Kankyo, 2005, 54: 251-261.

[28] Norskov J K. Covalent effects in the effective-medium theory of chemical binding: Hydrogen heats of solution in the 3d metals [J]. Phys Rev B, 1982, 26: 2875.

[29] Yagi E. The state of hydrogen in Nb-based Nb-Mo alloys analyzed by the channelling method [J]. ISIJ Int，2003，43：505-513.
[30] 南雲道彦. 材料中の水素の存在状態Ⅰ [J]. Zairyo-to-Kankyo，2004，53：548-553.
[31] 高井健一. 金属材料中の水素存在状態 [J]. 日本機械学会論文集，2004，70 (696)：1027-1035.
[32] Chou S C，Makhlouf M M. The effect of ion implanting on hydrogen entry into metals [J]. Metallurgical and materials transaction A，1999，30A：1535-1540.
[33] 深井有，田中一英，内田裕久. 水素と金属 [M]. 东京：内田老鶴圃，1998.
[34] 刘国勋. 金属原理 [M]. 北京：冶金出版社，1973：119.
[35] Griessen R. Lecture script ‘Hydrogen in metals，science and technology [J]. The Netherlands：Vrije Universiteit Amsterdam，2005.
[36] 名越慎悟，鈴木啓史，高井健一，等. 高強度鋼の弾性・塑性応力下における水素トラップサイト変化 [J]. 材料とプロセス，2003. 16-6：1544.
[37] 阪下真司，秋山英二，津崎兼彰，等. 塑性域の軸力で締付けて海浜暴露したボルト内の吸蔵水素分布 [J]. 鉄と鋼，2002，88-12：849-856.
[38] 坂本芳一，高尾慶蔵，山口洋二. PC鋼中の水素拡散に及ぼす焼入れ焼戻し組織 [J]. 防食技術，1980，29-7：330-336.
[39] 深井有. 金属中の水素Ⅰ-状態図と統計熱力学 [J]. 日本金属学会会報，1985，24 (7)：597-606.
[40] Alefeld G，Volkl J，et al. Hydroffen in metals Ⅱ [M]. Berlin：Springer，1979：11.
[41] Pesch W，Schober T，Wenzl H. A TEM study of the phase diagrams VH and VD [J]. Script Met，1982，16：307-312.
[42] Ldsser R，Klatt K-H，Mecking P，et al. Tritium in metallen [M]. Berichte der KFA Julich，1982.
[43] Wipf H. Solubility and diffusion of hydrogen in pure metals and alloys [J]. Physica Scripta，2001，94：43-51.
[44] 深井有. 遷移金属-水素系の状態図 [J]. 日本金属学会誌，1991，55 (1)：17-21.
[45] Fu Kai，Li Guoling，Li Jigang，et al. Study on the thermodynamics of the gadolinium-hydrogen binary system (H/Gd=0.0～2.0) and implications to metallic gadolinium purification [J]. Journal of Alloys and Compounds，2016，673：131-137.
[46] Fu Kai，Li Guoling，Li Jigang，et al. Experimental study and thermodynamic assessment of the dysprosium-hydrogen binary system [J]. Journal of Alloys and Compounds，2017，696：60-66.
[47] Oriani R A. 氢在金属中的物理与金相特性 [M]. 张武寿，译. 北京：冶金工业出版社，2002.
[48] Zhou Chengshang，Zhang Jingxi，Bowman Robert C，et al. Roles of Ti-based catalysts on magnesium hydride and its hydrogen storage properties [J]. Inorganics，2021，9：36.
[49] Zhou C A. Study of advanced magnesium-based hydride and development of a metal hydride thermal battery system [D]. USA：The University of Utah，2015.
[50] Fukai Y，Sugimoto H. Diffusion of hydrogen in metals [J]. Adv in Physics，1985，34：263-326.
[51] 深井有. 金属中の水素Ⅲ-拡散過程 [J]. 日本金属学会会報，1985，24 (9)：707-715.
[52] Buxbaum R E，Subramanian R，Park J H，et al. Gasification and associated degradation mechanisms applicable to dense metal hydrogen membranes [J]. Ind Eng Chem Res，1996：530-537.
[53] Phair John W，Richard Donelson. Developments and design of novel (non-palladium-based) metal membranes for hydrogen separation [J]. Ind Eng Chem Res，2006，45：5657.
[54] 大村朋彦，鈴木啓史，岡村司，等. 大気および高圧水素ガス環境を模擬した低合金鋼の水素チャージ法 [J]. 鉄と鋼，2014，100 (10)：1289-1297.
[55] 塚原園子. 超高真空材料として眺めた金属材料と水素 [J]. 応用物理，2000，69 (1)：22-28.
[56] Jérôme Barraqué. Hydrogen analysis in steel and metals：Solid extraction or fusion [J].
[57] 鶴見大地，斉藤博之，辻裕一. SCM435 鋼陰極水素チャージ試験片のSSRTによる耐水素性評価 [J]. 圧力技術，2018，56 (3)：10-17.
[58] 川上遼，窪田和正，松永久生. 電解水素チャージ環境におけるSCM435の回転曲げ疲労特性 [J]. 日本金属学会誌，2020，84 (3)：92-98.
[59] Beachern C D. A new model for hydrogen-assisted cracking (hydrogen “embrittlement”) [J]. Met Trans，1972，3：437-451.
[60] Bernstei I M. The effect of hydrogen on the deformation of iron [J]. Scripta Met，1974，8：343.
[61] Strizker B. Electronic structure and properties of hydrogen in metals [M]. Jena P，Satterthwaite C B，Eds. N Y：Plenum Press，1983：309.

[62] 山中伸介. 水素と金属、酸化物セラミックス [J]. 生産と技術，1997，49 (3)：56-60.
[63] 氢用材料 http://www.pro-eng.jp/service.html
[64] Sheppard Drew A，Paskevicius Mark，Javadian Payam，et al. Methods for accurate high-temperature Sieverts-type hydrogen measurements [J]. Journal of Alloys and Compounds，2019，787：1225-1237.
[65] Choi S，Davenport T C，Haile S M. Energy Environ [J]. Sci，2019，12：206.
[66] Duan C，Kee R，Zhu H，et al. Highly efficient reversible protonic ceramic electrochemical cells for power generation and fuel production [J]. Nat Energy，2019，4：230-240.
[67] Morejudo S H，Zanon R，Escolastico S，et al. Direct conversion of methane to aromatics in a catalytic co-ionic membrane reactor [J]. Science，2016，353：563-566.
[68] Duan C，Tong J，Shang M，et al. Readily processed protonic ceramic fuel cells with high performance at low temperatures [J]. Science，2015，349：1321-1326.
[69] Duan C，Kee R J，Zhu H，et al. Highly durable，coking and sulfur tolerant，fuel-flexible protonic ceramic fuel cells [J]. Nature，2018，557：217-222.
[70] Malerød-Fjeld H，Clark D，Yuste-Tirados I，et al. Thermo-electrochemical production of compressed hydrogen from methane with near-zero energy loss [J]. Nat Energy，2017，2：923-931.
[71] Yang L，Wang S，Blinn K，et al. Enhanced sulfur and coking tolerance of a mixed ion conductor for SOFCs：BaZr (0.1) Ce (0.7) Y (0.2−x) Yb (x) O (3-delta) [J]. Science，2009，326：126.
[72] Vøllestad E，Strandbakke R，Tarach M，et al. Mixed proton and electron conducting double perovskite anodes for stable and efficient tubular proton ceramic electrolysers [J]. Nat Mater，2019，18：752-759.
[73] Choi S，Kucharczyk C J，Liang Y，et al. Exceptional power density and stability at intermediate temperatures in protonic ceramic fuel cells [J]. Nat Energy，2018，3：202-210.
[74] An H，Lee H-W，Kim B-K，et al. A $5\times5cm^2$ protonic ceramic fuel cell with a power density of $1.3W/cm^2$ at 600℃ [J]. Nat Energy，2018，3：870-875.
[75] Forrat F，Dauge G，Trevoux P，et al. "Electrolyte solide a base de $AlLaO_3$. Application aux piles a combustible" [J]. C R Acad Sci，1964，259：2813.
[76] Stotz S，Wagner C. Die löslichkeit von wasserdampfund wasserstoff in festen oxiden [J]. Ber Bunsengesellschaft Phys Chem，1966，70：781.
[77] Uchida H，Maeda N，Iwahara H. Steam concentration cell using a high temperature type proton conductive solid electrolyte [J]. J Appl Electrochem，1982，12：645-651.
[78] Iwahara H. Hydrogen pumps using proton-conducting ceramics and their applications [J]. Solid State Ionics，1999，125：271.
[79] Iwahara H，Uchida H，Tanaka S. High temperature-type proton conductive solid oxide fuel cells using various fuels [J]. J Appl Electrochem，1986，16：663-668.
[80] Hamakawa S，Hibino T，Iwahara H. Electrochemical methane coupling using protonic conductors [J]. J Electrochem，1993，140：459 .
[81] Iwahara H，Yajima T，Hibino T，et al. Performance of solid oxide fuel cell using proton and oxide ion mixed conductors based on $BaCe_x Sm_{x-3}$ [J]. J Electrochem，1993，140：1687.
[82] Uchida H，Maeda N，Iwahara H. Steam concentration cell using a high temperature type proton conductive solid electrolyte [J]. J Appl Electrochem，1982，12：645-651.
[83] Iwahara H，Uchida H，Maeda N. High temperature fuel and steam electrolysis cells using proton conductive solid electrolytes [J]. J Power Sources，1982，7：293-301.
[84] Iwahara H，Uchida H，Yamasaki I. High-temperature steam electrolysis using $SrCeO_3$-based proton conductive solid electrolyte [J]. Int J Hydrogen Energy，1987，12：73-77.
[85] Yajima T，Koide K，Takai H，et al. Application of hydrogen sensor using proton conductive ceramics as a solid electrolyte to aluminum casting industries [J]. Solid State Ionics，1995，79：333-337 .
[86] Babilo P，Haile S M. Enhanced sintering of yttrium-doped barium zirconate by addition of ZnO [J]. J Am Ceram，2005，88：2362 .
[87] Ding D，Zhang Y，Wu W，et al. A novel low-thermal-budget approach for the co-production of ethylene and hydrogen via the electrochemical non-oxidative deprotonation of ethane [J]. Energy Environ Sci，2018，11：1710 .
[88] Song Y，Chen Y，Wang W，et al. Self-assembled triple-conducting nanocomposite as a superior protonic ceramic fuel cell cathode [J]. Joule，2019，3 (11)：2842-2853.
[89] Duan Chuancheng，Huang Jake，Sullivan Neal，et al. Proton-conducting oxides for energy conversion and storage

[J]. Appl Phys Rev，2020，7：11314.
[90] 武津典彦. 高温型水素イオン（プロトン）導電性固体電解質の最近の進歩 [J]. まてりあ，1995，34 (1)：55-64.
[91] 武津典彦. 高温型酸化物プロトン導電体の物性と応用 [J]. 日本金属学会会報，1990，29：612.
[92] Tian Hanchen，Luo Zheyu，Song Yufei，et al. Protonic ceramic materials for clean and sustainable energy：Advantages andchallenges [J]. International Materials reviews，2023，68 (3)：272-300.
[93] Wagner C，Bunsenges Ber. Physik Chem，1968，72 ：778.
[94] 山崎仁丈，桑原彰秀. プロトン伝導性固体酸化物の伝導機構 [J]. 応用物理第，2019，88 (4)：267-270.
[95] 山崎仁丈. プロトントラッピング～固体酸化物形燃料電池，低温動作の鍵となる金属酸化物中におけるプロトンの拡散～ [J]. まてりあ，2015，54：242.
[96] 陶瓷质子导体 https://aeml. mines. edu/research/proton-conducting-ceramics/
[97] 北村尚斗，雨澤浩史，冨井洋一，等. Sr添加 $NdPO_4$ における高温プロトン伝導 [J]. 粉体および粉末冶金，2002，49 (10)：856-860.
[98] Duan C，Kee R，Zhu H，et al. Highly efficient reversible protonic ceramic electrochemical cells for power generation and fuel production [J]. Nat Energy，2019，4：230-240.
[99] Morejudo S H，Zanon R，Escolastico S，et al. Direct conversion of methane to aromatics in a catalytic co-ionic membrane reactor [J]. Science，2016，353：563.
[100] Duan C，Tong J，Shang M，et al. Readily processed protonic ceramic fuel cells with high performance at low temperatures [J]. Science，2015，349：1321-1326.
[101] Liu Fan，Duan Chuancheng. Direct-hydrocarbon proton-conducting solid oxide fuel cells [J]. Sustainability，2021，13：4736
[102] 张润虎，郑孝英，谢冲明. 膜技术在氢气分离中的应用 [J]. 过滤与分离，2006，16 (4)：33-36.
[103] 一种压差法水蒸气透过率测量装置. http://www. tec-eye. co. jp/deltaperm. html
[104] Pişkin F. A combinatorial study on hydrogen separation membranes [J]. 2018. DOI：10. 13140/RG. 2. 2. 13433. 72805.
[105] 张冬娜，丁楠，张兆，等. Ⅳ型瓶聚乙烯内胆材料氢渗透行为研究 [J]. 新能源进展，2022，10 (1)：15-19.
[106] 刘秋菊，李旭阳，陈国伟，等. 阻隔性高分子复合材料研究与应用进展 [J]. 塑料科技，2013，41 (7)：104-108.
[107] 无水质子传导聚合物电解质膜 https://phys-chem-polym. chembio. nagoya-u. ac. jp/member-noro-e. html
[108] 叶青，宋洁，侯坤，等. 质子交换膜电解制氢氢气渗透研究进展 [J]. 工程科学学报，2022，44 (7)：1274-1281.
[109] Ito H，Maeda T，Nakano A，et al. Properties of Nafion membranes under PEM water electrolysis conditions [J]. Int J Hydrog Energy，2011，36 (17)：10527.
[110] Battino R，Clever H L. The solubility of gases in liquids [J]. Chem Rev，1966，66 (4)：395.
[111] Trinke P，Bensmann B，Hanke-Rauschenbach R. Current density effect on hydrogen permeation in PEM water electrolyzers [J]. Int J Hydrog Energy，2017，42：14355-14366.
[112] Shibata S. The concentration of molecular hydrogen on the platinum cathode [M]. Jpn：Bull Chem，1963，36 (1).
[113] Matsushima H，Kiuchi D，Fukunaka Y. Measurement of dissolved hydrogen supersaturation during water electrolysis in a magnetic field [J]. Electrochim Acta，2009，54 (24)：5858e62.
[114] Delucan N W，Elabd Y A. Polymer electrolyte membranes for the direct methanol fuel cell：A review [J]. Journal of Polymer Science Part B：Polymer Physics，2006，44 (16)：2201-2225.
[115] 李佳霖. 质子交换膜内质子传输通道纳微结构调控及传递特性强化 [D]. 长春：吉林大学，2022.
[116] 张艳红，杨静，韩雅芳. 我国燃料电池汽车用质子交换膜产业发展分析 [J]. 中外能源，2023，28 (4)：23-28.
[117] 郑辰阳. 质子交换膜质子电导率及热导率的分子动力学模拟 [D]. 北京：中国矿业大学，2018.
[118] 黄梓俊，赵腾腾，任艳蓉，等. 燃料电池用跨温区质子交换膜材料研究进展 [J]. 化学研究，2023，34 (4)：283-296.
[119] Wu Yong，Yu Hongen，Li Xingguo，et al. A rare earth hydride supported ruthenium catalyst for the hydrogenation of N-heterocycles：boosting the activity via a new hydrogen transfer path and controlling the stereoselectivity [J]. Chemical Science，2019，10：10459-10465.
[120] Wu Yong，Guo Yanru，Li Xingguo，et al. Nonstoichiometric yttrium hydride-promoted reversible hydrogen storage in a liquid organic hydrogen carrier [J]. CCS Chemistry，2020，2 ：974-984.
[121] Yu Hongen，Yang Xue，Li Xingguo，et al. $LaNi_{5.5}$ particles for reversible hydrogen storage in *N*-ethylcarbazole [J]. Nano Energy，2021，80：105476.

第4章 氢气制备中的材料

在众多的制氢方法中，甲烷制氢现有产量最大，技术相对成熟，成本相对较低，但需要高温催化条件，以及仍然需要使用煤、石油、天然气等传统化石燃料，产生大量的碳排放。传统甲烷制氢过程中对副产物气体不进行碳捕集，制得的氢气被称为灰氢，其并不是一种清洁的二次能源，而副产物气体经过碳捕集、利用与封存后，甲烷等化石燃料制得的氢气可以被称为低碳排放的蓝氢，但是目前碳捕集、利用和封存技术也存在着降低能耗与成本方向的诸多技术挑战。此外，地壳中化石燃料含量终究有限，从长远角度看难以将其视作一种可再生的制氢技术。水可以被电解为氢气和氧气的实验现象早在 1800 年就由 W. Nicholson 和 A. Carlisle 发现，经过 200 多年的技术改进，已经在工业生产中得到了大规模应用，将多种形式的可再生能源转化为电能，再将电能以电解水的方式转化为氢能，一般又被称为绿氢，其是一种理想的零排放的清洁能源。但是目前的电解水制氢技术中电解池组件成本和可再生能源发电的成本相对过高，因而限制了氢气成本的降低。生物质气化制氢相比甲烷制氢也面临着降低成本、提高产氢效率的问题。对于生物发酵有机物小分子（如糖类）的制氢方法，微生物在产氢反应的持久性、稳定性方面仍需进一步突破，在产业化方面仍有许多难题亟须解决；光电化学池催化制氢在电池结构设计，电催化、光反应理论完善等技术、理论方面需要进一步研究。在利用太阳能或地热能热解水作为原料制氢方法中面临着 3000℃高温热源的寻找问题，以及需要解决该反应条件下反应溶剂与催化剂的热稳定性。

4.1 甲烷重整或分解制氢中的材料

4.1.1 甲烷的蒸汽重整反应

甲烷(CH_4) 是制氢的重要化学原料。全世界超过 95%的氢气是通过甲烷蒸汽重整(SMR) 生产的。SMR 是一种成熟的工业过程，利用压力范围为 3～25bar 的高温（700～1000℃）蒸汽从甲烷源（如天然气）中提取 H_2。甲烷蒸汽重整的基本反应方程式如下所示：

$$CH_4 + H_2O \longrightarrow 3H_2 + CO，\Delta H_{298}^0 = 206kJ/mol$$

$$CO + H_2O \longrightarrow CO_2 + H_2，\Delta H_{298}^0 = -41.1kJ/mol$$

除了 H_2 外，SMR 还可以获得一定量的一氧化碳（CO）和少量的二氧化碳（CO_2），因此传统上被用来制造合成气（H_2 和 CO）。当与水煤气变换（WGS）反应相结合时，从 SMR 得到的副产物 CO 可以进一步与蒸汽反应，生成额外的 H_2 和 CO_2 作为最终产物[1]。SMR 是一种催化反应，加速甲烷分解为氢气和含碳物种。然后，含碳物种通过气化反应与氧进一步反应，产生 CO/CO_2 并恢复活性点。

尽管 SMR 是一项成熟的技术，但仍然存在一些由反应物性质和反应热力学引起的缺点，如高能耗、高生产成本、苛刻的反应条件、低反应效率和低过程稳定性。具体而言，这些缺点主要体现在三个方面：首先，甲烷非常稳定，因此很难被活化。由于其高度吸热的特性（$\Delta H = 206 kJ/mol$），SMR 需要额外的能量和设计合适的仪器，在高温高压条件下进行反应，这也引入了传质和传热问题。其次，催化剂的设计仍然需要改进。一方面，贵金属催化剂（如 Ru、Rh）表现出较高的 SMR 活性和良好的稳定性。然而，贵金属的成本和可用性限制了它们的应用。另一方面，商业催化剂 Ni/Al_2O_3 容易发生严重的失活现象，因为 Ni 催化剂容易烧结和生成焦炭。最后，SMR 伴随着大量 CO_2 的生成，特别是在与水煤气变换相结合用于 H_2 生产时，每生产 1kg H_2 伴随产生 9～14kg CO_2。CO_2 具有很强的温室效应，处理这些碳排放进一步增加了 SMR 过程的成本。

为了开发一种高效、低成本且稳定的甲烷重整过程，现在研究方向主要集中在以下几个方面。首先是对甲烷转化过程中技术的发展替代和升级，包括与二氧化碳进行干法重整(DRM)、与氧气进行部分氧化（O_2）、与 H_2O 和 O_2 进行自热重整、低温 SMR、蒸气和干法重整的联合过程（CSDRM）、化学环流 SMR 过程（CL-SMR）、吸附增强 SMR（SE-SMR）[2] 以及联合 CL-SE-SMR 过程。其次，各个过程由于不同的反应条件，如温度和压力，会产生不同 H_2∶CO 比例的合成气混合物。在这些反应中，人们设计和制备了一系列活性与稳定性更高的催化剂。在这个领域中，最常研究的催化剂大多属于Ⅷ族元素，包括单金属、双金属、贵金属和非贵金属催化剂。人们深入研究了这些催化剂的金属性质[3]、尺寸效应[4]、助催化剂效应[1]、载体效应[5]，以及配位状态[6] 和酸碱性质[7]。催化剂的上述性质对于控制反应途径和产物分布至关重要。最后，人们还进一步优化了这些甲烷重整过程的反应条件和各种工程因素，如温度、压力、进料速率、原料比例、反应器类型等。

催化动力学参数在很大程度上受到催化剂和操作条件的影响。干法重整（DRM）中，CH_4 和 CO_2 的反应物首先分别被吸附到活性位点上。然后在活性位点上进行协同反应，形成 H_2 和 CO 产物。催化反应动力学的基本模型是认为 CH_4 和 CO_2 的反应遵循一级反应动力学。因此，优化反应条件并增加镍颗粒的表面积对于这方面来说是关键。同时，CH_4 的活化和含碳物种气化到 CO 是 SMR 的决速步骤。特别是对于含碳物种的气化，镍-碳的较强结合将阻碍含碳物种的脱附并生成更多的碳沉积物（加速失活）。先前的密度泛函理论(DFT）研究[8] 表明，C 或 C-H 物种是催化剂表面上最稳定的中间体。对于逆向反应（即甲烷化反应），CO 的解离在完整的 Ni（111）表面上有很大的活化能垒，但在阶梯状的 Ni（211）表面上更有利。因此，Ni（111）表面的阶梯是 CO 解离的位置。从该 DFT 研究中计算得到的反应自由能为 292kJ/mol，对应的反应焓为 230kJ/mol，这与实验值 206kJ/mol 相符。镍-碳和镍-氧的结合能通常呈现出火山型曲线，因此开发具有优化结合能的 Ni 催化剂非常重要。

催化剂结构-活性关系的指标，如金属类型、金属配位状态、尺寸效应、载体效应和助催化剂等，是填补理论计算和实验观察到的催化性能之间差距的重要接口。先前的研究表明，无论是 SMR 还是 DRM，都对催化剂结构敏感[8]。同时，催化金属纳米颗粒中具有不同化学环境的原子具有明显的活性差异[4]。因此，建立起这种催化活性的构效关系并理解其中的机制是设计出更高效和稳定的催化剂的必要条件。

SMR 催化剂中贵金属基催化剂常常被作为研究的对象。与商业 Ni 催化剂中由于 Ni 金属中碳的形成、扩散和溶解而产生的严重的积炭问题有所不同，贵金属难以与碳形成固溶体或金属化合物，从而在 SMR 过程中产生较少的焦炭[9]。例如，在对 Ru、Rh、Pd、Ir 和 Pt 等贵金属的重整性能研究中，Ru 和 Rh 显示出较高的重整活性与较低的碳形成率[10]。Jones 等[11]在研究中发现了 Ru > Rh > Ir > Pt 的 SMR 活性顺序，说明 Pt 催化剂在这些贵金属中是最不活泼的。然而，Wei 和 Iglesia[12]的研究显示，Pt 对 C-H 键的活化比 Ir、Rh 和 Ru 更高。迄今为止，不同研究团队在这个领域的研究结果仍然存在分歧，目前还无法给出具体的催化活性和选择性顺序，以确定其对氢气生产的适用性。

图 4-1 巴斯夫生产的 SYNSPIRE™ SMR 催化剂

尽管所有这些贵金属催化剂表现出较高的催化活性和较少的焦炭形成，但高成本阻碍了它们的实际应用。Ⅷ族非贵金属也对 SMR 具有活性[13]。然而，铁在反应条件下会迅速氧化，而钴无法承受蒸汽的压力。因此，低成本的镍基催化剂是研究最多、在工业上最常用的 SMR 催化剂。图 4-1 为巴斯夫生产的 SYNSPIRE™ SMR 催化剂，其性质见表 4-1。

表4-1 巴斯夫 SYNSPIRE™ SMR 催化剂的基本参数

商品名称	SYNSPIRE™ G1-110
主要活性成分	镍，氧化物
外形与尺寸	绿色颗粒，四孔四叶形，15mm × 8mm
压实密度	0. 9 ~ 1.1kg/dm^3
预计寿命	5 ~ 8 年
典型工作气流	H_2O/CH_4 < 1.8 [mol] / [mol] H_2/CO: 1 ~ 3 [mol] / [mol]
典型工作温度（出口处气体）	800 ~ 950℃
典型工作压力	20 ~ 40bar

由于镍基催化剂得到了最广泛的商业化应用（SMR 领域 60% 的论文都与镍催化剂相关）。在这一部分，我们主要总结镍催化剂的尺寸效应研究[14]，在 500℃ 和 600℃，5bar 压力下，无论是 SMR 还是 DRM，最佳的镍颗粒尺寸均约为 2～3nm，而在 SMR 过程中，约为 4.5nm 的镍颗粒上明显出现了积炭形成，并随颗粒尺寸的增大而增加[4]。此外，人们通过结合理论建模［DFT 和动力学蒙特卡洛法（KMC）模拟］和实验结果，系统地研究了 Ni/MgO 催化剂在 DRM 反应中的性能。DFT 计算显示，Ni_1/MgO 中 Ni 单原子和 MgO 载体之间的协同效应并不强，因为反应中间体的结合能较弱，而且相邻活性位点的数量有限。当稍微增加 Ni 的尺寸时，Ni_4/MgO 催化剂提供的结合能比 Ni_1/MgO 更强。它还提供了足够的有活性又同时孤立的 Ni 位点，可以在协同作用下活化 CH_4 和 CO_2，生成 CO、H_2 和

H_2O，完全消除碳沉积。实验观察到，包含 3～4 个 Ni 原子的 Ni/MgO 催化剂上的 Ni 团簇与计算预测相吻合（图 4-2）[15]。

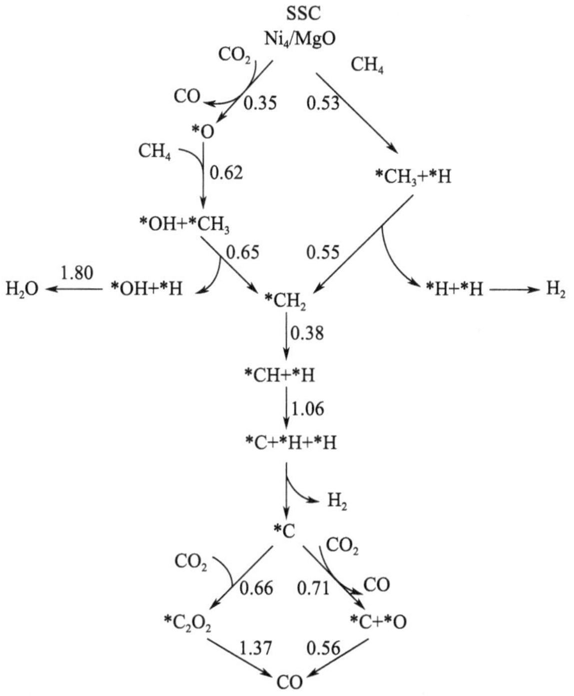

图 4-2　Ni_4/MgO 催化剂的（110）晶面对甲烷干法重整反应的反应流程与各步骤对应的能量变化示意图［能量单位为电子伏特（eV）］

研究表明，将第二种金属作为助催化剂添加到 Ni 基催化剂中可以提高其选择性、耐久性和活性，从而解决或减缓 SMR 的典型问题，包括焦炭形成、活性氧化、烧结和分离。例如，将高活性的 Ni 物种用于 CH_4 活化和 Fe 物种用于水分解相结合，形成 Ni-Fe 合金，使得 CH_4 在 900℃时的转化率可达 97.5%，CO 选择性可达 92.9%，产物 CO 和 H_2 的生产率分别为 9.6mol/kg 和 29.0mol/kg（以等摩尔比的 Ni-Fe 催化剂计）[16]。

大量的研究通过分析不同载体的效应来改善 Ni 催化剂的性能。Nieva 等指出，Ni 基催化剂的催化活性主要取决于载体，其在催化过程中发挥着重要作用。事实上，载体影响金属的分散性，影响抗烧结性，并有时通过促进反应物的吸附直接参与反应。对于 600℃ 的 SMR 反应，具有不同载体的 Ni 基催化剂的活性顺序观察为：$Ni/MgAl_2O_4 > Ni/ZnAl_2O_4 > Ni/Al_2O_3 > Ni/SiO_2$。具体而言，$Ni/SiO_2$ 催化剂因表面氧化和碳沉积而迅速失活，而 $Ni/ZnAl_2O_4$ 显示出最低程度的碳沉积和最高的抗烧结性[5]。

此外，人们还观察到在 500℃、常压下，Al_2O_3 和 SiO_2 等载体下 Ni 催化剂会逐渐氧化，而 ZrO_2 载体可以稳定镍颗粒，并且使得甲烷转化率比前两者更高。主要原因是 ZrO_2 载体可以聚集水，有利于羟基的形成，从而促进了 SMR 反应[17]。由于其高热稳定性、力学性能和高的氧储存能力，CeO_2 也被广泛研究作为 Ni 基催化剂的载体和助催化剂。Dan 等研究了经过 CeO_2 和 La_2O_3 修饰的 Al_2O_3 载体上的 Ni 催化剂，他们观察到形态学特性（如表面积、镍分散度）是增强催化性能的原因，包括更大的甲烷转化率和进一步减少焦炭形成。同时，也有研究发现 CeO_2、ZrO_2 及其混合氧化物广泛用作载体或载体助剂，相比传统的 Al_2O_3 或 $MgAl_2O_4$ 载体，具有更优越的催化性能[18]。

镍配位状态也直接影响了 SMR 催化剂的活性。$NiAl_2O_4$ 及 $NiAl_4O_7$ 由于存在 4 配位的氧化镍而对甲烷干法重整具有活性和稳定性，如图 4-3(a) 所示。这些样品中有限的金属镍含量将最小化积炭的量。另外，甲烷蒸汽重整需要存在金属镍，而在还原和未还原状态下的 $Ni_2Al_2O_5$ 以及还原处理后的 $NiAl_2O_4$ 由于存在足够小的镍纳米颗粒而对甲烷蒸汽重整具有活性，而且不会产生积炭，如图 4-3(b) 所示[6]。

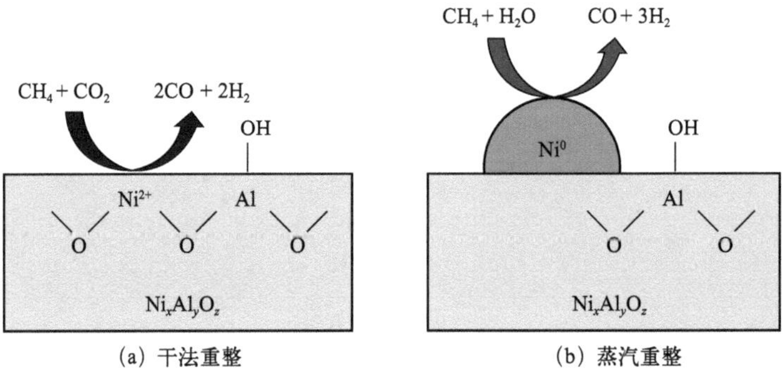

图 4-3　镍-氧化铝催化剂分别在干法重整（a）和蒸汽重整（b）过程中的反应位点[6]

同时，催化剂位点的酸碱性也是需要考虑的因素。用于蒸汽重整催化剂的典型 Al_2O_3 载体是酸性的，有利于碳氢化合物的裂解和聚合，这是加速 SMR 催化剂失活的主要原因。碱金属如钾以及碱土金属如镁和钙经常被用于改善催化剂的稳定性[7]。除了使用助催化剂来修饰 Al_2O_3 载体外，研究人员还在寻找替代载体。碱性氧化物载体，如 MgO 和 CaO 可以通过增强吸附效应来促进反应速率及 H_2 选择性。一旦这些载体吸收了 CO_2，反应平衡就会向产物一侧移动。基于这种效应，吸附增强的 SE-SMR 可以被用于追求更高的 H_2 选择性。SE-SMR 过程的另一个优点是以热分解 $CaCO_3$ 的方式释放吸收的 CO_2 和再生催化剂操作较为容易。

实验室中正在研发的一些 Ni 基金属催化剂的性质汇总于表 4-2。一部分催化剂可以表现出近 100%的转化率和良好的稳定性能。

表4-2　一些实验室中 SMR Ni 基催化剂的性质汇总

催化剂（颗粒直径）	催化剂制备原料与反应条件	甲烷重整反应的条件范围	甲烷转化率（体积分数）与其对应的温度、压力（重整反应时间与对应的活性损失）	参考文献
$Ni/SiO_2Al_2O_3$ [（5~8）nm±1.2nm]	10%（质量分数）$SiO_2Al_2O_3$，$NiCl_2 \cdot 6H_2O$，NaOH，乙二醇，$N_2H_4 \cdot H_2O$。T= 90℃；$T_{煅烧}$ = 900℃	WHSV= 1700mL/（g · h）；CH_4/H_2O = 1；T = 650~900℃	$X_{CH_4} \approx$ 100%；T = 750℃；p = 1bar（50h，0.41%）	[19]

续表

催化剂（颗粒直径）	催化剂制备原料与反应条件	甲烷重整反应的条件范围	甲烷转化率（体积分数）与其对应的温度、压力（重整反应时间与对应的活性损失）	参考文献
$Ni_2Al_2O_5$（3~4nm）	$Ni(NO_3)_2 \cdot 6H_2O$，$Al(NO_3)_3 \cdot 9H_2O$，乙二醇，柠檬酸，H_2O；$T_{煅烧}=1000℃$	GHSV= 65500h^{-1}；$H_2O : CH_4 : N_2 = 2.4:1:3.4$；$T=700℃$；$p=1bar$	$X_{CH_4}=82\%$；$T=700℃$；$p=1bar$（12h，7%）	[6]
$Ni/Y_2Zr_2O_7$	$Ni(NO_3)_2 \cdot 6H_2O$，$Y_2Zr_2O_7$，H_2O；$T_{煅烧}=800℃$	WHSV = 72000mL/（h · g_{cat}）；$H_2O : CH_4=2:1$；$T=550\sim800℃$；$p=1\sim20atm$	$Ni/Y_2Zr_2O_7$ $X_{CH_4}\approx98\%$；$T=800℃$；$p=1atm$（100h，0%）	[20]
$Ni\text{-}La_{0.6}Sr_{0.4}FeO_{3-\delta}$（50nm）或 $Ni\text{-}SrTi_{0.7}Fe_{0.3}O_{3-\delta}$（25nm）	$Ni(ACAC)_2$，丙酮，$La_{0.6}Sr_{0.4}FeO_{3-\delta}$ 或 $SrTi_{0.7}Fe_{0.3}O_{3-\delta}$；$T_{煅烧}=600℃$	$H_2O : CH_4=1$；$T=550\sim600℃$；$p=1bar$	$Ni\text{-}SrTi_{0.7}Fe_{0.3}O_{3-\delta}$ $X_{CH_4}\approx90\%$；$T=600℃$；$p=1bar$	[21]
$Ni/\gamma\text{-}Al_2O_3$（< 50nm）	$\gamma\text{-}Al_2O_3$，H_2O，$Ni(NO_3)_2 \cdot 6H_2O$，甘氨酸；$T_{煅烧}=400℃$	WHSV = 45000~360000cm^3/（g · h）；$H_2O : CH_4=2:1$，$T=650℃$	$X_{CH_4}\approx10\%$，$X_{H_2}\approx50\%$；$T=650℃$（50h，0%）	[22]
$Ni/Ni_{0.4}Mg_{0.6}O$（18~28nm）	$Ni_{0.4}Mg_{0.6}O$；氢气下还原	WHSV = 15800cm^3/（g · h）；$H_2O/CH_4=0.5$	$X_{CH_4}\approx99\%$；$T=800℃$（100h，0%）	[23]
$Ni/Ln_2Ti_2O_7$（Ln = La、Pr、Sm 及 Y）（16.6~17.5nm）	$Ni(NO_3)_2 \cdot 6H_2O$，H_2O，$Ln_2Ti_2O_7$（Ln = La、Pr、Sm 及 Y）；$T_{煅烧}=800℃$	WHSV = 72000mL/（h · g_{cat}）；$H_2O : CH_4=2:1$；$T=600\sim800℃$；$p=1atm$	$Ni/Y_2Ti_2O_7$ $X_{CH_4}\approx85\%$；$T=800℃$（50h，约 5%）	[24]

续表

催化剂（颗粒直径）	催化剂制备原料与反应条件	甲烷重整反应的条件范围	甲烷转化率（体积分数）与其对应的温度、压力（重整反应时间与对应的活性损失）	参考文献
Ni/Al_2O_3（6~12nm）	Al_2O_3，$Ni(NO_3)_2 \cdot 6H_2O$，H_2O；$T_{煅烧}=550℃$	GHSV = 100mL/min；$CH_4:CO_2=1:0.48$；$H_2O:CH_4=1.2:0.48$，或 3.5：0.48，或 6.1：0.48；$T=600\sim700℃$	10%（质量分数）Ni/Al_2O_3，$X_{CH_4}\approx99\%$；$T=700℃$（20h，约 0%）	[25]

注：ACAC 为乙酰丙酮；WHSV 为质量空速；GHSV 为体积空速；X 为摩尔分数。

4.1.2 甲烷的催化分解

甲烷也可以直接通过热解或热催化(CDM) 解离为碳和氢，而无需产生 CO_2 或 CO，反应式如下：

$$CH_4(g) \longrightarrow C(s) + 2H_2(g) \quad \Delta H_r = +74.8kJ/mol$$

SMR 和甲烷部分氧化等传统甲烷制氢方法通常会产生大量的 CO_2，相较之下 CDM 过程是温室气体排放最小的制氢方法，近年来引起了研究人员的广泛关注[26]。在 CDM 过程中，适当的催化剂起着关键作用，可以降低活化能并缩短反应时间。典型的催化剂包括镍基催化剂、铁基催化剂、掺杂贵金属催化剂和碳催化剂[27]。

在所有 CDM 催化剂中，镍基催化剂由于其高活性得到了广泛的研究[28]。在新制备的镍催化剂的作用下，一般 200℃下即可检测到 CDM 产生的氢气[29]。Monzon 等报道了载量为 30%的镍催化剂负载在 Al_2O_3 上时其对 CDM 过程的性质和催化行为。他们进一步研究了操作温度、还原温度和进料气体组成（$CH_4/H_2/N_2$）对甲烷转化率、氢气产率和催化剂失活的影响。结果显示，通过共沉淀法制备的催化剂在 550℃以上表现出甲烷解离反应的催化活性。此外，伴随着甲烷进料的氢气投料抑制了碳纤维的形成和焦化反应，从而在一定程度上增强了催化剂的稳定性[29]。

镍颗粒的大小对 CDM 的反应效率起着至关重要的作用。Takenaka 等研究了在 CDM 中具有 60～100nm 镍纳米颗粒的 40%（质量分数）Ni/SiO_2 催化剂，其碳产率在 500℃时高达 491g C/g Ni[30]。另外，Ermakova 等制备了 90%（质量分数）Ni/SiO_2 催化剂，其镍颗粒大小为 10～40nm，在 550℃时碳产率为 385g C/g Ni[31]。将其他金属加入镍催化剂与改性形成双金属/三金属催化剂是增加 CDM 活性和镍催化剂稳定性的另一种方法[32]。Rezaei、Meshkani 等研究了 La、Ce、Co、Fe 和 Cu 掺杂的 $Ni/MgO \cdot Al_2O_3$ 催化剂在甲烷热分解中的催化性能和结构性质。与其他元素相比，由于 NiCu 合金的高活性和碳的快速扩散，在 $Ni/MgO \cdot Al_2O_3$ 中添加 Cu 显著改善了催化性能。在更高的温度下，15%（质量分数）Cu 的 $Ni\text{-}Cu/MgO \cdot Al_2O_3$ 催化剂表现出最高的催化活性和稳定性（>80%甲烷转化率）[33]。此外，人们还探索了掺杂稀土金属（La、Pr、Nd、Gd 和 Sm）的 Ni-Al 催化剂的甲烷分解活性[34]。将稀土元素引入 Ni/Al_2O_3 中形成了类水滑石结构，这极大地改变了 Ni 颗粒的活性。其中，$Ni/Re/Al_2O_3$ 催化剂因其大表面积的 Ni 颗粒和 Ni 与 Re/Al_2O_3 之间的强相互作用而呈现出最佳的甲烷转化率。

除了镍催化剂外，基于铁的催化剂因其催化效率高和环境友好，也被视为 CDM 有前途的材料。铁部分填充 3d 轨道能够通过接受电子来促进碳氢化合物的解离[35]。Al_2O_3 和 SiO_2 负载的铁催化剂广泛应用于 CDM 反应。Ibrahim 等研究了不同 Fe 负载量（14%～63%）的 Fe/Al_2O_3 催化剂在 700℃下用于 CDM 反应中时的 CH_4 转化率和 H_2 产率。结果表明，在较低的 Fe 负载量下，H_2 产率随着 Fe 含量的增加而增加，当 Fe 负载量达到 42%（质量分数）时，H_2 产率最大为 77.2%。然而，进一步增加 Fe 含量会降低氢气产率，这是由于高 Fe 负载引起催化剂表面积减少[36]。同样，Zhou 等研究了 CDM 反应中 3.5%～70%（质量分数）Fe 负载量的 Fe/Al_2O_3 催化剂的催化性能。在 41%（质量分数）Fe 负载量下，Fe_2O_3 和 Al_2O_3 之间的相互作用最强，形成了类似晶格溶解的固溶体。因此，41%（质量分数）Fe/Al_2O_3 在 750℃反应温度下表现出最佳的催化活性和稳定性，10h 内甲烷转化率达到 80%[37]。另外，SiO_2 是另一种常用的支撑材料，它稳定了 Fe 催化剂。与 Fe/Al_2O_3 相比，Fe/SiO_2 的活性通常较低，但寿命较长，这是由于有催化活性的 Fe 物种与 SiO_2 支撑材料之间的强相互作用[38]。Takenaka 等比较了 Fe/Al_2O_3 和 Fe/SiO_2 催化剂的催化活性，发现在相同的反应条件下，Fe/Al_2O_3 的碳产率（22.5g C/g Fe）高于 Fe/SiO_2（7.5g C/g Fe），这是由于反应过程中产生了不同的催化活性位点（对于具有较小 Fe 颗粒尺寸的 Fe/Al_2O_3，Fe_2O_3 颗粒被转化为 Fe_3C，而在具有较大尺寸的 SiO_2 上，Fe_2O_3 总是转化为 α-Fe 金属物种)[39]。

此外，支撑的铁基双金属催化剂也被用于 CDM，它们通常表现出比单金属催化剂更高的活性和稳定性[40]。Pinilla 等将钼引入 Fe/MgO 催化剂。Mo 和 Fe 颗粒之间的相互作用可以抑制 Fe 颗粒在催化反应温度下的聚集。因此，Fe/Mo/MgO 在 CDM 中表现出良好的活性和稳定性，在 900℃下甲烷转化率达到 87%。Al-Fatesh 等研究了一系列不同 Fe 和 Ni 比例的 Fe/Ni/MgO 催化剂在 CDM 中的催化性能，其中 Fe∶Ni ＝5∶1 的催化剂表现出最佳的催化性能，在 700℃下甲烷转化率达到 73%。其性能提高可以归因于适量的 NiO 物种的存在。随着 Ni 含量的增加，CDM 活性降低，这是由于较大的 Ni 颗粒尺寸，较低的金属分散性，从而导致较低的活性位点数量。

由于优异的对 C-H 键断裂的催化能力，贵金属催化剂也被用于 CDM 中[41]。例如，Takenaka、Otsuka 等研究了向负载的 Ni 催化剂中添加不同的贵金属（Rh、Pd、Ir 和 Pt）对甲烷分解的催化性能的影响。与其他添加的元素相比，Pd 的添加显著提高了 CDM 的催化寿命和氢气产率，在碳纳米纤维支撑上，Pd/Ni 摩尔比为 1，总金属负载为 37%（质量分数）的催化剂上，氢气产率可达 390g/g（Pd＋Ni)。进一步的实验证明其催化活性和稳定性的增强是由于 Pd-Ni 合金的形成。另外，纯 Ni 催化剂会因镍碳化物的生成而失活，而 Pd 金属颗粒在 Pd 催化剂上的反应中会断裂成较小的颗粒[42]。同时，Pudukudy 小组研究了不同 Pd 负载量的 Ni/SBA-15 的催化性能。Pd 的添加使 NiO 更好地分散在载体上，并由于氢气逸出降低了 NiO 的还原温度。因此，在 30min 内观察到了 0.4% Pd 催化剂的最大氢气产率为 59%，在 420min 的反应中没有观察到失活[43]。

尽管 CDM 已经广泛研究了各种不同的催化剂，但仍然存在的一大挑战是由产生的积炭引起的快速失活。为了避免催化剂的失活，一些研究人员提出了熔融金属催化剂。一些研究应用纯熔融镁(Mg)进行甲烷裂解，其在 700℃下实现了 30%的平衡转化率。然而，镁的蒸发限制了其在更高温度下的更高转化率[44]。Metiu、McFarland 等将作为活性金属的镍溶解到作为惰性低熔点金属的铋中，以制备稳定的熔融金属合金催化剂，用于甲烷裂解产生氢气和炭（图 4-4）[45]。含带负电部分的 Ni 熔融态催化剂可以使 27% Ni-73% Bi 合金在 1.1m 的鼓泡塔中，于 1065℃下实现 95%的甲烷转化率，并产生纯氢气，没有产生 CO_2 或其他副产物。另外，在熔融合金体系中，不溶的炭会浮在其表面上与催化剂分离，从而使熔融金属催化剂具有很高的稳定性[45]。此外，他们还发现与 Ni-Bi 系统相比，熔融 Cu-Bi 表现出更好的催化活性，尽管熔融 Cu 和熔融 Bi 都不是很好的甲烷裂解催化剂。进一步的理论模拟表明，缺电子的铋位点促进了甲烷的解离，使甲基与铋之间形成吸附键，同时氢与铜之间形成吸附键[46]。

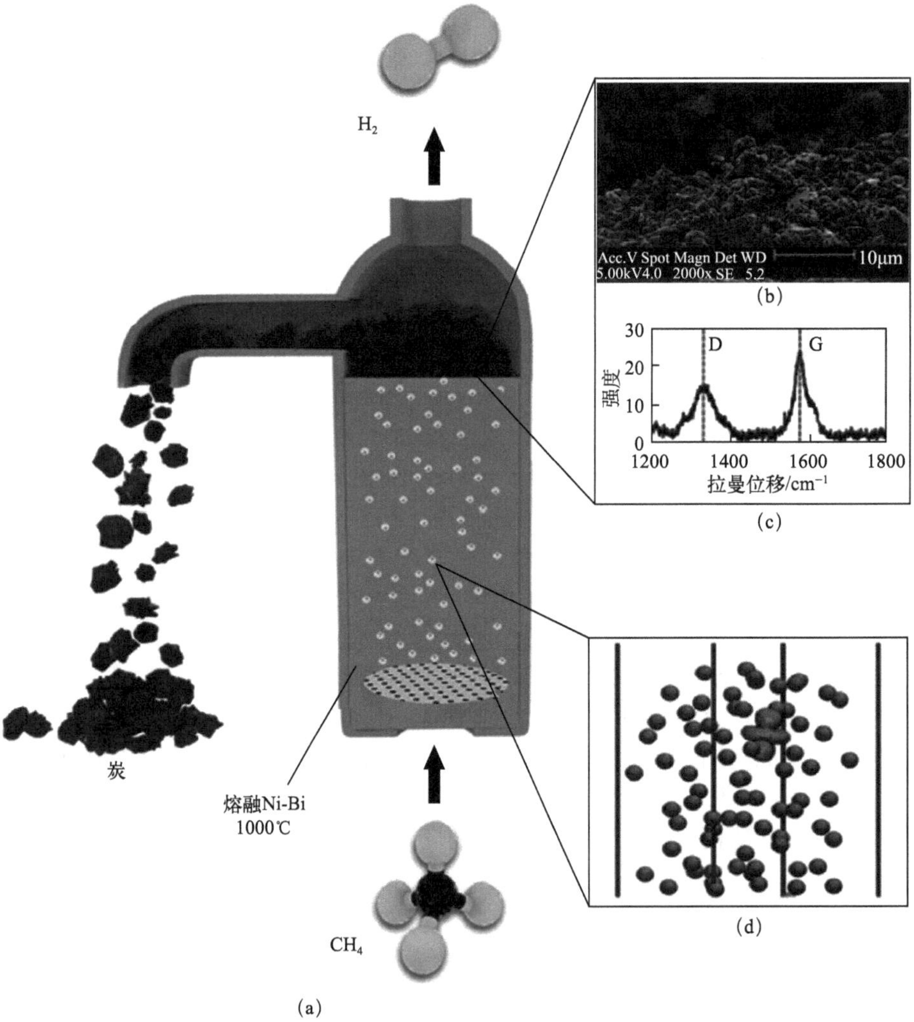

图 4-4 金属镍溶解到熔融金属铋中对 CDM 的催化反应图[45]

（a）装置示意图；（b）积炭的扫描电镜图片；（c）积炭的拉曼光谱；

（d）分子动力学模拟结果中熔融 Bi 中的原子轨道分布

4.2 电解水制氢中的材料

4.2.1 碱性电解池

碱性电解池(AEL) 在化工行业有着悠久的历史，第一台商业化的碱性电解池于1927年由NEL Hydrogen公司组装。目前，碱性电解池在全球电解水市场占有最大份额。碱性电解池有两个电极，浸入水溶液电解质中，其通常为25%~40%（4.5~7.1mol/L）的氢氧化钾[47]。碱性电解池通常使用低成本的Raney镍、镀镍钢或镍/不锈钢网状电极[48]。同时，可以透过OH^-的微孔隔膜将两个电极之间的产物气体分隔开来。目前使用的隔膜主要由增强玻璃聚苯硫醚（Ryton）或聚砜结合ZrO_2（Zirfon）制成，因其具有高的化学稳定性和热稳定性。

碱性电解池是一种成熟的技术，在全球每年产生约200万吨高纯度氢气[49,50]。诸如NEL Hydrogen、McPhy、Teledyne Technologies和IHT等公司已经开发出具有不同产能（每天10~1500kg H_2）的碱性电解池电堆[51]。现有技术生产的碱性电解池非常耐用，系统寿命可达30~40年[51]。碱性电解池通常采用非贵金属（铂族金属）催化剂和堆叠组件，降低了资本成本，使碱性电解池成为大规模氢气生产的可行技术。与此同时，新型的碱性电解质下的阴极氢析出反应和阳极氧析出反应催化剂更多的是被用于碱性离子交换膜电解池上而不是碱性电解池上，本章将在4.2.3节中讨论。

但是碱性电解池存在一些关键且难以克服的不足之处。由气泡形成和使用厚隔膜引起的欧姆损耗显著降低了碱性电解池的电压效率，并严重限制了高电流密度性能[51]。特别是随着电解的进行，氧气和氢气在电极表面形成的气泡显著增加了整个系统的电阻，因为它们减少了液体电解质与电极之间的接触面积，并阻碍了电子传递[51]。工业电解池通常采用两种方法来缓解这个问题：a. 电极修饰。碱性电解池中的电极表面通常通过孔洞或缝隙进行修饰，以促进气泡的逸出。b. 电解质流动。循环电解质将有助于清除电极表面的气泡。此外，循环电解质将有利于电解质中物种的传质。

碱性电解池的工作电流密度取决于氢气产生速率和能量效率之间的平衡[52]，传统碱性电解池的工作电流密度通常在250~450mA/cm^2范围内[47]。由于存在大量的液体电解质，碱性电解池对瞬态功率负载时的响应较慢，这使得它们难以适应一些可再生能源中输出功率的波动。此外，使用腐蚀性液体氢氧化钾电解质会引发材料和处理方面的问题，并且隔膜材料不允许碱性电解池中存在气体的压力差。由于安全原因，碱性电解池输出的氢气需要额外的压缩机以储存或运输，增加了现有碱性电解池系统的成本和复杂性。

4.2.2 质子交换膜电解池

为了解决碱性电解池的缺点，1973年Russell等在通用电气公司发表了第一篇搭建质子交换膜电解池（PEMEL）的论文后[53]被认为是一个新的突破。该论文描述了第一个聚合物质子交换膜电解池的概念，其中使用了固态全氟磺酸膜作为电解质。聚合物质子交换膜具有高质子导电性，其厚度更小（约为60~200μm），使质子交换膜电解池比碱性电解池由电阻导致的能量损失更小[54]。

由于消除了液体电解质，PEMEL可以在较高的电流密度下保持较高的电压效率进行操作[54]。由于质子在固态聚合物电解质膜中的传输对功率输入的任何变化都能快速响应，PEMEL 具有快速的动态响应。固态聚合物电解质还使得电解池的设计更紧凑，操作压力也比碱性电解池高[54]。PEMEL 的高压操作有利于以高压向用户提供氢气，因此在进一步压缩和储存时需要更少的能量与成本。许多应用于 PEM 燃料电池系统的材料和技术进步，无论是直接为领域提供先进材料，还是提供科学基础，都可以帮助提高 PEMEL 的性能和耐久性，同时降低成本。

碱性电解池与质子交换膜电解池的优缺点列举见表 4-3[55,56]。

表4-3 碱性电解池与质子交换膜电解池的优缺点列举[55, 56]

项目	碱性电解池	质子交换膜电解池
优势	可直接应用非贵金属电极； 电堆寿命长； 成本低廉； 技术成熟	功率密度大； 氢气纯度高（＞99%） 能量转化效率高（67%～82%）； 设备体积紧凑
不足	所需电解电压高（2.4V） 氢氧互扩散率高（＞1%）	贵金属电极成本高； 电堆寿命短

4.2.2.1 质子交换膜电解池的阳极电催化剂

最早的质子交换膜电解系统相比于传统的碱性电解池已经相当高效，1A/cm^2 电流密度下电压为 1.88V，或 1A/cm^2 下电压为 2.24V。有人还展示了电解池超过 15000h 的寿命，其中没有明显的性能降解[53]。PEMEL 催化剂的成本问题从最开始的研究起就是人们关注的焦点，在早期的系统中，催化剂层基于 Ir 和 Pt 黑色催化剂，金属负载量较高。通过减少负载量和替代昂贵的贵金属材料被认为是降低用于制造催化剂层和电解池的资本成本的方法。图 4-5 列出了电解水过程的极化曲线示意图。一般来说，阳极氧析出反应（OER）的过电势远大于阴极氢析出反应（HER）的过电势，成了电解池能量损耗的主要来源，因此，本小节将先讨论用于氧析出反应的电催化剂。

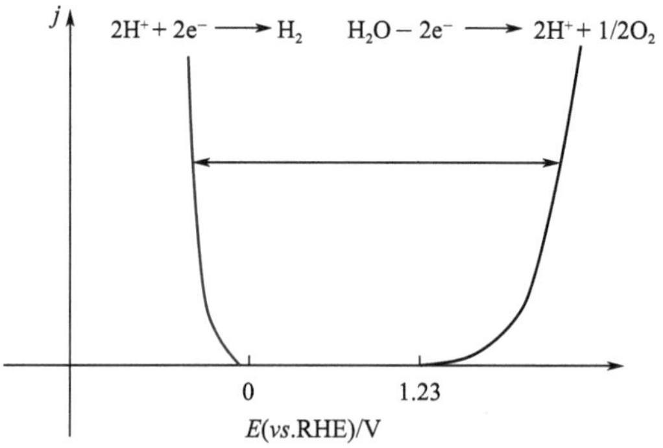

图 4-5 电解水过程的极化曲线示意图

(1) RuO_2 和 IrO_2 催化剂

对于质子交换膜电解水的大量研究集中在电催化剂领域，人们广泛地寻找性能更高的电催化剂以提高氢气生成的速率与能量效率，同时要求这些电催化剂必须能够在质子交换膜电解池的强氧化性环境中稳定。Miles 和 Thomason 用循环伏安法展示了各种元素的 OER 的活性[57]。研究结论表明，当仅使用单一元素时，OER 效率基本上依赖于贵金属元素的类型。对于 OER，在 80℃下的 0.1mol/L H_2SO_4 溶液中，顺序为 Ir ≈ Ru > Pd > Rh > Pt > Au > Nb，但是因为 OER 过程中催化剂表面会被氧化，每种金属的氧化物的活性占据着主导作用。这里他们发现 RuO_2 的氧电压远远低于其他任何材料，特别是与常见的 Pt 相比，使用 RuO_2 或 Ru 的 OER 的过电压要低得多[58]。因为 Pt 在催化过程中表面形成高电阻氧化膜，对 OER 的电催化活性产生不利影响。而 Pd 也存在类似的效应[59]。在过渡金属氧化物中，RuO_2 和 IrO_2 具有较高的电子导电性，其单晶的导电率在 10^4S/cm 量级上[58]。这些氧化物中金属离子半径比氧离子半径大得多，金属与金属之间的距离相对较近，使得金属内层 d 轨道可以发生重叠，从而金属中的 d 轨道电子可以进行电子传导[60]。

RuO_2 的一个主要缺点是在氧析出反应时会以相当快的速度腐蚀。Kötz 等提出了一个模型用于描述酸性电解液中 Ru 和 RuO_2 电极的阳极氧化，其中 RuO_2 在酸性电解质中会被腐蚀生成 RuO_4。在这个模型中，Ru 会从催化层中溶解出来[61]，以离子形式进入膜中，或通过电泳作用，最终沉淀并再沉积金属 Ru。配位复杂的 Ru 离子部分甚至会处于带负电子的状态，从阴极沿着溶胀的膜、裂缝或气体通道逆扩散[62]。Kötz 等利用 X 射线光电子能谱发现，在 Ru 上进行 OER 催化时，由于腐蚀会形成高缺陷的水化氧化物。由于同是贵金属氧化物的 RuO_x 比 IrO_2 在地表中含量更丰富且成本更低，多年来研究人员一直在寻找能增强 RuO_x 抗腐蚀性和降低溶解速度的方法[63]。这些替代方案主要通过引入其他元素或氧化物到 Ru 催化剂结构中来实现，以便这种固溶体可以降低 Ru 的侵蚀速率。当将 IrO_2 与 RuO_2 混合时，Kötz 和 Stucki 假设 IrO_2 与 RuO_2 轨道之间存在共同的带隙。在这种情况下，IrO_2 位点上可用的电子可以与 RuO_2 位点共享，因此 Ru 的氧化电位会升高[64]。

文献报道中发现，掺入少量的 IrO_2 可以显著改善 RuO_2 在 OER 过程中的稳定性。20％的 IrO_2 含量即可产生显著效果，将贵金属氧化物催化剂的腐蚀速率降低到初始值的约4％[64]。除了 Ru 之外，Ir 在酸性电解液中对于 OER 的催化性能是贵金属中最好的，而且不像 Ru 那样产生严重的腐蚀。因此，也有大量对基于 Ir 的 OER 催化剂在 PEMEL 中应用的研究。对于阴极的氢析出反应，铂基催化剂是最常用的。在质子交换膜电解池研究的早期阶段，阴极的催化剂负载量相当高。随着人们认识到在电解池的工作条件下 HER 所在的阴极过电位远低于 OER 所在的阳极，阴极的催化剂负载量大大减少。到目前为止，阴极侧的催化剂负载量已降至 0.5～1mg/cm^2 的范围。对于 OER 所在的阳极侧，由于其较慢的动力学是电解池工作时大部分的过电位来源，催化剂负载量在多年内没有减少得那么多。目前，阳极催化剂层的负载量约为 2mg/cm^2。

Ir（IrO_2）通常被认为是质子交换膜电解池中最理想的 OER 催化剂。尽管 Ru（RuO_2）比 Ir（IrO_2）更活跃，但稳定性方面的问题限制了其应用。直到 20 世纪 90 年代初，质子交换膜电解池的文献报道主要集中在 Ru 和 Ir 催化剂以及基于它们的合金体系，提高它们的效率和稳定性，并降低其成本。随后的几年中，研究人员开始尝试不同的 OER 催化剂替代方案。

有一些方法尝试将 IrO_2 与更廉价和耐用的材料作为“稀释剂”混合形成固溶体，从而显著降低催化层资本成本。例如，De Pauli 和 Trasatti 制备了 SnO_2 与 IrO_2 的混合氧化物层，发现即使 Ir 含量仅占 10％时，SnO_2 表面也能几乎完全被 Ir 饱和[65]。其他研究也测试了向 IrO_2 催化剂中添加更廉价的氧化物，例如 Ta_2O_5[66]、Nb_2O_5[67]、Sb_2O_5[68] 及其混合物等材料。

de Oliveira-Sousa 等使用三种不同的方法制备了 Ti/IrO_2 涂层电极，并在酸性介质中进行了 OER 测试[69]。测试表明涂层的稳定性和耐久性良好。低的电子导电性会导致涂层内产生高电场，从而迅速使 O^{2-} 向基底迁移。快速的 O^{2-} 迁移可能会加速钛基底与涂层之间绝缘 TiO_2 层的形成，导致电极钝化。而对于大多数含 IrO_x 的涂层来说，IrO_x 含量较低时电极稳定性差通常与涂层导电性不足有关[68]。

Hu 等在研究中发现，在 Ti/IrO_2-Ta_2O_5 电极上，电解过程中存在三种对电极的破坏模式：a. 活性组分的溶解；b. 电解质通过热制备氧化物层的多孔结构渗透；c. 钛基的溶解和阳极氧化。他们还得出结论，氧化物催化剂的电催化活性在电解池工作过程中缓慢降低，没有出现突然的恶化[70]。

Ardizzone 等使用 SnO_2-IrO_2-Ta_2O_5 氧化物混合物，证明了三元混合物的卓越性质以及少量钽在扩展表面积、改善电子导电性、增加电荷存储电容和促进铱表面富集方面的关键作用[71]。在酸性电解液中其优异的 OER 电催化性能得到了验证，即使在摩尔分数 15%的低 Ir 含量的情况下也是如此。然而，由于大多数这些催化剂都涂覆/支撑在固体钛板上，这些电极因为固体催化剂板不透水，不能用于膜电极组件（MEA）或膜担载催化层（CCM）组装上。

Terezo 等认为活性表面位点在容量充电过程中和阻抗的传输部分起主导作用[67]，即具有高比表面积［或电化学比表面积（ECSA）］的催化剂将增强性能和离子导电性。然而，很多时候对于那些涂有 Ti 的催化剂来说并不成立，因为涂层过程通常会产生比表面积非常低的电极。

（2）高比表面积催化剂制备

为了评估这些催化剂系统在质子交换膜电解池中的活性，人们需要开发一种以“自由支撑”形式制备高比表面积的催化剂的方法，同时需要考虑将多孔催化剂结构纳入膜电极的方法。最初，贵金属催化剂被直接还原或电镀在膜表面或膜内部结构上。这种方法下催化剂利用率不高、表面积低，因此电极性能低下。在早期的研究中，人们使用不同的方法制备和应用粉末催化剂，以制备 CCMs 和 MEAs，其中大多数来自质子交换膜燃料电池研究与开发。尺寸稳定的阳极由于很难获得良好的膜和电极接触，与超细催化剂纳米颗粒相反，在 CCM 制备方面不太适用。理想的催化剂层应该提供高的催化剂利用率、高的电子导电性和高的传质速率。更重要的是，它应该具有高的耐久性。

Marshall 等使用改进的加入聚醇的合成过程制备并表征了 $Ir_xSn_{1-x}O_2$ 的纳米晶氧化物粉末。研究表明，$Ir_xSn_{1-x}O_2$ 粉末的晶体性质取决于制备这些材料的方法[72]。他们发现，该氧化物至少包含了两个不同的氧化物相，其中一个主要含有 SnO_2。另外，改进的加入聚醇的合成过程在铱和锡氧化物之间形成了固溶体，晶格参数随锡含量线性增加。通过比较这些氧化物的电阻率，结果表明，电阻率会随 SnO_2 的添加含量而增大，在加入聚醇的合成中，固溶体的形成减少了 SnO_2 对电阻率的影响。通过估算 PEMEL 中可能的电阻，作者建议 SnO_2 添加量需限制在约 50%～60%（摩尔分数）。关于合成过程，作者还指出，富含 Ir 的胶体具有较低的 ζ 电位，因此会在较低的 pH 值下先于含 Sn 的胶体凝聚。因此，为了确保获得均匀的凝聚物，应该使用较高的 pH 值以确保所有胶体材料都存在于沉淀中。在另一项使用 $Ir_xSn_{1-x}O_2$ 的研究中，Marshall 等补充说，将氧化锡添加到氧化铱颗粒中进行 OER 会导致在所有电流密度下氧化铱均被稀释[73]。

使用亚硫酸盐络合法，Siracusano 等生产了具有较小颗粒尺寸（2～3nm）的 IrO_2[74]，其颗粒尺寸远小于大多数 IrO_2 纳米颗粒催化剂的尺寸（7.1～12nm）[75]。作者认为在单电池测试之后没有观察到颗粒团聚，因而催化剂不存在颗粒团聚造成的稳定性问题。然而，这项研究中没有提供关于有代表性的长期运行测试或加速稳定性测试的信息。大多数研究表明，非贵金属氧化物（如上文列举的 TiO_2、SnO_2、Ta_2O_5、Nb_2O_5、Sb_2O_5）不会积极参与 OER。Xu 等从 IrO_2 与 SnO_2 的 Tafel 曲线中发现，添加 Sn 有效地抑制了与 OER 直接相关的羟基物种的吸附[76]。SnO_2 的添加不仅促进了纳米颗粒的分散，还有效地去除了被吸附的羟基物种，并释放了更多的活性反应位点。

Polonský 等在研究中使用了 TaC 支撑的 IrO_2 作为 OER 催化剂，发现其含有的 $NaTaO_3$ 表面膜的低导电性会造成负面影响，而这一点可以通过添加足够的 IrO_2［金属负载量不低于 50%（质量分数）］来克服[77]。Wu 等通过胶体法制备了 RuO_2 支持的 ATO（Sb 掺杂的 SnO_2 纳米颗粒），其在仅有 20% 钌含量的同时保持了高的 OER 催化性能（1.55V @1A/cm^2）[78]。作者认为这种活性提升是由于 ATO 减少了催化剂颗粒的凝聚并有效提高了 RuO_2 的电子导电性，但也指出 ATO 本身对 OER 是惰性材料。

人们研究的 OER 催化剂还从具有金红石结构的纯金属氧化物（IrO_2、RuO_2 和 SnO_2）延伸到了双组分结构（Ir_7RuO_{16} 和 $RuIrO_4$）和具有类金红石结构的三元金属氧化物（Ir_2RuSnO_8）。其中混合的 Ir-Ru 氧化物是最活跃的二元氧化物[79]，而 Ir-Ru-Sn 是最活跃的三元氧化物催化剂。混合 Ir-Ru 氧化物的稳定性在 0.5mol/L H_2SO_4 溶解池中进行了验证，在 1.85V（*vs.* SHE）和 80℃的条件下，在单电池 CCM 测试中进行了验证。此外，人们还研究了 Pt 和 PtPd 支撑在炭黑与多壁碳纳米管上进行 HER[80]。在液体 H_2SO_4 电解质中，发现 10%（质量分数）是最佳的贵金属载量，其在室温下达到了 40mV（*vs.* SHE）时的 1.5A/cm^2 的活性。在单电池测试中，在 70℃，无外加压力，Nafion® 115 膜材料，阴极贵金属担载量 0.6mg Pt/cm^2，阳极贵金属担载量 0.6mg Ir/cm^2 的条件下，电解池运行 2000h 后，电压升高速率低于 30μV/h。

总之，通过稀释贵金属含量，金属氧化物有助于使贵金属的耐腐蚀性增强。它们本质上是作为活性催化剂的支撑材料。然而，迄今为止，很多现象尚不能完全得到解释。由于这些耐腐蚀的氧化物材料通常电子导电性低、颗粒尺寸大、均匀性较差，因此贵金属利用率很低，仍需要在膜担载催化层制备中使用高的贵金属负载量。

4.2.2.2 质子交换膜电解池的阴极电催化剂

在大多数早期的研究中，研究人员在阴极侧的氢析出反应 HER 使用不含碳的铂黑作为标准催化剂。随后，根据对 PEM 燃料电池催化剂的研究经验，研究人员开始使用不同制造商（ETEK/BASF、Tanaka 和 Johnson & Matthey）生产的载有铂纳米颗粒的炭黑（Pt/C）作为 HER 的标准催化剂。然而，尽管与阳极负载量相比，阴极催化剂的铂负载量较低，但阴极贵金属催化剂的成本仍然占据总体系统成本的相当大部分，尤其是当碳载体发生退化或腐蚀时，计算后的综合成本会进一步增加。

（1）阴极电催化剂设计

对于氢析出反应的电催化材料的过电势的评估，在微观上可以以材料表面与作为吸附质的氢原子的结合能为切入点解释[81-83]。实验中，以金属为例，人们根据不同种类金属与氢的成键结合能和电催化反应中交换电流密度的关系，得到了经典的“火山型曲线”（图4-6）[84]，由该曲线可知，二者的关系大致符合 Sabatier 原理，即催化剂的活性位点与反应物的结合能处于一个适中的位置时对催化反应最有利，既可以保证反应物质在催化剂表面的有效吸附，也可以保证产物能够迅速在催化剂表面脱附从而加快反应速率。

理论上，J. Norskov 等根据催化剂的电子结构又提出了 d-能带理论模型[85]，对于过渡金属，其 s 和 p 轨道态密度分布很宽并且相差不大，决定吸附能的往往是吸附质的价电子与金属 d 轨道的相互作用。例如对于 Cu（111）、Au（111）表面吸附的 H 原子，其 H 原子 1s 轨道与金属 d 轨道的反键轨道低于金属费米（Fermi）能级，因而电子有填充 1s-d 反键轨道的趋势并造成 H 原子对金属表面的排斥作用，而对于 Ni（110）、Pt（111）表面吸附的 H 原子，其 H 原子 1s 轨道与金属 d 轨道的反键轨道高于金属 Fermi 能级，1s-d 反键轨道保持未占据，从而增大了氢在金属表面的吸附能。实验也表明，Cu 与 Au 表面在火山型曲线的右支上，而 Ni 与 Pt 表面在火山型曲线的左支上。d-能带理论模型的提出使得人们可以用基于密度泛函理论（DFT）的计算得到局域 d 能带态密度与 d 能带中心能量，进而预计催化剂表面对吸附质的吸附能并判断催化活性。

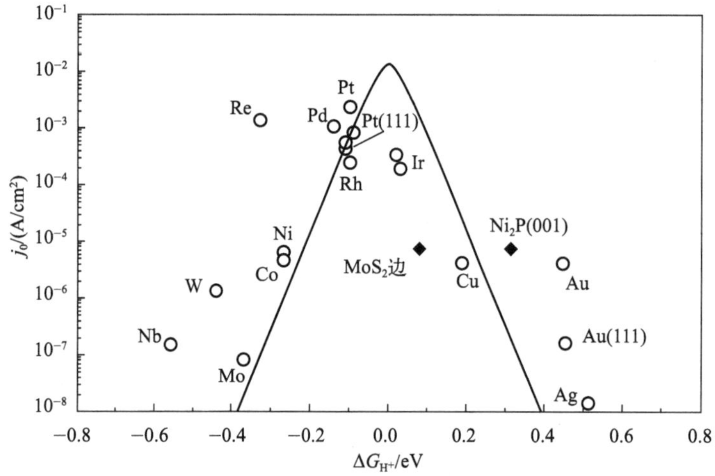

图 4-6 氢析出反应交换电流密度（j_0）对氢吸附自由能（ΔG_{H^+}）的火山型曲线[84]

现今质子交换膜电解池阴极侧的担载量范围在 0.5～1mg/cm^2 之间，进一步降低催化剂担载量的需求将一直存在，人们希望其能达到低于 0.2mg/cm^2 的值。近年来有一些研究试图降低铂担载量，改善催化剂性质（均匀性、颗粒尺寸）并潜在地替代（创建非贵金属的催化剂）。在研究阴极催化剂时，双电极系统中的过电位一多半来自阳极侧，因而实验通常在液体电解液半电池或三电极装置中进行，以考察单个阴极的过电位。

催化中，一些对高表面积的多组分纳米线合金的研究被认为可以提高贵金属催化剂的活性和利用率。这种改进是来自于不同的表面原子引起它们之间的电子电荷转移时产生的集合效应能够改善其电子能带结构[86]。然而，产生具有这些特性的催化剂的策略或过程往往涉及复杂的合成方法，导致了分散度高和贵金属利用率较低，最终很难发挥出这种纳米结构的优势。Carmo 等[87] 和 Mukherjee 等[88] 展示了一种用于燃料电池的催化剂替代品，即块状金属玻璃（BMG）。BMG 在许多催化剂中存在，并且可以通过热塑性方式制备，形成从 10nm 到几厘米长度的复杂几何形状[89,90]。BMG 非晶结构中不存在晶界和位错，结果在原子尺度上呈现出均匀和各向同性的材料，其具有很高的强度和弹性，以及良好的耐腐蚀性。Carmo 等还使用自上而下的方法以经济且可扩展的方式制造了 Pt BMG 纳米线[87]。该研究还显示，Pt BMG 的性质、组成和几何形状可能适用于高性能电催化剂。此外，Pt

BMG 在高黏度过冷液区域的热塑性成形过程中的高度可控性导致高的催化剂分散，无需高表面积导电支撑材料（例如炭黑）。因此，开发改进的 BMG 合金作为催化剂用于膜电极的组装。

还有一种常见的设计是核-壳催化剂。核-壳催化剂基本上由支撑在金属核基体（如 Cu）上的原子金属单层（如 Pt）组成[91]。核-壳结构为双金属催化的有益效果提供了有益的作用，调节这些催化剂的表面和催化反应性能，以适应不同的电化学反应。核-壳系统是通过从双金属合金中优先溶解（去除）电化学上更活泼的组分来制备的。例如，在 Pt@Cu 组合中，Cu 将被从表面去除，并聚集在催化剂结构的核心上，而 Pt 则聚集在催化剂的外壳上。根据 Strasser 等的观点，去合金化的 Pt @ Cu 纳米颗粒在燃料电池电极中表现出独特的高催化反应性能，对于氧化还原反应（ORR）而言，纯 Pt 是首选的催化剂[86]。在 PEM 燃料电池中，ORR 动力学较慢，因此需要高的铂负载量，从而增加成本。文章还指出，核-壳催化剂在燃料电池中可以将所需的 Pt 量减少到原先的 20%左右。为了减少质子交换膜电解池中贵金属的负载量，核-壳结构也是一个良好的选择。Pt-Cu 核壳催化剂可以在阴极侧使用，将负载量显著降低到低于 0.2mg/cm^2 的值，同时提高效率。还可以为阳极侧开发 Ir 和/或 Ru 核-壳结构。实际上，已经存在一些关于使用 Ir 和 Ru 的燃料电池的研究[92,93]，但其尚未延伸到质子交换膜电解池的应用上。然而，这些催化剂体系的非贵金属核必须完全由贵金属覆盖，以避免非贵金属催化剂的溶解，以及催化剂、膜和离子交换体的中毒/失活。

Pd/CNTs 也被测试用于 HER，但与 Pt/CNTs 相比在机理上没有明显的差异[94,95]。CNTs 常常用作支撑材料，因为与传统的炭黑相比，它们通常具有更高的电子导电性和耐腐蚀性。在 Raoof 等的研究中，他们在玻璃炭盘的表面上制备了聚（8-羟基喹啉）膜，然后将 Cu 纳米颗粒复合到聚合物基质中，再用 Pt 置换 Cu，形成了 GC 上担载的 Cu/Pt-p（8-HQ）[96]。该材料对 HER 具有活性，但与裸露的 Pt 电极相比，性能仍然较低。

（2）非贵金属析氢催化剂

MoS_x 是最早被研究作为电解水析氢的非贵金属化合物催化剂之一，2007 年，Jaramillo 等[97] 发现了 MoS_2 作为电解催化剂时的高催化活性，他们通过对 Au（111）上生长的 MoS_2 纳米片的尺寸和形貌进行一系列调控，发现 MoS_2 的交换电流密度只与纳米片的边缘长度有关，而与六方纳米片的表面积无关，同时密度泛函理论（DFT）计算也说明了 MoS_2 纳米片边缘处与吸附氢的结合能和 Pt 很相近，结合这两点他们确定 MoS_2 的活性位点在其边缘结构上。

Hinnemann 等在实验中研究了 MoS_2 作为 HER 的替代催化剂[98]。这些实验通过制备一个 MEA，其中一侧使用标准的 Pt，另一侧使用 MoS_2/石墨。结果表明，MoS_2 是 HER 的合理材料，但其电流密度仍然明显低于常规的 Pt 阴极。Dai 等还测试了担载在还原氧化石墨烯（RGO）上的 MoS_2 纳米颗粒的催化活性[99]。MoS_2/RGO 混合物相对于之前的 MoS_2 催化剂，可以在 HER 中表现出更好的电催化活性，也有研究考察了 MoO_3 纳米线和 $Cu_{1-x}Ni_xWO_4$ 对 HER 的催化作用[100]。

此后，人们也利用 MoS_x 在合成中可以在组成上控制 x 的比值与形貌上生成层状二维材料的特性，与各种形式的碳纳米材料进行复合，对催化剂的电子结构实行微调，以实现更高的反应活性[99]。Wang 等[101] 利用 $(NH_4)_2MoS_4$ 溶液与聚吡咯（ppy）在水溶液阴极上共同完成电沉积过程，相对于 MoS_x 与 ppy 各自独立的电沉积过程分别形成的均匀薄膜结构，二者共沉积时的产物在扫描电子显微镜（SEM）下的粗糙度急剧增加，电化学活性面积与基底面积的比值达到了 900 倍。ppy 的载体不仅增加了催化剂的活性表面积，提高了催化剂的导电性，降低了催化过程中的电荷转移电阻，而且相比于 MoS_x 单独沉积，共沉积的产物 S 与 Mo 的摩尔比也增大到了 5，几个因素的累积使得 MoS_x/ppy 在酸性电解质中达到了接近商用 Pt/C 试剂的性能。

其他过渡金属的硫化物采用合适的结构设计也可以实现在酸性电解质中较高的活性。Long 等[102] 在 NiFe 双金属层状氢氧化物（LDH）的基础上经硫代乙酰胺（TAA）硫化得到了 Fe 掺杂的 NiS_x 纳米片，其中 Fe 约占总金属含量的 10%（质量分数）。并且在退火处理前后分别得到了三方的 β-$FeNiS_x$ 和六方的 α-$FeNiS_x$，其中六方的 α-$FeNiS_x$ 由于表面具有活化能更低的氢原子吸脱附路径，具有更高的活性 [0.5mol/L H_2SO_4 中 η_{10} （10mA/cm^2 下的过电势）=105mV]。

Xu 等测试了钨磷酸多阴离子（PWA）与碳纳米管（CNTs）混合物作为 HER 的催化剂[103]。他们发现这种新的催化剂选择在活性方面可达到 Pt/CNTs 活性的 20%。WO_3 纳米棒也被用于 HER，并且能够使用单步法实现高产率的批量合成[104]。

由于 Se 与 S 同族，因而过渡金属硒化物也可以作为一种高活性的 HER 催化剂得到应用。其晶体结构与硫化物类似的同时，由于 Se 和 S 的电负性与原了半径不同，在不同的合成方法所得形貌下有可能实现比对应硫化物更高的反应活性。Xu 等[105] 利用溶剂热法合成了宽度约 200～300nm 的纳米带状 $CoSe_2$，同时通过在溶剂热法中添加 Ni 和煅烧的方式在 $CoSe_2$ 表面嵌入了一部分 NiO 纳米颗粒，由于存在 $CoSe_2$ 作为生长基底，NiO 纳米颗粒的尺寸远小于在前驱体合成时不加入 $CoSe_2$ 时生长的 NiO 纳米颗粒的尺寸。在 $CoSe_2$ 本身良好的 HER 催化性能基础上，嵌入的这部分 NiO 与 $CoSe_2$ 结合后显现出了更强的 Lewis（路易斯）酸性，因而对水解离的 Volmer 反应起到了更好的促进作用，从而使 HER 催化反应中的 η_{10} （10mA/cm^2 下的过电势，下同）降低到了 100mV 以下。

类似的，金属磷化物作为一种新兴的材料类型也受到人们的广泛关注，Schaak 等报道了一种 Ni_2P 材料[106]，其在耐酸性性能良好的情况下，具有相比氮化物与碳化物更好的催化活性（0.5mol/L H_2SO_4 中 η_{20} =130mV）。此后人们也探索了其他磷化物，如 CoP[107]、MoP[108]、FeP[109]，或者改变 Ni 与 P 的化学计量比[110] 以探索其对电催化活性的影响。

最近，一类环状配位化合物因其可以在许多电化学反应中作为分子电催化剂的潜在应用而受到关注。由于它们显现出的催化活性，Pantani 等评估了 Co 和 Ni-乙二肟作为 HER 的备选催化剂[111]，探究了这些配体中嵌入的金属（Co 和 Ni）在 HER 中的活性。研究指出，这些催化剂的活性保持稳定，但结果仍不可与 Pt 相比。其必须通过在金属活性位点上化学修饰配体来将氧化还原电位转移到更高的电位以接近标准氢电极（SHE）的 0V。同时，建议这些环状配合物需要分散在合适的电子导体上，以增加催化剂与电解液之间的接触面积。为了将这些乙二肟配合物发展为 Pt 的替代品，其催化反应速率和稳定性还需要进一步提高，并且在设计催化剂结构时，需要更好地理解 HER 催化反应的机理[111]。

4.2.2.3 质子交换膜电解池的膜电极结构

质子交换膜材料目前应用最广的是全氟化磺酸酯类薄膜（Nafion 膜），为了进一步提高膜电极的稳定性，防止催化剂被腐蚀，人们也进行了各种研究以改进膜电极结构。3M 公司的纳米结构薄膜（NSTF）电极是一个成功的设计（图 4-7）。该公司以定向生长的有机染料须状晶体作为单层基底，再于真空中在其上溅射合金催化剂，得到 NSTF 电极的催化剂。该须状晶体是耐腐蚀的，催化层不需要加入传统结构中用于分散的导电碳，因此消除了高电压下对碳结构的腐蚀影响。NSTF 须状晶体可以耐受化学或电化学的溶解/腐蚀，晶体中的过氧基联苯二酰亚胺颜料在典型酸、碱和溶剂中不溶解，而其单晶性质中具有的“带隙”可以使其在 2V 电势下也不产生电化学腐蚀电流[112]。Vielstich 等和 Debe 等首先将其应用在质子交换膜燃料电池上[112,113]，发现 NSTF 催化剂的活性和耐久性显著高于传统的炭支撑 Pt 催化剂。而将其应用在 PEMEL 上时，具有低催化剂负载量（阴极：$Pt_{68}Co_{32}Mn_3$；阳极：PtIr 或 PtIrRu 溅射在 $Pt_{68}Co_{29}Mn_3$ 上）的 NSTF 电极被组装到质子交换膜电解池单电池和小规模电堆中[112]。这种 NSTF 上的合金电极表现出良好的 OER 和 HER 活性。$Pt_{68}Co_{32}Mn_3$ 和溅射 NSTF $Pt_{50}Ir_{50}$ 催化剂的 HER 催化活性可以与担载量高一个数量级的铂黑相当，同时电解稳定性超过 4000h[114]。在单电池测试中，溅射在 NSTF 上的 $Pt_{50}Ir_{50}$ 和 $Pt_{50}Ir_{25}Ru_{25}$ 阳极的性能也与担载量高一个数量级的 PtIr 相当，并且耐久性测试可达 2000h。进一步，他们考察了预处理后的 Pt_3Ni_7/NSTF 阴极在膜电极活化过程中催化剂形态发生的显著变化。他们观察到了在燃料电池调节过程中合金组成的变化、富含 Pt 的表面层的形成以及纳米多孔性的出现，从而论证了膜电极活化过程对 Pt_3Ni_7/NSTF 形成高活性和高比表面积的结构起到的关键作用[115]。这些结果表明，考察铂-过渡金属合金体系的构效关系时，对催化剂在膜电极活化后的状态下进行表征是至关重要的。NSTF 合金催化剂在电解池两侧电极上均能实现负载量比现有纯铂族金属低一个数量级的结果将极大地降低 PEMEL 的成本，而通过进一步的催化剂、膜和气体扩散层优化，过电位和稳定性可以得到进一步改善。

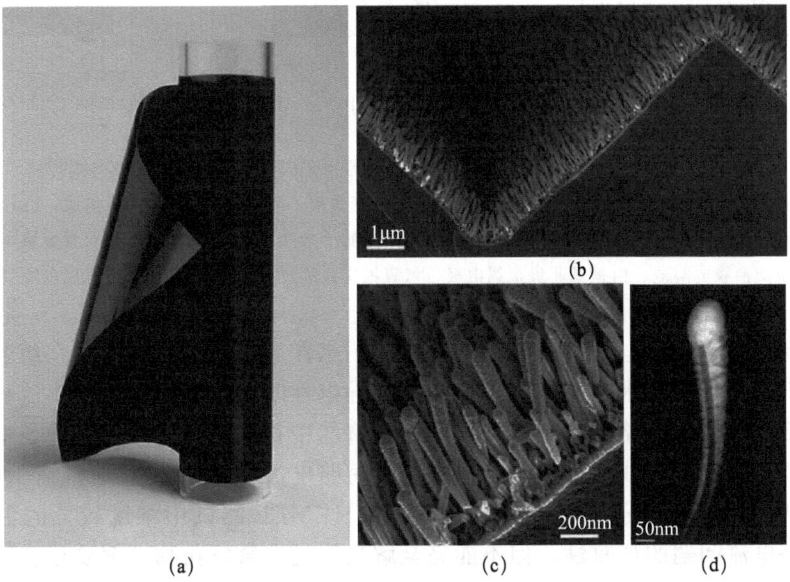

图 4-7 商品化 NSTF 电极的示意图（a），基底上的 Pt_3Ni_7/NSTF 电极的 SEM 图像（b～c）以及 Pt_3Ni_7 纳米须的高角度暗场场发射透射电镜（STEM-HAADF 图像）（d）[115]

此外，在 Nafion 膜本身的设计上，减少膜厚度是增加性能和降低成本的一种常用策略。较薄的膜不仅消耗更少的材料，而且更高的性能会导致整个堆叠的成本降低[116]。膜厚度可能受到氢气穿透或机械稳定性的限制，而广泛应用于 PEMEL 的 Nafion 基膜在长期工况下的机械稳定性存在问题。通过将应力转移到机械稳定的支撑材料上，即具有支撑结构的加固膜被认为可以解决这个问题，这在质子交换膜燃料电池领域已经得到广泛应用[116]。加固膜不仅可以使膜更薄，而且通过减轻离子交换膜的机械稳定性负担，可以在导电性、吸水性和氢气渗透性之间取得更好的平衡。

4.2.3 氢氧根交换膜电解池

氢氧根交换膜(HEM) 可以使电解池在碱性条件下高效运行，结合了固体聚合物电解质技术的优势和碱性体系下的材料兼容性，从而进一步降低氢气生产成本[117]。现有技术生产的质子交换膜电解池和碱性电解池的典型结构见图 4-8[118]。氢氧根交换膜电解是一种发展中的技术，第一篇氢氧根交换膜电解池（亦称碱性离子交换膜电解池）（HEMEL/AEMEL）论文于 2012 年发表[119]。与 AEL 和 PEMEL 技术相比，目前对于 HEMEL 的研究报道相对较少，其仍然需要进行大量的研究和开发工作以实现商业可行性。目前稀释的氢氧化钾或碳酸钾作为辅助电解质溶液都有用于 HEMEL 测试的报道[120]

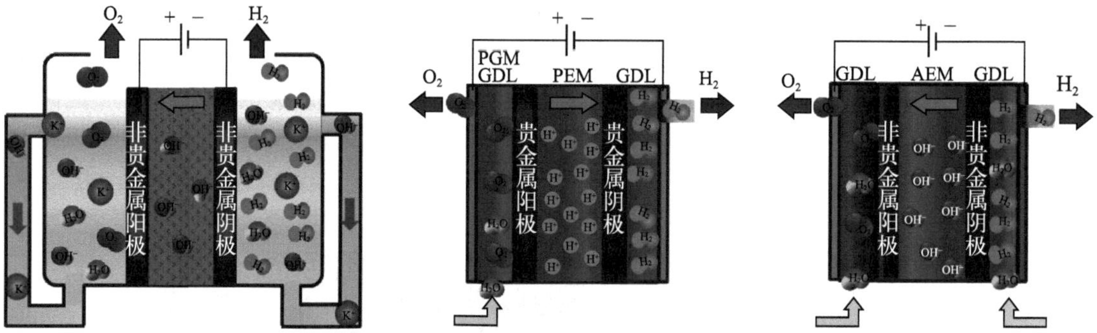

图 4-8 现有技术生产的质子交换膜电解池和碱性电解池的典型结构[118]

(a) KOH 溶液循环下的碱性电解池，由含镍、铁的非贵金属电极，隔膜和 KOH 电解质组成；(b) 质子交换膜电解池，由基于贵金属的多孔电极（IrO_2、Pt)，全氟磺酸质子交换膜/离子交换树脂以及贵金属集流体组成；(c) 氢氧根交换膜电解池、由镍基非贵金属电极、氢氧根交换膜/离子交换树脂和非贵金属电流集流体组成

需要注意的是，使用电解质溶液而不是去离子水作为电解池水源时，在组装电解池电堆过程中有着不可避免的技术弊端。当水溶液具有导电性时，电解池的两侧集流板与其间的电解液会产生短路电流。短路电流是双极板碱性电解池中长期存在的主要问题，避免这个问题需要非常复杂的电堆设计或必须采用单极系统。短路电流会导致效率损失、元件腐蚀以及集流管中氢气和氧气的流量分布或安全问题。目前 HEMEL 测试中浓度较低的氢氧化物电解质会降低短路电流问题的严重性，但不能完全解决问题。氢氧化物电解质还会增加各系统组件之间的腐蚀概率。使用碳酸盐或碳酸氢盐电解质而不是氢氧化物，在腐蚀方面具有优势，但由于阴极和阳极之间的 pH 梯度，特别是碳酸氢盐作为电解质时，会导致传质损失[121]。这些因素极大地增加了使用水电解质的 HEMEL 的成本和复杂性，因此使用去离子水进行操作是实现 HEMEL 大规模应用的必要条件，特别是与已经使用去离子水运行的 PEMEL 相比。

阴极的氢析出反应（HER）和阳极的氧析出反应（OER）都需要电催化剂来提高反应速率并降低电解的过电位要求。如前所述，PEMEL 需要贵金属电催化剂，这增加了电解的成本。因此，在碱性条件下开发与铂族金属电催化剂具有可比活性和稳定性的非贵金属电催化剂，将降低 HEM 电解与质子交换膜电解池相比的成本，降低大规模产氢的资本成本。

HER 和 OER 电催化剂的性能取决于其组成、表面积、表面结构、多孔性，可能还包括对电催化剂的支撑材料[54,122]。碱性体系下 HER 和 OER 的动力学及机制已经得到广泛研究[123]，普遍认为 HER 是一种相对快速的反应，并且这种反应在许多表面上只需较小的过电位即可进行。相反，OER 的动力学要慢得多，这种反应需要较大的过电位。事实上，与在 AEL 和 PEMEL 中的情况相同，OER 的高过电位是 HEMEL 能量损失的主要组成部分。和上一节中 PEMEL 的情况相同，在 HEMEL 中 OER 的过电势一般也大于阴极氢析出反应（HER）的过电势。

4.2.3.1 氢氧根交换膜电解池的阳极电催化剂

在过去几十年中，许多电催化剂已被研究作为 AEL 的可能阳极材料。人们发现在 AEL 的典型工作条件（强碱性环境和高过电位）下，无论是以 Ru 和 Ir 的氧化物为代表的铂族金属电催化剂，还是以 Fe 和 Co 的氧化物等为代表的非贵金属电催化剂，它们的稳定性均比较差，这将阳极电催化剂的选择范围限制在了镍基电极内，包括 Raney 镍、镀镍钢或镍/不锈钢网状电极[124]。由于在 HEMEL 中去除了高腐蚀性的碱性液态电解质，除了镍基电极外，各种在温和碱性条件（pH ≈ 14）下显示出高 OER 活性和强稳定性的金属氧化物电催化剂都可以作为 HEMEL 的阳极电催化剂使用。

Ru 和 Ir 的氧化物通常被认为是 OER 活性最高的电催化剂。然而，两者都是铂族金属，这使它们不适合大规模制造电解池的电催化剂[122]。因此，大量的研究工作致力于开发基于非贵金属氧化物的 OER 活性和稳定性，例如钙钛矿（ABO_3，A 为碱金属和/或稀土金属，B 为过渡金属）、尖晶石（AB_2O_4，A 为碱金属和/或过渡金属，B 为过渡金属和/或ⅢA 族元素）和层状结构［$M(OH)_2$ 和 MOOH，M 为 Ni、Fe、Co 和 Mn］。这些电催化剂显示出良好的 OER 活性。此外，它们储量丰富而且对环境友好，易于合成，并在碱性电解质环境中具有适度的电导率时相对稳定。这些特性使它们成为 OER 的有前景的电催化剂。对于具有层状结构的化合物，已经发现掺杂可以显著促进其 OER 活性[123]。

目前，在材料设计的角度上，文献中有两种有前景的策略用于开发具有较低过电位的 OER 电催化剂：a. 掺杂外部元素到 OER 电催化剂的结构中。其可以改变电催化剂的电子结构，从而增强其活性[123]。将适当的元素掺杂到 OER 电催化剂中不仅可以提高电催化剂的电导率，还可以对活性位点与 OER 中间体的结合强度产生显著影响。文献报道中，Fe 作为掺杂剂被引入镍基 OER 电催化剂中时，它显著增强了 OER 性能[125]。最近的研究还表明，在 Ni 结构中掺杂 Fe 会改变 Fe 的配位环境，并优化 Fe 活性位点上 OER 中间体的结合强度，从而显著提高 Fe 的活性，超过了 Ni 的活性[125]。在合适的理论计算方法辅助下掺杂 OER 电催化剂的合成策略是设计新型 OER 电催化剂的常用方法。Xiao 等开发了一种以溶解氧为氧化剂的刻蚀方法，用于在压缩的镍泡沫上合成垂直排列的氟化镍铁双金属氢氧化物纳米片阵列，作为高效的自支撑氧析出电极。它与高离子交换容量的基于聚芳基哌啶季铵碱的氢氧根交换膜和离子交换树脂相结合，在以纯水供给的 HEMEL 中，实现 1.8V 下 $1020mA/cm^2$ 的电流密度，并同时避免了在连续运行期间催化层的脱落（$200mA/cm^2$ 下持续工作>160h，图 4-9）[126]。这项工作为利用间歇性可再生能源大规模生产低成本氢气提供了潜在途径。b. 合成固定在导电性更好的支撑材料上的 OER 电催化剂具有巨大潜力，不仅可以通过在外部促进电催化剂的电荷转移行为来提高电催化活性，还可以通过电催化剂与导电支撑材料之间的电子相互作用来实现。例如，通过在碳纳米管上合成 NiFe 层状双氢氧化物纳米片的复合电催化剂显示出显著的 OER 活性，远高于未与碳纳米管耦合的 NiFe 层状双氢氧化物纳米片[123]。这种活性的显著提高归因于 NiFe 层状双氢氧化物纳米片的导电性改善和纳米片与支撑材料之间的电子相互作用。碳基材料在与 HEMEL 相关的高施加电位下容易受到腐蚀，然而，将 OER 电催化剂固定在高导电性和耐氧化性的支撑材料上可以通过类似于报道的复合 NiFe 层状双氢氧化物纳米片/碳纳米管 OER 电催化剂的机制来提高 OER 活性。

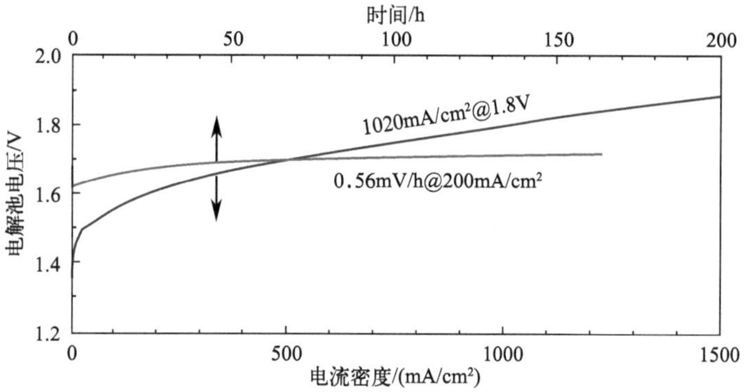

图 4-9 基于氟化镍铁双金属氢氧化物纳米片阵列的 HEMEL 的性能与稳定性[126]

目前最好的 OER 电催化剂也需要很高的过电位提供水电解中的高电流密度。在这些高正电位下，腐蚀的推动力非常高，电催化剂和支撑材料的腐蚀是 HEMEL 技术的一个主要问题。因此，需要大量的工作来开发活性更高和更稳定（耐腐蚀）的 OER 电催化剂。另外，研究者们需要指定一个统一可靠的加速压力测试（AST）方案，以在比较不同 OER 电催化剂的活性和稳定性过程中节省时间。

4.2.3.2 氢氧根交换膜电解池的阴极电催化剂

如上一节所述，在 PEMEL 中，由于在酸性环境下阴极侧 HER 动力学非常快，阴极侧铂族金属负载所占的成本占总成本的比例极小。然而，已经有研究显示相比酸性环境，HER 在碱性环境中的动力学会变得更慢[127]。文献中报道的例子是，碱性环境中 HER 的动力学比在铂、铱、钯和铑上的酸性环境中慢 2 个数量级[128]。一般来说，铂、铱、钯和铑等铂族金属电催化剂显示出非常高的 HER 活性。特别地，铂是应用最为广泛的 HER 的电催化剂[127]。然而，铂族金属电催化剂在强碱性的 AEL 环境中往往表现得不够稳定，这是由于电解池中的金属部件的腐蚀或者氢氧化钾中固有的铁等杂质导致的中毒现象[129]。铂族金属电催化剂的高成本和不稳定性阻碍了它们在商业 AEL 中的使用。许多非贵金属电催化剂已被研究作为 AEL 的潜在阴极材料，然而，这类电催化剂大多数在强碱性环境下长期稳定性不佳，限制了 AEL 中阴极电催化剂的选择范围，只能使用镍基电极（Raney 镍、镀镍钢或镍/不锈钢网状电极）[51]。除了镍基电极外，HEMEL 的阴极电催化剂的备选范围可以拓展到各种在温和碱性条件（pH ≈ 14）下显示出高 HER 活性和强稳定性的铂族贵金属与非贵金属电催化剂。尽管迄今为止人们已经合成并测试了许多 HER 电催化剂，但它们在 HEMEL 中的使用仍然面临挑战。在碱性环境中，HER 电催化剂的当前瓶颈仍然是缺乏具有较高活性的非贵金属电催化剂，可以提供与基准 Pt 电催化剂相比更好或相当的动力学[130]。非贵金属电催化剂的交换电流密度仍然较低（比铂族金属低 1～2 个数量级），Tafel

斜率较高（相比于碱性介质中）。在材料设计中，人们总结出了以下一些通用的策略，以开发具有较低过电位的 HER 电催化剂。

按照 4.2.2.2 节中所述的 HER 反应的动力学过程，非贵金属表面的晶面结构单元可以被视作单一的对于单个 HER 催化材料的活性位点，其对氢原子的结合能是决定活性位点对催化氢原子吸脱附速率以及电化学氢析出过电势的因素。根据前述的火山型曲线图，在微观层面改变非贵金属表面的电子结构以改变对氢原子的结合能使其更趋近于零，改变晶体表面原子的化学环境与态密度分布，特别是对吸附性质贡献最大的 d 带中心位置，就是一个直接的选择。从典型的单组分金属的表面出发，达到这一目标常用的合成策略有以下几种：

① 通过合金化重构新的金属表面的晶面与金属原子的配位环境；多个金属组分合金电催化剂可能有协同效应，通过不同 HBE 金属之间的协同作用模拟高活性的铂族金属电催化剂[131]。特别地，过渡金属合金中可以调节 d 带电子填充、费米能级和原子间距，从而可以调控 HBE。镍基合金：为了进一步提高镍的 HER 活性，人们研究了镍基合金，如 Ni-Mo、Ni-Al、Ni-Cr、Ni-Sn、Ni-Co、Ni-W 和 Ni-Al-Mo。这些合金相对于纯镍显示出改进的 HER 活性，并且非常有潜力成为 HER 电催化剂。合金化以提高性能，其中电极材料电沉积法制备 Ni 基合金电极因其操作简单，所得到的合金电极直接以层状结构存在且粗糙度高，得到了广泛的应用。电沉积法得到的二元 Ni 基合金种类包括 Ni-Fe、Ni-Co、Ni-Cr、Ni-W、Ni-Mo 等，其中一系列的研究与对比分析表明在相似的电沉积合成条件下，二元 Ni 基合金中，Ni-Mo 合金往往能够实现最高的反应催化活性（图 4-10）[132]，特别是在碱性条件下在适当的反应条件和金属比例下其可以实现接近于 Pt 的析氢性能，同时在碱溶液中保持稳定。两种金属元素的协同效应也非常有利于活性氢的吸脱附。从电子结构上看，Mo 原子外层的 d 轨道为半充满（$4d^5 6s^1$），而 Ni 原子外层存在未成对的 d 电子（$3d^8 4s^2$），这样使得合金化后二者可以形成较强的 Ni-Mo 金属键，有利于活性氢吸脱附所需的表面电子云密度分布，提升催化活性。

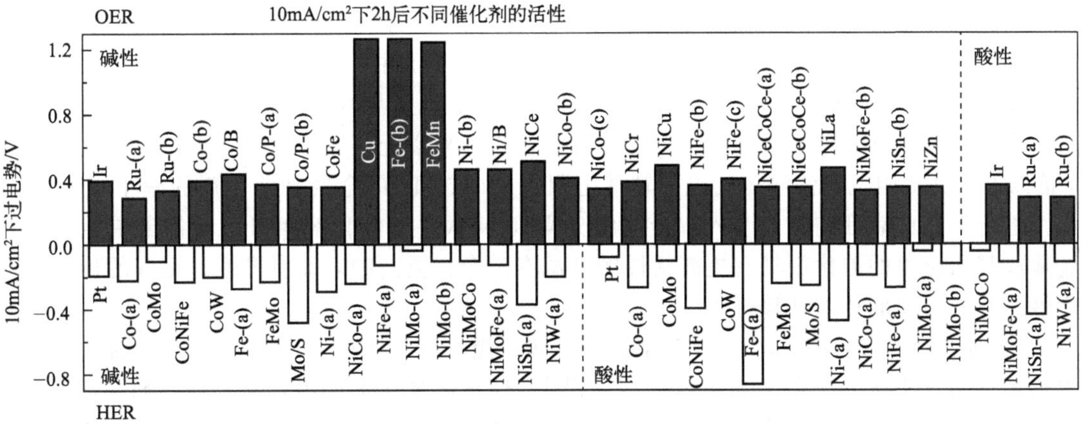

图 4-10 电沉积法合成一系列金属与合金的 HER 和 OER 过电势比较[132]

为了探索特定的二元或三元合金在适当条件下最高的 HER 活性，Fosdick 等[133] 设计了一个双电极装置，在 FTO（由 SnO_2 和 F 组成）导电玻璃上设计了一组基于微电极的双电极系统，阴极上利用微旋涂法在微量范围内对含 Ni、Fe、Co、Mo、W 的前驱体盐溶液比例进行调整以制备合金的微电极。这种合成的微电极同时可以将电势大小转化为电极阵列

上的 Cr/CrO_x 电对发生氧化反应时的显色长度从而实现刻度计显示的作用。他们针对由Ⅷ族的 Ni、Co、Fe 及其两两组合的成分，和ⅥB 族的 Mo、W 相结合进行了一系列比例的筛选，最终确定了在相同的合成条件下，Ni 占摩尔分数的 80%，Mo 占摩尔分数的 20%时所得到的催化剂活性最强，验证了经典 Ni-Mo 二元体系本征活性的高效性。虽然双金属合金体系已经得到广泛的研究，但对三元过渡金属合金的体系人们还需要同时在深度和广度上实现研究的进展，由于这些体系的复杂性，这项研究需要受适当的理论计算的指导。

金属化合物（金属碳化物、磷化物和二硫化物）由于其低成本、良好的电导性以及良好的电催化活性和稳定性，在温和碱性介质（pH ≈ 14）中也经过了数十年的研究作为 HER 电催化剂。Huang 等[134] 以掺杂的一种经典 MOFs [ZIF-67，化学式为 Co (2-MeIm)$_2$，其中 2-MeIm 为 2-甲基咪唑的缩写] 作为前驱体，首先向其中分别以 Cu、Ni、Zn 对 ZIF-67 中的 Co 进行替代掺杂制备双金属 MOFs，再以硫代乙酰胺（TAA）作为硫代试剂在溶剂热条件下对 MOFs 进行刻蚀得到 $M_xCo_{3-x}S_4$（M 为 Zn、Ni 和 Cu）空心多面体结构，从透射电子显微镜（TEM）图像中可以发现这种空心结构与 MOFs 的颗粒形貌一致，可以推断出 S 向颗粒内扩散的速率远低于 MOFs 颗粒中金属离子向外扩散的速率而形成的空心结构，这种空心结构可以在负载量固定的条件下为催化剂带来高的活性面积与催化剂质量之比，同时利用 MOFs 对不同掺杂金属的同构结构实现了 Zn、Ni、Cu 的均匀分布。在这种结构设计的基础上，通过对三种掺杂金属的筛选以判断不同掺杂组分带来的本征活性的不同，最终确定了当 Zn 对 Co 的掺杂比例为 10%时，催化剂具有最高的催化活性，其在碱性下 η_{10} 的值降低到 Zn 掺杂后的 85mV，电化学活性面积也为 Co_3S_4 催化剂的 1.4 倍，DFT 计算表明 Zn 掺杂后表面对单个氢原子的吸附能也由 Co_3S_4 的 0.57eV 降到了 0.32eV。

金属氮化物类材料也是由于其良好的性能而被人们用作 HER 的催化剂，其中对于氮化物形貌的进一步改进也会对电催化性质的改进做出贡献。Fan 等[135] 在利用电沉积法在炭布上沉积 NiMo 合金的基础上，经过氮气等离子体处理后将 $Ni_{0.2}Mo_{0.8}N$ 和 Ni_3N 的混合相均匀分布在炭布上，在扫描电镜下观察，相比于电沉积得到的相对光滑的金属表面，等离子体下得到的氮化物表面明显变得粗糙，同时与电沉积法再经等离子体处理后得到的仅含 Ni 的催化剂（组成相为 Ni_3N）和仅含 Mo 的催化剂（标注为 MoON，组成相为 MoO_2 + Mo_2N，在不含 Ni 的情况下 Mo 不会被还原为 0 价形成金属相）相比，Ni-Mo-N 催化剂的 η_{10} 可以比 Ni 或 Mo 单金属基催化剂二者各降低 35mV 以上，交换电流密度相对二者提高了 4 倍以上，交流阻抗谱法测得的电荷转移电阻比 Ni 或 Mo 单金属基催化剂的减小了 60%以上。综合上述的表征结果，引入双金属组分得到 Ni-Mo-N 催化剂相对二者各自单金属组分金属或其氮化物的催化剂具有更高活性的来源有三个：更高的表面粗糙度、更好的位点本征活性与对应更快的传质转移过程。

② 通过制备含有高导电性的支撑材料 [如炭黑、碳纳米管（CNTs）、石墨烯或还原石墨烯氧化物（RGO）] 的复合电催化剂来提高 HER 电催化剂的电催化活性。将 HER 电催化剂与非常导电的支撑材料集成通常会改善其性能和稳定性，因为将 HER 电催化剂直接固定到强韧的导电支撑上可确保低电阻的电传输路径，并减小电催化剂的物理剥离/溶解的可能性。支撑材料与电催化剂之间的电子耦合还可以协同增强 HER 电催化活性。另外，支撑材料的导电性和其与 HER 电催化剂的电子耦合可以通过掺杂支撑材料来调节。这种方法已被广泛用于增强许多 HER 电催化剂的电催化活性，为了改变过渡金属的表面对氢吸附的性质以使其尽可能接近于贵金属，利用过渡金属与碳材料或是氧化物形成多组分催化剂，特别是对金属纳米颗粒进行表面修饰，通过改变金属的配位环境从而改进金属表面电解水析氢的

动力学，是一种提高复合材料整体催化活性的有效方法。

碳纳米管（CNTs）包覆是一种近年常见的表面修饰方法。Bao 等[136] 在乙醇气流下化学气相沉积（CVD）生长碳纳米管的过程中通入氨气处理，以 Fe、Co 作为催化剂，高温条件下得到了氮掺杂的 FeCo-CNTs，这种氮掺杂结构可以在碳纳米管包覆的基础上进一步提高电化学活性，同时使金属免受腐蚀。Zou 等[137] 则以二氰二胺固体的催化热解法得到了金属 Co 与薄壁氮掺杂碳纳米管的复合结构 Co-NRCNTs，其可以实现稳定良好的催化活性。

除了碳纳米管之外，金属盐类与有机小分子的混合物在煅烧条件下，在盐类热分解为金属纳米颗粒的同时，有机小分子在金属元素表面被催化碳化，提供各种形貌的碳材料包覆层结构。Wang 等[138] 在 $Ni(NO_3)_2$ 和 $(NH_4)_2MoO_4$ 的水溶液中加入三聚氰胺，得到的混合物沉淀在 900℃下加热后，金属 Ni 与 Mo_2C 共同被包覆在约 10nm 厚度的碳层壳结构中，利用同一包覆结构下金属与金属碳化物对表面包覆碳层的作用以及同时提供的氮掺杂表面，其中通过调整原料中 Mo 的百分比可以控制产物中碳化钼的成相形式，当 γ-MoC∶β-Mo_2C 的摩尔比在 3∶1 时，可以实现极低的过电势。

利用金属有机骨架（MOF）构造规整的碳基底，也可以在热解条件下一步得到金属或者金属化合物与碳材料的复合结构，其中的碳材料来自配体热分解后的碳化产物。同时，MOF 热解法可以通过两种途径实现非金属的杂原子掺杂碳材料的合成：杂原子既可以来源于配体本身所含有的杂原子（S、N）等，也可以来源于 MOFs 中引入的其他吸附小分子。Zhang 等[139] 在合成经典的 ZIF-67 型 MOF［化学式为 $Co(2\text{-}MeIm)_2$，其中 2-MeIm 为 2-甲基咪唑］基础上，直接在惰性气氛下热解得到了氮掺杂碳材料包覆的 Co 纳米颗粒复合物，记为 Co-NC，进一步，若将 ZIF-67 置于硼酸（H_3BO_3）溶液中，使其充分吸附在 MOF 表面后再热解，则可以在碳材料上进一步引入硼原子掺杂，产物记为 Co@BCN（图 4-11，另见文前彩图）。与未作杂原子掺杂的碳材料包覆的 Co 颗粒（配体中仅含有 C、H、O 的 Co-MOF-74）相比，硼氮共掺杂的结构可以在电化学测试中实现最高的电催化活性（1mol/L KOH 中 $\eta_{10}=183mV$），同时相对于裸露或者仅由碳包覆的金属颗粒团簇，硼氮共掺杂碳材料的修饰对于吸附氢原子结合能的削弱作用也可以从团簇 DFT 计算中得以验证，由前述的火山型曲线可知，Co 原先对氢原子的吸附过强会抑制 HER 的反应速率，因而这种削弱对提高反应活性是有利的。

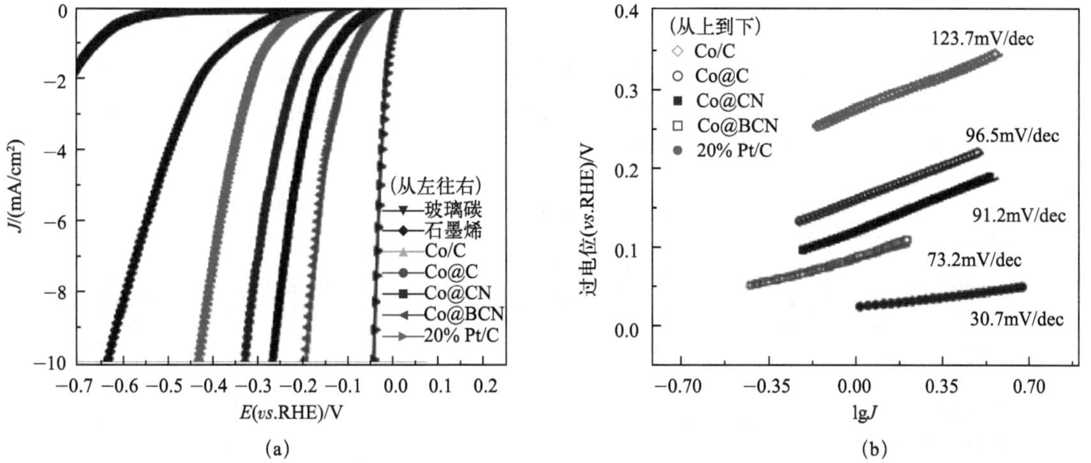

图 4-11

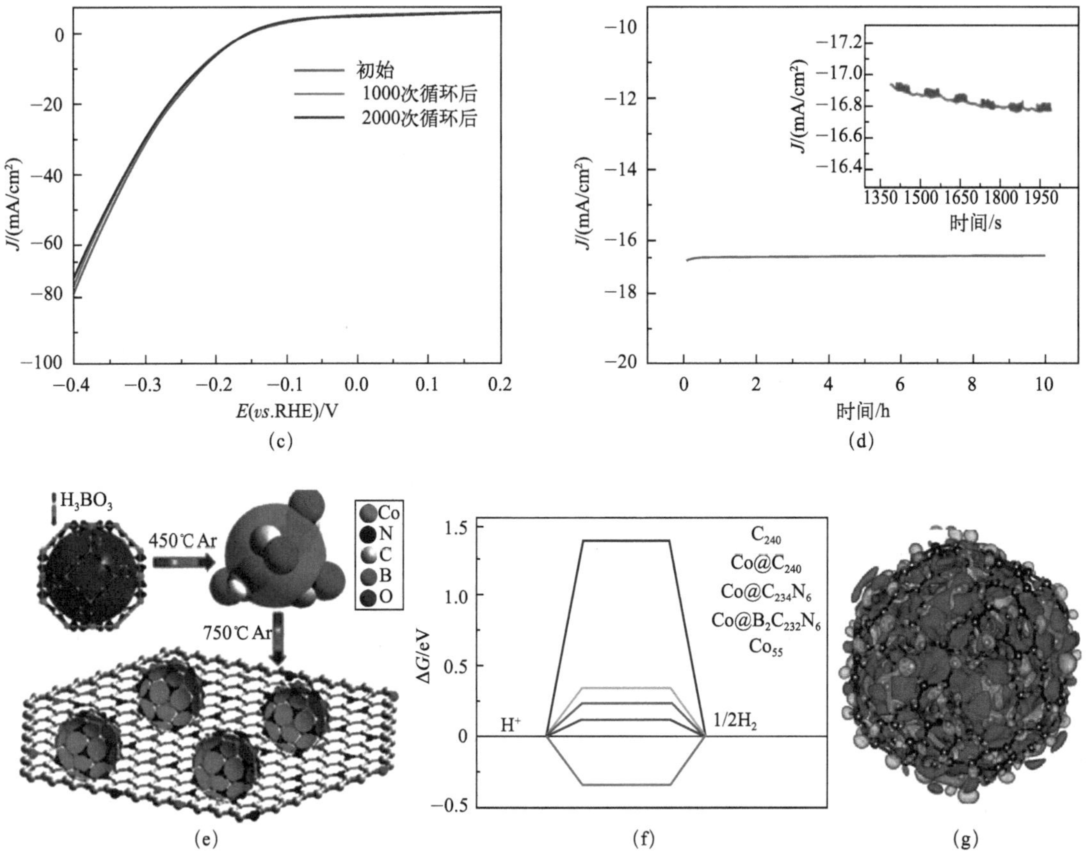

图 4-11　Co@BCN 与未作杂原子掺杂样品的性质对比

(a) 线性极化曲线对比；(b) Tafel 曲线与斜率对比；(c) Co@BCN 重复 10000 次循环伏安后线性极化曲线的变化；(d) Co@BCN 的恒电位持续电解中电流密度随时间的变化；(e) Co@BCN 的合成路线示意图；(f) 吸附能计算结果；(g) 电子云密度分布计算结果

近期报道的一些电解析氢催化剂在碱性条件下的性质见表 4-4。上述的方法都是基于改变电极固体表面金属原子和非金属原子的种类与晶型实现表面吸附氢性质，可以对催化剂的结构与性质进行多样的调控。由于催化剂设计的核心是表面结构针对吸附氢性质的优化，所以固体物相的改变，如金属合金化、金属-非金属二元化合物的合成，只是其中的一部分，调节合成产物的形貌、控制材料表面的优势晶面和缺陷、杂原子掺杂等策略都可以用来进一步优化目标催化剂对 HER 的反应活性。

表4-4　近期报道的一些电解析氢催化剂在碱性条件下的性质

催化剂	电解质溶液	负载量 /(mg/cm²)	η /mV	J/(mA/cm²)	参考文献
商用 Ni 纳米线	1mol/L KOH	—	430	20	[140]
由 MOFs 分解得到的 Ni 纳米颗粒	1mol/L KOH	2.8	88	20	[141]
			61	10	
Ni-Cu 纳米复合材料	1mol/L KOH	—	200	19.3	[142]

续表

催化剂	电解质溶液	负载量 /(mg/cm²)	η /mV	J/(mA/cm²)	参考文献
Ni-Mo 纳米粉末	2mol/L KOH	1	70	20	[143]
Ni-Mo-N 纳米复合材料	1mol/L KOH	1	43	20	[144]
Ni/NiO@ MWCNTs	1mol/L KOH	0.28	80	10	[145]
		8	95	100	
Co@BCN	1mol/L KOH	未给出	183	10	[139]
炭布上担载的 NiMoN	1mol/L KOH	2.5	109	10	[135]
纳米 MoC@GS	1mol/L KOH	0.76	77	10	[146]
$NiB_{0.54}$	1mol/L KOH	1.4	135	10	[147]
Ni-Cr_2O_3	1mol/L KOH	2	150	100	[148]
Ni_5P_4	1mol NaOH	1.8	49	10	[149]
炭纸-碳纳米管 CoS_x	1mol/L KOH	0.32	190	10	[150]
$Ni(OH)_2$-MoS_2	1mol/L KOH	4.8	80	10	[151]
			126	50	

4.2.3.3 氢氧根离子交换膜和离子交换树脂

使用去离子水运行 HEMEL 非常具有挑战性，氢氧根交换树脂（HEI）在以去离子水供给的 HEMEL 中普遍会发生显著的性能下降。这种下降是由高电位下对离子交换膜的氧化、离子交换膜与气体生成界面的分离，或者离子交换膜在循环水中的溶解所导致的，但其机制还需要进一步研究。使用电解质溶液运行 HEMEL 只是掩盖和推迟了 HEI 降解对 HEMEL 性能的影响，并未解决根本原因。因此，研究 HEI 在 HEMEL 中的性能和降解机制将为设计更高效耐用的 HEI 提供指导。鉴于上述原因，人们未来的关注重点是由去离子水供给的纯聚合物电解质 HEMEL 中的催化剂、离子导电树脂与双极板等各种材料的发展。

HEM 的功能是将羟基离子从阴极传输到阳极，并作为电化学反应产生的电子和气体的屏障。HEM 由带有阳离子功能的聚合物制成，理想情况下应具备以下特性：a. 高的氢氧根离子（OH^-）导电性。b. 高化学稳定性（碱性、抗氧化性和热稳定性）。c. 在湿润条件和高压差下具有优异的力学性能。d. 低气体渗透性。

到目前为止，已经有数种 HEM 在电解池测试中被报道。聚合物骨架通常是聚砜或交联聚苯乙烯或聚芳烃，而阳离子基团通常是季铵碱。之前在 HEMEL 中常用的商业上可购得的 HEM 是 A-201 膜（日本东京玻纤株式会社）。该膜显示出较高的 OH^- 导电性（43mS/cm，23℃，90%相对湿度）。另一个之前在 HEMEL 中使用的商业 HEM 是 FAA-3-PK-130，但该膜只能在 25℃下 1.0mol/L KOH 溶液中保持稳定。

Yan 等向我们展示了基于聚芳基哌啶季铵碱的氢氧根离子交换膜和氢氧根离子聚合物，季铵化哌啶阳离子和刚性的不含醚键的芳基骨架的结合提供了出色的离子传导性（80℃下>200mS/cm）、化学稳定性（100℃下 1mol/L KOH 溶液中 2000h 内导电性不衰减）、机械强度、低的气体透过率和制备离子交换树脂悬浮液时对溶剂的选择溶解性[152]。

目前，HEM的一个重大挑战是实现足够的离子导电性和力学性能。与Nafion相比，在相似的离子交换容量（IEC）下，HEM具有较低的离子导电性，因为OH^-的迁移率低于H^+。因此，高IEC已成为HEM的目标，以实现改进的OH^-导电性。然而，高IEC通常会导致膜的吸水率（和膨胀率）增加，挑战HEM的形态稳定性和机械强度。关于HEM的另一个担忧是在高pH和电压下电解池中的化学稳定性。阳离子基团和聚合物骨架可能由于碱性离子和/或自由基攻击而变得化学不稳定，而目前人们还需要更多关于对HEM耐久性和降解机制的理解。

氢氧根离子交换树脂（HEI）是一种黏合剂，它在膜和电极内的反应位点之间形成OH^-传输通道，从而大幅提高了电催化剂颗粒的利用率，同时降低了内部电阻。用于电催化剂层的离聚物最理想的特性之一是在低沸点水溶性溶剂（如乙醇和丙醇）中具有高溶解度或分散性，因为这些溶剂易于处理，并且在电极制备过程中易于去除。此外，离聚物应在水中不溶且在高温下具有低膨胀率。另外，离聚物应具有良好的OH^-导电性和化学稳定性。到目前为止，只有数种HEI被报道在电解池中使用。Kim等报道了一种高季铵盐离子含量的HEI，其季铵化的苯乙烯聚合物离子树脂可以在仅由去离子水供给的HEMEL中表现出色的性能[118]。采用NiFe OER催化剂和贵金属的PtRu HER催化剂时，HEMEL在1.8V和85℃下实现了2.7A/cm^{2}的电流密度，若将HER电极换为NiMo/C制作的完全不含贵金属的电解池，HEMEL的性能为1.8V下0.9A/cm^{2}的电流密度。与HEM类似，HEI的碱性、抗氧化性和热稳定性非常重要，尤其应更详细地研究其在膜电极组件（MEA）中的降解机制。

HEM/HEI的普遍发展与其在以去离子水为供给的HEMEL中的应用之间存在显著差距。HEM和HEI的进展是未来HEMEL发展的关键因素，但同时由于工作电位的差异，用于燃料电池的HEM和HEI并不一定都能集成到以去离子水运行的高性能、稳定的HEMEL中。HEMEL相较于HEMFC还存在额外的挑战，包括气体产生、高氧化电位、大压差和不含碳的阳极电催化剂，在集成新材料时需要解决这些问题。目前人们还在继续开发有前景的HEM/HEI用于HEMFC的进展。

4.3 生物质制氢中的材料

4.3.1 生物质通过热化学转化制氢

生物质的热化学转化具有大规模生产的优势，因为所使用的技术与目前成熟的化石燃料转化技术有较多的共通之处，工业设计方案也较成熟。尽管生物质的热化学转化过程是碳中和的，但它仍会释放CO_2并需要与碳捕集系统（CCS）结合以实现负排放。即使这种解决方案需要较高的资本投入，但它是实现碳零排放的最佳经济解决方案之一。

生物质通过热化学过程气化也是生物质制氢研究最深入的过程之一，当前研究的一个关键要素是寻找适当的操作条件和催化剂，可以有效地增加产出的氢气量和降低成本。一系列新型高效催化剂被报道用于促进焦油转化并抑制副产物的形成，一些研究已经对热化学过程中的催化剂，特别是气化反应的催化剂，进行了广泛的评估和比较。通常使用的催化剂包括白云石、橄榄石、含钾的矿物和镍基化合物。根据Zhang等的研究，在温度为450℃到850℃范围时，他们把石灰石/白云石催化剂的比例调整到1∶1时，可以获得的最大的氢气产量为 204.6mL/kg 生物质（榕树叶）[153]。Wei 等发现，以豆科植物秸秆和锯末为原料的氢气产量会随生物质类型和催化剂的不同发生变化。他们发现与惰性的沙相比，使用白云石为催化剂时氢气浓度分别增加了 10%（由秸秆产生）和 15%（由锯末产生）。这种氢气浓度的增加来源于对蒸汽重整反应的催化[154]。Ma 等验证了不同温度下白云石和橄榄石作为催化剂对氢气产量的显著影响。当温度从 700℃增加到 900℃时，白云石催化剂的焦油产量从 12.5g/m^3 降至 7.2g/m^3，焦油转化的减少使得氢气产量从 36.2g/kg 生物质增加到 46.4g/kg 生物质，而同样温度变化时橄榄石催化剂下的焦油产量从 15.9g/m^3 降至 9.1g/m^3，同时氢气产量从 32.4g/kg 生物质增加到 42.3g/kg 生物质[155]。

气化设备的选择常常取决于生物质原料和 H_2 生产的条件，因此对每种原料都需要进行开发和优化步骤。目前，从气体组成、杂质和成本方面考虑，最佳方案是使用水蒸气作为氧化剂进行气化。水蒸气气化可以更灵活地处理原料，允许使用湿生物质且无需高成本的纯氧。近期水蒸气气化的研究主要集中在降低反应温度以及使用催化剂避免焦油和焦炭形成以提高氢气产量上，通过改进催化剂，特别是白云石和橄榄石类的催化剂，可以降低操作温度、总能量消耗以及焦油量，从而降低过程成本。

① 与气化改进相关的大部分蒸汽重整（SR）研究集中在新型催化剂的发现、温度优化以及焦油和焦炭降解上。Guo 等通过使用稻壳炭（RHC）作为金属催化剂的载体，将氢气产量从 196.6mL/g 生物质分别提高到 269.6mL/g 生物质（含钾的 RHC）、274.9mL/g 生物质（含铜的 RHC）和 342.7mL/g 生物质（含铁的 RHC），炭和炭负载的催化剂促进了 H_2、CO 和 CH_4 的产生[156]。此外，高碳氢的生物质在气化过程中会产生焦炭，而这些碳沉积会对催化剂产生负面影响。水蒸气重整过程可以降低碳氢比，从而减少焦炭的形成。在 2018 年，Yaghoubi 等[157] 研究了双流化床气化中不同参数对氢气生产的影响。他们发现，在 800℃至 820℃之间的操作温度下氢气产量是最优的，在更高的温度（>820℃）下氢气产量会降低，因为焦炭会在输入的能量作用下燃烧而不会转化为氢气。水蒸气/生物质比（S/B）和流化床的停留时间会影响气化过程中产生的特定气体的种类和氢气产量。S/B 为 1.3 时可以实现最佳氢气产量。更高的 S/B 会降低停留时间使得气化反应不完全，从而产生更少的氢气和更多含碳气体。此外，降低反应器直径和生物质粒径也可以提高气化过程的氢气产量，而生成气体中氢气的浓度随催化剂种类的不同会在 18%至 59%之间变化。在对不同催化剂种类的研究中，镍基和含碱土金属的碳材料一般被认为是最有效的催化剂之一。Liu 等研究了稻壳气化中催化裂解焦油，并使用镍基催化剂（Ni6/PG）获得了 94.4%的焦油转化率，使氢气产量达到 57.7%[158]。Al-Rahbi 等使用废轮胎热解后的炭作为木质颗粒气化的催化剂，当温度从 700℃升至 900℃时，氢气浓度从 8.4mmol/g 生物质升至 39.2mmol/g 生物质[159]。Yao 等[159] 发现了生物质气化中产生的生物炭是一种有前途的催化剂和载体。通过聚焦，太阳能制备的生物炭由于含有碱金属和碱土金属而与挥发性物质产生良好的相互作用，促进其转化为氢气。800℃下在双级固定床反应器中，添加镍的生物炭作为催化剂在蒸汽重整过程中可以将氢气产量从 45.91mg/g 生物质增加到 92.08mg/g 生物质。Xu 等还验证了碱土金属对气化效率的影响。在 700℃的流化床反应器中，木屑气化时，含有 5%铁的烧结氧化钙（Fe/CaO）催化剂的氢气产量最高（26.4mmol/g 生物质）。与其他催化剂和单一的氧化钙相比，Fe/CaO 催化剂的气化效率较低，对于 CO_2 的吸收也较低。然而，铁的掺杂防止了 CaO 的失活，并提高了焦油转化率，从而使氢气产量比仅使用 CaO（12.36mmol/g 生物质）更高[160]。综上所述，人们希望得到一种低成本的催化剂能够抵抗焦炭失活并且容易再生，可以提供更高的氢气纯度，更低的焦油和焦炭含量，以及更少的能量。

② 对于部分氧化过程（PO），人们已进行了多项研究，试图通过使用镍基和铈基载体上的贵金属催化剂改进部分氧化过程的产氢性能，然而这种催化剂成本仍然是一个限制因素。Ma 和 Müller 研究了用于生物质气化焦油的部分氧化过程的各种催化剂。他们发现以 NiO 为代表的镍基催化剂在转化萘模拟的生物质方面活性更高，其在固定床反应器中可以在 600℃下获得 95%的转化产率[161]。Kim 等使用 Rh 作为催化剂［0.5%（质量分数）］，在微型反应器中二甲醚的部分氧化反应可以获得 90%的 H_2 产率，同时他们的微型反应器比传统填充式反应器更高效[162]。Żukowski 和 Berkowicz 也对甲醇进行了部分氧化反应，使用含铁和铬氧化物的流化床催化剂，通过使用 CH_3OH 和 N_2O 等摩尔比为 1∶1 的条件，在 350℃下获得 95%的产率。该方法在温度上较其他热化学过程更低，但该反应生成气体中会混入同为产物的 CO_2 和 N_2，因此需要后续分离步骤[163]。人们同时在中试规模上发展部分氧化过程，此时与蒸汽重整相比，部分氧化在 H_2 产量方面的效率不占优势，同时也取决于底物。对于乙醇重整，重整反应的产量比部分氧化可以高出 50%[164]。此外，部分氧化更适用于间接途径，其使用具有较低碳氢比的衍生生物质分子，如碳氢比接近乙烷的乙醇，但部分氧化不适用于木质纤维生物质的原料。同时，部分氧化过程可以利用现有的化学工业和食品工业中的副产品，包括生物柴油生产中的甘油和酿酒厂的乙醇。

③ 对于超临界水中煤气化反应制氢（SCWG），当前人们的研究重点也是寻找更高效的催化剂。Li 和 Guo 评估了 $Ni/MgAl_2O_4$-Al_2O_3 催化剂的性能，他们同时研究了不同参数对超临界水中煤气化反应的影响，包括加热速率、温度和催化剂负载。当温度从 200℃升高到 600℃时，H_2 产量随之增加，特别地，温度高于 500℃对于 H_2 的产生是有利的，而在 400℃至 500℃的温度范围内，CH_4 是主要的气体产物[165]。最终他们在温度为 600℃、停留时间为 300s 的条件下，达到了 45mol/kg 生物质的产量。但是作为气体副产物的 CO_2 在该过程中含量很高，需要进行分离以提供高纯度的氢气。Nanda 等比较了不同碱金属化合物催化提摩西草制氢的活性。在温度为 650℃、停留时间为 45min、生物质/水质量比为 1∶8 的条件下，最高的氢产量为 5.15mol/kg。他们发现，温度升高会改善水煤气变换反应，从而产生更多的 H_2 和 CO_2。同时，对于由碱金属化合物催化的水煤气变换反应，KOH 的效果最佳（氢产量为 8.91mol/kg），其次是 K_2CO_3、NaOH 和 Na_2CO_3。碱金属催化剂在生产高浓度 H_2 的合成气方向具有较大的潜力[166]。

④ 对于直接热解生物质制氢，催化剂材料可以提高氢产生、焦油分解和生物质转化的产率。碳酸盐类（Na_2CO_3 和 $CaCO_3$）和金属氧化物类（Al_2O_3 和 Cr_2O_3）催化剂已经被应用在不同的生物质制氢反应类型上，而催化剂的效率也取决于所选生物质原料的类型[167]。人们还专注于发现新的镍基催化剂，并根据每种生物质进料类型优化操作条件。Akubo 等研究了六种生物质废弃物（稻壳、椰壳、甘蔗渣、棕榈仁壳、棉花茎和小麦秸秆）和三种生物质模型组分（纤维素、木质素和木聚糖）通过热解-蒸汽重整转化为氢气。其在一个两级固定床反应器系统中，550℃下进行热解，750℃下进行蒸汽重整，催化剂为 Ni/Al_2O_3。催化剂作用下棕榈仁壳转化的 H_2 产量为 25.35mmol/g，体积占生成气体的 57.36%。在各种生物质组分中，木质素的氢产量最高（25.25mmol/g），高于纤维素（19.72mmol/g）和木聚糖（20.54mmol/g）。根据不同的木质素/纤维素/木聚糖混合物制氢结果可知，生物质木质化程度越高，产生的氢气越多，而纤维素和半纤维素的热解会释放更多的 CO 与 CO_2[168]。Chen 等在木屑上测试了 $Ni/CaAlO_x$ 催化剂产氢，Ca/Al 摩尔比为 1∶2 时，通过 500℃下的热解和 800℃下的蒸汽重整，氢产量为 15.57mmol/g 生物质，其中 Ca 是一种廉价的碱土金属元素，其可以通过增加 CO 选择性来改善生物质的转化，可用

于控制合成气的 H_2/CO 比。Ca/Al 比为 3∶1 时，H_2 和 CO 的总浓度达到 90%（体积分数）。然而，催化剂因焦炭沉积而失活是一个限制因素[169]。然而，根据 Jin 等的研究，催化剂中的 Ca 也可以增加氢气产生。在 CaO 形式下，CO_2 在转化过程中被吸收。当 Ca 加入到原有的 Ni-Mg-Al 催化剂中时，氢气产率从 10.4mmol/g 木屑增加到 18.2mmol/g 木屑[170]。Dong 等在寻找促进氢气产生并减少催化剂失活的催化剂方面进行了研究。他们通过沉淀法制备的 NiO-ZnO-Al_2O_3 催化剂被用于不同 Ni 含量的测试。当 Ni 的摩尔分数从 5%增加到 35%时，H_2 产量从 8.2mmol/g 木屑增加到 20.1mmol/g 木屑，此外，当 Ni 含量增加到 25%和 35%（质量分数）时，催化剂上的焦炭沉积低于 1%（质量分数）。这项研究验证了 Ni 对生物质转化的活性，并且其不易形成碳沉积而导致催化剂失活[171]。

对于水相重整（APR）法制氢（例如图 4-12[172] 所示的乙二醇中制氢），人们进行广泛的研究以改善催化剂的稳定性和活性，以实现其商业应用和规模化。目前最常用的仍然是金属催化剂，如贵金属的铂和钯，以及镍基催化剂，因为它们对 C-C 和 C-H 键断裂的活性很高，导致高产氢量。这些催化剂对水煤气变换反应的高活性也是必要的。与 Rh 和 Ru 催化剂相比，它们更能促进 C-O 键断裂，有利于烷烃形成，从而提高氢气产率。高温、高压条件也有助于增加水煤气变换反应的活性，提高氧化物转化为氢气的效率。此外，这些催化剂表面基本不会发生氧化物的热解，从而也减少了碳沉积和催化剂失活。而同时压力摇摆吸附系统（PSA）的应用可以将氢气提纯至 99.9%[173]。对于生物质原料的选择，以多元醇为原料时相比于碳水化合物原料碳沉积更少。其原因是多元醇酮基含量少，热稳定性更强，从而使碳沉积减少，增加了重整反应中氢气的产率。同时，提高氢气产率还有一种方法，就是增加蒸汽与生物质的比例。文献中报道了一种将葡萄糖还原为山梨醇的方法，使山梨醇热分解更困难，不易形成导致催化剂失活的焦炭。同时，在醛基被还原为羟基之后，铂基催化剂对山梨醇重整产生氢气具有更高的选择性[174]。

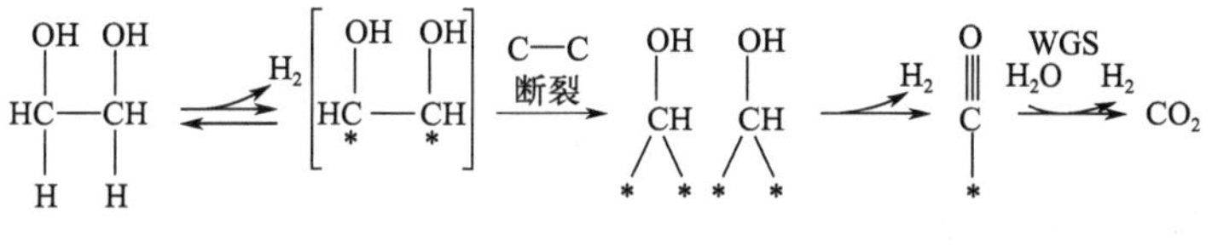

图 4-12 水相重整法结合水煤气变换（WGS）后处理从乙二醇中制氢的过程示意图[172]

4.3.2 生物发酵制氢的过程与材料

对于暗发酵反应，预处理的影响是显著的。它可以将原料水解成易于被微生物代谢的小分子量分子来提高氢气产率。Kumar 等整理了来自不同生物质类型（木质纤维素、藻类和废水）的暗发酵产氢结果，而 Bundhoo 则研究了农作物残渣的暗发酵过程[175]。对于木质纤维素生物质，可以进行稀酸的预处理，也可以用碱预处理以去除木质素，随后在纤维素酶和木聚糖酶的酶解水解下获得可发酵的糖。碱和酸预处理的组合也已经得到研究。在测试结果中，使用纤维素酶在弱酸性条件（pH 4.8，0.2% HCl）下，玉米秸秆的产氢量达到了最高，为 176mL H_2/g 生物质。近期也有研究关注使用微藻生物质产氢。Lunprom 等通过厌氧固态发酵和暗发酵利用小球藻产生氢气，其氢气产率为 16.2mL/g 挥发性固体[176]。在辅助预水解-糖化发酵的帮助下，Giang 等将氢气产率提高到 172mL/g 挥发性固体，并提高了产氢速率［2.4mL/(g·h)］[177]。Wang 和 Yin 还报道了从不同微藻生物质中产生氢气的效果，小球藻经 HCl 热处理的预处理可以破坏微藻细胞，将产氢量提高至 958mL/g 挥发性固体[178]。然而，这些方法距离大规模工业化生产还有很大差距，需要更多的研究来提高这些过程的经济性，包括基于更大的生产规模的经济可行性分析，以评估该过程的适用性。对于预处理过程，需要进行更多的研究，实行标准化操作条件提高生物过程的效率。此外，人们还需要进一步研究开发和设计更高效的生物反应器以提高转化效率。此外，研究方向也包括寻找更适合的细菌或微生物菌株来实现氢气产量的提高。特别是通过微生物处理含糖废水（如糖浆和酒糟）和含污泥的废水，在同时解决环境问题方面更有意义。废水中的生物质不适合于气化重整反应，其化学性质更易于通过不同的生物过程进行转化制氢。

对于光发酵反应，Wang 等对废弃物生物质中的类球红细菌发酵进行了参数优化（底物浓度、C/N 比和磷酸盐浓度），以研究从稻草生物质中产氢的单级过程。他们首先将生物质在 118℃下于 5%盐酸中进行 30min 水解预处理。随后在中性介质中分别加入两种类球红细菌菌株（HYO1 野生型和 WHO4 突变体），将水解产物转化为氢气。他们获得了高于直接光发酵糖的产氢量（对于 WHO4 菌株，产氢量为 4.62mol/mol 还原糖）[179]。在提高光发酵效率的问题上，一些研究人员认为将暗发酵与 PF（光发酵）相结合可以提高生物过程的效率。综合暗发酵和光发酵可以解决各系统的问题，在相同条件下获得比单一光发酵更高的氢气产量[180]。光发酵本身的改进在于开发表现更好的光生物反应器。同时这个双系统整体也需要得到优化以实现在中试级别的应用。

4.4 光电化学池水分解

4.4.1 光电化学池水分解的基本过程

在光电化学池(PEC) 水分解中，由半导体吸收的光子产生电子-空穴对，这些电子-空穴对在光电极内部分离，驱动电荷分离的内建电场产生于半导体-液体结（SCLJ）处，该界面上半导体与电解质界面处费米能级达到平衡。界面处的双电层结构，首先被 Helmholtz 提出而后续又经历了完善[181]，双电层的形成来源于离子被物理吸附到半导体表面，向外扩散时电势呈指数衰减。体系整体的电中性通过半导体内部产生的能带弯曲实现。内建电场分离电子-空穴对时会产生光电压（V_{ph}）和光电流，如图 4-13[182] 所示。在光阳极中，空穴被驱动到光电极表面实现氧析出反应，同时电子被后面的集流体收集，通过闭合电路到达对电极中实现氢析出反应。同样，如果半导体内建电场将电子驱动到电极表面实现氢析出反应，该电极则被称为光阴极。为了在电解质中加载显著的光电流以执行水分解反应，光生电子-空穴对在电荷迁移过程中将存在电荷分离（η_{sep}）和电荷输运（η_{trans}）的过电位，通过集流体电路中的其他部分。一些作者根据以下公式计算半导体材料的最小带隙（$E_{g,min}$）应大于 2.04eV（其中 V_{min} 表示水分解在化学热力学上需要的最小电压）[183]：

$$E_{g,min}=\eta_{trans}+\eta_{sep}+V_{min}$$

如果由单个光电极产生的光电位不够，可以施加外部偏压来完成反应。这种方式将从外部输入能量，但也有助于从光电极中提取更多的能量。

对各个电极的独立分析可以通过在三电极系统（也被称为半电池）[见图 4-13（c）] 中测量单一的工作电极。其中参比电极的电位在电解质中被认为是固定不变的。在这种配置中，所需的电流由外部电源产生，流经工作电极（WE）和对电极（CE），同时测量工作电极（WE）和参比电极（RE）之间产生的电位。使用这种半电池配置，可以测量单个电极的

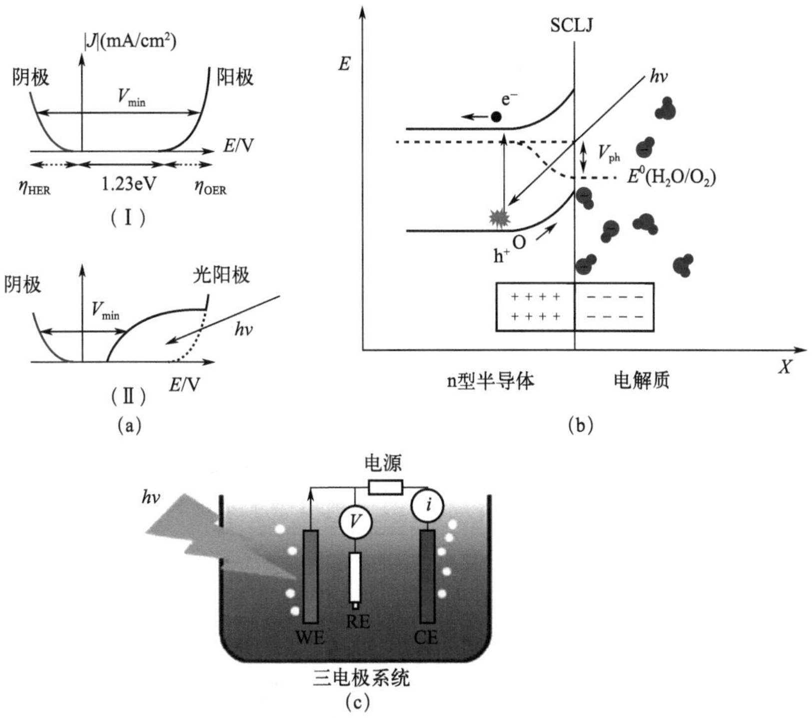

图 4-13 PEC 的基本原理示意图[182]

(a) 电化学水分解反应的电流与电压，包括 HER 和 OER 的过电位（Ⅰ），以及如果其中一个电极是光电极时，水分解反应的极化曲线（Ⅱ）。(b) 光阳极与碱性电解质接触的能带图，包括 n 型半导体，半导体-液体结（SCLJ）中由光诱导的电子-空穴对被分离，电解质吸附分子形成的 Helmholtz 双电层，以及 OER 的氧化还原电位。(c) 一个由工作电极（WE）、参比电极（RE）、对电极（CE）和电位计测量系统组成的三电极测量系统，也包括电压计、电流计和电源

光到气体的转换效率，称为半电池的太阳能到氢（STH）转换效率。

$$\mathrm{STH}=\frac{j_{\mathrm{ph}}(E_{\mathrm{H_2O/O_2}}-E)}{P_{\mathrm{sun}}}\times 100\%$$

其中，j_{ph} 是在施加偏压 E（$vs.$ RHE）下获得的光电流密度；$E_{\mathrm{H_2O/O_2}}$ 是氧气发生反应的平衡氧化还原电位（1.23V $vs.$ RHE）；P_{sun} 是标准太阳能 AM 1.5 辐照的功率密度，为 $100\mathrm{mW/cm^2}$。

与其他半导体材料相比，用于 PEC 的金属氧化物的特点是地表储量很高，同时相对较大的带隙可以生成高光电压，满足水的电解在热力学上的必要条件。在 20 世纪 70 年代，TiO_2 是第一种被研究的 PEC 半导体[184]。这是一种储量丰富且廉价的材料，在碱性环境中具有高稳定性，并且对 OER 反应具有有利的带边对齐特性。但几十年来，在 TiO_2 上获得的光电流远低于 $1\mathrm{mA/cm^2}$，主要原因是 3.2eV 的带隙只能吸收对应的紫外线，其只占太阳辐照能量的 5%，由晶体结构和电子缺陷引起的低导电性会在光生电子-空穴对分离前大量地再结合。

为了克服 TiO_2 本征性能的限制，人们在后续几十年的研究中采用了如下几种策略：发展替代的金属氧化物可用材料；带隙修改；纳米材料结构化；通过新的合成技术和后处理控制电子缺陷；用催化剂装饰表面；创建异质结等。通过这些改进，TiO_2 材料整体生产力和稳定性有了显著提高。

4.4.2 用于光电化学池水分解的金属氧化物光电极

在所有可能的金属氧化物中，TiO_2（n 型，带隙 3.2eV）[184-186] 一直是最受关注的材料之一，而与此同时，其他的可用材料也得到了广泛的研究，例如 Fe_2O_3（n 型，带隙 2.2eV）[187]、ZnO（n 型，带隙 3.3～3.4eV）[188]、WO_3（n 型，带隙 2.6～2.8eV）[189]、$BiVO_4$（n 型，带隙 2.3～2.5eV）[190]、NiO（p 型，带隙 3.4eV）[191] 和 Cu_2O（p 型，带隙 2.0eV）[192]。还有更多的材料被测试过，但其中只有一些取得了显著的进展，因为光电极需要满足几个标准：不能在 HER/OER 反应的电位区间发生腐蚀，即自身不能被氧化还原，能带位置有利于对应的氧化还原反应，同时在界面处需要有适当的能带匹配以产生高的光电压。

如图 4-14[194] 所示（另见文前彩图），一些材料由于能带不匹配而不适用于水分解，其带边远离了水氧化还原电位。为了进行 HER 反应，导带必须在与 NHE 相对比更负的电位上，而不是 H^+/H_2 电位（黑色虚线），而对于 OER 反应，它必须在比 O_2/H_2O（红色虚线）更正的电位上。在无偏压反应中，必须同时满足这两个条件。

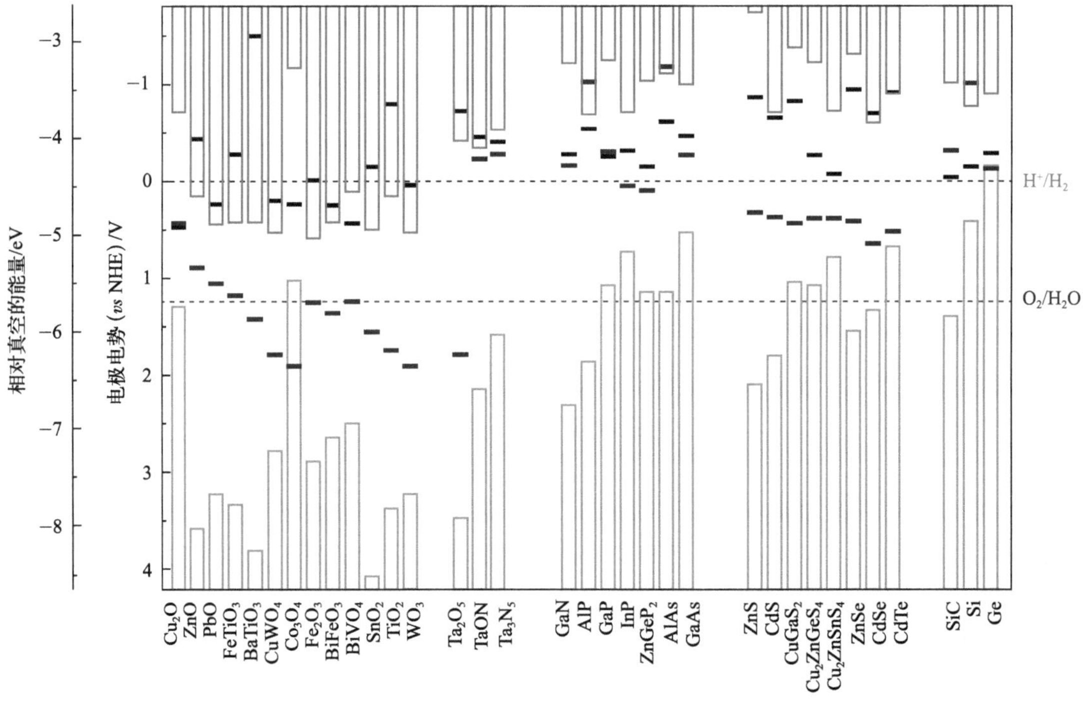

图 4-14 各种半导体在 pH = 0、298.15K 和 1bar 下相对于标准氢电极（SHE）和真空电位的自氧化（红色标记）及自还原电位（黑色标记），以及导带（蓝色柱）和价带（绿色柱）（颜色见彩图）[193]

Bard 等[194]、Gerischer 等[195] 已经讨论了半导体腐蚀反应所需的能量低于水分解的情况，即在热力学上比 HER/OER 反应更容易发生。Chen 等计算了几种半导体的热力学氧化和还原电位，并将它们与 OER/HER 反应进行了比较，发现其中有很大一部分需要防腐蚀保护[193]。通常情况下，如果自还原电位相对于 NHE 更负于 H^+/H_2 或导带最小，光电极对于电子还原是稳定的；如果自氧化电位相对于 O_2/H_2O 或价带最大值更正，对于空穴氧化是稳定的。

一些氧化物由于具有 3eV 或更高的带隙，其理论最大电流密度被限制在低于 1.8mA/cm^2 的值，例如 NiO、TiO_2 或 ZnO。考虑到带隙值而筛选替代材料，$BiVO_4$、WO_3、Fe_2O_3 和 Cu_2O 是一些有吸引力的选择，它们具有 2.0～2.5eV 的带隙，同时理论最大光电流密度超过 10mA/cm^2[196]，但它们的晶体结构容易发生缺陷，导致显著的电子结构缺陷，使表面和内部存在大量光生电子-空穴对复合位点，降低了载流子迁移率和寿命。因此，优化这些材料的制备已经成为主要的研究领域之一。例如，减小 Fe_2O_3 光阳极的厚度或对其进行纳米结构化可以克服其较短的电荷扩散长度和寿命问题，将其在 1.23V（*vs*. RHE）下光电流密度提高到 4.3mA/cm^2，相当于其理论最大光电流的 34%[197]。同样地，所有生长在（002）晶面取向的 WO_3 纳米晶体可以避免表面能的增加，从而减少 OER 过电位和提高其反应动力学[189]。

尽管 $BiVO_4$ 光阳极预期具有高稳定性，但后续的研究发现，当不使用保护覆盖层或辅助催化剂时，在高 pH 的电解质溶液中会发生化学腐蚀和性能衰减[198]。为了解决这个问题，可以通过多组分的金属氧化物增加电极的复杂性，同时也能实现更强的光电流，例如与 NiFe/还原氧化石墨烯层相结合的 $CuFeO_2$，其在 0.4V（*vs*. RHE）下的光电流密度可达 2.4mA/cm^2[199]。基于 SCLJ 的 PEC 电极材料不仅限于氧化物。其他如氮氧化物和氮化物也表现出了相当高的活性。IrO_x-TaON 光阳极[200] 表现出高达 4mA/cm^2 的光电流密度，而 CoO_x-$LaTiO_2N$ 纳米颗粒光阳极[201] 在 1.23V（*vs*. RHE）下的光电流密度高达 8.9mA/cm^2。在这一方向上人们还需要做更多的工作，因为材料组合和制备技术中可供选择的更高活性的光电极的数量是巨大的。

4.4.2.1 光电极的带隙修饰

大带隙金属氧化物具有适合进行水分解的能带位置，但这种特性不利于可见光吸收。因此，许多尝试已经进行了带隙修饰，以增加它们对可见光的吸收[202]。通过形成氧空位或掺杂非金属或过渡金属，在能带间形成新的能级，从而缩小了光学带隙。例如，空气退火可以修饰 TiO_2 的氧空位，而通过氮和氢掺杂可以使 TiO_2 变为浅黄色，并增强对原先不吸收的 450～600nm 波长可见光的量子效率，而硫掺杂也可以占据氧空位并缩小带隙，实现可见光吸收，同时一些研究也将性能提高转而归因于在氢还原氛围中处理样品时增加了 n 型半导体的特征，从而提高了电荷的提取效率[203]。类似的掺杂改性带隙研究也在其他材料上被应用，如 WO_3 和 ZnO[204]。然而，这些改进仅使效率提高了几个百分点，因为在原先的带隙内构建新的能级也会产生对光生电子-空穴对分离不利的复合途径。

近年来，人们对等离子体纳米晶体的兴趣日益增加，以增强带隙能量以下的光吸收。例如，用约 1.5nm 谷胱甘肽包裹的 Au_x 纳米团簇敏化的 TiO_2 纳米管，在 525nm 以下增强了 TiO_2 光阳极的光吸收，特别是在可见光（400～500nm）激发下[205]。Zhang 等证明 20nm 金纳米颗粒能够增加在可见光范围内的光吸收，同时增强紫外线（UV）转换效率。这些金晶体的表面等离子体共振被认为将电子注入 TiO_2 导带。他们发现，在 1.23V（*vs*. RHE）下，其光电流密度从 1.22mA/cm^2 增加到 2.25mA/cm^2。

4.4.2.2 光电极纳米材料的结构

通过控制材料的光学和电子性质，人们对金属氧化物光电极的研究取得了显著进展，而通过在纳米尺度控制生长过程优化材料的形貌则开启了一个全新的领域。纳米尺度结构化增加了电极与电解液接触的表面积，通过降低每单位电化学活性面积上电流密度来减小电化学动力学过电位。同时，光吸收和电荷传输也得到了增强，这得益于该纳米结构中，光的穿透深度和光生电荷的扩散距离都有所降低，从而促进了电荷传输到电极与电解液的界面上。传统的平面器件需要足够的厚度来吸收大部分入射光，而光生电荷需要足够大的扩散长度（LD）以到达电催化剂表面和集流体接触。在纳米结构电极中，光子的吸收距离与光生电荷的扩散长度解耦，从而在减少电荷的传输距离的同时实现了更高的光的吸收率，减少电荷的损失。此外，与电解液接触的更大活性表面减少了单位电化学活性面积上的电流密度，从而减小了 HER 或 OER 的过电位。

以通过阳极氧化形成的 Cu-Ti-O 纳米管阵列为例，其管长、孔径和壁厚的特性使活性表面位点及光吸收效果得到增加，而通过改变 Cu 和 Ti 的比例，在 1∶1 的甲醇/H_2O 电解液中，电位相对 Ag/AgCl 参比电极为 −1V 下，产生的光电流密度可从 0.035mA/cm^2 增加到 0.065mA/cm^2[206]。此外，ZnO/TiO_2/RuO 保护的 Cu_2O 纳米线也表现出增加的光吸收和电荷分离效果，其平面电极的光电流密度为 5mA/cm^2，而纳米结构在 0V（*vs*. RHE）时可达到 8mA/cm^2[196]。通过大孔和介孔尺度的结构优化，$BiVO_4$ 光阳极的光电流密度可以在 1.6V（*vs*. RHE）下达到 2mA/cm^2，远高于无序多孔膜的 0.5mA/cm^2[207]。减小材料厚度可以缩短光生电荷的电传导路径，例如，Fe_2O_3 赭石光阳极由于其载流子扩散长度一般达数纳米，需要电极厚度在纳米级以减少复合损失[208]。

结合基底结构的设计和纳米尺度的材料沉积，可以改善光吸收和光生电荷的产生与收集。例如，在纳米锥形基底上控制 Mo 掺杂的 $BiVO_4$ 沉积，结合 Fe/NiOOH 催化剂和适当的磷酸盐缓冲电解液，在 1.23V（*vs*. RHE）时可以实现高达 6mA/cm^2 的光电流密度。TiO_2 纳米棒光阳极在微结构玻璃基底上的沉积被证明可以增加光吸收和光电流，增加了活性区域和侧向光照射到纳米棒[209]。

4.4.2.3 光电极纳米材料的电子结构和表面状态控制

为了克服低效的电荷分离和传输问题，通过电子掺杂产生更高的和局域化的电势梯度是关键。金属、氢或氮的掺杂以及氧空位的控制都已经被广泛研究。Si、Ti、Pt、Cr 和 Mo 等多种阳离子都可以掺杂 α-Fe_2O_3，通过增加电荷转移和晶界缓冲来减小复合速率[210]，或者用 Li 原子改性 $BiVO_4$ 来增强体相电荷分离[211]。用 CoFe-PBA 修饰改变了表面态电子能级，增强了 Fe_2O_3/Fe_2TiO_5 界面的电荷转移动力学[212]。也可以部分电化学还原成 Fe_2O_4 作为导电性更好的相，形成有益的导电通路并减少复合[213]。$BiVO_4$ 可以用 W 和 Mo 掺杂以及通过氢气处理来形成氧空位[214]。例如，多孔 $BiVO_4$ 在 2%的 Mo 掺杂下光催化活性可以得到提高[215]，并且可以通过逐渐掺入 W 来增强其内部的电势梯度，或者通过在 300℃下氢气处理来增加电子给体的密度，可以将 1.6V（*vs*. RHE）下的光电流密度从 0.3mA/cm^2 增加到 3.5mA/cm^2，实现了更有效的电子-空穴分离和传输[216]。$BiVO_4$ 的费米能级在与水接触时，会因为表面氧含量的降低而降低，同时使其 $BiVO_4$ 部分被还原[217]。人们对 TiO_2 的电子能带结构也进行了深入研究，通过在氨气或氢气氛围下进行热处理，可以在 TiO_2 纳米棒结构中形成空位，优化了其耗尽层结构，将其在 1.23V（*vs*. RHE）下的光电流密度提高到了 1.2mA/cm^2[218]。

此外，势阱的表面电子态需要尽量减少，以减少光生电子-空穴复合和提高 PEC 效率。这可以通过控制合成和后处理来实现，也可以通过在表面引入其他金属来填充势阱并起到

OER 催化剂的作用。Fe_2O_3 光阳极的表面复合可以通过 CoO_x、Ga_2O_3 或 TiO_2 表面态钝化来减少。通过 250℃热处理去除阻碍氧析出活性位点的氯原子，或通过在氨气处理后增加羟基基团作为空穴势阱的位点，可以降低 TiO_2 的表面复合速率[218]。表面覆盖的原子级的薄膜沉积也是一种非常有效的策略，可以抑制对反应不利的表面态，避免光生电子-空穴复合路径，也有助于改变金属氧化物光电极相对于电解液的能带位置。在许多金属氧化物中，如 α-Fe_2O_3 中，后处理温度和气氛的优化控制在低氧气氛中起着关键作用，从而增强了性能[219]。

4.4.2.4 发展短带隙半导体材料作为光电极与光电极中的保护层

在前面的章节中，我们讨论了克服金属氧化物光电极在水分解中的主要问题的策略，而能够实现大于 8mA/cm^2 的光电流密度和足够光电压的材料与修饰策略现阶段仍非常少。与 PEC 水分解的发展同步进行的是光伏领域的科学和技术发展已经优化了光吸收材料及其制造技术，能制造出具有复合和传输损失更小的商业化设备。光伏发电是基于具有短带隙（1～1.5eV）的材料，这些材料能够吸收大部分可见光，具有较大的载流子迁移率，同时尽可能减小了缺陷和晶体中的无序现象。单晶硅基太阳能电池可以产生超过 40mA/cm^2 的光电流密度和 700mV 的开路光电压，如今在市场上占据主导地位，这得益于相对低的价格、材料丰富性、几年的运行稳定性和超过 22%的效率。单晶硅并不是唯一商业化的光伏材料，多晶硅、非晶硅，以及碲化镉、砷化镓和铜铟镓硒材料已经商业化，而其他半导体材料如钙钛矿或铜锌锡硫硒也在迅速发展（见图 4-15[182]，另见文前彩图）。在过去的十年里，将短带隙材料应用于 PEC 水分解引起了人们很大的关注，因为其能够借鉴光伏产业大量的研究成果，可以获得比金属氧化物更高的输出。尽管如此，使用这些光伏材料也带来了额外的挑战。由于没有很大的带隙和光电压，需要将它们串联起来，其中串联的两部分半导体的光电压分别为约 1.1eV 和 1.6～1.8eV，或者利用外部偏压来使各部分的带隙得到完全利用。此外，光电极必须浸泡在电解质中，强酸性或碱性电解质中光电极的电化学活性非常高，但这些电解质通常对大多数光伏材料具有腐蚀性。人们需要找到克服这些不稳定性的策略，使这些材料能够用于 PEC 水分解。

创建有效的短带隙光电极需要高导电性、透明性、稳定性和高电化学反应动力学效率的保护层及催化剂，同时还要最大化系统的光电压。对于容易受到腐蚀的光吸收材料，由于引入了保护层，电解质将不会与光吸收材料接触，因此将不存在半导体-液体结（SCLJ），无法产生电场来分离和提取光生载流子。在两种不同材料之间形成电子结构的结合（至少其中一种是半导体）可以形成异质结。在这种情况下，光电极的最大光电压由保护层、光伏材料和界面能量的电子性质决定。引入异质结会导致设备更加复杂，但它可用的材料更多且带隙的匹配性更强，更有可能实现更高的光电压。其中，考虑了三种类型的异质结：由金属和半导体形成肖特基结；金属-绝缘体-半导体结；两种不同的半导体形成的半导体-半导体异质结。

人们在构建异质结方面展开了很多研究，以直接在金属氧化物保护层和短带隙半导体之间创建内建电场。迄今为止的研究中，即使能够达到的光电压不断在提升，但 PEC 中的光电压一般仍低于对应窄带隙半导体构成的传统光伏器件。同时有报道称掩埋的 p-n 结能够产生比 SCLJ 或肖特基结更高的内建电场，将光吸收材料费米能级与金属或氧化物保护层或电解质的能级解耦，也消除了对催化剂功函数值的限制[221]。因此，利用掩埋的 p-n 结可以实现更灵活的器件设计，因为每个组件（光吸收材料、保护层和催化剂）可以更加独立地选择，如图 4-16（a）和（b）所示[182]。因此，一些研究团队转变了策略，致力于使太阳能电池的 p-n 结适应水分解，从而获得了一些最高性能的 PEC 装置[221]。

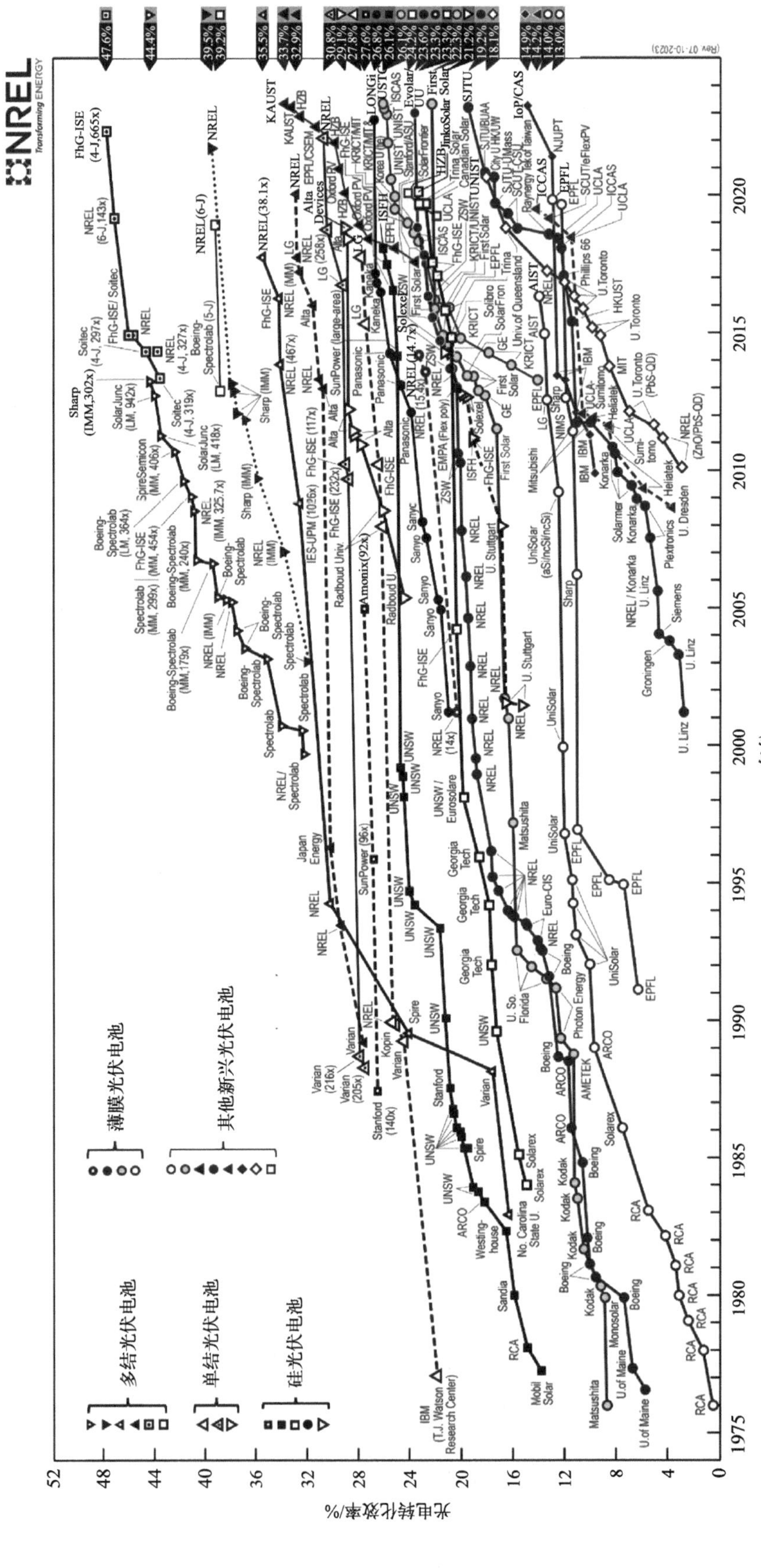

图4-15 各类光伏材料光电转化效率随年份的发展[182]

人们已经研究了很多种关于光伏器件的方案。硅是太阳能电池中最常用的材料，占据着太阳能电池板市场的主导地位，可以获得简单且稳定的电池。工业生产单晶硅太阳电池尺寸可以达到数十厘米宽和数百微米厚，并且其坚固耐用，不需要衬底材料加固。此外，由于p-n结是在硅晶片上通过掺杂扩散，在高达1025℃制备温度的条件下将其纳入晶格中来制造的[222]，在500℃左右的温度条件下对光电极进行进一步的热处理不会损坏p-n结并将保留其初始的光电性能。在掩埋异质结构成的电极中，光生载流子将通过保护层迁移到催化剂/电解质界面，其中n型半导体保护层在光阴极中易于电子导电［图4-16(c)］，而p型半导体则在光阳极中易于空穴导电［图4-16(d)］。也可以通过其他方法，使得n型半导体带隙中的中间态用于空穴导电［图4-16(e)］或使电化学过程产生的电子和光生空穴再复合［图4-16(f)］，目前硅的掩埋p-n结已经获得了高达630mV的光电压[223]。除硅外，人们还测试了其

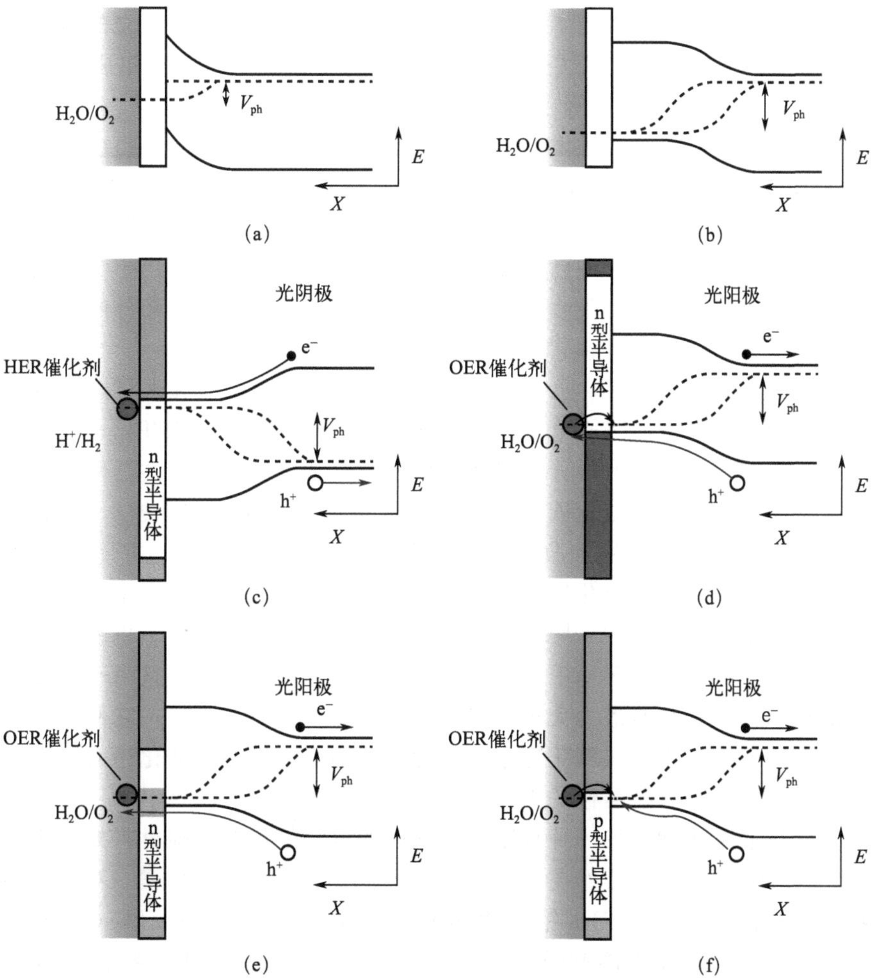

图4-16 各种能带界面的结构示意图[182]

(a) 光吸收材料-电解质界面或中间层的结构能带示意图；(b) 掩埋异质结的结构能带示意图；
(c) 光阴极上n型半导体保护层的结构示意图；(d) 光阳极上由p型半导体空穴传输层作为保护层的结构示意图；
(e) n型半导体作为光阳极的保护层，示意图中带隙中的中间态用于空穴导电；
(f) n型半导体作为光阳极的保护层，示意图中电子和光阳极产生空穴的再复合

他半导体，使用相同的保护和催化剂策略，证明这些策略在其他光吸收材料中具有高度的可重复性，增加了设备的灵活性。

有几种策略可以将高活性的光伏材料引入PEC水分解中，而且同时避免其腐蚀。一些研究人员已经通过两步氯化/烷基化或通过卤化/格氏试剂法烷基化等方法，使用有机试剂对半导体表面进行功能化以抑制腐蚀，并取得了成功，但更多研究仍然是考虑在光伏光吸收材料上沉积无机层，以使其与电解质直接隔离。在长期运行设备时，这些保护性的超薄层的物理或化学质量损失速率必须非常慢，并且是在需要考虑流动系统和与气泡直接接触的情况下。同时，这些保护层必须允许导电，具有热力学稳定性和光学透明性。M. F. Lichterman等总结出了保护层必要的性质：保护层附着在半导体上时在热力学、动力学和机械方面都必须是稳定的，同时可以在电解质中操作，并在光电催化的电位下运行；保护层需要对OER/HER具有催化活性，可以是其固有的催化活性或者整合了辅助催化剂的活性；保护层能够提供内置电子不对称性，以实现电子和空穴的分离，或者能够使一个独立的掩埋异质结有效工作；保护层需要光学透明，提供优秀的透光性能；保护层能够提供低电阻，以允许带电载体的导电，最小化电阻造成的iR降（欧姆电阻）导致的性能损失[224]。

引入保护层后，器件的复杂性增加了，但现在光电压将由固态材料组成的结而不是光吸收材料-电解质组成的结所控制，从而增加了可以使用的材料种类。额外的保护层可以形成异质结，或者保护一个掩埋异质结。此外，如果保护层没有催化作用，则必须添加额外的催化剂层或颗粒以降低过电位。人们已经发现了几种有趣的异质结策略用于PEC水分解电极，今后研究的重点将放在从光伏光吸收材料中提取最大效率，利用这些额外的层来保护类似光伏结构，并使用不同的技术来沉积它们。

综上所述，光电化学（PEC）水分解已经证明能够利用太阳能和水直接产生氢气，从最早的仅能产生几微安每平方厘米光电流密度的TiO_2半导体-液体结构开始，几十年来人们测试和改进了数十种其他半导体材料，以寻找高效、稳定和可以规模化的器件，并取得了显著的进展。其他金属氧化物，如氧化铁（Fe_2O_3）、氧化钨（WO_3）、钒酸铋（$BiVO_4$）或氧化铜（Cu_2O），已经通过纳米结构和改性来最大化内建电场，以增强电子-空穴分离和传输，并通过共催化剂修饰来提高氢氧化还原反应（HER）/氧氧化还原反应（OER）的效率。人们随后还采用等离子体纳米晶体来增加光吸收，使能量低于带隙的光子也能产生卓越的光电流。金属氧化物光电极在氧化环境中具有良好的光电压和稳定性，并且由于地球上丰富的材料和低成本的沉积技术，是有潜力大规模发展的。然而，到目前为止，它们在产生显著光电流方面仍然存在局限性。以金属氧化物半导体为基础的光电极的商业化还需要继续能够满足所需的高效率、稳定性和可扩展性的光电极。

人们从光伏行业中找到的另一种克服这个问题的方法是使短带隙材料如光伏行业使用的材料适应PEC，特别是三五族半导体，如砷化镓（GaAs）、碲化镉（CdTe）或磷化铟（InP），或者地球丰富的硅（Si）、铜铟镓硫硒（CIGS）和铜锌锡硫硒（CZTS）。带隙在1.0eV到1.8eV的半导体材料能够吸收太阳光谱的广泛部分，其中一些材料通过组分变化可以调控带隙，使其更易于在串联装置中实现。然而，它们的主要缺点是在酸性或碱性水溶液中不稳定。因此，人们也研究了保护层来解决这个问题。保护层由沉积在半导体上方的金属薄膜组成，其既能作为催化剂又用于防止腐蚀，但保护层为了保证透光性很多时候需要将厚度控制在数纳米，在器件长期工作时保护层不够稳定。能产生隧道效应的绝缘体氧化物也面临类似问题，因为如果沉积了超过5nm的厚度，电阻会急剧增加。但是，通过用半导体金属氧化物透明导电保护层来保护短带隙光吸收材料，形成厚度约为几十纳米的掩埋异质结，已经获得了稳定工作超过 2000h 的电极，并且光电流和光电压类似于太阳能电池。到目前为止，TiO_2 和 NiO 已被研究发现是性能最佳的保护材料，前者使用铂或镍作为 HER/OER 催化剂，后者还具有 OER 催化剂的功能。然而，穿越保护层的电子或空穴传导机制仍然没有完全被理解。光吸收材料-薄膜界面的复杂电子结构，以及薄层-催化剂-电解液表面的电子结构仍在讨论中。

4.5 太阳能热化学制氢中的材料

在其他的绿色氢气生产技术中，热化学水分解是一种非常有吸引力的方法，由于其在实现经济可行的能源效率范围方面以及实现技术规模化方面具有很高的潜力。热化学水分解循环包括通过一系列的吸热和放热化学反应将水转化为氢气与氧气。金属氧化物，通常被称为氧化还原材料，首先经历一个吸热的热还原反应，释放出氧气。在之后的再氧化步骤中，氧化还原材料与水反应，分解水分子并释放出氢气。高温和低氧分压对热还原步骤在热力学上是有利的，可以使化学平衡向生成物移动，而还原反应所需的温度取决于材料的热力学、物理和化学特性。大多数研究材料的还原温度在 1600～1900K 的范围内。

第一个热化学循环是由 Funk 和 Reinstrom 于 1966 年提出的[225]，他们致力于寻找能够在效率上超越电解的途径。Nakamura 等在 1977 年通过使用铁氧化物研究了两步热化学循环，并设想将太阳热能与该过程耦合[226]。氧化还原材料的物理、化学和热性质在热化学循环的性能中起着关键作用。热化学循环的氧化还原材料可以根据其在整个过程中的物理状态分为挥发性和非挥发性材料。挥发性氧化还原材料在整个过程中不保持凝聚态，而非挥发性氧化还原材料保持凝聚态。挥发性氧化还原材料的常见例子包括 ZnO/Zn、SnO_2/SnO、CdO/Cd、GeO_2/GeO。挥发性氧化还原材料的一个限制是，如果还原反应器中的温度降低，还原材料可能会被生成氧气重新氧化，从而影响产率。ZnO 的热力学性质优于其他挥发性氧化还原材料，但 ZnO 的分解温度远高于其熔点，因此再凝结时金属氧化物会附着在反应器壁上[227]。之后有人也认为，商业化挥发性循环的可能性非常有限[228]。与此同时，非挥发性氧化还原材料在整个过程中保持凝结状态，从而避免了固体重新生成的问题。Fe_3O_4/FeO 被认为是热化学法制氢和一氧化碳的有前途的材料，因为其还原温度较低，为 1623K[229]。然而，Fe_3O_4/FeO 氧化还原材料的产氢量会随着熔渣的形成而随反应时间显著降低，烧结的熔渣中的传质限制使化学反应速率最终会减慢到不可接受的程度[230]。人们想到的一种办法是用其他过渡金属部分替代铁离子来改变氧化物化学组成，用于太阳能高温热解制氢[231]。对氧化锆的研究表明，其可以通过支撑铁氧体降低还原温度，但最终仍然无法避免失活问题[232]。此外，通过将氧离子导电性高的非贵金属的氧化物掺杂入氧化还原材料中，可以改善热解循环的动力学。Gao 等使用掺杂铈的氧化锰进行热化学二氧化碳和水分解循环，显示出改善的动力学。其中掺杂 3%的氧化铈时对动力学的改善最为显著，而较低和较高的掺杂百分比则不起作用[233,234]。铁尖晶石（$FeAl_2O_4$）可以由铁氧体和 Al_2O_3 之间的反应形成。铁尖晶石参与热解循环的实验结果表明，与铁氧体相比，氢气可以在较低的温度（1473K）下产生，但铁尖晶石和 H_2O 的反应并不如 FeO 和 H_2O 的反应在热力学上有利[235]。氧化铈首次由 Abanades 和 Flamant 等引入作为太阳能热化学循环的氧化还原材料[236]。他们研究了 CeO_2 到 Ce_2O_3 的多种铈/氧比例下的热还原反应，但由于 CeO_2 的熔融，在太阳能接收反应器中的还原温度被限制在了 2273K。然而，存在氧缺陷的 CeO_2 在热还原中表现出了稳定和快速的燃料生成性能，超过 500 个循环[237]。氧化铈由于具有良好的热稳定性、高氧储存能力、较低的烧结率、高熔点和良好的氧化还原反应性等有利特性，是迄今为止最有前途的热化学循环备选材料之一[238]。

金属氧化物在热化学循环中的化学、热力学和力学性质极大地影响了热解循环过程的效率。因此，氧化还原材料需要具有足够好的热化学特性，以实现反应完全和快速的动力学，同时具备良好的机械和热稳定性。太阳能热解大规模应用同时要求氧化还原材料应该在成本上是经济的[239]。在过去的 50 年中，从铁氧体到目前的铈氧化物，人们已经研究了若干种氧化物，尽管在理解氧化还原材料的性质以及它们与热化学循环的兼容性方面取得了很大的进展，科学界仍在寻找能够提高太阳能到燃料的转化效率并实现太阳能热化学循环在氢气生产方面的实际应用的最佳材料。正如上一段中所提到的，氧化铈目前被认为是热化学循环中最具应用前景的材料。同样地，存在氧缺陷的钙钛矿（$AMO_{3-\delta}$）是热化学循环中其他潜在的金属氧化物。由于其便于调控的热力学特性和易于热还原的特点，如今正变得越来越受研究者的关注[240]。

近十年来，人们对钙钛矿用于太阳能热化学水分解的兴趣显著增加。之前的研究表明，使用镧锶锰酸盐可以在 1600K 下实现比氧化铈更高的理论太阳能制氢效率[241]，并且在 1673K 下首次循环的 H_2 产量达到 195μmol/g（图 4-17）[242]。由于氢气产量常常随热化学反应循环次数而减少，研究也集中在改善钙钛矿的循环性能上。Qian 等发现 $SrTi_{0.5}Mn_{0.5}O_{3-\delta}$ 是热化学水分解良好的氧化还原材料，这是因为其适中的焓变需求、快速的动力学和稳定不降解的特性[243]。Orfila 等[244] 展示了 $La_{0.8}Sr_{0.2}CoO_{3-\delta}$ 钙钛矿在 1273K 下 20 个循环期间能够实现约为 704μmol/g 的稳定氢气产量。然而，在这个领域中，仍需要进一步的实验证明钙钛矿型材料可以在数千次氧化还原循环中，稳定地实现高的氢气产量，这对于使用钙钛矿进行水分解循环的大规模应用是必要的。

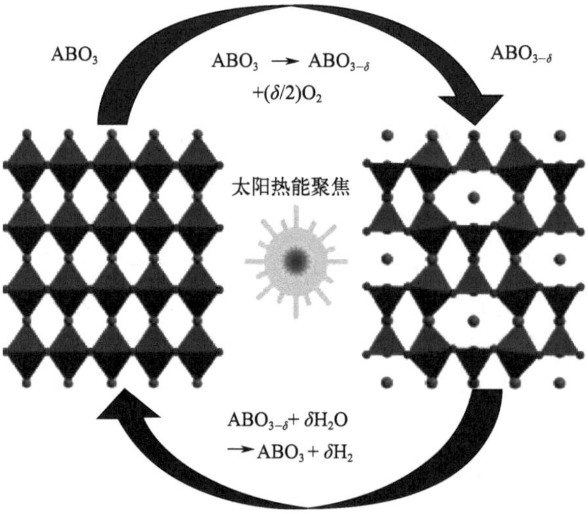

图 4-17 钙钛矿型材料在热化学循环中分解水的示意图[242]

文献中还有其他的钙钛矿组成也受到了研究，不仅包括它们的还原性、氧化还原反应的焓和熵，还可能包括适用于热化学泵的可能应用。Vieten 等报道了 $SrMn_{1-x}Fe_xO_{3-\delta}$ 在高温应用中的潜力[245]，其在热化学循环中的反应焓取决于还原程度，而 Mn 离子在 Fe 离子完全还原之前可以在一定程度上被还原，因而调整 Mn 和 Fe 的 2 比例可以对材料的热化学性质进行改性。Bulfin 等[246]发现，与 $CaMnO_3$ 相比，Sr^{2+} 的离子半径更大，使得 $Ca_{0.8}Sr_{0.2}MnO_3$ 在高温和低压条件下不会分解。在 200℃到 500℃范围内，$Ca_{0.8}Sr_{0.2}MnO_3$ 的重新氧化动力学远远优于 $CaMnO_3$。在 350℃时，$Ca_{0.8}Sr_{0.2}MnO_3$ 的重新氧化反应几乎可以在五分钟内完成，而 $CaMnO_3$ 在相同温度条件下甚至在 30min 后重新氧化的程度也没有达到 50%。这种快速动力学有助于快速回收材料，并表明材料与热化学循环的兼容性。他们还研究了钙钛矿氧化还原材料 $SrFeO_3$ 在 450～750K 温度范围内的还原和氧化反应动力学。结果表明，通过将钴和钙添加到 $Sr_{0.93}Ca_{0.07}Fe_{0.9}Co_{0.1}O_3$ 的立方结构中，可以显著提高 $SrFeO_3$ 的氧化动力学[247]。Sai Gautam 等[248] 表明，$Ca_{0.5}Ce_{0.5}MnO_3$ 和 $Ca_{0.5}Ce_{0.5}FeO_3$ 因为其化学计量比，用作热化学循环金属氧化物材料是非常有前景的。尽管钙钛矿金属氧化物是热化学循环中有前途的材料，但在发现最佳的这类材料之前，还存在一些挑战。此外，一些研究将钙钛矿与铈氧化物在相同的实验条件下进行比较可能得不到有效的结论，因为每种材料最优的性能对应的实验条件是不同的。

本节讨论了非化学计量的非挥发性氧化还原材料用于两步太阳能热化学循环。综合每种材料的优点和局限性，同时考虑到系统中的其他因素，铈氧化物仍然是热化学循环中用于水和 CO_2 分解的最有前景的备选材料之一。

参 考 文 献

[1] Iulianelli A, Liguori S, Wilcox J, et al. Advances on methane steam reforming to produce hydrogen through membrane reactors technology: A review [J]. Catalysis Reviews, 2016, 58 (1): 1-35.

[2] Zhao C, Zhou Z, Cheng Z, et al. Sol-gel-derived, $CaZrO_3$-stabilized Ni/CaO-$CaZrO_3$ bifunctional catalyst for sorption-enhanced steam methane reforming [J]. Applied Catalysis B: Environmental, 2016, 196: 16-26.

[3] Meloni E, Martino M, Palma V. A short review on Ni based catalysts and related engineering issues for methane steam reforming [J]. Catalysts, 2020, 10 (3): 352.

[4] Vogt C, Kranenborg J, Monai M, et al. Structure sensitivity in steam and dry methane reforming over nickel: Activity and carbon formation [J]. ACS Catalysis, 2020, 10 (2): 1428-1438.

[5] Nieva M A, Villaverde M M, Monzón A, et al. Steam-methane reforming at low temperature on nickel-based catalysts [J]. Chemical Engineering Journal, 2014, 235: 158-166.

[6] Rogers J L, Mangarella M C, D' Amico A D, et al. Differences in the nature of active sites for methane dry reforming and methane steam reforming over nickel aluminate catalysts [J]. ACS Catalysis, 2016, 6 (9): 5873-5886.

[7] Lisboa J d S, Santos D C R M, Passos F B, et al. Influence of the addition of promoters to steam reforming catalysts [J]. Catalysis Today, 2005, 101 (1): 15-21.

[8] Li X, Li D, Tian H, et al. Dry reforming of methane over Ni/La_2O_3 nanorod catalysts with stabilized Ni nanoparticles [J]. Applied Catalysis B: Environmental, 2017, 202: 683-694.

[9] Song Y, Ozdemir E, Ramesh S, et al. Dry reforming of methane by stable Ni-Mo nanocatalysts on single-crystalline MgO [J]. Science, 2020, 367 (6479): 777-781.

[10] Zhou L, Martirez J M P, Finzel J, et al. Light-driven methane dry reforming with single atomic site antenna-reactor plasmonic photocatalysts [J]. Nature Energy, 2020, 5 (1): 61-70.

[11] Jones G, Jakobsen J G, Shim S S, et al. First principles calculations and experimental insight into methane steam reforming over transition metal catalysts [J]. Journal of Catalysis, 2008, 259 (1): 147-160.

[12] Wei J, Iglesia E. Isotopic and kinetic assessment of the mechanism of reactions of CH_4 with CO_2 or H_2O to form synthesis gas and carbon on nickel catalysts [J]. Journal of Catalysis, 2004, 224 (2): 370-383.

[13] Theofanidis S A, Galvita V V, Poelman H, et al. Enhanced carbon-resistant dry reforming Fe-Ni catalyst: Role of Fe [J]. ACS Catalysis, 2015, 5 (5): 3028-3039.

[14] Akri M, Zhao S, Li X, et al. Atomically dispersed nickel as coke-resistant active sites for methane dry reforming [J]. Nature Communications, 2019, 10 (1): 5181.

[15] Zuo Z, Liu S, Wang Z, et al. Dry reforming of methane on single-site Ni/MgO catalysts: Importance of site confinement [J]. ACS Catalysis, 2018, 8 (10): 9821-9835.

[16] Harrison D P. Sorption-enhanced hydrogen production: A review [J]. Industrial & Engineering Chemistry Research, 2008, 47 (17): 6486-6501.

[17] Matsumura Y, Nakamori T. Steam reforming of methane over nickel catalysts at low reaction temperature [J]. Applied Catalysis A: General, 2004, 258 (1): 107-114.

[18] Dan M, Mihet M, Biris A R, et al. Supported nickel catalysts for low temperature methane steam reforming: Comparison between metal additives and support modification [J]. Reaction Kinetics, Mechanisms and Catalysis, 2012, 105 (1): 173-193.

[19] Ali S, Al-Marri M J, Abdelmoneim A G, et al. Catalytic evaluation of nickel nanoparticles in methane steam reforming [J]. International Journal of Hydrogen Energy, 2016, 41 (48): 22876-22885.

[20] Fang X, Zhang X, Guo Y, et al. Highly active and stable $Ni/Y_2Zr_2O_7$ catalysts for methane steam reforming: On the nature and effective preparation method of the pyrochlore support [J]. International Journal of Hydrogen Energy, 2016, 41 (26): 11141-11153.

[21] Thalinger R, Gocyla M, Heggen M, et al. Ni-perovskite interaction and its structural and catalytic consequences in methane steam reforming and methanation reactions [J]. Journal of Catalysis, 2016, 337: 26-35.

[22] Aghayan M, Potemkin D I, Rubio-Marcos F, et al. Template-assisted wet-combustion synthesis of fibrous nickel-based catalyst for carbon dioxide methanation and methane steam reforming [J]. ACS Applied Materials & Interfaces, 2017, 9 (50): 43553-43562.

[23] Park Y S, Kang M, Byeon P, et al. Fabrication of a regenerable Ni supported NiO-MgO catalyst for methane steam reforming by exsolution [J]. Journal of Power Sources, 2018, 397: 318-324.

[24] Fang X, Xu L, Zhang X, et al. Effect of rare earth element (Ln=La, Pr, Sm, and Y) on physicochemical properties of the $Ni/Ln_2Ti_2O_7$ catalysts for the steam reforming of methane [J]. Molecular Catalysis, 2019, 468: 130-138.

[25] Dan M, Mihet M, Lazar M D. Hydrogen and/or syngas production by combined steam and dry reforming of methane on nickel catalysts [J]. International Journal of Hydrogen Energy, 2020, 45 (49): 26254-26264.

[26] Choudhary T V, Sivadinarayana C, Chusuei C C, et al. Hydrogen production via catalytic decomposition of methane [J]. Journal of Catalysis, 2001, 199 (1): 9-18.

[27] Chen D, Christensen K O, Ochoa-Fernández E, et al. Synthesis of carbon nanofibers: Effects of Ni crystal size during methane decomposition [J]. Journal of Catalysis, 2005, 229 (1): 82-96.

[28] Takenaka S, Ogihara H, Yamanaka I, et al. Decomposition of methane over supported-Ni catalysts: Effects of the supports on the catalytic lifetime [J]. Applied Catalysis A: General, 2001, 217 (1): 101-110.

[29] Rostrup-Nielsen J R, Sehested J, Noerskov J K. Hydrogen and synthesis gas by steam- and CO_2 reforming [J]. ChemInform, 2003, 34 (17).

[30] Takenaka S, Kobayashi S, Ogihara H, et al. Ni/SiO_2 catalyst effective for methane decomposition into hydrogen and carbon nanofiber [J]. Journal of Catalysis, 2003, 217 (1): 79-87.

[31] Ermakova M A, Ermakov D Y, Kuvshinov G G, et al. New nickel catalysts for the formation of filamentous carbon in the reaction of methane decomposition [J]. Journal of Catalysis, 1999, 187 (1): 77-84.

[32] Villacampa J I, Royo C, Romeo E, et al. Catalytic decomposition of methane over $Ni-Al_2O_3$ coprecipitated catalysts: Reaction and regeneration studies [J]. Applied Catalysis A: General, 2003, 252 (2): 363-383.

[33] Rastegarpanah A, Meshkani F, Rezaei M. Thermocatalytic decomposition of methane over mesoporous nanocrystalline promoted $Ni/MgO \cdot Al_2O_3$ catalysts [J]. International Journal of Hydrogen Energy, 2017, 42 (26): 16476-16488.

[34] Anjaneyulu C, Naresh G, Kumar V V, et al. Influence of rare earth (La, Pr, Nd, Gd, and Sm) metals on the methane decomposition activity of Ni-Al catalysts [J]. ACS Sustainable Chemistry & Engineering, 2015, 3 (7): 1298-1305.

[35] Zhou L, Enakonda L R, Harb M, et al. Fe catalysts for methane decomposition to produce hydrogen and carbon nano materials [J]. Applied Catalysis B: Environmental, 2017, 208: 44-59.

[36] Ibrahim A A, Fakeeha A H, Al-Fatesh A S, et al. Methane decomposition over iron catalyst for hydrogen production [J]. International Journal of Hydrogen Energy, 2015, 40 (24): 7593-7600.

[37] Zhou L, Enakonda L R, Saih Y, et al. Catalytic methane decomposition over $Fe-Al_2O_3$ [J]. Chem Sus Chem, 2016, 9 (11): 1243-1248.

[38] Ermakova M A, Ermakov D Y. Ni/SiO_2 and Fe/SiO_2 catalysts for production of hydrogen and filamentous carbon via methane decomposition [J]. Catalysis Today, 2002, 77 (3): 225-235.

[39] Takenaka S, Serizawa M, Otsuka K. Formation of filamentous carbons over supported Fe catalysts through methane decomposition [J]. Journal of Catalysis, 2004, 222 (2): 520-531.

[40] Hu X, Hu Y, Xu Q, et al. Molten salt-promoted Ni-Fe/Al_2O_3 catalyst for methane decomposition [J]. International Journal of Hydrogen Energy, 2020, 45 (7): 4244-4253.

[41] Salazar-Villalpando M D, Miller A C. Hydrogen production by methane decomposition and catalytic partial oxidation of methane over Pt/$Ce_xGd_{1-x}O_2$ and Pt/$Ce_xZr_{1-x}O_2$ [J]. Chemical Engineering Journal, 2011, 166 (2): 738-743.

[42] Takenaka S, Shigeta Y, Tanabe E, et al. Methane decomposition into hydrogen and carbon nanofibers over supported Pd-Ni catalysts [J]. Journal of Catalysis, 2003, 220 (2): 468-477.

[43] Pudukudy M, Yaakob Z, Akmal Z S. Direct decomposition of methane over Pd promoted Ni/SBA-15 catalysts [J]. Applied Surface Science, 2015, 353: 127-136.

[44] Wang K, Li W S, Zhou X P. Hydrogen generation by direct decomposition of hydrocarbons over molten magnesium [J]. Journal of Molecular Catalysis A: Chemical, 2008, 283 (1): 153-157.

[45] Upham D C, Agarwal V, Khechfe A, et al. Catalytic molten metals for the direct conversion of methane to hydrogen and separable carbon [J]. Science, 2017, 358 (6365): 917-921.

[46] Palmer C, Tarazkar M, Kristoffersen H H, et al. Methane pyrolysis with a molten Cu-Bi alloy catalyst [J]. ACS Catalysis, 2019, 9 (9): 8337-8345.

[47] Godula-Jopek A. Hydrogen production: By electrolysis [M]. John Wiley & Sons, 2015.

[48] Miles M H. Evaluation of electrocatalysts for water electrolysis in alkaline solutions [J]. Journal of Electroanalytical Chemistry and Interfacial Electrochemistry, 1975, 60 (1): 89-96.

[49] Decourt B, Lajoie B, Debarre R, et al. The hydrogen-based energy conversion FactBook [J]. The SBC Energy Institute, 2014.

[50] LeRoy R. Industrial water electrolysis: Present and future [J]. International Journal of Hydrogen Energy, 1983, 8 (6): 401-417.

[51] Bodner M, Hofer A, Hacker V. H_2 generation from alkaline electrolyzer [J]. WIREs Energy and Environment, 2015, 4 (4): 365-381.

[52] Zeng K, Zhang D. Recent progress in alkaline water electrolysis for hydrogen production and applications [J]. Progress in Energy and Combustion Science, 2010, 36 (3): 307-326.

[53] Russell J, Nuttall L, Fickett A. Hydrogen generation by solid polymer electrolyte water electrolysis [J]. Am Chem Soc Div Fuel Chem Prepr, 1973, 18: 24-40.

[54] Ayers K E, Anderson E B, Capuano C, et al. Research advances towards low cost, high efficiency PEM electrolysis [J]. ECS transactions, 2010, 33 (1): 3.

[55] Carmo M, Fritz D L, Mergel J, et al. A comprehensive review on PEM water electrolysis [J]. International Journal of Hydrogen Energy, 2013, 38 (12): 4901-4934.

[56] Safizadeh F, Ghali E, Houlachi G. Electrocatalysis developments for hydrogen evolution reaction in alkaline solutions- A review [J]. International Journal of Hydrogen Energy, 2015, 40 (1): 256-274.

[57] Miles M, Thomason M. Periodic variations of overvoltages for water electrolysis in acid solutions from cyclic voltammetric studies [J]. Journal of the Electrochemical Society, 1976, 123 (10): 1459.

[58] Galizzioli D, Tantardini F, Trasatti S. Ruthenium dioxide: A new electrode material. Ⅰ. Behaviour in acid solutions of inert electrolytes [J]. Journal of Applied Electrochemistry, 1974, 4 (1): 57-67.

[59] Miles M, Klaus E, Gunn B, et al. The oxygen evolution reaction on platinum, iridium, ruthenium and their alloys at 80℃ in acid solutions [J]. Electrochimica Acta, 1978, 23 (6): 521-526.

[60] Trasatti S, Buzzanca G. Ruthenium dioxide: A new interesting electrode material. Solid state structure and electrochemical behaviour [J]. Journal of electroanalytical chemistry and interfacial electrochemistry, 1971, 29 (2): A1-A5.

[61] Iwakura C, Hirao K, Tamura H. Anodic evolution of oxygen on ruthenium in acidic solutions [J]. Electrochimica acta, 1977, 22 (4): 329-334.

[62] Weininger J, Russell R. Corrosion of the ruthenium oxide catalyst at the anode of a solid polymer electrolyte cell [J]. Journal of the Electrochemical Society, 1978, 125 (9): 1482.

[63] Marshall A T, Sunde S, Tsypkin M, et al. Performance of a PEM water electrolysis cell using $Ir_xRu_yTa_zO_2$ electrocatalysts for the oxygen evolution electrode [J]. International Journal of Hydrogen Energy, 2007, 32 (13):

2320-2324.

[64] Kötz R, Stucki S. Stabilization of RuO_2 by IrO_2 for anodic oxygen evolution in acid media [J]. Electrochimica acta, 1986, 31 (10): 1311-1316.

[65] De Pauli C, Trasatti S. Electrochemical surface characterization of IrO_2 + SnO_2 mixed oxide electrocatalysts [J]. Journal of Electroanalytical Chemistry, 1995, 396 (1-2): 161-168.

[66] Morimitsu M, Otogawa R, Matsunaga M. Effects of cathodizing on the morphology and composition of IrO_2 and Ta_2O_5/Ti anodes [J]. Electrochimica Acta, 2000, 46 (2-3): 401-406.

[67] Terezo A J, Bisquert J, Pereira E C, et al. Separation of transport, charge storage and reaction processes of porous electrocatalytic IrO_2 and IrO_2/Nb_2O_5 electrodes [J]. Journal of Electroanalytical Chemistry, 2001, 508 (1-2): 59-69.

[68] Chen G, Chen X, Yue P L. Electrochemical behavior of novel Ti/IrO_x- Sb_2O_5- SnO_2 anodes [J]. The Journal of Physical Chemistry B, 2002, 106 (17): 4364-4369.

[69] de Oliveira-Sousa A, Da Silva M, Machado S A S, et al. Influence of the preparation method on the morphological and electrochemical properties of Ti/IrO_2-coated electrodes [J]. Electrochimica Acta, 2000, 45 (27): 4467-4473.

[70] Hu J, Meng H, Zhang J, et al. Degradation mechanism of long service life Ti/IrO_2-Ta_2O_5 oxide anodes in sulphuric acid [J]. Corrosion Science, 2002, 44 (8): 1655-1668.

[71] Ardizzone S, Bianchi C, Cappelletti G, et al. Composite ternary SnO_2-IrO_2-Ta_2O_5 oxide electrocatalysts [J]. Journal of Electroanalytical Chemistry, 2006, 589 (1): 160-166.

[72] Marshall A, Børresen B, Hagen G, et al. Preparation and characterisation of nanocrystalline $Ir_xSn_{1-x}O_2$ electrocatalytic powders [J]. Materials Chemistry and Physics, 2005, 94 (2-3): 226-232.

[73] Marshall A, Børresen B, Hagen G, et al. Electrochemical characterisation of $Ir_xSn_{1-x}O_2$ powders as oxygen evolution electrocatalysts [J]. Electrochimica Acta, 2006, 51 (15): 3161-3167.

[74] Siracusano S, Baglio V, Di Blasi A, et al. Electrochemical characterization of single cell and short stack PEM electrolyzers based on a nanosized IrO_2 anode electrocatalyst [J]. International Journal of Hydrogen Energy, 2010, 35 (11): 5558-5568.

[75] Cruz J, Baglio V, Siracusano S, et al. Nanosized IrO_2 electrocatalysts for oxygen evolution reaction in an SPE electrolyzer [J]. Journal of Nanoparticle Research, 2011, 13: 1639-1646.

[76] Xu J, Liu G, Li J, et al. The electrocatalytic properties of an IrO_2/SnO_2 catalyst using SnO_2 as a support and an assisting reagent for the oxygen evolution reaction [J]. Electrochimica acta, 2012, 59: 105-112.

[77] Polonský J, Petrushina I, Christensen E, et al. Tantalum carbide as a novel support material for anode electrocatalysts in polymer electrolyte membrane water electrolysers [J]. international journal of hydrogen energy, 2012, 37 (3): 2173-2181.

[78] Wu X, Scott K. RuO_2 supported on Sb-doped SnO_2 nanoparticles for polymer electrolyte membrane water electrolysers [J]. International Journal of Hydrogen Energy, 2011, 36 (10): 5806-5810.

[79] Yli-Rantala E, Pasanen A, Kauranen P, et al. Graphitised carbon nanofibres as catalyst support for PEMFC [J]. Fuel Cells, 2011, 11 (6): 715-725.

[80] Andersen S M, Grahl-Madsen L, Skou E M. Studies on PEM fuel cell noble metal catalyst dissolution [J]. Solid State Ionics, 2011, 192 (1): 602-606.

[81] Conway B E, Bockris J O M. Electrolytic hydrogen evolution kinetics and its relation to the electronic and adsorptive properties of the metal [J]. Journal of Chemical Physics, 1957, 26 (3): 532.

[82] Laursen A B, Varela A S, Dionigi F, et al. Electrochemical hydrogen evolution: sabatier's principle and the volcano plot [J]. Journal of Chemical Education, 2012: 120917095632007.

[83] Markovic N M. Electrocatalysis: Interfacing electrochemistry [J]. Nature Materials, 2013, 12 (2): 101-102.

[84] Norskov J K, Bligaard T, Logadottir A, et al. Trends in the exchange current for hydrogen evolution [J]. Journal of the Electrochemical Society, 2005, 152 (3): J23-J26.

[85] Hammer B, Norskov J. Theoretical surface science and catalysis-calculations and concepts [J]. Advanced in Catalysis, 2000, 45: 71-129.

[86] Strasser P, Koh S, Anniyev T, et al. Lattice-strain control of the activity in dealloyed core-shell fuel cell catalysts [J]. Nature chemistry, 2010, 2 (6): 454-460.

[87] Carmo M, Sekol R C, Ding S, et al. Bulk metallic glass nanowire architecture for electrochemical applications [J]. ACS nano, 2011, 5 (4): 2979-2983.

[88] Mukherjee S, Carmo M, Kumar G, et al. Palladium nanostructures from multi-component metallic glass [J]. Electrochimica Acta, 2012, 74: 145-150.
[89] Kumar G, Desai A, Schroers J. Bulk metallic glass: The smaller the better [J]. Advanced materials, 2011, 23 (4): 461-476.
[90] Schroers J. Processing of bulk metallic glass [J]. Advanced materials, 2010, 22 (14): 1566-1597.
[91] Alayoglu S, Nilekar A U, Mavrikakis M, et al. Ru-Pt core-shell nanoparticles for preferential oxidation of carbon monoxide in hydrogen [J]. Nature materials, 2008, 7 (4): 333-338.
[92] Du W, Wang Q, Saxner D, et al. Highly active iridium/iridium-tin/tin oxide heterogeneous nanoparticles as alternative electrocatalysts for the ethanol oxidation reaction [J]. Journal of the American Chemical Society, 2011, 133 (38): 15172-15183.
[93] Karan H I, Sasaki K, Kuttiyiel K, et al. Catalytic activity of platinum monolayer on iridium and rhenium alloy nanoparticles for the oxygen reduction reaction [J]. Acs Catalysis, 2012, 2 (5): 817-824.
[94] Grigoriev S, Millet P, Fateev V. Evaluation of carbon-supported Pt and Pd nanoparticles for the hydrogen evolution reaction in PEM water electrolysers [J]. Journal of Power Sources, 2008, 177 (2): 281-285.
[95] Grigoriev S, Mamat M, Dzhus K, et al. Platinum and palladium nano-particles supported by graphitic nano-fibers as catalysts for PEM water electrolysis [J]. International Journal of hydrogen energy, 2011, 36 (6): 4143-4147.
[96] Raoof J B, Ojani R, Esfeden S A, et al. Fabrication of bimetallic Cu/Pt nanoparticles modified glassy carbon electrode and its catalytic activity toward hydrogen evolution reaction [J]. International journal of hydrogen energy, 2010, 35 (9): 3937-3944.
[97] Jaramillo T F, Jorgensen K P, Bonde J, et al. Identification of active edge sites for electrochemical H_2 evolution from MoS_2 nanocatalysts [J]. Science, 2007, 317 (5834): 100-102.
[98] Hinnemann B, Moses P G, Bonde J, et al. Biomimetic hydrogen evolution: MoS_2 nanoparticles as catalyst for hydrogen evolution [J]. Journal of the American Chemical Society, 2005, 127 (15): 5308-5309.
[99] Li Y, Wang H, Xie L, et al. MoS_2 nanoparticles grown on graphene: an advanced catalyst for the hydrogen evolution reaction [J]. Journal of the American Chemical Society, 2011, 133 (19): 7296-7299.
[100] Phuruangrat A, Ham D J, Thongtem S, et al. Electrochemical hydrogen evolution over MoO_3 nanowires produced by microwave-assisted hydrothermal reaction [J]. Electrochemistry Communications, 2009, 11 (9): 1740-1743.
[101] Wang T, Zhuo J, Du K, et al. Electrochemically fabricated polypyrrole and MoS (x) copolymer films as a highly active hydrogen evolution electrocatalyst [J]. Advanced Materials, 2014, 26 (22): 3761-3766.
[102] Long X, Li G, Wang Z, et al. Metallic iron-nickel sulfide ultrathin nanosheets as a highly active electrocatalyst for hydrogen evolution reaction in acidic media [J]. Journal of the American Chemical Society, 2015, 137 (37): 11900-11903.
[103] Xu W, Liu C, Xing W, et al. A novel hybrid based on carbon nanotubes and heteropolyanions as effective catalyst for hydrogen evolution [J]. Electrochemistry communications, 2007, 9 (1): 180-184.
[104] Zheng H, Mathe M. Hydrogen evolution reaction on single crystal WO_3/C nanoparticles supported on carbon in acid and alkaline solution [J]. International journal of hydrogen energy, 2011, 36 (3): 1960-1964.
[105] Xu Y F, Gao M R, Zheng Y R, et al. Nickel/nickel (Ⅱ) oxide nanoparticles anchored onto cobalt (Ⅳ) diselenide nanobelts for the electrochemical production of hydrogen [J]. Angewandte Chemie International Edition, 2013, 52 (33): 8546-8550.
[106] Popczun E J, McKone J R, Read C G, et al. Nanostructured nickel phosphide as an electrocatalyst for the hydrogen evolution reaction [J]. Journal of the American Chemical Society, 2013, 135 (25): 9267-9270.
[107] Liu Q, Tian J, Cui W, et al. Carbon nanotubes decorated with CoP nanocrystals: A highly active non-noble-metal nanohybrid electrocatalyst for hydrogen evolution [J]. Angewandte Chemie International Edition, 2014, 53 (26): 6710-6714.
[108] Kibsgaard J, Jaramillo T F. Molybdenum phosphosulfide: An active, acid-stable, earth abundant catalyst for the hydrogen evolution reaction [J]. Angewandte Chemie International Edition, 2014, 53 (52): 14433-14437.
[109] Jiang P, Liu Q, Liang Y, et al. A cost-effective 3D hydrogen evolution cathode with high catalytic activity: FeP nanowire array as the active phase [J]. Angewandte Chemie International Edition, 2014, 53 (47): 12855-12859.
[110] Tian T, Ai L, Jiang J. Metal-organic framework-derived nickel phosphides as efficient electrocatalysts toward sustainable hydrogen generation from water splitting [J]. RSC Advances, 2015, 5 (14): 10290-10295.
[111] Pantani O, Anxolabehere-Mallart E, Aukauloo A, et al. Electroactivity of cobalt and nickel glyoximes with regard

to the electro-reduction of protons into molecular hydrogen in acidic media [J]. Electrochemistry communications, 2007, 9 (1): 54-58.
[112] Debe M K, Steinbach A J, Noda K. Stop-start and high-current durability testing of nanostructured thin film catalysts for PEM fuel cells [J]. ECS Transactions, 2006, 3 (1): 835.
[113] Vielstich W, Lamm A, Gasteiger H. Handbook of fuel cells [J]. Fundamentals, technology, applications, 2003.
[114] Debe M, Hendricks S, Vernstrom G, et al. Initial performance and durability of ultra-low loaded NSTF electrodes for PEM electrolyzers [J]. Journal of the Electrochemical Society, 2012, 159 (6): K165.
[115] Cullen D A, Lopez-Haro M, Bayle-Guillemaud P, et al. Linking morphology with activity through the lifetime of pretreated PtNi nanostructured thin film catalysts [J]. Journal of Materials Chemistry A, 2015, 3 (21): 11660-11667.
[116] Hamdan M. PEM Electrolyzer Incorporating an Advanced Low-Cost Membrane [R]. Giner, Inc. /Giner Electrochemical Systems, LLC, Newton, MA, 2013.
[117] Lim A, Cho M K, Lee S Y, et al. A review of industrially developed components and operation conditions for anion exchange membrane water electrolysis [J]. Journal of Electrochemical Science and Technology, 2017, 8 (4): 265-273.
[118] Li D, Park E J, Zhu W, et al. Highly quaternized polystyrene ionomers for high performance anion exchange membrane water electrolysers [J]. Nature Energy, 2020, 5 (5): 378-385.
[119] Xiao L, Zhang S, Pan J, et al. First implementation of alkaline polymer electrolyte water electrolysis working only with pure water [J]. Energy & Environmental Science, 2012, 5 (7): 7869-7871.
[120] Diaz L, Coppola R, Abuin G, et al. Alkali-doped polyvinyl alcohol——Polybenzimidazole membranes for alkaline water electrolysis [J]. Journal of Membrane Science, 2017, 535: 45-55.
[121] Yan Y. ECS meeting abstracts [J]. MA2016-01, 2016, 1708.
[122] McCrory C C, Jung S, Ferrer I M, et al. Benchmarking hydrogen evolving reaction and oxygen evolving reaction electrocatalysts for solar water splitting devices [J]. Journal of the American Chemical Society, 2015, 137 (13): 4347-4357.
[123] Gong M, Li Y, Wang H, et al. An advanced Ni-Fe layered double hydroxide electrocatalyst for water oxidation [J]. Journal of the American Chemical Society, 2013, 135 (23): 8452-8455.
[124] Miles M, Huang Y, Srinivasan S. The oxygen electrode reaction in alkaline solutions on oxide electrodes prepared by the thermal decomposition method [J]. Journal of the Electrochemical Society, 1978, 125 (12): 1931.
[125] Friebel D, Louie M W, Bajdich M, et al. Identification of highly active Fe sites in (Ni, Fe)OOH for electrocatalytic water splitting [J]. Journal of the American Chemical Society, 2015, 137 (3): 1305-1313.
[126] Xiao J, Oliveira A M, Wang L, et al. Water-fed hydroxide exchange membrane electrolyzer enabled by a fluoride-incorporated nickel-iron oxyhydroxide oxygen evolution electrode [J]. ACS Catalysis, 2021, 11 (1): 264-270.
[127] Zheng J, Sheng W, Zhuang Z, et al. Universal dependence of hydrogen oxidation and evolution reaction activity of platinum-group metals on pH and hydrogen binding energy [J]. Science advances, 2016, 2 (3): e1501602.
[128] Sheng W, Gasteiger H A, Shao-Horn Y. Hydrogen oxidation and evolution reaction kinetics on platinum: Acid vs alkaline electrolytes [J]. Journal of The Electrochemical Society, 2010, 157 (11): B1529.
[129] Trasatti S. Electrocatalysis of hydrogen evolution: Progress in cathode activation [J]. Advances in electrochemical science and engineering, 1992, 2: 1-85.
[130] Ma Y Y, Lang Z L, Yan L K, et al. Highly efficient hydrogen evolution triggered by a multi-interfacial Ni/WC hybrid electrocatalyst [J]. Energy & Environmental Science, 2018, 11 (8): 2114-2123.
[131] Sheng W, Myint M, Chen J G, et al. Correlating the hydrogen evolution reaction activity in alkaline electrolytes with the hydrogen binding energy on monometallic surfaces [J]. Energy & Environmental Science, 2013, 6 (5): 1509-1512.
[132] McCrory C C L, Jung S, Ferrer I M, et al. Benchmarking hydrogen evolving reaction and oxygen evolving reaction electrocatalysts for solar water splitting devices [J]. Journal of the American Chemical Society, 2015, 137 (13): 4347-4357.
[133] Fosdick S E, Berglund S P, Mullins C B, et al. Evaluating electrocatalysts for the hydrogen evolution reaction using bipolar electrode arrays: Bi- and trimetallic combinations of Co, Fe, Ni, Mo, and W [J]. ACS Catalysis, 2014, 4 (5): 1332-1339.
[134] Huang Z F, Song J, Li K, et al. Hollow cobalt-based bimetallic sulfide polyhedra for efficient all-pH-value

electrochemical and photocatalytic hydrogen evolution [J]. Journal of the American Chemical Society, 2016, 138 (4): 1359-1365.

[135] Zhang Y, Ouyang B, Xu J, et al. 3D porous hierarchical nickel-molybdenum nitrides synthesized by RF plasma as highly active and stable hydrogen-evolution-reaction electrocatalysts [J]. Advanced Energy Materials, 2016, 6 (11): 1600221.

[136] Deng J, Ren P, Deng D, et al. Highly active and durable non-precious-metal catalysts encapsulated in carbon nanotubes for hydrogen evolution reaction [J]. Energy & Environmental Science, 2014, 7 (6): 1919-1923.

[137] Zou X, Huang X, Goswami A, et al. Cobalt-embedded nitrogen-rich carbon nanotubes efficiently catalyze hydrogen evolution reaction at all pH values [J]. Angewandte Chemie International Edition, 2014, 53 (17): 4372-4376.

[138] Wang S, Wang J, Zhu M, et al. Molybdenum-carbide-modified nitrogen-doped carbon vesicle encapsulating nickel nanoparticles: A highly efficient, low-cost catalyst for hydrogen evolution reaction [J]. Journal of the American Chemical Society, 2015, 137 (50): 15753-15759.

[139] Zhang H, Ma Z, Duan J, et al. Active sites implanted carbon cages in core-shell architecture: Highly active and durable electrocatalyst for hydrogen evolution reaction [J]. ACS Nano, 2016, 10 (1): 684-694.

[140] Vrubel H, Hu X. Molybdenum boride and carbide catalyze hydrogen evolution in both acidic and basic solutions [J]. Angewandte Chemie International Edition, 2012, 51 (51): 12703-12706.

[141] Wang T, Zhou Q, Wang X, et al. MOF-derived surface modified Ni nanoparticles as an efficient catalyst for the hydrogen evolution reaction [J]. Journal of Materials Chemistry A, 2015, 3 (32): 16435-16439.

[142] Yin Z, Chen F. A facile electrochemical fabrication of hierarchically structured nickel-copper composite electrodes on nickel foam for hydrogen evolution reaction [J]. Journal of Power Sources, 2014, 265: 273-281.

[143] McKone J R, Sadtler B F, Werlang C A, et al. Ni-Mo nanopowders for efficient electrochemical hydrogen evolution [J]. ACS Catalysis, 2013, 3 (2): 166-169.

[144] Wang T, Wang X, Liu Y, et al. A highly efficient and stable biphasic nanocrystalline Ni-Mo-N catalyst for hydrogen evolution in both acidic and alkaline electrolytes [J]. Nano Energy, 2016, 22: 111-119.

[145] Gong M, Zhou W, Tsai M C, et al. Nanoscale nickel oxide/nickel heterostructures for active hydrogen evolution electrocatalysis [J]. Nature Communications, 2014, 5: 4695.

[146] Shi Z, Wang Y, Lin H, et al. Porous nanoMoC@graphite shell derived from a MOFs-directed strategy: An efficient electrocatalyst for the hydrogen evolution reaction [J]. Journal of Materials Chemistry A, 2016, 4 (16): 6006-6013.

[147] Zhang P, Wang M, Yang Y, et al. Electroless plated Ni-B_x films as highly active electrocatalysts for hydrogen production from water over a wide pH range [J]. Nano Energy, 2016, 19: 98-107.

[148] Gong M, Zhou W, Kenney M J, et al. Blending Cr_2O_3 into a NiO-Ni Electrocatalyst for Sustained Water Splitting [J]. Angewandte Chemie-International Edition, 2015, 54 (41): 11989-11993.

[149] Ledendecker M, Krick Calderon S, Papp C, et al. The synthesis of nanostructured Ni_5P_4 films and their use as a non-noble bifunctional electrocatalyst for full water splitting [J]. Angewandte Chemie International Edition, 2015, 54 (42): 12361-12365.

[150] Wang J, Zhong H X, Wang Z L, et al. Integrated Three-Dimensional Carbon Paper/Carbon Tubes/Cobalt-Sulfide Sheets as an Efficient Electrode for Overall Water Splitting [J]. ACS Nano, 2016, 10 (2): 2342-2348.

[151] Zhang B, Liu J, Wang J, et al. Interface engineering: The $Ni(OH)_2/MoS_2$ heterostructure for highly efficient alkaline hydrogen evolution [J]. Nano Energy, 2017, 37: 74-80.

[152] Wang J, Zhao Y, Setzler B P, et al. Poly (aryl piperidinium) membranes and ionomers for hydroxide exchange membrane fuel cells [J]. Nature Energy, 2019, 4 (5): 392-398.

[153] Zhang B, Zhang L, Yang Z, et al. Hydrogen-rich gas production from wet biomass steam gasification with CaO/MgO [J]. International Journal of Hydrogen Energy, 2015, 40 (29): 8816-8823.

[154] Wei L, Xu S, Zhang L, et al. Steam gasification of biomass for hydrogen-rich gas in a free-fall reactor [J]. International Journal of Hydrogen Energy, 2007, 32 (1): 24-31.

[155] Ma X, Zhao X, Gu J, et al. Co-gasification of coal and biomass blends using dolomite and olivine as catalysts [J]. Renewable Energy, 2019, 132: 509-514.

[156] Guo F, Li X, Liu Y, et al. Catalytic cracking of biomass pyrolysis tar over char-supported catalysts [J]. Energy Conversion and Management, 2018, 167: 81-90.

[157] Yaghoubi E, Xiong Q, Doranehgard M H, et al. The effect of different operational parameters on hydrogen rich

syngas production from biomass gasification in a dual fluidized bed gasifier [J]. Chemical Engineering and Processing- Process Intensification, 2018, 126: 210-221.

[158] Liu H, Chen T, Chang D, et al. Effect of preparation method of palygorskite-supported Fe and Ni catalysts on catalytic cracking of biomass tar [J]. Chemical Engineering Journal, 2012, 188: 108-112.

[159] Yao D, Hu Q, Wang D, et al. Hydrogen production from biomass gasification using biochar as a catalyst/support [J]. Bioresource Technology, 2016, 216: 159-164.

[160] Xu C, Chen S, Soomro A, et al. Hydrogen rich syngas production from biomass gasification using synthesized Fe/CaO active catalysts [J]. Journal of the Energy Institute, 2018, 91 (6): 805-816.

[161] Ma M, Müller M. Investigation of various catalysts for partial oxidation of tar from biomass gasification [J]. Applied Catalysis A: General, 2015, 493: 121-128.

[162] Kim D H, Kim S H, Byun J Y. A microreactor with metallic catalyst support for hydrogen production by partial oxidation of dimethyl ether [J]. Chemical Engineering Journal, 2015, 280: 468-474.

[163] Żukowski W, Berkowicz G. Hydrogen production through the partial oxidation of methanol using N_2O in a fluidised bed of an iron-chromium catalyst [J]. International Journal of Hydrogen Energy, 2017, 42 (47): 28247-28253.

[164] Rabenstein G, Hacker V. Hydrogen for fuel cells from ethanol by steam-reforming, partial-oxidation and combined auto-thermal reforming: A thermodynamic analysis [J]. Journal of Power Sources, 2008, 185 (2): 1293-1304.

[165] Li S, Guo L. Stability and activity of a co-precipitated Mg promoted Ni/Al_2O_3 catalyst for supercritical water gasification of biomass [J]. International Journal of Hydrogen Energy, 2019, 44 (30): 15842-15852.

[166] Nanda S, Dalai A K, Kozinski J A. Supercritical water gasification of timothy grass as an energy crop in the presence of alkali carbonate and hydroxide catalysts [J]. Biomass and Bioenergy, 2016, 95: 378-387.

[167] Chen G, Andries J, Spliethoff H. Catalytic pyrolysis of biomass for hydrogen rich fuel gas production [J]. Energy Conversion and Management, 2003, 44 (14): 2289-2296.

[168] Akubo K, Nahil M A, Williams P T. Pyrolysis-catalytic steam reforming of agricultural biomass wastes and biomass components for production of hydrogen/syngas [J]. Journal of the Energy Institute, 2019, 92 (6): 1987-1996.

[169] Chen F, Wu C, Dong L, et al. Characteristics and catalytic properties of Ni/$CaAlO_x$ catalyst for hydrogen-enriched syngas production from pyrolysis-steam reforming of biomass sawdust [J]. Applied Catalysis B: Environmental, 2016, 183: 168-175.

[170] Jin F, Sun H, Wu C, et al. Effect of calcium addition on Mg-AlO_x supported Ni catalysts for hydrogen production from pyrolysis-gasification of biomass [J]. Catalysis Today, 2018, 309: 2-10.

[171] Dong L, Wu C, Ling H, et al. Promoting hydrogen production and minimizing catalyst deactivation from the pyrolysis-catalytic steam reforming of biomass on nanosized $NiZnAlO_x$ catalysts [J]. Fuel, 2017, 188: 610-620.

[172] Lepage T, Kammoun M, Schmetz Q, et al. Biomass-to-hydrogen: A review of main routes production, processes evaluation and techno-economical assessment [J]. Biomass and Bioenergy, 2021, 144: 105920.

[173] Martínez-Merino V, Gil M J, Cornejo A. Chapter 5- Biomass sources for hydrogen production [M] //GANDíA L M, ARZAMENDI G, DIéGUEZ P M. Renewable Hydrogen Technologies. Amsterdam; Elsevier. 2013: 87-110.

[174] Davda R R, Shabaker J W, Huber G W, et al. A review of catalytic issues and process conditions for renewable hydrogen and alkanes by aqueous-phase reforming of oxygenated hydrocarbons over supported metal catalysts [J]. Applied Catalysis B: Environmental, 2005, 56 (1): 171-186.

[175] Bundhoo Z M A. Potential of bio-hydrogen production from dark fermentation of crop residues: A review [J]. International Journal of Hydrogen Energy, 2019, 44 (32): 17346-17362.

[176] Lunprom S, Phanduang O, Salakkam A, et al. A sequential process of anaerobic solid-state fermentation followed by dark fermentation for bio-hydrogen production from Chlorella sp [J]. International Journal of Hydrogen Energy, 2019, 44 (6): 3306-3316.

[177] Giang T T, Lunprom S, Liao Q, et al. Enhancing hydrogen production from chlorella sp. biomass by pre-hydrolysis with simultaneous saccharification and fermentation (PSSF) [J/OL]. Energies, 2019, 12 (5): 10. 3390/en12050908.

[178] Wang J, Yin Y. Fermentative hydrogen production using various biomass-based materials as feedstock [J]. Renewable and Sustainable Energy Reviews, 2018, 92: 284-306.

[179] Wang X, Fang Y, Wang Y, et al. Single-stage photo-fermentative hydrogen production from hydrolyzed straw biomass using Rhodobacter sphaeroides [J]. International Journal of Hydrogen Energy, 2018, 43 (30): 13810-13820.

[180] Cai J, Zhao Y, Fan J, et al. Photosynthetic bacteria improved hydrogen yield of combined dark- and photo-fermentation [J]. Journal of Biotechnology, 2019, 302: 18-25.

[181] Helmholtz H. Studien über electrische Grenzschichten [J]. Annalen der Physik, 1879, 243 (7): 337-382.

[182] Ros C, Andreu T, Morante J R. Photoelectrochemical water splitting: A road from stable metal oxides to protected thin film solar cells [J]. Journal of Materials Chemistry A, 2020, 8 (21): 10625-10669.

[183] Jacobsson T J, Fjällström V, Edoff M, et al. Sustainable solar hydrogen production: From photoelectrochemical cells to PV-electrolyzers and back again [J]. Energy & Environmental Science, 2014, 7 (7): 2056-2070.

[184] Fujishima A, Honda K. Electrochemical photolysis of water at a semiconductor electrode [J]. Nature, 1972, 238 (5358): 37-38.

[185] Berger T, Monllor-Satoca D, Jankulovska M, et al. The electrochemistry of nanostructured titanium dioxide electrodes [J]. Chem Phys Chem, 2012, 13 (12): 2824-2875.

[186] Wang J, Liu X, Li R, et al. TiO_2 nanoparticles with increased surface hydroxyl groups and their improved photocatalytic activity [J]. Catalysis Communications, 2012, 19: 96-99.

[187] Dias P, Vilanova A, Lopes T, et al. Extremely stable bare hematite photoanode for solar water splitting [J]. Nano Energy, 2016, 23: 70-79.

[188] Wang B S, Li R Y, Zhang Z Y, et al. An overlapping ZnO nanowire photoanode for photoelectrochemical water splitting [J]. Catalysis Today, 2019, 321-322: 100-106.

[189] Zheng J Y, Song G, Hong J, et al. Facile fabrication of WO_3 nanoplates thin films with dominant crystal facet of (002) for water splitting [J]. Crystal Growth & Design, 2014, 14 (11): 6057-6066.

[190] Kim T W, Choi K-S. Improving stability and photoelectrochemical performance of $BiVO_4$ photoanodes in basic media by adding a $ZnFe_2O_4$ Layer [J]. The Journal of Physical Chemistry Letters, 2016, 7 (3): 447-451.

[191] Hu C, Chu K, Zhao Y, et al. Efficient photoelectrochemical water splitting over anodized p-Type NiO porous films [J]. ACS Applied Materials & Interfaces, 2014, 6 (21): 18558-18568.

[192] Wick R, Tilley S D. Photovoltaic and photoelectrochemical solar energy conversion with Cu_2O [J]. The Journal of Physical Chemistry C, 2015, 119 (47): 26243-26257.

[193] Chen S, Wang L W. Thermodynamic oxidation and reduction potentials of photocatalytic semiconductors in aqueous solution [J]. Chemistry of Materials, 2012, 24 (18): 3659-3666.

[194] Bard A J, Wrighton M S. Thermodynamic potential for the anodic dissolution of n-type semiconductors: A crucial factor controlling durability and efficiency in photoelectrochemical cells and an important criterion in the selection of new electrode/electrolyte systems [J]. Journal of The Electrochemical Society, 1977, 124 (11): 1706.

[195] Gerischer H. On the stability of semiconductor electrodes against photodecomposition [J]. Journal of Electroanalytical Chemistry and Interfacial Electrochemistry, 1977, 82 (1): 133-143.

[196] Luo J, Steier L, Son M-K, et al. Cu_2O nanowire photocathodes for efficient and durable solar water splitting [J]. Nano Letters, 2016, 16 (3): 1848-1857.

[197] Kim J Y, Magesh G, Youn D H, et al. Single-crystalline, wormlike hematite photoanodes for efficient solar water splitting [J]. Scientific Reports, 2013, 3 (1): 2681.

[198] Toma F M, Cooper J K, Kunzelmann V, et al. Mechanistic insights into chemical and photochemical transformations of bismuth vanadate photoanodes [J]. Nature Communications, 2016, 7 (1): 12012.

[199] Jang Y J, Park Y B, Kim H E, et al. Oxygen-intercalated $CuFeO_2$ photocathode fabricated by hybrid microwave annealing for efficient solar hydrogen production [J]. Chemistry of Materials, 2016, 28 (17): 6054-6061.

[200] Abe R, Higashi M, Domen K. Facile fabrication of an efficient oxynitride TaON photoanode for overall water splitting into H_2 and O_2 under visible light irradiation [J]. Journal of the American Chemical Society, 2010, 132 (34): 11828-11829.

[201] Akiyama S, Nakabayashi M, Shibata N, et al. Highly efficient water oxidation photoanode made of surface modified $LaTiO_2N$ particles [J]. Small, 2016, 12 (39): 5468-5476.

[202] Yin W J, Tang H, Wei S H, et al. Band structure engineering of semiconductors for enhanced photoelectrochemical water splitting: The case of TiO_2 [J]. Physical Review B, 2010, 82 (4): 045106.

[203] Yang C, Wang Z, Lin T, et al. Core-shell nanostructured "Black" rutile titania as excellent catalyst for hydrogen production enhanced by sulfur doping [J]. Journal of the American Chemical Society, 2013, 135 (47): 17831-17838.

[204] Wang F, Di Valentin C, Pacchioni G. Doping of WO_3 for Photocatalytic water splitting: Hints from density

functional theory [J]. The Journal of Physical Chemistry C, 2012, 116 (16): 8901-8909.

[205] Chen Y-S, Kamat P V. Glutathione-capped gold nanoclusters as photosensitizers visible light-induced hydrogen generation in neutral water [J]. Journal of the American Chemical Society, 2014, 136 (16): 6075-6082.

[206] Mor G K, Varghese O K, Wilke R H T, et al. p-type Cu-Ti-O nanotube arrays and their use in self-biased heterojunction photoelectrochemical diodes for hydrogen generation [J]. Nano Letters, 2008, 8 (7): 1906-1911.

[207] Zhou M, Bao J, Xu Y, et al. Photoelectrodes based upon Mo: $BiVO_4$ inverse opals for photoelectrochemical water splitting [J]. ACS Nano, 2014, 8 (7): 7088-7098.

[208] Lopes T, Andrade L, Le Formal F, et al. Hematite photoelectrodes for water splitting: Evaluation of the role of film thickness by impedance spectroscopy [J]. Physical Chemistry Chemical Physics, 2014, 16 (31): 16515-16523.

[209] Ros C, Fàbrega C, Monllor-Satoca D, et al. Hydrogenation and structuration of TiO_2 nanorod photoanodes: Doping level and the effect of illumination in trap-states filling [J]. The Journal of Physical Chemistry C, 2018, 122 (6): 3295-3304.

[210] Hu Y-S, Kleiman-Shwarsctein A, Forman A J, et al. Pt-doped α-Fe_2O_3 thin films active for photoelectrochemical water splitting [J]. Chemistry of Materials, 2008, 20 (12): 3803-3805.

[211] Prakash J, Prasad U, Shi X, et al. Photoelectrochemical water splitting using lithium doped bismuth vanadate photoanode with near-complete bulk charge separation [J]. Journal of Power Sources, 2020, 448: 227418.

[212] Tang P-Y, Han L-J, Hegner F S, et al. Boosting photoelectrochemical water oxidation of hematite in acidic electrolytes by surface state modification [J]. Advanced Energy Materials, 2019, 9 (34): 1901836.

[213] Wang J, Waters J L, Kung P, et al. A facile electrochemical reduction method for improving photocatalytic performance of α-Fe_2O_3 photoanode for solar water splitting [J]. ACS Applied Materials & Interfaces, 2017, 9 (1): 381-390.

[214] Shi Q, Murcia-López S, Tang P, et al. Role of tungsten doping on the surface states in $BiVO_4$ photoanodes for water oxidation: Tuning the electron trapping process [J]. ACS Catalysis, 2018, 8 (4): 3331-3342.

[215] Pilli S K, Furtak T E, Brown L D, et al. Cobalt-phosphate (Co-Pi) catalyst modified Mo-doped $BiVO_4$ photoelectrodes for solar water oxidation [J]. Energy & Environmental Science, 2011, 4 (12): 5028-5034.

[216] Wang G, Ling Y, Lu X, et al. Computational and photoelectrochemical study of hydrogenated bismuth vanadate [J]. The Journal of Physical Chemistry C, 2013, 117 (21): 10957-10964.

[217] Hermans Y, Murcia-López S, Klein A, et al. $BiVO_4$ surface reduction upon water exposure [J]. ACS Energy Letters, 2019, 4 (10): 2522-2528.

[218] Fàbrega C, Monllor-Satoca D, Ampudia S, et al. Tuning the fermi level and the kinetics of surface states of TiO_2 nanorods by means of ammonia treatments [J]. The Journal of Physical Chemistry C, 2013, 117 (40): 20517-20524.

[219] Makimizu Y, Yoo J, Poornajar M, et al. Effects of low oxygen annealing on the photoelectrochemical water splitting properties of α-Fe_2O_3 [J]. Journal of Materials Chemistry A, 2020, 8 (3): 1315-1325.

[220] Lee Y, Park C, Balaji N, et al. High-efficiency silicon solar cells: A review [J]. Israel Journal of Chemistry, 2015, 55 (10): 1050-1063.

[221] Bae D, Seger B, Vesborg P C K, et al. Strategies for stable water splitting via protected photoelectrodes [J]. Chemical Society Reviews, 2017, 46 (7): 1933-1954.

[222] Mei B, Pedersen T, Malacrida P, et al. Crystalline TiO_2: A generic and effective electron conducting protection layer for photoanodes and-cathodes [J]. The Journal of Physical Chemistry C, 2015, 119 (27): 15019-15027.

[223] Scheuermann A G, Lawrence J P, Kemp K W, et al. Design principles for maximizing photovoltage in metal-oxide-protected water-splitting photoanodes [J]. Nature Materials, 2016, 15 (1): 99-105.

[224] Lichterman M F, Sun K, Hu S, et al. Protection of inorganic semiconductors for sustained, efficient photoelectrochemical water oxidation [J]. Catalysis Today, 2016, 262: 11-23.

[225] Funk J E, Reinstrom R M. Energy requirements in production of hydrogen from water [J]. Industrial & Engineering Chemistry Process Design and Development, 1966, 5 (3): 336-342.

[226] Nakamura T. Hydrogen production from water utilizing solar heat at high temperatures [J]. Solar Energy, 1977, 19 (5): 467-475.

[227] Loutzenhiser P G, Meier A, Steinfeld A. Review of the two-step H_2O/CO_2-splitting solar thermochemical cycle based on Zn/ZnO redox reactions [J/OL]. Materials, 2010, 3 (11): 4922-4938.

[228] Lu Y, Zhu L, Agrafiotis C, et al. Solar fuels production: Two-step thermochemical cycles with cerium-based oxides [J]. Progress in Energy and Combustion Science, 2019, 75: 100785.
[229] Charvin P, Abanades S, Flamant G, et al. Two-step water splitting thermochemical cycle based on iron oxide redox pair for solar hydrogen production [J]. Energy, 2007, 32 (7): 1124-1133.
[230] Allendorf M D, Diver R B, Siegel N P, et al. Two-step water splitting using mixed-metal ferrites: Thermodynamic analysis and characterization of synthesized materials [J]. Energy & Fuels, 2008, 22 (6): 4115-4124.
[231] Tamaura Y, Ueda Y, Matsunami J, et al. Solar hydrogen production by using ferrites [J]. Solar Energy, 1999, 65 (1): 55-57.
[232] Ishihara H, Kaneko H, Hasegawa N, et al. Two-step water-splitting at 1273～1623K using yttria-stabilized zirconia-iron oxide solid solution via co-precipitation and solid-state reaction [J]. Energy, 2008, 33 (12): 1788-1793.
[233] Gao X, Liu G, Zhu Y, et al. Earth-abundant transition metal oxides with extraordinary reversible oxygen exchange capacity for efficient thermochemical synthesis of solar fuels [J]. Nano Energy, 2018, 50: 347-358.
[234] Gao X, Di Bernardo I, Kreider P, et al. Lattice expansion in optimally doped manganese oxide: An effective structural parameter for enhanced thermochemical water splitting [J]. ACS Catalysis, 2019, 9 (11): 9880-9890.
[235] Scheffe J R, Li J, Weimer A W. A spinel ferrite/hercynite water-splitting redox cycle [J]. International Journal of Hydrogen Energy, 2010, 35 (8): 3333-3340.
[236] Abanades S, Flamant G. Thermochemical hydrogen production from a two-step solar-driven water-splitting cycle based on cerium oxides [J]. Solar Energy, 2006, 80 (12): 1611-1623.
[237] Chueh W C, Falter C, Abbott M, et al. High-flux solar-driven thermochemical dissociation of CO_2 and H_2O using nonstoichiometric ceria [J]. Science, 2010, 330 (6012): 1797-1801.
[238] Bhosale R R, Takalkar G, Sutar P, et al. A decade of ceria based solar thermochemical H_2O/CO_2 splitting cycle [J]. International Journal of Hydrogen Energy, 2019, 44 (1): 34-60.
[239] Agrafiotis C, Block T, Senholdt M, et al. Exploitation of thermochemical cycles based on solid oxide redox systems for thermochemical storage of solar heat. Part 6: Testing of Mn-based combined oxides and porous structures [J]. Solar Energy, 2017, 149: 227-244.
[240] Bayon A, de la Calle A, Ghose K K, et al. Experimental, computational and thermodynamic studies in perovskites metal oxides for thermochemical fuel production: A review [J]. International Journal of Hydrogen Energy, 2020, 45 (23): 12653-12679.
[241] Scheffe J R, Weibel D, Steinfeld A. Lanthanum-strontium-manganese perovskites as redox materials for solar thermochemical splitting of H_2O and CO_2 [J]. Energy & Fuels, 2013, 27 (8): 4250-4257.
[242] Demont A, Abanades S, Beche E. Investigation of perovskite structures as oxygen exchange redox materials for hydrogen production from thermochemical two-step water-splitting cycles [J]. The Journal of Physical Chemistry C, 2014, 118 (24): 12682-12692.
[243] Qian X, He J, Mastronardo E, et al. Favorable redox thermodynamics of $SrTi_{0.5}Mn_{0.5}O_{3-\delta}$ in solar thermochemical water splitting [J]. Chemistry of Materials, 2020, 32 (21): 9335-9346.
[244] Orfila M, Linares M, Pérez A, et al. Experimental evaluation and energy analysis of a two-step water splitting thermochemical cycle for solar hydrogen production based on $La_{0.8}Sr_{0.2}CoO_{3-\delta}$ perovskite [J]. International Journal of Hydrogen Energy, 2022, 47 (97): 41209-41222.
[245] Vieten J, Bulfin B, Senholdt M, et al. Redox thermodynamics and phase composition in the system $SrFeO_{3-\delta}$-$SrMnO_{3-\delta}$ [J]. Solid State Ionics, 2017, 308: 149-155.
[246] Bulfin B, Vieten J, Starr D E, et al. Redox chemistry of $CaMnO_3$ and $Ca_{0.8}Sr_{0.2}MnO_3$ oxygen storage perovskites [J]. Journal of Materials Chemistry A, 2017, 5 (17): 7912-7919.
[247] Bulfin B, Vieten J, Richter S, et al. Isothermal relaxation kinetics for the reduction and oxidation of $SrFeO_3$ based perovskites [J]. Physical Chemistry Chemical Physics, 2020, 22 (4): 2466-2474.
[248] Sai Gautam G, Stechel E B, Carter E A. Exploring Ca-Ce-M-O (M = 3d transition metal) oxide perovskites for solar thermochemical applications [J]. Chemistry of Materials, 2020, 32 (23): 9964-9982.

第5章 氢气分离及相关材料

5.1 氢气分离与纯化

5.1.1 氢气应用的两种形式——混氢和纯氢

IEA 在2018 年的《氢的未来》报告中指出绝大多数氢气由化石燃料生产，约 60%的氢气由专用氢气生产设施生产，另有 1/3 的氢是工业副产氢，是由用于生产其他产品的设施和工艺生产的。76%的氢气由天然气通过蒸汽甲烷重整、部分氧化和自热重整生产，22%由煤通过气化生产。电解目前约占全球氢气产量的 2%，但其份额预计将大幅增长，以应对低碳排放氢气的需求[1,2]。

图 5-1 显示了当前全球氢气供应和需求的价值链。从图 5-1 中可以看出，氢气的使用主要是工业应用，包括炼油（33%）、氨生产（27%）、甲醇生产（11%）和通过铁矿石直接还原生产钢铁（3%）[2]。自 1975 年以来，氢的需求增长了三倍多，目前仍在继续增长。氢气的应用分成两种类型：一类是用在石油精炼、氨合成、氢能源车以及其他产业的纯氢，这类氢气需要经过分离提纯；另一类是用在甲醇、直接还原钢铁以及其他产业的混合气体。如图 5-2 所示（另见文前彩图），2018 年有 4500 万吨用于甲醇合成和其他应用（加热、发电等）领域的无需事先与其他气体分离的混合氢气，而用于炼油厂、氨合成和燃料电池等更多领域都需要对氢气进行纯化，约 7200 万 t/a，多于混合氢气。

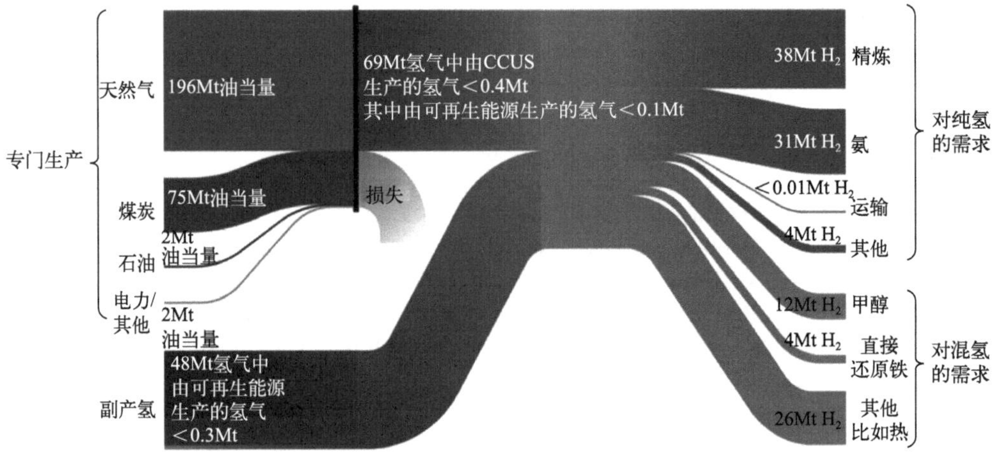

图 5-1 目前氢气的市场情况

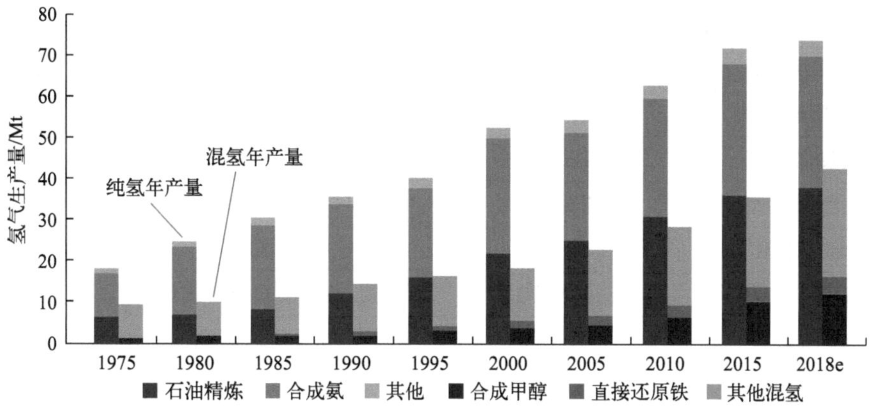

图 5-2 全球氢气的年增长及不同领域的用氢量

5.1.2 不同制氢方法的含氢量

目前制氢方法主要有利用化石原料制氢（天然气制氢、煤气化制氢、甲醇制氢、裂解石油气制氢）、氨分解制氢、电解水制氢、高温电解水蒸气制氢以及热化学循环水蒸气制氢等[3]。各种方法得到的含氢原料气的氢气纯度、杂质种类和成本如表 5-1 所示。电解水制氢得到的氢气纯度最高，制氢成本也相对较高，适用于用氢量相对较小但对氢气纯度、杂质含量要求苛刻的行业。而以煤、天然气、甲醇、石脑油等为原料制氢气的成本相对较低，但是原料气中氢气含量较低[4]。

表5-1 常见含氢气源的基本情况

含氢气源	主要杂质种类	原料气中氢气体积分数/%	提纯方法	制氢成本①/(元/kg H_2)
天然气或石脑油蒸气转化气	CO_2、CO、CH_4、N_2	75～80	变压吸附等	13.4～18.7
煤气化变换气	CH_4、CO、CO	48～54	变压吸附等	7.8～14.0
电解水制氢②	O_2、H_2O	99.5～99.9999	催化脱氧、变温吸附、钯膜分离等	42.6～58.2
炼油厂含氢尾气	$C_{1\sim4}$	65～90	变压吸附等	4.3
甲醇蒸气转化气	CO_2、CO、CH_3、OH、H_2O	73～75	变压吸附脱附等	21.1～23.6

① 制氢成本的估算范围是从原料到氢气产品的整个过程。

② 成本估算，按照采用工业电电解水制取氢气。

其中，炼油厂中的炼厂气来源方式多，如来自石脑油重整尾气、加氢裂化干气、甲苯加氢脱烷基化尾气、乙烯脱甲烷塔尾气、甲醇弛放气、甲酸加工尾气、焦化干气、催化裂化干气、催化重整干气、加氢混合干气、催化与焦化混合干气以及变压吸附解吸气等。不同炼厂气的典型氢气含量、主要杂质和压力参见表 5-2。大部分情况下炼厂气中的氢都能经济地回收和利用[5]。

表5-2 不同炼厂气的典型氢气含量、主要杂质和压力

氢源	典型氢气含量/%	主要杂质	压力/MPa
石脑油重整尾气	65~90	CH_4、C_2H_6、C_3H_8、C_4、N_2	1~5
加氢裂化干气	25~70	CH_4、C_2H_6、C_3H_8、C_4、N_2	13~20
催化重整干气	25~60	N_2、CH_4、C_2H_6、CO、CO_2	1~3
甲苯加氢脱烷基化尾气	50~70	CH_4、C_2H_6	
乙烯脱甲烷塔尾气	60~90	N_2、CH_4、C_2H_6、CO	
甲醇弛放气	50~70	CH_4、CO、CO_2	5~7
甲酸加工尾气	70~90	N_2、CO	
焦化干气	20~40	CH_4、C_2H_6、C_3H_8、C_4、N_2	0.8~1.5
加氢混合干气	60~70	CH_4、C_2H_6、C_3H_8、C	
催化裂化干气	15~70	N_2、CH_4、C_2H_6、C_3H_8、CO_2	0.8~1.3
催化与焦化混合干气	15~40	CH_4、C_2H_6、C_3H_8、C_4烃、N_2	0.8~2
变压吸附解吸气	50~60	CH_4、C_2H_6、C_3H_8、C_4烃、N_2	<1

煤气化、天然气重整、工业副产氢或水电解产生的氢气统称为粗氢。目前只有不到0.7%的氢气生产自可再生能源或配备碳捕集和储存（CCS）技术的化石燃料工厂。不论何种制氢方式，都需要进行氢的分离提纯，氢分离是制氢过程中的核心技术。

5.1.3 不同应用场合对氢的要求

氢气广泛应用于炼油、合成氨、合成甲醇、冶金、航天、电子、玻璃、精细化工、能源等领域。氢气作为一种清洁的新能源载体可用于燃料电池，将太阳能、风能等可再生能源储存，未来市场前景广阔。不同应用场合对氢气纯度和杂质含量的基本要求及主要氢气来源，如表5-3所示[4]。

表5-3 不同应用场合对氢气纯度和杂质含量的基本要求及主要氢气来源

应用场合	纯度需求	杂质基本要求	主要氢气来源
合成氨	$n(H_2)/n(N_2)\approx 2.8\sim 3.2$	$y(CO+CO_2)<(5\sim 10)\times 10^{-6}$； $y(H_2O)<1\times 10^{-6}$； $\rho(S_{总})<1mg/m^3$ 等	煤制氢、天然气制氢等
合成甲醇	$n(H_2-CO_2)/n(CO+CO_2)\approx 2.05\sim 2.15$	$\rho(S_{总})<0.2\sim 0.3mg/m^3$； $y(Cl)<0.1\times 10^{-6}$； y(羰基铁+羰基镍)$<0.1\times 10^{-6}$； 氨、油污、粉尘颗粉等需预先脱除	煤制氢、天然气或石脑油制氢等
炼厂用氢	$y(H_2)=80.0\%\sim 99.9\%$	$y(CO+CO_2)<30\times 10^{-6}$ 等	煤制氢、天然气制氢、甲醇制氢、工艺副产氢等
粉末冶金	$y(H_2)=99.99\%\sim 99.999\%$	露点：−60~−45℃； $y(O_2)<10\times 10^{-6}$ 等	电解水制氢、天然气制氢、甲醇制氢等

续表

应用场合	纯度需求	杂质基本要求	主要氢气来源
半导体	$y(H_2) \geqslant 99.9999\%$	$y(O_2) < 0.2 \times 10^{-6}$; $y(CO+CO_2) < 0.1 \times 10^{-6}$	电解水制氢、外购高纯度氢气
玻璃行业	$y(H_2) \geqslant 99.999\%$	$y(O_2) \leqslant 3 \times 10^{-6}$; 露点≤−60℃等	氨分解制氢、电解水制氢等
质子交换膜	$y(H_2) \geqslant 99.99\%$	$y(O_2) \leqslant 5 \times 10^{-6}$; $y(CO) \leqslant 0.2 \times 10^{-6}$	电解水制氢、甲醇制氢、天然气制氢等
燃料电池		$y(O_2) < 2 \times 10^{-6}$; $\rho(S_{总}) < 0.004 \times 10^{-6} mg/m^3$ 等	

注：国家标准 GB/T 3634.1—2006《氢气 第 1 部分：工业氢》和 GB/T 3634. 2—2011《氢气 第 2 部分：纯氢、高纯氢和超纯氢》规定了工业氢、纯氢、高纯氢、超纯氢的纯度和允许的杂质含量等技术指标。

在炼油厂中，需要用氢气来加工，主要用在从原油产品中去除硫和其他杂质的加氢处理工艺上，以及将低级重质渣油升级为更有价值的柴油和润滑油等基础油的加氢裂化工艺上。由于对石油产品硫含量的更严格的环境法规，以及原油性质从轻质和甜味到重质和酸性的快速变化，过去几十年来，精炼氢需求持续增加。由于加氢处理和加氢裂化装置的操作严谨性要求非常高，应使用超纯氢气进行加氢处理。因此，大多数炼油厂被迫迅速提高其氢气生产能力，同时也在考虑将 CCS 技术改造为氢气工厂，以减少 CO_2 排放。预计短期到中期内，对氨和甲醇的需求也将增加，这将反过来要求增加储氢制备能力。

炼厂用氢的纯度和压力对加氢处理单元的设计与操作有着显著的影响。通常炼厂基于经济性、操作灵活性、可靠性以及易于未来流程拓展的原则来选取合适的氢气分离技术。在冶金和陶瓷工业，氢气可用于有色金属（钛、钨、钼等）的还原制取，防止金属或陶瓷（TiO_2、Al_2O_3、BeO 等）材料在高温煅烧时被烧结或被氧化；在玻璃工业，氢气可防止锡槽中的液态锡被氧化而增加锡耗；在合成氨、甲醇的生产中，为防止催化剂中毒，保证产品质量，原料气中硫化物等毒物必须预先去除，使杂质含量降低至符合要求。

在半导体器件和集成电路生产过程中，氢气可用于晶体和衬底的制备、氧化、退火、外延、干蚀刻以及化学气相沉积工序，由于电子级气体中的杂质含量要控制在 10^{-6} 级甚至 10^{-9} 级，需要纯度为 99.999%～99.9999%的高纯氢气，因此，气体的分离和纯化技术对半导体领域的发展具有极其重要的意义，特别是对于“超纯”、“超净”的电子气[6]。

超纯氢主要应用于电子工业。在大规模、超大规模集成电路制造过程中，需用纯度为 5.5N～6N（N 代表一个 9 的纯度）的超纯氢，为配制某些混合气的底气及实验室仪器用高纯度载气，在液氢生产中需要总杂质含量$<1\times10^{-6}$ 的高纯氢气。对于 ULSI（特大规格集成电路）级的氢气要求更高，需达到 7N。因此，应选用合适的净化方法以提高氢气的纯度和洁净度。

近年来，燃料电池得到了长足的发展，尤其是以质子交换膜燃料电池（PEMFC）为主的交通和便携电源领域。PEMFC 的电解质为高分子膜，主要燃料为氢气，具有功率密度高、低温启动、结构紧凑等优势。国内外很多研究表明，氢气或空气中微量杂质可能会严重毒害 PEMFC 的膜电极组件，例如硫化物、CO 对催化剂铂的吸附性比氢更强，优先于氢气占据催化剂表面的活性位点，并且不易脱除，造成催化剂中毒，使燃料电池的寿命和性能大幅度降低。

Ahluwalia 等对体积分数 0.25%以内的 CO_2 杂质气体对燃料电池的影响进行了研究，发现 CO_2 会与 H_2 发生变换反应生成 CO，进而影响电池性能。N_2、Ar、He 虽然不会对催化剂铂产生直接影响，但是由于它们对氢气的稀释作用，影响氢气的扩散，进而影响到催化效率，使燃料电池的性能下降。PEMFC 对氢气纯度的要求并非很高，可低于高纯氢气（99.999%）的纯度，但对氢气中部分杂质（CO、硫化物等）的要求苛刻，通常纯氢（99.99%）经过额外的净化过程，将 CO、CO_2 等杂质降至所需要的水平后，就能满足燃料电池的用氢需求。

尽管如此，杂质含量还是受到严格控制，这取决于燃料电池的结构和运行特性。例如，即使是低 CO 含量也可能对燃料电池的性能和运行寿命造成不可逆的损害。表 5-4 显示了过量杂质对燃料电池的影响，氢燃料电池车对 CO、硫化物、卤化物等杂质有严格的要求[7]。

表5-4 杂质对燃料电池性能的影响及允许的浓度[8-17]

杂质	过量引起的危害	允许含量
氢气以外的杂质		$<100\times10^{-6}$
H_2O	H_2O 可以传输水溶性杂质，如 Na^+ 和 K^+，并降低膜的质子电导率，过多的 H_2O 会引起金属部件的腐蚀	5×10^{-6}
HC（碳氢化物）	大多数 HC 吸附在催化剂层上会降低催化性能。甲烷不会污染燃料电池，但会稀释 H_2 并阻碍性能	2×10^{-6}
O_2	一定浓度的 O_2 对金属氢化物（一种储氢材料）的性能产生负面影响	5×10^{-6}
惰性气体	在氢气中混入稀薄的 He、Ar 和 N_2 会降低燃料电池的电势	100×10^{-6}
CO_2	CO_2 具有稀释 H_2 的作用。高浓度的 CO_2 可通过反相水煤气变换反应转化为 CO，从而导致催化剂中毒	2×10^{-6}
CO	CO 与 Pt 催化剂的反应位点紧密结合，降低用于 H_2 吸附和氧化的有效电化学表面积	0.2×10^{-6}
硫化物	硫化物在催化剂活性位点上的吸附阻碍 H_2 在催化剂表面上的吸附。吸附的硫化物与 Pt 催化剂反应形成稳定的 Pt 硫化物，不可逆地降低了燃料电池的性能	0.004×10^{-6}
甲醛	甲醛吸附在催化剂上形成 CO，从而导致催化剂中毒	0.01×10^{-6}
甲酸	甲酸吸附在催化剂上形成 CO，从而导致催化剂中毒	0.2×10^{-6}
NH_3	NH_4^+ 降低离子聚合物的质子传导性，NH_3 吸附在催化剂表面阻断活性位点	0.1×10^{-6}
卤化物	吸附在催化剂层上的卤化物降低了催化剂的表面积。氯离子通过形成可溶性氯化物沉积在燃料电池膜中，导致 Pt 催化剂溶解	0.05×10^{-6}
颗粒物	颗粒物在燃料电池催化剂活性位点上的吸附阻碍了 H_2 在催化剂表面的吸附，堵塞了过滤器，破坏了全电池组分	1 μg/L（10 μm 以下）

此外，在氢提纯工艺中，尾气中一般都含有一些有用的组分，尤其是含有烯烃。如果能把它分离出来，则能够生产出相当有价值的产品。

5.2 氢气的过滤及过滤材料

5.2.1 气体的过滤

氢气在制造的过程中，在储运容器或生产的管道中，气体中会有机械杂质、尘埃、油污或外来杂质等。在管道气体输送时，大于 0.5μm 的尘粒含量一般都高达几百粒每升，油水循环式压缩机输送氢气时，其机械杂质尘粒含量高达 $60mg/m^3$ 以上；用普通氢气钢瓶供应氢气时，气体中大于 0.5μm 的尘粒含量大于 1000 粒/L。这些机械杂质主要来源于管道、钢瓶壁的铁锈、压缩设备的油污，以及充氢前残存气体中含有的尘埃等。

氢气的清洁度不高的话，会影响一些工艺生产的正常进行，甚至不能生产出合格的产品。在氢能系统中所需的氢气要求大于 0.3μm 的固体微粒含量要小于 3.5 粒/L。而在半导体器件、集成电路等电子工业中，常用的保护气、反应气和携带气不仅要气体纯度高，而且洁净度也要高。特别是随着大规模和超大规模集成电路向高集成度和线条宽度日益变细的方向发展时，对这些气体的洁净度，即含尘量及其尺寸的大小，提出了越来越高的要求。一般认为，高纯气体中所含的尘埃粒径为器件分辨尺寸的 1/10 时就可对器件产生有害的影响。目前，国内电子工业使用的高纯气体的洁净度一般为 160 级，即≥0.5μm 的尘埃粒子含量≤0.3 颗/L，而且将逐步要求控制气体中的 0.3μm 以下粒径的尘埃。因此，采用最有效的洁净技术清除这些尘埃粒子，是电子工业向前发展必不可少的一个重要条件。

为保证各环节都能得到较清洁的氢气，必须对氢气进行过滤，使氢气广泛用途的效果最佳。这也就是氢气过滤器的作用。

5.2.2 气体过滤机理

气体过滤的机理随采用的过滤材料和过滤器的结构形式的不同而有所不同。如图 5-3 所示，通常有下面几种：

① 惯性作用　当气流的流线遇到障碍而拐弯时，气流中的质点有直线运动的趋势，这种趋势取决于质点惯性力的大小。当尘粒较大、质量较重和流速较高时，尘粒就容易黏附在滤料上。

② 筛分作用　当气体中的尘粒的直径大于过滤材料的孔隙时，气体通过滤料，尘粒则被滤料阻滞下来。

③ 栅栏作用　凡尘粒不能从绕过滤料的流线中偏离出去，即当尘粒的半径大于尘粒的

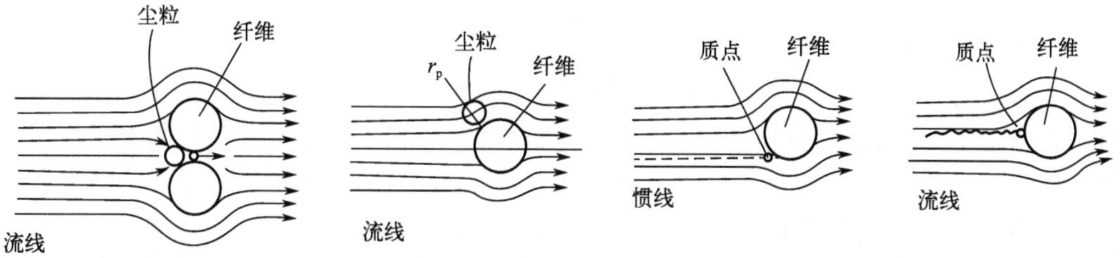

(a) 筛分作用　(b) 栅栏作用　(c) 惯性作用　(d) 扩散作用

图 5-3　四种不同的过滤作用

中心与滤料的距离时，这个尘粒将被栅栏作用所捕获。因此，对于直径较大的质点，栅栏的作用显得更为重要，并且在气体的流线形状不变的情况下，栅栏作用与速度无关。

④ 扩散作用　对微小的尘粒，布朗运动会使它偏离流线（布朗运动是由于气体中分子的热运动对尘粒的影响而产生的）。这种偏离的尘粒被滤料从空气中清除出去的可能性随着尘粒尺寸和流速的减小而增大。

除此之外，气体过滤尘粒过程中还有静电作用和沉降作用等。但静电作用是在气体中的尘粒带有电荷的情况下才会发生。而沉降作用则仅在气体流速极低的情况下才能发生。

气体的过滤是一个复杂的过程，过滤效率的高低主要是受过滤材料的物化性能、气体的流速和尘粒的尺寸等因素影响。图 5-4 是尘粒尺寸与杂质过滤的相关性。当尘粒直径小于 1μm 时，扩散作用是主要的，但随着尘粒尺寸的增大，扩散作用的影响逐步降低。当尘粒直径大于 1μm 时主要是栅栏作用和惯性作用。但是如果采用层流条件下的过滤，既可以减少气体运动的能量损失，同时也可以削弱惯性作用。惯性作用与气体流速和粒度的平方成正比，与气体的黏度成反比，因此在一定的过滤条件下，可以使过滤过程以栅栏作用为主。在采用多孔陶瓷、微孔玻璃和粉末冶金等多孔材料时，常常是以栅栏作用为主，同时在过滤过程中，小的尘粒在弯曲的微孔孔道中还由于“架桥”现象被滞留下。

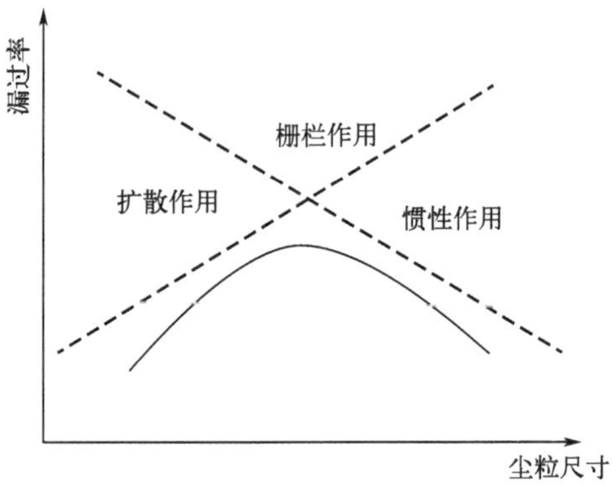

图 5-4　尘粒尺寸与杂质漏过率

5.2.3 氢气过滤材料

目前常用的氢气过滤材料有多孔金属材料和多孔陶瓷材料。按微粒被捕集的方式可将过滤方式分为表面过滤、深层过滤和滤饼过滤。过滤材料可按过滤精度分为粗过滤用、中效过滤用和高效过滤用过滤材料。粗过滤用的过滤材料有焦炭、拉西环、鲍尔环、鞍型环、毛毡、泡沫塑料、脱脂棉、金属丝网等，这类材料用于分离 10μm 以上的尘粒。中效过滤用的过滤材料主要有多孔陶瓷、微孔陶瓷、普通粉末冶金品、合成纤维滤芯、普通滤膜和滤纸等。高效过滤用的过滤材料有高效过滤纸和滤膜、微孔粉末冶金品等。工厂出厂的氢气都进行过过滤，不会含有大于 10μm 的尘埃，所以下面仅介绍常用的中效和高效过滤材料。

5.2.3.1　多孔金属材料

（1）多孔金属材料的类型和特点

多孔金属过滤材料保持一定的金属特性；具有良好的耐温性，优良的力学性能、导热导电性。在常温下，多孔金属材料的强度是陶瓷材料的 10 倍，即使在 700℃高温下，其强度仍然高于陶瓷材料数倍。多孔金属材料良好的韧性和导热性使得其具有很好的抗热、抗振性，并且适合连续反向脉冲清洗，再生性好，使用寿命长。此外，多孔金属材料还具有良好的加工性能和焊接性能。这些优良的性能使得多孔金属过滤材料与陶瓷过滤材料相比，具有整体强度好、不发生断裂、长期工作稳定、可靠等优点，特别是近几年在抗腐蚀方面也有较大的改进。尤其是其气体透过性能好、过滤速度大、孔径和孔隙率可控、过滤精度可以达到很高的程度。因此，其在除尘过滤介质应用方面具有更好的适用性和优越性。金属材料良好的塑性使其可以拉拔成金属细丝或纤维，进而编织成网或铺制成毡。粉状颗粒材料经烧结可以制成烧结金属粉末和金属膜。多孔金属材料从结构形式看主要有烧结金属丝网、金属纤维毡和烧结金属粉末等[18]。

烧结金属丝网采用多层金属编织丝网为原料，通过特殊的叠层设计、复合压制和真空（或保护气氛）烧结等工艺制备而成。多层复合金属丝网具有很高的整体强度和刚性，空隙分布均匀，再生性好，过滤元件寿命长。在发达国家，其制作工艺已相当成熟，如日本的 Nippon Seison 公司就是以生产多层网为主的过滤器公司。此外，德国、美国、英国也能批量生产。它在洁净煤发电技术的高温除尘领域具有很好的应用前景。

金属纤维毡是一种将金属熔化后，通过真空喷丝制成的金属织物。它兼具金属耐高温和织物高精度的特性，经过结构优化后，能够有效滤除细微颗粒。从 20 世纪 70 年代开始，比利时 Bekaert 公司开始了大批量生产不锈钢纤维毡，产品质量达到了世界先进水平。近年来，我国西北有色金属研究院在金属纤维毡的研制及产业化开发方面也取得了突破性的进展。这种材料在化工、化纤、冶金等领域具有广泛的应用，如在天然气集输过程中，它可代替某些过滤介质。

烧结金属粉末是依靠熔融金属雾化制粉后压制成型和烧结而得。烧结金属粉末可制成各种复杂形状，并且有较高的过滤精度。新近开发出的 Fe_3Al 烧结金属粉末过滤材料，是一种廉价的带有战略意义的材料，具有突出的抗高温氧化和耐硫腐蚀性能。在煤的洁净燃烧联合循环发电工艺技术中具有重要应用前景，它具有非常高的过滤精度。

烧结金属丝网、金属纤维毡和烧结金属粉末作为多孔金属材料的不同结构形式，各自有着不同的优点。烧结金属丝网具有很高的整体强度和刚性，空隙分布均匀，再生性好，过滤元件寿命长。烧结纤维毡有很高的空隙率，因此透气性好，并具有很高的过滤精度。烧结金属粉末可制成各种复杂形状，并且有较高的过滤精度。而同为多孔金属材料，多孔金属膜因其过滤面积大、过滤效率高、压力损失低、密封性能好等优点逐渐受到青睐，它因可以达到很高的过滤精度、耗材少而备受关注，成为取代烧结金属丝网、金属纤维毡、烧结金属粉末等材料的新的多孔金属过滤材料。

多孔金属膜在烧结时，以颗粒表面质点的扩散来进行传质。烧结推动力是粉状颗粒的表面能大于多晶烧结体的晶界能。经烧结后，晶界能取代表面能，这就是多孔金属膜机械强度大、耐高压的原因。目前用于高温除尘的多孔金属膜的制备方法主要有悬浮粒子烧结法、相分离沥滤法等。

多孔金属膜有以下优点：a. 机械强度高，耐压性能好（耐压高达 7MPa），因此膜组件不易损坏，可用增大压差的方法来提高渗透率，增大膜的分离能力。b. 具有良好的热传导性和散热能力，因此可减小膜组件的热应力，延长膜的使用寿命，非常适合在高温领域应用。c. 密封性能好，膜材料是具有良好焊接性能的金属材料，因而膜组件易于连接密封。d. 具有很高的应用价值。

在过滤过程中，多孔金属膜吸附量大，支撑性好，过滤面积大，可在线清洗，适用范围宽。20 世纪 90 年代出现了不锈钢膜，主要用于液-固、气-固、固-固分离，现在已经商品化。不过，目前市场上涉及金属膜的研究单位和公司已经很多，现在比较成功的金属膜是德国 GKN 公司的不锈钢膜。

多孔金属材料能克服多孔陶瓷材料固有的缺点，并具有较好的抗氧化、抗腐蚀能力，如 FeCrAl、Fe-Al 金属间化合物等具有优良的抗氧化和耐硫腐蚀能力，它们在 600～800℃ 条件下工作 6000h 以上，仍保持完好。Hastell 合金、Hayhes230、Inconel601、310S 等可在 800℃ 氧化环境下正常工作。经过多孔金属材料纯化后的高温气体，含尘量达到 $10mg/m^3$（标）以下，过滤效率达到 99.9%，达到了很好的除尘效果[19]。

另外，美国 Mott 和 Pall 公司也开发出了 310S、Inconel600、Fe-Al 金属间化合物等烧结金属滤管，耐温达 600～900℃。德国 Plansee 公司还研制出多孔铝管和铬管等。因此，多孔金属材料作为一种过滤、分离、纯化材料，具有耐高温高压、抗酸碱腐蚀、热稳定性好、过滤效率高、使用寿命长等特点，用作高温除尘组件，可以发挥其高温高压条件下机械稳定性、化学稳定性的特点，用于高温煤气除尘领域，是其他过滤材料无法替代的，相对于陶瓷材料具有一定的优势。

（2）微孔金属过滤膜的制造和性能

微孔金属过滤器由不锈钢外壳、气体管道、法兰盘和微孔过滤膜等部件组成，并采用真空橡皮或聚四氟乙烯 O 形垫圈密封，气密性可靠。微孔过滤膜是采用粉末轧制方法制造的，用得最多的是高纯电解镍粉末，此外还有不锈钢、钛、蒙乃尔合金等粉末。

粉末轧制成型后要进行烧结，它是制取金属多孔膜的工序之一。通过烧结，不仅要消除材料的加工硬化，而且是在氩气气氛中还原，并获得满意的强度。在烧结过程中，多孔体收缩，孔隙率下降，颗粒间的联结强度提高，同时由于孔腔表面平滑和轮廓变圆，孔道畅通，使烧结温度的提高更加明显。因此，在过滤膜制作过程中，必须根据流量和洁净度的要求，在满足使用强度的情况下，选择最佳的烧结工艺。作为微孔金属气体过滤膜，其主要性能是透气性和过滤率。影响这两个主要性能的因素是原始粉末粒度和结构以及某些制膜工艺等[20]。

原始粉末粒度是决定膜孔大小和膜强度的基本因素。实践表明，在材料孔隙率为 40%～50%的条件下，根据各种不同大小球形颗粒的理想堆积，材料孔径 d 与原始粉末粒度 $D_{粉}$ 的关系是 $d=(0.155\sim0.414)D_{粉}$。粉末粒度越粗，材料孔径越大。多孔材料的强度主要是依靠粉末颗粒间的联结，因此联结强度的大小又与颗粒的表面积有关。随着粉末颗粒变大，表面积变小，因而颗粒间的联结强度下降。但当粉末颗粒小到一定程度时，比如几百埃，由于颗粒表面某些化学成分含量的变化和多孔材料孔隙率的增加，颗粒间联结强度下降。

微孔透气性除主要与孔径大小有关外，还与膜的厚度和孔隙率有关。实验表明，膜的相对透气系数随膜的厚度增加而下降，而孔隙率增大，一方面要增加膜的相对透气系数，另一方面又使膜的孔径增大，而膜孔的增大对提高膜的过滤效果显然是一个不利的因素。增加膜的厚度，虽然膜的相对透气系数有所下降，但由于增加了过滤时的拦截效应，因而提高了膜的过滤效果。所以适当地增加膜厚度也是提高膜过滤效果的一种方法。毫无疑问，过滤膜的孔径大小是影响膜透气性和过滤效果的决定性因素。随着孔径的增大，膜的相对透气系数增大，但由于滤膜的孔径增大，降低了膜的过滤效果。而滤膜的孔径越小，过滤的效果越好。

微孔膜的透气性和过滤效果，除与膜本身结构有关外，还与使用条件（压力和气流速度）有关。在入口压力 [$4kgf/cm^2$（$1kgf/cm^2=9.80665Pa$）] 相同的条件下，过滤之后气体中的含尘量随气体流速的增加而增加，当气体的流速增加到高于 7m/s 时（N_2），滤后气体的含尘量骤增。因此，为了满足滤后气体洁净度为 100 级，气体的流速应低于 5m/s。当气体流量相同时，滤后气体的含尘量随着膜前压力的增加而增加，在入口压力大于 $3kgf/cm^2$ 时，滤后气体的含尘量增加较快。

镍微孔金属过滤膜已成功地用于高纯氢气和氢的终端纯化。实验中的氢气流量为 20～30L/min，压差小于 $0.1kgf/cm^2$，滤后 0.5μm 粒径的含尘量等于零（原始气体中 0.5μm 粒径的含尘量平均为1078颗/L)。多晶硅生产中的氢终端过滤，采用了流量为240m^3/h的微孔金属过滤膜，当入口压力为2kgf/cm^2时，压力降<0.01kgf/cm^2，滤过氢气中0.5μm粒径的含尘量为0.3颗/L，远远优于电子工业常用的100级洁净度。

(3) 烧结金属多孔材料的牌号

在已形成的多孔金属材料国家标准中，烧结不锈钢、钛、镍及镍合金粉末多孔材料以及不锈钢纤维毡多孔材料，均以过滤效率98%为划分材料牌号的依据。按ISO 16889测试了不同牌号烧结金属多孔材料的过滤效率，给出了不同过滤效率对应的颗粒尺寸值。结果见表5-5～表5-8。表5-9～表5-12是多孔镍管材料、多孔蒙乃尔合金管、多孔不锈钢材料和多孔钛管材料的性能[21]。

表5-5 烧结不锈钢过滤元件及材料的牌号

牌号		SC005	SC007	SC010	SC015	SC022	SC030	SC045	SC065
颗粒尺寸/μm	过滤效率98%	5	7	10	14	22	30	45	65
	过滤效率99.9%	7	10	15	22	30	40	60	75

表5-6 烧结钛过滤元件及材料的牌号

牌号		TG003	TG006	TG010	TG020	TG035	TG060
颗粒尺寸/μm	过滤效率98%	3	6	10	20	35	60
	过滤效率99.9%	5	10	14	32	52	85

表5-7 烧结镍基合金过滤元件及材料的牌号

牌号		NG003	NG006	NG012	NG022	NG035
颗粒尺寸/μm	过滤效率98%	3	6	12	22	35
	过滤效率99.9%	5	10	18	36	50

表5-8 烧结不锈钢纤维毡的牌号

牌号		BZ5D	BZ7D	BZ10D	BZ15D	BZ20D	BZ25D	BZ30D	BZ40D	BZ60D
颗粒尺寸/μm	过滤效率98%	3.8	6.9	15.1	16.8	21.3	27.4	31.6	42.5	69.5
	过滤效率99.9%	7.6	—	19.2	21.6	26.1	31.2	40.0	60.0	81.0

表5-9 多孔镍管材料性能

粉末粒级/μm	相对透氢系数	汞压入法孔径		最大孔径①/μm	孔隙率/%	壁厚/mm	内压破坏压力②/(kgf/cm^2)
		分部区间/μm	比例/%				
6～12	$(1.5\sim3.0)\times10^{-5}$	2～3	88	3	10～26	1.0～1.5	—
12～18	$(1.0\sim1.2)\times10^{-4}$	2～4	83～89	4～5	15～39	1.0～1.5	—
25～50	$(4.2\sim6.3)\times10^{-4}$	5～10	68～84	4～11	26～31	1.0～1.5	35～55
50～100	$(1.4\sim3.1)\times10^{-3}$	10～20	65～86	23～28	21～30	2.0～2.5	37～50
100～150	$(7.1\sim9.5)\times10^{-3}$	20～40	>60	43～55	28～34	2.0～2.5	16～24
150～200	$(0.8\sim1.2)\times10^{-2}$	30～50	64～69	55～68	21～31	2.0～2.5	—

续表

粉末粒级/μm	相对透氢系数	汞压入法孔径		最大孔径①/μm	孔隙率/%	壁厚/mm	内压破坏压力②/(kgf/cm²)
		分部区间/μm	比例/%				
200~250	(1.5~1.7)×10^{-2}	40~60	60~62	78~85	16~22	2.5~3.0	8~20
250~300	—	50~70	>60	—	25~30	2.5~3.0	—

① 冒泡方法测定结果。

② 试样尺寸为：外径 50mm，长 150mm。

表5-10 多孔蒙乃尔合金管材料性能

粉末粒级/μm	相对透气系数/[L/(min·cm²·mm H²)]	汞压入法孔径		最大孔径/μm	孔隙率/%	壁厚/mm	内压破坏压力/(kgf/cm²)
		分布区间/μm	比例/%				
50~100	(1.0~4.8)×10^{-8}	10~20	79~88	22~27	21~30	2.0~2.5	38~45
100~150	(5.7~9.9)×10^{-3}	20~40	73~78	46~50	31~35	2.0~2.2	32~35
150~200	(0.8~1.6)×10^{-2}	30~50	85~77	55~69	24~32	2.0~2.5	—
200~250	(1.5~1.6)×10^{-2}	40~60	62~64	82~91	19~26	2.5~3.0	20~35
250~300	(1.8~2.2)×10^{-2}	40~70	54~70	84~93	13~17	2.6~3.0	20~35

表5-11 多孔不锈钢材料性能

粉末粒级/μm	相对透气系数/[L/(min·cm²·mm H²)]	汞压入法孔径		最大孔径①/μm	孔隙率/%	壁厚/mm	内压破坏压力②/(kgf/cm²)
		分布区间/μm	比例/%				
12~18	(2.8~3.5)×10^{-8}	5~10	80	8~9	35~40	1.5	—
18~25	8.4×10^{-4}	5~20	91	11~13	35~38	1.5	—
25~50	(1.0~1.7)×10^{-3}	10~20	88	17~18	36~38	1.5	—
50~100	4.3×10^{-3}	10~30	93	27~32	20~37	2.5	—
100~150	(8.2~9.5)×10^{-3}	30~50	73	45~52	24~28	2.5	70

① 冒泡法测定结果。

② 试样尺寸为：外径 50mm，长 400mm。

表5-12 多孔钛管材料性能

粉末粒级①/目	相对透气系数/[L/(min·cm²·mm H_2O)]	最大孔径②/μm	孔隙率/%	壁厚/mm	内压破坏压力③/(kgf/cm²)
-14+20	1.6×10^{-2}	174	30~40	2~2.5	10~20
-20+28	1.4×10^{-2}	118	30~40	2.0~2.5	10~20
-28+35	8.5×10^{-2}	82	30~40	2.0~2.5	10~20

① 海绵钛粉。

② 冒泡测定结果。

③ 试样规格为:外径 50mm，长 320mm。

（4）新型合金材料

近年来，国内外一些研究单位围绕高性能过滤合金材料的研制，取得了富有成效的成果。美国 Pall 和 Mott 公司、英国 Povair 公司、比利时 Bekaert 公司、日本精线公司等分别开发了 Haynes 合金、FeCrAl 合金、Hastelloy 合金、Inconel 合金、310S 等一系列新型材料。这些材料具有优异的抗高温氧化和耐腐蚀性能，具有极强的竞争力。

5.2.3.2 多孔陶瓷材料

尽管金属材料有着众多的优点，然而它活性较高，容易氧化，尤其是许多高温含尘气体具有腐蚀性或氧化性，容易被腐蚀，稳定性不好，使其制备和应用受到极大限制。陶瓷材料因具有优良的热稳定性和化学稳定性，可在高达1000℃的温度下工作，并且在氧化、还原等高温环境下具有很好的抗腐蚀性而成为高温气体除尘的优良选材之一。微孔陶瓷材料从材质上可分为氧化物、非氧化物和复合物类。其中非氧化物陶瓷材料的碳化硅具有强度高、导热性好、热膨胀系数小、抗热冲击性强、透气性好、压降低等优良性能，是首选的高温陶瓷过滤材料[18]。

（1）多孔陶瓷过滤材料的制备及主要特点

目前应用于高温除尘的多孔陶瓷材料的制备技术主要有造孔剂法、发泡法等。多孔陶瓷材料在高温除尘应用方面有其独特的优点，其主要特点如下：

① 孔隙率高，可达到60%以上，孔径均匀且易于控制。过滤精度高，可达 0.1μm，适用于各种介质精密过滤。

② 耐酸碱性好，适用于强酸或强碱以及各种有机气氛中。

③ 机械强度高，可耐受较高的工作压力及压力降。

④ 耐高温，工作温度可达 800℃，适用于各种高温气体过滤。

⑤ 过滤元件使用寿命长，经济性好，长期使用时微孔形貌不发生变化，而且再生性好。

（2）多孔陶瓷材料高温除尘的研究现状

在高温气体除尘技术研究的早期，美国开展了以陶瓷过滤介质为主的高温气体过滤除尘技术的开发，德、日、英等发达国家也开展了类似的研究工作。而进入 20 世纪 90 年代中期以来，随着一批先进的高性能过滤材料的成功开发，高温气体介质过滤除尘技术的工业化应用进入了实质性阶段，围绕着陶瓷过滤材料抗热震性的改善，取得了实质性进展，尤其是陶瓷纤维增强复合多孔材料的开发，使得陶瓷过滤材料抗热震性得到显著改善。在开发的高性能材料中，有日本 Asahi 公司生产的均质堇青石陶瓷滤管，德国 Schumacher 公司生产的 SiC-Al_2O_3 双层试管式滤管，德国 BWF 公司生产的真空成型陶瓷纤维管等。国外大量专利报道了很多各式各样的陶瓷膜高温气体过滤器，如美国 Dupunt Lanxide 公司生产的 PRD-66 型管状碳化硅陶瓷过滤器，芬兰 Helsinki 技术大学的高温管式过滤器，采用 DIA-Schunalithf40 过滤管的德国 Schumacher 公司的小型高温陶瓷过滤器等，都得到了成功的应用。

（3）复合陶瓷材料

单一组分的陶瓷材料可能存在性脆以及焊接性、抗热震性及焊接性差等缺点，陶瓷复合材料和陶瓷纤维增强材料则有着显著的优势。王耀明等研制了一种具有梯度孔结构的堇青石陶瓷纤维复合膜过滤元件，以具有特定粒度和粒级级配的堇青石原料作骨料，以炭粉为造孔剂，以低热膨胀 SiO_2-Al_2O_3-K_2O-Li_2O 体系为高温陶瓷结合剂。经过测试发现这种梯度孔陶瓷纤维膜管具有机械强度高、热稳定性好、便于清洗、使用寿命长等优点。

另外，SiC 多孔陶瓷具有高温强度高、抗氧化、抗热震好、密度小、热导率较高等特点，在高温除尘领域有很好的应用前景。德国 Schumacher 公司采用真空抽滤法，以 SiC 和硅酸铝纤维为主要原料生产的 Cerafill2H10 陶瓷纤维过滤材料，其孔隙率达 90%，可在 950℃下长期使用。

多孔陶瓷化学稳定性好，比表面积较大，透氢能力强，既耐高温，又耐低温，可以氢气再生，反复使用。但易损坏，抗震能力较差，有的还有掉粉现象。在滤料较厚时，阻力较大。国产多孔陶瓷的主要技术性能见表 5-13。

表5-13 国产多孔陶瓷的主要技术性能

单位	制品代号	抗压强度/(kgf/cm²)	抗折强度/(kgf/cm²)	抗张强度/(kgf/cm²)	孔径/μm	透气度/[m³·cm/(h·m²·cm H_2O)]	耐酸/%	耐碱/%	气孔率/%	容量/(g/cm)	吸水率/%
山东工业陶瓷研究所	301 管	400			14~34	5.5~6.0	>98		37.4	1.67	23
	5# 管	340		25.3					39.2	1.72	24.2
	木 K-2	500	300	110	10~20	1.5	96	93	47		
北京陶瓷厂	刚玉滤芯	180.2			>100 57.7 50~100 22.5 <50 19.0	8.71			54.9		19.4
天津过滤厂	玻璃质	279			3.0~5.0	0.12					
	陶瓷	149			2.0~4.0	0.22					
大连耐火材料厂	矾土				25~55						
苏州日用瓷厂		130	49.5		3~8	0.26			69.4	0.826	77.0
景德镇人民瓷厂		70	24.7		3.3~7	0.35			69	0.731	94.1
咸阳陶瓷厂		500~900					99	94	35~45	2.2~2.4	18~25

5.2.3.3 其他新型材料

(1) 合成纤维芯

其他一些性能优良的高温过滤材料也受到研究者的关注。一种由玻璃纤维、PPS 纤维和活性炭纤维复合，经过 PTFE 化学处理的针刺过滤材料，其外观为致密、暗黄色的非织造材料，具有高的过滤效率、低的气体阻力，并且耐腐蚀，造价较低。另外，晏荣华等分析了 P84 纤维和玻璃纤维的性能，用这两种材料复合而成 P84/Glass 复合针刺毡，它是一种综合性能极佳的耐高温过滤材料。

合成纤维滤芯是由各种滤芯纤维缠绕在带孔的塑料或金属骨架上制成的。纤维在滤芯骨架上要有规律地逐层缠绕成排列较整齐的菱形孔，使滤芯的直径逐步增大。每一层的过滤面积逐渐增强，菱形孔的孔径逐渐增大，滤芯从外层到内层，菱形孔逐渐变小。过滤时，气体从滤芯外层进入内层，经过中间导管流出。气体通过过滤纤维，捕集到的微粒直径由大逐渐变小，滤芯有深层过滤的作用。此外，气体通过滤芯不是沿着直线流贯通孔，而是沿着有规律的曲线前进，因此增加了滤芯对微粒的滞留能力。

常用的蜂房式缠绕管状滤芯在许多国家已生产了几十年。有各种类型的滤芯及其过滤器的出售，应用于气体或液体的过滤。为便于互换，各公司生产的滤芯规格大体相同。例如长度一般为 250mm，或其他规格，如外径 65mm、内径 30mm 和外径 60mm、内径 25.5mm。

微孔薄膜是用硝化纤维素或醋酸纤维素等材料制成的多孔性过滤材料。控制其制作条件，可以得到不同微孔和孔隙率。表 5-14 是两种微孔滤膜的实测数据。

表5-14 两种微孔滤膜的实测数据

序号	样品名称	膜通量 /[L/(min·cm²)]	阻力 /mmH_2O	油雾法透过系数 K/%
1	国产辽阳滤膜	0.3	300～480	< 0.00001
2	进口 AAWG 型孔径 0.8μm	0.3	150～155	< 0.00001

注：1mmH_2O= 9.80665Pa。

（2）金属陶瓷复合材料

早期的研究主要集中在陶瓷过滤技术方面，陶瓷材料的突出优点是具有优良的热稳定性和化学稳定性。但其有着性脆、延展性差、焊接性差、抗热震性差、操作的长期性、可靠性差等缺点，而且其反吹性仍存在不少问题。而多孔金属过滤材料具有良好的耐温性和优良的力学性能，但其仍有不少缺点：金属活性较高，制备困难，危险性高；金属容易氧化，使用中稳定性不高；金属材料在极高温环境下强度仍然不够高等。因此，综合陶瓷材料和金属材料的优点，开发新型和复合高性能材料备受关注[18]。

金属陶瓷膜的开发受到国内外学者的广泛重视，并取得一定成果。多孔金属膜的金属基体赋予了金属陶瓷膜良好的塑性、韧性、可焊接性和强度，而惰性材料的陶瓷膜层则赋予了金属陶瓷膜良好的环境和物料适应性，金属陶瓷膜是迄今为止性能最好的膜材料之一。一些研究者对此类膜的制备做了研究报道，20 世纪 90 年代，美国研制成功了一种以多孔不锈钢为基体、TiO_2 陶瓷为膜层材料的 Secpter 金属陶瓷膜。这种被称为金属陶瓷膜的无机膜具有陶瓷膜的所有优点，而且具有金属材料良好的强度、塑性、韧性和可焊接性。中国在 20 世纪 90 年代在多孔钛基体上制备了 SiO_2 陶瓷膜层，随后，出现多孔金属钛/沸石复合膜材料。

5.3 氢气纯化方法

5.3.1 纯化方法的种类

经过过滤处理后的气体虽然微尘得到了去除，但是杂质气体并没有得到去除。为满足特定应用对氢气纯度和杂质含量的要求，还需经提纯处理。氢气纯化方法主要可分为物理方法和化学方法两大类。物理方法包括变压吸附方法（pressure swing adsorption，PSA）、变温吸附(temperature swing adsorption，TSA)、真空吸附、低温分离方法(低温蒸馏和低温吸附)、色谱法和膜分离方法(无机膜和有机膜)。而化学方法涉及吸收法、催化方法和金属氢化物分离(图 5-5)[7]。

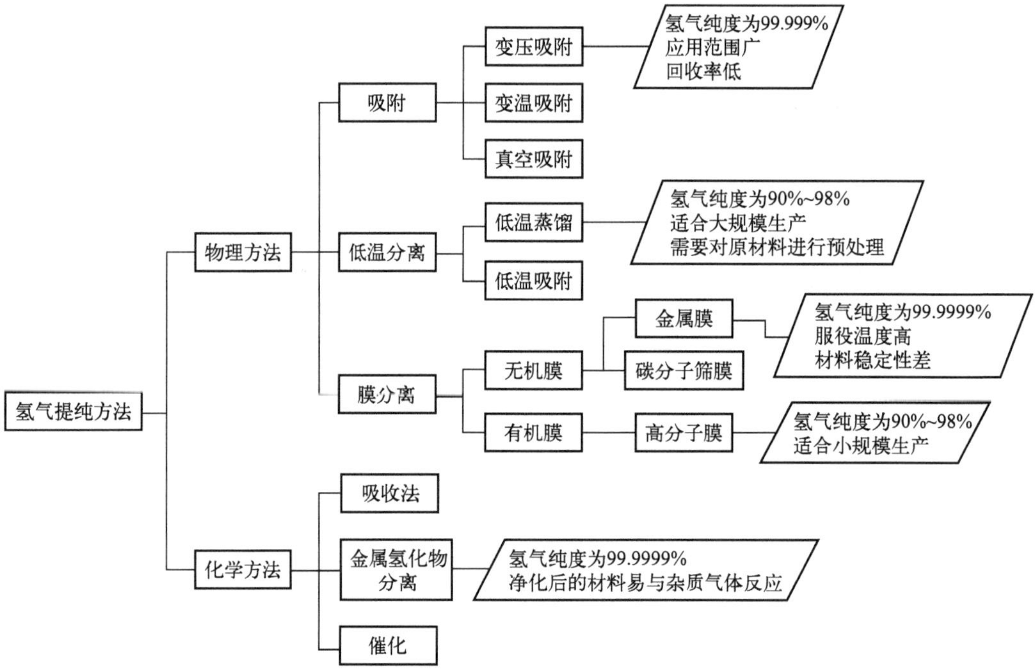

图 5-5 氢气提纯方法分类

这些工艺各自都基于不同的分离原理，因而其工艺技术特性各不相同。在实际设计工作中，选择合适的氢提纯方法，不仅要考虑装置的经济性，同时也要考虑工艺的灵活性、可靠性，扩大装置提纯能力的难易程度，原料的含氢量，以及氢气纯度、杂质含量对下游的影响等其他因素的影响。

从富氢气体中去除杂质得到 5N 以上(≥99.999%)纯度的氢气大致可分为三个处理过程。第一步是对粗氢进行预处理，去除对后续分离过程有害的特定污染物，使其转化为易于分离的物质，传统的物理或化学吸收法、化学反应法是实现这一目的的有效方法，化学吸收法往往也是氢气纯化的第一步。第二步是去除主要杂质和次要杂质，得到一个可接受的纯氢水平(5N 及以下)，常用的分离方法有变压吸附分离、低温分离、聚合物膜分离等。第三步是采用低温吸附、钯膜分离等方法进一步提纯氢气到要求的指标(5N 以上)[4]。选择合适的 H_2 纯化方法与氢气供应模式和气源密切相关。氢气各种纯化方法的特点如表 5-15 所示。

表5-15 氢气各种纯化方法的特点

序号	纯化方法	纯化后氢气		原料气压力/(kgf/cm²)	所需动力	适用的粗氢
		纯度/%	除去杂质			
1	乙醇胺吸收法	99	CO_2	3～20	蒸气、冷却水	烃类转化
2	热碳酸吸收法	99	CO_2	3～20	蒸气、冷却水	烃类转化

续表

序号	纯化方法	纯化后氢气		原料气压力/(kgf/cm²)	所需动力	适用的粗氢
		纯度/%	除去杂质			
3	高压水吸收法	90	CO_2	20	电	副产氢及 CO_2 含量大
4	高温吸收法	99.9999	各种杂质	> 14	电、仪表用电	各种粗氢
5	变温吸收法		CO_2、H_2O	> 1.0	热、冷却水	水电解氢等
6	低温吸收法	> 99.9999	各种杂质	> 3.0	液氮、热、电	各种粗氢
7	钯合金扩散法	> 99.9999	除汞、卤素碳外的杂质	> 5.0	热、电	各种粗氢
8	催化反应法	残留< 1×10^{-6}	O_2、CO	> 1.0	热	水电解氢、食盐电解氢等

5.3.2 溶液吸收法

溶液吸收法是利用 CO_2 和吸收液之间的化学反应将 CO_2 从排气中分离出来的方法。CO_2 气体在常温常压的条件下极易溶于化学吸收液（贫液）中形成富液，富液在高温条件下，CO_2 气体又很容易被释放出来，从而实现 CO_2 气体的分离。化学吸收法早期用在沼气净化提纯上，溶液和 CO_2 等酸性气体反应迅速，但是与 CH_4、H_2 等气体则不发生化学反应，利用其对 CO_2 和 CH_4 吸收选择性很强的特点进行的沼气净化提纯，CH_4 纯度高，CH_4 的损失率小[22]。

溶液吸收法有溶液化学吸收法和溶液物理吸收法，溶液化学吸收法以酸-碱中和反应为基础，适用于低压、低浓度酸性气体，以 CO 和 CO_2 吸收为主。代表性工艺有苯菲尔法、MEA 法、ADIP 法（二异丙醇胺法，又称阿迪普法）、铜氨法等。纯化气体中的 CO_2 浓度可以降低到 0.05%～2.0%。应用较多的化学吸收法主要有热钾碱法和 MDEA（*N*-甲基二乙醇胺）法。

溶液物理吸收法适用于高压、高浓度的酸性气体，代表性工艺有甲酚法、硒醚法、氟利昂溶剂法等。纯化气体中的 CO_2 浓度可以降低到 0.1%。吸收法一直被广泛用于除去重整气体中的酸性气体，但不能完全除去 CO、CO_2，不能得到高纯度的氢。国外应用较多的溶液物理吸收法主要有低温甲醇洗法，国内应用较多的液体物理吸收法主要有低温甲醇洗法、NHD（聚乙二醇二甲醚）法、碳酸丙烯酯法。

基于化学吸收法的工艺也适用于大型 H_2 工厂的氢气纯化，但其 H_2 纯度低，范围为 95%～97%，溶剂再生蒸汽消耗高[1]。

5.3.2.1 溶液物理吸收法

物理吸收法根据亨利定律，加压下气体在溶液里溶解度高，低压下实现解吸，因而通常应用于溶质气体分压较高的场合。通常，吸收是采用高压及低温，解吸是采用减压或加温，减压解吸可较大幅度降低能耗。煤气化合成气经 C 变换后，主要为含氢气、CO_2 的气体。工业上 CO_2 吸收去除技术已经有 50 多年的应用历史，这种方法以一种重要的工业原料乙醇胺（MEA）为吸收剂。这一过程包括将有机胺溶液［通常 25%～30%（质量分数）］从吸收塔顶端通过，而含有 CO_2 的煤烟气气流从塔底通过，CO_2 与乙醇胺通过 Zwitterion 机理生产氨基甲酸盐，吸附 CO_2 的有机胺溶液流经吸附柱到达汽提塔被加热释放 CO_2，溶剂的再生在高温（100～140℃）下进行。再生之后，有机胺溶液再通过吸收塔被循环利用。

(1) 低温吸收法

低温吸收法是利用吸收过程中杂质溶解于液体吸附剂，解吸过程被溶解的气体从溶液中释放出来从而实现分离。常用的吸附溶剂有甲醇、丙烷、甲烷、丙烯和乙烯等。例如甲醇在低温（－50～70℃）下对轻质油、CO_2、H_2S、硫的有机化合物和氰化物等有很好的吸附作用；液体甲烷在低温下吸附 CO；氯化苯对 CH_4、Ar 和 N 都存在吸附作用，都是理想的氢回收溶剂。此方法要求原料气中氢含量大于 95%，可得到 99.99%以上的高纯氢，回收率高达 95%，若要达到更高的氢纯度要求，则要采用低温吸附法以补足。此方法适合于工业化生产，但设备投资大、能耗高、成本高、操作较复杂。

溶液物理吸收法中以低温甲醇洗法能耗最低，可以在脱除 CO_2 的同时完成精脱硫。低温甲醇洗工艺采用冷甲醇作为溶剂来脱除酸性气体，该工艺气体净化度高、选择性好，甲醇溶剂对 CO_2、H_2S、COS 的吸收具有很高的选择性，同等条件下 COS 和 H_2S 在甲醇中的溶解度分别约为 CO_2 的 3～4 倍和 5～6 倍。气体的脱硫和脱碳可在同一个塔内分段、选择性地进行。少量的脱碳富液脱硫，不仅简化了流程，而且容易得到高浓度的 H_2S 组分，并可用常规克劳斯法回收硫。

除了甲醇洗法外，碳酸丙烯酯（PC）法、聚醇醚（HND）法、*N*-甲基二乙醇胺（MDEA）法也开始使用。MDEA 法吸收 CO_2 的比例大，净化气 CO_2 体积浓度小于 0.1%，热量消耗少，再生气 CO_2 纯度大于 99%，此工艺目前被大多数新建合成氨厂所采用[23]。

(2) 高压水吸收法

高压水吸收法应用在 CO_2、H_2S、NO_x 气体的脱除上，这些杂质气体的脱除是物理吸收过程。将混合气体通入高压吸收器中，CO_2、H_2S、NO_x 气体在高压水中的溶解度较高，远大于氢气和甲烷在高压水中的溶解度，大部分被高压水吸收，再进入低压解吸器将高压水的压力降低，压力降低后 CO_2、H_2S、NO_x 气体的溶解度减小，过量的 CO_2、H_2S、NO_x 气体从水中解吸，从而达到分离 CO_2、H_2S、NO_x 气体的目的。早期也是利用在沼气提纯上，利用沼气中主要组分 CH_4 和 CO_2 在水中的溶解度不同从而实现气体分离，在整个过程温度变化不大的条件下，甲烷在水中的溶解度随压力变化不大，CO_2 和 H_2S 在较高压力下在水中的溶解度大，在较低压力情况下因 CO_2 和 H_2S 在水中的溶解度小而释放出来，从而实现 CO_2 和 H_2S 的分离，完成沼气净化提纯。原料煤经过处理后进入气化炉，与空气、水蒸气等气化剂发生复杂的化学反应，生成以 H_2、CH_4、CO_2 为主要成分的合成气，并含有 H_2S 和 CO 气体，利用高压水吸收方法就可以分离 CO_2、H_2S 和 CO 等杂质气体。

以水为吸收剂的高压水洗法也可以进行氮氧化物污染控制，实现水吸收脱氮。水与 NO_2 反应生成硝酸和亚硝酸。亚硝酸在通常情况下不稳定，会发生分解生成硝酸、一氧化氮和水。NO 不与水发生化学反应，在水中的溶解度也很小，并且在水吸收 NO_2 时，还放出部分 NO，因而水吸收法的净化效率不高，仅适用于主要以 NO_2 形式存在的 NO_x 的控制。

以溶液吸收为基础的吸收法，由吸收塔和再生塔组成，吸收和再生是在一定温度和压力下进行的。粗氢纯化常用乙醇胺溶液、热 K_2CO_3 溶液、加压水和铜氨溶液吸收 CO_2 等。

5.3.2.2 溶液化学吸收法

溶液化学吸收法是通过含氢气体与溶液发生化学反应，吸收 CO_2 和 CO 等气体，纯化氢气的方法。早期使用的溶液是碳酸钾溶液，也称为苯菲尔法。苯菲尔是原始的热钾碱法的商业名称，是由本森（H. E. Benson）和菲尔德（J. H. Field）在20世纪50年代为美国矿物局发明的。后来，又增添了活化剂二乙醇胺以加快 CO_2 的吸收速度，加矾以减少腐蚀。由于吸收液的价格低，吸收容量大，便于操作管理和容易再生，特别在中压（2.0～3.0MPa）下吸收及有低位能的废蒸汽可利用的情况下，其经济效益尤佳。因此，在以天然气和石脑油为原料，采用水蒸气转化法制氢的装置中广泛采用。

其过程包括：a. 经过中（高）变换的中变气，换热降温后，进入低温变换反应器，将一氧化碳变换为二氧化碳；b. 然后降温至100℃左右，进入脱碳塔，其中的二氧化碳与碳酸钾反应，生成碳酸氢钾；c. 脱除二氧化碳的粗氢气换热升温后，进入甲烷化反应器，粗氢气中的一氧化碳、二氧化碳在甲烷化催化剂的作用下，与氢气反应生成甲烷，最终得到氢纯度大于95%的工业氢气。

对于用苯菲尔法脱除原料气中的二氧化碳，应综合净化度高（减少后续过程的麻烦）、溶液的吸收容量大（溶液循环量小，动力消耗低）、吸收和再生速度快（设备可小些）、能耗低、流程简单、投资省等几个方面作为流程选择的考虑因素。

苯菲尔溶液吸收的净化度既与贫液的再生度有关，又与其吸收温度有关。从平衡角度考虑希望吸收液的温度低一些，则其二氧化碳的平衡分压低，净化度也就高。从反应速度角度考虑希望吸收液的温度高些，温度高，吸收系数大，吸收速度就快。

目前国内采用苯菲尔溶液净化工艺的制氢装置，几乎全部选择了二段吸收、二段再生流程。将两种不同再生度的溶液提供给吸收塔。

5.3.3 催化反应法

它是利用各种催化剂去去除氢气中的氧等杂质，一般可以将氢气中的氧杂质从百分之几纯化到 10^{-6} 级，甚至到 10^{-9} 级。催化反应去除气体中的杂质是工业化生产中常采用的方法之一，对于氢气或惰性气体中的氧杂质，氧气中的氢或烃类杂质，可以应用性能类似的催化剂予以去除。

对于电解水制氢获得的氢气因其纯度高，主要杂质是 O_2 和 H_2O，催化脱氧和吸附干燥处理后氧含量 $<1\times10^{-6}$，露点可达 $-60\sim-80$℃以下，可满足许多工业部门的要求，应用比较广泛。

从气体中去除氧杂质的化学反应式为：

$$2H_2+O_2 \rightleftharpoons 2H_2O+Q \tag{5-1}$$

$$Q=114025+6.24T-0.001844T^2+0.158\times10^{-6}T^3 \tag{5-2}$$

式中，T 为温度，K。

反应后的残余氧量（P_{O_2}）与原始氧浓度、氢含量有关：

$$P_{O_2}=\frac{p_{H_2O}^2}{p_{H_2}^2 K_p} \tag{5-3}$$

式中，p_{H_2O} 为蒸汽压；p_{H_2} 为氢气压。

$$\lg K_p=\frac{25116.1}{T}-0.9466\lg T-0.0007216T+0.618\times10^{-6}T^2-1.714 \tag{5-4}$$

反应平衡常数 K_p 是 $1/T$ 的函数：

$$K_p=F\left(\frac{1}{T}\right) \tag{5-5}$$

5.3.4 低温分离法

低温分离法也称深冷法，是在极低温下，将原料气体中伴随的全部或部分杂质气体液化，从而达到分离的目的。氢气的标准沸点为－252.77℃，而氮、氧、甲烷的沸点（－195.62℃、－182.96℃、－161.3℃）与氢的沸点相差较远，因此采用冷凝的方法可将氢气从这些混合气体中分离出来。此外，氢气的相对挥发度比烃类物质高，因此利用挥发度的差别，深冷法也可实现氢气与烃类物质的分离。

低温分离法的特点是适用于氢含量高的原料气，氢含量为20%以上，得到的氢气纯度高，可以达到95%以上，氢回收率高，达92%～97%。为了维持低温，需要寒冷的发生源，分离过程中压缩和冷却能耗很高。由于装置规模变大，所以适用于大规模气体分离过程，尤其是低温分离法可对氨厂弛放气、炼油厂废气中的氢气进行纯化分离，但不适用于中小规模工厂。

低温分离法的关键设备包括冷箱和压缩机。冷箱在低温领域是十分关键的设备，如空分等低温分离工艺都需要依靠冷箱来实现。冷箱的保冷性能对整套工艺的能耗水平、产品产量和质量都有很大的影响。对于一般深冷的工作状况，珠光砂保冷就可达到使用要求。由于氢液化需要达到20K的低温，采用珠光砂已不能满足要求，行业经验采用真空＋多层缠绕绝热方式进行保冷。压缩机是用来压缩气体后膨胀输出外功以产生冷量的机器，其工作原理是将压缩气体的位能转变为机械功。根据气体膨胀输出外功的不同分为容积式和透平式。透平压缩机具有速度高、流量大、体积小、冷损小、结构简单、调节性能好、工作可靠、能长期连续平稳运转的优点，但膨胀比不能太大。

5.3.5 吸附法（选择吸附法）

吸附分离是利用吸附剂对混合气体各组分的吸附能力不同将混合气体分离成纯组分的过程，其分离过程是基于选择性吸附而实现的，如图5-6所示。通过压力或温度的变化可以进行吸附脱附控制和吸附剂的再生，具有高效、节能、环境友好的优点。随着越来越多的孔隙率和表面性质可控的新型吸附材料的开发，吸附分离成为越来越重要的气体分离技术，广泛应用于 H_2 纯化、N_2 和 CH_4 的分离、CO_2 的捕捉以及天然气脱硫等[24]。吸附法可以进一步分成低温吸附法、变压吸附法、变温吸附法和真空变压吸附法等多种。

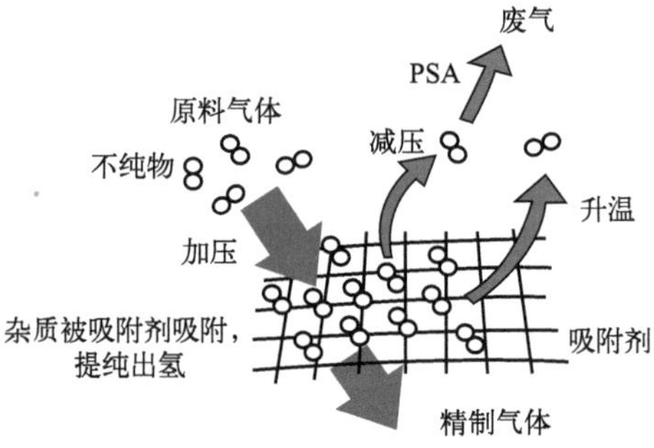

图5-6 选择吸附法分离气体组分的过程

(1) 低温吸附法

低温吸附法是利用在低温条件下（通常在液氮温度下），由于吸附剂本身化学结构的极性、化学键能等物理化学性质，吸附剂对氢气源中一些低沸点气体杂质组分的选择性吸附，实现氢气的分离。当吸附剂吸附饱和后，经升温、降低压力的脱附或解吸操作，使吸附剂再生，如活性炭、硅胶、分子筛等吸附剂可实现氢气与低沸点氮、氧、氩气等气体的分离。低温吸附法很早就用在氢气纯化上，它能把氢气中的各种杂质去除。该法对原料气要求高，需精脱 CO_2、H_2S、H_2O 等杂质，氢含量一般大于95%，因此通常与其他分离法联合使用，用于超高纯氢的制备，得到的氢气纯度可达 99.9999%，回收率 90%以上。该法简单，但设备投资大，要消耗一定量的液氮，能耗较高，操作较复杂，适用于大规模生产，通常用于氢气纯度要求高的场合，如液氢生产等。

根据原料氢所含杂质的情况，选用合适的吸附（溶）剂——丙烷、甲烷、丙烯和乙烯等，在低温下循环吸收（氢中杂质被溶解于液体吸附剂的过程）和解吸（被溶解的气体从溶液中释放出来的过程）氢中杂质。此方法要求粗氢纯度应大于 95%，用液体甲烷在低温下吸收氢中的一氧化碳等杂质，然后用丙烷吸收其中的甲烷，可得到 99.99%以上的高纯氢，再经低温吸附法把关，用分子筛、硅胶、活性炭吸附除去其中的微量杂质，使总杂质含量小于 1×10^{-6}，可制得纯度为 99.9999%的超高纯氢。

（2）变压吸附法

PSA 是 20 世纪 60 年代发展起来的氢气纯化方法，它可将不同来源的含氢气体中的多种杂质一次去除。PSA 是以压力为参量，以特定的吸附剂（多孔固体物质）内部表面对气体分子的物理吸附为基础，在恒温下，根据不同气体在吸附剂上的吸附能力差异、扩散速率的不同（如 N_2、O_2 分离）或气体分子大小不同来实现气体的分离。一般是在常温下，利用不同压力下的气体在吸附剂上的吸附差异进行的。吸附剂在相同压力下容易吸附高沸点气体，不易吸附低沸点气体。将原料气体在一定压力下通过吸附床，相对于氢的高沸点杂质组分被选择吸附，低沸点的氢气不易吸附而透过吸附床，实现氢气和杂质气体的分离。

吸附剂对气体的吸附量随着气体压力的增加而增加，也因气体的不同有很大差别，相对于其他气体，氢气的吸附是最难的，如图 5-7 所示。PSA 就是利用压力变化引起不同气体的吸附不同来进行气体分离的。吸附剂对气体的吸附量随其分压的增大而增多，当减压或抽空时则解吸，吸附剂再生。选用难以吸附氢的吸附剂在常温下吸附氢源中的杂质，以实现氢与杂质的分离。一般选用的吸附剂有活性氧化铝、硅胶、分子筛、活性炭等。

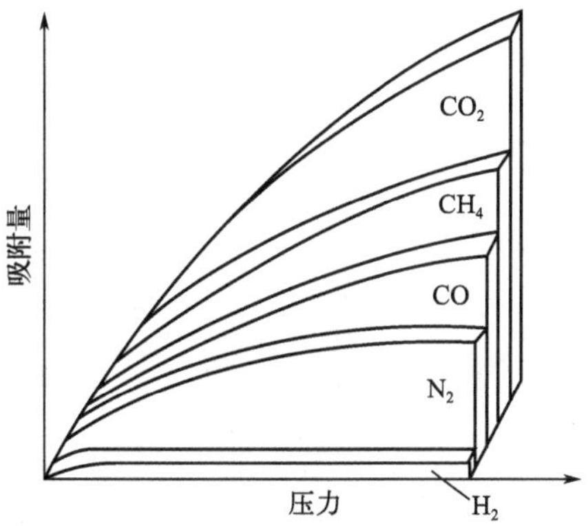

图 5-7 各种气体的吸附量随压力的变化关系（氢气比其他气体难吸收）

PSA 法对原料气中杂质的要求不苛刻，一般不需要进行预处理。原料气中氢含量一般为 50%～90%，而且当氢含量比较低时，变压吸附法具有更突出的优越性。同时，变压吸附法可分离出高纯度的氢气，改变操作条件可生产不同纯度的氢气，纯度可达 99%～99.99%。PSA 法装置和工艺简单、设备能耗低、投资较少，适合于中小规模生产，但消耗部分产品气体用作再生气，氢的回收率较低，只有 60%～80%。目前，该法已用于水煤气、半水煤气、焦炉尾气分离氢，也可应用于石油炼厂尾气的氢回收，得到的氢气纯度可高达 99.999%，甚至 99.9999%，如日本公司采用 PSA 法从重整废气中回收氢气，得到的氢气纯度达 99.999%，并且氢的回收率达 75%～85%，从焦炉气（CO 气态）中分离出纯度为 99.9999%的超高纯氢。

PSA 法有许多优点：a. 原料范围广。对化肥厂尾气、炼油厂石油干气、乙烯尾气、氨裂解气、甲醇尾气、水煤气等各种含氢气源，杂质含量从 0.5%到 40%都能获得高纯氢气。b. 能一次性去除氢气中多种杂质成分，简化了工艺流程。c. 处理范围大，能在 0～100%范围内调节装置工艺及产品纯度。设备启动方便，除首次开启时需要调整、建立操作步骤和工况外，平时随时可以开停机。d. 能耗小、操作费用低。由于它能在 0.8～3MPa 下操作运行，这对许多氢气源如弛放气、变换气、石化精炼气等来说，其本身压力就可以满足这一要求，省去加压设备及能耗。特别是对一些尾气的回收综合利用大大降低了产品成本。可在室温和不高的压力下工作，床层再生时不用加热，节能经济。e. 装置运行中几乎没有转动设备，并采用全自动阀切换，因此设备稳定性好，可连续循环操作，自动化程度高，安全可靠。f. 吸附剂寿命长，并且无废水产生，对周围环境无污染，可露天放置。

在规模化、能耗、操作难易程度、产品氢纯度、投资等方面都具有较大综合优势的分离方法是 PSA。PSA 技术是利用固体吸附剂对不同气体的吸附选择性及气体在吸附剂上的吸附量随压力变化而变化的特性，在定压力下吸附，通过降低被吸附气体分压使被吸附气体解吸的气体分离方法。

虽然 PSA 制氢技术发展很快，投资和运营成本逐渐降低，但仍存在产品回收率不高、单级系统难以获得浓度高于 96%高纯度氢等问题。

(3) 变温吸附法和真空变压吸附法

在压力一定时，随着温度的升高吸附量逐渐减小，在常温或低温的情况下吸附，在高温下解吸的方法，称为变温吸附，如图 5-8 所示。在实际应用中一般依据气源的组成、压力及产品要求的不同来选择 PSA、TSA 或 PSA＋TSA 工艺。变温吸附法的循环周期长、投资较大，但再生彻底，通常用于微量杂质或难解吸杂质的净化；变压吸附法的循环周期短，吸附剂利用率高，吸附剂用量相对较少，不需要外加换热设备，被广泛用于大气量多组分气体的分离与纯化。

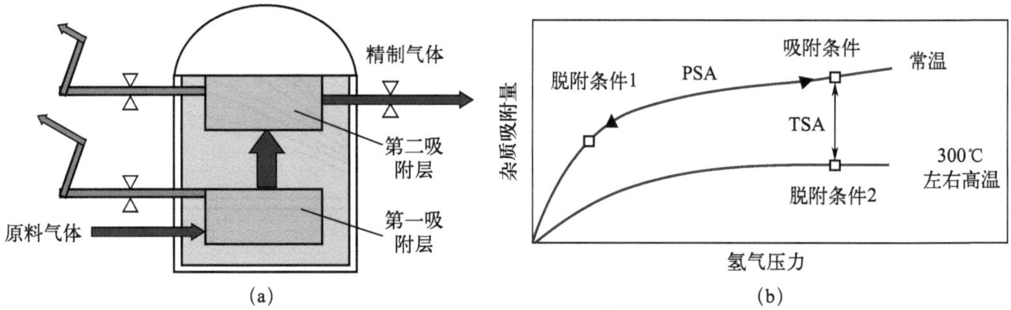

图 5-8 变温吸附分离设备结构图 (a) 和分离机理 (b)

另外，在 PSA 工艺中，通常吸附剂床层压力即使降至常压，被吸附的杂质也不能完全解吸，这时可采用两种方法使吸附剂完全再生：一种是用纯化后的气体对床层进行“冲洗”，尽量降低杂质负压，将较难解吸的杂质冲洗下来，其优点是在常压下即可完成，不再增加任何设备，但缺点是会损失一部分氢气，降低氢气的收率；另一种是利用抽真空的办法进行再生，使较难解吸的杂质在负压下强行解吸下来，这就是通常所说的真空变压吸附（vacuum pressure swing absorption，VPSA）。VPSA 工艺的优点是再生效果好、氢气收率高，但缺点是需要增加真空泵。一般而言，当原料气压力较低、回收率又要求高时宜采用“抽真空”再生方案。真空度一般为－0.07～－0.05MPa。

实际采用何种流程需要根据具体的原料气组成、流量以及用户对回收率、投资和装置占地面积的要求而灵活确定。

5.3.6 膜分离法

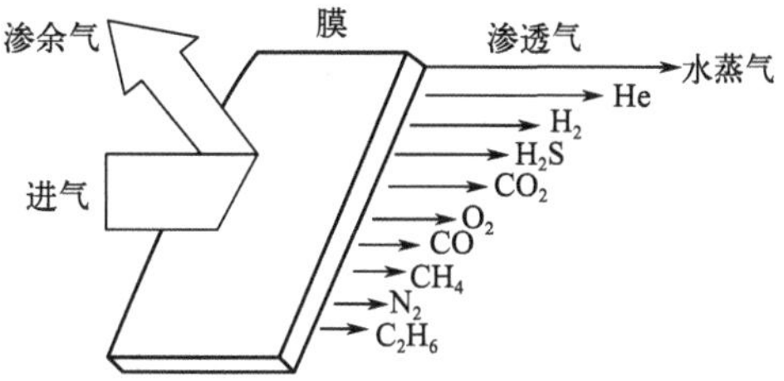

图5-9 气体透过膜的相对速度

膜分离法的原理是在压差推动下利用氢和其他杂质通过膜时的渗透速率不同而分离氢，如图 5-9 所示。膜分离法纯化氢的特点主要有：a. 适用于原料气具有较高压力、富氢需低压使用、贫氢需高压使用的工况；b. 适用于原料气中氢浓度较高的气体分离，一般来说，当原料气中 $H_2 \geqslant 30\%$时，膜分离法的经济性较好；c. 适用于不需要同时获得高浓度氢和氢回收率高的场合；d. 膜分离法可靠性最佳，开工率可达 100%；e. 膜组件组合性强，容易扩大生产能力；f. 膜设备投资最低；g. 膜分离法属静态操作，而 PSA 法属动态操作，它的电磁阀一直在不停地开和关[5]。

此法最早应用于 20 世纪 70 年代的美国，采用中空纤维膜来分离氢气和烃类。现在，金属膜、有机膜、复合膜等多种膜材料都在使用。膜分离法已成为一种高新技术，可以满足许多高纯度氢气要求的工业部门，也是一种应用广泛的方法。与传统方法相比，具有投资省、占地少、能耗低、维护量小、操作方便等特点，所以膜分离法的开发和利用已成为各发达国家在高新技术领域中竞争的热点。

通常膜分离法纯化氢气的装置能用于炼油厂的每一套含氢装置上以回收氢，如临氢降凝、柴油、汽油、煤油的加氢精制、加氢裂化等都可以通过膜分离法直接回收氢，然后进入循环压缩机入口使用。而未渗透物可送到制氢部分作原料。此外，还有一些含氮气和二氧化碳较多的炼厂气如催化干气、重催干气也可用膜分离法纯化氢气。日本宇部公司曾对用膜分离、PSA 和深冷分离等三种分离方法从炼厂气中回收氢气进行了技术经济性的比较，其比较结果见表 5-16。由此表也可以看出，从炼厂气中回收氢气，在回收氢气浓度和氢气回收率相近的条件下，膜分离法的功耗、投资费用和占地面积都是最低的。而表 5-17 则是三种方法的一般比较。

表5-16 从炼厂气中回收氢气的方法的比较

方法		氢回收率/%	产品氟浓度/%	产品流量/m^3	功率/kW	蒸汽消耗/(kg/h)	冷却水耗量/(t/h)	投资费用/10^6美元	设备占地面积/m^2
膜分离	30℃	87	97	73940	220	230	38	1.22	8.0
	120℃	91	96	76619	220	400	38	1.09	4.8
PSA		73	98	60010	370	—	64	2.03	60.5
深冷分离		90	96	76619	390	60	79	2.06	120.0

表5-17 三种不同氢气回收方法的一般比较

项目	膜分离	变压吸附(PSA)	深冷分离
相对投资	1	1~3	2~3
操作压力最大值/MPa	14	2	7
原料气中氢含量最小值(φ)/%	15~20	50	20

续表

项目	膜分离	变压吸附（PSA）	深冷分离
回收氢气的浓度/%	99	99.999	98.5
氢气回收率最大值/%	95	85	95
产品氢压力/原料气压力	0.1~0.25	1	1
组合性	好	不好	不好
操作方便性	非常好	较好	较复杂

5.3.7 金属氢化物分离法

金属氢化物精制和储存超高纯氢是一项新技术，正在进一步发展和推广应用。利用储氢合金对氢进行选择性化学吸收，生成金属氢化物，氢气中的其他杂质气体则浓缩于氢化物之外，随着废气排出，金属氢化物再发生分解反应放氢，从而使氢得到纯化。氢气纯化装置由预处理器（可除去大部分水、氧、氮和一氧化碳等杂质）和装有储氢合金的纯化器组成。通常采用二个或四个纯化器联合起来，当一个纯化器降温到 20℃，升压到 15MPa 时，吸氢放热；另一个纯化器在升温到 60℃，减压到 10MPa 时，则脱氢吸热。两个纯化器就能互相进行换热，不需外加热源。这种装置能连续生产纯度为 99.9999%以上的超高纯氢。

如第 6 章介绍的，储氢合金主要有镧镍合金、铈镍合金等稀土系合金，钛铁合金、钛锰合金、钛钴合金等钛系合金，以及锆、铍、镁、钙等系的储氢合金。因为储氢合金在反复吸氢、放氢的过程中会逐渐粉化，所以，必须在生产装置终端装有高效过滤器，以保证具有高纯度、高洁净度的氢气产品。国外有的公司对储氢材料做了改进，采用真空蒸镀法、喷镀法或离子束蒸镀法将稀土金属-镍合金附在金属（或石英）基板上，制成薄膜型储氢材料，以延长储氢合金的使用寿命。

金属氢化物法是利用储氢材料对氢气的选择性吸收（在低温下吸氢，在高温下放氢）的特性进行氢气的纯化，工艺流程简单，氢气纯度高（可达 6N 级别），占地小。

5.3.8 几种氢气分离方法的比较

作为杂质的分离纯化法，吸收法、深冷分离法、吸附法、膜分离法已经实用化了，表 5-18 为各方法的比较。

表5-18 几种氢纯化方法的特性比较

方法	吸收法	深冷分离法	吸附法	膜分离法	Pd 合金膜
原料气体积分数要求/%		≥95	40~90	50~90	80~95
技术	传统成熟技术	传统成熟技术	小型化的技术革新中	技术革新中	技术开发阶段
适合规模	大、中型	大规模（数千立方米每小时以上）	中小规模［1~1000m^3（标）/h］	中小规模［1~1000m^3（标）/h］	小规模

续表

方法		吸收法	深冷分离法	吸附法	膜分离法	Pd 合金膜
设置面积		大	大	大、小	大、小	超小型
投资		大	大	中	中	膜高价
制品 H_2 纯度	CO_2（化学吸收）	0.05%～2.0%	95%～96%	99.9%以上	90%～98%	超高纯度
	CO_2（物理吸收）	0.1%				
H_2 回收率		—	90%～98%	71%～92%	85%～95%	
能耗		低	较高	低	较低	较低
操作性及其他			需要先处理 CO_2、HO_2	容易	非常容易	膜耐久性未知

目前氢气分离的方法主要有深冷分离法、PSA 法和膜分离法三种。每种工艺都有其独特优点并适用于一定场合。

（1）操作灵活性

装置操作的灵活性是指装置适应不同性质原料的能力。在石油化工厂和炼油厂中，原料会经常发生变化，有的变化是长期的，有的变化是短期的。

在三种工艺中，变压吸附的操作灵活性较高，在改变条件的情况下仍能保持氢纯度和一定的氢回收率。当变压吸附原料中的杂质浓度改变时，仅靠简单地调整吸附时间就能维持产品氢的纯度。膜分离工艺对原材料组分变化的适应能力较低。深冷分离法的操作是最不灵活的，原料中低沸点组分的浓度变化会直接影响产品的纯度，但对回收率影响不大，而高沸点组分的增加会堵塞换热器，对操作不利，应设法在预处理时去除。

（2）操作弹性

在装置的经济性中，操作弹性是一个重要因素，良好的操作弹性可以适应不同处理量的操作要求。上述三种工艺装置都有良好的操作弹性。变压吸附装置在处理量为设计值的30%～100%的范围内，仍能维持产品纯度，但氢收率降低。膜分离装置在处理量为设计值的30%～100%之间也能保证产品纯度，但回收率损失较大，在低负荷时通常靠增加渗透压力或减少一些模块来实现操作弹性。前者适用于短期操作，后者适用于长期操作。深冷分离装置的操作弹性主要取决于设计。在处理量降低至设计值的30%～50%时仍能维持产品氢纯度，但产品回收率略有降低，在理论上，其操作弹性的下限取决于装置漏入大气的热量。

（3）可靠性

氢提纯装置的可靠性是一项相当重要的因素。在炼油厂中氢气和水、电、汽、风一样，也可以看作是一项公用工程，都是相当重要的。氢提纯装置的可靠性如何，直接影响到下游氢装置的生产。通常，装置的可靠性可以开工率和非计划停工来衡量。

膜分离系统的开工率是相当高的，该工艺是连续性的，而且控制部件损坏概率极小，不会造成停工，开工率可以达 100%。变压吸附系统的开工率也是相当高的，因为程序控制阀是变压吸附系统唯一的运动部件。而且，目前国内外生产的程序控制阀均属于专利技术。其寿命长，故障率极低，因此，如果操作合理，开工率可达 98%以上。同时，即使原料条件改变时也能维持产品的纯度。

深冷分离系统的可靠性比变压吸附系统或膜分离系统差。这主要不是由于其工艺本身，而是由于原料预处理系统经常发生故障。原料中含有杂质，常常由于预处理效果不理想而冻结在冷箱中导致停工，因此预处理系统本身往往比深冷系统更为重要且复杂。

(4) 扩建的难易程度

膜分离非常适合扩建，变压吸附系统也能扩建，深冷分离系统可以靠增加尾气压缩机来扩建。

(5) 副产品的回收

深冷分离系统最适用于回收烃类副产品。即使用一个简单的部分冷凝工艺，分离含有C_2～C_4以上部分的烃类物质时，C_2和C_3的回收率可达到90%以上。烃类回收率可达100%。

膜分离工艺和变压吸附工艺均不可适用于回收烃类副产品。但膜分离工艺的尾气，由于压力较高，适合作燃料或其他装置的原料，而变压吸附工艺的尾气由于压力较低（0.03～0.05MPa），只适合供给用专用低压火嘴的炉子作燃料。对于富含饱和烃的尾气也可以压缩后作为制氢原料。

(6) 原料气的影响

氢提纯装置的原料气，除含有大量氢气处，有的还含有其他杂质，如甲醇、芳烃等。这些杂质对不同的氢提纯工艺会产生不同的影响，因此必须进行预处理。通常影响最大的是原料气中夹带液体，这些液体包括水、烃类、氨、甲醇等。水可以采用分离方法；烃类尤其是重烃类含量多时，可采用汽油吸附方法；氨、甲醇可以采用水洗的办法，一般氨、甲醇脱至小于200μg/g。

① 原料中杂质的处理　变压吸附工艺可以直接处理饱和气体原料，但管线应伴热保温，避免温度波动导致出现冷凝液。膜分离装置不能直接处理饱和气体原料。因为在进料压力下，非渗透物中的可凝物的浓度会越来越大，当达到一定程度时，就会发生冷凝。一旦有冷凝液产生，轻者膜分离效果变差，重者就会永久地损坏膜系统。因此，经过分液的原料气，还必须再加热至80～90℃。一般原料气的过热程度主要取决于原料气的性质以及氢气的回收率和纯度。

膜分离系统不能把原料中的H_2S、CO、CO_2等杂质降至10^{-6}级。如果要求产品氢中H_2S、CO、CO_2必须降至10^{-6}级，就必须进行预处理，在这种情况下，采用变压吸附工艺就能很好地解决这一问题。

深冷分离工艺的预处理主要是除去在低温操作下会冷凝的组分，如水必须脱除至小于1μg/g，CO_2通常脱除至小于100μg/g。

② 原料气的组成　原料气中氢含量的多少直接影响到所采用的氢提纯工艺的经济性。变压吸附适用于提纯含氢量40%以上的原料气。深冷分离、膜分离工艺均适用于提纯含氢量低的原料气，含氢量低至30%都可以，如果原料气中含有可能回收的C_3、C_4烃类时，则宜采用深冷分离工艺。

原料气中的重烃类（C_{5+}）对三种氢分离工艺都有影响。膜分离工艺可以除去重烃类组分，但是较高的浓度会提高非渗透物的露点。变压吸附只能除去微量重烃类组分，但浓度增加后，由于吸附于吸附剂上的重烃类难以脱附，会降低氢回收率。深冷分离工艺对重烃也有要求，其含量必须限制在冷冻过程中不冻结。

如果原料气中含有一定量的H_2S、CO、CO_2和N_2，则只有用变压吸附工艺才能彻底除去这些组分。

③ 原料气压力和装置规模　小规模的氢提纯装置采用膜分离工艺投资最低，规模较大时采用膜分离工艺不经济，但如果原料气的压力较高或者下游的烃回收装置能够利用非渗透氢的压力能时，也有一定的经济性，对原料气压力较高而装置规模较小的情况，采用膜分离工艺是最经济的。

对于小规模的装置，变压吸附工艺投资中等，深冷分离工艺投资最高。较高的压力对于变压吸附不利，一般操作压力在 1.0～3.0MPa 之间。尽管深冷分离投资很高，但当规模扩大后，才能显示出它的优越性。深冷分离工艺适用的原料压力为 2.0MPa 以上。在某些情况下副产品的回收也会使深冷分离工艺更为经济一些。

5.4 变压吸附法原理和工艺

由于 PSA 具有工艺简单、操作灵活可靠、产品纯度高等诸多好处，因此 PSA 法有逐步替代常规制氢纯化的发展趋势。

吸附法有深冷吸附法和变压吸附法等多种，过去 20 多年来取得了很大的发展，尤其是 PSA 循环的逐渐完善，使得气体吸附分离更为经济有效。目前，PSA 工艺正在取代旨在在纳米分子水平上从混合物中分离化学化合物的其他蒸馏技术，作为一种能够有效地将气体进行分离的新技术，在 O_2、N_2、H_2、CO_2、C_2H_5OH 和 CH_4 等气体分离与纯化、气体干燥以及氢气的分离和精制方面做出了重大贡献。

无论化石燃料原料和用于生产氢气的技术如何，由于对常见杂质的高吸附剂选择性，变压吸附被认为是生产高纯（99.999%）氢气的最技术经济可行的技术。全球有超过 85%的制氢装置采用了变压吸附技术[25,26]，全球已有成百上千家变压吸附制氢与纯化装置，最常用于大型氢气纯化厂。

由于 PSA 技术具有适用的气体原料广、综合适应性强以及适合大规模生产等特点，成为了目前市场上的首选制氢方案。如今，对于变压吸附的研究集中在发展吸附理论和改进工艺流程两方面。发展吸附理论的落脚点在吸附剂和吸附等温线上，而改进工艺流程则需要对穿透以及循环部分进行参数研究并加以优化。两者相辅相成，共同促进变压吸附氢气纯化的发展[27]。

PSA 的基本原理是利用吸附剂对吸附质在不同分压下有不同的吸附容量，并且在一定的吸附条件下，对分离的气体混合物的各组分有选择吸附的特性来提纯氢气的。杂质气体在高压下被吸附剂吸附，使得吸附容量极小的氢得以提纯。然后杂质气体在低压下脱附，使吸附剂获得再生。变压吸附工艺可以循环操作。可用多个吸附器来达到原料、产品和尾气流量的恒定。每个吸附器都要经过吸附、降压、脱附、升压、再吸附的工艺过程。

PSA 的最大优点是操作简单，能够生产高纯度的氢气产品，其生产的氢气纯度一般为 99%～99.999%（体积分数）。PSA 的吸附压力范围一般为 1.0～3.0MPa。随着吸附压力的升高，杂质气体的吸附量增加，氢收率提高，但吸附压力过高氢收率反而下降。在合适的条件下，PSA 氢收率可高达 90%以上。尾气的压力越低，氢收率越高，可以选择抽真空来降低尾气压力，抽真空工艺虽可以提高装置的氢气回收率，但装置的投资增加较多。

PSA 的尾气一般作为燃料使用。PSA 的经济性主要取决于在低压下能否利用尾气，如果尾气需要压缩到燃料气系统的压力时，就需要较高的压缩设备投资，因此合理选择尾气的压力至关重要，一般尾气压力约为 0.03～0.05MPa。

5.4.1 国内外研究现状

I. Langmuir 第一个观察到多晶体上的气体吸附，并采用具有恰当常数的方程去描述在一些物质上的气体吸附。J. Zeldowitsch 在 I. Langmuir 的基础上，首次提出积分吸附方程的概念，并将其推导出来的吸附方程命名为 Freundlich 方程。在 20 世纪 40 年代末 50 年代初，能量异质固体表面上的物理吸附的工作成为许多美国科学家感兴趣的对象。其中，R. Sips 使用 Stieltjes 变换的方法，推导出了 Langmuir-Freundlich 和广义的 Freundlich 方程形式的吸附等温线，F. C. Temkin 和 J. Toth 又用同样的方法验证了自己的吸附等温方程的合理性。20 世纪中后期，吸附等温方程的形式不断推陈出新，科研人员已经从原先研究单组分气体的吸附转变成多组分气体的吸附，随后便出现了扩展的 Langmuir 方程和扩展的 Toth 方程等[28]。

D. Finlayson 等在 1932 年时发表了运用变压吸附分离混合气的相关专利，此后变压吸附气体分离技术开始兴起。变压吸附的基本概念和技术也是由这些学者提出的，包含了一个升压步骤以及多个降压步骤来实现混合气的分离和提纯。之后，Skarstrom 发明了经典的变压吸附循环，称为 Skartstrom 循环，Guerin-Domine 发明了真空变压吸附循环，并且都被广泛应用。变压吸附技术的理论研究发展相当迅速，已被广泛应用于氢气的制取和纯化[29]。

PSA 技术于 20 世纪 60 年代最早应用在氧气的制备上，联碳公司 1964 年成功开发了利用变压吸附法提纯氢气的工艺技术，并在 1966 年获得工业应用，特别是 1976 年联碳公司成功开发多床变压吸附工艺以来，该工艺在氢气回收领域取得了飞速的发展。近几十年变压吸附技术发展得很迅速，相关专利的申请也增长得很快，如图 5-10 所示[1]，已经被广泛应用到化学钢铁、食品、汽车以及电子工业。

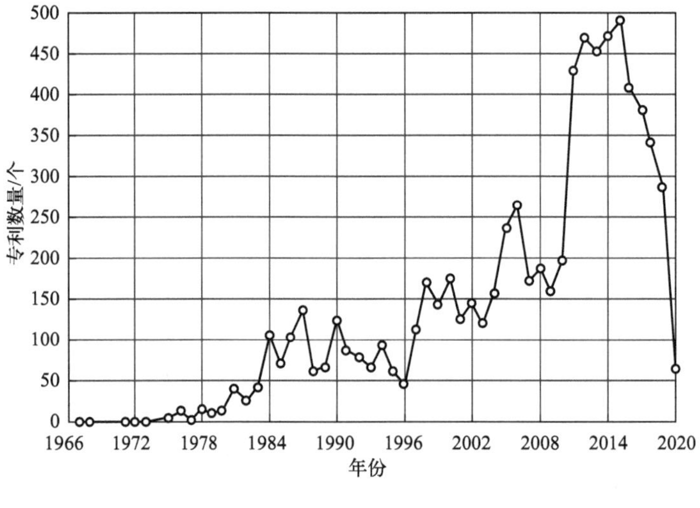

图 5-10　1966 年至 2020 年世界 PSA 专利申请调查

PSA 技术于 1960 年开始在我国发展。杭州制氧机研究所在 1970 年成功研制第一台制氧机并运用 PSA 技术在实验室制取氧气，西南化工研究院 PSA 技术的研究开始于 1973 年，1979 年温州瑞气企业开始研制真空 PSA 制氧机。随后，国内高校以及相关科研机构都投入到了变压吸附技术的研究中。

5.4.2 吸附现象与 PSA 原理

（1）吸附和变压吸附

吸附现象是指当两种相态不同的物质接触时，其中密度较低物质的分子在密度较高的物质表面被富集的现象和过程。具有吸附作用的物质（一般为密度相对较大的多孔固体）被称为吸附剂，被吸附的物质（一般为密度相对较小的气体或液体）称为吸附质。吸附按其性质的不同可分为四大类，即化学吸附、活性吸附、毛细管凝缩和物理吸附。PSA 制氢装置中的吸附主要为物理吸附。物理吸附是指依靠吸附剂与吸附质分子间的分子力（包括范德华力和电磁力）进行的吸附。其特点是：吸附过程没有发生化学反应，吸附过程进行得极快，参与吸附的各相物质间的动态平衡在瞬间即可完成，这种吸附是完全可逆的[30,31]。

变压吸附技术主要采用有微孔（孔径在 50nm 以上）和介孔（孔径在 2～50nm 之间）的多孔材料（诸如沸石、活性炭、硅石和氧化铝等多孔固体媒介）作为吸附剂，吸附剂表面对原料气体产生一定的吸附作用，凭借吸附剂本身具备的选择吸收特性实现气体原料中氢气与杂质的相互分离。在此过程中，沸点较高的组分容易被吸附剂所吸附，沸点较低的组分则较少被吸附而直接穿透吸附剂，之后降低环境压力，促使吸附剂所吸附的组分解吸释放，以此实现对原料的重复吸附利用，达到降低制氢成本的目的。在室温附近，吸附剂吸附杂质组分的能力远强于吸附氢气的能力，所以混合气中杂质气体组分被吸附在多孔材料的表面，未被吸附的氢气会穿透吸附床层从产品气端流出，从而实现气体分离和氢气提纯的目的。

（2）吸附平衡

吸附平衡是指在一定的温度和压力下，吸附剂与吸附质充分接触，最后吸附质在两相中的分布达到平衡的过程。在实际的吸附过程中，吸附质分子会不断地碰撞吸附剂表面并被吸附剂表面的分子引力束缚在吸附相中；同时吸附相中的吸附质分子又会不断地从吸附剂分子或其他吸附质分子中得到能量，从而克服分子引力离开吸附相；当一定时间内进入吸附相的分子数和离开吸附相的分子数相等时，吸附过程就达到了平衡。在一定的温度和压力下，对于相同的吸附剂和吸附质，动态平衡吸附量是一个定值。

在压力高时，由于单位时间内撞击到吸附剂表面的气体分子数多，因而压力越高，动态平衡吸附量也就越大；在温度高时，由于气体分子的动能大，能被吸附剂表面分子引力束缚的分子减少，因而温度越高平衡吸附量也越小。这一关系可以用不同温度下的吸附等温线来描述，如图 5-11 所示。从图中的 $B \rightarrow C$ 和 $A \rightarrow D$ 可以看出：在压力一定时，随着温度的升高吸附量逐渐减小。吸附剂的这种特性正是变温吸附工艺所利用的特性。

从图 5-11 中的 $B \rightarrow A$ 可以看出：在温度一定时，随着压力的升高吸附量逐渐增大。变压吸附过程正是利用图 5-11 中吸附剂在 $A \leftrightarrow B$ 段的特性来实现吸附与解吸的。吸附剂在常温高压（即 A 点）下大量吸附原料气中除氢以外的杂质组分，然后降低杂质的分压（到 B 点）使各种杂质得以解吸。

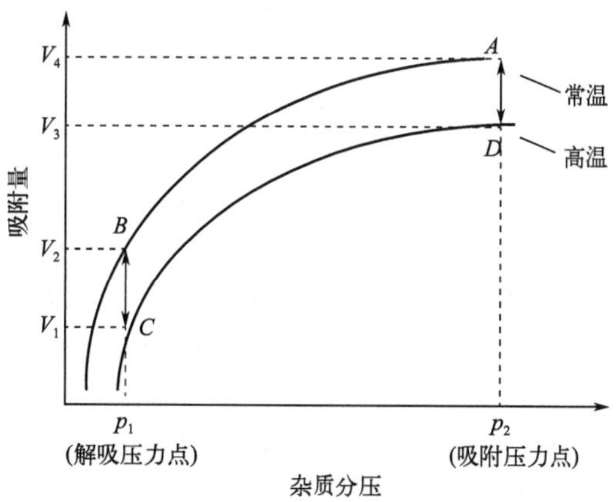

图 5-11 不同温度下的吸附等温线

图 5-12 是 AC5-KS 活性炭对 H_2 和

CO_2 的等温吸附特性，温度分别为 303K 和 323K。由此图可见，活性炭对氢气的吸附非常少，而对 CO_2 的吸附大几十倍，在压力很小时也能吸收大量 CO_2，并随着压力的增大达到饱和，类似于图 5-11 的变化趋势[29]。

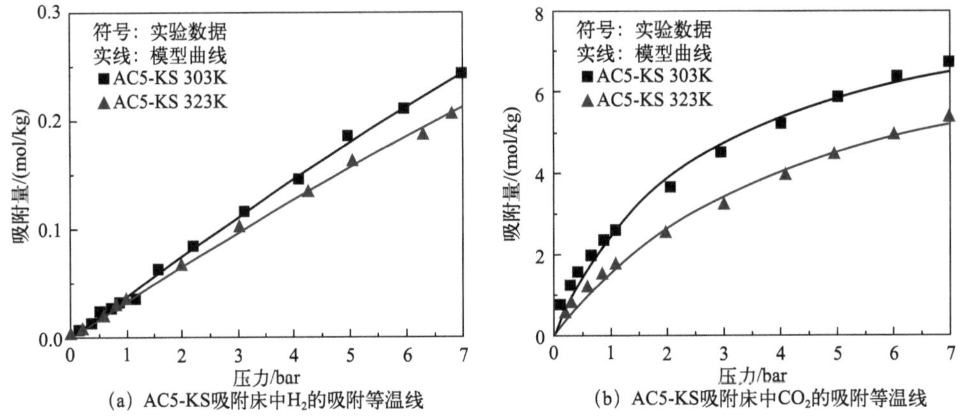

图 5-12 H_2 和 CO_2 气体在 AC5-KS 吸附床中的吸附等温线[32]

(3) 吸附剂及吸附力

工业 PSA 制氢装置所选用的吸附剂都是具有较大比表面积的固体颗粒。吸附剂最重要的物理特征包括孔容积、孔径分布、表面积和表面性质等。不同的吸附剂由于有不同的孔隙大小分布、不同的比表面积和不同的表面性质，因而对混合气体中的各组分具有不同的吸附能力和吸附量。对于组成复杂的中变气，在实际应用中常常需要多种吸附剂，按吸附性能依次分层装填组成复合吸附床，以达到分离所需产品组分的目的。变压吸附在操作稳定的情况下，吸附剂寿命相当长，一般可达 8～10 年。

目前广泛利用的沸石分子筛吸附剂是一种极性吸附剂。空气中氮气的含量占 78%，氧气占 21%，两种气体都有四极矩，跟氧气相比氮气的四极矩要大得多，通过与沸石分子筛之间的相互作用，使得吸附剂对氮气的吸附能力比氧气要强，利用这种吸附性能的差别很容易把空气中的氧气和氮气分离，这也是 PSA 早期用在制氧上的原因[33]。

吸附剂对各种气体的吸附性能主要是通过实验测定的吸附等温线来评价的。优良的吸附性能和较大的吸附量是实现吸附分离的基本条件。要在工业上实现有效的分离，必须考虑吸附剂对各组分的分离系数应尽可能大。所谓分离系数是指：在达到吸附平衡时，(弱吸附组分在吸附床死空间中残余量/弱吸附组分在吸附床中的总量) 与 (强吸附组分在吸附床死空间中残余量/强吸附组分在吸附床中的总量) 之比。分离系数越大，分离越容易。一般而言，变压吸附氢提纯装置中的吸附剂分离系数不宜小于 3。

另外，在工业变压吸附过程中还应考虑吸附与解吸间的矛盾。一般而言，吸附越容易则解吸越困难。如对于 NH_3、SO_2、H_2S 等强吸附质，就应选择吸附能力相对较弱的吸附剂如硅胶等，以使吸附量适当，故而解吸较容易；而对于 N_2、O_2、CO 等弱吸附质，就应选择吸附能力相对较强的吸附剂如分子筛、CO 专用吸附剂等，以使吸附量更大、分离系数更高。此外，在吸附过程中，由于吸附床内压力不断变化引起气体冲刷，因而吸附剂还应有足够的强度和抗磨性。

为了获得吸附床更优的吸附性能和混合气中杂质气体的选择吸附能力，同时降低吸附过程中氢气的共吸附，以及实现多种杂质气体的有效脱附，通常在变压吸附塔床层中填充多种吸附剂材料。

高空隙活性氧化铝 Al_2O_3 属于对水有强亲和力的固体，一般采用三水合铝或三水铝矿的热脱水或热活化法制备，物理化学性能极其稳定，抗磨损、抗破碎、无毒。主要装填在吸附塔的底部，吸附原料气中的水分，用于气体的干燥，防止其他吸附剂吸水后吸附力降低。

活性炭类吸附剂是以煤为原料，经特别的化学和热处理得到的孔隙特别发达的专用活性炭，属于耐水型无极性吸附剂。其特点是：其表面所具有的氧化物基团和无机物杂质使表面性质表现为弱极性或无极性，加上活性炭所具有的特别大的内表面积，使得活性炭成为一种能大量吸附多种弱极性和非极性有机分子的优良吸附剂。装填于吸附塔的中部，主要用于脱除二氧化碳和部分甲烷。

沸石分子筛类吸附剂是一种具有立方体骨架结构、含碱土元素的结晶态偏硅铝酸盐，属于强极性吸附剂，有着非常一致的孔径结构和极强的吸附选择性。装填于吸附塔的上部，主要用于脱除一氧化碳和甲烷。典型的 PSA 吸附塔吸附剂的多重装填见图 5-13。

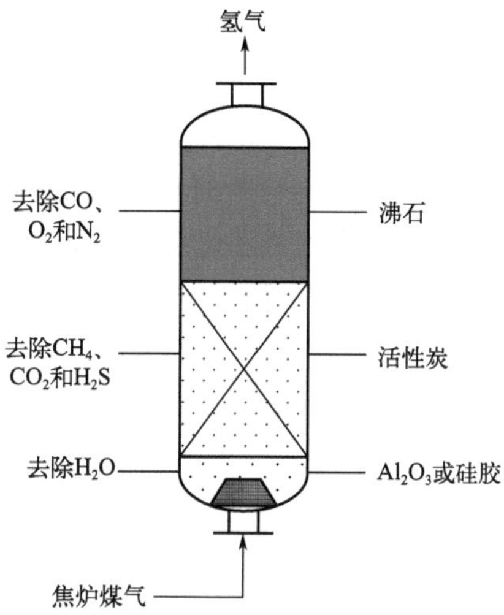

图 5-13 PSA 吸附塔吸附剂装填示意图

在同一吸附塔床层中采用多种吸附剂材料能显著改善系统吸附性能已广泛得到认可。如在设计用于处理蒸汽重整器合成气的 PSA 装置的情况下，每个吸附床通常配置为分层床，在进料端附近的底层填充活性炭，在产品端附近的顶层填充 5A 沸石。活性炭层充当保护床，主要吸附和解吸 CO_2、CH_4，而 5A 沸石层主要去除 CO 和 N_2[1]。

在多层床氢气纯化中，重要的是要有正确的顺序，以确保某些组分不会到达特定材料表面（例如，CO_2 或水蒸气不应到达沸石表面），否则再生将很困难。在天然气重整制氢工艺中，在流动方向上吸附剂的顺序必须先是硅胶（去除湿度和更高的碳氢化合物），然后是活性炭（去除 CH_4、CO_2 和 H_2S），最后是 5A 沸石，去除 O_2、N_2 和 CO[34]。

5.4.3 变压吸附法的工艺

变压吸附工艺流程主要包含四个重要阶段，即升压阶段、吸附剂吸收阶段、顺放阶段、逆放阶段，并且根据解吸形式的不同，具体可分为常压解吸、变压解吸两种，两种解吸模式的主要差别在于吸附工艺流程的最后一个阶段。常压解吸主要表现为冲洗过程，逆向冲洗往往需要配合最低过程压力，以此实现杂质分压的减小，通过冲洗气带出经过解吸的杂质；而变压解吸则是主要通过真空降压的手段减弱杂质分压，通过抽空气带出经过解吸的杂质。上述两种解吸方式都表现出吸附剂循环使用率随着冲气量增多、抽空压力减小而增大的特征[35]。

变压吸附氢提纯工艺过程之所以得以实现是由于吸附剂在这种物理吸附中所具有的两个性质：一是对不同组分的吸附能力不同；二是吸附质在吸附剂上的吸附容量随吸附质的分压上升而增加，随吸附温度的上升而下降。利用吸附剂的第一个性质，可实现对含氢气源中杂质组分的优先吸附，从而使氢气得以提纯；利用吸附剂的第二个性质，可实现吸附剂在低温、高压下吸附而在高温、低压下解吸再生，从而构成吸附剂的吸附与再生循环，达到连续分离提纯氢气的目的。

5.4.4 多床变压吸附法

当原料氢中杂质组分较多时，常将几种吸附剂分层装在一个吸附器中，或分别装在几个吸附器中。此外，PSA 包含吸附、排污、纯化和加压等四个步骤，为了确保连续的分离过程，多个步骤需要多个柱（床）。工业上常用的 PSA 工艺有二床、三床、四床和多床精制氢的装置。以四塔式 PSA 精制氢装置为例，其工艺过程是：在温度不变的情况下，当 A 塔进行吸附时，B 塔停止进料，减压脱附，C 塔用少量的清洗气吹洗杂质，使吸附剂再生，D 塔充压，做吸附准备。四个吸附塔周期性循环变压，进料吸附、排气再生均采用快速管道阀进行切换，测量控制屏对工艺进行连续测量控制，微电脑控制操作，可制得 99.9999%的超高纯氢。

在降压时，吸附剂吸附的氢气解吸出来，通过塔底逆放排出，经吹洗后，吸附剂得以再生。完成再生后的吸附剂经均压升压和产品升压后又可转入吸附阶段。

PSA 工艺的改进和优化是提高 H_2 纯化效率的关键途径。经典 PSA 系统的流程如图 5-14 所示。Ahn 等使用两床 PSA 和四床 PSA 从以 N_2 为主要杂质的煤气中回收 H_2[7]。

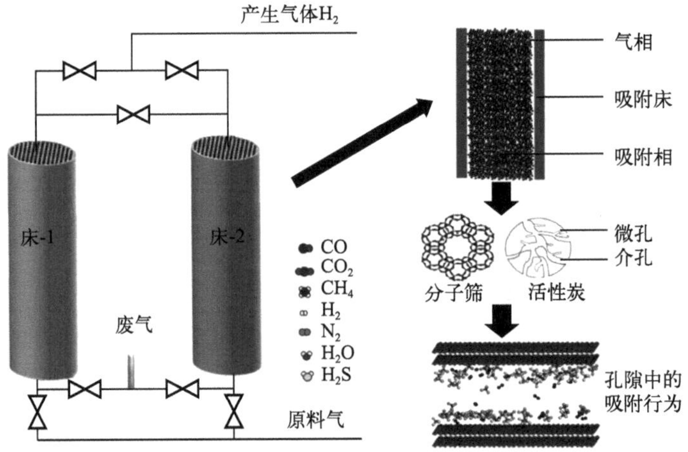

图 5-14 经典变压吸附（PSA）系统的流程

由于解吸（压力降至 1bar；使用吹扫气体）比吸附耗时更长，根据 Mersmann 等在 2～4MPa 下用 PSA 进行 H_2 纯化时，使用了多个（4 个或更多）吸附器，目前最常用的高纯度 H_2 变压吸附（PSA）纯化技术的最典型工艺是四柱（床）PSA 纯化技术，如图 5-15 所示。四床 PSA 工艺的性能优于两床 PSA 工艺，H_2 纯度为 96%～99.5%，回收率为 71%～85%。PSA 过程具有周期性，因此压力、温度和摩尔组成分布将具有由柱内压力变化产生的振荡动态。压力变化可以从高压（200～4000kPa）下降到 100kPa 和 10kPa 之间的真空压力。在高压下，更多的分子或原子被吸附，保留在吸附剂的表面上（对吸附的分子或原子的选择性）；在低压下，可以容易地破坏吸附剂和吸附分子或原子之间形成的弱键，导致吸附剂活性位点的释放[7]。

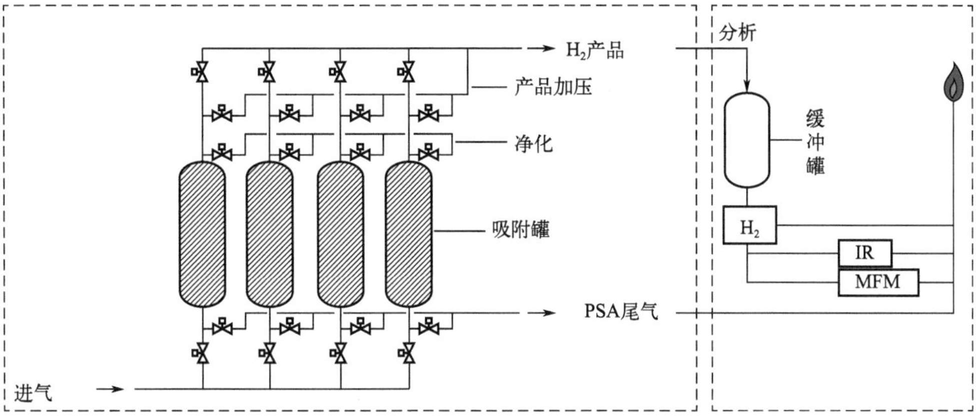

图 5-15 四柱（床）PSA 纯化工艺

气体进入吸附器的下部，并通过已经满载的吸附剂，之后通过发生传质的部分（称为传质区，MTZ）。吸附是一个放热过程（吸附头），因此该区域的温度会升高，从而会降低吸附量。吸附量受其他组分存在的影响，有一些组分更受欢迎，这使得不可能使用单一气体等温线（没有相互作用参数）来模拟多组分吸附。PSA 过程的性能取决于各种参数，除了吸附器柱的数量、尺寸（例如长高比）和切换时间外，使用的吸附剂材料也起重要作用。使用多种吸附剂材料（在分层床中）可以获得更高的效率。

在设计氢气 PSA 装置时，必须最大限度地提高 H_2 回收率和 H_2 产量，以提高整体工艺的经济性。为此，PSA 已经进一步发展到四床以上的工艺，如 7～16 个床，循环配置包括至少三个压力均衡步骤和同时至少两个吸附床，以提高多床系统的性能。多床系统显示出更高的 H_2 回收率、更高的 H_2 产量、更小的吸附床总体积和更低的吸附材料总库存。图 5-16 是 PSA 法制氢装置典型工艺流程[1]。

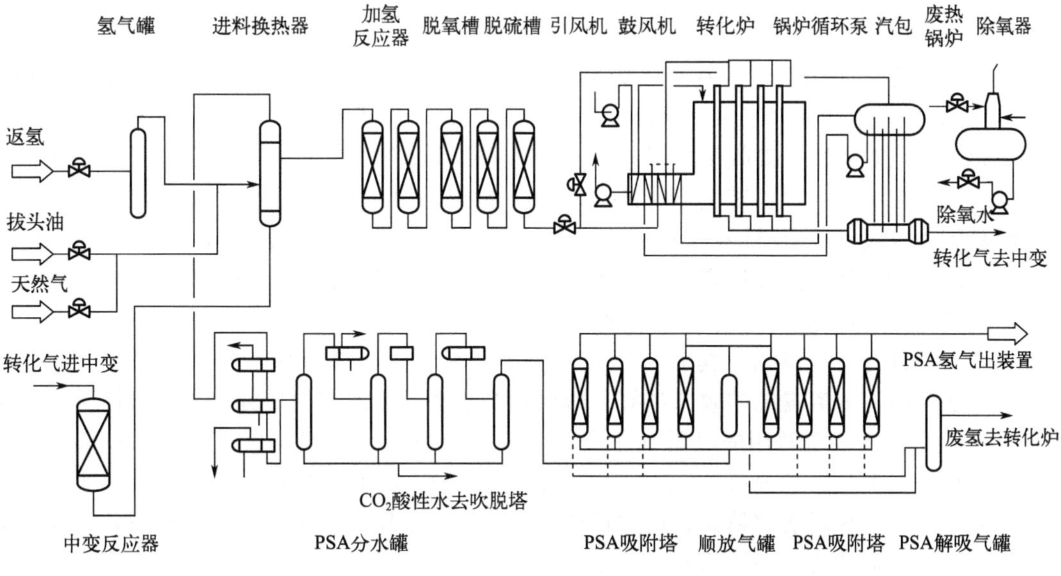

图 5-16 PSA 法制氢装置典型工艺流程

5.5 吸附剂材料

根据分子在固体表面上的吸附性质可以将吸附分为物理吸附与化学吸附两大类。物理吸附是指固体表面与吸附质分子之间通过分子间作用力相互吸引而产生的吸附。此种吸附可使表面上吸附质浓度增加，利用物理吸附我们可以测定许多净化吸附剂的表面结构，如比表面积、孔容、孔径分布等，也是色谱法的理论依据。该法是由德国植物学家 M. Tswett 于 1906 年在进行叶绿素的化学研究时发现和命名的。物理吸附力的本质是 Vander Waals（范德华）力，这种力作用在各种原子和分子之间[36]。

化学吸附是一个包括电子转移、原子重排、键的断裂与形成等化学变化的过程。吸附时使原来分子中的化学键出现了松懈，形成了活性的表面配合物，从而使反应的活化能降低，反应的速率增加。物理吸附与化学吸附在许多情况下往往是相伴或者交替发生的。这两种吸附的本质区别是产生吸附的作用力不同。由于作用力本质不同，所以物理吸附与化学吸附在吸附热、吸附温度、吸附选择性、吸附层数以及吸附态光谱等方面都表现出一定差别。

① 吸附热　物理吸附热一般为 8～25kJ/mol，相当于蒸汽的液化热。化学吸附热等于脱附活化能与吸附活化能之差，其结果与化学反应热相近，一般在 50～400kJ/mol。

② 吸附温度　物理吸附发生的温度一般在吸附质的沸点附近，即在较低的温度下进行。化学吸附发生的温度比沸点高得多。

③ 吸附与脱附速率　物理吸附类似于蒸汽的冷凝，不需要大的活化能，吸附和脱附的速率都很快。化学吸附有一定的活化能值，因而吸附与脱附比物理吸附要慢。

④ 吸附层数　化学吸附是单层吸附，而物理吸附为多层吸附。

⑤ 吸附选择性　物理吸附无选择性，任何气体在任何固体表面上都可吸附。而化学吸附具有选择性，一种固体表面只能吸附某些气体，而另一些气体则不能吸附。

⑥ 吸附态光谱和光电子能谱　在紫外、可见及红外光谱区，若出现新的特征吸收带，或吸附前后分子的光电子能谱发生明显的变化，就表明有化学吸附存在。物理吸附只能使原吸附分子的特征吸收带产生某些位移，或使原吸收带的强度有所改变，而光电子能谱一般没有变化。

变压吸附氢气纯化技术是基于吸附剂材料对杂质气体（CO、CO_2、H_2O、CH_4、O_2、N_2 等）的选择吸附性能强于氢气从而把氢气分离出来的原理展开的。吸附剂是变压吸附分离的基础，决定着吸附分离效果。吸附材料的选择是决定变压吸附氢气纯化过程中整体性能的关键因素，影响分离过程工艺步骤的选择。20 世纪 50 年代，沸石分子筛的出现，使变压吸附制富氧以及变压吸附制氢得到快速发展。随后，由于德国 Bergau Forschuang（B. F）公司研制出碳分子筛，大大提高了变压吸附制氮的工艺水平。目前，用于变压吸附气体分离的吸附剂种类不断增加，新型吸附剂不断涌现[37]。

吸附剂是具有各种微孔结构和大比表面的多孔材料，其选择性是分离效果的决定性因素，选择性越高，分离提纯的效果越好。因此，高选择性吸附剂的研究一直是气体分离领域的研究重点。PSA 装置常用的吸附剂主要为沸石、硅胶、活性炭、黏土、多孔玻璃、蒙脱石、海洛石、二氧化硅、介孔二氧化硅等。这些材料包含孔径在 0.1～2.4nm 的纳米分子孔，接触面越多，吸附能力越大。通常根据原料气体中杂质的不同，采用两种或几种吸附剂组合使用。吸附剂的寿命一般为 6～10 年。有的吸附剂的设计寿命和吸附器的寿命相当。

5.5.1 选择性吸附机理

吸附剂的选择性吸附是一个复杂的过程。目标分子的特性不同，选择性吸附机理也不同。如在混合气体的分离提纯过程中，若吸附剂对目标分子的吸附作用较强，那么亨利系数较大，就能获得较高的产品纯度[24]。

不同吸附剂的吸附机理可能不同，同一种吸附剂也可能基于两种或两种以上机理实现吸附分离。选择性气体吸附区别于普通气体吸附，尤其体现在多组分吸附体系中。

(1) 分子筛效应 [筛分（位阻）型]

利用吸附剂（主要是分子筛类）的孔径的规则性，只有小分子易于扩散进入吸附剂孔穴而被吸附，而形状不规则的分子和大分子则不易进入吸附剂孔穴，被截留在气相中，从而实现了气体分离，这种选择性吸附机理称为分子筛效应。分子筛效应常见于沸石和分子筛的选择吸附。对于一个给定的多孔吸附剂，吸附分子的直径和形状是影响吸附剂选择性最重要的因素。如果吸附剂的孔径对温度很敏感，则温度也能影响选择性。

(2) 热力学平衡效应（平衡型）

由于吸附分子和吸附剂表面之间的相互作用不同而使混合气中的一些组分优先吸附在吸附剂表面，如利用 CH_4 和 N_2 在活性炭表面上的平衡吸附量之间的差异实现分离，这种现象称为热力学平衡效应。当吸附剂孔隙大到足以让所有的气体组分都通过时，吸附分子和吸附剂表面的相互作用对选择性分离的效果至关重要。这种相互作用的强度与吸附剂的表面特性和被吸附分子的特性有关，如极化率、磁化率、永久偶极矩、四极矩等。比如硅胶、氧化铝对极性分子的选择性吸附。

吸附剂与吸附质之间的吸附力与极性，即电介质的大小相关，一般是吸附质的介电常数越大，吸附剂与吸附质之间的吸附力越大，如图 5-17 所示。介电常数随频率变化，气体吸附时可以认为是低频，在红外领域外不受频率影响。气体的介电常数 ε 相对溶液小很多，$\varepsilon=1+(1\sim80)\times10^{-4}$ 级，非极性分子气体的 ε 存在 $(\varepsilon-1)$ 与气体密度成正比的关系，而极性分子气体的 ε 则与气体压力 p 和绝对温度 T 存在 $(\varepsilon-1)\propto p/T^2$ 的关系。

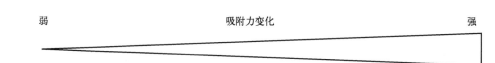

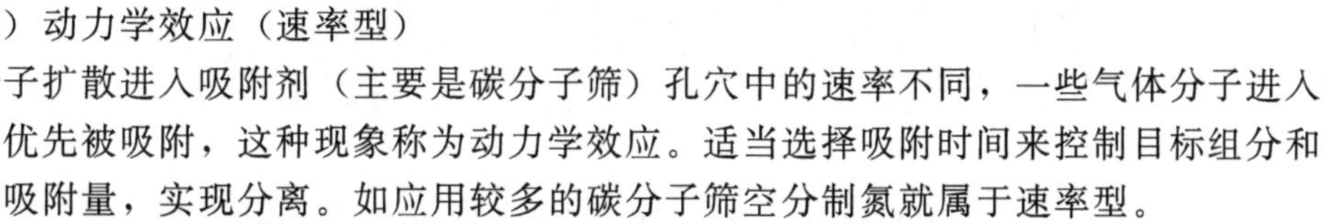

图 5-17 吸附剂对气体吸附力大小的定性排列

(3) 动力学效应（速率型）

分子扩散进入吸附剂（主要是碳分子筛）孔穴中的速率不同，一些气体分子进入吸附剂孔隙中优先被吸附，这种现象称为动力学效应。适当选择吸附时间来控制目标组分和非目标组分的吸附量，实现分离。如应用较多的碳分子筛空分制氮就属于速率型。

当通过热力平衡无法实现选择性分离时，可以考虑采用动力学效应（也称为早期的“部分分子筛效应”）。当利用动力学效应分离混合气体时，须明确待分离的气体分子的动力学直径，并选择具有合适孔径的吸附剂。如以沸石为吸附剂通过变压吸附实现空气分离；采用碳分子筛从空气中提取 N_2，尽管 O_2 和 N_2 的平衡吸附量相近，但 O_2 的扩散速率是 N_2 的 30 倍，能高效地分离 N_2；用碳分子筛从 CH_4/CO_2 中分离 CH_4，用 $AlPO_4$-14 分离丙烷/丙烯，在天然气的提纯中用 4A 沸石去除 CH_4/N_2 中的 N_2。

（4）量子筛分效应

对于具有狭窄微孔道的吸附剂，只允许小于吸附剂孔径的轻质分子（如 H_2、D_2、He）扩散渗透通过吸附剂颗粒而实现分离，例如钛硅酸盐等。这种渗透选择性吸附机理称为量子筛分效应。在低温条件下，当吸附剂孔径与分子的德布罗意波长相近时，因扩散速度的差异而使混合气体得以分离。量子筛分效应一般适用于同位素的分离。此外，解吸速率的不同也可能引起量子筛分效应，这种现象比较少见，目前还没有确切的解释。当吸附剂在吸附和解吸过程中孔隙结构发生明显变化时吸附过程更复杂。

（5）络合吸附型（化学反应型）

主要是 CO 与 Cu（Ⅰ）形成络合物实现吸附分离，这类吸附剂都是在载体上负载 Cu（Ⅰ）并加入一定的稀土元素以促进 Cu（Ⅰ）的稳定，Cu（Ⅰ）与 CO 能形成羟基络合物，呈端基络合，为直线型结构，而且在 CO 分子中还有两个空的 2π 二轨道接受 Cu（Ⅰ）提供电子，形成大二键。这样，Cu（Ⅰ）与 CO 络合时形成电子接受键，相互促进，产生协同效应，总称为 δπ 配键。而其他分子如 CO_2、氮、甲烷、氢等不会与 Cu（Ⅰ）产生上述协同效应，故不会发生络合吸附，因此利用 Cu（Ⅰ）对 CO 的选择性络合吸附可以分离提纯 CO。另外，由于络合吸附是可逆的，络合的键能比一般的共价键能小得多，故有利于吸附剂的再生。

5.5.2 吸附剂的种类

图5-18 是从 2000 年到 2021 年每年在 Science Direct 数据库中显示的使用关键词“吸附剂”进行搜索的出版物数量[38]。

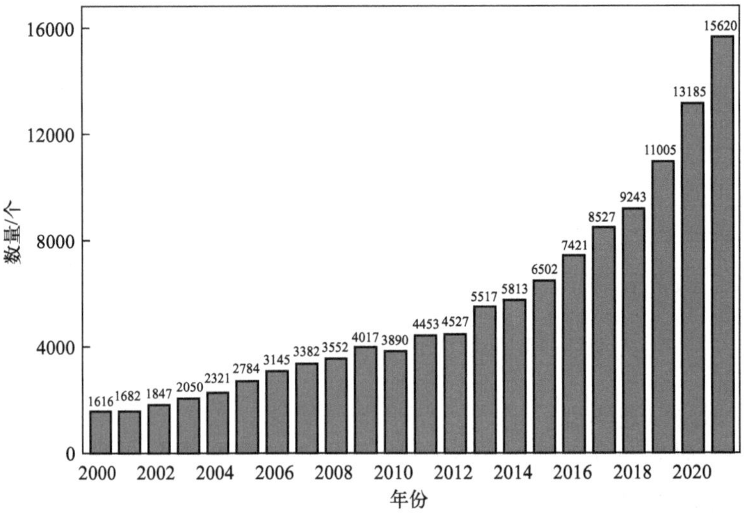

图 5-18 从 2000 年到 2021 年每年在 Science Direct 数据库中显示的使用关键词“吸附剂”进行搜索的出版物数量

目前已经工业化的选择性吸附剂主要有硅胶、活性炭、碳分子筛、沸石分子筛、活性氧化铝等。表 5-19 给出了硅胶、活性氧化铝、分子筛和活性炭的性能，它们都具有较小的孔径和较大的比表面积。

表5-19 硅胶、活性氧化铝、分子筛和活性炭的性能

吸附剂	硅胶	活性氧化铝	分子筛（A）	活性炭
有机物吸附量	中	小	中	大
分子的选择吸附性	弱	弱	弱	弱
机械强度	小	中	中	大
颗粒度/mm	4~8	3~7	4~5	
充填密度/（km/m^2）	500~850	150~850	650~750	350~600
比表面积/（m^2/g）	200~700	100~400	700~900	700~1500
平均孔径/Å	20~100	40~100	3~10	12~18
孔隙率/%	＞50	40~50	＞50	50~80
饱和吸水量/%	40~80	30~25	22	40~65
再生温度/℃	180~220	170~300	200~400	105~120
吸附热/（kcal/kg）	700	721	915~1200	
比热容/[kcal/（kg·℃）]	0.22	0.21~0.25	0.2~0.3	0.2
热导率/[kcal/（m·h·℃）]	0.17	0.06	0.505	

表5-20比较了气体分离和纯化中几种常用的选择性吸附剂。由表可知，选择性吸附剂的结构和孔隙特征影响了其应用领域。这些传统吸附剂有一些不足之处，如吸附量不够大、选择性不够高、解吸困难等[24]。

表5-20 气体分离纯化过程中几种常用选择性吸附剂的比较

多孔材料	结构和孔隙特征	平均孔径/nm	应用举例
硅胶	无定形；含有形状和大小不同的微孔或中孔；表面含有羟基	2~3	① 气体干燥； ② 用ROG（反应性有机气体）生产H_2、CO、CO_2
活性炭	无定形；形状和大小不同的微孔与中孔相互交织；孔体积分数和孔壁表面化学性质的不同引起局部表面极性的不同	0.3~10	① 从SMR废气中提取H_2、CO、CO_2； ② 溶剂蒸气的回收； ③ 烟气脱硫； ④ 去除VOCs
碳分子筛	无定形；微孔；孔隙大小一致并形成空穴	0.3~0.5	① 从空气中提取N_2和O_2； ② 从垃圾填埋气中提取CH_4和CO_2
沸石及其离子交换形式	结晶状；微孔；有规整一致的孔隙结构，孔隙内有一种或几种水合或非水合阳离子；有微量水分；再生过程中非均匀水解	0.3~1.0	① 从空气中提取N_2和O_2； ② 气体干燥、脱硫； ③ 从异构烷烃和环烃中分离正构烷烃
活性氧化铝	无定形；含形状和大小不同的微孔或中孔；孔隙表面含有酸性位和碱性位	2~5	① 从空气中提取N_2和O_2； ② 溶剂蒸气的回收； ③ 去除VOCs

在选择合适的吸附材料作为变压吸附系统的吸附剂时应该考虑吸附剂材料对多组分吸附的平衡量、选择吸附性能、吸附焓值和脱附热力学特性等因素。工业中普遍使用的吸附材料有活性炭、沸石等，它们具有的共同特点是对物质的吸附能力强、孔隙率高、耐磨、强度高，经济共性在于生产成本不高，有利于商业化。吸附剂自身颗粒的尺寸、内部空隙大小、孔隙率等对其吸附性能有显著影响。对于不同气体来说，其分子或者原子大小不同，吸附剂对气体分子的范德华力大小也不同，导致气体吸附平衡有差别，故选择合适的吸附剂能提高气体分离的效率[28]。

表 5-21 总结了硅胶、活性炭和沸石在氢气 PSA 系统中去除杂质的难度水平。活性炭材料对变压吸附制氢与纯化供气中的 CO_2 有着较好的吸附和脱附性能，而沸石则对 CO 和 N_2 有着较好的吸附性能，活性炭和沸石材料对于混合气中的 CH_4 成分则有着接近的吸附性能。鉴于进料组成的种类繁多和每个吸附剂的杂质去除难度不同（表 5-21），如前所述，氢气 PSA 装置的吸附床通常设计多个吸附层。多层床配置比单层床配置表现出更好的性能，因为不太可能找到对原料 H_2 进料中的所有杂质表现出良好工作能力和选择性的吸附剂。多层床对于将杂质去除到任何期望的低水平（如 10^{-6} 或 10^{-9}）也是必不可少的。

表5-21 PSA 氢气纯化系统中的硅胶、活性炭和沸石去除杂质的性能的比较

杂质	硅胶	活性炭	沸石
H_2O	非常容易	非常困难	非常容易
C_2H_4	容易	非常容易	非常容易
C_4H_{10}	容易	非常容易	非常容易
C_3H_8	容易	容易	非常容易
C_2H_6	适度	容易	非常容易
CO_2	适度	容易	非常容易
CH_4	适度	容易	适度
CO	适度	适度	容易
N_2	困难	困难	适度
Ar	困难	困难	困难
H_2	非常困难	非常困难	非常困难

5.5.3 活性炭

活性炭是一种非极性吸附剂，是以固态碳质物（如木炭、无烟煤、木料、硬果壳、果核、树脂等）为原料，经过破碎、筛分后，经炭化和活化两种处理而获得。炭化是在隔绝空气条件下经 600～900℃高温以减少非碳成分。活化方法可分为两大类，即药剂活化法和气体活化法。药剂活化法就是在原料里加入氯化锌、硫化钾等化学药品，在非活性气氛中加热进行炭化和活化。气体活化法是把活性炭原料在非活性气氛中加热，通常在 700℃以下除去挥发组分以后，通入水蒸气、二氧化碳、烟道气、空气等，并在 700～1200℃温度范围内进行反应使其活化，如图 5-19 所示。活性炭按制造使用的主要原材料分为四类：煤质活性炭、木质活性炭、合成材料活性炭和其他类活性炭。

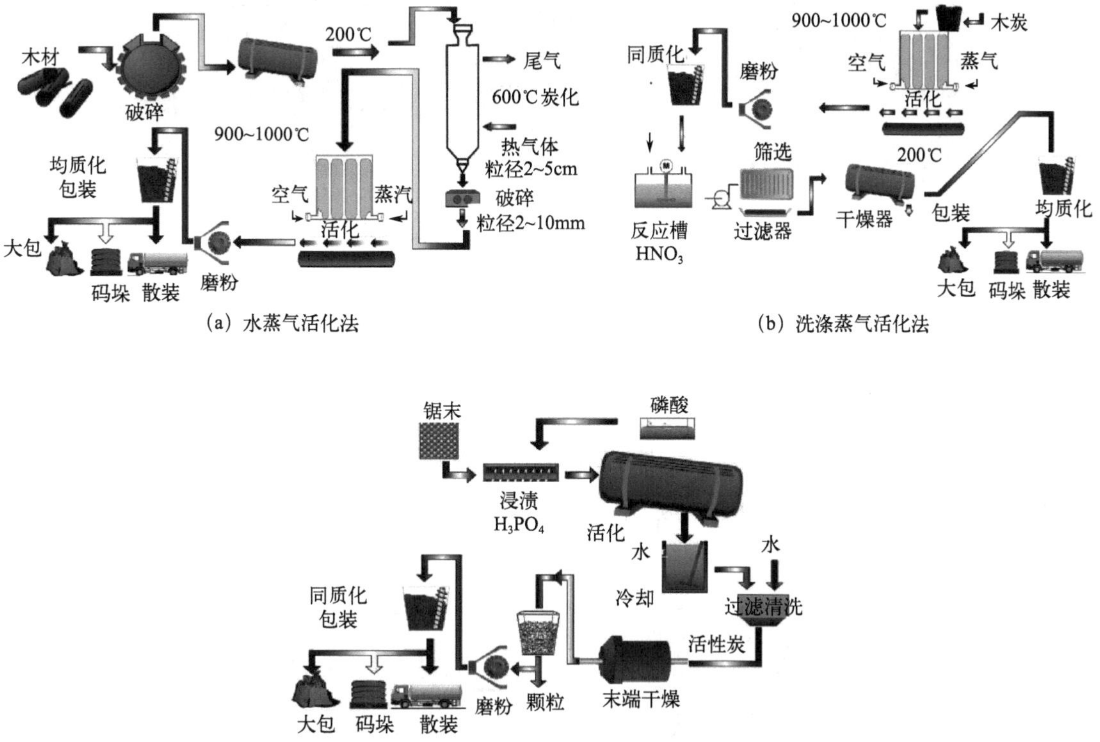

(a) 水蒸气活化法

(b) 洗涤蒸气活化法

(c) 化学活化法

图 5-19 活性炭的三种活化方法[39]

活性炭在活化过程中表面被侵蚀，产生微孔发达的结构。由于活化的过程是一个微观过程，即大量的分子碳化物表面侵蚀是点状侵蚀，所以导致活性炭表面具有无数细小孔隙。活性炭表面的微孔直径大多在 2～50nm 之间，即使是少量的活性炭，也有较大的比表面积和丰富的表面化学基团，是特异性吸附能力较强的炭材料的统称。活性炭的表面积巨大，为 $500\sim1500m^2/g$，其应用几乎都基于活性炭的这一特点。

活性炭具有吸附能力强、接卸强度高、易反复再生等特点，作为一种优良的物理、化学吸附剂，越来越受到人们的重视。环保活性炭包能够吸附空气中的甲醛、氨、苯、二甲苯、氡等室内所有有害气体分子，快速消除装修异味。活性炭也被认为是捕获二氧化碳的主要有前途的吸附剂之一。它具有在较高温度下的稳定性、疏水性、再生所需的能量低、大表面积和高孔隙率、低成本、对二氧化碳的固有亲和力以及可调的结构性质和表面化学性质等优点。活性炭的来源可以追溯到各种资源，例如通过热解的生物质。然而，追踪它可能需要物理或化学激活，取决于来源和制备方法，其吸附能力受到孔隙结构和表面化学的高度影响。

活性炭的吸附性能与氧化活化时气体的化学性质及其浓度、活化温度、活化程度、活性炭中无机物组成及其含量等因素有关，主要取决于活化气体性质及活化温度。活性炭的含碳量、比表面积、灰分含量及其水悬浮液的 pH 值皆随活化温度的提高而增大。活化温度愈高，残留的挥发物质挥发愈完全，微孔结构愈发达，比表面积和吸附活性愈大。活性炭中的灰分组成及其含量对炭的吸附活性有很大影响。灰分主要由 K_2O、Na_2O、CaO、MgO、Fe_2O_3、Al_2O_3、P_2O_5、SO_3、Cl^- 等组成，灰分含量与制取活性炭的原料有关，而且，随炭中挥发物的去除，炭中的灰分含量增大。图 5-20 是常见的几种商业活性炭照片。

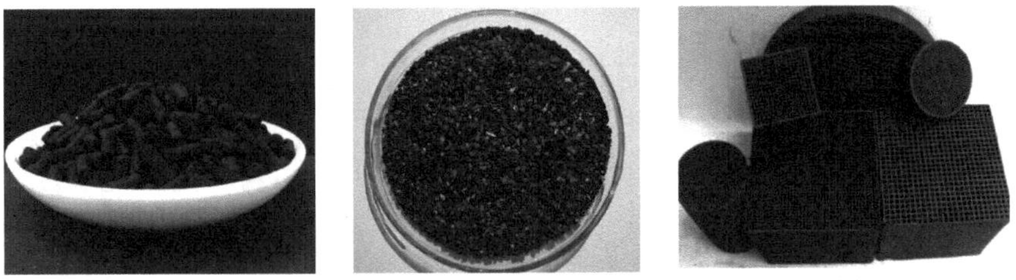

(a) (b) (c)

图 5-20 常见的几种商业活性炭

(a) 煤质活性炭；(b) 果壳活性炭；(c) 精加工制备成的蜂窝活性炭

(1) 孔隙结构

活性炭是由石墨微晶、单一平面网状碳和无定形碳三部分组成，其中石墨微晶是构成活性炭的主体部分。活性炭的微晶结构不同于石墨的微晶结构，其微晶结构的层间距在 0.34～0.35nm 之间，间隙大。根据微晶的排列可把活性炭分成易石墨化碳结构和难石墨化碳结构，如图 5-21 所示。难石墨化碳结构即使温度高达 2000℃以上也难以转化为石墨，绝大部分活性炭属于非石墨结构。

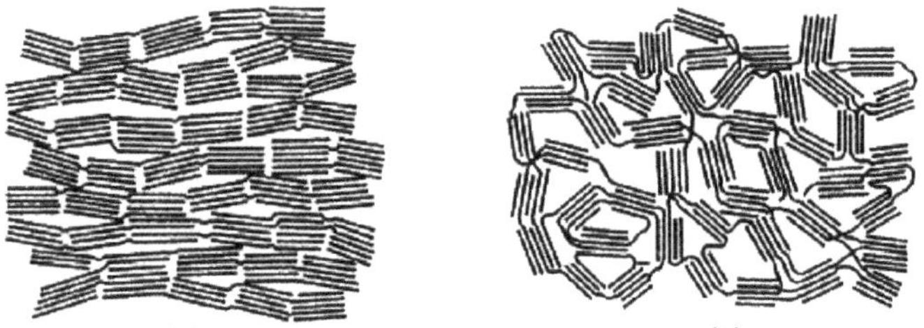

(a) (b)

图 5-21 微晶型活性炭模型（Franklin 模型）[40]

(a) 易石墨化碳结构；(b) 难石墨化碳结构

活性炭的孔径分布范围很宽，从小于 1nm 到数千纳米。有学者提出将活性炭的孔径分为三类：孔径小于 2nm 为微孔；孔径在 2～50nm 为中孔；孔径大于 50nm 为大孔。图 5-22 是用于水净化处理的颗粒状活性炭的孔径分布，孔径集中在 2～5nm。活性炭中的微孔比表面积占活性炭比表面积的 95%以上，在很大程度上决定了活性炭的吸附容量。中孔比表面积占活性炭比表面积的 5%左右，是不能进入微孔的较大分子的吸附位，在较高的相对压力下产生毛细管凝聚。大孔比表面积一般不超过 $0.5m^2/g$，仅仅是吸附质分子到达微孔和中孔的通道，对吸附过程影响不大。

(2) 表面化学性质

活性炭内部具有晶体结构和孔隙结构，表面则有一定的化学结构。活性炭的吸附性能不仅取决于活性炭的物理（孔隙）结构，而且还取决于活性炭表面的化学结构。在活性炭制备过程中，碳化阶段形成的芳香片的边缘化学键断裂形成具有未成对电子的边缘碳原子。这些边缘碳原子具有未饱和的化学键，能与诸如氧、氢、氮和硫等杂环原子反应形成不同的表面基团，这些表面基团的存在毫无疑问地影响到活性炭的吸附性能。X 射线研究表明，这些杂环原子与碳原子结合在芳香片的边缘，产生含氧、含氢和含氮表面化合物。当这些边缘成为主要的吸附表面时，这些表面化合物就改变了活性炭的表面特征和表面性质。

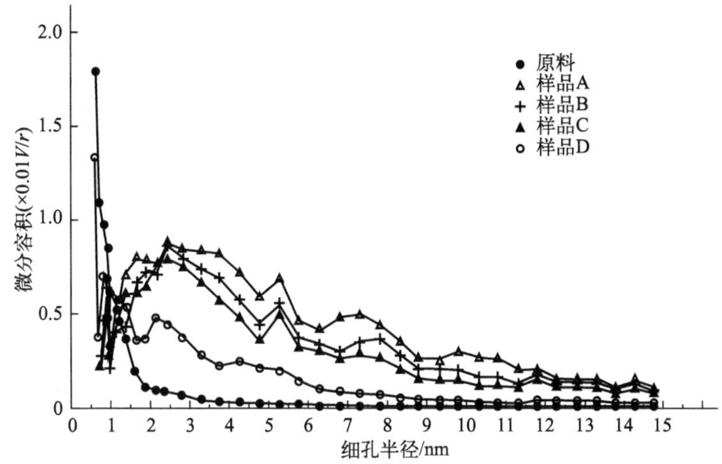

图 5-22 用于水净化处理的颗粒状活性炭的孔径分布（利用褐炭为原料制备的颗粒状活性炭）[40]

活性炭表面基团分为酸性、碱性和中性 3 种。酸性表面官能团有羰基、羧基、内酯基、羟基、醚、苯酚等，可促进活性炭对碱性物质的吸附；碱性表面官能团主要有吡喃酮（环酮）及其衍生物，可促进活性炭对酸性物质的吸附。磷酸等酸性活化剂制备的活性炭表面以酸性基团为主，对碱性物质吸附较好；KOH、K_2CO_3 等碱性活化剂制备的活性炭表面以碱性基团为主，适合于吸附酸性物质；而采用 CO_2、H_2O 等物理活化方法制备的活性炭表面官能团总体呈中性。

（3）吸附机理

活性炭吸附是指利用活性炭的固体表面对原料中的一种或多种物质的吸附作用，以达到气体或液体分离净化的目的。活性炭的吸附能力与活性炭的孔隙大小和结构有关。一般来说，颗粒越小，孔隙扩散速度越快，活性炭的吸附能力就越强。

吸附能力和吸附速度是衡量吸附过程的主要指标。吸附能力的大小是用吸附量来衡量的，吸附速度是指单位时间内单位重量的吸附剂所吸附的量。活性炭发生的主要是物理吸附，大多数是单层分子吸附，其吸附量与被吸附物的浓度服从朗格缪尔（Langmuir）单分子层吸附等温方程：

$$\alpha = k\theta = \frac{kbp}{1+kbp} \tag{5-6}$$

式中，k 为比例系数；θ 为覆盖率，即定温度下，被吸附分子在固体表面上所占面积占吸附剂总表面积的分数；p 为吸附质在气相的分压；$b=k_1/k_2$，即吸附与脱附的速度之比；α 为气体在固体表面上的吸附量。

（4）表面改性的影响

关于使用橄榄石生产的活性炭，它不仅选择性地吸附二氧化碳，而且还吸附水蒸气，而不是氮和氧。在水蒸气被合并到气流中的情况下，可以观察到水被二氧化碳吸附，此外，可以看到活性炭对二氧化碳的容量没有明显降低。已知将温度提高到 150℃有助于二氧化碳和水的再生[41]。

活性炭的化学性质主要由特定程度的表面不均匀性决定，这与杂原子的存在有关，即碳基质中存在的非碳原子（例如氮、磷、硫、氢和氧）。这些组分的数量和类型来源于前体的本质或在整个活化过程中定义。如果研究人员打算制备化学活性炭，则需要使用碱、酸或盐等化学物质来帮助处理原料生物质。化学物质对活性炭表面性质的改变对活性炭的碳捕集性能有很大影响。

有助于增加表面积和添加（或去除）特定表面官能团的多种化学物质有助于化学活化炭。由于二氧化碳的弱酸性（弱路易斯酸），推测活性炭表面上路易斯碱的存在可能会增加这些组分的二氧化碳吸附性能。

制备碱性增加的活性炭是通过引入合适的碱性基团（例如氮官能团）和/或去除酸性官能团（酸性氧表面基团）来修饰炭表面。氮表面基团可以通过与含氮试剂（例如硝酸、氨和胺）反应或与含氮前体活化而被引入。

在氧气存在或缺乏氧气的情况下，使用气态氨对活性炭进行改性是一种合适的方法，该方法能够生产高效的二氧化碳吸附剂，并在温度相当高的情况下保持高吸收率。在这方面，由生物质残渣制备不同的碳基吸附剂，并在高温下用气态氨改性以产生高效的二氧化碳吸附剂。值得注意的是，使用氨氧化工艺改变了商业活性炭吸附剂，旨在提高其表面碱性，并随后提高其碳捕集能力。在捕集能力、性能稳定性和解吸能力方面获得了有利的特性。

在高温氨处理过程中，原子氢、氮和氨基等自由基与炭表面反应生成含氮官能团。正如预期的那样，活性炭的吸附容量与沸石等其他物理吸附剂的吸附容量一样，随着温度升高而迅速降低，见图 5-23。改性颗粒活性炭吸附剂在低分压下显示出相对较高的二氧化碳吸收率。

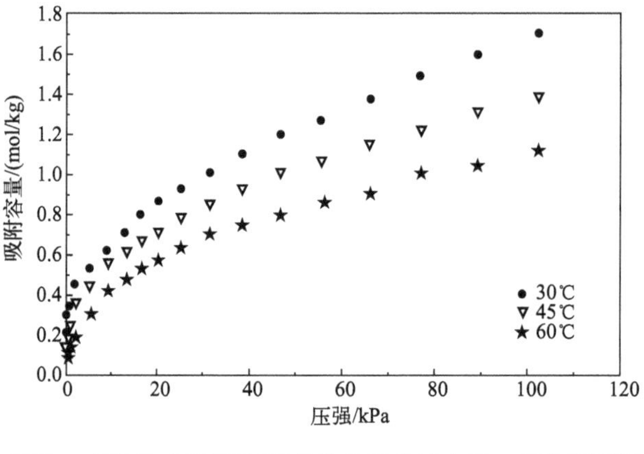

图 5-23　在 30℃、45℃和 60℃下测量的改性活性炭上的二氧化碳吸附-解吸等温线

在活性炭和二氧化碳之间观察到的界面，包括偶极-偶极相互作用、H-H 键以及共价键，通常通过基本功能的整合来改善。由于碳骨架本身是路易斯碱，因此它可以从溶液中吸收质子。此外，已经认识到在炭表面添加氮官能团可以增强材料的碱性，从而增强其捕获二氧化碳的能力。在这方面，应考虑各种条件，以生产适合二氧化碳吸附过程的活性炭[41]。

图 5-24 是在 295K 恒定温度下，活性炭的吸附容量随压强的变化曲线。可以看出，吸附气体的量取决于组分。通过比较 H_2、CH_4 和 CO_2 可以看出，H_2 的吸附量远小于 CO_2 和 CH_4。除了在较高压力下呈现的增加外，在较高温度下，容量也会降低[34]。

(5) 多孔炭材料对 CO_2 的吸附

值得一提的是活性炭具有强的 CO_2 吸附作用，与传统的化学吸附剂相比，基于物理吸附的多孔材料在能量效率上具有明显的优势。与其他多种多样的多孔材料相比，活性炭由于廉价易得，化学稳定性和热稳定性强而最具商业应用的潜质。为了提高多孔炭对 CO_2 的吸附能力，主要进行各种修饰作用（杂原子掺杂、功能化基团修饰，以及阳离子掺杂）以及对

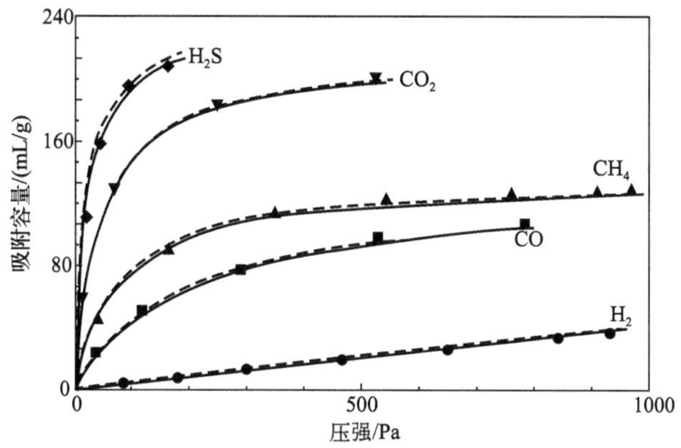

图 5-24 295K 恒定温度下活性炭的吸附容量随压强的变化曲线

孔性质的改善。通过以上这些方式的改进，CO_2/N_2 的选择性有了很大的提高，一些代表性多孔炭的例子如表 5-22 所示。

表5-22 代表性多孔炭材料的孔性质以及 CO_2 吸附性能汇总[42, 43]

多孔炭材料	BET 比表面积 /(m^2/g)	273K、1bar 时的 CO_2 容量 /(mmol/g)	298K、1bar 时的 CO_2 容量 /(mmol/g)	298K、0.1bar 时的 CO_2 容量① /(mmol/g)	298K 时的 CO_2/N_2 选择性	等温吸附热 Q_{st}③ /(kJ/mol)
AC Norit R1	3000	—	2.23	0.5	< 5	—
3C-1000N	2104	—	3.46	0.86	—	—
RFL-500	467	—	3.13	1.18	—	—
HCM-DAH-1-900-1	1392	4.9	3.3	0.89	17	26.7
CP-2-600	1700	0.87	6.2	3.9	5.3	31.5
IBN9-NC1-A1	1181	6.7	4.50	1.10	27	36.1
CRHC221-DES	666	—	3.29	1.08	4.3	39.9
AG-2-700	1940	7.4	4.4	0.68	—	25
AC-2-635	1381	6.0	3.86	1.01	21	30.4
SCEMC	729	—	2.46	0.52	—	59
a-SG6	1396	—	4.5	1.30	51②	—
KNC-A-K	614	5.0	4.04	1.62	48	59.3
ACM-5	2501	11.51	5.14	0.86	—	65.2
N-TC-EMC	2559	—	4.0	1.01	14	50
CEM-750	3360	6.92	4.38	0.80	9.5	36
N-HCSs	767	—	2.67	1.12	29	—
PAF-1-450	1191	4.5	—	—	209③	27.8
FCTF-1-600	1535	5.53	3.41	0.68	19	32

① 如果文献中没有具体说明，则根据公布的等温线估算这些值。

② 采用初始坡度法。

③ 273K，CO_2/N_2（15/85）。

5.5.4 分子筛（沸石）

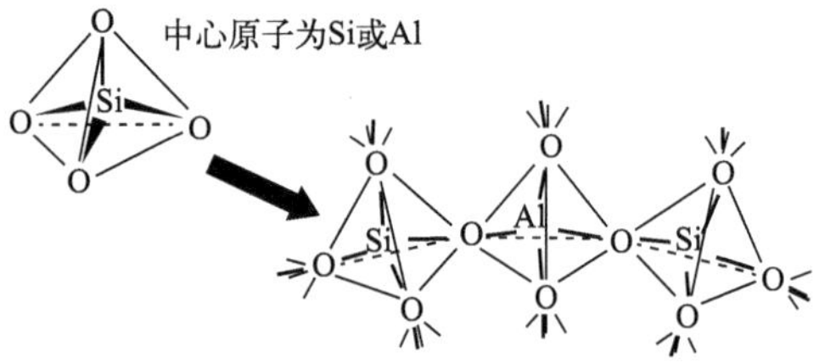

图 5-25 硅铝酸盐沸石的原子排列结构

沸石是具有规则孔的结晶复合氧化物的总称，典型的沸石是硅铝酸盐，由硅（铝）氧四面体 SiO_4 或 AlO_4 组成的笼状孔洞骨架的晶体，如图 5-25 所示。骨架中含有吸附的水分子，经脱水后空间十分丰富，内表面积大，可以容纳相当数量的吸附质分子。沸石的化学组成通式为［M_2（Ⅰ），M（Ⅱ）］O・Al_2O_3・$n SiO_2$・$m H_2O$ 或 $M_{x/n}$［（AlO_2）$_x$（SiO_2）$_y$］・$m H_2O$，MO・Al_2O_3・$x SiO_2$・$y H_2O$。式中 M_2（Ⅰ）、M（Ⅱ）表示骨架中的阳离子，阳离子可能只有一种，也可能有多种，分别为一价和二价金属，通常为钠、钾、钙、锶、钡等，保持晶体电中性的阳离子。Al_2O_2・$n SiO_2$ 是沸石晶体的骨架，具有不同形状的孔和孔道。$m H_2O$ 是化学吸附和物理吸附的水分子，物理吸附的水分子在一定条件下可发生可逆吸附和脱附。n 是硅铝比，一般 $n=2 \sim 10$，$m=0 \sim 9$。

硅原子和铝原子位于四面体的几何中心，四个氧原子位于四面体的四个顶点。结合成沸石分子筛骨架时，位于四面体顶点的氧原子为两个四面体共用，氧-氧键结合成分子筛的骨架结构，又称为“氧桥”。硅氧四面体中，硅元素可以形成四个共用电子对，四面体呈电中性。与硅元素相比，铝元素在形成铝氧四面体时只能形成三个共用电子对，铝氧四面体中就有一个氧原子的价电子需要中和，这就要求在形成的分子筛骨架中存在阳离子取代氧。5A 分子筛由 NaA 分子筛骨架中 70% 的 Na^+ 被 Ca^{2+} 取代得到；13X 分子筛骨架中全为 Na^+。阳离子会在沸石分子筛表面形成强电场，导致沸石分子筛具有极强的极性，因此，对于不同极性气体的分离，沸石分子筛具有十分广阔的应用前景。而且对于非极性分子，强电场可诱导产生感生偶极矩或者四极矩，也能达到分离的目的。

多个四面体首尾连接构成多元环，组成多元环的四面体数量称为多元环的元数。各种多元环相互连接形成具有三维空间结构的多面体，这些多面体称为“晶穴”。因为这些晶穴都具有中空的结构，所以又称为“晶笼”。

除中性二氧化硅沸石骨架外的所有情况下，骨架的净总电荷为负，并由阳离子进行电荷平衡。阳离子存在于骨架的孔隙中，孔的大小由该环中阳离子的数量来分类。小孔沸石包括由八个氧环组成的结构，中孔沸石有 10 个氧环，大孔沸石有 12 个氧环。第一种沸石膜于 1987 年被报道，此后，在扩大膜中使用的沸石类型、提高膜质量和扩大其应用范围方面取得了重大进展。目前，已有超过 14 种沸石结构被用作 H_2 选择性分离膜，包括 MFI、LTA、MOR、和 FAU[44]。

由于孔道结构和大的比表面积，同时，晶体内部具有很大的静电场和极性作用，也有较高的表面酸性，沸石吸附能力强。它们已被广泛用于各种气体深度干燥、液体分离和气体、液体纯化，也可用作催化剂载体等，因此沸石广泛应用于精炼、石化、化学工业、冶金、电子、国防工业等，而在医疗、光工作、农业、环境保护和许多其他方面的应用也越来越广泛。

5.5.4.1 微孔结构和比表面积

图 5-26 显示了简化的天然沸石结构，其中 Si-O-Si（或 Si-O-Al）键由单条直线表示。

Y 型沸石的孔径为 0.74nm，是市售沸石中孔径较大的沸石。ZSM-5 沸石的孔隙略小，刚好能容纳一个苯环。已知有 200 多种沸石，它们由不同大小和形状的孔组成。

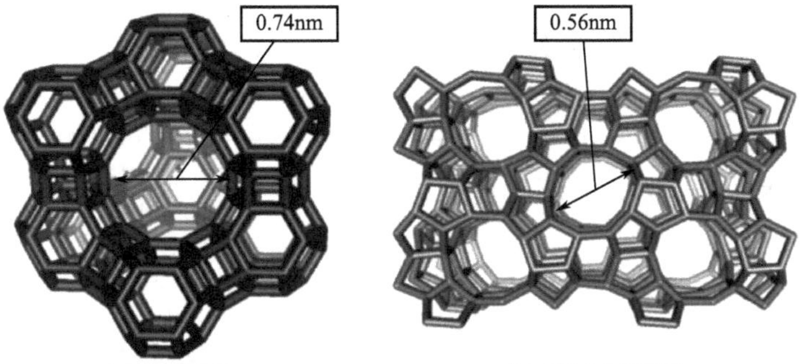

(a) Y型沸石　　(b) ZSM-5型沸石

图 5-26　天然沸石的骨架构造示意图

沸石具有直径为 2nm 或更小的一致孔结构，形成用于吸附气体分子的互连通道网络的开放骨架结构，具有大的内表面积。此外，它还含有电价较低且离子半径较大的金属离子和组合状态的水。由于水分子在加热后连续损失，但晶体骨架结构不变，因此形成了许多相同尺寸的空腔，并且空腔通过多个具有相同直径的微孔连接。小于孔隙的气体分子被吸附在腔内，大于孔隙的气体分子被排斥。因不同孔径的沸石就能筛分大小不一的分子，起到筛分分子的作用，故又得名为分子筛。

严格来讲，沸石与分子筛是两类有交集的物质。沸石是结晶的硅铝酸盐，而分子筛是所有具有筛分分子性能的物质，范围更广。分子筛不全是沸石，沸石也不全是分子筛。但从催化和气体吸附的角度来讲，一般而言，沸石等同于分子筛。图 5-27 是天然沸石和合成沸石的照片。

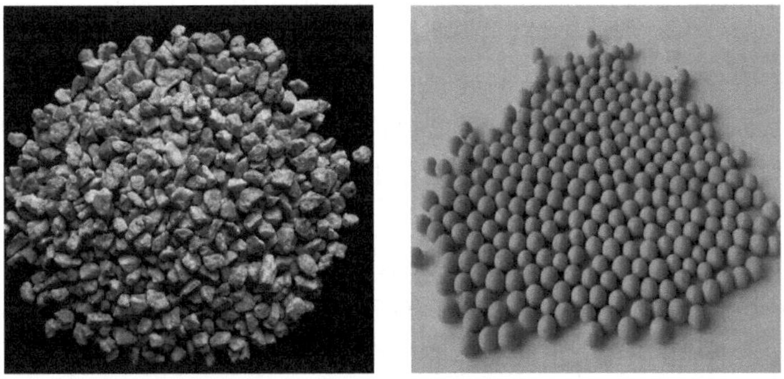

(a)　　(b)

图 5-27　天然沸石（a）和合成沸石（b）

5.5.4.2　合成方法

经过 60 多年的不断探索，沸石分子筛的合成方法逐步发展起来。传统合成法中最经典的方法为水热合成法，而后在此法基础上出现了很多改进的方法，如溶剂热合成法、气相合成法、干胶凝胶法、离子热合成法和无溶剂合成法等。表 5-23 给出了这几种传统合成方法的优缺点对比[45]。近年来，随着世界范围内分子筛用量的不断增大，工业要求分子筛的合成成本不断降低，而且沸石分子筛的性能更加优异，因此，沸石分子筛的合成成为国内外研究的热点。

表5-23　传统合成方法优缺点对比表

合成方法	优点	缺点
水热合成法	成本低，污染小；产物结晶度好，团聚少，易于工业化	合成周期长；合成的分子筛含杂质；水热产生蒸气压，对设备有要求
溶剂热合成法	单晶缺陷少；有机溶剂多样性，溶解难溶于水或者溶于水后不稳定的反应物	大量有机溶剂的使用，增加了合成的危险性和毒害性
气相合成法	不产废水；混合溶剂可以循环利用；模板剂使用量少；产物结晶度高	晶体生长不可控，结晶时间长；合成分子筛不纯
干胶凝胶法	模板剂用量少；废物排放降低；合成成本降低；分子筛产率有一定提高	合成工艺复杂，不适合工业化
离子热合成法	离子液体同时作为溶剂和结构向导剂，可回收再利用，种类繁多；反应在低压下进行，无危险	合成周期长；能源消耗大；效率很低

无溶剂合成法的优点：高收率、简化合成过程、节约能量和空间、降低污染物排放、反应压力低。缺点：合成时间长、反应均匀性差、能合成的种类有限。

5.5.4.3　沸石分子筛的种类

常见沸石包括A型沸石、P型沸石、X型沸石、磁性X沸石、Y型沸石、β型沸石、L沸石等。由于其低硅/铝比，A型分子筛具有一个较高的阳离子群体。X型分子筛具有较低的硅/铝比，从而相比于A型分子筛，这种沸石呈现出较高的阳离子交换容量。与A型和X型分子筛不同，P型分子筛具有较高的硅/铝分子筛框架，在一定情况下往往表现出较低的离子交换能力，从而具有比较低的阳离子交换价值。阳离子交换合成产品会受另一沸石相的存在的影响，例如在一种沸石分子筛合成工艺中通常有可能形成小部分非晶相，从而影响其吸附交换性[46]。

A型沸石的含量比为Na_2O∶Al_2O_3∶SiO_2=1∶1∶2。4A表示沸石颗粒中平均孔径为4Å，5A表示其平均孔径为5Å。4A型沸石分子筛是一种典型的晶状硅铝化合物，结构是Si-O-Al四面体单元形成的12个正四面体和8个立方八面体组成的α笼与β笼型结构。根据其命名可知孔腔尺寸约为0.41nm，是具有不溶性铝硅酸钠结构的一种材料。由于其独特的空间结构、高度极化的表面孔道和相对大的内部空间结构，可作为一种良好的吸附/脱附基质。

P型沸石具有比4A型沸石更强的钙、镁离子交换性能，被认为是替代三聚磷酸钠的理想产品。其化学组成为$Na_6(Al_6Si_{10}O_{32})\cdot 2H_2O$，是具有斜方型钙沸石的结晶硅铝酸盐。为了增大其吸附能力，往往通过研磨来减小沸石颗粒，增加比表面积，从而提高交换吸附率。而且P型沸石由于其孔径较小，通常用于分离小分子气体等。

X型沸石是富铝八面沸石，而Y型沸石是高硅八面沸石（根据硅/铝比的不同分成了不同种类的沸石分子筛)。常见的 X 型沸石有 X 磁性沸石分子筛、13X 沸石分子筛等。人工合成 13X 沸石分子筛属于立方晶系，空间群为 Fd3m，化学式为 $Na_{5.375}(Al_{5.375}Si_{6.625}O_{24})\cdot 16.2H_2O$。X 型沸石的骨架结构中含有三维孔道，这种结构在吸附和催化作用中加快物质扩散有很强的优势。磁性沸石是在 X 型沸石制备过程中加入磁性物质或者前驱体而制备的沸石。

Y 型分子筛 (faujasite，FAU) 是目前在工业上使用的沸石中，在纯化环境领域和催化领域中应用最广泛的材料之一。合成 Y 型分子筛主要应用在湿烟气中挥发性有机物质的应用方面以及流体真空瓦斯油催化裂化 (FCC) 的领域。

β 型沸石也是高硅沸石中的一种，并且是唯一一种具有三维、十二元环孔径系统的沸石。β 型沸石在孔径尺寸和吸附能力上与八面沸石具有相似性，但比八面沸石具有更高的硅铝摩尔比，因此具有优异的催化等性能。同时，还具有酸催化性能和结构选择性，尤其是在多种有机物催化反应中起到至关重要的作用，表明 β 型沸石的三维孔结构对酸催化性能具有极大的吸引力。

L 沸石是一种迄今为止尚未在自然界中发现同等体的人工合成沸石，具有良好的热稳定性，因此可广泛应用于催化重整、催化裂化、加氢环化、加氢异构化、加氢裂化和芳烃氯化等石油加工过程中。

近年来，世界人工合成分子筛的型号已有 100 多种，但应用较广、用量较多的仍是 A 型、X 型和 Y 型等沸石，其他的用量不大或正在研究开发中。

5.5.4.4 最常用的分子筛 4A、5A 和 13X

常用作吸附剂的有 4A (钠 A 型)、5A (钙 A 型)、10X 和 13X 分子筛。每种分子筛的用途又有区别，主要用在管道除水以及空气、天然气、烷烃、制冷剂等气体和液体的深度干燥等中。因具有吸附性高、吸附速度快的特点，适用于变压吸附，可适应各种大小的制氧、制氢、制二氧化碳等气体变压吸附装置。在微热吸干机、空分设备、管道除水、制氧制氢、钢铁厂、石化炼油方面也有广泛应用。

沸石分子筛主要依据孔径和 Si/Al 比进行分类，例如 A 型分子筛的 Si/Al 比接近 1，X 型的 Si/Al 比为 2.2～3，Y 型的 Si/Al 比大于 3。几种常见气体的动力学直径也进行了标注，如图 5-28 所示。沸石的孔径为 0.4～0.8nm，分子动力学直径小于该孔径则进入沸石，而其他大分子则无法进入沸石，起到分子筛的作用。

5A 分子筛，一般称为钙分子筛，是一种具有立方晶格结构的钙型铝硅酸盐，是由 Ca^{2+} 交换分子筛骨架中至少 70% 的 Na^+ 二次合成加工而成，有效孔道孔径约为 0.5nm。化学式是 $0.75CaO\cdot 0.25Na_2O\cdot Al_2O_3\cdot 2SiO_2\cdot 4.5H_2O$ (或 $Ca_{4.8}Na_{2.4}[(AlO_2)_{12}(SiO_2)_{12}]\cdot nH_2O$)。5A 分子筛可吸附小于其孔径的任何分子。除了具有 3A 和 4A 分子筛所具有的功效外，还可吸附 C_3～C_4 正构烷烃、氯乙烷、溴乙烷、丁醇等，可应用于正异构烃分离、变压吸附分离及水和二氧化碳的共吸附。5A 分子筛孔隙结构发达，价格相对低廉，具有优良的选择性吸附作用，广泛应用于正异构烷烃的分离、氧氮分离，以及化工气体、石油天然气、氨分解气体和其他工业气体及液体的干燥与精制。

13X 型分子筛，也叫钠 X 型分子筛，是碱金属硅铝酸盐，具有一定的碱性，属于一类固体碱，其化学式为 $Na_2O\cdot Al_2O_3\cdot 2.45SiO_2\cdot 6.0H_2O$，其孔径 10Å，吸附大于 3.64Å 小于 10Å 的任何分子，可用于催化剂载体、水和二氧化碳共吸附、水和硫化氢气体共吸附，主要应用于医药和空气压缩系统的干燥，根据不同的应用有不同的专业品种。

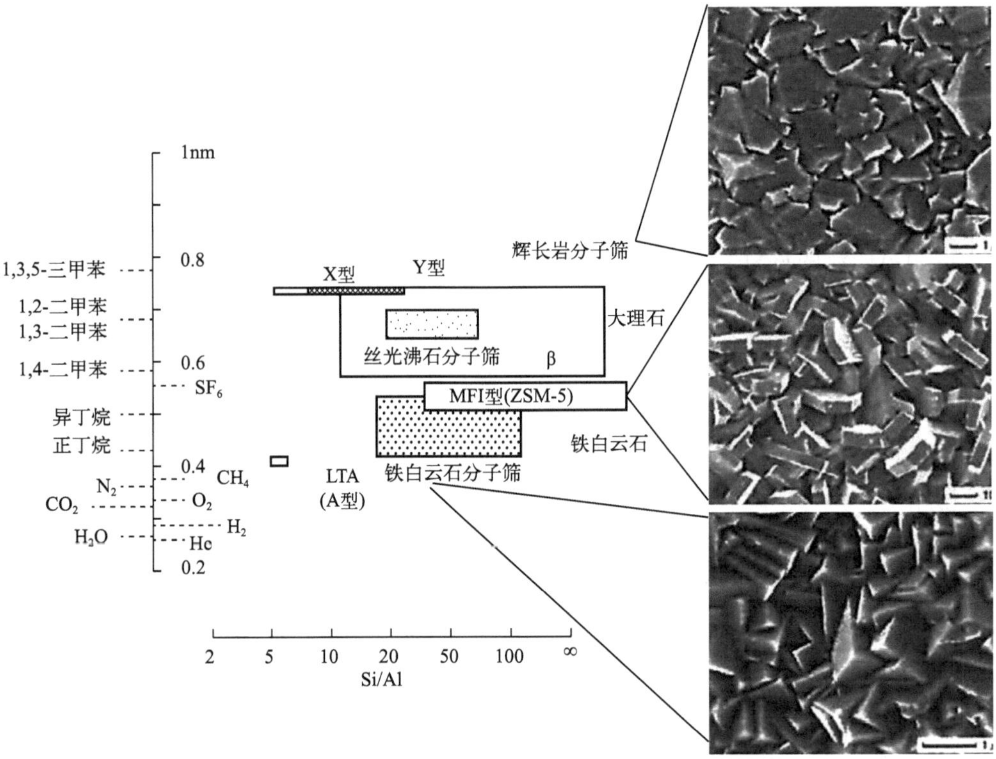

图 5-28 各种沸石的孔径及几种常见物质的动力学直径

表 5-24 是常见的沸石分子筛对混合气体的动态吸附分离指标。多微孔结构的白色粉末，无毒、无臭，不燃烧、不爆炸。溶于强酸和强碱，不溶于水和有机溶剂。孔径约为 5×10^{-1}nm，具有高吸附能力和按分子大小选择吸附的特点，还具有离子交换能力和催化活性，在较高的温度下仍有很好的吸附能力，对水有极大的亲和力[47]。

表5-24 常见沸石分子筛对混合气体的动态吸附分离指标

分子筛种类	CO_2 吸附量/(mol/kg)	吸附量 CH_4/(mol/kg)	分离系数
4A	1.9	2.28	27.52
5A	2.08	2.82	24.67
13X	3.29	2.80	38.00
13X-APG	3.04	2.67	36.89
JLOX-500	4.02	2.17	59.95

由于阳离子位点和 N_2 的四极矩之间的相互作用，A 型和 X 型沸石对从空气中分离 N_2 都具有很高的选择性。在分离 CH_4/N_2 的情况下，CH_4 既没有偶极矩也没有四极矩，但 CH_4 极化率（$26.0\times10^{-26}cm^3$）比 N_2（$17.6\times10^{-26}cm^3$）高，所以 5A 和 13X 沸石吸附 CH_4 的量更高，也就是说这些沸石优先选择性吸附 CH_4。图 5-29 说明了在 30℃下 13X 和 5A 沸石上 CH_4/N_2 吸附的平衡选择性。两种吸附剂在低压下的平衡选择性相等，但是在较高压力下，13X 沸石的平衡选择性更强。

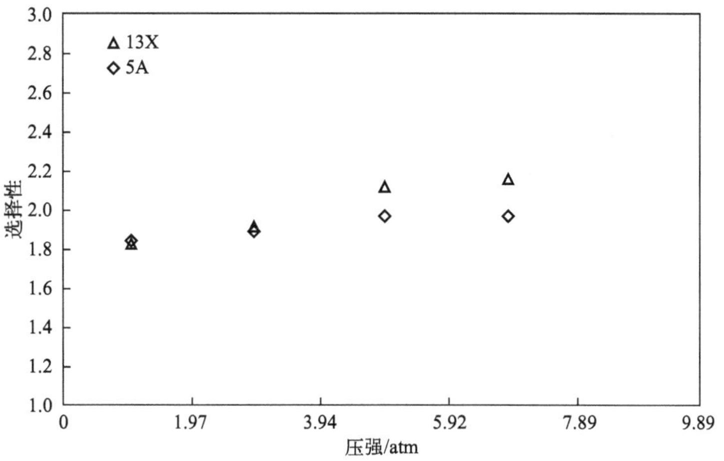

图 5-29 在 30℃下 13X 型沸石和 5A 型沸石对 CH_4/N_2 二元吸附的平衡选择性[48, 49]

5.5.4.5 沸石分子筛改性

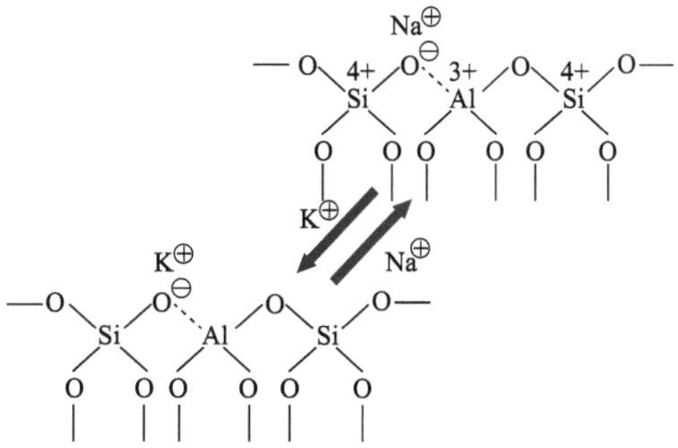

图 5-30 沸石的离子交换作用

沸石分子筛的改性方法主要有改变孔径结构和改变骨架中阳离子两种方法。碱处理可选择性地溶解骨架中的硅元素，并且能够使黏结剂中的无定形结构溶解，达到改变孔径的目的。沸石分子筛具有可逆的离子交换特性，可以采用不同电荷量或者不同直径的阳离子进行替换，达到改变分子筛孔径和表面电场分布的目的（如图 5-30 所示）。通过离子交换引入质子时，也可以呈强酸性。质子交换的酸性沸石和金属阳离子引入的沸石表现出不同的催化活性[50]。

碱金属阳离子常作为离子交换主要的阳离子，其中 Li^+ 是半径最小的金属离子，电荷密度极高，常被作为改性离子。Renjith S. Pillai 等研究了 CO、CH_4 和 N_2 在碱金属离子替换 X 型沸石分子筛上的吸附性能。研究发现 CO 和 CH_4 在 Li^+、Na^+、K^+、Rb^+ 和 Cs^+ 替换 X 型分子筛上的吸附量均大于 N_2。而且 LiX 分子筛具有最大的 CO 吸附量，随着离子半径的增加，CO 的吸附量降低。CH_4 在几种离子替换的分子筛上吸附量和吸附热无显著变化。模拟的结果显示三种吸附质气体分子位于 X 型分子筛超笼结构的阳离子附近，表明在对 CO、CH_4 和 N_2 的吸附过程中，阳离子作为吸附中心。

关莉莉等采用水溶液离子替换法，选用 Mg^{2+}、Zn^{2+}、Ca^{2+} 等离子交换 13X 沸石中的 Na^+，并研究了 25℃下各种分子筛的 N_2、Ar 吸附性能。研究发现 Mg^{2+}、Zn^{2+} 吸附 N_2 的能力降低，并且 N_2/Ar 分离能力降低；Ca^{2+} 交换之后的 13X 分子筛吸附 N_2 的能力提高，同时，N_2/Ar 分离能力随着离子交换度的增加而增加，并且在 0.6MPa 时具有最佳的分离性能[50]。

从不同研究的结果看，分子筛的吸附性能与分子筛骨架结构、孔径、孔容积和阳离子种类有关，但没有统一的解释。Langmi 对 A 型、X 型沸石的研究中没有表现出随着阳离子直径的增大，分子筛孔径减小，吸附量增大的情况。对于碱金属替换的 X 型分子筛，KX 具有最大的吸附量，即 1.96%（质量分数），没有随着离子半径的增大而表现出增大的趋势；同样，碱土金属离子替换的 X 型分子筛 CaX 具有最大的吸附量，达到 2.19%（质量分数），也没有表现出一致性的趋势。另外，通过碱溶液处理，可以对分子筛的成分、比表面积、孔容积和孔径进行调控，见表 5-25 和表 5-26。

表5-25　5A 分子筛碱处理前后成分、比表面积（S_{BET}）、孔容（V）和孔径参数

样品	$N_{Si}:N_{Al}$	S_{BET}/(m²/g)	V/(mL/g)	孔径/nm	
				微孔直径	平均孔径
5A	1.51	427.8	0.1905	0.43	17.81
碱处理 5A	1.30	548.5	0.3596	0.43	22.65

表5-26　13X 分子筛与碱处理样品骨架硅铝比、比表面积、孔容和孔径参数

样品	$N_{Si}:N_{Al}$	S_{BET}/(m²/g)	V/(mL/g)	孔径/nm	
				微孔直径	平均孔径
13X	1.64	599.5	0.2193	1.03	2.658
13X NaOH 处理	1.50	622.4	0.2488	1.03	2.704

PSA 过程要求吸附剂在高压下有高选择性以利于吸附分离，低压下有低选择性以利于脱附再生。混合阳离子改性可以进一步提高吸附选择性。由表 5-27 可知，混合阳离子交换后的沸石分子筛具有较好的吸附选择性和较高的热稳定性[51]，LiAgX 型分子筛要优于 AgX 型和 LiX 型分子筛[52]。

表5-27　离子交换后各种沸石的热稳定性和吸附选择性[53]

样品	热稳定性			选择系数
	峰 1/℃	峰 2/℃	峰 3/℃	
13X 型沸石	874	982	—	3.7
LiX(68%)	773	922	—	3.4
LiX(97%)	766	—	—	10.2
LiCeX(93%:4%)	784	814	—	8.3
LiCeX(92%:6%)	788	—	—	8.6
LiAlX(77%:20%)	802	991	—	8.3
LSX	884	973	—	4.2
LiLSX(97%)	770	839	—	
LiLSX(99%)			—	9.7
LiCeLSX(84%:16%)	805	855	—	9.3
LiCeLSX(83%:15%)	786	844	—	10.4
ReLiLSX(81%:15%)	794	863	942	9.3

5.5.4.6 碳分子筛（CMS）

以碳为基础的吸附剂，最常见的是活性炭，此外作为特殊吸附剂的还有碳分子筛（称为carbon molecular sieves，CMS 或 molecular sieving carbon，MSC），根据分子大小和形状的不同，显示出不同的吸附性能。利用吸附特性的不同，可以进行各种气体混合物的分离纯化。近年来，作为从空气中分离氮的方法，利用 PSA 方式的氮气分离装置正在普及，碳分子筛已为世人所知。

碳分子筛是以碳为基础的吸附剂的一种，广义上包含在活性炭的范畴内，但是，在制法、功能方面与活性炭有很多区别（表 5-28）。

表5-28 活性炭和碳分子筛的性能比较

性能	活性炭	碳分子筛	性能	活性炭	碳分子筛
充填密度/（g/cm^3）	0.555	0.690	细孔率（体积分数）/%	59.5	48.0
真密度/（g/cm^3）	2.08	1.94	平均细孔径/Å	12.8	4.0
粒子密度/（g/cm^3）	0.865	1.06	比表面积/（m^2/g）	1050	4.4
空间率/%	35.8	33.9			

活性炭的比表面积为 $800m^2/g$ 以上，大的也有超过 $2000m^2/g$ 的。为了提高活性炭的吸附能力，经常采用提高活性状况、增大比表面积和细孔容积的方法。而碳分子筛情况则相反，是在分子尺度下进行细孔直径的调控，或者是提高对难以被吸附分子和筛分气体的吸附能力，如表 5-28 所示，其孔径一般在 100nm 以下，但孔径规则且分布情况良好。图 5-31 是碳分子筛吸附分离气体的模型图和对 O_2 及 N_2 的吸附速度，只有分子直径小于微孔的才能被其内孔表面吸附。

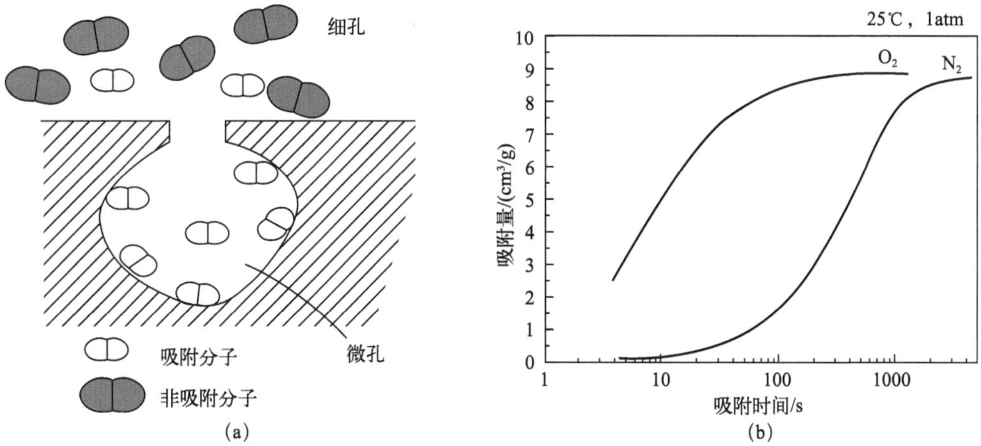

图 5-31 碳分子筛吸附分离气体的模型图（a）和对 O_2 及 N_2 的吸附速度（b）

以煤为原料制取碳分子筛的方法有碳化法、气体活化法、碳沉积法和浸渍法。其中碳化法最为简单，但要制取高质量的碳分子筛必须综合使用这几种方法。碳分子筛在分离空气制取氮气领域已获得了成功，在其他气体分离方面也有广阔的应用前景。

5.5.4.7 分子筛的特性比较

吸附质在分子筛上的吸附速度是较快的，吸附过程主要受晶体内扩散控制。分子筛吸附作用特点如下[31]：

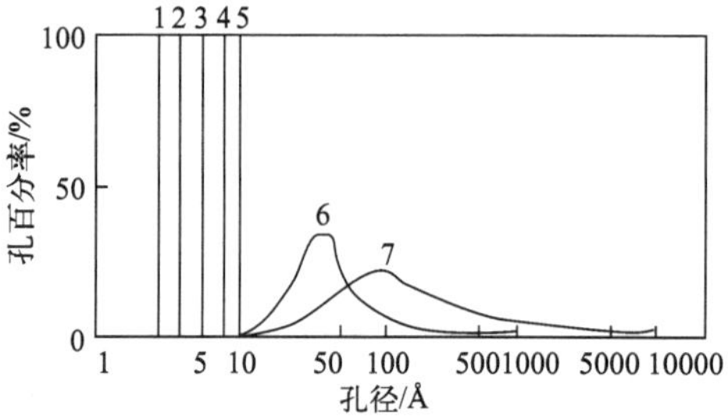

图 5-32 几种分子筛的孔径分布

1—8A 分子筛；2—4A 分子筛；3—5A 分子筛；4—10X 分子筛；5—13X 分子筛；6—硅胶；7—活性炭

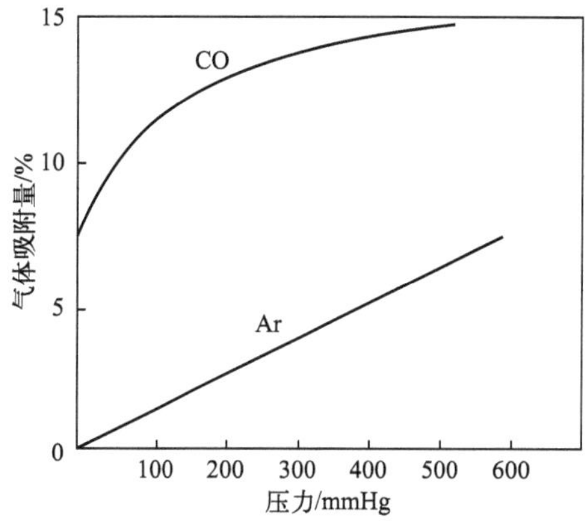

图 5-33 -75℃下 5A 分子筛上 CO 和 Ar 的吸附

(1mmHg=133.322Pa)

① 分子筛吸附剂的特点之一是微孔孔径分布单一均匀（见图 5-32），具有普通元素分子的孔径，因此，可以依据气体分子的大小和形状来筛分分子。气体分子直径较小者可以筛分通过，而直径较大者则不能进入分子筛孔穴，不能被吸附。又由于分子筛骨架有一定的伸缩性，在某些情况下也可以吸附一些稍大于分子筛微孔直径的分子，但吸附容量和吸附速度都较吸附小分子时有所降低。

② 分子筛可根据气体分子的极性、不饱和度及极化率进行选择吸附。在吸附过程中分子筛的孔径大小不是唯一的因素。气体分子直径都比分子筛孔径小的分子，虽然都可以进入微孔内，但由于分子的极性、不饱和度、极化率等不同，它们的吸附强弱和扩散速度有所差异，有的容易被吸附，有的就难以吸附，甚至基本上不能吸附，如在极性分子 CO 和非极性分子 Ar 的混合气体中，CO 和 Ar 的分子直径与沸点都相近，但在 5A 分子筛上 CO 的吸附量远大于 Ar 的吸附量，见图 5-33。不饱和度越大的分子吸附也越强，如乙烷、乙烯、乙炔等。

水是极性很强的分子，分子筛对水有强烈的亲和力。和其他的吸附剂相比，分子筛吸附水具有以下特点：

① 分子筛在低分压下的吸水性。气体中的水量低，特别是相对湿度较小时，分子筛也比硅胶、活性氧化铝有明显的优越性，即使相对湿度低于 1%时，分子筛仍能保持较好的吸附性，见图 5-34。

② 分子筛在高温下的吸水性。由图 5-35 可见，当流过的气体温度较高时，硅胶、活性氧化铝的吸附能力迅速降低，在温度超过 120℃时，几乎接近于 0。而分子筛在 100℃时，吸水量还有 13%（在此温度下硅胶为 1%，活性氧化铝为 3%），温度高达 200℃时，仍有 3%。表 5-29 是各种吸附剂在高温下的吸水性能比较。吸附时的吸附热使床层温度升高，从而影响吸附性能，但是分子筛在绝热条件下，仍具有很好的吸水性能，若是硅胶、活性氧化铝时，一般应设法把吸附热引出吸收器，以保持较好的吸水性。而在分子筛吸附床中可以不设冷却设施，在加热再生后，也不一定吹冷至吸附温度后才可开始吸附。

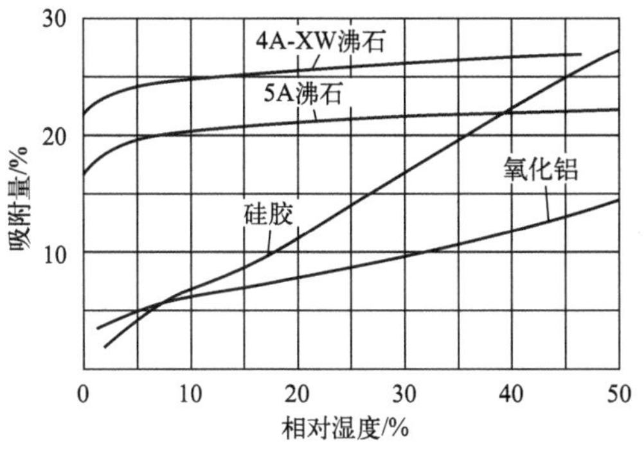

图 5-34 几种吸附剂在 25℃时的吸水量

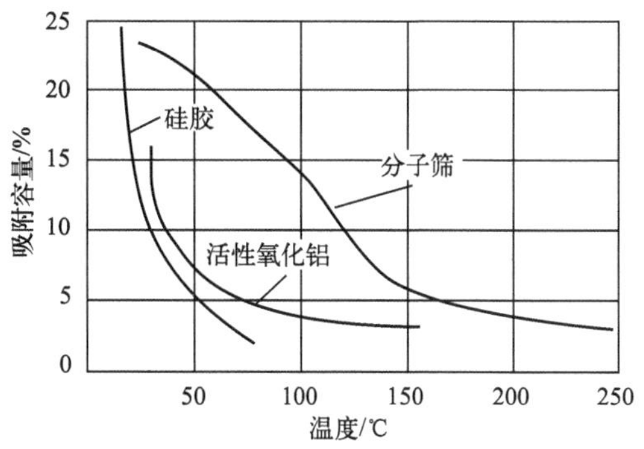

图 5-35 几种吸附剂的吸水等压线（10mmHg）

表5-29 各种吸附剂在不同温度下的吸水量 单位：%

吸附剂	温度/℃						
	25	50	75	100	125	150	250
分子筛系	22	21	18.5	15	9	6	3.5
氧化铝系	10	6	2.5	< 3	< 1	0	—
氧化硅系	22	12	3	< 1	0	—	—

图 5-36 是 3A 沸石分子筛的吸水特性及随温度的变化。由图可知，随着水蒸气分压的增加和温度的下降，吸水性迅速增加。

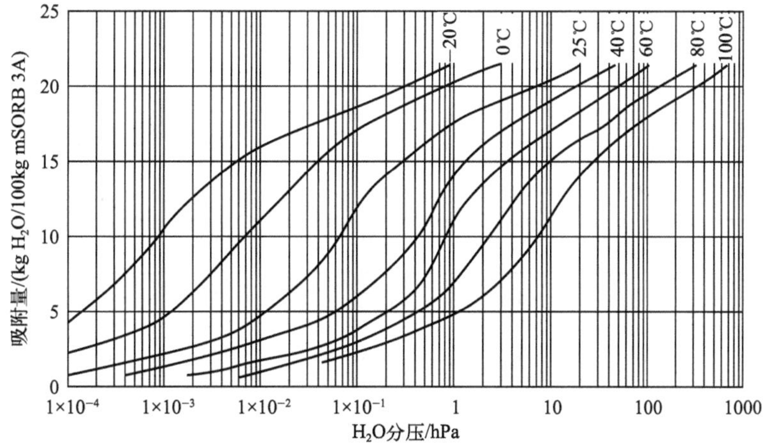

图 5-36 3A 沸石分子筛的吸水特性及随温度的变化

③ 在高线速度下仍有良好的吸水性。同其他吸附剂比较，分子筛在高线速度气体中，仍可保持较高的吸附量，见表 5-30。

表5-30 气体线速度对吸水量的影响

气体线速度/(m/min)	15	20	25	30	35
沸石的绝热吸水量/%	17.5	17.2	17.1	16.7	16.5
硅胶的等温吸水量/%	15.2	13.0	11.6	10.4	9.6

④ 干燥度高。从图5-37中可以看出，分子筛的吸水量是其他两种的3～4倍，并且干燥后的气体露点低。表5-31是4A分子筛上空气的动态干燥结果，说明分子筛在比较宽的范围内都有较高的吸附量和干燥度。

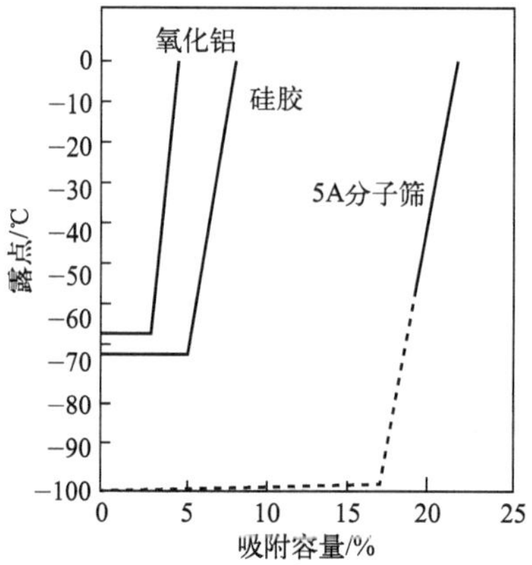

图5-37 空气的动态干燥结果［操作条件：φ（相对湿度）= 7%，床高76.2cm，u（气体线速度）= 0.2m/s，温度25℃］

表5-31 4A分子筛上空气的动态干燥结果

温度/℃	含水量/%	露点/℃	线速度/(m/min)	吸附干燥时间/h	干燥后露点/℃	吸水量/%	干燥气体量/(m^2/h)
30	13.3	21.0	4	17	−62.0	21.0	11.8
50	17.3	20.0	4	14	−60.0	17.4	9.8
80	18.3	21.0	4	2	−63.0	16.0	8.4
50	19.4	22.0	10	4.6	−82.0	17.5	9.4
50	17.3	20.0	22	2.2	−65.0	14.5	8.8
50	18.3	21.0	4	18.0	−70.0	17.5	9.8
50	9.4	13.0	4	82.0	−67.0	16.1	17.3
50	3.8	3.0	4	80	−65.0	15.8	43.3
50	1.4	−16.0	4	195	−63.0	14.6	104

注：操作条件为φ= 7%；床高76.2cm；u= 0.2m/s；温度25℃。

若气体中含有液体水（水雾或水滴），对分子筛的吸附性能没有影响。但是硅胶遇到液体水会被粉碎。

⑤ 共吸附性能好。进入分子筛吸附器的气体中除水之外，还有其他杂质时，分子筛不仅对水进行吸附，同时也可以吸附其他杂质，不过吸附的先后顺序有所不同。有较强吸附性的气体是NH_3、H_2S、SO_2、CO_2等，它们的吸附顺序大体是$H_2O > H_2S > NH_3 > SO_2 > CO_2$，这种共吸附性在工业上有广泛的硬价值。

⑥ 沸石分子筛表面强电场增强吸附性能。

5.5.5 硅胶

硅胶是一种高活性硅酸聚合物吸附材料，可以看作是用硅酸进行交联而形成的 SiO_2 四面体结构的聚合物，属无定形链状和网状结构物质，其化学式为 $SiO_2 \cdot mH_2O$。以 Si-O 四面体为基本单元堆积而形成刚性骨架，堆积质点之间的空间即为硅胶的孔隙。

硅胶根据其孔径的大小分为大孔硅胶、粗孔硅胶、中孔硅胶、细孔硅胶。通常是将平均孔径在 100Å 以上的硅胶称为大孔硅胶，平均孔径为 15～20Å 的称为细孔硅胶，在 8Å 以下的称为特细孔硅胶。硅胶的平均孔径、比表面积、孔容等可以在制备过程中，在成胶、老化、洗涤时控制 pH 值、浓度、老化温度等方面进行调节和控制。

各种型号的硅胶因其制造方法不同而形成不同的微孔结构。硅胶不溶于水和任何溶剂，无毒、无味、无污染、无腐蚀，除强碱、氢氟酸外不与任何物质发生反应。各种型号的硅胶因其制造方法不同而形成不同的微孔结构。硅胶的化学组分和物理结构决定了它具有许多其他同类材料难以取代的特点：吸附性能强、热稳定性好、化学性质稳定、有较高的机械强度等。

硅胶最主要是运用于气体干燥、气体吸附、液体脱水、色层分析和催化剂载体等领域，粉末状产品则用作涂料、油墨和搪瓷制品的消光剂，还用作牙膏磨料以及橡胶、塑料的填充剂等。

5.5.5.1 硅胶的合成方法

硅胶基吸附材料的合成方法按照改性机理、反应路径等不同，有异相法、均相法、共聚法等多种，其产品差异如表 5-32 所示[54]。

表5-32 不同路径合成硅胶基吸附材料的比较[54]

项目	异相法	均相法	共聚法
产品后处理	过滤、洗涤、烘干	蒸馏或减压蒸馏、烘干	洗涤、烘干
产品规整度	均一度低，有交联和缺陷	均一度高、对称度高	配合位点均匀
功能基位置	硅胶表面	硅胶表面	表面及内部
接枝率	较低	高	高
产品吸附性能	较低	较高	高
功能基利用率	较高	较高	较低

按照原料来划分，有以硅烷卤化物为原料的气相法，以硅酸钠和无机酸为原料的化学沉淀法，以及以硅酸酯等为原料的溶胶-凝胶法和微乳液法。

在硅胶合成上，同样的反应物和反应条件下，不同的反应路径对产物的影响较大。不同路径下，反应的阶段产物不同，副产物也不同，所以对所需产物的提纯方法和纯度以及最终产物的产率、结构性能都会产生较大的影响。从吸附材料本身性能考虑，提高产品的吸附量和吸附选择性是根本目的，因此，提高功能基团含量是必要的。可以选择不同的功能单体，比如多胺化合物、树形大分子、桥联单体等，通过提高配合位点的数目来提高吸附量，并改变配合位点种类或者印迹的方法以提高对金属离子的选择性。

硅胶的改性都是醇羟基和其他官能团的化学反应，使得有机改性试剂连接到硅胶的表面。另外，除了传统的硅胶球体的接枝改性或者共聚凝胶合成外，纳米技术的引入将为吸附材料的合成提供新的思路，如利用溶胶-凝胶的方法可以把硅胶做成颗粒状、片状、纤维状、颗粒状等不同形状的硅胶，满足不同应用场景的需求，如图 5-38 所示。

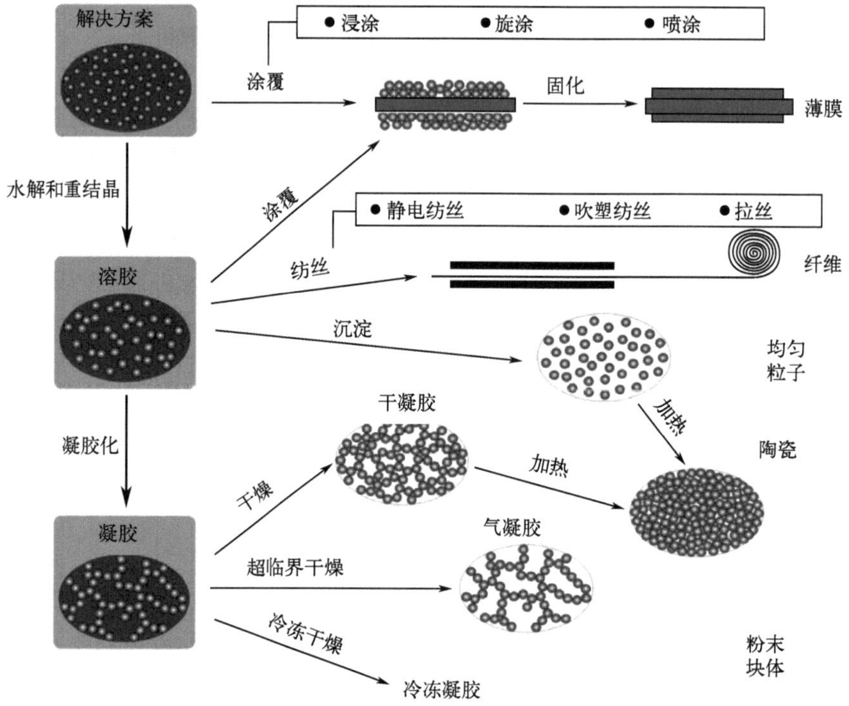

图 5-38 利用不同溶胶-凝胶工艺获得不同形态的硅胶产品[55]

5.5.5.2 孔结构分布

图 5-39 是三种硅胶吸附材料的孔径分布图。由图可知，A 型硅胶具有丰富的微孔分布，而 B 型和 C 型硅胶则具有明显的介孔分布，这与氮气吸附-脱附等温线所得结果相一致。3 种硅胶吸附材料的孔结构参数汇总于表 5-33[56] 中。3 种硅胶吸附材料的孔结构差别较大，A 型硅胶具有丰富的微孔分布，BET 比表面积和微孔孔容大小顺序为 A 型＞B 型＞C 型，对应的平均孔径大小顺序则为 C 型＞B 型＞A 型[56]。

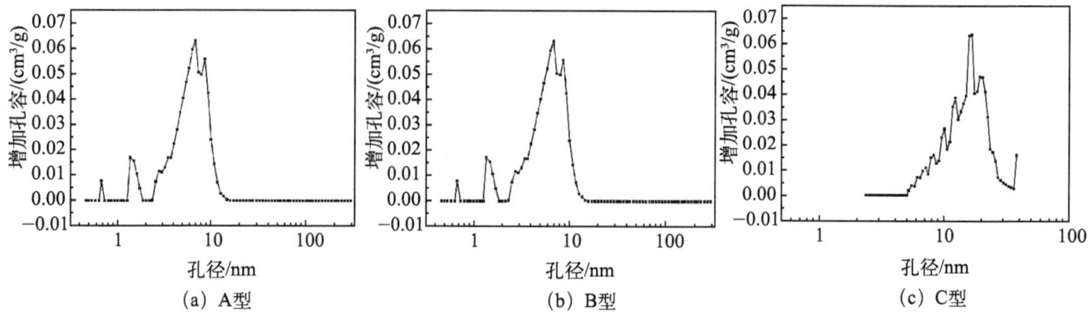

图 5-39 三种硅胶吸附材料的孔径分布图

表5-33 三种硅胶吸附材料的孔结构参数[56]

硅胶样品	BET 比表面积 /(m^2/g)	平均孔径 /nm	总孔容 /(cm^3/g)	微孔容 /(cm^3/g)	微孔占有率/%
A 型	700.5961	2.2012	0.3855	0.088194	22.8778
B 型	523.0259	6.0119	0.7861	0.001273	0.1619
C 型	322.2345	11.4482	0.9223	0.000120	0.0130

5.5.5.3 吸附特性

硅胶由于极性弱，主链上的 Si-O 键及其引入的有机基团的极性都很小，所以硅胶属于非极性材料。图 5-40 是上述 3 种硅胶吸附材料在 77K 时对氮气的吸附-脱附等温线。从图中可以看出，A 型硅胶的氮气吸附等温线在低压区（$p/p_0<0.05$）迅速上升，具有较高的氮气吸附量，说明 A 型硅胶含有丰富的微孔；C 型硅胶在相应的低压区对氮气的吸附量较小，表明 C 型硅胶的微孔分布较少；B 型硅胶和 C 型硅胶的脱附等温线与吸附等温线不重合，产生明显脱附滞后回环，这是由于发生了介孔的毛细管凝聚现象，说明含有一定量的介孔分布。另外，B 型硅胶与 C 型硅胶的氮气吸附量在 $0.05<p/p_0<0.9$ 范围内，随着分压的增加均有较为明显的上升趋势，也可说明此两类硅胶均含有丰富的介孔。

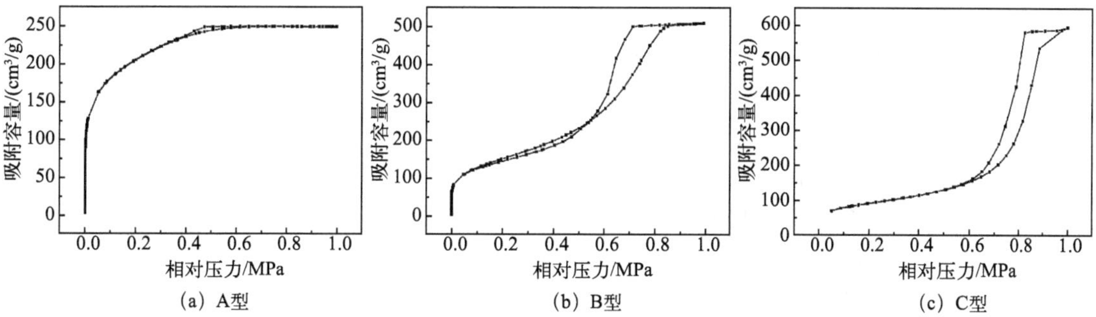

图 5-40 77K 时 3 种硅胶吸附材料的氮气吸附-脱附等温线

图 5-41 是硅胶在 25℃下的水吸附和解吸等温线，一条是由干燥状态润湿样品获得的，另一条是由潮湿状态干燥样品获得的。硅胶显示出很强的吸水性，随着湿度的增加吸水性先

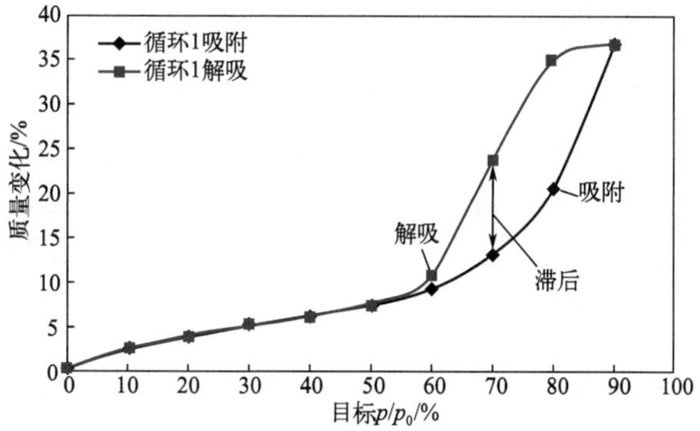

图 5-41 25℃下硅胶的水吸附和解吸性能

线性增加，适度达60%后则迅速增加。脱水时也有很大的滞后。伴随着吸水量的增加，硅胶的颜色也逐渐从蓝色变成透明，再生后又恢复到蓝色，如图5-42所示（另见文前彩图）。硅胶中结构水是以羟基（—OH）键合而滞留下来的，升温后便解离释放出水。

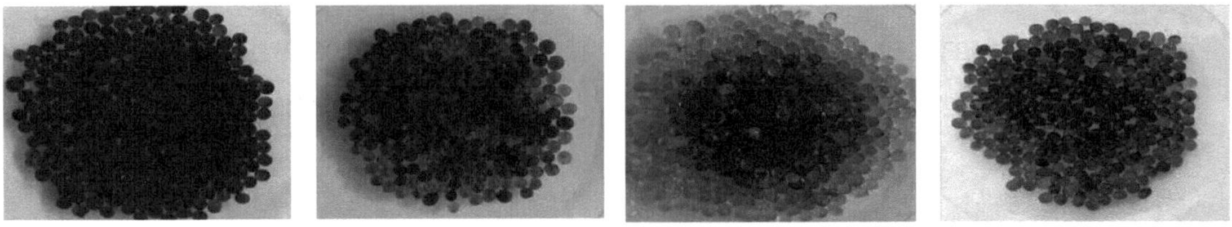

(a) 干燥状态　(b) RH:20%　(c) RH:50%　(d) RH:100%

图5-42 干燥硅胶吸水后的颜色变化

硅胶具有在气体含湿量高、相对湿度大时，吸附容量大，吸附剂再生加热温度较低，价格低和机械强度较好的优点。所以，至今仍被广泛用于气体吸附干燥，也常用作氢气纯化时的吸水剂。但它存在着在气体含量小、相对湿度低时，吸附能力大幅降低、遇水滴后崩裂的缺点。在温度25℃时，入口水汽浓度200×10^{-6}，即0.02%（体积分数），或露点−36℃时，细孔硅胶的吸附容量也仅为4%，而细孔硅胶的吸附性能在各种硅胶中还是较好的。

5.5.5.4 影响硅胶性能的各种因素

① 吸附温度升高，硅胶的吸附性能也将明显降低。

② 气流速度增大，硅胶的吸附性能也有所降低。

③ 粒度小的硅胶吸附容量大。粒度增大，吸附容量减小。由图5-43可见，粒度由1mm增加到4mm，吸附容量减少了一半左右。

④ 硅胶的再生条件——再升温度、再生气体含湿量，决定着气体的干燥度，但是当再生温度升高到一定温度后，影响便不明显。如图5-44所示，当再生温度较低时，再生气的含湿量影响着气体的干燥度，当再生温度升高到160℃时，气体干燥度为10×10^{-6}。温度继续升高，干燥度基本上不再变化。

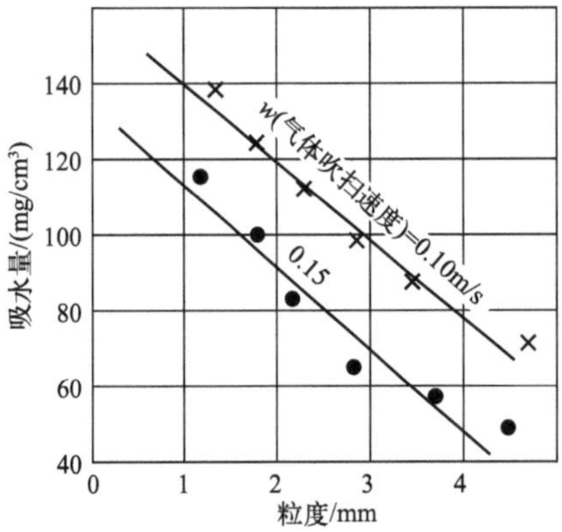

图5-43 硅胶粒度与吸水量的关系（实验条件：气体温度20℃，相对湿度φ= 75%～80%，露点-60℃，吸附床高0.3mm）

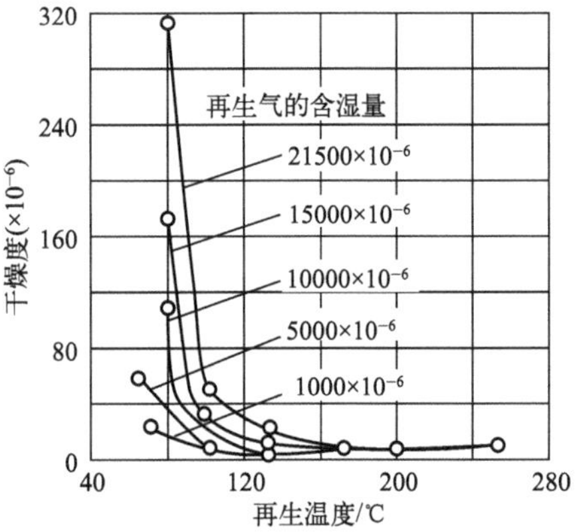

图5-44 细孔硅胶的干燥度与再生温度和再生气含湿量的关系

⑤ 在高压气炉中，硅胶的吸附性能随压力的升高而提高。在压力 60kgf/cm^2 左右为最高值，压力继续升高，吸附性能反而很快降低。4A 分子筛也存在类似的情况。

⑥ 与其他吸附剂的比较。图 5-45 是 25℃ 下硅胶与 $CaSO_4$、分子筛、黏土（CLAY）、CaO 的吸水性比较。每 100g 硅胶的吸水性可达 36g，比 $CaSO_4$、分子筛、CLAY、CaO 的吸水性都大，但是在湿度小的时候，吸水性则不如 CaO 和分子筛。

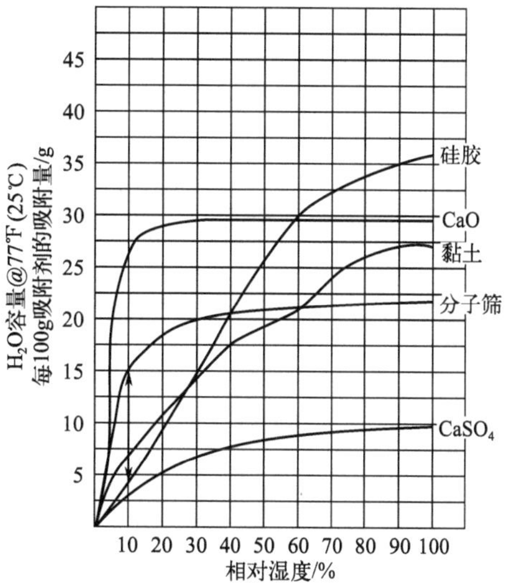

图 5-45 25℃下硅胶与 $CaSO_4$、分子筛、黏土（CLAY）、CaO 的吸水性比较

5.5.6 活性氧化铝

活性氧化铝，别名活力铝矾土，英语名为 activated alumina，其化学组成为 $Al_2O_3 \cdot nH_2O$，通常按所含结晶水数目不同，可分为三水氧化铝和一水氧化铝，是一种碱性极性材料。因为活性氧化铝具有较高的表面活性、选择亲和性、吸附性，稳定性高，对环境友好，成本低，在工业上主要用作干燥剂、吸附剂、催化剂以及催化剂载体。

活性氧化铝是优良的干燥剂，用作干燥剂的氧化铝要有大的比表面积（250～350m^2/g），广泛应用的是直径为 3～5mm、6～8mm 的球形粒子。活性氧化铝是一种重要的精细化工产品，能吸附大量的水蒸气，是一种含微量水的气体或者液体深度干燥用的干燥剂，吸水后能够保持不胀不裂，而且被水饱和的氧化铝很容易通过干燥的方法脱除物理吸附水而重复使用。除干燥空气外，活性氧化铝还用于除去各种气体和有机液体中的水分，如用于酒精脱水。活性氧化铝也是氨、氟化氢与砷的氧化物的良好吸附剂，作为高氟饮水的优质除氟剂、制酸工业的除砷剂、工业污水的脱色剂以及污染气体的气味消除剂已获得广泛应用。

5.5.6.1 活性氧化铝的种类和制备方法

氧化铝的前驱体为氢氧化铝或水合氧化铝，一般经加热脱水即可制得氧化铝。氧化铝有多种晶型，现已知八种以上的形态，如 χ-Al_2O_3、η-Al_2O_3、γ-Al_2O_3、δ-Al_2O_3、ξ-Al_2O_3、κ-Al_2O_3、β-Al_2O_3、ρ-Al_2O_3、α-Al_2O_3 等，其中比较常见的有 α-Al_2O_3、β-Al_2O_3、θ-Al_2O_3、γ-Al_2O_3 和 δ-Al_2O_3。其中，α-Al_2O_3 俗称刚玉，是三方晶系，归属于 R3c 空间群，因具有很高的热稳定性和机械强度被用作某些高温反应的载体，也是固体氧化铝的热力学稳定相。不仅在不同的形态之间，即便是同一形态，其结构性质——孔隙率、比表面积、孔径分布都会因制备过程的不同而大不相同，这就为氧化铝的广泛应用创造了条件，同时也使掌握它的性能的规律性较困难[57]。

Busca 在氧化铝固相转化示意图中呈现了常见氧化铝的晶型及转变温度（图 5-46）。目前，氧化铝的制备方法主要包括沉淀法、溶胶-凝胶法、模板法、水热/溶剂热法、气相沉积法和微乳液法。γ-Al_2O_3 则是在不高的温度下脱水获得的，是一种存在缺陷的尖晶石结构，属于面心立方晶格。活性氧化铝的生产原料有两种，一种是由三水铝石或拜尔石生产的“快脱粉”，另一种是由铝酸盐或铝盐或二者同时生产的拟薄水铝石。图 5-47 是两种不同粒度的活性氧化铝的照片。

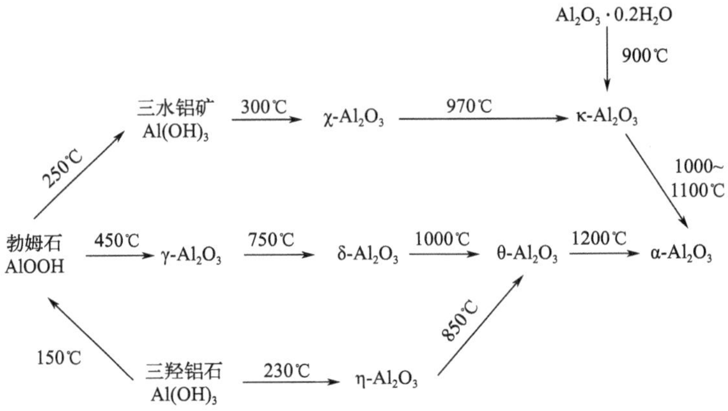

图 5-46 不同晶型氧化铝的转化示意图

图 5-47 活性氧化铝照片

采用 CO_2 碳化法、酸法、碱法和 $NaAlO_2$ 加 $Al_2(SO_4)_3$ 并流法生产拟薄水铝石，控制不同的生产条件，可以制取不同性质的拟薄水铝石。山东铝业公司生产的拟薄水铝石系列产品的性能见表 5-34，由此制备的活性氧化铝的特性见表 5-35[58]。

表5-34 山东铝业公司拟薄水铝石系列产品的性能

牌号	Na_2O /%	Fe_2O_3 /%	灼减率 /%	堆密度 /(kg/L)	比表面积 (BET)/(m^2/g)	孔容 /(mL/g)	胶溶率/%	杂相 ($Al_2O_3 \cdot 3H_2O$)/%
HF159	≤0.1	≤0.03	18~22	≤0.75	240~280	0.3~0.4	≥95	<4
HF160	≤0.05	≤0.03	18~22	≤0.75	240~280	0.3~0.4	≥95	<4
HF163	≤0.30	≤0.03	≤25	≤0.75	≥250	≥0.3	≥95	<5
HF171	≤0.05	≤0.03	≤25	≤0.40	≥300	≥0.8		<4

续表

牌号	Na_2O /%	Fe_2O_3 /%	灼减率 /%	堆密度 /(kg/L)	比表面积 (BET)/(m^2/g)	孔容 /(mL/g)	胶溶率/%	杂相 ($Al_2O_3·3H_2O$)/%
HF172	≤0.10	≤0.03	≤25	≤0.50	≥250	≥0.8		<5
HF181	≤0.10	≤0.03	≤25	≤0.40	≥200	≥0.55		<5

表5-35 山东铝业公司活性氧化铝的特性

型号	SiO_2 /%	Fe_2O_3 /%	Na_2O /%	灼减率/%	孔容 /(mL/g)	比表面积 /(m^2/g)	压碎强度 /(N/颗)	磨耗 /%	Al_2O_3 /%	外形尺寸 /mm	吸温率/%	堆密度 /(g/mL)
AA-341	≤0.35	≤0.04	≤0.03	≤6	≥0.40	200±30	≥80	—	—		—	—
AA-314	≤0.06	≤0.03	≤0.5	≤6	≥0.45	≥220	≥100	—	—		≥40	—
AA-315	≤8.1	≤0.03	≤0.5	≤6	≥0.42	≥150	≥80	—	—		≥70	≤0.6
AA-332	≤0.35	≤0.04	≤0.4	≤7	≥0.40	≥230	≥100	—	—		—	—
LS-811												
AA-335		助催化剂(1.0±0.2)%			≥0.40	≥200	≥100	<1.0	≥9.2	ϕ4~6球	其他余量	
LS-931												

为增加氧化铝粒子间的黏结性，提高载体强度，改善孔结构，选择酸性胶溶剂在混捏中使胶溶剂与氢氧化铝干胶粉发生胶溶作用，生成假溶胶，使粒子黏结起来，便于成形。硝酸、盐酸、乙酸、甲酸、柠檬酸、三氯乙酸等酸性胶溶剂对载体物理性能的影响见表5-36。由表可见，酸性胶溶剂明显地提高了载体强度，改善了孔结构。尤其是无机酸（硝酸、盐酸）有较强的胶溶能力，改善了孔结构，间隙孔高度集中在6～10nm，孔径大于10nm的孔明显变少。这些活性氧化铝按特性区分为大孔容类（0.6～0.8mL/g）、大比表面积类（250～350m^2/g）、低表观密度类（0.2～0.6g/mL）、小孔径类（<4nm）、中孔径类（4～10nm）和大孔径类（10～100nm）。

表5-36 胶溶剂类型对载体物理性能的影响

胶溶剂类型	比表面积 /(m^2/g)	孔容 /(mL/g)	可几孔径① /nm	孔径分布/%			压碎强度 /(N/cm)	磨损率 /%
				6~8nm	8~10nm	10~40nm		
水	122	0.54	6.8	46.0	30.5	22.9	83.4	—
硝酸	208	0.48	7.4	95.0	2.1	2.9	193.2	1.41
盐酸	222	0.48	7.4	96.0	1.8	1.2	192.2	1.03
乙酸	243	0.51	5.8	70.2	25.0	4.9	130.4	1.51
甲酸	233	0.54	7.6	70.3	22.9	6.9	127.5	4.98

续表

胶溶剂类型	比表面积 /(m^2/g)	孔容 /(mL/g)	可几孔径[①] /nm	孔径分布/%			压碎强度 /(N/cm)	磨损率 /%
				6~8nm	8~10nm	10~40nm		
柠檬酸	231	0.50	6.8	68.8	24.4	6.8	101.0	13.60
三氯乙酸	252	0.50	7.6	88.0	7.5	4.5	180.4	0.93

① 表示在多孔材料中，出现概率最高的孔径大小。

由于煅烧的活性氧化铝具有多孔结构，大大增大了比表面积，可以制取比表面积达到 $360m^2/g$ 的活性氧化铝。比表面积的大小取决于原料、煅烧温度和加热时间等。应用 $NaAlO_2$ 溶解所得的胶状物氢氧化铝作为原材料制取的活性氧化铝，其直径十分细微，比表面积更可达到 $600m^2/g$，孔容为 0.1~0.3mL/g。

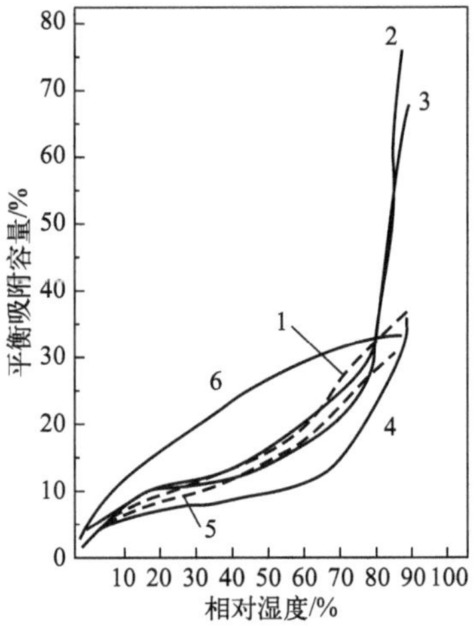

图 5-48 活性氧化铝的吸附等温线
（1~5 分别为氧化铝 A、B、C、D、E；6 为硅胶）

5.5.6.2 活性氧化铝的吸附性能

图 5-48 是几种活性氧化铝的吸附等温线。由图可知，原料气体在相对湿度较低时，吸水量小，相对湿度增大到 70% 以上时，吸水量明显增加。

图 5-49 是一种国产活性氧化铝的实验数据。在试验条件下气流速度小于 0.05m/s 时，干燥度比较平稳地达到－55℃（露点）以上，当气流速度增加后干燥度迅速下降。

图 5-50 表明，活性氧化铝与气流接触时间长，吸附容量大。

表 5-37 是常压下空气温度 20℃、出口气体露点－40℃时，改变气流线速度和接触时间，吸附容量的变化情况。

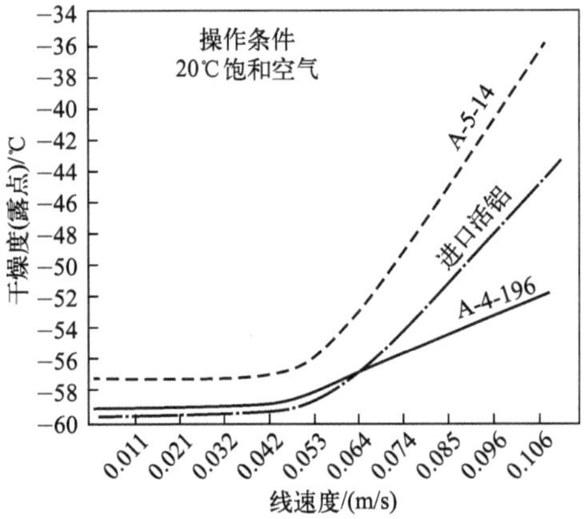

图 5-49 国产活性氧化铝的干燥度与线速度

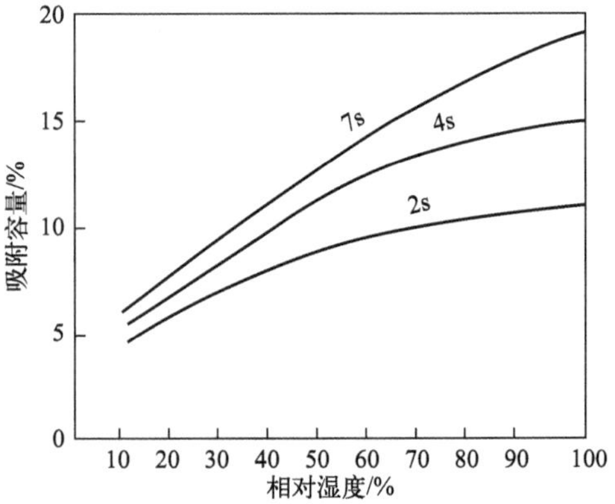

图 5-50 活性氧化铝接触时间与吸附容量的关系
（空气温度 20℃，流速 10cm/s，粒度 ϕ1~2mm）

表5-37 活性氧化铝的接触时间、气流线速度与穿透吸附容量的关系

穿透吸附容量 / 线速度/(cm/s)	接触时间/s			
	10.0	5.0	2.0	1.0
10	19%	15%	10%	5%
20	19.5%	16%	11%	7.5%
40	20%	16.5%	12%	9%

表 5-38 是吸附剂用于氢气吸附干燥时的数据。当活性氧化铝的制备中添加 SiO_2 后制成的吸附剂比表面积增大，吸附性能提高，耐热性亦提高。日本生产的 Neobead-SA 吸附剂用于气体的脱水，经试验表明，在常温下，出口气体含水量为露点－61℃时的吸附容量可达11%。

表5-38 Neobead-SA 在不同压力时的吸附容量

技术指标	工作压力/(kgf/cm^2)			
	常压	4	7	15
平衡吸附容量/%	11	14.1	16.9	17.5
出口气体露点/℃	-61.6	-63.9	-69	-70 以下
露点-42℃时的吸附容量/%	12.3	17.2	21.7	22.8

5.5.7 金属有机框架化合物吸附剂

金属有机框架（metal-organic frameworks，MOFs）是一类由金属离子簇与 C、N、O、H 有机配体组成的化合物，如图 5-51 所示（另见文前彩图）。这些金属离子簇与有机配体配

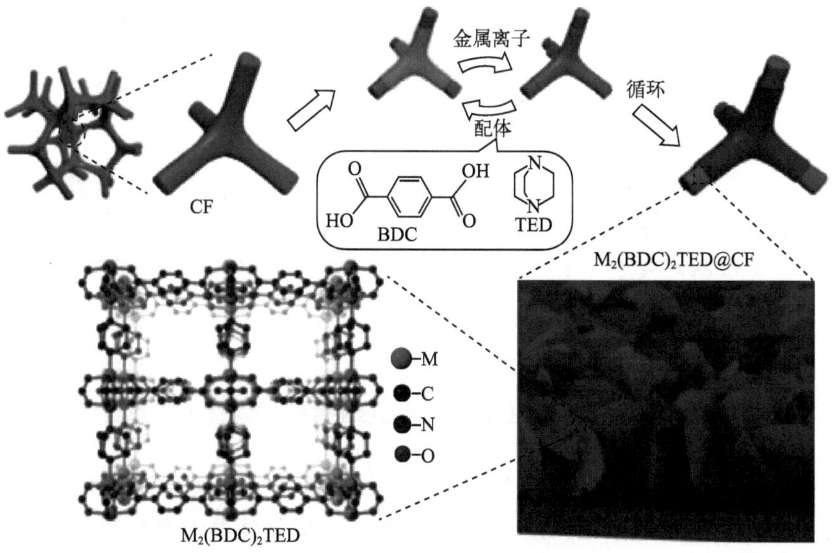

图5-51 MOFs 的结构示意图

位形成一维、二维或三维结构，其均匀孔径通常在 0.3～2.0nm 之间。它们是配位聚合物的一个子类，其特殊之处在于它们通常是多孔的。通常，节点由一种或多种金属离子（例如 Cu^{2+}、Cr^{3+}、Zn^{2+} 或 Al^{3+}）组成，这些金属离子通过特定的官能团（例如吡啶基和羧酸盐）来配位桥接配体。最近，金属有机框架在分离、催化和气体储存中的商业应用引起了激烈的研究。这主要是由于其独特的结构特性，如优异的化学和热稳定性、显著的表面积（高达 $5000m^2/g$）和大的空隙体积（55%至 90%），在分离过程中可以保持几乎不变[41]。

尽管有上述的多孔炭、硅胶等其他多孔固体，但这些多孔吸附剂的关键特征是晶体结构的微孔单一性，不能调节孔径和表面化学性质。而 MOFs 通过改变配体的长度和功能，孔径可以从几埃调节到纳米，是其他多孔吸附剂难以做到的。正因为孔和环境的多样性，MOFs 的种类逐年增加，已有数千种金属有机框架。图 5-52 是常见的用于二氧化碳吸附的 MOFs 晶体结构，通过配体的选择，孔径大小可以在很大的范围内调控。

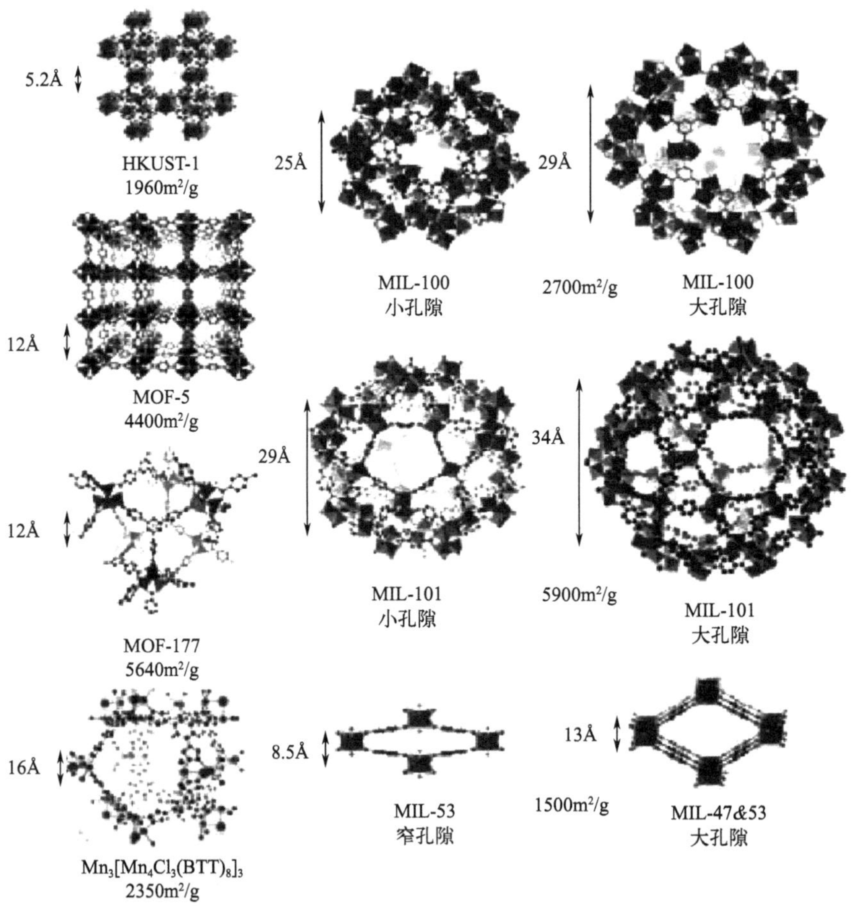

图 5-52 常见的应用于二氧化碳吸附的金属有机框架材料的晶体结构[59]

与沸石相比，MOFs 有更大的比表面积，并在中等压力下具有更强的二氧化碳吸附能力。值得注意的是，在 10Pa 以上的压力下，沸石的二氧化碳最大吸收量仅为金属有机骨架的 1/3。表 5-39 是 MOFs 对氮/二氧化碳（燃烧后）、甲烷/二氧化碳（天然气脱硫）或氢气/二氧化碳（预燃烧）吸附分离的应用特性。其中，MOF-210 和 MOF-200 的比表面积分别为

6240m^2/g 和 4530m^2/g，在 50bar 和 298K 时的二氧化碳吸附量高达 54.5mmol/g。

为了提高 MOFs 的碳捕集能力，已经提出了几种方法，包括：a. 通过与钴、镁、钛、钒等金属离子的结合提高 MOFs 的吸附容量；b. MOFs 内外阴阳离子的交换；c. 通过添加锂强化碳纳米管与 MOFs 的结合；d. 利用烷基氨基使 MOFs 的孔功能化。

表5-39 所选金属有机骨架的二氧化碳吸附和去除特性

MOFs 材料	类别	二氧化碳吸收量（条件）	分离/应用/选择性
MIL-100（Fe）		0.67mmol/g（330K，1bar）	CO_2/N_2
[Sc_2（BDC）$_3$]		0.9 mmol/g（235K，1bar）	CO_2/CH_4
		4.5 mmol/g（50bar）	CO_2/H_2
[Cu_3（BTC）$_2$]	（1）	10.9mmol/g（298K，6bar），12.7mmol/g（15bar）[vs ≈ 4mmol/g CH_4（15bar）和 ≈ 2 mmol/g N_2（15bar）	CO_2/CH_4
			CO_2/N_2
[Co_4（μ-OH_2）$_4$（MTB）$_2$]	（1）	1.59mmol/g，7.02%（273K，1atm）	CO_2/CH_4
			CO_2/N_2
[Ni（Cyclam）$_2$（MTB）]	（2）	2.53mmol/g，11.2%（195K，1atm）	CO_2/CH_4
			CO_2/N_2
[Zn（f-PYMO）$_2$]	（3）	8mmol/g（273K，20bar），可忽略不计 CH_4	CO_2/CH_4
[（Ni_2Li）（BPTC）] 乙（硫）醚桥联（ethyl-bridged）	（3）	9.3%（298K，1atm），15%（15bar）	CO_2/CH_4
			CO_2
			H_2，CO_2/N_2
[H_3O][Zn_7（μ_3-OH）$_3$（BBS）$_6$]（UoC-1）	（4）	2 mmol/g（273K，21bar）	CO_2/CH_4
		0.5mmol/g，可忽略不计 CH_4	CO_2/N_2
		N_2 和 H_2	CO_2，H_2
NU-100		46.4mmol/g（298K，40bar）	
MOF-210		54.5mmol/g（298K，50bar）	
MOF-200		54.5mmol/g（298K，50bar）	
[Zn_4O（BTB）$_2$]（MOF-177）		33.5mmol/g（298K，42bar）	

注：1. 表中（1）指包含开放金属位点；（2）指相互渗透；（3）指柔性；（4）指官能化。

2. BDC—苯二甲酸；BTC—苯三甲酸；MTB—甲基叔丁基醚；Cyclam—环十四四氮烷；PYMO—2-羟基苯乙醚；BBS—N-叔丁基-2-苯并噻唑次磺酸胺；BPTC—联苯四甲酸；BTB—1，3，5-苯三苯甲酸酯

Tina Düren 研究小组为了评估 MOFs 对氢气净化的适用性，使用蒙特卡洛法和分子动力学模拟确定了许多有前途的 MOFs，以预测吸附等温线、选择性和微孔扩散系数，如图5-53 所示。然后将这些分子模拟结果整合到由 Daniel Friedrich 和 Stefano Brandani 开发的变压吸附柱的全尺寸模拟中。这项多尺度模拟研究确定了有前景的材料，其性能优于文献中研究的从蒸汽甲烷重整器尾气（SMROG）中提纯氢气的商用沸石[60]。

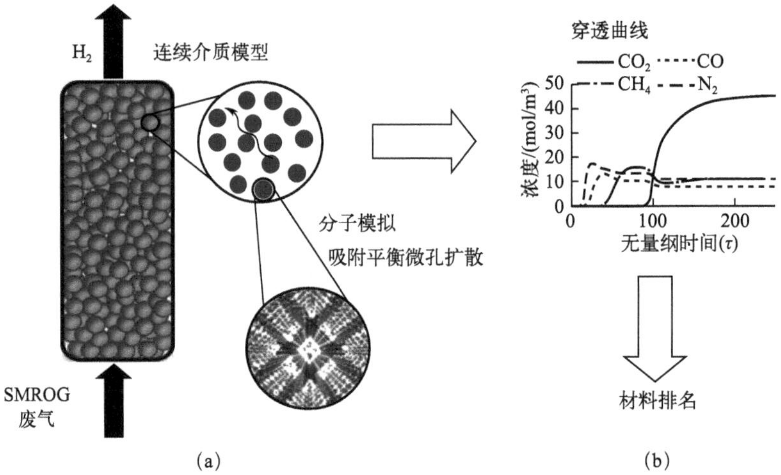

图 5-53 MOFs 对蒸汽甲烷重整尾气的氢气分离示意图（a）和预测微孔扩散系数模拟计算（b）

除此之外，Banu 等[61] 比较了四种 MOFs 吸附剂［UiO-66（Zr）、UiO-66（Zr）-Br、UiO-67（Zr）和 Zr-Cl_2AzoBDC］，发现 UiO-66（Zr）-Br 对甲烷蒸汽重整产生的 H_2 的净化效果最好。Relvas 等[62] 制备了一种新型的 Cu-AC-2 吸附剂，用于处理 $H_2/CH_4/CO/CO_2$ 气体混合物，H_2 纯度超过 99.97%，而 CO 含量降至 0.17×10^{-6}，达到了燃料电池汽车所需的 H_2 标准[7]。

到目前为止，关于金属有机框架在模拟现实条件下作为二氧化碳吸附剂的可行性，只进行了少数研究。大多数金属有机框架在工业上实施的一个严重障碍是，它们在水和空气的存在下易降解，稳定性相对较低，以及对气体混合物中其他杂质的敏感性。最终，需要对金属有机框架作为膜（用于气体纯化或分离）或大型床（可使用变压吸附或变温吸附方法）的有效性进行全面评估，以将金属有机框架整合到实际的二氧化碳吸附过程中[41]。

5.5.8 不同吸附剂的性能比较

与吸附剂相关的气体的物理性质有直径、偶极矩、四极矩、极化率等，不同气体的这些特性有所不同，见表 5-40。工业上常用的吸附剂有硅胶、活性氧化铝、活性炭、分子筛等，另外还有针对某种组分选择性吸附而研制的吸附材料。气体吸附分离成功与否，极大程度上依赖于吸附剂的性能，因此选择吸附剂是确定吸附操作的首要问题。表 5-41 是常见的几种吸附剂的比较[63,64]。

表5-40 各种气体的物理性质

物理性质	O_2	N_2	CH_4	CO
分子临界直径/nm	0.39×2.8	0.4×3.0	0.44	0.42×3.7
分子动力学直径/nm	0.346	0.364	0.380	0.376
偶极性/(Debye)^2	0.0	0.0	0.0	0.1
四极矩/$Erg^{1/2}\cdot cm^{5/2}\times10^{-26}$	−0.4	−1.5	—	—
极化率/$cm^3\times10^{-25}$	15.8	17.4	25.9	19.5

表5-41 常见的5种吸附剂的比较

吸附剂种类	成分	极性	特点
活性炭	C	单元素、非极性	① 活性炭有很多毛细孔构造，所以具有优异的吸附能力。因而它的用途遍及水处理、脱色、气体吸附等各个方面。 ② 无定形结构，比表面积可高达 $3000m^2/g$
沸石（分子筛）	$MO(Al_2O_3 \cdot SiO_2) \cdot nH_2O$	极性	热稳定性和化学稳定性高，又具有许多孔径均匀的微孔孔道和排列整齐的空腔，故其比表面积大（$800 \sim 1000m^2/g$），是强极性吸附剂，对极性不饱和化合物和易极化分子特别是水有很大的亲和力，按照气体分子极性、不饱和度和空间结构不同对其进行分离。用于气体吸附分离、气体和液体干燥
硅胶	$SiO_2 \cdot mH_2O$	非极性	一种亲水性的极性吸附剂，比表面积可达 $300m^2/g$。它在吸附气体中的水蒸气时，其量可达自身质量的50%，主要用于干燥气体混合物及石油组分的分离。即使在相对湿度为60%的空气流中，微孔硅胶的湿容量也达24%。硅胶在吸附水分时会放出大量的吸附热，易使其破裂产生粉尘。微孔孔径极不均匀，没有明显的吸附选择性。采用硅胶干燥后的气体露点可达−60℃
活性氧化铝	$Al_2O_3 \cdot nH_2O$	碱性、极性	① 一种极性吸附剂，结构有无定形的凝胶，也有氢氧化物的晶体，比表面积可达 $250m^2/g$ 以上。由于它的毛细孔通道表面具有较高的活性，故又称活性氧化铝。它对水有较强的亲和力，是一种对微量水深度干燥用的吸附剂。在一定操作条件下，它的干燥深度可达露点−70℃以下。 ② 因其呈碱性，可与无机酸发生反应，故不宜用于酸性天然气脱水。此外，因其微孔孔径极不均匀，没有明显的吸附选择性，所以在脱水时还能吸附重烃且在再生时不易脱除
MOFs	金属离子簇与C、N、O、H	极性且可调	具有 $5000m^2/g$ 甚至更大的比表面积。由于其独特的结构稳定性和金属阳离子的可调性，通过金属、配体调控筛选，可控制MOFs材料的孔径、缺陷和极性，实现MOFs材料在 CO_2 捕集与转化、气体吸附分离和氨-氢能源领域的应用

传统的吸附剂包括沸石分子筛、活性炭、活性氧化铝和硅胶。这些吸附剂针对不同杂质进行了改进和创新，大多数研究集中于 CO_2 去除[7]。

Lively等使用中空纤维作为吸附剂，研究PSA实验装置中的CO_2去除，所得H_2的纯度为99.2%，回收率为88.1%，这需要优化。Shamsudin等通过棕榈壳木炭的强CO_2吸收，将H_2纯度提高到约100%，回收率提高到88.43%。其他人报道了一种使用浸涂镍泡沫框架应用于快速PSA（RPSA）的结构化活性炭系统。在0.4MPa和200mL/min的工作条件下，吸附速率常数K为$0.0029s^{-1}$，这是传统吸附剂的两倍左右。该材料在H_2中表现出更好的CO_2吸附效果。此外，Kuroda等应用羟基硅酸铝黏土（HAS黏土）纯化生物质产生的H_2，并发现对CO_2的吸附选择性相对较高。该吸附剂也适用于H_2S的吸附和分离。

5.5.9 吸附剂再生及在低温和中温下的变压吸附

5.5.9.1 吸附热

吸附过程中，气体分子移向固体表面，其分子运动速度会大大降低，因此会释放出热量。吸附热是指吸附过程产生的热量变化。吸附热的大小可以衡量吸附强弱的程度，吸附热越大，吸附越强。吸附热是衡量吸附剂吸附功能强弱的重要指标之一。吸附热分为“积分吸附热”和“微分吸附热”。积分吸附热是在吸附平衡时，已被吸附剂所覆盖的那部分的平均吸附热ΔQ_1，它表示吸附过程中较长时间内的热量变化结果。微分吸附热是指吸附剂上吸附x克吸附质分子后，再吸附Δx克吸附质所造成的热量变化ΔQ_2。ΔQ_1和ΔQ_2是不同的，它们的单位是kcal/g分子或kJ/g分子。一般文献中所说的吸附热多为“微分吸附热”。

物理吸附的吸附热等于吸附质的凝缩热与湿润热之和。当前者相对于后者很大时，可忽略湿润热。物理吸附的吸附热一般为几百到几千焦耳每摩尔，最大不超过40kJ/mol。化学吸附过程的吸附热比物理吸附过程的大，其数量相当于化学反应热，一般为84～417kJ/mol。吸附温度也会影响吸附热的大小。在实际操作中，吸附热会导致吸附层温度升高，进而使吸附剂平均活性下降。表5-42为23℃时X、Y型分子筛的水微分吸附热，表5-43是一些气体在NaX型沸石上的吸附热[64]。

表5-42 23℃时X、Y型分子筛的水微分吸附热

吸附量/(mg/mol)	吸附热/[kcal/(g·mol)]		吸附量/(mg/mol)	吸附热/[kcal/(g·mol)]	
	A型	X型		A型	X型
1.0	19.5	18.4	11.0	15.2	14.9
2.0	17.0	17.1	12.0	15.1	14.8
3.0	16.3	16.3	13.0	14.8	14.7
4.0	15.8	15.8	14.0	13.5	14.3
5.0	15.5	15.7	15.0	11.9	13.5
6.0	15.2	15.9	16.0	11.2	13.4
7.0	15.1	15.4	17.0	—	13.2
8.0	15.0	15.1	18.0	—	13.2
9.0	15.0	15.0	19.0	—	11.3
10.0	15.1	15.0			

表5-43 一些气体在 NaX 型沸石上的吸附热

吸附质	C_2H_4	C_3H_8	N_2	CO_2	$(CH_3)_2O$
吸附热/[kcal/(g·mol)]	8.9	18.0	5.0	10.0	16.4
吸附质	$(C_2H_5)_2O$	CH_3NO_2	CH_3CN	H_2O	CH_3OH
吸附热/[kcal/(g·mol)]	21.0	19.9	10.0	18.5	18.4
吸附质	C_2H_5OH	H_3H_7OH	$n\text{-}C_4H_9OH$	NH_3	CH_3NH_2
吸附热/[kcal/(g·mol)]	20.9	23.2	26.0	16.0	18.0

5.5.9.2 吸附剂的再生

气相吸附过程是由吸附和再生（脱附）两个阶段组成的。吸附剂的再生是现实吸附技术的重要因素之一，再生效果的好坏直接决定着吸附后的气体纯度和吸附过程的技术经济指标。所以确定合适的再生方法和工艺参数是吸附技术中十分重要的问题。

(1) 加热再生过程或变温吸附过程

吸附剂在常温（或低温）吸附达到饱和后，升高吸附床层温度，进行加热再生和降温冷却。加热再生法一般可分吸附、加热再生和吹冷三个阶段进行。加热再生是最早使用的再生方法，由于具有残余吸附质较少、操作稳定和从常压到高压都可以使用等优点，因此，工业上至今仍广泛使用。

吸附床层温度随着加热了的再生气的送入被逐步升温。在吸附剂中的吸附水未大量脱附时，床层温度升高较快，但当大量吸附水被脱附时，床温将稳定在一定温度，并保持一段时间。在吸附水基本脱附后，床温急剧上升，吸附剂加热再生结束。

(2) 再生条件

吸附剂加热再生时，再生温度越高，吸附剂再生越完全，残余水量越少。但是，在实际操作中吸附剂的再生温度是不能任意提高的，因为受到吸附剂物化性能的限制，温度过高会产生过热或局部过热，致使吸附剂性能下降以致失去吸附作用，所以选择的再生温度应低于吸附剂的耐热温度，见表 5-44。

表5-44 各种吸附剂的耐热温度

吸附剂名称	耐热温度/℃	产地	吸附剂名称	耐热温度/℃	产地
氧化铝	600	中国	分子筛	650	中国
氧化铝 Ncobend	650	日本	分子筛 MS4A	650	美国
氧化铝 Alcoa	600	美国	分子筛 MS3A	250	美国
氧化铝 Pechihey	400	法国	分子筛 Zeolon-H	800	法国
硅胶	250	日本			

另外，再生气的含水量越小越有利于脱附，再生效果越好。在吸附干燥过程中，是否都需要采用含水量较低的再生气要根据所要求的产品气浓度、处理的气体量、能够获得含水量低的再生气的实际情况，在进行技术经济比较后确定。在产品气纯度允许的范围内，可以考虑采用未经干燥的再生气进行吸附剂的再生。

(3) 吸附剂吸附性能的衰退

吸附剂经过多次反复的加热再生，吸附容量降低，吸附性能逐渐减退。其性能下降的原因主要有：

① 吸附剂表面被各种化合物、聚合物、炭粒所覆盖。如气体中的油污被带入吸附床，有的覆盖在表面，有的被吸附在吸附剂的内部。当再生加热的温度过高时，就可能使之炭化而堵塞细孔结构。

② 吸附床的局部过热，有可能使吸附剂成为半熔融状态，致使孔结构受到破坏，比表面积减少，吸附剂容量降低以致失效。

③ 吸附过程中发生的化学反应会使吸附剂结晶细孔遭受破坏，如碱性成分同硅胶，卤化物与活性氧化铝和分子筛，均能反应生成无定形的反应产物。

吸附剂的再生方法可以分成加热再生、无热再生和微热再生三种类型，表 5-45 是三种再生方法的比较。

表5-45 三种再生方法的比较

技术指标	加热再生	无热再生（PSA）	微热再生（PTS）
吸附塔大小	1.0	3/4～1/2	1/3
吸附剂	硅胶、活性氧化铝等	活性氧化铝、分子筛	活性氧化铝、分子筛
处理量	100～5000m^3（标）/h	1～1000m^3（标）/h	1～5000m^3（标）/h
工作压力	0～30kgf/cm^2	5～15kgf/cm^2	3～20kgf/cm^2
含水量	20～40℃（饱和）	20～35℃（饱和）	20～40℃（饱和）
工作周期	6～8h	5～10min	30～60min
出口露点	－20～40℃	－40℃以下	－40℃以下
再生温度	150～200℃	20～30℃	40～50℃
再生气耗比	0～8%	15%～20%（7kgf/cm^2）	4%～8%（7kgf/cm^2）
加热器	大	无	小

除了上述各种降低再生气耗量的措施外，还可以在吸附器中装填两种以上吸附剂的复合床，有效利用各种吸附剂的特性，减少吸附剂的用量，降低吸气体积，进而使再生气耗比减小。

无热再生干燥装置在设计中应注意以下几个问题。

① 由于无热再生的工作周期短，压力变化大，吸附剂床层可能会上下移动。所以要求吸附剂的机械强度高、耐磨、耐冲击性能好，吸附剂装填时应予压实。

② 吸附器的设计应力求减少死空间。吸附剂要装填满吸附器。

③ 无热再生装置的原料气应无油无水滴。在不得已使用油润滑的压缩机时，应采取严格的除油措施，否则油污会较快地污染吸附剂，降低其吸附性能和缩短其寿命。

④ 氢气的无热再生装置，应将再生用的氢气予以回收。为减少再生气排空的噪声，在排气管上应装设消声器。

⑤ 吸附器的进、出气接管应设过滤器，防止吸附剂被气流带走。

5.5.9.3 低温吸附法纯化氢气

低温吸附法不同于低温吸收法，是以液氮为冷源，以硅胶、活性炭为吸附剂，在高压条件下通过吸附剂对氢中的一氧化碳、二氧化碳、氧气、氮气及水分等杂质的吸附将其有效去除，从而可制得纯度为 5N～6N 的高纯氢和超高纯氢[65]。

低温吸附纯化装置的设计主要包括工艺流程、吸附器的结构和冷量的消耗等。装置的主要设备包括膜压机、低温纯化器、电加热器、仪表柜等。低温纯化器采用纵向竖立式，上部为换热器，吸附剂在中下部，采用真空夹层保温。电加热器主要作为再生处理时的热源。仪表柜设有温度及液氮的液面监控。根据原料中氢所含杂质的情况，选用合适的吸附剂，在低温下循环吸收和解吸氢中的杂质。

当原料氢中杂质含量高时，纯化方法分为两步：第一步采用低温冷凝法（干燥器）进行预处理，以清除氢中的杂质水和二氧化碳。处理过程应针对粗氢中杂质的组分和含量，在不同温度下进行二次或多次冷凝分离。第二步采用低温吸附法，经预处理的氢在换热器中预冷，然后进入吸附塔，在液氮蒸发温度（77K）下，用有选择吸附氢中杂质性能的吸附剂对杂质气体进行吸附去除。

如以纯度为 99.9%的工业氢为原料，采用低温吸附法，可以制取纯度为 5N～6N 的高纯氢和超纯氢。如图 5-54 所示，以 4N 的氢气为原料，经膜压机提升压力至 15MPa，进入低温纯化器上部的换热器，与返回来的高纯冷氢进行热交换，再经以液氮为冷源的吸附剂去除微量杂质，可获得高纯氢气产品。电解水制备的氢气中的主要杂质是水分、氧气和氮气。可经冷凝干燥器除水和 105 催化剂除氧后，采用低温吸附法进行纯化。

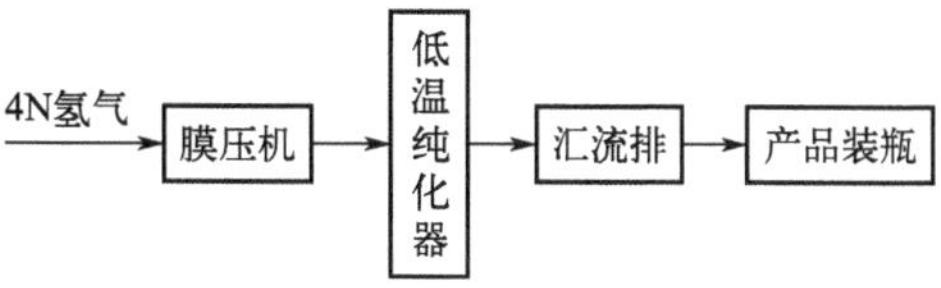

图 5-54 高纯氢装置工艺流程

对于低温吸附法来说，选择合适的吸附剂是得到高纯度氢的关键。通常吸附剂的选择原则是既要有较高的杂质吸附量和吸附深度，又要易于再生。常见的吸附剂有分子筛、活性炭等。一般来说，吸附温度越低，吸附剂的平衡吸附量越大，被吸附物质在气相中的平衡分压越小。通常以液氮作冷源，吸附操作温度在 77K[66]。

在 77K 温度下，5A 分子筛对氮、氧、氩具有优良的吸附能力。但在 77K 温度下，5A 分子筛对 He、Ne、H_2 的吸附是极少的，利用一级钯膜扩散法的选择性有效地解决了这一问题。由图 5-55 可见，在小于 10^{-2}mmHg（Torr）压强下，5A 分子筛的吸附能力明显优于 10X 分子筛和 13X 分子筛。由图 5-56 可见，虽然三种分子筛的吸附能力相近，但 5A 分子筛的吸附能力略优于 10X 分子筛和 13X 分子筛。因此，低温吸附剂应优先选用 5A 分子筛。

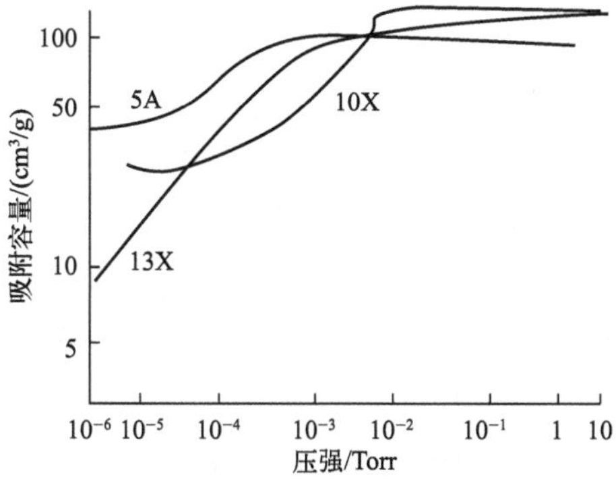

图 5-55 5A 分子筛、10X 分子筛、13X 分子筛对 N_2 的吸附等温线

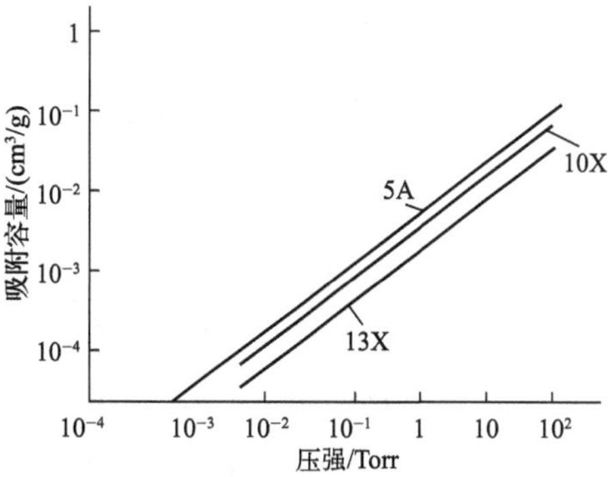

图 5-56 5A 分子筛、10X 分子筛、13X 分子筛对 He 的吸附等温线

活性炭对氧、氮、氩的吸附能力是属于同一数量级的，相差不大。在 90K 和 10^{-4} mmHg 下，活性炭吸附氮的能力约为 0.6cm^3/g。活性炭吸附氧具有一定的不可逆性，在 25℃下吸附的氧，在真空条件下只有约 50%能脱附出来，即使加热到 184℃，也只有微量的氧被进一步脱附。活性炭和 5A 分子筛对水的吸附特性大不一样。在低压下，活性炭对水的吸附容量比 5A 分子筛小。

正因为不同的吸附剂选择性吸附的杂质气体不同，需要根据原料气体中的杂质选择吸附剂。常常用活性氧化铝进一步除去微量水，4A 分子筛吸附除氧，5A 分子筛吸附除氮，硅胶吸附除 CO、N_2、Ar，活性炭吸附除 CH_4 等杂质。

如果是实验室规模的氢气纯化，可将氢气钢瓶中氢气经减压、稳压和 105 脱氧剂催化脱氧，活性炭脱烃和脱硫（为保证钯膜的正常使用），5A 分子筛脱水干燥后，进入钯膜在 400℃条件下初步净化，冷却后进入下一级吸附净化，在液氮温度下吸附杂质气体，如图 5-57 所示。

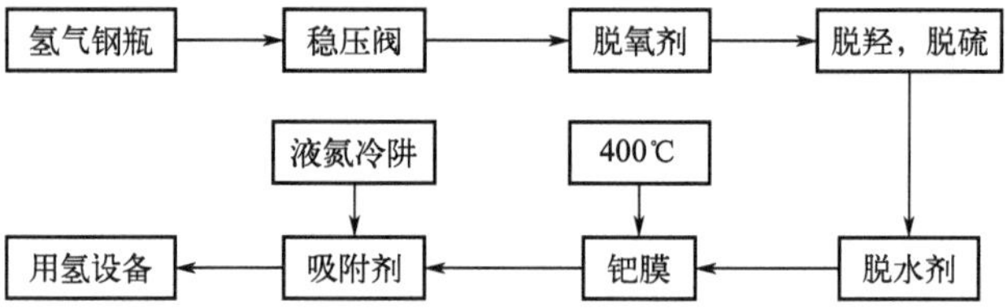

图 5-57 实验室规模的氢气纯化流程框图

吸附容量是准确进行低温吸附器设计的主要数据。它的选择一般与操作温度、工作压力、氢气原料气的杂质浓度、再生方法、吸附过程的气体流速以及吸附剂的种类和性能等有关。由于气体中常含有多种杂质，所以低温吸附过程是一个共吸附的过程，吸附容量也随之改变，因此，低温吸附时，吸附剂吸附容量的确定是十分困难的，较为可靠的方法还是通过模拟实际使用情况的试验方法或采用现已实际使用装置的数据予以确定。

表 5-46 是五种吸附剂在液氮温度和常温下对氮、氧、氢的吸附容量。从表中数据可看出，吸附剂在常温下的吸附容量大大低于液氮温度下的吸附量，因此要想把氢气中的微量 CH_4、N_2、O_2 等杂质去除，采用低温吸附法比较有利。

表5-46 五种吸附剂在液氮温度和常温下对氮、氧、氢的吸附容量

吸附平衡压力/mmHg	相当于常压中含氮或氧	77.4K 时的吸附容量/(mL/g)												
		氮					氧					氢		
		活性炭	5A 大分子筛		硅胶		活性炭	5A 分子筛		硅胶		活性炭	5A 分子筛	
			大连	上海	上海	青岛		大连	上海	上海	青岛		大连	上海
2.3×10^{-3}	3×10^{-6}	23	4	30	5	3	3.5	0.31	0.5	0.19	0.13	—	—	—
2.3×10^{-2}	30×10^{-6}	114	90	52	18	12	25	20	10	33	0.9	0.36	0.3	0.7
0.23	300×10^{-6}	190	110	60	40	27	80	55	34	20	10	3.0	2.0	2.0
2.3	3000×10^{-6}	256	120	67	68	40	202	110	65	50	33	20	15	7.0
23	3%	330	130	72	95	60	350	135	75	125	77	47	46	28
160	—	—	—	—	—	—	440	163	86	—	—	—	—	—
760	—	470	175	125	230	160	—	—	—	—	—	180	105	56

续表

吸附平衡压力/mmHg	相当于常压中含氮或氧	77.4K时的吸附容量/(mL/g)		常温时的吸附容量/(mL/g)									
		氢		氮					氧				
		硅胶		活性炭	5A分子筛		硅胶		活性炭	5A分子筛		硅胶	
		上海	青岛		大连	上海	上海	青岛		大连	上海	上海	青岛
2.3×10^{-3}	3×10^{-6}	—	—	—	—	—	—	—	—	—	—	—	—
2.3×10^{-2}	30×10^{-6}	—	—	—	—	—	—	—	—	—	—	—	—
0.23	300×10^{-6}	0.14	0.1	—	—	—	—	—	0.01	—	—	—	—
2.3	3000×10^{-6}	2.0	0.65	0.027	0.09	0.05	0.015	0.001	0.02	0.01	0.06	0.002	0.001
23	3%	55	3.5	0.30	0.180	0.15	0.04	0.029	0.24	0.10	1.20	0.05	0.05
160	—	—	—		—	—	—	—	—	—	—	—	—
760	—	42	28	8.0	4.50	2.8	1.53	0.62	7.10	3.0	2.8	1.00	1.00

注：活性炭为8~20目，抚顺702场产；大连5A分子筛为圆柱条形 ϕ5mm；上海5A分子筛为圆柱条形 ϕ5mm；上海硅胶为球形1.5~4mm；青岛硅胶为球形1.5~4mm。

在多元吸附过程中，易吸附组分对较难吸附组分有逐级置换的现象。如硅胶对 CH_4-Ar-N_2-H_2 的多元吸附中，Ar和 N_2 达到饱和时，CH_4 还没有饱和，当吸附过程继续进行时，易吸附组分 CH_4 能将床层前已经吸附的Ar和 N_2 置换出来，从而使Ar和 N_2 的动吸附容量降低。因此，在多元杂质的吸附系统中，若易吸附组分(如 CH_4)含量较高，为了充分利用吸附剂，一般需将吸附器分为两级或多级，用第一级吸附易吸附组分，第二级才吸附Ar、N_2、O_2 等。在易吸附组分含量较小时，置换现象可以不予考虑，可以采用一级吸附的吸附器。吸附剂对 N_2、O_2 的吸附也有微小的置换作用，使用中可以忽略。应该注意的是，吸附剂不同，对气体杂质的吸附顺序也是不同的。

图5-58是当气体中氮的浓度在0.06%~0.9%的范围内变化时，四种吸附剂吸附量的变化情况。在氮浓度低时，硅胶、活性炭的吸附量较分子筛小，但是，当浓度增大后，分子筛的吸附量小于硅胶和活性炭的。

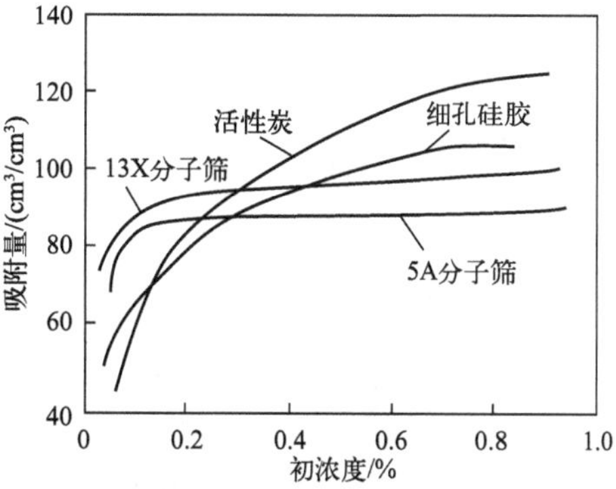

图5-58 四种吸附剂在77K时对氢气中氮杂质的吸附量与初浓度的关系（压力：150kgf/cm²）

5.5.9.4 中温变压吸附(ET-PSA)

CO和 CO_2 的去除通过室温变压吸附以及其他方法都很难达到所要求的浓度，尤其是水煤气变换（WGS）制氢中这个问题尤为严重，因此发展起来了基于WGS的 CO_2 捕获的中温变压吸附（elevated-temperature pressure swing adsorption，ET-PSA）工艺，正常运行温度在150～350℃。ET-PSA在中温条件下工作，因此允许变换气在没有预冷的情况下直接进入净化单元。

在常规制氢装置中，变换后的气体应首先进行预冷却，以满足 CO_2 吸收装置的温度要求，然后在去除 CO_2 后再进行加热，如图 5-59 所示[67]。由于 WGS 反应器中热力学有限的转化率，需要额外的纯化装置来去除残留的痕量 CO，否则可能会降低后续合成或动力装置中催化剂的电化学性能。或者，基于 WGS 催化剂和 CO_2 捕获的 ET-PSA 工艺能够在单个单元中实现三重功能：CO 催化转化、原位 CO_2 吸附和 CO 纯化。ET-PSA 具有更好的节能性质：a. 在 200～450℃的高温下工作，可避免合成气的预冷却和再加热；b. 采用变压再生饱和吸附剂，从而避免了热再生的能耗。此外，ET-PSA 克服了传统 PSA 中 H_2 纯度（HP）和 H_2 回收率（HRR）之间的权衡，其中高 HP 是确保 H_2 使用装置长期运行的关键，高 HRR 极大地提高了 H_2 的总体生产效率。

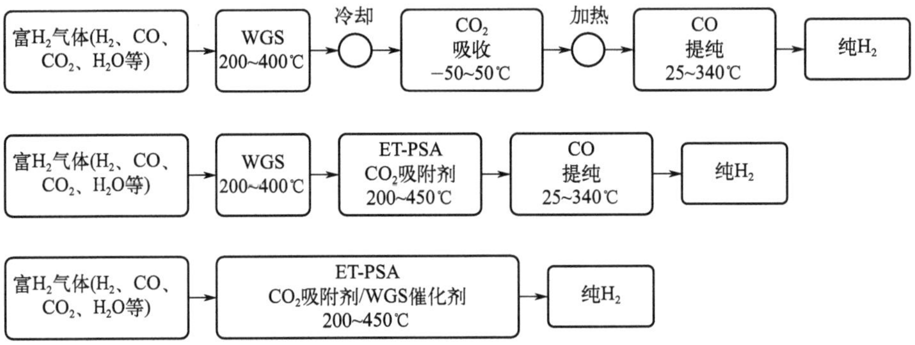

图 5-59 富 H_2 气体制氢工艺流程框图

能用于 ET-PSA 的 CO_2 吸附剂应具有以下特性：中温下 CO_2 工作能力大、吸附/解吸动力学快、CO_2 吸附热低、选择性高、循环稳定性高和足够的机械强度。发展中温 CO/CO_2 净化所面临的挑战之一是 CO_2 吸附剂的合成和表征。目前，用于燃烧前碳捕集的 CO_2 吸附剂主要包括碳基吸附剂、沸石、金属有机框架（MOFs）、碱金属碳酸盐、氨基固体吸附剂、层状双氧化物、双盐、金属氧化物（CaO、MgO 等）和锂金属氧化物（Li_2ZrO_3、Li_4SiO_4 等）。图 5-60 显示了主要类型 CO_2 吸附剂的典型吸附容量和吸附/解吸温度。人们普遍认为，活性炭、氧化铝和沸石等物理吸附剂的吸附较弱，对温度敏感。一些研究试图通

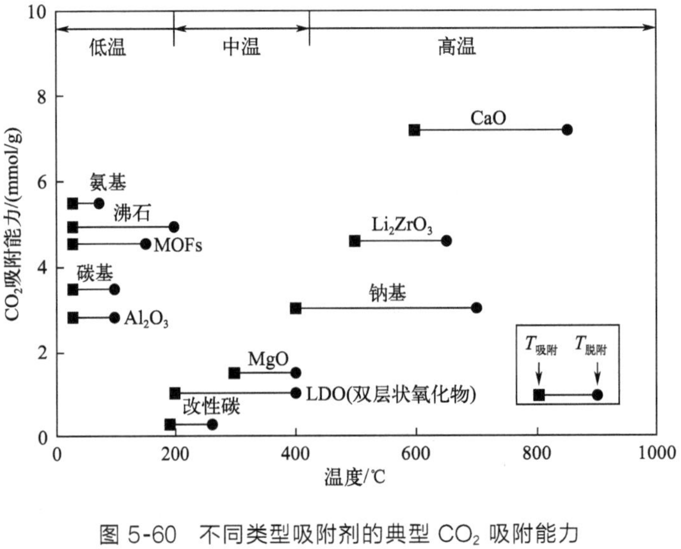

图 5-60 不同类型吸附剂的典型 CO_2 吸附能力

过表面化学修饰提高物理吸附剂的选择性并增强其与 CO_2 的相互作用，但其在高温下的 CO_2 吸附能力（0.1～0.3mmol/g）仍然太低，无法商业化。

合成气在经过水气变换之后温度在 200～400℃之间，因此要求吸附剂在中温条件下具有较高的吸附量和良好的吸附动力学[68]。如表 5-47 所示，诸如沸石、活性炭、MOFs 等物理吸附剂，其 CO_2 吸附量随着吸附温度的升高快速下降，因此无法被应用于 WGS 系统；而对于钙基、锂基等化学吸附剂，由于吸附剂和 CO_2 之间形成了较强的化学键，通常需要 600℃以上的高温才能再生。最常见的中温 CO_2 吸附剂包括水滑石衍生的双金属氧化物和 MgO 基吸附剂，其中水滑石由于存在弱化学吸附，因此在 WGS 工况下具有相对较高的 CO_2 吸附量和极高的 CO_2 选择性。水滑石的吸附热介于沸石和碱金属氧化物之间，可以很容易地通过变压吸附进行解吸。

表5-47 固体 CO_2 吸附剂的吸附温度和常压吸附量

吸附剂类型	吸附剂	吸附温度/℃	常压吸附量/(mmol/g)	吸附类型
低压吸附剂	活性炭基	< 80	< 3.5	物理吸附
	沸石基	< 100	< 4.9	
	MOFs	< 100	< 4.5	
中温吸附剂	固态胺	< 60	< 5.5	弱化学吸附
	水滑石	200～400	1.36	
	CaO	600～700	2.27～9.09	
高温吸附剂	Li_2ZrO_3	450～550	4.55	化学吸附
	钠基材料	200～400	2.95	

5.6 氢气的膜分离及材料

5.6.1 膜分离种类和机理

与任何其他分离过程一样，氢气分离也需要驱动力，这就是化学势的差。对于膜分离，驱动力可分为压力、浓度、电势或温度等的差（Wijmans 和 Baker，1995）。大多数气体渗透膜需要分压差作为驱动力。

膜分离技术是近十几年来发展较快的一种新的气体分离方法，在固体、液体、气体分离中都有应用。根据分离物质的状态分为固态分离（根据分离对象的尺寸可以分为过滤、精细过滤、超过滤、纳米过滤）、液态分离（透析）和气体分离，如图 5-61 所示。

气体分离膜分离指以膜为工作介质，用不同的能量形式，如压力差、电位差、浓度差和温度差等作推动力的气体分离技术。最常见的是利用混合气体通过分离膜时的选择性渗透原理。不同的组分有不同的渗透率，典型组分的相对渗透率如下：

H_2O、H_2、He、H_2S、CO_2、Ar、CO、N_2、CH_4

高 → 中 → 低

气体组分透过膜的推动力是膜两侧的压力差。根据各组分渗透率的差异，具有较高渗透

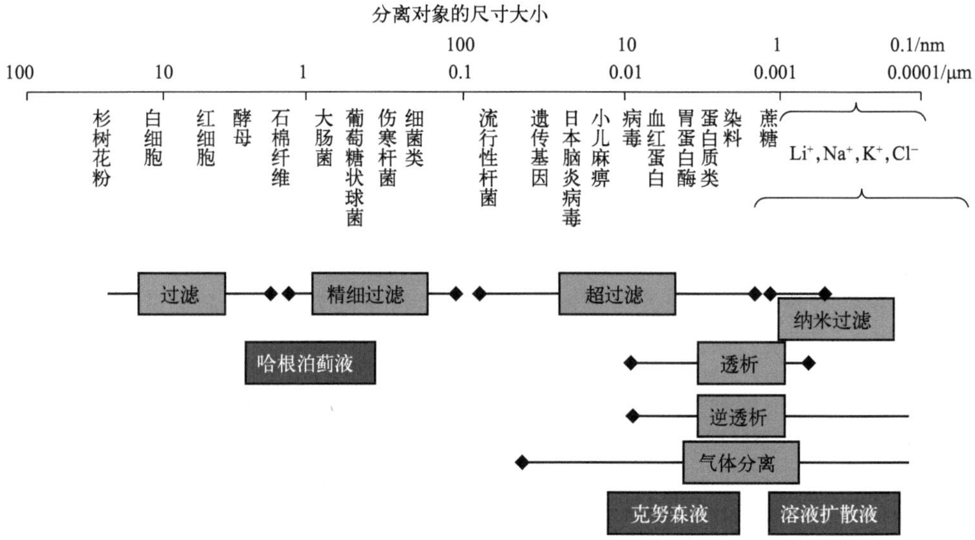

图 5-61 膜分离的对象及其尺寸

率的气体（如氢气）富集在膜的渗透侧，而具有较低渗透性的气体则富集在未渗透侧，从而达到分离混合气体的目的。随着较多的气体渗透过膜，较低渗透性的组分会增多，因此要求的氢纯度高时回收率就低，氢纯度低时回收率就高。膜分离系统的氢纯度对氢回收率的影响比变压吸附或深冷工艺更明显，目前被认为是最有前途的，因为它能耗低，可以连续运行，投资成本大大降低，操作简单，最终具有成本效益。膜的气体分离法的缺点是膜在压力下易栓塞，易污染，会断丝，易引起二次污染，运营成本高。

5.6.1.1 膜材料的分类

在气态 H_2 分离领域，膜材料成分涵盖整个周期表，从金属合金、无机氧化物、有机聚合物到复合材料（即金属陶瓷、金属有机框架和复合材料）[44]。按成分分类可能是对膜材料进行分类最简单的方法，可分为：金属（纯金属或合金）、无机物（包括氧化物、沸石、玻璃和陶瓷）、多孔炭、纯有机聚合物以及混合物或复合物。除了成分之外，给定的膜材料的性质（机械、热和化学稳定性）和功能特性（可加工性、最大 H_2 通量、渗透性、选择性、传输机制、寿命）是任何应用领域最关键的问题。这些成分和性能的综合结果最终决定了用于商业 H_2 分离技术的给定膜材料的成本及可行性[44]。

按结构可以把氢分离膜分为三种类型：对称型、不对称型和复合型。对称膜即为单一材料的膜。不对称膜由两层单一的材料组成，致密的一层进行分离，微孔的一层提供支撑。与此不同，复合膜是由两种不同的材料组成，起分离作用的膜材料涂在支撑材料上，膜材料主要考虑的是气体的渗透性，而不用考虑力学性能，因而复合膜得到广泛的应用。复合膜主要有中空纤维复合膜和平片复合膜两种，两种膜都按模块包装，以使设备标准化。中空纤维复合膜的优点是在给定的模数下能包装较大的表面积。因此，工业上目前均使用中空纤维复合膜。

气体分离膜的分类（液膜除外）见表 5-48。各种气体分离膜的机理、性能和应用见表 5-49。

表5-48 气体分离膜的分类（液膜除外）

材料	形状	膜构造	制膜法	实例
			相分离法	贝科尔玻璃
	多孔质	对 称	烧结法	Al_2O_3、SiO_2、ZrO_2
无机膜		非对称		固体电解质
	非孔质	复合化	压延法	Pd等金属
			电化学法	
			溅射法	
			CVD法	Pd、SiO_2
			浸渍凝固法	聚酰亚胺
	多孔质	对 称	延伸法	聚四氟乙烯
有机膜		非对称	相转换法(Loeb型)	聚酰亚胺、聚砜
	非多孔质	复合化		醋酸纤维素等
			液面制膜法	过氧氧化硅膜
			溶液涂膜法	分离管
			等离子体合成法	等离子体复合膜

表5-49 各种气体分离膜的机理、性能和应用

项目	致密聚合物	微孔陶瓷	致密陶瓷	多孔炭	致密金属
温度/℃	< 100	200～600	600～900	500～900	300～600
H_2 选择性	低	5～139	> 1000	4～20	> 100
H_2 通量（Δp= 100kPa）/[10^{-3}mol/($m^2 \cdot s$)]	低	60～300	6～80	10～200	60～300
稳定性	膨胀压实机械强度	H_2O 中稳定	CO_2 中稳定	脆性，氧化	相变
毒性	HCl、SO_x、CO_2		H_2S	强吸附性蒸气或化学品	H_2S、HCl、CO
材料	聚合物	二氧化硅、氧化铝、氧化锆、二氧化钛、沸石	质子导电陶瓷（主要是 $SrCeO_{3-b}$、$BaCeO_{3-b}$）	炭	Pd 合金、Pd-Cu、Pd-Au
传输机制	溶液/扩散	分子筛	溶液/扩散（质子传导）	表面扩散；分子筛	溶液/扩散
发展现状	商业空运产品、林德、BOC（英国氧气集团）、空气液体	高达 90cm 的原型管状二氧化硅膜，其他小试样材料（cm^2）	Johnson matthey 商业版：高达 60cm 的原型膜	小型膜组件商业化，大部分为可用于测试的小样品（cm^2）	可供测试的小样本

5.6.1.2 膜中氢的传输

氢分离技术中最有前途的是能够在各种条件下使用并保持高效率的膜。然而，每类膜对 H_2 分离和纯化都有其独特的优点与缺点，这主要取决于其固有的化学稳定性、热稳定性和机械稳定性。从最广泛的意义上讲，膜只是一个屏障，它选择性地允许某些分子渗透穿过膜。就气态 H_2 纯化和分离而言，这意味着 H_2 分子或杂质选择性地与膜相互作用或渗透。H_2 分离过程都可以归结为五种分离机制中的一种或多种（图 5-62）：a. 克努森扩散（Knudson diffusion）；b. 表面扩散；c. 毛细管冷凝；d. 分子筛；e. 溶液扩散。不同的机制决定了膜的整体性能和效率特性[44]。

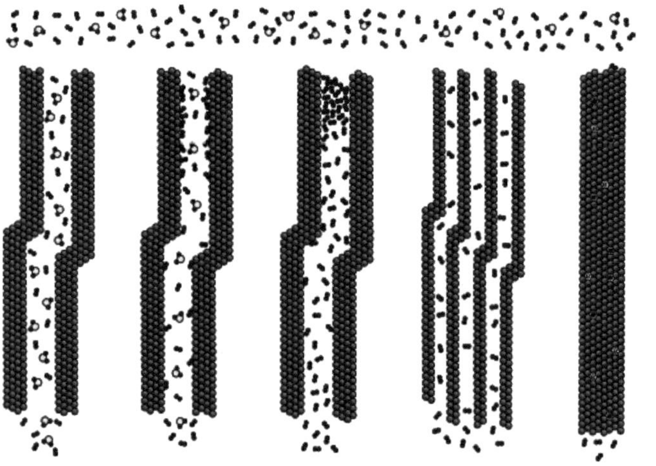

图 5-62 五种 H_2 分离机制的示意图

图 5-63 是多孔膜和实心膜的氢气分离氢透过示意图。图中（a）是多孔膜中的克努森扩散，（b）是分子筛中的气体扩散，这两种都是氢分子穿透通过膜。（c）～（f）都是实心膜中的氢穿透，氢可以是分子状态，也可以是原子状态。

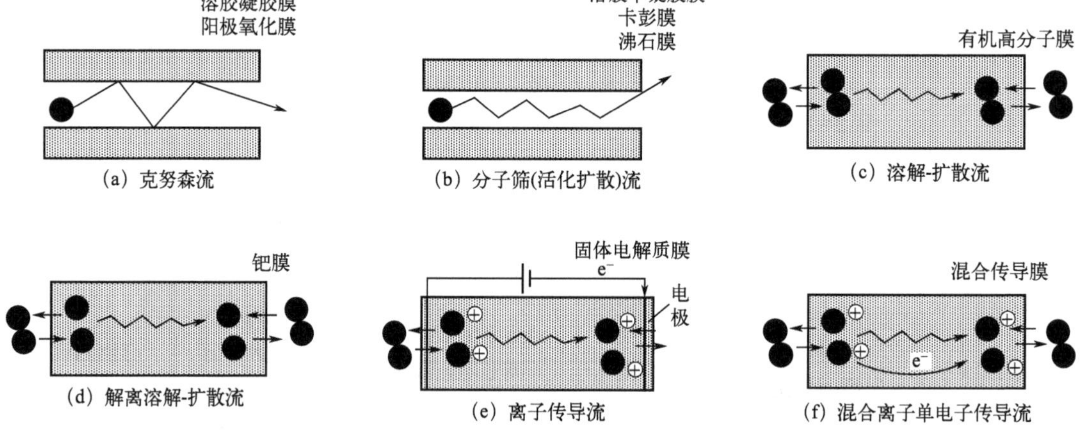

图 5-63 不同材质的分离膜（多孔膜和非多孔膜）中氢透过示意图

分子穿透膜的速率与分子的大小、分子的平均自由程、分子的质量以及薄膜两端的压力相关。图 5-64 和表 5-50 是一些分子的动力学直径和平均自由程。直径越小和平均自由程越大的气体穿透膜的速率越大。

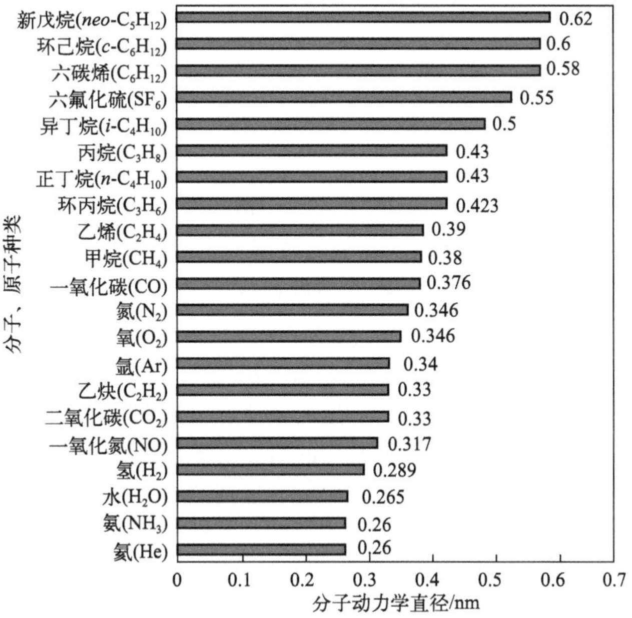

图 5-64 不同原子、分子的大小

表5-50 各种气体在 0℃、101.3kPa 下的平均自由程

气体		平均自由程/nm	气体		平均自由程/nm
氦气	He	179.8	一氧化碳	CO	58.4
氢气	H_2	112.3	氨气	NH_3	44.1
氧气	O_2	64.7	二氧化碳	CO_2	39.7
氩气	Ar	63.5	乙烯	C_2H_4	34.5
氮气	N_2	60.0	氯气	Cl_2	28.7

最常比较的气体分离膜性能是渗透性（或通量）和选择性。通量 J 是每单位时间和单位表面积透过膜（即流量或通量）的气体量（质量或摩尔数）；渗透系数 F 是气体通过膜的具体测量值的定量；选择性 R 是给定膜的分离能力[44]。

通过致密膜的扩散是由膜上潜在的化学势或浓度梯度驱动的，并由菲克斯第一定律式(5-7) 很好地描述：

$$J_{H_2} = -D_{H_2} \nabla C_{(x,\ y,\ z)}$$
$$\nabla C_{(x,\ y,\ z)} = \hat{i}\frac{\partial C}{\partial x} + \hat{j}\frac{\partial C}{\partial y} + \hat{k}\frac{\partial C}{\partial z} \tag{5-7}$$

其中，D_{H_2} 是扩散系数；微分向量算子 $\nabla C_{(x,y,z)}$ 是笛卡尔坐标系中的三维平衡浓度。

然而，由于我们主要关注的是膜本身的稳态通量，因此该方程可简化为一维形式。当气体的表面浓度未知时，渗透性变得重要。在这些情况下，可使用亨利定律（$S_{H_2} = C_{gas}/$

p_{gas}），其中 S_{H_2} 是一个常数，将非解离气体的蒸气压与其在液体或固体（即溶液相）中的稀释浓度联系起来。C_{gas} 和 p_{gas} 分别是气体的浓度和压力。由于入口和出口压力很容易测量，压力可代入菲克第一定律。

对于双原子分子，如 H_2，其在溶解之前（即在金属中）解离，需要修改亨利定律，这被称为西韦茨定律（$S_{H_2}=C_{gas}/p_{gas}{}^{1/2}$）。然后将其用于将菲克定律转换为可用形式式（5-8）：

$$J_{H_2}=\frac{-D_{H_2}\partial C_{H_2}}{\partial l}=\frac{-D_{H_2}S_{H_2}\partial p_{H_2}^{1/2}}{\partial l}\approx\frac{-D_{H_2}S_{H_2}\Delta p_{H_2}^{1/2}}{\Delta l}=\frac{-\rho_{H_2}(p_{H_2,1}^{1/2}-p_{H_2,0}^{1/2})}{l} \tag{5-8}$$

式中，J_{H_2} 是氢通量；D_{H_2} 是与浓度无关的扩散系数（并非普遍正确）；S_{H_2} 是希沃特定律常数或氢溶解度；l 是膜厚度；ρ_{H_2} 是氢渗透率；$p_{H_2,0}$ 和 $p_{H_2,1}$ 分别是膜原料侧和产品侧 H_2 的测量压力。如果已知给定气体的单个渗透率（ρ_i），则这些值的比率定义为膜的理想选择性，符号为 $\alpha_{i,j}$。

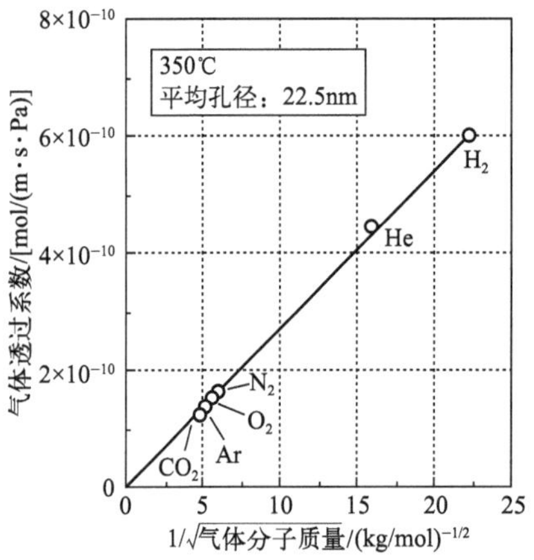

图 5-65　活性氧化铝膜中 Knudsen 扩散气体的透过系数与气体分子质量的关系

为了获得高的氢回收率，在原料组分和系统压力一定的条件下，所需的膜面积较大，而且面积随氢回收率的增加以指数关系增加。对于特定的膜系统和原料组分，氢回收率主要取决于原料侧和渗透侧的压力比。图 5-65 是气体透过系数与气体分子质量的关系，两者呈现很好的线性关系。压力越大，氢回收率也就越高。但压力越大，压缩原料所需的压缩功就越大，膜的机械强度也越大，因此需要综合考虑。

为了提高气体的渗透率，膜分离的操作压力比较高。因此尾气压力也比较高，这就存在着尾气压力能量浪费的问题。如果原料气压力较低，则需要将原料气压缩到很高压力，压缩功越大，采用膜分离技术越不经济，而对于压力较高的气体，采用膜分离技术则比较经济。

美国能源部提出的五项 H_2 分离性能目标反映了当前的水平，也展示了独特的研发机会，这是实现氢经济的必要组成部分。具体目标如下：a. 较高的 H_2 通量率；b. 降低材料成本；c. 提高耐久性；d. 较低的寄生功率要求；e. 降低膜生产/制造成本[44]。

5.6.2　金属（合金）膜

金属是一种能够很好地隔断其他气体，只让氢气通过的材料。将金属加工成致密片或膜就能够高效地进行氢气分离。这些致密金属膜的基本作用是保证自由电子的传导和特定催化表面的存在，以便在原料进料侧将 H_2 解离成质子和电子，并在产物侧重新结合质子和电子形成 H_2。金属膜的氢选择性通常非常高，因为致密的结构阻止了大原子和分子（如 CO、CO_2、O_2、N_2 和 CH_4 等）的通过，从而实现了 H_2 的选择性渗透，如图 5-66 所示。由于金属膜没有孔，所以完全不透过氢以外的气体，从而能获得高纯的氢气，而且热稳定性好，允许更高的操作温度，装置能超小型化，如图 5-67 所示。这些是金属膜相比其他膜材料的主要优势，但是，均匀薄膜化及耐久性仍有一些问题。

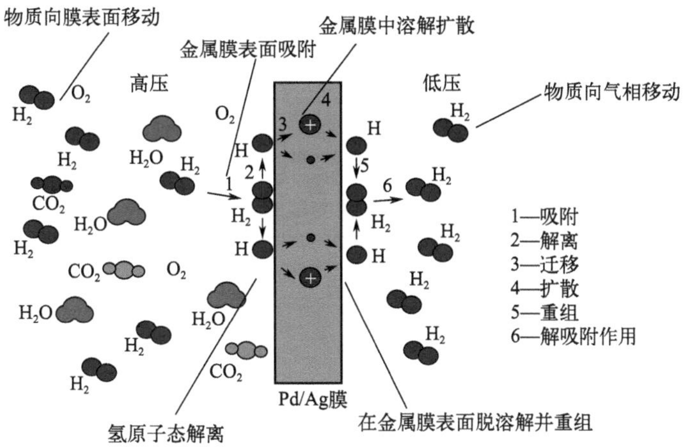

图 5-66　金属分离膜的氢气纯化机理

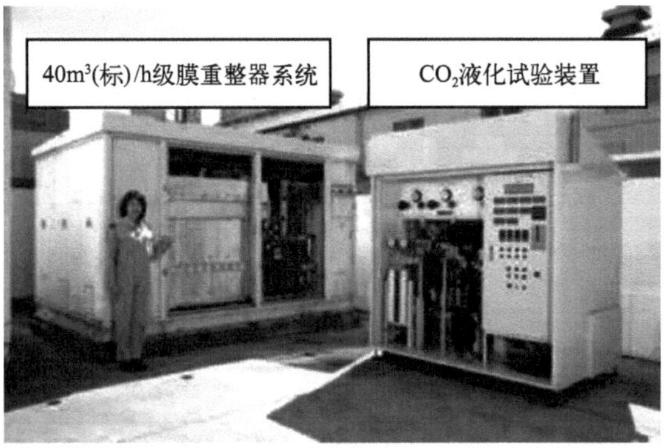

图 5-67　40m^3(标)/h 级氢气分离重整装置和 CO_2 分离回收装置

致密的金属膜也可以认为是具有极小超细孔的分子筛膜，其中金属中的氢不是完全的质子状态，而是有一部分电子与金属共有，电子数约为 0.6～0.7。碳比金属小，也和氢一样可以侵入金属中。但是，氢和碳的大小完全不同，碳的扩散速度比氢小好几个数量级。用钯膜精制的氢中，虽然可能含有透过的碳和氢反应生成的甲烷，但其含量对于燃料电池用氢来说没有问题。

5.6.2.1　纯金属膜

每个 H_2 分离/生产过程都有其独特的性能特征和要求，所采用的膜必须满足这些特征和要求。例如，基于水煤气变换（WGS）反应的工艺中存在最温和的热要求（300～500℃），天然气重整需要更高的热条件（800～950℃），而煤的气化通常需要超过 1000℃的温度。然而，这些操作条件随着这些过程的改进而不断变化。Fe、V、Nb 和 Ta 的体心立方（bcc）通常表现出极高的 H_2 渗透率。面心立方（fcc）金属如 Ni 和 Pd 也表现出良好的 H_2 渗透率，其中 Pd 的 H_2 渗透率明显高于 Ni。因为 Ni 便宜得多，其合金正在一系列成分中进行积极研究，以获得更有利的 H_2 分离性能。

表 5-51 总结了对 H_2 分离膜至关重要的纯金属的基本性质。由式（5-8）可知，氢在金属膜中的透过系数与氢在金属中的扩散系数、溶解度及压力梯度的平方根成正比。图 5-68 给出了一些金属的氢扩散系数、氢气溶解度和氢透过系数，这里所示的氢透过系数是将氢透

过量按膜厚（反比例）、膜面积、压力差（氢以原子状解离透射，与压力的平方根差成比例）和时间标准化的。Pd 是应用最广泛的氢分离膜，但是由图 5-68 以及表 5-51 可知，H_2 在 Pd 中的渗透能力并不是金属中最强的，反而Ⅳ族（Zr、Ti、Hf）和Ⅴ族（V、Nb、Ta）金属晶体合金具有更高的 H_2 渗透性。

表5-51 几种纯金属与氢的相互作用特性

晶体结构	金属	氢化物种类	27℃的 H_2 溶解度（H/M）	氢化物形成焓 ΔH/（kJ/mol）	500℃的 H_2 渗透性/[mol/（m^2·s·$Pa^{1/2}$）]
fcc	Ni	Ni_2H	约 7.6×10^{-5}	−6	7.8×10^{-11}
	Cu		约 8×10^{-7}		4.9×10^{-12}
	Pd	PdH	0.03	+20	1.9×10^{-8}
	Pt	PtH	约 1×10^{-5}	+26	2.0×10^{-12}
bcc	V	VH_2	0.05	−54	1.9×10^{-7}
	Fe	FeH	3×10^{-8}	+14	1.8×10^{-10}
	Nb	NbH_2	0.05	−60	1.6×10^{-6}
	Ta	Ta_2H	0.20	−78	1.3×10^{-7}
hcp	Ti	γ-TiH_2	α 0.00014 β 约 1.0	−126	
	Zr	ZrH_2	< 0.01	−165	
	Hf	HfH_2	β 约 1.0	−133	

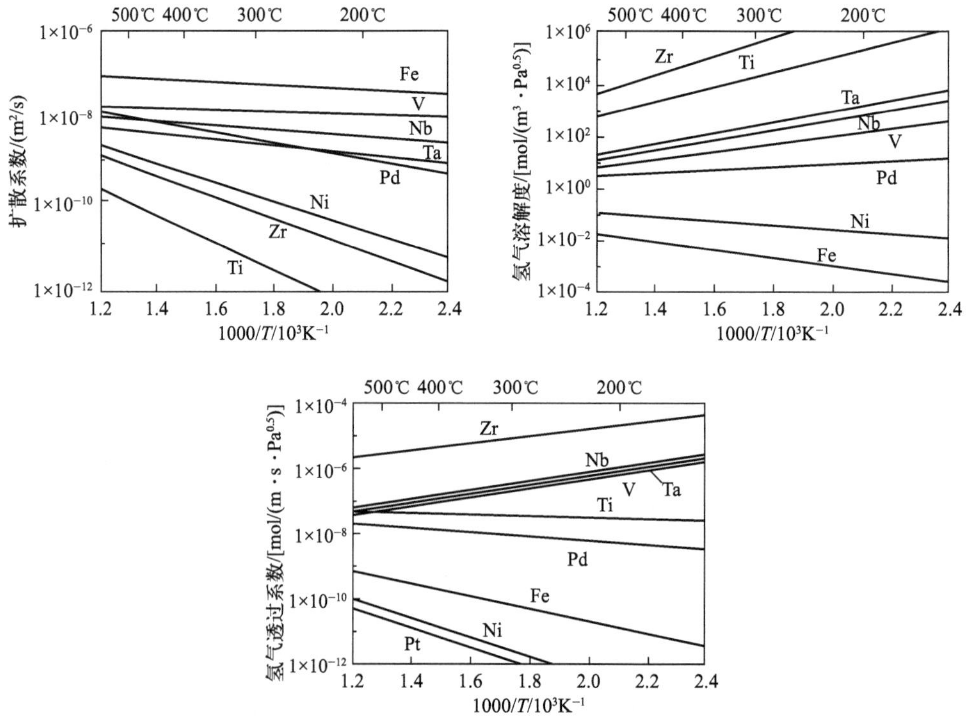

图 5-68 金属中氢气渗透系数随温度的变化[69]

钒、铌和钽是体心立方晶格结构（bcc），而钯是面心立方晶格结构（fcc），金属的透氢性能与晶体结构有关。在金属中可能存在两种氢的间隙，即四个金属原子包围的间隙（四面体位置：tetrahedral site）和六个金属原子包围的间隙（八面体位置：octahedral site）。在面心立方晶格金属中氢位于八面体间隙，在体心立方晶格金属中已知氢进入四面体间隙。体心立方晶格金属中四面体间隙间的距离比八面体间隙间的距离短，即扩散距离短，具有优异的氢渗透性能。虽然也受氢溶解度的影响，但体心立方晶格金属与面心立方晶格金属相比溶解度更大。无论氢的溶解和扩散情况如何，都可以说钒、铌、钽等体心立方晶格金属更优秀，而且它们资源丰富且相对便宜。

然而Ⅳ族或Ⅴ族金属的 H_2 解离和吸附能力比 Pd 弱，同时表面（如 V、Nb 和 Ta）往往会存在氧化层，会阻止 H_2 的解离和再结合，从而引起氢透过系数大幅下降。如果不去除这些金属表面的氧化物也不对表面进行改性，这些金属的 H_2 分离膜的性能就会受到严重限制。所以产业上，实际使用的是 Pd 膜。

最适合 H_2 分离膜的金属通常具有高 H_2 渗透性、高扩散率或溶解度，以及高温下良好的热稳定性。图 5-69 和图 5-70 是 Pd 的吸氢等温线和氢透过 Pd 膜的条件与渗透速率的关系。从经济角度来看，尽管 Pd 基膜通常被认为材料昂贵，但与传统装置相比，Pd 基膜可以大规模工业化应用，进行蒸汽重整也具有经济竞争力。当然，Pd 膜也存在一些问题，如与有些杂质气体的作用会比与氢的作用更强，从而导致中毒和性能下降，如 Pd 膜在含硫物质存在的情况下就很容易中毒。具有高扩散率或溶解度的金属制成的膜容易被氢脆降解，导致耐久性差。氢在 Pd 中的溶入会引起晶格常数的显著变化，300℃下的 Pd-H 相变通常会导致 H_2 存在下的膜氢脆降解[70]。

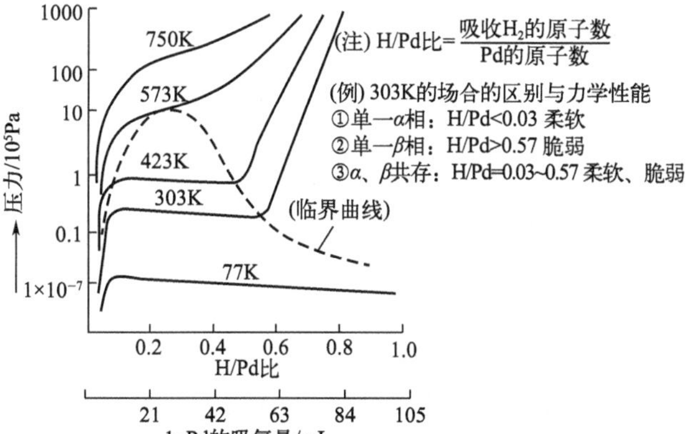

图 5-69 Pd 的吸氢等温线

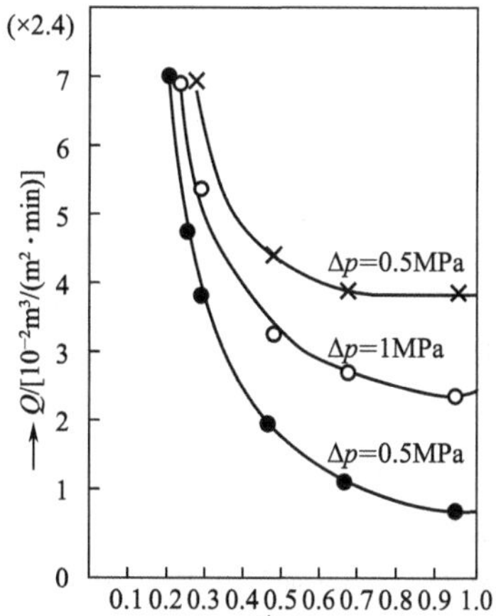

图 5-70 Pd 膜中氢的渗透条件与渗透速率的关系

5.6.2.2 合金膜

较高的渗透速率需要较高的 H_2 溶解度、较低的活化能和较大的扩散系数。渗透速率的降低源于氢化物形成焓的增加，导致稳定氢化物的形成，从而增加了氢脆的风险。这种脆化主要是化学结构和晶胞尺寸的变化导致的，这些变化通过晶格常数的突变引入应力。

合金化主要用于改善纯金属的物理特性，如强度、耐久性、抗降解性等，同时维持具有

高 H_2 渗透性所需要的单相 bcc 结构。合金化是一种非常成熟的工艺，通常包括多种元素，如 Fe、Mn、Mo、Cu、Ni、Ga、Ge、Sn、Si、W、La 和 Be。然而，Co、Cr 和 Al 最常用于二元和三元系统。从二元和三元合金相图中可以很容易地确定二元和三元合金中能维持 V、Nb、Ta 或 Zr 体心立方单相合金的第二或第三元素的原子分数。高渗透性Ⅳ族和Ⅴ族金属的某些合金在研发中能够降低氢化物形成的敏感性，并提高氢化物形成引起的氢脆抵抗力。

小百分比金属的添加，如 Zr、Mo、Ru 和 Rh，已被证明可以有效抑制由氢化物生成焓增加引起的脆化。另外，用 Cu、Ni、Ag 或 Fe 合金化可降低气态杂质（如 H_2S、CO、H_2O）对表面的污染，在期刊和专利文献中有许多此类合金的例子。

另一个研究领域是改变微晶或多晶晶粒尺寸（通常为 0.5～20μm）调控对 H_2 渗透速率的影响。由于合金晶粒尺寸与其晶界的体积和形态直接相关，因此预测其将直接影响特定的 H_2 渗透速率和抗脆化性。金属合金的生产和加工方法直接影响晶粒的形核和尺寸。这些工艺包括化学气相沉积（CVD）、电镀、溅射和熔体冷却等，所有这些通常都会增大合金的晶粒尺寸。冷加工方法如轧制、拉伸、挤压、旋压和挤压则可以减小合金的晶粒尺寸。

由于晶粒非常小的合金具有更高的边界体积分数和更显著的缺陷，它们会表现出非典型的扩散机制。这些合金具有超过传统晶格的扩散速率。例如，纳米结构的 Pd-Fe 支撑膜表现出比其粗粒更高的 H_2 通量（归因于晶界扩散），H_2 渗透的增加还伴随着 He 渗透和晶界间隙的增加。

（1）钯合金氢分离膜

Pd 具有特殊的透氢性是由其原子结构决定的。Pd 的 d 电子能级和 H-H σ 键的反键轨道的能级接近，d 轨道的电子可以进入 H-H 反键轨道中形成反馈键，从而降低了 H-H 键的键级，在一定程度上削弱了 H-H 键的强度，使得其更容易断裂，成为单个的氢原子。单个氢原子形成后容易溶解于钯中，并沿着梯度方向进行扩散，透过钯膜，而其他气体则不可透过。正是这一特性，使钯膜成为优良的氢气分离器和纯化器。氢分离速率随膜厚的减小而增加，如果膜的厚度减小至 10μm 甚至更薄，透氢量可以提高一个数量级。目前利用 Pd 合金膜已经可以获得 7N（99.99999%）的高纯氢气，氢气的制备量也可以达到 $40m^3$（标）/h。

1866 年，Graham 发现钯透过氢，但是在制造半导体等时，直到 0.1×10^{-6} 左右的杂质氧的混入成为问题时，钯都没有被用于氢分离和纯化。直到 1956 年 Hunter 研究了 Pa-Ag 合金，发现 Ag 的添加克服了氢化物相变引起的体积膨胀、收缩从而产生龟裂和机械强度不足的问题，氢分离能力比纯钯优越，从此，Pd 合金的选择透氢能力才得到了广泛应用。现在世界上有几十个国家获得了钯合金及其氢纯化装置的专利权，英、美、日、苏等国家都对此做了大量的研究工作，并能生产和出售各种型号的钯扩散纯化氢的装置，我国从 20 世纪 60 年代初开始研制，现已商品化。

为了抑制氢脆化，与其他元素的合金化也是有效的，根据合金成分的不同，也可以提高氢透过性能。图 5-71 所示钇和铈与银相比，作为合金成分，氢透过性优异，但由于这些金属容易氧化，而且薄膜化也困难，所以近期这方面的研究下降。图 5-72 是膜厚为 0.1mm 的 Pd 与稀土元素的不同合金的氢透过系数的比较，可以看出，通过与稀土元素的合金化都能提高氢透过系数。

向 Pd 中添加 Ag、Au、Cu、Ni、Y 等元素形成 Pd 合金膜，可以解决 H_2 脆化问题，也可增加 Pd 晶格常数，提高 H_2 渗透速率。图 5-73 是纯 Pd 和 Pa-Ag-Au 合金在加热冷却过程中的形状变化[7]。

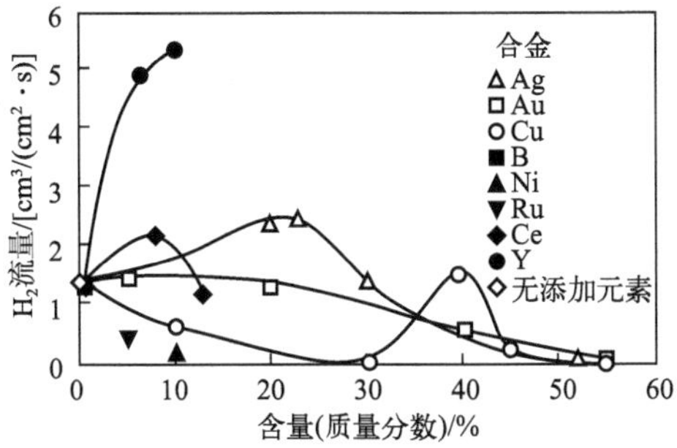

图 5-71 不同 Pd 合金 350℃下的氢渗透率[71, 72]

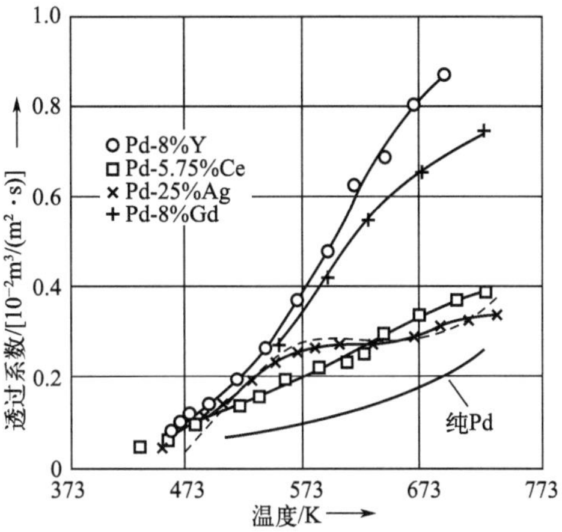

图 5-72 不同 Pd-RE 合金的氢透过系数的比较（两侧压力 0.68MPa，膜厚 0.1mm）[73]

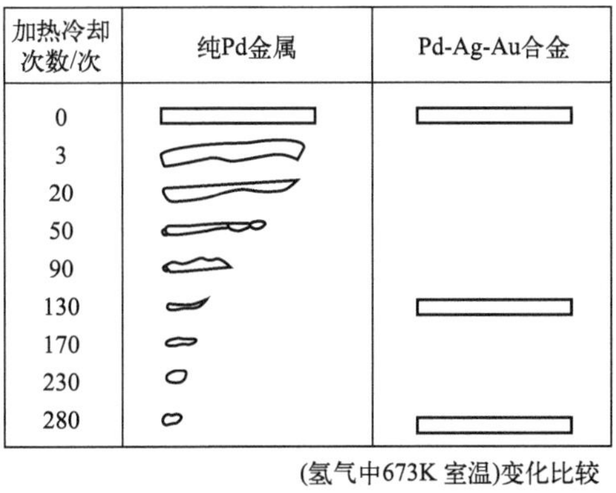

图 5-73 纯 Pd 和 Pa-Ag-Au 合金在加热冷却过程中的形状变化[74]

利用钯合金膜可将氢气纯化到 99.99999%，含水量达到露点 −80～−70℃。表 5-52 是一些钯合金的研究报道，Pd-Ag、Pd-Cu 以及 Pd-RE 合金展示出了较好的提高膜强度和 H_2 透过速率的效果。

表5-52 钯及一些钯合金膜的性能比较[74]

合金种类	合金组成							原子比(H/Me)(0.1MPa、293K)	拉伸强度/10^5Pa	透过速率(P_1= 0.3MPaG, P_2= 0MPaG, 膜厚 0.15mm, 773K)/[$10^{-4}m^3$/(m^2·s)]	透过速率比较
	Pd	ⅠB族		Ⅷ族							
		Ag	Au	Pt	Rh	Ru	Ir				
3元合金(Pd+ⅠB+Ⅷ)	65	28	5			2		0.33	1500	8.0	2.09
	67	30					3	0.40	1770	7.5	1.96
	70		25		5			0.35	1900	7.5	1.96
	70		25	5				0.34	1550	7.7	2.00
	75	20	5					0.33	1600	7.5	1.96

续表

合金种类	合金组成							原子比（H/Me）（0.1MPa、293K）	拉伸强度 $/10^5$Pa	透过速率（P_1= 0.3MPaG，P_2= 0MPaG，膜厚 0.15mm，773K）$/[10^{-4}m^3/(m^2 \cdot s)]$	透过速率比较
	Pd	ⅠB族		Ⅷ族							
		Ag	Au	Pt	Rh	Ru	Ir				
纯 Pd	99.9							0.72	700	3.8	1.00
2元合金	90	10						0.68	910	5.7	1.48
	80	20						0.41	840	6.3	1.65
	70	30						0.37	770	6.8	1.7

钯的吸氢能力很强，一体积的金属钯最多可吸附 2800 体积的氢，钯吸氢后根据温度和吸氢量的不同，可能生成 α 相或 β 相的固溶体，α 相和 β 相反复相变。体积膨胀和收缩产生的应力将会导致钯膜破裂，纯钯在高温下的机械强度较差，抗拉强度随温度的升高而明显下降，高温下还易被水汽和氧气等氧化腐蚀。因此，实际使用中应在钯中添加Ⅰ族和Ⅷ族元素，其优点有：

① 提高透氢率　在钯中加入 Ag、Cu、A、U、Rb、Ru、Pt、Ni、B、U、Ce 和 Y 等元素都能使透氢率提高，Pd-Ag 合金的透氢率比纯钯高 50%～80%。Pd-Ag、Pd-Ag-Aa 等二元和三元合金早已在氢气纯化器中广泛应用。近年来，在钯中添加 6.6%～10%元素 Y 的合金比 Pd-Ag 更具有优越的透氢率和高得多的强度。

② 扩大 α 相　元素 Ag、Au、Ni、Ce、Y 等具有抑制 β 相生成的作用。合金中的 Ni 含量达到 5.5%的 Pd-Ni 合金，在 200～500℃温度范围内，快速加热和冷却 1000 个周期，经检查合金中仅有 α 相。

③ 提高了高温强度　在温度 600℃ 的氢气中纯 Pd 的强度损失率为 54.5%，而 $Pd_{70}Ag_{25}Au_5$ 合金仅为 17.7%。

④ 提高再结晶温度　氢纯化材料的再结晶温度高，使用温度也就相应地提高。元素 Ag、Ru、Rh、U 等都可以提高钯的再结晶温度。

⑤ 提高抗毒能力　元素 Au 的加入可以提高钯抗 S 或 H_2S 腐蚀的能力。Au、Ag、Pt 等元素对于抗 Co、O_2、水蒸气的氧化腐蚀都是有益的。

⑥ 改善钯的加工性　钯和钯合金在熔炼过程中极易吸气，在加工时出现气泡，添加 Au 等元素能减少这种现象的发生。

（2）非钯系氢分离金属膜

尽管 Pd 具有极高的解离氢分子为氢原子的能力，同时还有高的氢透过能力，但是作为贵金属，其资源稀少、价格昂贵，仅适用于小型和紧凑型 H_2 工厂。另外一个问题是 Pd 系氢分离膜需要在 250℃以上的高温中使用，在燃料电池汽车等很多场合使用不方便，而且也会出现氢分离膜与载体的相互扩散，从而导致薄膜的使用寿命缩短。正因如此，氢分离膜的发展经历了最初的纯钯膜、钯合金膜和钯复合膜后，目前不含 Pd 这样的贵金属的氢气分离膜的设计和开发研究成为了一个重要且迫切的课题，尤其需要开发在常温下使用的非钯金属膜。

ⅣA 族和ⅤA 族的钛（Ti）、锆（Zr）、钒（V）、铌（Nb）和钽（Ta）具有优异的氢溶解性、扩散性和机械强度，并且与钯相比价格便宜。但这些金属与氢的亲和性极高，所以当溶解大量氢时，由于急剧的体积膨胀，膜易断裂，比 Pd 更易受到 H_2 脆化的影响。此外，氢分离时由于杂质成分产生金属氧化，在表面上形成致密的氧化物层，防止 H_2 渗透，透过性能降低[75-83]。因此，尽管钒族金属具有很强的晶格 H_2 渗透能力，但薄膜的 H_2 渗透速率不是很高。

解决这些问题的一种方法是将ⅣA 族和ⅤA 族的金属合金化，或者在薄膜化后对表面进行涂层保护修饰。为了防止这类金属氧化，可以通过真空蒸镀法、溅射法或电镀法在其表面的两侧涂覆一层厚度在纳米级到亚微米级左右的 Pd 膜，可以起到很好的防护作用。此外，氢气在这些ⅣA 族和ⅤA 族金属中的解离与复合，即表面反应，往往比氢在膜内的扩散慢，钯涂层也会催化氢气在其表面的反应。

最近虽然找到了一些不需要钯涂层的非钯合金体系，但是仍然存在合金易氧化、氢透过能力随时间而降低的问题，目前仍然是钯涂层复合膜的氢透过性能更稳定。但是，如同其他金属材料的耐热问题一样，这种有钯涂层的多层复合金属膜在 400℃以上使用时，存在金属膜间热互扩散合金化的可能性，会导致氢透过性能明显降低。天然气重整制氢要求分离膜在 500～600℃下工作，所以钯涂层合金膜不适合在天然气重整制氢中使用。

为了抑制氢在ⅣA 族金属和ⅤA 族金属中的过固溶，添加与氢的亲和性低的Ⅲ族金属元素的合金化是一种有效的方法[75-83]。图 5-74 用网格化的方式给出了ⅡA 族至Ⅹ族中形成氢化物的金属和不形成氢化物的金属。虽然氢透过膜所需的性质与储氢合金不完全一致，但是也同样是由与氢亲和性高的元素与亲和性低的元素所构成的。目前报道的非钯系合金有钒系（V-Ni-Ti）、钽系（Ta-Mo、Ta-W）、锆系（Zr-Ni、Zr-Al-Co-Ni-Cu）和铌系（Nb-Ni-Zr、Nb-Ti-Ni）等。这些都是氢亲和性高的金属（V、Ta、Zr、Nb）与氢亲和性低的金属（Ni、Mo、W）组合的合金。

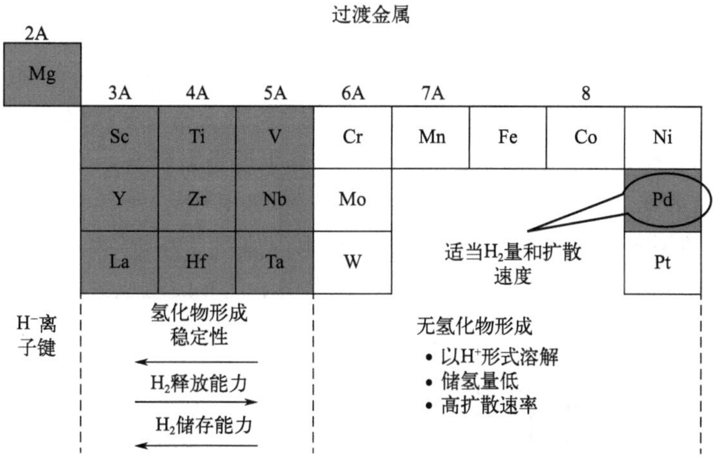

图 5-74 形成氢化物的金属和不形成氢化物的金属

对这些非钯系金属膜也做了和钯一样的薄膜化尝试。如通过电弧溶解和冷压成型的方法可以使这些合金薄膜化，但是由于加工硬化和缺陷的形成，冷压成型制备无针孔的金属膜很困难，限制了膜的厚度。目前获得的厚度在 20μm 以上，要想获得更薄的分离膜很困难。

迄今为止报道的非钯系金属膜与钯-银合金相比有较大的氢透过系数，V-Ni-Ti 的约为 Pd-Ag 的 3 倍，非晶 Zr-Ni 的约为纯 Pd 的 0.5 倍，非晶 Nb-Ni-Zr 的约为 Pd-Ag 的 3～4 倍。非钯系金属膜的氢透过系数优于钯系分离膜，但目前能获得的无缺陷的薄膜厚度为数十微米左右，从氢透过量的角度来看，不如钯系分离膜。

储氢合金也可以做成氢分离膜，表 5-53 是在聚四氟乙烯支撑体上制备的 $LaNi_5$ 膜和 $LaCo_5$ 膜的氢气分离特性。

表5-53 在聚四氟乙烯支撑体上制备的 $LaNi_5$ 膜和 $LaCo_5$ 膜的氢气分离特性[83]

原料气体成分（摩尔分数）/%	膜成分	透过速度 /（$10^{-12}m^3/s$）	透过系数 /（$10^{-12}m^2 \cdot Pa^{1/2}/s$）	透过气体中的氢气浓度（摩尔分数）/%	分离系数
Ar（50）-H_2（50）	聚四氟乙烯（T）（25μm）	43	2400	74.8	2.97
	T/$LaNi_5$（0.75μm）	5.3	5.7	89.5	8.52
	T/Ni	0.99	1.1	94.7	17.9
	T/Ni/$LaNi_5$（0.02μm）	5.4	6.3	91.9	11.3
	T/$LaCo_5$	< 0.5	< 0.5	75.2	3.03
	T/Ni（1.5μm）	0.55	1.2	97.2	34.7
	T/Ni/$LaNi_5$（0.02μm）	2.2	5.1	91.0	10.1
	T/Ni（1.31μm）/$LaCo_5$（0.08μm）	< 0.5	< 1.0	83.1	4.92

5.6.2.3 非晶态金属

非晶态金属氢分离膜通常表现出优异的机械性能和结构性能，这主要是因为这些结构化材料很容易以合金形式稳定。与结晶态合金相比，非晶态金属由于没有晶界，通常表现出比其晶体类似物更高的强度、延展性、耐腐蚀性，同时由于构成原子间的间隙大，氢溶解度变高、氢扩散快，显示出了较好的氢分离特性。此外，它们通常有更大的原子间距，这降低了与 H_2 纯化相关的脆化危险。非晶态金属 H_2 膜能够承受重复循环、高温和高压，这些都是工业规模 H_2 分离的常见工艺条件。

非晶态合金的制备主要采用单辊熔融甩带技术，如图 5-75 所示。利用这种方法可以获得厚度为数微米的非晶态金属薄膜。非晶态合金提供了优异的组成灵活性，如镍基非晶态合

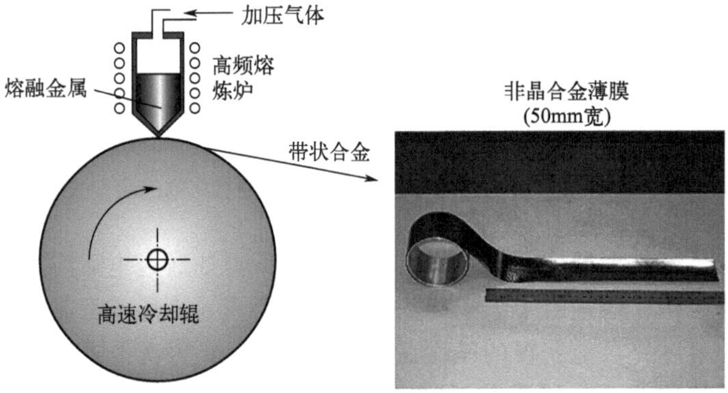

图 5-75 单辊熔融甩带技术

金（$Zr_{36}Ni_{64}$）$_{1-a}$（$Ti_{39}Ni$）$_a$ 和（$Zr_{36}Ni_{64}$）$_{1-a}$（$Hf_{36}Ni_{64}$）$_a$，其中 $0<a<1$，并且需要催化表面涂层以降低表面活化能。需要注意的是，表面涂层的耐久性需要进一步研究，因为在高温下常观察到涂层金属向块状金属的扩散。相比之下，（$Zr_{36}Ni_{64}$）不需要表面涂层，$Ti_{39}Ni_{61}$ 太脆，不适合用于 H_2 分离。

虽然非晶态金属的 H_2 渗透性尚未达到或超过 Pd 的渗透性，但已经取得了相当大的进展，这一领域仍然是一个研究活跃的领域，如表 5-54 所示。目前可用于 H_2 分离膜中的非晶态金属的种类还处于探索中，仍有许多合金有待进一步开发。迄今为止，大多数用于 H_2 分离的合金都是 V、Nb、Ta 或 Zr 基合金，因为它们的纯金属的 H_2 渗透率相对较高。

表5-54 各种合金的氢渗透性质

合金	氢渗透率/[mol/(m·s·$Pa^{1/2}$]	温度/℃	合金	氢渗透率/[mol/(m·s·$Pa^{1/2}$]	温度/℃
VCr_4Ti_4	1×10^{-5}~1.3×10^{-8}	500~650	$Nb_{29}Ti_{31}Ni_{40}$	1.5~7×10^{-9}	250~400
Ni_3Al-6Fe	4×10^{-12}	375	$Nb_{17}Ti_{42}Ni_{41}$	1.1~6×10^{-9}	250~400
Ni_3Al-Zr	1×10^{-12}	375	$Nb_{10}Ti_{50}Ni_{40}$	0.55~4.5×10^{-9}	250~400
$V_{99.98}Al_{0.02}$	0.7~1.8×10^{-9}	250~400	$Nb_{39}Ti_{31}Ni_{30}$	0.3~2×10^{-8}	250~400
$V_{99.1}Al_{0.9}$	0.7~1.8×10^{-9}	250~400	$Nb_{28}T_{42}iNi_{30}$	0.3~1×10^{-8}	250~400
$V_{97.1}Al_{2.9}$	0.7~1.8×10^{-9}	250~400	$Nb_{21}Ti_{50}Ni_{29}$	0.09~2×10^{-8}	250~400
$V_{90.2}Al_{9.8}$	2~3×10^{-9}	250~400	$V_{90}Ti_{10}$	2.7×10^{-7}	400
$V_{81.3}Al_{18.7}$	3.7~6×10^{-8}	250~400	$V_{85}Ti_{15}$	3.6×10^{-7}	435
$V_{71.8}Al_{28.2}$	0.7~1.8×10^{-9}	250~400	$V_{85}Ni_{15}$	3×10^{-8}	400
$V_{90}Al_{10}$	1.3~2×10^{-7}	250~400	$V_{90}Co_{10}$	1.2×10^{-7}	400
$V_{70}Al_{30}$	0.7~1.8×10^{-9}	250~400	$V_{85}Al_{15}$	6×10^{-8}	435
$V_{85}Ni_{14.91}Al_{0.09}$	3~4.5×10^{-7}	250~400	α~$Zr_{36}Ni_{64}$	1.2×10^{-9}	350
$V_{85}Ni_{14.1}Al_{0.9}$	3~4.5×10^{-7}	250~400	($Zr_{36}Ni_{64}$)$_{1-a}$($Ti_{39}Ni_{61}$)$_a$	0.1~3.5×10^{-9}	200~400
$V_{85}Ni_{12.4}Al_{2.6}$	4~6×10^{-7}	250~400			
$V_{85}Ni_{10.5}Al_{4.51}$	5~7×10^{-7}	250~400	($Zr_{36}Ni_{64}$)$_{1-a}$($Ti_{36}Ni_{64}$)$_a$	0.15~3.5×10^{-9}	200~400
$Nb_{10}Zr_{45}Ni_{45}$	约 2.5×10^{-8}	350			
$Nb_{95}Zr_5$	约 1.3×10^{-7}	300	$Zr_{36-x}Hf_xNi_{64}$	0.6~3×10^{-9}	200~400
$Nb_{95}Mo_5$	约 1.3×10^{-7}	300	$Ni_{65}Nb_{25}Zr_{10}$	约 5×10^{-9}	400
$Nb_{95}Ru_5$	约 1.3×10^{-7}	300	$Ni_{45}Nb_{45}Zr_{10}$	约 3×10^{-9}	400
$Nb_{95}Pd_5$	约 1.3×10^{-7}	300	$Ni_{50}Nb_{50}$	约 2×10^{-9}	400
Fe_3Al	0.6~1.01×10^{-10}	25			

三元 Ni-Nb-Zr 合金是一个研究得较多的合金，包括附加元素（如 Al、Co、Cu、P、Pd、Si、Sn、Ta 和 Ti 的四元相）的影响等，结果表明虽然这些特定合金钝化的表面严重抑制了 H_2 的吸附/解吸，并显著降低了渗透率，但是在 H_2 分离方面也取得了好的效果。另一个大量研究的合金是 V 基合金，因为其具有高 H_2 渗透性和溶解度。然而，V 的严重 H_2 脆化特性使得合金中需要添加其他元素，这会显著影响氢渗透性、机械性能和热性能。为了有效优化非晶合金 H_2 分离膜，必须充分理解它们的多种物理和化学特性。

通过金属膜（结晶态或非晶态）的 H_2 的渗透性基本上取决于氢在该金属或合金中的溶解度和扩散速率，也取决于合金活化能和操作温度。非晶态合金的氢溶解度（例如，非晶态 $Ni_{64}Zr_{36}$ 的氢溶解度为 0.4H/M）通常大于其晶体对应物的值，这是因为特定非晶态合金内的“缺陷矩阵”提供了相当大的缺陷密度（高能量吸附位点的分布），增大了氢在非晶态合金中的能量范围。此外，H_2 溶解的机理也会影响氢溶解度的大小。H_2 渗透性依赖于氢溶解度，但更严重依赖于氢扩散速率。氢扩散性与膜的结晶或非晶结构直接相关。非晶态合金表现出较高的氢溶解度，但这可能被其较慢的扩散速率显著抵消。相反，结晶态合金具有较低的 H_2 氢溶解度，但这被其较快的扩散速率所弥补。非晶态合金中氢的溶入会弱化金属-金属键，所以氢扩散速率随着氢吸收量的增加而增大。低能位点数量的增加会提高氢迁移率，从而导致更高的扩散速率。

不过，非晶态金属的氢渗透速率在较低的温度下较慢。另外，非晶态合金在高温下会结晶，使用温度限定在 400℃以下，也不能适用于天然气等化石燃料的反应分离型膜改性器。因为这些问题，非晶态金属膜在工业上仍缺乏吸引力。

5.6.3 无机非金属膜

由于金属膜的一些固有限制，目前也在研究替代膜材料。在气体分离、渗透汽化和反渗透领域或化学传感器和催化膜的开发中，无机非金属膜（以下简称无机膜）的合成和潜在应用已经投入了大量的精力。无机膜具有良好的热稳定性和化学惰性，在许多工业应用中优于金属膜。提高膜完整性和降低制造成本是目前的工作重点。

5.6.3.1 SiO_2 膜

SiO_2 膜由于其易于制造、生产成本低和可扩展性，是氢分离的候选材料之一。由于其孔隙率和成分的原因，二氧化硅膜也比金属便宜（由于缺乏贵元素），并且不易发生 H_2 脆化。它们是由直径约为 0.5nm 的微孔网络连接的无机膜，并且可以进行 H_2、He、CO_2、CO、N_2 和 O_2 等小分子的分离，已经获得了优异的 H_2 选择性，H_2/N_2 值超过 10000。

SiO_2 膜通常由三层组成：SiO_2 膜层、中间层和载体。许多研究都集中在每种组分上，以确定材料和轻气体渗透能力之间的结构/性能关系。SiO_2 膜主要通过两种不同的方法合成：溶胶-凝胶改性和化学气相沉积（CVD）。溶胶-凝胶修饰提供了良好的选择性和渗透性，而 CVD 方法提供了很好的选择性，但渗透性也会随之损失。溶胶-凝胶法缺乏再现性，CVD 法通常需要大量的资本投资和严格的沉积条件。

溶胶-凝胶合成可通过三种不同的合成方法完成，即二氧化硅聚合物、颗粒溶胶和模板法，如图 5-76 所示。二氧化硅聚合物方法是在受控条件下水解和缩合烷氧基硅烷前体，如利用四乙基氧代硅烷（TEOS）可获得 0.5～0.7nm 孔的超薄 60nm 微孔膜。

无机膜可以在高温下进行氢分离，提高分离效率，节省能源。表 5-55 是利用 CVD 和溶胶-凝胶法（sol-gel）制备的 SiO_2 薄膜在高温下的氢分离特性。

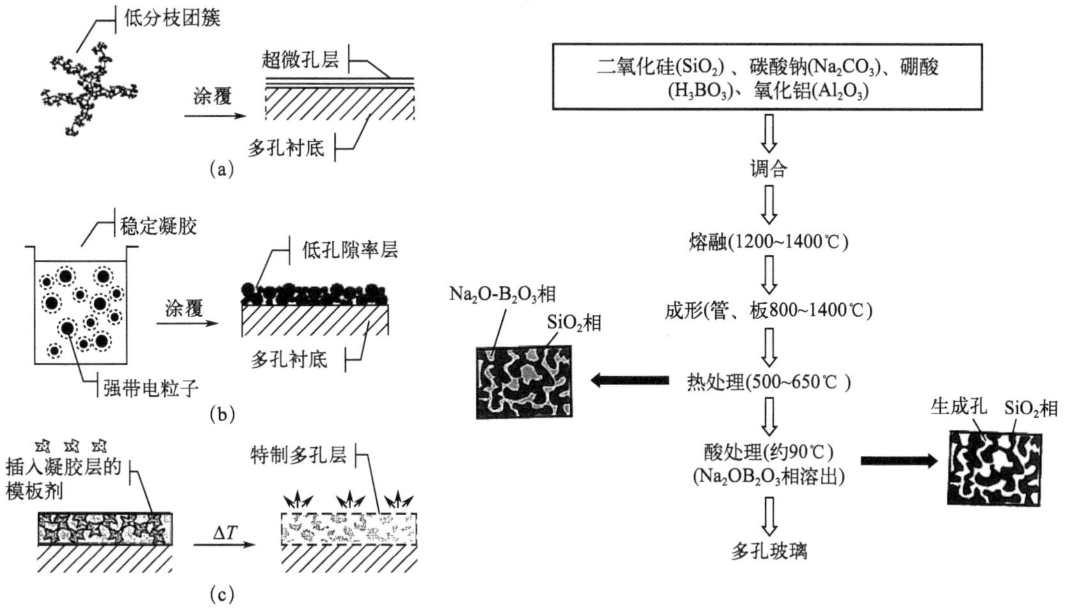

图 5-76 用于制备微孔膜的三种重要溶胶-凝胶路线示意图（Taylor & Francis Group）

表5-55 二氧化硅膜在高温下的氢气渗透性和分离特性

合成方法	测试温度/℃	H_2 渗透性 /[mol/(m^2·s·kPa)]	分离特性
CVD	400	4×10^{-10}	H_2/HBr = 1000
CVD	427	6×10^{-10}	H_2/N_2 = 160
CVD	600	1.8×10^{-10}	H_2/CH_4 = 4200
sol-gel	300	1.3×10^{-9}	H_2/CH_4 = 150
sol-gel	350	2.2×10^{-9}	H_2/CH_4 = 35
sol-gel	600	2.5×10^{-9}	H_2/C_3H_8 = 75
sol-gel	500	2.6×10^{-10}	H_2/N_2 = 87
CVD	500	1.3×10^{-10}	H_2/N_2 = 2300

5.6.3.2 沸石膜

过去十年来，在开发新沸石膜、优化沸石膜合成制备方法以及理解运输和分离基础方面取得了重大进展。沸石膜在商业上获得了许多应用，包括氢气分离。沸石膜上的气体和液体分离主要由竞争吸附与扩散机制控制。

沸石膜的有效孔径分布及其分离性能本质上取决于沸石材料。当沸石孔径分布落在进料组分的分子尺寸之间时，尺寸排除机制可以主导分离过程。沸石膜开发的主要挑战之一是尽量减少多晶沸石膜中晶粒与晶粒之间的空隙（如图 5-77 所示），避免气体直接穿透空隙。晶粒与晶粒之间的空隙大于沸石晶内孔时，气体分离效率会下降。

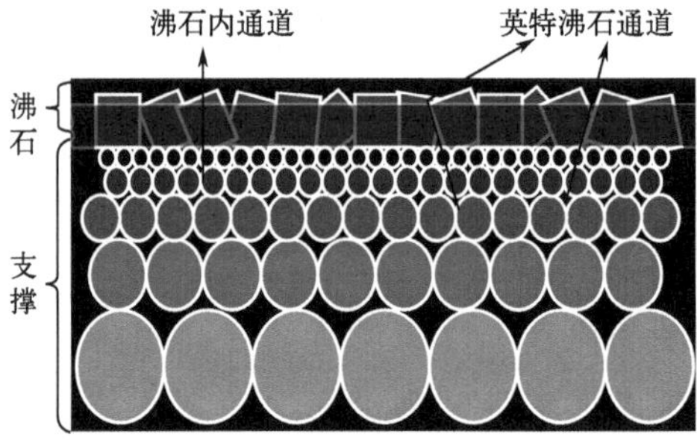

图 5-77　不同晶粒大小的 Al_2O_3 载体上的沸石膜（显示了两种渗透途径：沸石晶粒间或沸石晶体内）

沸石膜的合成大致可分为两类：原位生长和二次（或种子）生长。在原位生长技术中，将载体表面与含有沸石前体的碱性溶液直接接触，并在水热条件下进行。在适当的条件下，沸石晶体在载体上成核并生长成连续的沸石层。同时，溶液中发生的反应导致晶核和晶体也会在膜表面沉积，将其结合到膜中，可最大限度地减少晶粒间孔的影响。原位生长的 MFI（沸石分子筛）薄膜可能表现出择优取向，这取决于合成方案以及成核和生长现象的相关相互作用。由于对水热系统中的成核和生长过程了解不足，原位生长方法在合成均匀取向的 MFI 膜方面受到一些限制。

在二次（或种子）生长技术中，膜生长之前在支撑表面上沉积一层沸石种子晶体，通过晶种层可以精确控制沸石晶轴垂直于支撑物的方向。然后将晶种表面暴露于膜生长的溶液和水热条件下，从而使晶种生长成连续的沸石膜。原则上，可以通过改变沉积的种子层的形态和取向，然后在适当的条件下进行二次生长来控制膜的取向和形态。尽管这种方法在控制沸石晶体的取向和沸石膜的微观结构方面提供了更大的灵活性（因为它使成核与生长独立），但却增加了额外的加工步骤。

图 5-78 是平均孔径为 22.5nm 的气体透过系数与温度的关系。由图可见，透过系数与温度的平方根成直线关系，氢气比其他气体的透过系数大很多，而且随着温度的升高，系数差进一步增大。

5.6.3.3 碳基膜

碳基膜的使用是一种新的氢气纯化方法，正在深入探索中。由于氢气的临界温度低、动力学直径小，碳基膜只允许氢气通过，截留其他杂质气体，从而达到氢气纯化的效果。图5-79 是不同气体在 30℃下在碳膜中的渗透特性。由图可见，碳基膜具有高选择性和渗透性，气体的渗透性随气体直径的减小而提高，氢气分子尺寸小，渗透性大。

碳基膜可分为三类：碳膜、碳分子筛膜（CMSM）和碳纳米管（CNT）。碳膜具有以下优点：a. 比任何其他已知聚合物的选择性更高；b. 通过简单的热化学处理可精细调节孔隙尺寸和分布，以满足不同的分离需求；c. 通过对某些特定气体的吸附增强分离能力。具有无定形微孔结构的碳分子筛膜（CMSM）是最常见的碳基膜，通常通过在惰性气体或真空环境中碳化或热解聚合物前体获得。常见的聚合物前体包括聚酰亚胺及其衍生物、聚糠醇和酚醛树脂。

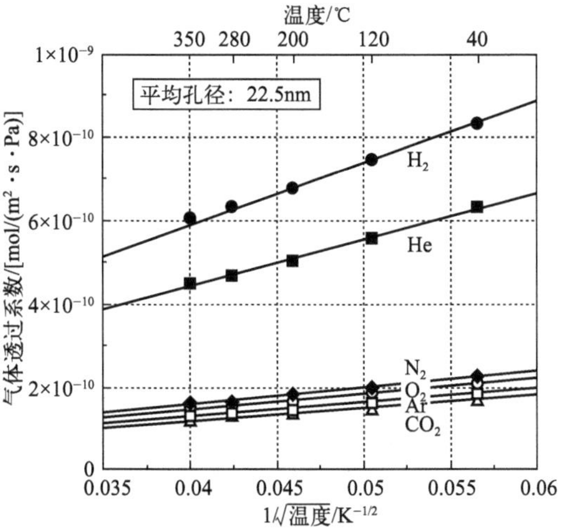

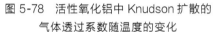

图 5-78 活性氧化铝中 Knudson 扩散的气体透过系数随温度的变化

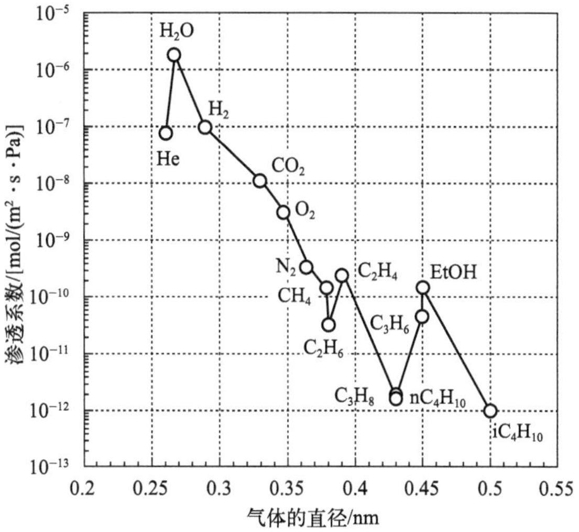

图 5-79 30℃下不同气体在碳基膜中的渗透特性

碳基膜制造中的六个主要步骤是前驱体选择、聚合物膜制备、前驱体预处理、热解过程、热解膜的后处理和模块构建。

与聚合物膜相比，碳基膜的单位面积成本高 1～3 个数量级。只有当它们达到比聚合物膜更高的性能时，高投资成本才是合理的。目前使用最广泛的碳基膜前驱体是聚酰亚胺，这在很大程度上导致了高制造成本，目前还没有商业 CMS 膜组件的生产商，商用有待进一步观察。因此，已经开始尝试使用较便宜的前驱体材料，例如聚丙烯腈，然而这些膜的性能仍然较差[34]。

碳基膜可以以无载体和有载体的形式制备。最典型的工艺是在惰性气氛中高温处理有机聚合物，使其碳化而转化为纯碳基膜。在无支撑膜（即无载体膜）中，已经制备出了毛细管膜、中空纤维膜和平板膜，但它们都存在机械性能问题，特别是脆性问题。脆性是无支撑膜的一个严峻问题，必须重复多次聚合物沉积和碳化循环才能获得无裂纹的支撑膜，这增加了工艺的复杂性，阻碍了实际应用。正因如此，产生了有载体的碳基膜。在制备有载体的碳基膜时，可以使用各种方法制备聚合物薄膜涂覆支撑物，例如超声沉积、浸涂、气相沉积、旋涂和喷涂。

石墨烯基膜作为一种新型的碳基膜，在气体分离领域引起了广泛的关注。石墨烯和氧化石墨烯具有单原子厚度、高机械强度和良好的化学稳定性。其渗透性与膜厚度成反比，石墨烯膜可以做成超薄膜，已成为具有最小传输阻力和最大渗透通量的理想膜。然而，大多数石墨烯基材料没有合适的天然孔隙，因此不能直接用于气体分离。因此，为了提高石墨烯基膜的气体分离性能，研究的重点是在石墨烯片中赋予尺寸和形状均匀分布的纳米孔及高孔隙率[7]。

5.6.4 有机膜

自20 世纪 50 年代以来，有机膜已被考虑用于各种气体分离中。然而，直到 20 世纪 70 年代中期，杜邦公司才率先使用小直径中空纤维作为可行的气体分离膜。在众多工业应用中，有机膜在 H_2 回收、分离和纯化中的应用仍然最受重视，但也是最难以把握的应用之一。

5.6.4.1 聚合物膜材料

聚合物膜是根据不同气体在聚合物薄膜上渗透速率的差异而实现分离的目的[4]。目前最常见的聚合物膜有醋酸纤维（CA）、聚砜（PSF）、聚醚砜（PES）、聚酰亚胺（PI）、聚醚酰亚胺（PEI）等，如表5-56所示。与深冷、变压吸附法相比，聚合物膜分离装置具有操作简单、能耗低、占地面积小、连续运行等独特优势。由于膜组件在冷凝液的存在下分离效果变差，因此聚合物膜分离技术不适用于直接处理饱和的气体原料。

表5-56 氢气分离用的商业聚合物膜的主要特性

供应商	膜材料	结构类型	选择性		
			H_2/N_2	H_2/CH_4	H_2/CO
Air Products	聚砜	中空纤维	39	24	23
Air Liquid	聚酰亚胺/聚酰胺	中空纤维	—	—	—
Ube	聚酰亚胺	中空纤维	35.4	—	30
UOP Scparex	醋酸纤维素	螺旋缠绕	33	26	21

聚合物膜分为多孔和无孔两种，这些膜的氢传输机制有五种，如图5-62所示。如果聚合物膜是多孔的，则扩散机制有四种，即克努森扩散、表面扩散、毛细管冷凝和分子筛，主要取决于孔径和扩散气体分子大小。

在克努森扩散中，扩散气体分子与孔壁的碰撞比与其他扩散分子的碰撞更频繁，因此有利于不同的保留时间。通过表面扩散，气体分子吸附在孔表面（壁）上，然后沿着特定的浓度梯度从一个位置移动到下一个位置。当扩散气体分子在给定的孔内冷凝以产生抑制扩散速率的毛细力时，发生毛细管冷凝。分子筛机制也是一种特殊情况，其中扩散气体分子的粒径和孔径大小足够接近，需要活化能量（与分子大小直接相关）。在无孔或致密的聚合物膜中，氢传输则由溶液扩散控制。在溶液扩散机制中，气态分子吸附到膜表面，溶解到聚合物膜的主体中，最后通过化学势梯度从进料处扩散到产物处。

无孔致密型聚合物膜可分为玻璃状聚合物膜和橡胶状聚合物膜。前者具有较高的选择性和较低的扩散通量，而后者具有较高的扩散通量和较低的选择性。聚合物膜的操作温度为100℃，它们具有的两个优点是应对高压降的能力和低的成本。它们的问题是机械强度低，膨胀和压实敏感性相对较高，以及对某些化学物质［如盐酸（HCl）、氧化硫（SO_x）和CO_2］的敏感性较高。聚合物膜的分离过程机理是溶液扩散。表5-57给出了对比N_2、CH_4和H_2气体，不同聚合物膜在27℃温度和206.8kPa进料气体压力下的CO_2选择吸收特性。

表5-57 不同聚合物膜的CO_2选择吸收特性[44]

膜的种类	其他气体	CO_2压力/kPa	CO_2渗透性/[m^3/(m^2·s·kPa)]	CO_2选择性
磺化聚亚砜-EDAH	N_2	0.29	4.13×10^{-6}	600
Nafion-EDAH	CH_4	0.16	7.99×10^{-7}	550
Nafion-EDAH	H_2	101	3.63×10^{-7}	6.8

续表

膜的种类	其他气体	CO_2 压力/kPa	CO_2 渗透性/[m^3/(m^2·s·kPa)]	CO_2 选择性
Nafion-EDAH	H_2		1.88×10^{-6}	55
磺化聚苯乙烯-二乙烯基苯 EDAH	N_2	0.407	4.97×10^{-8}	524
EDAH-海藻酸盐	N_2	1	105×10^{-8}	50
EDAH-聚丙烯酸酯	N_2	4.76	7.50×10^{-6}	4700
EDAH-聚丙烯酸酯	N_2	6.18	5.25×10^{-6}	1900
聚乙烯醇-氨基酸盐	H_2	76.0	6.38×10^{-7}	30
聚乙烯亚胺-甘氨酸锂	H_2	76.0	2.80×10^{-6}	75
聚乙烯醇-四甲基氟化铵	H_2	76.0	5.33×10^{-7}	19
聚乙烯醇-氟化铯	H_2	4.4	5.96×10^{-7}	60
聚丙烯酸铯-氟化铯	H_2	4.4	6.09×10^{-7}	61
聚（二烯丙基二甲基氟化铵）	H_2	40.0	1.35×10^{-7}	81
聚（乙烯基苄基三甲基氟化铵）	H_2	4.21	4.52×10^{-7}	87
聚（乙烯基苄基三甲基氟化铵）	H_2	113.9	2.22×10^{-7}	207
聚（乙烯基苄基三甲基氟化铵）-氟化铯	H_2	4.08	1.93×10^{-6}	127
聚-2-（N，N-二甲基）氨基乙基甲基丙烯酸酯	N_2	4.76	3.75×10^{-7}	130
聚［2-（N，N-二甲基）氨基乙基丙烯酸酯共聚物丙烯腈］	N_2	0.48	1.53×10^{-9}	90
氢化聚乙烯吡咯烷酮	N_2	1.62	1.27×10^{-5}	48.1
聚（乙烯亚胺）/聚乙烯醇	N_2	6.59	2.93×10^{-7}	230
聚（乙烯基胺）-氟化铵	CH_4	200.0	2.33×10^{-8}	1143
聚（乙烯基胺）-氟化铯	H_2	4.29	5.03×10^{-7}	120
仿生碳脱水酶	N_2	0.10	1.28×10^{-5}	> 1000

5.6.4.2 聚合物对氢的选择性和渗透性

理想的聚合物膜材料应具有高选择性、渗透性、热稳定性和良好的机械性能。然而，实验表明高渗透性聚合物膜往往具有低的选择性，反之亦然。选择性和渗透性之间的平衡限制了聚合物膜的使用。对氢气分离纯化来说，选择性尤为重要，选择性高的聚合物膜可以使产品气体中的氢浓度增加，并使杂质气体截留或排到二次废物气流中。

各种原料气体中都含有一定浓度的杂质，这些杂质可能会影响分离膜。但如表 5-58 所示，与大多数其他气体相比，氢气具有最低的临界温度（T_c），并且动力学直径是最小的之一。这种低的 T_c 表明低的氢溶解度，而小的动力学直径表明扩散率高。因此，目前对选择性聚合物氢分离膜的要求是高的氢扩散率和低的氢溶解度。由于这种类型的致密膜完全依赖于溶液扩散机制，因此聚合物膜设计时，应充分发挥这两个优势。

表5-58 几种常见气体的气体参数

物质	分子	k①/10¹⁰m	O②/10¹⁰m	T_c③/℃
氦(helium)	He	2.6	2.551	-277.0
氨(ammonia)	NH_3	2.6	2.900	132.4
水(water)	H_2O	2.65	2.641	374.2
氢气(hydrogen)	H_2	2.89	2.827	-240.0
二氧化碳(carbon dioxide)	CO_2	3.3	3.941	31.0
一氧化碳(carbon monoxide)	CO	3.73	3.690	-140.3
氧气(oxygen)	O_2	3.46	3.467	118.6
氮气(nitrogen)	N_2	3.64	3.798	147.0
甲烷(methane)	CH_4	3.8	3.758	-82.8
丙烷(propane)	C_3H_8	4.3	5.118	96.7
BTX④		≥5.85	≥5.349	288~357

① 根据最小平衡横截面直径计算的动力学直径。

② Lennard-jones 碰撞直径。

③ 临界温度。

④ BTX 指苯(C_6H_6)、甲苯(C_7H_8)和二甲苯(C_8H_{10})。

目前提高选择性的方法是可交联聚合物的使用，向聚合物中添加沸石、二氧化硅、CMS（碳分子筛）和其他无机材料来制备复合基质膜等[84]。可交联聚合物的使用是一种用于改善聚合物膜性能的最新方法。与其非交联聚合物相比，可交联聚合物对氢的选择性至少可提高十倍。然而，可交联聚合物的大规模工业化生产工艺复杂，必须在其广泛商业应用之前加以解决。

Rezakazemi 等将 4A 沸石纳米颗粒（4A MMM）添加到聚二甲基硅氧烷（PDMS）基质中，以制备 PDMS/4A MMM 复合膜。与纯 PDMS 膜相比，实验制备的 MMM 显示出更高的 H_2/CH_4 选择性和 H_2 渗透性。此外，聚合物共混可以提高聚合物膜的性能。Hamid 等合成了一种 PSF/PI 膜，具有比单一 PSF 或 PI 膜更高的 H_2 渗透性和 H_2/CO_2 选择性(4.4)，H_2 纯化效率为 80%。同时，PSF/PI 膜表现出更稳定的物理性质和化学性质，是一种性能优异的新型聚合物膜。

5.6.4.3 聚合物膜的商业应用

已经研究和开发了大量用于气体分离的聚合材料，但只有少数用于商业系统。然而，用聚合物膜（例如基于聚酰亚胺）进行气体分离已经是一种现有技术，它们在工业上用于从气态混合物（N_2、CO 和碳氢化合物）中分离 H_2。与无机膜相比，它们具有经济性的优势，而其他膜则倾向于在苛刻的温度和化学条件下应用[34]。

工业应用中最常用的聚合物可分为橡胶聚合物和玻璃聚合物两类。图 5-80 是几种聚合物对氢的选择性与渗透性的相关性。由图可知，渗透性强的聚合物对氢的选择性较低。Robeson 研究了一些聚合物膜，并于 1991 年提出了所谓的“平衡”(trade-off curve) 线，2008 年又做了更新。根据他的说法，这条线之外的聚合物都具有商业吸引力。选择聚酰亚胺膜是因为材料接近边界并且具有高选择性，这对于获得高的 H_2 浓度很重要，可接受由于低渗透性而增加的膜面积。

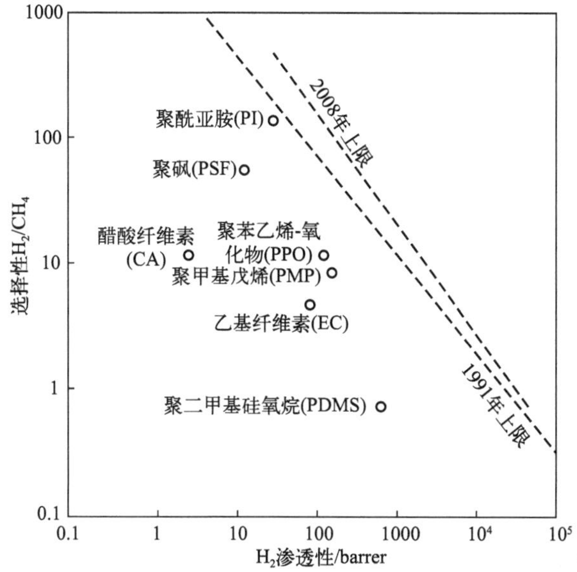

图 5-80 几种聚合物对氢的选择性与渗透性的相关性[85]

由于每种气体的不同性质（大小、形状、化学性质等）在聚合物的吸附选择性和溶解度中起着主要作用，因此通常不可能产生对所有气体成分表现一样性能的膜，通常需要为特定的目标气体设计这些类型的膜。目前，蒸汽甲烷重整（SMR）装置中的 H_2 分离和纯化是通过 PSA 和/或胺基酸性气体洗涤器完成的。聚合物膜非常适用于去除大量 CO_2 和保留 H_2。虽然 SMR 工厂的氢气纯化可考虑使用各种类型的聚合物膜，但产品气流的温度（450～650℃）阻碍了聚合物膜的使用。如果气流可充分冷却降温，就可以使用聚合物膜。如果产品气流不能冷却降温，就不能使用聚合物膜，只能使用微孔无机膜、钯合金膜或碳分子筛膜。不同公司的高分子分离膜的特性比较见表 5-59。

表5-59 不同公司的高分子分离膜的特性比较

商品名		PRISM	SEPAREX	UBE	MEDAL
公司		MONSANT	AIR PRODUCTS	宇部興產株式会社	DUPONT
高分子材料		聚砜-硅橡胶复合膜	乙酸纤维素	聚酰亚胺	聚芳酰胺
膜形状		中空系	螺旋	中空系	中空系
分离系数（H_2/CH_4）		30～60	45～65	200～250	200
制限值	芳香族化合物	饱和浓度 10%	饱和	苯 700×10^{-6} 甲苯 150×10^{-6}	饱和
	硫化氢	分压 $3.5kgf/cm^2$	分压 $3.5kgf/cm^2$	5%	10%
	NH_3	分压 $0.35kgf/cm^2$	分压 $0.35kgf/cm^2$	100×10^{-6}	饱和
	二氧化碳	—	—	—	25%
	水蒸气	饱和	饱和	饱和	饱和

表 5-60 是聚合物膜和无机膜的比较。聚合物膜更容易工业化制备，在除水和 CO_2 方面更有效，抗毒性强，但是使用温度低、寿命短。此外，聚合物膜与 PSA 装置的组合也是一种工业氢分离纯化的方法，可以提高 PSA 的性能。事实上，与单独的 PSA 工艺相比，两者组合的系统可将总 H_2 回收率提高 2%～6%。

表5-60　聚合物膜和无机膜的比较

种类	优点	缺点	现状
无机膜	长期耐久性； 热稳定性高（≥200℃）； 化学稳定性； 结构完整性高	脆性（钯）； 昂贵； 水热稳定性差	小规模应用； 通过表面改性改善水热稳定性
聚合物膜	廉价； 批量生产（规模较大）； 质量好控制； 抗气体毒性强	结构薄弱，不稳定； 温度范围有限； 易发生变性和被污染（寿命短）	广泛应用于水相分离及 CO_2 等一些气相分离

5.6.5　多层复合膜氢分离

各种分离膜中介孔陶瓷材料膜和致密金属膜是目前综合性能最好的膜。介孔陶瓷材料，主要是氧化硅系列，如沸石就具有耐热性强、稳定性好、成本低廉等优点，通过调节孔径大小可以分离尺寸大小不同的气体分子，一度被视为很好的氢分离材料。但是对于介孔陶瓷来说，所有的气体都会进入孔道，通过孔的大小来使小尺寸分子氢透过，这样随着杂质气体堵塞孔道会使气体的分离速率不稳定或下降。另外，如果孔径大小不均匀，有大孔道存在的话，会使杂质气体也穿透过去，使氢分离的纯度下降。与其不同，致密金属薄膜分离法则是金属薄膜只能让氢气透过，杂质气体完全不能透过，从而达到分离制备高纯氢气的目的。从整个渗透过程来看，只有解离为原子状态的氢才能进行渗透，而其他气体不能通过透氢薄膜，因此致密金属膜只对氢具有选择性。金属钯膜及靶合金膜是最早研究用于氢气分离的无机膜，也是目前用于氢气分离的唯一商业化的无机膜，目前不论是传统法制氢还是新能源方法制氢都是利用钯合金膜来实现氢分离的。

为了解决这些问题，多层复合的非钯金属氢分离膜以及相应的氢分离成了一个发展方向。这种氢分离膜由催化层、非钯金属透氢层、介孔陶瓷隔离层和微孔金属载体四个部分组成，如图 5-81 所示。核心部分是非钯金属透氢层，可以摆脱对稀有金属钯的依赖和降低氢分离成本，同时这层膜由定向生长的晶粒组成，可以实现高速率和高选择性透过效果。因为金属透氢膜直接与金属载体接触，在高温下长时间使用，难免会出现金属间的相互扩散，降低透氢薄膜的性质，缩短其寿命。如果在介孔陶瓷上制备非钯合金薄膜，形成多层复合氢分离膜，一方面可以通过减小金属薄膜的厚度提高透氢速率，同时降低非钯合金的脆性，通过介孔陶瓷可以抑制氢分离金属膜与微孔金属载体的相互扩散，可以提高氢分离膜的热稳定性，另一方面通过微孔金属载体提高氢分离膜的机械强度，同时提高氢分离时的两端承载压力。这种新型的氢分离膜能同时满足分离膜的高氢渗透率、高氢选择性、低工作温度、抗杂质气体毒化等多项指标，并使氢气分离工艺得到改善。

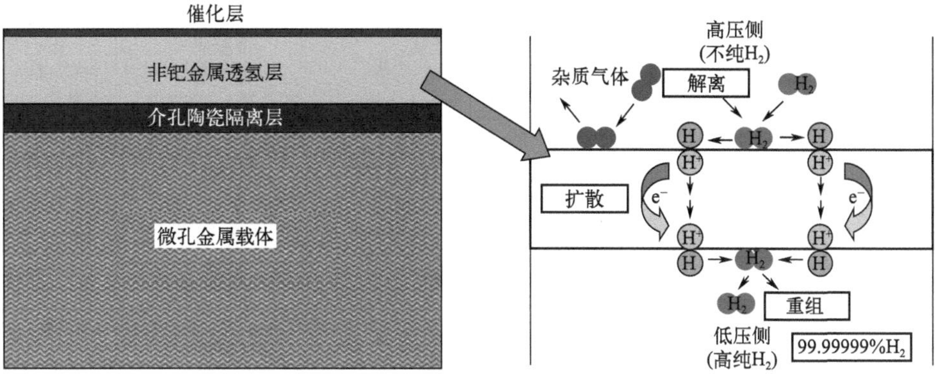

图 5-81 多层复合的非钯金属氢分离膜结构示意图

5.6.6 多种氢分离膜的比较

表5-61 提供了几种主要的 H_2 分离膜材料的比较，可以发现每个类别都有其独特的优势和劣势[44]。含有Ⅳ族元素（Ti、Zr、Hf）和Ⅴ族元素（V、Nb、Ta）的金属膜是 H_2 分离研究界的重点。无机二氧化硅和沸石膜由于其可调性质和高温高压稳定性，具有充分的短期工业应用的潜力。虽然聚合物膜可以说是最便宜和最容易加工的材料，但它们的热稳定性较差，缺乏足够的选择性和通量能力。与其他类型的材料不同，聚合物在其合成成分和可用于组件制造前及制造后改性的有机化学方面具有最大的灵活性。

基于溶液扩散机制工作的金属分离膜和沸石分离膜很容易提供所有膜类别中最高的选择性和通量容量。但许多纯金属合金膜往往伴有相变或氢脆问题，提高操作温度范围会影响膜的使用寿命，引起额外的成本增加。陶瓷膜的均匀制备和缺陷控制困难，影响氢气的纯度。另外，所有种类的 H_2 分离膜共同面临的最大障碍是缺乏化学稳定性。水、含硫物质、酸性蒸汽和 CO_2 是最常见的污染物，必须处理。这些化学问题和热性能问题最终决定了用于商业 H_2 分离技术的氢分离膜材料的成本、可行性和实现途径。

表5-61 各种氢分离膜的比较[44]

项目	金属膜		陶瓷膜		碳基膜	聚合物膜	
	Pd、Ta、V、Nb 等合金		二氧化硅、氧化铝、氧化锆、二氧化钛和沸石		多孔炭、单壁碳纳米管、多壁碳纳米管	聚酯、聚醚酰亚胺、氨基甲酸酯等	
	致密	多孔	致密	多孔	多孔	致密	多孔
温度范围/℃	300～600		600～900	200～600	500～900	＜100	
选择性（H_2/其他气体）	＞1000		＞1000	5～139	4～20	低	
通量/[mol H_2/(m^2·s)]	60～300		6～80	60～300	10～200	低	
机械问题	相变		脆性		非常脆	膨胀和压实	

续表

项目	金属膜		陶瓷膜		碳基膜	聚合物膜	
	Pd、Ta、V、Nb 等合金		二氧化硅、氧化铝、氧化锆、二氧化钛和沸石		多孔炭、单壁碳纳米管、多壁碳纳米管	聚酯、聚醚酰亚胺、氨基甲酸酯等	
	致密	多孔	致密	多孔	多孔	致密	多孔
化学问题	H_2S 中毒		降解		氧化和易变化	老化	
有害稳定性的气体	HCl、CO_2、SO_x		H_2O、H_2S 或 CO_2		有机气体	H_2S、HCl、CO_2、SO_x	
输运机制	溶液扩散	溶液扩散/分子筛	溶液扩散	分子筛	溶液扩散/分子筛	溶液扩散	分子筛

5.7 金属氢化物纯化法

金属氢化物具有很好的选择吸氢特性，可用于氢气纯化[86]，使用金属氢化物可以成功分离氢气和二氧化碳混合物[87,88]。金属氢化物氢提纯方法，如图 5-82 所示。当向其供应含有杂质气体的混合气体时，储氢合金选择性地吸收氢气，形成金属氢化物，反应热被转移到冷却液中，杂质气体仍以气相的形式存在，浓缩于氢化物之外，可作为废气排出，实现氢气的纯化。通过升高温度或降低压力时，氢气会从晶格中出来，实现氢的供给。而且通过改变放氢温度可以实现对供氢压力的控制，从而可提高整个系统的效率。与传统的纯化方法不同，这种氢气纯化方法具有工程量小、占地面积少、一次性投资小、纯化速度快、纯度高的特点[89]。

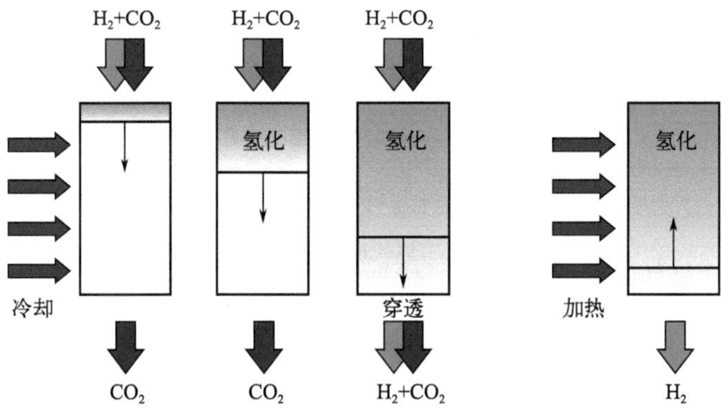

图 5-82 储氢合金氢气纯化原理（这里的混合气体假定为 H_2+ CO_2）[89]

图 5-83 是金属氢化物纯化氢气技术路线示意图，这个装置包含混合气体、储氢合金反应器、真空泵、气体分析仪、减压器、压力传感器、气体流量计、阀门等部分。通过调节不同气体源，可以调节混合气体的成分，进行金属氢化物对不同混合气的氢气纯化试验。

Dunikov 等[89] 用两种不同成分的 AB_5 合金配合进行了 H_2/CO_2 混合物的分离。在金属氢化物反应器中填充 1kg“高压”合金 $La_{0.9}Ce_{0.1}Ni_5$（293K 时 $P_{eq}^{1/4}$ 为 1.96bar）和 1kg

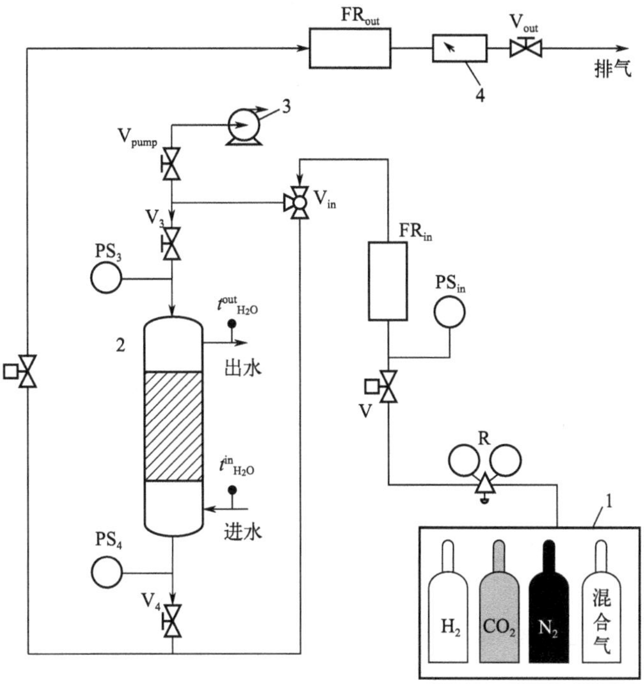

图 5-83 金属氢化物纯化氢气技术路线图

1—混合气体；2—储氢合金反应器 RSP-8；3—真空泵；4—气体分析仪；PS—压力传感器；FR—气体流量计；V—阀门；R—减压阀

“低压”合金 $LaNi_{4.8}Mn_{0.3}Fe_{0.1}$（293K 时 $P_{eq}^{1/4}$ 为 0.38bar），最大 H_2 容量为 140L（标），标称工作 H_2 容量为 110L（标）。氢气浓度在 40%～60%（体积分数）范围内，进料压力 5.6bar。分离效率和氢气回收率取决于吸收的平衡压力，吸收平衡压力必须尽可能低，以提高氢气回收率。对于“低压”合金，在含 59%（体积分数）氢气的混合物中提纯率为 81L（标）/h，回收率为 94%。结果表明，金属氢化物 H_2/CO_2 分离装置可以作为继膜组件后生物氢升级系统的第二级。聚合物膜可以保护金属氢化物免受有毒杂质的侵害，金属氢化物的高选择性可以改善纯化系统的整体性能。

Yang 等[90] 在高 CO 浓度环境中对 $LaNi_{4.3}Al_{0.7}$ 合金进行了循环实验。该合金的 H_2 储存容量在 363K 或更高的温度下缓慢下降，保持相对较高的动力学速率，从而可以用于不同应用中的 H_2 分离和纯化。此外，Hanada 等[91] 研究了 CO_2 对 AB_2 型合金 H_2 吸收性能的影响，以开发用于 H_2 纯化和储存的金属氢化物。结果表明，添加 Fe 和 Co 可以提高合金对 CO_2 的耐受性，而添加 Ni 则相反。Zhou 等[92] 发现，纳米 VTiCr 催化的 MgH_2 容易与低压 H_2 反应，并在混合气体中循环，因此，该材料显示出 H_2 分离和纯化潜力。

虽然 PSA 纯化便宜，但是 CO、CO_2 等杂质气体的浓度仍然很大，对燃料电池有害，所以用金属氢化物法来进一步提纯的话就可以用于燃料电池中[93]。图 5-84 是化石燃料［如天然气、LNG（液化天然气）、燃油等］重整制氢与金属氢化物提纯组合的示意图。整个流程是：a. 甲醇重整（H_2、CO、CO_2、H_2O 等）→PSA 纯化（CO-PVSA）→MH 罐中金属合金吸氢 →去除 CO 等；b. MH 罐中金属氢化物放氢→直接向燃料电池提供高纯氢气（PEM FC）（COA-MIB：CO Adsorption Metal Hydride Intermediate-Buffer）。

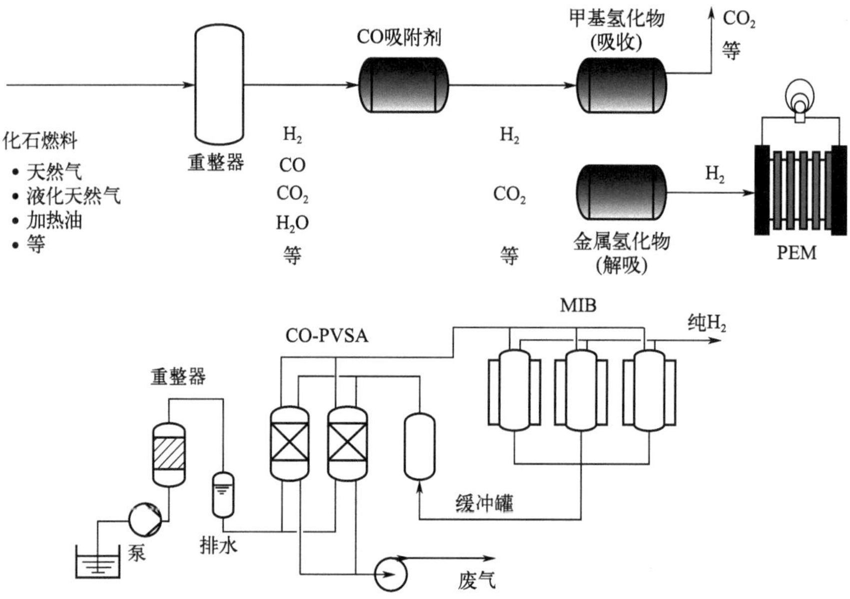

图 5-84 化石燃料重整制氢与金属氢化物提纯（COA-MIB）系统示意图

根据主要元素的类型，储氢合金可分为稀土合金、钛合金、锆合金和镁合金。此外，根据主要元素的原子比，它们还可分为 AB_5 型合金、AB_2 型合金、AB 型合金和 A_2B 型合金。储氢合金的性能决定了 H_2 纯化的效率，因此可以通过改性来提高储氢合金的化学稳定性和耐受性，并减少杂质气体的影响。

金属氢化物纯化氢气中，最严重的问题是杂质气体对氢化物的毒害，是影响金属氢化物纯化寿命的主要原因。20 世纪 70 年代开始就有这方面的一些基本研究报道。一些金属氢化物纯化项目已在工业规模上实施，用于从氨生产中提取氢气。研究显示，金属氢化物有用于从含 CO_2 的气体混合物中提取氢气的可行性。去除 CO 则是一个特别的挑战，因为它会严重毒害金属氢化物表面。Taniguchi 等证明了在高于 120℃ 的温度下用金属氢化物去除高浓度的 CO 而不会中毒[94]。Borzone 等对金属氢化物与 CO 的反应动力学进行了研究，结果表明，CO 只对吸收速率有影响[95]。

杂质对金属氢化物装置的性能有不同的影响，根据合金杂质组合的不同，储氢性能可能因中毒（H_2S）、阻滞和腐蚀（水蒸气、CO_2）以及惰性气体覆盖（N_2）等各种类型的损伤而恶化[89]。金属氢化物的结构是决定其耐久性和纯化性能的重要因素。相对来说，AB_5 型金属氢化物（包括 $LaNi_5$）具有很好的抗杂质气体影响的性能。如 CO_2 通常会毒害各种类型的金属氢化物，但是 AB_5 型金属氢化物能在 CO_2 中长期稳定，不受影响[96]。

5.8 氢气同位素分离

5.8.1 氢同位素的特性

最常见的 H 元素是 ^1H，即原子核中仅有一个质子。这种核素称为 Protium，即通常所说的氢。除氢之外最常见的同位素为氘（deuterium，D），或称重氢，原子核中含一个质子和一个中子。D是一种稳定的同位素，没有放射性。在海洋中，D的摩尔分数约为H的1/6400。在宇宙空间中D通常与H形成双原子分子HD。

氘的氧化物称为重水，比普通水重11.6%。利用重水与水的差别，富集重水，再以任一种从水中制H_2的方法从D_2O中获得D。工业上通过富集海水中的重水来得到纯的重水，重水在核反应中能作为快中子的吸收剂，其他化学性质与普通水非常类似，但对生物体有轻微毒性，摄入少量重水对人体几乎无害，事实上重水是一种临床常用的同位素示踪剂。据估计一个70kg的成年人可以摄入4.8L重水而不产生明显的危害。

氘在核聚变反应中有重要应用，例如氘与氚和氘与^3He的聚变反应都是速率快且释放能量很高的聚变反应。

原子核中含有2个中子的H的同位素称为氚（tririum，T）。氚的天然含量，在10^{18}个氢原子中含有0.4～67个氚原子。氚在很多领域用作氢的示踪剂，在核工业领域已广泛作为中子缓和剂使用。氚主要用作标识物和荧光涂料，另外用作发射中子的靶极。近年氘和氚用作核聚变反应堆的燃料受到广泛关注。氚的半衰期比较短，所以放射性比较高（1g相当于大约1万距离或者370TBq）。释放出的β-放射线的平均能量仅为5.7keV，空气中的飞行距离约6mm，水及皮肤中的飞行距离仅为0.6μm，所以体外辐射（外部辐射）的影响可以忽略。元素氚很难吸入体内，所以仅仅是来自体外的氚辐射可以忽略。水蒸气氚极易吸入体内引起体内辐射。氚是氢的同位素之一，常温常压下是气态，容易在物体内渗透，容易扩散，而且在大气中可以通过多种途径转变成水蒸气态氚。

氚主要用在核聚变中，氚与氘的聚变反应可放出17.6MeV的能量：

$$^{3}_{1}T+^{2}_{1}D=^{4}_{2}He+n \tag{5-9}$$

氚有一定的放射性危害，但由于其半衰期较短，在人体内仅为14天左右，因此危害性较小。在一些分析化学研究中，氚经常作为放射性的标记物。

^4H（亦有命名为Quadrium）是一个很不稳定的放射性H位素，原子核中包含1个质子和3个中子。^5H、^6H和^7H均为在实验室中合成的不稳定的放射性同位素。各种H的同位素的基本性质见表1-4。氚的放射性和氢同位素分子的热力学性质分别详见表5-62和表5-63。

表5-62 氚的放射性

裂解形式	$T \xrightarrow{\beta\ 射线} {}^3He\,(100\%)$	飞行距离	空气（1atm）中	最大4.5~6mm，平均0.35mm
半衰期	12.361年		水中	最大6μm，平均0.42μm
β射线	最大能量18.6keV	裂解热		91.1aW/Bq（33.7μW/Ci）
	平均能量5.7keV	最大比放射能		355TBq/g（9.600Ci/g）

注：aW—airwatts，空气瓦特。

表5-63 氢同位素分子的热力学性质

热力学性质	H_2	HD	D_2	HT	DT	T_2
分子量	2.01588	3.022002	4.028204	4.023949	5.030151	6.032098
临界温度/K	32.99	35.41	38.96	37.13	39.42	40.35
临界体积/（cm^3/mol）	65.5	62.3	60.3	61.4	57.8	57.1

续表

热力学性质	H_2	HD	D_2	HT	DT	T_2
临界压力/Torr	9.736	11.126	12.373	11.780	13.300	14.300
三重点温度/K	13.96	16.60	18.73	17.62	19.71	20.50
三重点压力/Torr	54.0	92.8	128.6	109.5	145.7	157.4
沸点/K	20.39	22.13	23.67	22.92	24.38	24.91
解离能/eV	4.476		4.533			4.59
离子化能/eV	15.42		15.46			13.55

5.8.2 氢同位素的分离浓缩

同位素间化学性质相同，只是原子量不同。因此，利用同位素受原子量影响的物理或者化学性质差异实现同位素分离。同位素分离有电磁分离法、隔膜扩散法、热扩散法、电解法、分类蒸馏法、分子蒸馏法、离心分离法、离子迁移率法、喷嘴法、化学交换反应法、化学反应速度法、光化学反应法、通电法等多种方法，各自方法适用的物质有各种各样的情况。

氢同位素分离法根据原理不同可以分为单独分离法和统计分离法 2 大类。前者的分离系数理论上是无限大的，包括电磁分离法和激光分离法。后者有一定的分离系数（一般接近 1，即使氢同位素也只有 10 左右），利用热力学可逆或者不可逆过程实现分离。可逆分离法包括化学交换法和蒸馏法，不可逆分离法包括气体扩散法、离心分离法、电解分离法和电泳分离法等，详见表 5-64。同位素的物理分离方法利用不同质量原子的运动速度不同实现分离；而化学分离法利用不同质量原子其键能不同实现分离。

表5-64 同位素分离方法

分类		化学现象	物理现象
单独分离法		光化学法（激光分离法）	电磁分离法
统计分离法	可逆分离法	化学置换法	蒸馏法、吸附法
	不可逆分离法	电解法	气体扩散法、离心分离法、电泳法、热扩散法

主要氚分离法的特性比较包括处理量、运行方式、安全性、适应性等比较，详见表 5-65。各种氢同位素分离浓缩所需要的能量和分离系数如图 5-85 所示。虽然储氢合金法还没有实际运行，但其利用方法多种多样，分离系数既可以高达 2 左右，也有 1 左右的低值。为了提高同位素分离效率，同位素效应越大越好，因此低温工艺更有利。但是同位素效应大未必有利于氚分离，反之亦然。应根据目标同位素和处理量大小来选择技术与经济均可行的分离方法，并且具有系统简单，前期处理、后处理容易的特点。目前，最具实用化前景的深冷分离法是利用氢凝结・蒸发的同位素效应实现分离。但是，冷却系统发生异常时可能引起氚的大规模泄漏。因此，分析发生意外事故时材料的安全性、系统安全性及事故对策都是非常重要的。

表5-65 主要氚分离法的特性比较

项目		热扩散法	深冷分离法	气体扩散法	透氢金属膜法	化学交换法	水蒸馏法
		小	大	小～中	小～中	中～大	中～大
处理量		小～中	大	大	大	大	大
运行方式		间歇	连续	连续	连续	连续	连续
运行条件		高温（约1000℃），常压	极低温（约20K），常压	常温、常压	高温（约500℃），高压（约 50atm）	常温（约50℃），常压	常温（约70℃），常压（略低于大气压）
主要装置		热扩散塔（小～中型，简单）	深冷分离塔，配备He 液化装置（小型，简单）	扩散筒，压缩机，密封圈（中型，复杂）	透氢装置，压缩机，密封（中型，复杂）	充填塔（电解槽）（中型，简单）	充填塔（中型，简单）
氚泄漏量		小	小	小	小	小	小
安全性		高	高	高	高	高	高
适应性	小规模生产	◎	×	×	×	×	×
	大规模生产	◎	◎	○	○	◎	○
	炉循环系统	×	◎	◎	○	×	×
	燃料精制	△	◎	◎	○	△	△
	废液浓缩	×	×	×	×	◎	◎

注：◎—好；○—良；△—可；×—不可。

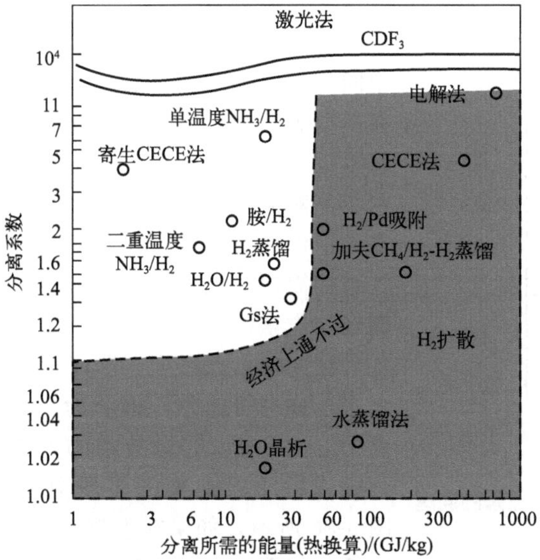

图 5-85 重氢分离工艺的比较

CECE—联合电解-催化交换法；CDF$_3$—氚代三氟甲烷

5.8.3 常见的氢同位素的分离方法

最常见的氢同位素的分离方法有化学交换法、热扩散法、精馏法、吸收法和膜扩散法等。下面对这些方法做进一步介绍。

（1）化学交换法

化学交换法是分离轻同位素的一种特殊方法。它是基于在同位素化学交换反应中，同位素在各反应分子间的分布不是等概率的。如当化学反应达到平衡时，某一种元素的同位素反应体系和生成体系液气相中的组成有所不同，利用这个差别可以分离出反应体系或生成体系中的同位素，就可以进行同位素的浓缩。由于分离系数通常很小，所以需要进行多段过程。现在可以在一个塔中同时进行蒸馏和交换反应，两种浓缩作用重叠，用一个塔可以重叠多个分离段，因此是非常方便的方法。

另外，同位素之间，在进行化学反应时的反应速率多少存在差异，反应生成物质中的同位素浓度与未反应物质中的同位素浓度有所不同。如果反复进行这样的浓缩作用，也能实现同位素的分离。分类沉淀法是在向溶液中加入沉淀剂使其产生沉淀时，利用产生该沉淀的速度之差来分离同位素的方法，可以认为是化学交换法的一种。

工业上大量生产重水，就是利用硫化氢和水之间的同位素交换反应。由于轻元素同位素分子间的零点能相差大，交换反应的分离系数大，而且交换过程在热力学平衡条件下进行，能量消耗小。因此，化学交换法在轻同位素生产中占重要地位。一些重要的同位素如氘、氮-15、硼-10、锂-6都用此法生产。

（2）热扩散法

如果将混合气体放入容器中，使其一部分为高温区，将另一部分保持为低温区，则通常混合气体中的轻组分在高温部分浓度会稍高，重组分在低温部分浓度稍高。当然也有例外，轻组分浓缩到低温区。不论哪一种，当混合气体处于有温度梯度的区域时，会产生轻重元素朝着不同方向的热扩散，利用这种现象进行轻重两成分分离的方法称为热扩散方法。

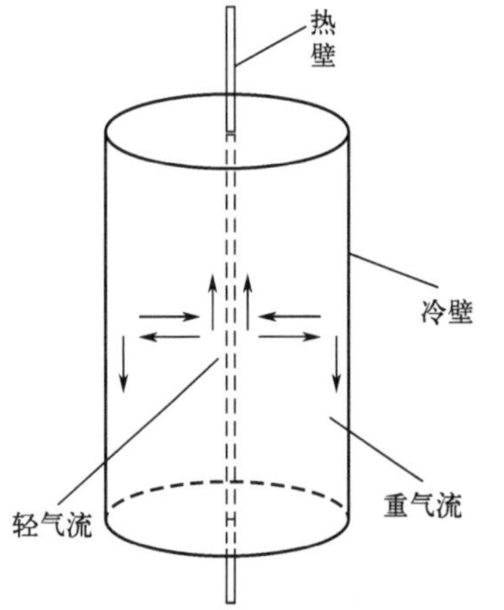

图 5-86 热扩散法分离同位素的原理

常用的装置为热扩散柱，其工作原理如图5-86所示。将欲分离的同位素混合物放在两个垂直的同心圆管中间，内管加热，外管冷却。由于热扩散效应，轻组分在热壁表面附近富集，重组分在冷壁表面富集，同时内管附近气体受热上升，外管内壁附近气体因冷却下降。由于热对流效应，富集了的轻组分气体和重组分气体经多次逆流接触，使得简单热扩散效应效果倍增。热扩散柱结构简单，操作方便，应用范围广泛，是实验室中分离轻同位素的主要手段。

在同位素分离中，除了光化学反应法和电磁分离法将来也许有可能外，迄今为止还没有发现能够在一级分离中能进行近100%分离的方法，往往都是数十段、数百段或数千段这样的多段分离重复操作的。但是，如图5-86所示，如果在垂直树立的长管中心贴上热线，从外部冷却管充入同位素混合的气体，则在热线周围的高温气体和接近管壁部分的低温气体间，在水平方向上产生热扩散，同位素的一个成分聚集在热线上，同时也会在上下方向产生对流，因此热扩散的过程会在上下方向上连续堆积，只要立起一个热扩散塔，就能获得相当于数百级的分离效果。在同位素分离时，对于各分离法如何得到这样的连续的堆积成为大的课题。热扩散在获得连续级的堆积这一点上是方便的，但装置体积大、分离速率小、工业价值小。如果作为实验室气体处理，则几乎可以适用于任何物质，并且塔的根数不太多，可以进行接近100%浓度的同位素分离。在热扩散的情况下，由于处理气体的关系，装置的泄漏也是一个问题。

(3) 精馏法

元素各同位素及其化合物的蒸气压有差别，可以用精馏法分离同位素。精馏的分离系数等于被分离二组分纯蒸气压之比，并且随温度的降低和分子量的减小而增大。由于精馏法的工艺成熟、方法简单可靠，一些轻同位素多用此法来生产，如通过低温精馏一氧化碳、一氧化氮、三氯化硼来生产碳-13、氧-18、氮-15、硼-10等同位素。工业上也曾用水的精馏来生产吨量级的重水。精馏法已用于将双温法生产的浓度约15%的重水富集到高于99.8%。

同位素或其化合物之间存在微小的沸点差（约1.4℃），例如，氘重水和常水之间的沸点略有差异。因此，反复蒸馏，同位素多少会被浓缩。在这种情况下，越是在低温度下蒸馏，分离系数越大，由液氢的积存引起的氘的分离在工业上也受到关注。另外，通过水精馏进行的重氧的浓缩也是其一例。

普通蒸馏是利用气液两相平衡中各成分向2相的分配之差进行的，与此不同，分子蒸馏则是利用分子从液相向真空中飞出时的各同位素的速度之差来分离同位素的。对于每一级的分离系数，分子蒸馏比普通的蒸馏更大，但难以像普通蒸馏那样简单建塔，并连续重叠多个级，组装精馏塔。分子蒸馏所需的真空度当然最好尽可能高，但实际上在10^{-3}～10^{-6}mmHg左右进行。

(4) 光化学法

同位素核质量的不同使原子或分子的能级发生变化，从而引起原子或分子光谱的谱线位移。光化学法就是利用同位素分子在吸收光谱上的这种差异，用一定频率的光去激发同位素混合物中的一个组分，而不激发其他组分，然后利用处于激发态的组分和未激发组分在物理或化学性质上的不同，在激发态原子或分子能量未转移之前，采用适当的方法把它们分离出来。光化学反应有两个阶段：第一阶段是分子吸收光而成为高能量状态；第二阶段是该分子发生化学反应。为了制作只让要分离的同位素能强烈地吸收大色光，而又不引起连锁的光化学反应，条件苛刻，可选择的范围很窄。但只要找到了相应的条件，此方法仅一次就有可能进行接近100%的分离。

在激光出现以前，人们就利用光化学法分离汞同位素。20世纪60年代激光出现以后，由于激光具有单色性、强度高和连续可调等特点，激光同位素分离成为激光应用的一个重要领域，已在实验室范围内成功地分离了十几种同位素，也称为激光法。铀-235(^{235}U)的激光分离很受重视，原子法和分子法在实验室都已取得结果。原子法是在高温下得到铀蒸气，再通过两步光激发使^{235}U电离成$^{235}U^{+}$，然后用负电场将$^{235}U^{+}$和未电离的^{238}U分离。分子法是用惰性气体将气态UF_6稀释后，经过超声绝热膨胀，使UF_6的温度降至30～50K，从而得到良好的同位素谱线位移，再用激光将$^{235}UF_6$激发和电离，从而与$^{235}UF_6$分离。

(5) 膜扩散法

当混合气体通过具有小于其平均自由程的孔隔膜（孔径约0.01～0.03μm）时，混合气体中的轻组分比重组分更快地通过膜，轻组分和重组分会在膜两侧富集，从而达到分离的效果，这种方法被称为膜扩散分离法，也称孔隔膜扩散法。图5-87是其简图，从a处流入的混合气体一部分通过膜从c处流出，其他部分不通过膜而直接从b处流出。从c处出来的气

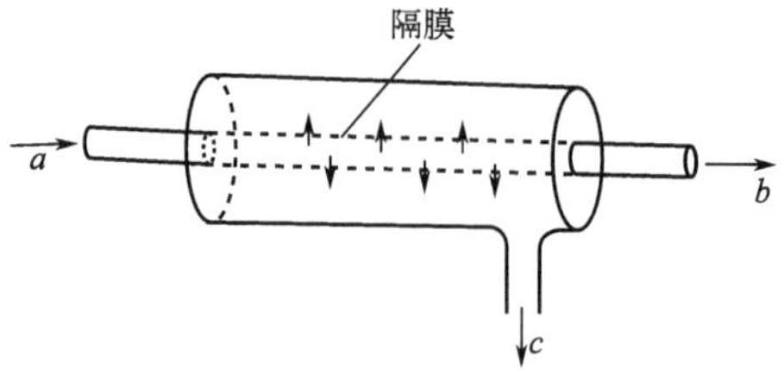

图 5-87 膜扩散法示意图

体，轻的成分稍微多了一点。在该方法中，由于必须制作具有直径为数百万埃小且均匀的孔的隔膜，因此该技术不灵活；由于必须用气体处理应分离的物质，所以装置所占的体积变得很大；还有一个缺点是需要大容量的低压气体用压缩泵等。在该方法中，泄漏也是重要的问题，特别是以超高速旋转的涡轮压缩机的轴的密封等不易实现。

扩散法是分离铀-235 的主要方法，以六氟化铀为原料，分离系数 $\alpha=1.0043$，由几千个级组成级联以生产浓缩铀（见铀同位素分离）。

（6）质量扩散法

这种方法是根据同位素混合物中的不同组分在第三种气体（称为分离剂）中扩散速度的不同来分离同位素的。单级分离效率甚低。为实现高效分离，必须采用级联式质量扩散柱。此法适用丁小规模的中等原子量元素的同位素分离。

（7）吸收法（adsorption separation of hydrogen isotope）

吸收法是利用吸收剂对氢同位素混合气体或溶液进行选择性吸收富集，进而进行分离的技术。Q_2 或 Q_2O 与吸收剂在吸收塔内进行化学反应形成一种弱联结的中间体化合物，其强弱、快慢以及吸附量随同位素的不同而不同，通过吸收和放出时的组分差别就可以实现氢同位素分离，亦是一种有效分离氢同位素的方法。吸收剂可以是液体或固体，但更多的是固体，是吸收法中的核心。常见的吸收法有催化氧化-吸附法、金属吸气法和低温吸附法。

（8）单级分离系数

对于统计的分离过程，单级分离系数 α_0 偏离 1 的程度是衡量分离效率的标准。对于二元同位素混合物，要分离的同位素浓度为 N（摩尔分数），经一次单元分离操作分离为两部分后，分离系数定义为：

$$\alpha_0=\frac{N_1/(1-N_1)}{N_2/(1-N_2)} \tag{5-10}$$

几种元素的同位素的各种分离方法的 α_0 值见表 5-66。

表5-66 各种同位素分离方法的分离系数 α_0 值

分离方法	H、D	^{14}N、^{15}N	^{235}U、^{238}U	分离方法	H、D	^{14}N、^{15}N	^{235}U、^{238}U
精馏法	1.05~1.7	1.008	1.0000	热扩散法	1.09	1.005	约 1.000
化学交换法	3	1.045	1.001	离心法	1.019	1.019	1.058
气体扩散法	1.23	1.029	1.0043				

为使同位素有效分离，须将单级分离操作串联，以实现多级过程。为缩短平衡时间，降低能耗，建立了同位素分离的级联理论。

5.8.4 氢同位素分离材料

在交换反应法、热扩散法、蒸馏法、激光法中，分离的关键因素是不同的化工工艺，与材料的相关性不大，但是吸收法和膜扩散法中，吸收剂和膜材料则是关键因素，下面就这两种方法中的相关材料进一步进行介绍。

5.8.4.1 多孔吸附剂-低温吸附法

(1) 氢同位素气体吸附分离

内聚变燃料循环系统设计中最具挑战性的任务之一在于氚提取系统（TES）的有效设计，该系统涉及在聚变反应堆中正确提取和去除氚。有人开发原型氢同位素回收系统（HIRS），以验证通过吸附传质机制提取氚的方法[97]。HIRS的两个主要系统是常压分子筛床（AMSB）吸附器和低温分子筛床（CMSB）吸附器。AMSB去除10^{-6}级的水蒸气，而CMSB从氦气吹扫气体中去除10^{-6}级的氢同位素、氧气和氮气。为HIRS选择合适的吸附剂对于其有效运行非常重要。

如前所述，一些多孔吸附剂可以物理吸附分子氢，如氧化铝、活性炭、5A沸石、13X沸石、金属有机框架（MOFs）和化学定制的商业吸附剂。其中，沸石、MOFs和改性炭被认为是潜在的候选者。从聚变反应器的应用来看，沸石由于其惰性、不可燃性、低成本、优异的机械性能、化学稳定性、热稳定性和化学可调谐性，仍然是一个有吸引力的候选者。Rscott Williams等在洛斯阿拉莫斯国家实验室的氚系统测试组件（TSTA）中进行了台架规模的工作，并检查了几种吸附剂（即木炭、5A分子筛、UOPS-115、ZSM-5和Wessalith DAY）是否适合从氦气中分离低浓度氢（无氚），并发现5A分子筛是有效的吸附剂之一。

此外，他们使用具有5A沸石分子筛的低温分子筛床进行了包括氚在内的实验，结果表明低温分子筛吸附是从氦气中分离低浓度氢同位素的有效实用方法。Qian等测量了100Pa氢压力下5A沸石分子筛的饱和氢吸附能力和在氢同位素提取中的可能应用。Forschungzentrum Karlsruhe进行的CMSB闭环性能实验测试表明，工艺气体流速高达$2m^3/h$，氢气浓度高达2000×10^{-6}，发现传质区相对狭窄，允许将CMSB放大至ITER流速。

图5-88显示了H_2在沸石4A、5A、13X和AC上于77K下的吸附等温线。图5-89显示了D_2在沸石4A、5A、13X和AC上于77K下的吸附等温线。可观察到，与沸石相比，AC对这两种气体都表现出最大的吸附能力。在所研究的沸石类别中，这些材料在氢气的平衡吸附量上似乎没有太大变化。而在氚的情况下，沸石13X表现出比沸石5A和4A更好的吸附性。同样令人感兴趣的是，4A沸石也表现出优异的吸附特性。

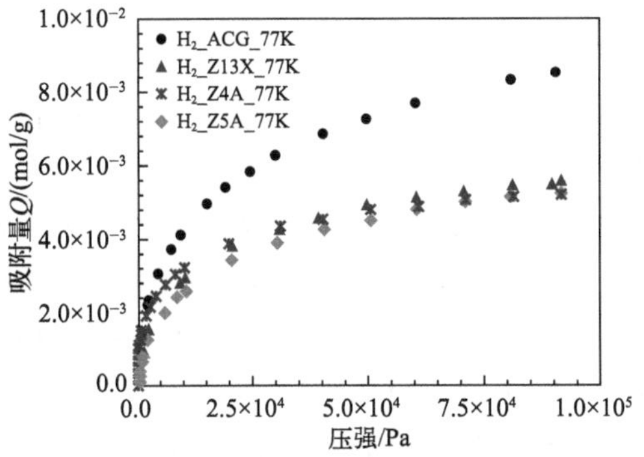

图5-88 77K下H_2在沸石4A、5A、13X和AC上的吸附等温线

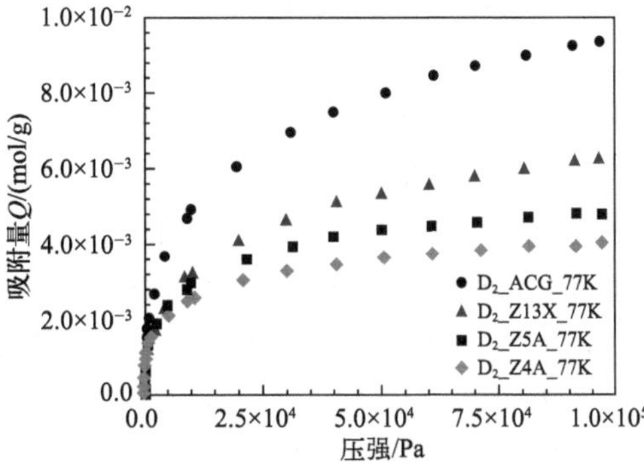

图5-89 77K下D_2在沸石4A、5A、13X和AC上的吸附等温线

Langmuir Freundlich（L-F）等温线模型是一个综合三参数模型，它考虑了吸附剂活性位点的非均质性。Langmuir Freundlich等温线可以表示如下：

$$q=\frac{q_{\mathrm{m}}(bP)^n}{1+(bP)^n} \tag{5-11}$$

其中，q 是以 mol/g 为单位的气体吸附量；P 是以 Pa 为单位的压力。该模型的三个参数中，q_{m} 是 Langmuir Freundlich 单层吸附容量，mol/g；b 是非均相固体的平衡常数，Pa^{-n}；n 是介于 0 和 1 之间的异质参数。这些非线性参数是通过 Levenberg-Marquardt 算法获得的。

图 5-90 给出了 77K 时所研究沸石上氢和氘的吸附情况。4A 沸石表现出最大的同位素选择性，氢气的 b 值最大。从该分析中可以得出结论，13X 沸石是 HIRS 中去除氢同位素的潜在吸附剂；对于研究氢氘分离，4A 沸石是所研究材料中最合适的吸附剂。表 5-67 中给出了 77K 下 H_2 和 D_2 的平衡吸附量（mol/g）与文献的比较。

表5-67 几种分子筛在 77K 下的 H_2 和 D_2 的平衡吸附量[97]

分子筛种类	77K 下的平衡吸附量/(mol/g)	
	H_2	D_2
Z4A	5.24×10^{-3}	4.03×10^{-3}
	约 4.8×10^{-3}	约 5.0×10^{-3}
	约 5.1×10^{-3}	
Z5A	5.25×10^{-3}	4.83×10^{-3}
	约 4.4×10^{-3}	约 4.8×10^{-3}
	约 4.68×10^{-3}	约 6.0×10^{-3}
	约 5.5×10^{-3}	
Z13X	5.5×10^{-3}	6.2×10^{-3}
	约 5.79×10^{-3}	约 6.4×10^{-3}
	约 6×10^{-3}	约 6.5×10^{-3}

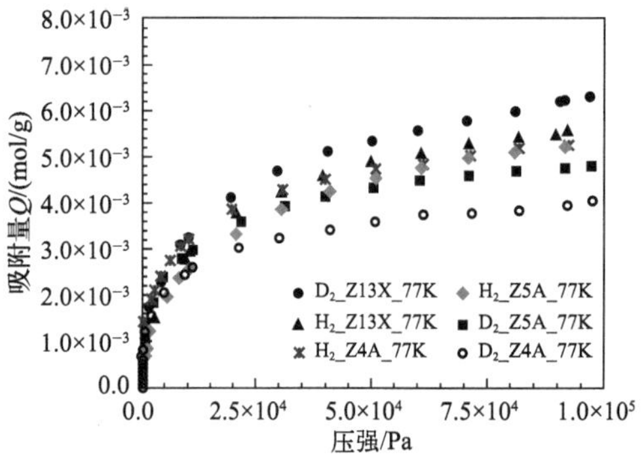

图 5-90 77K 下 H_2 和 D_2 在几种沸石吸附剂上的吸附等温线

（2）水同位素体的吸附分离

水是地球上最多的化合物，是生物体中不可缺乏的物质。水分子（H_2O）的稳定同位素分子为重水（D_2O），是原子炉和放射治疗的减速剂，也是聚合反应的原料之一。自然界的水中含有的重水浓度为 150×10^{-6}，现在重水分离的方法有蒸馏法、电解分离法、热扩散法等。这些方法的分离机制很简单，分别是利用轻水和重水的沸点差、电解分离速度以及扩散速度等物理性能的差别来进行的。如 H_2O 的沸点比 D_2O 的低，容易蒸发，蒸汽中的重水浓度减少，而蒸发后的水中重水浓度增加。蒸馏法的机理简单，但分离系数低，所以需要 30m 以上的大型蒸馏塔，通过反复多次的蒸发和冷凝来实现重水分离。H_2O 的电解分离速度比 D_2O 的快，利用这个速度差同样也可以进行重水的分离，可以把 80%～90%的劣化重水提纯到 99.8%以上。H_2O 和 D_2O 的物理性质如表 5-68 所示，这些方法的缺点是能耗都很大[98]。

利用固体吸附剂与水同位素的交换作用也可以进行重水制造、重水浓缩以及从轻水中或重水中分离氚，其原理与氢同位素气体的吸附分离相似。1941 年，德国 Harteck 和美国 Urey 等提出用水蒸气和氢气交换生产重水，不久在挪威建成世界上第一座氢-水同位素交换法重水生产厂。

表5-68 H_2O 和 D_2O 的物理性质

物理性质	H_2O	D_2O	物理性质	H_2O	D_2O
沸点/K	373.15	374.55	293.15K 时的运动黏度/(mm^2/s)	1.012	1.274
熔点/K	273.15	276.95			
最大密度/(g/cm^3)	0.999972	1.10600	293.15K 时的表面张力/(mN/m)	72.86	67.80
最大密度温度/K	277.13	284.34			

图 5-91 是 A7、A20 和 A25 三种不同活性炭纤维在 298K 下的 H_2O 和 D_2O 吸附等温曲线。三种活性碳纤维的吸附曲线形状大体相同，但是 D_2O 的吸附等温线都朝着低压方向偏移。这是因为 D_2O 与活性炭纤维有更强的氢结合力，饱和蒸气压小。三种活性碳纤维的孔径大小顺次为 A25、A20 和 A7。

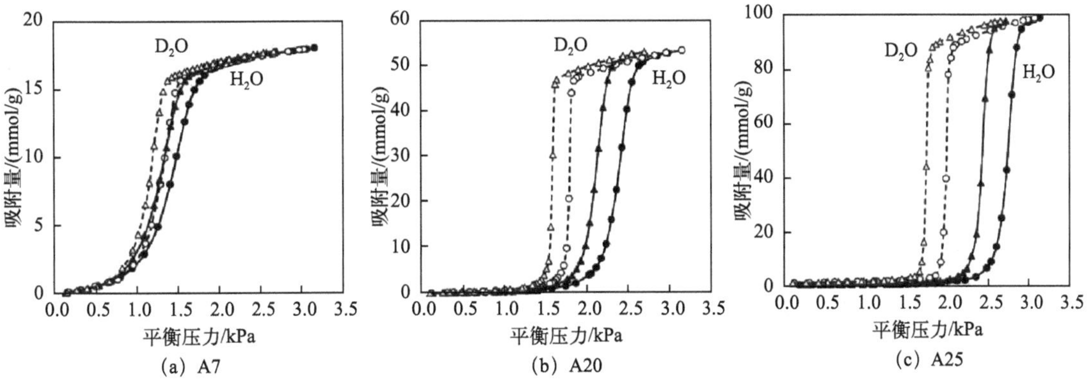

图 5-91 活性炭纤维 A7、A20 和 A25 在 298K 下的 H_2O 与 D_2O 的吸附等温线

在 CANDU 类型的动力堆或以重水作反射层的实验研究堆中，中子与重水中氘作用，产生副产物氚，随着堆运行时间的增长，重水中将积聚一定量的氚。以重水作为慢化剂的动力堆，氚的放射量占整个核电站放射量的 20%～35%。当含氚重水以液体或气体的形式泄漏时，会影响核电站的辐射水平，增大运行人员的个人辐照剂量。含氚重水泄漏会严重污染环境。重水提氚工艺主要包含两个部分：一个是氚的相转化过程，将含氚重水的氚（DTO）形式转化成气体 DT 形式。根据交换方式及操作条件不同，氚的转化过程可分为蒸汽催化交换（VPCE）、液相催化交换（LPCE）和联合电解催化交换（CECE）。另一个是含氘、氚气体的分离浓缩过程。国际上，工业化的氢同位素分离浓缩普遍采用液氢低温精馏（CD），将 D、T 分离并浓缩得到高纯度商用氚[99]。

5.8.4.2 合金膜的氢同位素分离

由于 Pd 及 Pd-Ag 合金的氢透过能力大，而且表面的中毒情况也比其他金属少，所以被广泛用于氢气纯化。另外，由于有比较大的同位素效果，作为氢同位素分离用的透过膜材料也受到广泛关注，并已开发了 Pd-Ag-Ⅲ族的合金膜，例如 80%Pd-15%Ag-5%Au 和 75%Pd-25%（Ag、Au、Ru）等[100]。

图 5-92 比较了 75%Pd-25%（Ag、Au、Ru）合金膜中氢同位素的透过流量。如图所示，在 573～723K 的温度范围内，透过流量 Q 在任何同位素中都与上游及下游侧的压力的平方根之差成正比。另外，透过流量的阿伦尼乌斯曲线也显示出良好的直线性，在该温度范围内，透

过显示为扩散限速过程。另外，从更大范围内的温度依存来看，阿伦尼乌斯曲线以约 473K 为拐点，低温侧的透过需要更高的活化能，在 473K 以上的温度范围内，氢同位素透过的活化能约为 5kJ/mol（H=3.8kJ/mol，D=4.5kJ/mol，T=7.1kJ/mol），而在高温侧约为 33kJ/mol，与在 80%Pd-20%Ag 合金等中发现的氢的溶解热大致相等。在其他 Pd 合金中也能看到同样的阿伦尼乌斯曲线的弯曲现象，而且低温侧的活化能对材料表面的污染极为敏感。由此可以认为，在 75%Pd-25%（Ag、Au、Ru）的低温区域的透过也是表面反应限速过程。

图 5-93 给出了 80%Pd-15%Ag-5%Au 合金膜在 623K 时上下游两侧的压力比对分离系数的影响。图中点为 H-T 混合气体透过合金膜后的分离系数，其值随着下游侧压力的减小而增大，逐渐接近 α_0。图中实线和点线分别是以 α_0 为参数的理论计算曲线和实测值，实测值与理论值相符合。另外这个值与图 5-92 中得到的值非常接近。

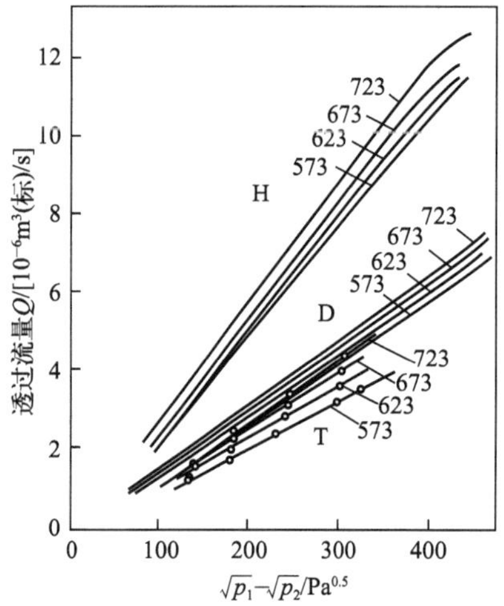

图 5-92 75%Pd-25%（Ag、Au、Ru）膜中氢同位素透过流量的比较

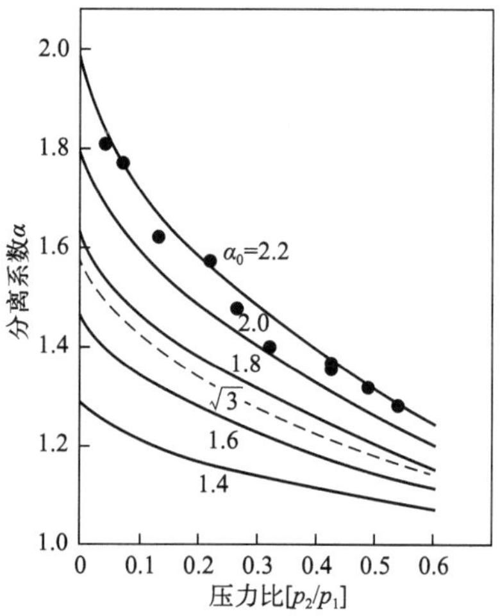

图 5-93 80%Pd-15%Ag-5%Au 膜对轻氢/氚混合气体的分离系数［p_1 和 p_2 分别表示上游及下游的压力］

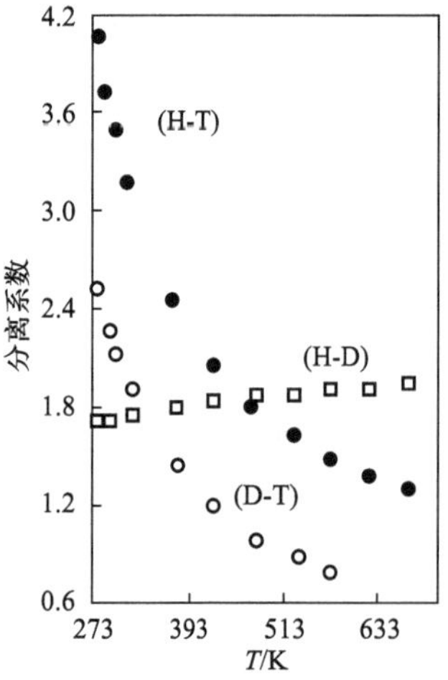

图 5-94 Pd 基合金膜 H-D、H-T、D-T 分离系数随温度的变化

由图 5-94 可知，三种氢同位素的分离系数之比为 H∶D∶T=2.3∶1.8∶1，即使在比较高的温度下也观察到了较好的同位素分离效果。Pd 中的轻同位素在 150K 以上时比重同位素扩散得更快，而轻同位素更容易被吸收且容易生成氢化物。这个倾向可能是 Pd 合金的氢化物形成引起的，详细情况有待今后研究。

在实际运行中，分离系数不单与上游侧及下游侧的分压比相关，也与透过分离床期间的分压变化、表面状态等因素相关，往往一段的分离能力都很低，多段串联分离是不可缺少的。

图 5-94 是 Pd 基合金膜 H-D、H-T、D-T 分离系数随温度的变化。Pd 膜对 H-T 和 D-T 的分离系数在低温下很大，但随着温度升高迅速下降，而对 H-D 的分离系数则随着温度的升高反而增大。表 5-69 是用于氢同位素分离的各

种金属及合金。

表5-69 用于氢同位素分离的金属及合金[101]

合金类别	单元素	二元系	多元系
Pd	Pd	Pd-Ag; Pd-Cu; Pd-RE(RE= Y、Ce、Gd); Pd-Pt	Pd-Ag-Au; Pd-Ag-X(X= Al、Mg、Be 等各氧化物); Pd-Si-X(X= Ag、Au、Cu、Ni、Fe); Pd-Ag-Au-Ru; Pd-ⅠB族(Ag、Au)+Ⅷ族(Pt、Rh等); Pd-W-Mo-Fe-Cu-Ni-Ag
V			Pd/V-Ni; Pd/V-Co
Ni	Ni		
Ti			Ni/Ti-Ni; Ti-Ni-Ag-V-Nb-Ta
$LaNi_5$		$LaNi_5$; $RENi_5$(RE= 稀土类金属)	$LaNi_5$/Ni; $LaNi_5$/Al; $CaNi_5$/LaNi
$CaNi_5$			$CaNi_5$/Ni
FeTi			CaNi
Cu		V_2O_5/Cu	

5.8.4.3 储氢合金色谱柱

(1) Pd金属及合金

Pd及Pd-Ag合金的氢吸收和氢化物生成显示出明显的同位素效果，这方面的研究很多。在这些材料中，对于反应过程 $MX_n = M + (1/2)\,nX_2$(X=H、D、T)，反应平衡常数 K 可以用等式 $K = [(\mu_H^0 - 1/2\mu_{H_2}^0)/(RT)]$ 来表示，轻同位素的比重同位素的小，即轻同位素浓缩在固相，重同位素浓缩在气相，这是因为Pd-X键的力的常数比单体的氢同位素(X_2)弱，振动数低[102,103]。图5-95给出了一系列Pd-Ag合金的成分和温度对Sieverts常数的影响[102,104]。如图所示，纯Pd在室温下的 K_D/K_H 约为2，显示出最大值，但随着合金中Ag含量的增加，该值也有变小的倾向，而 K_T/K_H 与合金组成无关，几乎显示出与Pd相同的值，这一点对于氘和氚的分离是有用的，其机理需要今后进一步研究[103]。

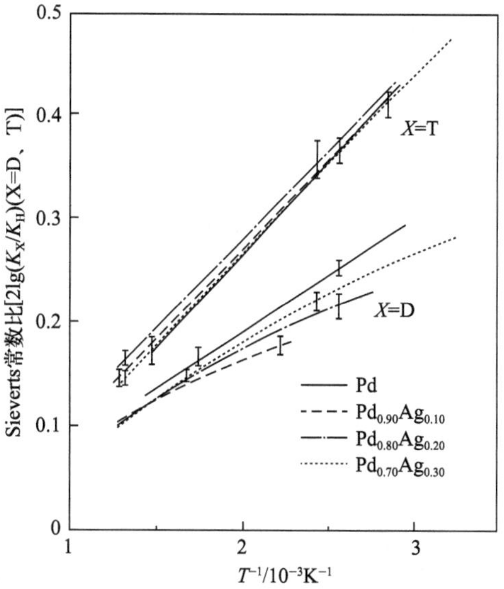

图5-95 Pd和 $Pd_{1-x}Ag_x$(x= 0.0，0.10，0.20，0.30)的氢同位素Sieverts常数之比[102]

图 5-96 是纯 Pd 在 70℃下对 H、D、T 的吸收特性，吸氢平台压按 H、D、T 的顺序有很大的增加。图 5-97 是 Pd-Pt 合金粉的气相色谱对 50%H_2+50%D_2 的分离特性，显示了很好的 H_2 与 D_2 的分离效果，同时 HD 几乎可以忽略。

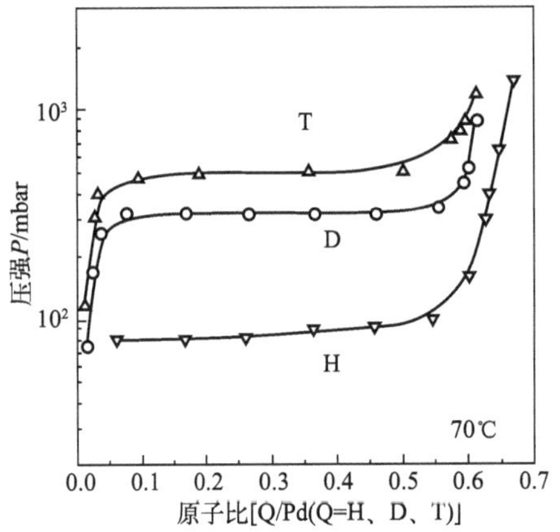

图 5-96 纯 Pd 在 70℃下对 H、D、T 的吸收特性

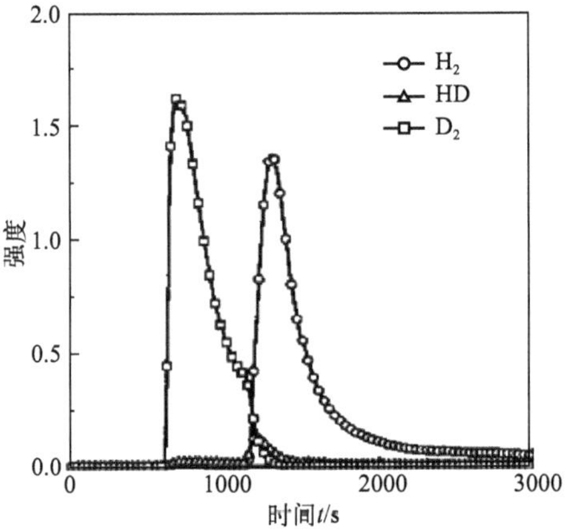

图 5-97 Pd-Pt 合金粉的气相色谱对 50%H_2+ 50%D_2 的分离特性

(2) 其他金属及合金

在 V、Nb、Ta 等中，固相中氢的振动能量比单体分子大。这是因为在这些金属中，氢固溶的 bcc 晶格中的四面体位置比 Pd 等 fcc 晶格的八面体位置的空间窄，会表现出与 Pd 及 Pd-Ag 合金相反的同位素效果。相对于 V，氢及氘的 Sieverts 常数与温度的倒数都呈直线关系，两者在约 573K 处交叉，因此 Sieverts 常数之比随温度的变化如图 5-98 所示。由图可知，在低温区域，如 325K 时，K_D/K_H 大约为 0.35，氢被浓缩在气相中，而氘被浓缩在固相中；与此相反，在高温区域，例如 673K，K_D/K_H 则为 1.15，氘的 Sieverts 常数稍大，氘被浓缩在气相中。

图 5-99 是 TiNi-Q（Q=H、D）在 476K 时的等温平衡图，TiNi 储氢合金显示了大的同位素效应。对 Ti_2Ni 也做了同样的试验，但没有这样大的同位素效应。通过实验测得了各种材料的分离系数，如表 5-70 所示。

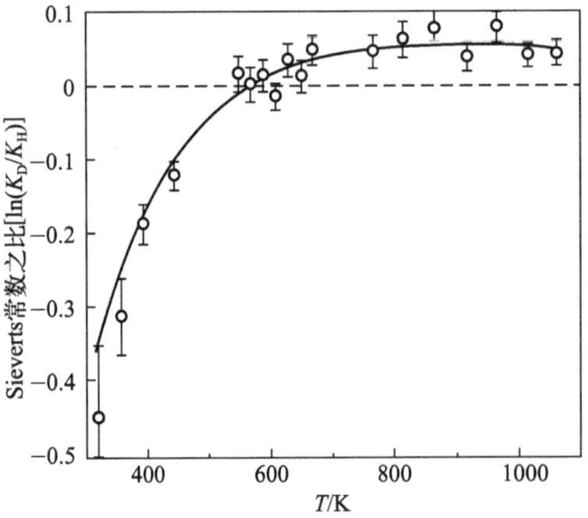

图 5-98 V 的氢和氘的 Sieverts 常数之比与温度的关系

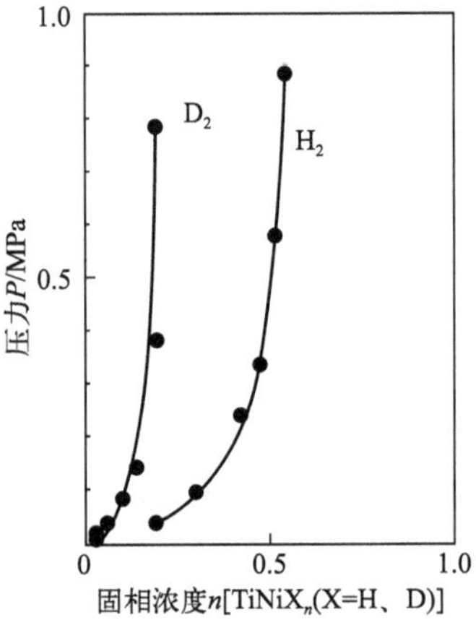

图 5-99 TiNi-Q（Q= H、D）在 476K 时的等温平衡图

表5-70 不同储氢合金中氕和氚的分离系数

储氢合金	温度/K	分离系数α	储氢合金	温度/K	分离系数α
TiH_2	623	0.67	$VH_{0.65}$	483	1.10
$TiVH_{4.15}$	313	1.18	$VH_{0.85}$	303.6	1.40
$TiCrH_{2.35}$	313	1.54	VH_2	273	1.91
$TiCr_2H_{1.68}$	253	2.01	VH_2	273	1.96
$TiCr_2H_{1.48}$	273	2.03	VH_2	301.0	1.72
$TiCrMnH_{2.19}$	253	2.05	VH_2	301.2	1.70
$TiCrMnH_{1.28}$	273	1.80	VH_2	301.2	1.77
$Ti_2MoH_{4.77}$	313	1.61	VH_2	318.2	1.61
$TiMoH_{2.99}$	313	1.61	Mg_2NiH_4	598	0.46
$TiMo_2H_{1.10}$	253	1.87	Mg_2NiH_4	524	0.48
$TiMnH_{1.99}$	313	1.37	$LaNi_5H_{6.6}$	273	1.25
$FeTiH_{1.88}$	273	0.92	$LaNi_5H_{6.6}$	302～303	1.23
$FeTiH_{1.69}$	273	0.95	$LaNi_5H_{6.6}$	300.7	1.12
$FeTiH_{1.21}$	133	1.0	$LaNi_5H_{6.6}$	320	1.09
$Fe_{0.6}TiMn_{0.2}H_{1.67}$	313	1.0	$RENi_5H_{6.6}$	273	1.29
$TiCoH_{1.44}$	313	0.85	$V_{0.9}Cr_{0.1}H_2$	301.4	1.66
$TiNiH_{1.44}$	313	0.74	$ZrNiH_3$	300.6	1.05

注：1. RE 为混合稀土，即 Ce 50%，La 27%，Nd 16%，Pr 5%，其他稀土元素 2%。

2. α =（T/H）固相/（T/H）气相。

虽然有各种各样的同位素分离方式，但都建立在多段吸收-脱离过程基础上。从这一点来看，气相色谱法很有效。此时，在储氢合金中，有以 Pd 为代表的重同位素的平衡压高于轻氢的合金，也有以 V 为代表的相反情况的合金。前者在气相中浓缩重同位素，后者在气相中浓缩重同位素，基于这一点就可以开展多种氢同位素分离的应用。

（3）气相色谱法分离

气相色谱法虽然不适合用于大规模的氢同位素分离，但具有原理及装置简单、安全性高的优点。以往的气相色谱法需要液氮温度左右的低温，但是吸氢合金在室温附近也显示出很大的同位素分离效果，气相色谱在室温下工作也不是不可能。由于溶解或氢化物生成热比物理吸附大，因此仅通过吹扫惰性气体，氢同位素不容易脱离。因此，首先将目标氢同位素混合气体引入柱材中，然后将活性更高的气体导入柱内进行置换脱离，即所谓的置换气相色谱法。

置换气相色谱法分离氢同位素的基本原理是同位素在气-固相之间的交换反应：

$$H_2(g) + D(s) \rightleftharpoons HD(g) + H(s) \tag{5-12}$$

$$HD(g) + D(s) \rightleftharpoons D_2(g) + H(s) \tag{5-13}$$

按固定相和所利用的物理化学原理不同，制备的色谱可以分为洗提色谱和置换色谱。洗提色谱和置换色谱采用的填充材料、柱温及各自的优缺点列于表 5-71 中。在置换色谱中，色谱柱的填充材料多为吸氢金属或合金，主要是金属钯或载钯材料，氢同位素在材料上发生化学吸附的组分需要在较高的温度下进行脱附[105]。

表5-71 洗提色谱与置换色谱的比较

色谱分类	填充材料	柱温	原理	优缺点
洗提色谱	分子筛或活性氧化铝	低温（液氮温度）	物理吸附	填充材料成本低，便于规模应用，但需要载气和低温制冷设备
置换色谱	钯或载钯材料	较高（≥298K）	化学吸附	操作简单，处理容量大，分离效果好，但填充材料价格昂贵，需要置换气体

在相同的温度下，当氢（氕）、氘混合物进入钯色谱柱时，由于钯对氢的亲和力大于对氘的亲和力，氢、氘在固相中的浓度很快就会进行重新分布，直到出现明显的界面。此时，如果用纯氢置换混合物中的氘，则与钯亲和力较小的氘将首先到达柱的顶部，分别收集流出色谱柱的氘和氕，即可实现二者的分离。

同样大小的分离柱，置换色谱有更大的分离容量和更快的分离速率。因此，它一出现就受到了高度重视。在置换色谱柱中多用钯或载钯材料作为固定相。按所利用的置换气体不同，置换色谱可分为氢置换色谱、前沿置换色谱和自置换色谱三种形式，各自的性能列于表 5-72 中。自置换色谱法无需引入额外的置换气体，在氢同位素的分离和纯化中得到了广泛的应用。已经提出的自置换色谱方法主要有热解吸置换色谱法、热循环吸附法、双柱周期逆流法、双钯柱自置换色谱法以及 Pd-Pt 合金自置换色谱法，其系统示意图如图 5-100 所示。

表5-72 几种置换色谱方法的比较

色谱分类	填充材料	柱温	优缺点
氢置换色谱	H_2	室温～340K	产品纯度和回收系数均较高，但需要额外的置换气体，会增加氘废物的处理负荷，并且有可能稀释原料气
前沿置换色谱	原料气体本身	室温～340K	操作简单，氘富集比高，但回收率较低，适用于从天然氢气中回收氘
自置换色谱	—	温度较高	无需额外的置换气体，有较高的回收率和富集比，但操作程序相对复杂，可用于氢同位素的富集和分离

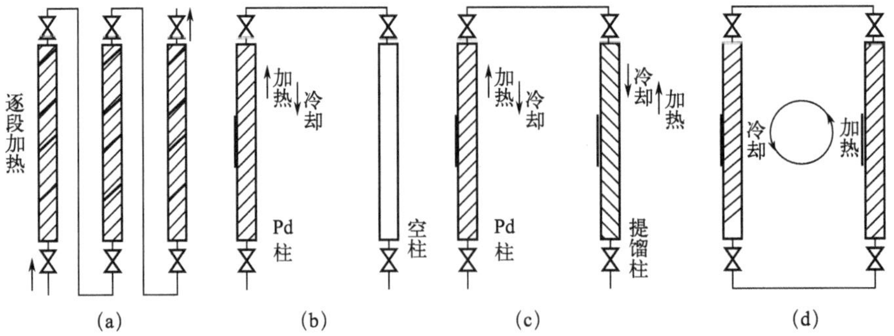

图 5-100 几种自置换色谱方法的系统组成示意图

(a) 热解吸置换色谱法；(b) 热循环吸附法；(c) 双柱周期逆流法；(d) 双钯柱自置换色谱法

图 5-101 是置换气相色谱仪中固相中浓度分布的变化过程。首先用 He 等惰性气体（缓冲气体）吹扫色谱柱，然后导入 H-D 混合气体。混合气体一边排出最初填充的 He，一边在

储氢合金色谱柱（表 5-72 给出的）内实现 H 和 D 的分离。此时，如果填充材料为 Pd，则优先吸收平衡压低的轻同位素，平衡压高的 D 浓缩到色谱柱的前端侧（a）。在该状态下，作为置换气体供给 H 时，原料气体向色谱柱前端部如（b）、（c）那样展开，按照 D_2、H_2 的顺序从色谱柱流出。

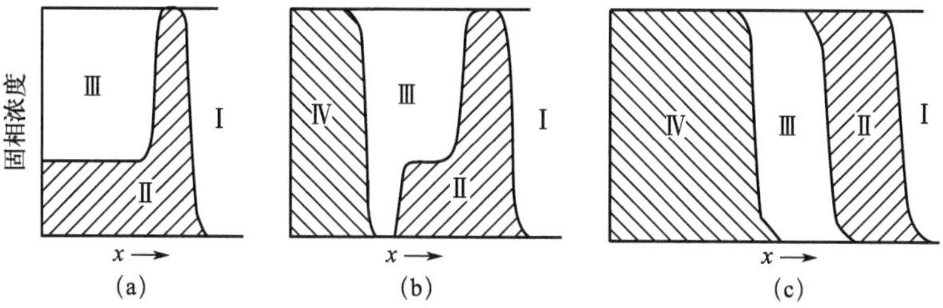

图 5-101 置换气相色谱仪中固相中氢浓度分布的变化过程[100, 106]

Ⅰ—缓冲气体（He）；Ⅱ— D；Ⅲ—原料气体中的 H；Ⅳ—置换用 H

图 5-102 是采用 Pd 黑粉填充的置换色谱柱的 H-D 分离情况，原料气体为 43%H-47%D（余为载气 He）。载气 He 不与 Pd 相互作用，会首先通过色谱柱。接着是用氢置换脱离的 D_2，最后是继续流出 H_2。实验结果表明，得到的轻氢及氘的纯度都约为 99.5%。基于这种原理，可以进行实用规模的氢同位素分离，但工艺会复杂很多。另外，对象为氚时，操作中保持在柱内的氚的量变大，即使是 Pd 这样的金属，根据操作条件的不同，也应该能够进行与常见的色谱相同的分离。另外，对象为氚时，利用 Pd 这样的金属色谱柱根据相同的操作条件也可以进行同样的分离，但滞留在色谱柱内的氚含量大，是一个需要解决的问题。

图 5-103 是（Pd+Cu）粉体气相色谱柱在 343K 时对 $50\%H_2+50\%D_2$ 的分离结果。色谱柱内径 0.42cm、长度 2m，色谱柱内填充的材料是 100 目以下的 Pd-8%（原子分数）Pt 合金粉以及 40～80 目的 Cu 粉。以氩气作为载气，上游导入约 1mmol 的 $50\%H_2+50\%D_2$ 原料气体，通过 343K 的色谱柱后下游如图 5-103 所示，按照浓缩的 D_2、HD 及 H_2 的顺序流出。这种情况下的分离原理与置换气相色谱仪相同，但原料气体中的 H 使 D 置换脱离（自行发生），这一点与上面的例子不同，虽然这种分离能力还不够大，但通过极其简单的操作可以分离氢同位素[107]。

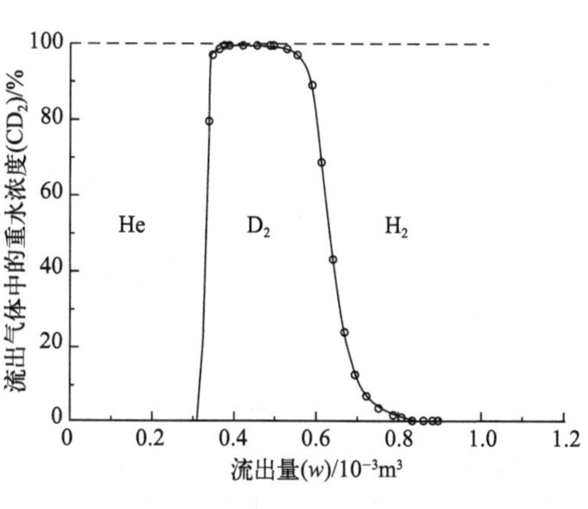

图 5-102 Pd 粉体气相色谱柱对 $43\%H_2$-$47\%D_2$ 气体的分离结果[106]

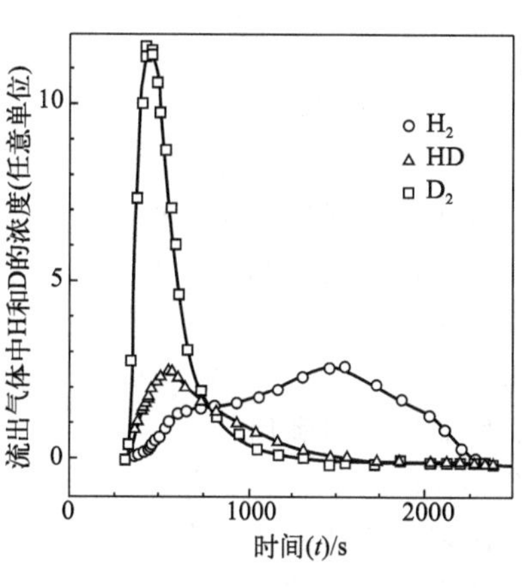

图 5-103 （Pd+Cu）粉体气相色谱柱在 343K 时对 $50\%H_2+50\%D_2$ 的分离结果

5.8.5 核聚变和氚的回收

核聚变,即氢原子核（氘和氚）结合成较重的原子核（氦）时放出巨大的能量。核聚变反应是氢弹爆炸的基础，可在瞬间产生大量热能，但目前尚无法加以利用。如能使核聚变反应在一定约束区域内，根据人们的意图有控制地产生与进行，即可实现受控热核反应。这是目前正在试验研究的重大课题。受控核聚变反应是聚变反应堆的基础。产生可控核聚变需要的条件非常苛刻。太阳就是靠核聚变反应来给太阳系带来光和热，其中心温度达到 1500×10^4℃，另外还有巨大的压力能使核聚变正常反应，而地球上没办法获得巨大的压力，只能通过提高温度来弥补，不过这样一来温度要到上亿摄氏度才行。核聚变如此高的温度没有一种固体物质能够承受，只能靠强大的磁场将其中的等离子体加热到很高的温度，以达到核聚变的目的，如图 5-104 所示。此外，这么高的温度，核反应点火也成为问题。国际热核聚变实验反应堆（International Thermonuclear Experimental Reactor，ITER）是规划建设中的一个为验证全尺寸可控核聚变技术的可行性而设计的国际托卡马克试验。它建立在由 TFTR、JET、JT-60 和 T-15 等装置所引导的研究之上，并将显著地超越所有前者。

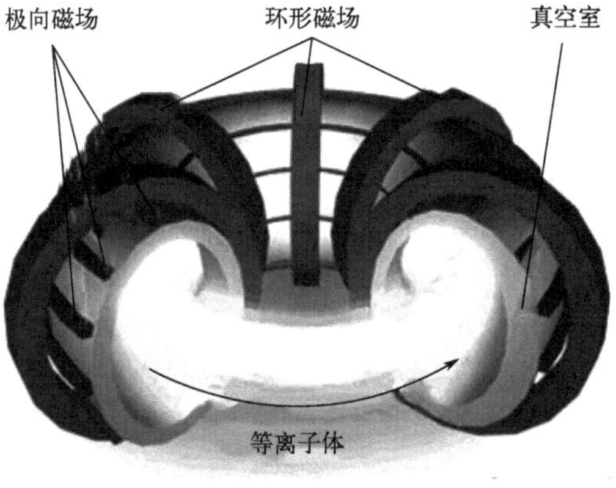

图 5-104 托卡马克型核聚变装置

5.8.5.1 氚的提纯回收

100×10^4kW 级核聚变反应堆的燃料循环系统极其复杂、庞大，使用氚达到数亿居里（数十千克）。核聚变反应堆的氚泄漏量目前要求不超过氚使用量的 10^{-7}。这就意味着核聚变反应堆在与普通氢工业同样的安全管理的基础上，必须开展严格的放射性物质管理。氚循环系统包括回收增殖部产生的氚，输送氚燃料入炉心，回收排气中未燃烧的燃料，以及防止氚泄漏。增殖部生产的氚通过载气（例如 He）被输送到提纯-分离-回收系统，载气中氚的浓度为 10^{-6} 级。另外，氚的生产成本昂贵，核聚变反应的反应率为 10%以下，所以必须对未反应的氚回收再利用。

图 5-105 是核聚变反应堆中的氚回收系统示意图。核聚变反应堆燃料处于封闭系统中，可能存在多种多样的杂质发生源。锂是生产氚的原料，$^1n+^6Li\rightarrow^3T+^4He$。其中 ^6Li 以氧化物形式加入，生成的氚使用 0.1% H_2-He 吹扫气输送到回收装置。回收气流中 H/T 比值约 100，主要的杂质 Q_2O（Q＝H、D、T）占 Q_2 的 1%。另外，杂质还有 CO，约占 Q_2 的 10^{-4}。核聚变实验反应堆可能产生的杂质气体种类及浓度详见表 5-73。

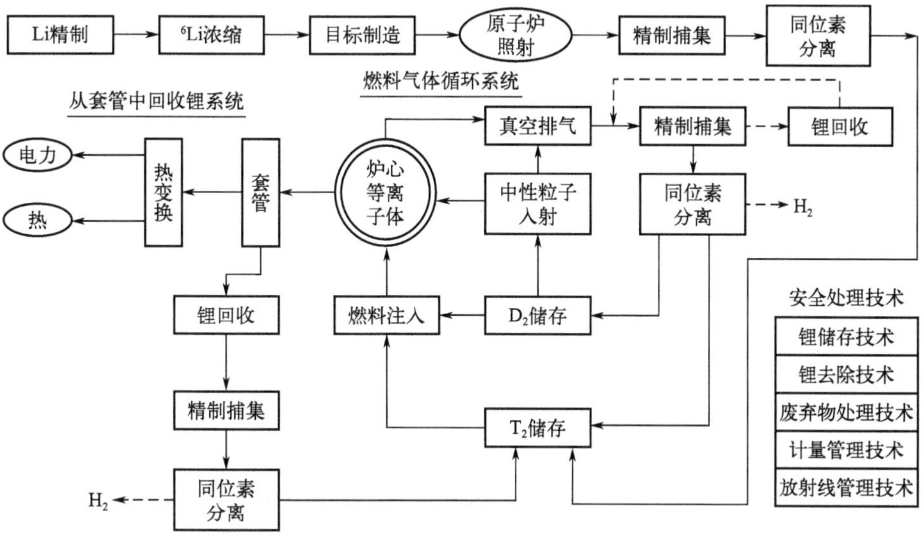

图 5-105 核聚变反应堆中的氚回收系统示意图

表5-73 核聚变反应堆的氢等离子体的成分

成分	摩尔分数	成分	摩尔分数
DT	0.937	CO_2	0.0008
H	0.010	N_2	0.0016
He	0.033	NQ_3	0.0008
C_nQ_m①	0.0112	O_2	0.0016
CO	0.0016	Q_2O	0.0016
Ar	0.0008		

① C_nQ_m 主要是 CQ_4（Q= H、D、T），也有其他碳氢化合物。

5.8.5.2 氚回收和储存床

通常托卡马克废气处理系统包括两部分：一是除去氢同位素中的氧、氮及惰性气体杂质；二是进一步对氢同位素进行分离[108]。

对于氚的提纯-分离-回收，开发出了多种技术，利用储氢合金进行氚的回收储存的技术受到广泛关注。这些技术去除杂质气体的性能取决于吸收（反应）速度、吸收量、生成物的稳定性。储氢合金（Me）和杂质气体的反应如下：

$$Me+Q_2O \longrightarrow MeO_n+MeQ_m\ （或\ Q_2） \tag{5-14}$$

$$Me+C_nQ_m \longrightarrow MeC_n+MeQ_m\ （或\ Q_2） \tag{5-15}$$

$$Me+CO \longrightarrow MeO_n+MeQ_m\ （或\ C） \tag{5-16}$$

$$Me+NQ_3 \longrightarrow MeN_m+MeQ_n \tag{5-17}$$

$$Me+N_2 \longrightarrow MeN_m \tag{5-18}$$

反应生成物为氧化物、碳化物和氮化物。铀能可逆地吸放氢，UH_3、UD_3、UT_3 的平衡压力曲线如图 5-106 所示。氢（Q=H、D 或 T）在室温下的平衡压力为 10^{-5}Torr，平衡压力 1atm 对应的分解温度为 400℃，非常适合氚提纯工艺，所以铀一直作为氚储存材料。

表 5-74 列出了铀去除杂质气体 N_2、CO、CO_2 的能力，吸收量符合平方律。

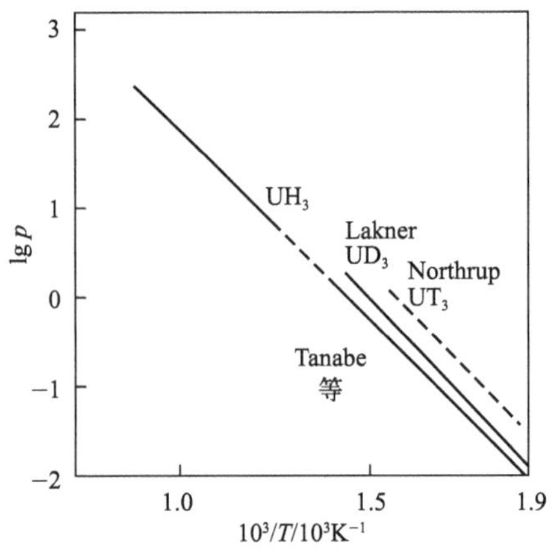

图 5-106 UH_3、UD_3、UT_3 的平衡解离压力

表5-74 铀吸收去除 N_2、CO、CO_2 的能力

温度/℃	铀的形态	试样量 /10^{-3}mol	气体	压力 /mbar	气体吸收量 /10^{-3}mol	平衡分子式
500	粉末	2.08/2.35	N_2	135/136	1.88/2.05	$UN_{1.8}/UN_{1.7}$
650	片状	6.42/6.45	CO/CO_2	165/170	7.18/5.66	$U(CO)_{0.89}/UC_{0.88}C_{1.88}$
750	片状	6.47/6.41	CO/CO_2	160/170	7.29/6.48	$U(CO)_{0.89}/UC_{1.03}C_{2.14}$
850	片状	6.38	CO_2	169	6.07	$UC_{0.95}O_{1.98}$

铀吸收 NH_3 的过程如图 5-107 所示。铀仅吸收少量 NH_3，随后铀催化分解 NH_3 生成 N_2 和 H_2。如果铀预先吸收 N_2，就只发生 NH_3 的分解。铀用于氚提纯工艺已经多年，但是存在粉碎及接触空气燃烧等缺点。铀的替代材料主要是 Zr 基合金（Zr-Al、Zr-V、Zr-Te、Zr-Ni、Zr-Co、Zr-V-Fe 等），研究其对 N_2、CO、CO_2、H_2O、NH_3、C_nH_m 等的吸收特性。Zr-Al 合金吸收 H_2、CO、N_2 的特性曲线如图 5-108 所示。杂质气体相对于氢气吸收速度低，而且随着吸收量的增加迅速降低，受温度影响大。其他 Zr 基合金均存在上述现象。通常，铀对多种气体的吸收速度为 $CH_4<N_2<CO<O_2<H_2$。

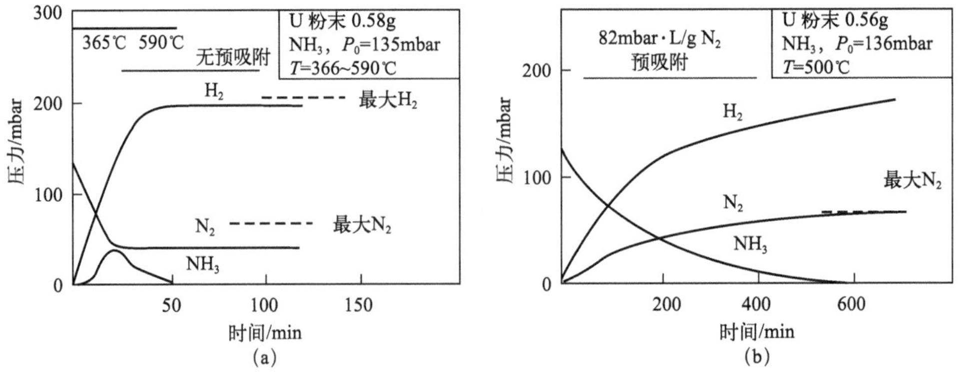

图 5-107 铀粉与 NH_3 的反应

（a）未预处理试样；（b）预吸收 N_2 试样

5.8.5.3 提纯回收重氢的应用

利用储氢合金提纯氚有多种材料和方式，第一步分离氢同位素和杂质气体，第二步回收气体中的氚。前者主要采用 Pd 及其合金来实现。

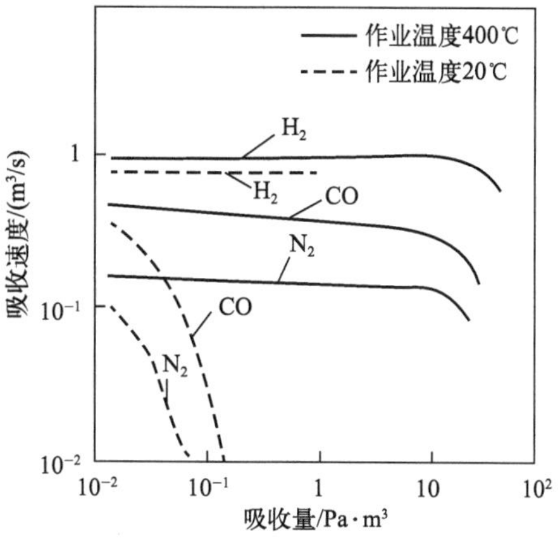

图 5-108 Zr-Al 合金（SAES ST-101）吸收 H_2、CO、N_2 的速度和吸收量

铀床去除杂质气体和回收氚的装置流程如图 5-109 所示。首先采用催化氧化法将混合气体转化成 Q_2O，然后通过冷阱收集 Q_2O，不含氢原子的非凝结气体被排放。收集的 Q_2O 通过 He 载气依次输送到高温（400℃）铀床和低温（30℃）铀床。高温铀床发生 $U+Q_2O \longrightarrow UO_2+Q_2$ 反应，低温铀床进行氢同位素气体的吸收过程。常温铀床捕集的氢同位素送入同位素分离装置。高温铀床利用 U 的氧化制取 Q_2，所以铀的消耗非常快。铀存在粉碎、易燃以及氧化铀的还原等难题，需要开发其替代材料。Ummerich 等研究者探讨铁粉的氧化反应（$Fe+Q_2O \longrightarrow Fe_3O_4+Q_2$）。氧化铁比较容易还原，实现在线再生，而且不存在固体废弃物处理难题。图 5-110 是储氚铀床[99]，用于对重水提氚过程中产生的含氚气体进行安全储存与转运。

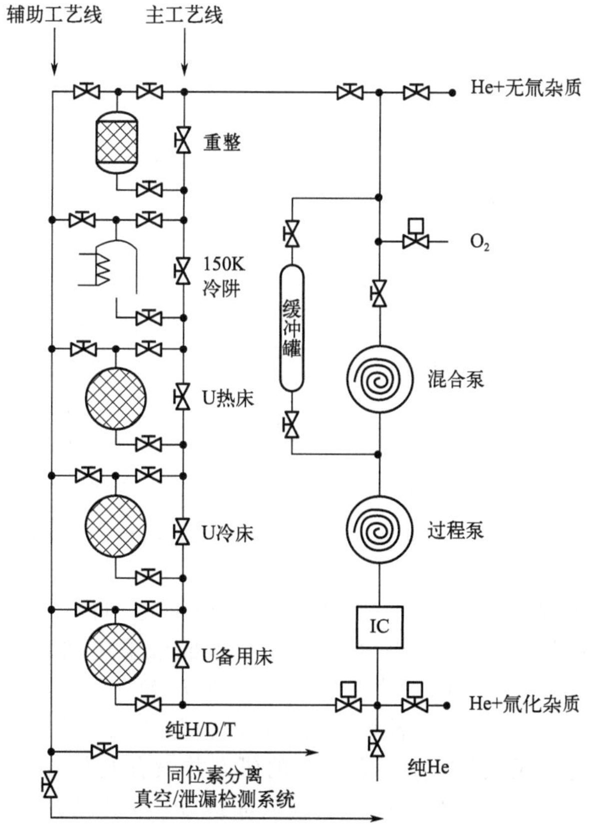

图 5-109 铀床去除杂质气体和回收氚的装置流程

图 5-110 储氚铀床[99]

5.8.5.4 铀替代材料

德国 KFK 实验运行的等离子排气提纯装置的流程详见图 5-111。该装置的原料气是 Pd 膜分离过程的不纯气体，G1～G4 内装有吸气剂（Zr-Al、Zr-Fe、Zr-Fe-V、Ti-V-Fe-Mn、Ti-V-Fe-Ni-Mn 等）。

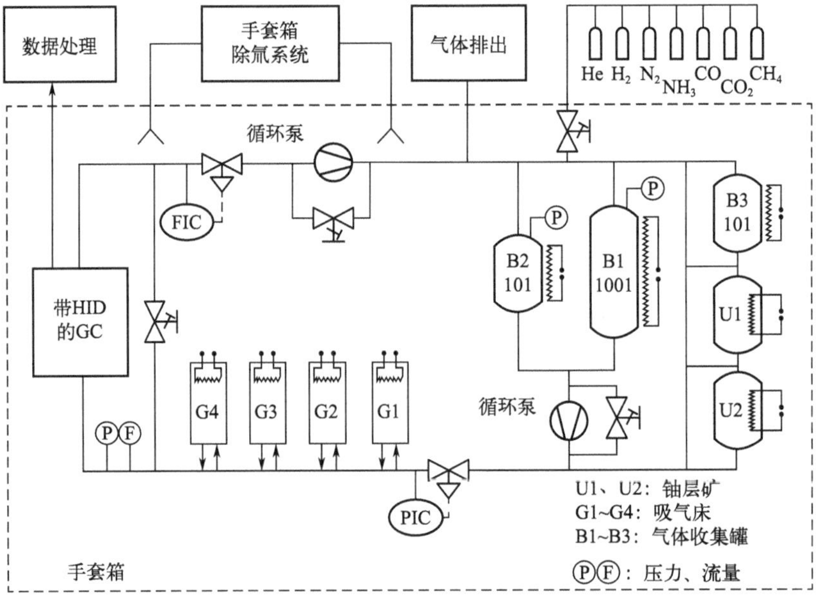

图 5-111 等离子排气提纯装置（PEGSUS）的流程

吸气剂的使用温度取决于材料，一般在 400～700℃范围内。另外，图 5-111 中 U1 和 U2 是实验用氚的储存及回收容器，根据以往的实验成果采用铀。杂质气体的去除速度为 $CH_4<N_2<CO<CO_2<O_2$。CH_4 的去除速度慢有两方面原因：反应速度慢、存在逆反应 $C+2H_2 \longrightarrow CH_4$。吸收剂需要有对各种杂质气体的去除性能，所以其对混合气体的杂质去除性能也需要进行研究。吸收剂去除混合气体的研究并没有充分展开，利用 Ti-V-Fe-Mn 吸收剂处理 H_2、CH_4、N_2 和 CO 混合气体的吸收曲线如图 5-112 所示。低温（200℃）条件下，N_2 和 CO 的吸收速度很快就开始降低，而 H_2 的吸收在 40min 开始变缓，CH_4 没有任

何吸收。升高温度至300℃，N_2 和 CO 的吸收速度均升高，但 H_2 和 CH_4 的压力反倒升高。上述现象提示可能发生了 $CO+3H_2 \longrightarrow CH_4+H_2O$ 反应。H_2 吸放曲线的异常是由于300℃时的压力已经接近该吸收剂的平衡压。由此可见，含多种杂质的混合气体，由于同时存在几种反应，可能无法达到预期的去除效应。

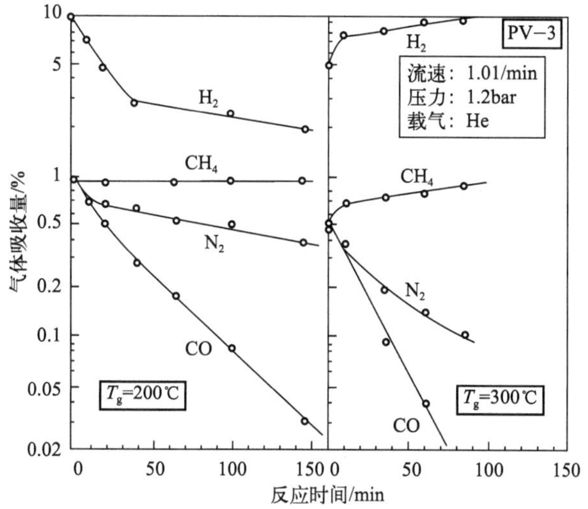

图 5-112 Ti-V-Fe-Mn 合金吸收含 H_2、CH_4、N_2、CO 等杂质的混合气体的曲线

参考文献

[1] Mauro Luberti，Hyungwoong Ahn. Review of polybed pressure swing adsorption for hydrogen purification [J]. International journal of hydrogen，2022，47：10911-10933.

[2] The Future of Hydrogen，Report prepared by the IEA for the G20 [J]. Japan，Typeset in France by IEA-June 2019. https：//www. iea. org/reports/the-future-of-hydrogen.

[3] 李星国. 氢与氢能 [M]. 2版. 北京：科学出版社，2022.

[4] 李佩佩，翟燕萍，王先鹏，等. 浅谈氢气提纯方法的选取 [J]. 天然气化工，2020，45：115-119.

[5] 沈光林，陈勇，吴鸣. 国内炼厂气中氢气的回收工艺选择 [J]. 石油与天然气化工，2003，32 (4)：193-196.

[6] 廖恒易. 浅谈气体的分离和提纯 [J]. 低温与特气，2015，33 (6)：5-7.

[7] Du Zhemin，Liu Congmin，Zhai Junxiang，et al. A review of hydrogen purification technologies for fuel cell vehicles [J]. Catalysts，2021，11：393. https：//doi. org/10. 3390/catal11030393.

[8] Ligen Y，Vrubel H，Girault H. Energy efficient hydrogen drying and purification for fuel cell vehicles [J]. International journal of hydrogen，2020，45：10639-10647.

[9] Chugh S，Meenakshi S，Sonkar K，et al. Performance evaluation of PEM fuel cell stack on hydrogen produced in the oil refinery [J]. International journal of hydrogen，2020，45：5491-5500.

[10] Murugan A，Brown A S. Review of purity analysis methods for performing quality assurance of fuel cell hydrogen [J]. International journal of hydrogen，2015，40：4219-4233.

[11] Díaz M A，Iranzo A，Rosa F，et al. Effect of carbon dioxide on the contamination of low temperature and high temperature PEM (polymer electrolyte membrane) fuel cells. Influence of temperature，relative humidity and analysis of regeneration processes [J]. Energy，2015，90：299-309.

[12] Pérez L C，Koski P，Ihonen J A，et al. Effect of fuel utilization on the carbon monoxide poisoning dynamics of Polymer Electrolyte Membrane Fuel Cells [J]. Journal of power sources，2014，258：122-128.

[13] Lopes T，Paganin V A，Gonzalez E R. The effects of hydrogen sulfide on the polymer electrolyte membrane fuel cell anode catalyst：H_2S-Pt/C interaction products [J]. Journal of power sources，2011，196：6256-6263.

[14] Viitakangas J，Ihonen J，Koski P，et al. Study of formaldehyde and formic acid contamination effect on PEMFC

[J]. Journal of the electrochemical society, 2018, 165: F718-F727.

[15] Gomez Y A, Oyarce A, Lindbergh G, et al. Ammonia contamination of a proton exchange membrane fuel cell [J]. Journal of the electrochemical society, 2018, 165: F189-F197.

[16] Li H, Wang H, Qian W, et al. Chloride contamination effects on proton exchange membrane fuel cell performance and durability [J]. Journal of power sources, 2011, 196: 6249-6255.

[17] Terlip D, Hartmann K, Martin J, et al. Adapted tube cleaning practices to reduce particulate contamination at hydrogen fueling stations [J]. International journal of hydrogen, 2019, 44: 8692-8698.

[18] 周翔，隋贤栋，黄肖容. 高温气体过滤除尘材料的研究进展 [J]. 材料开发与应用，2008，23 (6)：99-102.

[19] 张健，汤慧萍，奚正平，等. 高温气体纯化用金属多孔材料的发展现状 [J]. 稀有金属材料与工程，2006，5：99-102.

[20] 王杏梅，周志德. 微孔金属气体过滤膜 [J]. 新技术新工艺，1992，3 (1)：11-12.

[21] 董领峰. 烧结金属多孔材料的过滤精度 [J]. 过滤与分离，2016，26 (2)：31-36.

[22] 浅岡善清，川本将則，森哲哉，等. 天然ガスからの水素 [J]. 水素エネルギーシステム，2001，26 (2)：14-22.

[23] 程健，许世森. 2MW 氢能试验系统的设计研究 [J]. 武汉理工大学校报，2006，28 (11)：93-98.

[24] 周静茹，裴丽霞，张立志. 选择性气体吸附剂的研究进展 [J]. 化工新型材料，2012，40 (1)：18-21.

[25] Viktor Kalman, Johannes Voigt, Christian Jordan, et al. Hydrogen purification by pressure swing adsorption: High-pressure PSA performance in recovery from seasonal storage [J]. Sustainability, 2022, 14: 14037.

[26] Liu K, Song C S, Subramani V. Hydrogen and syngas production and purification technologies [M]. Hoboken: John Wiley & Sons, 1999: 414-415.

[27] 占超. 基于多种吸附剂的变压吸附氢气纯化性能研究 [D]. 武汉：武汉理工大学，2020.

[28] 陶薇. 氢气纯化变压吸附循环的性能分析及优化 [D]. 武汉：武汉理工大学，2019.

[29] 梅昂. 基于吸附剂特性的变压吸附氢气纯化性能优化 [D]. 武汉：武汉理工大学，2021.

[30] 毛宗强，王诚，余皓，等. 绿色制氢技术 [M]. 北京：化学工业出版社，2024.

[31] 电子工业部第十设计研究院. 氢气生产与纯化 [M]. 哈尔滨：黑龙江科学技术出版社，1983.

[32] Lopes F V S, Grande C A, Ribeiro A M, et al. Enhancing capacity of activated carbons for hydrogen production [J]. Industrial& engineering chemistry research, 2009, 48 (8): 3978-3990.

[33] 张建强. 试论变压吸附制氧吸附剂的工艺研究进展 [J]. 智富时代，2018，6：193.

[34] Werner Liemberger, Markus Groß, Martin Miltner, et al. Experimental analysis of membrane and pressure swing adsorption (PSA) for the hydrogen separation from natural gas [J]. Journal of cleaner production, 2017, 167: 896-907.

[35] 周超. 变压吸附提纯氢气及其影响因素分析 [J]. 决策探索（中），2020 (3)：18.

[36] 毕亚娟. 提高吸咐用活性氧化铝球物理性能的研究 [D]. 西安：西安建筑科技大学，2010.

[37] 赵洪法. 变压吸附吸附剂的研究进展 [C]. 变压吸附设备技术交流会论文集，中国会议，2004-07-01.

[38] Layrton José Souza da Silva, Luciano da Silva, Antônio Augusto Ulson de Souza, et al. A comprehensive guide for characterization of adsorbent materials [J]. Separation and purification technology, 2023, 305: 122435.

[39] Agni Carbon. Steam Activated Carbon, Washed Steam Activated Carbon, Chemically Activated Carbon. https://agnicarbon. in/process. html.

[40] 中野重和. 最近の活性炭をめぐる話題 [J]. 生産と技術，1994：15-20.

[41] Shamiril A, Shafeeyan M S. Evaluation of adsorbent materials for carbon dioxide capture [J]. Materialwiss werkstofftech, 2022, 53: 1392-1409.

[42] Zhao Y, Liu X, Han Y. Microporous carbonaceous adsorbents for CO_2 separation via selective adsorption [J]. RSC Advances, 2015, 5 (38): 30310-30330.

[43] 范欣. 金属有机骨架材料及其衍生物对氢气和二氧化碳的吸附性质研究 [D]. 北京：北京大学，2016.

[44] Nathan W Ockwig, Tina M Nenoff. Membranes for hydrogen separation [J]. Chem Rev, 2007, 107: 4078-4110.

[45] 赵小萱，李季，杨明华，等. 沸石分子筛合成方法概述 [J]. 真空电子技术，2017 (3)：37-41.

[46] 魏琳. 高选择性类沸石分子筛的制备及吸附应用 [D]. 北京：北京交通大学，2012.

[47] 刘鑫博，唐建峰，胡苏阳，等. 5 种沸石分子筛的吸附脱碳对比实验 [J]. 煤气与热力，2021，41 (9)：B19-B29.

[48] Bakhtyari A, Mofarhi M. Pure and binary adsorption equilibria of methanc and nitrogen zeolite 5A [J]. Journal of chemical and engineering data, 2014, 59 (3): 626-639.

[49] Morfarahi M, Bakhtyari A. Experimental investigation and thermodynamic modeling of CH_4/N_2 adsorption on zeolite 13X [J]. Journal of chemical and engineering data, 2015, 60 (3): 683-696.

[50] 张云林. 改性处理对5A和13X分子及杂质气体吸附性能影响研究 [D]. 北京：北京有色金属研究总院，2014.

[51] EP0667163 [P]. X zeolite for separation of gaseous mixtures with N2. 1995.

[52] Yang R T，Chen Y D，Peck J D，et al. Zeolites containing mixed cations for air separation by weak chemisorptionassisted adsorption [J]. Industrial & engineering chemistry research，1996，35：3093-3099.

[53] 侯梅芳，崔杏雨，李瑞丰. 沸石分子筛在气体吸附分离方面的应用研究 [J]. 太原理工大学学报，2021，32 (2)：135-139.

[54] 马希璐，曲荣君，孙昌梅，等. 硅胶基吸附材料的合成方法 [J]. 鲁东大学学报，2013，29 (1)：54-65.

[55] Barczak M，McDonagh C，Wencel D. Micro-and nanostructured sol-gel-based materials for optical chemical sensing (2005-2015) [J]. Microchimica acta，2016，183：2085-2109.

[56] 闫柯乐. 不同类型硅胶对油气吸附性能对比实验研究 [J]. 石油科学通报，2016，1 (3)：434-441.

[57] 许乃才，黄国勇，史丹丹，等. 氧化铝基吸附材料制备及除氟研究进展 [J]. 材料导报，2023，37 (15)：21080098.

[58] 刘纯玉，刘朝霞. 活性氧化铝及其发展 [J]. 轻金属，2001 (4)：24-25.

[59] Férey G，Serre C，Devic T，et al. Why hybrid porous solids capture greenhouse gases? [J]. Chemical society reviews，2011，40 (2)：550-562.

[60] Tina Düren Research Group. Multiscale simulation of hydrogen purification using MOFs. https：//people. bath. ac. uk/td222/Research. html.

[61] Banu A M，Friedrich D，Brandani S，et al. A multiscale study of MOFs as adsorbents in H_2 PSA purification [J]. Industrial & engineering chemistry research，2013，52：9946-9957.

[62] Relvas F，Whitley R D，Silva C M，et al. Single-stage pressure swing adsorption for producing fuel cell grade hydrogen [J]. Industrial & engineering chemistry research，2018，57：5106-5118.

[63] 医学教育网. 吸附剂的种类. https：//www. med66. com/yaoshi/fudaoziliao/jy2014060509385898548651. shtml.

[64] Baksh M S A，Yang R T. Unique adsorption properties and potential energy profiles of microporous pillared clays [J]. Aiche journal，1992，38 (9)：1357-1368.

[65] 覃中华. 低温吸附法生产高纯氢浅析 [J]. 低温与特气，2005，23 (2)：34-35.

[66] 叶险峰，刘秀凤，李冰. 超纯氢气净化器 [J]. 化学与粘合，2003，5 (30)：154-155.

[67] Zhu X C，Li S，Shi Y X，et al. Recent advances in elevated-temperature pressure swing adsorption [J]. Progress in energy and combustion science，2019，75：100784.

[68] 朱炫灿. 钾修饰镁铝水滑石富氢气体中温 $CO-CO_2$ 净化研究 [D]. 北京：清华大学，2019.

[69] Buxbaum R E，Subramanian R，Park J H，et al. Hydrogen transport through tubular membranes of palladium-coated tantalum and niobium [J]. Ind Eng Chem Res，1996，12：530-537.

[70] Al-Mufachi N A，Rees N V，Steinberger-Wilkens R. A review of palladium-based dense metal membranes [J]. Renewable and sustainable energy reviews，2015，47：540-551.

[71] Knapton A G. Palladium alloys for hydrogen diffusion membranes [J]. Platinum metals review，1977，21：44-50.

[72] Roa F，Block M J，Way J D. The influence of alloy composition on the H_2 flux of composite Pd-Cu membranes [J]. Desalination，2002，147：411-416.

[73] Hughes D T，Harris J R. Hydrogen diffusion memberanes based on some palladium-rare earth solution alloys [J]. Zeitschrift für physikalische chemie，1979，117：185-193.

[74] 辻本光志. パラジウム膜水素純化装置、「超高純度ガス供給システム」、半導体基盤技術研究会編 [J]. リアライズ社，1986：252.

[75] Ozaki T，Zhang Y，Komaki M，et al. Preparation of palladium-coated V and V-15Ni membranes for hydrogen purification by electroless plating technique [J]. International journal of hydrogen energy，2003，28：297-302.

[76] 佐々木剛，海老沢孝，兜森俊樹. 非Pd系水素透過用合金の材料開発の現状 [J]. 燃料電池，2003，2：26-27.

[77] Hara S，Sasaki K，Itoh N，et al. An amorphous alloy membrane without noble metals for gaseous hydrogen separation [J]. Journal of membrane science，2000，164 (1-2)：289-294.

[78] 喜多晃一，加藤公明，原重樹. Zr-Ni系アモルファス水素透過膜の実証開発 [J]. 資源と素材，2004，120：304-309.

[79] Shinmpo Y，Yamaura S，Okouchi H，et al. Hydrogen permeation characteristics of melt-spun $Zr_{60}Al_{15}Co_{2.5}Ni_{7.5}Cu_{15}$ glassy alloy membrane [J]. Journal of alloys and compounds，2004，372：197-200.

[80] 目黒直次. 金属ガラスを用いたPEFC用電極，セパレータ及び水素分離膜の開発状況 [J]. 燃料電池，2003，2：13-17.

[81] 山浦真一，若生公郎，木村久道，長谷川正，松原英一郎，井上明久，新保洋一郎，大河内均，西田元紀，梶田治：日本金属学会 2004 年春期（第 134 回）大会講演概要，2004.

[82] Hashi K, Ishikawa K, Matsuda T, et al. Hydrogen permeation characteristics of multi-phase Ni-Ti-Nb alloys [J]. Journal of alloys and compounds, 2004, 368 (1-2): 215-220.

[83] Sakaguchi H, Adachi G, Shiokawa J. Hydrogen separation using $LaNi_5$ and $LaCo_5$ films doposited on polymer membranes [J]. Bulletin of the chemical society of Japan, 1988, 61: 521-524.

[84] Strugova D, Zadorozhnyy M Y, Berdonosova E, et al. Novel process for preparation of metal-polymer composite membranes for hydrogen separation [J]. International journal of hydrogen energy, 2018, 43: 12146-12152.

[85] Zornoza B, Casado C, Navajas A. Chapter 11-advances in hydrogen separation and purification with membrane technology [J]. In: Gandía L M, Arzamendi G, Dieguez P M (Eds.), Renew Hydrog. Technol Elsevier, Amsterdam, 2013: 245-268.

[86] Sandrock G, Bowman R C. Gas-based hydride applications: Recent progress and future needs [J]. Journal of alloys and compounds, 2003, 356-357: 794-799.

[87] Dunikov D O, Borzenko V I, Malyshenko S P, et al. Prospective technologies for using biohydrogen in power installations on the basis of fuel cells (a review) [J]. Thermal engineering, 2013, 60 (3): 202-211.

[88] Miura S, Fujisawa A, Ishida M. A hydrogen purification and storage system using metal hydride [J]. International journal of hydrogen energy, 2012, 37 (3): 2794-2799.

[89] Dunikov D, Borzenko V, Blinov D, et al. Biohydrogen purification using metal hydride technologies [J]. International journal of hydrogen energy, 2016, 41: 21787-21794.

[90] Yang F, Chen X, Wu Z, et al. Experimental studies on the poisoning properties of a low-plateau hydrogen storage alloy $LaNi_{4.3}Al_{0.7}$ against CO impurities [J]. International journal of hydrogen energy, 2017, 42: 16225-16234.

[91] Hanada N, Asada H, Nakagawa T, et al. Effect of CO_2 on hydrogen absorption in Ti-Zr-Mn-Cr based AB_2 type alloys [J]. Journal of alloys and compounds, 2017, 705: 507-516.

[92] Zhou C, Fang Z Z, Sun P, et al. Capturing low-pressure hydrogen using V-Ti-Cr catalyzed magnesium hydride [J]. Journal of power sources, 2019, 413: 139-147.

[93] Miura S, Fujisawa A, Ishida M. A hydrogen purification and storage system using metal hydride [J]. International journal of hydrogen energy, 2012, 37: 2794-2799.

[94] Taniguchi Y, Ishida M. Hydrogen purification method from reformed gas containing high concentration of CO by using metal hydride [J]. IEEJ Trans. PE, 2006, 126: 1267-1274.

[95] Borzone E M, Blanco M V, Meyer G O, et al. Cycling performance and hydriding kinetics of $LaNi_5$ and $LaNi_{4.73}Sn_{0.27}$ alloys in the presence of CO [J]. International journal of hydrogen energy, 2014, 39: 10517-10524.

[96] Ashida S, Katayama N, Dowaki K, et al. Study on metal hydride performance for purification and storage of bio-H_2 [J]. Journal of the Japan institute of energy, 2017, 96: 300-306.

[97] Sircar A, Devi V G, Yadav D, et al. Study and characterization of potential adsorbent materials for the design of the hydrogen isotopes extraction and analysis system [J]. Fusion Engineering and Design, 2021, 166: 112308.

[98] 小野勇次. ナノ細孔性カーボンの水同位体吸着特性および吸脱着法を用いた水同位体分離 [D]. 松本：日本信州大学，2018.

[99] 罗阳明，孙颖，彭述明，等. 含氚重水提氚工艺技术进展 [C]. 第二届全国核技术及应用研究学术研讨会大会论文摘要集，2009-05-01.

[100] 渡辺国昭. 水素同位体の濃縮・分離用合金 [J]. まてりあ，1995，34 (2)：173-178.

[101] Wvans J, Harris I R, Ross D K. A proposed method of hydrogen isotope separation using palladium alloy membranes [J]. Journal of the less common metals, 1983, 89: 407-414.

[102] Lasser R. Tritium and Helim-3 in Metals. Springer-Verlag, 1989.

[103] 大西敬三監修. 水素吸蔵合金の最新応用技術 [J]. シーエムシー，1994：221.

[104] Lasser R, Powell G L. Solubility of tritium in $Pd_{1-Y}Ag_Y$ alloys ($Y=0.00$, 0.10, 0.20, 0.30) [J]. Fusion Technology, 1988, 14: 695-700.

[105] 叶小球，桑革，彭丽霞，等. 气相色谱法在氢同位素分离中的应用 [J]. 同位素，2008，21 (1)：40-45.

[106] Glueckauf E, Kitt G P. The hydrogen content of atmospheric air at ground level [J]. Proc Symp Isotope Separation, Amsterdam, Wiley-InterScience, 1957: 210.

[107] Watanabe K, Matsuyama M, Kobayashi T, et al. Gas chromatographic separation of H_2-D_2 mixtures by Pd-Pt alloy near room temperature [J]. Journal of alloys and compounds, 1997, 257: 278-284.

[108] 周俊波，王奎升，高丽萍，等. 低温吸附法净化氢同位素气体 [J]. 低温工程，2004 (2)：50-57.

第6章 储氢材料

氢能作为一种储量丰富、来源广泛、能量密度高的绿色能源及能源载体，正引起人们的广泛关注。氢的储运是氢能发展的一个重要环节，氢的储运材料包括高压气体、低温液体及储氢材料等，如图 6-1（另见文前彩图）所示[1]。储氢材料即以材料为基体的储氢介质，是通过吸附（物理吸附和化学吸附）来实现氢的存储。根据吸附种类及成分等区分，储氢材料包括物理吸附储氢材料、金属储氢材料、无机非金属储氢材料（配位氢化物及化学氢化物）、有机液体储氢材料及其他储氢材料。本章主要叙述这几种典型的储氢材料，包括其合成制备工艺、材料结构、储氢性能等。

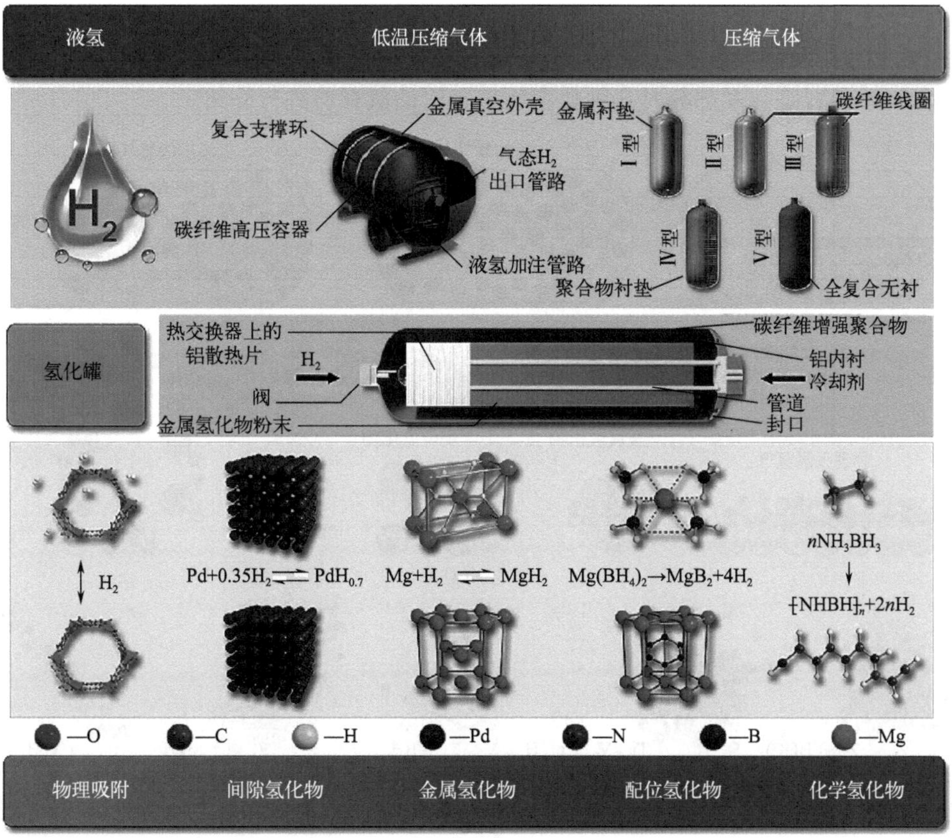

(a)

图 6-1

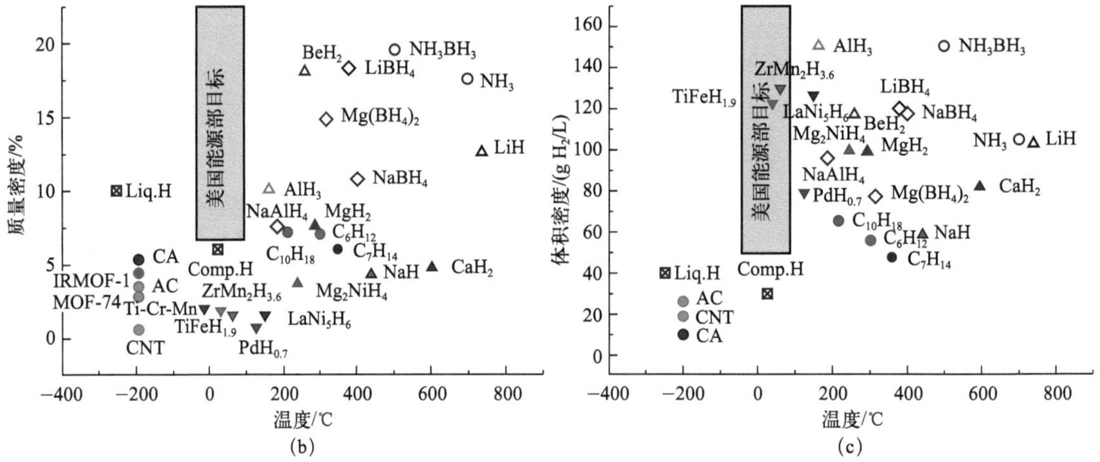

图 6-1　不同储氢技术介绍（a）以及不同储氢材料的质量储氢密度（b）和体积储氢密度（c）[1]

6.1 物理吸附储氢材料

物理吸附储氢是利用氢气分子与固体吸附剂之间的范德华作用力实现对氢气分子的吸附。由于分子之间的范德华力较弱，如图 6-2 所示，故物理吸附的吸附和脱附活化能较低，储氢的吸附和脱附速率较快，动力学性能和可逆循环性能好。化学吸附与物理吸附的比较见表 6-1。物理吸附材料主要有碳基材料、金属有机框架材料、共价有机框架材料、多孔有机聚合物材料、沸石等。本部分对几种典型物理吸附储氢材料进行介绍。

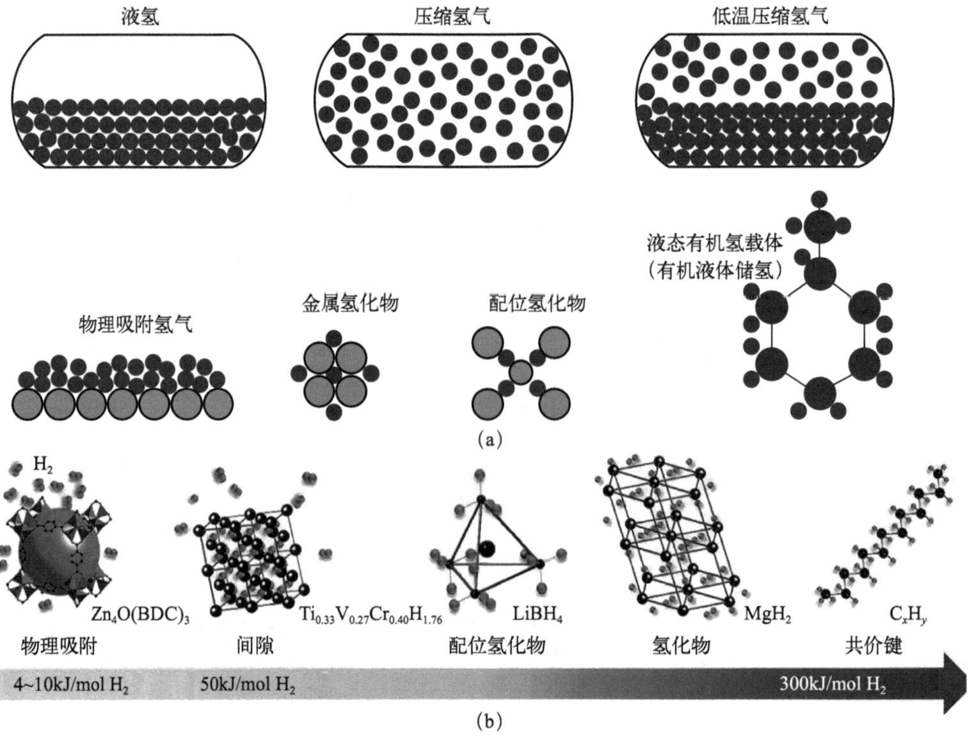

图 6-2　典型储氢方法原理示意图（a）[2] 及与氢结合需要的能量（b）[3]

表6-1 化学吸附与物理吸附的比较

项目	化学吸附	物理吸附	项目	化学吸附	物理吸附
吸放氢作用力	化学键	范德华力	发生温度	高温	低温
吸附热	40～400kJ/mol	< 25kJ/mol	气体选择性	特征选择性	一般选择性较弱
吸放氢速率	慢，一般需活化	快，可逆性好	吸附层	单层	多层

6.1.1 碳基材料

基于物理吸附的碳基储氢材料主要有活性炭、石墨烯、碳纳米管、碳纳米纤维、炭气凝胶和介孔炭等。这些材料的特点是比表面积大、孔类结构丰富、可循环使用、安全性能较高、运输方便。氢气的分子直径为0.29nm，适合氢气吸附的最佳孔径约为氢气分子直径的2～3倍，即孔隙在0.6～0.7nm之间，属于微孔尺寸范围，碳基储氢材料主要依靠大量的微孔结构来吸附氢气分子达到储氢目的。

(1) 活性炭

活性炭主要是以煤、石油焦、沥青以及生物质等含碳量较高的物质为原料，通过预处理、炭化、活化和后处理等过程制得，具有较高的比表面积和发达的孔隙结构，吸附能力强且性质稳定，表面化学结构易调控，价格相对低廉，孔隙容积一般在0.25～0.9mL/g，微孔表面积为500～1500m^2/g。1967年，Kidnay和Hiza[4] 最早报道了在80K、2.5MPa下高比表面积活性炭可以吸附约2.0%（质量分数，下同）的氢气。提高比表面积、多种表面官能团改性以丰富活性炭的微孔结构，可以增加对氢气的结合吸附作用，如图6-3所示。但目前的研究，均需要在低温、高压下才能具备较高的储氢量，对于实际应用有一定的限制。

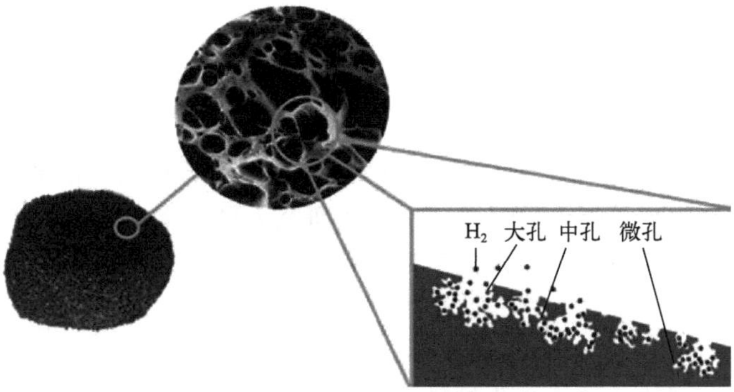

图6-3 活性炭吸附氢气原理

(2) 石墨烯、碳纳米管、碳纳米纤维

石墨烯是通过碳原子的sp^2杂化紧密堆积形成具有二维六元环单层结构的碳材料。从石墨烯延伸而来的碳基材料如图6-4所示[5]。碳纳米管与碳纳米纤维同属于碳纳米材料。碳纳米管具有独特的空心管结构和晶格排列结构，能够吸附大量气体，具有很高的化学稳定性和热稳定性。纯化可以提升碳纳米管的储氢能力，另外，酸处理、金属修饰也可以起到促进储氢的作用。碳纳米纤维是纤维状的碳纳米材料，相比于常规的碳纤维，其表面积、微孔容量都有了一定的提升。碳纳米纤维主要的制备方法有静电纺丝法、化学沉积法、模板法，在一定范围内，碳纳米纤维的储氢能力随着直径的减小和重量的增加而增大。

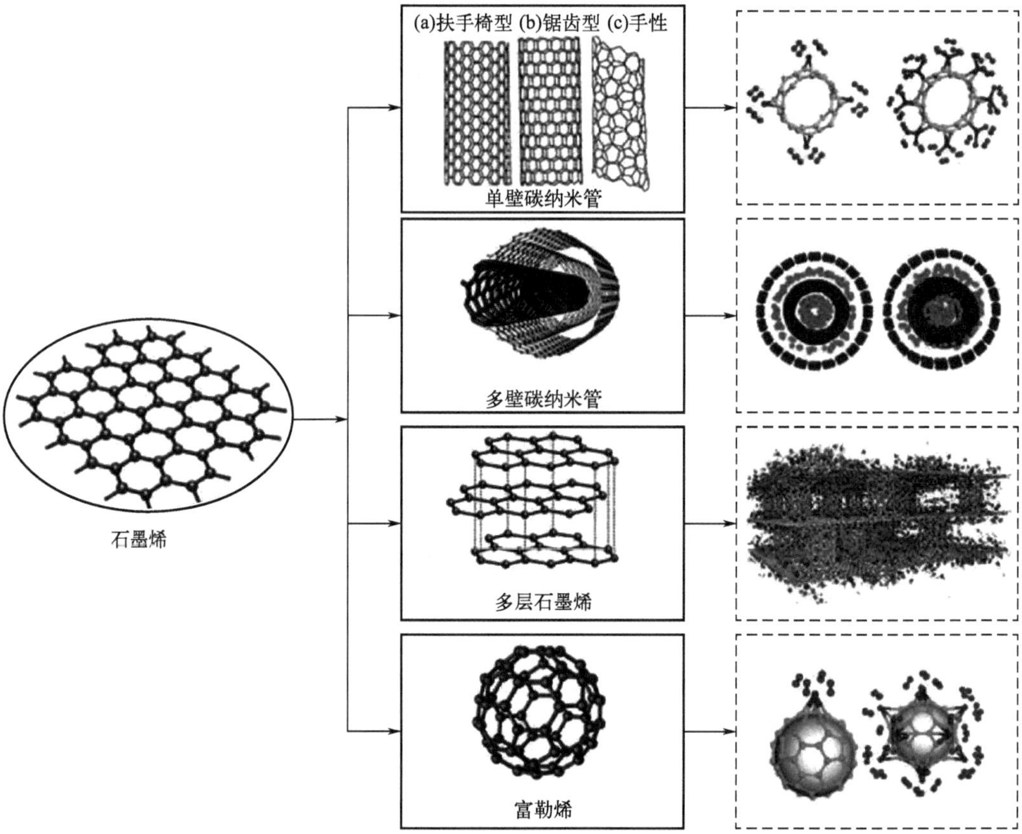

图 6-4 以石墨烯为基础的纳米材料分子模型及氢气吸附模型[5]

(3) 炭气凝胶

炭气凝胶是一种低密度的三维网状纳米多孔无定形碳材料，孔隙 1～100nm，与传统气凝胶相比其强度更高，比表面积和孔隙率更大，连续的三维网状结构使其在吸、放氢性能上具有很大的优势。在储氢行为中氢与炭气凝胶之间的作用力较弱，因此与其他碳材料类似，需要在低温下应用来实现储氢量的提高。近几年研究人员通常利用钯、铂、铁等金属对炭气凝胶进行表面修饰，或在体系中引入化学吸附和溢出效应形成复合体系，有助于提高材料的储氢性能[5]。

(4) 介孔炭

介孔炭是一类新型的非硅基介孔材料，孔径 2～50nm，具有巨大的比表面积和孔体积，其材料特点是介孔形状、孔径尺寸、孔壁组成、结构和性能等可调控，因此在众多领域具有潜在的应用价值。作为一种储氢材料其储氢量仍不足，因此研究者常将其与氢化物制成复合固态储氢体系[5]。

典型碳基材料储氢实验结果见表 6-2。

表6-2 典型碳基材料储氢实验结果[6]

材料	温度/K	压力/MPa	吸氢量（质量分数）/%
活性炭（AC）（掺杂 Pt）	298	10	2.3
碳纳米管（CNTs）	室温	标况	0.3

续表

材料	温度/K	压力/MPa	吸氢量（质量分数）/%
CNTs（Ni 掺杂）	室温	标况	0.4
g-C_3N_4	298	4	2.2
氧化石墨烯（GO）	RT	8	1.9
N-掺杂石墨烯	298	9	1.5
石墨烯	298	10	0.9
石墨烯（纳米）	70～298	1	1.2～0.1
超级活性炭（Maxsorb）	303	10	0.67
活性炭处理聚合物基多孔炭复合材料	298	2	0.17
富氧微孔炭	RT（室温）	3	1.2
碳基多孔材料	298	—	<1.0
多孔石墨烯掺杂 Li	—	—	12

6.1.2 金属有机框架材料

2003 年，美国密歇根大学 Yaghi 等[7] 首次利用 $Zn_4O(BDC)_3$ (BDC＝1,4-benzenedicarboxylate) 即 MOF-5 实现了 H_2 的存储，MOF-5 是由 $[Zn_4O]^{6+}$ 四面体与对苯二甲酸（BDC）形成的 $[Zn_4O]$ $(BDC)_3$ 三维简单立方结构。骨架结构中的节点为八面体的 $Zn_4O(CO)_6$，四面体中心的 Zn 与顶点的 4 个 O 配位，4 个四面体通过共用中间的氧原子连接起来，形成八面体节点，称为 SBU（secondary building unit）。SBU 由刚性配体连接起来得到简单立方的三维骨架结构。MOF-5 在 78K 下饱和吸氢量可达 5.1%（质量分数），BET 比表面积为 $2296m^2/g$，Langmuir 比表面积为 $3840m^2/g$。同时作者还研究了基元和拓扑结构类似金属有机框架材料（MOFs）的 IRMOF（isoreticular metal organic framework）结构，如图 6-5 所示。至此以后，很多不同种类的 MOFs 材料在氢能存储领域被广泛应用和研究，取得了一系列的研究进展。典型 MOFs 材料晶体结构及储氢性能如图 6-6 及表 6-3 所示[8]。

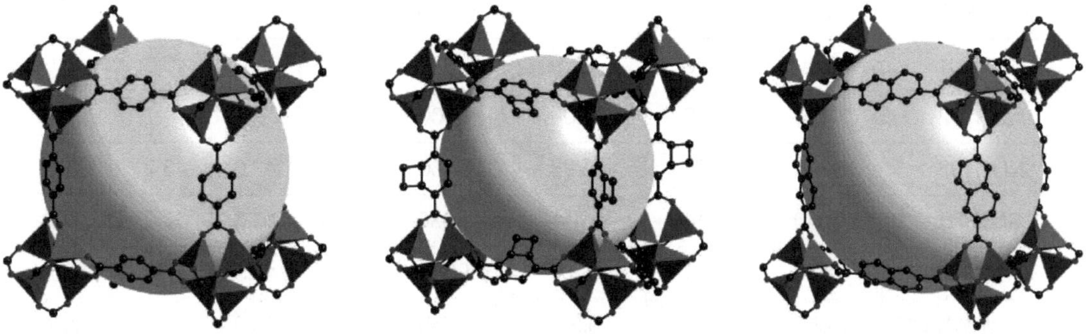

(a) (b) (c)

图 6-5 MOF-5（a）、IRMOF-6（b）和 IRMOF-8（c）各自立方体三维扩展结构[7]

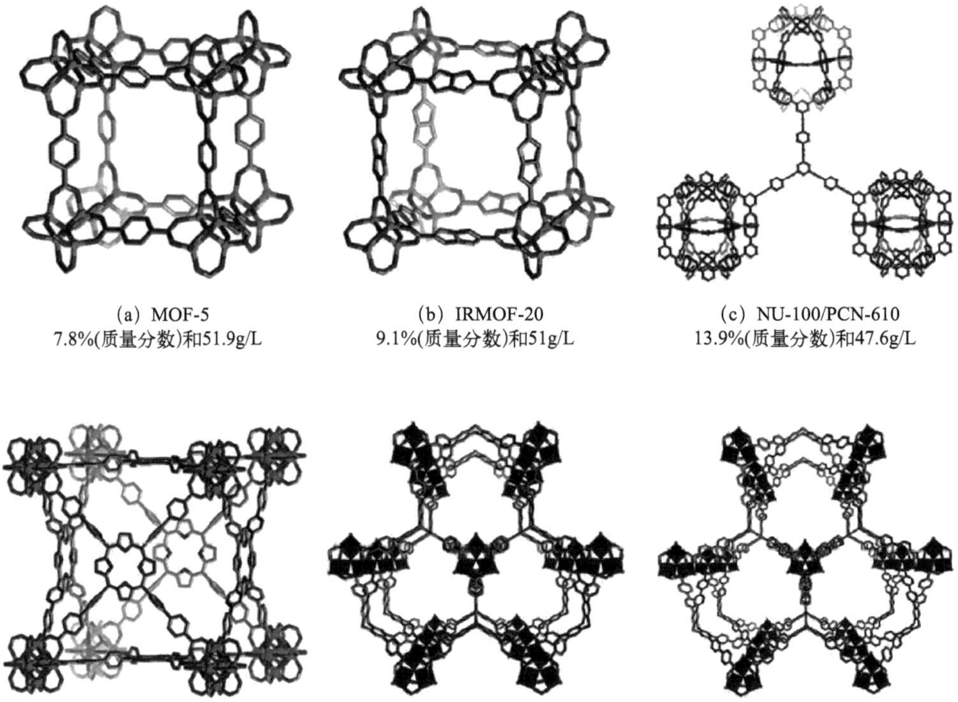

(a) MOF-5
7.8%(质量分数)和51.9g/L

(b) IRMOF-20
9.1%(质量分数)和51g/L

(c) NU-100/PCN-610
13.9%(质量分数)和47.6g/L

(d) NU-1102
9.6%(质量分数)和43.7g/L

(e) NU-1500-Al
8.2%(质量分数)和44.6g/L

(f) NU-1501-Al
14.0%(质量分数)和46.2g/L

图 6-6 典型 MOFs 材料晶体结构及储氢性能（77K/100bar→160K/5bar）[8]

表6-3 典型高多孔 MOFs 的 BET 比表面积、孔体积（PV）、密度、拓扑网和储氢性能 [8]

材料	BET 比表面积 /（m^2/g）	PV /（cm^3/g）	密度 /（g/cm^3）②	BET 比表面积③ /（m^2/cm^3）	拓扑网	储氢量（77K/100bar→160K/5bar）①		Q_{st}（等量吸附热）/（kJ/mol）
						%（质量分数）	g/L	
MOF-5	3.510	1.36	0.59	2.070	pcu	7.8	51.9	N/A
IRMOF-20	4.070	1.65	0.51	2.080	pcu	9.1	51	N/A
NU-1101	4.340	1.72	0.459	1.990	ftw	9.1	46.6	5.5
NU-1102	3.720	1.65	0.403	1.500	ftw	9.6	43.7	4.5
NU-1103	6.245	2.72	0.298	1.860	ftw	12.6	43.2	3.8
SNU-70	4.940	2.14	0.411	2.030	pcu	10.6	47.9	N/A
UMCM-9	5.040	2.31	0.37	1.860	pcu	11.3	47.4	N/A
NU-100/PCN-610	6.050	3.17	0.29	1.755	rht	13.9	47.6	N/A
NPF-200	5.830	2.17	0.389	2.268	N/A	11.4	49.8	4.5
NU-1500-Al	3.560	1.46	0.498	1.770	acs	8.2	44.6	4.9

续表

材料	BET比表面积/(m²/g)	PV/(cm³/g)	密度/(g/cm³)②	BET比表面积③/(m²/cm³)	拓扑网	储氢量(77K/100bar→160K/5bar)①		Qst(等量吸附热)/(kJ/mol)
						%(质量分数)	g/L	
NU-1501-Fe	7.140	2.90	0.299	2.130	acs	13.2	45.4	4
NU-1501-Al	7.310	2.91	0.283	2.060	acs	14.0	46.2	4
MFU-4/-Li	4.070	1.66	0.479	1.950	pcu	9.4	50.2	5.4

① 相关数值可从已报道的文献中获得。H_2 质量储量（%）是根据："H_2 质量/（H_2 的质量+ MOFs 的质量）×100%"来计算的。

② 根据晶体结构或优化结构来计算结晶密度。

③ BET 比表面积是基于晶体密度来计算的。

注：IRMOF—同构金属有机框架（Isoreticular Metal-Organic Framework）；NU—由美国西北大学（Northwestern University，NU）研究人员开发的（系列）MOF 材料；SNU—表示由韩国首尔国立大学（Seoul National University，SNU）的研究人员开发的一种 MOF 材料；UMCM—是由美国密苏里大学（University of Missouri, Columbia，UMC）的研究人员开发的一种 MOF 材料；PCN-610—由中国的厦门大学研究团队开发的一种 MOF 材料；PCN—多孔配位网络（Porous Coordination Network）；NPF-200—由美国加州大学洛杉矶分校（University of California, Los Angeles，UCLA）的研究人员开发的一种 MOF 材料。NPF—纳米多孔框架（Nanoporous Framework）；MFU-4— 一种 MOF，由德国马普研究所（Max Planck Institute，MPI）的研究团队开发。MFU（Max Planck Institute Functional Materials Unit），表明这种材料是由该研究所的功能材料单元开发的。N/A 表示不存在。

MOFs 材料在室温下储氢性能不佳。为满足实际应用的要求，开发室温条件下储氢性能优异的 MOFs 迫在眉睫。2021 年，Jaramillo 等[9] 报道了一种 V^{2+} 位点高度暴露的 V 基 MOFs 材料［$V_2Cl_{2.8}$（BTDD）］（BTDD，4，4′-联对苯二甲酸或类似结构）用于室温下储氢。根据气体吸附数据可知，$V_2Cl_{2.8}$（BTDD）和氢气的结合焓为 21kJ/mol，这一数值符合室温储氢材料的要求（15～25kJ/mol）[10]。储氢性能测试结果显示，在 298K、10bar 条件下，$V_2Cl_{2.8}$（BTDD）的体积储氢容量达到了 10.7g/L。Chen 等[11] 采用合成后修饰策略制备了一种储氢性能优异的 Zn 基 MOFs 材料，即 MFU-41-Li。在 77K/100bar→160K/5bar 的工作条件下，MFU-41-Li 的体积储氢容量和质量储氢容量分别达到 50.2g/L 和 9.4%，这一储氢性能优于已经报道的大部分 MOFs 材料。今后的研究中，在先进的计算模拟和高通量合成的指导下，相信会有更多性能更为优异的 MOFs 材料被开发和应用于氢能存储领域。

大多 MOFs 材料的制备方法需要依赖于有机溶剂，在规模化生产中会带来环保和成本方面的问题。因此，使用电化学、机械法和采用水作为溶剂合成 MOFs 的方法近年来不断被探索。在 MOFs 粉末成型方面，压力作用导致的 MOFs 结构塌陷和比表面积减小将会严重影响 MOFs 的性能。因此，开发更为先进的成型技术（如 3D 打印）是 MOFs 材料成型方面可进行研究的方向[8]。2021 年，Lin 等[12] 开发的 MOFs 催化剂（CALF-20）被用于烟道气中 CO_2 的捕集，并实现了催化剂规模化生产和工业试验。随着高储氢性能的 MOFs 材料不断被开发，MOFs 储氢材料的商业化进程在未来会逐渐推进[13]。

6.1.3 共价有机框架材料

在 MOFs 的研究基础上，Yaghi 和他的合作者们[14] 又报道了另一种有机化合物——COFs（共价有机骨架化合物）。与 MOFs 不同的是，COFs 的骨架全部由轻元素（H、B、O、C、Si 等）构成，因此晶体密度较 MOFs 要低得多。轻元素通过很强的共价健（C-C、C-O、N-O、Si-C 等）连接起来可以形成一维或三维的多孔结构，具有很高的比表面积，适用于气体储存、催化等领域。根据结构维度，COFs 材料可分为两类，即二维 COFs 材料和三维 COFs 材料。近年来，针对不同的应用需求，合成了尺寸可调、结构稳定、功能性强的二维 COFs 材料和三维 COFs 材料。COFs 材料的结构参数及 77K 下的储氢性能见表 6-4。

表6-4 COFs 材料的结构参数及 77K 下的储氢性能

材料	孔径/Å	Langmuir 比表面积 /(m^2/g)	BET 比表面积 /(m^2/g)	密度 /(g/cm^3)	H_2 吸附热 /(kJ/mol)	H_2 吸附量 /(mg/g)
COF-1	9	970	750	0.98	6.2	14.8
COF-5	27	3300	2050	0.58	6.0	35.8
COF-6	9	980	750	1.1	7.0	22.6
COF-8	16	2110	1710	0.71	6.3	35.0
COF-10	32	4620	1980	0.48	6.6	39.2
COF-102	12	4650	3620	0.43	3.9	72.4
COF-103	12	4630	3530	0.43	4.4	70.5

COFs 的合成方法是经过成键-断键-成键的方式，并伴随“自我诊断”和“自我修复”，最终形成结构有序的晶态材料。首次合成 COFs 是在溶剂热反应条件下进行的，该方法至今仍是制备 COFs 最常用的方法。将 COFs 前驱体与所需的溶剂或溶剂混合物、催化剂或调制器一起放置在耐热玻璃管中，然后该管在 77K 下被冻结、抽真空并进行火焰密封。这些管内的反应混合物可以被加热到溶剂的正常沸点以上，封闭的系统可以确保可逆反应顺利进行，得到晶态 COFs。虽然溶剂热合成法在产品质量方面取得了令人满意的结果，但也存在一些不足。最重要的是难以转移到工业应用上，因为规模扩大是具有挑战性的，而且在许多 COFs 合成中，反应时间较长（通常为 3d）。寻找绿色、安全、高效的替代技术是当前 COFs 合成研究的重点之一。因此，研究者提出了一些有前途的合成方法，比如微波合成法、研磨法、蒸汽辅助法、室温和常压合成法、常温分批连续流合成法等[15]。但在合成稳定的 COFs 结构上，一些 COFs 材料难以达到高度均一的有序结构。合成具有三维多孔有序结构的 COFs 材料是 COFs 储氢材料的前提和难点。

6.1.4 多孔有机聚合物材料

多孔有机聚合物材料(porous organic polymers，POPs)，是由聚合物链构成的孔隙结构材料，具有高的比表面积和可逆的吸附性能。POPs 材料通常由共轭聚合物链作为骨架，通过自组装和辅助模板法来制备。POPs 的孔径和孔隙结构可以通过聚合物链的种类与长度来调控。POPs 的应用非常广泛，包括储氢、分离和催化反应等领域。POPs 包括交联微孔聚合物（hyper-cross-linked polymers，HCPs)、共轭微孔聚合物（conjugated microporous polymers，CMPs)、多孔芳香骨架材料（porous aromatic frameworks，PAFs）和固有微孔聚合物（polymers of intrinsic microporosity，PIM）四大类[8]。

HCPs是通过Friedel-Crafts反应合成的共聚物，可形成适用于储氢的非常精细的孔结构。Jonathan Germain等[16]发现了比表面积2000m^2/g、质量储氢量5%（77K，80bar）的HCPs。CMPs是由π-π共轭堆积形成的微孔结构，不同组成单元和堆积模式为CMPs结构带来了多样性。在2009年，Ben等合成了PAF-1，该材料由四面体四苯基甲烷构建单元组成，表现出很高的BET比表面积，达到了5600m^2/g。PAF-1由于其类似于钻石的结构而表现出良好的热稳定性和水热稳定性，77K下PAF-1的氢等温线表现出在48bar下7.0%（质量分数）的极高超额氢吸收。在这项研究之后，Yuan等合成了一系列PAF-1类似物，通过将四面体单体的中心碳原子替换为金刚烷（PPN-3）、硅（PPN-4）和锗（PPN-5），显示PPN-4比PAF-1具有更高的BET比表面积（6461m^2/g），以及更高的超额氢吸收量，为8.34%（质量分数，77K，55 bar）。目前报道的PIM型微孔高分子的比表面积大多是500～1200m^2/g，其未来发展目标是通过设计和合成，获得大比表面积、窄孔径分布的微孔高分子材料[17]。

6.1.5 沸石

沸石是水合铝硅酸盐晶体，是由硅氧和铝氧的基本骨架四面体相结合形成的三维空间结构，这种结构具有相对较大的内部表面积和微孔体积，使其在常规环境下拥有大量的内部空间，可用于吸附分子，从而表现出各种特殊性能[18]。同时，沸石具有合成简单、稳定性好、价格低廉等优点，有望应用于储气、分离、催化等领域[19]。虽然目前商用沸石还达不到储氢材料的标准，但其丰富多样的结构特性为未来的储氢提供了广阔的发展空间。因此，研究沸石中氢分子的潜在吸附和扩散机理具有重要的意义。

上面介绍的几种物理吸附储氢材料各有优缺点，表6-5对各种吸附材料做了总结。总体来讲，此类材料的室温低压储氢性能仍不够理想，开发在低压和室温条件下性能优异的储氢材料是物理吸附储氢领域的研究目标。

表6-5 不同物理吸附储氢材料的对比[8]

项目	金属有机框架	共价有机框架	多孔有机聚合物	碳基材料	沸石
示意图			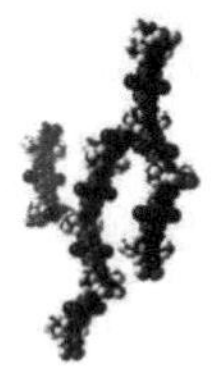		
 优势	① 结晶度高； ② 高表面积和孔隙体积； ③ 可调控结构和特性； ④ 可设计性； ⑤ 具有丰富的开放的金属位点	① 结晶度好； ② 良好的表面积和孔隙体积； ③ 可调控化学特性； ④ 结构多样性	① 动力学结构； ② 化学结构多样性； ③ 高化学性和水稳定性	① 高热稳定性和化学稳定性； ② 易于加工； ③ 经济性	① 结晶度高； ② 高热稳定性和水解稳定性； ③ 经济性

续表

项目	金属有机框架	共价有机框架	多孔有机聚合物	碳基材料	沸石
 劣势	① 室温下 H_2 吸收率低； ② 可加工性不好	① H_2 的结合位点低； ② 激活难度高； ③ 可加工性不好	① H_2 的结合位点低； ② 非晶体； ③ 孔径不均匀	① H_2 的结合位点低； ② 孔径不均匀； ③ 孔结构难以控制	① H_2 的结合位点低； ② 结构多样性限制； ③ 低质量吸氢量； ④ 可调谐性不好
选定材料的储氢性能	① 77K/100bar→160K/5bar NU-1501-Al 14%（质量分数）或 46.2g/L ② 298K/100bar→5bar Ni_2（*m*-DOBDC） 1.9%（质量分数）或 11g/L	77K/85bar →5bar COF-103 6.4%（质量分数）或 29.2g/L	① 77K/48bar PAF-1 7.0%（质量分数）（过量） ② 77K/100bar PIM-1 2.6%（质量分数）	77K/85bar→5bar BPL 碳纤维 1.86%（质量分数）或 16.5g/L	77K/15bar NaX 1.79%（质量分数）

注：*m*-DOBDC= 4, 6-dioxido-1, 3-benzenedicarboxylate,4, 6-双（羟甲基）-1, 3-苯甲酸；NU-1501-M（M = Al 或 Fe）,即金属三核簇。

6.2 金属储氢材料

前面我们已经介绍了物理吸附类储氢材料。在目前储氢材料的研究中，最集中也最广泛的研究对象是金属储氢材料。金属储氢材料，材料成分是金属，其合成制备工艺及结构表征与传统金属材料类似，遵守金属材料基本规律，只是用在储氢方面，是典型的金属功能材料。1952 年 Dallas T. Hurd 编著的 *An introduction to the chemistry of hydrides*[20]，1967 年 B. L. Shaw 编著的 *Inorganic Hydrides*[21]，1968 年 William M. Mueller 等编著的 *Metal Hydrides*[22]，1984 年《无机化学丛书》[23]，1990 年大角泰章编著的《金属氢化物的性质与应用》[24]，2003 年胡子龙主编的《贮氢材料》[25]，2015 年朱敏等编著的《先进储氢材料导论》[26]，2016 年 Detlef Stolten 和 Bernd Emonts 主编的 *Hydrogen Science and Engineering Materials*，*Processes*，*Systems and Technology*[27]，2022 年李星国等编著的《氢与氢能》[28] 等著作都对金属储氢材料做了较为详细的介绍。

一些金属具有很强的与氢反应的能力，在一定温度和压力条件下，这些金属形成的合金能吸收大量氢气生成金属氢化物，将这些金属氢化物加热或降低氢气的压力后，它们又会分解放氢，这样的合金称为储氢合金。储氢合金储氢能力强，单位体积储氢的密度一般可以达到气态氢的 1000 倍，也相当于存储了 1000atm 的高压氢气，有的甚至更高。储氢合金吸氢后，这些氢以原子态存储于合金中，当其释放出来时，要经历扩散和化合等过程，这些过程受热效应及反应速度的制约，不易爆炸，安全程度高。储氢合金吸放氢还具有很好的可逆性等特点。

不同储氢方式氢的存储密度见表6-6。

表6-6 不同储氢方式氢的存储密度

储氢方式	氢质量含量/%	氢原子密度/$10^{22}cm^{-3}$	相对体积密度
标准状态下氢气	100	5.4×10^{-3}	1
200bar 氢气	100	1.1	200
液态氢（20K）	100	4.2	778
固态氢（4.2K）	100	5.3	981
Mg_2NiH_4	3.62	5.6	1037
$FeTiH_{1.95}$	1.86	5.7	1056
$LaNi_5H_6$	1.38	6.2	1148
MgH_2	7.66	6.6	1222
TiH_2	4.04	9.1	1685
VH_2	3.81	10.5	1944

过去曾对氢与单一元素的二元系金属氢化物进行了大量试验和研究，单质元素与氢主要形成离子型氢化物、金属型氢化物、共价键高聚合型氢化物、共价键分子型氢化物四种氢化物。但是，迄今还没有发现可供工业利用的二元系金属材料。就 MgH_2 而言，1atm下，在290℃时才能释放出氢，原因是其生成焓较高；而La、Y、Sc氢化物的生成焓更高；对于 AlH_3，即使在高压下，Al和 H_2 也很难直接反应[29]。因此，通过对几种金属配合起来的多元系合金的研究，可得到更符合要求的合金氢化物。

如前面所述，周期表中几乎所有金属元素都能与氢化合生成氢化物。不过这些金属元素与氢的反应有2种性质，一种是容易与氧反应，能大量吸氢，形成稳定的氢化物，并放出大量的热，这些金属主要是ⅠA～ⅤB族金属，如Ti、Zr、Ca、Mg、V、Nb、RE（稀土元素）等，它们与氢的反应为放热反应（$\Delta H<0$）；另一种是金属与氢的亲和力小，但氢很容易在其中移动，在这些元素中的溶解度小，通常条件下不生成氢化物，这些元素主要是ⅥB～ⅧB族（Pd除外）过渡金属，如Fe、Co、Ni、Cr、Cu、Al、Mn等，氢溶于这些金属时为吸热反应（$\Delta H>0$）。储氢合金 A_mB_n 一般由吸氢元素A和不吸氢元素B两种元素组成，前者控制储氢量，是组成储氢合金的关键元素，后者控制吸放氢的可逆性，能够催化吸放氢过程。n/m 变小，储氢量不断增大，但反应速度变慢，反应温度增高。

储氢合金研究历史上，Libowitz等于1958年首次报道了金属合金氢化物 $ZrNiH_3$[30]。20世纪60～70年代，美国Brookhaven国家实验室以及荷兰Philips公司相继开发出了 AB_2 型[31,32]（$ZrCr_2$-H_2、ZrV_2-H_2、$ZrMo_2$-H_2）、A_2B 型（Mg_2Ni-H）、AB_5 型[33,34]（$LaNi_5$-H、$SmCo_5$-H）、AB型[35]（TiFe-H）系列金属合金-氢化物体系。从此，储氢合金的研究进入了全面发展的局面。

下面根据合金成分，分别叙述稀土系列、Mg系列、Ti系列、V基固溶体系列、Zr系列储氢材料。

6.2.1 稀土系储氢材料

6.2.1.1 AB_5 型稀土系储氢材料

$LaNi_5$ AB_5 型稀土类合金是目前研究最广泛最深入，已经应用最多的储氢合金。它是1969年荷兰飞利浦实验室[33] 在研究永磁材料 $SmCo_5$ 时首先发现并研究的。从1973年开始人们就试图用 $LaNi_5$ 合金作为镍氢二次电池的负极材料，$LaNi_5$ 一般形成的稳定的氢化物为 $LaNi_5H_6$，其吸氢量为1.38%（质量分数），此合金在室温下很容易吸放氢，而且其吸放氢平衡压差小，初期活化容易，抗毒化性能好，但由于无法解决 $LaNi_5$ 在充放电过程中体积膨胀较大（$\Delta V=23.5\%$）从而导致容量迅速衰减的问题，这种尝试以失败告终。直到1984年荷兰 Philips 公司[36] 用 Co 部分取代 Ni 有效抑制了合金吸放氢过程中较大的体积膨胀，从 $LaNi_5$（$\Delta V=23.5\%$）下降到 $LaNi_2Co_3$（$\Delta V=13.3\%$），解决了 $LaNi_5$ 合金电极在充放电过中的容量衰减问题，从而实现了利用储氢合金作为负极材料制造镍氢电池的可能。

图6-7为 $LaNi_5$ 合金吸放氢过程示意图[37]。图6-8为 $LaNi_5$ 合金吸放氢曲线[38]。$LaNi_5$ 合金为 $CaCu_5$ 型结构，六方点阵，空间群为 P_6/mmm，晶胞参数 $a=0.502nm$，$b=0.502nm$，$c=0.396nm$，$\alpha=90°$，$\beta=90°$，$\gamma=120°$[39]；晶胞体积为 $0.08642nm^3$；晶胞密度为 $8.27g/cm^3$。原子坐标为：La (1a) (0, 0, 0)；Ni1 (2c)，(1/3, 2/3, 0)，(2/3, 1/3, 0)；Ni2 (3g) (1/2, 0, 1/2)，(0, 1/2, 1/2)，(1/2, 1/2, 1/2)。

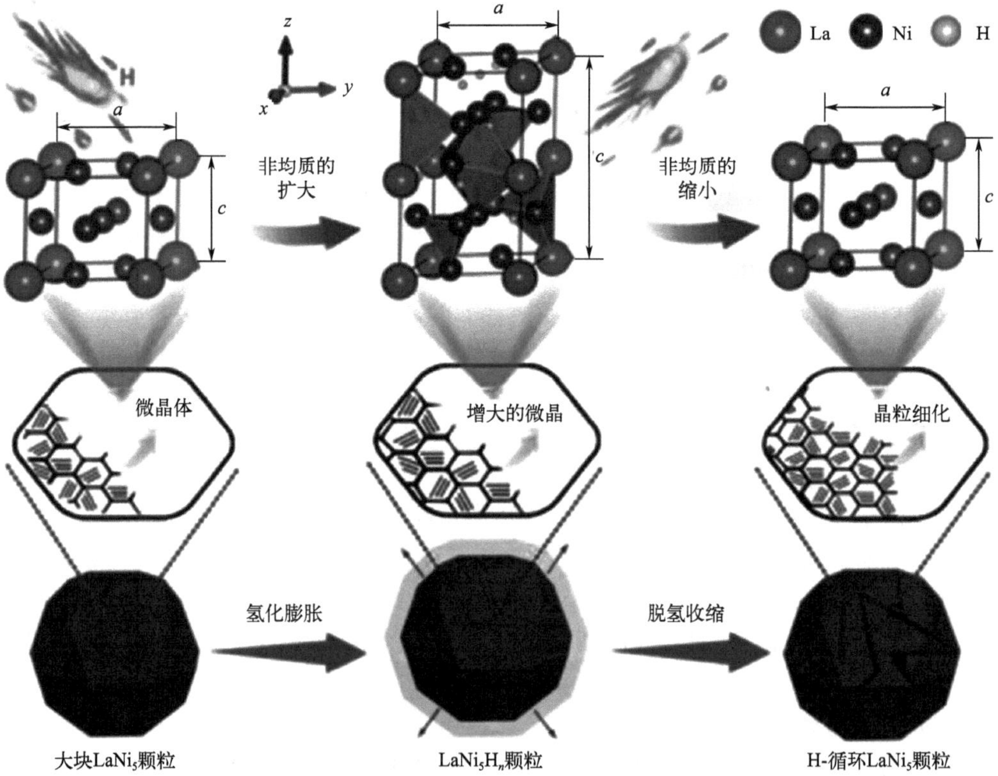

图6-7 $LaNi_5$ 块体合金吸放氢过程示意图[37]

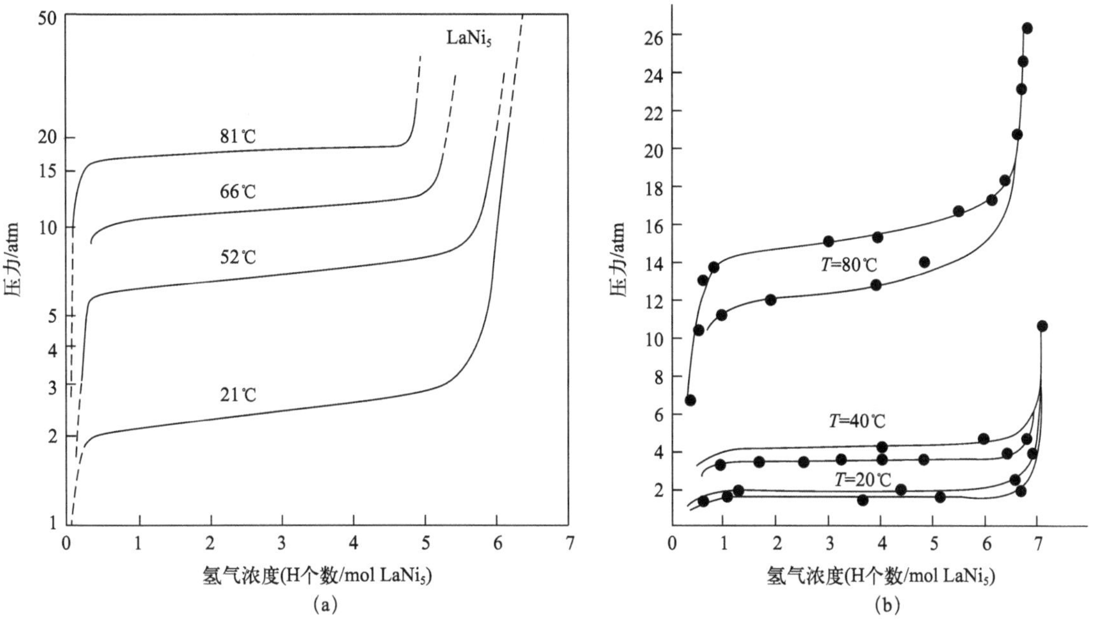

图 6-8 不同温度下 $LaNi_5$ 合金吸氢曲线（a）[33] 与放氢曲线（b）[38]

吸放氢反应方程式：

$$LaHi_5 + 3H_2 \rightleftharpoons LaNi_5H_6 + \Delta H$$

吸氢含量为 1.38%，ΔH 为−30.8kJ/(mol H_2)，ΔS 为−108J/(K·mol H_2)，25℃时放氢平衡压为 1.8bar，1bar 平衡压（放氢）时温度为 12℃。

在 $z=0$ 或 $z=1$ 面上，由 4 个 La 原子和 2 个 Ni（$2c$）原子构成一层；在 $z=1/2$ 面上，由 5 个 Ni_2（$3g$）原子构成一层。氢原子位于由 2 个 La 原子与 2 个 Ni（$3g$）原子形成的四面体间隙位置和由 4 个 Ni（$2c$，$3g$）原子与 2 个 La 原子形成的八面体间隙位置。当氢原子进入 $LaNi_5$ 的晶格间隙位置后，成为氢化物 $LaNi_5H_6$。由于原子的进入，金属晶格发生膨胀（约 23%）；而在放氢后，金属晶格又收缩。因此，反复的吸氢/放氢导致晶格细化，即表现出合金形成裂纹甚至微粉化。

将 $LaNi_5$ 作为电池负极材料，与 Ni（OH）$_2$ 电极组成电池，充电时，负极上的氢与 $LaNi_5$ 形成氢化物 $LaNi_5H_6$，常温下电极工作压力为（2.53～6.08）$\times 10^5$Pa，$LaNi_5$ 的理论电化学容量为 372mA·h/g。但 $LaNi_5$ 电极的容量随充放电循环次数增加而下降，因此电池寿命很短。造成这种现象的原因有二：一是 La 与水反应生成氢氧化镧；二是氢的吸收和释放使合金反复膨胀（ΔV=23.5%左右）、收缩发生微粉化，这种现象与气固反应是相同的，作为储氢材料或作电池负极材料都不理想。加上金属 La 在当时价格较贵，因此，各国学者曾致力于改善其储氢及电化学特性，以及降低成本的研究。其中包括：a. 采用混合金属（富 Ce 或富 La）取代 La；b. 采用非化学计量比 $AB_{5\pm x}$；c. 进行制取工艺提炼；d. 对合金进行表面处理等。这些研究取得了较大进展，从而使 $LaNi_5$ 系合金逐步进入工业化生产阶段。

除了作为 Ni-MH 负极材料外，$LaNi_5$ 型储氢合金还可以作为固态储氢材料，或用于热泵装置及气体分离等用途[40]，如图 6-9 所示。表 6-7 列出了相应的应用[40]。

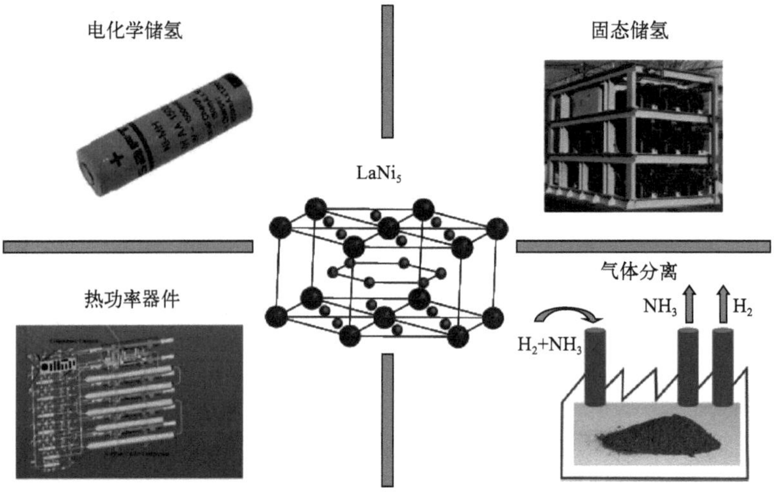

图 6-9 LaNi$_5$ 型合金的主要应用[40]

表6-7 LaNi$_5$ 型化合物在除 Ni-MH 以外的代表性应用[40]

应用	合金成分	温度范围/K	压力范围/MPa
固定 H 储存	$MmNi_{4.4}Mn_{0.1}Co_{0.5}$	298~308	1~8
固定 H 储存	$LaNi_{4.8}Al_{0.2}$	335	1.5
便携式 H 储存	Mm(Ni，Mn，Co)$_5$	273~315	1~10
移动 H 储存	$La_{0.6}Ce_{0.4}Ni_5$	293~338	2.5~30
压缩	$LaNi_5$	298~333	5~13
压缩	$La_{0.5}Ce_{0.5}Ni_5$	288~413	1~70
压缩	$LaNi_5$	290~410	4~45
低温冷却	$LaNi_{4.8}Sn_{0.2}$	270~470	0.7~100
冷却系统	$MmNi_{4.5}Al_{0.5}$	278~303	—
执行器	$LaNi_5$	270~350	4~8
热传感器/执行器	La(Ni，Fe，Co，Al，Sn)$_5$	298~408	2~7
气体分离	$MmNi_{5-x}Al_x$	300	—
气体分离	$LaNi_{3.55}Co_{0.75}Mn_{0.3}Al_{0.4}$	350~475	0.1~8
净化	$LaNi_{4.3}Al_{0.7}$	298~355	8

注：Mm—混合稀土。

6.2.1.2 AB$_2$ 型稀土系储氢材料

AB$_2$ 型稀土系储氢材料主要包括 $LaNi_2$、YNi_2、YFe_2、$LaMgNi_4$ 等合金。Klimyenko 等[41] 在制备 $LaNi_2$ 纯相的过程中发现在 La/Ni 原子比为 1∶2 时由于 La 和 Ni 的原子半径存在较大的不匹配度，r_{La}/r_{Ni} 为 1.506，不符合理想 Laves 相组成原子的半径比（1.225），

$LaNi_2$ 相的形成受到阻碍，而更容易形成成分为 La_7Ni_{16} 即 $LaNi_{2.286}$ 的物相。Liang 等[42]也发现 $LaNi_2$ 相为亚稳定相，只能通过快淬或在高温、高压条件下获得，通常在平衡条件下 La_7Ni_{16} 相比 $LaNi_2$ 相更稳定。因此，早期的 La-Ni 相图标注为 $LaNi_2$ 相，新的相图均标注为 La_7Ni_{16} 相。早在 1976 年，H. Oesterreicher 等[43]就研究发现 $LaNi_2$ 相吸氢后变为非晶结构，因此关于 $LaNi_2$ 吸放氢性能的研究较少。A 端 La 用部分 Mg 取代后，随着 Mg 含量的增加，合金氢致非晶化趋势逐渐减弱[44]，作为电极材料，$LaMgNi_4$ 可逆吸放氢性能差，放电容量较低[45,46]。

AB_2 型稀土系合金的另一大类主要是 YNi_2 和 YFe_2。Kenji Suzuki 等[47]研究了 YFe_2 和 YNi_2 两种合金在相同条件下吸氢后的结构演变，吸氢前两种合金均为 C_{15} Laves 结构，YFe_2 吸氢后变为 $YFe_2D_{4.3}$，而 YNi_2 吸氢后则变为非晶态 $YFe_2D_{3.6}$，如图 6-10 所示。作者认为这主要有两个原因：第一，Y-Ni 键（$\Delta H=-117$kJ/mol YNi_2）比 Y-Fe 键（$\Delta H=-4.8$kJ/mol YFe_2）键更稳定；第二，从原子半径大小来看，原子半径 $r_{Fe}>r_{Ni}$。对于 YNi_2 合金，为了改善其吸放氢性能，沈浩[48]用原子半径比 Y 更小的 Sc、Mg 部分取代 Y，用原子半径比 Ni 更大的 Al、Mn 部分取代 Ni，研究发现，减小 A 端原子半径和增加 B 端原子半径具有协同效应，优化后的合金吸放氢性能显著提高，最大可逆质量吸氢量达 1.69% 且具有良好的吸放氢循环。在原子尺度调控的基础上，再结合非化学计量比也可以提高 YNi_2 合金的吸放氢结构稳定性[49]。

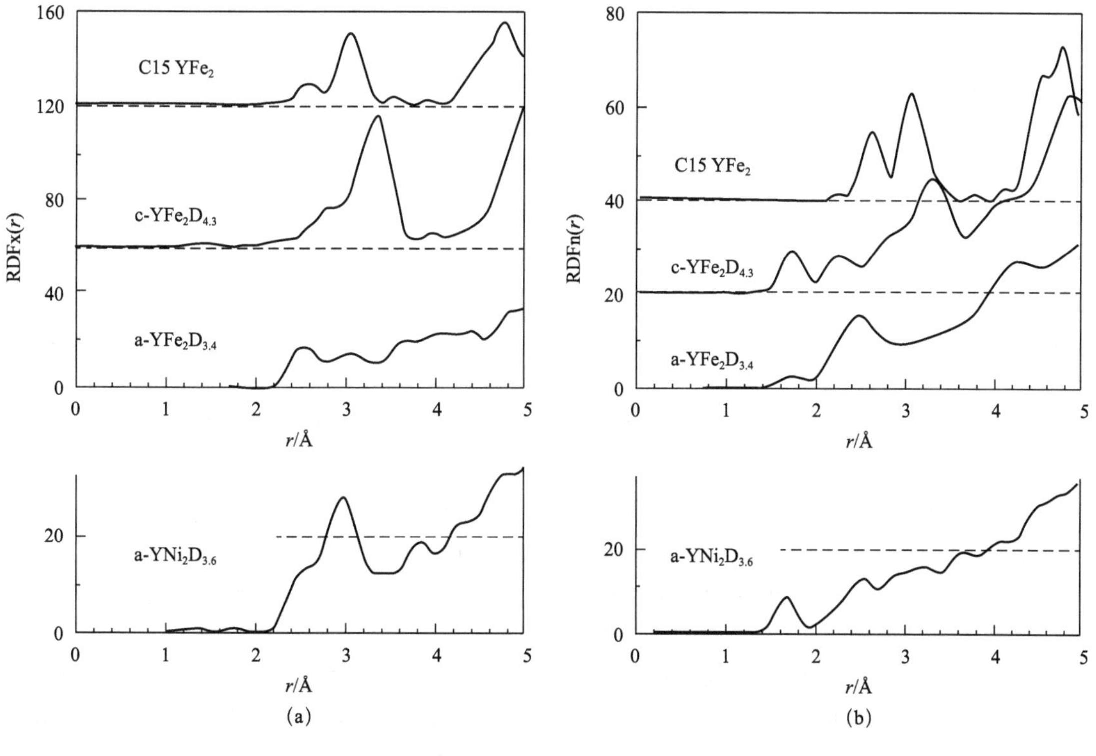

图 6-10 $a\text{-}YNi_2D_{3.6}$、$a\text{-}YFe_2D_{3.4}$、$c\text{-}YFe_2D_{4.3}$ 和 YFe_2 结构的 X 射线衍射结果（a）及中子总径向分布函数（b）

关于 YFe_2 合金，因 Fe 价格稳定，该合金是值得关注的合金体系。YFe_2 理论吸氢容量最高可达 2.09%（质量分数），高于 $LaNi_5$ 储氢合金的吸氢容量，受到研究者的广泛关注[50]。研究发现[51,52]，YFe_2 合金在吸放氢过程中易发生歧化反应，导致合金的吸放氢循环稳定性差。通过 A 端 Ce[50]、Zr[53] 及 B 端 Al[54] 等元素替代，在一定程度上提高了 YFe_2 合金的可逆吸放氢性能，其中 $YFe_{1.7}Al_{0.3}$ 吸氢量可达 1.38%（质量分数）。此外，$YFe_{1.7}Al_{0.3}$ 合金可以作为镁基非晶合金 $Mg_{60}La_{10}Ni_{20}Cu_{10}$ 的氢泵，从而提高其吸放氢动力学性能[55]。

6.2.1.3 非 AB_2/AB_5 型 R-Mg/Y-M（M 主要为过渡金属、Al 等）超点阵稀土储氢合金

三元合金体系 R-Mg-M 的研究最早开始于 1997 年，Kadir 等[56] 采用固相烧结方法合成了系列伪二元 $PuNi_3$ 型合金 RMg_2Ni_9（R=Ca、La、Ce、Pr、Nd、Sm、Gd、Y），证明用 Mg 元素部分替代稀土 La 后可获得相结构稳定的 R-Mg-Ni 系超点阵合金。2000 年，Kohno 等[57] 采用 $La_{0.7}Mg_{0.3}Ni_{2.8}Co_{0.5}$ 合金作为镍氢电池负极获得了 410mA・h/g 的放电容量，该容量是第一代稀土系 AB_5 型合金的 1.3 倍，至此作为新一代 Re-Mg-M 系超结构高容量储氢合金负极材料受到人们的广泛关注和研究。Re-Y-M 合金体系最早出现在 2001 年，R. Baddour-Hadjean 等[58] 研究了 $La_{1-x}Ce_xY_2Ni_9$（$0 \leqslant x \leqslant 1$）合金的晶体结构、吸放氢性能、电化学性能。但作为储氢合金电极材料，其吸放氢结构稳定性和电化学放电容量都不太好，所以当时并未引起大家的关注，但文章分析了当 A 端为 La 和 Y 时，La、Y 是明显的择优占位，当 A 端为 Ce 和 Y 时，Ce 和 Y 则是随机占位，这为后续 R-Y-M 合金体系关键元素空间占位研究提供了理论基础。2017 年，Yan 等[59-61] 将 Re-Y-M 系合金化学计量比从 AB_3 逐步扩展到 A_2B_7 和 A_5B_{19}，结果发现该合金体系与 R-Mg-M 系合金的电化学性能基本相当。R-Y-M 系合金可以避免 Mg 元素在熔炼、热处理等制备过程中由挥发而导致的合金成分、结构、性能不一致以及安全隐患，因此，近年来 R-Y-M 系稀土超点阵合金成为研究热点。

稀土系超点阵结构合金是由 RT_x（$3 \leqslant x < 5$）相结构［均由 AB_2 型（如 $MgZn_2$）和 AB_5 型（如 $CaCu_5$）两种结构单元］按一定比例沿 c 轴交替层叠排列后组合形成的堆垛集团，如图 6-11 所示。其堆垛集团内容遵循 n［RNi_5］+［R_2Ni_4］（n=1，2，3）模式最终形成 2H 型（空间群：$P6_3/mmc$）或 3R 型（空间群：R-3m）同素异构体结构模式，即当 n=1、2 和 3 时分别对应 RT_3（2H-$PuNi_3$ 或 3R-$CeNi_3$）、R_2T_7（2H-Ce_2Ni_7 或 3R-Gd_2Co_7）和 R_5T_{19}（2H-Pr_5Co_{19} 或 3R-Ce_5Co_{19}）型合金。依据 Khan[62] 的定义，合金 RT_x 的组成计量比 x 与 RNi_5 结构单元数/RNi_2 结构单元数比值 n 的关系为 $x=(5n+4)/(n+2)$。超点阵结构合金是金属材料，遵循金属材料和材料科学基础的理论，只是该合金用在储氢方面。超点阵结构两个结构单元的界面至关重要，合金制备过程中物相结构的稳定性以及吸放氢过程中结构稳定性均与界面有关。

$LaNi_x$（$3 \leqslant x < 5$）合金可逆吸放氢性能较差，原因是吸氢时，［A_2B_4］结构单元的体积远大于［AB_5］结构单元，吸氢时氢只进入［A_2B_4］结构单元，而不进入［AB_5］结构单元，因此，吸氢后体积膨胀，各坐标轴发生各向异性膨胀，从而使合金产生较大的应力应变，破坏了合金结构稳定性。而合金中加入 Mg、Y 后，Mg、Y 的原子半径比 La 小且优先进入 Laves 结构单元，从而减少了［A_2B_4］和［AB_5］两个结构单元的体积差，从而使氢均匀进入两个结构单元，有效改善了可逆吸放氢性能。

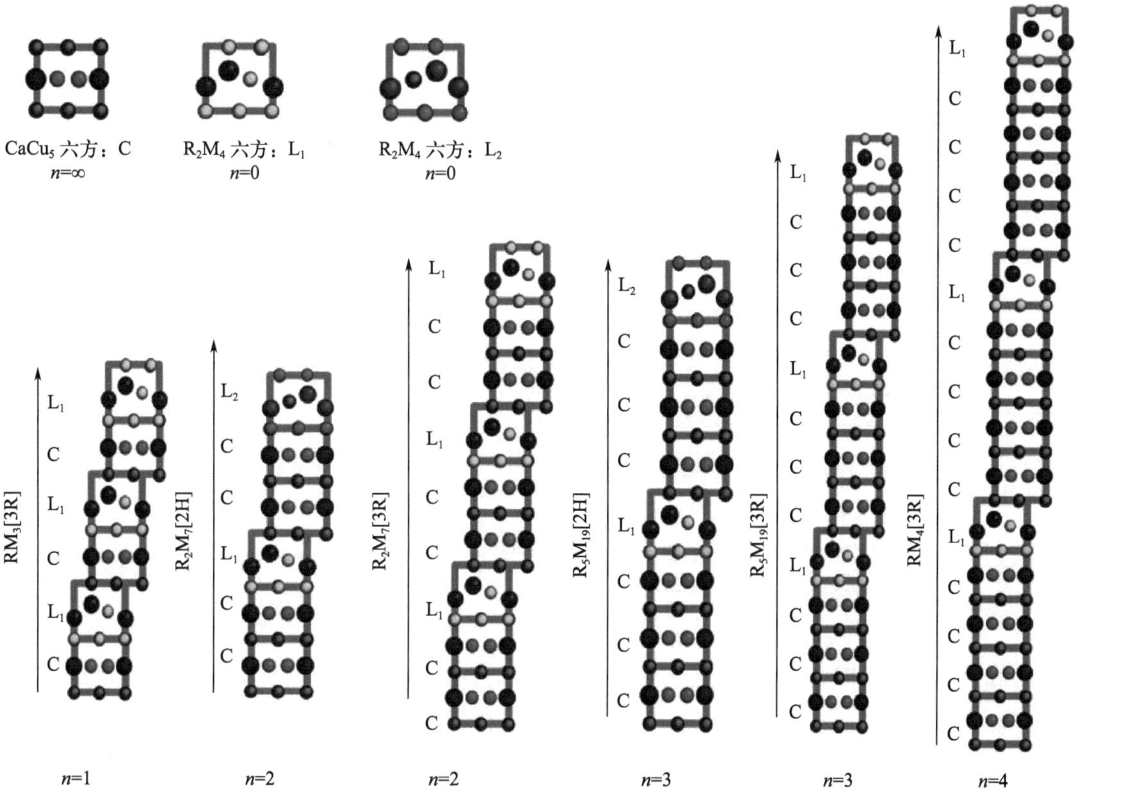

图 6-11 稀土系超点阵结构合金堆垛结构示意图[63]

6.2.2 Mg 系储氢材料

镁基储氢材料主要包括 Mg、Mg-Ni、Mg-Co、Mg-Cu、Mg-Fe 等体系。由于镁材料重量轻，吸氢量大（Mg_2NiH_4、Mg_2CoH_5 和 Mg_2FeH_6 的质量吸氢量分别达到了 3.6%、4.5% 和 5.4%，而单质 Mg 的质量吸氢量则达到了 7.7%），储量丰富，价格便宜，从而吸引了众多人的研究兴趣。

Mg 的结构信息如下：

① 结构：六方结构；

② 空间群：$P6_3/mmc$（No. 194）；

③ 晶胞参数[64]：$a=3.2075\text{Å}$，$c=5.2075\text{Å}$，$\alpha=90°$，$\beta=90°$，$\gamma=120°$；

④ 晶胞体积：$0.0464nm^3$；

⑤ 计算晶胞密度：$1.74g/cm^3$；

⑥ 原子坐标：Mg（c）（1/3，2/3，1/4）；

⑦ 吸放氢反应方程式：$Mg+H_2 \rightleftharpoons MgH_2+\Delta H$；

⑧ 质量吸氢量：7.7%；

⑨ $\Delta H=-74.4kJ/mol\ H_2$[65]；

⑩ $\Delta S=-135J/(K\cdot molH_2)$；

⑪ 1bar 平衡压温度：287℃。

一定温度、压力条件下氢化物：β-MgH_2 的结构信息如下：

① 结构：四方金红石结构；

② 空间群：$P4_2/mnm$（No. 136）；

③ 晶胞参数[64]：$a=4.5198$Å，$c=3.025$Å，$\alpha=90°$，$\beta=90°$，$\gamma=90°$；

④ 晶胞体积：$0.0618nm^3$；

⑤ 计算晶胞密度：$1.42g/cm^3$；

⑥ 原子坐标：H（f）（0.30478，0.30478，0），Mg（a）（0，0，0）。

Mg-H 吸放氢主要有以下过程[66]：

① 氢分子在 Mg 表面吸附、分解；

② 分解出的氢原子穿过固相界面在 Mg 中扩散；

③ 在金属 Mg 内部形成含氢固溶体；

④ 固溶体中氢达到一定浓度时发生相变形成 MgH_2。

MgH_2 热解过程可以分为以下 4 步：

① MgH_2 发生相变转变为固溶体；

② 氢原子从固溶体层中扩散到表面；

③ 氢原子从化学吸附态转变为物理吸附态；

④ 氢原子结合成氢分子从 Mg 颗粒表面释放[27-29]。

MgH_2 放氢反应的初始能垒高达 2.52eV[67]，决定 MgH_2 放氢反应的关键因素是 Mg-H 键的断裂。

相对于其他传统储氢材料，MgH_2 的理论储氢量较高（质量储氢量和体积储氢量高，分别可达 7.6%和 $110kg/m^3$）。Mg 与氢气的反应是完全可逆的，吸氢时放热，反之放氢时吸热。其放氢过程 PCT 曲线如图 6-12 所示。但是，MgH_2 的实际应用存在三个主要瓶颈。其一，MgH_2 的生成焓和生成熵分别为－74kJ/mol H_2 和－135J/(K·mol H_2)，如此高的热力学稳定性使得其在标准压力下的放氢温度高达 289℃以上。其二，Mg-H 体系的吸/放氢动力学性能较差。普通的 Mg 在 400℃、50atm 的氢气气氛中也不能快速吸放氢，必须在此条件下经多个循环的活化后才能在 250℃以上吸放氢。其三，在吸放氢循环中，MgH_2/Mg

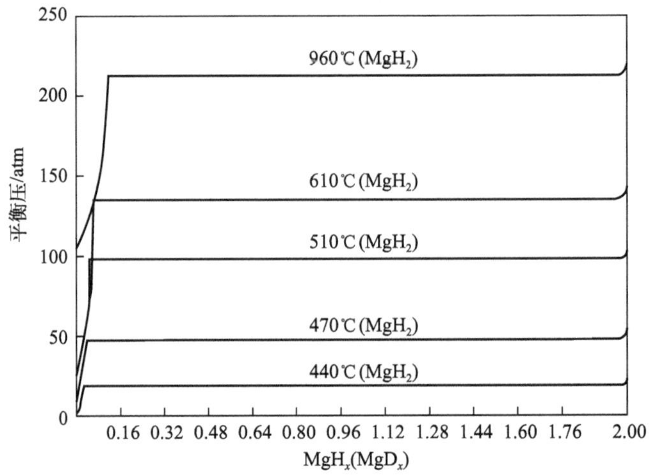

图 6-12 MgH_2（MgD_2）体系的放氢过程 PCT 曲线[65]

颗粒的团聚和长大导致循环稳定性差[68]。目前普遍认为：a. Mg 的表面极易生成一层氧化膜，从而阻碍其与氢的反应；b. 氢气在纯 Mg 表面解离速率慢；c. 氢在 Mg 和 MgH_2 中的扩散速率慢[69-71]。因此，改善 Mg-H 体系的热力学和动力学性能，一直是各国研究者关注的焦点。

目前，Mg/MgH_2 热力学及动力学改性的主要途径包括合金化、纳米化、添加催化剂、构建复合体系等[68]，有时候几种途径同时使用。

在合金化方面，主要有过渡金属元素（Fe、Co、Ni、Pd、Ag 等）、部分主族元素（Si 等）及稀土元素（La、Ga 等）被用于 MgH_2 合金化改性研究。

合金化能有效改善镁基储氢材料的热力学性能，通过将 Mg 与其他元素复合，能够制备出含有单相或多相的镁基储氢合金，合金的存在可以促进氢的解离和吸附，添加的金属元素与 Mg 和 H 结合生成次稳定的氢化物从而降低 MgH_2 的稳定性，多相边界也可以为吸/放氢反应提供大量的活性位点，从而改善 Mg/MgH_2 储氢体系的储氢性能。但由于 Mg 属于轻质金属，掺入高比例重金属进行合金化在一定程度上可以调控吸放氢热力学和动力学性能，但会降低系统的储氢容量。表 6-8 为镁基储氢合金特性。

表6-8 Mg 基储氢合金特性

氢化物	氢含量（质量分数）/%	生成焓（ΔH）/（kJ/mol H_2）	生成熵（ΔS）/[J/（K·mol H_2）]	101.375kPa 下分解温度/℃	参考文献
MgH_2	7.6	−74	−130	287	[24]
Mg_2NiH_4	3.6	−64	−122	253	[72]
Mg_2FeH_6	5.5	−82	−140	320	[73]
Mg_2CoH_5	4.5	−82	−139	280	[74]
Mg_2Cu-H_2 体系	2.6	−77	−146	239	[75]
Mg_2SiH_4	5.0	−36.8	−128.1	200	[76,77]
$Mg_3LaH_{\sim 6.3}$	2.89	−81.0	−142.0	296.4	[78]

Mg_2Ni 是最具代表性的镁基储氢合金之一。图 6-13（a）为 Mg-Ni 相图，可以看出 Mg-Ni 合金体系有 Mg_2Ni 和 $MgNi_2$ 两种金属间化合物，其中 $MgNi_2$ 在-196～300℃、氢压低于 500atm 时不与氢反应，因此，Mg-Ni 合金吸放氢主要是 Mg_2Ni 合金吸放氢。Reilly 和 Wiswall[72] 通过熔炼法成功制备出 Mg_2Ni 合金，并首次报道了其对应氢化物 Mg_2NiH_4 的晶体结构及储氢性能，其放氢 PCT 曲线如图 6-13（b）所示。从该图可以看出，Mg_2Ni 比 Mg 的放氢热力学性能得到一定程度的改善。Mg_2NiH_4 体系的放氢反应焓变为－64kJ/mol H_2，相对于纯镁(－74kJ/mol H_2)显著降低，在 101.375kPa 下分解温度为 253℃，吸放氢动力学性能也得到了相应提高[79]，但与真正实用化还有一定距离。

纳米化方面，目前普遍认为，与微米尺度的 MgH_2 相比，纳米化的 MgH_2 具有更大的比表面积和更多的晶界，从而为 Mg/MgH_2 吸/放氢反应提供了更多的氢扩散通道和反应活性位点。而纳米化 MgH_2 自身所储存的额外的界面能，也会降低 MgH_2 的热力学稳定性。因此，纳米化 MgH_2 可以实现热力学和动力学双调控，显著改善储氢性能[80,81]。

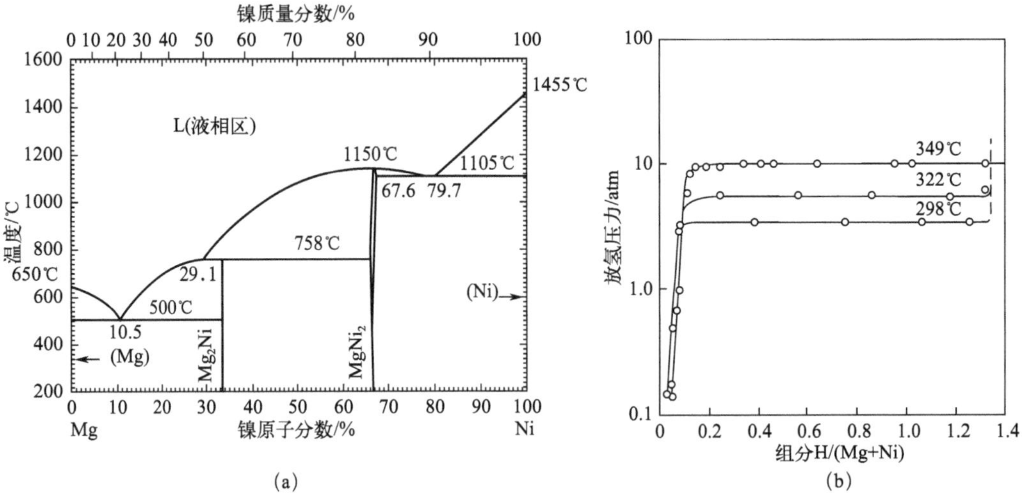

图 6-13 Mg-Ni 合金相图（a）及 Mg_2Ni-H 体系的放氢 PCT 曲线（b）[72]

图 6-14 为 MgH_2 的总能量随粒子尺寸的变化以及 Mg 纳米颗粒与 H_2 分子结合的变化。与相应的分解相（即含剩余 H_2 气体的 Mg 纳米颗粒）相比，发现 MgH_2 的纳米颗粒在 1nm 以下是能量不稳定的[82]。纳米颗粒总能量的正变化表明，与块体材料相比，纳米相的热力学性质将发生改变。已报道的制备纳米镁基材料的纳米技术包括高能球磨法[83]、化学还原法[84]、气相沉积法[85]、氢化法[86]等。但纳米结构属于亚稳态，其界面能较高，而 Mg 合金在吸放氢过程中温度较高，这样就有可能使纳米结构团聚，这个时候就需要添加一些抑制长大剂来减缓晶粒长大。如在 Mg 中添加 TiH_2 就可以达到这种效果[87]。也可以以纳米多孔材料为模板，将储氢材料通过熔融渗透或溶剂辅助渗透加入多孔材料孔隙内，或在孔隙内直接合成并以纳米颗粒的形式固定在多孔材料孔隙内，可以得到比机械球磨更小的颗粒，这些处于孔隙内的颗粒不易团聚变大且分解产物被限制在孔隙范围内，保证了材料化学计量比

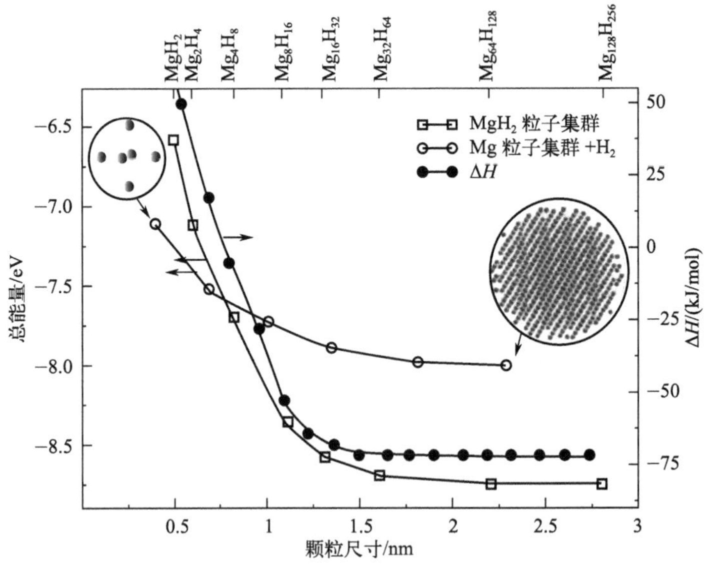

图 6-14 MgH_2 的总能量随粒子尺寸的变化以及 Mg 纳米颗粒与 H_2 分子结合的变化

不变，而孔隙内各组分紧密接触，又有利于可逆吸放氢，这种方法可以同时改善储氢材料的热力学和动力学性能[88,89]。

催化剂方面，添加催化剂改性来改善 Mg/MgH_2 体系的储氢性能是研究最多，也是最简单、最高效的实现实用性改性的方法。添加催化剂能为 Mg/MgH_2 吸放氢过程中的 H 吸附、H 解离和 H_2 分子的扩散提供活性位点，从而改善其动力学性能。目前常用于改善 Mg/MgH_2 体系性能的催化剂主要是过渡金属单质、金属氧化物、其他过渡金属化合物和碳基材料等。添加催化剂改善 Mg 基合金储氢动力学性能的机制通常可用“氢泵效应”、“溢流效应”、“通道效应”和“电子转移”等催化机理来解释。催化剂本身对储氢无贡献或贡献量很小，催化剂含量一般也较低。不同的催化剂性能总结见表 6-9。

表6-9 镁基储氢材料中添加催化剂后部分储氢性能总结[90]

复合材料（添加剂）	ΔH/（kJ/mol H_2）		E_a/（kJ/mol H_2）		储氢量（质量分数）/%
	Abs	Des	Abs	Des	
MgH-4%Ni NFs	—	—	—	81.5	7.02
o-Nb_2O_5	—	74.7		101	6.4
2D-$TiNb_2O_7$ 纳米片	—	75.2	—	100.4	7
MgH_2;Fe_3O_4@GS	60.62	66.34	—	90.53	6.2
MgH_2-10wt% TiO_2@C	—	73.6	38	106	6.5

注：—表示无数据；ΔH 为焓变；E_a 为活化能。Abs—吸氢；Des—放氢。

构建复合体系方面，将不同储氢材料进行复合可发挥各组分的性能优势，克服单一储氢材料往往仅在某一方面的性能突出但存在明显短板的缺点，而且有可能通过高密度的相界产生协同效应，尤其是纳米尺度复合情况下，能获得额外的性能提升。例如组元相的自催化作用、各组元之间的应变协同放氢效应、形成新的吸/放氢反应路径等。近年来发展了一种通过氢化反应原位生成纳米多相复合结构合金的规模制备方法。欧阳柳章等[91] 采用熔炼方法得到 Mg_3Ce 化合物，并通过氢致歧化反应原位生成了 MgH_2-$CeH_{2.73}$ 纳米复合材料。在合金中进一步加入金属 Ni，获得 MgH_2 和 $CeH_{2.73}$ 呈层状排列，Ni 分布于两相界面的独特结构。$CeH_{2.73}$、Ni 催化相同时存在大大提高了多相复合后的界面面积，其所产生的协同效应和大量的界面能提高了材料的吸/放氢动力学性能，如 $Mg_{80}Ce_{18}Ni_2$ 合金在 232℃脱氢，可逆容量>4.0%，500 次循环后容量保持率高于 80%。

镁基储氢材料因储氢密度高、资源丰富、环境友好等优点而备受关注，但其存在吸/放氢温度过高、反应动力学缓慢和循环稳定性差等缺点，阻碍了其大规模产业化进程。尽管镁基储氢材料在新合金体系开发、纳米调控、催化修饰、多相复合等方面取得了巨大进展，但如何获取兼具吸/放氢容量高、温度适中、反应速率快及寿命长等优良性能的镁基储氢材料仍是一个挑战[92]。

6.2.3 Ti 系储氢材料

如同 Fe 一样，金属 Ti 有同素异构体，1155K 以下为 α-Ti（密排六方结构），1155K 以上为 β-Ti（体心立方结构）。具有室温稳定性的 α-Ti 趋向于与 H_2 生成立方晶系的金属间化合物 TiH，而 β-Ti 与 H_2 反应生成面心四方或正方晶系的金属间化合物 TiH_2。氢可以促进 Ti

由 α 相向 β 相转变，因此在 α-β 相转变温度 1155K 以下，也可以形成 H/Ti 原子比接近 2 的金属间化合物。TiH_2 很难稳定存在，在通常情况下，得到的氢化钛的 H/Ti 值总是小于 2，通常形成非化学计量（$TiH_{1.8}$-$TiH_{1.99}$）的固溶体[93]。Ti 及其氢化物的相关信息如表 6-10 所示。

表6-10 Ti 及其氢化物的相关信息

Ti 金属类型	晶体结构	晶胞参数/nm		Ti 的氢化物	晶体结构	晶胞参数/nm	
		a	c			a	c
α-Ti	hcp	0.295	0.4683	TiH	hcp	0.311	0.0502
β-Ti	bcc	0.3306	0.3306	TiH_2	bcc	0.4528	0.4279

图 6-15、图 6-16 分别为 Ti-H 相图和单质 Ti 的吸氢曲线。由 Ti-H 体系相图可知，当温度低于 573K 时，Ti 吸氢后由 α 相转变为面心立方的 γ 相。当温度大于 573K 时，随着氢浓度的增加，Ti 由 α 相先转变为 β 相再转变为 γ 相。因此，当温度大于 573K 时，Ti 的吸氢 PCT 曲线出现了两个平台，分别对应于 α 相向 β 相转变的过程和 β 相向 γ 相转变的过程。Ti 的吸氢平衡压较低，在 873K，时吸氢平衡压不超过 1000Pa。

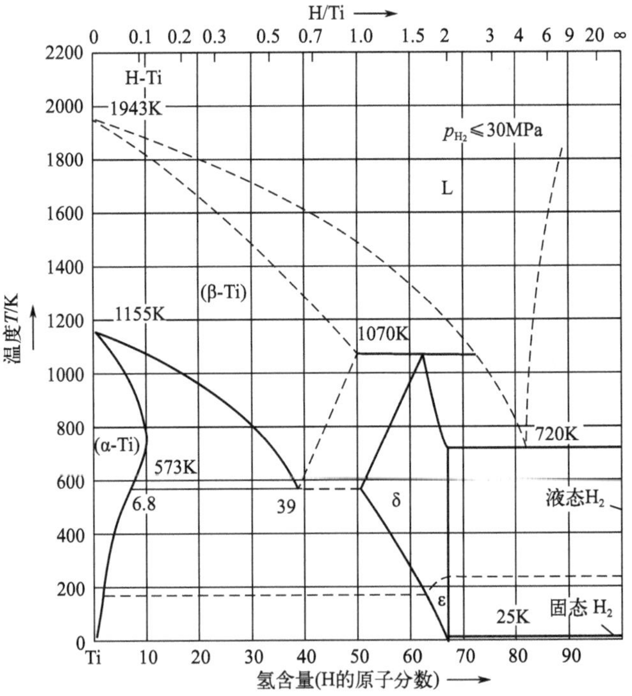

图 6-15 Ti-H 相图（氢气压力小于 30MPa）[28]

室温下，Ti 与氢不发生反应。但在氢气中，约加热到 450℃，Ti 就可以吸收大量的氢，但不加热到 600℃以上，氢也不会从 Ti 中释放出来。因此，单质 Ti 不适合作储氢材料。Ti 可以与多种金属元素形成储氢合金材料，常见的有 AB 型的 TiFe、TiCo、TiNi 等合金，以及具有 Laves 相结构的 AB_2 型合金 $TiMn_{1.5}$、$TiCr_2$ 等。通过在 Ti 合金中掺入适当的金属

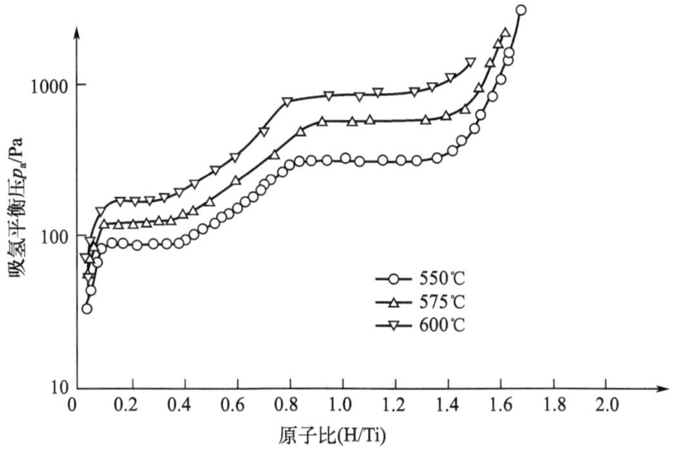

图 6-16 Ti 吸氢的 PCT 曲线[93]

元素，可以调节合金的储氢性能，形成数量庞大的 Ti 系储氢合金材料。常见 Ti 基二元储氢合金吸放氢性能如表 6-11 所示。

表6-11 Ti 基二元储氢合金的性能

储氢材料氢化物	质量储氢量/%	平衡压/MPa	反应焓/(kJ/mol H_2)
$TiFeH_{1.9}$	1.8	1.0(323 K)	-23.0
$TiCoH_{1.4}$	1.3	0.075(393 K)	-57.7
$TiMn_{1.5}H_{2.47}$	1.8	0.5~0.8(293 K)	-28.5
$TiCr_{1.8}H_{3.6}$	2.4	0.2~5(195 K)	-20.1

(1) Ti 系列二元合金体系

具有 CsCl 结构的 TiFe 合金是 AB 型钛系储氢合金的代表，理论质量储氢量为 1.86%，室温下平衡氢压为 0.3MPa，该合金价格低廉且资源丰富。但其初期活化困难，合金活化需要高温、高压（450℃、5MPa），而且易受气体杂质毒化，室温、平衡压太低致使氢化物不稳定。为了克服这些缺点，首先采取元素替代方法，Dematteis 等[94] 系统总结了（图 6-17，另见文前彩图）TiFe 合金取代元素，研究发现 Mn、V 及 Mn-V 协同效应可以有效改善活化及动力学性能，但 V 是 2020 年欧盟确定的关键原材料之一。Mg、Ta、Zr、Cr、Co、Ni、Cu 和 S 并不适合工业大规模取代，其中 Zr、Cr 和 S 会导致储氢量减少，Mg、Ta、Co、Ni 是关键原材料，Cu 增加了第一个和第二个平台的滞后，添加 B、C、N、O 后合成过程中污染物对储氢性能有影响。其次是改变传统的冶炼方式，如采用机械合金化制备合金，再则就是对合金进行表面处理[95,96]。而在 TiFe 合金中添加 Mm（混合稀土金属）等成分，弥散在合金中的细小 Mm 颗粒在室温下很容易吸氢从而导致体积膨胀，使 TiFe 合金产生大量的微裂纹，增加了氢气进入合金的通道，可以提高体系的活化性能[97,98]。

Ti-Co 合金在 200℃排气，并在该温度、30atm 氢压下放冷至室温，就可以吸放氢，生成四方晶格结构的 $TiCoH_{1.4}$，将上述操作重复 1～2 次，就可以完成活化。被活化样品在 60～80℃、30atm 氢压下与氢快速反应生成氢化物。Ti-Co 系储氢合金的储氢容量与 Ti-Fe 系储氢合金相近，比 Ti-Fe 系合金容易活化，抗毒化性能强，但放氢温度比 Ti-Fe 系储氢合金要高（1atm 时为 130℃）。通常加入 Fe、Ni、Cu、Cr、V、Mo、Nb、La 等过渡金属元素

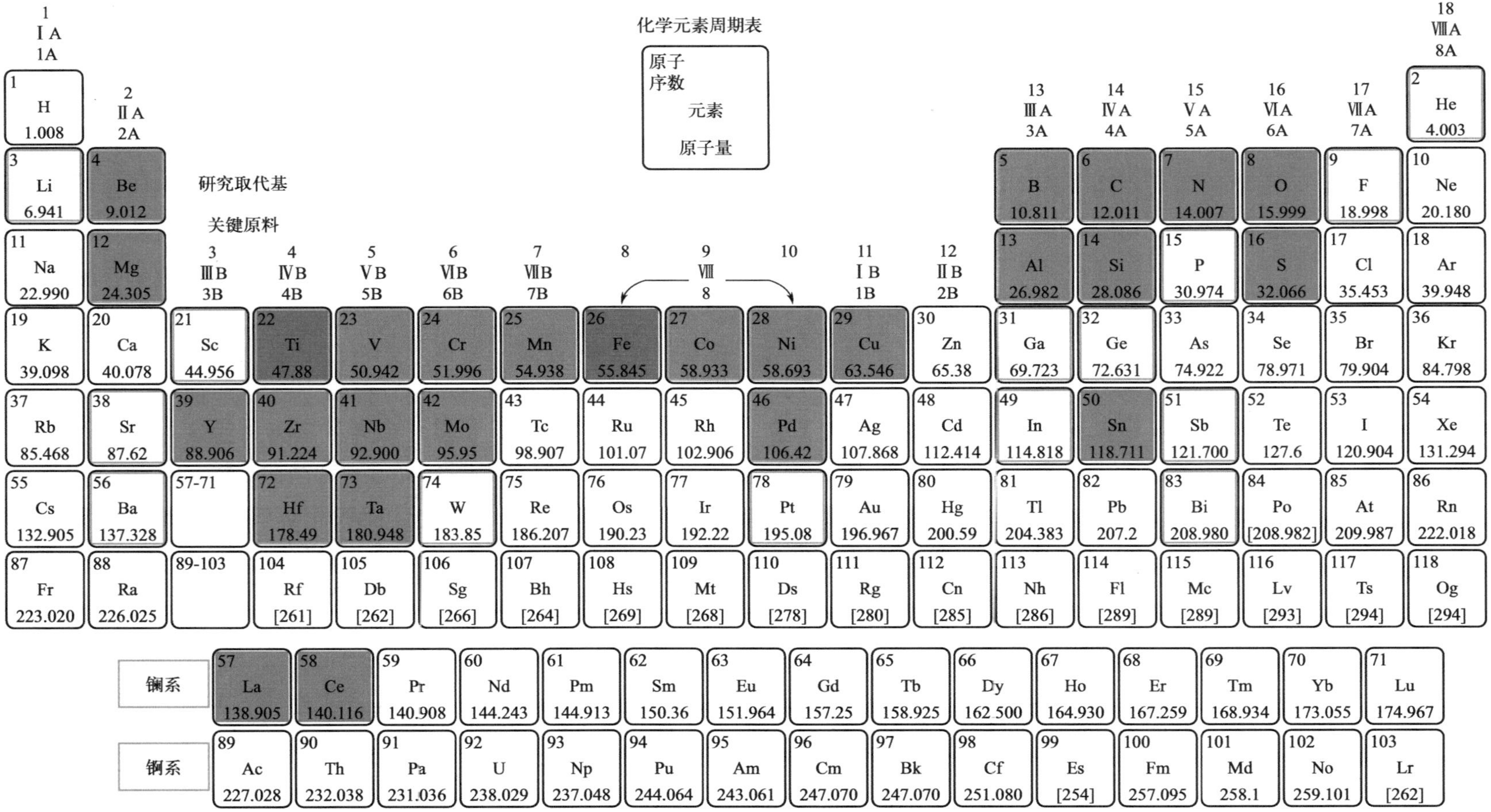

图6-17 TiFe（蓝色）合金替代元素（绿色）图（颜色请见彩图）[94]

取代部分 Ti 或 Co 来提高体系的吸放氢性能。通常加入的过渡金属的原子半径小于 Ti 的原子半径时，放氢平衡压力上升；大于 Ti 的原子半径时，放氢平衡压力下降。

AB 型 Ti-Ni 系合金的研究始于 20 世纪 70 年代初，主要用作 Ni-MH 电池负极材料，当时它与稀土镍系储氢合金并驾齐驱，两者各自有一定的优点。从 Ti-Ni 系相图上看，TiNi 系有 Ti_2Ni、TiNi 和 $TiNi_3$ 三种化合物。$TiNi_3$ 在常温下不吸氢。在 270℃以下，TiNi 与氢反应生成稳定的氢化物 $TiNiH_{1.4}$，因 Ni 含量高，离解压高，反应速度也加快，但容量只有 245mA·h/g。而 Ti_2Ni 与氢反应生成 $TiNiH_2$，吸氢量达 1.6%（质量分数），理论容量达 420mA·h/g，但离解压低，只能放出其中的 40%，而且循环过程中 Ti_2Ni 容易被氧化。因此，与 AB_5 及 AB_2 型储氢合金相比，Ti-Ni 系合金尚存在可逆容量小且循环寿命偏短的问题。近年来，研究制备多相合金，使合金中既含有储氢量大的相，又含有电催化活性高的相，也就是包含 TiNi 和 Ti_2Ni 的混合相[99]。也可以选择用 V、Zr 等能与 Ti 固溶且能吸氢的金属取代 Ti，用 Co、Al、Mn、Cu、W 等取代 Ni，从而提高了 TiNi 合金的综合性能[100-102]。还可以在合金中添加 Co、K 或 Al 来减轻 Ti_2Ni 的氧化程度[103]。改变合金制备工艺，如改变烧结温度，也会提高氢在合金电极上的扩散速率，从而提高其动力学性能[104]。

Ti-Mn 系合金储氢材料主要由具有 Laves 相结构的 Ti-Mn 合金发展而来，相比其他储氢材料，其储氢量较高，具有良好的室温吸放氢性能，而且易于活化，抗中毒性能较好，价格低廉，是一种优异的储氢材料，已经在氢气的存储和净化领域得到了许多应用。

Ti 与 Mn 形成合金时，在较大的化学计量比范围内均为单一的 Laves 相结构。当 Ti 的摩尔含量大于 36%时，Ti-Mn 系合金才能吸氢[105]；当 Ti 的摩尔含量为 36%～40%时，随着 Ti 含量的增加吸氢量逐渐增加；当 Ti 的摩尔含量超过 40%时，随着 Ti 含量的增加吸氢量逐渐减小[105,106]。因此，Ti 的摩尔含量在 40%时 $TiMn_{1.5}$ 的储氢性能最佳[107]，如图 6-18 所示。$TiMn_{1.5}$ 在室温下即可活化，与氢反应生成 $TiMn_{1.5}H_{2.4}$，生成焓为 28.5kJ/molH_2。该合金的理论储氢量为 1.8%（质量分数），293K 时分解压力为 0.5～0.8MPa。

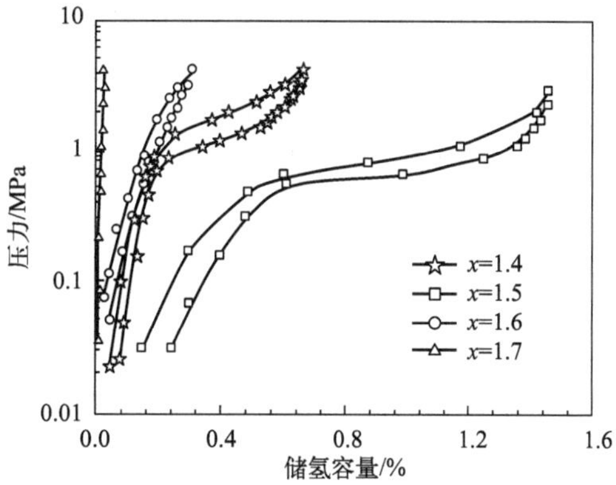

图 6-18 $TiMn_x$（x = 1.4～1.7）合金在 40℃时的 PCT 曲线

通过添加适当的金属元素部分取代 Ti 或 Mn，可以调控 Ti-Mn 系合金储氢材料的储氢性能。将合金中部分 Ti 替换为 Zr，合金吸放氢的生成焓和生成熵均增大，吸放氢滞后减小，随 Zr 含量的增加，晶格常数增大，间隙位置体积增大，形成的氢化物更稳定，从而导致合金吸放氢的平衡压力下降[108]。将合金中部分 Mn 替换为 Fe、Co、Ni、Cu、Cr、V 等其他过渡金属元素，可以使 PCT 曲线的平台变平，滞后减小，从而改善 Ti-Mn 系合金的储氢性能[109-113]。

Ti-Cr 系合金储氢材料与 Ti-Mn 系合金储氢材料相似，也具有 Laves 相的晶体结构。典型的 Ti-Cr 系合金有 $TiCr_2$，其有低温型立方晶系 $MgCu_2$（C15）和高温型六方晶系 $MgZn_2$（C14）两种结构。室温下，C15 相的均匀组成为 $TiCr_{1.75}$［65.5%（质量分数）Cr］～$TiCr_{1.95}$（68.0%Cr）。$TiCr_2$ 合金的平衡离解压在 213K 下为 0.1MPa，是一种在很低温度下可以吸放氢的合金。但平台区宽度较小，而且从平衡离解压的控制来看，实际应用仍有困难，因此进行了以 $TiCr_2$ 为基础的 $Ti_{1-x}Zr_xCr_{2-y}M_y$（M＝Fe、Mn、V）系合金的研究，即将 $TiCr_2$ 中一部分 Ti 用 Zr 置换，或者将一部分 Cr 用 Fe、Mn、V 等置换，或者用两种以上元素同时置换 Cr，或者再添加 Cu 等，并研究了各种添加元素对储氢性能的影响。几种 Ti-Cr 合金的性能如表 6-12 所示。

表6-12 Ti-Cr 系二元合金体系储氢材料的性能

储氢材料氢化物	质量储氢量/%	平衡压/MPa	反应焓/(kJ/mol H_2)
$TiCr_{1.8}H_{3.6}$	2.4	0.2～5(195K)	－20.1
$Ti_{1.2}Cr_{1.2}Mn_{0.8}H_{3.2}$	2.0	0.7(263K)	－25.9
$Ti_{0.8}Zr_{0.2}CrMn_{0.8}Fe_{0.2}$-H	1.88	0.7～1.2(293K)	－4.23
$Ti_{0.8}Zr_{0.2}CrMn_{0.8}Co_{0.2}$-H	1.75	1.0～5.0(293K)	－6.29
$Ti_{1.2}Cr_{1.2}V_{0.8}H_{4.8}$	3.0	0.405(413K)	－38.1

(2) Ti 系列多元合金体系

Ti 系列多元合金体系中最典型的是 Ti-Cr-Mn 三元合金，该合金是在 $TiCr_2$ 基础上通过 Mn 部分取代 Cr 形成的合金。Ti-Cr-Mn 在高压储氢罐、高压氢气压缩机中有着广泛应用。金属氢化物储氢合金的体积储氢密度高，但质量储氢密度低，而纤维缠绕的轻质高压储氢容器具有高的质量储氢密度和快速氢响应特性，但体积储氢密度较低。Takeichi 等[114] 结合储氢合金的高体积储氢密度与储氢罐高压储氢的高质量储氢密度特点，提出了储氢材料/高压混合储氢系统（hybrid hydrogen storage vessel）概念。图 6-19 为不同储氢方式的质量储氢密度和体积储氢密度对比图。

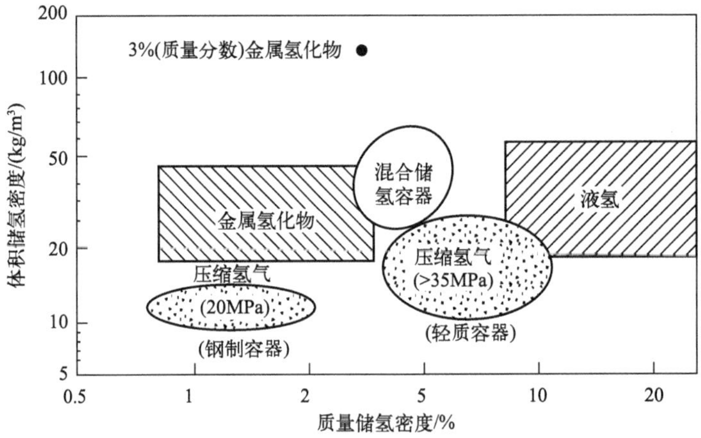

图 6-19 不同储氢方式的质量储氢密度和体积储氢密度的比较[114]

图 6-20 为日本丰田汽车公司储氢材料/高压混合储氢系统结构示意图[115]。该装置容量为 180L，充氢压力 35MPa，内部装有 $Ti_{1.1}CrMn$ 储氢材料，系统储氢容量约为 7.3kg，从质量储氢密度看，相当于同规格 35MPa 高压气瓶储氢容量的 2.5 倍，70MPa 高压气瓶储氢容量的 1.7 倍。该混合储氢系统总质量为 420kg，质量储氢密度为 1.74%，高于传统 AB_5、AB_2 和 AB 型储氢合金（可逆固态储氢系统，1.0%～1.3%）。图 6-21 为该储氢罐

吸放氢模型图。充氢时使用35MPa高压氢气，并通过扩大合金和加热介质的温度梯度来加快热导率，整个过程十分快速，在减压的情况下放氢。图6-22为车载高压储氢罐测试图[115]，该系统由外部容积为45L的高压储氢材料测试罐和相同体积的高压氢气罐作为测试罐组成。

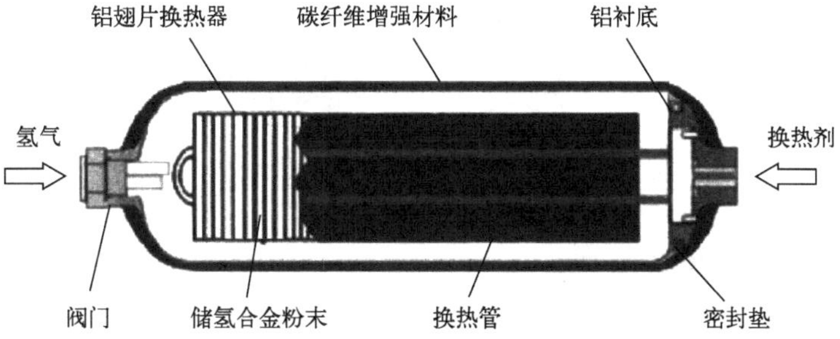

图6-20 储氢材料/高压混合储氢系统结构示意图[115]

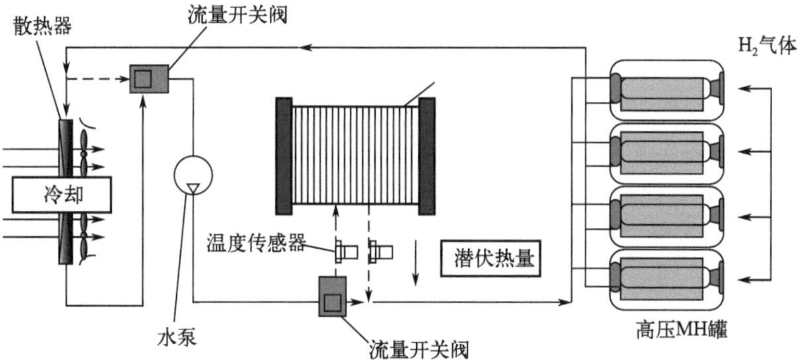

图6-21 吸放氢系统概念图[115]

Ti-Cr-Mn在高压氢气压缩机中也有广泛应用。华南理工大学[116]制备了$Ti_{1.08}Cr_{1.3}Mn_{0.2}Fe_{0.5}$合金，利用如图6-23所示的三步金属氢化物压缩氢气原理图，根据设计不同合金正交分析结果，在363K时能够释放(89.19±3.21)MPa的高压氢气。广岛大学市川等通过二步法成功研制出释放82MPa高压氢气的压缩机，该压缩机原理如图6-23所示。两端压缩合金分别为$V_{40}Ti_{21.5}Cr_{38.5}$和$Ti_{1.1}CrMn$，第一段释放20MPa氢气，第二段合金吸收20MPa氢气后加热到240℃，就可以释放82MPa高压氢气，生成的高压氢气可以储存到高压储氢罐中。北京有色金属研究总院[117]制备了$Ti_{0.9}Zr_{0.1}Mn_{1.4}Cr_{0.35}V_{0.2}Fe_{0.05}$和$TiCr_{1.55}Mn_{0.2}Fe_{0.2}$两种合金，将这两种合金作为氢气压缩机两级金属氢化物的低压和高压储氢材料，压力可以从低压4MPa压缩到100MPa。

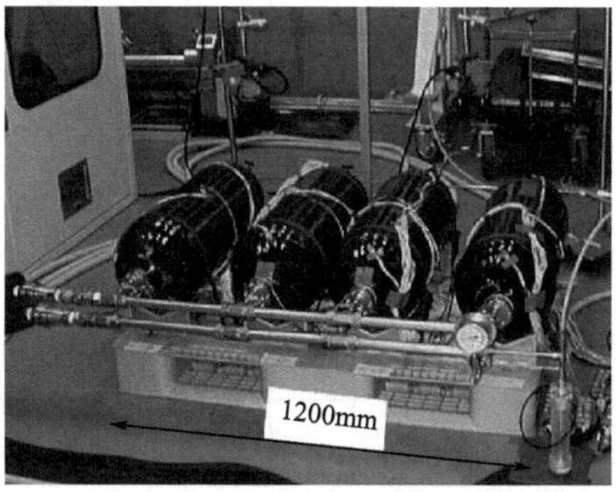

图6-22 车载高压储氢罐测试图[115]

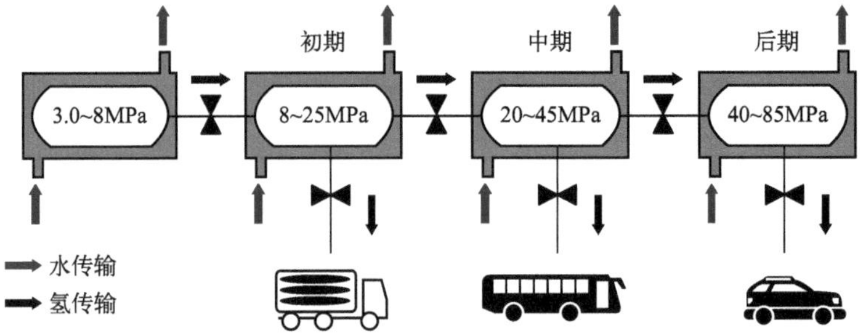

图 6-23 三级高压氢气压缩机示意图[116]

6.2.4 V 基固溶体系储氢材料

固溶体是以某一组元为溶剂，在其晶体点阵中溶入其他组元原子（溶质原子）所形成的均匀混合的固态溶体，它保持溶剂的晶体结构类型。元素周期表中，有几种固溶合金可形成可逆氢化物。特别是那些以 Pd、Ti、Zr、Nb 和 V 为溶剂的固溶体。固溶氢化物的最大家族是由面心立方 Pd 基合金组成的，但通常它们的质量储氢密度或体积储氢密度很低，即很少超过 1%。另外，它们的价格过贵。Ti 和 Zr 基固溶合金形成的氢化物太稳定。

V 是一种氢稳定型的金属，V 与氢气反应可以形成 VH 和 VH_2 两种氢化物，其中 VH_2 的理论质量储氢量可达 3.8%，是 $LaNi_5$ 等稀土基储氢合金储氢量的 3 倍左右，与储氢量较大的 Mg_2Ni 等镁基储氢合金的储氢量相当，而且 V 可以在接近室温和常压的条件下吸放氢，因此 V 基合金成为备受关注的储氢合金体系。但是，V 基储氢合金也具有有效储氢量较低、氢平衡压过高等问题。V 基储氢合金，特别是其离解压受金属中微量杂质的影响非常大。为了改善其性能，开发高容量可逆吸放氢性能储氢合金，人们对 V 基储氢合金进行了大量研究和探索。

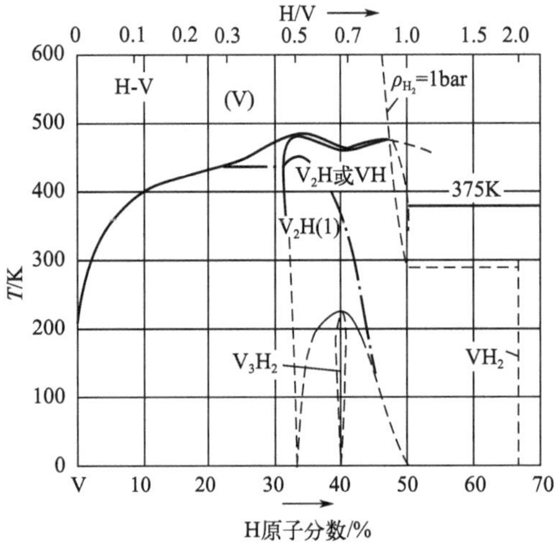

图 6-24 V-H 相图

金属 V 与 H 的相图如图 6-24 所示。V 的 PC 下曲线及不同温度下 VH-VH_2 的 PCT 曲线如图 6-25 所示。V 是体心立方结构，V 与氢的反应分两步进行。第一步反应如式（6-1）所示，其与氢首先生成体心立方结构 VH，该反应生成焓为 $\Delta H \approx -33.5kJ/mol\ H_2$，该反应的正平衡常数极大，VH 在常温下的平衡离解压仅为 0.1Pa，很难放氢。第二步在一定温度、氢气压力的条件下，氢在 VH 中继续扩散、反应并生成面心立方（fcc）结构的 VH_2，反应式如式（6-2）所示，该反应的反应焓为 $\Delta H \approx -40.2kJ/mol\ H_2$，该反应平台压较高，可以在接近室温和常压的条件下进行。这个阶段形成氢化物的反应体积增加了 2 倍，抗粉化能力较弱。

$$2V + H_2 \longrightarrow 2VH \tag{6-1}$$

$$2VH + H_2 \longrightarrow 2VH_2 \tag{6-2}$$

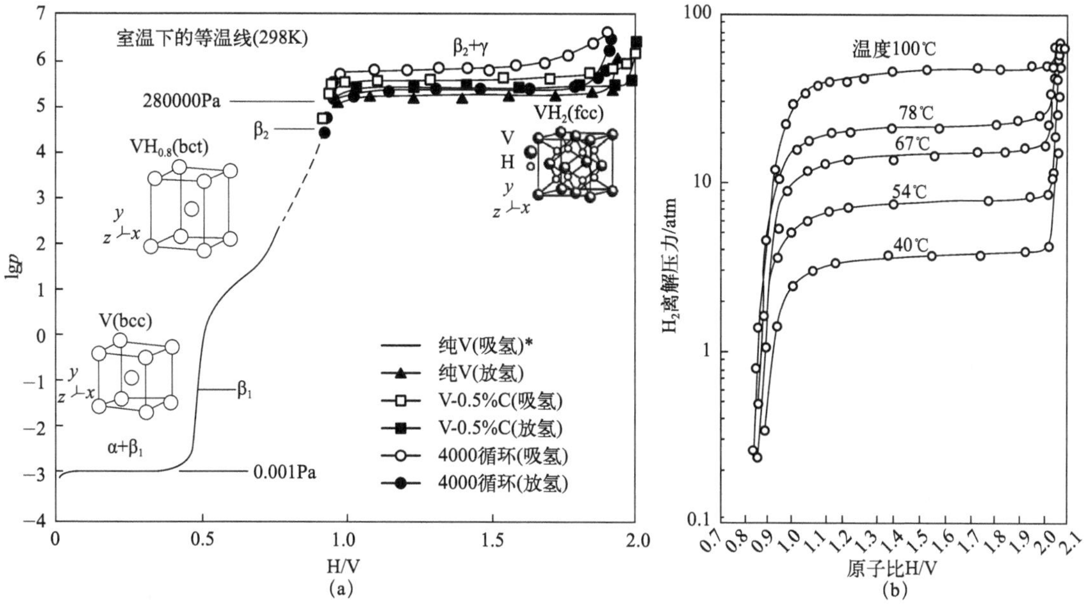

图 6-25 V 的 PCT 曲线（a）及不同温度下 VH-VH_2 的 PCT 曲线（b）[118]

由于 V 和 VH 的可逆转变过程很难进行，因此在实际过程中，主要利用 VH 和 VH_2 可逆转变的反应，V 基储氢材料可利用的实际可逆储氢量约为 1.9%（质量分数）。尽管如此，其储氢量仍高于 $LaNi_5$ 型稀土基储氢合金，而且是目前单质中唯一在室温下可进行可逆吸放氢反应的元素。为了解决金属 V 实际有效储氢量过低以及氢平衡压过高的问题，人们在金属 V 中加入了 Ti 元素。金属 V 和 Ti 可以任意比例互溶，是无限固溶体，形成的 V-Ti 体心立方晶体具有近 4%的较高的质量储氢量，但是，Ti 也是一种氢稳定型的金属，Vi-Ti 合金具有反应速率慢等问题。此外，V 成本较高。因此，人们在 V-Ti 合金中加入了氢不稳定型金属即 B 型金属形成 V-Ti-M 型合金来提高合金的吸放氢速率和降低合金成本。所添加的 M 主要有 Fe、Ni、Cr、Mn 和 Zr 等，也有添加碱土金属、稀土金属和非金属的，也有添加两种以上元素的，形成性能各异、种类庞大的 V-Ti 基储氢合金体系。几种有代表性的 V 基储氢合金的性能见表 6-13。

表6-13 V 基储氢合金的性能[119]

V 基储氢合金	温度/K	放氢平衡压/MPa	可逆储氢量（质量分数）/%	反应焓/(kJ/mol H_2)	反应熵/[J/(K·mol H_2)]
V	313	0.3~0.4	1	−40.2	−140
$V_{0.8}Ti_{0.2}$	353	0.2	0.8	−48	—
$V_{0.9}Cr_{0.1}$	313	0.25	1.15	−33	−133
$V_{0.8}Mo_{0.2}$	296	40	1.95	−24	−134
$V_{0.75}Mo_{0.15}Ti_{0.1}$	296	1.8	2.1	−31	−130
$V_{0.9}Ti_{0.1}$	333	0.04	0.9	−49	−142
$(V_{0.9}Ti_{0.1})_{0.95}Cr_{0.05}$	333	0.08	1	−49	−138
$(V_{0.9}Ti_{0.1})_{0.95}Fe_{0.05}$	333	0.35	0.85	−40	−131

续表

V 基储氢合金	温度/K	放氢平衡压/MPa	可逆储氢量（质量分数）/%	反应焓/(kJ/mol H_2)	反应熵/[J/(K·mol H_2)]
$(V_{0.9}Ti_{0.1})_{0.98}Zr_{0.02}$	333	0.035	1	−49	−140
$(V_{0.9}Ti_{0.1})_{0.98}Si_{0.02}$	333	0.15	0.8	−45	−134
$(V_{0.9}Ti_{0.1})_{0.95}Al_{0.05}$	333	0.8	0.7	−40	−136
$V_{0.7}Ti_{0.1}Cr_{0.2}$	293	0.06	2.43	—	—
$V_{0.68}Ti_{0.2}Cr_{0.12}$	303	0.009	1.75	—	—
$V_{0.35}Ti_{0.25}Cr_{0.40}$	298	0.1	1.79	—	—
$V_{0.65}Ti_{0.12}Cr_{0.23}$	295	0.3	2.5	—	—
$V_{0.50}Ti_{0.16}Cr_{0.34}$	293	0.5	2.24	—	—
$V_{0.40}Ti_{0.25}Cr_{0.35}$	303	0.4	1.56	—	—
$V_{0.80}Ti_{0.08}Cr_{0.12}$	293	0.065	2.4	—	—
$V_{0.855}Ti_{0.095}Fe_{0.05}$	353	—	2.13	—	—
$V_{0.49}Ti_{0.435}Fe_{0.075}$	573	—	2.4	—	—
$(V_{0.645}Ti_{0.355})_{86}Fe_{14}$	473	> 6	2.9	—	—
$V_{0.68}Ti_{0.20}Fe_{0.12}$	303	0.1	1.5	—	—
$(V_{0.645}Ti_{0.355})_{86}Fe_{14}$	298	4×10^{-3}	1.97	—	—
	373	0.17	2.31	—	—
	473	> 6	2.88	—	—
	573	—	3.38	—	—
$V_{0.88}Ti_{0.10}Fe_{0.02}$	298	0.01	1.8	−44	−136
$V_{0.593}Ti_{0.245}Fe_{0.162}$	298	0.04	1.56	—	—
$(V_{0.645}Ti_{0.355})_{86}Mn_{14}$	298	$<10^{-3}$	1.97	—	—
	373	4×10^{-3}	2.31	—	—
	473	0.25	2.88	—	—
	573	—	3.38	—	—
$(V_{0.645}Ti_{0.355})_{93}Co_7$	298	—	0.25	—	—
	373	—	1.86	—	—
	473	—	2.54	—	—
	573	—	3.15	—	—
$(V_{0.645}Ti_{0.355})_{93}Ni_7$	298	—	0.33	—	—
	373	—	1.86	—	—
	473	—	2.37	—	—
	573	—	2.95	—	—
$V_{0.63}Ti_{0.20}Mn_{0.17}$	303	0.006	1.7	—	—
$V_{0.67}Ti_{0.10}Zr_{0.05}Cr_{0.22}$	303	0.1	2.14	—	—

续表

V基储氢合金	温度/K	放氢平衡压/MPa	可逆储氢量（质量分数）/%	反应焓/(kJ/mol H_2)	反应熵/[J/(K·mol H_2)]
$V_{0.78}Ti_{0.175}Zr_{0.075}$	333	0.015	0.9	—	—
$V_{0.78}Ti_{0.10}Zr_{0.075}Cr_{0.075}$	333	0.15	1.09	—	—
$V_{0.75}Ti_{0.10}Zr_{0.075}Mn_{0.075}$	333	0.07	0.95	—	—
$V_{0.75}Ti_{0.10}Zr_{0.075}Fe_{0.075}$	333	0.2	0.76	—	—
$V_{0.75}Ti_{0.10}Zr_{0.078}Co_{0.075}$	333	0.25	0.75	—	—
$V_{0.75}Ti_{0.10}Zr_{0.078}Ni_{0.075}$	333	0.5	0.88	—	—
$V_{0.56}Ti_{0.20}Cr_{0.12}Mn_{0.12}$	303	0.03	1.85	—	—
$V_{0.778}Ti_{0.074}Zr_{0.074}Ni_{0.074}$	298	0.025	1.35	—	—
	313	0.1	1.8	—	—
Ti-35V-Cr-3Mn-2Ni	298	0.2	1.7	—	—
$V_{0.77}Ti_{0.10}Cr_{0.06}Fe_{0.06}Zr$	333	0.75	1.82	—	—
$V_{0.40}Ti_{0.228}Cr_{0.325}Fe_{0.05}$	303	1.92	0.75	—	—
$(VFe)_{80}(TiCrCo)_{40}$	298	0.248	2.1	—	—
$(VFe)_{60}(TiCrCo)_{38}Zr_2$	298	0.18	1.88	—	—
$V_{0.57}Ti_{0.16}Zr_{0.05}Cr_{0.22}$	303	0.1	2.14	—	—

注：一代表无值。

在V-Ti合金的基础上进行多元合金化有时会产生协同效应。Fei Liang等[120]研究发现稀土金属Y和过渡金属Cr联合掺杂有效提高了V基固溶体合金的吸放氢性能，如图6-26所示。$Ti_{0.9}Y_{0.1}V_{1.1}Mn_{0.8}Cr_{0.1}$的吸氢量达到3.71%（质量分数），在423K时，0.1MPa以上有效放氢量可达到2.53%（质量分数），而且放氢反应焓变减少到25.34kJ/mol，有效提高了放氢动力学。这主要是由于YH_2减少了bcc相吸氢晶格膨胀从而增加了吸放氢量，

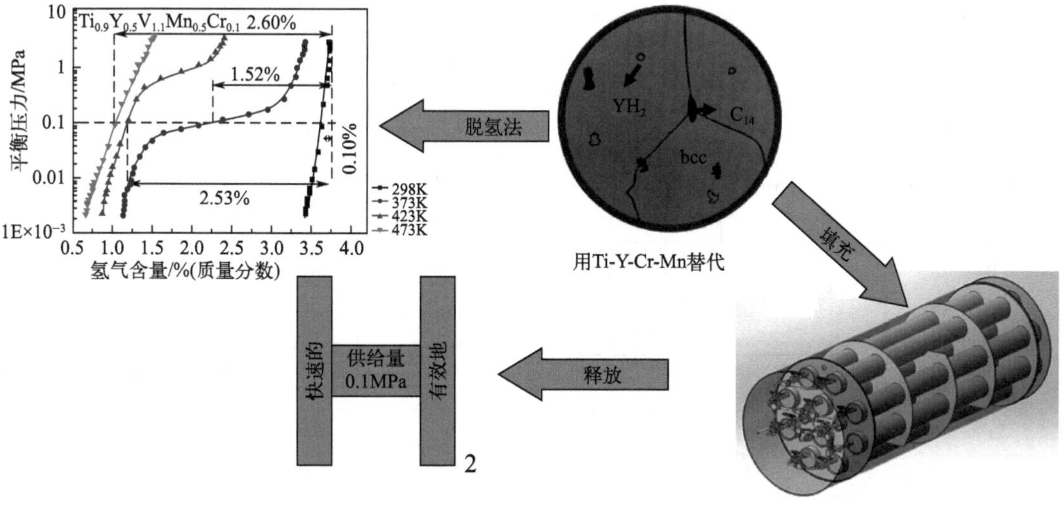

图6-26 Y和Cr改性V基固溶体储氢合金示意图[120]

而 Cr 元素则能使固溶合金在很大范围内形成单一的 bcc 相。余学斌[121] 对 Ti-V 基 bcc 相合金进行了系统研究，如图 6-27 所示，在常温下 Ti-40V-10Cr-10Mn 合金的最大质量吸氢量可达 4.2%。在 353K 和 0.003～3MPa 的压力范围内该合金的有效质量储氢量为 2.6%，同时该合金具有好的活化特性和平坦的吸放氢平台。通过对合金成分的调整，可以得到一系列平台压力可调的 Ti-V 基 bcc 相合金，这对该类合金的实际应用具有重要意义。

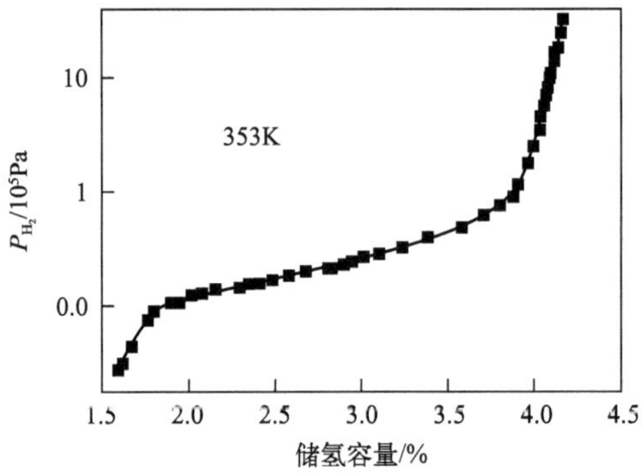

图 6-27 Ti-40V-10Cr-10Mn 合金的 PCT 曲线（353K）

6.2.5 Zr 系储氢材料

图 6-28 是 Zr-H 体系相图及 Zr 吸氢 PCT（压力-组成-温度）曲线。Zr 可以吸氢形成 ZrH_2 的氢化物，298K 时的生成焓 ΔH 为 $-166.1kJ/mol\ H_2$。从相图和 PCT 曲线中可以看出，Zr 吸氢后先后可以形成 δ 相（$ZrH_{1.3\sim1.8}$）和 ε 相（$ZrH_{1.8\sim2.0}$）氢化物，此外，还可

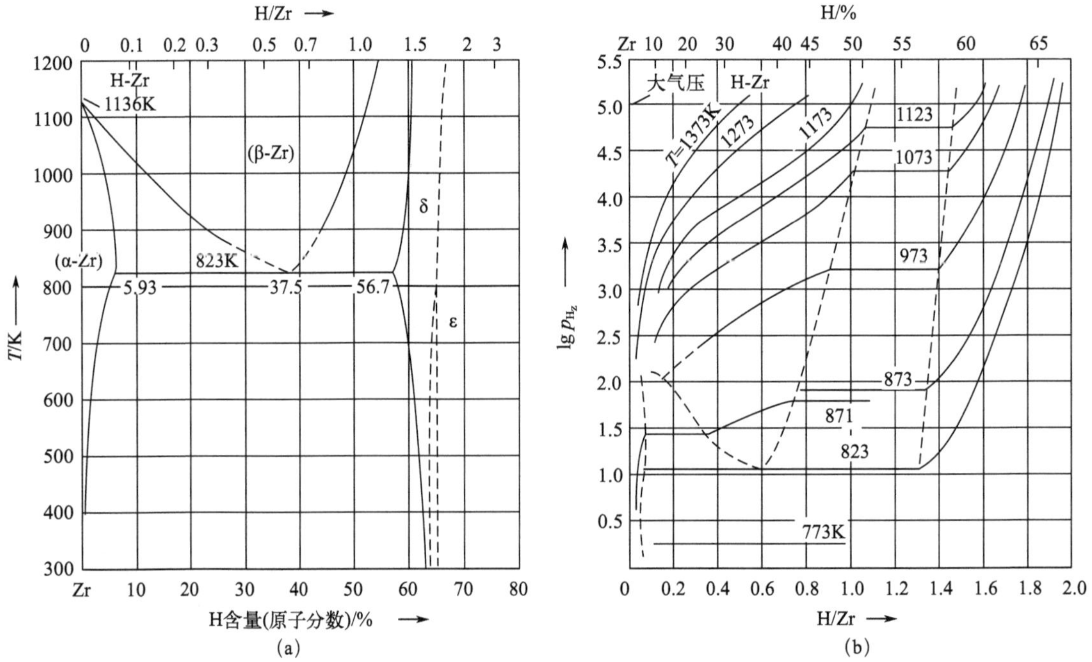

图6-28 Zr-H 体系相图（a）及 Zr 吸氢 PCT 曲线（b）

以形成一种亚稳态γ相（$ZrH_{0.5}$）。Zr 的几种氢化物的结构信息如表 6-14 所示。Zr 的氢化物热力学性质较稳定，因此，人们逐步研究 Zr 基合金储氢材料。

表6-14 Zr 的几种氢化物的结构信息

Zr 氢化物	结构	晶格常数	
		a	c
δ 相：$ZrH_{1.3\sim1.8}$	立方结构	0.4780	0.4780
ε 相：$ZrH_{1.8\sim2.0}$	四方结构	0.4976	0.4451
γ 相：$ZrH_{0.5}$	四方结构	0.4596	0.4969

Zr 基储氢合金最早出现在 20 世纪 60～70 年代。1958 年，Libowitz 等[30]研究了 ZrNi 合金的吸放氢行为，与 Zr-H 吸放氢并不类似，ZrNi 合金吸氢后形成主相 $ZrNiH_3$ 和第二相 ZrNiH 氢化物，但吸放氢滞后很严重。Pebler 和 Gulbransen 研究了二元锆基 Laves 相合金 ZrM_2（M＝V、Cr、Mn、Fe、Co、Mo 等）的吸氢行为，研究发现，ZrV_2、$ZrCr_2$ 和 $ZrMn_2$ 能大量吸氢从而形成 $ZrV_2H_{5.3}$、$ZrCr_2H_{4.1}$ 和 $ZrMn_2H_{3.9}$ 的氢化物。这些储氢合金具有比 $LaNi_5$ 等稀土系储氢材料更大的储氢量，动力学性能较好，因而备受关注。通过掺入 V、Mn、Cr、Fe、Co、Cu、Ti、Ni、Nd 和 Hf 等金属元素[122-124]，调节元素的比例，开发出一系列性能优异的储氢材料应用于储氢电极领域，如图 6-29 所示。目前较成熟的 Zr 基 Laves 相合金储氢材料有 ZrV_2、$ZrCr_2$ 和 $ZrMn_2$ 三大系列，几种有代表性的 Zr 基储氢合金的气态储氢性能和电化学性能分别见表 6-15、表 6-16。

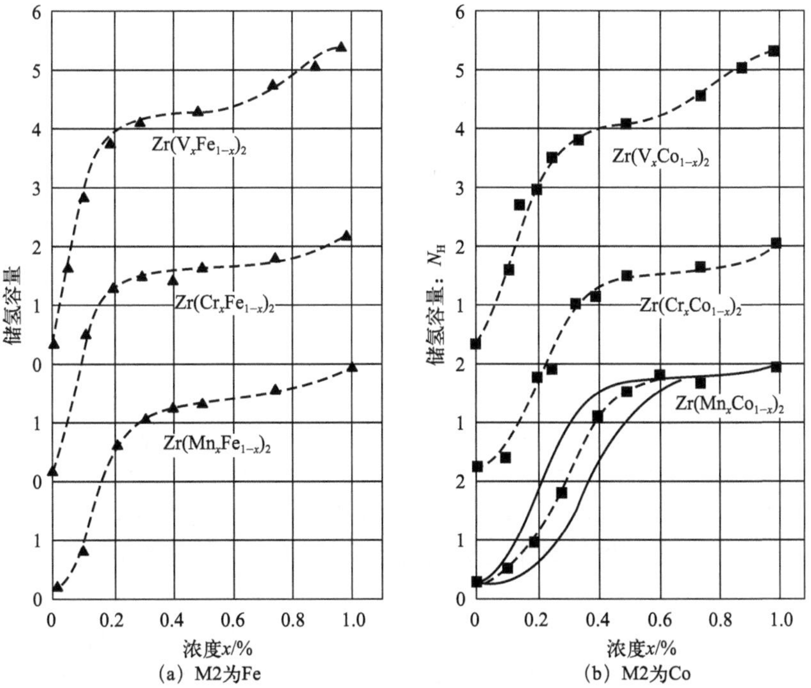

图 6-29 $Zr(M1_xM2_{1-x})_2$（M1= V、Cr、Mn；M2= Fe、Co）合金吸氢曲线[125]

表6-15 几种 Zr 系储氢合金的储氢性能

储氢材料（氢化物）	质量储氢量/%	平衡压/MPa	反应焓/（kJ/mol H_2）
$ZrV_2H_{4.8}$	2.0	10^{-9}（323K）	-200.8
$ZrCr_2H_{4.0}$	1.7	10^{-9}（323K）	-46
$ZrMn_2H_{3.46}$	1.7	0.1（483K）	-53.1
$Zr(Fe_{0.5}Cr_{0.5})_2$-H	3.4	0.01（323K）	-49.1
$Zr(Fe_{0.4}Mn_{0.6})_2$-H	3.2	0.04（323K）	-33.1
$Zr(Co_{0.75}V_{0.25})_2$-H	3	0.15（323K）	-34.1
$Zr(Fe_{0.75}Cr_{0.25})_2$-H	1.5	0.1（263K）	-25.6

表6-16 几种 Zr 系储氢合金的电化学性能

合金		放电容量/（mA·h/g）	主相结构
ZrV_2 系	Zr-V-Ni	260～300	C15
	Zr-Ti-V-Ni	340～355	C15
	Zr-M-V-Ni（M= Co、Fe、Mn）	320～370	C15
	Zr-Ti-M-V-Ni（M= Co、Fe、Mn、Al、Cr）	300～400	C15
$ZrMn_2$ 系	Zr-Mn-Cr-Ni	约 360	C14+C15
	Zr-Mn-M-V-Ni（M= Co、Fe、Cr）	340～400	C15
	Zr-Mn-Cr-Mo-Ni	340～350	C15
	Zr-Ti-X-Mn-V-Ni（X= Co、Fe）	350～400	C15
	Zr-A-Mn-V-Fe-Ni（A= Ti、Nb、Hf）	350～420	C14+C15
$ZrCr_2$ 系	Zr-Cr-Ni	约 300	C14（C15）
	Zr-Cr-Mn-Ni	约 360	C14+C15
	Zr-Ti-Cr-Mn-V-Fe-Ni	330～370	C14+C15

Zr 基合金储氢材料由于具有比 $LaNi_5$ 系稀土合金更大的储氢量，而且电化学容量高、循环寿命长，备受关注，美国和日本的公司已经研发制作出各种类型的 Ni-MH 电池。Zr-Co 合金还可以用来储存 H 的同位素氚[126]。但是 Zr 基储氢材料由于氢化物比较稳定，活化较困难，高倍率放电性能差，而且 Zr 元素成本较高等，制约了其市场应用。近年来，研究工作者通过碱处理、憎水处理、氟处理、还原剂 KBH_4 碱处理以及热充电处理等表面处理方法来提高合金的活化性能，通过多元合金化、非化学计量比、制备工艺、复合化等方法提高 Zr 基储氢材料的综合性能。

6.3 无机非金属储氢材料

无机非金属储氢材料包括配位氢化物和分子型氢化物[28]。配位氢化物是指，ⅢA族或ⅤA主族元素（如Al、N、B）与氢原子以共价键结合形成含氢配位阴离子，配位阴离子再与金属阳离子（Li^+、Na^+、Mg^{2+}）以离子键结合所形成的氢化物。根据含氢配位阴离子的金属元素种类，配位氢化物可以分为三大类[127]：含有 $[AlH_4]^-$ 氢配位体的金属铝氢化物［$LiAlH_4$、$NaAlH_4$、$Mg(AlH_4)_2$ 等］；含有 $[BH_4]^-$ 氢配位体的金属硼氢化物［$LiBH_4$、$NaBH_4$、$Mg(AlH_4)_2$ 等］；含有 $[NH_2]^-$ 氢配位体的金属氮氢化物［$LiNH_2$、$Mg(NH_2)_2$ 等］。分子型氢化物是指氨硼烷（NH_3BH_3，俗称AB)，常温下以固体形式存在，氨硼烷分子可以看作是电子富集的氨分子（NH_3）与电子贫乏的硼烷分子（BH_3）的加和物，是乙烷（C_2H_6）的等离子体，与乙烷的C—C键不同，由于B的电负性为2.04，N的电负性为3.04，B和N形成的B—N键为极性配位键。而H的电负性为2.20，居于N和B之间，所以B上的H显碱性（$H^{\delta-}$），而N上的H有一定酸性（$H^{\delta+}$）[128]。

配位氢化物与传统的储氢合金相比，具有更高的储氢量，如图6-30和表6-17所示，大概是金属氢化物的5～10倍，典型 $LiBH_4$ 达到18.4%（质量分数），理论上满足车载储氢材料的能量密度要求。配位氢化物很早就作为工业生产和有机合成中的还原剂使用。但作为储氢材料，配位氢化物的吸放氢可逆性很差，并且放氢温度较高（如图6-31），放氢产物再吸氢较难，因此一直没有作为储氢材料使用。直到1997年德国马普学会煤炭研究所的Bogdanović 和 Schwickardi [129]以钛基化合物作催化剂，成功地使 $NaAlH_4$ 的放氢反应在较温和的条件下实现了可逆，这一重大突破立即引起了广泛的关注，其研究进展如图6-32所示。氨硼烷不含金属元素，而且N和B都能结合3个H，因此具有很高的储氢密度［19.6%（质量分数）和145kg/m^3］。

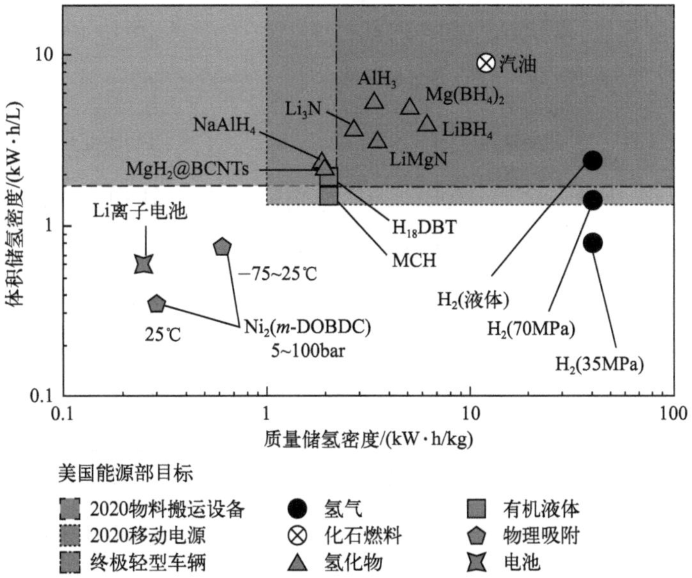

图6-30 不同储氢材料体积储氢密度和质量储氢密度与美国能源部目标对比图[132]

BCNTs—网格碳纳米管；*m*-DOBDC—4,6-双（羟甲基）-1,3-苯甲酸

表6-17 配位氢化物的类型、储氢能力和工作温度[130, 131]

反应及物质		储氢能力（质量分数）/%	温度/℃
氮氢化物			
$LiNH_2+2LiH \longrightarrow Li_2NH+LiH+H_2 \longrightarrow Li_3N+2H_2$	$LiNH_2+2LiH$	10.5	300
$CaNH+CaH_2 \longrightarrow Ca_2NH+H_2$	$CaNH+CaH_2$	2.1	500
$Mg(NH_2)_2+2LiH \longrightarrow Li_2Mg(NH)_2+2H_2$	$Mg(NH_2)_2+2LiH$	5.6	175
$3Mg(NH_2)_2+8LiH \longrightarrow 4Li_2NH+Mg_3N_2+8H_2$	$3Mg(NH_2)_2+8LiH$	6.9	225
$Mg(NH_2)_2+4LiH \longrightarrow Li_3N+LiMgN+4H_2$	$Mg(NH_2)_2+4LiH$	9.1	225
$2LiNH_2+LiBH_4 \longrightarrow$ "$Li_3BN_2H_8$" $\longrightarrow Li_3BN_2+4H_2$	$2LiNH_2+LiBH_4$	11.9	250
$Mg(NH_2)_2+2MgH_2 \longrightarrow Mg_3N_2+4H_2$	$Mg(NH_2)_2+2MgH_2$	7.4	20
$2LiNH_2+LiAlH_4 \longrightarrow LiNH_2+2LiH+AlN+2H_2 \longrightarrow Li_3Al+N_2+4H_2$	$2LiNH_2+LiAlH_4$	5	500
$3Mg(NH_2)_2+3LiAlH_4 \longrightarrow Mg_3N_2+Li_3AlN_2+2AlN+12H_2$	$3Mg(NH_2)_2+3LiAlH_4$	8.5	350
$Mg(NH_2)_2+CaH_2 \longrightarrow MgCa(NH)_2+2H_2$	$Mg(NH_2)_2+CaH_2$	4.1	500
$NaNH_2+LiAlH_4 \longrightarrow NaH+LiAl_{0.33}NH+0.67Al+2H_2$	$NaNH_2+LiAlH_4$	5.2	200
$2LiNH_2+CaH_2 \longrightarrow Li_2Ca(NH)_2+2H_2$	$2LiNH_2+CaH_2$	4.5	215
$4LiNH_2+2Li_3AlH_6 \longrightarrow Li_3AlN_2+Al+2Li_2NH+3LiH+15/2H_2$	$4LiNH_2+2Li_3AlH_6$	7.5	300
$2Li_4BN_3H_{10}+3MgH_2 \longrightarrow 2Li_3BN_2+Mg_3N_2+2LiH+12H_2$	$2Li_4BN_3H_{10}+3MgH_2$	9.2	250
硼氢化物			
$2LiBH_4 \longrightarrow 2LiH+2B+3H_2$	$2LiBH_4+2LiH$	13.6	375
$2LiBH_4+MgH_2 \longrightarrow 2LiH+MgB_2+4H_2$	$2LiBH_4+MgH_2$	11.5	355
$3Mg(BH_4)_2+6NH_3 \longrightarrow Mg_3B_2N_4+2BN+2B+21H_2$	$3Mg(BH_4)_2$	15.9	250
$Ca(BH_4)_2 \longrightarrow CaH_2+2B+3H_2$	$Ca(BH_4)_2$	8.6	400
$Zn(BH_4)_2 \longrightarrow Zn+B_2H_6+H_2$	$Zn(BH_4)_2$	2.1	115
氨硼烷类			
$nNH_3BH_3 \longrightarrow (NH_2BH_2)_n+nH_2 \longrightarrow (NHBH)_n+2nH_2$	NH_3BH_3	12.9	135
$LiNH_2BH_3 \longrightarrow LiNBH+2H_2$	$LiNH_2BH_3$	10.9	85
$NaNH_2BH_3 \longrightarrow NaNBH+2H_2$	$NaNH_2BH_3$	7.5	85
$Ca(NH_2BH_3)_2 \longrightarrow Ca(NBH)_2+4H_2$	$Ca(NH_2BH_3)_2$	8	167.5

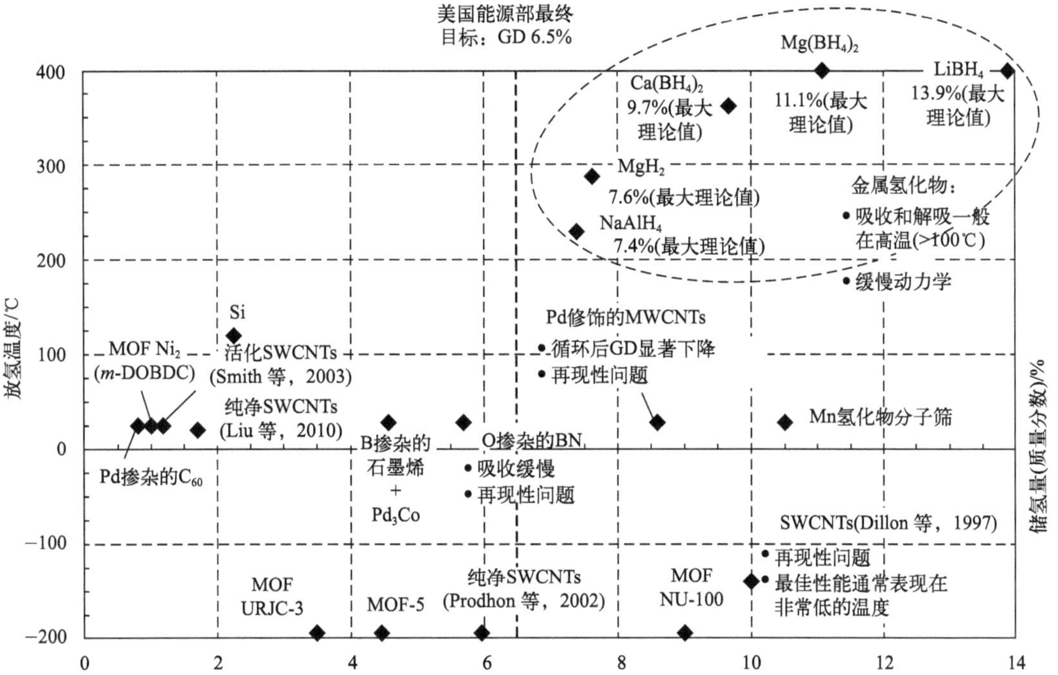

图 6-31 不同储氢材料储氢量及放氢温度[130]

[SWCNTs—单壁碳纳米管；MWCNTs—多壁碳纳米管；URJC-3——一种 MOF 材料，由西班牙胡安·卡洛斯国王大学（Universidad Rey Juan Carlos，URJC）团队开发，3 为编号]

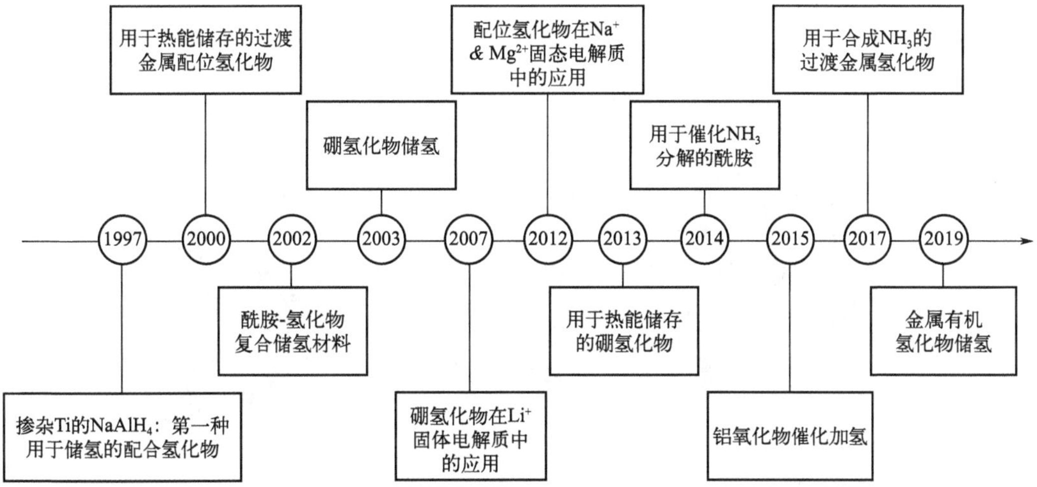

图 6-32 配位氢化物不同用途研究进展[133]

6.3.1 金属铝氢化物

配位铝氢(Al-H)化物一般用 $M(AlH_4)_n$（n 为金属原子 M 的价态）表示，为白色粉末，易与水反应，具有强的还原性，可作脂类工业生产的还原剂。典型代表有 $LiAlH_4$、$NaAlH_4$、$Mg(AlH_4)_2$ 等。由于铝氢化物包含共价键和离子键，所以其普遍具有较高的热稳定性，$NaAlH_4$ 加热到 220℃才开始缓慢放氢[127]。

（1）合成方法及晶体结构

① Schlesinger 反应法[134]　碱金属氢化物与卤化铝在有机溶剂（如乙醚、二甲醚等）中发生反应，生成 $LiAlH_4$、$NaAlH_4$ 等配位铝氢化物，反应结束后滤除副产物 LiCl 或 NaBr 后，加热脱出溶剂二甲醚，得到 $LiAlH_4$、$NaAlH_4$ 晶体。如下式所示：

$$4LiH + AlCl_3 \longrightarrow LiAlH_4 + 3LiCl \tag{6-3}$$

$$4NaH + AlBr_3 \longrightarrow NaAlH_4 + 3NaBr \tag{6-4}$$

② 高压氢化法　碱金属 M（M＝Li、Na、K、Cs 等）单质和 Al 在高压 H_2（140℃）下按式（6-5）反应生成 $MAlH_4$，可获得较高的产率。该反应以四氢呋喃（THF）或烃为反应介质，以三乙基铝为催化剂。

$$M + Al + 2H_2 \xrightarrow[140℃,\ 250atm]{THF 或烃} MAlH_4 \tag{6-5}$$

③ 置换法　目前，$LiAlH_4$ 和 $NaAlH_4$ 等配位铝氢化物可以直接从市场上（如 Aldrich 公司）购买。其他的配位铝氢化物，可在 $NaAlH_4$ 的基础上通过置换反应合成。$Mg(AlH_4)_2$ 可以通过式（6-6）制得，工业上通过 $NaAlH_4$ 和 LiCl 在乙醚溶液中发生置换反应来制备 $LiAlH_4$。

$$2NaAlH_4 + MgCl_2 \longrightarrow Mg(AlH_4)_2 + 2NaCl \tag{6-6}$$

$$NaAlH_4 + LiCl \longrightarrow LiAlH_4 + NaCl \tag{6-7}$$

④ 干化学法　除了以上介绍的湿式合成方法以外，机械合金化（俗称球磨）等干式合成方法也得到了广泛应用。如利用 AlH_3 与金属氢化物（如 LiH、NaH、MgH_2、CaH_2 等）反应，可以得到 $MAlH_4$[135]，见式（6-8）和式（6-9）。

$$AlH_3 + MH \longrightarrow MAlH_4 \tag{6-8}$$

$$AlH_3 + 3MH \longrightarrow M_3AlH_6 \tag{6-9}$$

典型配位铝氢化物 $MAl(H, D)_4$（M＝Na、Li、K）的晶体结构如图 6-33 所示，其晶体结构参数如表 6-18 所示。$LiAlD_4$ 属于单斜晶系，空间群为 $P2_1/c$[136]。Li^+ 周围由 5 个孤

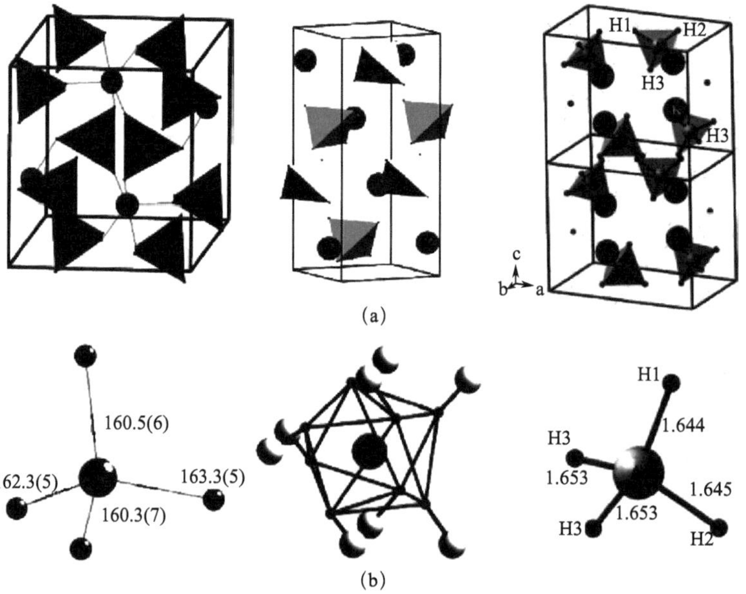

图 6-33　$MAl(H, D)_4$（从左往右分别为 Li、Na、K）的晶体结构[139]

（四面体表示 $[AlH_4]^-$，大圆球表示 M^+，最小球表示 H^-）

立的 $[AlD_4]^-$ 四面体围绕，以三角双锥形式配位。$NaAlD_4$ 的空间群为 $I4_1/a$，具有体心四方结构[137]。每个 Na^+ 周围由最邻近的 8 个孤立 $[AlD_4]^-$ 围绕，形成一个扭曲的反四方棱柱的空间构型。$KAlD_4$ 具有 $BaSO_4$ 型结构，空间群为 Pnma[138]，每个 K^+ 由邻近的 7 个 $[AlD_4]^-$ 四面体围绕，并与这 7 个 $[AlD_4]^-$ 四面体的 10 个 D 原子成键。

表6-18 配位铝氢化物 $MAlH_4$（或 $MAlD_4$）的晶体结构参数

种类	结构类型	空间群	晶格常数/Å	Al-D（H）键长/Å	M-D（H）键长/Å	参考文献
$LiAlD_4$	单斜	$P2_1/c$	a= 4.8254（1） b= 7.8040（1） c= 7.8968（1）	1.619（0.07）	1.915（0.06）	[136]
$NaAlD_4$	四方	$I4_1/a$	a= 5.0119（1） b= 5.0119（1） c= 11.3147（4）	1.627（0.02）	2.435（0.02）	[137]
$KAlD_4$	正交	Pbmn	a= 8.8514（14） b= 5.8119（8） c= 7.3457（11）	1.618	2.920	[138]

随着碱金属阳离子半径的增大（如 $Li^+ < Na^+ < K^+$），其配位数逐渐增加，导致 $LiAlD_4$、$NaAlD_4$ 和 $KAlD_4$ 具有不同的晶体结构。另外，$LiAlD_4$、$NaAlD_4$ 和 $KAlD_4$ 在结构上还存在诸多的相似之处，如晶胞中都包含近似理想结构且大小接近的 $[AlD_4]^-$ 正四面体。

（2）吸放氢性能

表 6-19 列出了常见铝氢化物的理论质量储氢量。可以看出，铝氢化物的理论质量储氢量都很高。但是铝氢化物放氢是多步反应且各部分反应温度和压力相差较大，反应物和生成物有相分离和团聚的现象发生，导致实际吸放氢量比理论要低。从热力学数据看，配位氢化物中只有铝氢化物最有可能满足可逆吸放氢要求，尤其是 $NaAlH_4$，自从 Bogdanović 和 Schwickardi 实现 $NaAlH_4$ 的可逆吸放氢以后，大家逐渐重视该储氢材料。下面重点介绍 $NaAlH_4$ 的储氢性能。

表6-19 常见铝氢化物的理论质量储氢量

铝氢化物	质量储氢量/%	铝氢化物	质量储氢量/%
Li_3AlH_6	11. 2	$NaAlH_4$	7. 4
$LiAlH_4$	10. 6	$CaAlH_5$	7. 0
$Mg(AlH_4)_2$	9. 3	Na_3AlH_6	5. 9
$Ca(AlH_4)_2$	7. 9	$KAlH_4$	4. 3

$NaAlH_4$ 放氢过程分下面三步进行：

$$3NaAlH_4 \longrightarrow Na_3AlH_6 + 2Al + 3H_2 \ (3.7\%) \tag{6-10}$$

$$Na_3AlH_6 \longrightarrow 3NaH + Al + 1.5H_2 \ (1.8\%) \tag{6-11}$$

$$3NaH \longrightarrow 3Na + 1.5H_2 \ (1.8\%) \tag{6-12}$$

反应式（6-10）和式（6-11）分别在 210℃和 250℃下进行，合计放氢量为 5.5%（质量分数)；NaH 的分解温度在 400℃以上，作为储氢材料研究价值不大，因此 $NaAlH_4$ 有效放氢量为前两步总和 5.5%（质量分数）。热分析表明，$NaAlH_4$ 的放氢反应依次包括四个吸/放热过程[140]：a. $NaAlH_4$ 的熔化，焓变为 23.2kJ/mol H_2；b. $NaAlH_4$ 分解后生成中间相 Na_3AlH_6，焓变为 12.8kJ/mol H_2；c. 中间相 Na_3AlH_6 的相结构转变，相转变焓为 1.8kJ/mol H_2；d. Na_3AlH_6 放氢后生成 NaH，焓变为 13.8kJ/mol H_2。基于这些数据，可以计算出第一步放氢反应，即由固相 $NaAlH_4$ 分解成 α-Na_3AlH_6 的焓变为 36kJ/mol H_2；第二步由 α-Na_3AlH_6 分解生成 NaH 的焓变为 46.8kJ/mol H_2。两步放氢均为吸热反应，因此，从这些热力学数据上来判断，$NaAlH_4$ 放氢过程的热力学条件不仅相对温和，而且其分解后产物的吸氢反应将相对容易进行。在图 6-34 所示的放氢（150～199℃）PCT 曲线中，可清楚观察到 $NaAlH_4$ 的多步反应过程：图中高压区平台（右侧）对应于反应式（6-10），低压区平台（左侧）对应于反应式（6-11)；在 150～199℃范围内，NaH 不分解。

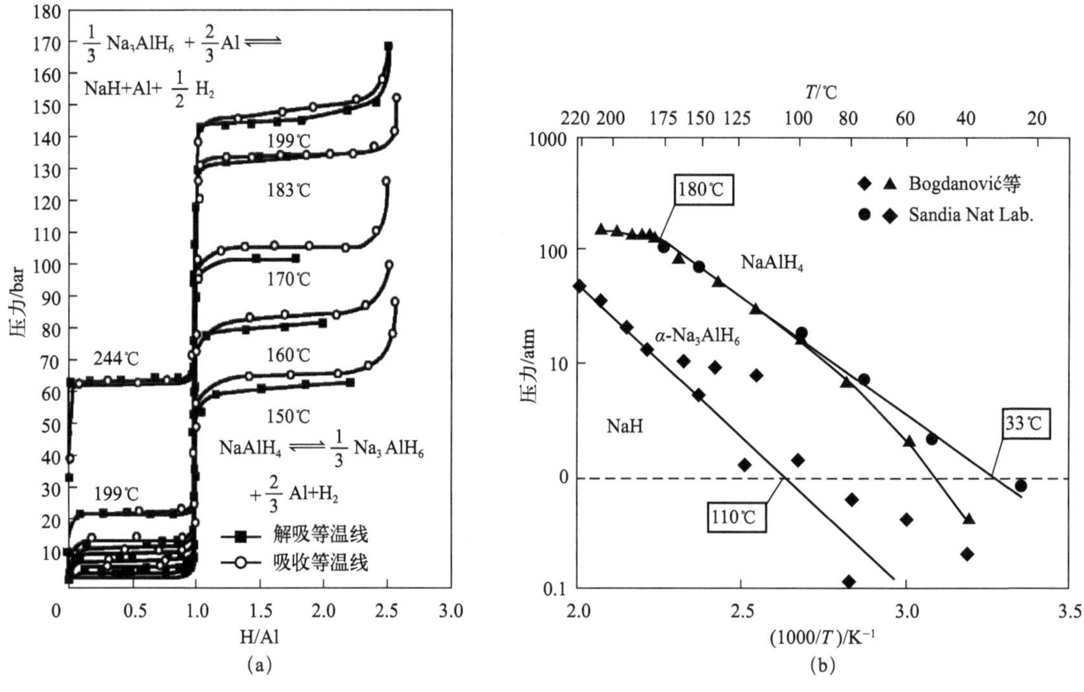

图 6-34 $NaAlH_4$ 的压力-成分-温度（PCT）曲线[141]（a）以及 $NaAlH_4$ ⇌ 1/3（α-Na_3AlH_6）+ 2/3Al+ H_2 和 α-Na_3AlH_6 ⇌ 3NaH+ Al+ 3/2H_2 反应的范特霍夫曲线
[试样为 2%（摩尔分数）Ti（OBu^n）$_4$ 和 2%（摩尔分数）Zr（OPr^i）$_4$ 同时掺杂的 $NaAlH_4$][142]（b）

虽然从热力学数据看，配位氢化物中铝氢化物最有可能满足吸放氢要求，但铝氢化物放氢是多步反应且温度高，逆向吸氢困难。针对这些问题（主要叙述 $NaAlH_4$），目前主要采取掺杂催化、纳米结构调制等方法来改善其吸放氢性能，这方面取得了很多进展。

① 掺杂催化方面　在铝氢化物体系中，有关 $NaAlH_4$ 掺杂催化的研究工作开展得最早也最多。按照物化性质，掺杂剂可分为三种：第一种是具有特殊电子结构的过渡/稀土金属及其化合物，主要包括 Ti、Zr、Ce、Sc、Pr、Sm 等金属及其卤化物或氧化物[143-147]；第二种是具有特殊表面结构的非金属元素及化合物，主要包括 C、SiO_2 和 N 掺杂的石墨烯等；第三种是复合掺杂剂，即两种或两种以上金属或者金属与非金属的共掺杂剂，如 Zr/Ti、

Tm_2O_3/SiO_2、TiO_2/C、TiF_3/SiO_2 等[26]。

② 纳米结构调制方面　通过调整配位氢化物的形貌和尺寸，来改善其吸放氢性能。研究表明[131]，当颗粒尺寸小于 20nm 时，储氢材料的放氢温度将会显著降低，动力学性能和逆向吸氢性能也会得到改善。纳米结构调控主要有以下几种方法：a. 球磨法[148]。利用碰撞理论，通过控制球磨参数使氢化物的颗粒/晶粒逐渐细化。该方法简便易行，但存在尺寸分布难以控制、极限尺寸相对较大等问题。此外，该方法制备的纳米氢化物容易团聚，容易失去其尺寸效应。b. 气相沉积法[149]。通过磁控溅射/电子束蒸发等沉积方法在氢气氛围下沉积纳米厚度的氢化物薄膜。利用该方法已成功制备出 $NaAlH_4$ 和 $Mg(AlH_4)_2$ 薄膜，但由于吸/放氢过程中存在相分离现象，这些薄膜很容易开裂破坏。浙江大学的刘永锋等[150]创新性地提出机械力驱动的物理气相沉积法，并成功制备出直径 20～40nm 的 $Mg(AlH_4)_2$ 纳米棒，显著降低了材料的放氢温度，提高了吸/放氢可逆性，而且材料在多次可逆吸/放氢后，其纳米结构仍保持良好。c. 空间限域法[151,152]。针对球磨法中纳米尺寸难以控制等问题，科研工作者提出一种空间限域法。主要有负载法和直接合成法两种。负载法是将配位氢化物分散或嵌入孔性介质的表面或纳米孔道中，并通过多孔介质限制氢化物颗粒的长大，实现尺寸纳米化。直接合成法是利用各种反应来构筑纳米结构，如 Aguey-Zinsou 等[146]研究了通过化学反应在 $NaAlH_4$ 基体上形成原子 Ti 壳结构，如图 6-35 所示，该结构显著提高了 $NaAlH_4$ 的吸放氢动力学性能，有效可逆质量储氢量达 4.4%。

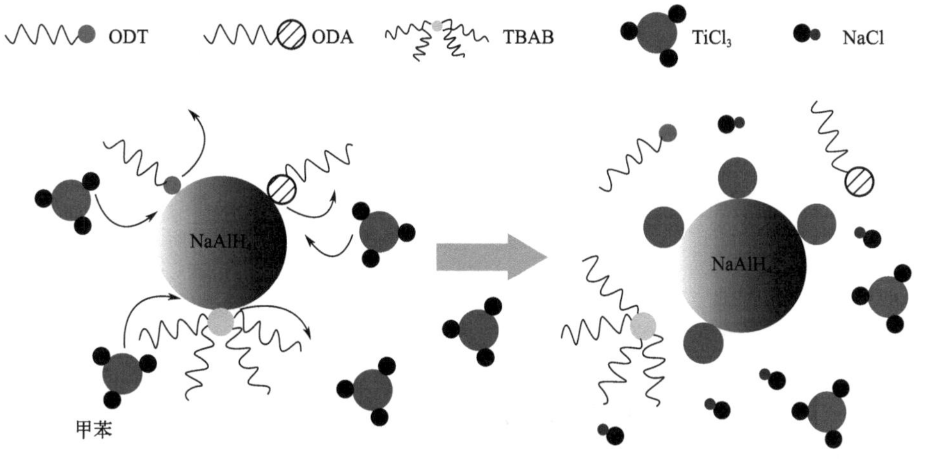

图 6-35　$NaAlH_4$@Ti 核壳结构形成过程示意图[146]
（ODT—十八烷硫醇；ODA—4,4′-二氨基二苯醚；TBAB—四丁基溴化铵）

6.3.2　金属硼氢化物

金属硼氢（B-H）化物如 $LiBH_4$ 等，具有较强的还原性，易溶于乙醚，最初是被用作脂类工业合成的还原剂。同铝氢化物一样，硼氢化物由共价键和离子键构成，硼氢化物放氢后生成了高惰性的单质硼，其逆向吸氢反应很难进行。但硼氢化物一个 B 和 4 个氢原子结合，B 的原子比 N、Al 小，因此硼氢化物比氮氢化物和铝氢化物的储氢密度要大，如图 6-36。改性后的硼氢化物具有一定的可逆吸放氢性能。因此，硼氢化物是目前固态储氢材料领域的研究热点。

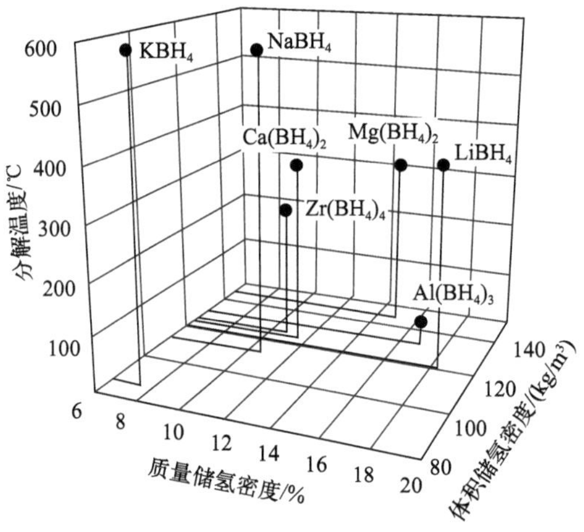

图 6-36 硼氢化物的体积储氢密度和质量储氢密度[153]

（1）合成方法及晶体结构

合成方法主要有以下几种：

① 金属氢化物 MH 与 B_2H_6 在乙醚中直接反应，可生成多种 MBH_4，见式（6-13），这种反应方式可获得高的产率。通过 MH 与 B_2H_6 之间的气固反应也可直接合成 MBH_4[154]，反应装置如图 6-37 所示，图中左侧为 B_2H_6 发生源，通过加热释放出 B_2H_6，右边球磨罐装有 MH，MH 在球磨过程中可与 B_2H_6 反应生成 MBH_4。

$$2MH+B_2H_6 \longrightarrow 2MBH_4\ (M=Li、Na、K、1/2Mg) \tag{6-13}$$

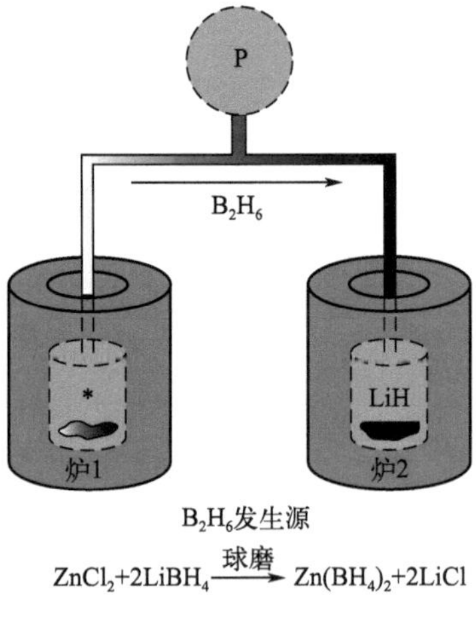

图 6-37 MH 与 B_2H_6 气固反应装置示意图[154]

② 高温高压直接合成。在高温（550～700℃）、高压（30～15MPa，H_2）下，金属和硼的混合物可与 H_2 反应直接合成 MBH_4，反应见式（6-14）[127]，这种反应模式适合ⅠA 和ⅡA 族金属的硼氢化物的制备。

$$M+B+2H_2 \longrightarrow MBH_4\ (M=Li/Na、K、1/2Mg) \tag{6-14}$$

③ 工业上，通过超细 NaH 与硼酸三甲酯（trimethyl borate）在沸腾的烃类中反应大规

模制备 $NaBH_4$[155]，反应在250～280℃下进行，如式（6-15）所示。

$$4NaH + B(OCH_3)_3 \longrightarrow NaBH_4 + 3NaOCH_3 \quad (6\text{-}15)$$

④ 置换反应。例如，$Mg(BH_4)_2$ 可以通过 $LiBH_4$ 或 $NaBH_4$ 与相应的碱土金属卤化物 $MgCl_2$ 反应得到[156]，见式（6-16）。通过有机溶剂（如二乙醚或四氢呋喃等）萃取出反应产物中的 $Mg(BH_4)_2$；随后对所得的溶液加热脱去有机溶剂，得到 $Mg(BH_4)_2$ 晶体。

$$2NaBH_4 + MgCl_2 \longrightarrow Mg(BH_4)_2 + 2NaCl \quad (6\text{-}16)$$

$LiBH_4$ 在常温下具有正交结构，空间群为Pnma，晶胞参数为 $a=0.7178nm$，$b=0.4436nm$，$c=0.6803nm$。Yvon等通过同步辐射X射线衍射发现，具有 sp^3 杂化状态的B原子与邻近四个H原子以共价键结合形成 $[BH_4]^-$ 四面体结构，如图6-38所示。同时，每个 Li^+ 也被四个 $[BH_4]^-$ 四面体所包围，与 Li^+ 以离子键结合形成 $LiBH_4$。在118℃时 $LiBH_4$ 会发生相结构转变，由正交晶系转变成六方晶系[157]，空间群为 $P6_3mc$，晶胞参数为 $a=b=0.4276nm$，$c=0.6948nm$。在室温、高压状态下，$LiBH_4$ 结构又会发生变化；1.2～10GPa时，结构为正方晶系Ama2结构；超过10GPa，$LiBH_4$ 为 *Fm*-3*m* 立方结构[158]。

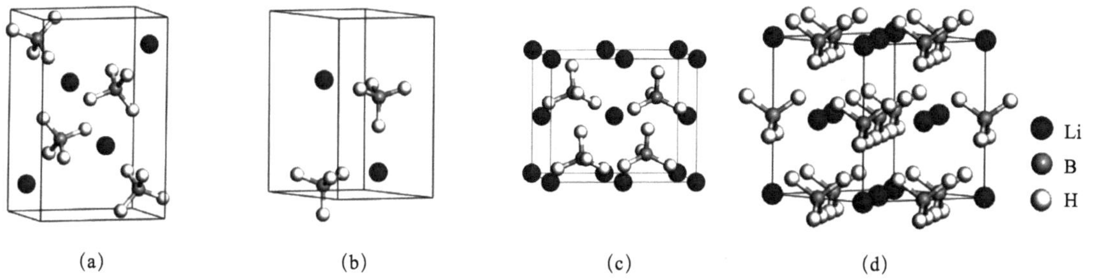

图6-38 $LiBH_4$ 晶体结构[158]

(a) Pnma；(b) $P6_3mc$；(c) Ama2；(d) Fm-3m

（2）吸放氢性能

碱金属硼氢化物 MBH_4（M=Li、Na、K）的分解反应可以由式（6-17）表示。MBH_4 的放氢温度高于熔点，因此熔化后才开始放氢。在 MBH_4 中，放氢温度顺序依次为 Li<Na<K，其中 $LiBH_4$ 的质量储氢容量最高，高达18.5%。因此，以下将重点介绍 $LiBH_4$ 的吸放氢性能及反应机理。

$$MBH_4 \longrightarrow MH + B + 3/2\ H_2 \quad (6\text{-}17)$$

在加热过程中［见图6-39（a）］，$LiBH_4$ 首先经历相变（110℃左右）和熔化（280℃左右），在320～400℃下开始放氢，至600℃可放出4个氢原子中的3个，生成LiH和B，放氢量约为13.8%[159,160]。但 $LiBH_4$ 的实际分解过程非常复杂，受氢气分压和温度等反应条件的影响很大，如图6-39（b）所示。当反应条件位于V1和V2区之间时，反应按图6-39（b）中反应（2a）进行，即 $LiBH_4$ 分解生成 $Li_{12}B_{12}H_{12}$ 和LiH，并释放 H_2，而直接生成LiH和B的式（1）反应得以抑制。当反应条件处于V2和V3区之间时，式（2a）和式（1）的反应都可能发生，而且氢气分压越低越有利于直接生成LiH和B的式（1）反应进行。当反应条件低于V3时，式（2a）和式（1）的反应都可能发生，LiH和B将成为最终分解产物[161]。$LiBH_4$ 的放氢反应在一定条件下是可逆的。其分解产物LiH和B，在600℃和

15.5～35MPa 氢压下保持 200min～12h 后，可生成 $LiBH_4$[160,162]。

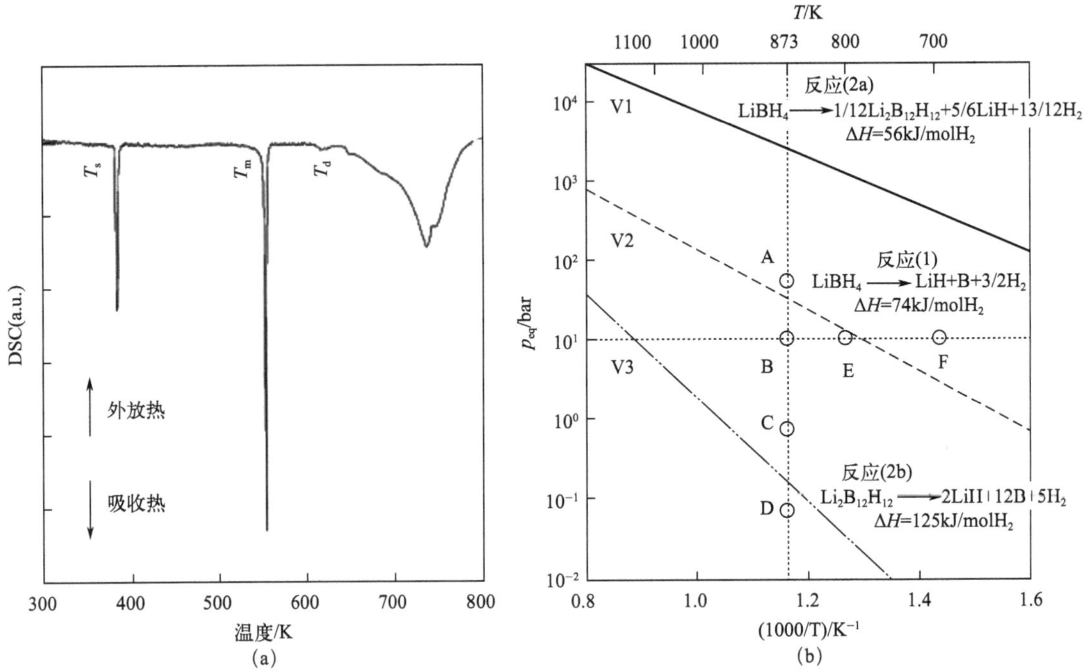

图 6-39 $LiBH_4$ 的 DSC 曲线（升温速度为 10K/min；气氛为 0.1MPa H_2）[160]（a）以及 $LiBH_4$ 分解反应与温度和压力的关联性[161]（b）

与铝氢化物类似，硼氢化物储氢性能的改善也是通过催化掺杂和纳米结构调制等方法来实现的。

6.3.3 金属氮氢化物

早在19 世纪初，人们就合成了 $NaNH_2$ 和 KNH_2，在 1894 年又合成了 $LiNH_2$。氨基化合物由于在热分解过程中主要放出氨气，长期以来未被考虑用作储氢材料，主要用作有机合成的催化剂。2000 年，陈萍等在研究碱金属掺杂碳纳米管的储氢性能时，偶然发现经过高纯氮气（N_2）预处理的掺锂碳纳米管可在 150℃以上吸收大量的氢气，进一步研究显示，该材料大量吸氢的真正有效物质并非碳纳米管，而是金属锂与氮气反应生成的氮化锂（Li_3N）[163]。基于这一发现，陈萍等[164] 于 2002 年在 *Nature* 上公开发表了 Li_3N 的储氢性能及其机理，首次提出金属氮化物（Li_3N）、氨基（$LiNH_2$）/亚氨基（Li_2NH）化合物作为储氢材料的概念。Li_3N 可以通过下列两步反应，可逆地储存 11.4%（质量分数）左右的氢。

$$Li_3N+2H_2 \rightleftharpoons Li_2NH+LiH+H_2 \rightleftharpoons LiNH_2+2LiH \quad (6\text{-}18)$$

这一发现大大拓展了固态储氢材料的研究范围，迅速引起了国际储氢界的广泛关注，推动了金属氮氢（-N-H）体系储氢材料的快速发展。人们通过对不同金属氮化物和氨基/亚氨基化合物与金属氢化物组合的研究，开发出了大量金属氮氢化合物储氢体系。

（1）合成方法及晶体结构

金属氮氢化物 $M(NH_2)_n$ 的合成主要有三种方法[28]：a. 通过金属（如 Li、Na、K、Mg、Ca 等）与 NH_3 反应，如式（6-19）所示，反应温度一般为 200～300℃，NH_3 压力为

0.5～0.8MPa。b. 通过金属氢化物与 NH_3 反应。如在室温下，将金属氢化物在 NH_3 气氛下球磨，可快速生成金属氮氢化物，并放出氢气，如式 (6-20)。c. 通过金属 N 化物（如 Li_3N 等）与氢气反应，生成 $M(NH_2)_n$ 和金属氢化物的混合物，如式 (6-21)，该反应通常在 200～300℃。

$$M+nNH_3 \longrightarrow M(NH_2)_n+n/2H_2 \tag{6-19}$$

$$MH_n+nNH_3 \longrightarrow M(NH_2)_n+nH_2 \tag{6-20}$$

$$M_{(3/n)}N+2H_2 \longrightarrow 1/nM(NH_2)_n+2/nMH_n \tag{6-21}$$

双金属氮氢化物 $MM'(NH_2)_n$，如 $Li_2Mg(NH)_2$ 等，可以采用机械合金化方法，通过向 $M(NH_2)_n$ 中加入另一金属 M′的氢化物或氮化物合成，反应一般在室温下即可进行，如式 (6-22) 和式 (6-23) 所示。

$$Mg(NH_2)_2+2LiH \longrightarrow Li_2Mg(NH)_2+2H_2 \tag{6-22}$$

$$3Mg(NH_2)_2+2Li_3N \longrightarrow 3Li_2Mg(NH)_2+2NH_3 \tag{6-23}$$

$LiNH_2$ 为四方结构，图 6-40 是其晶体结构示意图[165]，空间群为 I-4，晶格常数为 $a=5.03442(24)$Å，$c=10.25558(52)$Å。H 原子占据 $LiNH_2$ 晶胞中的 $8g_1$ 与 $8g_2$ 位置，N 原子占据 8g 位置，Li 原子占据 2a、4f、2c 位置，Li 原子位于 4 个最近 NH_2 基团组成的四面体中心。N-H 键有两种。键长分别为 0.986Å 和 0.942Å；H-N-H 键（∠H-N-H）为 99.97°，这些结构参数与其等电子体——水分子接近。

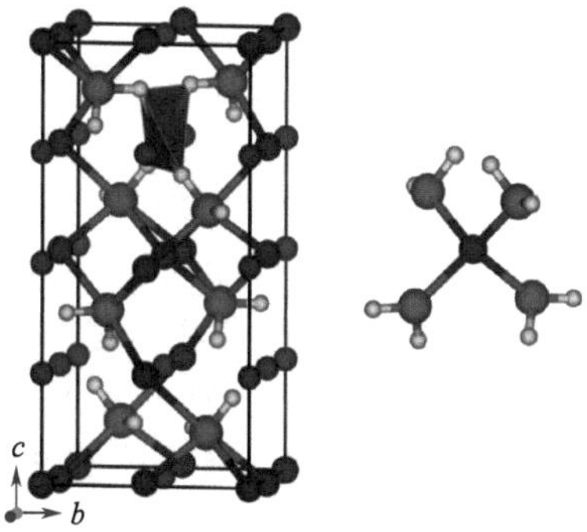

图 6-40　$LiNH_2$ 晶体结构图（大、中、小球分别为 N、Li、H）[165]

Li_2NH 低温相的结构目前还存在争议。X 射线衍射的结果表明[166]，Li_2NH 具有面心立方结构，空间群为 Fm-3m，晶格常数为 $a=5.074$Å。中子衍射结果发现[167]，Li_2NH 的空间群为 F-43m，晶格常数为 $a=5.0769$Å。采用 X 射线衍射和中子衍射相结合的手段进行测试[168]，发现 Li_2NH 或 Li_2ND 在 87℃左右发生一个有序-无序转变，如图 6-41 所示，在较低温度（−173～27℃）下，Li_2ND 空间群为 Fd-3m，晶格常数 $a=10.09$～10.13Å，−173℃下 N-D 键键长为 0.977Å。Li_2ND 高温（127℃）相的空间群为 Fm-3m，晶格常数为 $a=5.0919$Å。

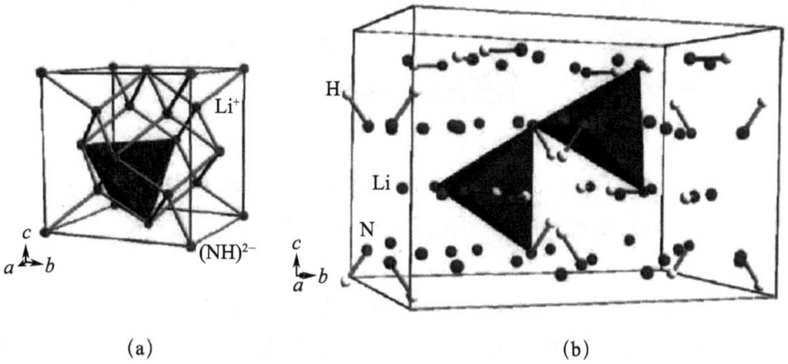

图 6-41　Li_2NH 结构示意图

(a) 取向无序，高温相（未显示 H 原子）；(b) 取向有序，低温相[169]

(2) 吸放氢性能

$LiNH_2$ 的吸放氢反应按式 (6-24) 进行[164]。反应①和②的质量放氢量分别为 5.5% 和 5.2%，反应①的焓变为 66kJ/mol H_2，整个反应（①+②）的生成焓为 80.5kJ/mol H_2。在真空气氛下，反应①在 150℃以上开始进行。

$$Li_3N+2H_2 \overset{①}{\rightleftharpoons} Li_2NH+LiH+H_2 \overset{②}{\rightleftharpoons} LiNH_2+2LiH \quad (6\text{-}24)$$

$LiNH_2$/LiH 体系的脱氢机理有两种：一种是 Chen 等提出的协同机理模型[170,171]，即 $H^{\delta+}$ 与 $H^{\delta-}$ 反应机制，强调 $LiNH_2$ 中的氢（$H^{\delta+}$）与 LiH 中的氢（$H^{\delta-}$）之间的反应。根据这种观点 $H^{\delta+}$ 与 $H^{\delta-}$ 反应形成 H_2，同时 $Li^{\delta+}$ 与 $N^{\delta-}$ 结合形成 Li_2NH。这一过程涉及氢的电荷转移和 $LiNH_2$ 到 Li_2NH 的转变。另一种是 Hu 等[172] 和 Ichikawa 等[173] 提出的氨中间体机理模型，它描述了 $LiNH_2$ 首先分解生成 Li_2NH 并释放 NH_3，然后 NH_3 与 LiH 反应生成 $LiNH_2$ 和 H_2。这一过程中，NH_3 充当媒介，参与反应并帮助生成最终的产物，见式 (6-25) 和式 (6-26)。

$$2LiNH_2 \longrightarrow Li_2NH+NH_3 \quad (6\text{-}25)$$

$$NH_3+LiH \longrightarrow LiNH_2+H_2 \quad (6\text{-}26)$$

与其他配位氢化物一样，金属-N-氢体系的吸放氢性能可以通过成分调控、掺杂改性及颗粒纳米化来调控。如添加碱金属及其化合物、过渡金属及其化合物、硼氢化物等。2023 年，Plerdsranoy 等[174] 用 F 取代 H 形成 $LiNH_{(2-x)}F_x$/$LiNH_2$-LiH 复合体系，结果发现有效地提高了体系的动力学和可逆吸放氢性能，同时他们用该复合体系储氢材料做成了小型储氢罐，如图 6-42 所示。但金属-N-氢体系的储氢机理还没有完全统一的认识，如何理解其吸放氢过程中结构变化规律仍然是该储氢体系未来的研究重点。

图 6-42 小型储氢罐的部件 (a)，储氢罐 Li-N-F-H 颗粒层和 SS 网片的层状结构 (b)，以及附着在粉末样品上的热电偶 (TC) 的位置 (c)

考虑到储氢材料的实际应用，实验室开发的重量一般是以克为单位，实际应用中，一般需要千克级别并填充到储氢罐中测试储氢系统的吸放氢性能，并将结果反馈到材料和系统设计中来，再进一步优化，从而满足各种服役条件。表 6-20 列出了目前开发的典型配位氢化物储氢系统[175]。

表6-20 典型配位氢化物储氢系统[175]

储氢材料	质量/kg	设计	容量（质量分数）/%	吸放氢温度、压力条件	动力学（循环次数）	目的
$NaAlH_4$+0.02（$TiCl_3$-0.3 $AlCl_3$）+0.05C	8	多孔烧结金属管管式反应器	3.7	吸:125℃，10MPa。放:160~175℃，0.02~1MPa	10min达80%容量后进行1~10次活性循环	大规模和站式应用
$NaAlH_4$+0.02$CeCl_3$	0.087	流通氢化物床反应器	3.9	吸:130℃，10MPa。放:180℃，0.13MPa	36次实验:透气率降低，热导率提高	研究操作原理、传热、透气率和反应动力学的变化
$NaAlH_4$+Al+10%（质量分数）膨胀石墨	4×21.5	12根管式容器模块化系统	3.2（10min内）	吸:120~150℃，5.52~6.89MPa。油温:120~140℃	40次吸放氢循环	10min之内充填，供氢速度可达2.0g/s
$NaAlH_4$+0.04$TiCl_3$	2.7	带双螺旋盘管换热器的不锈钢储罐	2.24	吸:135℃，10MPa。放:120~180℃，0.1MPa	具有与燃料电池耦合两个或更多小时的解吸循环，并且可以提供165~240W的功率	与高温型质子交换膜燃料电池耦合，并将燃料电池的废热用于储罐放氢
Na_3AlH_6+0.04$TiCl_3$	0.213	带卡口式热交换器的铝合金储罐	1.7	吸:150~170℃，2.5MPa。放:177~180℃，0.65MPa	10次吸放氢循环	开发和测试轻质铝合金储罐
Na_3AlH_6+0.04$TiCl_3$+0.08Al+0.08活性炭	1.9	带波纹管换热器的铝合金储罐	2.1	吸:160℃，2.5MPa。放: 180℃，1.6MPa	31次吸放氢循环	开发挤出成型制造的轻质铝金储罐
$NaAlH_4$+0.02（$TiCl_3$-0.3$AlCl_3$）+0.05膨胀石墨	4.4	钛合金管壳式储罐	4	吸:124℃，10MPa。放:120~170℃，9MPa（固定流速）	33次吸放氢循环，吸放氢流速分别限定为245L/min和3.7L/min	提高质量和体积储氢容量
Mg（NH_2）$_2$+2LiH+0.07KOH+9%（质量分数）膨胀石墨	0.098	实验室规模多孔烧结金属管圆柱形储氢罐	N/A	吸:220℃，8MPa。放:220℃，0.6L/min氢气流速	在0.6L/min流速下放氢持续时间	研究石墨量和成型压力对放氢特性的影响
$LINH_2$-MgH_2-$LiBH_4$-3%（质量分数）$ZrCoH_3$（外环）$LaNi_{4.3}Al_{0.4}Mn_{0.3}$（中心）	0.6	管式反应器，两种材料用透气层分隔	N/A	吸:165~170℃，0.17MPa。放:固定和周期性氢气流速	30min内放10%，1h内释放大部分氢	验证模型以及研究反应器概念对放氢行为的影响

6.3.4 氨硼烷储氢材料

同前面配位氢化物不同，氨硼烷是分子型无机储氢材料，属于化学氢化物（chemical hydrides），即放氢过程放热，放氢产物不能在氢气气氛下直接氢化，只能通过化学方法实现再生的含氢材料。氨硼烷常温下以固体形式存在，在氨硼烷化合物中，N 元素（14.0067）和 B 元素（10.81）的原子量都很小，同时 N 和 B 又分别可以结合 3 个 H，使得在 NH_3BH_3 中，H 的含量非常高，具有 19.6%（质量分数）的氢含量。该体系储氢材料是近年来的研究热点。

（1）合成工艺及晶体结构

典型氨硼烷合成方法如表 6-21 所示[26]。对于氨硼烷化合物的合成方法，在 1955 年，S. G. Shore 和 R. W. Parry 报道了最早的 NH_3BH_3 合成方法[176]，化学反应方程式如下：

$$LiBH_4 + NH_4Cl \xrightarrow{Et_2O\text{（乙醚）}} LiCl + NH_3BH_3 + H_2 \tag{6-27}$$

$$2LiBH_4 + (NH_4)_2SO_4 \xrightarrow{Et_2O} Li_2SO_4 + 2NH_3BH_3 + 2H_2 \tag{6-28}$$

$$[H_2B(NH_3)_2^+][BH_4^-] + NH_4Cl \xrightarrow[\text{微量 } NH_3]{Et_2O} [H_2B(NH_3)_2^+][Cl^-] + NH_3BH_3 + H_2 \tag{6-29}$$

在实验室中，可以用氨气（NH_3）和乙硼烷（B_2H_6）、$BH_3 \cdot SMe_2$ 或 $BH_3 \cdot THF$ 直接反应的方法得到 NH_3BH_3。也可以利用铵盐的置换反应［式（6-29）］，通过铵盐（如甲酸铵、氯化铵、碳酸铵等）与硼氢化钠在合适的条件下反应，得到氨硼烷化合物。2007 年，P. V. Ramachandran 等报导了利用甲酸铵［$(NH_4)_2SO_4$］和硼氢化钠在二氧六环溶剂中的置换反应，得到较高产量（10mol）、高产率（≥95%）和高纯度（≥98%）产物的氨硼烷化合物合成方法，化学反应方程式如下：

$$NaBH_4 + HCO_2NH_4 \xrightarrow[40℃,\ 2h]{\text{二氧六环}} NH_3BH_3 + NaHCO_2 + H_2 \tag{6-30}$$

表6-21 典型氨硼烷合成方法[26]

序号	化学反应	溶剂	产率/%
1	$NH_4Cl + LiBH_4 \longrightarrow NH_3BH_3 + LiCl + H_2$	四氢呋喃加少量氨	45
2	$(NH_4)_2SO_4 + 2LiBH_4 \longrightarrow 2NH_3BH_3 + Li_2SO_4 + 2H_2$	四氢呋喃加少量氨	45
3	$NH_4HCO_3 + NaBH_4 \longrightarrow NH_3BH_3 + NaHCO_3 + H_2$	四氢呋喃或二噁烷	95
4	$(NH_4)_2SO_4 + 2NaBH_4 \longrightarrow 2NH_3BH_3 + Na_2SO_4 + 2H_2$	乙醚	96
5	$NH_4Cl + NaBH_4 \longrightarrow NH_4BH_4 + NaCl \longrightarrow NH_3BH_3 + NaCl + H_2$	四氢呋喃或氨	99
6	$NH_4F + LiBH_4 \longrightarrow NH_3BH_3 + LiF + H_2$	四氢呋喃或氨	99
7	$(NH_4)_2CO_3 + 2NaBH_4 \longrightarrow 2NH_3BH_3 + Na_2CO_3 + 2H_2$	四氢呋喃	60~80

续表

序号	化学反应	溶剂	产率/%
8	$BH_3 \cdot THF + NH_3 \longrightarrow NH_3BH_3 + THF$	四氢呋喃加过量的氨	50
9	$B_2H_6 + 2NH_3 \longrightarrow 2NH_3BH_3$	乙醚	45
10	$BH_3 \cdot SMe_2 + NH_3 \longrightarrow NH_3BH_3 + SMe_2$	乙醚	86

NH_3BH_3 在常温、常压下是白色晶体，不易挥发，无毒性，可溶于水和甲醇等极性溶剂中，其熔点为 104.7℃，能够稳定存在，因此便于运输和储存。室温下 NH_3BH_3 的晶体结构为体心四方结构，对应的空间群为 I4mm，晶胞参数为 $a=0.5234$nm，$c=0.5027$nm[177]。1983 年，Hoon 和 Reynhardt[178] 发现 NH_3BH_3 在-163℃下属于正交晶系的 $Pmn2_1$ 空间群，如图 6-43 所示，晶胞参数为 $a=0.55174$nm，$b=0.4724$nm，$c=0.5020$nm，当温度升到-48℃时氨硼烷发生相变，22℃时转变为四方晶系 $I4mm$[178,179]。作为基本的硼-氮化合物，AB 可看作 NH_3 与 BH_3 的加合物，是乙烷（C_2H_6）的等电子体。不同于乙烷的 C-C，AB 中的 B 和 N 所形成的 B-N 为极性配位键，由于 H 的电负性为 2.20，居于 B 和 N 之间，硼上的氢带负电，而氮上的氢带正电。此外，$H^{\delta+}$ 与 $H^{\delta-}$ 相互作用在 AB 分子中所形成的双氢键网络赋予 AB 晶体较好的稳定性。

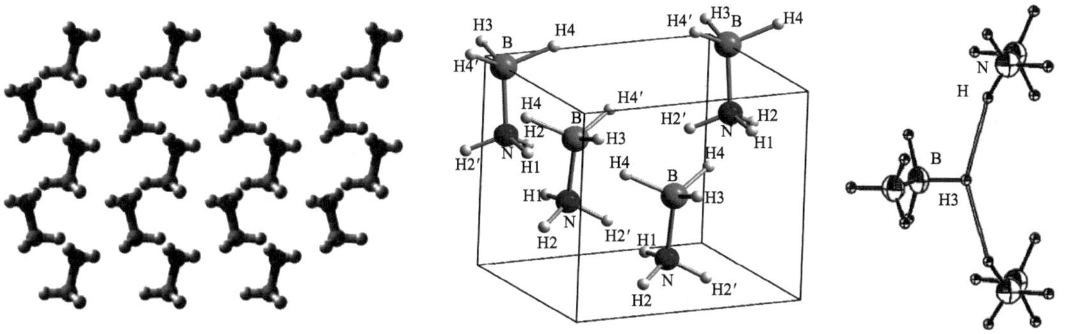

图 6-43 不同角度低温正交晶系 NH_3BH_3 晶体结构示意图[180，181]

（大、中、小球分别代表 B、N、H 原子）

（2）吸放氢性能

氨硼烷储氢材料的放氢方式有两种：a. 与溶剂（如水等）反应，放出氢气。以氨硼烷水解放氢体系为例，见式（6-31）。纯的氨硼烷化合物的水溶液在常温、常压的空气气氛下稳定，自行放氢的速度极慢。而人们通过选择和添加各种催化剂，进而调控氨硼烷水解体系的动力学性能，使材料在合适的温度、压力、气氛下快速放出氢气。这个相当于制氢，本章节不做叙述。b. 固体氨硼烷热分解放氢，主要分三步进行，分别见式（6-32）～式（6-34）[182-184]，反应温度分别在 110℃、150℃、500℃以上，固体主产物依次是聚合态氨基硼烷（polyaminoborane，$[NH_2BH_2]_n$，PAB）、聚合态亚氨基硼烷（polyiminoborane，$[NH\text{-}BH]_n$，PIB）以及氮化硼（BN）。NH_3BH_3 在溶剂和固体中脱氢的反应过程如图 6-44 所示。

$$NH_3BH_3 + 2H_2O \longrightarrow NH_4^+ + BO_2^- + 3H_2\uparrow \tag{6-31}$$

$$n\mathrm{NH_3BH_3} \longrightarrow [\mathrm{NH_2BH_2}]_n + n\mathrm{H_2}\uparrow \tag{6-32}$$

$$[\mathrm{NH_2BH_2}]_n \longrightarrow (\mathrm{NHBH})_n + n\mathrm{H_2} \tag{6-33}$$

$$(\mathrm{NHBH})_n \longrightarrow n\mathrm{BN} + n\mathrm{H_2} \tag{6-34}$$

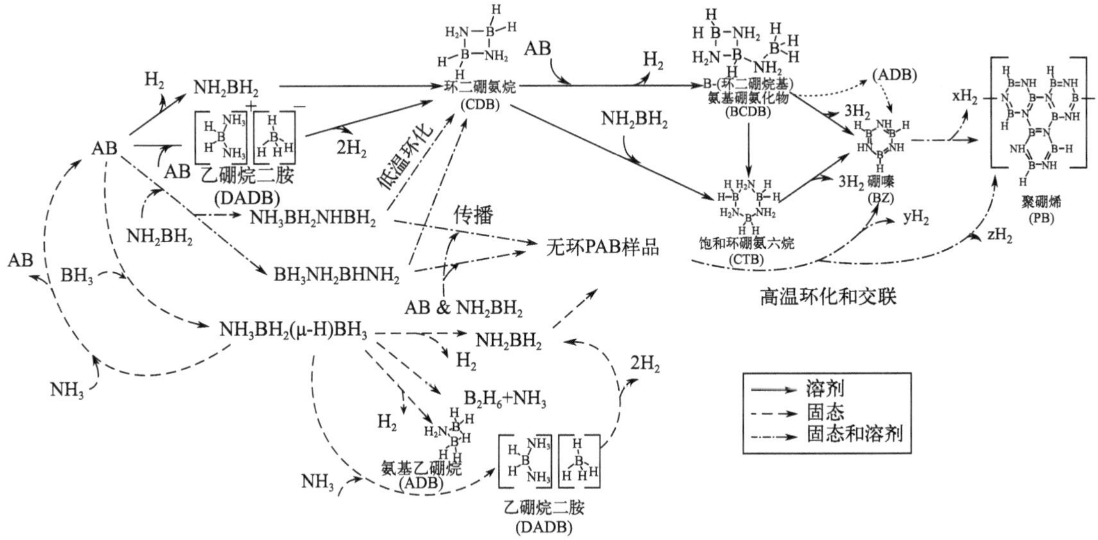

图 6-44　NH_3BH_3 在溶剂和固体中脱氢的反应过程示意图[184]

氨硼烷作为储氢材料在热分解放氢过程中存在以下问题：a. 分解温度较高，超过了美国能源部（DOE）规定的安全操作温度；b. 放氢动力学问题，放氢速率过慢；c. 有一些挥发性的副产物如 C-（HNBH）BH 等产生，影响了氢气的纯度。针对这些问题，可以采用相应方法来调控氨硼烷分解性能，如添加催化剂、纳米材料负载等。表 6-22 和表 6-23 列出了典型改性材料及结果。

表6-22　典型 NH_3BH_3 吸放氢性能修饰材料

材料	优化性能	参考文献
NH_3BH_3-CuCo/MgO	放氢动力学	[185]
NH_3BH_3-Ni 晶体	放氢动力学	[186]
NH_3BH_3-钌（Ⅱ）配合物-PNP-Pincer 配体	储氢容量	[187]
NH_3BH_3-纳米 Ni	动力学	[188]
NH_3BH_3-$Ni_{0.88}Pt_{0.12}$	动力学	[189]

表6-23　不同催化剂催化氨硼烷热解释氢的动力学参数[190]

材料	活化能 E /（kJ/mol）	活化能因子 A/min^{-1}	速率常数 K/min^{-1}		
			80℃	85℃	100℃
纯 NH_3BH_3	149	4.7×10^{19}	4.28×10^{-3}	8.68×10^{-3}	6.49×10^{-2}
$NH_3BH_3+CoF_2$	150	7.9×10^{19}	5.16×10^{-3}	1.05×10^{-2}	7.98×10^{-2}
$NH_3BH_3+CoCl_2$	108	2.8×10^{14}	2.93×10^{-2}	4.91×10^{-2}	2.11×10^{-1}

续表

材料	活化能 E /(kJ/mol)	活化能因子 A/min^{-1}	速率常数 K/min^{-1}		
			80℃	85℃	100℃
$NH_3BH_3+CoBr_2$	134	8.6×10^{17}	1.30×10^{-2}	2.45×10^{-2}	1.50×10^{-1}
$NH_3BH_3+CoI_2$	139	3.7×10^{18}	1.03×10^{-2}	2.00×10^{-2}	1.31×10^{-1}
NH_3BH_3+Fe	122	2.4×10^{16}	2.22×10^{-2}	—	—
NH_3BH_3+Ni	113	8.6×10^{14}	1.98×10^{-2}	—	—
NH_3BH_3+Cu	109	4.8×10^{14}	3.35×10^{-2}	—	—
NH_3BH_3+Zn	92	1.6×10^{12}	3.80×10^{-2}	—	—
NH_3BH_3+Pt	137	1.8×10^{18}	1.04×10^{-2}	—	—
NH_3BH_3+SBA-15①	67	—	—	—	—
NH_3BH_3+16nm CC②	150	—	—	—	—
NH_3BH_3+7nm CC	120	—	—	—	—
NH_3BH_3+LiH	75	—	—	—	—
NH_3BH_3+MOF1	131	—	—	—	—
NH_3BH_3+MOF2	160	—	—	—	—
50% NH_3BH_3+MIL-101	91.4	—	—	—	—
50% NH_3BH_3+Ni@MIL-101	69.6	—	—	—	—

① SBA为介孔二氧化碳。

② CC为碳凝胶(carbon coyogels)。

注:"—"表示无值。

氨硼烷在储氢材料领域的最大技术难点是其放氢产物的再生，氨硼烷热分解前两步分别释放 21.7kJ/mol 和 15.4～23.9kJ/mol 的热量，这意味着热分解放氢的可逆反应很不容易。这也是该体系储氢材料未来努力的方向。另外，在氨硼烷的基础上，进行成分微调，用金属阳离子取代氨硼烷氮上的一个氢从而衍生新的化合物[26]，即金属氨基硼烷［metal amidoboranes，$M(NH_2BH_3)_n$，其中 M 为金属阳离子，n 为其化合价数］。如碱金属氨基硼烷（$LiNH_2BH_3$，简写 LiAB，锂氨基硼烷）、碱土金属氨基硼烷［$Mg(NH_2BH_3)_2$，简写 $MgAB_2$，镁氨基硼烷］、过渡金属氨基硼烷［$Y(NH_2BH_3)_3$，简写 YAB_3，钇氨基硼烷］、双金属氨基硼烷［$NaLi(NH_2BH_3)_2$，简写 $NaLiAB_2$，钠锂氨基硼烷］等，相比于氨硼烷，金属氨基硼烷放氢热量更少、放氢动力学好、放氢杂质气体更少。

金属氨基硼烷还可以与氨形成氨合物，这有助于提高体系储氢量且降低氢气释放温度。金属氨基硼烷氨合物（metal amidoborane ammoniates）主要包括氨基硼烷氨合物（lithium amidoborane ammoniates，$LiNH_2BH_3\cdot NH_3$，简写 $LiAB\cdot NH_3$）、钙氨基硼烷氨合物［calcium amidoborane ammoniates，$Ca(NH_2BH_3)_2\cdot 2NH_3$，简写 $CaAB_2\cdot 2NH_3$］、镁氨基硼烷氨合物［magnesium amidoborane ammoniates，$Mg(NH_2BH_3)_2\cdot 2NH_3$，简写 $MgAB_2\cdot 2NH_3$］等。氨硼烷/金属氨基硼烷在液氨中放氢温度降低，放氢产物能被还原再

生，所以氨硼烷/金属氨基硼烷和氨的复合体系是下一步研究的目标体系。氨硼烷/金属氨基硼烷和氨的复合体系既可以作为储氢体系使用，也可以作为储氨体系使用，也是未来氨氢融合的一大研究方向。

6.4 液态有机氢载体

6.4.1 液态有机氢载体概述

液态有机氢载体(liquid organie hydrogen carrier，LOHC，也称有机液体储氢）是指室温下富氢（bydrogen-rich state，脱氢前）状态呈液相，而且能在一定条件下放出氢气的有机物。1975 年，Sultan 等[191] 基于 Π-共轭体系中共轭效应使体系氢化热降低的特点，借助有机液体化合物［环烷烃催化加（脱）氢］开展了汽车储氢研究，首次提出了 LOHC 概念，为氢气储运提供了一种新方法。有机液体氢化物储氢系统的工作原理为：对有机液体氢载体催化加氢，储存氢能；在现有的管道及储存设备中，将加氢后的液体有机氢化物进行储存，运输到目的地；在脱氢反应装置中催化脱氢，释放储存的氢气，供给用户（或终端）使用。脱氢反应后的氢能载体可返回原地再次实现催化加氢，从而使液态有机氢载体达到循环使用的目的。基于 LOHC 的氢气储运系统流程示意图如图 6-45 所示[192]。不同储氢方式的能量密度及优缺点分别如图 6-46 及表 6-24 所示。

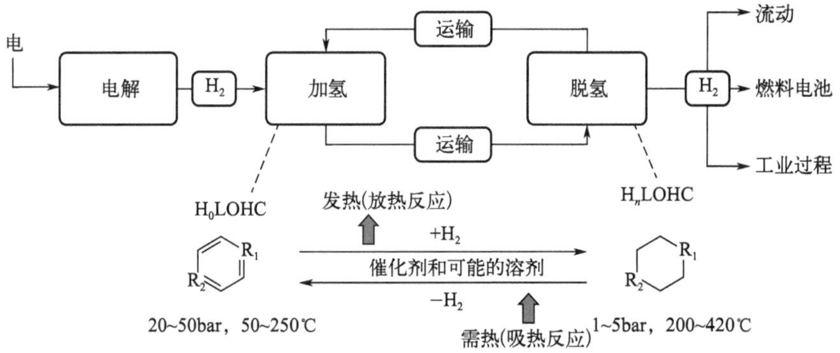

图 6-45 基于 LOHC 的氢气储运系统流程图[192]

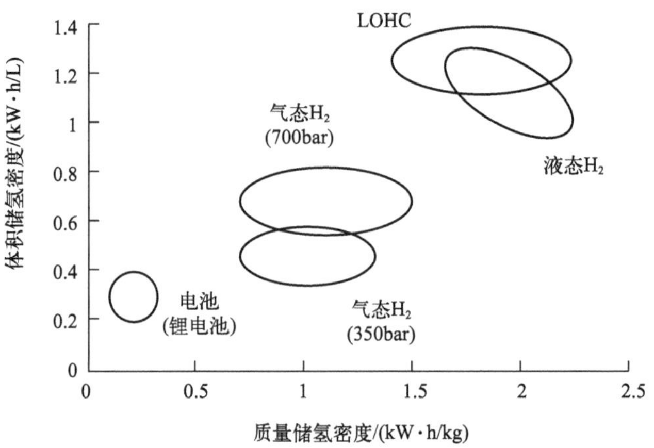

图 6-46 不同储氢方式能量密度[193]

表6-24 不同储氢技术的优缺点比较

储氢技术	压力/MPa	质量储氢量/%	运输工具及经济距离	优点	缺点
高压气态储氢	35~70	1~3	长管拖车，≤150km	目前氢气的主流储运方式，技术成熟，成本较低	储氢密度较低，安全性差
低温液态储氢	10~15	>10	液氢槽罐车，≥200km	唯一满足美国能源部（DOE）车载储氢技术目标所有要求的储氢方式，技术比较成熟	氢气液化难度大，能耗高，安全性较差
固体材料储氢	0.1	3~10	固体货车，≥200km	储氢量相对较高，反应过程简单、安全	脱氢温度高，储氢可逆容量衰减较严重
LOHC	0.1~7	5~8	槽罐车，≥200km	技术安全，储氢密度高	技术成熟度较低，脱氢温度高

与传统的加压气态储氢、低温液化储氢、金属合金储氢等储氢手段相比，有机液体氢化物储氢有以下特点[194]：

① 催化过程可逆，反应物与产物可循环利用，储氢密度高（都在DOE要求指标以上）。

② 氢载体储存、运输和维护安全方便，储存设备简单，尤其适合于长距离氢能输送。这对于中国西部与东部地区之间供求相对不平衡的地区，以有机液体形式用管道进行长途输送或可解决能源地区分布不均匀的问题。

③ 储氢效率高。以苯储氢构成的封闭循环系统为例，如果苯加氢反应时放出的热量可以完全回收的话，整个循环过程的效率可以达到98%。

④ 原则上可同汽油一样在常温、常压下储存和运输，具有直接利用现有汽油输送方式和加油站构架的优势。

LOHC主要包括简单小分子醇醛氨酸、简单的脂环化合物或杂环化合物、对有机化合物进行改性后的金属有机氢载体三大类。小分子醇醛氨酸型LOHC主要包括甲醇水溶液、甲醛水溶液、甲酸、乙醇胺、乙二醇等。脂环化合物或杂环化合物的贫氢（bydrogen-lean state，吸氢前）状态一般是具有芳香性的芳香化合物，其LOHC一般指的是该芳香化合物。芳香化合物主要包括芳香烃（甲苯、萘、联苯、苄基甲苯、二苄基甲苯等，其富氢状态是环烷烃）、氮杂环芳香烃（吡啶、喹啉、吲哚、咔唑、萘啶、吡嗪、酚嗪、吖啶及其衍生物，其富氢状态是氮杂脂环化合物）、硼氮杂环化合物（其富氢状态是硼氮杂脂环化合物）等。金属有机氢载体由金属阳离子和有机阴离子组成，利用具有不同电负性的金属来调变有机储氢材料的电子性质，如以金属Na修饰的苯酚形成苯酚钠。目前处于应用或示范阶段的LOHC主要有甲酸、甲苯、二苄基甲苯等，其余大部分处于研发阶段。图6-47和图6-48为典型LOHC体系吸放氢过程示意图[195]。

由于芳香族化合物的加氢反应是一个热力学放热过程，完全催化加氢反应相对容易，因此，关于催化剂的研究主要集中于脱氢步骤方面。图6-49为德国Erlangen市Hydrogenious

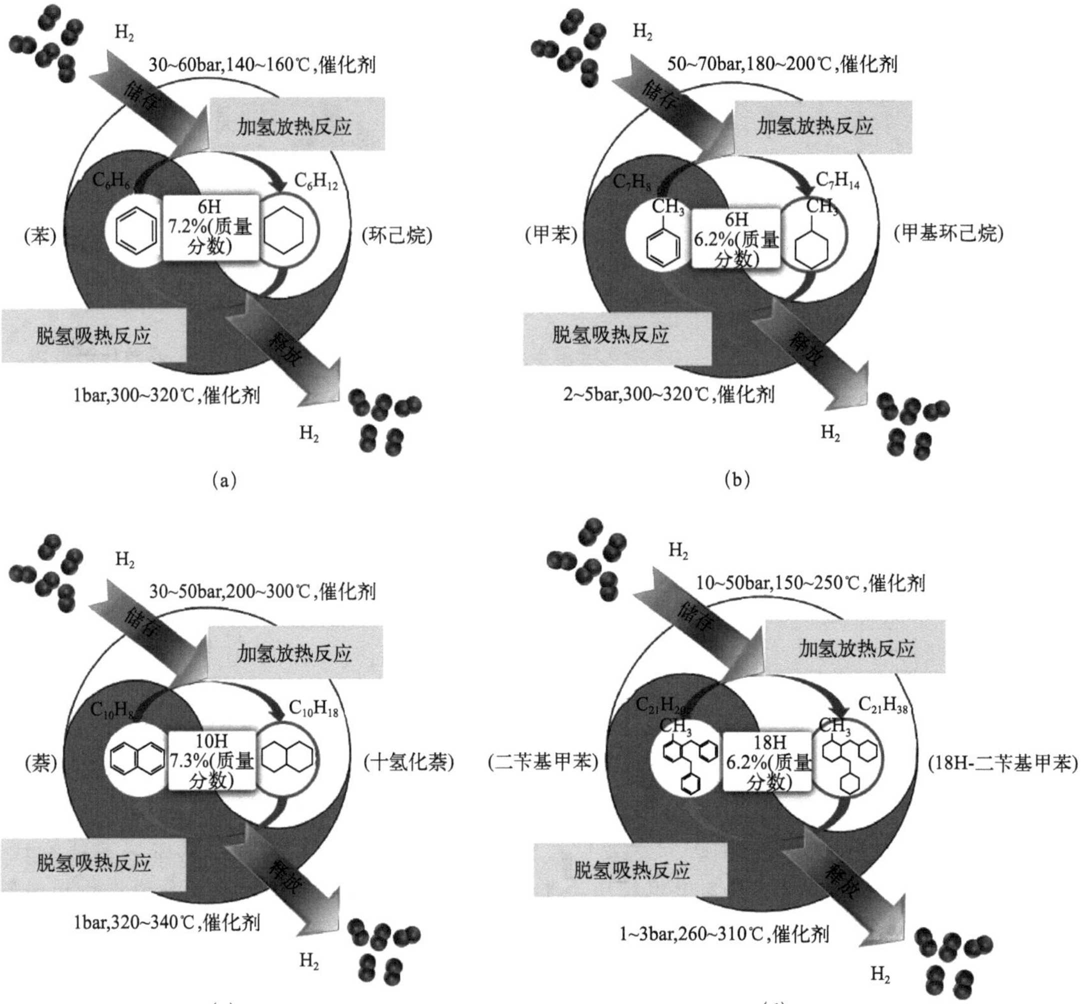

图 6-47 芳香族化合物体系吸放氢过程示意图[195]

(a) 苯/环己烷；(b) 甲苯/甲基环己烷；(c) 萘/十氢化萘；(d) 二苄基甲苯/18H-二苄基甲苯

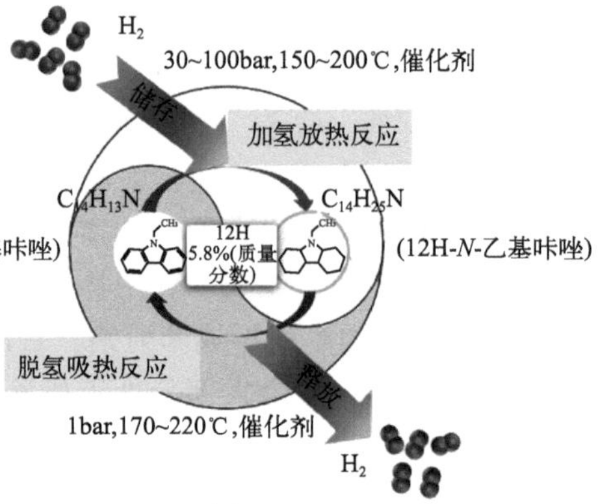

(a)

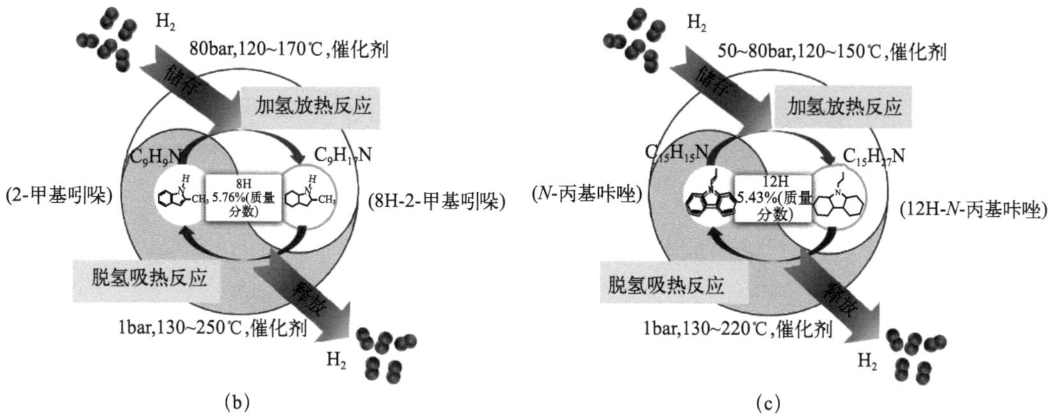

图 6-48 N 掺杂化合物体系吸放氢过程示意图[195]

（a）*N*-乙基咔唑/12H-*N*-乙基咔唑；（b）2-甲基吲哚/8H-2-甲基吲哚；（c）*N*-丙基咔唑/12H-*N*-丙基咔唑

图 6-49 Fraunhofer IAO 的脱氢装置[196]

Technologies GmbH 公司制造安装在斯图加特市 Fraunhofer IAO 的脱氢装置[196]。该脱氢装置为水平中间容器，容量为 100kW，左边立放 1000L 的 H18-DBT（二苄基甲苯）富氢产物，右前方为 30kW 质子交换膜燃料电池。图 6-50 为用于 LOHCs 脱氢的反应器实例[197]，有径向流、水平管、固定床、三维结构单体（SEBM）以及喷雾脉冲等反应器类型。

2020 年，北京大学李星国老师[198]基于稀土氢化物的 NEC 吸放氢非贵金属双向催化剂 Co-B/Al_2O_3-YH_{3-x}，吸放氢催化性能与 Ru/Al_2O_3 和 Pd/Al_2O_3 基本相当，而且有良好的循环稳定性，如图 6-51 所示。Co-B/Al_2O_3-YH_{3-x} 催化机制主要是其中非整比稀土氢化物 YH_{3-x} 起到介导氢传递作用。

6.4.2 液态有机氢载体研究现状

（1）小分子群醛氨酸方面

2016 年，阿卜杜拉国王科技大学的黄国维和北京大学的郑俊荣等[199]成功组装了世界上第一台能独立运动的甲酸供氢的 400W 氢燃料电池原型车并试车成功，载重 45kg，时速 8～10km[199]。2018 年，瑞士洛桑联邦理工学院的 Laurenczy 等[200,201] 研发了世界上第一台 800W 的甲酸供氢的氢燃料电池系统，如图 6-52 所示。甲酸作为 LOHC 实用化的主要挑

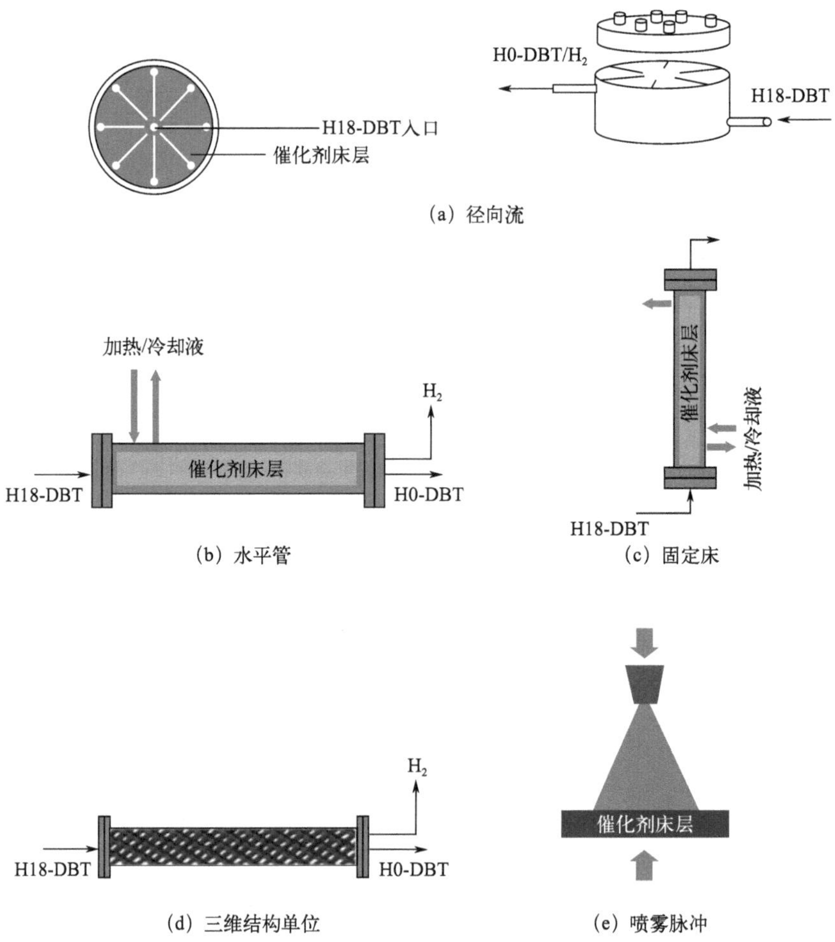

图 6-50 典型 LOHCs 脱氢的反应器

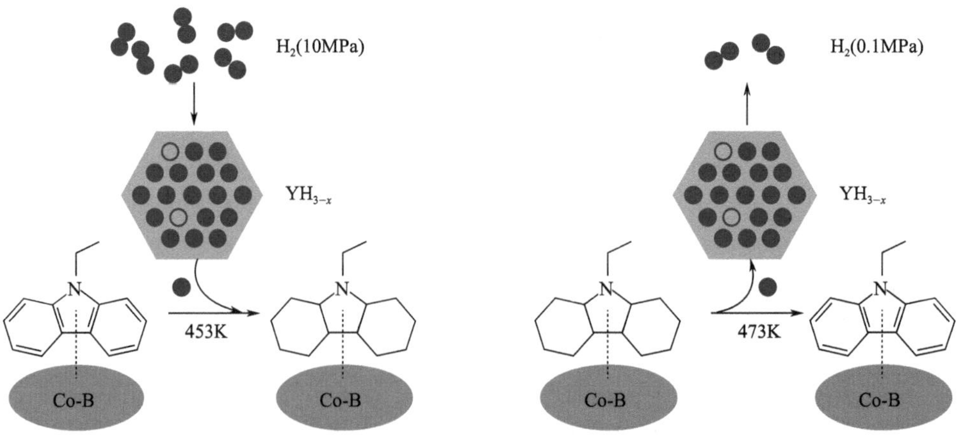

图 6-51 Co-B/Al_2O_3-YH_{3-x} 催化 NEC/12H-NEC LOHC 体系吸放氢过程中 YH_{3-x} 介导氢传递的示意图[198]

战是找到在室温附近能高选择性、高活性、高稳定性催化工业级甲酸产氢的异相催化剂。

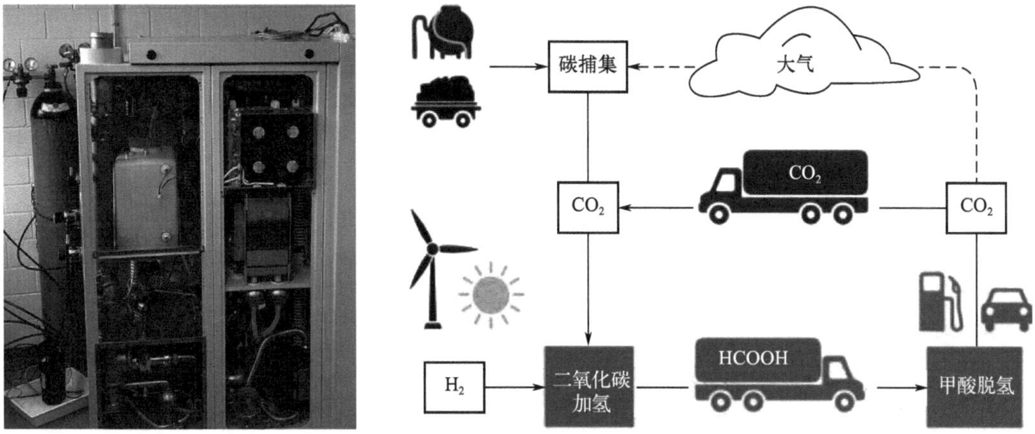

(a) (b)

图 6-52 甲酸供氢的 800W 氢燃料电池系统[200]（a）及示意图[199]（b）

我国是全球最大的甲醇生产国，甲醇直接脱氢的理论质量储氢密度约为 12.5%。从分子层面分析，甲醇产氢反应的本质是将分子内的全部氢原子释放的过程，这其中主要涉及的化学变化包括 C-H、O-H 键等化学键的解离以及碳原子从低价经多步反应氧化为 CO_2。2023 年 2 月 15 日，我国首个甲醇制氢加氢一体站投用，如图 6-53 所示。该站由中石化燃料油公司大连盛港油气氢电服“五位一体”综合加能站升级而来，每天可产出 1000kg 纯度为 99.999%的高纯度氢气。该制氢装置占地面积小，项目建设周期短，生产过程绿色环保，综合考虑制、储、运成本，相比传统加氢站用氢方式成本可降低 20%以上。该综合加能站将成为我国低成本加氢站的示范样本，可起到引领我国氢能产业发展的作用。作为技术开发的基石，低温甲醇催化重整制氢反应催化剂的研发和基础科学问题的解决是进一步提升甲醇-氢动力系统效能的关键。此外，实现在多次“启动-停止”以及相对复杂工况下催化剂高度的稳定性、产氢条件温和化、降低催化成本和简化催化剂再生条件等都是亟待解决的关键科学问题。

图 6-53 我国首个甲醇制氢加氢一体站投用[202]

（2）芳香化合物型液态有机氢载体方面

日本和欧洲在这方面的研究较早，并已建立工业化示范装置，其中比较突出的有德国 Hydrogenious Technologies（简称 HT）和日本千代田化工建设公司（简称千代田）[203]。2002 年日本千代田化建进行了基于甲苯的 LOHC 系统开发，针对甲苯-甲基环已烷储氢体系低温转化率低和脱氢催化剂易失活等问题研发相对应的高效催化剂。HT 成立于 2013 年，一直致力于以二苄基甲苯为储氢载体的 LOHC 技术研发推广，并采用科莱恩的高活性催化剂及 HyGear 氢气净化系统，完成 LOHC 工业化技术准备，在德国 Dormagen 化学园区建造了以二苄基甲苯为储氢载体的 LOHC 装置，进入工业化示范阶段。2017 年，千代田、三菱商事、三井物产、日本邮船四家公司成立先进氢能源产业链开发协会（AHEAD），开始致力于以甲苯为储氢载体的 LOHC 储运技术的研究开发，利用甲苯（TOL）与甲基环己烷（MCH）体系，2020 年 5 月，位于日本川崎市邻海的京浜炼油厂从脱氢工厂开始向水江发电站的燃气轮机提供从文莱达鲁萨兰国海运来的甲基环己烷放出的氢（如图 6-54 所示[204]）。由此，世界上首次实现了“海外输送的氢的电力供给”。2022 年初实现了“从文莱海运至日本川崎年供氢规模 210t”LOHC 应用场景示范。2023 年，德国 Hydrogenious Technologies 公司实施了 200kW 的 LOHC/燃料电池示范项目，推进船上应用零排放技术。

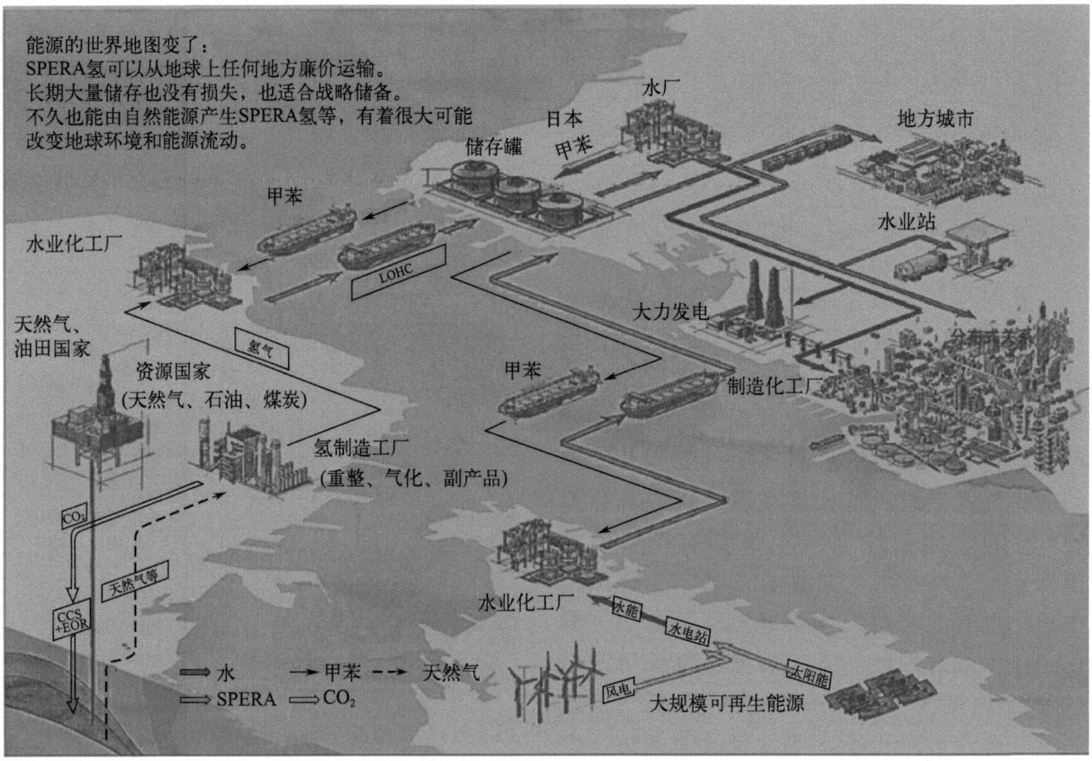

图 6-54　基于日本千代田公司开发的甲苯/甲基环己烷 LOHC 系统在世界范围内进行能源分配的示意图[204]

在氢能产业高速发展，聚焦氢能储运的背景下，我国 LOHC 技术借鉴国外成果，对甲苯、二苄基甲苯和 *N*-乙基咔唑等进行了深入的探索，涌现出了武汉氢阳能源有限公司、中化学科学技术研究有限公司、南通久格新能源科技有限公司、青岛海望能源科技有限公司、中氢源安（北京）科技有限公司、氢易能源科技有限公司等 LOHC 储运技术研发单位，并取得了喜人的成果。武汉氢阳能源有限公司与中化学建设投资集团有限公司在北京房山和上海金山分别建立日供氢 400kg、相距 1463km 的加氢、运氢、脱氢的一体化示范应用装置，经过三次试车，2023 年 7 月 6 日，其全球首套常温常压有机液体储氢加注一体化示范项目在上海碳绿湾产业园（原上海金山第二工业区）成功完成全流程贯通，各项指标（脱氢规模、脱氢速率、脱氢效率、单位能耗及氢油损耗等关键指标）均达到可以商业化的预期目标，已达到设计水平，如图 6-55 所示。中化学科学技术研究有限公司建立了国内首套甲苯-

甲基环己烷有机液体储氢中试示范装置，规模达 300kg/d，成功完成了逾 1000h 的中试试验，攻克了 LOCH 加氢脱氢的核心技术，已具备全面工业化推广应用条件。

图 6-55 全球首套有机液体储氢加注一体化装置[205]

(3) 金属有机氢化物有机氢载体方面

中国科学院大连化学物理研究所何腾、陈萍团队提出利用具有不同电负性的金属来调变有机储氢材料的电子性质，从而调变材料脱氢焓的策略，首次开发出了一种全新的改性方式，即有机无机杂化储氢材料-金属有机氢化物。金属有机氢化物由金属阳离子和有机阴离子组成，种类丰富，性质不同。该团队共设计预测了近 100 种金属有机氢化物的热力学性质，包括苯酚钠[206]、咔唑锂[207] 和吲哚锂[208] 等。根据储氢量大于 5.0%且反应脱氢焓变介于 25～35kJ/mol 之间的要求，研究人员从中筛选出了 20 余种具有应用前景的储氢材料。理论计算结果表明，引入金属的供电子能力越强，材料的脱氢焓值越低。

金属有机氢化物储氢材料克服了金属氢化物可逆储氢容量衰减严重和一般有机液体化合物脱氢温度高的问题，兼有储氢容量高和热力学性能适宜的优点。此外，有机物种类多样，与无机金属杂化后可以衍生出更多种类的储氢材料，该研究为未来低温可逆储氢材料的开发开辟了崭新的思路，是一类具有应用前景的储氢体系。

LOHC 储运技术在常温、常压下以液态有机物方式实现高密度、远距离、长周期、大规模的跨地区氢能储运，与其他储氢方式相比，在安全性能、储氢密度、经济性能及产业匹配等方面具有突出的优势，可借助现有的油气储运装备，与油气储运产业相辅相成，协同发展，是目前最具大规模工业化潜力的氢能储运技术，是补齐氢能产业链储运短板的有效途径。但由于其吸放氢动力学和操作温度等方面的问题，LOHC 只是小范围的使用，其大规模使用还应在以下几个方面努力：a. 继续探索可大规模推广的储氢体系；b. 通过调整材料活性组分的化学环境来激活特定低能途径，进一步降低加（脱）氢反应的压力、温度及综合能耗；c. 针对不同应用场景，开展不同工艺设计。

6.5 其他储氢材料（技术）

6.5.1 高熵合金储氢

高熵合金(HEAS) 因其独特的多元素组成和结构性质备受关注，成为新型氢储存材料的研究热点。高熵合金是由 4～5 种或更多主元素组成的多主元素合金，与传统合金相比，具有更高的无序性和熵。形成氢化物的合金和金属间化合物是最重要的储氢材料。

高熵合金（或多主元合金）的概念于 2004 年提出。相关研究发现，多种元素按近、等原子比例混合后得到的合金并未形成复杂的金属间化合物，而是形成了简单的固溶体结构。高熵合金的出现打破了传统合金以混合焓为主的设计理念，为新材料的研发打开了一个广阔的成分设计空间。与传统金属材料相比，两代高熵合金都展现出卓越的力学性能和良好的功能特性，如表 6-25 所示。

表6-25 传统合金和两代高熵合金的对比[209]

分类	组成部分	特点	结构	原子排列	典型合金
传统合金	1～2 种主要元素	比基本物质坚硬	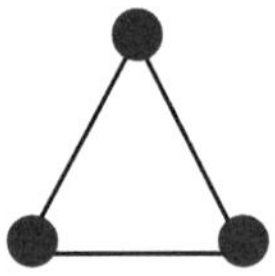	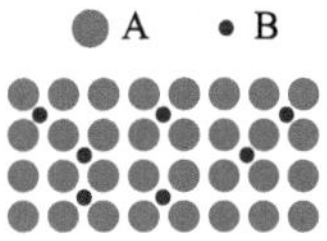	Fe-Ni、Fe-C、Cu-Al、Al-Mg
第一代 HEAs	至少 5 种主要元素	单相，等摩尔	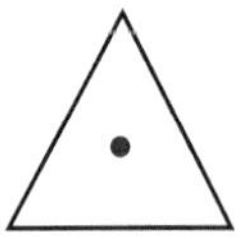	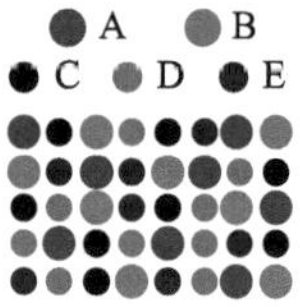	CoCrFeNiMn、AlCoCrFeNi
第二代 HEAs	至少 4 种主要元素	双相或者复相，非等摩尔		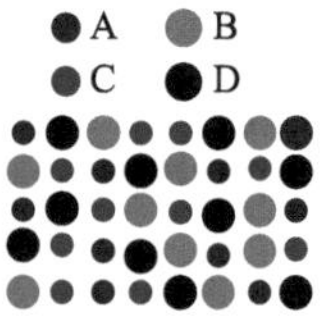	NbMoTaW、$Al_{0.3}CoCrFeNi$、$Fe_{50}Mn_{30}Cr_{10}Co_{10}$

在多主元素合金中，高混合熵（也称为构型熵）可以减少高阶多组分合金的相数，从而改善材料性能。与以单一主元素为基础的典型传统合金不同，HEAs 含有至少 4～5 种或更多的主元素，每种元素的浓度为 5%～35%，如图 6-56 所示[210]。HEAs 的基本原理是基于高混合熵或构型熵，它可以稳定多组分系统中的单相。总的来说，复杂合金在液体和完全随机的固溶体中的构型熵都很高；然而，由于高熵效应，HEAs 往往具有固溶体结构，而不是复杂的金属间化合物。

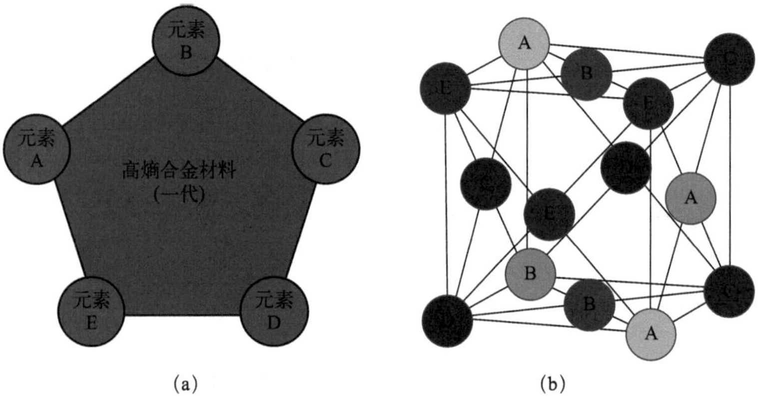

图 6-56 包含五种主元素的 HEAs 机构示意图（a）和 HEAs 模型的结构（元素的浓度从 5% 到 35% 不等）（b）[210]

（1）合成方法

我们可以简单地讨论一下 HEAs 的合成技术，涉及多种工艺路线（固态、液态或气态），例如感应熔炼（IM）、真空电弧熔炼（VAM）、机械合金化（MA）、火花等离子烧结（SPS）、熔体纺丝、溅射等[211]，如图 6-57 所示。然而，最成功的合成技术之一是通过真空电弧/感应熔化然后凝固的熔化和铸造路线。

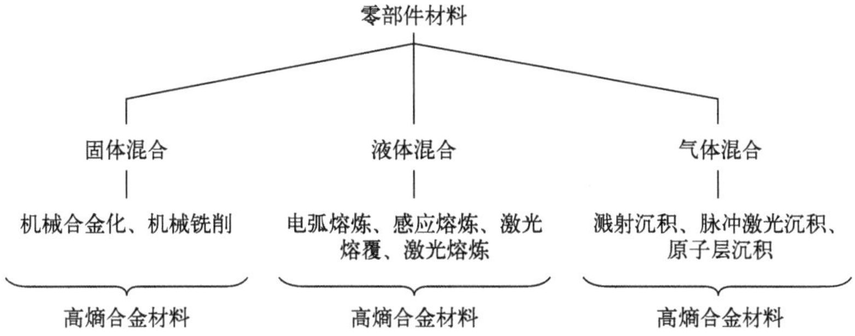

图 6-57 HEAs 合成的主要工艺路线（固态、液态和气态）[212]

（2）高熵合金结构及其储氢性能

高熵合金的晶体结构主要可以分为体心立方（bcc）和面心立方（fcc）。众所周知，由于金属氢化物在室温下与金属原子形成共价键的强烈倾向，氢可以以化学形式储存在金属氢化物中，故而金属和合金吸收氢相对容易。然而，要使用氢作为燃料，氢的解吸也是必需的，这时金属就会变得困难，因为它们与氢的强键使它们太稳定而无法在室温下释放储存的氢。因此，通常需要 120～200℃左右甚至更高的高温才能释放氢气。为了降低这个温度（能量输入），必须开发新型材料，这导致研究人员探索由氢化变形元素组成的高熵合金的制造，其中元素与氢形成较弱的键，促进储存的氢的解吸。这种涉及多组分元素的选择使 HEAs 成为潜在的储氢材料。表 6-26 列出了一些研究过的基于 HEAs 的储氢材料。

表6-26 典型 HEAs 储氢材料的储氢性能[210]

序号	合金成分/系统	合成方法	结构	质量储氢量/%
1	$CoFeMnTi_xV_yZr_z$	电弧熔炼	C14 Laves 相	0.03～1.80
2	ZrTiVCrFeNi	LENS（激光增材制造技术）	C14 Laves 相	1.81
3	TiZrNbMoV	LENS	bcc	2.30
4	$Ti_{0.325}V_{0.275}Zr_{0.125}Nb_{0.275}$	电弧熔炼	bcc	2.5
5	TiVZrNbHf	电弧熔炼	bcc	2.70
6	TiZrNbHfTa	电弧熔炼	bcc	H/Mtt2.00
7	$MgZrTiFe_{0.5}Co_{0.5}Ni_{0.5}$	MA（机械合金化）	fcc	1.2
8	TiZrHfMoNb	电弧熔炼	bcc	1.18
9	TiZrNbTa	电弧熔炼	bcc	1.40
10	$Ti_{0.20}Zr_{0.20}Hf_{0.20}Nb_{0.40}$	电弧熔炼	bcc	1.12

续表

序号	合金成分/系统	合成方法	结构	质量储氢量/%
11	MgVAlCrNi	MA	bcc	0.30
12	MgVTiCrFe	MA	bcc（主要）和 MgH_2（次要）	0.30
13	TiVZrNbTa	电弧熔炼	bcc	2.50
14	$Ti_{0.30}V_{0.25}Zr_{0.10}Nb_{0.25}Ta_{0.10}$	电弧熔炼	bcc	2.2
15	CoFeMnTiVZr	电弧熔炼	C14 Laves 相	1.91
16	AlCrFeMnNiW	MA	bcc（主要）和 fcc（次要）	0.62
17	TiZrHfMoNb	电弧熔炼	bcc	1.18
18	$Mg_{0.10}Ti_{0.30}V_{0.25}Zr_{0.10}Nb_{0.25}$	MA	bcc	2.7
19	TiZrNbCrFe	电弧熔炼	C14 Laves 相（主要）和 bcc（次要）	1.9
20	MgAlTiFeNi	MA	bcc 和 TiH_2	1.0
21	Mg-V-Al-Cr-Ni	MA	bcc	0.3
22	Ti-Zr-V-Cr-Ni	感应熔炼	C14 Laves	1.78

由表 6-26 可知，相对于传统合金，高熵合金在储氢领域具有独特的优势。其多元素组成和无序性增加了合金的熵，提高了其稳定性和抗氧化性。合金的成分和结构可调控，实现储氢性能的定制化。

高熵合金具有各种优异的宏观力学性能，如高强度、高硬度、高耐磨性、抗氧化性、抗辐照性和抗腐蚀性等。HEAs 的性能多样性源于组分的多元化，其主要组成元素为 Al、Si、Ti、V、Mn、Co、Cr、Fe、Ni、Cu、Zn、Mo、Nb、Zr 以及 Sn、Pb 等；非等摩尔比高熵合金中常掺杂少量的小分子元素或稀土元素等，如 H、B、C、N、O 以及 Y、Sc、La、Ce 等。HEAs 因其与传统合金体系的差异，展现出了独有的“四大效应”，即热力学上的高熵效应、动力学上的慢扩散效应、晶体学上的晶格畸变效应以及性能上的混合效应，如图 6-58 所示。

由于 HEAs 主要由分子量相对较大的过渡金属组成，其中一些不与氢反应，因此这种合金的储氢能力是有限的。尽管在 HEAs 中引入了一些轻吸氢元素，如 Mg、Al、Sc，但由于合金元素之间的复杂相互作用，显著提高相应合金储氢能力的努力似乎并不成功，如图 6-59 所示。

实施氢技术的主要挑战之一是储氢方面。金属氢化物已经被研究了几十年，它们被认为是许多储氢应用的长期替代品。在这方面，一类新的合金，即高熵合金，为金属氢化物的研究带来了新的和有希望的可能性。据报道，HEAs 具有卓越的储氢容量，但还需要进一步的证据。HEAs 主要有前景的方面是其庞大的组成，就储氢应用而言，这提供了巨大的机会，因为可以形成不同的结构（bcc、Laves 和 hcp），并且氢化性能可以显著调整。bcc 相在所有报道的 HEAs 储氢相中显示出最大的希望，还需要对 bcc-HEAs 的储氢性能进行详细研究。此外，大多数报道的 bcc-HEAs 都是通过电弧熔炼合成的，还需要详细研究合成方法和工艺参数对 bcc-HEAs 储氢性能的影响。高熵合金还可以和其他储氢材料组成复合储氢催化剂或

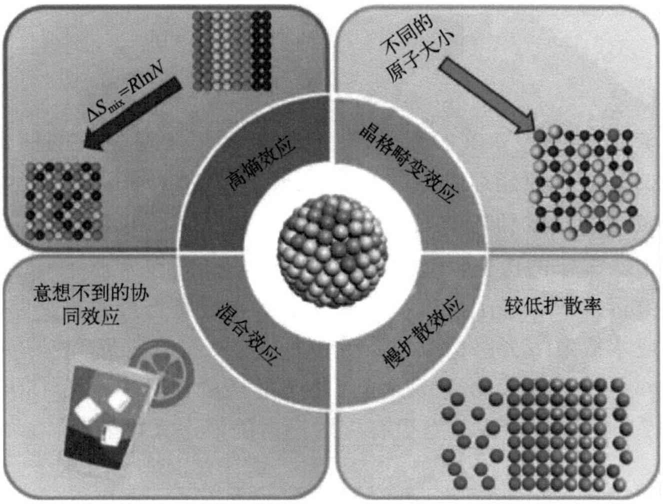

图 6-58 影响高熵合金性能的四种核心效应示意图[213]

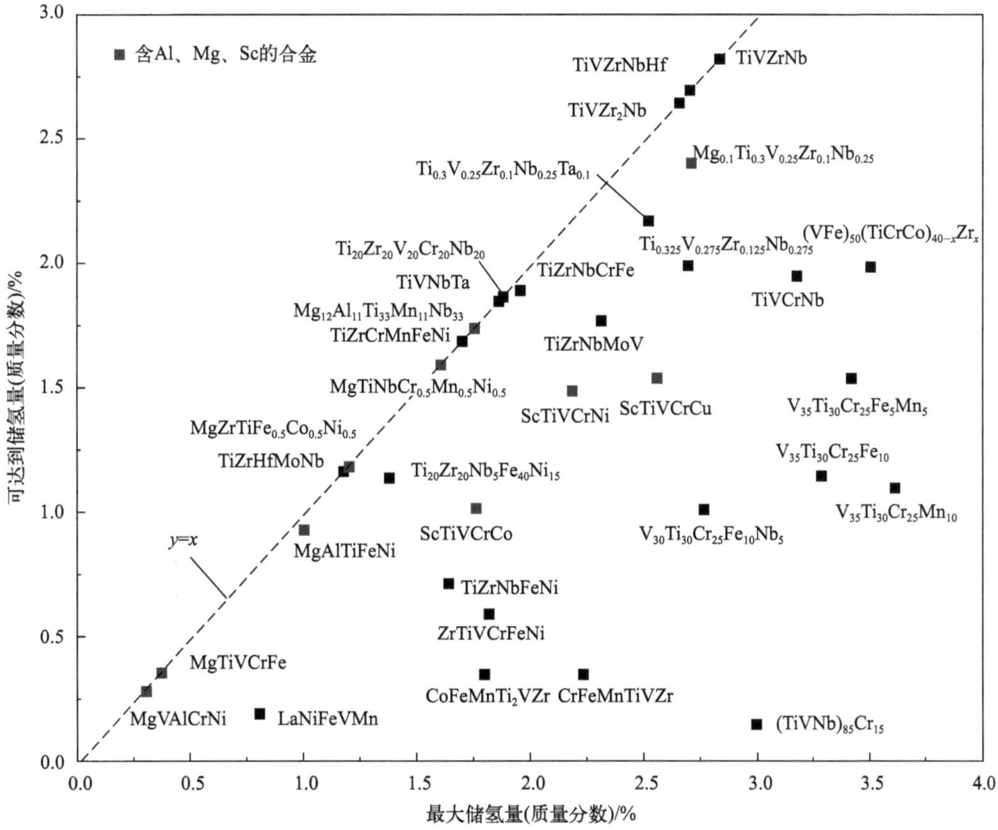

图 6-59 现有 HEAs 的最大质量储氢量和可用质量储氢量[214]

者作为其他储氢材料的催化剂。到目前为止，对储氢 HEAs 的研究还处于初级阶段，随着合金成分等的变化，其储氢性能及机理还有待进一步研究。

6.5.2 液氨

（1）液氨储氢概述

氢气在常压下液化温度为－253℃，液化能耗很高。气态氢气的储运密度很低，一辆 40t 氢气运输车（20MPa），只能运输氢气约 250kg，氢气的经济运输半径小于 200km。氨是高效储氢介质，含氢质量分数和体积密度分别为 17.7%和 120g H_2/L，如图 6-60、图 6-61 所示。合成氨已有 100 多年的历史[215]，工艺经典成熟。氨在常压下－33℃或室温下 1MPa 即可液化。液氨的储运技术、基础设施、运输标准都很成熟，可通过公路、水路和长距离管道运输，并且运输成本低廉（公路运输成本仅为氢气的 1%，水路和管道运输成本仅为氢气的 1%）[216]。液氨作为氢的高效储运介质可以将氢的经济运输半径从 150～200km 增加至数千千米以上[217]。因此，液氨被认为是很有应用潜力的液态无机氢载体。

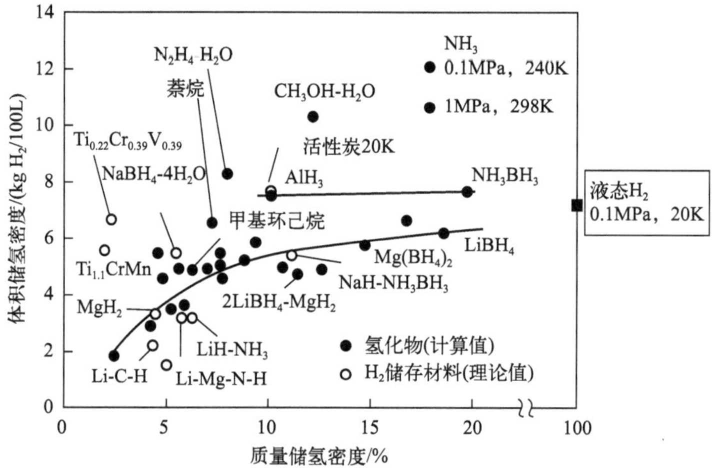

图 6-60 不同储氢介质的质量储氢密度和体积储氢密度（固体填充效率：50%）[218]

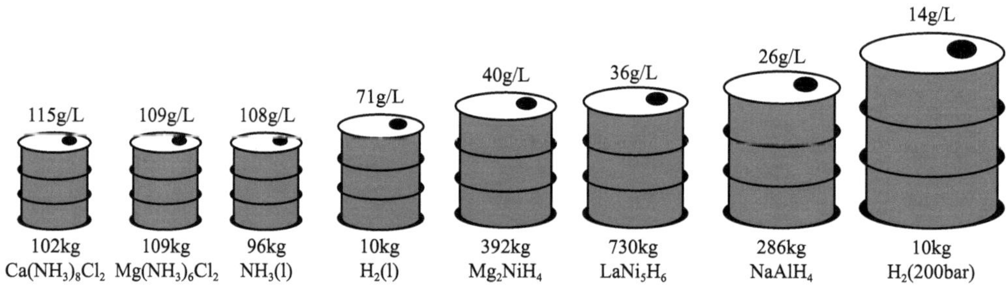

图 6-61 不同方法可逆储存 10kg 氢气的质量和体积密度对比图[219]

由清洁能源（绿电）驱动大规模制氢-绿氢大规模合成氨-液氨长时间大规模储存-液氨跨地域大规模输运-液氨大规模裂解制绿氢-氨氢或氢燃料综合应用构成的氨氢融合（以氨和氢作为直接能源或能源载体的新能源体系）新能源产业模式是全球公认的最有希望突破清洁能源大规模应用瓶颈的途径之一。氨氢新能源产业分为四个环节，分别为清洁能源发电、氨氢储能、氨储存与氨运输及氨氢新能源应用[220]。

2022 年 1 月 29 日，由国家发展和改革委员会、国家能源局印发的《“十四五”新型储能发展实施方案》中，将氨能列入“十四五”新型储能标准体系重点方向和“十四五”新型储能技术装备攻关，强调了氨的氢基储能和低碳燃料的属性[221]。近年来，国际上也逐渐开启了氨氢融合发展的大潮，氨氢融合被视为国际清洁能源前瞻性、颠覆性、战略性的技术发展方向，是解决氢能发展重大瓶颈的有效途径，各国积极制定氨能政策，开展有关氨氢融合项目的实践工作，全球正在迈向“氨＝氢 2.0 时代”[222]。与此同时，我国也在积极开展有关氨氢融合项目的研究，批准成立了“宁夏氨氢产业联盟”等多项氨氢融合相关项目，并规划了以宁夏吴忠市为中心的“中国氨氢谷”示范基地[223]。

（2）液氨的生产和储运

合成氨方程式为：

$$N_2+3H_2 \longrightarrow 2NH_3 \qquad \Delta H_{298}=-92.2\text{kJ/mol} \tag{6-35}$$

液氨很容易通过氨气的冷却和压缩得到，因此液氨生产的关键是氨气的合成。1913 年 9 月 9 日，世界上第一座合成氨装置投产。之后，合成氨工业迅速发展。Haber、Bosch、Mittasch 和 Ertl 这 4 位伟大的科学家为合成氨工业的创立与发展做出了巨大的贡献，其中，Haber、Bosch 和 Ertl 分别获得了诺贝尔化学奖[224]。目前合成氨主要采用的是经典的 Haber-Bosch 工艺（500℃，20MPa），在铁基催化剂作用下进行。2020 年，全球的氨产量约为 1.83 亿吨[225-227]，能量消耗约占全球能源消耗量的 2%，由于合成氨的氢气 96%来自化石燃料，其余 4%来自电解水，经典工艺合成氨中二氧化碳排放量约为 4.5 亿吨[228]。我国合成氨工业自 20 世纪 20 年代起步发展，目前已成为全球最大的合成氨生产及消费国家，2020 年，我国合成氨产能约 6676 万吨，其中，规模在 30 万吨/年及以上的产能占总量 3/4 以上，约 73.7%是煤制氨[229]。

合成氨催化剂经历了 Fe 基和 Ru 基两个系列，前者条件苛刻（高温、高压）且催化效果一般，后者成本较高。目前，需要通过催化剂制备技术的创新，如合成具有特定形貌与尺寸的过渡金属及载体，精细调控金属与载体、助剂之间的相互作用，以达到降低 Ru 金属负载量，并提高催化剂活性及稳定性的目的。如构筑双活性中心、表面团簇和单层双金属活性位等，这为工业催化剂的设计与开发提供了更多的可能性。相较于热催化过程，利用光、电、等离子体等外场作用不但可以影响反应速率及机理，还可以使得一些在常规条件下无法发生的反应得以实现。近年来，电化学合成氨、光化学合成氨、等离子体协同催化合成氨和电催化合成氨等新型合成氨方法被广泛应用。这些方法用 H_2O 代替 H_2 作为氢源，从而避免合成氨过程中碳的排放，同时这些方法可以利用可再生能源在较温和的条件下实现氨的合成，从而降低能耗和成本。

液氨的储存方式可以分为三种，即全压力储存、降温储存和常压低温储存，分别对应加压液化、降温液化和加压降温液化三种液化方式，主要使用的是前两种方式。全压力储存即使用高压钢瓶或者钢罐储存，根据使用温度的不同对容器的耐压要求不同，比如 50℃对应 2.07MPa。这种储存方式主要应用于中小型液氨储存设备，比如常见的液氨钢瓶。

液氨的运输方式包括公路汽车罐车、铁路罐车、水路驳船和管道运输。公路汽车罐车适用于中短距离运输，应用最为广泛。铁路罐车和水路驳船适用于长距离运输。管道运输适合短距离运输。

由于氨具有毒性、易燃易爆性、腐蚀性，所以液氨的储存与运输需要有非常严密的安全措施，然而始终存在一定的安全隐患。近年来，一系列储氨材料被研发出来，有望在未来代替液氨成为氨的主要储运方式。和储氢材料类似，储氨材料指能在一定条件下吸收和放出氨气的材料，有类似气体吸放氢的 PCT 曲线，如图 6-62 所示（另见文前彩图）。储氨材料主要包括金属卤化物（如 $CaCl_2$）、配位氢化物（如 $NaBH_4$）、质子基材料［如 a-Zr（HPO_4）$_2$（H_2O）］等，反应分别见式（6-36）～式（6-38）。图 6-63 是部分储氨材料的质量储氨量和体积储氨量。其中大部分储氨材料的储氨量都较高，比如 $MgCl_2$ 的质量储氨量（质量分数）和体积储氨量（体积密度）分别高达 51.8%和 310g NH_3/L，$CaCl_2$ 的质量储氨量和体积储氨量分别高达 55.1%和 320g NH_3/L，它们的体积储氨量达到了液氨的 93%左右。

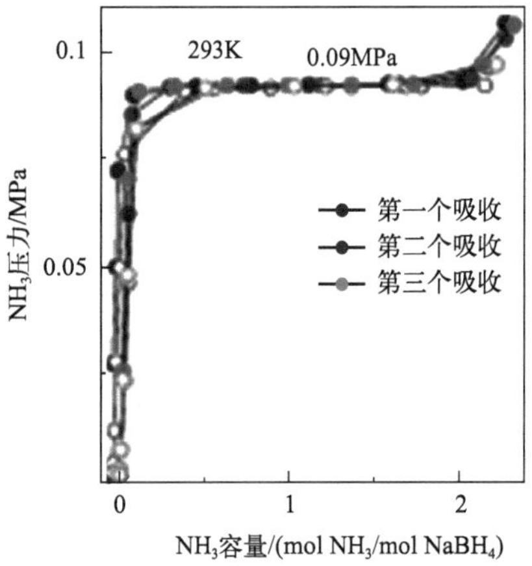

图 6-62 NaBH₄-NH₃ 系 PCT 曲线[230]

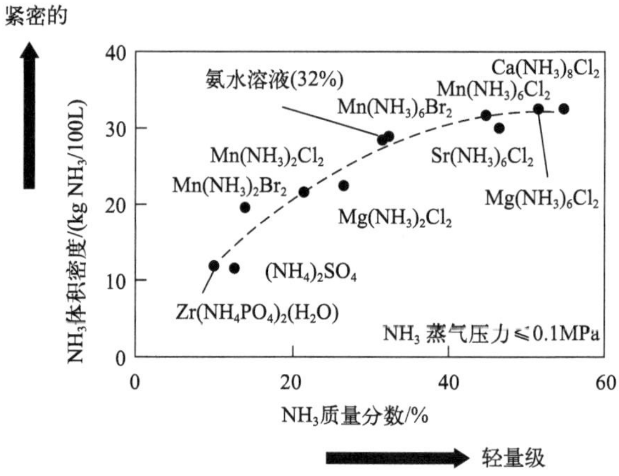

图 6-63 典型储氨材料质量储氨量和体积储氨量（填充比：50%）[231]

金属卤化物储氨反应式：

$$MX_m + nNH_3 \longrightarrow M(NH_3)_nX_m \tag{6-36}$$

其中，M 为 Li、Na（$m=1$）、Mg、Ca、Mn、Co、Ni、Cu、Zn、Sr、Ba、Ag（$m=2$）、Co（$m=3$）、Pt（$m=4$）等；X 为 Cl、Br、I；n 为 1、2、4、6、8，n 是配位数。

配位氢化物储氨反应式：

$$M(BH_4)_m + nNH_3 \longrightarrow M(NH_3)_n(BH_4)_m \tag{6-37}$$

其中，M 为 Li、Na、Mg、Ca；$n=1$～6；$m=3$（Al），$m=2$（Mg、Ca），$m=1$（Li、Na）。

质子基材料储氨反应式：

$$MH_n + nNH_3 \longrightarrow M(NH_4)_n \tag{6-38}$$

其中，M 为 NH_4SO_4、$Zr(PO_4)_2(H_2O)$；$n=1$（NH_4SO_4），$n=2$［$Zr(PO_4)_2(H_2O)$］。

（3）液氨的分解制氢

液氨的分解和产生的氢气的纯化是液氨作为液态无机氢载体的主要难题，绿氢、绿氨的制取与应用链条如图 6-64 所示。氨气分解方程式为：

$$2NH_3 \longrightarrow N_2 + 3H_2,\ \Delta H = 92.4\text{kJ/mol},\ \Delta G = 32.8\text{kJ/mol} \tag{6-39}$$

目前氨分解主要使用的催化剂是 Ru 基催化剂，但是其成本较高。对于 Ru 基催化剂，为了降低氨分解温度、减少 Ru 含量和提高催化剂效果，常有下列措施[232]：a. 调整润湿浸渍、沉积沉淀和共沉淀等可控制备工艺；b. 添加 Ni、Fe 和 La 等二次金属；c. 选择合适的载体（包括 CNT、石墨烯、Al_2O_3、SiO_2 和 MgO 等）；d. 选择合适的促进剂，如碱金属、碱土金属和稀土金属；e. 制备核壳结构。这些方法改进了钌基催化剂的分散性、热稳定性、反应性和催化性能。

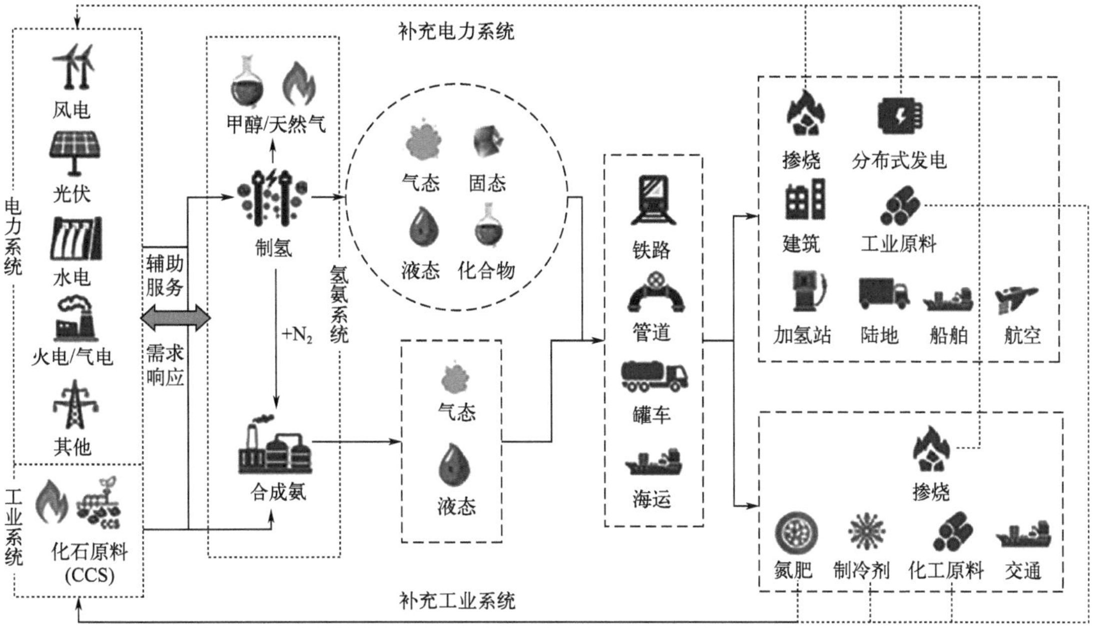

图 6-64 绿氢、绿氨的制取与应用链条[229]

由于成本原因，在 Ru 基催化剂的基础上，相继开发了 Fe、Co、Ni 基等催化剂，相关研究进展见表 6-27[233]。2015 年，中国科学院大连化学物理研究所陈萍等利用金属氢化物同过渡金属反应，发展了具有较高催化活性的亚氨基锂（Li_2NH）与 3d 过渡金属或其氮化物复合催化剂[234]，相同条件下氮化锰-亚氨基锂的产氢速率超过目前综合性能最优的贵金属 Ru 基催化剂[235]。2019 年，美国约翰斯·霍普金斯大学的王超等[236] 制备了 Co-MoFeNiCu 高熵合金（HEAs），通过调整 Co、Mo 含量，打破了双金属 Co-Mo 合金中的混溶性限制，如图 6-65 所示（另见文前彩图），从而制备了单一固溶体纳米颗粒高熵合金，部分高熵合金催化效果甚至超过了 Ru 基催化剂。几种催化剂的性能如表 6-27、表 6-28 所示。

表6-27 非 Ru 基氨分解催化剂及其性能

催化剂类型	催化剂用量（质量分数）/%	载体	温度/K	反应速率 /[molNH_3/(m^2·h)]	TOF（转化频率）/s^{-1}	转换率 /%	参考文献
Ni	1	Al_2O_3	853		4.21		[237]
Rh	0.5	Al_2O_3	853		2.26		[237]
Co	1	Al_2O_3	853		1.33		[237]
Ir	1	Al_2O_3	853		7.9×10^{-1}		[237]
Fe	1	Al_2O_3	853		3.3×10^{-1}		[237]
Pt	1	Al_2O_3	853		2.2×10^{-2}		[237]
Cr	1	Al_2O_3	853		2.2×10^{-2}		[237]
Pd	0.5	Al_2O_3	853		1.9×10^{-2}		[237]
Cu	1	Al_2O_3	853		1.3×10^{-2}		[237]

续表

催化剂类型	催化剂用量（质量分数）/%	载体	温度/K	反应速率 /[molNH$_3$/(m^2·h)]	TOF（转化频率）/s^{-1}	转换率/%	参考文献
Te	1	Al_2O_3	853		5.6×10^{-3}		[237]
Se	1	Al_2O_3	853		4.4×10^{-3}		[237]
Pb	1	Al_2O_3	853		2.4×10^{-3}		[237]
VC（VaC-7）	100		843	$1.4\times10^{-4*}$	12.9		[238]
VN			800	$1.2\times10^{-5*}$	0.18		[238]
MO_2N			800	$2.4\times10^{-4*}$			[238]
MO_2C			843	$1.9\times10^{-4*}$	28.3		[238]
Ir	10	SiO_2	873		1.77	56	[239]
Ir	10	SiO_2	673		0.12	3.9	[239]
Ni	10	SiO_2	873		11.92	36.4	[239]
Ni	10	SiO_2	673		0.46	1.4	[239]
MoN_x	12	α-Al_2O_3	873	$1.7\times10^{-2*}$		75.2	[240]
$NiMoN_x$	7.2 & 12	α-Al_2O_3	873	$1.58\times10^{-2*}$		69.9	[240]
NiO	6	MgO	973	$2.0\times10^{-2*}$		89.2	[240]
CoFe	5	CNT	923		5.4	25	[241]
CoFe（封闭式）	5	CNT	923		5.4	50	[241]
$LiNH_x$	100		723		6.6	90.7	[242]
$NaNH_2$	100		723		6.6	54.9	[242]

注：VaC—钒碳化物催化剂。

表6-28 部分氨分解催化剂及其性能

催化剂	金属含量（质量分数）/%	NH_3含量（体积分数）/%	T/℃	空速/[mL/(g·h)]	转化率/%	转化频率/h^{-1}	参考文献
Ru/CNTs	4. 8	100	500	30000	84	6241	[243]
Li_2NH-Fe_2N	81. 2	100	500	60000	38. 1	1179	[234]
Li_2NH-Mn_2N	81	100	500	60000	59. 1	2735	[234]
HEA-$Co_{25}Mo_{45}$	7. 8	5	500	36000	84	1571	[236]
HEA-$Co_{35}Mo_{35}$	8. 3	5	500	36000	67	1128	[236]
HEA-$Co_{45}Mo_{25}$	8. 8	100	500	36000	64. 5	19633	[236]
HEA-$Co_{55}Mo_{15}$	9. 3	100	500	36000	100	25209	[236]

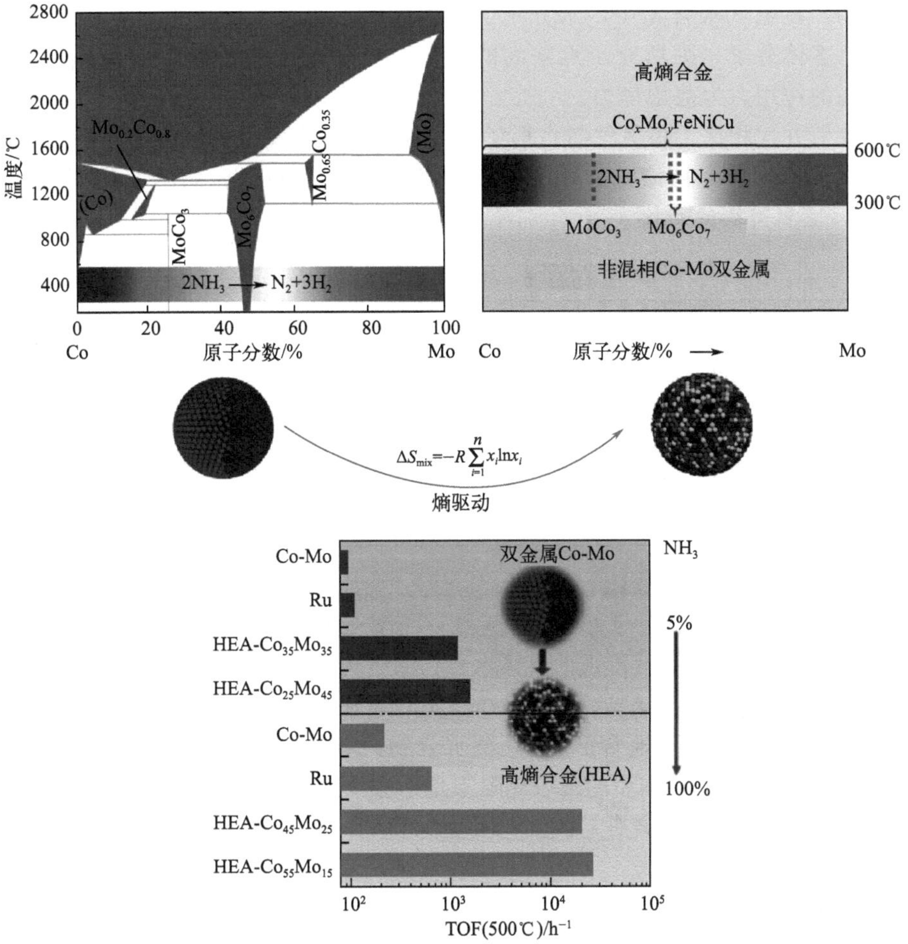

图 6-65 HEAs 催化剂打破传统二元合金的混溶性限制原理示意图
及不同成分合金 NH_3 分解情况比较[236]

TOF—周转频率（turnover frequency）

液氨的储氢量大，在工业上已经得到广泛应用。将氨气液化所需能量远低于液氢，液氨的挥发损失也远小于液氢，因此，液氨作为储氢介质未来可期。但氨的分解需要较高温度且在催化剂催化条件下才能进行，氨分解产氢的装置比较复杂而且能耗高，同时分解产物中总有部分未分解的 NH_3。因此，作为储氢介质，液氨应在氨的分解和氨气的分离纯化等方面继续努力。

6.5.3 水合物储氢技术

（1）水合物储氢概述

气体水合物，也称为笼形水合物，是主体分子（水）与客体分子（如甲烷、二氧化碳等）在高压、低温环境下自发形成的一种笼形晶体化合物[244]。水分子间通过氢键构成不同结构的笼子，客体分子进入笼内，并通过分子间作用力使笼内结构更加稳定。1810 年，英国化学家 Hlumphry Dary 在实验室中首先发现气体水合现象，并提出了气体水合物（gag hydrates）的概念。气体水合物是笼形水合物（clathrate）的一种。氢气水合物（hydrogen clathrate hydrate）[245] 是氢气在一定的温度和压力下与水作用生成的一种非固定计量的笼形晶体化合物。在氢气水合物中，水分子（主体分子）通过氢键作用形成一种空间点阵结构，氢分子（客体分子）则填充于点阵间的晶穴中，氢气与水之间没有固定的化学计量关系，两者之间的作用力为范德华力。

与其他储氢方式相比，将氢气与水形成氢气水合物可实现在相对温和的条件下储氢，是一种新型储氢技术。水合物储氢为一种有望取代高压气体储氢、低温液化储氢的新技术。表 6-29 为几种储氢方法的对比。

表6-29 几种储氢方法的对比

方法	储存条件	理论储氢密度（质量分数）	安全性	文献
高压气态储氢	298K，35~70MPa	5.7%（70MPa）	危险	[246]
低温液化储氢	23K，0.3~0.5MPa	7.60%	危险	[246]
固体材料储氢	413K，0.001MPa	4.0%（MgH_2）	安全	[247]
氢气水合物储氢	280K，300MPa	3.77%~4.97%（H_2/H_2O）	安全	[248]

（2）气体水合物的晶体结构

常见的水合物晶体结构有 sⅠ型、sⅡ型和 sH 型三种，如图 6-66 和表 6-30 所示。通常情况下客体分子的尺寸决定了其形成的气体水合物的结构构型，例如客体分子的最大范德华直径（Largest van der Waalas diameter）在 4～5.5Å 时通常形成 sⅠ型水合物；客体分子的最大范德华直径<4Å 或 6～7Å 时通常形成 sⅡ型水合物；客体分子的最大范德华直径在 8～9Å 时可生成 sH 型水合物。三种构型的区域界限不是十分明显，当最大范德华直径在 4.5～5.5Å 的分子形成气体水合物时可能会有 sⅠ型、sⅡ型共存和 sⅠ型向 sⅡ型转化的现象发生。

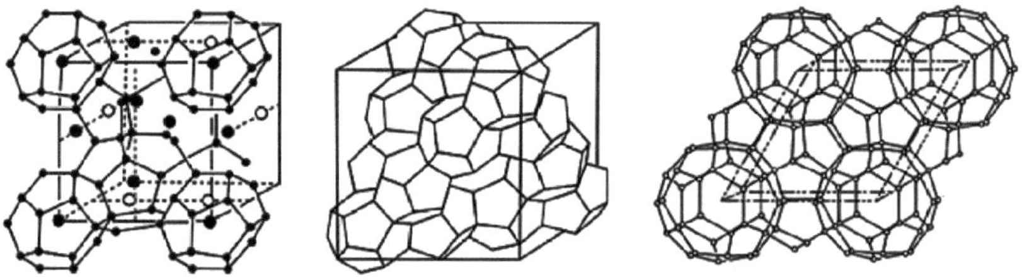

(a) sⅠ型　(b) sⅡ型　(c) sH型

图 6-66 晶体结构[249，250]

表6-30 三种水合物结构的有关参数[251]

晶型	孔穴	表述	孔穴数/个	孔穴直径/Å	配位数/个	理想表达式
sⅠ	小	5^{12}	2	3.95	20	$6X \cdot 2Y \cdot 46H_2O$
	大	$5^{12}6^2$	6	4.33	24	
sⅡ	小	5^{12}	16	3.91	20	$8X \cdot 16Y \cdot 136H_2O$
	大	$5^{12}6^4$	8	4.73	28	
sH	小	5^{12}	3	3.91	20	$1X \cdot 3Y \cdot 2Z \cdot 34H_2O$
	中	$4^3 5^6 6^3$	2	4.06	20	
	大	$5^{12}6^8$	1	5.71	36	

注：1Å= 0.1nm。

（3）气体水合物储氢

人们对氢气水合物的研究相对较晚，因为氢气水合物的热力学生成条件较为苛刻，起初认为氢气水合物无法稳定存储于水合物笼子当中，后来才证实氢气也可以合成水合物。1993年 Vos 等[252] 人工合成了氢气水合物，拉开了人们研究氢气水合物的序幕，之后通过各种手段测验氢气水合物的结构特征，确定了不同体系下生成水合物所需的热力学条件与储氢密度。通过引入不同的促进剂，有效改善了氢气水合物形成的温压条件，近些年来，研究的一个重点方向为比较不同促进剂形成不同氢气水合物的条件，以找到最合适的促进剂，来提高其储氢性能。水合物理论储氢密度的主要影响因素为晶型结构。研究表明，加入不同性状的促进剂，生成的水合物的晶体结构也不同，从而进一步影响到水合物的储氢密度。最早发现氢气在纯水中生成 sⅡ型水合物，之后又确定在特定情况下氢气会生成 sⅠ型、sH 型与 sc 型（半笼形）水合物。更多历程如图 6-67 所示。

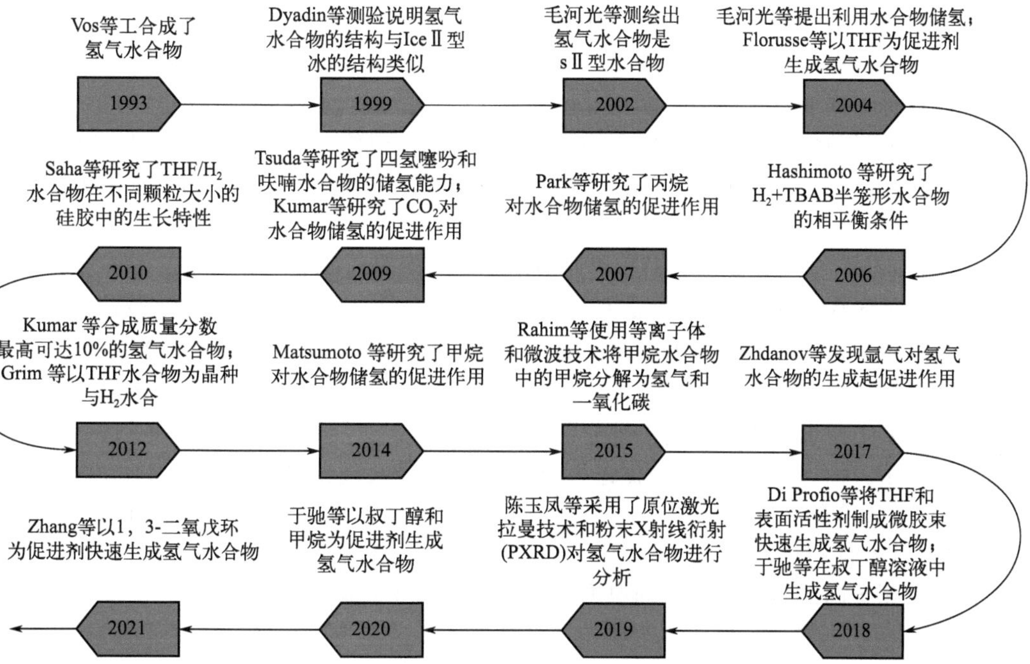

图 6-67 水合物储氢主要发展历程[253]

（4）sⅡ型氢气水合物

1993 年，Vos 等[252] 在纯水中通入 0.75GPa 和 3.1GPa 的氢气，在 295K 条件下生成了氢气水合物，为氢气水合物的研究拉开了序幕。之后 Dyadin 等[254] 测验了氢气水合物的结构特征，说明其结构与 IceⅡ型冰的结构类似。毛河光院士团队[255] 开创性地将氢气在 300K 条件下加压至 180～220MPa，然后降温至 249K 形成氢气水合物，通过拉曼光谱、X 射线衍射等技术手段确定氢气水合物是 sⅡ型水合物，该实验确定了纯水体系下氢气水合物的晶体结构，具有重要意义。之后毛河光等[248] 提出了水合物储氢技术，在 240～249K、200～300MPa 时合成的氢气水合物的理论质量储氢密度为 5.3%，在 77K、常压下保存，该实验的储氢密度高于理论储氢密度 4.97%（$2H_2$-512、$4H_2$-51264），考虑到实验所采用的极高实验压力，可能是实验误差引起的。此外，Kumar 等[256] 在 140K、12～18MPa 下合成氢气水合物，其储氢量为 10%（质量分数），已经超过 sⅡ型水合物的理论储氢量，该实验在 30min 左右、140K、15～18MPa 下储氢量已经达到 2.7%（质量分数），在储氢速率与储氢密度上具有较大优势，而为了降低 sⅡ型水合物产氢的难度，可以添加适量的促进剂。目前应用广泛的 sⅡ型水合物促进剂有 THF（四氢呋喃）、CP（环戊烷）等。

（5）sⅠ型氢气水合物

Kim 等[257] 在 2005 年通过 PXRD 和核磁共振技术（NMR）确定 sⅠ型氢气水合物的存在。Kumar 等[258] 研究了 CO_2 对水合物储氢的促进作用，认为 CO_2 与 H_2 在 253K、8MPa 条件下生成了 sⅠ型水合物，其中大笼中为 CO_2 分子，小笼中有 1 个或 2 个氢气分子。Grim 等[259] 向 CO_2 和 CH_4 生成的 sⅠ型水合物中通入氢气，通过拉曼光谱和 XRD 检测表明氢分子进入了 sⅠ型水合物的大笼中。以上研究表明，氢气作为 sⅡ型水合物的客体分子不仅可以在 sⅡ型水合物的大笼与小笼中储存，也可以在 sⅠ型水合物的大笼中储存。值得注意的是，Belosludov 等[260] 的模拟结果表明，sⅡ型氢气水合物比 sⅠ型氢气水合物在热力学上更加稳定。此外，sⅠ型水合物的“小笼与大笼”比率（1∶3）相对较低，水合物可用于氢气占用的小笼子数量相对较少，故储氢密度较低。Papadimitriou 等[261] 模拟计算 sⅠ型水合物的理论储氢量，结果表明在 sⅠ-$5^{12}6^2$ 笼子最多容纳 3 个氢气分子，sⅠ-5^{12} 笼子容纳 1 个氢气分子的情况下，储氢密度为 0.37%（质量分数）。氢气较难在 sⅠ型水合物中稳定存在，而且储氢量相对较低，所以 sⅠ型水合物储氢在储氢领域中应用前景不大。

（6）sH 型氢气水合物

Duarte 等[262] 与 Strobel 等[263] 研究确定了 sH 型氢气水合物的存在。Duarte 等[262] 测量了 sH 型氢气水合物（H_2 占据小笼子）的相平衡条件，其相平衡热力学条件比 H_2/THF 体系下的相平衡热力学条件严苛。Strobel 等[263] 研究了以甲基叔丁基醚（MTBE）、甲基环己烷（MCH）、2,2,3-三甲基丁烷（2,2,3-TMB）和 1,1-二甲基环己烷（1,1-DMCH）为促进剂生成的 sH 型水合物，通过光谱分析检测出氢气分子占据了 sH-5^{12} 和 sH-$4^35^66^3$ 两种笼子，而 sH-$5^{12}6^8$ 笼子被更大的促进剂分子占据，最大理论储氢量为 1.4%（质量分数），相比于 sⅡ型水合物（例如 THF/H_2 体系），理论储氢量增加了 40%。总而言之，与 H_2/THF 体系形成的 sⅡ型水合物相比，sH 型水合物的储氢量更高。但是，sH 型水合物的合成与储存需要更高的压力与更低的温度，这限制了其在储氢领域的应用。

（7）sc 型（半笼形）氢气水合物

季铵盐在生成水合物时常生成半笼形水合物，半笼形第二代水合物储氢促进剂包括四丁基溴化铵（TBAB）、四丁基氟化铵（TBAF）、四丁基氯化铵（TBAC）、四丁基溴化磷（TBPB）、四丁基氢硼化铵（TBABh）等。因近两年来人们对半笼形第二代水合储氢促进剂鲜有研究，因此以下仅对半笼形第二代水合储氢促进剂的几个里程碑式成果做介绍。

在半笼形第二代水合物储氢促进剂中，四丁基溴化铵（TBAB）被科学家们研究得最为深入。Hashimoto 等[264] 研究了氢气＋TBAB 水合物相平衡后发现其比氢气＋THF 水合物的相平衡向高温方向移动约 8K，表明 TBAB 比 THF 有更好的热力学促进作用，但是通过拉曼光谱研究发现氢气分子只能占据 TBAB 半笼形水合物的小笼，跟 sⅡ型第二代水合储氢促进剂相比储氢量变低。

半笼形水合物在接近环境压力和温度条件下就能捕获气体分子，这种独特的储氢效果使得其备受关注。此外，与 THF 溶液等挥发性有机溶液相比，季铵盐溶液具有较低的蒸气压[265]，因此氢气水合物分解时挥发进氢气中的杂质大大减少。但是，半笼形水合物的储氢密度较低，限制了其工业化应用。仍需要进一步地有针对性地对半笼形水合物进行研究，才能实现完全可行的储氢应用。不同晶体结构的水合物的热力学性质以及储氢密度也大不相同，这与以上的研究结果是相互印证的，其对比如表 6-31 所示。

表6-31 几种结构的水合物的生成温压条件与储氢密度对比[253]

晶型结构	体系	生成温压条件	储氢密度（质量分数）
s Ⅰ	H_2/CO_2	200MPa，270K	0.37%
s Ⅱ	纯水	200～300MPa，240～249K	5.3%
s Ⅱ	H_2/THF	6.5MPa，270K	1%
s H	H_2/MTBE	100MPa，270K	1.4%
sc	H_2/TBAB	16MPa，281.15K	0.046%

水合物储氢技术具有安全清洁的特性，为储氢提供了一种选择。在近些年来的研究中，水合物储氢在各个方面已经取得了巨大的进展，现阶段人们对氢气水合物热力学与动力学特性、形成的晶体结构及其理论储氢量已经有了较为深刻的理解。实现该技术的工业化关键在于提高储氢密度与储氢速率，故对水合物热力学与动力学的研究仍是未来主要的研究方向。目前，水合物储氢技术正处于研究阶段，主要难点是氢气水合物生成难、储氢速率慢和储氢量低。273K 温度下，氢气水合物需要在 200MPa 条件下才能生成，这就限制了水合物储氢的广泛应用。因此，科研重点是降低氢气水合物生成条件、提高水合物储氢速度和提高水合物储氢量，这对水合物科研工作者提出了巨大的挑战。

6.5.4 玻璃微球储氢材料

玻璃微球储氢材料是一类新型的氢储存材料，是基于微细玻璃颗粒所构成的多孔软体材料。它的主要构成材料是氧化硅和氧化镁等，同时含有 K、Na 和 B 等元素，结构上呈现出一定的多孔性。这些多孔的玻璃微球内部形态复杂，因此氢气分子可以在其中侧向弯曲或者反射，从而获得很高的表观表面积[266]。空心玻璃微球（hollow glass microspheres，HGM）是一种具有流动性的白色球状粉末，其由粒径为 20～40μm 的玻璃粉末制成，直径为 10～250μm，单个球体的壁厚大约为 0.5～2.0μm，如图 6-68 所示[267,268]，具有无毒、自润滑、分散性和流动性好、耐高压、热导率低、保温、耐火等优点，在航空航天、机械及国防等领域都有着非常重要的应用[269]。

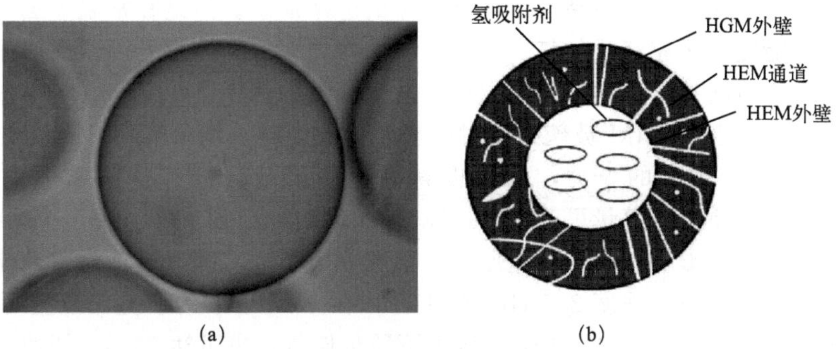

图 6-68 空心玻璃微球照片[267]（a）和球壁多孔空心玻璃微球结构示意图[268]（b）
（HEM—氢氧化物交换膜）

(1) 玻璃微球储氢机理

空心玻璃微球储氢和放氢都是通过氢气的浓度差扩散实现的。氢气渗透玻璃扩散是玻璃类材料的固有性质，其特点是氢气可以在网状结构的玻璃中的空隙中移动。其扩散示意图如图 6-69 所示。

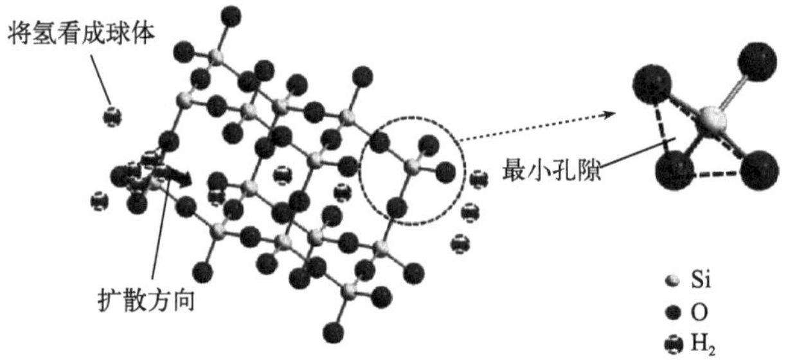

图 6-69 氢气渗透玻璃扩散示意图[270]

在低温或者室温下空心玻璃微球呈非渗透性，在温度升高到 300～400℃时，HGM 的穿透率逐渐增大，使得氢气可在一定压力（10～200MPa）的作用下进入微球内，此刻将温度降到室温，玻璃体的穿透性又逐渐降低，氢气留在空心玻璃微球内，即实现了氢气的储存。再将温度升高即可实现氢气的释放。整个 HGM 充放氢是一个物理过程，该体系不受杂质影响（与金属氢化物比较）。HGM 作为储氢容器，在充放氢时要求氢气扩散速度快，而储存氢气时则希望氢气扩散慢，并且通过控制空心玻璃微球所处气氛条件和环境的温度可实现吸放氢。

(2) 玻璃微球储氢效率

为了描述储氢材料的储氢性能，定义了储氢材料的储氢效率，即储氢材料中储存氢气的质量与储氢材料本体质量之比，空心玻璃微球的储氢效率如式（6-40）所示[271]。

$$\frac{m_g}{m_s}=\frac{\frac{4\pi M_H}{3RT}P_1r^3}{4\pi\rho hr^2}=\frac{1P_1rM_H}{3RT\delta\rho} \tag{6-40}$$

式中，m_g 为空心玻璃微球中气体的质量；M_H 为氢气的摩尔质量；m_s 为微球本体质量；R 为理想气体常数；T 为温度；P_1 为空心玻璃微球外部氢气的分压；r 为微球半径；δ 为微球壁厚；ρ 为微球材料的密度；h 为空心玻璃微球壁厚。

空心玻璃微球作为高压储氢容器能在 60MPa 的压力下实现 20.5%（质量分数）的储氢量，成本低，无氢脆化现象，在储氢领域有广泛的应用前景。但是在常温下氢气扩散速率极低，需要高温才能完成快速释放氢气。空心玻璃的热导率低，体系升温速度缓慢且耗费能量大，氢气释放响应时间长，进而导致难以控制氢气释放的速率。

Kohli 等[267] 研究了 HGM 玻璃强度对储氢效率的影响。结果表明，更高的玻璃强度可以使更薄的外壳承受更高的压力，从而提高储氢的质量分数和体积密度。在储氢压力 50MPa 下，HGM 的质量储氢量可达 15%～25%。同时，还研究了 HGM 的半径与壁厚之间的比值对储氢效率的影响。半径与壁厚的比值在 80～120 之间时被认为是最佳的，当半径与壁厚比值为 100 时，玻璃强度 2.5 GPa 的 HGM 在 50MPa 下的质量储氢量可达 27%。而玻璃强度 1.5 GPa 的 HGM 在 30MPa 的压力下质量储氢量也可达 20%。即使在中等压力范围内，高纵横比的 HGM 也具有很好的储氢性能。图 6-70（另见文前彩图）为不同玻璃强度下 HGM 的质量储氢量和体积储氢量随压力的变化。

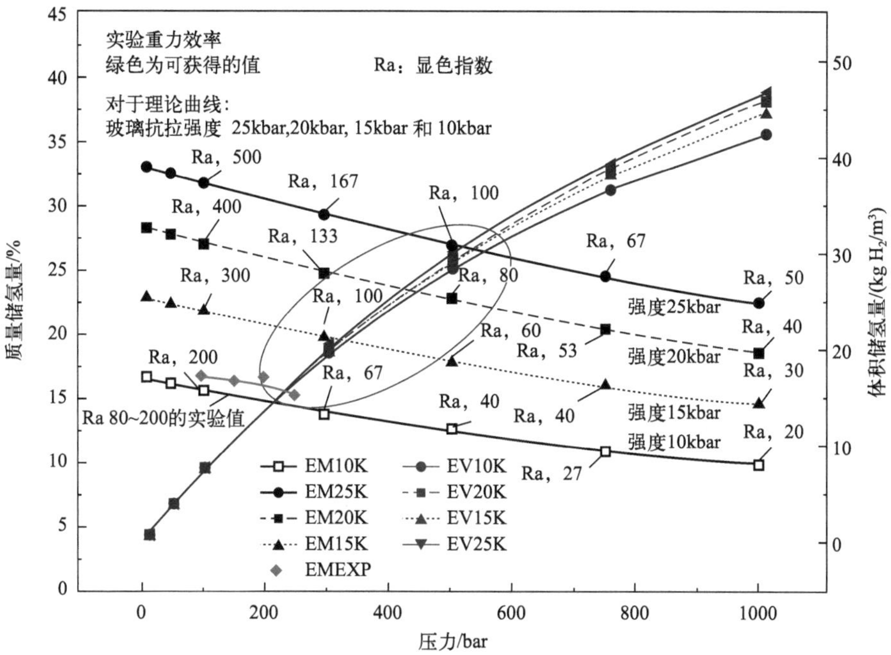

图 6-70 不同玻璃强度下 HGM 的质量储氢量和体积储氢量随压力的变化（颜色见彩图）[267]

考虑到氢气只有通过微球壁的扩散才能渗透到 HGM 的内部和外部，加速扩散往往需要升高温度，但在高温下，微球内部的氢气压力可能会超过微球的破损极限。此外，玻璃的导热性很差，充放氢过程中加热往往需要消耗大量热量。再加上 HGM 的形貌和大小，导致放氢速率较低。以上这些限制了该储氢方法的进一步应用和发展。

就目前情况来看，玻璃微球储氢是一种高效的氢气储存技术，与其他物理吸附储氢方法相比有独特的优势。与传统的吸附材料相比，玻璃微球具有高比表面积和孔隙体积，能够提供更多的吸附位点，有更大的储氢容量。此外，玻璃微球具有良好的热稳定性和化学稳定性，可在广泛的工作温度和环境条件下进行储氢操作。相比于压缩氢气储存和液态氢储存，玻璃微球储氢具有更高的储氢密度和更低的储氢压力，从而提供了更加安全和便捷的氢气储存方式。表 6-32 为 MOFs、沸石、H_2 水合物和中空玻璃微球对 H_2 吸附能力的比较[272]。

表6-32 MOFs、沸石、H_2 水合物和中空玻璃微球对 H_2 吸附能力的比较[272]

材料		实验的/理论的	压力	温度	储氢容量
MOFs	MOF-177	实验的	50bar	77K	7.5%
	Li-掺杂 MOF-C-30	实验的	50bar	243K	6.0%
	PCN-68	实验的	50bar	77K	7.32%
	NU-100	实验的	77bar	77K	16.4%
	MOF-808	理论的	1bar	298K	2.79%
	MOF-841	理论的	1bar	298K	2.52%
	NU-1501-Al	实验的	100bar	77K	14%（46.2g/L）
	NU-1501-Fe	实验的	100bar	77K	13.2%（45.4g/L）
	NU-1501-Al	实验的	100bar	296K	约 2.96%（8.4g/L）

续表

材料		实验的/理论的	压力	温度	储氢容量
MOFs	BUT-22	实验的	100bar	77K	12%
	SNU-77H	实验的	90bar	77K	8.1%
	Be-BTB	实验的	100bar	298K	2.3%
沸石分子筛	H-SAPO-34	实验的	0.9bar	77K	1.09%
	H-菱沸石	实验的	1.01bar	77K	1.10%
	硅锂铝石	实验的	1.01bar	77K	1.3%
	硅锂铝石	实验的	1.01bar	298K	0.01%
	Ca-X	实验的	1.01bar	77K	1.16%
	FAU	实验的	1.01bar	77K	0.90%
	ZSM-5	实验的	1.01bar	77K	0.71%
笼形氢气水合物	HCFC-141b 水合物	实验的	10MPa	273K	0.36%
	H_2+ THF 水合物	理论的	6.89MPa	140K	1.6%
	THF 水合物	实验的	14.5MPa	273K	1.87g/L
	环戊烷水合物	实验的	10MPa	278K	0.11%
	DFH 水合物	实验的	10MPa	278K	0.16%
空心玻璃微球（HGM）	Mg-HGM	实验的	10bar	200℃	2.3%
	Fe-HGM	实验的	10bar	200℃	0.5%
	Co-HGM	实验的	10bar	200℃	2.32%
	Zn-HGM	实验的	10bar	200℃	2.23%

注：BUT-22 ——一种 MOF 材料，由北京工业大学（Beijing University of Technology，BUT）的研究人员开发，编号 22；Be-BTB——一种 MOF 材料，Be 代表铍（Beryllium），BTB 代表 1,3,5-三（4-羧基苯基）苯（benzene-1,3,5-tribenzoate），作为有机配体；H-SAPO-34 ——一种沸石状的分子筛材料，属于硅铝磷酸盐（Silicoaluminophosphate，SAPO）家族。SAPO 材料是通过在铝磷酸盐（$AlPO_4$）分子筛的框架中引入硅而形成的；FAU—法氏石（Faujasite），FAU 是一种沸石结构的分类，得名于法国矿物学家 Leonce Élie de Beaumont de la Bonninière 所发现的一种矿物质 Faujasite。它具有较大的孔道结构，通常用于吸附、催化和离子交换等应用；ZSM-5—英文全称 Zeolite Socony Mobil-5，是一种微孔沸石，由 Mobil Oil Corporation 的研究人员于 1960 年代开发。它的命名中的"Socony Mobil"指的是该公司的前身之一，而"5"表示它是开发时的第五种类型；HCFC-141b——一种氢氟氯烃；THF —四氢呋喃（Tetrahydrofuran）。

空心玻璃微球作为储氢材料目前存在的问题有：a. 球形、壁厚均匀性等质量要求，这些几何参数直接关系到空心微球的保气能力和储氢量，如火焰法制备的微球质量较炉内成球法差；b. 化学稳定性，目前水蒸气容易引起玻璃微球表面腐蚀，从而降低微球强度和保气性能，如果采用聚乙烯空心微球或 SiC 等陶瓷空心微球储氢则不存在这样的问题；c. 大批量生产，主要解决制备的批量化问题和实现较低的制备成本；d. 产品按几何尺寸如直径、壁厚等进行分级；e. 充氢过程中将涉及高压或高温，增加额外成本。针对目前存在的这些问题，如果能够进一步对玻璃微球的制备工艺或者玻璃微球本身进行改性，其储氢效率可能会进一步提高。

当前关于玻璃储氢容器的商业化研究尚处于起步阶段，主要研究集中于国外研究所及一些高压储氢容器公司，国内学者的研究较少，建议国内科研单位及储氢容器公司在此技术上投入资源。相信经过国内外研究者的共同努力，具有研究价值和应用前途的高压储氢容器在即将到来的氢能时代中必将发挥重要作用。

6.5.5 地下储氢

（1）地下储氢概念的提出和现状

在“双碳”目标下绿色无污染、高能量密度的氢能已成为能源产业未来发展的重要趋势，地下储氢是一种很有前景的大规模氢能储存技术。助力实现碳达峰、碳中和目标，以风能和太阳能为主的可再生能源被认为在能源转型中将发挥重要作用，并成为主要的电力来源，但是二者非常依赖风速和阳光，加之地理分散产生的能源具有波动性和区域差异性特征，可能导致需求和供应之间的严重不平衡，这对其在电力行业的整合构成了重大挑战。因此，需要选择储能方案来保证电网的稳定，地下储氢就是主要的解决方案之一[273]。

20 世纪 70 年代，人们就开始了地下储氢研究。1979 年美国天然气技术研究院[274]发表了地下储氢研究报告。1986 年，根据 Taylor 等[275]的研究，地下储氢是最经济的储氢方法。2012 年，欧盟启动了 HyUnder（Hydrogen Underground Storage in Europe）研发项目，法国、德国、荷兰、罗马尼亚、西班牙和英国等 6 个国家参与研究，其研究现状如表 6-33 所示。

表6-33 全球氢气地下储存实施情况统计[276, 277]

公司（国家/地区）	储存类型	经营者	建设年份	氢气含量/%	储存量/10^4m^3	深度/m	运行压力/MPa	目前状态
Clemens（美国）	盐穴	Conoco Phillips	1983	95	58	930	7.0～13.5	运行
Moss Bluff（美国）	盐穴	Praxair	2007	—	56.6	822	5.5～15.2	运行
Spindletop（美国）	盐穴	Air Liquide	2014	95	90.6	1340	6.8～20.2	运行
Teesside（英国）	盐穴	Sabic	1972	95	3×7	350	4.5	运行
Kiel（德国）	盐穴	—	1971	60～64	3.2	1330	8～10	关闭
Ketzin（德国）	含水层	VNG	1964	62	1.3×10^4	200～250	—	关闭
Beynes（法国）	含水层	Gaz De France	1956～1972	50	3.3×10^4	430	11	运行（天然气）
Lobodice（捷克）	含水层	RWE	1989	50	—	430	9（34℃）	运行（天然气）
Engelbostel（德国）	含水层	Ruhrgas	—	50	—	—	—	关闭
Bad Lauchstadt（德国）	含水层	VNG	—	50	—	—	—	运行（天然气）
Yakshunovskoe（俄罗斯）	含水层	Mostransgaz	1960	—	2.7×10^4	—	12	运行（天然气）
Diadema（阿根廷）	枯竭油气藏	Hychico C.A.	2015	10	—	600～800	1（50℃）	—

注：“—”表示未发现。

中国目前在地下储氢方面的研究相对较少，未见有研究和现场试验项目的公开报道。由于中国盐矿资源丰富以及大部分油田进入开发后期，储气库发展潜力巨大。

地下储氢与地下天然气储存和二氧化碳储存有很多相似性，这两种气体的地下储存技术和运行经验可以借鉴到地下储氢中，如选址规范、储存技术和监控方法等，可为储氢提供技术经验，但又存在明显区别。图 6-71（另见文前彩图）为天然气、CO_2 和 H_2 地下储存的比较[278]。

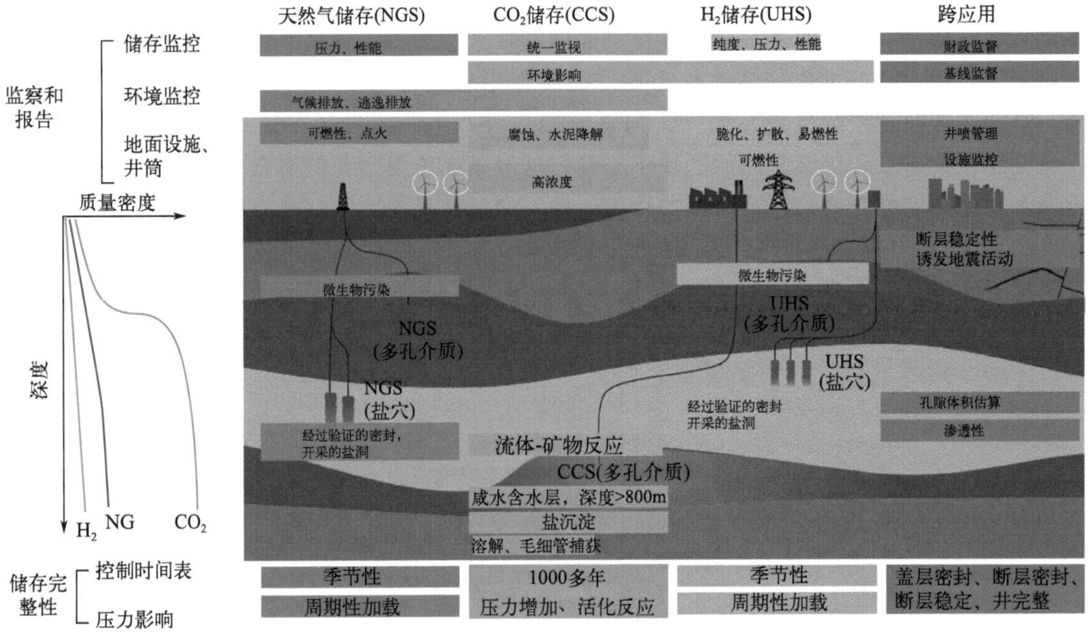

图 6-71 天然气、CO_2 和 H_2 地下储存的比较[278]（颜色请见彩图）

图 6-71 显示了三个系统［橙色为天然气储存（NGS），黄色为碳捕集和储存（CCS），绿色为地下氢储存（UHS）］在其地面设施和基础设施、监测和报告以及储存性能和完整性方面的不同要求。灰框表示适用于所有三个系统的需求。值得注意的区别是，NGS 和 UHS 被设计为基于季节性的储存设施，因此储存的资源可以在需求高的时候被捕获，而 CCS 是一种长期的储存形式，需要储存超过 1000 年。相似之处包括地质构造和渗透率要求、设施监测和井喷管理，以及断层不稳定和注入过程中诱发地震活动的风险评估。

（2）地下储氢的分类

按照地下储存空间形成的方式可将地下储氢分为人工地下空间储氢和天然多孔介质储氢两大类型。盐穴和矿井是人工空间类型，含水层和枯竭油气藏属于孔隙-裂缝天然多孔介质类型。地下储存空间的地质条件对氢储存起决定性作用，每种类型地下储氢的成功实施必须满足一定条件。图 6-72 展示了 4 类地下储氢的空间类型[279]。

① 盐穴　盐岩因其较低的渗透特性、良好的蠕变特性、化学反应惰性、溶解于水以及易开挖的特点，是世界各国范围内理想的能源储存介质。在中国目前盐穴储氢的研究已经取得了相当不错的成果，因地制宜，造福人民。

② 含水层　含水层由含水的多孔岩石构成，由储氢前后的含水层地质构造[280]可见，含水层储氢库储量大，通常用于大容量的季节性储存，其采出氢气纯度较高，而且有时可使用置换水来代替垫底气。

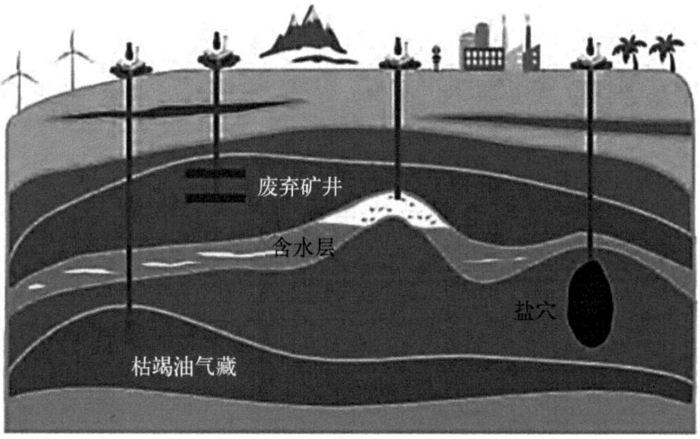

图 6-72 地下储氢分类示意图[279]

含水层储气库由含水砂层和顶部密封层组成。含水层是多孔且具有一定渗透性的岩层，其孔隙空间被淡水或盐水占据；顶部密封层是不透水且防止气体渗漏的盖层和断层构成的储气构造。这种渗透性的砂层储存体对储存气体的注采速度起决定性作用。渗透性越好，气体与水的置换速度就越快，工作气和缓冲气的比例也就越大[281]。

向含水层注氢气时，由于气体和水之间的密度差，气体取代水占据含水层孔隙空间的上部，迫使水向下部和两侧空间运移；当氢气被采出时，被排挤的水反向运移，注采过程中气水界面发生变化，采气时伴随水的产出，部分氢气滞留在含水层中，以后将无法回收，这是含水层储氢的缺点[282]。

③ 枯竭油气藏　枯竭油气藏储层由盖层下的多孔、透水的沉积岩组成[281]。枯竭油气藏型储氢库的优点是储量大、地理分布广泛，其投资和运行成本低，建设周期短，地质认识程度高，开发经验成熟。枯竭油气藏中含有的残余气体可作为垫底气用以维持压力，防止岩石崩解及水渗入，但残余气体也可能降低氢气纯度，由于氢在多孔介质中流动性很强，而且与地层流体的黏度、密度差异较大，可能导致黏滞现象并产生密封性问题。同时，氢气在枯竭油气藏中可能发生地球化学反应，破坏井筒与盖层的完整性。表 6-34[283,284] 列举了盐穴、含水层、枯竭油气藏 3 种类型的地下储氢库的特点对比。

④ 废弃矿井　废弃矿井（目前多指废弃煤矿）的地下空间主要有两类：a. 矿井的开拓和准备巷道，支护条件良好，生命周期较长，稍加处理后可以作为储气空间；b. 采场老空区，若解决好密封性的问题也可以成为很好的储气空间。1963 年在美国建成的世界上首座 Leyden 废弃煤矿储气库，目前仍在运行，工作面距离地表为 213～305m。1975～1982 年，比利时也建成两座废弃煤矿储气库，两座煤矿库深度分别为 600～1100m 和 120～1100m，运行压力为 0.35MPa。中国废弃矿井储气库研究起步虽然较晚，针对废弃矿井储氢暂时还没有明确的可行性研究，但地下空间开发利用方面的研究已愈发被重视。

（3）地下储氢存在的技术问题

虽然大规模地下储氢有广阔的应用前景，但在实施中也不可避免地存在技术问题和科学挑战。要实现安全高效的存储，在项目实施之前，不仅需要考虑存储类型、容量、稳定性和经济效益等因素，还需要对电力生产设施和地质储存潜力进行评估与研究。在项目运行中，氢气的注采过程还对井筒和地下环境造成盖层与断层的密封性变差、氢气泄漏、金属腐蚀、金属氢脆、橡胶失效、水泥降解等问题，如图 6-73 所示[285]。

表6-34 3种类型地下储氢库的特点对比[283, 284]

类型	分布	深度/m	作业压力/bar	储存容量	工作气占比/%	注采周期	典型作业方式	采气杂质	建设成本	研发重点	储存经验
盐穴	含盐沉积盆地	300~1800	30~210	大，与洞穴的容量相对应	>70	每年做达10次	可用于比季节性更频繁的储存	氢与除岩盐外夹层发生不良反应面产生的杂质	高于枯竭油气藏和含水层	精确的注采时间	有纯氢气和其他气体的储存经验，美国和英国已有盐穴储氢库在运行
枯竭油气藏	含油气沉积盆地	300~2700	15~285	大~巨大，接近已开发的天然气量	5~60	每年1~2次	季节性储存	不良反应产生气体，如 H_2S 和 CH_4，并损失氢气。在枯竭的油藏中，残余油与氢气混合	枯竭气藏成本最低，枯竭油藏较高	残留天然气的影响，原位细菌反应	没有储存纯氢的经验，有储存掺氢天然气的经验。有大量地下天然气储藏库成功运行
含水层	所有沉积盆地	400~2300	30~315	大~巨大	20~50	每年1~2次	季节性储存	不良反应产生气体，如 H_2S 和 CH_4，并损失氢气	高于枯竭油气藏	原位细菌反应，岩石的紧密性	没有储存纯氢的经验，有储存含氢煤气的经验。有大量地下天然气储藏库成功运行

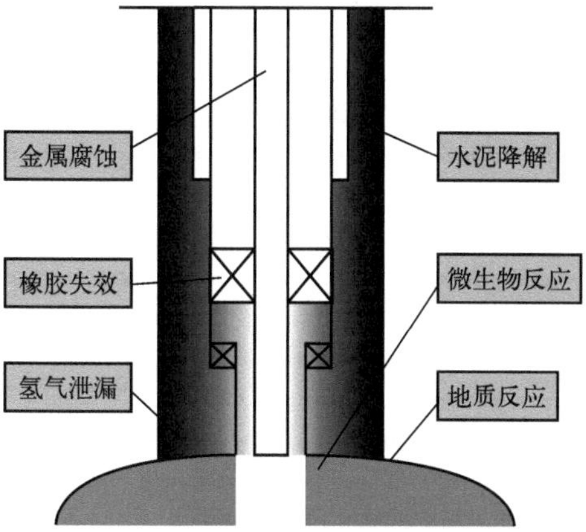

图 6-73 地下储氢技术存在的问题[285]

为了应对气候变化的影响，实现碳中和目标，大幅度提高可再生能源占比是大势所趋。然而光伏、风电等可再生能源具有波动性和间歇性等不稳定特点，发展大容量长周期地下储氢技术是缓解再生能源波动性和间歇性的有效途径。地下储氢技术始于 20 世纪 70 年代，但是直到 2011 年，受气候变化政策的驱动，才引起欧盟国家和美国的重新重视，各国先后启动了一系列研究和现场试验项目，兴起了地下储氢研究热潮。总体上，地下储氢技术仍然处在发展的初级阶段。与其他储能技术相比，地下储氢技术具有储能容量大、储存时间长、储能成本低、储存更为安全等优势。地下储氢技术主要有盐穴、枯竭油气藏和含水层三种类型，地质特征不同时建造和运行成本也不同。目前，盐穴储存纯氢已成功应用，枯竭油气藏和含水层仅有少量混合储氢工业应用，尚无储存纯氢的应用经验。地下储氢技术的初步实践表明，地下储氢技术大规模工业应用受地质、技术、经济、法律和社会等诸多方面影响，该技术未来将具有技术和经济可行性，能否在工业上得到大规模应用取决于电解制氢成本的降低。

参 考 文 献

[1] Guan D, Wang B, Zhang J, et al. Energy & Environmental Science [J]. Hydrogen society: From present to future, 2023, 16 (11): 4926-4943.

[2] Usman M R. Renewable and sustainable energy reviews [J]. Hydrogen storage methods: Review and current status, 2022, 167.

[3] Lai Q, Sun Y, Wang T, et al. Advanced sustainable systems [J]. How to Design Hydrogen Storage Materials? Fundamentals, Synthesis, and Storage Tanks, 2019, 3 (9).

[4] Kidnay A J, Hiza M J. Cryogenics [J]. Physical adsorption in cryogenic engineering, 1970, 10 (4): 271-277.

[5] 刘名瑞. 基于物理吸附储氢材料的研究进展 [J]. 储能科学与技术, 2023, 12 (6): 1804-1814.

[6] Rimza T, Saha S, Dhand C, et al. Carbon-based sorbents for hydrogen storage: Challenges and sustainability at operating conditions for renewable energy [J]. Chem Sus Chem, 2022, 15 (11).

[7] Rosi N L, Eckert J, Eddaoudi M, et al. Hydrogen storage in microporous metal-organic frameworks [J]. Science, 2003, 300 (5622): 1127-1129.

[8] Chen Z, Kirlikovali K O, Idrees K B, et al. Porous materials for hydrogen storage [J]. Chem, 2022, 8 (3): 693-716.

[9] Jaramillo D E, Jiang H Z H, Evans H A, et al. Ambient-temperature hydrogen storage via vanadium (Ⅱ) - dihydrogen complexation in a metal-organic framework [J]. Journal of the American Chemical Society, 2021, 143 (16): 6248-6256.

[10] Bhatia S K, Myers A L. Optimum conditions for adsorptive storage [J]. Langmuir, 2006, 22 (4): 1688-1700.

[11] Chen Z, Mian M R, Lee S-J, et al. Fine-tuning a robust metal-organic framework toward enhanced clean energy gas storage [J]. Journal of the American Chemical Society, 2021, 143 (45): 18838-18843.
[12] Lin J-B, Nguyen T T T, Vaidhyanathan R, et al. A scalable metal-organic framework as a durable physisorbent for carbon dioxide capture [J]. Science, 2021, 374 (6574): 1464-1469.
[13] 邬娇娇. 金属有机骨架材料（MOFs）在储氢领域的应用 [J]. 化工新型材料, 2023, 51 (11): 16-21.
[14] Côté A P, Benin A I, Ockwig N W, et al. Porous, crystalline, covalent organic frameworks [J]. Science, 2005, 310 (5751): 1166-1170.
[15] 徐世娴, 万伊娜. 共价有机骨架的合成及其在气体吸附存储方面的应用 [J]. 化学通报, 2021, 84 (2): 149-166.
[16] Germain J, Fréchet J M J, Svec F. Nanoporous polymers for hydrogen storage [J]. Small, 2009, 5 (10): 1098-1111.
[17] Germain J, Svec F, Fréchet J M J. Preparation of size-selective nanoporous polymer networks of aromatic rings: Potential adsorbents for hydrogen storage [J]. Chemistry of Materials, 2008, 20 (22): 7069-7076.
[18] Cheng X, Li Z, He Y-L. Effects of temperature and pore structure on the release of methane in zeolite nanochannels [J]. RSC Advances, 2019, 9 (17): 9546-9554.
[19] 张利智. 基于物理吸附的微孔储氢材料研究进展 [J]. 应用化工, 2021, 50 (12): 3407-3410.
[20] Hurd D T. An introduction to the chemistry of hydrides [M]. Journal of the Frankin Institute, 1952.
[21] Shaw B L, Stavely L A K. Inorganic Hydrides [M]. The Commonwealth and Internation Library: Chemistry Division, 1967.
[22] William M Mueller, Blackledge J P, Libowitz G G. Metal Hydrides [M]. Academic Press, 1968.
[23] 张青莲. 无机化学 [M]. 稀有气体、氢、碱金属. 北京: 科学出版社, 1984.
[24] 大角泰章. 金属氢化物的性质与应用 [M]. 北京: 化学工业出版社, 1990.
[25] 胡子龙. 储氢材料 [M]. 北京: 化学工业出版社, 2003.
[26] 朱敏. 先进储氢材料导论 [M]. 北京: 科学出版社, 2015.
[27] Stolten D, Emonts B. Hydrogen science and engineering materials, processes, systems and technology [M]. 2016.
[28] 李星国, 等. 氢与氢能 [M]. 2 版. 北京: 科学出版社, 2022.
[29] 崔中昱. AlH_3 配合物研究进展 [J]. 含能材料, 2023, 31 (9): 917-930.
[30] Libowitz G G, Hayes H F, Gibb T R P. The system zirconium-nickel and hydrogen [J]. The Journal of Physical Chemistry, 1958, 62 (1): 76-79.
[31] Pebler A, Gulbransen E A. Thermochemical and structural aspects of the reaction of hydrogen with alloys and intermetallic compounds of zirconium [J]. Electrochemical Technology, 1966, (4): 211-215.
[32] Pebler A, Gulbransen E A. Equilibrium studies on the system $ZrCr_2$-H_2, ZrV_2-H_2, and $ZrMo_2$-H_2 Between 0℃ and 900℃ [J]. Transactions of the Metallurgical Society of AIME, 1967, 239: 1593-1600.
[33] van Vucht J H N, Kuijpers F A, Bruning H C A M. Reversible room-temperature absorption of large quantities of hydrogen by intermetallic compounds [J]. Philips Res Rep, 1970, 25: 133-140.
[34] Zijlstra H, Westendorp F F. Influence of hydrogen on the magnetic properties of $SmCo_5$ [J]. Solid State Communications, 1969, 7 (12): 857-859.
[35] Reilly J J, Wiswall R H. Formation and properties of iron titanium hydride [J]. Inorganic Chemistry, 1974, 13 (1): 218-222.
[36] Willems J J G. Metal hydride electrodes stability of $LaNi_5$-related compounds [J]. Philips JRes, 1984, 39: 1.
[37] Chen Z, Yang H, Mebs S, et al. Reviving oxygen evolution electrocatalysis of bulk La-Ni intermetallics via gaseous hydrogen engineering [J]. Advanced Materials, 2023, 35 (11).
[38] Kuijpers F A, van Mal H H. Sorption hysteresis in the $LaNi_5$-H and $SmCo_5$-H systems [J]. Journal of the Less Common Metals, 1971, 23 (4): 395-398.
[39] Percheron-Guégan A, Lartigue C, Achard J C, et al. Neutron and X-ray diffraction profile analyses and structure of $LaNi_5$, $LaNi_{5-x}Al_x$ and $LaNi_{5-x}Mn_x$ intermetallics and their hydrides (deuterides) [J]. Journal of the Less Common Metals, 1980, 74 (1): 1-12.
[40] Joubert J-M, Paul-Boncour V, Cuevas F, et al. $LaNi_5$ related AB_5 compounds: Structure, properties and applications [J]. Journal of Alloys and Compounds, 2021, 862.
[41] Klimyenko A V, Seuntjens J, Miller L L, et al. Structure of $LaNi_{2.286}$ and the La-Ni system from $LaNi_{1.75}$ to $LaNi_{2.50}$ [J]. Journal of the Less Common Metals, 1988, 144 (1): 133-141.
[42] Liang J, Ma X, Tang J, et al. Formation and structure of $LaNi_2$ intermetallic compound under high pressure [J]. Intermetallics, 2003, 11 (9): 875-878.

[43] Oesterreicher H, Clinton J, Bittner H. Hydrides of La-Ni compounds [J]. Materials Research Bulletin, 1976, 11 (10): 1241-1247.

[44] Oesterreicher H, Bittner H. Hydride formation in $La_{1-x}Mg_xNi_2$ [J]. Journal of the Less Common Metals, 1980, 73 (2): 339-344.

[45] 罗永春. $La_{2-x}MgNi_{9-5x}$ (x=0～1.0) 贮氢合金的晶体结构与电化学性能研究 [J]. 中国稀土学报, 2005, 23 (1): 11.

[46] Li H, Wan C, Li X, et al. Structural, hydrogen storage, and electrochemical performance of $LaMgNi_4$ alloy and theoretical investigation of its hydrides [J]. International Journal of Hydrogen Energy, 2022, 47 (3): 1723-1734.

[47] Suzuki K, Lin X. Local structure evolution in hydrogen-induced amorphization of YFe_2 and YNi_2 Laves phases [J]. Journal of Alloys and Compounds, 1993, 193 (1-2): 7-10.

[48] 沈浩. AB_2 型 Y-Ni 基稀土储氢合金结构与性能研究 [D]. 北京: 北京科技大学, 2023.

[49] Hou Z, Yuan H, Luo Q, et al. Effect of Mg content on structure and hydrogen storage properties of $YNi_{2.1}$ alloy [J]. International Journal of Hydrogen Energy, 2023, 48 (36): 13516-13526.

[50] 杨康. Ce 替代 Y 对 $Y_{1-x}Ce_xFe_2$ (x=0, 0.15, 0.25 和 0.50) 合金吸氢性能的影响 [J]. 稀有金属, 2017, 41 (11): 1202.

[51] Dilixiati M, Kanda K, Ishikawa K, et al. Hydrogen-induced amorphization in C_{15} Laves phases RFe_2 [J]. Journal of Alloys and Compounds, 2002, 337 (1-2): 128-135.

[52] Aoki K, Li H W, Dilixiati M, et al. Formation of crystalline and amorphous hydrides by hydrogenation of C_{15} Laves phase YFe_2 [J]. Materials Science and Engineering, 2007, 449-451: 2-6.

[53] Pang H, Li Z, Zhou C, et al. Achieving the dehydriding reversibility and elevating the equilibrium pressure of YFe_2 alloy by partial Y substitution with Zr [J]. International Journal of Hydrogen Energy, 2018, 43 (31): 14541-14549.

[54] Li Z, Wang H, Ouyang L, et al. Reversible hydriding in $YFeAl_x$ (x=0.3, 0.5, 0.7) intermetallic compounds [J]. Journal of Alloys and Compounds, 2016, 689: 843-848.

[55] Huang L J, Wang H, Ouyang L Z, et al. Decorating crystalline $YFe_{2-x}Al_x$ on the $Mg_{60}La_{10}Ni_{20}Cu_{10}$ amorphous alloy as "hydrogen pump" to realize fast de/hydrogenation [J]. Journal of Materials Science & Technology, 2024, 173: 72-79.

[56] Kadir K, Sakai T, Uehara I. Synthesis and structure determination of a new series of hydrogen storage alloys; RMg_2Ni_9 (R=La, Ce, Pr, Nd, Sm and Gd) built from $MgNi_2$ Laves-type layers alternating with AB_5 layers [J]. Journal of Alloys and Compounds, 1997, 257 (1-2): 115-121.

[57] Kohno T, Yoshida H, Kawashima F, et al. Hydrogen storage properties of new ternary system alloys: La_2MgNi_9, $La_5Mg_2Ni_{23}$, La_3MgNi_{14} [J]. Journal of Alloys and Compounds, 2000, 311 (2): L5-L7.

[58] Baddour-Hadjean R, Meyer L, Pereira-Ramos J P, et al. An electrochemical study of new $La_{1-x}Ce_xY_2Ni_9$ ($0\leqslant x\leqslant 1$) hydrogen storage alloys [J]. Electrochimica Acta, 2001, 46 (15): 2385-2393.

[59] Yan H, Xiong W, Wang L, et al. Investigations on AB_3-, A_2B_7- and A_5B_{19}-type La-Y-Ni system hydrogen storage alloys [J]. International Journal of Hydrogen Energy, 2017, 42 (4): 2257-2264.

[60] Xiong W, Yan H, Wang L, et al. Effects of annealing temperature on the structure and properties of the $LaY_2Ni_{10}Mn_{0.5}$ hydrogen storage alloy [J]. International Journal of Hydrogen Energy, 2017, 42 (22): 15319-15327.

[61] Xiong W, Yan H, Wang L, et al. Characteristics of A_2B_7-type La-Y-Ni-based hydrogen storage alloys modified by partially substituting Ni with Mn [J]. International Journal of Hydrogen Energy, 2017, 42 (15): 10131-10141.

[62] Khan Y. The crystal structure of R_5Co_{19} [J]. Acta Crystallographica Section B Structural Crystallography and Crystal Chemistry, 1974, 30 (6): 1533-1537.

[63] Zhang J, Villeroy B, Knosp B, et al. Structural and chemical analyses of the new ternary La_5MgNi_{24} phase synthesized by Spark Plasma Sintering and used as negative electrode material for Ni-MH batteries [J]. International Journal of Hydrogen Energy, 2012, 37 (6): 5225-5233.

[64] Ono S, Ishido Y, Imanari K, et al. Phase transformation and thermal expansion of Mg-Ni alloys in a hydrogen atmosphere [J]. Journal of the Less Common Metals, 1982, 88 (1): 57-61.

[65] Stampfer J F, Holley C E, Suttle J F. The Magnesium-Hydrogen $System_{1-3}$ [J]. Journal of the American Chemical Society, 1960, 82 (14): 3504-3508.

[66] Song M Y, Manaud J-P, Darriet B. Dehydriding kinetics of a mechanically alloyed mixture Mg-10%Ni [J]. Journal of Alloys and Compounds, 1999, 282 (1-2): 243-247.

[67] Dong S，Li C，Wang J，et al. The "burst effect" of hydrogen desorption in MgH_2 dehydrogenation [J]. Journal of Materials Chemistry A，2022，10 (42)：22363-22372.
[68] 张秋雨. 镁基固态储氢材料研究进展 [J]. 科技导报，2022，40 (23)：6-23.
[69] Belkbir L，Joly E，Gerard N. Comparative study of the formation-decomposition mechanisms and kinetics in $LaNi_5$ and magnesium reversible hydrides [J]. International Journal of Hydrogen Energy，1981，6 (3)：285-294.
[70] Gerasimov K B，Ivanov E Y. The mechanism and kinetics of formation and decomposition of magnesium hydride [J]. Materials Letters，1985，3 (12)：497-499.
[71] Vigeholm B，Kjøller J，Larsen B，et al. Formation and decomposition of magnesium hydride [J]. Journal of the Less Common Metals，1983，89 (1)：135-144.
[72] Reilly J J，Wiswall R H. Reaction of hydrogen with alloys of magnesium and nickel and the formation of Mg_2NiH_4 [J]. Inorganic Chemistry，1968，7 (11)：2254-2256.
[73] Gennari F C，Castro F J，Andrade Gamboa J J. Synthesis of Mg_2FeH_6 by reactive mechanical alloying：Formation and decomposition properties [J]. Journal of Alloys and Compounds，2002，339 (1-2)：261-267.
[74] Wang Y，Aizawa T，Nishimura C. Solid-state synthesis of hydrogen storage Mg_2Co alloys via bulk mechanical alloying [J]. Materials Transactions，2006，47 (4)：1052.
[75] Reilly J J，Wiswall R H. The Reaction of hydrogen with alloys of magnesium and copper [J]. Inorganic chemistry，1967，6 (12)：2220-2223.
[76] Vajo J J，Mertens F，Ahn C C，et al. Altering hydrogen storage properties by hydride destabilization through alloy formation：LiH and MgH_2 destabilized with Si [J]. The Journal of Physical Chemistry B，2004，108 (37)：13977-13983.
[77] Paskevicius M，Sheppard D A，Chaudhary A L，et al. Kinetic limitations in the Mg-Si-H system [J]. International Journal of Hydrogen Energy，2011，36 (17)：10779-10786.
[78] Ouyang L Z，Qin F X，Zhu M. The hydrogen storage behavior of Mg_3La and $Mg_3LaNi_{0.1}$ [J]. Scripta Materialia，2006，55 (12)：1075-1078.
[79] Stucki F. Hydriding and dehydriding kinetics of Mg_2Ni above and below the structural phase transition [J]. International Journal of Hydrogen Energy，1983，8 (1)：49-51.
[80] 胡建江. 镁基储氢材料改性研究进展 [J]. 中国材料进展，2023，42 (2)：89-134.
[81] 朱敏，欧阳柳章. 镁基储氢合金动力学调控及电化学性能 [J]. 金属学报，2021，57 (11)：1416-1428.
[82] Vajeeston P，Sartori S，Ravindran P，et al. MgH_2 in Carbon Scaffolds：A combined experimental and theoretical investigation [J]. The Journal of Physical Chemistry C，2012，116 (40)：21139-21147.
[83] Lu J，Choi Y J，Fang Z Z，et al. Hydrogen storage properties of nanosized MgH_2-0.1TiH_2 prepared by ultrahigh-energy-high-pressure milling [J]. J Am Chem Soc，2009，131 (43)：15843-15852.
[84] Cho E S，Ruminski A M，Aloni S，et al. Graphene oxide/metal nanocrystal multilaminates as the atomic limit for safe and selective hydrogen storage [J]. Nat Commun，2016，7：10804.
[85] Chen M，Hu M，Xie X，et al. High loading nanoconfinement of V-decorated Mg with 1nm carbon shells：Hydrogen storage properties and catalytic mechanism [J]. Nanoscale，2019，11 (20)：10045-10055.
[86] Ren L，Zhu W，Zhang Q，et al. MgH_2 confinement in MOF-derived N-doped porous carbon nanofibers for enhanced hydrogen storage [J]. Chemical Engineering Journal，2022，434.
[87] Lu J，Choi Y J，Fang Z Z，et al. Hydrogenation of nanocrystalline Mg at room temperature in the presence of TiH_2 [J]. J Am Chem Soc，2010，132 (19)：6616-6617.
[88] de Jongh P E，Allendorf M，Vajo J J，et al. Nanoconfined light metal hydrides for reversible hydrogen storage [J]. MRS Bulletin，2013，38 (6)：488-494.
[89] Vajo J J. Influence of nano-confinement on the thermodynamics and dehydrogenation kinetics of metal hydrides [J]. Current Opinion in Solid State and Materials Science，2011，15 (2)：52-61.
[90] 史柯柯. 镁基储氢材料的性能及研究进展 [J]. 化工进展，2023，42 (9)：4731-4745.
[91] Ouyang L Z，Yang X S，Zhu M，et al. Enhanced hydrogen storage kinetics and stability by synergistic effects of in situ formed $CeH_{2.73}$ and Ni in $CeH_{2.73}$-MgH_2-Ni nanocomposites [J]. The Journal of Physical Chemistry C，2014，118 (15)：7808-7820.
[92] 李谦. 镁基材料中储氢相及其界面与储氢性能的调控 [J]. 金属学报，2023，59 (3)：349-370.
[93] 黄刚. 钛-氢体系的物理化学性质 [J]. 材料导报，2006，20 (10)：128-134.
[94] Dematteis E M，Berti N，Cuevas F，et al. Substitutional effects in TiFe for hydrogen storage：a comprehensive review [J]. Materials Advances，2021，2 (8)：2524-2560.

[95] 朱海岩. 用表面氧化处理改善 TiFe 合金的活化特性 [J]. 稀有金属材料与工程，1991，(1)：72-73.
[96] 朱海岩. 表面化学处理与 TiFe 合金的活化 [J]. 稀有金属，1991 (3)：189-193.
[97] Bronca V, Bergman P, Ghaemmaghami V, et al. Hydrogen absorption characteristics of an FeTi+misch metal alloy [J]. Journal of the Less Common Metals, 1985, 108 (2): 313-325.
[98] Singh B. Improved hydrogen sorption characteristics in $FeTi_{1+x}Mm$ material [J]. International Journal of Hydrogen Energy, 1996, 21 (2): 111-117.
[99] Gutjahr M A. A new type of reversible negative electrode for alkaline storage batteries based on metal alloy hydrides [J]. Journal of Power Sources, 1973, (4): 79-91.
[100] Wakao S, Yonemura Y, Nakano H, et al. Electrochemical capacities and corrosion of $TiNi_x$ and its zirconium-substituted alloy hydride electrodes [J]. Journal of the Less Common Metals, 1984, 104 (2): 365-373.
[101] Wakao S, Sawa H, Nakano H, et al. Capacities and durabilities of Ti-Zr-Ni alloy hydride electrodes and effects of electroless plating on their performances [J]. Journal of the Less Common Metals, 1987, 131 (1-2): 311-319.
[102] Jordy C, Latroche M, Percheron-Guegan A, et al. Effect of partial substitution in TiNi on its structural and electrochemical hydrogen storage properties* [J]. Zeitschrift für Physikalische Chemie, 1994, 185 (1): 119-130.
[103] Luan B, Cui N, Zhao H, et al. Studies on the performance of $Ti_2Ni_{1-x}Al_x$ hydrogen storage alloy electrodes [J]. Journal of Alloys and Compounds, 1996, 233 (1-2): 225-230.
[104] 瞿鑫鑫. 烧结温度对 TiNi 储氢合金电化学性能的影响 [J]. 稀有金属，2010，34 (3)：331-335.
[105] Gamo T, Moriwaki Y, Yanagihara N, et al. Formation and properties of titanium-manganese alloy hydrides [J]. International Journal of Hydrogen Energy, 1985, 10 (1): 39-47.
[106] 钱久信. $TiMn_x$ 合金贮氢性能的研究 [J]. 金属学报，1987，23 (6)：A534-A536.
[107] 徐申东. 影响 $TiMn_x$ 非计量比合金储氢容量的结构因素 [J]. 物理化学学报，2016，32 (3)：780-786.
[108] Lundin C E, Lynch F E, Magee C B. A correlation between the interstitial hole sizes in intermetallic compounds and the thermodynamic properties of the hydrides formed from those compounds [J]. Journal of the Less Common Metals, 1977, 56 (1): 19-37.
[109] 李玉风. Ti 系合金的贮氢特性 [J]. 金属学报，1983，19 (5)：A403-A409.
[110] Moriwaki Y, Gamo T, Iwaki T. Control of hydrogen equilibrium pressure for C14-type laves phase alloys [J]. Journal of the Less Common Metals, 1991, 172-174: 1028-1035.
[111] Liu B-H, Kim D-M, Lee K-Y, et al. Hydrogen storage properties of $TiMn_2$-based alloys [J]. Journal of Alloys and Compounds, 1996, 240 (1-2): 214-218.
[112] 吴铸. $TiMn_2$ 储氢合金中部分 Mn 被取代后储氢性能的改善 [J]. 稀有金属，2003，27 (1)：116-118.
[113] 黄太仲. VFe 对取代部分 $TiMn_2$ 中的部分 Mn 对合金制备及储氢性能的影响 [J]. 化工学报，2004，S1：168-171.
[114] Takeichi N. "Hybrid hydrogen storage vessel", a novel high-pressure hydrogen storage vessel combined with hydrogen storage material [J]. International Journal of Hydrogen Energy, 2003, 28: 1121-1129.
[115] Mori D, Kobayashi N, Shinozawa T, et al. Hydrogen storage materials for fuel cell vehicles high-pressure MH system [J]. Journal of the Japan Institute of Metals and Materials, 2005, 69 (3): 308-311.
[116] Peng Z, Li Q, Sun J, et al. Ti-Cr-Mn-Fe-based alloys optimized by orthogonal experiment for 85 MPa hydrogen compression materials [J]. Journal of Alloys and Compounds, 2021, 891.
[117] Guo X, Wang S, Liu X, et al. Laves phase hydrogen storage alloys for super-high-pressure metal hydride hydrogen compressors [J]. Rare Metals, 2011, 30 (3): 227-231.
[118] Reilly J J, Wiswall R H. Higher hydrides of vanadium and niobium [J]. Inorganic Chemistry, 1970, 9 (7): 1678-1682.
[119] Kumar S, Jain A, Ichikawa T, et al. Development of vanadium based hydrogen storage material: A review [J]. Renewable and Sustainable Energy Reviews, 2017, 72: 791-800.
[120] Ding N, Li Y, Liang F, et al. Highly efficient hydrogen storage capacity of 2.5% above 0.1MPa using Y and Cr codoped V-based alloys [J]. ACS Applied Energy Materials, 2022, 5 (3): 3282-3289.
[121] 余学斌. 高容量的 Ti-V 基 BCC 相储氢合金 [J]. 高等学校化学学报，2004，25 (2)：351-353.
[122] Notten P H L, Hokkeling P. Double-phase hydride forming compounds: A new class of highly electrocatalytic materials [J]. Journal of The Electrochemical Society, 1991, 138 (7): 1877-1885.
[123] Ovshinsky S R, Fetcenko M A, Ross J. A nickel metal hydride battery for electric vehicles [J]. Science, 1993, 260 (5105): 176-181.

[124] Huot J, Akiba E, Ogura T, et al. Crystal structure, phase abundance and electrode performance of Laves phase compounds (Zr, A) $V_{0.5}Ni_{1.1}Mn_{0.2}Fe_{0.2}$ (A ≡ Ti, Nb or Hf) [J]. Journal of Alloys and Compounds, 1995, 218 (1): 101-109.
[125] Ivey D G, Northwood D O. Storing hydrogen in AB_2 laves-type compounds* [J]. Zeitschrift für Physikalische Chemie, 1986, 147 (1-2): 191-209.
[126] Liang Z, Xiao X, Qi J, et al. ZrCo-based hydrogen isotopes storage alloys: A review [J]. Journal of Alloys and Compounds, 2023, 932.
[127] Orimo S-i, Nakamori Y, Eliseo J R, et al. Complex hydrides for hydrogen storage [J]. Chemical Reviews, 2007, 107 (10): 4111-4132.
[128] Liu Z, Marder T B. B-N versus C-C: How Similar Are They? [J]. Angewandte Chemie International Edition , 2007, 47 (2): 242-244.
[129] Bogdanović B, Schwickardi M. Ti-doped alkali metal aluminium hydrides as potential novel reversible hydrogen storage materials [J]. Journal of Alloys and Compounds, 1997, 253-254: 1-9.
[130] Nagar R, Srivastava S, Hudson S L, et al. Recent developments in state-of-the-art hydrogen energy technologies-Review of hydrogen storage materials [J]. Solar Compass, 2023, 5.
[131] Chen P, Zhu M. Recent progress in hydrogen storage [J]. Materials Today, 2008, 11 (12): 36-43.
[132] Allendorf M D, Stavila V, Snider J L, et al. Challenges to developing materials for the transport and storage of hydrogen [J]. Nature Chemistry, 2022, 14 (11): 1214-1223.
[133] He T, Cao H, Chen P. Complex hydrides for energy storage, conversion, and utilization [J]. Advanced Materials, 2019, 31 (50).
[134] Finholt A E, Bond A C, Schlesinger H I. Lithium aluminum hydride, aluminum hydride and lithium gallium hydride, and some of their applications in organic and inorganic chemistry [J]. Journal of the American Chemical Society, 1947, 69 (5): 1199-1203.
[135] Sato T, Ikeda K, Li H W, et al. Direct dry syntheses and thermal analyses of a series of aluminum complex hydrides [J]. Materials Transactions, 2009, 50 (1): 182-186.
[136] Hauback B C, Brinks H W, Fjellvåg H. Accurate structure of $LiAlD_4$ studied by combined powder neutron and X-ray diffraction [J]. Journal of Alloys and Compounds, 2002, 346 (1-2): 184-189.
[137] Hauback B C, Brinks H W, Jensen C M, et al. Neutron diffraction structure determination of $NaAlD_4$ [J]. Journal of Alloys and Compounds, 2003, 358 (1-2): 142-145.
[138] Hauback B C, Brinks H W, Heyn R H, et al. The crystal structure of $KAlD_4$ [J]. Journal of Alloys and Compounds, 2005, 394 (1-2): 35-38.
[139] Jain I P, Jain P, Jain A. Novel hydrogen storage materials: A review of lightweight complex hydrides [J]. Journal of Alloys and Compounds, 2010, 503 (2): 303-339.
[140] Li L, Qiu F, Wang Y, et al. TiN catalyst for the reversible hydrogen storage performance of sodium alanate system [J]. Journal of Materials Chemistry, 2012, 22 (27).
[141] Bogdanović B, Brand R A, Marjanović A, et al. Metal-doped sodium aluminium hydrides as potential new hydrogen storage materials [J]. Journal of Alloys and Compounds, 2000, 302 (1-2): 36-58.
[142] Jensen C M, Gross K J. Development of catalytically enhanced sodium aluminum hydride as a hydrogen-storage material [J]. Applied Physics A Materials Science & Processing, 2001, 72 (2): 213-219.
[143] Chen J, Li C, Chen W, et al. Tailoring reversible hydrogen storage performance of $NaAlH_4$ through $NiTiO_3$ nanorods [J]. Journal of Alloys and Compounds, 2024, 971.
[144] Mustafa N S, Sazelee N A, Ali N A, et al. Enhancement of hydrogen storage properties of $NaAlH_4$ catalyzed by $CuFe_2O_4$ [J]. International Journal of Hydrogen Energy, 2023, 48 (90): 35197-35205.
[145] Ali N A, Ismail M, Nasef M M, et al. Enhanced hydrogen storage properties of $NaAlH_4$ with the addition of $CoTiO_3$ synthesised via a solid-state method [J]. Journal of Alloys and Compounds, 2023, 934.
[146] Pratthana C, Aguey-Zinsou K-F. Tuning the hydrogen thermodynamics of $NaAlH_4$ by encapsulation within a titanium shell [J]. International Journal of Hydrogen Energy, 2023, 48 (75): 29240-29255.
[147] Ali N A, Ismail M. Modification of $NaAlH_4$ properties using catalysts for solid-state hydrogen storage: A review [J]. International Journal of Hydrogen Energy, 2021, 46 (1): 766-782.
[148] S. B J. Mechanical Alloying [J]. Scientific American, 1976, 234 (5): 40-49.
[149] Filippi M, Rector J H, Gremaud R, et al. Lightweight sodium alanate thin films grown by reactive sputtering [J]. Applied Physics Letters, 2009, 95 (12).

[150] Pang Y, Liu Y F, Gao M, et al. A mechanical-force-driven physical vapour deposition approach to fabricating complex hydride nanostructures [J]. Nature Communications, 2014, 5 (1).

[151] Zheng S, Fang F, Zhou G, et al. Hydrogen storage properties of space-confined $NaAlH_4$ nanoparticles in ordered mesoporous silica [J]. Chemistry of Materials, 2008, 20 (12): 3954-3958.

[152] 邹勇进. 纳米限域的储氢材料 [J]. 化学进展, 2013, 25 (1): 115-121.

[153] Puszkiel J, Gasnier A, Amica G, et al. Tuning $LiBH_4$ for hydrogen storage: destabilization, additive, and nanoconfinement approaches [J]. Molecules, 2019, 25 (1).

[154] Friedrichs O, Remhof A, Borgschulte A, et al. Breaking the passivation—the road to a solvent free borohydride synthesis [J]. Physical Chemistry Chemical Physics, 2010, 12 (36).

[155] Schlesinger H I, Brown H C, Abraham B, et al. New developments in the chemistry of diborane and the borohydrides. Ⅰ general summary [J]. Journal of the American Chemical Society, 1953, 75 (1): 186-190.

[156] Li H W, Kikuchi K, Nakamori Y, et al. Effects of ball milling and additives on dehydriding behaviors of well-crystallized Mg $(BH_4)_2$ [J]. Scripta Materialia, 2007, 57 (8): 679-682.

[157] Soulié J P, Renaudin G, Černý R, et al. Lithium boro-hydride $LiBH_4$ Ⅰ Crystal structure [J]. Journal of Alloys and Compounds, 2002, 346 (1-2): 200-205.

[158] Li C, Peng P, Zhou D W, et al. Research progress in $LiBH_4$ for hydrogen storage: A review [J]. International Journal of Hydrogen Energy, 2011, 36 (22): 14512-14526.

[159] Züttel A, Wenger P, Rentsch S, et al. $LiBH_4$ a new hydrogen storage material [J]. Journal of Power Sources, 2003, 118 (1-2): 1-7.

[160] Orimo S, Nakamori Y, Kitahara G, et al. Dehydriding and rehydriding reactions of $LiBH_4$ [J]. Journal of Alloys and Compounds, 2005, 404-406: 427-430.

[161] Yan Y, Remhof A, Hwang S-J, et al. Pressure and temperature dependence of the decomposition pathway of $LiBH_4$ [J]. Physical Chemistry Chemical Physics, 2012, 14 (18).

[162] Mauron P, Buchter F, Friedrichs O, et al. Stability and Reversibility of $LiBH_4$ [J]. The Journal of Physical Chemistry B, 2007, 112 (3): 906-910.

[163] Chen P, Xiong Z, Wu G, et al. Metal-N-H systems for the hydrogen storage [J]. Scripta Materialia, 2007, 56 (10): 817-822.

[164] Chen P, Xiong Z, Luo J, et al. Interaction of hydrogen with metal nitrides and imides [J]. Nature, 2002, 420 (6913): 302-304.

[165] Prasad D L V K, Ashcroft N W, Hoffmann R. Lithium amide ($LiNH_2$) under pressure [J]. The Journal of Physical Chemistry A, 2012, 116 (40): 10027-10036.

[166] Noritake T, Nozaki H, Aoki M, et al. Crystal structure and charge density analysis of Li_2NH by synchrotron X-ray diffraction [J]. Journal of Alloys and Compounds, 2005, 393 (1-2): 264-268.

[167] Ohoyama K, Nakamori Y, Orimo S-i, et al. Revised crystal structure model of Li_2NH by neutron powder diffraction [J]. Journal of the Physical Society of Japan, 2005, 74 (1): 483-487.

[168] Balogh M P, Jones C Y, Herbst J F, et al. Crystal structures and phase transformation of deuterated lithium imide, Li_2ND [J]. Journal of Alloys and Compounds, 2006, 420 (1-2): 326-336.

[169] 于大龙. $LiNH_2$ 晶体结构和电子结构的第一性原理研究 [J]. 甘肃科学学报, 2009, 21 (4): 39-41.

[170] Chen P, Xiong Z, Luo J, et al. Interaction between Lithium Amide and Lithium Hydride [J]. The Journal of Physical Chemistry B, 2003, 107 (39): 10967-10970.

[171] Chen P, Xiong Z, Yang L, et al. Mechanistic investigations on the heterogeneous solid-state reaction of magnesium amides and lithium hydrides [J]. The Journal of Physical Chemistry B, 2006, 110 (29): 14221-14225.

[172] Hu Y H, Ruckenstein E. Ultrafast reaction between LiH and NH_3 during H_2 storage in Li_3N [J]. The Journal of Physical Chemistry A, 2003, 107 (46): 9737-9739.

[173] Ichikawa T, Hanada N, Isobe S, et al. Mechanism of novel reaction from $LiNH_2$ and LiH to Li_2NH and H_2 as a promising hydrogen storage system [J]. The Journal of Physical Chemistry B, 2004, 108 (23): 7887-7892.

[174] Plerdsranoy P, Dansirima P, Jensen T R, et al. Hydrogen sorption properties of Li-N-F-H pellets in laboratory and small tank scales [J]. International Journal of Hydrogen Energy, 2023, 48 (73): 28435-28444.

[175] Ley M, Meggouh M, Moury R, et al. Development of hydrogen storage tank systems based on complex metal hydrides [J]. Materials, 2015, 8 (9): 5891-5921.

[176] Shore S G, Parry R W. The crystalline compound ammonia-borane, H_3NBH_3 [J]. Journal of the American

Chemical Society, 1955, 77 (22): 6084-6085.

[177] Lippert E L, Lipscomb W N. The structure of H_3NBH_3 [J]. Journal of the American Chemical Society, 1956, 78 (2): 503-504.

[178] Hoon C F, Reynhardt E C. Molecular dynamics and structures of amine boranes of the type R_3N. BH_3. Ⅰ. X-ray investigation of H_3N. BH_3 at 295K and 110K [J]. Journal of Physics C: Solid State Physics, 1983, 16 (32): 6129-6136.

[179] Hess N J, Schenter G K, Hartman M R, et al. Neutron powder diffraction and molecular simulation study of the structural evolution of ammonia borane from 15K to 340K [J]. The Journal of Physical Chemistry A, 2009, 113 (19): 5723-5735.

[180] Klooster W T, Koetzle T F, Siegbahn P E M, et al. Study of the N-H⋯H-B dihydrogen bond including the crystal structure of BH_3NH_3 by neutron diffraction [J]. Journal of the American Chemical Society, 1999, 121 (27): 6337-6343.

[181] Inamuddin, Altalhi T, Adnan S M, et al. Materials for hydrogen production, conversion, and storage [M]. Hoboken: Wiley, 2023.

[182] Hu M G, Geanangel R A, Wendlandt W W. The thermal decomposition of ammonia borane [J]. Thermochimica Acta, 1978, 23 (2): 249-255.

[183] Baitalow F, Wolf G, Grolier J P E, et al. Thermal decomposition of ammonia-borane under pressures up to 600bar [J]. Thermochimica Acta, 2006, 445 (2): 121-125.

[184] Al-Kukhun A, Hwang H T, Varma A. Mechanistic studies of ammonia borane dehydrogenation [J]. International Journal of Hydrogen Energy, 2013, 38 (1): 169-179.

[185] Li H, Yan Y, Feng S, et al. Hydrogen release mechanism and performance of ammonia borane catalyzed by transition metal catalysts Cu-Co/MgO (100) [J]. International Journal of Energy Research, 2019, 43 (2): 921-930.

[186] Cui C, Liu Y, Mehdi S, et al. Enhancing effect of Fe-doping on the activity of nano Ni catalyst towards hydrogen evolution from NH_3BH_3 [J]. Applied Catalysis B: Environmental, 2020, 265.

[187] Valdés H, García-Eleno M A, Canseco-Gonzalez D, et al. Recent advances in catalysis with transition-metal pincer compounds, [J]. Chem Cat Chem, 2018, 10 (15): 3136-3172.

[188] Gorlova A M, Kayl N L, Komova O V, et al. Fast hydrogen generation from solid NH_3BH_3 under moderate heating and supplying a limited quantity of $CoCl_2$ or $NiCl_2$ solution [J]. Renewable Energy, 2018, 121: 722-729.

[189] Prabu S, Chiang K-Y. Improved catalytic effect and metal nanoparticle stability using graphene oxide surface coating and reduced graphene oxide for hydrogen generation from ammonia-borane dehydrogenation [J]. Materials Advances, 2020, 1 (6): 1952-1962.

[190] 李慧珍. 氨硼烷：一种高性能化学储氢 [J]. 材料科学通报，2013，59 (19)：1823-1837.

[191] Sultan O, Shaw H. Study of automotive storage of hydrogen using recyclable liquid chemical carriers [Catalytic dehydrogenation of naphthenes] [J]. Exxon Research and Engineering Co, Government Research Lab, Linden, NJ (USA), 1975, Technical Report, TEC-75/003.

[192] Niermann M, Drünert S, Kaltschmitt M, et al. Liquid organic hydrogen carriers (LOHCs) - techno-economic analysis of LOHCs in a defined process chain [J]. Energy & Environmental Science, 2019, 12 (1): 290-307.

[193] Teichmann D, Arlt W, Wasserscheid P, et al. A future energy supply based on Liquid Organic Hydrogen Carriers (LOHC) [J]. Energy & Environmental Science, 2011, 4 (8).

[194] 姜召. 新型有机液体储氢技术现状与展望 [J]. 化工进展，2012，31：315-322.

[195] Chu C, Wu K, Luo B, et al. Hydrogen storage by liquid organic hydrogen carriers: Catalyst, renewable carrier, and technology- A review [J]. Carbon Resources Conversion, 2023, 6 (4): 334-351.

[196] Preuster P, Papp C, Wasserscheid P. Liquid organic hydrogen carriers (LOHCs): Toward a hydrogen-free hydrogen economy [J]. Accounts of Chemical Research, 2017, 50 (1): 74-85.

[197] Modisha P M, Ouma C N M, Garidzirai R, et al. The prospect of hydrogen storage using liquid organic hydrogen carriers [J]. Energy & Fuels, 2019, 33 (4): 2778-2796.

[198] Wu Y, Guo Y, Yu H, et al. Nonstoichiometric yttrium hydride-promoted reversible hydrogen storage in a liquid organic hydrogen carrier [J]. CCS Chemistry, 2020, 3 (3): 974-984.

[199] Eppinger J, Huang K-W. Formic acid as a hydrogen energy carrier [J]. ACS Energy Letters, 2016, 2 (1): 188-195.

[200] Papageorgiou N. The world's first formic acid-based fuel cell [EB/OL] 2000.03.18, https: //actu. epfl. ch/

news/the-world-s-first-formic-acid-based-fuel-cell/
[201] Grasemann M, Laurenczy G. Formic acid as a hydrogen source-recent developments and future trends [J]. Energy & Environmental Science, 2012, 5 (8).
[202] 中国石油化工集团有限公司. 我国首个甲醇制氢加氢一体站投用 [EB/OL] 2023-02-17, http: //www. sasac. gov. cn/n2588025/n2588124/c27248256/content. html
[203] 邢承治. 有机液体载氢储运技术研究进展及应用场景 [J]. 储能科学与技术, 2023: 1-9.
[204] SPERA 水素TM 千代田の水素サプライチェーン事業. 全球首个国际氢能供应链示范项目 [EB/OL]. 2020. 12. 25. https: //www. chiyodacorp. com/jp/service/spera-hydrogen/.
[205] 氢阳能源. 全球首套常温常压有机液体储氢加注一体化示范项目成功完成全流程贯通 [EB/OL]. 2023. 07. 08. https: //www. hynertech. com/nd. jsp? id=179# _ jcp=4 _ 3
[206] Yu Y, He T, Wu A, et al. Reversible hydrogen uptake/release over a sodium phenoxide-cyclohexanolate pair [J]. Angewandte Chemie, 2018, 131 (10): 3134-3139.
[207] Tan K C, Yu Y, Chen R, et al. Metallo-N-Heterocycles- A new family of hydrogen storage material [J]. Energy Storage Materials, 2020, 26: 198-202.
[208] Jing Z, Yuan Q, Yu Y, et al. Developing ideal metalorganic hydrides for hydrogen storage: From theoretical prediction to rational fabrication [J]. ACS Materials Letters, 2021, 3 (9): 1417-1425.
[209] Zhang W, Zhang Y. Science and technology in high-entropy alloys [J]. Science China Earth Science, 2018: 2-22.
[210] Yadav T P, Kumar A, Verma S K, et al. High-entropy alloys for solid hydrogen storage: Potentials and prospects [J]. Transactions of the Indian National Academy of Engineering, 2022: 1-10.
[211] Mishra S S, Mukhopadhyay S, Yadav T P, et al. Synthesis and characterization of hexanary Ti-Zr-V-Cr-Ni-Fe high-entropy Laves phase [J]. Journal of Materials Research, 2019, 34 (5): 807-818.
[212] Yadav T P, Kumar A, Verma S K, et al. High-entropy alloys for solid hydrogen storage: Potentials and prospects [J]. Transactions of the Indian National Academy of Engineering, 2022, 7 (1): 147-156.
[213] Somo T R, Lototskyy M V, Yartys V A, et al. Hydrogen storage behaviours of high entropy alloys: A Review [J]. Journal of Energy Storage, 2023, 73.
[214] Yang F, Wang J, Zhang Y, et al. Recent progress on the development of high entropy alloys (HEAs) for solid hydrogen storage: A review [J]. International Journal of Hydrogen Energy, 2022, 47 (21): 11236-11249.
[215] Liu H. Ammonia synthesis catalyst 100 years: Practice, enlightenment and challenge [J]. Chinese Journal of Catalysis, 2014, 35 (10): 1619-1640.
[216] 张莉. 氨氢融合新能源交叉科学前沿战略研究 [J]. 科学通报, 2023, 68 (23): 3107-3112.
[217] 李星国. 氢气制备和储运的状况与发展 [J]. 科学通报, 2022, 67 (4-5): 425-436.
[218] Ulucan T H, Akhade S A, Ambalakatte A, et al. Hydrogen storage in liquid hydrogen carriers: Recent activities and new trends [J]. Progress in Energy, 2023, 5 (1).
[219] Klerke A, Christensen C H, Nørskov J K, et al. Ammonia for hydrogen storage: Challenges and opportunities [J]. Journal of Materials Chemistry, 2008, 18 (20).
[220] 张宝顺. 论青海省氨氢新能源产业发展 [J]. 化学工业与工程, 2023: 1-12.
[221] 国家发展改革委, 国家能源局关于印发《"十四五"新型储能发展实施方案》的通知 [EB/OL]. 2022. www. gov. cn/zhengce/zhengceku/2022-03/22/content _ 5680417. htm.
[222] 杨鹏威. 氨储能在新型电力系统的应用前景、挑战及发展 [J]. 化工进展, 2023, 42 (8): 4432-4446.
[223] 吴忠. 打造"中国氨氢谷"助力绿色能源转型 [EB/OL]. 宁夏日报. 2022. 10. 31. http: //nx. people. com. cn/n2/2022/1031/c192482-40175435. html.
[224] 刘化章. 合成氨工业: 过去、现在和未来——合成氨工业创立 100 周年回顾、启迪和挑战 [J]. 化工进展, 2013, 32 (9): 1995-2005.
[225] Department S R. Production capacity of ammonia worldwide from 2018 to 2022, with a forecast for 2026 and 2030 [EB/OL]. 2023. 11. 24. https: //www. statista. com/statistics/1065865/ammonia-production-capacity-globally/.
[226] Efficiency C C O E. Industrial efficiency technology database (IETD) [EB/OL]. 2022. http://ietd. iipnetwork. org/content/ammonia.
[227] 氢能协会. Innovation outlook renewable ammonia [EB/OL]. 2022, https: //www. irena. org/-/media/Files/IRENA/Agency/Publication/2022/May/IRENA _ Innovation _ Outlook _ Ammonia _ 2022. pdf.
[228] Paris I. 氨技术路线图 [EB/OL]. 2021. www. iea. org/reports/ammonia-technology-roadmap/executive summary [Z].
[229] 李育磊. 双碳目标下中国绿氢合成氨发展基础与路线 [J]. 储能科学与技术, 2022, 11 (9): 2891-2899.

[230] Tekin A, Hummelshøj J S, Jacobsen H S, et al. Ammonia dynamics in magnesium ammine from DFT and neutron scattering [J]. Energy & Environmental Science, 2010, 3 (4).

[231] Kojima Y, Yamaguchi M. Ammonia storage materials for nitrogen recycling hydrogen and energy carriers [J]. International Journal of Hydrogen Energy, 2020, 45 (16): 10233-10246.

[232] Su Z, Guan J, Liu Y, et al. Research progress of ruthenium-based catalysts for hydrogen production from ammonia decomposition [J]. International Journal of Hydrogen Energy, 2023.

[233] Lamb K E, Dolan M D, Kennedy D F. Ammonia for hydrogen storage: A review of catalytic ammonia decomposition and hydrogen separation and purification [J]. International Journal of Hydrogen Energy, 2019, 44 (7): 3580-3593.

[234] Guo J, Wang P, Wu G, et al. Lithium imide synergy with 3d transition-metal nitrides leading to unprecedented catalytic activities for ammonia decomposition [J]. Angewandte Chemie, 2015, 127 (10): 2993-2997.

[235] Guo J, Chang F, Wang P, et al. Highly active MnN-Li_2NH composite catalyst for producing CO_x-free hydrogen [J]. ACS Catalysis, 2015, 5 (5): 2708-2713.

[236] Xie P, Yao Y, Huang Z, et al. Highly efficient decomposition of ammonia using high-entropy alloy catalysts [J]. Nature Communications, 2019, 10 (1).

[237] Ganley J C, Thomas F, Seebauer E, et al. A priori catalytic activity correlations: The difficult case of hydrogen production from ammonia [J]. Catalysis Letters, 2004, 96: 117-122.

[238] Choi J-G. Ammonia decomposition over vanadium carbide catalysts [J]. Journal of Catalysis, 1999, 182 (1): 104-116.

[239] Choudhary T, Sivadinarayana C, Goodman D. Catalytic ammonia decomposition: CO_x-free hydrogen production for fuel cell applications [J]. Catalysis Letters, 2001, 72 (3-4): 197-201.

[240] Liang C, Li W, Wei Z, et al. Catalytic decomposition of ammonia over nitrided MoN_x/α-Al_2O_3 and NiMoNy/α-Al_2O_3 catalysts [J]. Industrial & engineering chemistry research, 2000, 39 (10): 3694-3697.

[241] Zhang J, Müller J-O, Zheng W, et al. Individual Fe- Co alloy nanoparticles on carbon nanotubes: Structural and catalytic properties [J]. Nano letters, 2008, 8 (9): 2738-2743.

[242] Makepeace J W, Wood T J, Hunter H M, et al. Ammonia decomposition catalysis using non-stoichiometric lithium imide [J]. Chemical Science, 2015, 6 (7): 3805-3815.

[243] Yin S F, Xu B Q, Zhou X P, et al. A mini-review on ammonia decomposition catalysts for on-site generation of hydrogen for fuel cell applications [J]. Applied Catalysis A: General, 2004, 277 (1-2): 1-9.

[244] Koh C A, Sloan E D, Sum A K, et al. Annual review of chemical and biomolecular engineering [J]. Fundamentals and applications of gas hydrates, 2011, 2: 237-257.

[245] Yadav M, Xu Q. Liquid-phase chemical hydrogen storage materials [J]. Energy & Environmental Science, 2012, 5 (12): 9698-9725.

[246] 曹军文. 氢气储运技术的发展现状与展望 [J]. 石油学报（石油加工），2021, 37 (6): 1461.

[247] Zhu W, Ren L, Lu C, et al. Nanoconfined and in situ catalyzed MgH_2 self-assembled on 3D Ti_3C_2 MXene folded nanosheets with enhanced hydrogen sorption performances [J]. ACS nano, 2021, 15 (11): 18494-18504.

[248] Mao W L, Mao H G. Proceedings of the national academy of sciences [J]. Hydrogen storage in molecular compounds, 2004, 101 (3): 708-710.

[249] 陈光进. 气体水合物科学与技术 [Z]. 天然气地球科学，2008: 819-826.

[250] 于驰. 新型水合物复合储氢技术研究 [D]. 广州：华南理工大学，2018.

[251] Ripmeester J A, Tse J S, Ratcliffe C I, et al. A new clathrate hydrate structure [J]. Nature, 1987, 325 (6100).

[252] Vos W L, Finger L W, Hemley R J, et al. Novel H_2-H_2O clathrates at high pressures [J]. Physical review letters, 1993, 71 (19): 3150.

[253] 徐纯刚. 水合物储氢的研究进展 [J]. 化工进展，2022, 41 (12): 6285-6294.

[254] Dyadin Y A, Larionov E G, Manakov A Y, et al. Clathrate hydrates of hydrogen and neon [J]. Mendeleev communications, 1999, 9 (5): 209-210.

[255] Mao W L, Mao H G, Goncharov A F, et al. Hydrogen clusters in clathrate hydrate [J]. Science, 2002, 297 (5590): 2247-2249.

[256] Kumar R, Klug D D, Ratcliffe C I, et al. Low-pressure synthesis and characterization of hydrogen-filled ice Ic [J]. Angewandte Chemie, 2013, 125 (5): 1571-1574.

[257] Kim D-Y, Lee H. Spectroscopic identification of the mixed hydrogen and carbon dioxide clathrate hydrate [J]. Journal of the American chemical society, 2005, 127 (28): 9996-9997.

[258] Kumar R, Englezos P, Moudrakovski I, et al. Structure and composition of CO_2/H_2 and $CO_2/H_2/C_3H_8$ hydrate in

relation to simultaneous CO_2 capture and H_2 production [J]. AIChE journal, 2009, 55 (6): 1584-1594.
[259] Grim R G, Kerkar P B, Shebowich M, et al. Synthesis and characterization of sI clathrate hydrates containing hydrogen [J]. The Journal of Physical Chemistry C, 2012, 116 (34): 18557-18563.
[260] Belosludov R, Zhdanov R K, Subbotin O, et al. Theoretical modelling of the phase diagrams of clathrate hydrates for hydrogen storage applications [J]. Molecular Simulation, 2012, 38 (10): 773-780.
[261] Papadimitriou N, Tsimpanogiannis I, Stubos A. Monte Carlo study of sI hydrogen hydrates [J]. Molecular Simulation, 2010, 36 (10): 736-744.
[262] Duarte A R C, Shariati A, Rovetto L J, et al. Water cavities of sH clathrate hydrate stabilized by molecular hydrogen: Phase equilibrium measurements [J]. The Journal of Physical Chemistry B, 2008, 112 (7): 1888-1889.
[263] Strobel T A, Koh C A, Sloan E D. Water cavities of sH clathrate hydrate stabilized by molecular hydrogen [J]. The Journal of Physical Chemistry B, 2008, 112 (7): 1885-1887.
[264] Hashimoto S, Murayama S, Sugahara T, et al. Thermodynamic and Raman spectroscopic studies on H_2 + tetrahydrofuran + water and H_2 + tetra-n-butyl ammonium bromide + water mixtures containing gas hydrates [J]. Chemical Engineering Science, 2006, 61 (24): 7884-7888.
[265] Anil J N, Bhawangirkar D R, Sangwai J S. Effect of guest-dependent reference hydrate vapor pressure in thermodynamic modeling of gas hydrate phase equilibria, with various combinations of equations of state and activity coefficient models [J]. Fluid Phase Equilibria, 2022, 556: 113356.
[266] 周超. 高压复合储氢罐用储氢材料的研究进展 [J]. 材料导报, 2019, 33 (1): 117-126.
[267] Kohli D, Khardekr R, Singh R, et al. Glass micro-container based hydrogen storage scheme [J]. International Journal of Hydrogen Energy, 2008, 33 (1): 417-422.
[268] Heung L K, Schumacher R F, Wicks G G. Hollow porous-wall glass microspheres for hydrogen storage [R]. Savannah River Nuclear Solutions (SRNS), Aiken, SC (United States), 2010.
[269] Budov V. Hollow glass microspheres use, properties, and technology [J]. Glass and ceramics, 1994, 51: 230-235.
[270] 罗渊. 空心玻璃微球储氢研究进展 [J]. 功能材料, 2023, 54 (6): 6011-6020.
[271] Zhang Z-W, Tang Y, Wang C, et al. High pressure hydrogen storage in hollow glass microspheres [J]. Journal of Chemical Industry and Engineering-China, 2006, 57 (7): 1677.
[272] Singh G, Ramadass K, D B C DasiReddy V, et al. Material-based generation, storage, and utilisation of hydrogen [J]. Progress in Materials Science, 2023, 135.
[273] Després J, Mima S, Kitous A, et al. Storage as a flexibility option in power systems with high shares of variable renewable energy sources: A POLES-based analysis [J]. Energy Economics, 2017, 64: 638-650.
[274] Foh S, Novil M, Rockar E, et al. Underground hydrogen storage final report [J]. Inst Gas Tech, DOE, Brookhaven Natl Lab, Upton, NY (Dec 1979), 1979.
[275] Taylor J, Alderson J, Kalyanam K, et al. Technical and economic assessment of methods for the storage of large quantities of hydrogen [J]. International Journal of Hydrogen Energy, 1986, 11 (1): 5-22.
[276] Zivar D, Kumar S, Foroozesh J. Underground hydrogen storage: A comprehensive review [J]. International journal of hydrogen energy, 2021, 46 (45): 23436-23462.
[277] Londe L F. Four ways to store large quantities of hydrogen; proceedings of the Abu Dhabi International Petroleum Exhibition and Conference, F, 2021 [C]. SPE.
[278] Krevor S, De Coninck H, Gasda S E, et al. Subsurface carbon dioxide and hydrogen storage for a sustainable energy future [J]. Nature Reviews Earth & Environment, 2023, 4 (2): 102-118.
[279] 闫伟. 氢能地下储存技术进展和挑战 [J]. 石油学报, 2023, 44 (3): 556-568.
[280] Hematpur H, Abdollahi R, Rostami S, et al. Review of underground hydrogen storage: Concepts and challenges [J]. Advances in Geo-Energy Research, 2023, 7 (2): 111-131.
[281] 李玉星. 地下储氢技术研究进展 [J]. 油气储运, 2023, 42 (8): 841-855.
[282] Sáinz-García A, Abarca E, Rubí V, et al. Assessment of feasible strategies for seasonal underground hydrogen storage in a saline aquifer [J]. International journal of hydrogen energy, 2017, 42 (26): 16657-16666.
[283] Tarkowski R. Underground hydrogen storage: Characteristics and prospects [J]. Renewable and Sustainable Energy Reviews, 2019, 105: 86-94.
[284] Cihlar J, Mavins D, Van der Leun K. Picturing the value of underground gas storage to the European hydrogen system [Z]. Gas Infrastructure Europe (GIE), 2021.
[285] 陆佳敏. 大规模地下储氢技术研究展望 [J]. 储能科学与技术, 2022, 11 (11): 3699-3707.

第7章 高压氢气容器、管道及材料

7.1 氢气压缩特性和密度变化

7.1.1 概述

氢气的压缩,一般有等温压缩、绝热压缩、多变压缩三种过程，又分单级压缩和多级压缩。对于稳定流动的氢气体系，压缩过程的理论轴功可用稳定流动系统的热力学第一定律来描述[1]。在忽略动能和势能的情况下，有：

$$W_S = \Delta H - Q \tag{7-1}$$

式中，W_S 为压缩过程理论轴功；ΔH 为压缩过程中氢气焓变；Q 为压缩过程中氢气与外界的热量交换。

此式具有普遍意义，适用于任何介质的可逆过程和不可逆过程。为了方便使用，对可逆过程的轴功，还可按下式计算：

$$W_S = \int_{p_1}^{p_2} V\mathrm{d}p \tag{7-2}$$

式中，p_1 为压缩前氢气的压强；p_2 为压缩后氢气的压强。

7.1.2 氢气压缩特性

(1) 等温压缩

氢气的等温压缩指氢气在压缩时，温度始终保持不变，即压缩时产生的热量及活塞与气缸摩擦时产生的热量全部被外界带走。对于理想氢气气体，等温过程 $\Delta H=0$，则：

$$W_S = -Q = \int_{p_1}^{p_2} V\mathrm{d}p = RT_1 \ln \frac{p_2}{p_1} \tag{7-3}$$

式中，p_2/p_1 为压缩比。

显然，压缩比越大，温度越高，压缩所需的功耗也越大。

(2) 绝热压缩

氢气在绝热压缩时与周围环境没有任何热交换作用，即压缩机产生的热量全部使气体温度升高，而摩擦产生的热量全部被外界带走。此时 $Q=0$，则：

$$W_S = \Delta H = \int_{p_1}^{p_2} V\mathrm{d}p \tag{7-4}$$

对于理想氢气气体，可将 $pV^k=$常数的关系代入上式积分，得：

$$W_S=\frac{k}{k+1}RT_1\left[\left(\frac{p_2}{p_1}\right)^{\frac{k-1}{k}}-1\right] \tag{7-5}$$

或

$$W_S=\frac{k}{k+1}p_1V_1\left[\left(\frac{p_2}{p_1}\right)^{\frac{k-1}{k}}-1\right] \tag{7-6}$$

式中，k 为绝热指数，与气体性质有关。

(3) 多变压缩

等温压缩和绝热压缩都是理想的，要做到完全的等温或绝热是不可能的。实际进行的压缩过程都是介于等温和绝热之间的多变过程。多变过程的 p、V 服从 $pV^n=$常数。该式即多变过程的过程方程式，n 为多变指数，它可以是$-\infty$到$+\infty$之间的任意值。对于给定的某一过程，n 为定值。

对于理想氢气气体，进行多变压缩的轴功为：

$$W_S=\frac{n}{n+1}RT_1\left[\left(\frac{p_2}{p_1}\right)^{\frac{n-1}{n}}-1\right] \tag{7-7}$$

$$W_S=\frac{n}{n+1}p_1V_1\left[\left(\frac{p_2}{p_1}\right)^{\frac{n-1}{n}}-1\right] \tag{7-8}$$

由上式可见，把一定量的氢气从相同的初态压缩到相同的终态时，绝热压缩消耗的功最多，等温压缩最少，多变压缩介于两者之间，并随 n 的减小而减少。同时，绝热压缩后氢气的温度升高较多，这对机器的安全运行是不利的。所以，尽量减小压缩过程的多变指数 n，使过程接近等温过程是有利的。

(4) 多级多变压缩

根据热力学，氢气实现等温压缩最省功，但在实际运行中很难实现等温压缩，特别是高转速压缩机，基本上是绝热压缩。在实际生产中是设法在压缩时使氢气冷却，即将压缩分成多级进行，每一级压缩后，气体先经冷却，再进一步压缩，这也能提高效率。

以两级压缩为例，图 7-1 为两级压缩的 p-V 图。氢气从 p_1 加压到 p_3，进行单级等温压缩，其功耗在 p-V 图上可用曲线 $ABGFHA$ 所包围的面积表示。若进行单级绝热压缩，则是曲线 $ABCDHA$ 所包围的面积。若使用两级压缩过程，先将氢气绝热压缩到某中间压力 p_2，此为第一级压缩，以曲线 BC 表示，所耗的功为曲线 $BCIAB$ 所包围的面积。然后将压缩氢气导入中间冷却器，冷却至初温，此冷却过程以直线 CG 表示。第二级绝热压缩沿曲线 GE 进行所耗的功为曲线 $GEHIG$ 所包围的面积。显然，两级压缩与单级压缩相比较，节省的功为 $CDEGC$ 所包围的面积。

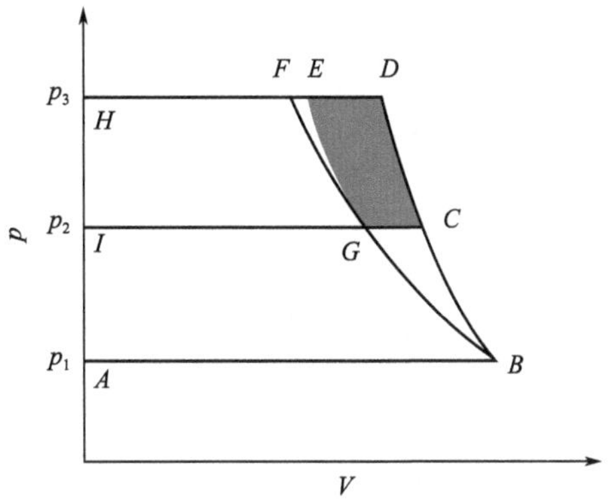

图 7-1 两级压缩的 p-V 图

以上分析表明，分级越多，理论上可节省的功越多。若增多到无穷级，则可趋近等温压缩。实际上，分级不宜太多，否则机构复杂，摩擦损失和流动阻力亦随之增大，一般视压缩比之大小，分为两级、三级，最多四级。

7.1.3 氢气压缩过程的密度变化

（1）氢气的压缩方式

氢气的压缩有两种方式：一种方式是直接用压缩机将氢气压缩至储氢容器所需的压力，储存在体积较大的储氢容器中；另一种方法是将氢气压缩至较低的压力（如 25MPa）储存起来，加注时，先将部分气体冲压，然后启动增压压缩机，使储氢容器达到所需的压力。

（2）氢气的压缩因子和压缩后的密度

氢气在压力较低、密度较小（温度较低）时可看作理想气体，其不同温度和压力下的气体状态遵循 Clapeyron 理想气体状态方程：

$$pV = nRT \tag{7-9}$$

式中，p 为气体压力，Pa；V 为气体体积，m^3；T 为温度，K；n 为气体的物质的量，mol；R 为摩尔气体常数，J/(mol·K)。

在气体压力较高、密度较大（温度较低）时，气体中分子运动规律复杂。此时，理想气体状态方程不能用来描述氢气实际状态下的 p-V-T 关系，而需要用较复杂的实际气体状态方程。一般而言，实际气体状态方程是在理想气体状态方程的基础上，通过理论和实验的方法，对理想气体状态方程进行修正取得的。实际气体与理想气体的偏差在热力学上可用压缩因子 Z 表示，定义为：

$$Z = \frac{p}{\rho RT} \tag{7-10}$$

式中，ρ 为气体密度。

下文将对几种氢气压缩因子的计算模型进行归纳介绍，并与美国国家标准技术研究所（The National Institute of Standards and Technology，NIST）给出的氢气密度数据进行比较。

① Virial 方程　在氢气密度较小时，可以采用 Virial 方程，即：

$$pV_M = R_M T\left(1 + \frac{B}{V_M} + \frac{C}{V_M^2}\right) \tag{7-11}$$

式中，R_M 为通用气体常数，J/(mol·K)；V_M 为摩尔体积，L/mol；B、C 为第二、第三 Virial 系数，可以由式（7-12）、式（7-13）确定[2]：

$$B = \sum_{i=1}^{4} B_i \left(\frac{T_0}{T}\right)^{\frac{2i-1}{4}} \tag{7-12}$$

式中，$B_1 = 42.464$，$B_2 = -37.117$，$B_3 = -2.298$，$B_4 = -3.048$，$T_0 = 109.781\text{K}$。

$$C = c_0\left(\frac{T_0'}{T}\right)^{\frac{1}{2}} \times \left[1 + c_1\left(\frac{T_0'}{T}\right)^3\right] \times \left[1 - \exp\left(1 - \left(\frac{T_0'}{T}\right)^{-3}\right)\right] \times 10^{-12} \tag{7-13}$$

式中，$c_0 = 1.8105 \times 10^{-8}\,\text{m}^6/\text{mol}^2$，$c_1 = 2.1486$，$T_0' = 20.615\text{K}$。

式（7-11）的计算结果如图 7-2 所示。由图 7-2 可以看到，氢气密度随着压力的增大而增大，而随着压力的增大，Virial 方程的误差也逐渐增大。将计算结果与 NIST 数据比较发现：当 $T < 200\text{K}$、$p = 10 \sim 100\text{MPa}$ 时，氢气密度较大，Virial 方程误差较大，Virial 方程已不再适用；当 $T > 200\text{K}$、$p = 10 \sim 70\text{MPa}$ 时，最大误差 $< 0.9\%$。

② V-d-W 方程　考虑到分子自身占有的容积和分子之间的相互作用力，Van der Waals 对理想气体状态方程作了修正，提出了 V-d-W 方程，即：

$$\left(p+\frac{a}{V^2}\right)(V-b)=RT \tag{7-14}$$

$$a=\frac{27}{64}\times\frac{(RT_c)^2}{p_c} \tag{7-15}$$

$$b=\frac{RT_c}{8p_c} \tag{7-16}$$

式中，V 为气体体积；下标 c 表示临界状态，对于氢气，其临界参数 $p_c=1.2966\text{MPa}$，$T_c=33.24\text{K}$，$v_c=0.0322\text{m}^3/\text{kg}$，$Z_c=0.304$。

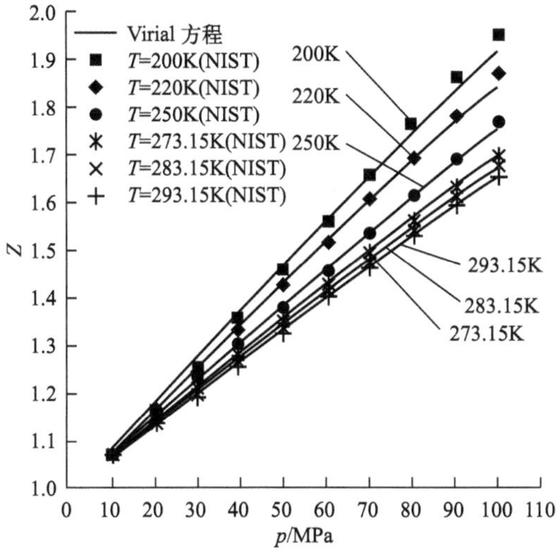

图 7-2 Virial 方程与 NIST 数据比较

将式（7-14）写成对比态形式：

$$\left(Z+\frac{27p_r}{64ZT_r^2}\right)\left(1-\frac{p_r}{8ZT_r}\right)=1 \tag{7-17}$$

式中，$p_r=\dfrac{p}{p_c}$，$T_r=\dfrac{T}{T_c}$，二者称为对比态参数。

式（7-17）不包含任何表征物质特殊性的常数。根据热力学相似性质，式（7-17）适用于一切符合 V-d-W 方程的物质，包括氢气。根据 V-d-W 方程绘制的压缩因子曲线图如图 7-3 所示。

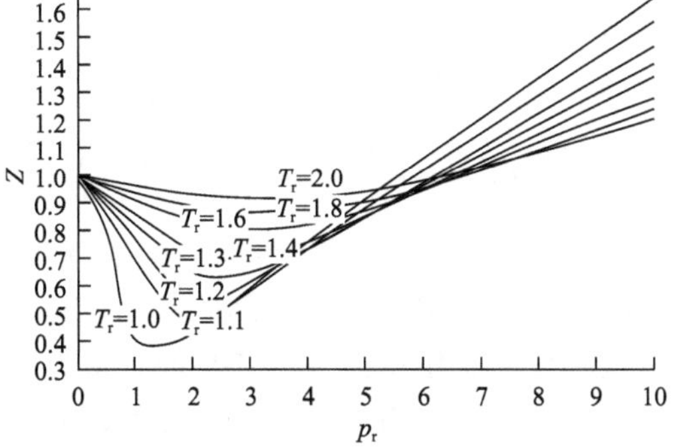

图 7-3 V-d-W 方程压缩因子曲线图

当氢气压力 $p>10\text{MPa}$ 时，$p_r>7$，$Z\gg 1$，式（7-17）计算的压缩因子与 NIST 数据比较，存在很大的偏差，如图 7-4 所示。因此，不建议用 V-d-W 方程计算高压氢气的压缩因子。

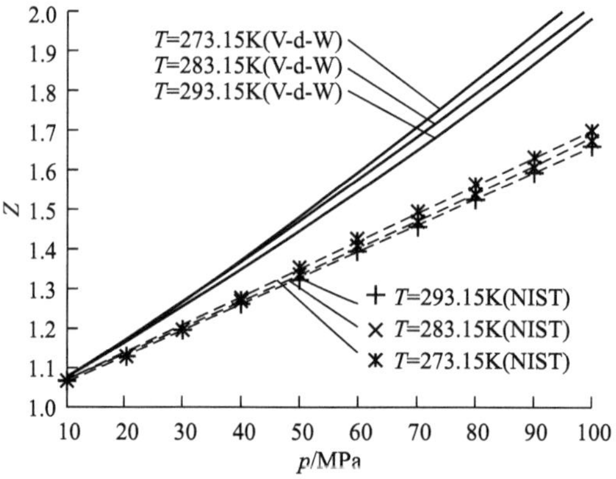

图 7-4 V-d-W 方程与 NIST 数据比较

③ R-K 方程 R-K 方程改进了 V-d-W 方程，因此，R-K 方程可以获得更精确的压缩因子。R-K 方程如式（7-18）所示：

$$p=\frac{RT}{V-b}-\frac{a_0}{V(V+b_0)}\left(\frac{T_c}{T}\right)^n \tag{7-18}$$

$$a_0=0.42747\frac{R^2T_c^2}{p_c} \tag{7-19}$$

$$b_0=0.08664\frac{RT_c}{p_c} \tag{7-20}$$

$$b=b_0-c_0 \tag{7-21}$$

$$c_0=\frac{RT_c}{p_c+\dfrac{a_c}{V_c(V_c+b_c)}}+b_c-V_c \tag{7-22}$$

式中，a_0、b_0、c_0、b 为与气体临界参数有关的常数；n 为与物质有关的常数。

将氢气的临界参数代入上式，计算得到 $a_0=6099.48\text{J/mol}$，$b_0=9\times10^{-3}\text{m}^3/\text{kg}$，$c_0=3.5\times10^{-6}\text{m}^3/\text{kg}$。可见 $c_0\ll b_0$，因此，取 $b\approx b_0$。

将式（7-18）写成对比态形式：

$$\frac{1}{Z\left(1-0.08664\dfrac{p_r}{ZT_r}\right)}-\frac{0.42747p_r}{Z^2T_r^{2+n}\left(1+0.08664\dfrac{p_r}{ZT_r}\right)}=1 \tag{7-23}$$

对于高压氢气，$n=0.31$，计算结果如图 7-5 所示。R-K 方程计算结果与 NIST 高压氢气压缩因子数据有很好的一致性；在温度为 50～293K、压力为 10～100MPa 时，二者最大误差<5%；当温度为 200～293K、压力为 10～60MPa 时，最大误差<1%。

常温、常压下，R-K 方程计算的氢气压缩因子与 NIST 数据也能很好地吻合。计算结果显示，当温度为 298K、压力为 2～50MPa 时，误差<0.4%，压缩因子曲线如图 7-6 所示。

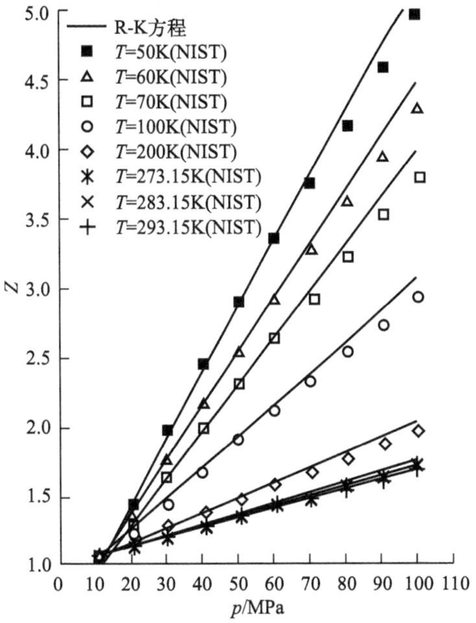

图 7-5 R-K 方程与 NIST 数据比较

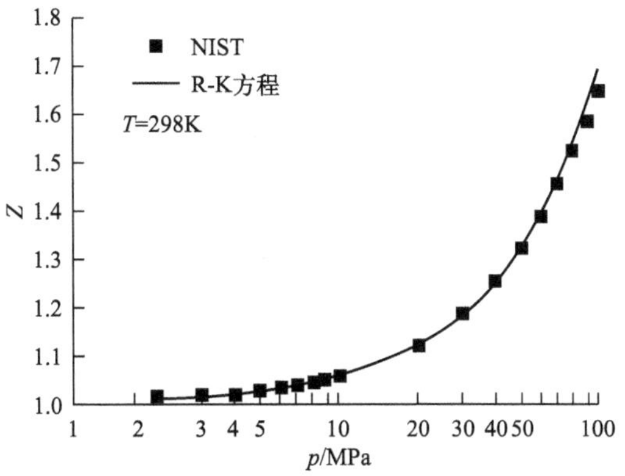

图 7-6 氢气压缩因子曲线

综上所述，当 $T>200\text{K}$ 时，用 Virial 方程可以获得较高的计算精确度。计算表明，当 $T>200\text{K}$，$p=10\sim70\text{MPa}$ 时，最大误差<0.9%。V-d-W 方程和 R-K 方程都是根据热力学对应态定律而导出的实际气体状态方程。在 $p_r<7$、$T_r=1\sim2$ 时，用 V-d-W 方程计算实际氢气气体的压缩因子具有很好的一致性。R-K 方程改进了 V-d-W 方程，可以获得更精确的压缩因子。R-K 方程计算高压氢气时，取 $n=0.31$，在较宽的温度、压力范围内，其计算误差<1%。

表 7-1 为氢气在不同温度和压力下的体积密度。

表7-1 氢气在不同温度和压力下的体积密度 单位：kg/m^3

温度/℃	压力/MPa						
	0.1	1	5	10	30	50	100
-255	73.284	74.252					
-250	1.1212	68.747	73.672				
-225	0.5081	5.5430	36.621	54.812	75.287		
-200	0.3321	3.3817	17.662	33.380	62.118	74.261	
-175	0.2471	2.4760	12.298	23.483	51.204	65.036	
-150	0.1968	1.9617	9.5952	18.355	43.709	57.343	
-125	0.1636	1.6271	7.9181	15.179	37.109	51.090	71.606
-100	0.1399	1.3911	6.7608	12.992	32.614	46.013	66.660
-75	0.1223	1.2154	5.9085	11.382	29.124	41.848	62.322
-50	0.1086	1.0793	5.2521	10.141	26.336	38.384	58.503

续表

温度/℃	压力/MPa						
	0.1	1	5	10	30	50	100
-25	0.0976	0.9708	4.7297	9.1526	24.055	35.464	55.123
0	0.0887	0.8822	4.3036	8.3447	22.151	32.968	52.115
25	0.0813	0.8085	3.9490	7.6711	20.537	30.811	49.424
50	0.0750	0.7461	3.6490	7.1003	19.149	28.928	47.001
75	0.0696	0.6928	3.3918	6.6100	17.943	27.268	44.810
100	0.0649	0.6465	3.1688	6.1840	16.883	25.793	42.819
125	0.0609	0.6061	2.9736	5.8104	15.944	24.474	41.001

7.2 工业氢气钢瓶

7.2.1 概述

目前用于储运工业氢气的气瓶通常按《钢质无缝气瓶》(GB/T 5099)的要求进行设计和制造[3]。单个工业氢气钢瓶的容积范围为 0.4～80L，公称工作压力分为 15MPa、20MPa、30MPa 三个等级，钢瓶的使用环境温度要求为－20～60℃。目前市场上大量使用的是规格为 40L、工作压力为 15MPa 的钢瓶，常温下储氢量约 0.5kg。由于钢瓶的使用环境为高压氢气环境，材料在此环境下容易产生氢脆，所以对氢气钢瓶的材料有特殊的要求。通常需控制材料的含碳量，高的含碳量易产生致脆敏感性；还需严格控制材料的硫、磷含量，高的硫、磷含量，容易产生氢脆；同时应保证适量的硅、锰、铬、钼含量。

7.2.2 结构、材料及发展现状

(1) 结构

工业储氢钢瓶的通用形式如图 7-7 所示，筒体呈圆柱形，一端为凸型或凹型的瓶底，另一端为带颈的球形瓶肩。在瓶颈上面有一个带锥形螺纹的瓶口，用来装配瓶阀。

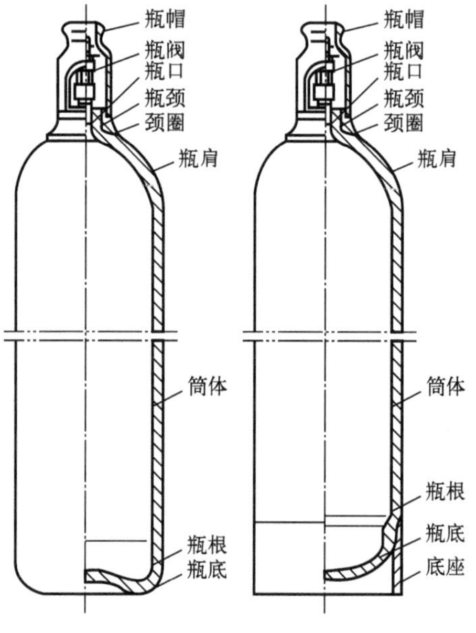

图 7-7 气瓶结构示意图

瓶阀是控制气体出入的装置，是高压储氢密封的关键配件。氢气瓶阀的出气口螺纹为左旋，而盛装助燃气体的气瓶，其出气口螺纹为右旋，瓶阀的这种结构可有效地防止氢气与非可燃气体的混装。氢气瓶阀需要满足在宽压力范围和宽温度范围内都具有高密封性能的要求。因为高压密封时需要使用硬质密封材料，低压密封时需要使用软质密封材料，这样就形成了矛盾，尤其是在 70MPa 的高压储氢应用中这种矛盾表现得非常明显，即使是应用较多的国外产品，依然存在低压密封能力不足的现象。此外，氢气瓶阀还需要适应−40～85℃的宽温度范围，需要实现高压低温、高压高温两种环境下长寿命工作，这对密封材料提出了非常高的要求。氢气瓶阀还需要高的集成能力，瓶阀功能的集成可减少漏点，缩小系统安装空间。

（2）瓶体材料

储存氢气时，为保证氢气钢瓶的安全，所用材料必须是经国家相关部门鉴定认可的符合要求的临氢材料，并综合考虑材料的微观组织和力学性能，使用条件，应力水平及制造工艺对氢脆的影响等因素。其化学成分应符合国标 GB/T 222 的相关规定[4]。材料应具有良好的抗冲击性能，碳钢材料应选用正火处理方式，合金钢材料应采用调质处理方式。钢瓶的水压试验压力为公称工作压力的 1.5 倍，许用压力不得超过水压试验压力的 0.8 倍。常用的临氢材料为铬钼钢或奥氏体不锈钢。

铬钼钢系低合金耐热钢，在室温及高温下具有较好的机械性能及抗氢性能。钢中主要的合金元素有钼、铬、钒、硅、硼等。钼在储氢材料钢瓶中是非常重要的合金元素，它显著减小了钢对氢致裂纹的敏感性。这是因为钼原子非常倾向于偏析到晶界，还可以增强聚集。通过这种方式，抵消了氢原子聚集在相同晶界所引起的氢促进解理效应。此外，溶质钼原子作为局部氢捕集位点，显著降低了氢的扩散系数。钼可以进入微合金碳化物中，甚至可以自行析出。在钢基体组织中，这种纳米尺寸颗粒的存在起到了氢捕集位点的作用，阻碍了位错的可动性。而将铬加入钢中，能提高钢的抗氧化性能及耐腐蚀性能。这是由于铬能在钢的表面形成一层致密的附着性很强的氧化膜，从而防止内部金属被继续氧化或腐蚀。钢中含铬量越高，则氧化膜越致密，其抗氧化和抗腐蚀性能也就越好。

常用于工业氢气钢瓶的铬钼钢牌号为 30CrMoE 和 34CrMo4 等，后缀“E”表示特级优质钢。30CrMoE 的化学成分为：C 0.25～0.35；Si 0.15～0.35；Mn 0.40～0.90；P≤0.020；S ≤0.010；P+S ≤0.025；Cr 0.80～1.10；Mo 0.15～0.25；Ni ≤0.30；Cu ≤0.20。34CrMo4 的化学成分为：C 0.30～0.37；Si 0.10～0.40；Mn 0.60～0.90；S ≤0.035；P ≤0.035；Cr 0.90～1.20；Ni ≤0.030；Cu ≤0.030；Mo 0.15～0.30。热处理工艺对铬钼钢的性能和组织结构起着至关重要的作用，常用的热处理工艺包括退火、正火和淬火等。退火是将材料加热到一定温度，保持一段时间后缓慢冷却，退火后的 30CrMoE 具有良好的可塑性和韧性。正火是将材料加热到适当温度，保温一段时间后通过空气冷却，正火可以提高 30CrMoE 的硬度和强度。淬火是将材料加热到临界温度，保持一段时间后迅速冷却，通常采用水冷或油冷方式。以我国苏州江尚新材料科技有限公司的热处理工艺为例，30CrMoE 的退火过程为先加热到（760±10)℃，炉冷至 400℃后空冷。正火工艺是将 30CrMoE 加热到（860±10)℃再空冷。淬火工艺共分 8 个步骤，分别为：a.（840±10)℃淬水或油（视产品形状复杂程度而定)，680～700℃回火处理。b.（840±10)℃淬油，470℃回火处理。c.（840±10)℃淬油，480℃回火处理。d. 850℃淬油，510℃回火处理。e. 850℃淬油，500℃回火处理。f. 850℃淬油，510℃回火处理。g. 850℃淬油，560℃回火处理。h. 860℃淬油，390℃回火处理。经过热处理调质以后其抗拉强度≥720MPa，屈服强度≥485MPa，断后伸长率≥20%，−50℃的低温冲击功≥40J，硬度≥269HB，屈强比≤86%。

奥氏体不锈钢是另一种常用的储氢钢瓶材料（如 S31603)，这是因为其具有面心立方结构，氢不能在其中扩散渗透，氢含量极低，不致引起塑性降低。奥氏体不锈钢中含 Cr 约 18%、Ni 8%～25%、C 约 0.1%时，具有稳定的奥氏体组织。由于合金元素（特别是铬）含量高而碳含量又低，多采用电弧炉加氩氧脱碳（AOD）或真空脱氧脱碳（VOD）法大批量生产这类不锈钢材，对于高级牌号的小批量产品可采用真空或非真空非感应炉冶炼，必要时加电渣重熔。S31603是在316的基础上降低碳含量，属于碳钢，对各种有机酸、无机酸、碱、盐都有很好的耐腐蚀性，具有很好的耐敏化态晶间腐蚀的性能。此外，S31603不锈钢要求磷含量在0.035%以下。因为磷对于钢材来说是一种有害元素，能引起冷脆性，影响不锈钢的冷加工性能和焊接性能，并能显著降低不锈钢的塑性、韧性。

除此之外，37Mn也是一种常用的储氢钢瓶材料。其化学成分：C 0.34～0.40；Si 0.10～0.30；Mn 1.35～1.75；P、S≤0.020；P+S≤0.030；Cr≤0.030；Ni≤0.30；Cu≤0.20。

(3) 国内外发展及应用情况

传统工业用高压储氢瓶通常都是用结构细长、厚壁的15MPa储氢瓶，用绿色标注氢气瓶。最常用的高压氢气瓶的材料是奥氏体不锈钢。此类钢瓶发展历史最长，大约在1870～1880年间出现，是目前成本最低、制造工艺最简单的一类瓶。在这一类气瓶制造工艺上，我国与国外保持在同一水平。

随着氢能的发展，高压储氢技术对容器承载能力的要求增加。通过增加储罐厚度，能一定限度地提高储氢压力，但会导致储罐容积减小，70MPa储氢钢瓶的最大容积仅300L，氢气质量较低。而且由于储罐多采用高强度无缝钢管旋压收口而成，随着材料强度的提高，其对氢脆的敏感性增强，导致气瓶在高压下失效，出现爆裂等风险。优化钢瓶材料是提高储氢容量的有效途径，2004年7月，中石化牵头成立了由钢铁企业、使用单位以及有关科研单位等组成的压力容器钢板国产化联合攻关组，共同推动钢板研制和应用工作。参与研制的5家钢铁企业（宝钢、鞍钢、武钢、舞钢、济钢）陆续成功开发了用于大型储备罐的高强度大线能量焊接用钢板。其中堪称“钢板上的皇冠”的9%Ni钢最早由太钢于2007年开发生产，目前鞍钢、武钢、南钢、湘钢均有生产能力，其中南钢的市场份额较大。太钢、鞍钢和南钢等钢企研发的LNG低温压力容器用9%Ni钢板也通过了国家容标委鉴定审查，实现了工程应用，填补了国内市场上的空白。

高储氢压力对高压阀门提出更高要求。目前市场上应用最广泛的是意大利OMB的70MPa瓶阀。据调查，我国氢能用阀门目前主要依靠进口，但国产化已经开始启动。实际上我国航天氢能领域的技术应用于民用氢能，目前已经可以实现70MPa氢能阀门的国产化。从技术上看，目前通用的氢能阀门，如瓶口阀、减压阀、加氢阀、电磁阀、单向阀、排空阀、拉断阀等都已经有生产厂家，但是国产产品市场占有率依然很低，没有市场公认的可靠品牌。应用端对于核心高压部位采用国产产品非常慎重，克服国产品牌做不好高端阀门的思维还需要较长时间，因此还需大力发展和推广国产氢能阀门。

7.3 道路输氢设备

7.3.1 概述

氢气的储存和运输是实现氢经济非常重要的一环。人们已经开发了多种氢气的储运技术，以现阶段的技术手段看，主要有道路输氢、液氢储存与运输以及管道运输三种主要的运输方式[5]，其中，道路输氢是我国最成熟的技术。大量的氢气可以通过管道输送，就像目前天然气一样。然而，天然气管道不适合氢气运输，因为高压氢气很容易通过最小的孔泄漏，并且还会导致用于天然气管道建设的低碳钢变脆。除此之外，管路运输氢气的成本也很高。据估计，每1km有约2.150%的氢能用来为压缩机提供动力，而天然气的这一比例为0.3%。

能量损失的另一个来源是泄漏，天然气约为 1%～3%，氢气可能要高得多。据估计，以目前的技术，管道输送和分配氢气的费用约为每千克 1 美元，而目前运输和分配汽油的费用为每千克 0.07 美元。

道路输氢主要是利用氢气分子间存在间隔，将氢气压缩至高压钢瓶内，然后使用汽车运输氢气的一种方式。它是现阶段使用最普遍的一种氢气运输方式，优点是运营成本低、压缩氢气的技术成熟、储存氢气的容器结构简单、能耗小。在道路运输中，氢气通过卡车/拖车以压缩气态或液态形式运输。对于氢气需求量小的情况来讲，运输装满压缩氢气的压力容器是最简单的方法。在氢气需求量较大的情况下，可以将压力容器固定在标准容器或保护框架中，并由卡车拖拽。考虑到成本和安全因素，氢气的压力通常保持在 20～50MPa 之间，这意味着一辆卡车可以运输 200～1000kg 氢气。例如，在 Hexagon Purus GmbH 提供的气体容器模块中，3～12 个垂直安装的长度 22～103m 不等的Ⅳ型压力容器可以在 240MPa 的压力下携带 1115kg 左右的氢气。输送天然气的气管拖车也适用于氢气运输。这种方法较管道运输而言，更为安全且成本更低。

下面主要介绍道路输氢的主要方式，讨论其输送氢气的效率、输氢成本以及优缺点。

7.3.2 分类

由于我国目前氢能发展处于起步阶段，整体产氢规模较小，氢能利用的最大特点是就地生产、就地消费，氢气的运输距离相对较短，因此多采用长管拖车运输。道路输氢是当下氢气短距离运输的主要途径。

道路输氢设备主要由大容积气瓶及附件，管路、阀门系统，安全附件及仪表，以及固定装置等组成的上装部分，与两轴或三轴半挂车等走行机构连接组成。其中，大容积气瓶用于高压氢气存储，是高压氢储运容器中的核心部件。按上装部分与走行机构连接方式不同，道路输氢设备主要分为长管拖车、管束式集装箱两种结构类型。

（1）长管拖车

固定装置采用捆绑带等和走行机构永久性连接，称为长管拖车。如图 7-8 所示，长管拖车是由气瓶通过支撑端板或框架与半挂车行走机构或定型底盘进行永久性连接组成的道路运输车辆。

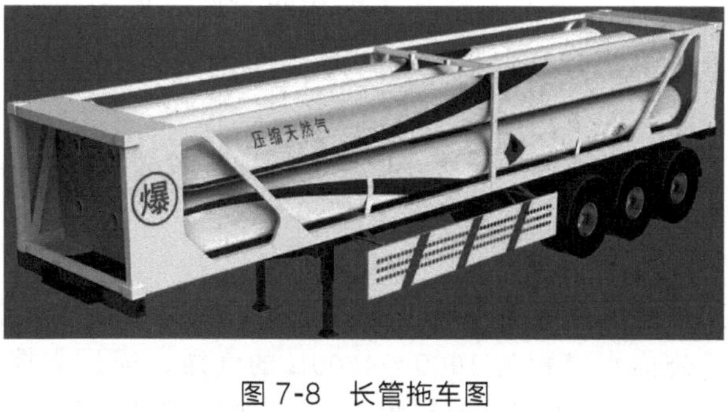

图 7-8 长管拖车图

长管拖车的工作流程是，先将净化后的氢气由压缩机压缩至 20MPa，通过装气柱装入长管拖车，运输至目的地后，装有氢气的管束与车头分离，经由卸气柱和调压站，将管束内的氢气卸入加氢站的高压、中压、低压储氢罐中分级储存。加氢机按照长管拖车低压、中压、高压储氢罐的顺序先后取出氢气，对燃料电池车进行加注。管束可用作辅助储氢容器。

目前常用的管束一般由 9 个直径约为 0.5m、长约 10m 的钢瓶组成，其设计工作压力为 20MPa，约可充装氢气 3500m^3（标）。管束内氢气利用率与压缩机的吸入压力有关，大约为 75%～85%。在对我国现有氢气储运模式的分析中发现，基于长管拖车的运输方式是一种较为常见的运输方式，在进行氢气的物流运输时，需要由车头将车内氢气燃料输往加油站，辅助使用站内的压缩泵、循环泵、冷却泵、加注泵等，向拖车储运罐中加注氢气。

为保证氢气燃料运输的安全性，通常对车辆的行驶与运输过程有较高的安全要求，即在车辆上张贴警示牌，或配备副驾驶专职人员进行辅助运输。但相比其他的运输方式，按照此种方式进行氢气运输，成本相对较高。据中石油化工研究院数据，当运输距离为 50km 时，氢气的运输成本为 4.9 元/kg；随着运输距离的增加，长管拖车的运输成本逐渐上升，当距离 500km 时运输成本近 22 元/kg。所以考虑到经济性问题，长管拖车运氢一般适用于 200km 内的短距离和运量较少的运输场景。由于国内标准约束，长管拖车的最高工作压力为 20MPa，而国际上已有 50MPa 的氢气长管拖车。若放宽氢气储运压力标准，增大储气压力，则相同容积的管束可容纳更多氢气，从而降低运输成本。如果能将压力提高到 50MPa，则可容纳相当于 20MPa 时 2.5 倍的氢气，而且由于加氢后残留氢气的量差不多是固定的，所以初始压力越高，加氢后残留比例越少，因此 50MPa 气瓶装载的有效气体质量接近 20MPa 的 3 倍。假如一座城市以“百站万辆”的配置来计算，则需要 500 辆左右长管拖车，这无疑给安全管理带来一定的挑战；如果长管拖车的工作压力提高到 30MPa，长管拖车的配置量可以降到 260 辆；如果长管拖车的工作压力提高到 50MPa，则长管拖车的需求量可以降到 156 辆。与此同时，由于装卸次数和装备量的减少，储运成本也会随之下降。随着距离的增加，20MPa 和 50MPa 运输条件下的成本逐渐分化，50MPa 下的成本优势越来越明显，50MPa 的长管拖车（应用于 800kg/d 的加氢站）100km 和 200km 运距的氢气储运成本约为 3.4 元/kg 和 4.1 元/kg，相比 20MPa 长管拖车，成本分别下降 46% 和 51%；超过 200km 时需要增加司机，此时 300km 运距时的成本为 4.5 元/kg，相比 20MPa 时更是降低了 58%。实际上，超过 200km 的运输距离将导致拖车及人员配置冗杂的问题。200km 运输距离下，两端充卸及拖车往返时间已达到 16h，当运输距离再增大时，需要配置更多的拖车和司机，产生更高的成本费用，经济性降低。

未来长管拖氢储运成本下降的有效路径是：一方面可通过提高储氢压力，实现储氢密度和运输效率都更高的氢气储运方式；另一方面，未来氢气气态储运成本下降的有效路径是扩大相关设备生产量，单位成本将在规模效应下逐步下降。据 NREL（National Renewable Energy Laboratory）预测，当储氢容器需求量从 10 个增加到 100 个时，储氢容器成本可下降约 45%。

长管拖车运输技术成熟，规范较完善，因此，国内外较大规模的商品氢运输和较多加氢站均采用长管拖车运输，是当前主流的运氢方式。

（2）管束式集装箱

固定装置采用框架等结构和走行结构非永久连接，称为管束式集装箱。如图 7-9 所示，管束式集装箱是由单只公称水容积为 1000～4200L 的气瓶，通过支撑端板与框架永久性连接，并且与管路、安全附件、仪表、装卸附件等部件组成的装运压缩气体的移动式压力容器。

管束式集装箱氢气储存技术是未来重点发展的对象。管束式集装箱也称为集装管束运输车[6]，是将多只（通常 6～10 只左右）大容积无缝高压钢瓶通过瓶身两端的支撑板固定在框架中构成，采用大型拖车运输。集装管束前端配备安全仓，其中设置爆破片安全泄放装

图 7-9 管束式集装箱图

置，后端为操作仓中配置测温、测压仪表及控制阀门，并用于存放气管路系统。国内主要生产商中集安瑞科生产的集装管束可承受压力 20MPa，每次可装载氢气约 4000m^3（标），重约 460kg。框架四角采用 ISO 集装箱标准角件，符合 40ft（1ft ≈0.3048m）标准集装箱的运转要求。

管束式集装箱的运输成本主要包括拖车折旧费、维护保养费、氢气压缩电耗、人员工资及运输油耗等。成本测算假设：目前国内集装管束拖车的价格约 100 万元/台，使用年限 10 年。每辆拖车配备司机两名，每人每年工资及福利费共 15 万。拖车满载氢气可达 460kg，每百千米消耗柴油约 25L。拖车平均运行速度假设为 50km/h，两端装卸时间约 5h，年有效工作时间为 4500h。氢气压缩过程耗电 1kW・h/kg。在年运输总量较大的情况下，可以调整集装管束车的数量以应对运输量的变动，以保证车辆的满载运行，从而单车的年运输量取决于输送距离。由上可知集装管束拖车的年固定成本为 41 万元，可变成本则取决于运输距离。

从我国当下氢能产业的发展状况来看，氢气的短距离异地运输主要通过集装管束运输车进行。富余氢气经过脱水、脱氧等净化流程后，经过氢压缩机压缩至 20MPa，由装气柱充装入集装管束运输车，经运输车运至目的地后，通过高压卸车胶管把集装管束运输车和卸气柱相连接，卸气柱和调压站相连接，20MPa 的氢气由调压站减压至 0.6MPa 后并入氢气管网使用。

在加氢站日需求 500kg 的情况下，道路输氢节省了运输成本与管道建设前期投资成本，在一定储运距离内经济性最高。

虽然道路输氢灵活便捷，但单车单次运氢量通常在 500kg 以内，仅占总运输质量的 1%～2%。因此，气态氢的拖车运输仅适用于将制氢厂的氢气输送到距离不太远，同时需要氢气量不太大的用户，适用于短距离、小用量场景。为了提高运输效率，轻量化、高压化、大容积化是未来道路输氢的发展趋势。中国 2020 年科技部将“公路运输用高压、大容量管束（式）集装箱氢气储存技术”列入“可再生能源与氢能技术”重点专项，发布国家重点研发计划项目，其中技术指标要求公称工作压力不小于 50MPa，质量储氢密度不小于 5.5%。

7.3.3 气瓶材料

长管拖车和管束式集装箱均使用气瓶储氢，实现气瓶轻量化可以提升长管拖车整车的动力性能和运氢能力。在满足安全性的前提下可通过优化气瓶的材料及结构实现。提高储氢气瓶的公称工作压力、增大气瓶的容积也可有效提高长管拖车的质量运氢密度。目前，国外已开展高压力（70MPa）、大容积化（$15m^3$）长管拖车气瓶的研制并初步应用。根据瓶体材料的不同主要分为大容积无缝高压钢瓶、大容积金属内衬纤维缠绕储氢瓶和全复合轻质纤维缠绕储罐三种[7]。

① 大容积无缝高压钢瓶　这类钢瓶属于金属瓶（罐），可安装在长管拖车和管束式集装箱上，为移动式压力容器。通过观察整个瓶的剖面（图 7-10），可以看到整个瓶只由一层材料构成，而且这层材料为多用耐压钢材。整个金属瓶采用旋压成型，整个结构无缝隙，可以有效防止渗透。目前国际上生产大容积无缝压力容器的工厂也只有四家，即德国曼内斯曼、美国 CPI、意大利 Dalmine 和韩国 NK，其中 CP1、Dalmine、NK 公司已经取得了进入中国的许可证。采用的设计、制造依据是美国运输部的标准《32A/3AAX 无缝钢瓶规范》或《3T 无缝钢瓶规范》，一般称作 DOT 标准，它属于国外先进标准，已有长期的使用经验。

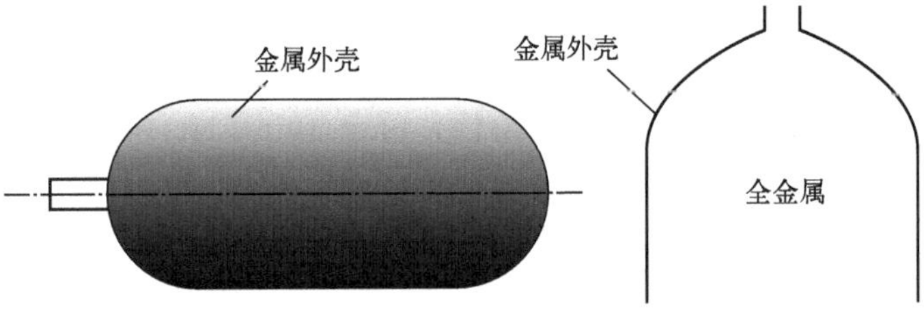

图 7-10　大容积无缝高压钢瓶剖面示意图

这种移动式无缝高压钢瓶的瓶体材料主要是抗氢脆能力较强的金属。受其耐压性限制，早期钢瓶的储存压力为 12～15MPa，氢气质量密度低于 1.6%。增加罐体厚度，虽然能在一定程度上提高储氢压力，但会降低储罐容积，70MPa 时的最大容积仅 300L，氢气质量密度依旧较低。最常用的高压储氢罐的材质是奥氏体不锈钢，如 AISI316、304，以及 AISI316L、304L。铜和铝由于在常温附近对氢免疫，不会造成氢脆，也被选作高压储氢罐的材料。

为了提升储存效率，国内厂商对大容积高压储氢装备的制造技术进行了大量研究，并实现了商业应用。根据市场的需要，2000 年末新奥集团石家庄化工机械股份有限公司开始移动式大容积高压气体无缝压力容器的研制工作，并于 2002 年 4 月通过了国家质量监督检验检疫总局（现国家市场监督管理总局）组织的制造许可证的预检和复检，取得了无缝高压容器的制造许可证，开始批量生产大容积无缝压力容器用于长管拖车。目前在我国使用的长管拖车上常安装 7～11 支大容积无缝钢胆气瓶，储存压力为 20MPa，可充装氢气约 350～600kg。

② 大容积金属内衬纤维缠绕储氢瓶　随着氢能的发展，移动式无缝高压钢瓶的承载能力已无法满足氢气的供应，金属内衬纤维缠绕储罐逐步应用于长管拖车和集装管束运输车。从图 7-11 中可以看出，其主要的瓶胆材料与金属气瓶相同，利用不锈钢或铝合金制成金属内衬，用于密封氢气，而且在整个瓶身外面采用纤维-树脂复合材料进行包裹。包裹的形式只采用箍圈式，从其瓶身的剖面也可以看出这点。由于不用承压，金属内衬的厚度较薄，大大降低了储罐质量。多层结构不仅可防止内部金属层受侵蚀，还可在各层间形成密闭空间，以实现对储罐安全状态的在线监控。由于金属内衬纤维缠绕储罐成本相对较低，储氢密度相对较大，也常被用作大容积的氢气储罐。

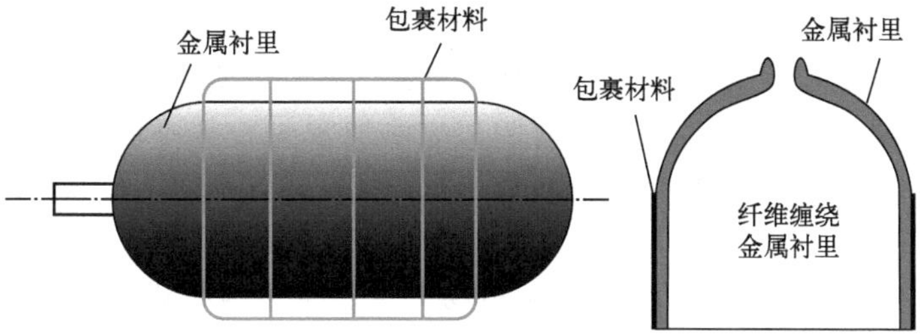

图 7-11 大容积金属内衬纤维缠绕储氢瓶示意图

高压储氢容器内衬不承担容器压力载荷的作用，只起储存氢气的作用，因此其基本要求是抗氢渗透能力强，而且具备良好的抗疲劳性。一般金属的密度较大，考虑到节约成本、降低容器的自重和防止氢气渗透等多方面原因，金属内衬多采用铝合金，典型牌号如 6061。目前国内使用的主流成型工艺为铝管强旋，所谓强旋就是将短厚的毛坯铝筒体套在旋压机的模具上并将其固定，当筒体随机床主轴转动时，用旋轮或赶棒从端头开始挤压筒体坯料，使坯料逐点连续发生塑性变形，变形的结果是毛坯壁厚减薄，内径基本保持不变，而轴向延伸，最终形成符合壁厚及直径尺寸要求的圆筒。该工艺相对简单，但生产效率较低，尤其是用来加工大容积内胆时成型效率低下。目前国内头部企业正在研究其他更高效的成型方法比如拉深成型，该工艺的优势在于生产效率高、产品一致性好、圆周壁厚均匀、纵向垂直度偏差小，缺陷在于可能影响产品的疲劳寿命，而且设备成本较高。此外，也有企业尝试将两种工艺结合使用，比如先拉成筒状体再进行强旋。

缠绕层可以选择碳纤维、芳纶纤维和玻璃纤维等。纤维缠绕压力容器中只有纤维承受外载荷作用，而基体的承载能力忽略不计。纤维缠绕方式有环向缠绕和纵向缠绕两种。第二代高压储氢容器采用了环向缠绕方式，通过在铝内胆外环向缠绕复合材料可以将其承载能力提高 1 倍，但储氢罐的压力一般不超过 20MPa。为了提升高压复合储氢罐的承压能力和质量储氢密度，第三代移动式高压储氢容器采用了环向缠绕和纵向缠绕相结合的方式。

③ 全复合轻质纤维缠绕储罐　为了进一步降低储罐质量，人们用具有一定刚度的塑料代替金属，制成了全复合轻质纤维缠绕储罐。如图 7-12 所示，这类储罐的筒体一般包括 3 层：塑料内胆、纤维增强层、保护层。由于全复合轻质纤维缠绕储罐的质量更低，约为相同储量钢瓶的 50%，为了将储罐进一步轻质化，提出了 3 种优化的缠绕方法，即强化筒部的环向缠绕、强化边缘的高角度螺旋缠绕和强化底部的低角度螺旋缠绕，能减少缠绕圈数，减少 40%的纤维用量。

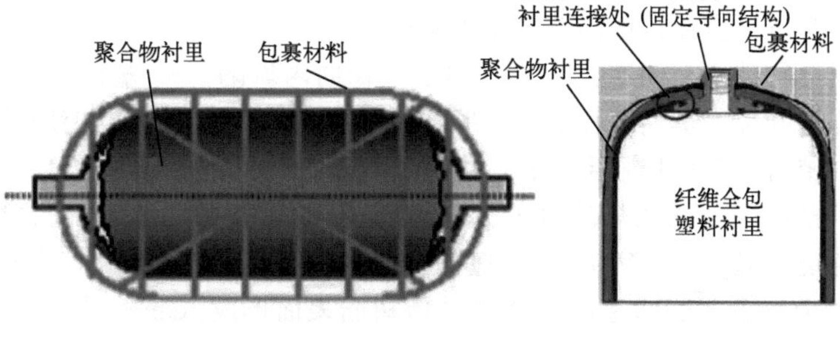

图 7-12 全复合轻质纤维缠绕储罐示意图

a. 储氢瓶内胆材料。内胆材料是氢气阻隔安全性保障的关键，不同生产商选用的材质也各不相同。目前国内主要选用高密度聚乙烯（PE）或改性尼龙（PA）等材质，这种材料不仅能保持储罐的形态，还能兼作纤维缠绕的模具。同时，适应温度范围较宽，延伸率高达700%，冲击韧性和断裂韧性优于金属内胆。如添加密封胶等添加剂，进行氟化或硫化等表面处理，或与其他材料通过共挤作用结合，具有优良的气密性、耐腐蚀性、耐高温性以及高强度、高韧性等特点。

PE 和 PA 类材料基本依靠进口，由于市场尚未放量，国内塑料厂商鲜有针对全复合轻质纤维缠绕储罐内胆材料进行研发生产的。表 7-2 中列举了各种材料对氧气、水蒸气、二氧化碳三种气体的渗透率，通过对比发现，乙烯-乙烯醇共聚物（EVOH）对这三种气体的阻隔性都远远超出其他聚合物材料。

表7-2 不同高分子材料的气体渗透率

材料	氧气渗透率 /[mol/(m·s·kPa)]	水蒸气渗透率 /[mol/(m·s·kPa)]	二氧化碳渗透率 /[mol/(m·s·kPa)]
聚苯乙烯(PS)	600~800	0.5~3.0	2400~3000
聚乙烯(PE)	500~700	0.2~0.4	2000~4000
聚丁烯(PB)	300~400	0.06~0.2	1200~1400
聚丙烯(PP)	300	0.06~0.2	1200
聚氯乙烯(PVC)	4~10	25~90	10~40
聚偏二氯乙烯(PVDC)	0.03~0.04	0.02~0.1	0.1~0.5
乙烯-乙烯醇共聚物(EVOH)	0.02	0.05	0.09

EVOH 是乙烯和乙烯醇的共聚物，一般乙烯含量在 20%～45%（摩尔分数）之间，密度为 1.13～1.31g/cm^3，熔点为 160～190℃。EVOH 兼具聚乙烯醇（PVA）的阻气性和 PE 的可加工性，通过添加 EVOH，使得储氢瓶内胆即使在低温下也有弹性，确保优良的阻隔性能。EVOH 的气体阻隔性高主要是由于高结晶性和羟基的氢键作用。当乙烯含量降低时，气体阻隔性增强；当乙烯含量大于 50%（摩尔分数）时，阻气性会严重受损。阻气性随温度升高而降低，如温度从 20℃升高到 35℃时，氧气的透过率增加 3 倍多。在相对湿度大于 30%时，水分子与 EVOH 中的羟基发生作用，将导致气体阻隔性能明显下降。尽管聚偏氯乙烯（PVDC）的阻隔性能也非常优异，但是由于残留的微量氯气会与氢气发生反应，所以不适合用于与氢气直接接触的储气瓶内胆中。

氢气的渗透会导致两个问题：a. 塑料内胆失稳向内塌陷；b. 塑料内胆材料内部发生屈服现象，甚至起泡开裂。全复合轻质纤维缠绕储罐还要特别注意金属加注口与聚合物瓶体之间的结构和材料密封，可用接枝聚合物对内胆材料进行改性，如添加仅 1%（质量分数）的低黏度马来酸酐接枝聚醋酸乙烯酯（EVA-g-MA），可明显提高 EVOH 的黏度和扭矩。全复合轻质纤维缠绕储罐中的 EVOH，要想在 70MPa 下长期安全使用，需要解决以下问题：a. 树脂中的残留氢导致树脂起泡；b. 氢脆使得树脂表面形成爪形开裂；c. 在－40℃的低温下承受反复应力载荷的耐久性；d. 在高压条件下保持阻气性。

目前，全球仅有三家公司生产 EVOH 树脂。自 1972 年首次开发出 EVOH 的合成工艺以来，日本可乐丽公司一直是全球 EVOH 产量最大的生产企业，其产品牌号为 EVAL®。另外两家是日本合成化学工业公司和台湾长春石化。中国每年消费的两万吨 EVOH，基本全部依赖进口。

b. 储氢瓶外层材料。由于耐高压强度和储氢瓶重量的要求，储氢瓶外层材料主要采用玻璃纤维、芳纶纤维和碳纤维，而且从国外的发展趋势来看，碳纤维将是主要的发展方向。

碳纤维是一种主要由 90%以上碳元素组成的高性能新型纤维材料，具有耐高温、耐摩擦、耐腐蚀、导电导热、密度小、重量轻、强度高和柔软可加工等其他材料不可替代的优良性能。储氢用碳纤维壁垒高。由于高压氢气具有较大的危险性，在浓度较高的情况下容易引起爆炸，因此国家对储氢瓶用碳纤维的质量要求较高。

目前，工业化生产碳纤维按原料路线可分为聚丙烯腈（PAN）基碳纤维、沥青基碳纤维和黏胶基碳纤维三大类。

由黏胶纤维制取高力学性能的碳纤维必须经高温拉伸石墨化，碳化收率低，技术难度大，设备复杂，成本较高，产品主要为耐烧蚀材料及隔热材料所用；由沥青制取碳纤维，原料来源丰富，碳化收率高，但因原料调制复杂、产品性能较低，亦未得到大规模发展；由 PAN 纤维原丝制得的高性能碳纤维生产工艺较其他方法简单，而且产品的力学性能优良，用途广泛，因而自 20 世纪 60 年代问世以来，取得长足发展，其产量约占全球碳纤维总产量的 90%以上，成为当今碳纤维工业生产的主流。

PAN 基碳纤维的生产工艺主要包括原丝生产和原丝碳化两个过程。首先通过丙烯腈聚合和纺纱等一系列工艺加工成被称为“母体”的聚丙烯腈纤维或原丝，将这些原丝放入氧化炉中在 200～300℃下进行氧化，还要在碳化炉中，在温度 1000～2000℃下进行碳化等工序，从而制成碳纤维。原丝生产过程主要包括聚合、脱泡、计量、喷丝、牵引、水洗、上油、烘干收丝等工序。原丝碳化过程主要包括放丝、预氧化、低温碳化、高温碳化、表面处理、上浆烘干、收丝卷绕等工序。

根据力学性能的不同，碳纤维可分为通用型碳纤维和高性能型碳纤维，高性能型碳纤维可根据抗拉强度和弹性模量的不同分为高强型、高模型、高强中模型等不同类型。通用型碳纤维：拉伸强度＜1.4GPa，拉伸模量＜140GPa。高性能型碳纤维：高强型（强度＞2GPa、模量＞250GPa），高模型（模量＞300GPa），超高强型（强度＞4GPa），超高模型（模量＞450GPa）。目前 PAN 基碳纤维的最高拉伸强度为 7.02GPa（T1000），拉伸模量为 690GPa（M70J）。大部分储氢瓶使用的碳纤维复合材料原材料为 T700（拉伸强度为 1.90GPa，拉伸模量为 230GPa）及以上的碳纤维。

碳纤维生产工艺流程复杂、研发投入巨大、研发周期较长，国际上真正具有研发和生产能力的碳纤维公司很少。Lincoln Composites 公司于 2008 年研制成功碳纤维缠绕结构大容积高压储氢容器，其内筒采用高密度聚乙烯吹塑成型结构，最高工作压力为 25MPa，单台有效容积达 8.5m^3，储氢量约 150kg。按照 ISO 668 的装配要求，单车搭载 4 套容器，其运输氢气量可达 600kg。该技术使用的碳纤维成本过高，限制了其发展。

为了解决碳纤维缠绕结构的成本问题，美国 Lawrence Livermore 国家实验室于 2008 年成功研制了玻璃纤维全缠绕结构的低成本大容积高压储氢容器。对于大容积复合材料缠绕结构高压储氢容器，压力的提高和容积的增大，均会增加纤维缠绕层的厚度，必须采用多次固化的工艺，导致其质量的稳定性难以保证，并且高密度聚乙烯与氢气的相容性还有待进一步研究，这是当前制约其发展的重要因素。

我国储氢瓶使用的碳纤维一般是由国外厂商供应，日本东丽、日本东邦、韩国 SK 等是我国高端碳纤维的主要供应商，日韩企业占据我国进口储氢瓶用碳纤维 70%以上的市场份额。

国内高性能碳纤维产业化起步较晚，日本、美国等国家长期进行核心技术垄断与封锁。为打破国外的技术垄断、突破高性能碳纤维产业化的技术瓶颈，国家出台了一系列产业发展政策，为碳纤维产业提供了良好的发展氛围。国务院、工信部、科技部等先后出台多项碳纤维产业相关政策，明确高性能碳纤维行业发展重点和发展目标。此外，科技部、财政部等通过“973 计划”、“863 计划”、科技支撑计划、国家重点研发计划、国家高技术产业化示范工程等科技计划，支撑高性能碳纤维相关的基础研究、产业化及工程应用。

在国家政策的引导下，国内碳纤维产业化与规模化快速取得突破，在江苏、山东、吉林等省份形成多个碳纤维产业集群，培育出光威复材、中复神鹰、江苏恒神等一批骨干企业。2018 年，国内碳纤维企业理论产能 2.68 万吨，其中中复神鹰、江苏恒神、精功集团、光威复材和中安信 5 家企业的产能占全国总产能 70%以上，精功集团、光威复材等企业正继续投资，进一步扩充碳纤维的产能。在碳纤维生产的各个环节中，制造成本占生产综合成本 80%左右，其中设备折旧、电费分别占到 40%和 20%左右。随着国内碳纤维制造企业工艺和产业化方面的突破，企业的生产规模和产能利用率逐渐提高，碳纤维产品的制造成本有望逐步下降。

根据高工氢电的调研，目前国产储氢用碳纤维价格比国外便宜 30%。2021 年国内前四大高性能碳纤维生产商共拥有等同东丽 T700 性能的碳纤维产能 20076t，其中中复神鹰万吨级 T700 性能碳纤维项目的产能于 2022 年 3 月达产，达产后 T700 级碳纤维总产能达到 12500t/a。2020 年国内 T700 产能为 9076t，2021 年新增产能 11000t，同比增长 121.2%，增速较快。预计 2024 年国内 T700 级碳纤维产能增加到 25000t。储氢瓶用碳纤维供给依然有限，除中复神鹰以外，其余有能力生产 T700 及以上碳纤维原丝的企业此前鲜有涉足压力容器用碳纤维领域。受目前碳纤维行业严重供不应求的影响，碳纤维用压力容器售价大幅上升，2021 年上半年售价上升至 151.55 元/kg，同比上升 19.42%。

目前国内低端碳纤维产品供大于求，中高端碳纤维产品仍严重依赖进口，2018 年国内市场对进口碳纤维的需求量约为 2.2 万吨，占国内市场总需求量的 71%左右。国产碳纤维需求占比呈现逐年上升的趋势。2018 年国内市场对国产碳纤维的需求量约为 9000t，国产碳纤维的需求占比首次超过日本，我国成为国内市场最大的碳纤维供给国家，预计到 2025 年，国产碳纤维需求量将达到 15.92 万吨，未来 4 年年均复合增速为 26.4%。随着国内企业整体工艺能力和产品质量的提高，市场对国产碳纤维的认可度显著提升，国产碳纤维将在国内各个应用领域得到快速推广。

目前国内能够满足氢气瓶缠绕需求的碳纤维产品只有光威复材、中复神鹰和中安信等少数几家企业，但价格偏高。参考各城市氢能产业规划文件，按每座加氢站配备 3 台长管拖车计，预测到 2030 年，新增长管拖车 2360 辆。在单车 9 管（每管 150kg 碳纤维用量），每车 1350kg 碳纤维用量的条件下，对应碳纤维需求量预计达到 3000t。

7.3.4 道路输氢的安全性分析

道路输氢过程中的气瓶长期承受高压、充放氢工况，在运输中还承受不同路况的振荡荷载以及交通事故、物体碰撞等外力冲击荷载，多行驶在交通要道、居民区等公共安全重点区域，一旦发生泄漏、火灾、爆炸等事故，将严重影响公共安全，造成重大危害[8]。如 2019

年 6 月，美国加州（加利福尼亚州，简称加州）圣塔克拉拉发生长管拖车氢气泄漏爆炸事故；2021 年 8 月，中国沈阳市发生氢气罐车软管破裂爆燃事故。这为氢气长管拖车的安全运行敲响警钟，中国特种设备检测研究院报告指出，长管拖车发生事故的主要因素包括泄漏、疲劳、火灾、交通事故、不规范超压充装等。其中，泄漏失效是最常见的事故，气瓶端塞、阀门及管路接口是发生泄漏的主要部位，对长管拖车前后仓关键部位进行泄漏失效监测尤为必要。

为保障道路输氢的安全运行，在役长管拖车和集装管束运输车需按照相应法规进行定期检验与全生命周期安全监管。氢气长管拖车和集装管束运输车的定期检验主要包括气瓶、连接管路、安全附件及固定装置的检验。《压力容器定期检验规则》（TSG R7001—2013）附件四《长管拖车定期检验专项要求》明确规定了长管拖车定期检验细则，《长管拖车、管束式集装箱定期检验与评定》（NB/T 10619—2021）对长管拖车定期检验做出了进一步要求。此外，《大容积钢质无缝气瓶》（GB/T 33145—2023）、《长管拖车》（NB/T 10354—2019）、《管束式集装箱》（NB/T 10355—2019）等进一步规范了氢气长管拖车的设计制造。《氢气长管拖车安全使用技术规范》（TCCGA 40003—2021）规定了氢气长管拖车充装、运输、卸气的安全技术要求。总体而言，中国关于氢气长管拖车的设计、制造、检验等标准较为完整和成熟。随着人工智能、大数据、物联网、先进传感器等技术的发展，长管拖车的安全运行和管理逐渐向智能化方向发展，可对长管拖车气瓶的温度、压力、泄漏、振动等进行在线检测和监测，并依托互联网信息技术建立设备运行状态分析和诊断系统，构建氢气长管拖车安全防护机制和全生命周期的事故监测及预警。

7.4 大型高压储氢罐

7.4.1 概述

大型高压储氢容器是加氢站氢存储系统的主要组成部分。加氢站内的储氢罐通常采用低压（20～30MPa）、中压（30～40MPa）、高压（40～75MPa）三级压力进行氢储存。加氢站通常要求每天加氢量达到 500～1000kg，站内储氢的容积和压力都大幅增加，对装备的要求也明显提高。目前加氢站主要有两种压力要求：一种是满足 35MPa 加氢要求的加氢站；另一种是满足 70MPa 加氢要求的加氢站。目前国内以 35MPa 为主，国外以 70MPa 为主[9]。通常 35MPa 加氢站储氢容器的设计压力取 45MPa、47MPa、50MPa，单只储氢容器容积为 500～4000L 或根据需要定制；而 70MPa 加氢站储氢容器的设计压力通常取 82MPa、87.5MPa、98MPa、103MPa，单只储氢容器容积为 250～750L。对于较大的加氢站，容器布置时，通过瓶组支架灵活进行容器排列，可节约占地。瓶组布置可采用 3×1、3×2、3×3、4×1、4×2（排数×列数）等组合，或根据具体环境进行设计。

为满足氢气储存安全需求，加氢站所用的存储容器均为无缝结构，非焊接工艺，旋压一体成型。经过不断优化热处理技术，厚壁容器的淬透性得到提高。这类储罐一般按照美国机械工程师学会锅炉压力容器标准进行设计和制造，储氢材料在氢气中的力学性能试验应满足 GB/T 34542.2—2018 等标准的要求。氢脆敏感度试验应满足 GB/T 34542.3—2018 中的要求，确保产品的耐氢脆性能。对于 Cr-Mo 钢，我国常用材料为 ASTM A519 4130X，美国为 SA372Gr.J，日本为 SCM435，几种材料的化学成分见表 7-3。

表7-3 储氢容器常用材料的化学成分 单位：%（质量分数）

材料	Mo	Mn	C	P	S	Cr	Si
ASTM A519 4130X	0.15～0.25	0.40～0.90	0.25～0.35	≤0.020	≤0.010	0.80～1.10	0.15～0.35
SA372 Gr.J	0.15～0.25	0.75～1.05	0.35～0.5	≤0.025	≤0.025	0.80～1.15	0.15～0.35
SCM435	0.15～0.3	0.6～0.85	0.33～0.38	≤0.03	≤0.03	0.90～1.2	0.15～0.35

高强钢制无缝压缩氢气储罐根据结构特点分为单层钢质高压储氢罐和多层钢质高压储氢罐。单层钢质高压储氢罐存在单台设备容积小、对氢脆敏感以及难以实现对储罐健康状况远程在线监测等问题，为了克服这些问题科研人员发展了多层高压储氢容器。目前，大容积全多层高压储氢容器已在我国首座商业化运行的加氢站——北京飞驰竞立加氢站安全运行多年，并在世界最大的 HCNG（混氢天然气）加气站——山西河津 HCNG 加气站成功投入运行。此外，为了提升储存效率，国内外的高压储氢装备在材料工艺创新的基础上不断提高。目前，石家庄安瑞科气体机械有限公司的站用无缝储氢容器的工作压力达到 87.5～90MPa，而且设计压力 99MPa 的储氢容器已经国内专家评审，设计压力 103MPa 的容器也已研制成功，具备市场销售条件。

7.4.2 单层钢质高压储氢罐

单层钢质高压储氢容器主要有旋压式高压储氢容器和单层整锻式高压储氢容器。旋压式高压储氢容器由无缝钢管（化学成分见表 7-4）旋压而成，其设计压力通常不超过 50MPa，目前主要用于 35MPa 加氢站。但也有不同的，例如美国 CPI 公司生产的气体储存用 ASME 无缝气瓶已被很多加氢站所使用，其压力最高达 65MPa，最高压力下的容积为 411L[10]。通常单层钢质高压储氢容器结构简单、制造成本低、可批量生产，但其容积受到限制。随着氢能产业的发展，对储氢压力的要求越来越高。特别是对于相关测试系统，储氢压力需求超过 100MPa，即进入超高压领域，目前已知的单层钢质高压储氢罐的压力很难达到以上要求，姚佐权等基于以上问题，研发出一种新型的单层钢质超高压储氢罐[11]，通过设置外筒体和内筒体热套式双层结构，使两层实现不同的效果，而且所设计的泄漏孔能在超过设定压强的情况下释放氢气，防止容器爆炸，因而极大地增加超高压（>100MPa）单层钢质高压储氢罐的安全性能。

表7-4 无缝钢管的化学成分

元素	C	Mn	Si	P	S	Cr	Mo
含量（质量分数）/%	0.25～0.35	0.40～0.90	0.15～0.35	≤0.020	≤0.010	0.80～1.10	0.15～0.25

单台单层钢质高压储氢罐的容积通常不超过 1000L，因此多以容器组（有的容器数高达 21 台）形式使用。该类容器多采用 Cr-Mo 钢（主要为 4130X）制造。Cr-Mo 钢是在碳钢五大元素（C、Mn、Si、P、S）的基础上增加以 Cr、Mo 为主的元素，形成以 Cr-Mo 为基础的低、中合金珠光体耐热钢。作为强碳化物形成元素，它们可以使钢中的碳元素以化学性质较为稳定的合金碳化物的形式存在，并可以减缓碳在铁素体中的扩散，从而减缓在钢表面和

内部发生的甲烷反应，提高钢的抗氢蚀性能，因而成为目前世界上广泛使用的抗氢钢。不仅如此，Cr 和 Mo 还可以提高钢的抗高温蠕变断裂性能与高温强度，也会间接地影响钢的抗氢蚀性能。Cr 和 Mo 的添加除了可以显著地提高钢的抗氢蚀能力外，还可以较为全面地满足其他性能的要求。例如，含 Cr 钢通过适当的热处理能够产生较高的强度和综合机械性能，并且改善钢的抗氧化和抗腐蚀性能。Mo 能改善钢的回火稳定性，减弱和消除含 Cr 钢的回火脆性倾向。以上优点使 Cr-Mo 钢具有良好的高温力学性能、抗高温氧化性能、抗腐蚀性能、良好的韧性、工艺性能和可焊性，因而被广泛用于制造石油化工设备、煤转化设备、核电设备、汽轮机缸体、火电设备等使用条件苛刻、腐蚀介质复杂的大型设备。

单层钢质高压储氢罐常用的 ASTM A519 4130X 对应国内标准 GB/T 18248—2021。其主要化学成分（质量分数）如下：C 0.25%～0.35%；Si 0.15%～0.35%；Mn 0.40%～0.90%；P≤0.020%；S≤0.010%；P+S≤0.025%；Cr 0.80%～1.10%；Mo 0.15%～0.25%；Ni ≤0.30%；Cu≤0.20%。其力学性能如下：经过热处理调质后抗拉强度≥720MPa，屈服强度≥485MPa，断后伸长率≥20%，−40℃的低温冲击功≥40J，硬度≥269HB，屈强比≤86%。ASTM A519 4130X 优异的力学性质，使得其具有很高的强度和良好的抗氢脆能力。翟建明等按照 ISO 11114-4：2005 标准中的 C 试验方法对 3 种强度规格的 ASTM A519 4130X 材料进行了氢脆敏感性评价，在所有试样满足标准要求条件下，材料在 90℃、90MPa 的高压氢环境中经 1000h 充氢后均没有裂纹扩展现象发生，证明 ASTM A519 4130X 钢具有较好的抵抗氢致开裂的能力[12]。

7.4.3 多层钢质高压储氢罐

多层钢质高压储氢罐主要分为钢带错绕式全多层高压储氢容器、层板包扎式高压储氢容器。相比单层钢质高压储氢容器，该类容器的储氢压力更高，容积也更大。该类容器的临氢材料常采用抗氢脆性能好的奥氏体不锈钢，有利于防止氢脆引起的失效，但该类容器的结构较为复杂，制造周期较长，对焊接接头的质量要求较高。

（1）钢带错绕式全多层高压储氢容器

钢带错绕式压力容器是浙江大学朱国辉教授发明的一种新型压力容器[13]，是我国机械工程技术界的一项重大发明。该容器具有压力高、体积大、抑爆抗爆、缺陷分散、氢气泄漏可在线监测以及制造经济简便等优点。钢带错绕式全多层高压储氢容器（罐）由绕带筒体、双层半球形封头、加强箍和接管组成。

绕带筒体由薄内筒、钢带层和外保护壳组成。薄内筒通常由钢板卷焊而成，其厚度一般为筒体总厚度的 1/6 左右。钢带层由多层宽 80～160mm、厚 4～8mm 的热轧扁平钢带组成。钢带以相对于容器环向 15°～30°倾角逐层交错进行多层多根预应力缠绕，每根钢带的始末两端斜边用通常的焊接方法与双层封头和加强箍共同组成的斜面相焊接。外保护壳为厚 3～6mm 的优质薄板，以包扎方式焊接在钢带层外面。

双层半球形封头的厚度按强度要求确定，由厚度相近的内外层钢板冲压成型。在工作压力下，即使内层半球形封头因裂纹扩展等原因，导致内层泄漏，外层半球形封头也能承受该工作压力，并阻止向外泄漏。外层半球形封头端部有与加强箍相配合的圆柱面和锥面。加强箍先由钢板卷焊成短筒节（对接焊接接头经 100%无损检测合格），再与外层半球形封头的圆柱面和锥面相配合。

我国 1965 年分别在杭州锅炉厂、南京第二化工机械厂成功试制了钢带错绕式压力容器[14]。此后，经过几十年的发展，我国已制造氨合成塔、甲醇合成塔、氨冷凝器、铜液吸收塔、水压机蓄能器、高压气体（空气、氮气、氢气等）储罐等钢带错绕式压力容器7000多台，其中，最大的高压容器内直径为1200mm，最大长度为22m，最大壁厚为156mm。目前，98MPa钢带错绕式全多层高压储氢罐的容积达到$1m^3$，50MPa容器的容积最大为$7.3m^3$，并已成功应用于丰田常熟加气站、国家能源集团江苏如皋加气站等30多座加氢站。浙江大学郑津洋院士等以传统钢带错绕式压力容器为基础，在主体结构（扁平钢带倾角错绕式容器结构）不变的条件下，研制出一种钢带错绕式多功能全多层高压储氢罐[15]，该容器包括双层半球形封头、接管、加强箍、绕带筒体和健康诊断系统。绕带筒体由薄内筒、钢带层和外保护壳组成。健康诊断系统主要由氢气传感器、信号显示和报警仪、放空管等组成。该高压氢气储罐具有承压、抑爆抗爆和健康状态在线诊断等多种功能，结构合理、生产效率高、使用安全，可以为不同条件下的高压氢气运输及储存提供高效且经济的固定式高压储氢容器。图7-13为世界上第一台77MPa多功能全多层固定式储氢容器。

此外，郑津洋院士带领的课题组继续开发研制了一种钢带错绕式多功能全多层储氢罐——“$5m^3$固定式高压（42MPa）储氢罐”（如图7-14所示），现已在中国北京中关村永丰高新技术开发区的国内第一座制氢加氢站——“飞驰竞立加氢站”中投入使用。郑津洋院士团队还在继续加强研究以及开发参数更高、性能更优异的钢带错绕式多功能全多层高压储氢罐。

图7-13 世界上第一台77MPa多功能全多层固定式储氢容器

图7-14 $5m^3$固定式高压（42MPa）储氢罐

在钢带错绕式全多层高压储氢罐的材料选择、设计制造等方面，《加氢站储氢压力容器专项技术要求》（T/CATSI 05003—2020）提出了具体的规范要求，该要求适用于设计压力大于41MPa、设计温度介于－40～85℃、主要用作车用氢燃料储氢容器的应用。此外，针对实际应用中的塑性垮塌、局部过度应变等失效模式提出了相应的评价指标，具体如下：焊接试验需要在临氢环境中，在焊接试件的奥氏体不锈钢上，沿焊接接头垂直方向取6件拉伸试样，将试样分成2组，分别在氢气和空气中进行慢应变速率拉伸试验，氢气和空气中断面收缩率平均值达标比例在0.9以上。Cr-Mo钢储氢容器在检验中，需要对其筒体热处理后的材料性能实施批量检验；奥氏体不锈钢衬里储氢容器，需要一台台实施磁性相检测，而且对其临氢纵向焊接接头焊接试件性能进行批量检测。在使用过程中，应充分考虑储氢容器的疲劳寿命，同时也需要实时监测和记录储氢容器在使用过程中的压力、温度，以确保容器压力波动范围始终保持在 120%的设计压力内。试验研究和工程应用表明，对 20MPa 以下的氢气环境，Q345R 钢（屈服强度达到 345MPa 的合金钢）即可满足使用要求。当使用环境氢气压力大于 20MPa 时须选用抗氢脆性能更优的材料。奥氏体不锈钢 304、316 和 316L 等是面心立方结构的材料，对氢脆敏感性较小，而且由 304、316 至 316L 抗氢脆性能依次增强（见图 7-15）。尤其 316L 钢在 210MPa 氢气环境下仍具有较好的抗氢脆性能，其拉伸试样断口呈现韧性断裂特征，可以满足设计压力在 100MPa 以下高压储氢容器的使用要求。考虑到经济性，与氢气直接接触部位选用不锈钢复合钢板。复材为 0Cr18Ni9、00Cr19Ni10 或 00Cr17Ni14Mo2，分别对应 304、316 和 316L；基材选用 Q345R 或 16MnDR。

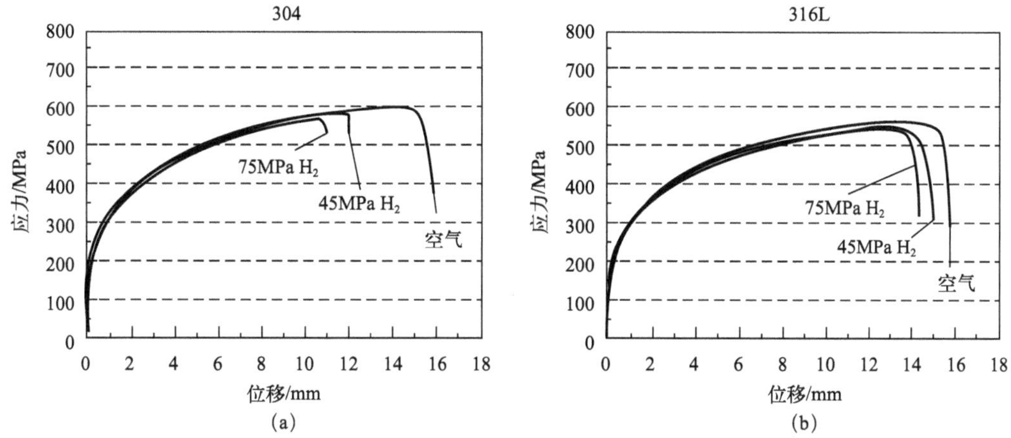

图 7-15 304 钢在空气和氢气环境中的应力位移曲线（a）及 316L 钢在空气和氢气环境中的应力位移曲线（b）

（2）层板包扎式高压储氢容器

层板包扎式高压储氢容器（罐）是在内筒上采用机械手逐层张紧包扎层板，并且层板纵环焊接接头相互错开而成的一种多层压力容器。1931 年，美国史密斯公司在总结前人经验和多次试验的基础上提出了多层包扎式压力容器的设计方法，由于对制造装备要求不苛刻且压制的层板数可自由设定，故此种结构成为世界上使用最广泛、制造和使用经验最丰富的一种多层压力容器结构。南京化工机械厂于 1956 年在我国首次掌握此技术并批量生产，其结构如图 7-16 所示。

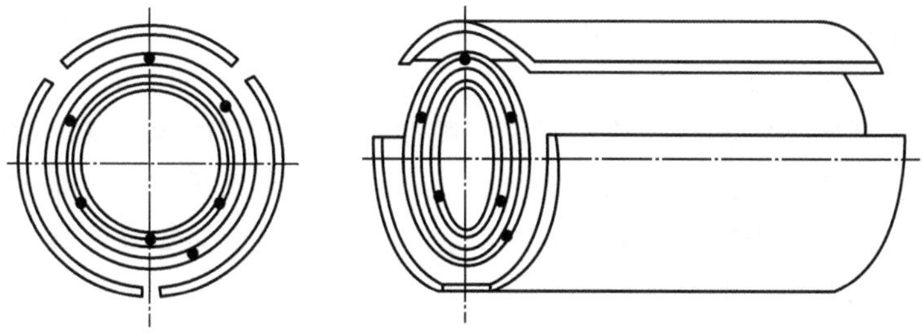

图 7-16 层板包扎式高压储氢容器结构示意图

层板包扎式高压储氢容器具有以下优点：

① 对制造条件的要求不高，不需复杂的重型机械。

② 安全性较高，由于多层包扎容器的层板层一般均采用 12mm 左右厚的钢板逐层包扎而成，从而使得筒体在应力作用下不会发生金属变形，因此该容器通常具有较好的韧性，并且不易发生脆性破坏。

③ 多层层板筒体上开有穿透层板报警孔，当内筒因腐蚀原因发生泄漏时，能在早期发现，及时处理。此外，多层包扎结构还具有材料利用率高的优点，所以此结构在高压储氢罐中被普遍采用。

层板包扎式高压储氢容器中的每层均单独与封头焊接，然而储氢罐通常压力巨大，层板的层数多，就使得焊接工作量变大，同时产生焊接裂缝的风险也更高。由于内筒是不锈钢材质，层板是碳钢材质，第一层碳钢层板焊缝相当于在不锈钢上焊接，异种钢焊接时裂纹风险比同种钢大。鉴于此，袁宁等设计了一种新式的层板包扎式高压储氢罐[16]，通过增加封头与外层层板焊接处的焊缝厚度，加强了此处的刚度与强度，降低了该位置的应力水平，极大地降低了焊缝开裂导致封头与层板断开的风险；同时，合并层板焊缝，降低焊缝条数，以减少焊接量和焊接风险，从而降低了内筒不锈钢材质异种钢焊接开裂的风险。

层板包扎式高压储氢容器的临氢金属材料（包括板材、锻件等）应选择国内外有应用经验的成熟材料，并充分考虑临氢环境下的使用性能。选用奥氏体不锈钢时需参照有关标准，采用预充氢（内部）的方法进行相关的性能试验。除临氢材料外的其他受压元件材料应选用符合相关标准的压力容器专用材料，而且需要按照 GB/T 34019 或 ASME Ⅷ标准对塑塌、脆性断裂、疲劳和局部过度应变等失效模式进行评定。具体材料要求如下：

① 封头基材和低温容器用钢板应符合 GB/T 713.3—2023 标准。

② 封头所用钢板应逐张进行常温拉伸试验和 −20℃ 夏比冲击韧性试验，结果应满足 $KV_2 \geqslant 41J$ 的指标要求。

③ 复合钢板的制造、检验和验收应符合 NB/T 47002.1 的规定，级别不低于 B1 级。

④ 选择层板时应考虑层板包扎时内筒的变形以及包扎间隙，厚度一般不得大于 12mm。

福建雪氢加氢装备有限公司的魏德强等，提出了一种加氢站用 98MPa 层板包扎式高压储氢罐[17]，该容器由内筒和外筒组成筒体，外筒由多组层板包扎而成，层板由内而外的尺寸按等差数值依次减小，每层层板开设有 6 个直径为 50mm 的包扎工艺孔，内筒两端焊接有封头，内筒和封头采用特殊不锈钢 316L 复合板，筒体的两端分别连接有进气口和出气口，筒体的顶侧设置至少一组泄漏检测口。该容器满足大容积、高压力、耐氢脆等要求，同时在全生命周期内在线监测氢气泄漏。该容器的成功设计对氢能装备行业、加氢站运行产品质量提升和产业升级有重要作用。

近期，兰州兰石重型装备股份有限公司研制的 50MPa 和 98MPa 层板包扎式高压储氢罐顺利下线，该储氢容器应用多层包扎成型技术和泄漏在线监测技术，攻克了单位体积高密度、大容量储氢等难题，有效满足加氢站额定工作压力 35MPa 和 70MPa 两种工况需求。研发人员通过对传统高压储氢容器的塑性垮塌、脆性断裂、局部过渡应变、疲劳失效等进行深入研究后，对该层板包扎式高压储氢罐进行优化设计，同时依托相应的高压氢环境下的性能试验，解决了设备材料及焊接接头的“高压氢脆”问题和高压储氢设备密封难题，实现了储氢容器的高安全、大型化、低成本应用。

7.5 高压输氢管道

7.5.1 概述

由于所在地域距离的限制，供氢厂和氢用户之间产生了氢气输送的需求，因此氢气的输送是氢能利用的重要环节之一。管网输送一般适用于用量大的场合，而车、船运输则适合于量小、用户比较分散的场合。随着氢能与相关技术的不断发展，未来更趋向于大规模集中制氢和长距离运输，管道输氢具备明显的成本优势。据国联证券数据统计，管道输氢距离为100km时，成本仅为1.43元/kg，远低于高压长管拖车输氢及低温液态输氢。因此，高压管道输氢这种经济且有效的运输方式具有重要应用前景和实际意义，是解决氢储运问题的一个全新的突破点，建立纯氢高压输运管网是建设氢能社会的终极目标。

目前普遍使用的输氢管线为钢管，运行压力为1～2MPa，直径为0.25～0.30m。但受气体性质差异、掺氢比、管道材质和外部环境等影响，氢气进入管道后容易产生氢脆、渗透和泄漏等风险。研究表明，氢气压力、纯净度、环境温度、管道强度水平、变形速率、微观组织等因素均会影响管道的损伤程度。管道钢级越高越容易受氢气影响，低强度钢更适合加氢天然气的输送。当氢气浓度低于50%时，管道不易发生严重断裂；当管道输氢压力低于2MPa时，管道缺陷处不易发生氢致裂纹扩展现象。由于以上问题的客观存在，输氢管道的建设需要遵循一套严格的标准规范。目前，被国内外认可的几种输氢管道的设计标准见表7-5。

表7-5 输氢管道的设计标准

用途	名称	标准号
氢气管道线路设计	《Hydrogen Piping and Pipelines》[18]	ASME B31.12—2019
	《输气管道工程设计规范》	GB 50251—2015
	《Hydrogen Pipeline Systems》[19]	CGAG-5.6-2005 (Reaffirmed 2013)
	《氢气管道工程设计规范》	T/CSPSTC 103—2022
站内管道设计	《氢气站设计规范》	GB 50177—2005
	《压力管道规范 工业管道》	GB 20801—2020

7.5.2 分类及用途

随着氢气在各行各业的普及和应用，人们对氢气管道的管径、压力范围等参数提出了不同的使用要求，目前已设计并推出了多种类型的氢气管道。按照用途可分为工业管道、长输管道、公用管道和专用管道。

(1) 工业管道

工业管道是指工矿企业、事业单位在生产制作各种产品的过程中用于输送工艺介质的工艺管道、公用工程管道及其他辅助管道，其主要面向制氢、冶金、电子、建材、电力、化工等企业内氢气输送。工业管道是压力管道中工艺流程种类最多、生产制作环境状态变化最为复杂、输送的介质品种较多及条件均较苛刻的压力管道。宁夏宝廷新能源有限公司至宁夏沃凯珑新材料有限公司氢气输送管道正式开工建设。根据报道，该项目于2021年12月签订，该条氢气输送管道全长1.2km，是宁东化工基地内建设的一条输氢管道，最大年输量为200万m^3（标）。化工园区内短距离氢气输送管道对比罐车运送，预计可节省运费60%。

（2）长输管道

长输管道是指用于制氢单元与氢气站之间高压氢气长距离、大规模输送的氢气管道，其特点为输氢压力较高，管道直径较大。长管拖车仍是我国长距离氢气运输的主流方式，但这种方式成本较高、效率较低，是造成终端用氢成本高的主要原因之一，制约了产业链发展。长输管道可以实现大规模、长距离输送氢气，并且兼顾经济性。“西氢东送”输氢管道示范工程已被纳入《石油天然气“全国一张网”建设实施方案》，我国首个纯氢长输管道项目启动。该管道起于内蒙古自治区乌兰察布市，终点位于北京市的燕山石化，全长400多千米，是我国首条跨省区、大规模、长距离的纯氢输送管道。管道建成后，其输送的氢将用于替代京津冀地区现有的化石能源制氢及交通用氢，大力缓解我国绿氢供需错配的问题，助力能源转型升级。

（3）公用管道

公用管道是指城市或乡镇范围内用于公用事业或民用的燃气管道。具体而言，指利用一定压力，用于输送气体或者液体的管状设备，其范围规定为最高工作压力大于或者等于0.1MPa，介质为气体、液化气体、蒸气或者可燃、易爆、有毒、有腐蚀性、最高工作温度高于或者等于标准沸点的液体，而且公称直径大于或者等于50mm。公称直径小于150mm，而且最高工作压力小于1.6MPa的输送无毒、不可燃、无腐蚀性气体的管道和设备本体所属管道除外。

（4）专用管道

专用管道是指用于加氢站、氢燃料电池汽车供氢系统、氢安全试验设备等的氢气管道。其中，氢燃料电池汽车近几年发展迅速，现运行的氢燃料电池汽车已经有8000多辆，每一辆车上都有供氢的专用管道。此外，加氢站现在已建的有200多座，在建的有70多座，都需要大量的专用管道进行氢气的输送。

7.5.3 管道材料

（1）钢制输氢压力管道

① 奥氏体不锈钢　奥氏体不锈钢是指在常温下具有奥氏体组织的不锈钢，钢中含Cr约18%、Ni约8%～25%、C约0.1%时，具有稳定的奥氏体组织。A312 TP304L和A312 TP316L均是常用的奥氏体不锈钢，也是氢气管道的更好选择，具有很高的抗氢脆性和耐腐蚀性。该材料可用于制造球阀、压力接头、法兰、热交换器、实验室工作台、减压阀、弹簧、螺纹紧固件等。奥氏体不锈钢中含量较高的合金在表面提供保护性氧化物层，相对于马氏体而言，使不锈钢不易受到氢脆问题的影响，因此奥氏体不锈钢本身具有出色的承受力、硬度等性质，被广泛地用于制造氢气输送管道，其主要用于制造化工园区内部的工业管道、专用管道。

② 铝及其合金　铝是地壳中含量最丰富的金属元素，对氧有极高的亲和性，能与氧反应，在其表面生成一层致密的氧化铝薄膜来保护内层的铝，因而具有良好的耐腐蚀性，同时在不同氢气压力下具有良好的力学性能，因此成为某些应用中制造氢气管道的合适材料。与碳钢相比，铝合金更具有优异的耐腐蚀性能和导热性能，可以减少氢气泄漏的风险，但铝的强度较低可能是一个限制因素，特别是对于高压输氢管道来说。铝合金6061中的主要合金元素为镁和硅，具有良好的抗腐蚀性质、可焊接性，以及强度适中、韧性强，作为制造无缝

管道的合适材料，广泛适用于氢气工业管道和长距离氢输送管道。

③ 铜及其合金　铜的化学性能稳定，将耐寒、耐热、耐压、耐腐蚀和耐火等特性集于一身，可在不同的环境中长期使用。铜管同时具有金属管材与非金属管材的优点，它比塑料管材坚硬，具有一般金属的高强度（冷拔铜管的强度与相同壁厚的钢管相当）。它又比一般金属易弯曲，韧性好且延展性高，具有优良的抗振、抗冲击及抗冻胀性能。铜管可以承受极冷和极热的温度，适用范围从－196℃到250℃，而且适应温度的剧烈变化，使用性能不会因长期使用和温度的剧烈变化而降低，不会产生老化现象。但铜管配件若与其他管材相连，由于管道与配件的材质不同，热胀冷缩时的物理性能和机械性能差别很大，连接的牢固度自然要受到额外的挑战。因此，铜管与铜质配件连接，牢固度将极大地增强。

铜管的线胀系数很小，抗疲劳。在温度变化时不会产生过度的热胀冷缩而导致应力疲劳破裂。此外，与铝及铝合金相似，铜及其合金同样具有良好的抗氢脆性，但相对铝及铝合金而言，材料成本较高，可用于制造工业管道和公用管道。

④ 钛及其合金　钛及其合金是20世纪40年代末发展起来的一种优良的工业金属材料，其主要特点是密度小、比强度高、耐腐蚀、耐高温以及低温性能良好。在氢气输送管道的应用上，相对于奥氏体不锈钢而言，钛及钛合金的比强度更高，也更轻盈，这让钛材料在某些领域中具有独特的应用性。钛及钛合金的化学性质活泼，在有氧环境中钛及其合金表面易生成致密且附着力强、惰性大的氧化膜，即便氧化膜受到外力的破坏，只要是暴露在氧气环境中，氧化膜就能再次生成，具有较强的自愈性。但是，由于钛的物理化学性质，钛的熔点高于不锈钢，因此钛材的焊接相较不锈钢来说有更高的要求。此外，钛元素在地壳中的含量较低，价格昂贵，并不适合作长距离、大面积管道的材料，所以常用于制造短距离运输的工业管道。

⑤ 碳钢　碳钢是指含碳量（WC）小于2%的铁碳合金，其主要指力学性能取决于钢中的碳含量，而一般不添加大量合金元素的钢，有时也称为普碳钢或碳素钢。碳钢除含碳外一般还含有少量的硅、锰、硫、磷。一般碳钢中含碳量越高则硬度越大，强度也越高，但塑性降低。

碳钢是目前氢能源输送管道的主要材料之一，主要优点是价格低廉、强度高、可加工性好等，在短距离氢输送过程中表现良好，但在氢气压力大于50bar时，碳钢很容易发生氢致开裂等问题，因此用于制造长距离氢输送管道时，需要经过高强度、高稳定性处理，但加工难度和成本较高，因此常用于制造长度较短的工业管道。但是如果使用，应考虑氢脆敏感性较低的低碳钢等级。一般来说，常见的碳钢管道等级如API5L X52（以及更低强度等级）和ASTM A106B已经广泛应用于氢气输送管道中，鲜有报道该材料出现了问题，这种良好的使用状况主要归功于其相对较低的强度，从而使其抗氢脆和抗脆性开裂的能力得到了提高。API5L管线钢的产品规范水平分为PSL1和PSL2，PSL2包含了一些PSL1中没有的要求，包括最小缺口韧性能量、最大抗拉强度和碳当量，这些要求有助于确保母材和焊缝硬度保持在可接受的范围内，从而降低氢脆风险。因此，PSL2规格的材料更适用于输氢管道。另外，《Hydrogen Pipeline Systems》（CGA G-5.6-2005）（Reaffirmed 2013）标准中仅推荐输氢管道使用较低强度的API5L等级（X52或更低）。《Hydrogen Piping and Pipelines》（ASMEB 31.12-2014）标准中说明碳钢作为氢气管道和天然气管道的焊接结构材料已经有几十年的应用历史。工业天然气公司在美国和欧洲运营着超过1600km的管道，已证明适用于氢气输送管道的材料有ASTM A106 B级、ASTM A53B级、API5L X42和X52（PSL2等级优先）以及微合金API5L级等。

（2）复合材料输氢压力管道

① 增强热塑性塑料管　增强热塑性塑料管（reinforced thermoplastic pipes，RTP）是一种通过对内层塑料管的增强和保护而构成的三层结构，以满足氢气的长期稳定输送。以三层结构的增强聚乙烯管为例，其内层是耐腐蚀、耐磨损的聚乙烯管，起到支撑增强带、抗外压和密封输送流体的作用；中层是增强的缠绕层，缠绕的材料有高强度合成纤维（纺纶、聚酯等）、玻璃纤维、碳纤维和细金属丝多种，能有效抵抗内压和轴向负载；外层是起到保护作用和提供刚度的聚乙烯层，常用的有 PE100 和 PE80。荷兰企业 Solu Force 开发的可缠绕增强热塑性工业管道（见图 7-17），解决了传统钢铁管道最关键的安装成本高的问题和氢损伤的问题，这在氢运输领域是独一无二的。截止到目前，Solu Force 已在全球范围内安装了超过 3500km 的柔性管道，在各种应用中进行了广泛的现场验证，包括石油和天然气公用管道、配水/注入管道、石油和天然气输送流线、石油和天然气收集线。

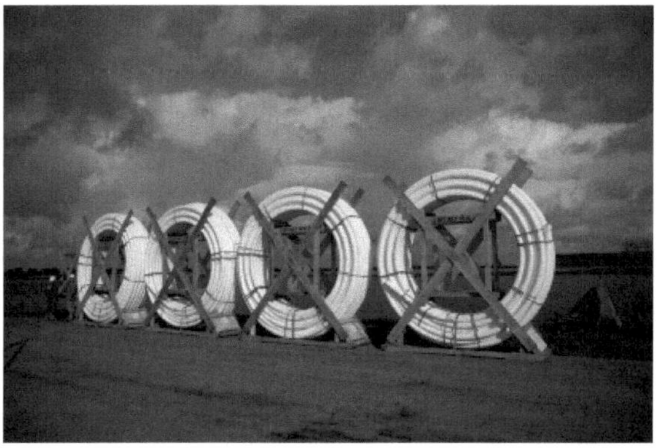

图 7-17　Solu Force 的可缠绕增强热塑性工业管道

Solu Force Hydrogen 解决方案首次应用在格罗宁根海港。Solu Force 布置了长 4km、压力为 42bar 的柔性输氢管道，将北海地区风电生产的绿色氢气输送到 Eemshaven 的化学和工业企业。与钢铁材质管道相比，这种即用型柔性管道解决方案可有望促进绿氢的规模化应用。因此，RTP 管道具有耐受很高的压力和较高的温度、柔韧、铺设方便和迅速、容易收回再用、耐腐蚀和磨损以及经济的优势，可作为长输管道、工业管道和公用管道来输送氢气。RTP 虽然管材费用比钢管高，但是铺设、连接、运行等费用低。图 7-18（另见文前彩图）为芳纶纤维 RTP 和钢管的费用对比。

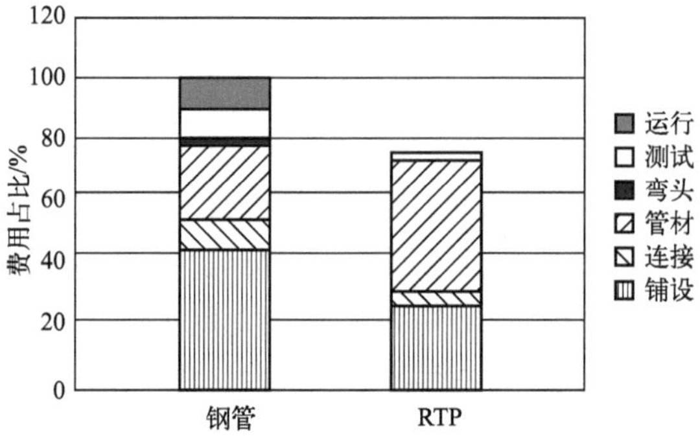

图 7-18　芳纶纤维 RTP 和钢管的费用对比

RTP在氢气输送管道中使用的潜力很大，因为RTP的长度可以大大超过钢，RTP管道的安装成本比钢管道便宜20%左右。在英国，62.5%的天然气分配网络已经升级，在铁管中插入聚乙烯，其中大多数管网都被考虑在未来使用氢气。出于安全考虑，作为英国铁质燃气管道更换计划的一部分，大部分铁质管道分销网络将逐步升级。据估计，到2032年90%的传统燃气分销网络将使用聚乙烯。

② 纤维增强聚合物材料　纤维增强聚合物（fiber reinforced polymer，FRP）是一种由纤维增强聚合物基体制成的复合材料。通常以玻璃、碳、芳纶等作为纤维材料，以环氧树脂、乙烯基酯、聚酯等热固性塑料作为聚合物基体。FRP复合材料区别于钢、铝等传统金属材料，由于FRP材料各向异性的特点，它可以提供最大的材料刚度密度比，是铝或钢的3.5～5倍，同时具有很高的疲劳耐久性极限，能够吸收冲击能量。此外，使用FRP作为制造输氢管道的材料，管道间的接头和紧固件将会得到简化或取消，能够极大地降低氢气管道的材料成本，可作为长输管道为远距离地区长期输送氢气。美国橡树岭国家实验室和萨凡纳河国家实验室开展了关于高压氢环境下FRP材料的力学性能研究，同时美国能源部燃料电池技术工作组（Fuel Cell Technologies Office，FCTO）开展了FRP材料的标准化工作[20,21]，并在2016年，ASMEB31.12将FRP材料纳入标准，规定其最大服役压力不超过17MPa[18]。

7.5.4　各国建设情况及技术水平

世界上第一条长距离氢气输送管道，1938年建成于德国鲁尔，管道总长达208km，输氢管直径在0.15～0.30m之间，额定的输氢压力约为2.5MPa，连接18个下游工业用户，并且从未发生过任何事故。随着科技和时代的进步，以欧洲和美国为首，他们在全球范围内的氢气输送管道总里程已超过5000km，美国氢气管道规模最大，总里程超过2700km，最高运行压力达到10.3MPa，排名第一。另外，欧洲也已建成超过1500km的输氢管道，管径规模为0.1～0.5m。国外氢气管道的建设主要由法国液态空气、美国空气产品、美国普莱克斯和德国林德等四大公司负责承担，而氢气生产商负责管道的运营，将氢气从上游供应商输送至下游工业用户，用于工业原料的生产。我国虽然在氢气管道方面积累了较为丰富的管道设计、施工、运行和维护经验，但氢气长输管道建设起步较晚，氢气管道的建设规模较小，与欧洲和美国等发达国家相比仍然有一定的差距，目前国内氢气管道长度总里程仅为400km，运营中的管道也只有几百千米左右，并且已建项目主要服务于工业园区[22]。

目前，我国纯氢管道的建设和技术研发也在逐步有序地进行当中。随着氢能产业的发展，我国氢气管道的建设将迎来广阔的发展前景。表7-6列出了我国目前已开发的纯氢管道项目情况。现阶段我国的输氢管道主要由中国石油、中国石化、国家电投及他们的子公司承建，都是一些大型国企负责，市场集中度很高。

表7-6　国内纯氢管道项目情况

项目名称	材料	运行年数	口径/mm	距离/km	压力/MPa
玉门油田输氢管道工程	—	2022年开工建设	200	5.77	25
巴陵-长岭输氢管道	无缝钢管	2014年至今	457	42	4
金陵-扬子氢气管道	石油裂化钢管	2008年至今	325	32	4
济源-洛阳输氢管道	L245N	2015年至今	508	25	4

续表

项目名称	材料	运行年数	口径/mm	距离/km	压力/MPa
定州-高碑店氢气管道工程	L245N	2021 年开工建设	508	164.7	4
通辽纯氢示范应用项目	—	2022 年 开工建设	323.9	7.8	1.6
达茂-工业区氢气管道工程	L245N	2020 年开工建设	610	159.07	6.3

注：L245N 表示屈服强度≥245MPa 的直缝管线钢管。

氢气配送管道建设成本较低，一般用于小规模、短距离输送氢气，输氢对象为小规模用户（如民用氢能园区内连接供氢站和用户间的管道），其特点是管道压力较低、直径较小。从材料上看，配氢管道一般分为钢制配氢压力管道和非金属配氢压力管道。从各方面来看，氢气配送管道/网的建设是可行的，而氢气长输管道的建设是影响高压输氢管道发展的主要瓶颈之一。氢气长输管道建设难度大、成本高，目前氢气长输管道的造价约为 63 万美元/km，而天然气管道的造价仅为 25 万美元/km 左右，氢气管道的造价约为天然气管道的 2.5 倍[23]。表 7-7 为氢气管道与天然气管道全球建设现状对比。

表7-7 氢气管道与天然气管道全球建设现状对比

管道类型	管道直径/mm	设计压力/MPa	建设里程/km
氢气管道	304~914	2~10	6000
天然气管道	1016~1420	6~20	1270000

在 2022 年初，国家发展改革委、国家能源局联合印发《氢能产业发展中长期规划（2021—2035 年）》，规划中提出统筹推进氢能基础设施建设，稳步构建储运体系。我国天然气管道建设成熟、铺设面广，为了加快推进氢气能源的应用，提出了天然气管道掺氢的理念，将氢气以一定比例掺入天然气中，利用现有的天然气管道进行输送，一条管道同时运送天然气和氢气，极大地降低输送成本。短期内天然气管道掺氢可以有效降低碳排放，减少化石能源的消耗，同时也是纯氢管道未打破技术壁垒时的经济实惠之举。不过，在应用现有天然气管网设施输送氢气及天然气管道转变为氢气管道时需要重点考虑氢脆、低温性能转变、超低温性能转变等问题。天然气管网掺氢对常用材料 X70、X80、X52 的抗拉强度的影响是不大的，但是会导致材料的韧性断裂性能和疲劳性能下降。不同掺氢比例对现有管道的影响、最经济的掺氢比例、氢脆对管道使用寿命的影响和输氢管网与分布式能源管理模式等关键技术问题尚须探索。

我国掺氢管道项目情况见表 7-8。

表7-8 国内掺氢管道项目情况

项目名称	材料	运行年份	口径/mm	距离/km	压力/MPa	气体成分
包头-临河 输气管道工程	X42QS 无缝钢管	2023 年 开工建设	457	258	6.3	10%（氢）+ 90%（甲烷）
广东海底掺氢 管道项目	L415M	项目推 进中	610	55	4	20%（氢）+ 80%（甲烷）

续表

项目名称	材料	运行年份	口径/mm	距离/km	压力/MPa	气体成分
朝阳天然气掺氢示范项目	钢	2019 年至今	—	—	3.5	10%（氢）+ 90%（甲烷）
宁夏天然气掺氢降碳示范化工程中试项目	钢	2022 年至今	219.1	7.4	4.5	20%（氢）+ 80%（甲烷）
张家口掺氢天然气管道示范项目	—	2021 年开工建设	—	—	—	10%（氢）+ 90%（甲烷）
国家干线陕宁一线掺氢示范项目	L360Q 无缝钢管	2021 年至今	323.9	97	4	5%（氢）+ 95%（甲烷）
乌海-银川焦炉煤气管道	L245N	2021 年至今	610	217.5	3	焦炉煤气和氢气

注：1. X42QS 是指钢材抗拉强度> 420MPa 的抗酸性管线钢管。

2. L415M 是指钢材的屈服强度≥415MPa 的管线钢管，而且该钢的交货状态为形变热处理状态。

3. L360Q 是指钢材的最低屈服强度≥360MPa 的管线钢管，而且该钢的交货状态为淬火+ 回火。

4. L245N 表示屈服强度≥245MPa 的直缝管线钢管。

总体来看，管道输氢方面还面临着诸多的困难，首先是建设成本问题。有数据显示，美国天然气管道造价为 12.5 万～50 万美元/km，但氢气管道的造价约为 30 万～100 万美元/km，是天然气管道造价的数倍。同时，对于管道输氢成本目前也还存在一定争议。有报告认为，从单位能源输送效率分析，小型氢能管道单位能量的输送费用［元/(GJ・100km)］是天然气主干网的 40 倍，是特高压电网的 25 倍。也有企业认为，为了提高输氢压力而建设的加压站将导致管道输氢成本远高于规模化液氢运输。因此，为降低管道建设成本，天然气管道掺氢被频繁提及，但目前认为掺氢体积上限仅为 20%，难以实现零碳目标。

其次是管道分布问题。我国氢气运输管道主要分布在北部地区，天然气掺氢管道也主要分布在北部地区。这与我国北方的煤炭工业紧密相连，因为当前主要的氢气来源于煤炭工业副产氢。我国用氢产业发展较发达地区位于东部沿海，氢气需求量大的地区和氢气资源丰富地区错位。所以，建立多点供应的氢能管网是解决我国当前氢能行业“痛点”的一大方案。此外，还有管道氢损伤问题。管道材料氢脆失效、氢气渗漏、氢致开裂/鼓包是纯氢管道、天然气管道输氢改造需要关注的主要问题。不同强度钢材的氢脆敏感性不同，需要根据管道材质和压力高低确定相应的掺氢比例，同时也要对设备设施进行改造，提高气密性和抗氢脆能力。

最后，管道输氢标准体系建立较晚。在前期，由于国内尚无氢气长输管道相关设计规范，氢气管道的规划和建设主要参照国外规范以及适用于输送天然气和煤气的《输气管道工程设计规范》等。例如，济源至洛阳纯氢管道的建设标准参照了美国机械工程师学会发布的《氢气管输和管线标准》。直到 2022 年，中国石油天然气管道工程有限公司提出并牵头起草的《氢气管道工程设计规范》（T/CSPSTC 103—2022）正式发布，由中国标准出版社印刷出版。《氢气管道工程设计规范》的发布和实施将为氢气管道大规模建设提供有益参考与技术支撑，进一步助力我国氢能产业高质量发展。

此外，还存在管理问题。目前输氢管道缺乏管理标准。有企业向政府申请建设输氢管道，往往需要按照化工管标准而非民用管，甚至难以审批。

7.6 车载高压钢瓶

7.6.1 概述

伴随氢燃料电池和电动汽车的迅速发展与产业化，高压储氢容器技术逐渐成熟化。见图 7-19，高压储氢容器主要有全金属储罐（Ⅰ型）、金属内胆纤维环向缠绕储罐（Ⅱ型）、金属内胆纤维全缠绕储罐（Ⅲ型）、非金属内胆纤维全缠绕储罐（Ⅳ型）以及全复合材料的无内胆储罐（Ⅴ型）等[24]。

由于高压气态储氢容器Ⅰ型、Ⅱ型储氢密度低、氢脆问题严重，车载储氢瓶很少使用该类型号，目前只被少量应用于使用压缩天然气的客车和卡车中。目前，车载高压钢瓶主要包括Ⅲ型瓶和Ⅳ型瓶。车载钢瓶具有体积和重量受限、充装有特殊要求、使用寿命长以及使用环境多变等特点。因此，轻量化、高压力、高储氢质量比和长寿命是车载储氢钢瓶的特点。

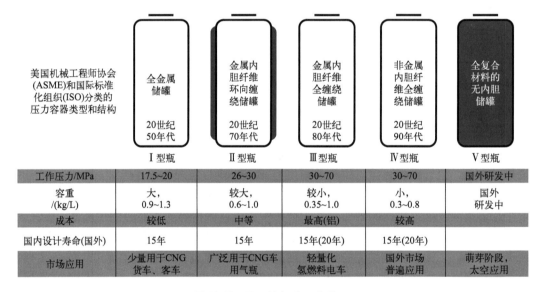

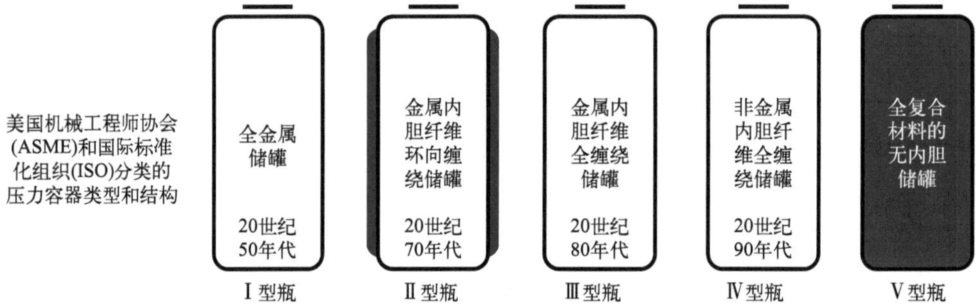

工作压力/MPa	17.5~20	26~30	30~70	30~70	国外研发中
容重/(kg/L)	大，0.9~1.3	较大，0.6~1.0	较小，0.35~1.0	小，0.3~0.8	国外研发中
成本	较低	中等	最高(铝)	较高	
国内设计寿命(国外)	15年	15年	15年(20年)	15年(20年)	
市场应用	少量用于CNG货车、客车	广泛用于CNG车用气瓶	轻量化氢燃料电车	国外市场普遍应用	萌芽阶段，太空应用

图 7-19 高压储氢容器的发展

7.6.2 全金属储罐（Ⅰ型）

全金属储罐（Ⅰ型）就是我们经常提到的金属罐，仅由一层耐压钢材构成，外表没有任何包裹物。Ⅰ型瓶的发展始于 20 世纪 50 年代，最早以金属钢瓶为主，因其笨重后改为铝合金。此类高压储氢瓶发展的历史最长，是目前这类储氢瓶中重量最大、成本最低、制造工艺最简单的一类。常见的氢气钢瓶和铝瓶的实物见图 7-20。

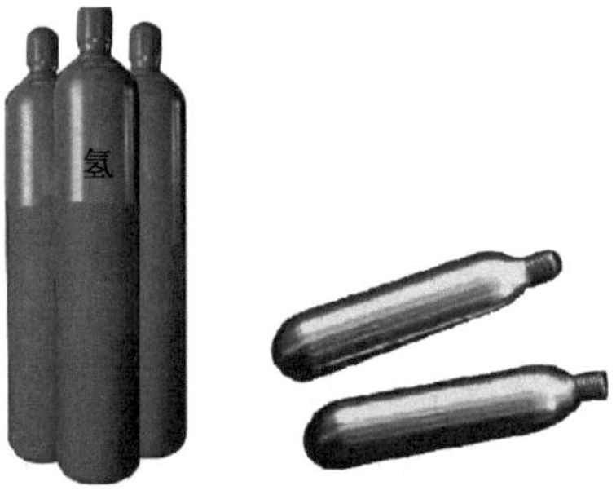

(a) (b)

图 7-20 15MPa 氢气钢瓶实物图（a）及小型氢气铝瓶实物图（b）

不过，由于氢气的分子渗透作用，钢制气瓶很容易被氢气腐蚀出现氢脆现象，并且钢瓶质量较大，储氢密度低，一般用固定式、小储量的氢气储存，车载储氢钢瓶很少用到这种型号。同时，由于Ⅰ 型瓶为单层结构，无法对容器安全状态进行实时在线监测，因此这类气瓶远不能满足车载系统的要求，本节仅简要介绍。

7.6.3 金属内胆纤维环向缠绕储罐（Ⅱ型）

从 20 世纪 70 年代开始使用玻璃纤维缠绕钢或铝内衬来进一步减轻质量，此种气瓶称为金属内胆纤维环向缠绕储罐（Ⅱ型）。Ⅱ型瓶由纤维缠绕复合材料层和金属内衬共同组成，内衬材料通常采用铝、钛等轻金属，复合材料层是承受内部压力作用的主要载体，所用的增强材料主要有碳纤维、Kevlar 纤维（也称为芳纶纤维）和玻璃纤维三类。其中碳纤维是不完全的石磨结晶沿纤维轴向排列的物质，属于无机纤维，具有低密度、高强度、高模量、耐高温、抗化学腐蚀等优异性能，其柔软性和可变性也较好，非常适合缠绕工艺。纤维缠绕复合层采用环向缠绕方式，在金属内衬外环向缠绕多种纤维固化后形成增强结构（图 7-21），可以将其承载能力提高 1 倍。

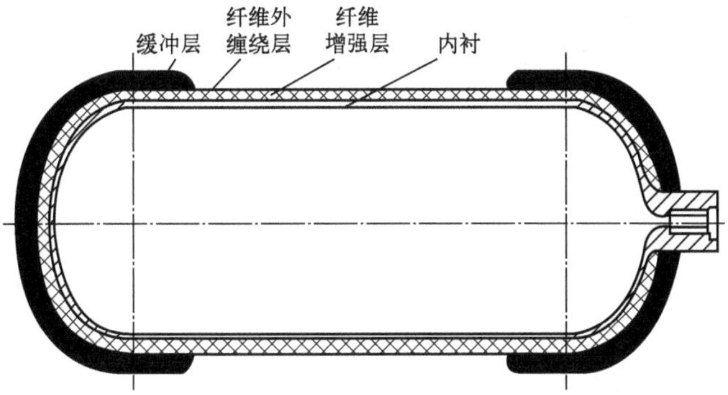

图 7-21 轻质高压储氢容器的结构

Ⅱ型瓶技术最成熟，应用早，主要应用于使用压缩天然气的货车、客车上。但是由于Ⅱ型瓶密度低、氢脆问题严重，而且安全性能差、质量重，不能满足车载储氢应用要求，所以人们将目光转向Ⅲ型瓶和Ⅳ型瓶。

7.6.4 金属内胆纤维全缠绕储罐（Ⅲ型）

（1）基本结构

随着氢能汽车的发展、高压储氢技术对车载容器承载能力的要求增加，金属内衬纤维缠绕储罐逐步得到应用。20 世纪 80 年代美国开始通过碳纤维全缠绕增强铝内衬使质量再减轻，此种气瓶称为金属内胆纤维全缠绕储罐（Ⅲ型）。Ⅲ型瓶的基本结构与Ⅱ型瓶类似，都是由纤维缠绕复合层和金属内衬共同组成。但为了进一步提升高压复合储氢气瓶的承压能力和质量储氢密度，车载Ⅲ型瓶的纤维缠绕模式由环向缠绕改为环向缠绕和纵向缠绕相结合的方式[25]。

（2）组成材料

车载高压储氢容器接触面材料要求具有抗氢脆的能力，而且要具备良好的抗疲劳性。一般金属的密度较大，考虑到成本、降低容器的自重和抗氢脆等原因，国内内衬材料多选用铝合金，典型牌号如 6061，国外则多选用特种塑料。铝合金以金属铝为主，添加一定量其他合金化元素，是轻金属材料之一。铝合金除具有铝的一般特性外，由于添加合金化元素的种类和数量的不同又具有一些合金的具体特性。铝合金具有密度低、力学性能佳、加工性能好、无毒、易回收，以及导电性、传热性和抗腐蚀性优良等特点，在船用行业、化工行业、航空航天、金属包装、交通运输等领域广泛使用。其中 6061 是经热处理预拉伸工艺生产的高品质铝合金产品，主要合金元素是镁与硅，并形成 Mg_2Si 相。该合金具有中等强度、良好的抗腐蚀性、可焊接性，氧化效果较好，作为钢瓶内衬合适的金属材料，广泛地适用于车载高压储氢容器。美国 DOT-CFFC 标准对内衬材料主要有如下规定：为了减少储氢瓶的气体渗透机会，一般采用无缝柱体，由铝合金 6061 制造；可以由冷挤压或热挤压和冷拉制成，也可以由挤压管道和冲模的或者旋转的封头制成；测试前，所有的铝合金 6061 柱体必须进行固溶热处理和老化热处理，而且必须用性能统一的材料制造内衬；内衬外表面必须防止不同的材料（铝和碳纤维）接触导致的电化学腐蚀。

内层之外又称为复合材料层，一般分为两层：内层为碳纤维缠绕层，一般是由碳纤维和环氧树脂构成；外层为玻璃纤维保护层，一般是由玻璃纤维和环氧树脂构成。环氧树脂常被用作碳纤维的基体，其特点为：固化收缩率低，仅 1%～3%；固化压力低，基本无挥发成分；粘接好；固化后的树脂具有良好的力学性能、耐化学腐蚀性能和电绝缘性能。环氧树脂可用于制造各种纤维增强复合材料（FRC)，特别适用于制造碳纤维增强复合材料。两层均是由缠绕工艺制作而成，缠绕层可以选择碳纤维、芳纶纤维和玻璃纤维等。目前，车载高压储氢瓶用碳纤维主要采用 T700 级及以上规格，从碳纤维生产企业来看，目前碳纤维生产企业中，日本和美国依旧占据主导地位。国内 T800、T1000 高性能碳纤维虽已成功突破实验室相关制备技术，但实现产业转化还需从原材料、设备、工艺控制等多方面配套技术进行重点发展和完善。目前国内生产的碳纤维材料在性能上可以达到车载Ⅲ型瓶的使用要求，但在稳定性方面还有待提升。

复合材料层制备时采用缠绕方式可以提高加工的控制精度和效率。缠绕轨迹分为环向缠绕、螺旋缠绕和平面缠绕，国际上较先进的六维缠绕技术能很好地控制纤维走向，实现环向缠绕、螺旋缠绕以及平面缠绕相结合。车载Ⅲ型瓶缠绕工序中采用环向缠绕和纵向缠绕相结合的方式。通过环向缠绕与纵向缠绕交替进行实现多层次结构，选择适当的纤维堆叠面积、纵向缠绕角度与旋向缠绕线型，不仅满足强度要求，而且使封头处能够合理铺覆。缠绕过程由专业的 CAD/CAM 软件控制数控机床进行。缠绕过程中最难控制的为封头处，因角度变化大，必须对缠绕束和缠绕的速度进行精确控制。缠绕结束后需要进行固化处理，使热固性树脂的温度达到固化温度，完成高分子材料的交联反应。固化过程在热压釜中完成，通过精确地控制升温、保温和降温过程得到最佳值。固化过程中还应考虑消除气泡。固化结束后的工艺为自紧，对高压储氢罐进行加压处理，使其内压力超出初始屈服压力，然后卸除压力，使铝合金形成内衬压应力和纤维-树脂束拉应力相互作用的自增强效果。

在高压储氢容器运输、装卸过程中振动、冲击等现象难以避免，为了保护容器的功能和形态，需要做防振设计，制作一个防撞击保护层。缓冲层分为全面缓冲保护层和部分缓冲保护层，其缓冲层材料应具备如下要求：第一，耐冲击和振动性能好；第二，压缩蠕变和永久变形小；第三，材料的温度和湿度敏感性小；第四，不与容器的涂覆层、纤维等发生化学反应；第五，制造、加工及安装作业容易，价格低廉；第六，密度小；第七，不易燃。

纤维缠绕金属内衬复合材料车载高压储氢容器根据各部分材料的选择、储氢量和压力要求、厚度设计方案等，最后确定的系统储氢密度是不同的。以 70MPa、常温下的 25L 碳纤维增强铝内衬高压储氢容器为例，其系统质量储氢密度为 5.0%。

（3）特点

Ⅲ型瓶的优点在于无渗漏、抗冲击性能高、耐温性好、工艺成熟。中国铝内胆碳纤维全缠绕气瓶的商业化已经处于非常高的水平，可以说是超越国际的，但重量比Ⅳ型瓶大，成本也高一些。同时Ⅲ型储罐的密封内胆结构较简单，采用一体化成型技术。

具体来说，车载Ⅲ型瓶的内衬大多选择铝合金，其优势有如下四个方面：第一，一般铝合金内衬采用旋压成型方式制作，整个结构无缝隙，故可防止渗透。第二，由于气体不能透过铝合金内衬，因此带该类内衬的复合材料气瓶可长期储存气体，无泄漏。第三，在铝合金内衬外采用复合材料缠绕层后，施加的纤维张力使内衬有很高的压缩应力，因此大大延长了气瓶的气压循环寿命。第四，铝合金内衬在很大的温度范围内都是稳定的。高压气体快速泄压时温度高达35℃以上，而铝合金内衬可不受此温度波动的影响。不过铝内衬通常很贵，其价格也决定了规格，而且新规格内衬的研究周期长，在一定程度上限制了车载Ⅲ型瓶的进一步发展。

（4）国内外发展与应用情况

车载储氢技术的关键在于提高氢气能量密度，美国能源部（DOE）要求2025年车载储氢瓶的质量储氢密度（即释放出的氢气质量与总质量之比）须达到5.5%，最终目标是6.5%。目前车载高压钢瓶国内以35MPa Ⅲ型气瓶为主，应用在公交、重卡、物流等商用车领域，质量储氢密度在4.3%左右，还没有达到美国能源部2020年的目标（4.5%），但35MPa Ⅲ型储氢气瓶具有安全、成本和能效优势，仍是短距离车型应用的首选。

现阶段，车载Ⅲ型瓶国内技术较为成熟，管阀件、传感器等关键部件的国产化程度较高，基本不存在发展瓶颈。国内车用氢气瓶的标准是《车用压缩氢气铝内胆碳纤维全缠绕气瓶》（GB/T 35544—2017）[26]。2021年1～12月，我国工信部发布的《新能源汽车推广应用推荐车型目录》和《道路机动车辆生产企业及产品》共有燃料电池车公告453个，其中物流车223款、客车144款、牵引车79款，均采用35MPa Ⅲ型储氢气瓶；其余的未采用Ⅲ型储氢气瓶。因为受容重的限制，Ⅲ型瓶只适用于轻型物流车辆及公交车，不适用于乘用车和重卡。国内公交车搭载6～8个35MPa储氢罐，运行里程300～500km，重型卡车搭载8个35MPa Ⅲ型瓶行驶里程300～400km，在相同容积下，70MPa的储氢量是35MPa的1.6倍，重卡的最大行驶里程可达到500km。目前，国内具有高压储氢复合气瓶制造能力的厂家为北京科泰克、北京天海、沈阳斯林达、国富氢能、沈阳美托、浙江凯博等几家气瓶制造企业。从气瓶的制造材料上看，气瓶均为以铝合金为基材的碳纤维全缠绕式气瓶，尚无以HDPE及PA为内胆的复合气瓶试制的相关报道。从气瓶工作压力上来看，尽管北京科泰克、沈阳斯林达等研制的70MPa气瓶已经通过了型式试验，但目前试制并与汽车配合使用的产品均为35MPa，尚未有压力为70MPa气瓶的应用实例。从气瓶容积上看，各厂家制造能力略有差别，主要集中在35～150L之间，而且均通过了型式试验，但由于受储氢密度低等因素的影响，上述产品目前尚未能形成规模化生产，与国际先进水平尚有差距，到目前为止产品仅有少量应用。未来35MPa Ⅲ型瓶主要向大容积、低成本方向发展，降低成本的主要方式之一是气瓶用碳纤维材料国产化，目前中复神鹰、光威拓展等国内碳纤维厂家T700级纤维的各项性能指标已接近日本东丽同级别纤维的性能。

7.6.5 非金属内胆纤维全缠绕储罐（Ⅳ型）

（1）基本结构

非金属内胆纤维全缠绕储罐（Ⅳ型）主要由塑料内衬、金属接头、碳纤维缠绕层、外保护层以及密封结构组成，见图7-22。其中内衬瓶壁总厚度约为20～30mm，最内层与氢气直接接触的是阻气层，厚度约为 2～3mm，主要起气体密封和作为缠绕芯模的作用，基本不承受载荷，并且其质量储氢量可达 6%以上，最高能达到 7%。由于内胆的差异，车载Ⅳ型瓶便有了不同于Ⅲ型瓶的关键技术难点。碳纤维复合材料缠绕作为承力层，采用连续碳纤维浸渍树脂，按照铺层设计工艺缠绕在芯模（内衬）上，然后通过固化处理得到，主要为气瓶提供强度，保证气瓶满足设计的承载要求。最外层是玻璃纤维表面保护层，厚度约为 2～3mm，材料是 GFRP 玻璃纤维增强复合材料，由玻璃纤维和环氧树脂构成。外部保护层也是由缠绕工艺制作而成，通过对环氧树脂加热固化来保证气瓶强度。

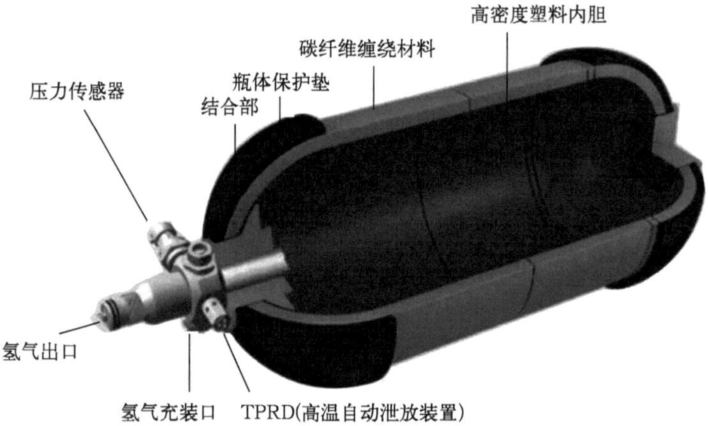

图 7-22　Ⅳ型储氢瓶的结构

（2）组成材料

首先，非金属内胆纤维全缠绕储罐（Ⅳ型）采用高分子材料做内胆，碳纤维复合材料缠绕作为承力层。储氢瓶内胆材料是氢气阻隔安全性保障的关键，氢气分子极易透过塑料内胆的壳体材料。尼龙 6（PA6）树脂在防止氢气渗透方面具有卓越的性能，并具有出色的机械性能，包括耐充填、排放氢气时储罐温度突然变化的耐久性以及低温环境下的抗冲击性。对 PA6 材料渗透性进行原材料级别的改性处理，并提高材料的软化温度至 180℃左右，能满足使用要求。不同生产商选用的内胆材质也各不相同。在国内，材料来源基本依靠进口，由于市场尚未放量，国内塑料厂商鲜有针对Ⅳ型瓶内胆材料进行研发生产的。高强型 PAN 基碳纤维是Ⅳ型高压储氢气瓶承力层采用的主要原材料，因生产工艺简单、成本较低、力学性能优良等，已成为当今世界上产量最高、应用最广的一种碳纤维，市场占有率高达 90%以上，主要包括尼龙 6（PA6）、尼龙 11（PA11）、高密度聚乙烯（HDPE）以及最新报道的 PET 聚酯塑料。

在传统的铝内胆全缠绕气瓶强度设计中，一般不考虑内胆承载，理论上气瓶的内压完全由增强纤维承担。但事实上，气瓶内胆在工作压力下始终处于拉应力状态，这是制约气瓶疲劳寿命的关键。为同时满足储氢气瓶重量轻、耐疲劳性好的要求，选择合适的内胆形状与尺寸意义重大。内胆对应的成型工艺主要为注塑、吹塑和滚塑。高分子材料适应温度范围较宽，延伸率高达 700%，冲击韧性和断裂韧性较好。如添加密封胶等添加剂，进行氟化或硫化等表面处理，或与其他材料通过共挤作用结合，还可提高气密性。丰田、现代已量产的车载Ⅳ型瓶均为注塑＋焊接工艺，这种成型方式成本低、运用较广泛，但良品率也较低，而且必须配合后续的焊接工序。

其次，碳纤维储氢气瓶的树脂基体不仅需要满足气瓶对力学强度和韧性的要求，同时由于在长期充气放气的使用环境中，基体容易发生疲劳损伤，因此需要高强韧、耐疲劳树脂体系以保障气瓶的使用寿命。Ⅳ型瓶复合材料层的原材料是树脂，主要采用环氧树脂。环氧树脂是目前树脂基复合材料中常用的热固性树脂基体之一，具有黏结强度高、固化收缩率小、无小分子挥发物、工艺成型性好、耐热性好、化学稳定性好、成本低等优点，而且具有很大的改性空间，来源广泛、价格合理，从而广泛用于纤维缠绕工艺中。树脂适用期合适，黏度适中，是其工艺性的重要表现。车载储氢气瓶的复合材料层厚度一般在 20～30mm 之间，缠绕时间较长，树脂适用期较短，会使树脂浸润性变差，影响复合材料性能。固化炉的加热方式是通过空气对流、热辐射对气瓶进行加热，使其固化成型，黏度不合适，使得树脂较难排出气泡，而且热量由表面向内部传递，内外存在温度梯度，固化后会在表面形成气泡、内部形成孔隙等缺陷，甚至严重影响产品性能。丰田汽车公司发明了一种可以减少气瓶表面气泡的方法。用于气瓶的树脂分为两种：一种是与碳纤维形成缠绕层的第一树脂；另一种是与玻璃纤维形成保护层的第二树脂。第二树脂的凝胶温度比第一树脂的高，在第一树脂凝胶温度下，第二树脂的黏度比第一树脂的低，因此，在碳纤维缠绕层固化过程中残留于树脂内部的气体从保护层向外排出，低黏度的树脂在固化前能够排出较多的气体，从而抑制气瓶表面气泡的残留，提高表面性状。

碳纤维缠绕成型工艺可分为湿法缠绕、干法缠绕和半干法缠绕。其中干法缠绕是预浸布在缠绕机上加热至黏流状态并缠绕到内胆上，纤维上浸渍液的含量可精确计量控制，产品质量稳定，纤维体积分数可以精确控制，现场环境整洁，缠绕速度高达 100～200m/min，但是预浸设备投资大。半干法缠绕是将纤维浸渍后，随即预烘干，然后缠绕到内胆上。湿法缠绕是将纤维浸渍后直接缠绕到内胆上，设备投资小，需要严格控制张力，固化时易产生气泡。湿法缠绕成本较低、工艺性好，因此国内外普遍使用的是湿法缠绕工艺。其设备主要包括纤维架、张力控制设备、浸胶槽、吐丝嘴以及旋转芯模结构。对于碳纤维-环氧树脂束一般采用湿法缠绕。缠绕前要对内衬刷漆，消除缠绕时产生的静电，以及提供一定的黏度，有助于第一层纤维附在内衬表面。缠绕时为消除气泡，需对纤维束施加一定的预应力。纤维缠绕层的设计需要考虑纤维的各向异性，根据其结构要求，通常采用层板理论和网格理论来计算容器封头、内衬、纤维缠绕层的应力分布情况，进而确定缠绕工艺中张力选择与线型分布。

车载Ⅳ型瓶的开发技术难度高，存在几个关键技术难点，比如金属瓶口与塑料内胆两种不同属性材料的密封及密封材料的选择；塑料内胆材料与氢是否相容，材料如何选择与评价；内胆成型过程中的无损检测手段及评价；碳纤维缠绕过程中如何保证内胆不变形等。如何高精准地检测到氢气的微小泄漏也是目前Ⅳ型瓶面临的巨大挑战。当前金属瓶口与塑料内胆两种不同属性材料的密封技术掌握在欧、美、日、韩企业手中，中国企业如何寻求技术突破或规避专利是一个问题。

（3）特点

目前，相关领域科学家郑津洋等明确提出车载高压钢瓶需具有体积重量受限、充装有特殊要求、使用寿命长和使用环境多变等特点。车载Ⅳ型瓶的制造成本在 3000～3500 美元，主要包括复合材料、阀门、调节器、组装检查、氢气等，其中复合材料的成本占总成本的 75%以上，而氢气本身的成本只占约 0.5%。车载储氢气瓶技术的发展趋势是轻量化、高压力、高储氢密度、长寿命，相比传统的金属材料，高分子复合材料可以在保持相同耐压等级的同时，减小气瓶壁厚，提高容量和氢气存储效率，降低长途运输过程中的能耗成本。因此，复合材料的性能和成本是Ⅳ型瓶制造的关键。氢气被压缩到 70MPa 并储存在气瓶中，需要确保主体的强度可以承受高压，当气瓶中的氢气被消耗时，主体也随着压力降低而收缩，高压环境和反复充放气都会导致材料疲劳。

一方面，车载气瓶的质量影响氢燃料电池汽车的行驶里程，储氢系统的轻量化既是成本的体现，也是高压储氢商业化道路上不可逾越的技术瓶颈。Ⅳ型瓶因其内胆为塑料，质量相对较小，具有轻量化的潜力，比较适合乘用车使用，目前丰田公司的燃料电池汽车 Miria 已经采用了Ⅳ型瓶的技术。

另一方面，由于制作Ⅲ型、Ⅳ型瓶的内胆和保护层的材料密度低，因此气瓶质量较轻，单位质量储氢密度随之增加。凭借安全性增强、重量较轻、质量储氢密度提高等优势，车载应用已经较为广泛，其中国外多为Ⅳ型瓶。我国的储氢气瓶多为Ⅲ型瓶，其质量储氢密度一般在 5%左右，进一步提升存在困难。而Ⅳ型瓶采用高分子材料做内胆，用碳纤维复合材料缠绕作为承力层，质量储氢密度可达 6%以上，最高能达到 7%，成本可以进一步降低。

此外，普通乘用车的寿命一般是 15 年，在此期间，Ⅲ 型气瓶会被定期检测，以保证安全性。Ⅳ型气瓶由于内胆为塑料，气瓶压力从 0 到使用条件能工作 10 万余次，不易疲劳失效，因此与Ⅲ型储氢瓶相比，疲劳寿命较长。

不过，塑料内衬也存在一定劣势，例如：首先，易通过接头发生氢气泄漏。塑料内衬与金属接头之间很难获得可靠的密封，高压气体分子易浸入塑料与金属结合处。当内部气体迅速释放时，会产生极大的膨胀力。因塑料与金属之间热膨胀系数的差异，随着使用时间延长，金属与塑料间的黏结力将削弱。在载荷不变的条件下，最后塑料也将趋于凸出或凹陷，从而导致氢气泄漏。其次，抗外力能力低。由于塑料结构对纤维缠绕层没有增强或提高刚度的作用，因此，需增大气瓶外加强层的厚度。另外，塑料内衬对温度敏感且刚度低，这使制造过程中容器的变形较大，会增加操作时的附加应力，降低容器的承压能力。

(4) 国内外发展与应用情况

伴随氢燃料电池和电动汽车的迅速发展与产业化，Ⅳ型瓶因质量轻、耐疲劳等特点正成为全世界的研究热点。20 世纪 90 年代初，布伦瑞克公司就成功研发出了非金属内胆纤维全缠绕储罐。内胆采用四氟乙烯材料，其使用温度范围较宽，延伸率高达 700%，冲击韧性和断裂韧性较好。日本、韩国、美国与挪威等国都已掌握Ⅳ型瓶 70MPa 复合储氢罐制造技术，而且均已量产，其余国家也有相关计划加大Ⅳ型气瓶的研究力度。此外，Ⅳ型瓶不锈蚀，无氢脆，同体积下装载量更大，应用车型更广，国际上大部分国家的车载气瓶的工作压力为 70MPa，瓶组结构更加紧凑。

2015 年丰田 Mirai 汽车上市，其 70MPa Ⅳ型瓶采用三层结构复合材料内衬，内层是密封氢气的塑料内衬，中层是确保耐压强度的碳纤维强化树脂层，表层是保护表面的玻璃纤维强化树脂层。Mirai 的车载储氢瓶的轻量化瞄准的是中层。中层采用的是对浸透了树脂的碳纤维施加张力使之卷起层叠的纤维缠绕工艺，通过特殊的缠绕方法减少了纤维的缠绕圈数，使碳纤维强化树脂层的用量比原来减少了 40%。Mirai 的 70MPa Ⅳ型瓶的质量储氢密度达到 5.7%，体积储氢密度约 40.8kg/m^3。Ⅳ型瓶的质量储氢密度可以达到 10%左右，而且美国 Quantum 公司开发的 70MPa 全复合塑料储氢容器，其系统质量储氢密度已高达 13.36%。法国 ANR 研究机构资助的Ⅳ型瓶项目的目的就在于突破车载Ⅳ型瓶的技术瓶颈，并从模拟、设计、试制等方面解决了 70MPa Ⅳ型瓶的技术难点。

此前国际上先进的燃料电池汽车携带氢气多采用 70MPa 压力的Ⅳ型瓶，Ⅳ型瓶目前在国际市场上的应用仍比较多，在国内市场上暂时没有应用，我国一直不允许生产和进口。高压容器行业及其监管部门的主流意见是：多年前我国采用Ⅳ型瓶出现过安全事故，国内的研究开发水平还达不到要求，因此不允许生产。等到国内的研究开发水平提高以后，就可以允许生产Ⅳ型瓶。所以对我国而言，Ⅳ型瓶相关技术仍处在一个不断发展、不断进取的阶段，需不断努力完善相应技术理论，为今后Ⅳ型瓶的进一步研发打下坚实基础。直到我国于2023年5月23日正式发布标准《车用压缩氢气塑料内胆碳纤维全缠绕气瓶》[27]（简称：Ⅳ型氢气瓶国家标准），2024年6月1日正式实施。同时发布《车用压缩氢气纤维全缠绕气瓶定期检验与评定》。Ⅳ型瓶国家推荐标准发布和实施，使得我国燃料电池汽车产业发展得以推进。

由于Ⅳ型瓶具有轻量化、高压力、高质量储氢密度和长寿命等特点，前景被广泛看好，现阶段，国内企业主要分技术引进和自主研发两种方式进行Ⅳ型瓶量产准备。部分公司为加快技术发展步伐，采用技术引进方式涉入Ⅳ型瓶市场，代表性企业有中集安瑞科、佛吉亚斯林达等企业。而国富氢能、天海工业、中材科技、亚普股份、奥扬科技等公司采用自主研发方式进行Ⅳ型储氢瓶量产准备。国内Ⅳ型瓶目前只有中集合思康引进 Hexagon 技术，沈阳斯林达公布研制成功，其他企业的Ⅳ型瓶还在研发中。

现阶段，限制国产车载储氢瓶市场化推广的主要因素是价格。其影响因素主要有三点：第一，技术成熟度，主要是技术从Ⅲ型瓶向Ⅳ型瓶发展（铝内胆换为塑料内胆）的周期长短，以及批量化能力；第二，原材料的价格，主要是碳纤维的价格；第三，市场需求量和市场竞争性。

不过，与Ⅲ型瓶相比，Ⅳ型瓶采用的高分子聚合物价格较低，聚合物用量也较少。并且随着国家对生态环境管控的日益严苛，以及乘用车对轻量化的要求，Ⅳ型瓶将会成为氢燃料电池乘用车的首选储能装备。GGII（高工产业研究院）认为，2030年前后，70MPa Ⅳ型瓶有望实现90%以上35MPa Ⅲ型瓶替代，和在乘用车上100% 70MPa Ⅲ型瓶替代。碳纤维的国产化替代将在推动Ⅳ型瓶市场化的过程中起到重要作用。Ⅳ型瓶的研发除了需要与复合材料联系在一起外，更需要与塑料加工制造工艺和塑料密封结构紧密地联系在一起。

7.6.6 全复合材料的无内胆储罐（Ⅴ型）

截至目前，设计用于高压下储存液体和气体的压力容器与储罐的发展经历了四个不同的阶段，而压力容器的第五个阶段是全复合材料的无内胆储罐（Ⅴ型），指不含任何内胆，完全采用复合材料加工而成的压力容器，长期以来一直被认为是压力容器行业产品和技术的制高点。相比于Ⅳ型瓶的树脂衬里内胆、碳纤维强化树脂层的中间层以及玻璃纤维强化树脂层的表层三层结构，Ⅴ型瓶是无内胆的两层结构（见图7-23），即碳纤维复合材料壳体及圆顶防护层，采用了大量碳纤维复合材料加工而成，重量可减轻30%。此外，Ⅴ型瓶具有工作压力可达70～100MPa、使用寿命可达30年以上、成本中等等优点。

但是，目前Ⅴ型瓶处于研究初期，应用于航空航天领域，很多企业科研人员正在研究开发复合无内衬液氢罐并将其商业化。因此，生产工艺、生产成本和碳纤维材料的研发等问题仍是限制Ⅴ型瓶应用于车载燃料电池的一大原因。我国很多企业近些年也紧跟行业发展趋势，密切关注氢能在商用汽车领域的应用，时刻关注氢能产业的发展及机会。相信未来我国在车载高压钢瓶领域能有飞跃式进展。

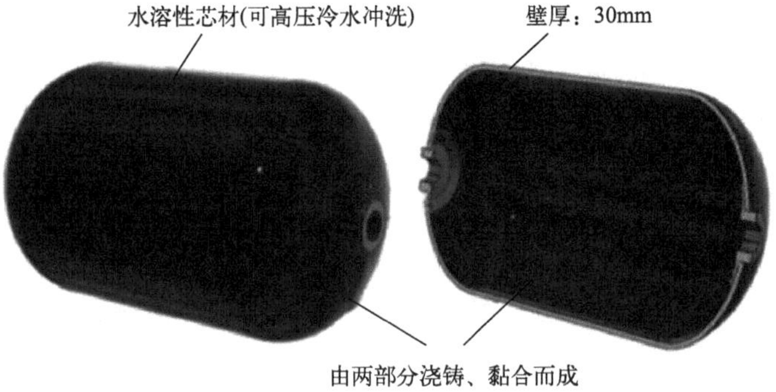

图 7-23 V型瓶可溶性芯模

参 考 文 献

[1] 曾丹苓，敖越，朱克雄，等．工程热力学［M］．北京：人民教育出版社，1982.

[2] 高布尔格，谢米诺夫，杜博夫金，等．氢手册［M］．刘期崇，夏丕通，译．成都：成都科技大学出版社，1995.

[3] GB 5099—1994 钢制无缝气瓶．

[4] GB/T 222—2006 钢的成品化学成品允许公差．

[5] 张剑光．氢能产业发展展望——制氢与氢能储运［J］．化工设计，2013，32（12）：1017.

[6] 徐胜军，盖小厂，王宁．集装管束运输车在氢气运输中的应用［J］．山东化工，2015（44）：1168-1174.

[7] 李建，张立新，李瑞懿，等．高压储氢容器研究进展［J］．储能科学与技术，2021，10（5）：1835-1844.

[8] 郑津洋，开方明，刘仲强．高压氢气储运设备及其风险评价［J］．太阳能学报，2006，27（11）：1168-1174.

[9] 于海泉，杨远，王红霞．高压气态储氢技术的现状和研究进展［J］．设备监理，2021，2：1-4.

[10] 李磊．加氢站高压氢系统工艺参数的分析研究［D］．杭州：浙江大学，2007.

[11] 姚佐权，等．一种超高压储氢容器．CN 111963884A［P］．2020-04-05.

[12] 翟建明，徐彤，王红霞，等．储氢气瓶用钢 4130X 的氢脆敏感性试验研究［J］．中国特种设备安全，2018，7：1-6，26.

[13] 朱国辉，李一华．"倾角错绕"扁平钢带高压容器的结构特性和强度设计［J］．化工设备设计，1979，1：1-23.

[14] 郑津洋，徐平，陈瑞．多功能全多层高压氢气储罐的安全可靠性分析［C］．第七届全国氢能学术会议论文集，2006，5：296-300.

[15] 郑津洋，等．多功能全多层高压氢气储罐．CN 1715730A［P］．2006-01-04.

[16] 袁宁，等．一种多层包扎式储氢罐．CN 215372014U［P］．2021-12-31.

[17] 魏德强，等．一种加氢站用 98MPa 高压储氢容器．CN 114183683A［P］．2022-03-15.

[18] American Society of Mechanical Engineers. Hydrogen Piping and Pipelines：ASME B31. 12-2014［S］. 2014：13-26.

[19] Association C G. Hydrogen Pipeline Systems：CGA G-5. 6［S］．2014：37-42.

[20] US DRIVE. Hydrogen delivery technical team road-map［R］．California：Hydrogen Delivery Technical Team（HDTT），2017：14-16.

[21] Barton S，Eberle C，Frame B，et al. FRP Hydrogen Pipelines［R］．Washington：DOE Hydrogen Program，2006：8-23.

[22] 毛宗强．将氢气输送给用户［J］．太阳能，2007（4）：18-20.

[23] 刘自亮，熊思江，郑津洋，等．大氢气管道与天然气管道的对比分析［J］．压力容器，2020，37（2）：56-63.

[24] 李璐伶，樊栓狮，陈秋雄．储氢技术研究现状及展望［J］．储能科学与技术，2018（7）：586-594.

[25] 杨文刚，李文斌，林松，等．碳纤维缠绕复合材料储氢气瓶的研制与应用进展［J］．玻璃钢/复合材料，2015（12）：99-104.

[26] GB/T 35544—2017 车用压缩氢气铝内胆 碳纤维全缠绕气瓶．

[27] T/CATSI 02007—2020 车用压缩氢气塑料内胆碳纤维全缠绕气瓶．

第8章 液氢容器和设备及关键材料

8.1 液态氢的生产[1-6]

氢气作为一种高燃烧热值的能源载体，其在自然界中通常是以无色无味的气体状态存在。可以人为通过预冷、节流和换热等过程获得液态氢气。液氢的密度约为气态氢的845倍。同等大小的储氢体积下液氢的储氢量远大于气态氢，是目前储氢密度最高的储氢方式。

氢气液化流程中的设备主要包括加压器、热交换器、涡轮膨胀机和节流阀。液氢的生产方法大致可以分为节流氢液化循环、带膨胀机的氢液化循环和氦制冷氢液化循环。以上三种氢气液化循环都是以Joule-Thompson效应为理论基础。Joule-Thompson（焦耳-汤姆森）效应是指气体在绝热节流过程中，温度随压强变化。这个效应可以用理想气体绝热节流过程来解释。根据理想气体状态方程，对于一定量的理想气体，如果保持温度不变，则压强与体积成反比。在节流过程中，气体会通过一个小孔或阀门，使得气体体积突然减小，压强急剧下降。由于这个过程是绝热的，气体的热量不会与外界交换，因此气体的温度会发生变化。如果气体的温度下降，气体的分子运动速度就会减小，压强进一步下降，导致温度进一步下降，形成一个负反馈过程。反之，如果气体的温度上升，气体的分子运动速度就会增加，压强进一步上升，导致温度进一步上升，形成一个正反馈过程。为了研究节流后气体温度随压强变化的情况，通常用焦耳-汤姆森系数μ_J-T来描述。

8.1.1 Linde-Hampson效应

1895年，Hampson使用节流阀和换热器结合的方法，通过膨胀制冷成功将空气以1L/h的速率液化。同时，Linde也采用相似的结构实现了工业规模的空气液化。后来将Hampson和Linde分别提出的这种空气循环命名为Linde-Hampson（林德-汉普森）循环，又称为节流效应的氢液化循环，这是最基本也是最简单的一种氢气液化方式。基本原理就是Joule-Thompson效应。J-T系数为正时，气体在真空中自由膨胀，压力下降，温度也随之下降。但是由于氢气在1bar的常压下逆变温度为200K（−73℃），远低于常温，即在常温下J-T系数为负，气体在真空中扩散，温度是上升的。在常压下必须先将温度降至200K以下，才能实现正系数的J-T膨胀。由于逆变温度与压力相关，通常会对氢气进行压缩。在氢气被压缩的过程中，通过节流膨胀，可以让气体的温度降低。但是氢气只有在温度低于80K时进行节流才会有比较明显的制冷效应。因此，必须借助外部冷源（如液氮）对氢气进行预冷处理。只有将氢气压缩至10～15MPa，并且将温度降低至70K以下时进行节流，才能得到较为理想的氢气液化率（25%）。图 8-1 为 Linde 液化循环的工艺示意图[1]。

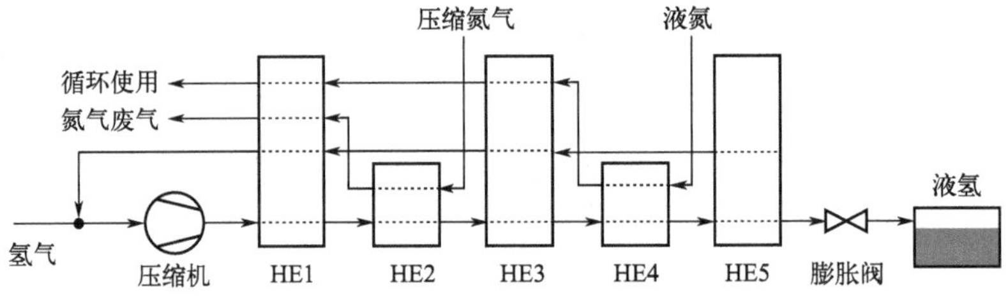

图 8-1 Linde 液化循环的工艺示意图[1]

在该工艺流程中，首先在常压、常温的条件下在压缩机中将原料氢气压缩，经换热器降温后实现等温压缩。然后再分别经压缩氮气和液氮预冷将温度降低至 80K，经换热器将温度继续降低至 50～70K，通过节流阀等焓膨胀降温到 20K。此时部分氢气转变为液体从储液罐中排出，同时大部分未实现液化的气体在换热器 HE1 中重新加热。再把剩余冷量供给换热器，然后与原料气汇合共同进入压缩机，开始下一个热力循环。尽管 Linde 液化流程的原理非常简单，但是其较为理想的液化率也仅仅达到 25%。所以通常情况下 Linde 流程即节流循环常被应用于小型气体液化循环装置中。

8.1.2 Claude 循环

为了提高氢气液化的效率，大型的液氢工厂普遍采用带膨胀机的氢液化循环流程来实现 Joule-Thompson 过程。1902 年，Claude（克劳德）首先将活塞式膨胀机应用于制冷循环中。所以带膨胀机的氢气液化循环又被称为 Claude 液化循环。通过引入膨胀机实现高压气体的绝热膨胀，使气体的内能以功的形式排出，从而大大提高了制冷循环的效率，在 J-T 膨胀前获得更低的温度，提高氢气的液化效率。该流程的好处是可以通过膨胀机的制冷功能实现氢气的预冷，理论上甚至不需要使用液氮就可以一直保持制冷过程。但是大量的研究表明使用液氮进行辅助冷却可以提高转化效率（液氮预冷的 Claude 循环比预冷的 Linde-Hampson 循环效率高 50%～70%）。缺点则是在实际使用中膨胀机会对叶片周围气流实现制冷，如果在此时进行冷凝操作，则会形成液体损坏叶片，降低膨胀机的使用寿命。尽管该流程中存在缺陷，但是在加入涡轮式膨胀机后，效率依旧高于仅使用节流阀进行的 Joule-Thompson 过程，液氢的产量也提高了 1 倍以上。

Claude 流程如图 8-2 所示，氢气经过压缩后通过几级热交换器预冷，膨胀机安装于热交换机之间。一部分被压缩的氢气进入膨胀机进行冷却，冷却后的氢气与 J-T 膨胀后未被液化的冷却氢气混合，再通过热交换器对剩余部分（未进入膨胀机的）压缩氢气进行冷却。通过热交换器充分预冷的氢气进入节流阀，通过正系数的 J-T 膨胀实现氢气的进一步冷却及最终的冷凝。理论上膨胀机也可以直接实现氢气的冷凝，但是实际应用时冷凝的液体可能会损坏膨胀机，所以还是要通过 J-T 膨胀来实现最终的氢气液化。

通过改进，添加液氮辅助预冷的 Claude 流程大致分为四个步骤：a. 压缩氢气，去除压缩热；b. 液氮辅助预冷（80K）；c. 通过膨胀机冷却部分氢气（30K）；d. 通过节流阀膨胀进一步将氢气冷却至 20K 并最终冷凝液化。

目前世界上运行的大型氢气液化设备大多是基于改进的预冷型 Claude 液化循环。其中膨胀机主要分为活塞式和涡轮式两种。活塞式膨胀机多用于中高压系统，涡轮式膨胀机则用

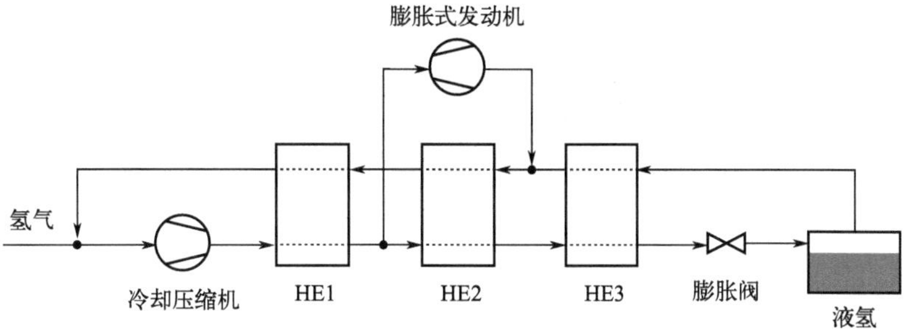

图 8-2 克劳德流程示意图[1]

于大流量、低压液化系统。1991 年，德国 Ingolstadt 公司的 Linde 氢液化生产装置曾是德国规模最大的氢液化装置。该液化流程为改进的液氮预冷型 Claude 循环。该装置中将氢气液化所需要的冷量来自三个冷却处理过程：由液氮预冷至 80K；由氢制冷系统经过膨胀机膨胀冷却至 80～30K；由 J-T 阀节流膨胀冷却至 30～20K。其流程见图 8-3。

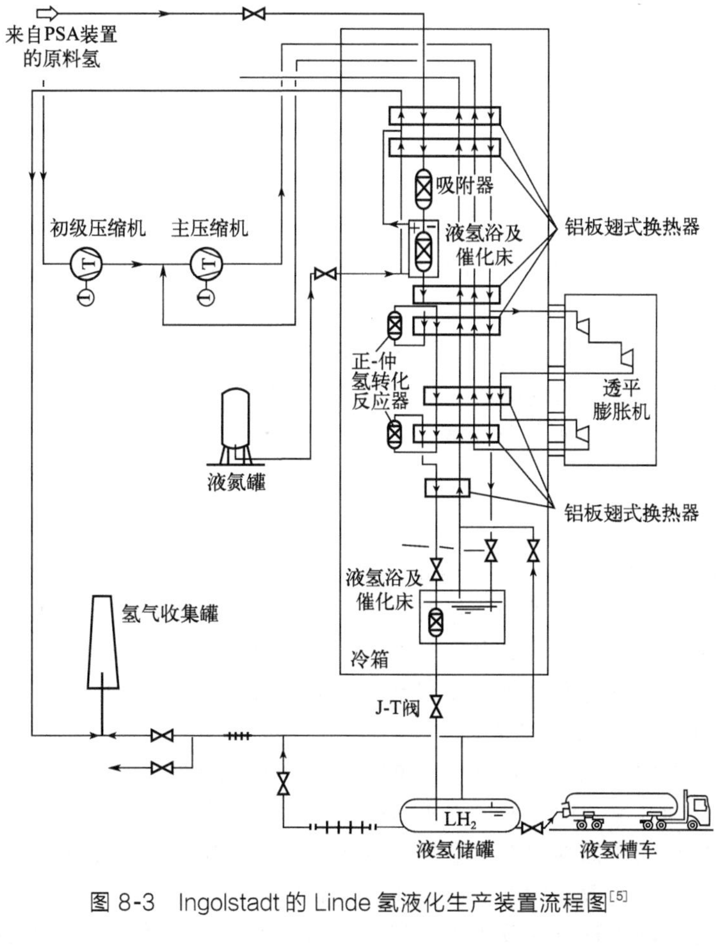

图 8-3 Ingolstadt 的 Linde 氢液化生产装置流程图[5]

2007 年，Linde 耗资 2000 万欧元在 Leuna 建成了德国第二个氢液化工厂。与 Ingolstadt 的氢液化系统的不同点是：原料氢气的纯化过程全部在位于液氮温区的吸附器中完成；膨胀机的布置方式不同；O-P 转换器全部置于换热器内部。其流程见图 8-4。

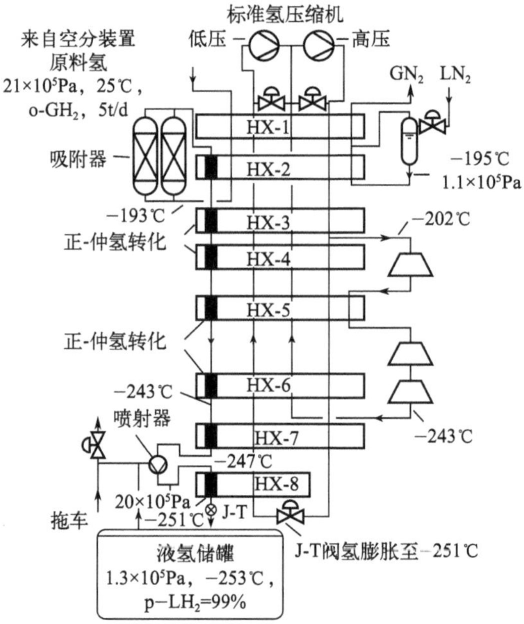

图 8-4 德国 Leuna 的氢液化生产装置的流程[5]

8.1.3 布雷顿循环

氦制冷氢液化循环又被称为氦气布雷顿法，常被用于中等规模的液氢制备中。布雷顿循环是一种热力学循环，其原理类似于喷气发动机和发电厂的燃气轮机，由于氦气的液化温度低于氢气的液化温度，所以可以先将氦气冷却至氢气的液化温度以下，再通过换热器将氢气冷却并液化。在该流程中，惰性气体氦充当了压缩机与膨胀涡轮机内的流体，这一点对整体流程的防爆是有利的。氦气布雷顿法的优势是其工作压力比前两种循环的较低，并且氢气压缩机的尺寸可以缩小，也更加安全可靠。

8.1.4 正-仲氢转化

正-仲氢之间的转化是氢气液化过程的一个特点。正氢和仲氢产生于氢分子的两个原子核自旋耦合方式的不同，是双原子分子氢的两种量子自旋异构体形态，具有不同的热学与光学性质。正氢的氢分子中两个质子的自旋是平行的，自旋反平行的称为仲氢。将常温氢气液化要移除三部分热量：一是将常温氢气冷却至沸点散发的热量；二是氢气冷凝液化所释放的热量；三是正-仲氢转化所释放的热量。

常温、常压下的常态氢气中含有 75%的正氢和 25%的仲氢，在氢气液化过程中要尽可能将正氢全部转化为仲氢。因为仲氢更不活跃，所含能量更低，如果正氢不能全部转化为仲氢，在存储过程中正氢在低温状态下会自发地缓慢转化为仲氢，转化过程中释放的热量可能会使部分液氢气化，导致液氢储罐过压从而出现破裂风险。

因此，上面介绍的各种氢气液化工艺都需要加入正-仲氢转化环节。而自发的正-仲氢转化是比较缓慢的过程，通常需要几天的时间，液氢工厂一般采用催化剂加速这一过程。

以 Helium Brayton Cycle 为例看一下正-仲氢转化如何加入整体工艺中。图 8-5 中两个不同工作温度的正-仲氢转化反应器（CV1 和 CV2）被安装于 Brayton Cycle 的不同阶段。

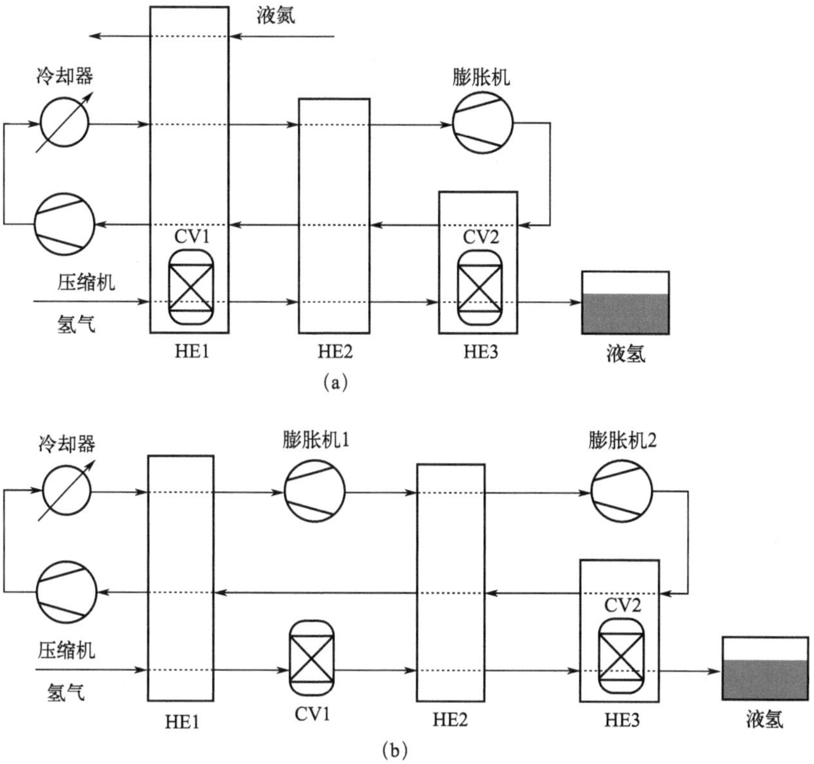

图 8-5 采用液氮预冷的 Helium Brayton 循环（CV1 被安装于第一级热交换器中，工作于液氮的等温条件下，正-仲转化的热量被液氮带走；CV2 被安装于液氢的等温条件下）(a)及两级 Helium Brayton 循环（CV1 被安装于一二级换热器之间的绝热条件下，正-仲转化的热量会使氢气温度升高；CV2 被安装于液氢的等温条件下）(b)[1]

相较于常规的氮气预冷 Linde-Hampson 系统，新型液化系统使用 LNG 作为新型预冷剂，并在深冷段加入两级膨胀装置，以采用膨胀制冷与换热冷却相结合的方式来对氢气进行深冷，如图 8-6 所示[6]。氢液化系统由两部分组成：氢气循环部分以及 LNG 预冷部分。在氢气循环中，混合后的氢气在三级压缩后进入带有 LNG 预冷的两级多流换热器（HX1、HX2），此时氢气被预冷至－155℃左右。预冷后的氢气依次进入相间布置的多流换热器（HX3、HX4、HX5）和膨胀机（E-1、E-2）进行深冷，在相间进行换热冷却和膨胀降温

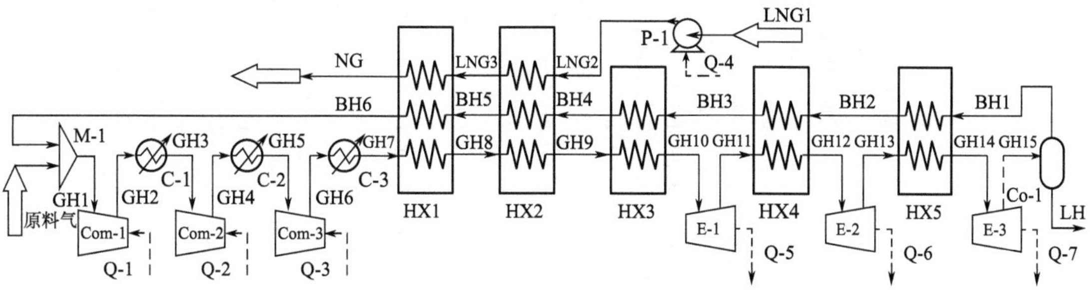

图 8-6 新型双压 Linde-Hampson 氢液化工艺流程[6]

后，氢气被深冷至−238℃左右。深冷后的氢气进入两相膨胀机（E-3）膨胀为气液两相，随后进入正-仲态氢转化器（Co-1）以提高仲氢浓度。经转化后，该液化系统可获得仲氢浓度达 99%以上的氢气和液氢。此时，液氢进入储罐储存，氢气则作为制冷剂回流至入口。在预冷过程中，首先对 LNG 进行加压处理，然后利用 LNG 的低温冷能对氢气预冷，预冷后的 LNG 本身完成汽化并被加热至常温，可以直接进入城市供气管网或其他运输设备。

8.1.5 液化的效率和现在的生产水平

不同循环液化氢气时产生的能耗有较大差距，传统的基本林德-汉普森循环及克劳德循环的能耗都在 30kW·h/kg 以上，而理想状态下氢气的液化能耗为 3.92kW·h/kg 或 2.9kW·h/kg。目前工业氢气液化技术的能耗在 13～15kW·h/kg 之间，中值数据为 13.83kW·h/kg（图 8-7[7] 区域 2 部分），此值仅为氢气燃烧所产生热值（33.3kW·h/kg）的一半左右。拟建的大型氢气液化工厂采用的方法可能能将能耗进一步降低至 4.4～8.7kW·h/kg 之间，如克拉赛于 2014 年推出的大型 MR 系统能耗低至 5.91kW·h/kg。实际进行氢气液化的设备，只有部分电能（21%，图 8-8）用于氢气液化，其他的电能输入用来液化氮气、供压缩机正常工作等。

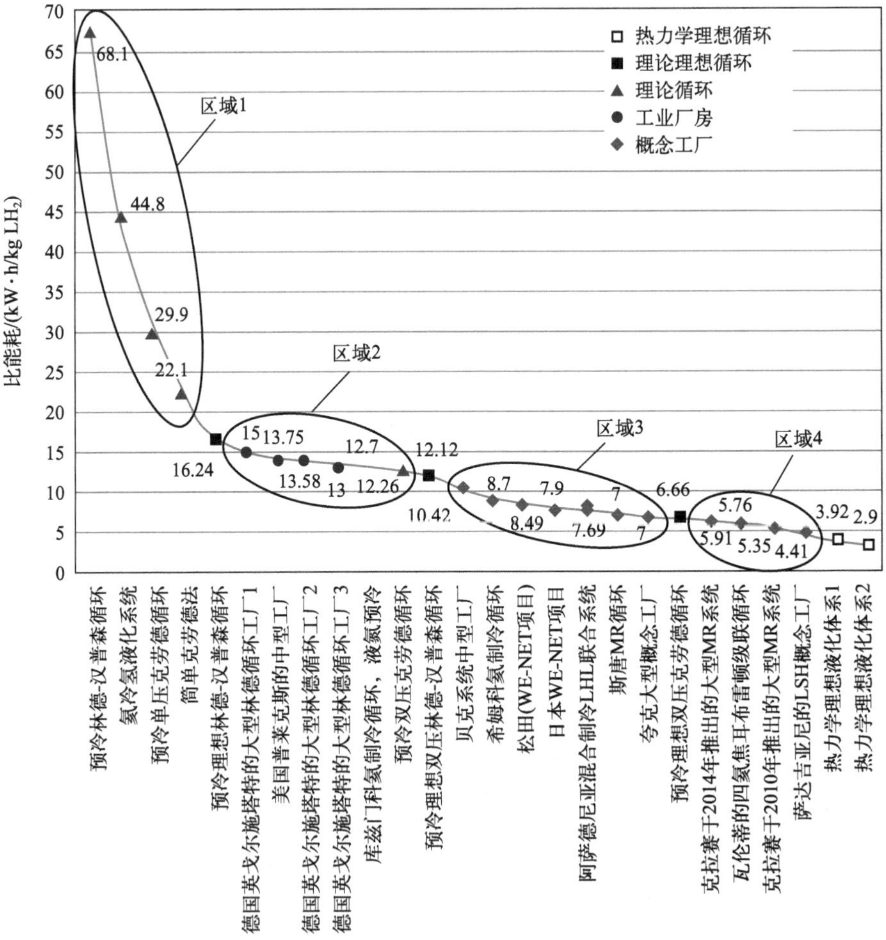

图 8-7 不同液化循环的具体能耗表[7]

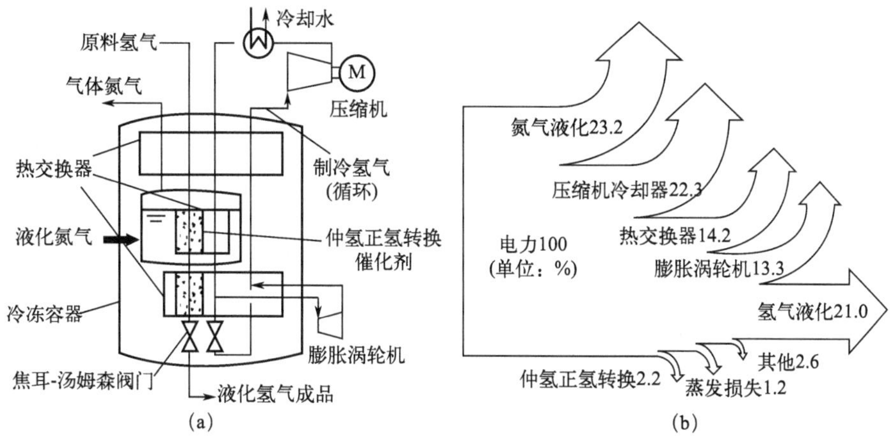

图 8-8 典型氢气液化设备结构示意图（a）及电能消耗分布（b）

8.2 液氢容器及相关材料

8.2.1 液氢容器类型[8-13]

液氢的储存容器类型众多，均需要使用绝热强度高的低温液体存储容器。一般情况下，液氢的储存选用球形、圆柱形或手提式的规则结构容器，而且要求容器的结构强度必须满足一定的要求，即容器可以在规定条件下承受液氢的内外压力，方便在生产、储存、运输等过程中满足工业使用条件。液氢容器具备多种类型，根据其使用形式可分为固定式、移动式、罐式集装箱等；按绝热方式可分为普通堆积绝热、多层真空绝热、真空粉末绝热、高真空绝热几大类，其中高真空多层绝热的绝热效果最为突出，因此诸多液氢容器的企业选用最优异的绝热方式以降低液氢的实际损耗。依照现有的液氢储运技术方式，液氢容器可以分为如下几类且主要生产厂家如表 8-1 所示。

表8-1 国外液氢储罐相关情况

企业机构	储罐产品	日蒸发率	绝热技术	应用
美国国家航空和航天局	3200m^3 球罐	0.03%	高真空多层绝热	肯尼迪发射中心
法国液化空气	360m^3 卧罐	0.3%	高真空多层绝热	法国圭亚那火箭发射场
	110m^3 卧罐	0.3%	高真空多层绝热	法国圭亚那火箭发射场
德国林德	50m^3 罐车	0.7%	高真空多层绝热	液氢加氢站
	71m^3 立罐	0.95%	真空珍珠岩绝热	工业应用
	300m^3 卧罐	0.3%	真空多层绝热	液氢工厂
俄罗斯 JSC 深冷机械	250m^3 卧罐	0.3% ~ 0.35%	真空多层绝热	拜科努尔航天发射基地
	170m^3 铁路储罐	0.75% ~ 0.8%	多层真空部分填充粉末	奇尔奇克运往 Niimash 机械工程研究所
	100m^3 铁路储罐	1.2%	多层粉末真空	2001 年引进满足航天发射

续表

企业机构	储罐产品	日蒸发率	绝热技术	应用
日本川崎重工	45.6m³ 罐箱	0.7%	高真空多层绝热	公路运输
	2500m³ 运输船	0.09%	高真空多层绝热	出口澳大利亚

① 液氢球罐　球状液态存储罐是目前长期存储液氢最为常见的容器，该容器主要以固定方式储存液氢，绝热方式采用高真空多层绝热，其表面积与体积比是所有液氢容器中最低的，比表面积最小，蒸发损失少，同时也具备应力分布均匀、机械性能好等优点。球状液态存储罐在美国及俄罗斯的液氢工厂应用最为广泛。美国国家航空和航天局（NASA）采用的液氢球罐，其直径达到 25m，容积大约为 $3200m^3$，可以储存 240t 的液氢，并且内部采用冷能回收与真空玻璃微球绝热的方式来有效预防液氢的蒸发损失，日蒸发率控制在 0.03%。世界上最大的液氢储罐位于美国肯尼迪航天发射场，该航天发射场建有世界上最大的两个液氢储罐，都是球形的，容积分别为 $4732m^3$ 和 $3800m^3$，最大储量分别为 327t 和 263t（图 8-9）。

② 液氢立式储罐　固定式液氢储罐中，占地面积最小的储罐即为立式储罐，该储罐通常采用圆柱状结构，与其他液氢容器相比，其容量大多为中小型，同样采用高真空多层绝热方式，适用于储备地区面积较小、液氢容量需求较少的工业应用。德国林德具备的 $71m^3$ 立式储氢罐，日蒸发率为 0.95%，采用的绝热方式为真空珍珠岩绝热，国内航空航天 101 所采用的液氢立式储罐容积为 $30m^3$，日蒸发率达到了 0.5%，绝热技术采用高真空多层绝热（图 8-10）。

图 8-9　美国国家航空和航天局液氢储罐（球形）

图 8-10　德国林德立式液氢储罐

③ 液氢卧式储罐　采用卧式圆柱形结构储备液氢的储罐称作卧式储氢罐，卧式储氢罐兼顾储存与运输，可以满足企业工厂大规模长期储存以及长距离运输。现在世界上大规模运输液氢的容器绝大多数使用卧式储氢罐，容量同样为中小型，绝热方式采用高真空多层绝热，具有储运方便、运输成本低等优点。法国液化空气企业具备 $360m^3$ 与 $110m^3$ 的卧式液氢储罐，同样采用高真空多层绝热技术，日蒸发率达到 0.3%。目前国内最大的 $300m^3$ 卧式储氢罐的设计制造商为圣达因，其容器的日蒸发率控制在 0.25%以下，绝热方式同样采用高真空多层绝热，同样广泛应用于国内航空航天方面。

④ 液氢罐式集装箱、液氢运输槽车等　不同于液氢的储存，液氢运输所选取的移动式容器需要承载的条件更加苛刻，作为运输液氢的主要容器，罐式集装箱及运输槽车所具备的

真空多层绝热材料、镀层厚度等相对于固定式液氢储罐的安全性需要大幅度提升。液氢罐式集装箱通常以集装箱可整体卸载的特点为主，液氢运输槽车的主要特点为车罐一体式，主要目的均为方便液氢大容量长距离运输。

8.2.2 液氢容器材料

8.2.2.1 液氢容器常见材料

在所有的低温液体储备中，液氢因为其低温特殊性以及实际应用过程对液氢条件的限制性，液氢储运容器的制造必须根据材料在低温环境下的特性进行严格把控，防止液氢在实际应用或者在运输及储备过程中发生安全事故。液氢储运容器所选用的金属合金材料需要重点考虑材料在液氢环境中的适应性、在液氢环境中发生的氢脆问题、材料的低温力学性能等，除此之外，还应考虑材料是否能在长久的使用中有效避免机械磨损、腐蚀老化及强度失效等问题。综合考量所有制备用的金属材料，液氢储备容器所需的低温材料主要包括奥氏体不锈钢、铝合金以及钛合金三大类。铝合金主要分为固溶强化型和沉淀强化型两种，固溶强化型所包含的合金主要分为 Al-Mn 系合金与 Al-Mg 系合金，沉淀强化型主要分为 Al-Cu-Mg 系合金与 Al-Zn-Mg 系合金。

通常液氢罐有两个罐壁，两者间通过真空降低对流传热和传导传热。使用不锈钢或铝合金主要做外衬，而在两个罐壁间填充氧化铝涂层聚酯片、铝箔、玻璃纤维、二氧化硅和珍珠岩颗粒或空心玻璃微珠等的组合体，以减少辐射传热[14-17]。此外，在设计液氢罐时，需要设置的参数包括工作温度、压力、保温质量等。考虑到保温问题，通常采用两种不同的结构和材料填充。第一种方法是采用封闭泡沫或金属层改善的泡沫，安装在两罐壁间，这些泡沫材料包括聚氨酯泡沫等。第二种方法是利用多层系统，层与层间由玻璃纤维、涤纶网、硬质泡沫（聚苯乙烯、聚氨酯、橡胶和硅树脂）或空心玻璃微珠组成。通过多层隔热设计及材料组合，热导率可以降低至 10^{-6}～10^{-5} W/(m・K)。图 8-11 为典型空心玻璃微球的 SEM 照片[18]。该微球颗粒尺寸分布于 10～120μm，壁厚为 0.5～2μm，热导率为（5.05～8.08）× 10^{-5} W/(m・K)。

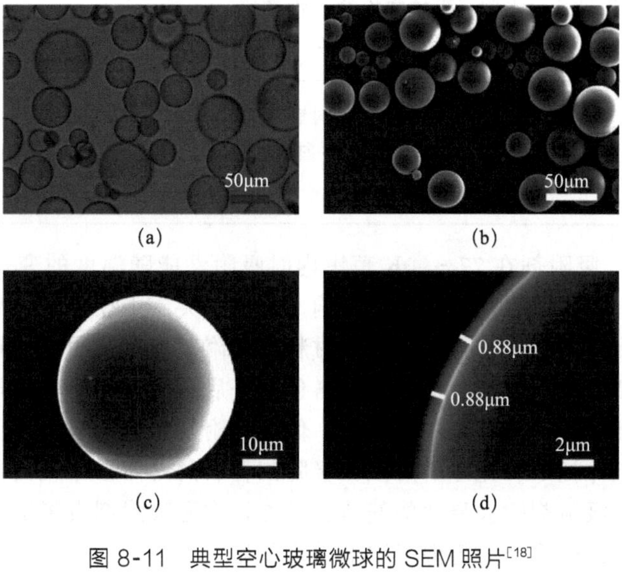

图 8-11 典型空心玻璃微球的 SEM 照片[18]

8.2.2.2 液氢容器真空夹层氢吸附剂材料[19]

在容器真空多层绝热设计中，影响绝热性能的主要因素是夹层的真空度。但在使用过程中由于漏气及材料放气，会使真空夹层出现真空失效，并缩短容器使用寿命，带来安全隐患。其中残余气体的主要成分为氢气，因此如何通过吸附的方式去除氢气至关重要。液氢容器的氢吸附剂包括低温吸附剂和常温吸附剂，容器中氢吸附剂的典型布置如图 8-12 所示[19]。低温吸附剂使用时放置在内筒体外表面，利用密集的孔隙捕集气体，以物理吸附为主，对大部分气体都有较好的吸附能力，主要包括活性炭和分子筛等材料；常温吸附剂使用时放置在外筒体内侧，具有优异的吸氢性能，以化学吸附为主或者物理与化学吸附共同主导，主要包括金属氧化物、离子交换沸石分子筛和非蒸散型吸气剂。不同氢吸附剂材料的分类与比较如表 8-2 所示。

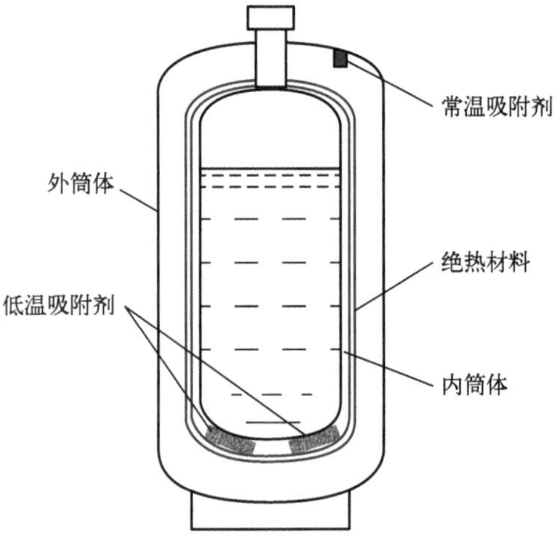

图 8-12 液氢容器中氢吸附剂的典型布置[19]

表8-2 不同氢吸附剂材料的分类与比较

放置位置	种类	吸氢机理	常用材料	液氢容器中的应用
低温侧（低温吸附剂）	物理吸附剂	利用大比表面积和多孔结构捕集气体	活性炭、分子筛	温度为 20K 时吸氢量大，温度升高后性能明显下降
常温测（常温吸附剂）	金属氧化物	和 H_2 的氧化还原反应	PdO	吸氢量大，但价格昂贵，吸氢存在一定危险
	离子交换沸石分子筛	气体先由微孔物理吸附，再被交换的活性离子催化形成稳定氢键	Ag 沸石分子筛	成本低，吸氢稳定，市场潜力大
	非蒸散型吸气剂	气体在活性材料表面发生吸附、渗透并往体内扩散	Zr-V-Fe 合金、Ti 合金等	受限于激活温度和工艺，应用集中在国外

① 低温吸附剂 吸附剂在 77～90K 范围内时吸附性能随温度的变化较大，通过包裹绝热材料可以减少外界漏热对吸附剂温度的影响。在真空夹层中设置吸附剂时，应尽量将吸附剂均匀平铺在内筒冷壁面上，并且包裹绝热材料。吸附剂可以采用在内胆底部设置吸附室并垫覆丝网或布袋封装的装入方式，待绝热材料包裹好后适当打孔便于吸附。一般活性炭能实现较高的真空度，而分子筛有较大的吸附量。低温吸附剂的物理吸附过程是可逆的，随温度变化明显。在低温液体耗尽和充注的阶段，吸附剂释放的气体会导致夹层绝热性能恶化，因此需要配合使用常温吸附剂除去释放的气体。另外，常温吸附剂吸氢量大，但是容易受水蒸气等气体的影响，因此也需要与低温吸附剂组合使用。

② 常温吸附剂

a. 金属氧化物的吸氢机理主要是 H_2 的氧化还原反应，生成的水可以通过分子筛除去。从图 8-13[20] 中可知，几种常见的氧化物中 PdO 的应用压力范围最广，而且无需激活即可使用，但价格昂贵使其不适合大规模使用。此外，PdO 吸氢放热，其一旦出现泄漏便会引起剧烈的氧化还原反应，从而产生爆炸危险。CuO 是一种吸氢速率高、吸氢量大、成本低的氢吸附剂，但是吸氢需要加热，其与 Cu、C 等组合使用可用于槽车余热加热套管吸附器中。通过 Pd 掺杂的 Co_3O_4（SAES 吸气剂公司的低温容器氢吸附剂 St820 材料）无须高温活化即可在低温下高效吸氢，吸氢量是 PdO 的一半，并且可在氧容器中安全使用，该过程主要得益于 Pd 对金属氧化物还原率的提高。

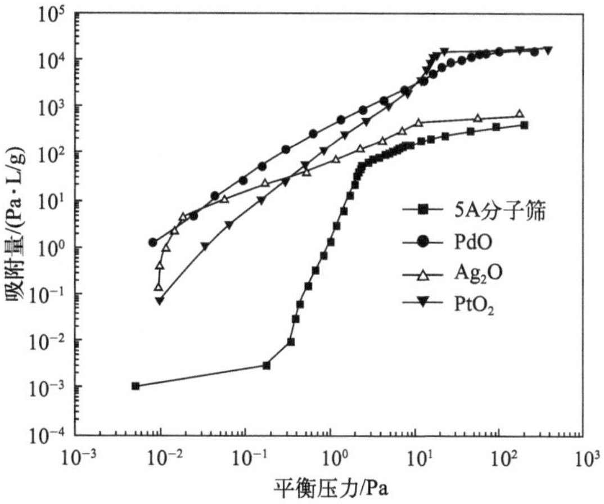

图 8-13 吸附剂在 77K 下的吸氢等温线[20]

b. 离子交换沸石分子筛的吸氢过程是物理与化学吸附的结合，先将氢分子通过范德华力吸入自身的微孔中，然后被活性离子催化与氧结合形成稳定的氢键，镶嵌在分子筛载体的晶格中，反应产生的水可被自身微孔吸收。目前常用的分子筛材料为 Ag 分子筛，其吸氢量约为 PdO 的 1/10，但是价格仅为 PdO 的 3%。研究表明，Ag 分子筛的孔体积越大、表面积越大、孔直径越小、载银离子越多，越有利于吸附 H_2。

c. 非蒸散型吸气剂是一类不需要蒸发或升华，只需在某温度下激活即可在室温下吸气的吸气剂，具有吸氢容量大、吸附速率快、价格低廉等优点，使用前一般需要在 573K 以上进行加热激活。Zr-V-Fe 三元合金因为激活温度低、吸气量大，对 H_2 等活性气体展现出优异的吸气特性。通过掺杂 Ni、Ti 等金属材料，能将高压下吸气剂的温度从 993K 降至 493K。国内受限于激活温度和相关工艺，在低温容器相关方面的研究和应用较少，只有部分液化天然气车载气瓶采用非蒸散型吸气剂作为氢吸附剂。

8.2.2.3 液氢容器轻量化设计

传统的低温液氢储箱大都是由金属材料（例如高强铝合金等）通过焊接工艺制备而成，但是减小容器质量的同时保持强度是液氢容器轻量化设计的最佳原则。随着复合材料技术的高速发展，特别是冷热循环力学性能优良的复合材料体系的不断研发，使得无内衬全复合材料低温储箱成为轻质化的主要发展方向。表 8-3 给出了不同合金与碳纤维材料的力学性能对比。从表中可知，复合材料相比于金属材料，具有更高的比强度和比模量，同时兼具优良的抗疲劳性能。1996 年，DC-XA 亚轨道飞行器首次采用了全复合材料液氢储箱，该储箱采用常规圆柱体结构，使用 IM7 增强碳纤维和 8552-2 韧性环氧树脂，采用预浸料铺放工艺制备了储箱壳段和箱底两个部分，之后使用腹带接头将它们拼接在一起，储箱直径 2.4m，长度 4.8m。2011 年波音公司为 NASA 进行了直径 2.4m 和 5.5m 复合材料低温储箱的研制，储箱的制造以内部复合材料组合工装为模具，采用自动纤维铺放技术和非热压罐技术成型，直径 2.4m 储箱的研发工具和制造方法在随后直径 5.5m 储箱的制造过程中得到使用。直径

5.5m 级复合材料储箱，箱体直径 5.5m，总长度 5.8m，容量约 107m^3，采用环氧树脂/碳纤维（5320-1/IM7）复合材料体系，使用 AFP 技术和 OOA 技术成型，成型后将内部组合工装拆分，通过储箱首尾两端椭圆孔取出。

表8-3 不同合金与碳纤维材料的力学性能对比

材料	密度/(g/cm^3)	拉伸强度/MPa	弹性模量/GPa	比强度/($10^6 m^2/s^2$)	比模量/($10^6 m^2/s^2$)
铝镁合金 5A06	2.64	315	71	0.119	26.9
铝铜合金 2219	2.82	440	68	0.156	24.1
铝锂合金 2195	2.70	552	78	0.204	28.9
高强碳纤维复合材料层合板	1.50	1900	150	1.270	100.0
高模量碳纤维复合材料层合板	1.60	1120	240	0.680	150.0

8.2.3 液氢容器应用场景

在液氢容器制造商方面，德国林德、美国 ACD、法国 Cryostar 和日本的川崎重工等国外公司的制造技术已相当成熟，罐体主要采用不锈钢或铝合金，保温通常采用高真空绝热方式或真空多层绝热方式。

8.2.3.1 液氢运输槽车

液氢陆地运输一般采用槽车方式。汽车用液氢罐通常容量可达 100m^3，而铁路用槽车储运量甚至可超过 200m^3。具体的汽车用液氢储罐通常为水平式圆筒形低温绝热储罐。外壁材料通常选用不锈钢或铝制品，绝热常采用真空绝热方式或多层绝热方式。国内目前低温液氢储运方面中集圣达因公司、中国航天晨光公司等均取得了重大研发突破，相关产品已成功应用于多次火箭发射任务。图 8-14 为中集圣达因公司生产的液氢储量为 300m^3、储存压力为 0.6MPa 的液氢运输槽车，2023 年 3 月，该公司正式启动国内首套民用液氢罐车的研发工作，标志着液氢的民用化进程越来越快。中集安瑞科能源装备（苏州）有限公司生产了一种 40ft 超低温罐式集装箱，盛装超低温介质的内容器采用美标 SA-240M316L 奥氏体不锈钢材料制作，多层绝热材料由铝箔和玻璃纤维布组合而成，支撑采用迷宫式玻璃钢组合结构（图 8-15）[21]。北京航天试验技术研究所设计制造了用于航天实验的立式罐液氢储存罐，该罐体容量 2m^3，直径 1.5m，筒体、封头均采用 0Cr18Ni9 锻造而成，绝热保温层采用聚氨酯发泡材料。该容器在 20K、16.5MPa 下使用未出现保温层外结霜现象，采用锻造技术进行设计与生产属国内首次[22]。

8.2.3.2 液氢运输船及液氢动力船

除了陆用运输槽车外，液氢也可用船进行运输。目前液氢运输船的储罐常采用柱形或球形两种结构，这两种结构主要依靠双层结构形成环形真空，采用真空绝热保冷技术，环形空间形成保温的绝热层，空间里面采用珍珠岩填充，两层壳体采用玻璃纤维加强塑料制成，这种设计可以在低温与真空环境下保证绝热性能与结构的强度。

图 8-14 中集圣达因公司 300m³ 液氢储运槽车

图 8-15 中集安瑞科能源装备（苏州）有限公司生产的 40ft 超低温罐式集装箱

川崎重工在 2019 年制造了全球首艘液化氢运输船“Suiso Frontier”号（图 8-16），该船长 116m，总重 7800t，使用柴油-电力推进，最高航速 13kn（1kn=1.852km/h），配备一个 1250m³ 的真空绝热、双壳结构液化氢储存罐，储氢罐为水平式圆柱形储罐，罐长 25m、高 16m，每次航行可以运输 75t 液化氢气，已于 2022 年 2 月成功完成一次液化氢日本—澳大利亚海上运输。基于 Suiso Frontier 号成功落地及运营，2022 年川崎重工设计的 160000m³ 的液氢运输船得到了日本海事协会（ClassNK）的原则性批准（AiP）。该船体采用四个 40000m³ 的球形液氢运输罐（图 8-17），储罐采用新开发的高性能绝热系统，可最大限度地减少因热进入而产生的蒸发气体。2022 年，C-Job Naval Architects 与 LH_2 Europe 公司合作，宣布推出一艘新型液氢运输船的概念设计，该船体也采用三个立式球罐作为储箱，船长 140m，储氢容量为 37500m³，每个储罐的容量为 12500m³（图 8-18），预计在 2027 年投入使用。法国能源巨头道达尔能源（Total Energies）、法国船级社（BV）、法国 LNG 围护专家 GTT 公司和船舶设计公司 LMG Marin 也已达成合作，将开发带有薄膜型围护系统的 15 万 m³ 液氢运输船。英国设计了一艘名为“JAMILA”号的长 370m、宽 75m 且能够装载 20000t 液氢的运输船，其蒸发率为 0.1%/d，液氢压力为 0.5MPa[23]。液氢储罐为水平放置的 4 个长 141.36m 的双层结构储罐，隔热材料为硬质聚氨酯泡沫隔热层，内外壁体材料为铝铜合金材料，衬体材料为铝镁合金材料（防止液氢泄漏）。

图 8-16 液氢运输船“Suiso Frontier”号

图 8-17 CC61H 型大型液化氢运输船

图 8-18 荷兰 GAIA 型大型液氢驳船

图 8-19 挪威液氢动力渡轮

在船舶应用方面，全球范围内陆续出现液氢动力船只。挪威航运公司 Norled 已于 2023 年 3 月 31 日将世界上第一艘液态氢动力渡轮 MF Hydra 投入运营，船长 82.4m，可容纳 300 名乘客和 80 辆汽车（图 8-19）。船体配备两个 200kW 燃料电池、一个 1.36～1.5MW・h 电池和两个将为肖特尔推进器提供动力的 440kW 柴油发电机。80m^3 的氢气罐和燃料电池位于渡轮顶部。基于国外液氢储存技术的成熟性，也相继出现了挪威“Topeka”液氢动力滚装船、荷兰续航长达 6945km 的“AQUA”概念游艇等。

8.2.3.3 液氢加氢站

目前全球加氢站中液氢加氢站仅占 1/3，而我国现役加氢站中超过 90%为高压气体加氢站。从表 8-4 中可知，大规模液氢加氢站的单位投资要远低于小规模高压气氢加氢站。经过对美国加州现状加氢站的投资调研也表明，加氢量为 180kg/d 的高压气氢加氢站单位投资为 13400 美元/(kg・d)，而 1500kg/d 规模的液氢加氢站的投资仅为 3400 美元/(kg・d)[24]。因此，随着燃料电池汽车市场的不断拓展，为提高加氢站单站供应能力，采用液氢加氢站是更为经济合适的技术路线。

表8-4 高压气氢加氢站和液氢加氢站投资估算结果对比

加氢量/(kg/d)	高压气氢加氢站		液氢加氢站	
	总投资/美元	单位投资/[美元/(d・kg)]	总投资/美元	单位投资/[美元/(d・kg)]
100	139×10^4	13900	90.3×10^4	9030
400	204×10^4	5100	172.0×10^4	4300
1000	410×10^4	4100	344.0×10^4	3440

全球加氢站数量将近 400 座，主要分布在北美、欧洲和日本，总产能达到 470t/d，应用范围涵盖石油化工、电子、加氢站等民用领域。部分国家像日本，约一半加氢站为低温液态储氢配套低温泵加氢站。国内已有一些液氢工厂的示范项目正在推进。真正开展国产化研究

的仅航天科技集团公司，利用完善的液氢研究应用的技术基础条件，开展了加氢站流程研究和核心装备国产化开发，建成了国内首个液氢储存加氢站试验与示范平台（浙江平湖液氢加氢站，见图 8-20），鸿达兴业位于内蒙古的液氢工厂已于近期投产。

8.2.3.4 液氢燃料电池汽车

目前很多国外厂家已经研制出了以液氢为能源的燃料电池车车载液氢容器系统，如美国的通用汽车公司和福特汽车公司，德国的奔驰和宝马汽车公司、Messer 公司和 Linde 公司，以及加拿大 Magna 公司等。国内燃料电池汽车仍处于研制试验阶段，并未大规模使用，而且大部分使用的燃料是高压压缩氢气，液氢车载容器系统和液氢加氢站并未实际投用。车载液氢储罐常为水平柱形结构，主要由内壳和外壳以及它们之间的连接部件、充装液氢的接口、压力泄放装置、自动切断阀、管线、氢气转换系统、安全系统、计算燃料液位或质量流量的传感器、液位计、蒸发管理系统等部件组成（图 8-21）。GM 公司推出的 Hydrogen3 液氢燃料电池汽车液氢储罐长 1000mm，直径 400mm，重 90kg，质量储氢密度 5.1%，体积储氢密度 36.6kg H^2/m^3，氢气日蒸发量为 2%～4%，内槽压力为 0.4MPa 左右，采用真空绝热方式。储罐是一个真空绝热的双层壁不锈钢容器，两层壁之间放置多层薄铝膜且间隔绝热材料，并抽真空，最大限度地减少传热损失。

图 8-20 浙江平湖液氢加氢站

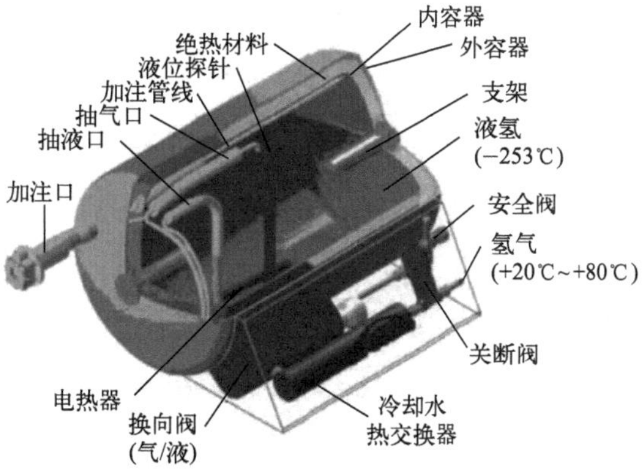

图 8-21 燃料电池液氢储罐示意图

8.3 液氢泵及关键材料

8.3.1 液氢泵概述[25-29]

液氢泵与氢气压缩机对比，具有显著的热力学优势。液氢的密度远大于气氢，可以最大限度地减小压缩功；采用液氢泵可以简化加氢站结构，省去氢气预冷器。对于输送液氢的低温液体泵，主要有离心式和往复式（活塞式）两种形式。

离心式液氢泵以大型液氢涡轮泵为主，主要用于航天氢氧火箭发动机中氢燃料的输送，现在也逐渐向工业和民用方向发展，但其相对转速较高，机械密封性和安全性问题难以解决。往复式（活塞式）液氢泵具有结构简单可靠、故障率低、转速不高、便于采用串联式机械密封以保证装置不泄漏、提高装置安全性、便于实现变流量运行等优点，因此往复式（活塞式）液氢泵主要用于工业和民用液氢的输送与加注。

液氢泵的工作原理如下：通常情况下，加氢站加注时的供给压力超过 70MPa，因此液氢泵宜采用往复式结构。往复式液氢泵由动力端和液力端两大部分组成。根据动力端驱动方式的不同，有电机驱动往复式液氢泵（主要结构如图 8-22 所示）和液压驱动往复式液氢泵两种形式。动力端将原动机的动力通过减速机构输入，并将旋转运动转换为往复运动，一般为曲轴连杆机构；液力端（又称冷端，如图 8-23 所示）的作用，就是将低温液体压缩，使机械能转换为液体的压力能，使排出液体的压力升高。液力端中，设有吸入阀与排出阀，用以控制吸排液过程。在工作时，液氢泵将来自低压（0.2MPa）储罐的液氢压缩至高压（>70MPa），高压液氢在换热器内蒸发后加注到车辆上。

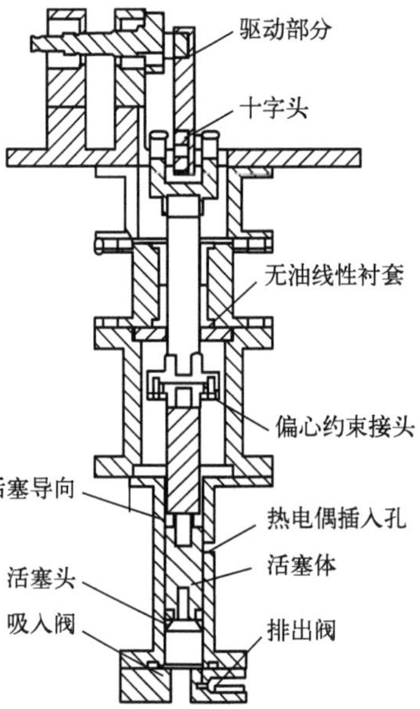

图 8-22 电机驱动往复式液氢泵主要结构

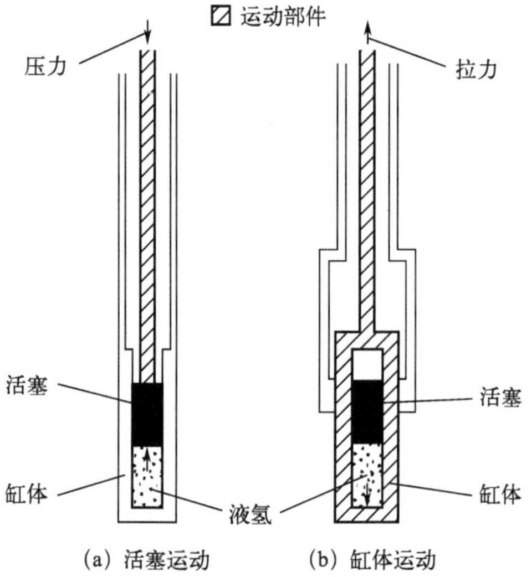

图 8-23 往复式液氢泵液力端原理示意

通常液压驱动往复式液氢泵的结构如图 8-24 所示。其液力端工作原理与电机驱动往复式液氢泵相同，通过活塞的往复运动和吸入阀、排出阀启闭配合，完成液氢的输送；动力端内常温活塞通过支杆与冷端活塞相连，在高压流体驱动常温活塞往复运动下，带动冷端活塞往复运动，完成液氢输送。

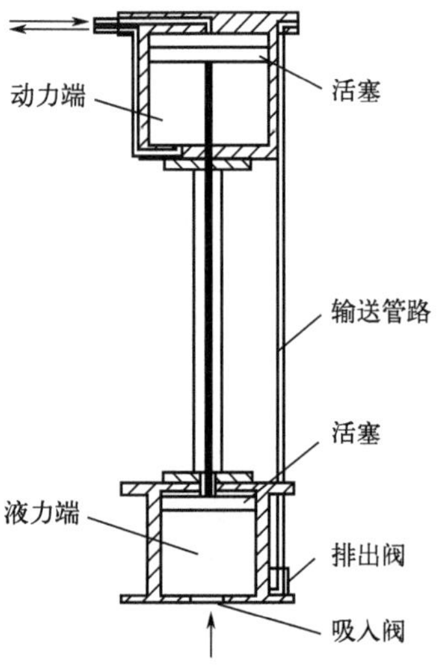

图 8-24 液压驱动往复式液氢泵的结构

8.3.2 液氢泵热力学充填模型

劳伦斯利弗莫尔国家实验室通过液氢泵将氢气加压至最高87.5MPa，而该液氢泵的额定值为 34.5MPa，其模型图及实物照片如图 8-25 和图 8-26 所示[29]。

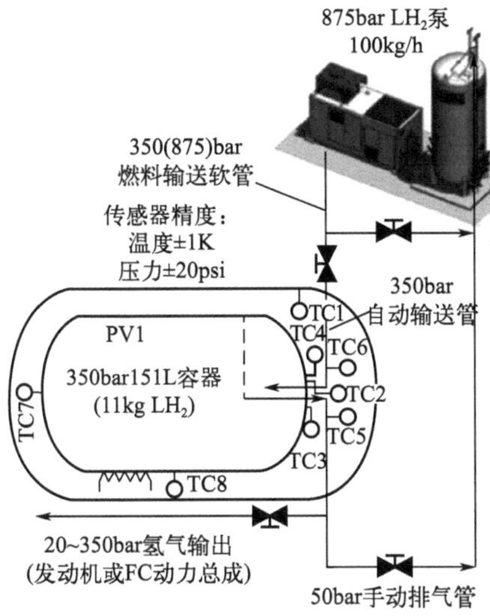

图 8-25 液氢泵模型示意图[29]

图 8-26 实物照片[29]

液氢泵的流动、压缩和加压的物理模型将非常有助于全面评估该设备的加压过程。控制低温容器填充过程的方程包括热力学第一定律：

$$\frac{dU_{H_2}}{dt}+\frac{dU_T}{dt}=(\dot{m}h)_{H_2,泵}$$

其中，$\dot{m}$ 为质量流速；h 为泵入容器的 H_2 的比焓值；U_{H_2} 为储存在容器中的 H_2 的热力学能；U_T 为容器的热力学能。

泵入容器的 H_2 的比焓值如下：

$$h_{H_2,泵}=f(s,\ p)$$

其中，p 为压力容器中的氢气压力；s 为常数。

$$U_T=(X_c u_c+X_{Al}u_{Al})m_T$$

其中，鉴于压力容器的材质为金属铝，X_c 和 X_{Al} 分别为复合材料和金属铝的质量分数；u_c 和 u_{Al} 分别为复合材料和金属铝的比内能；m_T 为容器总质量。

从图 8-27 中可以清晰看出该模型很好地解释了装置在实验过程中获取的数值，尽管数据有部分偏离，但模型总体上看可以用于实验数据的复现[29]。

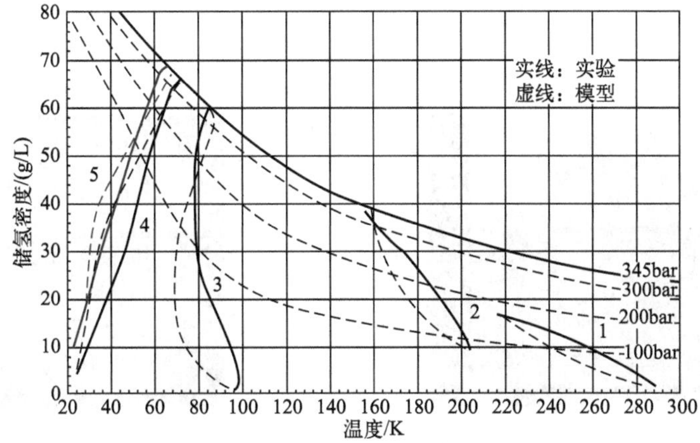

图 8-27 34.5MPa 设备填充 1～5 次实验过程基于模型的计算值与实验值的对比[29]

8.3.3 液氢泵关键材料

鉴于液氢的沸点仅为20K，为了减少工作时的能量损耗，泵体电机线组材料通常选用临界温度为 39K 的超导材料 MgB_2，该材料相比于氧化物高温超导材料，其价格有很大优势。日本东京大学 Nakamura 制备了一种 MgB_2 线，使用铜作外壳，金属铌作防护层[30]。在使用时，MgB_2 线被一层无氧铜包覆。该种材料获得的临界电流的磁场依赖性不会对电机的性能产生不利影响。组装成的转子照片见图 8-28，其中主轴为铁质材料。Onji 等制备了一种以金属 Cu 为核心的含 MgB_2 电缆，其中 MgB_2 被金属铌覆盖，最外层为铜-镍合金，该线缆截面图如图 8-29 所示。型号为 24NM 和 30NM 的线缆中 MgB_2 含量分别为 11%和 17%[31]。通过线缆成分调控，该线圈的能量储存能力达到 10kJ，临界电流密度达到 1780A/mm^2（20K，2T）。为了提高 MgB_2 的临界电流密度，Takahashi 等[29] 研究了钛族元素（TGE，即 Ti、Zr、Hf）掺杂对 MgB_2 物相、组织和临界电流密度的影响。其中，随着钛族掺杂元素的增加，MgB_2 的含量逐渐降低并在 30%时趋于稳定（如图 8-30 所示），而且当 Ti、Zr、Hf 掺杂量在 20%、30%、30%时，临界电流密度达到最大值 2.9kA/cm^2、4.9kA/cm^2 和 5.2kA/cm^2（如图 8-31 所示），这主要取决于掺杂元素对晶粒尺寸、形状的影响[31]。

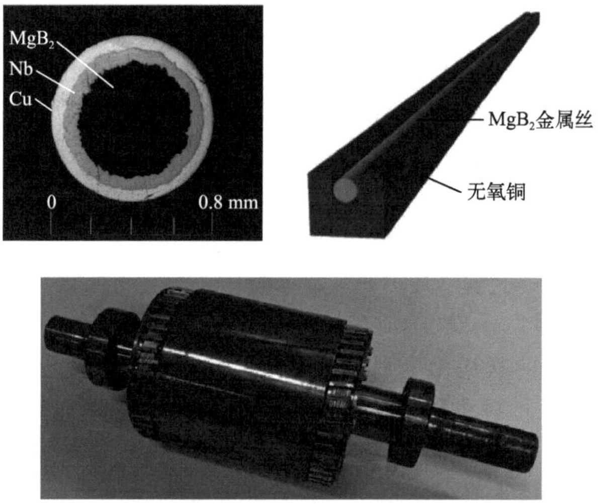

图 8-28 MgB_2 集成转子照片[29]

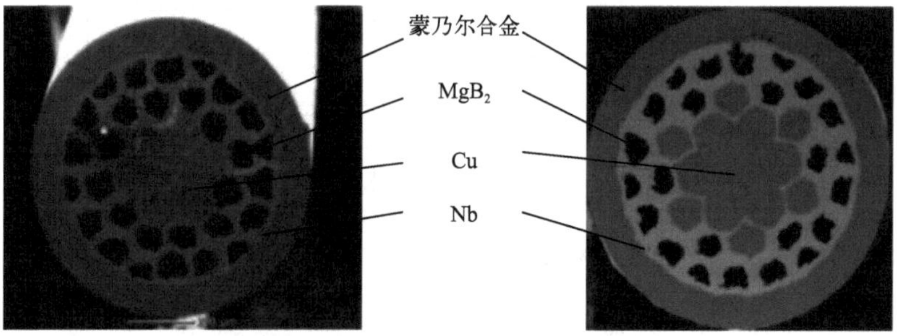

图 8-29 24NM 和 30NM 的 MgB_2 线缆截面图[31]

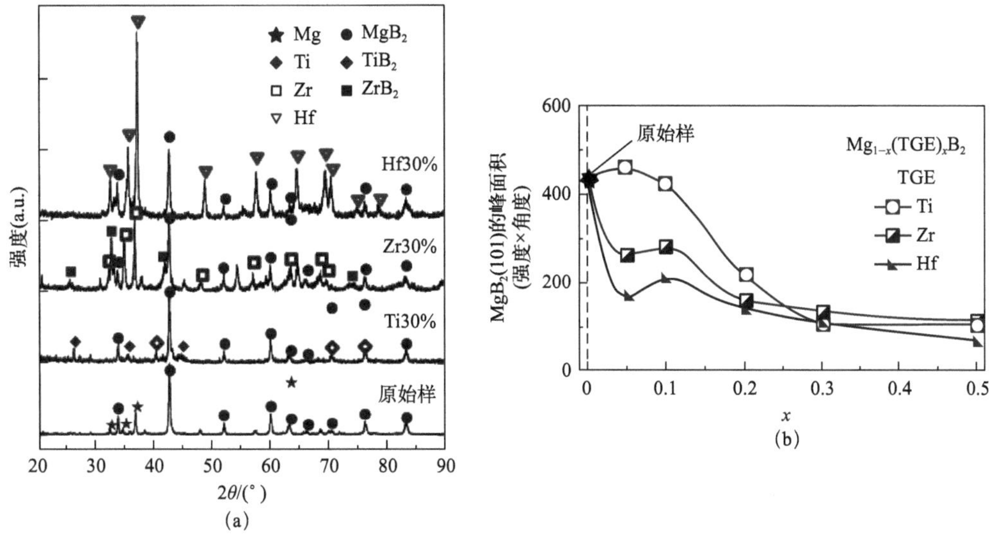

图 8-30 $Mg_{1-x}(TGE)_xB_2$ 含量为 30%时的 XRD 图谱（a）和 MgB_2 衍射晶面（101）的峰面积（b）[32]

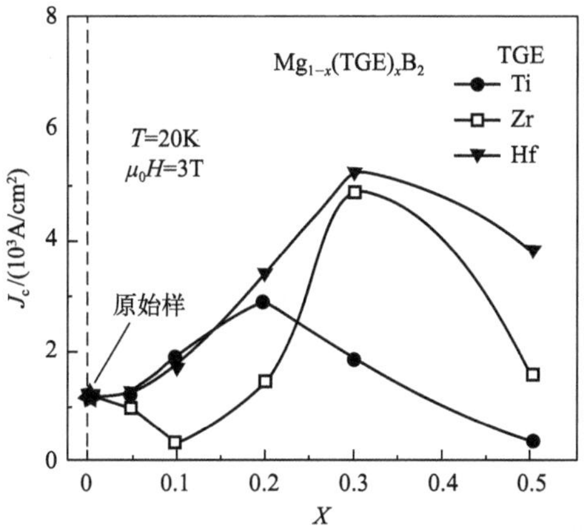

图 8-31 $Mg_{1-x}(TGE)_xB_2$ 样品的临界电流密度随含量的变化曲线[32]

8.4 液氢阀门、仪表及相关材料

8.4.1 液氢阀门及相关材料

阀门作为液氢制备及储运的关键部件，其低温工作安全性至关重要。在液氢应用中主要的阀门可分为开关阀、流量控制阀、止回阀，这其中包括球阀、蝶阀、闸板阀、截止阀、轨道球阀等。表 8-5 列出了各阀门部位的典型材质[33]。低温下氢气极易通过阀体/盖、非金属材料密封垫片、阀杆填料等位置向外部渗漏。氢气泄漏后容易使上游管道形成负压和下游管道或环境充氢，从而产生事故。由阀门引起的外部渗漏会对人体造成生理危害。氢气泄漏后将迅速扩散，导致可燃、可爆区域不断扩大，而且扩散过程肉眼不可见。液氢和氢浆系统发生泄漏后，液氢和氢浆迅速扩散形成可见的可爆雾团，并可能导致系统形成负压，周围空气进入系统冷凝结冰，堵塞系统的管道和阀门。因此，在液氢阀门中密封组件的选材需要多方面考量。

表8-5 各阀门部位典型材质列表[33]

序号	阀门部位	材质
1	阀体	316不锈钢
2	阀盖	316不锈钢
3	垫圈	石墨垫圈，石墨+316不锈钢垫圈，316不锈钢垫圈
4	阀体/阀盖螺栓连接件	316不锈钢
5	阀座	316不锈钢
6	阀杆	316不锈钢
7	压盖和法兰	316不锈钢
8	压盖螺栓和螺母	镀锌低合金钢或316不锈钢
9	手轮	碳钢或316不锈钢

液氢阀门内腔密封副制造的材料中金属材料主要有不锈钢1Cr18Ni9Ti、铝青铜QAl9-4、低膨胀合金X，非金属材料主要有聚四氟乙烯、聚三氟氯乙烯、聚全氟乙丙烯等材料。表8-6及表8-7为液氢阀门常用金属材料及非金属材料在20K时的性能[34]。

表8-6 液氢阀门常用金属材料在20K时的性能[34]

材料	断后伸长率/%	断面收缩率/%	屈服强度/MPa	抗拉强度/MPa	弹性模量/GPa
不锈钢	26.1	36.5	675.7	1915	155.9
铝青铜	38.6	41.2	395.0	871.7	110.3
低膨胀合金	31.1	67.5	744.3	1011.7	107.3

表8-7 液氢阀门常用非金属材料在20K时的性能

材料	压缩强度（变形10%）/MPa	冲击强度/（kJ/m^2）
聚四氟乙烯	145.89	15.96
聚三氟氯乙烯	172.03	10.79
聚全氟乙丙烯	226.22	11.40

液氢加注阀是一种能够控制液氢流路通断的设备，是氢储运过程中的关键部件。由于阀内流通的是低温液氢介质，要求液氢加注阀应具备良好的安全使用性能。此外，由于低温液态氢在储运和加注过程中易出现漏热与残留液氢的问题，故相关阀门必须采用高真空绝热设计。目前，整个国际液氢加注阀设备市场，基本被法液空、林德及俄罗斯深冷等几家公司所垄断，其中Linde公司在液氢生产及使用方面有多年的应用经验，而且液氢加注已有成熟的产品，产品结构简图如图8-32所示[35]，阀门采用双球阀联动的方式来控制管路通断，结构较为复杂，生产成本高，出售价格较为昂贵。

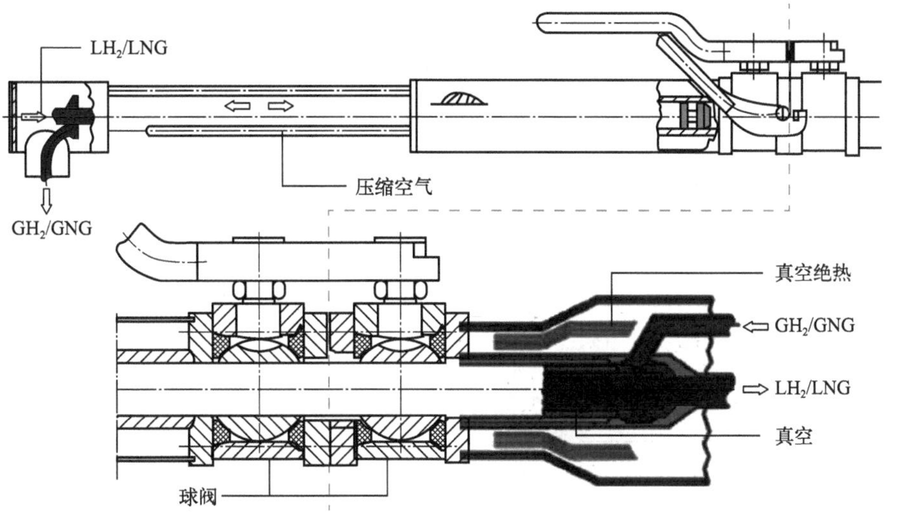

图 8-32 Linde 公司的一款液氢加注阀的结构简图[35]

国内北京航天动力研究所生产了一种液氢加注阀，其结构简图如图 8-33 所示（另见文前彩图）[36]。其中阀杆和联轴滑块为不锈钢材质，滚柱为陶瓷材质，波纹管为不锈钢结构，节流环为聚四氟乙烯。阀杆波纹管内腔中温度较高，流入的介质能完全汽化，实现了气体阻隔的功能。上阀杆温度为 248K，能采用蓄能密封圈或 O 型密封圈实现密封。

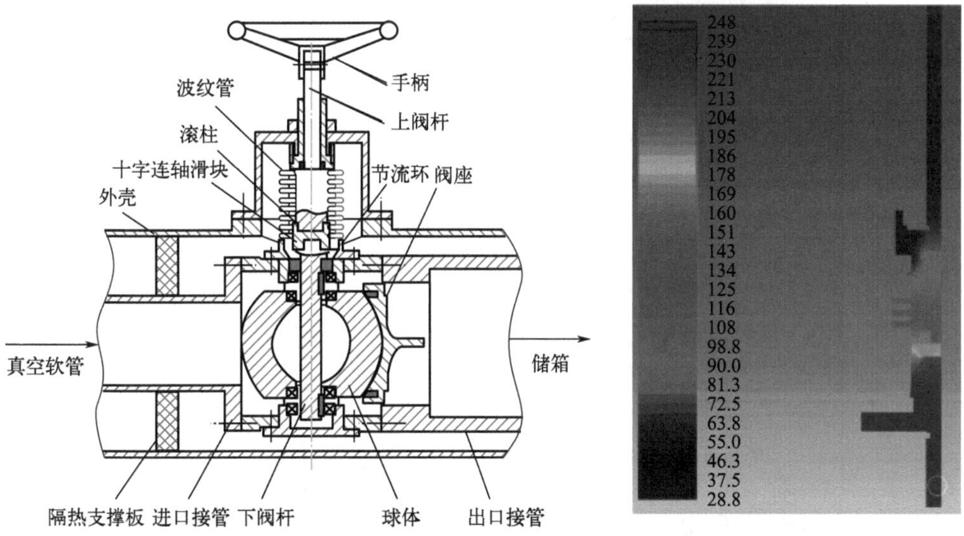

图 8-33 北京航天动力研究所生产的一款液氢加注阀的结构简图[36]

对于液氢阀来说，泄漏率是重要的判断阀门性能好坏的参数，在液氢温度时石墨适用于密封件制造，通过石墨或玻璃纤维改性的聚四氟乙烯的使用温度可以降低至－150℃[31]，这种改性聚四氟乙烯材料（可被聚三氟氯乙烯替代）可以用于制作球阀和蝶阀的软阀座。止回阀材料选择时需要考虑热膨胀系数差异对泄漏率的影响，阀瓣和阀座的金属-金属接触还需要满足多次重复使用的要求，因此阀体、阀瓣及阀座需要选用同一种金属材料，在阀瓣和阀座部分金属表面需要增大加工精度或做表面处理，保证低泄漏率。Miller 等曾将聚四氟乙烯用作止回阀的阀座材料（如图 8-34 所示），研究发现在 68.9kPa、20K 时氢气泄漏率在 $10^2 \sim 10^3 \mu g/s$ 之间，说明尽管该材料可以用作液氢阀门密封材料，但泄漏率较高（图 8-35）[36]。

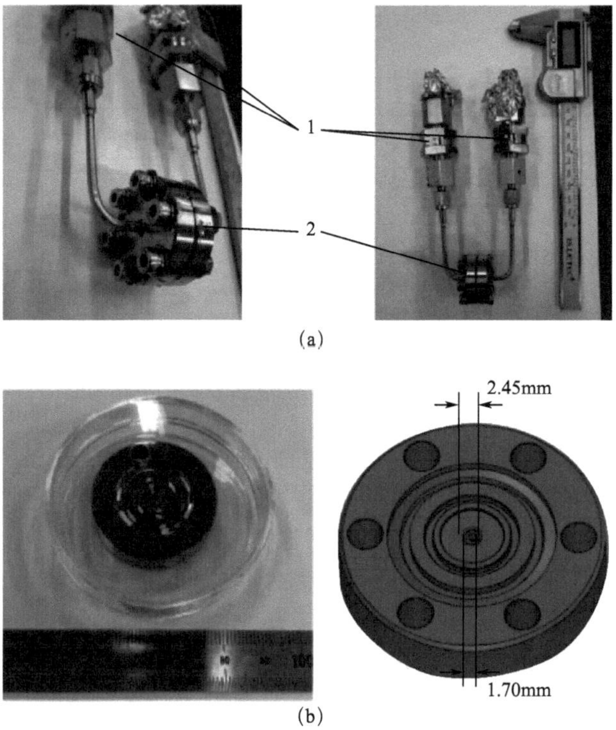

图 8-34　止回阀照片（a）及表面镀镍后的阀门下体照片（b）[36]

1—过滤器；2—组装的止回阀

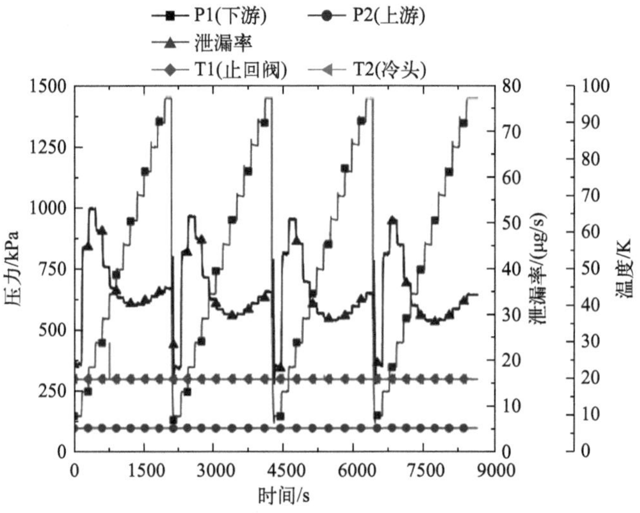

图 8-35　止回阀在 20K 温度下的泄漏率曲线[36]

相比于聚四氟乙烯，Jeong 等测试了金属-金属接触止回阀的氢气泄漏率。该止回阀中上体材质为 304 不锈钢，下体材质为表面镀镍的 304 不锈钢，内径 1.70mm、外径 2.45mm 的阀座材质为表面镀镍的 304 不锈钢，真空密封圈为铜垫圈[37,38]。研究发现，当压力差为 250kPa 时，泄漏率增大至 51μg/s；压力差增大至 850kPa 时，泄漏率降低至 29μg/s；压力差增大至 1350kPa 时，泄漏率基本保持不变，为 35μg/s，该数值在此温度下是可接受的。

Kwak 等[38] 通过设计石墨和不锈钢层结构密封副显著降低了泄漏率（图 8-36)。研究发现，只有当石墨层数超过 5 层时，其在低温环境下才表现出密封效果，而且在 907s 内泄漏率仅为 188.6mL/min，远低于标准数值（3000mL/min)。

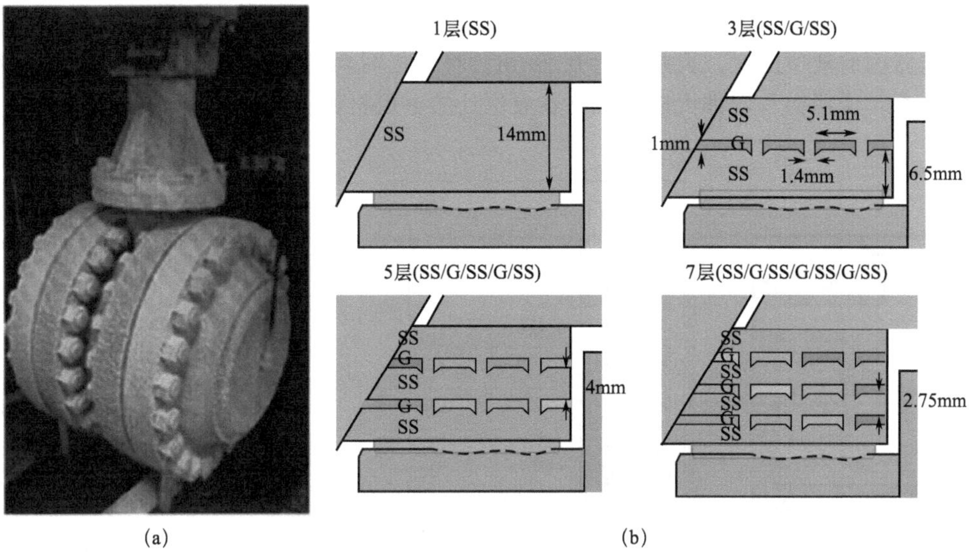

图 8-36 蝶阀照片（a）及密封区不锈钢/石墨层结构图（b）[38]

8.4.2 液氢仪表及相关材料

在液氢储罐中，液氢输入及输出时都需要测量液位，特别是低温液体推进剂发动机用于现代火箭推进系统时需时刻关注液位高度。在这种情况下，准确预测燃料剩余量能够保障航天器的可靠飞行。液位测量通常使用传感器，常见传感器包括压力液位计、电容液位计、声波液位计及超导液位计。各种低温液体典型液位计的参数见表 8-8。从表中可知，液氢温度下电容液位计、超导液位计及声波液位计适用，因此本节重点介绍这三种液位计。

表8-8 低温液体典型液位计类型及测温范围

液位计类型	测试分辨率	测试温度范围	数据类型
电容液位计	< 1mm	> 20K	AC 桥或惠斯通电容
超导液位计	< 1mm	< 30K	数据采集卡或电压
声波液位计	mm 级	10~300K	矢量网络分析仪或射频收发器
压力液位计	cm 级	75~120K	数据采集卡

8.4.2.1 电容液位计及相关材料

当液位感应电极安装在罐内时，形成电容器。传感器的金属电极作为电容器的一块板，罐壁或非金属罐中的参比电极作为另一块板。当液位上升时，电极周围的空气或气体被具有不同介电常数的材料取代。由于极板之间的介电介质发生了变化，电容的值发生了变化。由于电容与介电常数成正比，在两个平行板之间上升的流体将增加电容，故电容与流体高度之间可构建函数。Matsumoto 等[39] 及 Sawada 等[40] 设计生产了一种电容液位计分别测量液氢及液氙，而且结构类似（图 8-37）。该电容器由 8 个电容板组成，中间用聚缩醛间隔片隔开，共组成 7 组并联电容器，极板材料为铜，电容板为镀一层厚度 35μm 铜膜的 1.6mm 厚的玻璃纤维基环氧树脂板。该液位计测得的电容值与液氢液位值基本成线性关系，通过电容可准确确定容器内的液位高度，灵敏度达 0.2mm。将电极材料替换为金属铝后也可以获得良好的线性关系，说明铝和铜都可以作为电容液位计的电极材料。

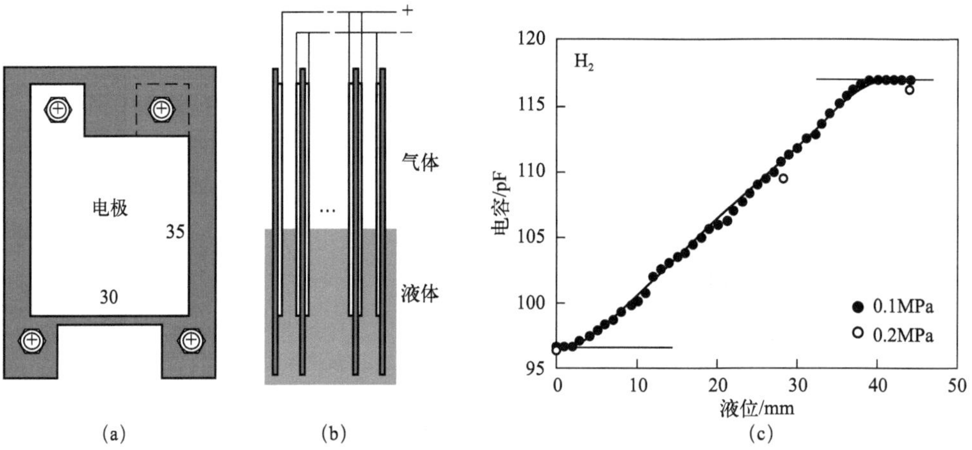

图 8-37 电容液位计电极板示意图［(a)，(b)］及液位-电容测量曲线（c）[40]

8.4.2.2 超导液位计及相关材料

超导液位计的工作原理是浸入液氢中的高温超导线的电阻为零，而未浸入液氢部分存在电阻，电阻变化满足线性关系，通过测量超导线的电阻变化即可得到液氢的液位高度。其遵循以下关系式：

$$H = L(1 - R/R_L)$$

式中，H 为液氢的液位高度；L 为超导线的有效长度；R_L 为在略高于超导线临界温度时有效长度的电阻值大小；R 为测量的电阻值[41]。

该液位计的结构示意图（图 8-38）中，超导线从液氢罐顶端延伸至底端，长度值为 L（液氢罐满载高度），通过外接仪表测试超导线的电阻换算得到实时液位高度。液氢超导液位计的材料通常选用 MgB_2，钇钡铜氧化物高温超导材料也有较好的效果。通过在 MgB_2 表面埋覆一层 CuNi 合金（7∶3），进而在 MgB_2 中加入 10%（质量分数）SiC 作为杂质物，其临界温度可以从 39K 降低至 32K。此外，典型的 MgB_2 超导线由于热量扰动，测位数值波动性大是该超导探头的缺点。为了解决这一问题，Maekawa 等[42] 设计了一种三超导线探头测位仪。通过将 A、B1、B2 并排置于液氢容器中（图 8-39），分别测定其液位高度随时间的变化，可知中间 B1 传感器显示的数据的波动性最小，液位波动响应性最差，A 传感器波动最大，液位波动响应性最佳（图 8-40）。这种装置可以缩短液位仪的响应时间至 0.1s，测定精度为 5mm，其应用可拓宽至小型氢动力船等微振动场景下。

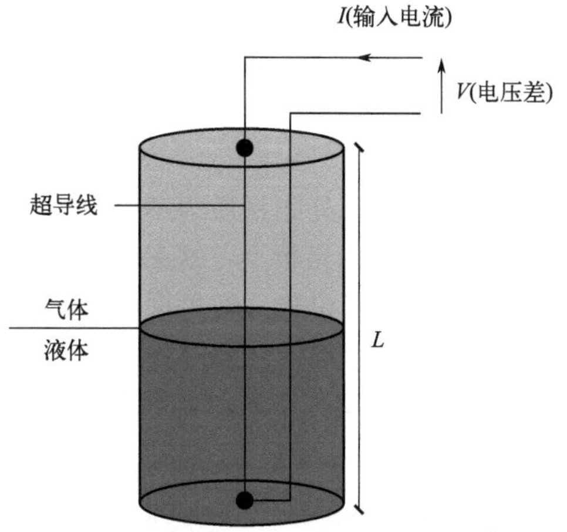

图 8-38 超导液位计结构示意图[41]

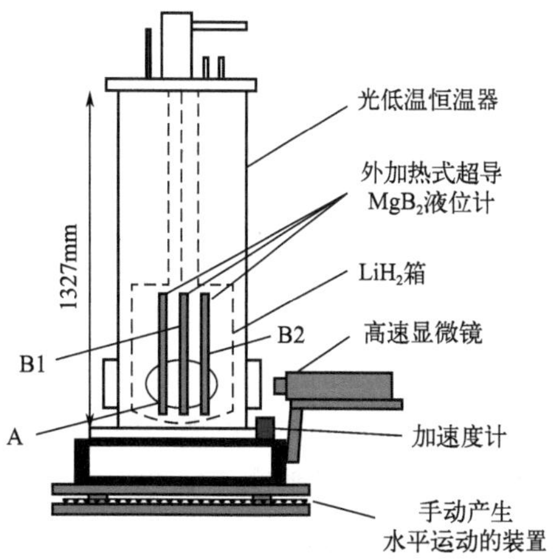

图 8-39 三超导线探头测位仪结构示意图[42]

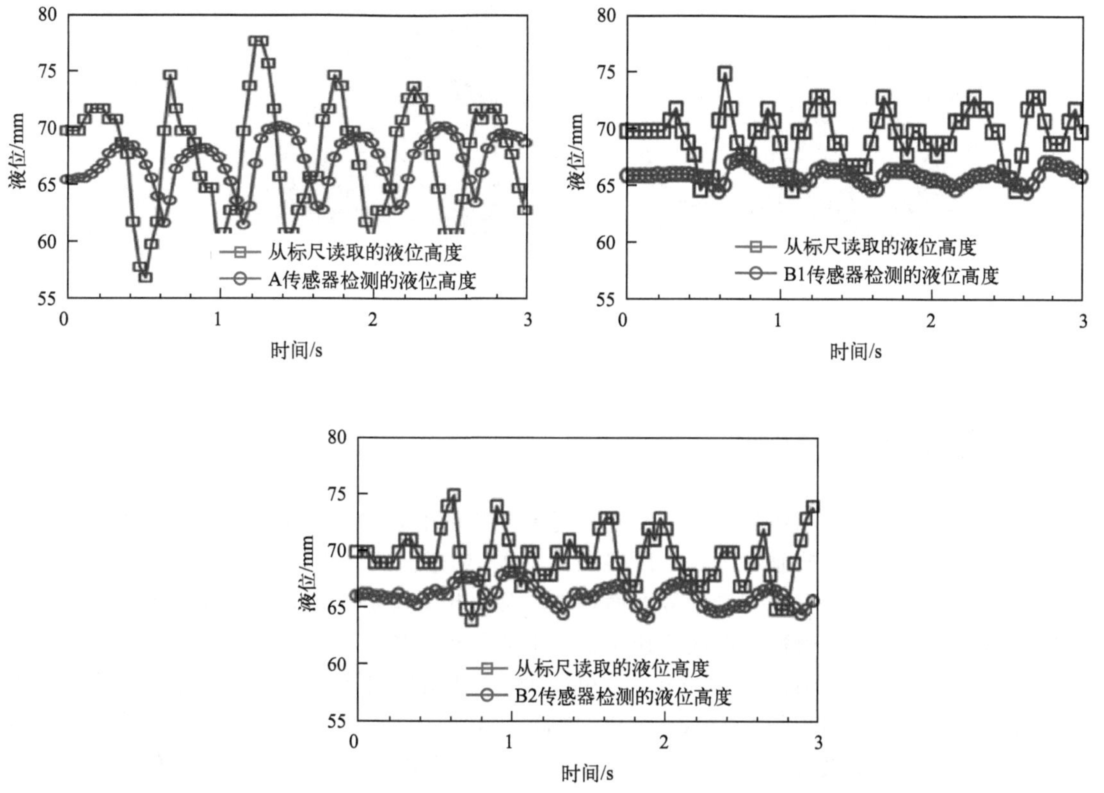

图 8-40 不同 MgB_2 传感器液位振动测试结果曲线[42]

8.4.2.3 声波液位计及相关材料

该传感器由一个发射器和一个接收器组成。此外，测量技术可以根据方向进行分类：垂直方向允许连续的液位测量；水平方向用于离散测量。在第一种情况下，声脉冲被发送到液气界面后被反射，通过测量声波从发射器传播到接收器的时间差，可以估计出液位。在第二种情况下，声波从罐壁沿水平方向传播到液体处，当液体表面位于接收器和嵌在换能器上的发射器之间时，声波被液体反射，接收器的输出信号增加，液面高度即发生变化。

8.4.2.4 新型液位计及相关材料

近年来 Futamura 等设计了一种非接触式液位计，该液位计外壳材质为不锈钢，三个塑料纤维条（PF）通过不锈钢密封件固定在下方配有透镜（L）的铝板上，这三个塑料纤维条呈等边三角形位置安放（图 8-41）。通过观察液面上的三个光点位置（红色圆圈）测定液面高度，其灵敏度为 4.8mm。相比于前面提到的三种液位计，该液位计通过光点测量实现液位测量，与液面不接触，保证了测量使用过程中电火花等潜在危险因素造成的影响，同时该测量方法不会产生热量输入，是最安全的测试方法[43]。

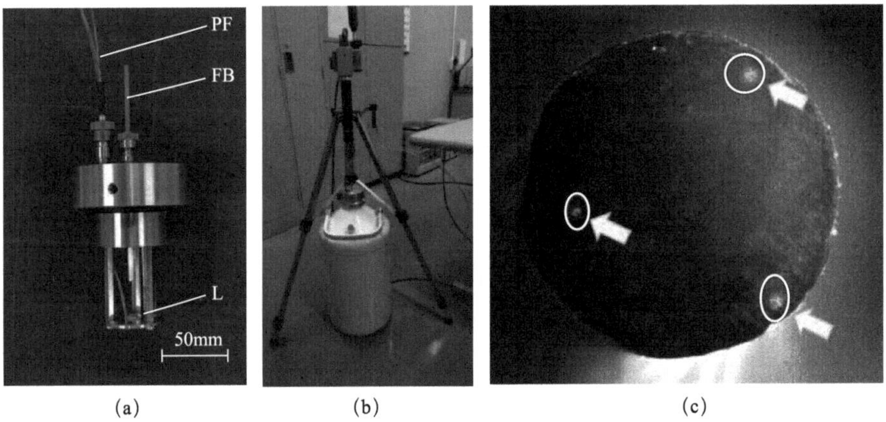

图 8-41 非接触液位计照片（a）、组装照片（b）及测试结果图像（c）[43]

8.5 其他相关材料

低温温度测量仪的制作材料包含铂电阻材料及热敏电阻材料。铂电阻一般采用丝式、箔式、厚膜式、薄膜式工艺制作。日本所研制的 CRZ 铂金薄膜热电阻芯片是一个划时代的产品，其在抗振动、抗冲击、可靠性等方面均有非常突出的优势，而且体积小、重量轻。热敏电阻是热度敏感电阻的简称，温度变换系数与上述几种传感器不同，可以为正数，也可以为负数。其中 NTC（negative temperature coefficient）热敏电阻具有负温度系数，其阻值随温度的升高而降低，多用于低温测量。NTC 热敏电阻多为锰、铜、镍、钴、铁、硅、锌等两种或两种以上的金属氧化物。以 Mn-Ni-Cu-Fe-O 系氧化物材料为基体，用稀有金属阳离子 La^{3+} 掺杂填充尖晶石结构的四面体或八面体间隙获取的热敏电阻呈现典型的负温度系数特性。火箭发动机等用液氢涡街流量计的关键敏感部件多为锆钛酸铅压电陶瓷系材料，主要为 PZT-4、PZT-5 和 PZT-8 材料。依据硅压阻效应原理制成的低温压力传感器常采用硅-蓝宝石介质耐低温材料。为了提高传感器的可靠性，压力-应变弹性元件常采用钛合金金属膜片和蓝宝石复合结构，钛合金材料在低温条件下拉伸变形能力有明显的提高，另外钛合金具有很强的抗腐蚀能力，因此钛合金-硅-蓝宝石压力传感器可用于测量低温介质的压力。浸入式超低温压力传感器的关键部件为敏感膜片。敏感膜片的选择既要考虑力学性能、耐腐蚀性等，还要考虑热膨胀系数等，常见的材料包括 05Cr17Ni4Cu4Nb 等。对于液氢管路系统，为了尽可能避免潜热进入系统，降低热量的输入，因此选择采用真空双壁管方案。由于真空双壁管的特点，产生了内外两层管壁，而且内外层管壁的工作环境温度相差极大，就产生了内外管壁热胀冷缩带来的长度变化的影响，这对双壁管提出了更严格的要求。代号为 39A 火箭发射厂的液氢管路采用真空多层绝热设计，使用 20 层极薄的铝箔构成反射屏，绝热材料为多层薄玻璃纤维纸。在液氢加氢站管路中经过氢气压缩机后的管道材质通常采用 316L 不锈钢，牌号为 022Cr17Ni12Mo2，对应于美国标号为 AISI 316L，日本标号为 SUS316L。

参 考 文 献

[1] Muhammad A. Liquid hydrogen：A review on liquefaction，storage，transportation，and safety [J]. Energies，2021，14：5971.

[2] 杨晓阳，杨昌乐. 正仲氢转化催化剂性能研究 [J]. 化学推进剂与高分子材料，2018，16 (3)：79-82.

[3] Akhoundi M，Deymi D M，Tayyeban E，et al. Parametric study and optimization of the precooled Linde-Hampson (PCLH) cycle for six different gases based on energy and exergy analysis [J]. Chemical Papers，2023，77 (9)：5343-5356.

[4] Liu X L，Hu G，Zeng Z. Performance characterization and multi-objective optimization of integrating a biomass-fueled brayton cycle，a kalina cycle，and an organic rankine cycle with a claude hydrogen liquefaction cycle [J]. Energy，2023：263.

[5] 陈双涛，周楷淼，赖天伟，等. 大规模氢液化方法与装置 [J]. 真空与低温，2020，26 (3)：173-178.

[6] 曹学文，杨健，边江，等. 新型双压 Linde-Hampson 氢液化工艺设计与分析 [J]. 化工进展，2021，40 (12)：6663-6669.

[7] Aasadnia M，Mehrpooya M. Large-scale liquid hydrogen production methods and approaches：A review [J]. Applied Energy，2018 (212)：57-83.

[8] 屈莎莎，谭粤，李蔚，等. 液氢储运容器用低温材料的研究进展 [J]. 山东化工，2022，51 (20)：106-109，113.

[9] 朱国辉，陈平，黄载生，等. 大型绕带式高压液氢容器的设计 [J]. 压力容器，1993，2：3-28，53-57.

[10] 王乐勤，李贵军. 扁平绕带式高压液氢容器的设计分析 [J]. 通用机械，2003 (3)：21-23.

[11] 路兰卿，于洋. 高压液氢容器的研制 [J]. 航天制造技术，2013 (3)：50-52，64.

[12] 郭志钒，巨永林. 低温液氢储存的现状及存在问题 [J]. 低温与超导，2019，47 (6)：21-29.

[13] Tietze V，Luhr S，Stolten D. Bulk storage vessels for compressed and liquid hydrogen [J]. In Hydrogen Science and Engineering：Materials，Processes，Systems and Technology；Wiley：Hoboken，NJ，USA，2016：659-690.

[14] Godula-Jopek A，Jehle W，Wellnitz J. Storage of pure hydrogen in different states [J]. In Hydrogen Storage Technologies；Wiley：Hoboken，NJ，USA，2012：97-170.

[15] Hedayat A，Hastings L J，Brown T. Analytical modeling of variable density multilayer insulation for cryogenic storage [J]. AIP Conf Proc，2002，613：1557-1564.

[16] Wang P，Ji L，Yuan J，et al. Modeling and optimization of composite thermal insulation system with HGMs and VDMLI for liquid hydrogen on orbit storage [J]. Int J Hydrogen Energy，2020，45：7088-7097.

[17] Wang P，Liao B，An Z G，et al. Measurement and calculation of cryogenic thermal conductivity of HGMs [J]. International Journal of Heat and Mass Transfer，2019，129：591-598.

[18] Birmingham B W，Brown E H，Class C R，et al. Vessels for the storage and transport of liquid hydrogen [J]. Journal of Research of the National Bureau of Standards，1957，58 (5)：243-253.

[19] 刘磊，潘权稳，王博，等. 液氨容器真空夹层氢吸附研究进展 [J]. 浙江大学学报（工学版），2022，56 (11)：2194-2203.

[20] 陈叔平，白彪坤，成永军，等. 真空条件下氧化铂吸氢特性与微观结构研究 [J]. 低温工程，2020，6：26-32.

[21] 刘汉鹏，陆佳，高洁，等. 40 英尺超低温罐式集装箱的研制 [J]. 化工机械，2019，46：587-589.

[22] 张华. 低温高压锻造容器研制 [J]. 低温工程，2006，3：33-38.

[23] Alkhaledi A N，Sampath S，Pilidis P. A hydrogen fuelled LH_2 tanker ship design [J]. Ships and Offshore Structures，2021，17：1555-1564.

[24] 朱琴君，祝俊宗. 国内液氢加氢站的发展与前景. 煤气与热力，2020，40（7）：15-19.

[25] Furhama S，Sakurai T，Shindo M. Study of evaporation loss of liquid hydrogen storage tank with LH_2 pump [J]. Inter J Hydrogen Energy，1993，18：25-30.

[26] Lee J M，Lee J G，Lee K，et al. The study on development of performance in cryogenic piston pump [J]. Transaction of the Korean Hydrogen and New Energy Society，2014，25：240-246.

[27] Peschka W. Liquid hydrogen pumps for automotive application [J] . Inter J Hydrogen Energy，1990，15：817-825.

[28] Petitpas G，Blanco J M，Loza F E，et al. Rapid high density cryogenic pressure vessel filling to 345 bar with a liquid hydrogen pump [J]. Inter J Hydrogen Energy，2018，43：19547-19558.

[29] Nakamura T，Yamada Y，Nishio H，et al. Development and fundamental study on a superconducting induction/synchronous motor incorporated with MgB_2 cage windings [J]. Superconductor Science and Technology，2012，25（1）：014004.

[30] Onji T，Inomata R，Yagai T，et al. Demonstration of 10 kJ-capacity energy storage coil made of MgB_2 with liquid hydrogen indirect cooling [J]. IEEE Trans Appl Supercond，2023，33：5700105.

[31] Takahashi Y，Naito T，Fujishiro H. Vortex pinning properties and microstructure of MgB_2 heavily doped with titanium group elements [J]. Supercond Sci Technol，2017，30：125006.

[32] Karan S，Ove G. Valve design considerations in liquid hydrogen systems to prevent failure [J]. DOI：doi. org/10. 21203/rs. 3. rs-1843323/v1.

[33] 梁毅，龙雪，金海，等. 低温阀门密封副材料性能研究 [J]. 机械工程师，2018，7：128-130.

[34] 陈红，朱乔峰，王晓月，等. 一种低温液氢加注阀的设计研究 [J]. 低温工程，2021，2：65-69.

[35] Moore B D，Maddocks J R，Miller F K. Development and testing of a passive check valve for cryogenic applications [J]. Cryogenics，2014，64：244-247.

[36] Bae J，Kim K J，Jeong S. Leakage analysis of the metal-to-metal contact check valve for a cryogenic sorption compressor [J]. Cryogenics，2023，131：103650.

[37] Veenstra T T，Venhorst G C F，Burger J F，et al. Development of a stainless steel check valve for cryogenic applications [J]. Cryogenics，2007，47：121-126.

[38] Kwak H S，Seong H，Kim C. Design of laminated seal in cryogenic triple-offset butterfly valve used in LNG marine engine [J]. International Journal of Precision Engineering and Manufacturing，2019，20：243-253.

[39] Matsumoto K，Sobue M，Asamoto K，et al. Capacitive level meter for liquid hydrogen [J]. Cryogenics，2011，51：114-115.

[40] Sawada R，Kikuchi J，Shibamura E，et al. Capacitive level meter for liquid rare gases [J]. Cryogenics，2003，43：449-450.

[41] Celik D，Hilton D，Zhang T，et al. Helium Ⅱ level measurement techniques [J]. Cryogenics，2001，41：355-366.

[42] Maekawa K，Takeda M，Hamaura T，et al. Dynamic level-detecting characteristics of external-heating-type MgB_2 liquid hydrogen level sensors under liquid level oscillation and its application to sloshing measurement [J]. IEEE Transactions on Applied Superconductivity，2017，27：16594842.

[43] Futamura M，Oikawa T，Miura S，et al. All-optical non-contact level sensor for liquid hydrogen [J]. Journal of Physics：Conference Series，2023，2545：012033.

第9章 燃料电池中的材料

9.1 燃料电池简介

9.1.1 工作原理及发展历史[1]

燃料电池通过燃料与氧化剂的电化学反应，将燃料储藏的化学能转化为电能。其工作的基本原理可通过如图 9-1 所示的质子交换膜氢氧燃料电池来说明。燃料电池的负极（即原电池阳极）为燃料 H_2，发生氧化反应，放出电子。反应为：

$$H_2 \longrightarrow 2H^+ + 2e^-$$

释放的电子通过外电路到达燃料电池的正极（即原电池阴极），使氧化剂 O_2 发生还原反应：

$$1/2O_2 + 2e^- + 2H^+ \longrightarrow H_2O$$

在电池内部，电荷通过溶液中的导电离子传递，在这个例子中负极生成的 H^+ 通过质子交换膜扩散到正极，完成电荷的循环，并在正极生成产物 H_2O。

燃料电池的总反应为：

$$H_2(g) + 1/2O_2(g) \longrightarrow H_2O(l)$$

即为通常的 H_2 氧化反应，其化学能可以热能释放，但通过燃料电池，反应的化学能以电能的形式给出。其数值为反应的 Gibbs（吉布斯）自由能变（$\Delta G = nFE^0$。其中 n 为迁移的电子数；$F = 96485C/mol$，为 Faraday 常数；E^0 为电池标准电极电势，V）。

燃料电池的优势主要体现在：

① 高效率　燃料电池的放电效率为 40%～60%，大大高于普通热机转化效率，如果将运行过程中产生的热量加以合理利用，其总效率更是可以达到 90%以上，这无疑是一个十分吸引人的数字。

② 安全可靠　相比其他发电形式，燃料电池的转动部件很少，因此工作时非常安全。同时，运行噪声较小，可以在用户附近

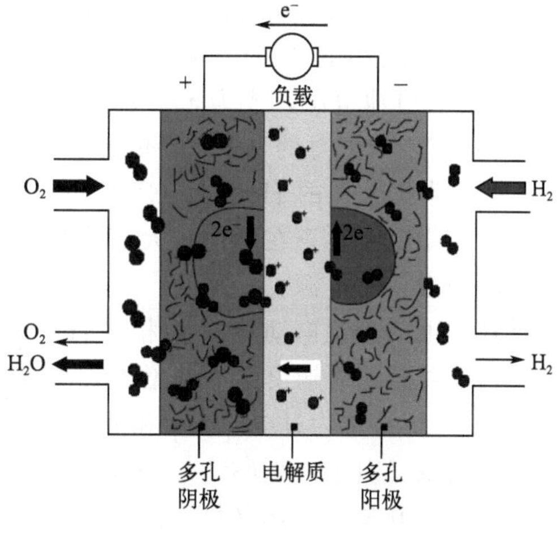

图 9-1　质子交换膜氢氧燃料电池工作原理

装备，从而大大减小了电能输送过程中的损耗，适用于公共场所、居民家庭以及偏远地区的供电。

③ 清洁　由于所用的燃料都经过了脱硫脱氮处理，并且转化效率较高，燃料电池排放的粉尘颗粒、硫和氮的氧化物、二氧化碳以及废水、废渣等有害物质大大低于传统的火力发电或热机燃烧。这种良好的环境效应使燃料电池符合未来能源的需要，具有长久的发展潜力。

英国科学家 William Robert Grove 最早进行了燃料电池实验，他将两根铂电极浸入硫酸溶液中，两根电极的另一头分别密封在装有氢气和氧气的容器中，即观察到在两电极之间有电流流过，同时观察到装有氢气和氧气的容器中的水面上升。第一个实用的燃料电池于 1896 年由 William W. Jacques 发明，并于 20 世纪初通过集成 100 多个基本燃料电池单元首次实现 1.5kW 的高功率燃料电池的尝试。Lugwid Mond、Car Langer 和 Ostwald 认为该电池体系中的燃料可以从氢气扩展到更为广泛的一般的燃料，从而使 Grove 的氢氧电池扩展到更一般的燃料电池。英国科学家 Thomas Francis Bacon 成功开发出了中温培根型碱性燃料电池，在第二次世界大战中装备了英国皇家海军的潜艇。1955 年，通用电气公司的 Thomas Grubbs 利用离子交换的聚苯乙烯磺酸盐膜作为燃料电池的电解质，极大地改变了此前燃料电池的结构设计。三年之后，通用电气公司的化学家 Leonard Niedrach 将铂黑附着在质子交换膜上作为反应的催化剂。通用电气公司开发的这种以质子交换膜为电解质的燃料电池在 1960 年 10 月首次作为 NASA 双子星座（Gemini）飞船的主电源使用。

20 世纪 60 年代，杜邦公司成功开发了全氟磺酸型质子交换膜（Nafion）。通用电气公司采用这种膜组装的质子交换膜燃料电池的运行寿命超过了 57000h。1961 年，G. V. Elmore 和 H. A. Tanner 发表了磷酸盐燃料电池的设计，电解质为 35%的磷酸和 65%的 Si 微粒，并黏附在聚四氟乙烯上。1962 年，J. Weissbart 和 R. Ruka 成功研制出工作温度超过 1000℃的固体氧化物燃料电池。20 世纪 70 年代，通过一系列设计改良、降低成本的研究，实用化的燃料电池的效率有了很大的提高，磷酸燃料电池达到 45%，固体氧化物燃料电池达到 50%，熔融碳酸盐燃料电池达到 60%。磷酸燃料电池、固体氧化物燃料电池和熔融碳酸盐燃料电池等能使用净化煤气或天然气等富氢能源的燃料电池得到了快速发展。1960 年，G. H. J. Broers 和 J. A. A. Ketelaar 报道了以熔融碳酸盐（Li、Na 或 K）为电解质的熔融碳酸盐燃料电池，工作温度为 650℃。1990 年，NASA 的空气推进动力实验室和南加州大学共同成功研发出直接甲醇燃料电池。

1959 年，通用电气公司 Harry Ihrig 领导的小组为 Allis-Chalmers 的拖拉机装备了一个 15kW 的燃料电池电源，成为车载燃料电池的雏形。当前世界上各知名汽车生产厂商均推出了以燃料电池为动力的小汽车和大型客车，一次行驶里程在 200～600km，速度 80～180km/h。本田公司的 Honda FCX Clarity 已经投入市场。在一些重型车辆以及航天领域燃料电池的应用范围也正在迅速扩大。除此之外，小功率的燃料电池亦能作为手提电脑、手机等移动电子设备的电源。

燃料电池的理论电动势 E 由相应的化学反应决定，但工作时电池的输出电压 V 会小于电动势 E，并且随着输出电流的增大而变小。实际输出电压 V 与热力学决定的电动势 E 的差值 $\eta=E-V$ 被称为过电位。η 和 V 均为电池输出电流密度 j 的函数，η-j 之间的关系曲线称为极化曲线。对于氢氧燃料电池来说，典型的极化曲线如图 9-2 所示。随着电流密度的增大，还原电势升高，氧化电势降低，使电池电动势降低。

极化是电池在工作的动态过程中偏离热力学平衡态造成的，取决于电化学反应的控制步

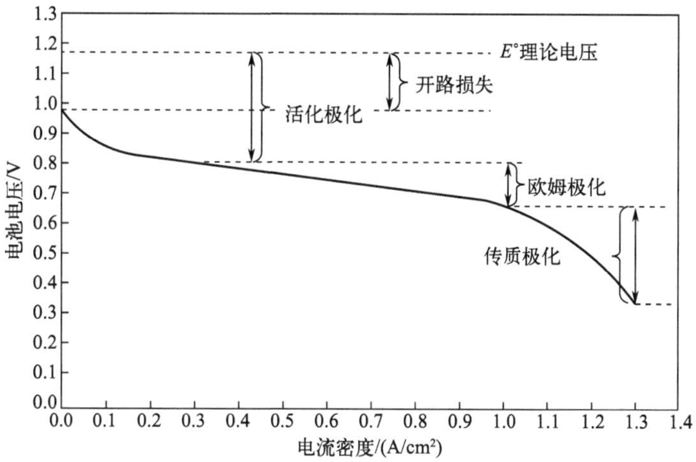

图 9-2 典型燃料电池的极化曲线

骤，包括由传质控制的浓差极化和由电极反应控制的电化学极化两种机理。

当整个电化学反应由电极反应控制时，产生的极化为电化学极化，极化曲线由 Bulter-Volmer 方程给出：

$$j=j_0\left[\exp\left(\frac{\alpha_A n\eta F}{RT}\right)-\exp\left(-\frac{\alpha_C n\eta F}{RT}\right)\right] \tag{9-1}$$

其中，j_0 为交换电流密度，A/cm^2，由在平衡电势下的电极反应速率给出；n 为转移电子数；η 为过电势，V；F 为法拉第常数；α_A 和 α_C 分别为阳极和阴极的传递系数，表明电池反应引起的能量改变 nFE 对阳极和阴极反应的分配，因此有 $\alpha_A+\alpha_C=1$，该能量能改变两个电极反应的活化能，从而改变反应速率，影响输出的电流密度。

当电化学反应由传质过程控制时，极化的机理是浓差极化。当输出电流较大时，电极附近反应物浓度消耗速率快，远低于电解质本体浓度。造成浓差极化的过程包括扩散、对流以及电迁移等。由扩散引起的浓差极化造成的极化曲线为：

$$V=E+\frac{nF}{RT}\ln\left(1-\frac{j}{j_d}\right) \tag{9-2}$$

其中，j_d 为表面浓度为 0 时的极限电流密度，A/cm^2。要减小浓差极化，需要降低扩散层的厚度，提高极限电流密度，这些可以通过燃料电池电极结构的设计来实现。

燃料电池的效率定义为电池对外电路所做功与电池化学反应释放的热能之比。在实际的燃料电池中，存在着由极化导致的电动势下降，以及对燃料的不充分利用等非理想因素，从而导致效率降低。燃料电池的效率可以写成：

$$f_{FC}=\frac{nFE}{\Delta H}\times\frac{V}{E}\times\frac{It}{nFf_g}f_g=f_{id}f_V f_I f_g \tag{9-3}$$

其中，$f_{id}=nFE/\Delta H$，为热力学效率，其中 ΔH 为氢气氧化成液态水的焓变；$f_V=V/E$，为电压效率或电化学效率，表明由过电位引起的效率降低；f_g 为燃料利用率；nFf_g 是理论上流经外电路的电流，因此 $f_I=It/(nFf_g)$，f_I 称为电流效率或 Faraday 效率，一般都在 99%以上。

燃料电池（特别是高温燃料电池）在运行过程中会产生一部分废热，通过适当的转换系统可以将一部分废热利用，从而进一步提高整个系统的转换效率。例如一般燃料电池的效率为 40%～60%，但是通过废热利用，整个燃料电池系统的总能量转化效率可达 90%左右。

$$f_{FC}=\frac{IVt}{\Delta H} \tag{9-4}$$

其中，I、V 分别为电池的工作电流和电压；t 为运行时间；ΔH 为电化学反应焓变，kJ/mol。

在热力学平衡状态下，电池对外电路做的功为 $\Delta G=nFE$。其中 ΔG 为 Gibbs 自由能变，kJ/mol；n 为电子转移数；F 为 Faraday（法拉第）常数；E 为电池电动势。此时燃料电池的效率为由热力学决定的效率（即最大效率）f_{id}：

$$f_{id}=\frac{\Delta G}{\Delta H}=1-T\frac{\Delta S}{\Delta H} \tag{9-5}$$

其中，ΔS 为反应熵变，J/(mol·K)。

9.1.2 燃料电池的分类

根据电解质和燃料的不同，燃料电池可以分为质子交换膜燃料电池（PEMFC）、碱性燃料电池（AFC）、直接甲醇燃料电池（DMFC）、磷酸燃料电池（PAFC）、熔融碳酸盐燃料电池（MCFC）和固体氧化物燃料电池（SOFC）等。

（1）质子交换膜燃料电池

质子交换膜燃料电池（proton exchange membrane fuel cells，PEMFC）是利用具有离子（主要是质子）导电性的高聚物膜作为电解质的燃料电池。其工作原理是，基于质子导电的高分子薄膜，主要成分是全氟聚苯乙烯磺酸，利用其电离的 H^+ 在膜中的运动导电。在阳极，H_2 被氧化成 H^+ 进入电解质；质子通过质子交换膜到达阴极，发生 O_2 还原反应生成 H_2O。电极反应分别为：

$$H_2 \longrightarrow 2H^+ + 2e^-$$

$$2H^+ + 1/2O_2 + 2e^- \longrightarrow H_2O$$

PEMFC 是一种中低温燃料电池，可以纯氢为燃料，是当前最主流的燃料电池类型。以质子导电的高分子膜作为电解质的想法最初由通用电气公司的化学家 Thomas Grubb 实现，他利用聚苯乙烯磺酸膜作为电解质，并且竞标为 NASA 的 Gemini 飞船提供动力。但是聚苯乙烯磺酸膜的稳定性不够，在长期使用过程中会分解，不仅导致性能下降，还会污染产生的水，使宇航员无法饮用。1966 年，Du Pont 公司首先开发出全氟聚苯乙烯磺酸膜 Nafion，大大延长了高分子膜的寿命。Dows 公司也开发了相应的全氟质子交换膜。PEMFC 利用固态的聚合物质子交换膜导电，因此不需要使用强腐蚀性的浓酸、浓碱，在车载电源、小型移动电源、固定式电站等领域具有广泛的应用前景。

（2）直接甲醇燃料电池

直接甲醇燃料电池（direct methanol fuel cells，DMFC）是一种基于高分子电解质膜的低温燃料电池，其基本结构和操作条件与 PEMFC 类似，主要不同之处在于燃料。在 DMFC 中，将甲醇直接供给燃料电极进行氧化反应，而不需要进行重整将燃料转化为 H_2。相较于以 H_2 为原料的 PEMFC，以甲醇为原料有一系列优势：甲醇能量密度高；原料丰富，可以通过甲烷或是可再生的生物质大量制造；作为液体燃料，储存、运输都较为便利，当前针对汽油的燃料供应基础设施可以很方便地改造，以适合甲醇使用。在 DMFC 中，甲醇通常是以水溶液的形式供给，因此 PEMFC 中对电解质膜的润湿也不再成为问题，能大大降低水管理的难度。DMFC 的发展还能促使其他可以从天然气或生物质发酵中获得的燃料（如乙醇、二甲醚等）在低温燃料电池中实现应用。

DMFC 中的电极反应分别为甲醇在阳极发生氧化反应：

$$CH_3OH + H_2O \longrightarrow CO_2 + 6H^+ + 6e^-$$

氧气在阴极发生还原反应：

$$O_2 + 4H^+ + 4e^- \longrightarrow 2H_2O$$

因此 DMFC 的总反应为：

$$CH_3OH + \frac{3}{2}O_2 \longrightarrow CO_2 + 2H_2O$$

其中，1mol 甲醇氧化涉及 6mol 电子转移。

DMFC 属于一种特殊类型的 PEMFC，在电池结构上非常类似，但以甲醇为燃料时存在以下两个不同之处：一是 CH_3OH 在阳极的电催化氧化速率较慢，并且会产生使电极催化剂中毒的不完全氧化产物；二是高分子电解质隔膜对于醇类的阻挡性较差，因此醇类会透过电解质隔膜进入阴极区，影响氧还原电位，从而使电池性能下降。因此，在 DMFC 中，需要对电催化剂和电解质膜采取特殊设计与处理方式。

（3）碱性燃料电池

碱性燃料电池（AFC）以强碱溶液（通常为 KOH）作为电解质，利用 OH^- 作为电池内部的载流子。阴阳极反应分别为：

阳极反应 $$H_2 + 2OH^- \longrightarrow 2H_2O + 2e^-$$

阴极反应 $$\frac{1}{2}O_2 + H_2O + 2e^- \longrightarrow 2OH^-$$

碱性燃料电池是第一个得到实际应用的燃料电池，首先由英国科学家 Francis Thomas Bacon 研制成功，并在军事和航天领域得到了应用，包括第二次世界大战时期的英国皇家海军潜艇、美国 Apollo 登月飞船以及 Gemini 航天飞机等，并表现出了非常稳定的性能，因此碱性燃料电池在燃料电池的发展中有重要的意义。然而对于 CO_2 敏感大大限制了碱性燃料电池在地面应用的发展，特别是在 PEMFC 快速发展之后，AFC 在低温燃料电池领域的发展越来越不被看好。但 AFC 的一个显著优势是其中贵金属催化剂用量显著低于 PEMFC，因此价格更有竞争力。近年来，AFC 的重要研发方向是采用高分子的阴离子交换膜，制成类似于质子交换膜的阴离子交换膜碱性燃料电池，可以有效降低 CO_2 的影响，是低成本燃料电池开发的重要方向。

（4）磷酸燃料电池

磷酸燃料电池（PAFC）是一种中温酸性燃料电池，其电解质为磷酸溶液或 100%磷酸，电极反应为：

阳极反应 $$H_2 \longrightarrow 2H^+ + 2e^-$$

阴极反应 $$2H^+ + \frac{1}{2}O_2 + 2e^- \longrightarrow H_2O$$

与碱性燃料电池相比，以酸为电解质时需要克服两个问题。一是酸性电解质中阴离子通常不起氧化还原作用，因此阴离子在电极上的吸附会导致阴极极化作用的增强。为克服这一问题，通常会提高电池运行温度降低极化，例如磷酸燃料电池通常在 180～210℃运行。二是酸的腐蚀性远高于碱，因此对电极材料提出了更高的要求。磷酸燃料电池的发展在很大程度上依赖于稳定、导电的碳材料的应用，迄今尚未有其他合适的替代材料来制备成本合理的磷酸燃料电池。而酸性燃料电池的优势也非常明显，此时 CO_2 的生成不再是问题，因而可以使用重整气作为燃料，空气作为氧化剂，为降低成本，实现大规模应用创造了很好的条件。磷酸燃料电池是最早大规模商业化的燃料电池系统，作为中小型分立式电站得到了很好的应用。

(5) 熔融碳酸盐燃料电池

熔融碳酸盐燃料电池（MCFC）的研究始于20世纪中期，源自于对高温电解质的研究，H. J. Broers 和 J. A. A. Ketelaar 认识到了高温固体电解质的局限性，转而研究熔融碳酸盐等高温液体电解质，1960年他们开发了能工作6000h的以熔融锂、钠和钾的碳酸盐为电解质的燃料电池。MCFC是一种高温燃料电池，以熔融的碱金属碳酸盐作为电解质，工作温度约650℃。由于运行温度较高，氧还原速率大大提高，可以使用廉价的镍基催化剂，同时由于采用碳酸盐作电解质，因此可以使用天然气或者脱硫煤气等含碳燃料。此外，MCFC运行过程中还会产生可观的热量，加以综合利用能将电-热能的整体利用效率提高到70%以上。

MCFC 的电极反应为：

阳极 $$H_2+CO_3^{2-}\longrightarrow CO_2+H_2O+2e^-$$

阴极 $$\frac{1}{2}O_2+CO_2+2e^-\longrightarrow CO_3^{2}$$

总反应 $$H_2+\frac{1}{2}O_2+CO_2\ (c)\longrightarrow H_2O+CO_2\ (a)$$

其中 CO_2（a）和 CO_2（c）分别代表在阳极（即燃料电极）和阴极的 CO_2。

MCFC是高温电池，而且可以使用含碳燃料（从 CO_2 平衡角度讲，含碳的燃料更有利），由于电极温度较高，电极反应很快，CO 和 CO_2 造成的极化也较小，因此从电极和燃料角度讲 MCFC 是非常有利的。然而相比于 AFC、PAFC 等中低温燃料电池中的液体电解质，MCFC 中高温的熔融碳酸盐电解质的固定和电极中三相界面的形成需要采用不同的材料与方法，特别是在中低温燃料电池中广泛使用的憎水黏合剂聚四氟乙烯（PTFE）不能满足熔融碳酸盐环境下的操作条件。

(6) 固体氧化物燃料电池

固体氧化物燃料电池（SOFC）以固体氧化物为电解质，利用高温下某些固体氧化物体系中的氧离子（O^{2-}）导电性进行导电，其电极亦为氧化物。O_2 在与阴极材料接触后被还原成 O^{2-}，通过在电解质中的扩散到达阳极。在 SOFC 中仅存在气固两相反应，两个电极的反应分别为：

阳极 $$H_2+O^{2-}\longrightarrow H_2O+2e^-$$

阴极 $$\frac{1}{2}O_2+2e^-\longrightarrow O^{2-}$$

总反应 $$H_2+\frac{1}{2}O_2\longrightarrow H_2O$$

SOFC 为高温燃料电池，运行温度在600～1000℃。高温给 SOFC 带来诸多好处，例如快速的电极动力学、能使用多种含碳燃料、能对燃料进行内部重整以及产生的热量易于有效利用等。事实上 SOFC 是当前各种发电设备中效率最高的，将 SOFC 与其他辅助设备（例如蒸汽轮机等）联用，可以获得很高的效率（>70%），同时污染物和温室气体排放也很低，因此 SOFC 是在2kW到100 MW范围内非常有竞争力的动力源。然而高温对 SOFC 的各组件材料的耐温性能提出了更高的要求，需要材料在电池运行条件下有很好的稳定性，固定电站的稳定工作时间应在40000h以上。当前研究的重点是以廉价的材料和制备技术来制备高效可靠的燃料电池体系。

不同的燃料电池均使用空气或氧气作为氧化剂，燃料则包括氢气、天然气、重整气、醇类等。上述燃料电池可以分为两类：一类是以 PEMFC 为代表的中低温燃料电池，运行温度一般在 200℃以下，以贵金属作为电催化剂，以水溶液或高分子离子交换膜作为电解质；另一类是以 SOFC 为代表的高温燃料电池，运行温度一般在 600℃以上，以氧化物作为电催化剂，以熔融盐或固体氧化物作为电解质。常见的燃料电池类型、特点和应用见表 9-1，燃料电池的主要生产厂家和性能情况见表 9-2。

表9-1 不同类型燃料电池的特点小结

项目	碱性燃料电池	质子交换膜燃料电池	磷酸燃料电池	熔融碳酸盐燃料电池	固体氧化物燃料电池
电解质	40% KOH 溶液，固定于石棉布中	聚合物离子交换膜	100%磷酸，固定于多孔 SiC 中	熔融碱金属碳酸盐，固定于 $LiAlO_2$ 基质中	钙钛矿类氧化物
导电粒子	OH^-	H^+	H^+	CO_3^{2-}	O^{2-}
电极材料	过渡金属	碳	碳	Ni 或 NiO	钙钛矿型氧化物
电催化剂	Pt	Pt	Pt	电极材料	电极材料
双极板材料	金属	碳或金属	石墨	不锈钢或 Ni	Ni、陶瓷或不锈钢
运行温度/℃	65～220	40～80	205	650～750	600～1000
发电效率/%	40～50	35～45	35～45	40～60（与燃气轮机联合）	40～65（与燃气轮机联合）
综合效率/%	40～50	70～80	70～80	70～80	70～90
燃料外部重整	需要	需要	需要	对某些燃料不需要	对某些燃料不需要
CO 通过水煤气变换制氢	需要，并且需要除掉残留 CO	需要，并且需要除掉残留 CO	需要	不需要	不需要
产物水处理	蒸发	蒸发	蒸发	蒸汽	蒸汽
产生热量移除	气体反应物+电解质循环	气体反应物+冷却剂	气体反应物+冷却剂（或产生蒸汽）	气体反应物+内部重整	气体反应物+内部重整
H_2	燃料	燃料	燃料	燃料	燃料
CH_4	中毒	惰性	惰性	惰性	燃料
CO	中毒	中毒（可逆，$<50\times10^{-6}$）	中毒，<0.5%	燃料	燃料

续表

项目	碱性燃料电池	质子交换膜燃料电池	磷酸燃料电池	熔融碳酸盐燃料电池	固体氧化物燃料电池
CO_2 和 H_2O	中毒	惰性	惰性	惰性	惰性
含 S 气体	中毒	尚未研究	中毒，$<50\times10^{-6}$	中毒，$<1\times10^{-6}$	中毒，$<0.5\times10^{-6}$
主要优点	电流密度高，不需要贵金属催化剂，稳定可靠	启动迅速，电流密度高，适用于车载和其他移动应用	技术成熟，发电废热可以进行有效利用	不需要贵金属催化剂，可与燃气轮机结合提高总的发电效率，可以使用含碳燃料	电流密度高，不需要贵金属催化剂，可与蒸汽轮机结合提高总的发电效率，可以使用含碳燃料
主要缺点	对燃料要求高，稳定运行需要纯氢和纯氧	贵金属催化剂和电解质隔膜价格昂贵，对燃料要求较高	贵金属催化剂价格昂贵	工作条件苛刻，电池组件寿命较短	电池制备工艺困难，价格昂贵，寿命偏短
应用领域	航天、潜艇、特殊地面应用	燃料电池车、可移动电源、小型电站	区域电站	区域电站	军事、区域电站

表9-2　各类燃料电池的主要生产厂家和性能情况

类型	生产厂家	产品型号	主要性能	主要应用
AFC	AFC Energy	 Hydro-XCell	单个模块 10kW，效率 60%，使用阴离子交换膜，可以使用氨分解的氢气或工业副产氢	电动车充电站、固定式电站
PEMFC	Ballard Power Systems	 FCgen-HPS	140kW，电堆功率密度 4.3kW/L（或 4.7kW/kg），-28℃启动	车载电源、固定式电站
	US hybrid	 FCe80 发电系统	80kW，284kg，916mm × 897mm × 614mm，启动温度-40℃	车载，重卡
	Hydrogenics	 Celerity 发电系统	60kW，275kg，800mm × 375mm × 980mm，存储温度-40℃，启动温度-10℃	车载

续表

类型	生产厂家	产品型号	主要性能	主要应用
PEMFC	新源动力	 HyMOD-70	金属双极板，70kW，电堆功率密度 3.3kW/L，－30℃启动，寿命> 5000h	氢燃料电池大巴
	亿华通	 YHTG60SS	石墨双极板，60kW，电堆功率密度 2.2kW/L（或 500W/kg）	车载
	清能股份（Horizon Fuel Cell）	 VLⅡ	超薄石墨复合极板，150kW，电堆功率密度 4.2kW/L（或 2.31kW/kg），运行温度－30～45℃	车载，固定式电源
	本田	 FCV Clarity 燃料电池	金属双极板，103kW，电堆功率密度 3.1kW/L	搭载于 2016 年推出的 FCV Clarity
	丰田	 Mirai 2020 燃料电池	128kW，金属双极板，电堆功率密度 5.4kW/L	搭载于 2020 年推出的第二代 Mirai
DMFC	EFOY	 EFOY Pro 2400	110W，9.3kg（不含燃料），433mm × 188mm × 278mm，4500h 后 80W。工作温度：－20～50℃。燃料桶：10 L，8.4kg	便携式电源
PAFC	UTC power	 Pure Cell 400	450kW，天然气燃料，发电效率 40%，热电联供效率> 90%，寿命> 10 年	固定式电站
	富士电气	 FP-100i	100kW，天然气燃料，发电效率 42%，热电联供效率 91%	固定式电站

续表

类型	生产厂家	产品型号	主要性能	主要应用
MCFC	Fuel Cell Energy	 DFC-3000	2.8MW，发电效率 47%	固定式电站
SOFC	西门子-西屋电气	 SOFC-燃气轮机示范系统	220kW，SOFC+ GT 发电效率 60%，热电总效率 80%	固定式电站
	Bloom Energy	 Bloom Energy Server	50 ~ 200kW，SOFC+ GT 发电效率 53% ~ 65%，平均寿命 4.7 年	固定式电站
	三菱重工	 MEGAMIE	210kW，SOFC+ GT 发电效率 53%，热电总效率 73%	固定式电站

9.1.3 燃料电池的基本构造

尽管燃料电池的种类很多,但其基本结构类似，均由电堆和辅助系统构成。燃料电池电堆的基本结构包括电极和电催化剂、电解质和隔膜，以及双极板。

9.1.3.1 电极和电催化剂

与通常的化学电池等不同，燃料电池的电极材料在电极反应中并不参与电化学反应。燃料电池的燃料多为气体，电极的作用是收集在电化学反应中生成的电荷，并且在一些情况下作为催化剂的载体。因此，除了具有良好的导电性，在电解质环境中有较高的稳定性等要求之外，电极还需要具有较大的比表面积，为燃料气体、电解质和电极三相反应提供充分接触的空间。

电催化剂的作用是使电极与电解质界面上的电荷转移反应得以加速。Butler-Volmer 公式中的交换电流密度 j_0 即由反应的活化能决定，通过电催化反应降低反应活化能可以有效地提高交换电流密度。电催化不同于普通多相催化的一个主要特点是，电催化的反应速度不仅仅由电催化剂的活性决定，而且还与双电层内电场及电解质溶液的本性有关。由于双电层内的电场强度很高，对参与电化学反应的分子或离子具有明显的活化作用，使反应所需的活化能大幅度下降。所以，大部分电催化反应均可在远比通常的化学反应低得多的温度下进行。例如在铂黑电催化剂上，丙烷可在 150～200℃完全氧化为二氧化碳和水。用作燃料电池的电催化剂的材料除了有高的催化活性之外，还需要在电池运行条件（如浓酸、浓碱、高温）下有较高的稳定性，如果催化剂本身导电性较差，则需要担载在导电性较好的基质上。

当前最有效也是使用最广泛的电催化剂为贵金属催化剂，Pt 是首选的催化剂，此外 Ru、Pd、Ag、Au 等贵金属也有较好的催化性能，贵金属不仅催化性能好，而且性能稳定，缺点是费用较高。因此，一方面通过细化催化剂颗粒、扩大电极表面积等方式以较少的催化剂实现同样的催化性能，当前 Pt/C 催化剂研究的进展可以使 Pt 担载量降至 $0.1mg/cm^2$ 以下；另一方面也积极地寻找廉价的替代催化剂，方法之一是使用贵金属与过渡金属合金催化剂如 Pt-V、Pt-Cr、Pt-Cr-Co 等，此外 Ni 基催化剂是一种有效的廉价催化剂。在 SOFC 中，导电的是氧负离子而非电子，钙钛矿型氧化物是非常优良的催化剂，Sr 掺杂的亚锰酸镧是当前首选的 SOFC 电催化剂。此外，其他已证明有效的催化剂包括 W 基催化剂，包括 WC_x 以及钨青铜类化合物，以及过渡金属卟啉、酞菁等大环配体的配合物催化剂等。

9.1.3.2 电解质和隔膜

不同类型的燃料电池使用不同类型的电解质。对电解质的要求是具有良好的导电性，在电池运行条件下具有较好的稳定性，反应气体在其中具有较好的溶解性和较快的氧化还原速率，在电催化剂上吸附力合适以避免覆盖活性中心等。出于设计的考虑，在燃料电池中电解质本身不具有流动性，使用液体电解质时通常使用多孔基质固定电解质，在 AFC 中 KOH 溶液吸附在石棉基质中，PAFC 中的磷酸由 SiC 陶瓷固定，MCFC 中的熔融碳酸盐固定在 $LiAlO_2$ 陶瓷中。通用电气公司首先用聚苯乙烯磺酸膜作为质子交换膜燃料电池中的质子交换膜，但这种材料会被阴极生成的少量过氧化氢降解。1962 年，杜邦公司开发了全氟磺酸质子交换膜 Nafion，实现了质子交换膜燃料电池的稳定运行。SOFC 中使用固体氧化物作电解质，主要有 Y_2O_3 掺杂的萤石结构的氧化物如 ZrO_2，还有一种是近年取得较大进展的钙钛矿型固体氧化物电解质。

9.1.3.3 双极板

双极板是将单个燃料电池串联组成燃料电池组时分隔两个相邻电池单元正负极的部分，起到集流、向电极提供气体反应物、阻隔相邻电极间反应物渗漏以及支撑加固燃料电池的作用。在酸性燃料电池中通常用石墨作双极板材料，碱性电池中常以镍板作双极板材料。采用薄金属板作双极板，不仅易于加工，同时有利于电池的小型化。然而在 PAFC 等强酸型的燃料电池中，金属需经过表面抗腐蚀处理，常规的方法是镀金、银等性质稳定的贵金属。在燃料电池的制作成本中，双极板占相当大的比例。

9.1.3.4 辅助系统

燃料电池的核心部件是电极和电解质，然而为了使燃料电池真正实现应用，还需要许多辅助性的设施，构成燃料电池系统。燃料电池系统包括由单个电池构成的电池堆，以及实现燃料重整、空气（氧气）供给、热量和水管理以及输出电能的调控等功能的辅助设施。这些辅助设施的设计取决于燃料电池类型、应用场合以及燃料的选择，对实现燃料电池的应用有重要作用。

将单池整合成电池堆时通常有单极和双极两种形式，如图 9-3 所示。在单极的连接方式中，每一路气体由两个单池公用，单池通过边缘串联形成电池堆。这种连接方式的好处是各单池相对独立，可根据电压要求决定是否接入，而且当某一单池失效时整个系统所受影响也较小。不足之处在于电流在电池组内部的路径很长，因此电极需要有很好的导电性以降低内阻造成的电压损失。此外，由于每个单池的不均匀性，在大电流密度情况下会发生电流密度分布不均匀的情况。双极的连接方式将每个单池的电极通过双极板面对面地连接，可以有效降低内阻，但问题是其中任一单池的损坏都将使整个电池堆停止工作。当前大多数燃料电池堆采用双极连接方式，主要原因是这种连接方式对电极的面积没有限制，可以使用 $400cm^2$ 以上的电极面积而不会产生很大的内阻损耗。

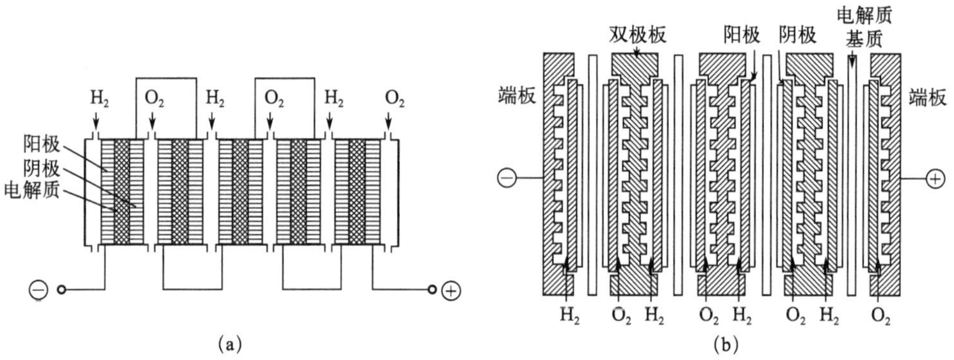

图 9-3　电池堆的单极（a）和双极（b）连接方式示意图

在电池堆中通过分支管（manifold）实现燃料气、氧气的供给以及产物气体的引出，可分为外部构型和内部构型的分支管两种方式。在外部构型的分支管系统中，气流方向与单池平面平行；在内部构型的分支管系统中，气流方向与单池平面垂直，通过双极板或膜上的孔和沟槽实现气体供给与收集。

燃料电池的燃料需要首先除去会使催化剂中毒的成分，如含硫的气体等。对于用 H_2 作燃料的燃料电池系统，还必须配备 H_2 的存储或制备系统。H_2 的制备可以通过甲烷水汽重整、甲烷部分氧化、丙烷或 NH_3 的分解或者 CO 的水煤气变换反应实现。烃类燃料的重整可以在燃气进入阳极之前通过一个附加的重整装置进行（外部重整，external reforming），也可以将重整系统合并入燃料电池堆，利用燃料电池产生的废热进行燃料重整（integrated reforming），提高整个系统的效率。对于高温燃料电池如 MCFC 和 SOFC，可以在阳极处进行直接重整，称为内部重整（internal reforming），能够实现更高效的热能利用。

图 9-4 是一个包含烃类重整系统的 PEMFC 燃料电池系统示意图。PEMFC 运行温度较低，但是对运行时各部件的水含量要求较高，因此附属设备中最重要的是用于水管理的设备，包括排水和燃料增湿系统。实际的 PEMFC 系统还需要配备氢气循环装置，对阳极出口中未反应完全的氢气进行重新利用。

9.1.4 燃料电池系统及其应用

燃料电池车是燃料电池的一个重要应用，比燃油车更清洁，比纯电动车续航里程长、燃料加注方便。20 世纪 90 年代就有汽车厂商推出燃料电池的样车，目前丰田、本田、现代等车企已推出量产的燃料电池乘用车，截至 2018 年底已累计销售超过 1 万辆。实际运行结果表明，燃料电池车在续航里程（＞600km）上比纯电动车（约 400km）具有明显优势，充氢在几分钟内即可完成，而纯电动车完全充满电至少需要 2h。燃料电池在大巴、重卡、叉车等商用车和特种车辆中的应用前景更被人看好，这些特种车辆的技术要求较乘用车低，更易研发并实现量产，车辆行驶的路径和加氢时间相对固定，方便进行加氢站的布置。氢燃料电

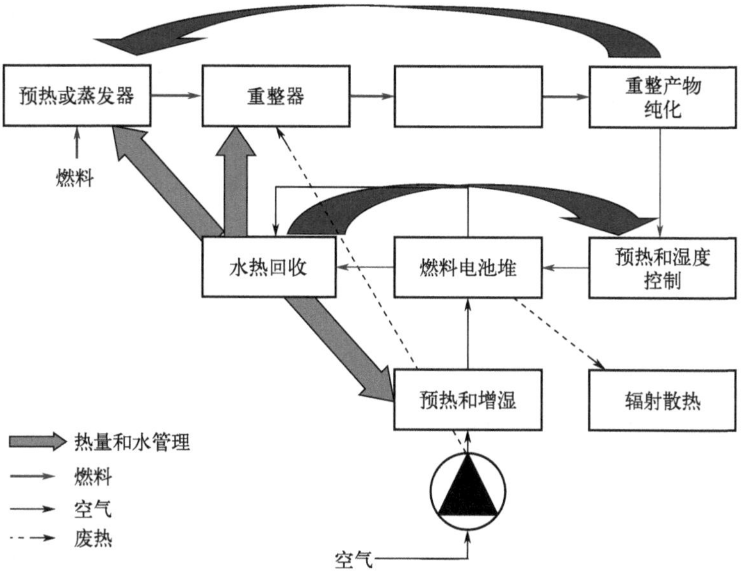

图 9-4 包含燃料重整的 PEMFC 系统示意图

池大巴是目前国内重点发展的燃料电池车，2019 年底国内燃料电池大巴数量约为 5000 辆，通过国家和地方的补贴，购车成本可以降低到约 150 万元/辆，与燃油大巴相当。一些有代表性的燃料电池车与纯电动车的性能对比如表 9-3 所示。

表9-3 几款燃料电池车与纯电动车的性能对比

项目	丰田 Mirai	本田 Clarity	现代 Nexo	荣威 950	特斯拉 Model 3
车辆尺寸/mm	4890×1815×1535	4895×1877×1478	4670×1860×1630	4996×1857×1502	4690×1930×1440
车重/kg	1850	1875	1860	2080	1611
百公里加速/s	9.7	8.8	9.6	12	5.6
最高车速/(km/h)	175	165	179	160	209
续航里程/km	502	589	609	430	354
电堆功率/kW	114	130	120	45	—
电堆功率密度/(kW/L)	3.1	3.1	3.1	1.8	—
低温冷启动性能/℃	−30	−30	−30	−20	—
储氢量	5kg	5.5kg	6.3kg	4.2kg	50kW·h(锂电)
补贴售价/元	390000	402827	440000	500000	291800

重卡和叉车等特种车辆可能成为燃料电池车新的增长点。重卡载重量大，在相同行驶里程下燃油重卡的尾气排放是轻型车的几十倍，因此电动化有迫切需求。我国拥有世界上最大的重卡市场，重卡保有率和产量均位居世界第一，各车企现正积极布局燃料电池重卡产业，

目前已有部分燃料电池重卡样车投入运营，续航里程最大可超过 1000km，据估计燃料电池重卡的市场规模在万亿美元级。电动叉车相比于内燃叉车应用领域更广，具有噪声小、环保、灵活性好、操作简单、故障率低且室内外兼用等优势，燃料电池叉车能较好地解决传统电动叉车动力不足、充电时间长的短板。目前美国燃料电池叉车保有量已超过 3 万辆，Plug Power 是美国燃料电池叉车行业的领导者，2018 年，沃尔玛所拥有的该品牌燃料电池叉车数量已超过 8000 辆，亚马逊也于 2017 年与 Plug Power 签订了合作协议，计划将其 11 个仓库中的电动叉车替换为燃料电池叉车。燃料电池叉车在我国仍处于发展的初级阶段，但已有多家车企看到了该领域的巨大潜力开始投入研发，由于燃料电池叉车对技术的要求不及其他车型，预计将会得到快速发展。

燃料电池的另一大重要应用是固定式的分布式电站。小型的固定式电站（＜10kW 级），如移动信号基站等通常仍然使用 PEMFC，固定式电站对体积要求不高，因此可以使用甲醇等燃料重整为燃料电池供氢。兆瓦级的分布式电站采用 PAFC、MCFC 和 SOFC 等中高温燃料电池。中高温燃料电池可直接以烃类，甚至是生物质为燃料，同时可以产生高温蒸汽，实现热电共生（combined heat and power generation，CHP），总效率在 70%～90%。SOFC 的阳极排气温度高达 800℃ 以上，还可以与燃气轮机结合，总的电站发电效率可以达到 50%～60%。此外，高温燃料电池可以与生物柴油制造、制氢、CO_2 捕捉、污水处理等新能源和环保产业相结合，构筑可持续的能量链。例如在德国的小城 Ahlen，利用 MCFC 产生的能量实现对城市生活污水的处理，同时以污水处理过程中厌氧菌分解产生的燃料气作为 MCFC 系统的部分燃料。一些有代表性的燃料电池分布式电站如表 9-4 所示。

表9-4 部分燃料电池分布式电站

生产商	类型	燃料	功率	效率
UTC Power	PAFC	天然气	200kW	发电效率 40% CHP：90%
Fuel Cell Energy	MCFC	天然气	2.8MW	发电效率 47% CHP：80%～90%
Siemens-Westinghouse	管型 SOFC-燃气轮机	天然气	25～300kW	总发电效率 60%
三菱重工	管型 SOFC-燃气轮机	天然气	250kW	总发电效率 53%
Bloom Energy	SOFC-燃气轮机	天然气、沼气	50～200kW	总发电效率 53%～65%

氢氧燃料电池是一种重要的 AIP（不依赖空气推进）技术，燃料电池 AIP 潜艇显著改善了潜艇隐蔽性能，是安静型常规潜艇的重要发展方向。2003 年，德国海军生产了第一艘用燃料电池作推进动力的潜艇，以液氧为氧化剂，氢存储于储氢合金中。目前德国海军的 212A 型艇有 9 组质子交换膜燃料电池，每组的输出功率为 30～40kW，满载排水量 1860t，水下续航 2000nmi（1nmi≈1852m）。出口型的 214A 型潜艇目前已经出口希腊、韩国、土耳其、葡萄牙等国家，总量达到 23 艘。

早期无人机主要是军用，但近年来在航拍、植保、巡检、警备等多领域的应用发展非常迅速。目前，无人机大多使用锂电池供电，其续航时间非常有限，燃料电池可大幅提升无人机的续航时间，因此备受关注。部分厂家已经推出氢燃料电池无人机产品，目前大多数氢燃料电池无人机都采用传统的气瓶供氢，但也有部分产品使用化学制氢法。Bshark、科比特、氢航等企业都推出了旋翼式的燃料电池无人机产品，续航可达 4h 以上。新加坡 Horizon 公司开发了针对燃料电池无人机的 Aeropak 系统，集成了 $NaBH_4$ 水解制氢装置和燃料电池，储能密度可达 600W・h/kg。

便携式电源的功率通常在 10～500W，应用于这一领域的主要是 PEMFC 和 DMFC 等低温燃料电池，但这一应用面临着锂离子电池的竞争。在成本上锂离子电池具有优势，但相比于锂离子电池，燃料电池的储能密度更高，燃料补充更为便捷，在户外电源、军事应用等特殊应用场景中有竞争力。小功率的燃料电池技术难度并不高，但对燃料电池的小型化要求很高。便携式电源的另一个技术挑战是储氢方案，小型高压气瓶在储氢密度和加氢便捷性方面没有优势，因此大多采用化学制氢的方式供氢，例如日本 Rohm 公司和瑞典 myFC power 公司开发了利用改性 CaH_2 和硅化钠水解供氢的小型燃料电池充电装置。DMFC 也非常适用于便携式电源应用，例如日立公司的 P3C 型移动电源，体积 11L，质量 7kg，利用两个分别装有甲醇溶液和蒸馏水的 450mL 液体罐，功率能达到 120W。

9.1.5 燃料电池中的材料

材料技术的进步对燃料电池性能提高和成本降低具有重要作用。例如当前应用最为普遍的 PEMFC 依赖于高性能的质子交换膜，近年来阴离子交换膜的发展也极大地促进了碱性膜燃料电池的发展；低温高性能的氧离子导体是 SOFC 的核心部件；电催化剂性能的提高将有效降低电极的过电势，提高燃料电池的功率密度；在燃料电池运行过程中，会发生催化剂团聚、溶解，质子交换膜降解及双极板腐蚀等问题，导致性能衰减，理解核心部件和材料的性能衰减与失效机理，提高材料的稳定性，对于延长燃料电池的寿命至关重要。近年来，提高 PEMFC 对甲醇、重整气、氨等广谱燃料的适应性也是燃料电池的重要发展方向，抗毒性的电催化剂、耐高温或耐甲醇渗漏的质子交换膜对在 PEMFC 中使用非氢燃料具有重要意义。

燃料电池可分为中低温燃料电池和高温燃料电池。一类是以 PEMFC 为代表的中低温燃料电池，运行温度一般在 200℃以下，使用贵金属作为电催化剂，使用水溶液或高分子离子交换膜作为电解质；另一类是以 SOFC 为代表的高温燃料电池，运行温度一般在 600℃以上，使用氧化物作为电催化剂，使用熔融盐或固体氧化物作为电解质。同一类型的不同燃料电池结构具有相似性，如 DMFC 的结构与 PEMFC 基本类似，但对电催化剂和质子交换膜有额外的要求。

为避免重复论述，本章将重点针对 PEMFC 和 SOFC 两类典型的燃料电池对通用部件材料的性质、要求和制备方法进行论述；对其他类型的燃料电池，将着重论述由工作条件改变导致的对其中关键材料的特殊要求，以及材料的制备方法。

PEMFC 材料中，重点论述电解质材料、电极和电催化剂、气体扩散层、双极板等，其他类型的低温燃料电池的部件与 PEMFC 大体相同。但在 DMFC 中，质子交换膜需要能抑制甲醇穿梭，同时阳极电催化剂需要能高效氧化甲醇。在碱性燃料电池中，目前的发展方向是使用阴离子交换膜，同时碱性燃料电池可以使用非铂催化剂降低成本。这些材料上的差别将进行重点论述，而气体扩散层、双极板等材料大致相同，为避免重复，不再针对每一种燃料电池单独论述。

SOFC 是高温燃料电池的代表，用单独的章节对其固态电解质、电极、双极连接材料进行论述。

9.2 中低温燃料电池中的电解质材料

9.2.1 质子交换膜

9.2.1.1 质子交换膜的类型和结构[2]

质子交换膜是 PEMFC 中的核心材料。当前绝大多数 PEMFC 都使用杜邦公司的全氟聚乙烯磺酸膜，商品名为 Nafion，具体结构如图 9-5 所示。主链为聚四氟乙烯结构，相隔一定距离有一些氟磺酸的侧链。侧链的分布不一定要均匀。侧链的密度可以用酸当量（equivalent weight，EW）表示，即当磺酸根全部处于酸的状态下时 1mol 磺酸根对应的 Nafion 的质量，可以用酸碱滴定、硫元素分析或红外光谱法来测量。Nafion 的型号通常用类似于 Nafion 117 的符号表示，该符号表示该 Nafion 的 EW＝1100，膜的厚度为 0.007in。Nafion 的摩尔质量一般为 $10^5 \sim 10^6$ g/mol。

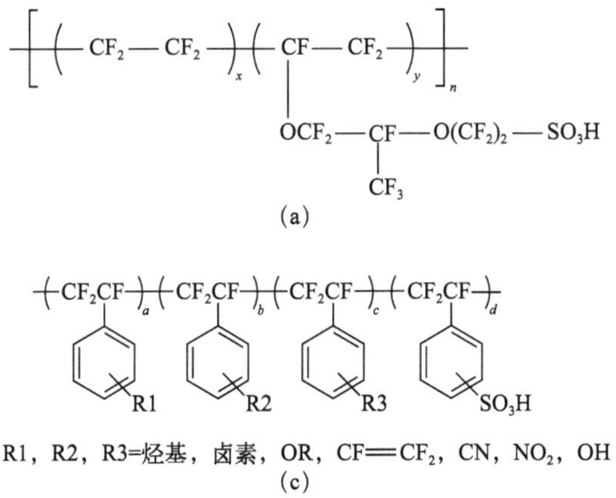

图 9-5 Nafion（a）和 BAM（b）质子交换膜的化学结构

Nafion 的制备过程可以简要地描述如下：首先将全氟代环氧丙烷与氟代酰氟磺酰氟（FSO_2CFR_FCOF，其中 R_F 为氟代烃）在氧化锌或氧化硅的催化下反应得到相应的酸性氟化物，将得到的酸性氟化物与碱金属弱酸盐（如 Na_2CO_3）反应得到氟化物碳酸盐，在 200～600℃下热分解得到氟代乙烯醚，将氟代乙烯醚与四氟乙烯共聚得到含磺酰基的树脂，该树脂具有热塑性，可以挤压成膜，再水解并在酸溶液中进行质子交换得到 Nafion。除了杜邦公司外，其他生产厂家也开发了结构类似的 Nafion 类似物，例如陶氏化学也开发了全氟聚乙烯磺酸，所不同的是侧链上醚氧原子的数目为 1，而非 2，从而 EW 值低且电导率显著增加。Dow 膜在用于 PEMFC 时性能优于 Nafion，但由于单体合成方法较为复杂，因此膜的成本较高。此外，商品化的全氟质子交换膜还有 Gore 公司的 Gore Select，3M 的全氟碳酸膜，日本旭化成的 Alciplex，日本旭硝子的 Flemion 系列，比利时 Solvay 的 Solvay 系列膜，中国东岳集团的 DF988 和 DF2801。全氟磺酸膜的厚度通常在数十至数百微米，可以根据应用需求选择不同厚度的膜，在 80～85℃完全润湿的情况下电导率可以达到 0.1S/cm，不同品牌膜的差距主要体现在稳定性方面。质子交换膜的类型和厚度很多，较薄的膜通常用于燃料电池，而较厚的膜通常用于电解水、氯碱工业等。Nafion、Gore Select 和东岳的质子交换膜的主要性质对比见表 9-5。

表9-5 Nafion、Gore Select 和东岳的质子交换膜的主要性质对比

品牌	Nafion	Gore Select	东岳的质子交换膜
类型	全氟磺酸膜	PTFE 复合膜	全氟磺酸膜
厚度/μm	10~50	8~18	15~50
质子电导率（85℃，50%RH）	> 0.1S/cm	> 0.1S/cm	> 0.1S/cm
氢气渗透率/［mL/（min · cm^2）］	< 0.01	< 0.01	< 0.01
拉伸强度（纵向/横向）/MPa	23~32/28~32	38~91/39~96	≥25/≥25
尺寸变化率	10%~15%	< 5%	< 7%

在 PEMFC 工作过程中，电极上氧还原产生的活性羟基自由基（·OH）会扩散至质子交换膜，导致膜的降解。全氟磺酸膜在燃料电池工作条件下具有较高的稳定性，但制备过程复杂，成本高，废弃后会对环境造成持续污染。研究人员一直致力于开发部分氟化和非氟聚合物质子交换膜。部分氟化聚合物质子交换膜多用氯化物代替氟树脂，或用氟化物与有机物或其他非氟化物共同混合制成，具有成本低、工作效率高、电池寿命长等优点。如 Ballard 公司开发的 BAM3G 膜，使用含有取代基的三氟苯乙烯，在水溶液中以过硫酸盐引发，通过自由基聚合制得共聚物，再通过氯代磺酸磺化后得到。其结构如图 9-5（b）所示，主链保留了氟化结构，旨在提高膜在 PEMFC 工作条件下的稳定性。其成本较 Nafion 低，在燃料电池中的性能也优于 Nafion，性价比更高，但寿命不及 Nafion。

非氟聚合物质子交换膜包括聚烯烃主链和全芳族聚合物主链两种类型。Dais Analytic 基于商用的聚乙烯/丁烯-聚苯乙烯嵌段共聚物，通过磺化反应引入磺酸基，获得可以通过流延法成膜的聚合物。其结构如图 9-6 所示。这一基于商用聚合物改性的 PEM 膜成本低，通过调控嵌段共聚物中链段的成分和比例可以便捷地调控质子传输性能，但缺点是抗自由基氧化的性能差。因此，主要应用于低功率的 PEMFC 电堆中。

目前主流的非氟聚合物质子交换膜基于全芳族聚合物主链，这类聚合物具有机械强度高、化学和电化学稳定性好、耐热性强及价格低等特点。通过在芳环上引入强酸离子基团的方法，制得的新型非氟聚合物质子交换膜，被认为最有希望取代 Nafion。目前的主要类型包括磺化聚醚砜、磺化聚醚酮、磺化聚酰亚胺、磺化聚苯并咪唑、磺化聚磷腈等类型，其分子结构如图 9-6 所示。

质子交换膜制备的技术路线主要分为两大类。一类是熔融成膜法，将树脂熔融后进行挤出流延或压延成膜，经过转型处理后得到最终产品。目前熔融成膜法的膜厚度均匀性好，生产效率高，无需回收溶剂，而且树脂熔融时破坏性小，产品质量稳定，成膜工艺最佳；缺点是无法制备较薄的膜。另一类是溶液成膜法，又可分为三种：一是溶液浇铸法，直接将聚合物溶液浇铸在平整模具中，经过溶剂挥发后在一定温度下成膜；二是溶液流延法，该方法可以制备较薄的膜，并可以通过卷对卷工艺实现连续产业化生产，但工序比熔融法复杂，而且需要回收溶剂；三是溶胶-凝胶法，将预先制备好的聚合物均质膜溶胀后浸泡在溶解有醇盐的小分子溶剂中，通过溶胶-凝胶过程将无机氟化物原位掺杂到膜中，该方法尚处于研究阶段。

将现有的质子导电聚合物与其他材料进行复合是提高质子导电膜综合性能的有效手段，

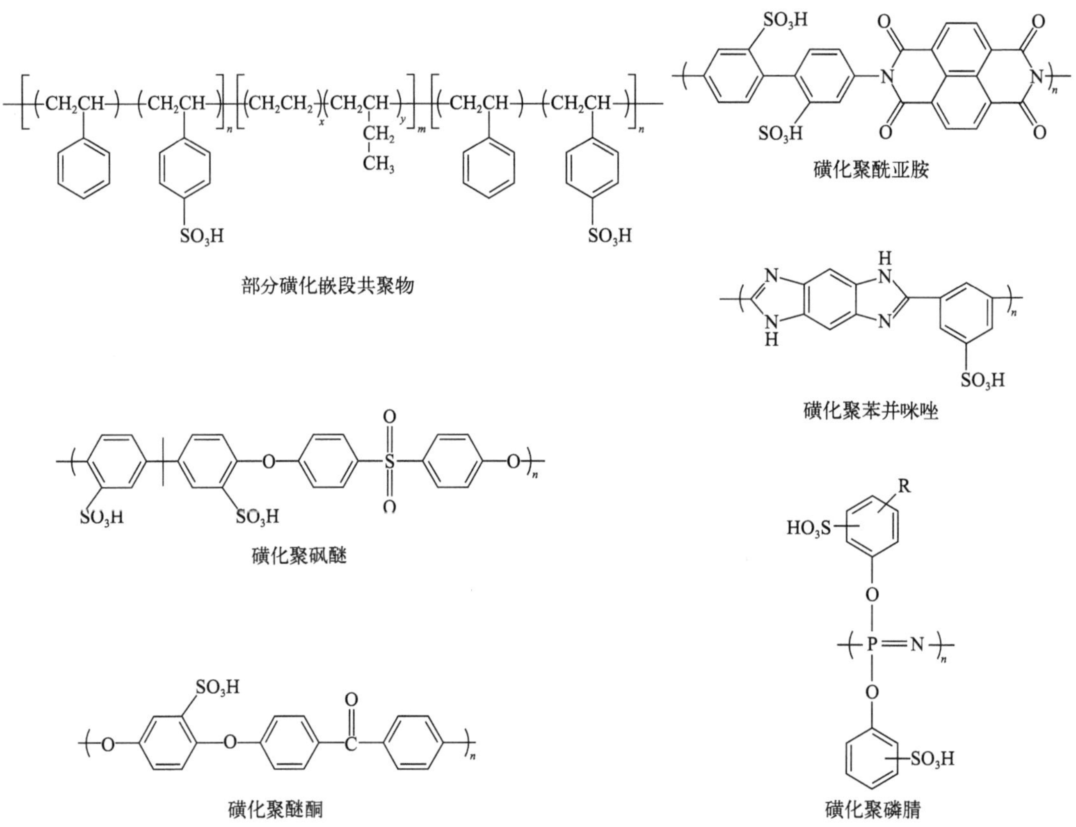

图 9-6 常见的非氟聚合物质子交换膜的分子结构[5]

由于协同效应，复合膜甚至会体现出比其中各组分更为优越的性能。复合包括宏观尺度上的复合和纳米尺度上的复合。宏观尺度上的复合常见的有 Nafion 与 PTFE 的复合，即将 PTFE 作为载体，将 Nafion 负载在其上，能大大增强 Nafion 的机械强度，但是会使质子导电性下降。例如 Gore and Associates 公司开发的 GoreSelect 膜就是一种很薄的 Nafion-PTFE 复合膜，将 Nafion 注入多孔的 PTFE 膜中，膜厚仅为 5～20μm。还可以对 Nafion 进行等离子处理并以溅射的方式沉积 Pd，能够增大 Nafion 的粗糙度，增大对甲醇扩散的阻力。此外，还有对 Nafion 与 PBI 复合的研究。在纳米尺度上的复合膜的研究较多，通常是在膜的成型过程中直接将另一种成分掺入，得到在纳米尺度上复合的膜。例如 Nafion 与杂多酸（heteropolyacid，PHA）的复合，Nafion 与超细的 Pt 和氧化物（如 SiO_2、TiO_2 等）纳米颗粒的复合，Nafion 与磷酸锆（ZrP）的复合等。

当前质子交换膜主要被进口产品垄断，2021 年，燃料电池质子交换膜的进口产品市场占比约 88%。除燃料电池外，质子交换膜在电解水制氢、液流电池等领域也有广泛应用。近年来国产代替加速，山东东岳、泛亚微透、科润新材料等国产厂商正积极布局质子交换膜，2022 年，国产的质子交换膜产能达到 140 万平方米，但产品的一致性和长期稳定性还需要进一步验证。

9.2.1.2 全氟磺酸膜中的质子输运机理

全氟磺酸膜是当前唯一应用于商用 PEMFC 中的质子交换膜，深入了解其结构以及质子在其中的运动过程是了解 PEMFC 运行机理的关键，也是开发新型质子交换聚合物膜的基础，自从全氟聚乙烯磺酸膜出现以来，人们对这一问题进行了广泛的研究。20 世纪 80 年代初，T. Gierke 等基于小角 X 射线衍射提出了反胶团模型，如图 9-7 所示[2]。该模型认为 Nafion 的磺酸根围成直径 40Å（1Å=10^{-10}m）的反胶团，相邻反胶团间隔约 50Å，通过直径为 10Å 的孔道相连，反胶团和通道内均为水相。由于反胶团及其相连的孔道均由负电性的磺酸根围成，因此正电性的质子能进入水相在其中传递，而阴离子如 OH^- 等则被排除在水相之外。

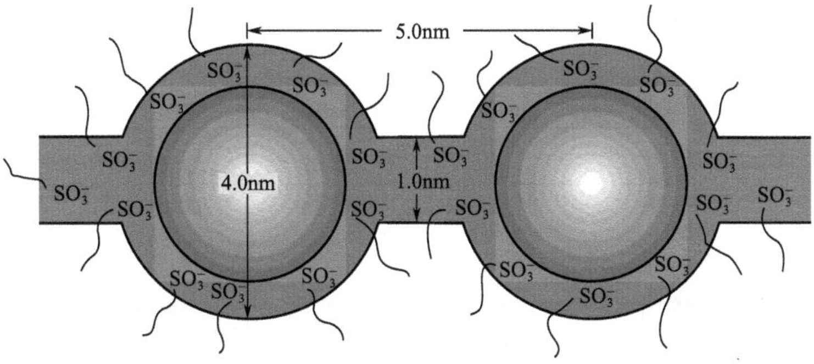

图 9-7　Nafion 的反胶团模型示意图[2]

小角衍射表明在 Nafion 样品中存在着短程有序性。对于含水的 Nafion 样品小角 X 射线衍射探测到重复周期为 3～5nm 的离子团簇，其强度随 EW 减小而向低角度偏移，强度随水含量升高而升高，T. Gierke 等据此提出了反胶团模型。进一步的研究表明，在 Nafion 中存在着晶态、离子簇以及不均匀的非晶基质等三种相（图 9-8[3]）。Fujimura 等提出一个核壳结构模型，核的中心为离子簇，被一层离子含量较低，主要由氟代烃链构成的耗尽层包裹，而核壳结构的颗粒则分散在不规则的基质中。虽然关于 Nafion 结构的模型很多，但这些模型中不变的一点是磺酸根聚集成离子团簇（ionomer），水、甲醇等强极性溶剂可以大量进入离子团簇中使离子团增大，这一基本结构仍是基于经典的反胶团模型，但不同的结构模型对于离子团的结构有不同的解释，包括球状、层状、棒状和三明治结构等不同的模型。

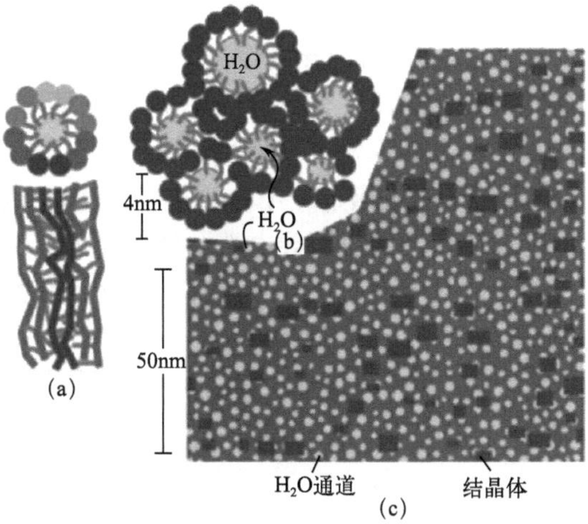

图 9-8　一个 Nafion 反胶团和其中的水通道（a），Nafion 团簇的组合（b）及 Nafion-H_2O 体系的介观结构（c）[3]

Nafion 在吸水之后离子簇会长大，同时数目减小，例如基于 Fujimura 的核壳模型，Orfino 和 Holdcroft 计算得到吸水之后离子簇的密度由 $3.2\times10^{19}cm^{-3}$ 降至 $9.7\times10^{18}cm^{-3}$，而离子簇直径则由 1.12nm 增大至 2.05nm。这也被熵最大化模型证实。随着吸水量的不同，Nafion 的结构也会发生相应的变化，Gebel 等提出的模型如下：在含水量较低时，离子簇主要以分散在无定形基质中的球状存在，随着含水量增加，离子簇吸水，反胶团不断长大，逐渐形成连通的反胶团。超过某一含水量后，发生结构翻转，即成为水相在外的正胶团；随着含水量进一步增加，Nafion 的链进一步分散，最终形成分散的棒状结构（图 9-9[4]）。事实上 Nafion 能在很低的水蒸气分压下吸水，表明水的进入有稳定膜结构的作用。

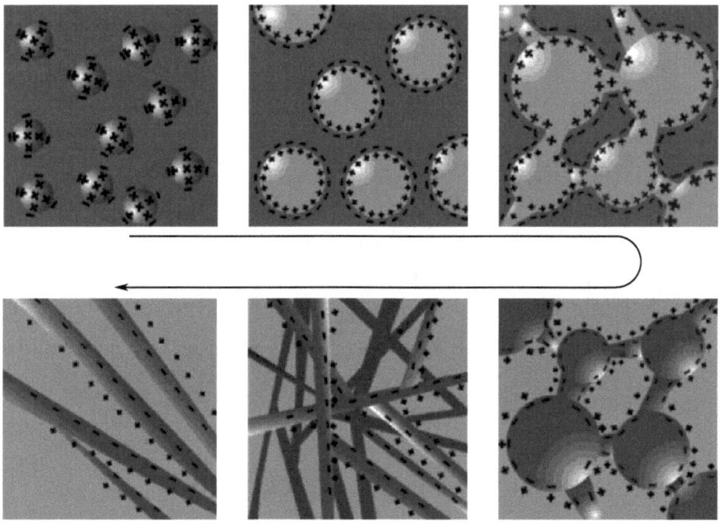

图 9-9 Nafion-H_2O 体系随水含量变化的结构演化（箭头指向含水量增加）[4]

由于 Nafion 的质子导电性需要有连续的水通道，因此这些膜的导电性均随着膜含水量的升高而升高。如图 9-10[3] 所示，质子电导率在低含水量时存在着一个诱导区间，当达到一定的含水量之后，电导率随水含量迅速上升，对应于连通的水通道结构。Edmondson 和 Fontanella 认为存在着 5%含水量这一使膜具有质子导电性的阈值，然而实验测得膜在该阈值之下也具有微弱的质子导电性。经实验测量发现，质子交换膜中水的自扩散系数和质子迁移率均随含水量上升而上升。各种质子交换膜的电导率均随温度升高而升高，并且表现出很好的 Arrhenius 关系。

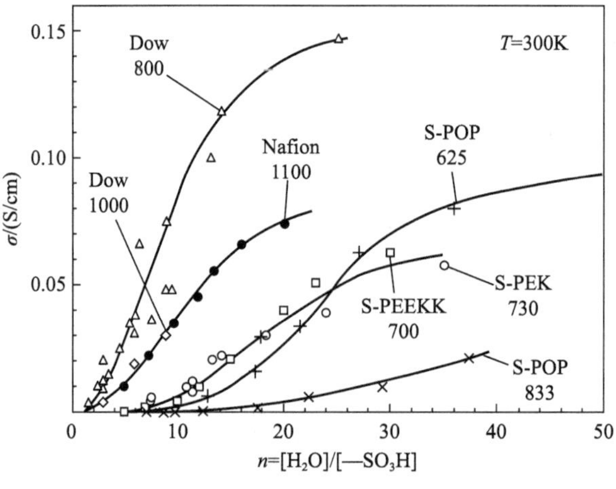

图 9-10 不同类型质子导电膜的离子电导率与含水量的关系

（S-PEEKK 和 S-PEK 为磺化聚醚酮类聚合物，S-POP 为磺化苯氧基膦腈类聚合物）[5]

在 Nafion 等全氟聚乙烯磺酸中，中等含水量时，亲水区域是被憎水的氟代烃链基质包围的互相连通的区域，这些区域的边缘还有负电性的磺酸根，在水通道与憎水的氟代烃链基质之间有一个氟代烃链逐渐展开的过渡区域，在这个区域中磺酸根的间距约为 0.8nm。能量最低化计算表明，在相邻的两个磺酸根周围大约需要 6 个水分子使质子从磺酸根上解离。典型的水的离子氛的 Debye 半径约为 800nm，远大于全氟聚乙烯磺酸中水通道的宽度，因此负电性的磺酸根离子对质子迁移有很大的影响。计算表明，磺酸根的存在使靠近过渡区的水的介电常数大大降低，由于高介电常数的媒质能稳定质子，因此在水通道中质子大多位于通道的中心区域，其中的质子传递行为接近本体水，但是质子迁移率和水的自扩散系数都有所降低。在水化程度较高的全氟聚乙烯磺酸中，主要的质子传递机理还是属于结构扩散，即通过不同水分子之间的质子交换；而随着水化程度的降低，其传递则是通过 H_3O^+ 扩散的机理进行的。

9.2.2 高温质子交换膜[6,7]

将 PEMFC 的工作温度从中低温（60～80℃）提高至高温（120～200℃）是 PEMFC 的一个重要发展趋势。如图 9-11 所示，高温 PEMFC（HT-PEMFC）具有以下优势：可以有效提高电极反应动力学，降低极化；有效降低 CO、H_2S 对电极的毒化作用，大幅提高对氢气中杂质气体的耐受性；余热更加便于利用，通过热电联供实现更高的效率；简化电对的水热管理；缩短启动的响应时间。但 HT-PEMFC 对材料性能的要求更高，因此目前电堆的成本较高。

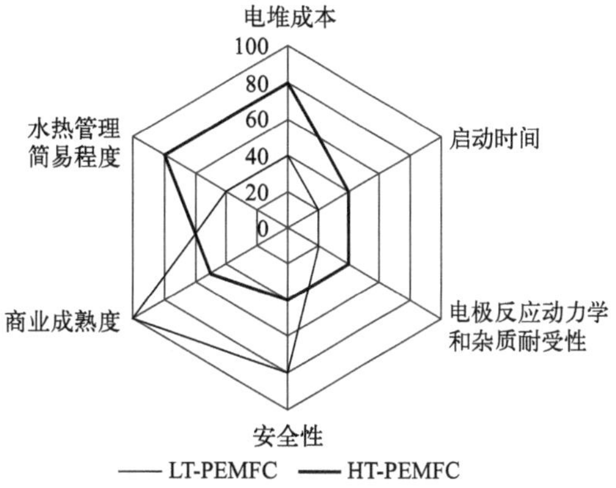

图 9-11 高温 PEMFC（HT-PEMFC）和低温 PEMFC（LT-PEMFC）综合性能对比

适用于高温环境的质子交换膜是 HT-PEMFC 发展的关键材料。商业化的全氟磺酸质子交换膜具有质子电导率高、化学稳定性好等特点，但工作时需液态水传导质子，高温低湿下难以正常工作，而且在高温下磺酸基团稳定性变差，因此主要用于工作温度在 100℃以下的中低温 PEMFC。通过掺杂无机物制备的复合膜，使其在高温下保持一定含水量，同时增强热稳定性，方可运用于 HT-PEMFC。磺化非全氟耐温聚合物如磺化聚醚醚酮、聚砜等在高温低湿下难以构建质子传输通道，工作温度难以超过 120℃。聚苯并咪唑（PBI）具有良好的高温稳定性，但其本征电导率很低，需要通过酸改性提高其质子电导率。磷酸可在无水状态下有效传导质子，其本征的质子电导率高达 800mS/cm，故掺杂磷酸的 PBI 膜可在高温低湿下实现稳定的质子传导，成为最主流的高温 PEM 材料。

PBI 是指主链中含有苯并咪唑基团的高聚物，其主链结构具有可调控性，通过引入不同的基团，可以调控高分子膜的性质，一些常用的 PBI 型高聚物结构如图 9-12 所示。当前 m-PBI 是应用最多、唯一商业化的 PBI 膜，PBI 本身并不传导质子，其质子电导率只有 10^{-6}mS/cm，只有在掺杂磷酸后才具有较高的质子电导率。发现 PA-PBI 中均有焦磷酸、三聚磷酸以及多聚磷酸，质子交换效应在短程质子传输过程中起重要作用，而对长程质子传输基本不起协助作用。随着磷酸含量的增加，磷酸分子与聚合物主链之间的静电作用力增大，形成强烈的氢键作用，从而能通过结构扩散有效传递质子。研究表明，PA-PBI 膜中质子传导主要遵循 Grutthuss 传导机理，质子可以通过分子间氢键断裂和形成进行转移，其中质子结合位点包括磷酸根以及在 PBI 主链上的质子化咪唑基；若 PA-PBI 体系中含一定量水分，则质子还会在水分子与磷酸分子之间发生质子传递。

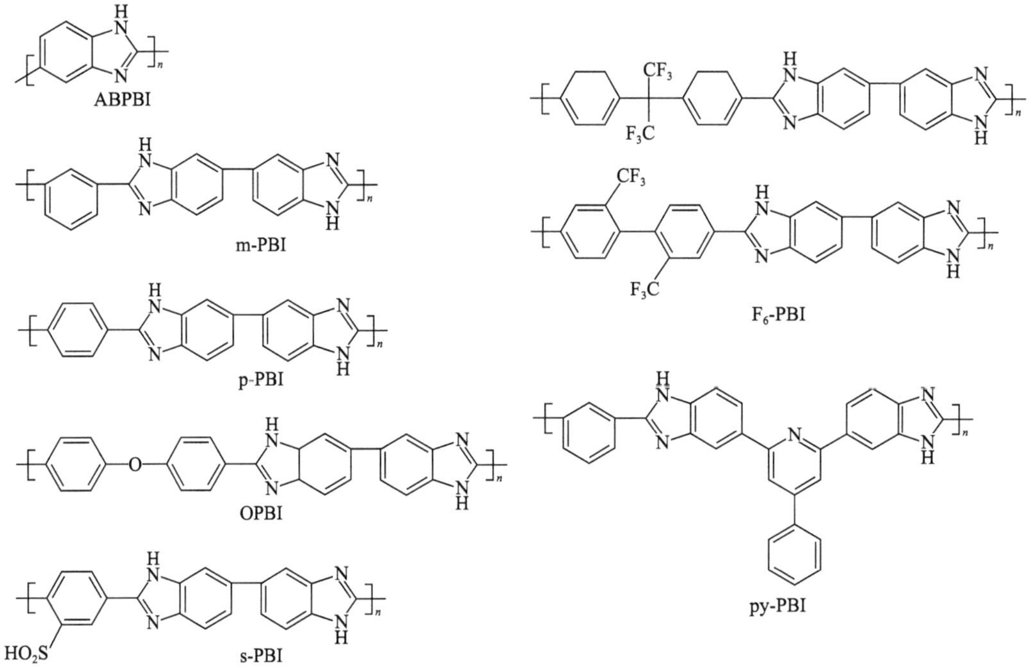

图 9-12 一些用于 HT-PEMFC 的 PBI 型高聚物的分子结构

用聚合物粉末制备磷酸掺杂聚苯并咪唑（PA-PBI）薄膜的方法主要是成膜浸泡法。将 PBI 粉末溶解在二甲基亚砜或 N,N-二甲基乙酰胺等强极性非质子溶剂中，得到一定浓度的聚合物溶液，通过溶液流延法制成 PBI 薄膜；再将得到的薄膜浸泡在浓磷酸中加热一定时间，吸附磷酸即制得 PA-PBI 薄膜。该方法成膜质量好、可控性强，但磷酸掺杂水平较低，并要求 PBI 材料具备良好的溶解性。

为克服成膜浸泡法的不足，Benicewicz 等 2005 年与 BASF 公司合作，首次报道采用溶胶-凝胶法制备 PA-PBI 复合膜。该方法中，将单体分子在多聚磷酸（PPA）中聚合形成 PBI，将溶液直接涂覆到合适的基底上，由于 PBI 和 PPA 都吸湿，通过吸水 PPA 会水解为磷酸，PBI 在 PPA 中溶解度高而在磷酸中溶解度低，从而在水解过程中由溶胶向凝胶转变成膜，同时水解生成磷酸实现了原位掺杂。该方法步骤简单，无需额外有机溶剂，磷酸含量高，但对单体纯度以及所得聚合物聚合度要求比较高，成膜性较差，薄膜机械强度较低，尚需进一步完善。

PA-PBI 系列高温 PEM 膜存在的主要问题有：

① 质子电导率与膜机械性能之间的矛盾。传统 PA-PBI 质子电导率与磷酸掺杂水平息息相关，随着磷酸掺杂量的上升，PA-PBI 膜的质子电导率增大，但同时磷酸对降低 PA-PBI 膜的机械强度，所以如何使 PA-PBI 膜在具有较高磷酸掺杂水平下仍然能保持较高的机械强度是研究的热点。

② 质子电导率与工作温度之间的矛盾。目前大部分 PA-PBI 膜在 HT-PEMFC 中的运行

温度为 150～180℃，远低于 PBI 的玻璃化温度和热分解温度，主要是因为磷酸掺杂导致其热稳定性降低，同时高温低湿环境下磷酸脱水缩合形成焦磷酸与多聚磷酸，致使 PA-PBI 的质子电导率降低。

③ 膜性能与加工性能之间的矛盾。PBI 由于主链分子上咪唑基之间强烈的氢键作用，其在 DMSO、DMF 等非质子高极性有机溶剂中的溶解性降低，成膜时通常只能使用分子量较低（23000～40000）的线型 m-PBI，而分子量低意味着成膜后的机械性能、磷酸掺杂水平、气密性都较低。如何通过分子设计和可控合成，在增加 PBI 分子溶解性的同时保证其成膜性，获得更高分子量、均一性好、易于加工的膜是一个重大的挑战。

近年来，研究者针对上述挑战，开展新型 PBI 高温 PEM 膜的结构调控和制备研究，旨在提高膜的综合性能[8]。

交联改性是提高 PA-PBI 膜机械性能的有效手段，常用方法包括离子交联、共价交联以及离子-共价交联三种方式。无机掺杂也是提高 PBI 膜质子电导率与机械强度的常用手段，常见的无机掺杂材料包括黏土、石墨烯或氧化石墨烯、二氧化硅颗粒等。研究表明，SiO_2、TiO_2、ZrP 等无机纳米粒子掺杂得到的复合膜的质子电导率均高于纯 PBI 膜，其中 PBI/ZrP 同时具有高磷酸掺杂量与磷酸保持率，机械性能与纯 PBI 膜相当，180℃下质子电导率达 200mS/cm，可满足 HT-PEMFC 的应用需求。

为提高 PBI 膜的高温电导性能，通过使磷钨酸浸渍的介孔二氧化硅原位合成后进入 PA-PBI 制备的复合膜，可缓解高温运行的电导率下降。聚合物骨架中原位形成的磷硅酸盐相能够固定大量磷酸，减缓自由酸溢出，并且具有良好的稳定性。基于该膜研制的 HT-PEMFC 单电池能在 200℃、200mA/cm^2 下持续运行 2700h，而基于纯 PBI 膜的单电池在相同条件下只能持续运行 1500h。

主链结构调控是调节 PBI 溶解性的重要手段。将醚键引入 PBI 中，可以有效地降低聚合物分子的刚性，提高溶解性，但会导致力学性能和热稳定性有所下降。在 PBI 主链中引入碱性基团可以增加其对磷酸分子的亲附力，有效地提高磷酸掺杂率，表现出较高的质子传导率。含有醚键、六氟代异丙基、较大侧链基团或非共面结构的 PBI 可以通过基团位阻降低咪唑基之间的氢键作用，具有较好的溶解性，但同时也意味着链段之间结构松散，机械强度与成膜性有所欠缺。一种较为成功的改性 PBI 是同时含有主链醚键和侧链苯基、苯并咪唑基的 Ph-PBI，不仅具有良好的溶解性，而且成膜后展现出优异的稳定性、较高的 PA 载量和质子电导率（200℃，217mS/cm），主要原因在于其分子链段结构的特性致使磷酸掺杂过程中膨胀具有各向异性，有助于减少膜电极中结构性断裂，可增加 HT-PEMFC 的耐久性。

目前 HT-PEMFC 的寿命为 10000h，美国 Advent 公司生产的 Advent PBI MEA 能够保证 20000h 以上的使用寿命，但仍远低于中低温燃料电池寿命（＞40000h）。其中，高温质子交换膜的寿命是决定 HT-PEMFC 寿命的重要因素，高温低湿环境不仅会使 PA-PBI 膜中磷酸迅速流失，而且会加剧由自由基进攻而导致的氧化降解，同时 HT-PEMFC 的启停与间歇运行中的热冲击会产生较大的内部应力，造成膜的机械损伤和透气性增大，最终致使电池失效。深入理解 PA-PBI 膜的性能衰减机理，并开发相应的稳定化方法对于提高 HT-PEMFC 的寿命至关重要。

为解决磷酸流失问题，研究者通过制备磷酸分子俘获位点或增加聚合物与磷酸分子间相互作用缓解磷酸流失，如采用简单的 N 取代反应将几种含苯并咪唑的小分子基团接枝在 OPBI 的聚合物主链上，发现接枝苯并咪唑基团的 OPBI 分子表现出更高的磷酸掺杂量，并有效降低了磷酸流失率；也可以通过构建新的质子传输通道，降低 PA-PBI 体系对磷酸的依赖性，在较低掺酸水平下保持较高的质子电导率，不仅解决了磷酸流失问题，也减少了磷酸对 PBI 膜机械强度的破坏作用。

针对 PBI 膜氧化降解问题，研究者通过合成具有交联结构或者支链结构的聚合物来保护聚合物骨架免受自由基攻击，以及在膜中引入抗氧化基团或无机材料来缓解膜的氧化降解。如向 PBI 主链中引入—CF_3 基团得到 F_6-PBI，降低苯并咪唑基团的电子云密度，使得氢氧自由基难以进攻高分子链段。高支化度的 PBI 分子能有效阻挡自由基对主链分子进攻，同时也能阻止磷酸流失。上述两种策略同时使用，能够进一步提高 PBI 膜的抗氧化降解性能。

为提高 PBI 膜的机械稳定性，Kerres 等提出酸碱络合聚合物概念，通过加入含有碱基的聚合物 PBI，使高度磺化的 SPEEK 膜上的部分磺酸根与 PBI 主链上碱基形成质子化碱基或聚合物盐，可显著降低膜的溶胀性，从而提高机械强度。向 Ph-PBI 中引入高度亲水亲酸含硫基多面结构的硅氧烷寡聚体（SPOSS）纳米颗粒，可以显著提高复合膜的拉伸强度。通过静电纺丝等方式制备出具有多层纳米纤维丝的 PBI 膜，利用纳米纤维结构增强膜的机械强度。

除 PA-PBI 外，其他 HT-PEM 材料还包括聚芳醚、聚酰亚胺、聚苯基喹喔啉等类型。目前常见高温 PEMFC 质子交换膜的性能见表 9-6。

9.2.3 DMFC 中的质子交换膜[9,10]

在以 H_2 为燃料的 PEMFC 中高分子导电膜依照最大化质子导电性的要求而设计，并未对醇类的渗透性能多加考察。甲醇与水能以任一比例互溶，在电池运行中由于膜两端的甲醇浓度差很大，甲醇的扩散作用很强；同时甲醇分子可以随着质子在电场作用下一起发生迁移。由甲醇渗漏造成的电流密度损失达到 $100mA/cm^2$，而相对应的由气体渗漏造成的损失仅为 $1mA/cm^2$。甲醇的渗漏限制了甲醇水溶液的浓度，当前大多数 DMFC 都采用 1mol/L 的甲醇溶液。

针对 DMFC 的特殊要求，其中的质子交换膜需要符合以下要求：高的质子导电性（$>80mS/cm$），低的醇透过率［$<10^{-6}mol/(min \cdot cm)$］或醇在膜内较低的扩散系数（25℃下，$<5.6\times10^{-6}cm^2/s$），在高于 80℃的运行环境下有较高的化学稳定性和机械强度，低的 Ru 透过率，以及合理的价格（<10 美元/kW）。当前开发的重点是低透醇高离子导电性的高聚物薄膜，按照类型可以分为以下几类：全氟代薄膜，如前所述的 Nafion、Dow、Flemion、Aciplex 等商品全氟代薄膜；非全氟代薄膜；复合薄膜，包括有机-无机复合薄膜以及酸碱复合薄膜。

在以 H_2 为原料的 PEMFC 中通常使用的 Nafion 112 薄膜并不适合在 DMFC 中使用，主要原因是其工作温度较低，因此限制了氧还原速率，同时甲醇透过率较高。Nafion 117 更适用于 DMFC，虽然其质子导电性较低，但是甲醇透过率也较低。通过与无机物的复合可以进一步改善 Nafion 类全氟代膜在 DMFC 中的性能，例如与 SiO_2 颗粒、磷酸氢锆(ZrP)、钼（钨）磷酸盐复合等[9]。Nafion 与 SiO_2 的复合研究最为广泛，可以通过 Nafion 与 SiO_2 粉末或是二苯基硅酸（DPS）的共混制膜，也可以通过硅的前驱体如四乙基硅氧烷（TEOS）水解形成溶液，然后与 Nafion 水溶液共混制膜。与这些无机材料的复合可以提高薄膜的保水性能，提高其工作温度。无机纳米颗粒同时能降低甲醇在薄膜中的扩散速率。甲醇的透过率为甲醇在膜中溶解度和扩散系数的乘积。通过对 Nafion-DPS 复合膜的研究发现，

表9-6 常见高温 PEMFC 质子交换膜的性能[7]

聚合物种类	主链结构	T/℃	RH（相对湿度）/%	电导率/（mS/cm）
m-PBI	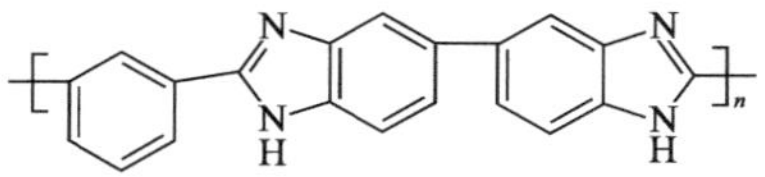	160		160
p-PBI	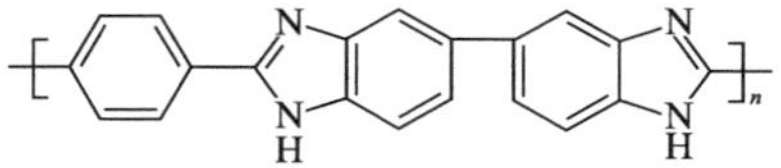	160		240
AB-PBI	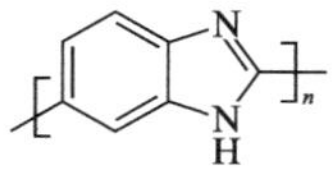	110		60
F_6-PBI	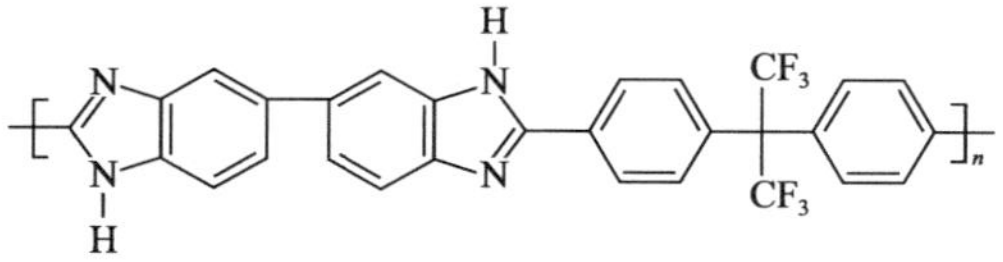	160		90
$P_{0.5}$-b-$O_{0.5}$-PBI	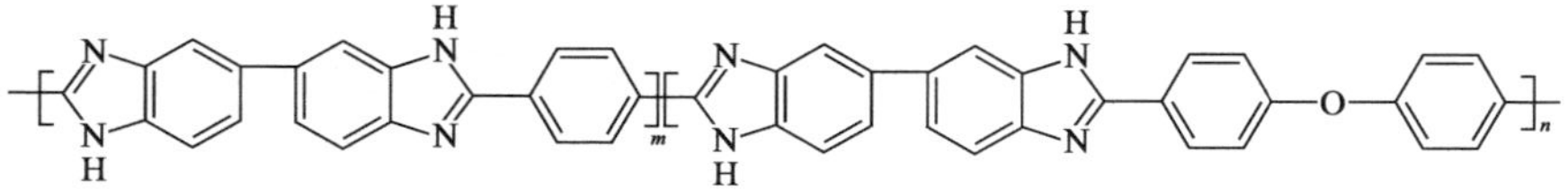	160	0	100
PBI-5. 3%BeIM	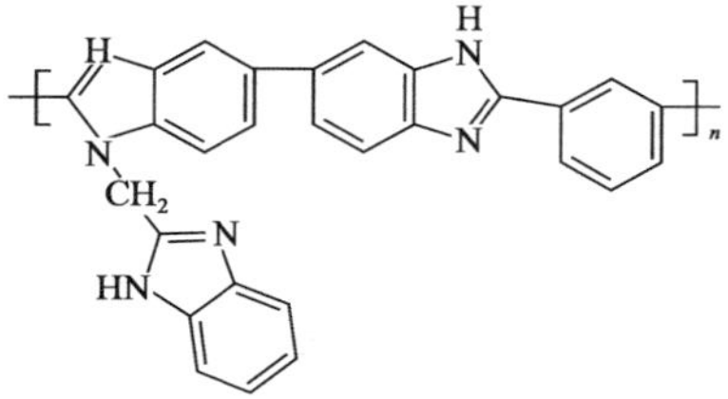	160	0	150

续表

聚合物种类	主链结构	T/℃	RH（相对湿度）/%	电导率/（mS/cm）
PBI-NH_2-EPA-15	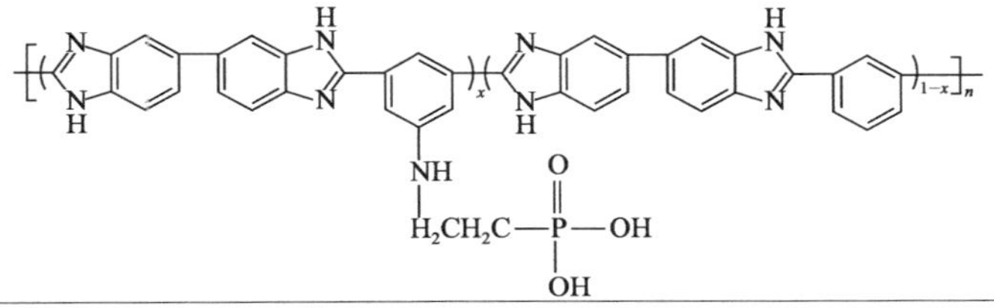	170	62	62
SPEEK/20%（质量分数）PBI	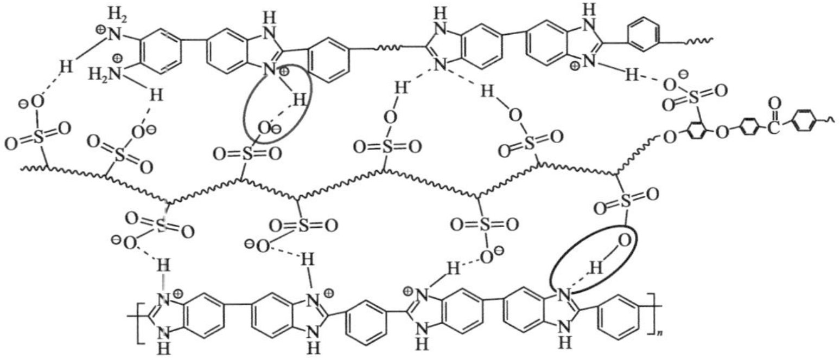	170	100	198.5
PBI-20%TMBP	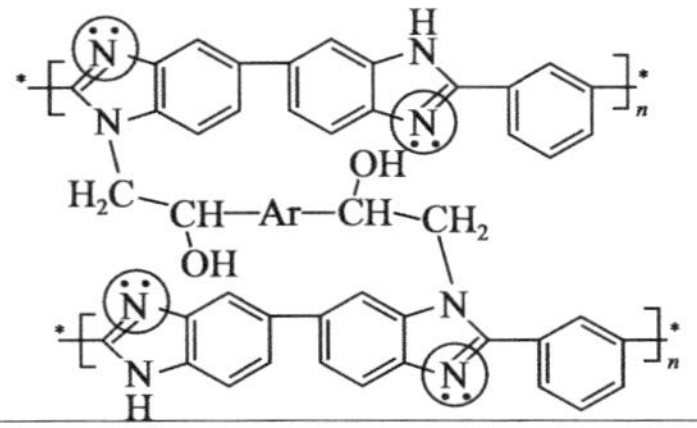	150	0	51
PBI-graft-PVPA	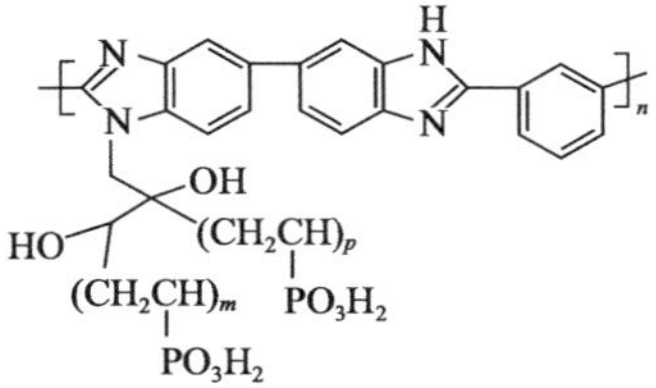	120	20	8

随着膜中 DPS 颗粒质量分数的上升，甲醇在膜中的溶解度也上升，但是其扩散系数下降得更快，从而使甲醇透过率降低。研究结果表明，在较低浓度（1mol/L）的甲醇溶液中，复合膜的性能与 Nafion 117 相当，但在 10mol/L 的高浓度甲醇溶液中，由于复合膜有效地降低了甲醇的透过率，因此性能明显优于 Nafion 117 膜（图 9-13[9]）。针对全氟代膜的改进还包括与聚糠醛的复合，与吡咯共聚等。

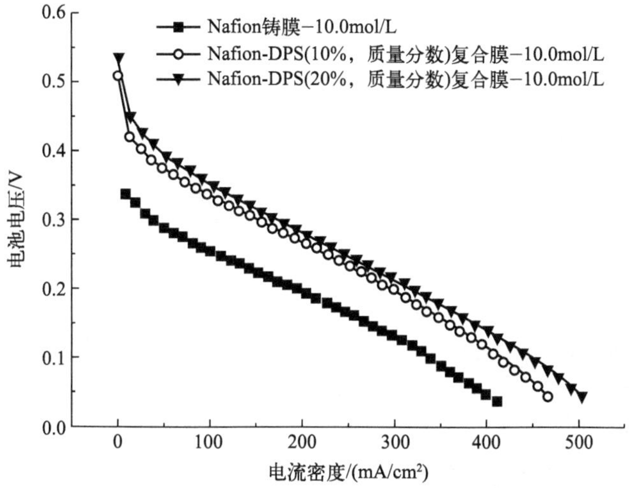

图 9-13 与二苯基硅酸（DPS）复合之后的 Nafion 膜在以 10mol/L 甲醇溶液为燃料的 DMFC 中的极化曲线[9]

Pall Gelman Sciences Inc 开发了 Pall Ion Clad 系列部分氟代的薄膜，其主干为聚四氟乙烯结构，支链为聚丙烯苯磺酸结构，这种膜的甲醇透过率明显低于 Nafion，例如 36μm 的 Pall R-1010 和 63μm 的 Pall-4010 的质子电导率与 120μm 的 Nafion 117 类似，但是甲醇透过率低。针对以 H_2 为燃料的 PEMFC 开发的一系列非氟代质子交换膜也可用于 DMFC，但需要对其抗甲醇渗透性作更全面的考察。聚苯并咪唑类（PBI）的质子交换膜具有很高的质子导电性，同时在膜内的电渗透系数较 Nafion 中小，因此有利于降低醇的透过性能，例如 80μm 厚的 PBI 膜的醇透过率仅为 200μm 厚的 Nafion 膜的 1/10，同时 PBI 膜能在较高温度下稳定，操作温度可以达到 200℃。其主要缺点是在热的甲醇溶液中会有少量的 H_3PO_4 分子从膜中析出，用较高分子量的多磷钨酸代替磷酸制膜可以减少酸的析出。目前 PBI 膜已由美国的 PEMEAS 商品化，Celtec V 类型的膜能在 60～160℃范围内运行，而且不需要对膜进行润湿。

还有一类是磺化的聚醚酮（sulfonated poly ether ether ketone，SPEEK），其结构如图 9-14 所示[1]。当这种膜吸水形成质子导体时，与 Nafion 类似，也随着吸水量的不同存在着不同连通程度的水通道，但是与 Nafion 相比，其水通道较窄，有更多的分支和死胡同，同时磺酸根的间距也较大，pK_a 值较低。这种膜的成本低于 Nafion，在其中溶剂（水或醇）的扩散系数较低，因此对醇透过的阻隔性能较好，但同时质子电导率也低于 Nafion。此外，这种膜用于燃料电池的主要缺点：一是干态很脆，不易加工，而且在电池内也易破裂，从而导致电池失效；二是它的最高工作温度仅 80℃，比 Nafion 膜还低。因此，人们采用与其他聚合物共混的方法来改善这类膜的性能。例如将 SPEEK 与未磺化的聚醚砜（PES）共混制膜，又如将 SPEEK 与聚苯并吡咯（PBI）共混，碱性的吡咯基团中和了部分磺酸根，两者进行交联，这种复合膜不但干态时膜很柔软，而且膜吸收水后溶胀也很小，饱吸水后具有很高的离子电导率，是非常值得关注的 DMFC 膜材料。对于非氟代膜也可以通过与无机纳米颗粒复合，进一步改善其性能。例如将 SPEEK 与杂多酸和二氧化硅复合，可以增强质子导电性和机械强度，进一步降低甲醇透过率。

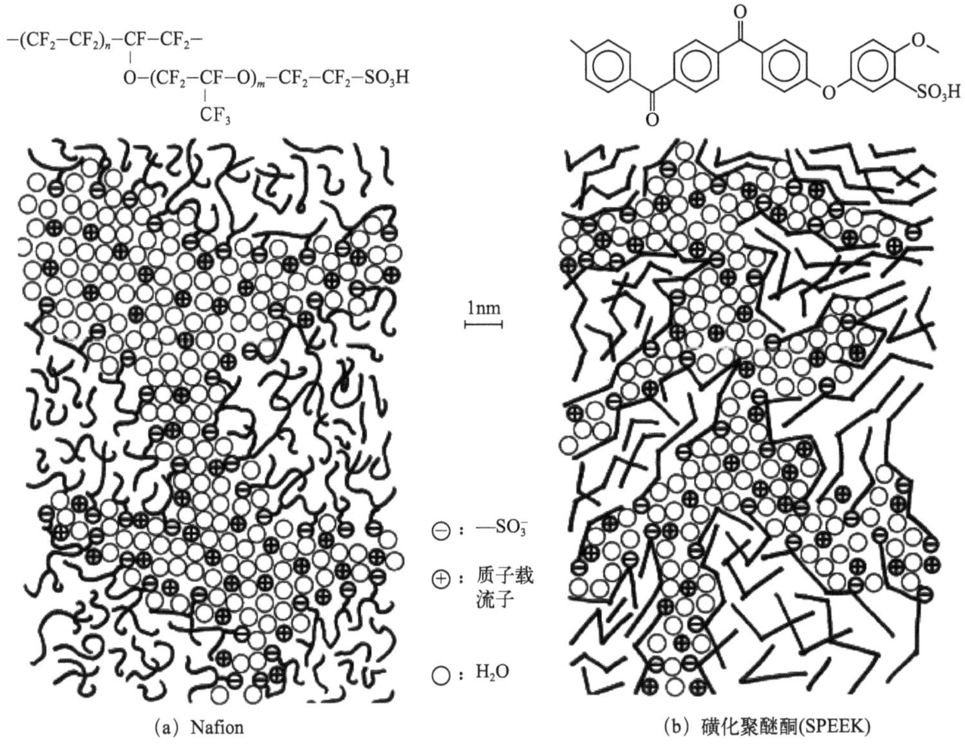

图 9-14 Nafion 和聚醚酮的水通道结构对比[1]

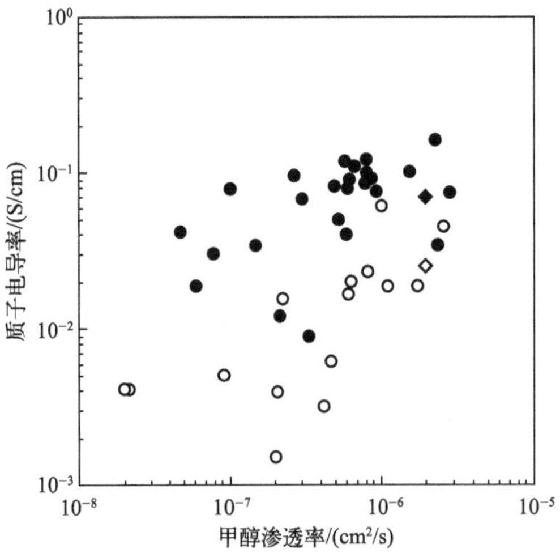

图 9-15 一系列质子导电膜的质子电导率和甲醇渗透率的关系[1]

开发高温稳定、高质子导电性、低透醇率且价格便宜的质子交换膜是 DMFC 研发的核心问题之一。除了上面提到的例子外，人们还开发了很多不同类型的质子交换膜。然而由于质子的传导和甲醇的透过通常具有较强的关联性（图 9-15[1]），同时质子的离子氛也能带动甲醇分子的运动，使其中之一升高而另一降低难度较大，当前多数质子交换膜都只能在这两者之间取一个平衡。开发性能更为优越的膜需要进行更为深入的研究。

与 PEMFC 类似，由于电解质是固体，因此为使电极-电解质形成充分接触的良好界面，需要制成膜电极体系（membrane-electrode assembly，MEA）。值得注意的是，DMFC 以甲醇溶液为燃料，长时间在溶液中浸泡会使电极更容易脱落，是 MEA 制备中需要考虑的问题。

1mol 甲醇在阳极发生氧化反应可产生 6 个电子和 1 个 CO_2 分子，即相当于 3 个氢分子电化学氧化时释放的电量，因此阳极内反应产物气体的传递通道在相同的电流密度下仅为 PEMFC 的 1/6；而甲醇是以液体传递方式到达反应区的，依靠亲水通道传递。据此用于 DMFC 的阳极催化层组分中应增加 Nafion 的含量，有利于传导 H^+、传递 CH_3OH，并增强电极与膜的结合力，同时必须保留一部分的憎水物质如 PTFE，使生成的 CO_2 能顺利地排出。

由于采用甲醇水溶液作燃料，水的电迁移与浓差扩散均是由膜的阳极侧迁移到阴极侧的，所以阴极侧的排水量远大于电化学反应生成的水量，也远高于 PEMFC。DMFC 的这一特点导致在选择操作条件时，一般氧化剂（氧或空气）的压力要高于甲醇水溶液的压力，以减少水由阳极向阴极的迁移；同时反应气的利用率也很低，以增大阴极排水能力。但这些水均要通过阴极催化层、扩散层传递到阴极室。因此，为了有利于水的排出，DMFC 阴极扩散层内 PTFE 含量低于 PEMFC，而催化层内 Nafion 的含量要高于 PEMFC。

9.2.4 AFC 中的电解质

9.2.4.1 碱性水溶液

AFC 的电解液通常为 KOH 水溶液。阴离子为 OH^-，它既是氧发生电化学还原反应的产物，又是导电离子，因此不会出现阴离子特殊吸附对电极过程动力学的不利影响。碱的腐蚀性比酸低得多，所以 AFC 的电催化剂不仅种类比酸性电池多，而且活性也高。以强碱为电解质时，当燃料中含有碳氢化合物或使用空气作为氧化剂时，会向电解液中引入 CO_2，进而与氢氧化物形成碳酸盐，会使溶解度和电导率下降。研究表明，50×10^{-6} 的 CO_2 对于 AFC 的运行并没有太大影响。Al-Saleh 等的研究表明，在低温下确实存在着这一问题，然而在正常的 AFC 运行温度（70℃）下，向电解液中混入 K_2CO_3，运行 48h 后并未发现电池性能明显衰减。Gulzow 等的研究表明通过改变电极的制作方法、定期更换电解质溶液（每 800h）以及通过向电解液中加水等手段能减小 CO_2 的影响。

AFC 中的电解质分为静止（固定）和循环（流动）两种。在固定电解质类型的 AFC 中，电解液常由多孔的石棉膜固定。石棉膜多孔结构在固定电解液的同时，能为 OH^- 的移动提供通道。石棉膜的另一功能是分隔氧气和氢气，是固定电解质的 AFC 中的关键部件之一，石棉膜的厚度仅为几毫米，因此电池的体积可以大大缩小。固定电解质的 AFC 在操作过程中需要解决反应过程中生成的水排出的问题，在 AFC 中水在氢电极处生成，因此通常采用循环氢气的方法将水排出。在航天器中，这部分清洁的水能为宇航员提供宝贵的生活用水。

如果要使电解质循环起来，需要配备额外的设备，如管道和循环泵等，而且需要避免强腐蚀性的浓 KOH 溶液泄漏。然而循环电解质也有如下一些优点：循环电解质的循环系统同时也是冷却和排水系统，当电解质由于碳酸盐的生成性能下降时还可以及时进行更换，当电池不工作时可将电解液全部移出电池系统，避免缓慢化学反应的进行，延长了电池的工作寿命。流动式电解质的 AFC 系统示意图见图 9-16[1]。在设计串联电池组时，如果采用循环电解质的方式，每一个单电池的循环系统最好是独立的，互相连通的循环系统容易发生电池内部短路的现象。

AFC 在地面应用受限于空气中的 CO_2 与碱性电解质的反应，主要原因是 CO_2 与作为电

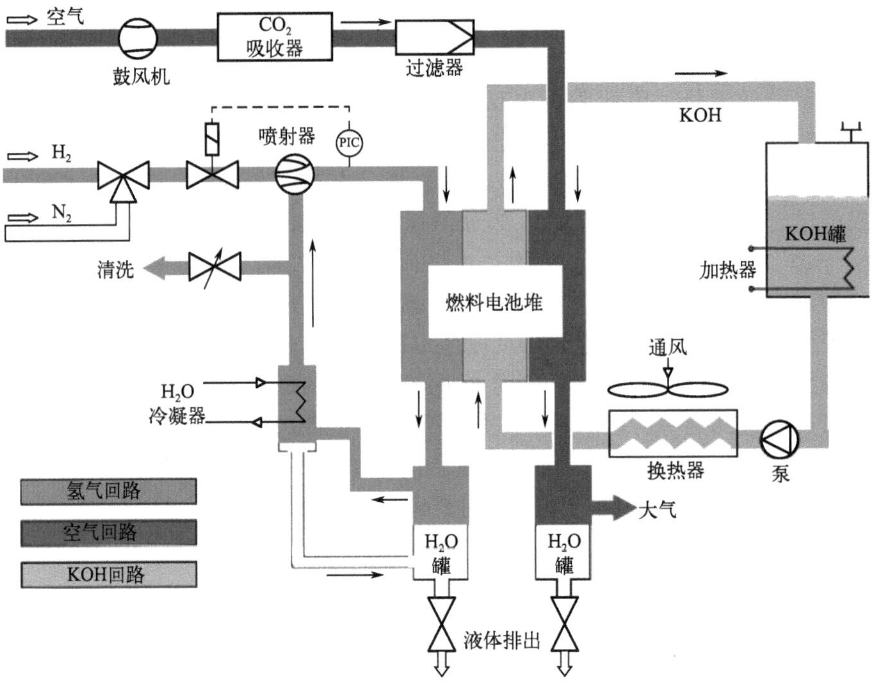

图 9-16 流动式电解质的 AFC 系统示意图[1]

解质的 KOH 形成了 CO_3^{2-}，而生成的 K_2CO_3 由于溶解度较低会析出从而影响电池性能。Al-Saleh 等的研究表明，在低温下确实存在着这一问题，在 25℃下他们用 X 射线衍射观察到了电极中存在结晶的 K_2CO_3；然而在正常的碱性燃料电池运行温度（70℃）下，向电解液中混入 K_2CO_3，运行 48h 后并未发现电池性能有明显衰减。研究表明，50×10^{-6} 的 CO_2 对碱性燃料电池的运行并没有太大的影响。因此，虽然 CO_2 确实存在负面影响，但是机理并非仅局限于 K_2CO_3 的生成。

空气中的 CO_2 可以通过吸附除去，例如 Zevco 将空气通过装有苏打和石灰的吸收塔，吸收除去 CO_2 后用于碱性燃料电池中，但吸附材料难以再生。分子筛、有机胺、金属有机框架等材料也可以吸附 CO_2，并在较为温和的条件下再生，但是存在水的竞争吸附、多次循环性能下降、成本高等问题。此外，还可以使用电化学方法除去电解液中的 CO_3^{2-}，当通过大电流时，在阳极附近 OH^- 被大量消耗，使 CO_3^{2-} 向阳极扩散，形成 H_2CO_3，从而使 CO_2 离开电解液，该方法能有效延长电池运行寿命。Pratt-Whitney 公司开发的一种新型碱性燃料电池中配备了一个专门去除 CO_2 的池，通过这种方法能够使用 CO_2 含量在（3000～4000）$\times10^{-6}$ 的空气作为阴极气体。

2022 年，美国特拉华大学的严玉山课题组发明了一种短路的膜电化学池，可以持续去除空气中的 CO_2。其结构如图 9-17[11] 所示，将 PiperIon PAP-TP-85 聚合物树脂（一种基于哌啶型阳离子聚合物的阴离子交换树脂）与 XC-72 或碳纳米管等碳材料在乙醇中调配成浆料后涂膜，使膜同时具有电子导电性和阴离子导电性，在膜的两侧涂敷上催化剂，形成一种短路的膜电极（MEA）。此时可以通过通入少量氢气将空气中的 CO_2 去除，其原理如下：H_2 氧化产生 H^+，电子通过短路的 MEA 传导至空气侧，还原氧气产生 OH^-，进一步和 CO_2 反应生成 CO_3^{2-}，CO_3^{2-} 通过阴离子交换膜进入氢气侧，与产生的 H^+ 形成 CO_2，实现与空气的分离。其原理与电化学的 CO_2 捕集和再生系统类似，但通过短路的 MEA 这一新型结构设计，实现了空气中 CO_2 分离的小型化，并且以 H_2 而非电为驱动力，与 AFC 系统具有很好的兼容性。在实际应用时，可以将膜卷成多层，提高 CO_2 去除效率。

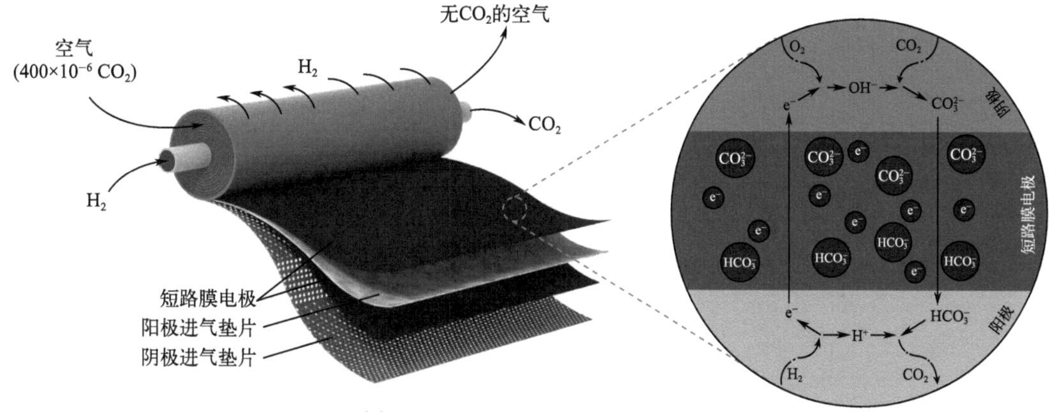

图 9-17　短路的膜电极中利用氢气去除 CO_2 的装置示意图[11]

9.2.4.2　阴离子交换膜[12-14]

AFC 的一个重要发展方向是开发高分子的阴离子交换膜，制成类似于质子交换膜的阴离子交换膜碱性燃料电池。阴离子交换膜燃料电池结合了质子交换膜燃料电池和碱性燃料电池的优点：与传统的碱性燃料电池相比，采用阴离子交换膜能有效地避免液体电解质的泄漏和碳酸盐化，延长燃料电池的使用寿命；在碱性介质中，与传统的质子交换膜燃料电池相比，催化剂在碱性介质中的选择范围大大拓宽，能够使用 Ag、Ni、Fe 等廉价的金属作为催化剂，大幅降低电池的成本；氢氧根离子的迁移方向与甲醇在膜中的渗透方向相反，能够有效降低甲醇的透过率，可以使用醇类、甲酸、硼氢化钠、肼、氨等多种非氢燃料。

阴离子交换膜是阴离子交换膜燃料电池最关键的材料，其功能与质子交换膜类似，传导氢氧根离子的同时阻隔燃料和氧化剂，防止燃料渗透即电池内部短路。理想的阴离子交换膜需要具有良好的离子传导率、优异的机械性能和化学稳定性。阴离子交换膜的高分子主链上通常带有阳离子基团，通过静电作用实现结合和传导阴离子（OH^-）的功能。聚合物主链通常包括聚醚酮、聚苯醚、聚芳醚砜、聚苯并咪唑、聚烯烃等，主要功能是保持膜的力学性能；阳离子基团主要包括季铵盐、咪唑、胍等有机阳离子和金属配合物阳离子，其主要功能是结合和传导阴离子。这类高聚物膜的制备方法可以分为两类（图 9-18[12]）：第一类是采用带有阳离子的单体，通过聚合法得到高聚物膜；第二类是对高聚物膜进行改性，引入阳离子。常见的聚合物主链和阳离子的结构见图 9-19。

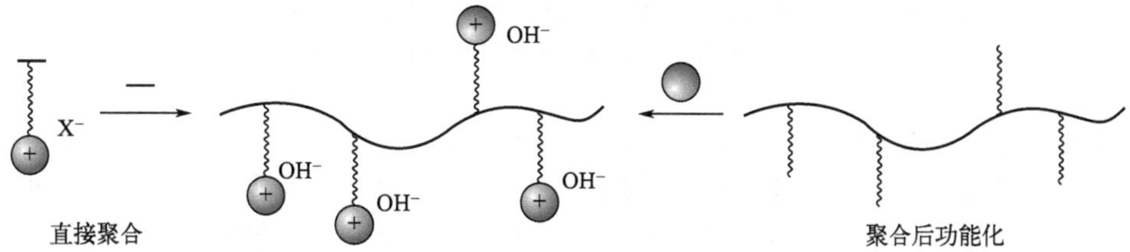

图 9-18　阴离子交换膜高分子材料的制备策略[12]

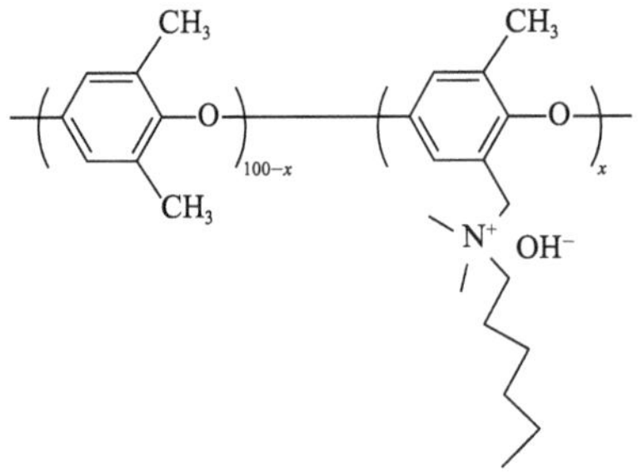

(a) 聚苯醚

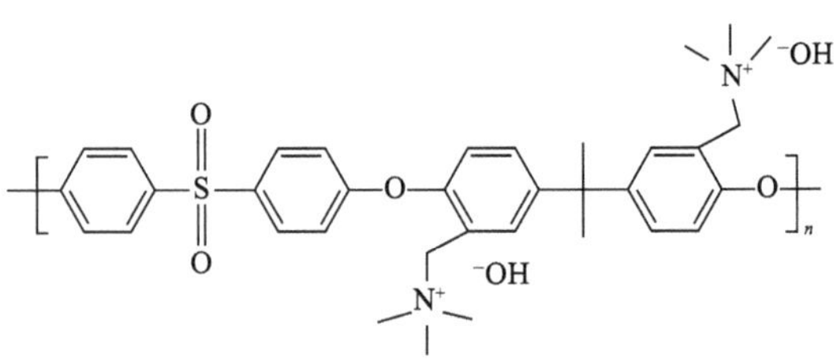

(b) 聚芳醚砜

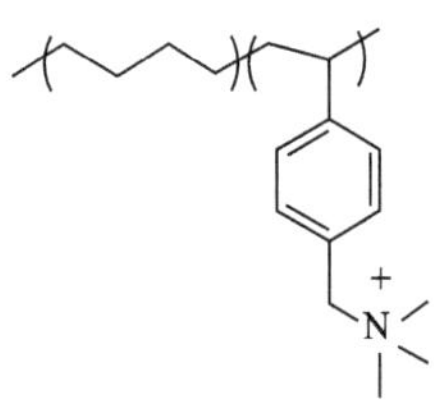

(c) 聚烯烃

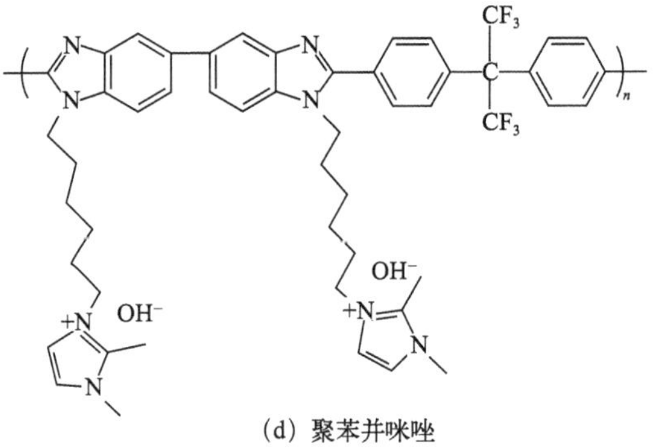

(d) 聚苯并咪唑

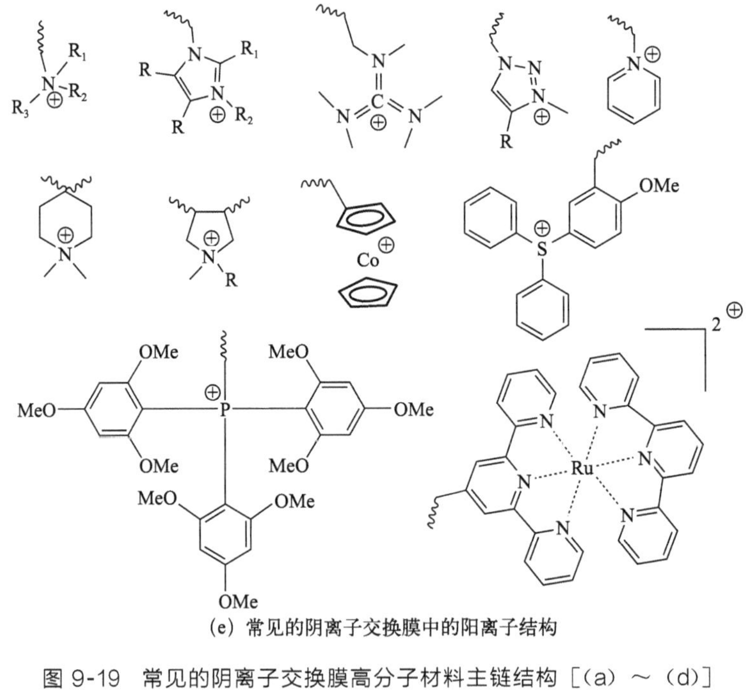

(e) 常见的阴离子交换膜中的阳离子结构

图 9-19 常见的阴离子交换膜高分子材料主链结构［(a)～(d)］和常见的阴离子交换膜中的阳离子结构（e）

聚苯醚因易进行溴化反应，不需要进行氯甲基化反应就可以得到苄基卤化物，从而可以进行后续的季铵化反应，而且具有较高的热稳定性能和化学稳定性能。研究者们发现，将一定长度的烷基侧链接在聚合物的功能基团——季铵盐基团上，可以包裹季铵盐基团，使氢氧根离子与季铵盐基团的接触概率减小，从而可以提高阴离子交换膜的化学稳定性能。如

图9-19（a）所示的具有不同侧链长度和不同溴化度的“梳型”阴离子交换膜，具有优异的碱稳定性能，在80℃条件下可以在1mol/L的NaOH溶液中稳定存在2000h，围绕季铵盐中心的长烷基侧链能够提高膜的碱稳定性能；具有较低的离子交换容量值的膜在80℃条件下的氢氧根离子传导率可达到65mS/cm。

聚芳醚砜由于制备成本较低，是常用于阴离子交换膜的聚合物骨架之一。含有季铵盐的聚芳醚砜类阴离子交换膜具有明显的疏水相和亲水相的相分离形貌，在80℃条件下氢氧根离子的最大电导率可达到46.8mS/cm，同时还具有较高的力学性能和热稳定性能。

聚烯烃作为阴离子交换膜的聚合物骨架，具有稳定性能高、较易加工和成本较低等特点，因此，近几年来聚烯烃类阴离子交换膜受到了广泛关注。如聚乙烯类嵌段型阴离子交换膜具有明显的疏水相和亲水相的相分离形貌，相分离形貌使膜具有较高的氢氧根离子电导率，60℃条件下离子交换容量为1.92mmol/g的膜的电导率为73mS/cm。

聚苯并咪唑具有良好的主链稳定性，是阴离子交换膜的备选材料之一。PBI可以直接在碘甲烷作用下使咪唑基团功能化，功能化的咪唑基团可以作为阴离子交换膜的功能基团，这样可制备出主链型阴离子交换膜。通过向主链中引入支链可以进一步提高PBI在碱性条件下的稳定性。如图9-19（d）所示，通过引入含有6个碳原子的咪唑支链，PBI膜具有较高的抗氧化性能、热稳定性能和力学性能，而且具有较强的碱稳定性能，其中较长的烷基侧链形成了更大的离子簇，因而具有更高的氢氧根离子电导率，在80℃条件下氢氧根离子的电导率为63.4mS/cm，在H_2/O_2燃料电池测试中，60℃条件下HIm-PBI的最大功率密度为444.5mW/cm^2。

阴离子交换膜面临的主要问题是，OH^-在水溶液中的本征迁移率比H^+约低57%，因此阴离子交换膜的离子电导率通常低于质子交换膜，导致电池内阻较大，输出功率密度低。目前质子交换膜的电导率可以超过0.2S/cm，商品膜电极的功率密度超过1.5W/cm^2；而阴离子交换膜的电导率通常低于0.1S/cm，在实验室规模下的功率密度为1W/cm^{2}左右。图9-20总结了一些常见阴离子交换膜的OH^-离子电导率与OH^-离子交换容量（IEC）之间的关联[14]。另外，在高温强碱性条件下，OH^-能与聚合物主链和阳离子官能团发生多种反应，导致膜的降解，因此阴离子交换膜的稳定性低于质子交换膜。目前质子交换膜的寿命

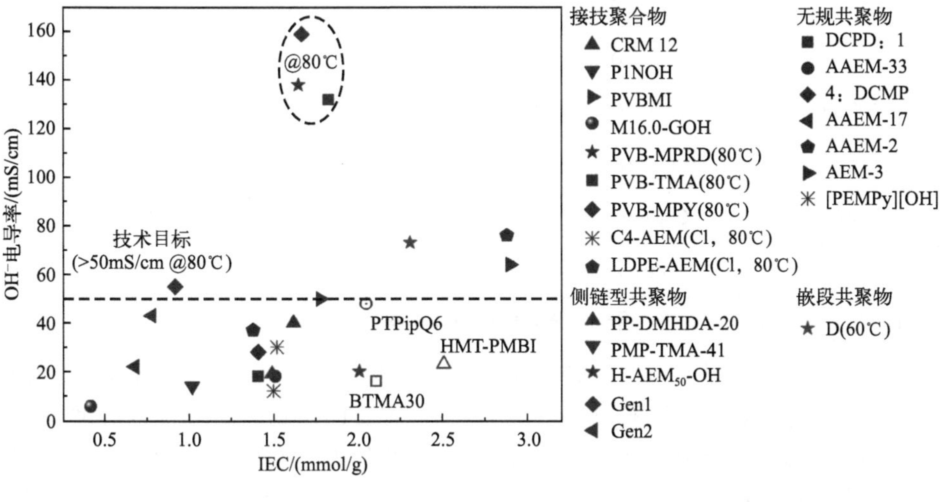

图9-20 一些常见阴离子交换膜的OH^-电导率与OH^-离子交换容量（IEC）之间的关联[14]

可以达到数万小时，而阴离子交换膜的寿命通常只有数百小时。阴离子交换膜的离子电导率和稳定性之间存在矛盾，引入较多的阳离子官能团会提高阴离子电导率，但会导致碱性稳定性下降。一些常见的商品化阴离子交换膜的性能见表 9-7[13]。

表9-7 常见的商品化阴离子交换膜及碱性燃料电池的性能[13]

膜型号	单体	厚度/μm	OH^- 电导率/(mS/cm)	催化剂	背压/kPa	流速/(L/min)	峰值功率/(W/cm^2)
Tokuyama A901	Tokuyama AS-4	10	38(80℃)	Pt/C 0.4mg Pt/cm^2	85	250	0.737
FAA	Fumion	20	40(30℃)	Pt/C 0.4mg Pt/cm^2	60	100	0.52
AEH9620	Acta 12	22	35(30℃)	Pt/C 0.5mg Pt/cm^2	50	200	0.125

9.2.5 电极和电催化剂

9.2.5.1 PEMFC 中的电催化剂[15-17]

PEMFC 阴阳极的催化剂均为 Pt，通常将 Pt 负载于具有良好导电性和高比表面积的碳材料上。常见的用于制备 Pt-C 电极的碳基质的主要特性如表 9-8 所示。常用的电极制备方法有浸渍法和溶胶法。浸渍法是指将碳基质浸渍在 Pt 盐溶液中，而后通过加热分解、还原等方式使吸附在基质上的金属盐转化为金属纳米颗粒。而溶胶法是首先将金属催化剂制备成溶胶，然后负载在碳基质上，能更好地控制 Pt 纳米颗粒的尺寸。近年来随着纳米材料制备技术的进步，Pt 纳米颗粒的尺寸和形貌得到了更好的控制。

表9-8 常见电极碳材料性质

商品名	生产商	类型	BET 比表面积/(m^2/g)	DBP 吸附单位
Vulcan XC-72	Cabot Corp.	炉黑	250	190
Black pearls 2000	Cabot Corp.	炉黑	1500	330
Ketjen EC200J	Ketjen Black International	炉黑	800	360
Ketjen EC600JD	Ketjen Black International	炉黑	1270	495
Shawinigan	Chevron	乙炔黑	80	—
Denka black	Denka	乙炔黑	65	165

注：DBP 为邻苯二甲酸二丁酯，用于测量碳材料的孔体积。

电催化剂的 Pt 载量是影响 PEMFC 成本的重要因素，因此在保证催化活性的前提下降低 Pt 的担载量，特别是氧电极的 Pt 担载量是一个重要的课题。随着技术的发展，Pt 的担载量目前已可以达到 0.1～0.4g/kW，例如通过使用 Pt-Co 合金，本田的 Clarity 和丰田的 Mirai 电堆的 Pt 担载量分别为 0.12g/kW 和 0.17g/kW。目前 PEMFC 的贵金属催化剂主要来自英国的 Johnson Matthey 公司、日本的田中贵金属以及比利时的 Umicore 公司，Pt 担载量（质量分数）在40%～70%，近年来济平新能源、武汉喜马拉雅、贵研铂业等国内企业在Pt/C催化剂量产技术上也取得了突破。

（1）长寿命PEMFC电催化剂

PEMFC开发的关键方向之一是延长其运行寿命，而Pt-C催化剂在长期运行过程中的失活是影响其使用寿命的原因之一。在PEMFC体系中Pt-C催化活性下降的原因主要包括Pt颗粒的团聚、Pt的溶解流失以及碳基质的腐蚀，催化剂与载体之间只依靠弱相互作用黏附在一起。燃料电池运行过程中Pt颗粒很容易在载体表面溶解、迁移、再沉积，发生所谓的Ostwald肿大。PEMFC虽然运行温度较低，然而其水含量较高，氧电极上的碳基质更容易被Pt催化生成的活性O原子氧化。对丰田Mirai实际6000h行驶后膜电极的性能衰减行为的研究表明，质子交换膜的性能并没有发生衰减，性能下降主要归因于催化剂活性和催化层中氧气传输阻抗的退化，主要是由电化学活性面积的降低引起的，其行为与实验室循环30000次的衰减行为类似，原因包括催化剂粒子的粗化及Pt-Co合金中Co的部分溶出。

针对以上这些原因，提高Pt-C催化活性稳定性的方法主要是提高碳基质的稳定性，同时通过对Pt颗粒与碳基质相互作用机理的研究，提高Pt纳米颗粒与碳基质的作用力。研究表明Pt-C体系中的碳不仅是担载用的基质，起到分散Pt的作用，同时碳基质与Pt之间也有化学键的形成和电子的传递。在Pt-C体系中Pt团簇向碳基质表面的羰基、羟基等基团传递电子，这种电子结构的相互作用有利于提高Pt的催化性能及其稳定性，对于2nm以下的颗粒这种相互作用体现得更加明显。这种相互作用对甲醇和CO的氧化都有促进作用，但是对氧还原反应的影响尚未有明确的结论。

由于Pt纳米颗粒与碳基质表面存在着复杂的相互作用，因此通过对碳基质表面合理的改性，能够增强Pt-C体系的催化性能，这也是非常活跃的研究领域。常用的方法是以H_2O_2、HNO_3、$KMnO_4$、O_3等氧化剂对碳基质做表面氧化处理，增加表面羟基、羰基、羧基等含氧基团，可以有效地提高Pt颗粒在碳基质表面的分散度。对碳基质在1600～2000℃的惰性气氛下进行高温热处理会导致比表面积的下降，但可以提高其结晶性和抗腐蚀性能，石墨化程度的提高能增加表面的碱性，从而使浸渍过程中碳基质与金属离子的结合力更强。如图9-21所示，在常规的Vulcan-72碳载体上，经过多次循环后Pt颗粒出现了显著团聚，而在空心石墨球（HGS）上，平均粒径3～4nm的Pt颗粒未出现显著团聚，说明了石墨化碳载体对Pt颗粒的稳定化作用。

多孔碳材料具有高比表面积、优异的导电性、物理化学稳定性、气液渗透性、孔结构可调控和价廉易得等优点，在车用燃料电池催化剂载体领域展现出巨大的应用前景。新型Mirai采用新日铁的MCND（meso-porous carbon nano dendrites）介孔碳材料为载体，负载PtCo合金催化剂，在第一代基础上实现催化活性提升50%的效果。根据丰田公布资料（图9-22），第二代Mirai燃料电池阴极催化剂使用MCND载体后，约80%的Pt催化剂位于载体孔隙内，最大限度地改善了聚合物和Pt的直接接触（磺酸中毒）。相比第一代Mirai使用的低比表面积载体，新型Mirai燃料电池PtCo合金催化剂的活性提升了50%，催化剂成本得到降低，同时载体稳定性也得到提高。

（2）Pt合金催化剂

利用非贵金属部分替代Pt构建合金催化剂，是降低Pt担载量的一个有效途径。在PEMFC中，阴极的氧气还原反应催化剂需要的Pt量较大，是成本的主要来源，因此降低阴极的Pt含量是研究的重点。PtM（M＝Pd、Fe、Co、Ni）合金中，掺杂元素能够有效调控Pt的电子、几何构型以及d带中心位置，导致含氧物种在催化剂表面的结合能降低，进

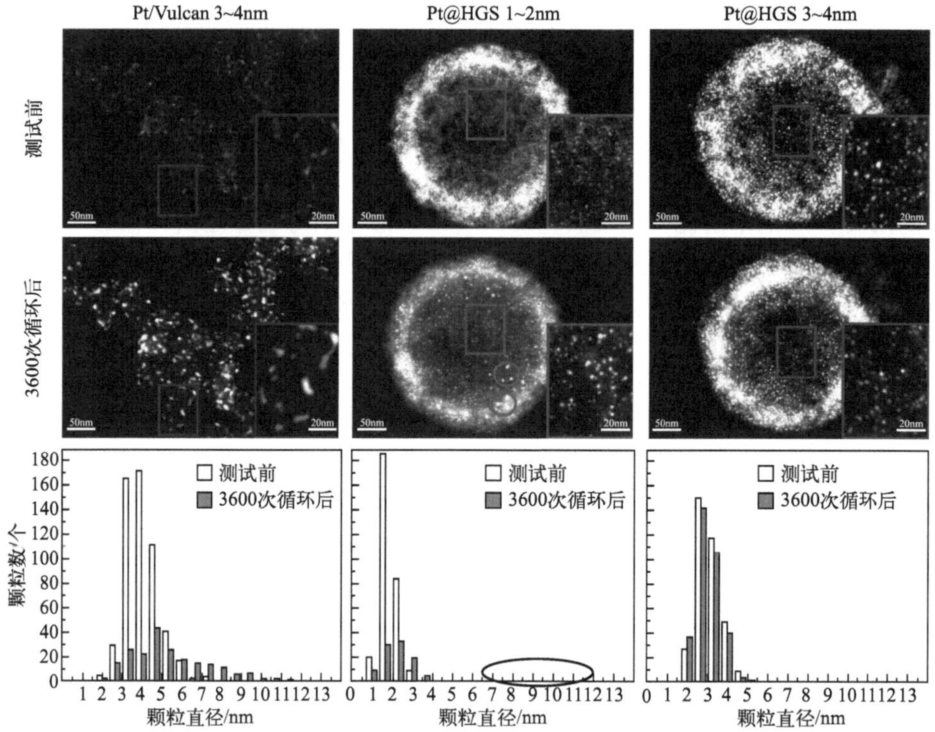

图 9-21 Vulcan-72 和空心石墨球（HGS）上负载的 Pt 颗粒在燃料电池工作前后的粒径分布

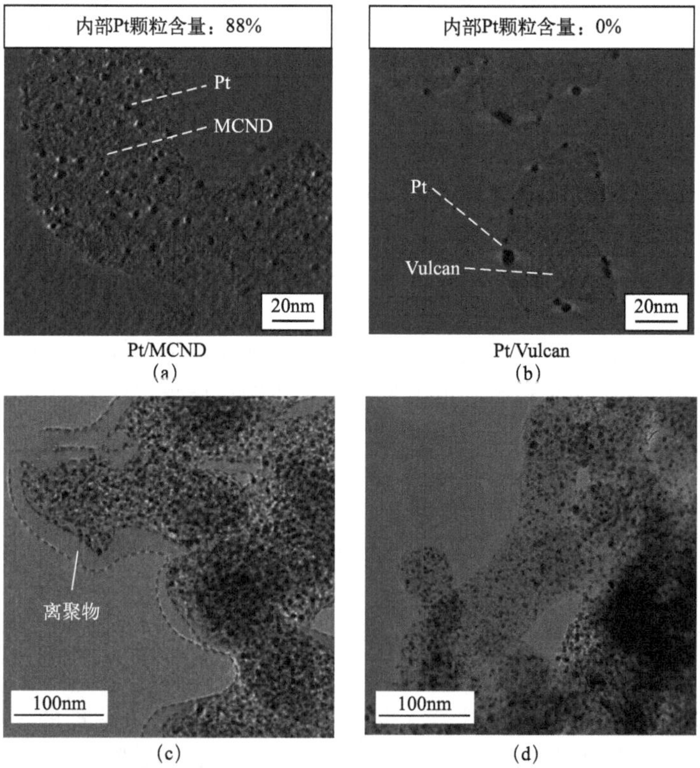

图 9-22 丰田公司采用的 MCND 碳材料负载 Pt（a）与 Vulcan 负载 Pt（b）的催化剂结构及与质子交换膜中离聚物接触情况［(c)，(d)］对比

而有效提高 Pt 的 ORR 催化活性。合金化不仅可以减少铂用量，同时能获得远高于纯铂的催化活性。目前研究最多的是非贵金属与铂结合的合金，非贵金属一般包括钴、镍、铁、铬、锰、铝及稀土元素等，其中以 Pt-Co 和 Pt-Ni 的催化活性最高。进一步研究表明，有序的金属间化合物相具有更高的催化活性。氧气还原反应中，O_2 分子吸附在催化剂表面后 O-O 键断裂和 O-H 键生成的过程，铂原子的 d 轨道态密度中心位置与吸附物种的吸附能密切相关。高的中心位置将存在更多 d 带空穴，进而倾向于更强的吸附作用，反之则减弱吸附。因此，可通过核材料调控壳层铂的 d 轨道态密度中心位置来优化其催化活性。Norskov 等以表面的氧结合能作为催化性能的描述符，指导阴极 Pt 合金催化剂的开发，发现 Pt-Co、Pt-Ni 和 Pt-Y 合金具有适中的表面氧结合能（图 9-23[16,17]），因此具有较高的本征催化活性，与实验结果吻合度较好。

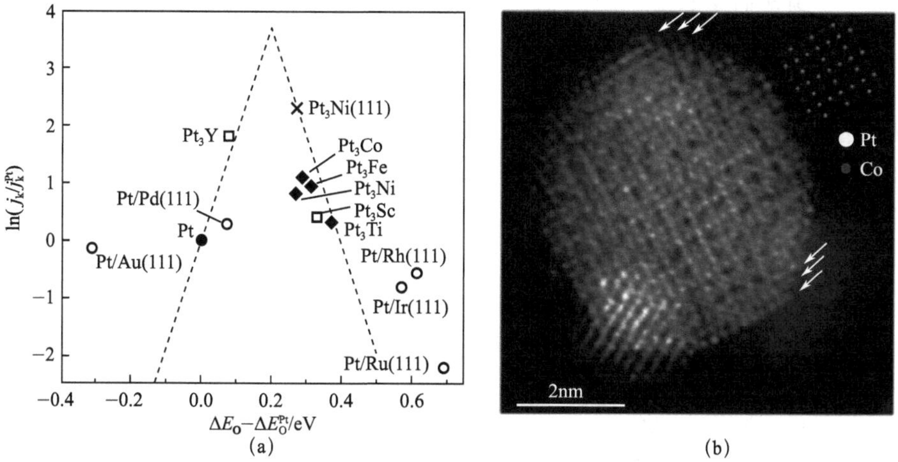

图 9-23 不同 Pt-M 的氧结合能与催化活性的关系（a）
以及 Pt_3Co 颗粒在酸处理后形成富 Pt 的表面层（b）[16, 17]
（j_k/j_k^{Pt} 表示不同催化剂上动力学电流与 Pt 上的动力学电流之比）

Pt-M 金属间化合物在 PEMFC 工作条件下，表层的非贵金属 M 会在酸性电解质中溶出，得到表面富 Pt 的核壳结构［图 9-23（b）］。这种富 Pt 的核壳结构中，表层 Pt 之间的距离与纯 Pt 不同，导致表面的电子结构和氧吸附能不同，通过协同作用提高了催化活性。同时，也保证了 Pt-M 催化剂的长期稳定性。三金属 PtNiCo/C 催化剂在 0.9V 的工作电压下，其质量活性为 2.33A/mg Pt，比活性为 3.88mA/cm^2，是传统商业化 Pt/C 催化剂的 25～30 倍。丰田的第二代 Mirai 燃料电池车中使用的催化剂正是 Pt_3Co，能在 0.17g Pt/kW 的低载量下，电堆功率密度达到 5.4kW/L，展示了 Pt-Co 合金催化剂的应用前景。然而 Co、Ni 等非贵金属在 PEMFC 工作时的逐步溶出将会加速质子交换膜的降解，目前仍然需要提高 Pt-M 合金催化剂的稳定性。研究表明，掺入 W、Ga 等第三组分金属，或对碳材料进行修饰改性，对 Co、Ni 等金属的溶出具有一定的抑制作用。

（3）非 Pt 催化剂

除铂元素以外，钯、铱和钌等铂族元素也具有一定的氧还原反应（ORR）催化活性，其中钯具有相对较高的 ORR 活性和稳定性，通过合金化、复合等手段，可使钯基催化剂的活性得到有效提升，但 Pd 的价格也很高，Pd 催化剂对降低 PEMFC 成本的意义不大。

在众多的非 Pt 催化剂中，过渡金属-氮-碳催化剂（M-N-C）被认为是最有可能替代 Pt 基催化剂的非 Pt 催化剂之一。这类催化剂中，金属原子 M 被 N 配位，具有类似血红素的局域结构，能有效活化 O_2。目前 M-N-C 的制备方法主要有两类。一是通过将氮源、金属盐、模板、碳源均匀混合后高温热解、酸洗制得。这类方法主要利用含氮小分子（壳聚糖、三聚氰胺等）与金属盐前体高温热解制备 M-N-C 催化剂，除了小分子外，还可以将含氮高分子分散在模板上后，利用高分子中的 N 原子与金属络合，然后高温热解制备 M-N-C 催化剂。二是利用 MOFs 分散金属原子的前体，然后高温热解、酸洗制得，如利用 ZIF 制备 M-N-C 催化剂。又如通过调节 ZIF-8/67 中 Zn 和 Co 的原子比，然后直接高温热解制备得到 Co-N-C 催化剂，其中 Zn 原子可以有效地抑制金属 Co 团聚，同时 Zn 在高温下挥发产生大量微孔结构有利于活性位点的暴露，进而提高催化活性（图 9-24[15]），Co-N-C 催化剂在酸性介质中表现出与 Pt 相当的 ORR 催化活性。此方法也可以用于制备 Fe-N-C 催化剂，通过调节前体中 Fe 含量，实现单原子分散，而且 Fe-N-C 催化剂在酸性介质中表现出不错的 ORR 催化活性。除了简单调节 ZIF 中金属含量外，还可以利用 MOFs 的孔隙特性制备 M-N-C 催化剂，即先将金属前体封装在 MOFs“笼”中，然后高温热解制得 M-N-C 催化剂。将锌盐、二甲基咪唑和醋酸铁三者在溶剂中混合，制备得到 ZIF-8 封装醋酸铁分子前体材料，高温炭化前体材料得到 Fe-N-C 催化剂。

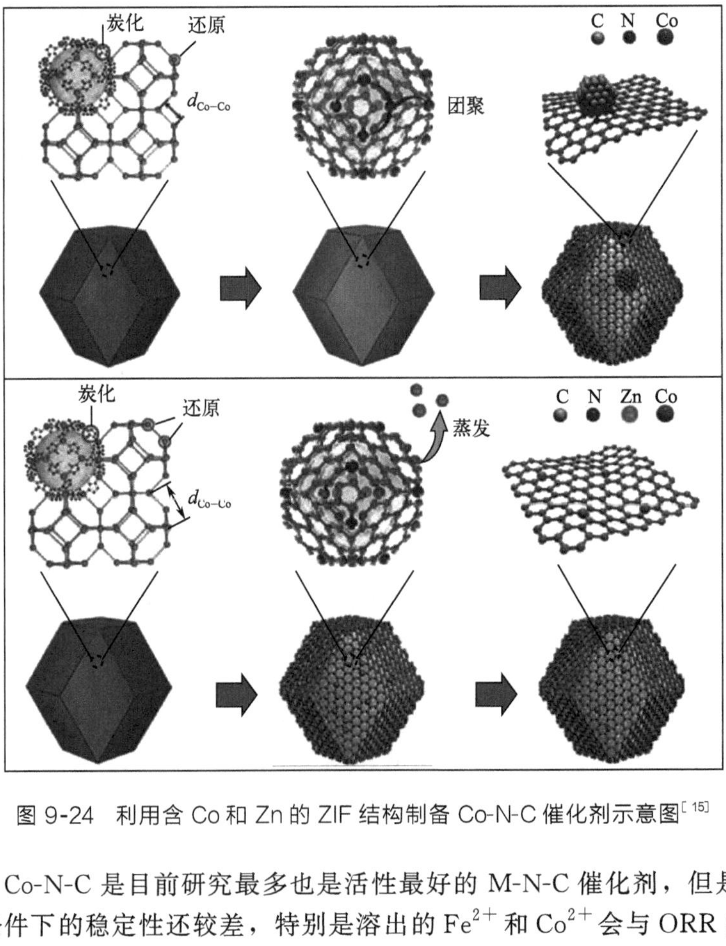

图 9-24 利用含 Co 和 Zn 的 ZIF 结构制备 Co-N-C 催化剂示意图[15]

Fe-N-C 和 Co-N-C 是目前研究最多也是活性最好的 M-N-C 催化剂，但是这类催化剂在 PEMFC 工作条件下的稳定性还较差，特别是溶出的 Fe^{2+} 和 Co^{2+} 会与 ORR 的副产物 H_2O_2 反应生成活泼自由基（Fenton 反应），加速碳载体、质子交换膜和离子交联聚合物的腐蚀，从而降低电池的稳定性。目前看来这类催化剂更适合应用于碱性燃料电池中。

9.2.5.2 膜电极组件制备

在 PEMFC 中，电催化剂与质子交换膜构成膜电极（MEA）体系，是 PEMFC 的核心部件。膜电极通常是由阴极催化层、质子交换膜及阳极催化层组成，称为三层膜电极（MEA3）；如果包含了气体扩散层，则称为五层膜电极（MEA5）；如果进一步包含密封件，则称为七层膜电极（MEA7）。其定义如图 9-25 所示。

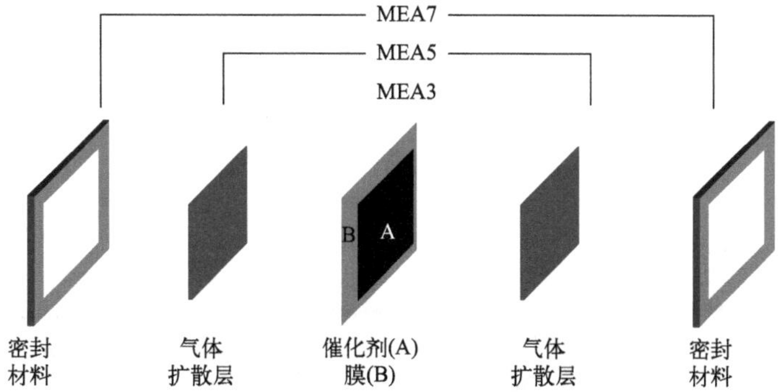

图 9-25 不同的膜电极（MEA）定义

膜电极制作工艺的发展经历了气体扩散电极（GDE）型膜电极、催化剂涂覆膜（CCM）型膜电极和有序化膜电极三个阶段[18]。

GDE 型膜电极是将催化层涂覆在气体扩散层上，再将分别涂布有催化层的阴极气体扩散层和阳极气体扩散层通过热压方式压制在质子交换膜的两侧，制作膜电极。首先将 Pt/C 电催化剂、聚四氟乙烯乳液、混合溶剂混合，形成催化剂浆料，再采用刮涂、喷涂、滚压、丝网印刷法等方法，将电催化剂浆料均匀涂布在气体扩散电极上，干燥后再将质子交换膜置于两个涂布有催化剂的气体扩散层上，经热压成型即得 GDE 型膜电极。GDE 型膜电极具有较优异的疏水特性，但催化层厚度大，质子交换膜与催化剂颗粒接触不充分，质子传导阻力大；催化层与质子交换膜的膨胀系数不同，在电池长时间运行时，容易导致电极和质子交换膜局部剥离。目前该膜电极已较少采用。

CCM 型膜电极是催化剂直接涂覆在质子交换膜上，将阴极气体扩散层（GDL）和阳极气体扩散层通过热压方式压制在涂覆有催化剂的质子交换膜的两侧，即可制得膜电极。其具体工艺过程如下：首先，将 Nafion 溶液、Pt/C 电催化剂、水与异丙醇混合均匀制得催化剂浆料；其次，将催化剂浆料涂到聚四氟乙烯薄膜上，并在一定温度下烘干；再次，对带有催化层的 PTFE 膜与质子交换膜进行热压处理，将催化层转移到质子交换膜上，即得 CCM；最后，将两张扩散层与带催化层的质子交换膜热压制成膜电极。CCM 型膜电极制备流程如图 9-26 所示[18]。

CCM 型膜电极制备方法简便，电极催化层与膜结合紧密，在 PEMFC 运行中不易剥离，同时催化层中催化剂利用率高，可以有效降低 Pt 担载量，可大幅降低膜电极成本。但其缺点是催化层中没有疏水剂，气水传输阻力较大，容易导致膜电极的“水淹”，为了减小气水传输阻力，其催化层厚度一般需控制在 10μm 以下。该膜电极制备工艺现已被广泛采用，是目前主流的商业化膜电极制备方法。常见的膜电极外观及其截面的 SEM 照片如图 9-27 所示。

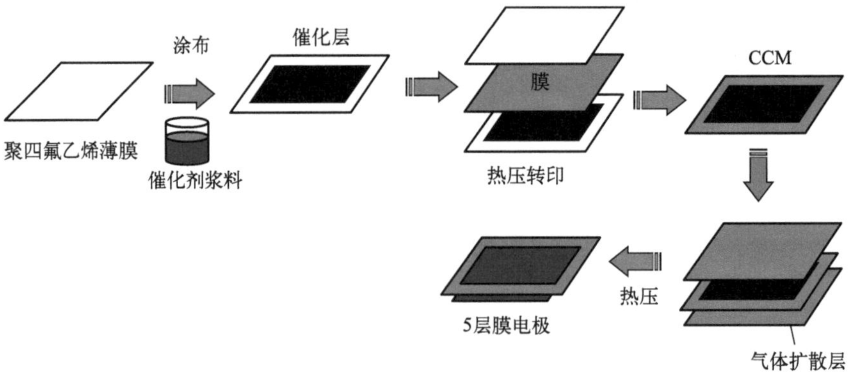

图 9-26 CCM 型膜电极制备流程[18]

图 9-27 膜电极的实物照片（a）及横截面的 SEM 照片（b）

传统的 GDE 型和 CCM 型 MEA 中，催化层中质子、电子、气体等物质的传输通道均处于无序状态，催化层中物质输运效率低，存在较强的电化学极化和浓差极化。有序化膜电极通过构建三维多孔有序电极结构（图 9-28[19]），不仅可实现质子、电子、气体、水等物质的高效输运，全面提升膜电极及燃料电池的性能，而且有助于提升催化剂利用率，降低膜电极单位功率的成本。根据有序化膜电极的传输通道类型，可将有序化膜电极分为基于催化剂（含催化剂载体）的有序化膜电极和基于质子导体的有序化膜电极两类。

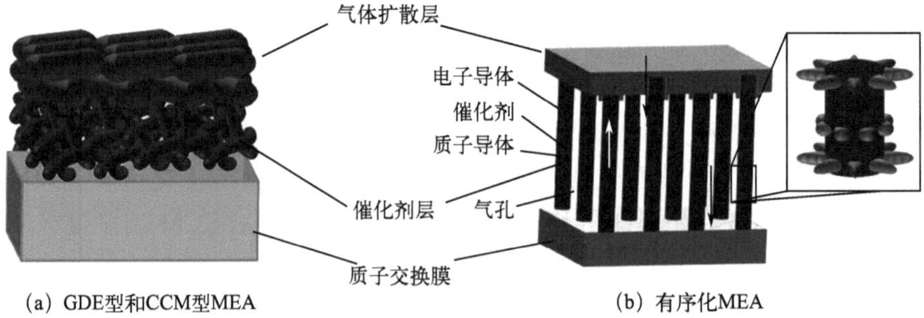

图 9-28 无序（a）和有序（b）膜电极结构对比示意图[19]

有序化 MEA 的典型代表是由 3M 公司研发的 NSTF 电极（图 9-29）。其催化剂载体是一种定向有机晶须，先将苯基有机颜料粉 PR-149 在特定的转印基质（MCTS）上升华，后经退火碳化为定向晶须，再在晶须上溅射 Pt 膜催化剂后制得催化剂层，以上过程可以在真空卷布机中经过连续步骤完成，因此工艺流程简单。其 CL 厚度仅为 0.25～0.7μm，铂载量在 0.02～0.10mg/cm^2 间，仅为传统电极的 1/30～1/20。其活性和成本接近美国能源部 2020 年的目标，是 MEA 的重要发展方向。

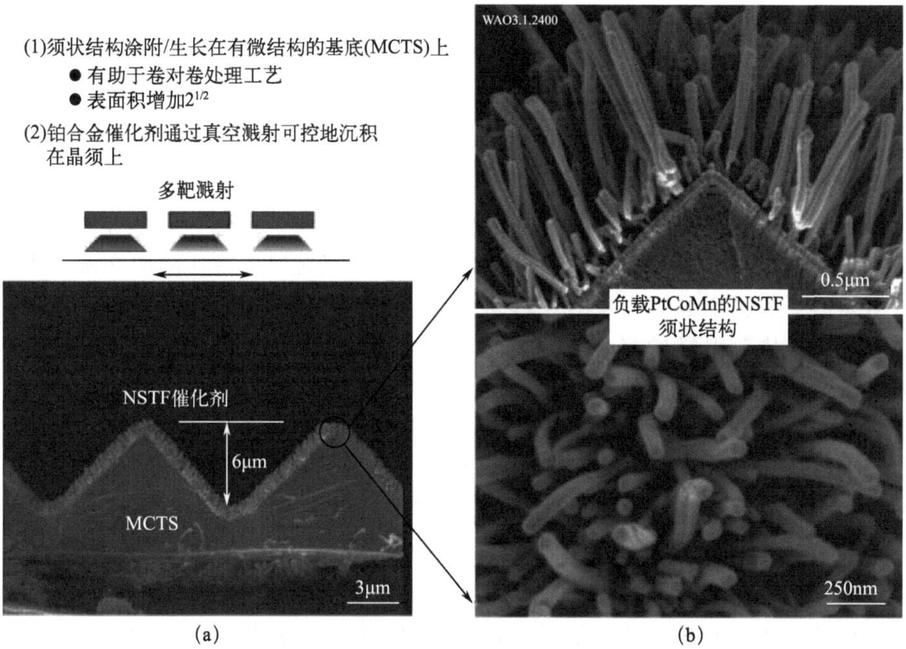

图 9-29 3M 公司研发的 NSTF 电极的制备方法示意图（a）和电极实物的 SEM 照片（b）

9.2.5.3 甲醇燃料电池中的电催化剂

DMFC 中甲醇氧化的机理较为复杂，涉及多种中间产物，甲醇完全氧化的产物为 CO_2 和 H_2O，由于其电化学氧化的动力学很慢，同时部分氧化的中间产物会吸附在电极上进一步降低氧化速率，因此通常会得到很多氧化中间产物如甲醛、甲酸、CO 等。具体的机理较为复杂，通常认为的以 Pt-Ru 为催化剂的甲醇氧化的机理如下所示。首先 CH_3OH 在 Pt 表面分步脱氢：

$$CH_3OH + Pt \longrightarrow Pt\text{-}CH_2OH + H^+ + e^-$$

$$Pt\text{-}CH_2OH + Pt \longrightarrow Pt\text{-}CHOH + H^+ + e^-$$

$$Pt\text{-}CHOH + Pt \longrightarrow Pt\text{-}CHO + H^+ + e^-$$

氧化中间体经表面重构进一步脱氢后成为 CO，并通过 Pt-C 的配位键吸附于 Pt 催化剂表面。这种通过配位键吸附的 CO 的结合力很强，阻止了 Pt 对 CH_3OH 的进一步氧化，是使 Pt 催化剂中毒的主要原因。

$$Pt\text{-}CHO \longrightarrow Pt{-}C{\equiv}O + H^+ + e^-$$

Ru 可以降低水放电的过电位，因此在电极中有 Ru 存在时，水在 Ru 表面放电分解，形成吸附的 OH 基团：

$$Ru + H_2O \longrightarrow Ru\text{-}OH + H^+ + e^-$$

Ru 表面吸附 OH 基团能够促进 CO 的进一步氧化：

$$Pt\text{-}CO + Ru\text{-}OH \longrightarrow Pt\text{-}Ru + CO_2 + H^+ + e^-$$

许多研究者的动力学研究表明表面吸附的 CO 和 OH 基团的反应是整个反应的速控步骤。对甲醇阳极氧化机理的研究对于开发高效的阳极氧化催化剂具有重要意义，可以通过原位的气相或液相色谱、电化学质谱等手段检测氧化产物进行研究。由于提高温度可以促进 CO 的脱附，因此提高电池温度能有效改善甲醇的阳极氧化行为，DMFC 的运行温度一般略高于 PEMFC。

由于甲醇阳极氧化需要水的参与，因此在 DMFC 中，甲醇可以采用两种方式供给，一种方法是以甲醇和水的混合蒸气形式供给，用这种方式可以尽可能减小甲醇的穿越，同时由于较高的操作温度，能有效加速甲醇氧化，因此原则上说能有效提高电池性能，但是需要对蒸气加压以保证对电解质隔膜的润湿，给电池整体设计增加了困难。另一种方法是以甲醇的水溶液形式供给，这种方式不需要加压设备，同时可以直接对电解质隔膜润湿，因此设计较为简单，但是需要解决甲醇对隔膜的穿越问题。

阳极成分和结构对甲醇的氧化反应具有重要影响。与 PEMFC 类似，Pt 是广泛应用的材料，但是研究发现通过其他金属，如 Re、Ru、Os、Rh、Mo、Pb、Bi 和 Sn 与 Pt 形成合金，能有效地提高甲醇的氧化速率，原因均为在除 Pt 之外的金属表面形成了含氧的物种，如前所述的 Ru 的例子（表面吸附的 OH 基团）。当前广泛使用的是炭担载的 Pt-Ru 的催化剂，但是其担载量要高于以 H_2 为燃料的 PEMFC，通常在实用的 DMFC 中催化剂担载量在 $2\sim8mg/cm^2$，远高于以 H_2 为燃料的 PEMFC 的数值（$0.1\sim0.4mg/cm^2$）。

许多研究表明，在 90～130℃温度范围内，最佳的 Ru 的比例为 50%（摩尔分数），这也从侧面印证了表面的 OH 与 CO 的反应是甲醇阳极氧化的速控步骤。此外，X 射线近边吸收谱（XANES）的分析表明，在 Pt-Ru 合金中两组分存在相互作用，会增加 Pt 原子 d 轨道的空位。上述结果表明，合金化对甲醇氧化的增强作用不仅来自于吸附物种在表面的反应，而且对于催化剂能带结构的调控也是一个重要的原因。除 Ru 之外，Pt-Sn/C 也是性能较好的阳极体系。此外，向 Pt-Ru 体系中引入第三种金属，如 Mo、W 等，这些金属以氧化物形式存在，如 WO_2、WO_3 等，同时可以通过对含氧物种的吸/脱附改变价态，能够增强对甲醇的吸附和对表面 CO 的氧化。人们通过向 Pt-Ru 合金中同时添加两种成分进一步改善甲醇氧化性能，对于这种复杂的四元合金体系，组合化学方法是非常有效的研究手段。利用这种方法，人们陆续发现了一些具有较强甲醇氧化活性的催化剂体系，如 $Pt_{44}Ru_{41}Os_{10}Ir_5$、$Pt_{77}Ru_{17}Mo_4W_2$ 以及 $Ni_{31}Zr_{13}Pt_{33}Ru_{23}$。

为提高催化活性、降低担载量，通常将 Pt-Ru 合金制成纳米级的颗粒，并担载在碳基质上。常用的碳载体包括炭黑，如乙炔黑、Vulcan XC-72 等；介孔炭以及新型碳材料，包括碳纤维、碳纳米管、富勒烯等。其作用与一般燃料电池电极中碳载体的作用相同，包括提高催化剂颗粒的分散度，保持颗粒在较长时间内的稳定性，并且提高电极的导电性。与许多其他类型的燃料电池电极反应相似，电极的表面形貌对其性能有很大的影响，因此通过对碳担载材料的改进，例如比表面积、孔道、表面结构以及纳米形貌等，可以有效地提高甲醇的氧化速率，也是电极材料研究的前沿领域。通过比较不同的碳担载基质，发现新型碳材料，例如碳纳米管和介孔炭能有效提高合金颗粒的利用率，表现出更好的甲醇氧化性能。

将合金催化剂颗粒和碳载体复合的方法与传统的电极制备方法类似，主要包括浸渍还原法、胶体法和微乳液法。在浸渍法中，先将载体在催化剂金属盐溶液中浸渍，而后将载体取出干燥后在还原气氛下得到催化剂合金。在胶体法中，首先将催化剂合金制成胶体颗粒，然后吸附于载体上，最后加热除去表面活性剂。微乳液法是胶体法的一种，利用微乳液的限制作用更好地控制合金纳米颗粒的尺寸。随着纳米颗粒，特别是贵金属纳米颗粒制备技术的进步，催化剂的颗粒大小和形貌能得到很好的控制，然而对催化剂颗粒在载体上的分散控制手段还较为有限，有待进一步开发。

DMFC 的阴极（氧电极）与 PEMFC 类似，亦为 Pt-C 电极。除了对氧还原反应的高催化活性、较好的电子导电性以及稳定性等作为阴极催化剂的一般要求外，在 DMFC 中由于甲醇对高分子膜有一定的穿透性，在阴极处有可能会发生氧对甲醇的直接氧化，从而造成电化学容量的损失，同时甲醇的部分氧化产物如 CO 等会造成催化剂失活。因此，对阴极催化剂有一定的抗甲醇氧化性能需求。高价过渡金属与硫族元素形成的化合物在这方面表现出较好的性能。例如由 $Mo_2Ru_2S_5$ 和经硫化处理的碳载体制成的阴极，虽然对氧还原的催化活性低于传统的 Pt-C 电极，但是可以提高甲醇的利用率。研究抗甲醇氧化的高选择性电催化剂是解决 DMFC 中甲醇渗漏问题的思路之一。一些甲醇电氧化催化剂及相应的 DMFC 性能汇总于表 9-9[20] 中。

表9-9 一些甲醇电氧化催化剂及相应的 DMFC 的性能对比[20]

催化剂	甲醇浓度/(mol/L)	温度/℃	Pt-Ru 担载量/(mg/cm^2)	质量活性/(mW/mg)	面积活性/(mW/cm^2)	参考文献
1	2	30	2	42.9	85.8	Nano Energy, 2015, 15: 462-469
		50	2	52.6	105.2	
		70	2	64.0	128	
2	2	30	7	6.1	43	Adv Funct Mater, 2011, 21: 999-1006
		60	7	17.2	120.4	
		90	7	27.9	195.1	
3	1	80	4	13.8	55	Int J Hydrogen Energy, 2013,38: 9000-9007
4	2	65	2.5	13.2	33	J Mater Chem, 2014, 2: 6494-6503
5	2	30	3	16	48	J Electrochem Soc, 2002, 149: A1299-A1304
		50	3	33	99	
		70	3	54	162	
6	2	80	0.58	84.5	49	J Power Sources, 2013, 242: 280-288
7	2	80	4	24	96	J Power Sources, 2012, 210: 42-46
8	4	25	2	22	44	J Power Sources, 2014, 255: 70-75
9	3	25	2	21.8	43.7	J Power Sources, 2014, 262: 213-218

续表

催化剂	甲醇浓度 /（mol/L）	温度 /℃	Pt-Ru 担载量 /（mg/cm^2）	质量活性 /（mW/mg）	面积活性 /（mW/cm^2）	参考文献
10	1	70	4.3	3.0	13	J Power Sources, 2011, 196: 8188-8196
11	1	75	2	33	66	Phys Chem Chem Phys, 2004,6: 134-137
12	1	75	2	79.5	159	J Power Sources, 2007, 168: 299-306
13	1	30	3	20	60	Int J Hydrogen Energy, 2012,37（5）: 4685-4693
		40	3	25	75	
		50	3	33.3	100	
		60	3	41	123	
		70	3	46	138	
14	2	70	2.1	26	54.6	Electrochim Acta, 2007, 52: 2649-2656
15	2	60	2	11.5	23	Electrochim Acta, 2014, 128: 304-310
16	2	30	5	7.6	38	Langmuir, 2006, 23: 387-390
		60	5	18	90	
		90	5	25.6	128	
17	1	80	7.5	14.7	110	Int J Hydrogen Energy, 2011,36:14659-14667
18	1	30	1.5	26	39	Int J Hydrogen Energy, 2013, 38（10）: 4116-4123
19	2	60	2	30.6	61.3	Int J Hydrogen Energy, 2010, 35（15）: 8225-8233
20	2	30	3	14	42	Chem Commun, 2004, 23: 2766-2767
		70	3	41.3	124	
21	2	70	5	22	160	J Catal, 2004, 224: 236-242
22	1	70	2.5	17.6	44	Electrochim Acta, 2006, 51: 754-763
23	2	30	3	19.3	58	J Phys Chem B, 2004, 108: 7074-7079
		70	3	55.7	167	
24	2	80	3	26	78	J Phys Chem B, 2005, 109: 14325-14330

9.2.5.4 碱性燃料电池中的电催化剂

Pt、Pd等贵金属是使H_2分子分解成原子的优良催化剂，并且显示出很强的化学稳定性，是制备氢电极的优良材料，体现出了比Ni更好的催化性质。由于上述两种金属价格昂贵，为降低成本，通常将贵金属制备成纳米颗粒担载在金属网格或者多孔炭等载体上，用作担载的碳材料通常由热分解烃类获得，呈球形颗粒，通过高温（800～1000℃）水蒸气处理，使炭颗粒具有丰富的孔道结构，比表面积可达到$1000m^2/g$以上，而且具有良好的导电性。在航天、潜艇等特殊用途的AFC中，转化效率、稳定性、电池体积以及寿命等因素往往是比成本更为优先考虑的问题。因此在上述应用领域，大量使用的还是贵金属催化剂。

为进一步提高AFC的性能，人们对AFC中氢电极和氧电极的催化剂进行了大量的研究。Pt在碱性溶液中的氢氧化反应（HOR）动力学比酸性溶液中低了2～3个数量级，因此需要提高Pt在碱性环境中的HOR催化反应速率。目前对金属表面碱性HOR的决速步骤尚有争议，主要分为氢键强度和亲氧性两大类。Yan等研究了不同pH下Pt/C、Ir/C、Pd/C和Rh/C催化剂的HOR活性，发现氢与金属表面的结合能（HBE）是影响HOR活性的关键。魏子栋等[15]通过比较Au、Pt、Ir三种催化剂在碱性介质中的HOR活性，发现HOR活性与催化剂的亲氧性成正相关，并推测表面羟基有利于H_{ad}（表面吸附氢）中间产物的脱出，进而提高HOR催化活性。魏子栋等[15]研究了不同金属表面吸附的OH对HOR催化机理和反应途径的影响，发现当表面吸附的OH对H_{ad}和水分子的吸附自由能发生显著变化时，决速步骤从H氧化变为水分子解吸，因此应综合评估H、OH和H_2O的作用，才能更准确、全面地了解HOR机理、反应途径和催化剂活性。

改进Pt在碱性环境中HOR性能的方法包括控制Pt的颗粒尺寸、形貌以及合金化。对N_2中热解的Pt/C催化剂研究表明，Pt颗粒直径为3nm时，其质量活性最高，比活性则随着颗粒尺寸的增大而增大；与商业Pt/C相比，Pt基纳米线催化剂在碱性介质中具有更高的HOR催化活性。对Pt-M（Fe、Co、Ru、Cu、Au）二元合金纳米线的HOR性能研究表明，Pt-Ru合金催化剂的HOR催化活性最佳，Ru的引入改变了Pt的电子结构，削弱了$Pt\text{-}H_{ad}$的相互作用，HOR活性与理论计算出的HBE值有相同的趋势（图9-30[15]），证实HBE与HOR催化活性有强相关作用。

非Pt的HOR催化剂包括Ru、Pd、Ir等贵金属，但单独使用时催化性能均低于Pt，因此通常需要与Pt形成合金，而且成本也偏高。非贵金属Ni也是常用的碱性HOR催化剂，但是由于纯Ni对H的吸附较强，不利于中间产物的脱附，需要通过引入Cr、Mo、Co、Fe、Cu、Ti与Ni形成合金改善Ni的电子结构，进而提高HOR催化活性。通过在氨气、氮气等气氛中对Ni催化剂进行氮化处理，得到的Ni_3N材料具有远高于纯Ni的HOR性能，其机理也是通过电子结构调控，减弱了对H的吸附能力。

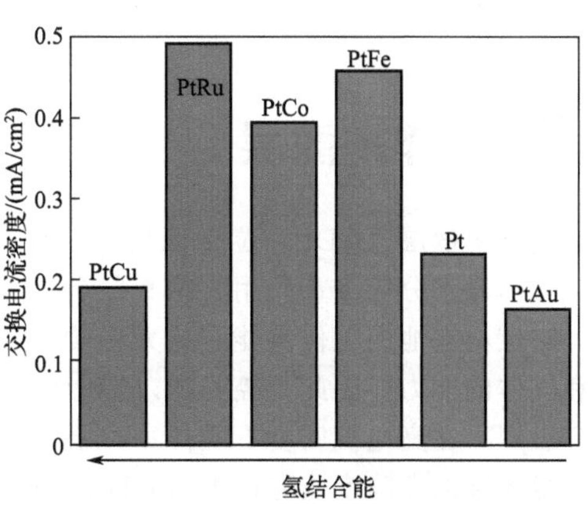

图9-30 不同Pt合金在碱性条件下的氢氧化交换电流密度和氢结合能之间的关系[15]

碱性环境的腐蚀性相对较小，有AFC希望使用一些低成本材料作为其阴阳极催化剂和双极板等，实现燃料电池成本的下降。在 Bacon 最初的 AFC 设计中，电极由 Ni 制成，Ni 在 KOH 溶液中也比较稳定，是制作 AFC 电极较为理想的材料，氢电极和氧电极均可以由 Ni 制作。一种将 Ni 做成多孔电极的方法是做成 Raney Ni，即首先将 Ni 和 Al 做成合金，而后以碱将 Al 溶掉，得到多孔结构的 Ni。这种结构的 Ni 电极不需要烧结，具有丰富的孔道和较大的比表面积，并且可以通过控制 Ni 和 Al 的比例控制孔径的大小，非常适合制作 AFC 的电极。氧电极的制备方法类似，不过使用的是 Raney Ag 和普通 Ni 粉的混合物。

在阳极催化剂方面，镍是最有希望替代铂的非贵金属催化剂。但镍基催化剂也面临两方面的挑战。一方面是镍基催化剂的氢结合能过强，其本征 HOR 活性与铂有 2～3 个数量级的差距；另一方面，镍基催化剂表面极易发生氧化而失活，故镍基催化剂的稳定性差。因此，目前针对镍基催化剂的研究主要集中在如何削弱氢结合能提升活性和抑制表面氧化提升稳定性两方面。引入过渡金属形成合金是提升镍基催化剂 HOR 活性的重要手段之一。研究表明，Ni_3M/C（M＝Co、Fe、Cu、Mo）系列催化剂在碱性体系中具有较高的 HOR 活性和稳定性。M 的引入有利于镍基材料 HOR 活性的提升，其中铜对氢的吸附能力比镍弱，合金化后有利于 HOR 的进行；通过合成系列 Ni-Cu 二元合金薄膜催化剂，建立了 HOR 活性和铜掺杂量之间的火山图，当铜掺杂量为 40%时，催化剂的 HOR 活性最佳，其交换电流密度是纯镍催化剂的 4 倍。Ni_3N/C 催化剂展现出较好的 HOR 性能，氮的引入削弱了催化剂对 H 和 OH 的结合力，进而提升了催化剂的 HOR 活性。

在阴极氧气还原催化剂方面，银的价格远低于铂，而且在碱性条件下具有较高的活性。将 Ag/C 催化剂作为阴极，峰值功率密度达到 $1.72W/cm^2$。除 Ag 外，一些非贵金属氧化物也可以作为 AFC 的阴极催化剂，其中锰钴尖晶石展现出最为优异的性能，其高活性来源于锰位点活化 O_2 分子和钴位点活化 H_2O 分子的协同作用。使用锰钴尖晶石作为阴极的阴离子交换膜 AFC，峰值功率密度达 $1.1W/cm^2$，特别在缺水情况下，锰钴尖晶石甚至可展现出比商业 Pt/C 更高的性能。M-N-C 型催化剂在碱性体系中表现出比酸性体系中更好的活性，可能的原因是 MN_x 结构在碱性条件下具有更高的稳定性。这类催化剂的制备方法在前面已进行了介绍，以 Fe-N-C 为阴极制备的阴离子交换膜 AFC 的峰值功率密度可达 $1.15W/cm^2$。但碳基材料与 Pt/C 相比，活性位点密度低，材料本身的密度也低，导致催化层厚度大，不利于传质。通过制备更大孔径的 Fe-N-C 催化剂，并提高催化剂的石墨化水平，降低其亲水性，可促进液态水在催化剂表层的传输，可将峰值功率密度提高至 $2W/cm^2$ 以上，展现出广阔的应用前景。

9.3 气体扩散层

气体扩散层（GDL）位于催化层和流道板之间，起到支撑催化层、传递电流和热量、排出气体和水分等多重作用［图 9-31(a)］，实现反应物与产物在流场和催化层之间的再分配，对燃料电池的工作性能有重大影响。GDL 的孔结构在很大程度上决定了燃料电池运输水和气体的能力，因此调控 GDL 的孔结构是提高燃料电池功率密度的重要方法。此前已有研究表明，在高电流密度下孔隙率和孔径大小及分布对 GDL 的气液传输能力有重要影响。增大微孔层的孔隙率能有效提高 GDL 气液传输能力，从而进一步提高 PEMFC 的性能。

GDL 主要由具有大孔结构和较高机械强度的基底层（MPS）及具有较小孔结构和较低粗糙度的微孔层（MPL）组成［图 9-31(b)］。其中，MPS 一般为由炭纤维构成的炭纸或炭布，上面浸渍疏水介质；MPL 则一般为以炭黑为代表的纳米级炭材料通过疏水聚合物黏结得到。目前基底层多采用由炭纤维制备的多孔炭纸/炭布，它们在酸性环境中具有优异的稳定性、气体渗透性和导电能力。相较而言，炭纸更脆，较高的迂曲度更有利于储水，因而在低电流密度下性能更佳；而炭布的柔韧性更好，较低的迂曲度更有利于排水，在高电流密度下性能更佳。微孔层（MPL）主要由疏水剂和导电炭黑构成，比较常用的炭黑材料有 AB 炭黑、Vulcan XC-72R 等。

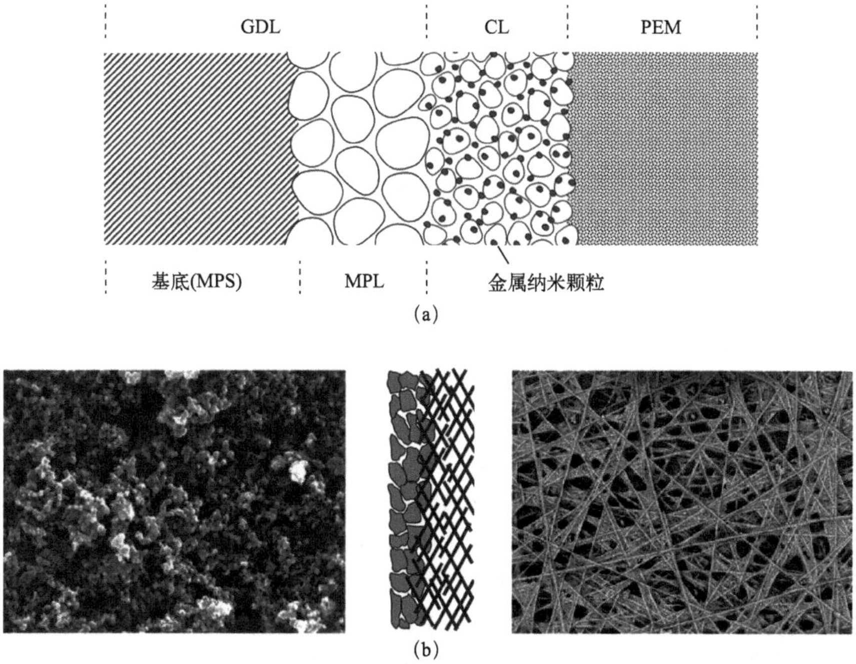

图 9-31 气体扩散层在 PEMFC 中的位置和结构组成（a）以及气体扩散层中基底层和微孔层的结构示意图与 SEM 照片（b）

气体扩散层的制备工艺如下：首先对基底层进行憎水化处理。将炭纸或炭布等基底材料均匀地浸入一定浓度的聚四氟乙烯乳液中，再将其置于烘箱内在 300～400℃下焙烧除去表面活性剂，同时使聚四氟乙烯热熔烧结并均匀地分散在基底材料中。然后进行微孔层的制备。用乙醇或水与乙醇的混合物作溶剂，将炭粉与 PTFE 乳液混合形成均匀浆料，采用刮涂、辊压、狭缝模涂、丝网印刷和超声喷涂等方法将该浆料制作到经憎水处理的扩散层基底上，然后在 300～400℃下焙烧[21]。

基底材料通常有炭纤维纸（炭纸）、炭纤维编织布（炭布）、非织造布及炭黑纸，也可以使用金属材料如扁平的泡沫金属和金属网等。其中多孔炭纸和炭布是质子交换膜燃料电池最常用的扩散层基底材料。通常基底材料必须满足以下要求：a. 均匀的多孔结构保证优异的透气性能；b. 低的电阻率保证较高的电子传导能力；c. 结构紧密、表面平整，减小接触电阻；d. 具有一定的机械强度利于电极制作；e. 适当的亲水/憎水性能；f. 具有化学稳定性和热稳定性；g. 低的制造成本。原则上扩散层越薄越有利于传质和减小电阻，在选择炭纸或炭布时应尽可能薄一些。对孔隙率来说，透气性随孔隙率增大而增大，电导率却随孔隙率增大而减小，相对来说透气性对电极性能的影响更大一些，所以选择孔隙率大的炭纸或炭布有利于改善电极的性能。

微孔层实现了反应气体和反应产物水在流场与催化层之间的再分配。制备微孔层所用的炭粉类型、炭粉担载量、PTFE 担载量等参数都直接影响扩散层的性质。炭粉担载量的多少直接影响扩散层的厚度。炭粉担载量低，扩散层较薄，能保证充足的气体到达催化层参与反应，但是减少了催化层与扩散层的接触面积，另外炭粉担载量过低还可能发生催化剂渗漏到基底层的情况。因此，炭粉担载量存在一个最佳值，实验表明，当以氧气和空气为氧化剂时，乙炔黑的最佳担载量分别为 $1.25mg/cm^2$ 和 $1.9mg/cm^2$。目前在质子交换膜燃料电池中应用比较广泛的是 Vulcan XC-72R 和乙炔黑两种炭粉，实验结果表明用乙炔黑制备的微孔层性能较好。

影响电极中孔分布的另一个重要因素是 PTFE 的含量。PTFE 在电极中主要起两个作用：一是粘接作用，将电极内高度分散的微小炭粉粒子或催化剂粒子粘接在一起；二是利用其憎水性在电极内制造憎水孔提供气体扩散通道。PTFE 的最佳添加量与电极的工作状态有关，也需要通过试验来确定，通常在 15%～30%（质量分数）之间。此外，也可以通过添加造孔剂来人为调控电极的孔隙率和孔分布。造孔剂有三种类型：低温分解型，如 $(NH_4)_2CO_3$；高温分解型，如 $(NH_4)_2C_2O_4$；溶解型，如 $CaCO_3$、Li_2CO_3、NaCl、NH_4NO_3、乙酸乙酯等。

GDL 的亲疏水结构对燃料电池的传质效率和极限电流密度有重要影响，其中亲水区域有利于排出更多的产物水，而疏水区域可以在较高电流密度下为反应气体提供传输通道。因此，合理地设计 GDL 的润湿性可以有效改善 GDL 的气液传输能力，从而提高燃料电池的性能。研究者们通常通过对 GDL 进行疏水处理、亲水掺杂和优化亲疏水结构来改变 GDL 的润湿性。多项研究结果表明，利用疏水剂对 GDL 进行疏水处理可以增强其气液传输能力。常见的疏水剂有聚全氟乙丙烯、聚偏二氟乙烯和聚四氟乙烯（PTFE）等。

Ferreira 研究了对 GDL 进行疏水处理对 PEMFC 性能的影响，结果发现经疏水处理过的 GDL 的电池性能显著改善，这是因为未经处理的 GDL 的孔隙中含有大量水，不仅阻碍了反应物向反应位点的运输，而且阻碍了电池的适当加湿，增加了传质阻力。实验中发现经疏水处理过的 GDL 表面脱落的液滴直径更小，说明疏水处理会使 GDL 表面更加光滑，具有更低的表面能，即使在高湿度环境下也能提供有效的气液传输。进一步研究发现，在疏水性 GDL 中添加亲水材料，如硅酸铝纤维、亲水碳纳米管等也可以有效提高其液态水传输能力。

GDL 的性能表征包括：孔隙率和孔分布，通常采用压汞仪进行测试；亲疏水性，通常采用接触角法进行测试；流体传输性质，包括气体扩散速率和表征对流流动的特征参数达西渗透系数。很多研究表明，GDL 内的气液传质对 PEMFC 的性能有重要影响，但该过程难以直接观察，实验测得的参数也只能部分表征传质特性，目前还需结合模拟方法进行研究，比较典型的有多相混合（multiphase mixture，M2）模型、格子玻尔兹曼模型（Lattice Boltzmann，LB）模型、孔隙网络模型（pore network model，PNM）和流体体积（volume of fluid，VOF）模型等。

GDL 的支撑层（炭纸）比较成熟的产品有日本的 Toray、日本的三菱化学、德国的 SGL 和加拿大的 AV Carb 等。东丽占据较大的市场份额，而且拥有专利较多，产品具有高导电性、高强度、高气体通过率、表面平滑等优点。国内的气体扩散层尚未形成产业化能力，与进口产品差距较大。目前国内深圳通用氢能、济平新能源、上海河森等公司已布局了 GDL 炭纸的产业化，已具备了小批量生产的能力。

9.4 双极板

双极板是 PEMFC 的核心部件之一，其质量占电堆总质量的 70%以上，体积达到总体积的 70%左右，成本为电池成本的 30%～50%（图 9-32）。PEMFC 的双极板需要满足以下条件：a. 具有阻气功能，因此应极力避免加工过程中的微小空洞；b. 是电和热的良导体，以降低内阻，保证电池组的温度均匀分布；c. 具有高化学稳定性，在电池工作条件下和其工作的电位范围内具有抗腐蚀能力；d. 双极板两侧应加上流场，实现反应气在整个电极各处均匀分布。如图 9-32 所示，双极板是电堆中体积占比和质量占比最高的部件，因此是进一步提高电堆体积功率密度和质量功率密度的关键。

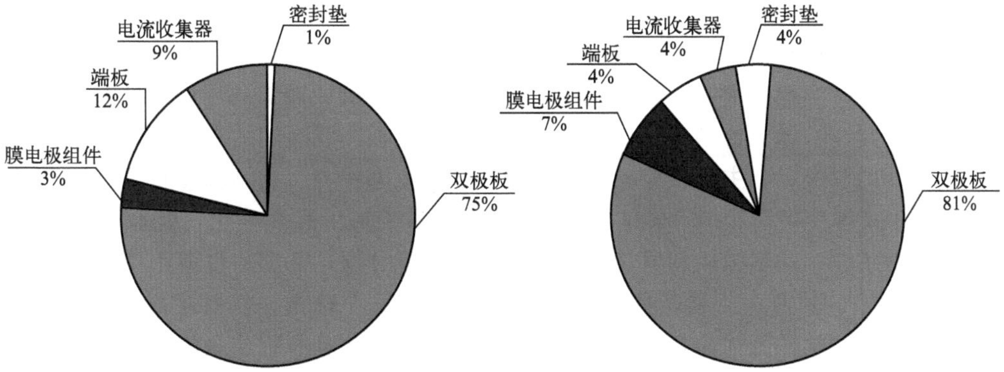

(a) 体积占比　(b) 质量占比

图 9-32 电堆中各部件的体积占比和质量占比

9.4.1 双极板材料

当前双极板材料包括石墨板、金属板和复合板三类。其外观如图 9-33 所示。双极板的主要性能指标包括界面接触电阻和腐蚀电流，分别表征了其导电性和稳定性。不同材质双极板的性能对比如图 9-34[22] 所示。

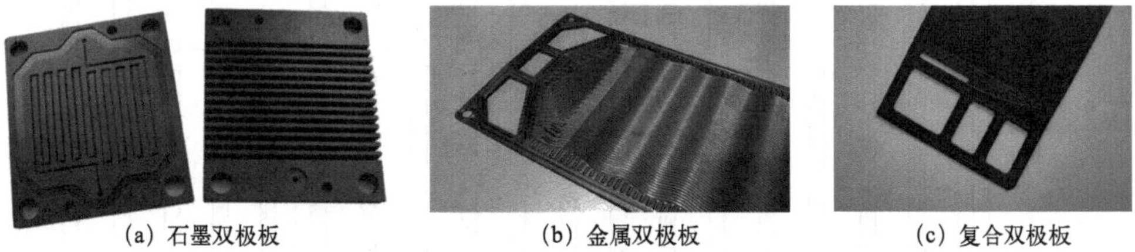

(a) 石墨双极板　(b) 金属双极板　(c) 复合双极板

图 9-33 不同材质双极板的外观

石墨是最早开发的双极板材料。石墨双极板具有低密度、良好的耐蚀性，以及与碳纤维扩散层之间有很好的亲和力等优点，可以满足燃料电池长期稳定运行的要求。但石墨的孔隙率大、力学强度较低、脆性大，因此石墨双极板通常较厚，才能有效阻止气体渗漏并满足力学性能的设计。此外，石墨材料的加工性能差、成品率低，使得制造成本增加。纯石墨板一

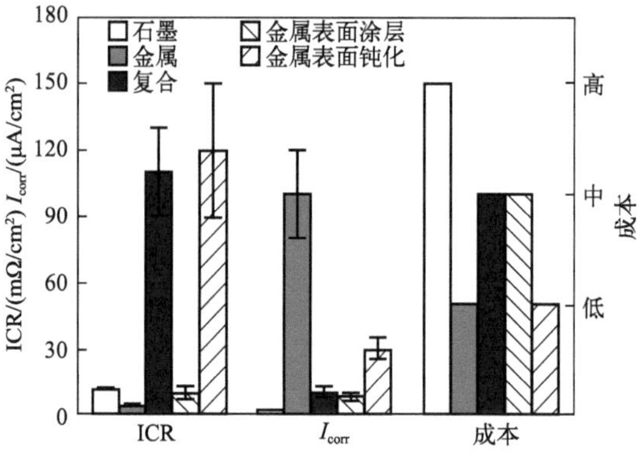

图 9-34　不同材质双极板的接触电阻（ICR）、腐蚀电流（I_{corr}）和成本对比[22]

般采用炭粉或石墨粉与沥青或可石墨化的树脂来制备，石墨化的温度通常高于 2500℃，而且需按照严格的升温程序进行，制备周期长，在石墨板上机械加工的流场也是费工时且高价格的，从而导致纯石墨板价格高昂。这是限制石墨双极板广泛运用的最大瓶颈。目前国产电堆主要采用石墨双极板，主要供应商包括上海弘枫、上海神力、杭州鑫能石墨等厂家。

金属双极板厚度可薄至 0.1mm，机械强度高，易于加工和规模化，能显著提高电堆的功率密度和一致性，是双极板的发展方向。目前绝大部分商用的燃料电池车均采用金属双极板（图 9-35[23]）。目前，金属基体材料中研究最多的是不锈钢、钛合金以及铝合金三种。不锈钢价格低、力学性能优异，是基体材料中的首选。钛合金和铝合金的比强高、耐腐蚀性好，可以用作特殊用途的质子交换膜燃料电池的双极板的材料。目前金属双极板的研究较为成熟，已经可以产业化，主要的供应商为瑞典 Cellimpact、美国 DANA 和 Treadstone、德国 Grabener、日本神户制钢以及国内上海治臻、安泰科技等公司。

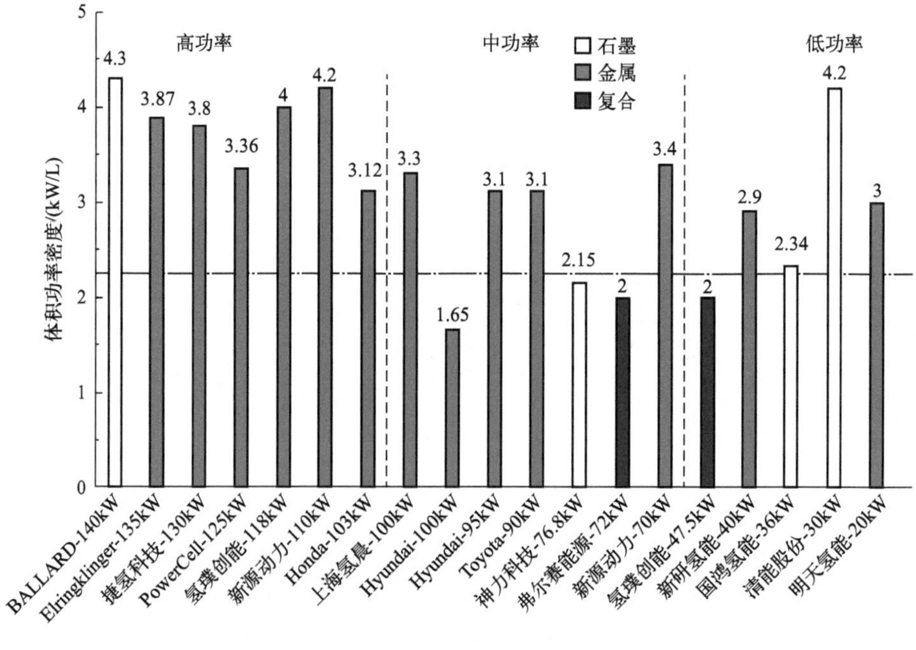

图 9-35　商业化燃料电池车的双极板类型[23]

在恶劣的工作环境中，金属双极板可能发生表面腐蚀和钝化。由于钝化膜能保护膜下金属不受进一步的腐蚀，因此常用的双极板材料都是较容易形成钝化膜的材料。但钝化膜会改变双极板和扩散层的表面形貌，导致界面接触电阻增大。金属板在 PEMFC 工作条件下会发生腐蚀，溶出的金属离子会催化 Nafion 膜降解，导致电池寿命缩短。因此需要进一步通过表面涂层或改性处理提高其抗腐蚀性能。从涂层材料上分，可分为金属涂层、非金属涂层和复合涂层。对于金属双极板，关键的性能指标是腐蚀电流密度和接触界面电阻。一些常见的金属双极板材料、涂层及其制备方法和相应的性能汇总于表 9-10[22] 中。

表9-10 不同金属基底双极板涂层及其性能对比[22]

基底	制备方法	涂层材料	测试温度/℃	腐蚀电流密度 /（μA/cm²）	界面接触电阻 /（Ω/cm²）
304不锈钢	电弧离子镀	TiN	25	0.014	30
	磁控溅射	TiN	25	0.013	31
	CVD/PVD	NbN-P	80	< 1.0	34
	电沉积	PANI	25	0.1	0.80～1.00
	磁控溅射	Cr/a-C	25	0.894	16.65
	PVD	CrN	25	0.22	19
	等离子表面改性	Nb-C	80	0.051～0.058	8.47
	CVD	a-C	80	< 1.0	8.9
316不锈钢	磁控溅射	Cr-N-C	80	0.61	2.64
	阴极离子镀	CrN	80	0.1～0.3	23
	磁控溅射	Cr-C	70	1.0	1.4
AA5083	PVD	CrN	70	57～79	6
AA5052	磁控溅射	TiN	70	34.4	20.08
		CrN	70	36.8	7.76
		C	70	4.6	6.39
		C-TiN	70	0.4	4.08～6.39
		C-CrN	70	0.5	4.08
AA6061	模压	Ppy	70	0.33～0.36	21
Ti-6Al-4V	阴极溅射	ZrC	70	0.39	9.6
		Zr	70	0.97	40
		ZrCN	70	0.34	11.2
Ti	离子镀	TiN	25	0.0086	2.4

注：腐蚀电流测试通常在 0.5mol/L 的硫酸+10^{-6}mol/L 的 HF 溶液中进行，界面接触电阻测量时压力为 140～200N/cm²。

金属涂层包括贵金属涂层、金属氮化物涂层、金属碳化物涂层、金属氧化物涂层等。金、银、铂、铱等贵金属具有优异的导电性和化学性质稳定性，能够抵抗燃料电池酸性电解液的腐蚀，并且可以通过简单的化学镀方法制备，但是价格昂贵，难以规模应用。过渡金属氮化物涂层具有良好的耐腐蚀性、优异的导电性和抗划伤性能，在双极板表面涂层中具有巨大的应用潜力，是研究最多的金属型涂层。常见的金属氮化物涂层包括 TiN、CrN、NbN、CrMoN 等，金属碳化物涂层包括 TiC、ZrC、CrC 以及多元碳化物如 Ti-Si-C 等。采用金属氧化物作为涂层比较简单，早期表面处理技术直接采用金属双极板上生成的氧化膜作为防护涂层，但是耐蚀性不佳、界面接触电阻高。近期研究采用等离子体喷涂，可以改进成膜均匀性，但金属氧化物膜的导电性通常较差，导致接触电阻高。这些表面涂层的制备方法通常包括磁控溅射、等离子表面处理、电镀等，目前金属氮化物涂层是研究最多的涂层。尽管涂层材料兼具较高的稳定性、力学强度和导电性，但薄膜制备过程中通常会形成针孔、大颗粒等不均匀性和缺陷，成为易腐蚀点，因此研究的重点是如何优化薄膜制备工艺，形成均匀致密的表面氮化物薄膜。近年来发展的高功率脉冲磁控溅射（HiPIMS）具有较高的电离度，能够提高氮化物涂层的致密性。

非金属涂层中，非晶碳（amorphous carbon，a-C）涂层具有导电性好、稳定性高、成本低等优势，是双极板改性的理想材料之一，得到了广泛的研究。按照薄膜中 sp^3 型碳和 sp^2 型碳的比例，可以将 a-C 涂层分为类金刚石膜和类石墨膜，其中 sp^3 杂化居多的类金刚石膜具有优异的力学性能和良好的抗腐蚀性能，sp^2 杂化居多的类石墨膜具有良好的导电性。通过调控涂层中 sp^3 型碳和 sp^2 型碳的比例，可使涂层具有优异的导电性和良好的抗腐蚀性。a-C 涂层常用用制备方法包括化学气相沉积（CVD）和物理气相沉积（PVD）。CVD 法以气态碳氢化合物为前驱体，需要通过高温处理去除其中的氢，从而提高涂层的导电性和热稳定性。磁控溅射、阴极电弧放电等 PVD 法，可以以石墨等纯碳为原料制备 a-C 薄膜，使涂层具备更好的性能。除 a-C 外，聚吡咯（PPY）、聚苯胺（PANI）及其衍生物等导电聚合物具有优异的化学稳定性、物理稳定性以及高的导电性，并且能够通过化学合成方法低成本制备，也是可能的涂层材料，但存在涂层的均匀性差、附着力弱、易降解等问题，目前的寿命尚无法与 a-C 及金属氮化物等涂层相比。

复合涂层通常是在 a-C 涂层中引入金属或金属碳化物的粒子，进一步增强涂层的致密性、力学性能和导电性。如在 a-C 涂层的制备过程中，可以通过共溅射方法掺入 Cr、Nb 等金属，形成夹杂的金属碳化物相，可进一步增强涂层的导电性和耐腐蚀性。神户制钢通过在钛材表面氧化膜中分散导电性碳粒子，开发出了碳纳米复合的纳米晶涂层钛材，有效兼顾了高的耐腐蚀性和导电性，应用于第二代 Mirai 燃料电池车中。通过将碳涂层和真空表面热处理技术结合，开发出钛基材的连续表面处理设备及工艺，保障了预涂层基材的耐冲压成型性能，降低了流场冲压过程中表面涂层的损坏。

复合双极板在具有一定耐蚀性的基础上，可以保持良好的导电性，综合了上述两种双极板的优点，具有耐腐蚀、易成型、体积小、强度高等特点，是双极板材料的发展趋势之一。在复合双极板制备中，模压成型工艺较注射成型工艺应用更广，主要利用液压机与模具，对混合均匀的导电填料与树脂的混合物进行加热加压，加速树脂固化和物料塑形，脱膜得到指定形状及流道的双极板。模压工艺所需设备简单，对物料流动性要求低，制备的双极板密度高、尺寸精准、收缩小、性能好。此外，流道在模压过程中直接成型，无需机械加工程序，易于批量化生产。碳基复合材料双极板是近年来研究较多的一类复合双极板，它弥补了纯石墨双极板脆性大、机械性能差的缺点，但导电性不如石墨双极板；比金属双极板更耐腐蚀，气密性却没有金属双极板好。复合双极板包括树脂/石墨复合双极板和碳材料增强复合双极板。国外复合双极板生产企业主要有英国博韦尔（Porvair）、德国德纳（Dana）、德国恩欣格（Ensinger）、丹麦 IRD Fuel Cells A/S、加拿大巴拉德（Ballard）等，国内复合双极板研发企业主要是江苏神州碳制品有限公司、武汉喜玛拉雅光电科技股份有限公司、惠州市海龙模具塑料制品有限公司、惠州市杜科新材料有限公司和佛山市南海宝碳石墨制品有限公司。表 9-11 总结了国内外主要企业研发的复合双极板的性能指标[24]。

表9-11 国内外主要企业研发的复合双极板的性能指标[24]

性能指标	江苏神州碳制品	武汉喜玛拉雅光电	惠州市海龙模具	惠州市杜科新材料	佛山市南海宝碳	德国恩欣格
体相密度/(g/cm^3)	≥1.85	1.8~1.95	—	—	1.89	2
电导率/(S/cm)	—	—	220	>300	95	142
电阻率/μΩ·m	≤40	16	—	—	—	70.4
压缩强度/MPa	≥80	>50	>55	>100	70	—
弯曲强度/MPa	≥40	>51	>45	>40	45	40
邵氏硬度	≥30	48~51	—	—	—	—
适用温度/℃	-4~200	—	>120	-55~150	—	200~240
接触面电阻/($m\Omega/cm^2$)	—	—	<8	<6	—	—
腐蚀电流/($\mu A/cm^2$)	—	—	≤0.5	<0.5	—	—
气体渗透率/[cm/(Pa·s)]	—	—	$<1.3\times10^{-14}$	$<3.76\times10^{-12}$	—	—
孔隙率	≤0.2	≤0.12	—	—	—	—

9.4.2 双极板的流场设计

流场结构形式直接影响电堆的性能，因此流场的设计至关重要。双极板在 PEMFC 中的位置及一些典型的双极板流场结构见图 9-36[25]。

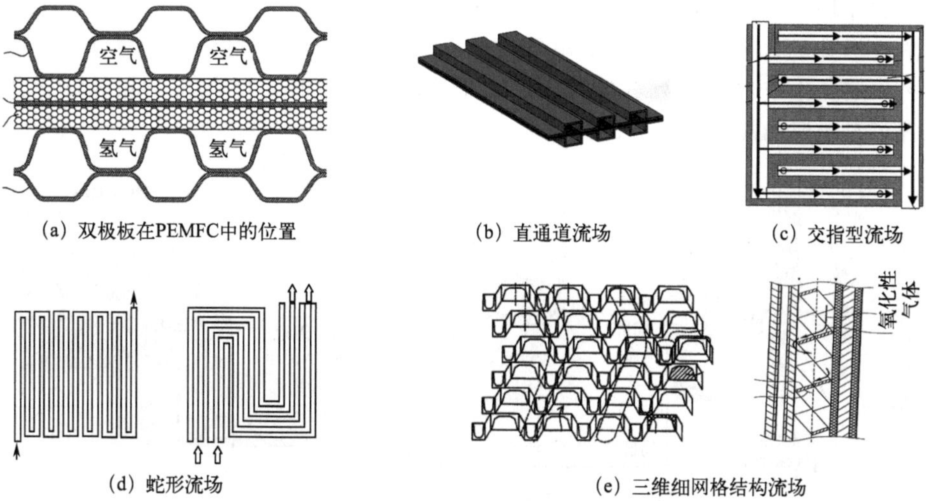

图 9-36 双极板在 PEMFC 中的位置及一些典型的双极板流场结构[25]

最简单的是直通道流场，它具有较多的相互平行的流场通道，流程距离短，进出口压损小，通道并联有利于反应气体以及冷却水在通道内的均匀分布，能实现电流密度及电池温度的均匀分布。同时结构简单，易加工。其缺陷是反应气体在直流道中存留时间短，气体利用率低，流速相对较低，产生的水不能及时排出，易造成堵水。为强化直流场中的传质，可以采取的措施包括：改变截面形状，矩形截面是最常见的，但梯形、圆形、三角形等都有研究；也可以改变直流道截面流速，或是将直流道变为 S 路径流道。模拟分析表明，流体流经弯道时会形成狄恩涡流，从而改变流体的稳流状态，能大大增强流体的对流混合和传热。

蛇形流场有单通道和多通道之分，单蛇流道中所有气体在一根流道中流动，气体流速很大，而且流道长，造成压损过大，虽有利于反应水的排除，但不利于电流密度的均匀性和催化剂的利用。而且单根流道一旦堵塞，会导致电池无法使用。为了避免这种情况，加拿大巴拉德动力公司发展了多通道蛇形流场。多通道蛇形流场兼有直通道和单蛇通道的优点，即使单根流道堵塞，其他流道也能发挥作用，同时相同活性面积采用多通道有利于减少流道的转折，可有效降低压力损失，保证电池的均匀性。

交指型流场的特点是流道是不连续的，气体在流动的过程中，由于通道堵死，迫使气体向周围流道扩散，这个过程使更多的气体进入催化层进行反应，有利于提高气体利用率，提高功率密度。同时，在强制对流的作用下，岸部和扩散层中的水极易排出。但同时气体经过扩散层强制扩散，会产生较大的压降，如果气流过大，强制对流可能会损伤气体扩散层，降低电池性能。

丰田的 Mirai 燃料电池车采用了一种新的流场板设计，即三维细网格结构流场，这种流场通过疏水的三维细网格流场，使生成的反应水能够很快排出，防止滞留水对空气传输的影响。在结构设计中，没有固定的气体流动通道，流体在三维细网格结构中不断进行分流流动，使气体在扩散层中均匀分布，同时极板和扩散层部分结构有一定的夹角。因此，这种流场表现出如下优点：气体在流场上分布更为均匀；气体在流动中产生的强制对流效果使得更多的气体能进入催化层发生反应；传统流场中流道间的“岸”基本消失，流场开孔率较高，催化层高活性反应面积增加；气流的绕流作用使得催化层及扩散层中的水分容易排出，不易发生水淹情况。当然和传统流场比较，制造难度加大，气体流动阻力也有所增加。第二代 Mirai 电堆的流场设计采用了局部变窄的流场，由此来平衡设计中氧气的扩散和压降指标，局部变窄的流场由于气体阻力影响，空气会进入扩散层中，此设计相比于传统直流道 GDL 中氧气浓度提升了 2.3 倍，和 Mirai 电堆流道指标相同。新流场的设计同样增强了生成水的排水能力，避免生成水阻塞氧气的扩散；并采用波浪式流道，空气流向和氢气采用对流形式，提升了自增湿的能力（图 9-37）。

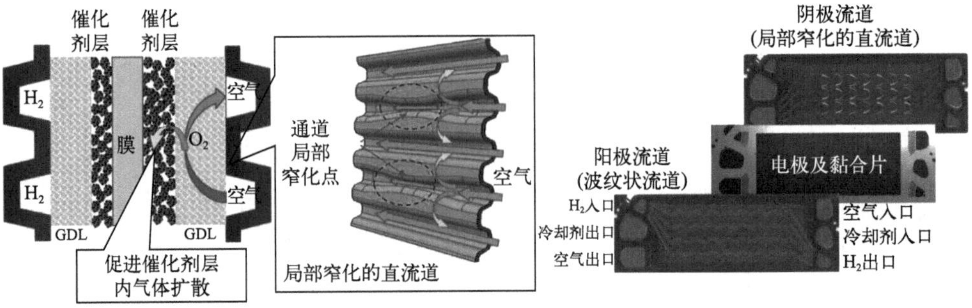

图 9-37 第二代丰田 Mirai 的流场结构设计

9.5 固体氧化物燃料电池中的材料

9.5.1 固体氧化物电解质

SOFC 的电解质是氧化物，早在 1890 年 Nernst 就认识到在一定温度下，某些氧化物包括 ZrO_2 和钙钛矿类的氧化物均能体现出一定的氧离子导电性。20 世纪 30 年代末，E. Baur 和 H. Preis 证明氧化物的高温氧离子导电性可用于实际的燃料电池。当前 SOFC 中的电解质主要采用 Y_2O_3 稳定的 ZrO_2（YSZ）。该氧化物体系在 700℃以上即体现出良好的氧离子导电性，然而在相同温度下其电子导电性却极小。除 YSZ 外，广泛研究的还有钆或者钐掺杂的氧化铈（CGO 或 CSO）和锶、镁共掺杂的镓酸镧（LSGM）两个有代表性的氧离子导体体系。

衡量 SOFC 电解质材料的重要性能之一是其离子电导率，YSZ、CGO 和 LSGM 氧化物体系氧离子导电性随温度的变化如图 9-38[26] 所示，由图可见，几种材料的氧离子导电性均随温度升高而升高。然而在以电导率对数对温度倒数的图中显示出明显的非线性行为，表明离子导电的机理比一般的热激发要复杂。一般 SOFC 电解质的电阻率应在 $0.1\Omega/cm^2$ 以下，对于 10μm 厚的电解质层，要求电导率在 10^{-2}S/cm 以上。从图 9-38 中可以看出，为达到上述要求，其最低的操作温度为：YSZ 约 700℃，CGO 约 550℃，LSGM 约 550℃。铋的氧化物 δ-Bi_2O_3 是一类具有很高氧离子导电性的 SOFC 电解质材料，电导率在 800℃时能达到 1S/cm 以上，然而其稳定区间仅为 730℃以上到其熔点 804℃，虽然掺杂稀土氧化物（如 Y_2O_3）或 ZrO_2 能使其高温相稳定存在的区间向低温区间移动，但是 Bi_2O_3 在燃料电极还原气氛中已被还原成金属，从而限制了 Bi_2O_3 的应用。

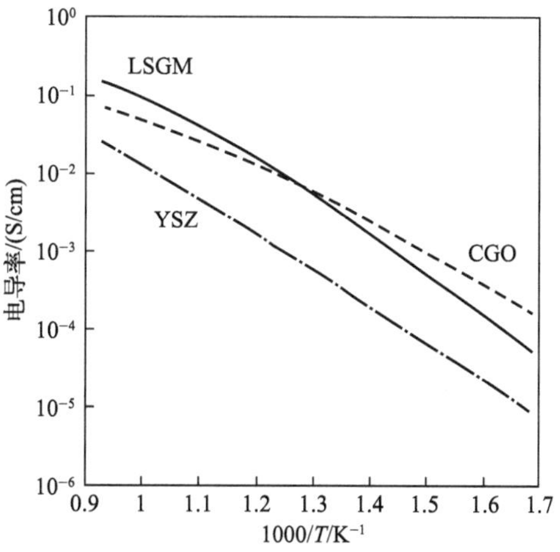

图 9-38 YSZ、CGO 和 LSGM 体系的电导率-温度曲线[26]

许多氧化物均存在固固相变，而通常高温相体现出较强的离子导电性，原因是通常高温相氧的亚晶格具有较强的活动性。为了降低 SOFC 的工作温度，需要使具有较强离子导电性的高温相在较低的温度下也能稳定存在，而掺杂是实现这一目的的有效手段。如图 9-39（a）所示，在纯的氧化物体系中，可以观察到氧离子电导率随着温度的突变，表明在该温度下发生了相变。而掺杂之后突跃消失，同时在较低温度下就能达到较高的离子导电性［图9-39（b）］，表明掺杂有助于稳定高温相。

具有氧离子导电性的氧化物体系是 SOFC 开发的关键领域之一，同时也是固体结构化学的研究热点。具有氧离子导电性的氧化物体系很多，但从微观结构上可以分为以下两种类型：第一类是萤石结构，如掺杂的氧化锆、氧化铈和氧化铋；第二类是钙钛矿结构，如掺杂的镓酸镧。

萤石结构的代表物质为 CaF_2，其结构属于立方晶系，阴离子呈面心立方排列，阳离子

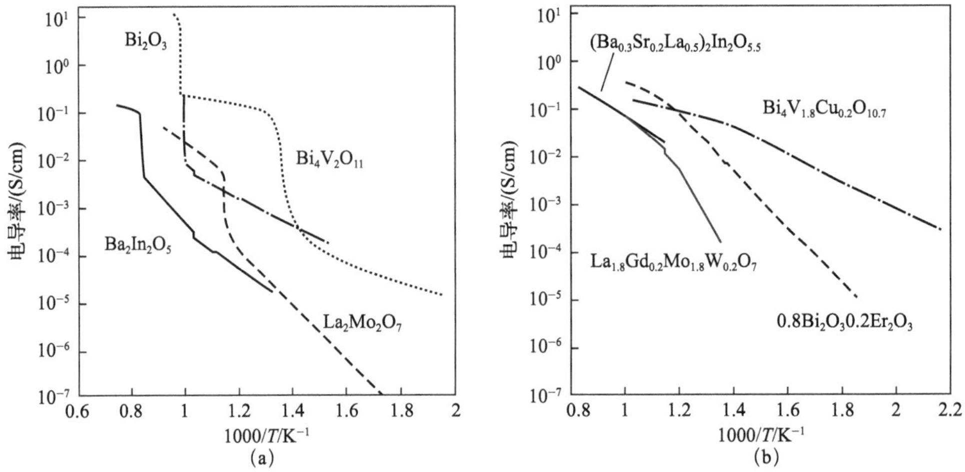

图 9-39 一系列氧化物电解质的电导率-温度曲线[26]

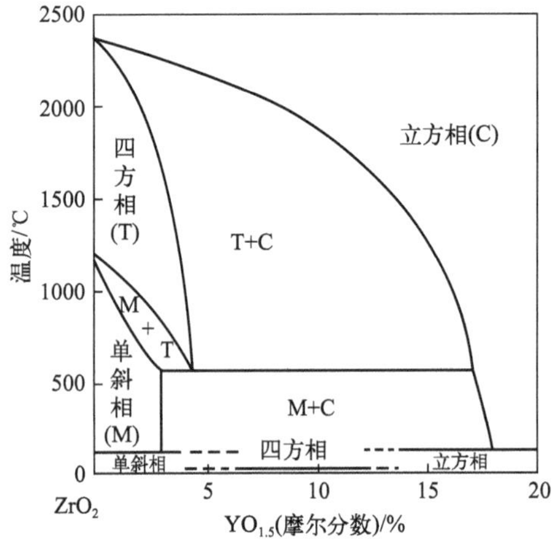

图 9-40 Y_2O_3-ZrO_2 体系相图

占据其中的四面体空隙。这一结构的氧化物如 ZrO_2、CeO_2 等很容易形成氧空穴，从而为氧离子的传输提供了通道，是重要的 SOFC 电解质材料。具有萤石结构的氧离子导体中最重要的是掺杂的 ZrO_2 体系。ZrO_2 具有单斜、四方和立方三种晶体结构，具有较强氧离子导电性的是立方相，具有萤石结构，但只能在高温下稳定存在。通过适当的掺杂，可以使萤石结构在较低温度下稳定存在。研究得最广泛的是 Y_2O_3 稳定的 ZrO_2（YSZ）。图 9-40 为 ZrO_2-Y_2O_3 体系的相图。对于纯的 ZrO_2，立方相仅在 2370℃ 以上存在，随着 Y_2O_3 掺入量的增加，立方萤石结构稳定存在的最低温度大大降低。

研究表明，在 1000℃ 下，当 Y_2O_3 的掺入量为 8%（摩尔分数）时 YSZ 体系的氧离子导电性最强，其物相结构为立方和四方的混合物。当三价的 Y 替换四价的 Zr 时，会相应地生成氧空位以平衡电荷，因此 Y_2O_3 的掺杂还可以提高氧空穴的浓度，从而提高离子电导率。YSZ 在高温下的稳定性以及机械强度均较好，但运行温度仍然偏高。目前的主要研究工作是通过调节 YSZ 电解质层的微观结构，降低其操作温度至 700～800℃。一些改性 YSZ 和 ScSZ（Sc_2O_3 稳定的 ZrO_2）的电导率性能如图 9-41 所示。

ZrO_2 体系中另一种常见的掺杂元素为 Sc，得到 ScSZ 复合氧化物。10%～12%（摩尔分数）掺杂量的 Sc_2O_3 的离子导电性最高，在室温下为正交结构，在 600℃ 以上转化为具有较高离子导电性的立方结构。一般来说，ZrO_2-Ln_2O_3 复合氧化物体系的离子导电性随着稀土离子 Ln^{3+} 半径的增大而降低，因此半径最小的 Sc^{3+} 离子有利于离子导电性的提高，主要原因是 Sc^{3+} 和 Zr^{4+} 离子半径相近，因此缺陷的结合能较小，有利于氧空位的移动。此外，

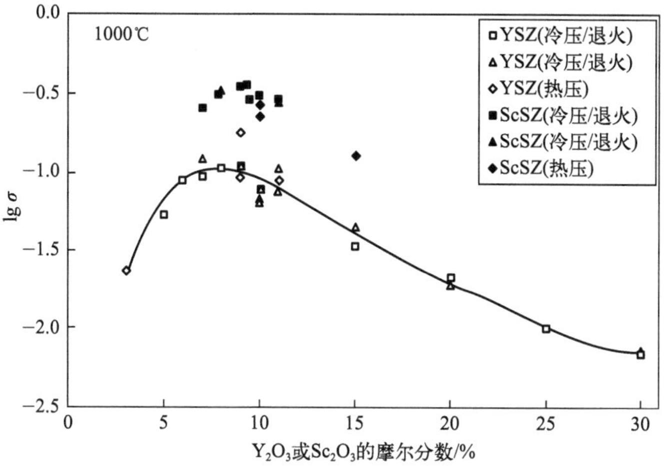

图 9-41 YSZ 体系 O^{2-} 电导率随成分的变化[27]

还可以通过共掺杂的方式，向 YSZ 或 ScSZ 体系中进一步掺入 Al、Nb 等元素，以提高复合氧化物体系的离子电导率和机械强度。

另一个具有萤石结构的氧离子导体氧化物体系是掺杂的 CeO_2，该体系在 500～650℃下具有较高的离子导电性，同时与高性能的阴极材料如钴基钙钛矿类化合物相容性好，因此在新型低温 SOFC 中具有广阔的应用前景。与 ZrO_2 体系一样，CeO_2 也具有萤石结构，也需要通过掺杂三价稀土离子来提高其离子导电性，并且效果最好的掺杂离子也具有和本体阳离子 Ce^{4+} 相近的离子半径，常用的掺杂元素是 Gd 和 Sm，形成 CGO 和 CSO 复合氧化物体系。在较低温度（<700℃）下 CGO 体系的离子导电性几乎比 YSZ 高一个数量级。这一体系的重要问题之一是在较低的氧气分压下不够稳定，Ce^{4+} 被还原成 Ce^{3+}，提高了其电子导电性，从而使电池性能下降。

Bi_2O_3 是当前已知氧离子电导率最高的材料，在 700℃时电导率超过 0.1S/cm，比 YSZ 与 CeO_2 基电解质材料高一个数量级，同时具有更低的界面电阻。但在还原气氛下，Bi^{3+} 会被还原为 Bi 金属并附着在电解质表面，影响离子电导率，并产生电子电导。另外，在常温下 Bi_2O_3 以 α 单斜相存在，650℃时主要为 β 体心立方相和 γ 四方相，在 730～825℃时以稳定的 δ 面心立方相存在，并具有较高的离子电导率，但当温度下降到 730℃以下时，δ-Bi_2O_3 相会开始析出 β 与 γ 亚稳态相，同时体积变化导致材料开裂。目前的解决方案是通过掺入三价稀土氧化物 Ln_2O_3（Ln＝Er、Y、Tm、Gd）来抑制 δ-Bi_2O_3 在低温条件下的相转变，并使其在更宽的温度范围内适用。

钙钛矿结构通常具有 ABO_3 的化学组成，其结构属于立方晶系，BO_6 八面体呈简单立方排布，通过共顶点方式构成三维网络，A 离子位于简单立方的体心。这一结构类型的氧化物种类繁多，并且通过掺杂能衍生出丰富的结构和性能的变化，是固体结构化学研究的热点领域。

作为 SOFC 电解质的钙钛矿类化合物最重要的是 Mg、Sr 共掺杂的镓酸镧 $LaGaO_3$（LSGM），其中 Sr 取代 La，Mg 取代 Ga，其通式为 $La_{1-x}Sr_xGa_yMg_{1-y}O_3$。这一体系首先由 Ishihara 和 Goodenough 的研究组独立发现。例如 Goodenough 等发现 $La_{0.8}Sr_{0.2}Ga_{0.8}Mg_{0.2}O_{2.85}$ 在 800℃下离子电导率可达 0.17S/cm，其低温氧离子导电性与 CGO 相当，明显高于 YSZ 和

ScSZ。但是 LSGM 中不含易被还原的离子，因此在低氧分压的条件下比 CGO 稳定。LSGM 的导电性与掺杂浓度密切相关。提高其离子导电性的有效方法之一是向其中掺入过渡金属元素，常见的有 Fe、Co 和 Ni，但随着过渡金属掺杂量的增大，对氧离子导电性的增强会逐渐减弱，同时会导致空穴导电作用的增强，从而导致漏电，因此需要在这两者之间寻找一个平衡点。钙钛矿结构对由取代离子半径差异以及氧空位导致的晶格畸变有较强的承受能力，因此可以用于取代的元素种类很多，例如虽然最常用的取代 La 的元素是 Sr，但 Gd、Ba 等取代 La 的氧化物也是较好的氧离子导体。$LaAlO_3$ 由于成本较低也受到关注，但是其离子电导率较低。图 9-42 汇总了 LSGM 体系的离子电导率随温度的变化曲线。

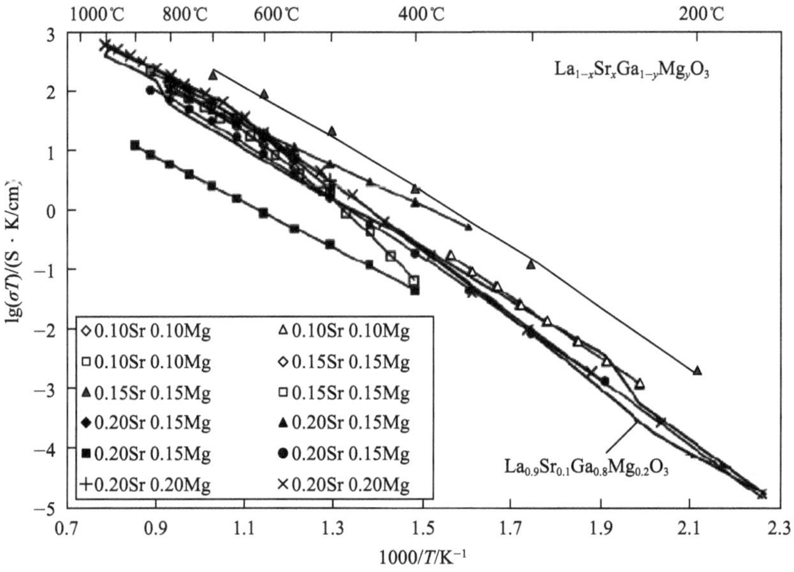

图 9-42 LSGM 体系的电导率-温度曲线[27]

质子导体在中低温下有比氧离子导体更高的离子电导率和更低的活化能。$BaCeO_3$ 基材料具有高质子传导率，被用作电解质材料，但在 H_2O、CO_2 中的化学稳定性差，限制了其应用。$BaZrO_3$ 有良好的化学稳定性，但晶界电阻较大，烧结活性较差。为解决这两者的不足，Y、Yb 等掺杂的 $BaCeO_3$-$BaZrO_3$ 被广泛研究。Yamaguchi 以 Ba（$Ce_{0.7}Zr_{0.1}Y_{0.1}Yb_{0.1}$）$O_{3-\delta}$ 为电解质制备了阳极支撑的质子传导燃料电池，该电池的开路电压在 200～486℃ 的温度范围内高于 93%的理论开路电压。Duan 等采用三传导（质子、氧离子、电子/空穴）材料 $BaCo_{0.4}Fe_{0.4}Zr_{0.1}Y_{0.1}O_{3-\delta}$ 作阴极、质子传导材料 Ba（$Ce_{0.7}Zr_{0.1}Y_{0.1}$ $Yb_{0.1}$）$O_{3-\delta}$ 作电解质制备的燃料电池在 500℃ 时获得了 $455mW/cm^2$ 的高功率密度[28]。

在对低温高效 SOFC 材料的探索过程中，研究者们发现了一些新的结构，其中一个值得关注的方向是，以一个具有离子-半导体性质的均质功能层代替传统三层 SOFC 中的阳极/电解质/阴极结构，实现单层 SOFC 的先进设计，消除了电极和电解质间的界面，大大加快了反应过程。与传统三层燃料电池相比，单层 SOFC 在低温下仍可以获得较高的输出功率，例如，以 LiNiCuZnFe 氧化物-NSDC（$Ce_{0.8}Sm_{0.2}O_{2-\delta}$-$Na_2CO_3$）为功能层的单层 SOFC 在 550℃时输出功率就达到了 $700mW/cm^2$。单层 SOFC 的功能层中的 O^{2-} 或 H^+ 可以在功能层内部和表面同时输运，使得离子的传导速度得到了有效提高；功能层中的 p-n 体异质结起到阻挡电子传输，防止短路的作用[29]。

9.5.2 电极

在阳极上发生的是燃料(H_2 或烃类）的氧化反应，在 SOFC 发展的初期，人们曾采用与其他类型的燃料电池一样的金属材料如 Ni 或 Pt、Au 等贵金属作阳极。然而这些金属的热膨胀系数与作为电解质的氧化物陶瓷的热膨胀系数相差很大，在高温下极易脱落，造成电池结构的破坏。1970 年，Spacil 认识到将 YSZ 陶瓷与 Ni 制成金属-陶瓷复合材料能克服上述的不足，由于当时 SOFC 的主要电解质材料仍为 YSZ，因此这一体系至今仍是最为有效的 SOFC 阳极材料。由于 YSZ 与 NiO 不形成固溶体或化合物，因此复合电极可以以 YSZ 和 NiO 粉体共混煅烧制备，在阳极的还原气氛中 NiO 会被部分还原形成 Ni（图 9-43）。在 YSZ-Ni 金属-陶瓷电极中，YSZ 构成多孔骨架，使还原得到的 Ni 颗粒分散其中，能有效地减弱颗粒的团聚。YSZ-Ni 复合电极的微观结构如图 9-43 所示，当用酸除去 Ni 后，可以看到多孔的 YSZ 骨架。由于 Ni 具有催化作用，因此氧化反应在 YSZ-Ni-燃料气三相界面处发生。Ni 不仅起催化作用，同时提供高的电子导电性。同时 YSZ 的氧离子导电性对于阳极氧化反应也有重要意义。

由于当前 SOFC 的电解质材料主要为 YSZ，因此 YSZ-Ni 复合电极也是应用最广泛的电极。YSZ-Ni 电极的问题是在使用烃类燃料时，Ni 在高温下能催化烃类分解，在电极表面形成积炭，从而使电极性能下降。为克服这一问题，一种方法是降低操作温度，同时在 YSZ 电解质和 YSZ-Ni 电极之间插入一层 Y 掺杂的 CeO_2，这一结构在 650℃下直接氧化甲烷能达到 0.37W/cm^2 的功率密度。另一种方法是以 Cu 代替 Ni，Cu 不会催化积炭，但对电化学反应的催化作用也比较弱，需要加入 CeO_2 以加快对燃料的氧化，同时 Cu 熔点较 Ni 低，因此只能在较低温度下使用。将 Cu 与 Ni、Co 等制成合金也能提高其催化性能。

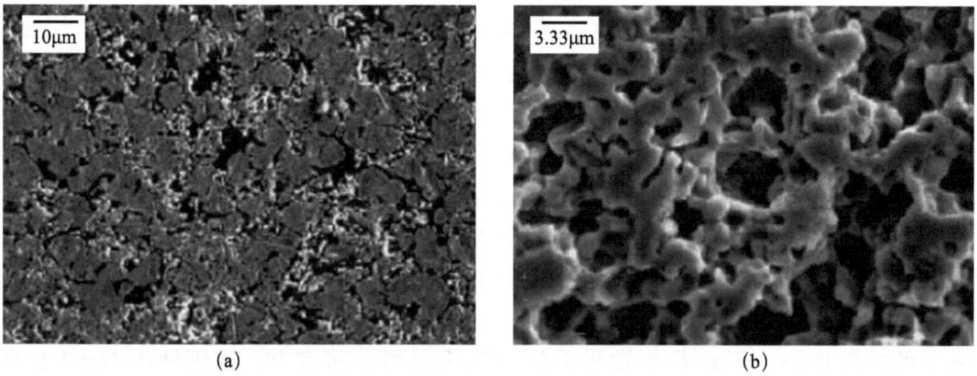

图 9-43 YSZ-Ni 陶瓷-金属复合电极的 SEM 照片（a）和 YSZ 骨架的 SEM 照片（b）

为使 SOFC 能直接使用烃类燃料，人们也在致力于开发新的陶瓷-金属复合电极，寻找对烃类催化氧化高活性而催化裂化无活性的体系，催化裂化惰性的标准几乎将除 Cu、Ag、Au 以外的所有过渡金属排除，而上述的金属对烃类氧化的催化作用也较弱。相反，满足要求的氧化物体系则较多，因此研究主要集中于开发兼具氧离子导电性和电子导电性的氧化物体系，主要包括萤石结构和钙钛矿结构的氧化物。

萤石结构的氧化物主要是稀土离子如 Y、Gd 掺杂的 CeO_2，在阳极还原气氛中部分

Ce^{4+}转化成Ce^{3+}，为该体系提供了电子导电性。而钙钛矿结构的氧化物主要是钛酸盐和铬酸盐。最近 Goodenough 等发现具有双层钙钛矿结构的 $Sr_2Mg_{1-x}Mn_xMoO_{6-x}$ 也是一种具有潜在应用价值的阳极材料。然而这些氧化物体系对燃料氧化的催化活性仍然与 Ni 对 H_2 的催化活性有较大的差距。一些新型的复合氧化物 SOFC 阳极及其电子、离子电导率见表 9-12[30]。

表9-12 一些新型的复合氧化物 SOFC 阳极及其电子、离子电导率[30]

材料	电子电导率/(S/cm)	氧离子电导率/(S/cm)	材料	电子电导率/(S/cm)	氧离子电导率/(S/cm)
CeO_2	0.1～0.2	1×10^{-6}	$Sr_{0.86}Y_{0.08}TiO_3$	80	低
$Zr_{1-x-y}Ti_xY_yO_2$	0.1	1×10^{-2}	$La_{0.33}Sr_{0.66}TiO_{3.116}$	40	低
$La_{0.8}Sr_{0.2}Cr_{0.95}Ru_{0.05}O_3$	0.6	低	Nb_2TiO_7	200	很低
$La_{0.8}Sr_{0.2}Fe_{0.8}Cr_{0.2}O_3$	0.5	未知	$Gd_2Ti(Mo,Mn)O_7$	0.1	较好
$La_{0.25}Sr_{0.75}Cr_{0.5}Mn_{0.5}O_3$	3	未知			

当前 SOFC 中使用的阴极材料大多是掺杂的锰酸镧，其中最常见的是 Sr 掺杂的锰酸镧 LSM，具有钙钛矿结构。Sr 的掺杂有利于提高电子-空穴对的浓度，从而提高电子导电性。在 Sr 掺杂量低于 50%时 LSM 的电子电导率随着 Sr 掺杂浓度的增大线性增大。LSM 具有较高的氧还原催化活性、较好的热稳定性以及与常见电解质如 YSZ、CGO 和 LSGM 较好的相容性，因此在 700～900℃的温度区间内，LSM 仍为阴极材料的首选。在较高温度（>1400℃）下，LSM 中的 La 会与 YSZ 反应生成不导电的 $La_2Zr_2O_7$ 从而影响电池性能，但 CGO 和 LSGM 则不存在这一问题。在较低的运行温度下并以 YSZ 作为电解质时，A 位取代的铁酸盐（Ferrite）LSF 或钴酸盐（Cobaltite）LSC 体现出较好的性能。

一类钙钛矿的结构变体——双钙钛矿类复合氧化物也是受到关注的 SOFC 阴极材料。这类材料具有通式 $AA'Co_2O_{5+x}$，其中 A 通常为稀土或 Y，A′为 Sr、Ba 等碱土金属。A、A′离子交替堆叠，Co 周围的 5 个 O 原子呈四方锥型配位。A 位取代的有序性与氧离子的高迁移率密切相关。这类物质的代表是 $PrBaCo_2O_{5+x}$ 和 $NdBaCo_2O_{5+x}$。这一类氧化物种类繁多，但仅对其中一小部分作为 SOFC 的性能进行了考察。

另一类阴极材料是具有 K_2NiF_4 结构的氧化物，如 Ln_2NiO_{4+x}（Ln＝La、Pr、Nd），其结构可写作 $LnNiO_3\cdot LnO$，可以看作具有钙钛矿结构的 $LnNiO_3$ 层与具有 NaCl 结构的 LnO 交互堆叠而成的结构。在室温附近，x 可以高达 0.18。在该类型复合氧化物中，间隙氧离子的扩散很快，因此是非常受关注的阴极材料。事实上，有钙钛矿-NaCl 复合结构的氧化物 $A_{n+1}B_nO_{3n+1}$ 很多都是受到关注的 SOFC 阴极材料，例如 $(La,Sr)_{n+1}(Fe,Co)_nO_{3n+1}$（$n$＝2，3）都体现出较好的作为 SOFC 阴极的性能。

SOFC 中的电极和电解质均为氧化物陶瓷材料，由于操作温度较高，氧化物之间可能发生反应从而使电池性能下降。因此，电极与电解质的相容性是一个必须考虑的重要问题，并且限制了电池的运行温度。例如高温下 YSZ 会与作为阴极的 LSM 反应，生成不导电的 $La_2Zr_2O_7$；而 LSGM 虽然与阴极相容性较好，但是会与阳极中的 NiO 发生反应，而 YSZ 与 NiO 的相容性则较好；掺杂的氧化铈与电极的相容性较好，但容易被还原成 Ce（Ⅲ），从而使电子导电率提高，而燃料电池的效率降低。

9.5.2.1 固体氧化物燃料电池中的其他材料

SOFC中双极连接材料的作用是在构成电池组时连接相邻电池的阴极和阳极，作用相当于PEMFC中的双极板，因此需要较高的电子电导率以减少欧姆电压降，同时需要在SOFC的操作条件下有较长时间的稳定性。常用的双极连接材料有用于较高操作温度的氧化物陶瓷材料和用于较低温度的金属材料。氧化物陶瓷双极连接材料主要是碱土金属掺杂的La或Y的铬酸盐，具有钙钛矿结构。这类物质具有较高的电子电导率，在1000℃能达到1～30S/cm，同时在还原气氛中也不会被还原，具有很好的稳定性，实验结果表明该材料能在SOFC运行条件下稳定超过69000h。但问题是陶瓷材料很脆，不利于组装时压紧。

金属材料的延展性保证了其在电池制作过程中良好的接触，但是金属在高温下的蠕变行为限制了其应用的温度，因此金属型的连接材料主要用于中温SOFC。金属型的连接材料多为铬或铁的合金，在高温下具有抗氧化性。对于在900℃左右的较高温度的中温SOFC，金属连接材料为Cr合金，如A. G. Plansee和Siemens开发的高铬合金$Cr_5Fe_1Y_3O_3$。对于500～800℃较低温度下的SOFC，可以使用铁合金，当前多数SOFC开发者都采用德国Thyssen Krupp公司的Crofer22 APU铁铬合金，其中含Cr 22%。

含Cr的双极连接材料中的Cr在有水汽的环境中容易形成挥发性的CrO_3或$CrO_2(OH)_2$，这些Cr化合物在阴极表面会被还原形成导电性很差的Cr_2O_3，从而使阴极中毒。为了防止Cr的挥发，通常在双极连接材料表面覆盖数百微米的Sr掺杂的LSM或LSC，这一手段被证明至少在数千小时之内是有效的。

对于平板型的SOFC，密封是相当重要的一个环节。在平板型的SOFC中存在着多处需要密封的位置，包括金属框架与电池间、双极板与陶瓷夹层间、电池与背极板间等位置，如图9-44所示。常用的黏结剂是玻璃或玻璃陶瓷，这些材料在液态时有很好的黏度和浸润性，密封效果较好，同时成分便于调节，能满足多种需要，价格也较为便宜；不足之处是易碎，在温度升高时容易与其他组分反应，其中的某些成分（B、Si、碱金属等）有挥发性。密封方式有加压和不加压两种。不加压的密封完全依靠密封剂的黏合作用，如果黏结剂黏结后硬化，则黏结剂的热膨胀系数要求与被黏结的材料接近；有些黏结剂在黏结后仍然有一定的可塑性，则膨胀系数匹配的要求可以放宽，然而尚未有这类材料用于SOFC。加压密封对热膨胀系数的匹配要求大大降低，然而会引入较为笨重的承受压力的框架，给组装带来不便。SOFC的密封是非常受关注的研究领域，当前对于平板型SOFC的密封尚有许多问题需要解决。

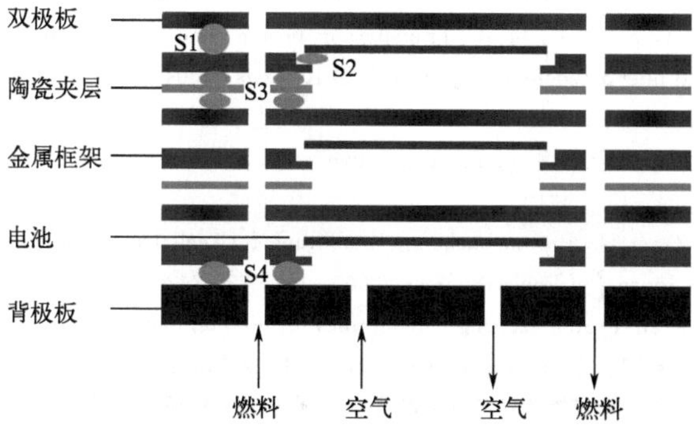

图9-44 SOFC中密封位置（S1～S4）示意图

9.5.2.2 固体氧化物燃料电池产业发展现状[31,32]

分布式发电是SOFC最重要的应用形式，分布式发电系统是指在电力用户的附近配置较小的发电机组（低于30MW）以点对点的方式满足用户的电力需求。世界上发达国家都在大力发展和推广SOFC分布式发电技术。2017年5月完工的苹果公司总部大楼配备了独立的微电网系统，由17MW的太阳能发电系统和4MW的SOFC发电系统组成。目前，美国、日本等国家已发展和建立起多家具有自主SOFC核心技术的大型企业，基本实现了SOFC技术的商业化运行。但总体来看，目前SOFC尚处于商业化初期，仅有少数公司开发出了商业化的SOFC发电系统。国内的潮州三环基于电子陶瓷相关技术积累，从2004年开始开展SOFC相关技术的开发和量产工作，目前已经成为全球最大的SOFC电解质隔膜供应商和欧洲市场上最大的SOFC单电池供应商，苏州华清京昆新能源科技有限公司已开发出较为成熟的千瓦级SOFC系统，性能指标也达到了国际先进水平。一些代表性的SOFC生产厂家及其产品汇总于表9-13。

表9-13 主要SOFC生产厂家及其产品

生产商	国别	功率	效率
Bloom Energy	美国	50kW	发电效率65%
Ceres Power	英国	10kW	
三菱	日本	250kW SOFC和1MW燃气涡轮	发电效率55%
京瓷	日本	3kW	发电效率54%，热电联产效率90%
爱信精机	日本	700 W	
Ecolgen	爱沙尼亚	1~3kW	74%
潮州三环	中国	全球最大的SOFC电解质隔膜供应商	68%
华清京昆	中国	1kW	50%

参 考 文 献

[1] 李星国，等. 氢与氢能［M］. 2版. 北京：科学出版社，2022：443-493.

[2] Mauritz K A, Moore R B. State of understanding of nafion [J]. Chemical Reviews, 2004, 104: 4535-4585.

[3] Kreuer K D, Paddison S J, Spohr E, et al. Transport in proton conductors for fuel cell applications: Simulations, elementary reactions, and phenomenology [J]. Chemical Reviews, 2004, 104: 4637-4678.

[4] Kerres J A. Development of ionomer membranes for fuel cells [J]. Journal of Membrane Science, 2001, 185: 3-27.

[5] Hickner M A, Ghassemi H, Kim Y S, et al. Alternative polymer systems for proton exchange membranes (PEMs) [J]. Chem Rev, 2004, 104: 4587-4612.

[6] Shao Y, Yin G, Wang Z, et al. Proton exchange membrane fuel cell from low temperature to high temperature: Material challenges [J]. Journal of Power Sources, 2007, 167: 235-242.

[7] Qu E, Hao X, Xiao M, et al. Proton exchange membranes for high temperature proton exchange membrane fuel cells: Challenges and perspectives [J]. Journal of Power Sources, 2022, 533: 231386.

[8] 郑博文，姬峰，邓呈维，等. 磷酸掺杂聚苯并咪唑类高温质子交换膜研究进展［J］. 高分子通报，2023，36：430-444.

[9] Neburchilov V, Martin J, Wang H, et al. A review of polymer electrolyte membranes for direct methanol fuel cells

[J]. Journal of Power Sources, 2007, 169: 221-238.

[10] Ahmad H, Kamarudin S K, Hasran U A, et al. Overview of hybrid membranes for direct-methanol fuel-cell applications [J]. International Journal of Hydrogen Energy, 2010, 35: 2160-2175.

[11] Shi L, Zhao Y, Matz S, et al. A shorted membrane electrochemical cell powered by hydrogen to remove CO_2 from the air feed of hydroxide exchange membrane fuel cells [J]. Nature Energy, 2022, 7: 238-247.

[12] Hren M, Bozic M, Fakin D, et al. Alkaline membrane fuel cells: Anion exchange membranes and fuels [J]. Sustainable Energy Fuels, 2021, 5: 604.

[13] Chen N J, Lee Y M. Anion exchange polyelectrolytes for membranes and ionomers [J]. Progress in Polymer Science, 2021, 113: 101345.

[14] 刘磊，褚晓萌，李南文. 碱性燃料电池用聚烯烃类阴离子交换膜的研究进展 [J]. 科学通报，2019，64：123-133.

[15] 李静，冯欣，魏子栋. 铂基燃料电池氧还原反应催化剂研究进展 [J]. 电化学，2018，24：589-601.

[16] Greeley J, Stephens I E L, Bondarenko A S, et al. Alloys of platinum and early transition metals as oxygen reduction electrocatalysts [J]. Nature Chemistry, 2009, 1: 552-556.

[17] Wang D, Xin H L, Hovden R, et al. Structurally ordered intermetallic platinum-cobalt core-shell nanoparticles with enhanced activity and stability as oxygen reduction electrocatalysts [J]. Nature Material, 2013, 12: 81-87.

[18] 夏丰杰，叶东浩. 质子交换膜燃料电池膜电极综述 [J]. 船电技术，2015，35：24-27.

[19] 李云飞，王致鹏，段磊，等. 质子交换膜燃料电池有序化膜电极研究进展 [J]. 化工进展，2021，40：101-110.

[20] Gong L, Yang Z, Li K, et al. Recent development of methanol electrooxidation catalysts for direct methanol fuel cell [J]. Journal of Energy Chemistry, 2018, 27: 1618-1628.

[21] 王晓丽，张华民，张建鲁，等. 质子交换膜燃料电池气体扩散层的研究进展 [J]. 化学进展，2006，18：507-513.

[22] 李俊超，王清，蒋锐，等. 质子交换膜燃料电池双极板材料研究进展 [J]. 材料导报 A，2018，32：2584-2600.

[23] 裴普成，李子钊，任棚，等. PEM 燃料电池用金属双极板及其涂层的研究进展 [J]. 清华大学学报（自然科学版），2021，61：1025-1038.

[24] 冯利利，陈越，李吉刚，等. 碳基复合材料模压双极板研究进展 [J]. 工程科学学报，2021，43：585-593.

[25] 肖宽，潘牧，詹志刚，等. PEMFC 双极板流场结构研究现状 [J]. 电源技术，2018，42：153-156.

[26] Jacobson A J, Materials for solid oxide fuel cells [J]. Chemistry of Materials, 2010, 22: 660-674.

[27] Brett D J L, Atkinson A, Brandon N P, et al. Intermediate temperature solid oxide fuel cells [J]. Chemical Society Reviews, 2008, 37: 1568-1578.

[28] 毛翔鹏，李俊伟，方东阳，等. 固体氧化物燃料电池材料发展现状 [J]. 中国陶瓷，2023，7：10-20.

[29] 孙杨，陈海峰，杨杰，等. 固体氧化物燃料电池电解质发展现状 [J]. 中国材料进展，2023，42：421-430.

[30] Goodenough J B, Huang Y H. Alternative anode materials for solid oxide fuel cells [J]. Journal of Power Sources, 2007, 173: 1-10.

[31] 陈烁烁. 固体氧化物燃料电池产业的发展现状及展望 [J]. 陶瓷学报，2020，41：627-632.

[32] 韩敏芳，吕泽伟. 固体氧化物燃料电池技术进展、产业现状和发展前景 [J]. 国际氢能产业发展报告，2017：314-432.

第10章 加氢站中的关键设备材料

10.1 加氢站概述

氢能作为绿色能源是一种来源丰富、绿色低碳、应用广泛的二次能源，正逐步成为全球能源转型发展的重要载体之一[1-3]。氢能是实现我国能源结构改革、推进能源生产和消费革命的重要手段，也是我国实现碳达峰、碳中和目标的重要手段。为进一步发展氢能，2022年3月，国家发改委、国家能源局联合印发《氢能产业中长期发展规划》，作为指导今后15年氢能产业发展的纲领性文件，文件明确指出：氢能是未来国家能源体系的重要组成部分，氢能是用能终端实现绿色低碳转型的重要载体，氢能是战略性新兴产业和未来产业重点发展方向。其中对于加氢站的规划主要是全国完成部署建设一批加氢站，要在2025年完成燃料电池汽车5万辆的规模。随着国家氢能研究计划的发布，各级省市部门积极布局形成了以“珠三角”、“长三角”和“京津冀”为主要集中地的新型产业群，纷纷颁布新建加氢站计划，以满足燃料电池大巴车和物流车的应用示范要求。

加氢站作为氢能全产业链“制-储-输-加-用”中重要组成部分，已经成为制约氢能行业发展的关键因素。加氢站作为氢燃料电池车的基础设施，制约氢燃料电池车的规模化应用，影响其燃料成本。加氢站的主要作用是将不同来源的氢气经过纯化系统、压缩系统、储存系统和氢气加注系统为燃料电池汽车加注氢气。其关键设备如图10-1所示。加氢站的主要设备有泄气柱、压缩机、储氢罐、加氢机、管道、控制系统、氮气吹扫装置以及安全监控装置等，其主要核心设备为压缩机和加氢机[4-6]。

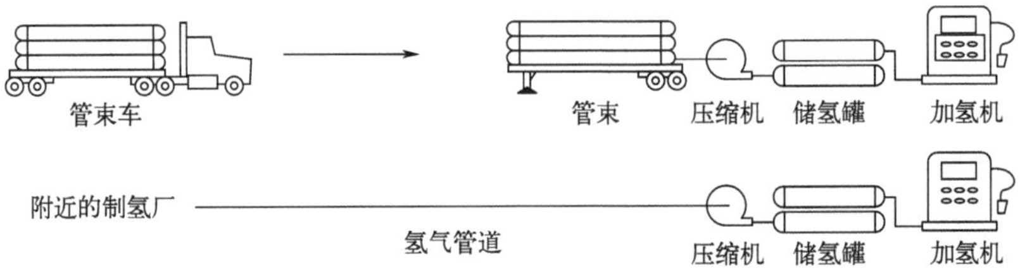

图10-1 加氢站关键设备

加氢站的工艺流程如图10-2所示。加氢站以外供的管束车为气源，通过压缩机将管束车中的氢气增压至站内储罐，站内储罐一般分级使用，普遍采用三级储罐。当有车辆前来加注时，加氢机从站内储罐依次取气，控制加氢速率，待车辆加满时，加注过程结束。随着车辆加注过程的进行，站内储罐压力逐渐降低，必要时，压缩机启动，从管束车中抽气增压至站内储罐，补充储罐压力。管束车压力逐渐降低，当其低于设定的返回压力时，将更换管束车。在管束车-阀门、阀门-压缩机入口、压缩机出口-阀门、阀门-储罐、储罐-阀门、减压阀-换热器（预冷器）、换热器-加氢口等界面依次进行流量进出平衡、压力平衡、温度平衡等动态平衡过程，实现整个工艺的联动。根据实际应用工况参数，管束车到达站内为 20MPa 压力，压缩机通过抽取管束车中氢气对站内三级储罐进行增压，当管束车压力降低至 5MPa 时，更换为另一 20MPa 压力的管束车，如此重复。35MPa 加氢站内储罐最高存储压力为 45MPa，在全满状态下，三级储罐均为最高压力，随着车辆加注的进行，低、中、高压储罐依次取气，直至储罐无法满足一次氢气加注时，启动压缩机，从管束车中抽气对站内储罐进行补充[7,8]。

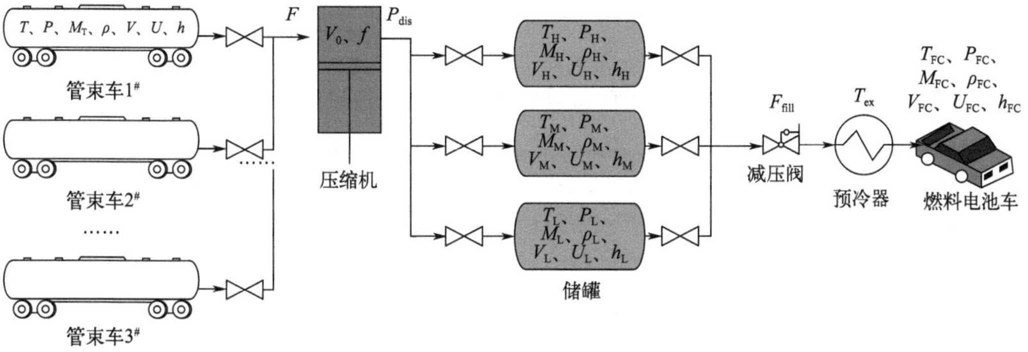

图 10-2 加氢站工艺流程示例

国际上，加氢站技术开发较早，经历了较长时间的示范验证。美国加州、日本、韩国、欧洲等地区，主要发展氢燃料电池乘用车，对车载储氢的轻量化、小型化要求较高，因此均采用 70MPa Ⅳ型瓶储氢。与此对应，国际上的加氢站均具备 70MPa 加氢能力；另外，乘用车单次加氢量一般不超过 5kg，因此单个加氢站的日加氢能力一般不超过 200kg。图 10-3（另见文前彩图）显示了截止到 2021 年底全球加氢站数量与国家分布[9]。

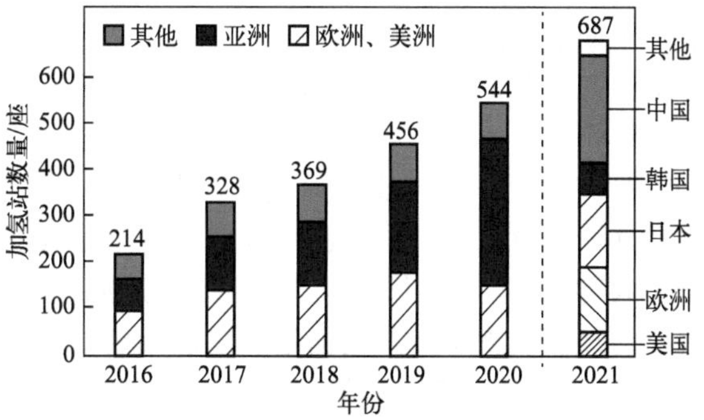

图 10-3 截止到 2021 年全球加氢站数量与国家分布[11]

相比之下，国内主要发展氢燃料电池商用车，例如燃料电池物流车、大巴车甚至重卡等，目前主要采用 35MPa Ⅲ型瓶储氢，但储氢量一般在 10kg 以上。因此，国内加氢站以 35MPa 为主，最大加氢能力可达到 1000kg/d[10,11]。

相关统计数据显示，截至 2022 年国内已建成加氢站 274 座，在过去的一年内增长了近 106 座。按照省份来看，广东、山东、江苏分别以 47 座、27 座、26 座位列前三，有 50%集中在 5 大示范群，从 2021 年 8 月份开始国家启动了京津冀、上海、广东和河南、河北“3＋2 城市群”燃料电池汽车示范推广，国内政策出台、企业布局、项目落地、应用推广不断落实。其中，郑州计划2022年至2025在主城区规划布局110座加氢站；《上海交通领域氢能推广应用方案（2023—2025年）》探索氢能在水运、航空、铁路领域的示范应用的可行性，并规划2025年前完成不少于70座加气站建设。广东发布了《广东省燃料电池汽车加氢站建设管理暂行办法》，允许在非化工园区建设一体站，现有加油（气）站改扩建加氢设施，在物流园区、露天停车场、港口码头、公交站场建设自用加氢站。预计2025年后，国内燃料电池汽车产业将进入快速发展阶段，到2030年国内燃料电池汽车年销量规模可达百万辆以上，配套加氢站数量将在4500座以上，对应加氢站投资规模800亿元，相关设备投资规模达到500亿元。其他城市根据公开信息能够搜索到的建成或投运的加氢站有50座，分布在全国17个省市：山东省、北京市各7座，湖北省6座，河北省5座，浙江省4座，江苏省、广东省、重庆市、辽宁省各3座，贵州省2座，湖南省、天津市、山西省、四川省、安徽省、宁夏回族自治区、海南省各1座。具体情况如下：作为科技部“氢进万家”示范工程落地省市，山东省的氢能发展被寄予厚望。在累计出台29项氢能产业专项政策的强力推动下，截至2021年底，山东省共建成22座加氢站，日供氢能力达到2万kg。北京市是中国科技中心和能源科技研发重镇，也是京津冀氢燃料电池汽车示范城市群牵头城市，在支持氢能及燃料电池汽车发展方面力度空前。2021年8月发布的《北京市氢能产业发展实施方案（2021—2025年）》指出，2025年前，北京市力争建成37座加氢站。湖北省依托武汉理工大学、华中科技大学、中国地质大学、东风汽车、雄韬氢雄、中船重工712研究所、众宇动力、康明斯、宝武钢铁、葛化集团等科研院所及氢能上下游相关企业，构建了相当完备的氢能发展体系，其氢能产业发展以武汉市及其周边为核心，辐射带动全省氢能发展。据《武汉市氢能产业突破发展行动方案》，预计到2025年建设加氢站（包括混建站）15座。河北省位于京津冀氢车示范群中心地带，近年来以推广氢能作为发展重点，正围绕张家口、氢能装备制造产业带、沿海氢能应用示范带的“一区一核两带”示范目标全面发力。同时，河北省也是首个出台氢能专项“十四五”规划的省份，据其2021年7月发布的《河北省氢能产业发展“十四五”规划》显示，到2025年累计建成100座加氢站。浙江省的氢能产业发展呈现“全面开花”的局面，4座加氢站分别位于平湖市、金华市、嘉兴市、宁波市。浙江省以嘉兴、杭州、绍兴、宁波、金华、宁波、舟山为重点的两条“氢走廊”已经启动，全面发力。2021年7月，浙江省发改委牵头起草了《浙江省加快培育氢燃料电池汽车产业发展实施方案（征求意见稿）》，到2025年，规划建设加氢站接近50座。广东省的氢能产业起步较早，截至2021年上半年，广东省累计建成加氢站数量达35座，位居全国榜首。从广东省新建成的加氢站来看，其更侧重多功能集成技术较多的、以可再生能源为主的绿色氢源的加氢站建设。图10-4显示了截止到2021年底我国加氢站数量与类型统计[9]。

随着氢燃料电池在大重载、长续航场景的应用优越性逐渐体现，国内车载储氢系统将逐步由储氢密度较低（3.5%，质量分数，下同）的35MPa储氢，过渡至高储氢密度（4.5%）的70MPa储氢，以提高车辆紧凑性，降低储氢系统成本。相应地，加氢站压力等级也将由35MPa提升至70MPa。对应的加氢站关键设备如压缩机的要求也相应提升，压缩机的最大加注压力提升到70MPa，最大加氢能力需要提高到1500kg/d。其中核心装备如压缩机、加氢机国产化不足，70MPa压缩机受到国外垄断，虽然国家在“十三五”期间通过“氢能与可再生能源”专项支持了加氢站关键装备的开发，但是设备的可靠性和耐久性还需进一步验证与测试。对于压缩机本体而言，随着最高出口压力的升高，其核心零部件如膜片、配气盘、密封材料等均需要进一步提高性能和耐久性，以满足高压力、大流量压缩机的需求。对于加氢机而言，其核心零部件如流量计、加氢软管及阀门材料的性能和质量也需要进一步提

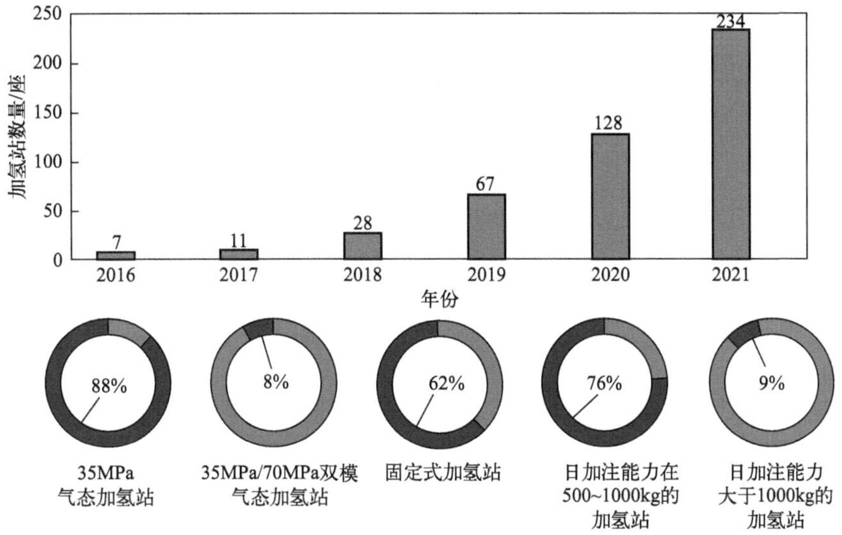

图 10-4 截至 2021 年底我国加氢站数量与类型统计[9]

升。除此之外，加氢站配套设施如加氢管道、储罐的性能等需要进一步提升。表 10-1 至表 10-4 列出了未来加氢站市场总需求及经济性分析。

表10-1 撬装式加氢站市场估计

项目	2018 年（未累计 2017 年）	2020 年	2023 年
数量/座	5	40	150
加氢能力/（kg/d）	200	400	400
设备市场值/万元	2000	20000	53000

表10-2 固定式加氢站市场估计

项目	2018 年（未累计 2017 年）	2020 年	2023 年
数量/座	5	30	150
加氢能力/（kg/d）	800	1000	2000
设备市场值/万元	8500	48000	375000

表10-3 按照设备类别预测的市场需求量

项目	2018 年（未累计 2017 年）	2020 年	2023 年
加氢机	15 个	100 个	600 个
加氢站控制系统	10 套	70 套	300 套
加氢站设计及工艺开发	10 个	70 个	300 个
压缩机系统	10 套	70 套	450 套
储氢系统	10 套	70 套	300 套

表10-4 按照设备总值预测的市场需求量

项目	2018年（未累计2017年）/万元	2020年/万元	2023年/万元
加氢机	2250	18000	100000
加氢站控制系统	1000	5000	30000
加氢站设计及工艺开发	500	3000	15000
压缩机系统	5000	33000	225000
储氢容器	1500	7000	60000
其他	250	2100	8000

10.2 隔膜压缩机

隔膜压缩机属于容积式压缩机，靠隔膜在气缸中做往复运动来压缩和输送气体。隔膜沿周边由两限制板夹紧并组成气缸，隔膜由机械或液压驱动在气缸内往复运动，从而实现对气体的压缩和输运。通常的隔膜压缩机主要由一个液压系统和一个气体压缩系统组成，并用一组金属膜片隔离这两个系统。由于膜腔不需要润滑，密封性能好，气体不与润滑剂接触，所以压缩气体的纯洁度高，特别适合于氢气系统的压缩。隔膜压缩机的关键零部件是膜片，它的往复运动直接对气体做功，达到压缩和输送的目的。图 10-5（a）中标注了隔膜压缩机的主要工作部件，其中压缩机膜片、进/排气阀、配油盘、配气盘、活塞为主要工作部件，其性能好坏直接影响隔膜压缩机的性能[12-14]；图 10-5（b）中显示了典型加氢站用隔膜压缩机的性能参数。

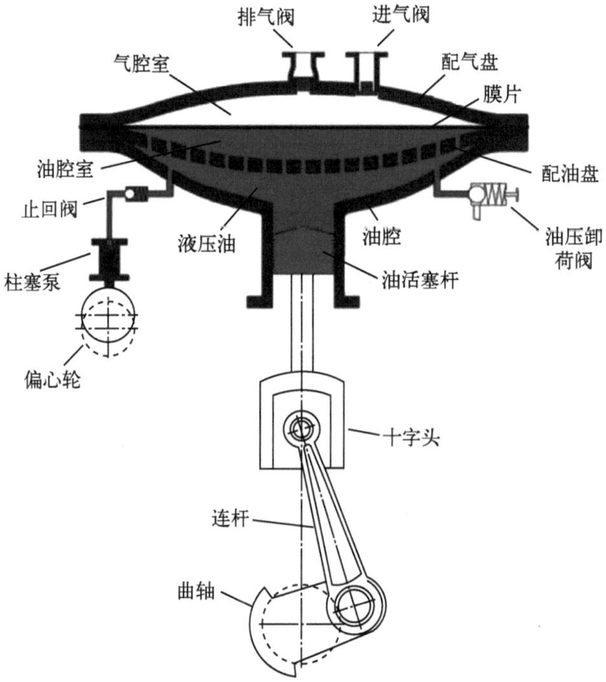

(a)

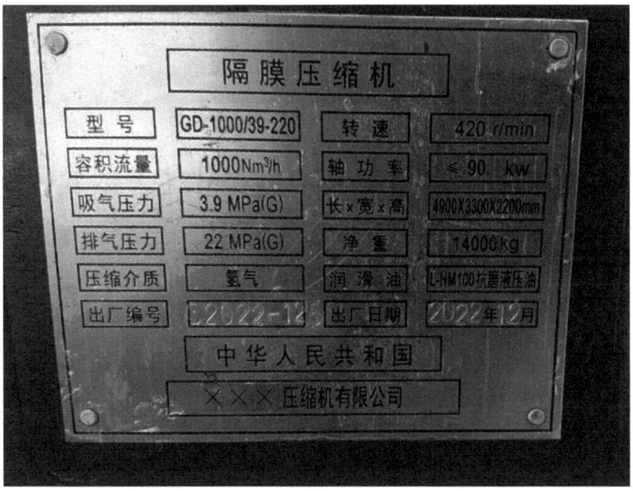

(b)

图 10-5 隔膜压缩机主要部件（a）及典型压缩机参数铭牌（b）

隔膜压缩机发展最初期，国外就已经开始研发制造 70MPa 加氢站用压缩机，如美国的 PDC 和德国的 Hofer，在中国最早 70MPa 加氢站采用的都是美国 PDC 所生产的压缩机，但其价格昂贵，维修成本高。国内隔膜压缩机发展起步较晚，最初并无隔膜压缩机相关的完整理念，基本依据国外现成技术，无法彻底有效理解其工作原理。虽然可以做出压缩机，但做出的压缩机在增加排气压力、延长寿命、提升性能方面非常薄弱，而且由于专业人才的缺乏，隔膜压缩机维修养护也没有相应的技术，产业初期市场份额也被进口产品控制。直到北京第一通用机械厂制造出我国第一台隔膜压缩机 G2V-5/200，情况才有所缓解，而随着研发的持续攻关，第二代科研人员奠定了国产隔膜压缩机的基础理论，再到第三代科研人员团队为隔膜压缩机膜片材料国产化奠定了基础，隔膜压缩机才在中国有了一席之地。此外，“十一五”期间，国家“863”计划的提出，开创了站用国产氢气隔膜压缩机研发先河，国内厂家自主研发的隔膜式氢气压缩机设备成功地安装在中国第一个为燃料电池汽车加氢的国产加氢站——北京飞驰绿能制氢加氢站，站用国产隔膜式氢气压缩机正式打破原有空白局面。而“十二五”国家“863”计划则更进一步对国内高压领域的站用压缩机研发提出了要求。在国内隔膜压缩机布局企业的不懈努力下，国产站用氢气隔膜压缩机占比呈逐年上升趋势，45MPa 站用氢气隔膜压缩机自产率最高可超 90%。

由于现阶段加氢站建设压力集中于 35MPa，绝大部分仅预留 70MPa 升级空间，因此国内所应用的站用氢气隔膜压缩机压力主要为 45MPa，国产部件与整机均已得到较为充分的验证，自产及国产率已处于较高水平。然而在高压、超高压氢气隔膜压缩机领域中，虽已有多家企业有实际产品下线，但实际验证环节较为缺乏。而且由压力升高带来的整体性能的提升，对涉氢材料的要求也同步提升。据了解，目前国内 90MPa 站用隔膜氢气压缩机零部件方面大多仍以进口为主，其中膜片作为隔膜压缩机的关键部件，其国产化也成为重中之重[15,16]。表 10-5 列出了国内外压缩机主要生产商及其产品性能。随着氢能产业在国内的繁荣发展，压缩机国产化发展迅速，国内已有多个厂家完成排气压力达到 70MPa、250MPa 的隔膜压缩机，流量最高也可达到 1000m^3（标）/h，但在机型设计、核心材料开发方面还有待提高。

表10-5 国内外压缩机主要生产商及其产品性能

压缩机生产商	进气压力/MPa	排气压力/MPa	压缩机排量/[m^3(标)/h]	压缩机驱动方式	排气温度/℃
北京中鼎恒盛	1.0~10.0	45~87.5	100~1000	电机驱动	≤45
苏州金凯威	1.0~10.0	45~250	200~4000	电机驱动	≤40
北京天高	1.0~3.0	45~90	200~1000	电机驱动	≤45
江苏恒久	1.0~5.0	45~250	200~4000	电机驱动	≤40
上海羿弓	1.0~3.0	22~32	235~1000	电机驱动	≤45
美国 PDC	1.0~10.0	45~87.5	200~1000	电机驱动	≤50
美国 PPI	3.0~5.0	25~45	200~1000	电机驱动	≤50
英国豪顿	3.0~5.0	45~87.5	200~1000	电机驱动	≤50
德国 Hofer	3.0~5.0	25~87.5	200~1000	电机驱动	≤50

压缩机缸头是压缩机核心部分，缸头材料的选择对压缩机的性能尤为重要。表 10-6 列出了国产压缩机缸头材质清单以及检验和制造标准。关键临氢部件如配气盘、膜片、密封材料的性能直接影响压缩机的性能指标[17,18]。表 10-7 列出了关键材料在不同温度下的许用应力数值。

表10-6 国产压缩机缸头材料信息

编号	零部件名称	材料牌号	标准
1	法兰盘	20Cr13	SA 182 Gr.F6a Cl.2
2	配气盘	GH2132	SA 638 Gr. 660
3	缸体	40Cr	SA 372 Gr.F Cl.70
4	气侧膜片	00Cr15Ni5/GH4169	SA 182 Gr. F6NM
5	中间膜片	H70H80-0.5	JB/T 4755—2006
6	油侧膜片	00Cr15Ni5/GH4169	SA 182 Gr. F6NM
7	缸头螺栓	300M	SA 574 Gr. 4340
8	缸盖螺母	42CrMoE	SA 574 Gr. 4340
9	O 型密封圈	氟橡胶	GB/T 3452.1
10	柱塞套/柱塞杆	GCr15SiMn	GB/T 18254

表10-7 材料的许用应力

编号	材料	许用应力/MPa					
		20℃	100℃	150℃	200℃	250℃	300℃
1	20Cr13	168	167	164	162	159	157
2	GH2132	256	256	256	256	253	248
3	40Cr	236	229	225	223	222	220

续表

编号	材料	许用应力/MPa					
		20℃	100℃	150℃	200℃	250℃	300℃
4	00Cr15Ni5	227	227	227	225	217	209
5	300M	241	241	241	241	241	241
6	H80-0.5	53	53	53	35		
7	GCr15SiMn	207	207	207	207	207	207

隔膜压缩机核心零部件包括膜片、配气盘、O 型密封圈、柱塞结构和螺栓，其中前三种部件由于长时间在高温临氢环境中服役使用，受到疲劳和氢脆的双重影响，性能衰减迅速。膜片是压缩机最核心的零部件，在高压临氢环境下反复振动，经常发生破裂；密封圈由于在高温临氢作用下容易产生氢溶胀以及永久变形，会导致氢气渗漏等事故发生；螺栓是紧固缸头部件，在压缩机运行过程中承受交变载荷作用，经常发生疲劳脆裂；柱塞结构是压缩机中主要的动力部件，运行过程中，柱塞套材料由于尺寸变形过大而抱死失效；配气盘是氢气均匀分散通道，容易发生氢脆失效。这些关键零部件在实际设计过程中要着重注意，尤其是在材料的选材方面更要考虑到材料的氢气相容性问题[19,21]。接下来的部分将对以上提到的关键部件一一介绍，其中膜片和临氢密封材料是最重要的零部件，所占篇幅最长，其他材料的设计原则、制备方法可以在机械制造、压力容器设计标准中获得更详细的资料，在这里只做简略介绍。

10.2.1 膜片材料

金属膜片作为氢气隔膜压缩机的核心部件，与氢气直接接触，承担运输压缩氢气的最主要工作。金属膜片是影响压缩机性能、效率和使用寿命最重要的因素，在服役过程中，环境中的氢原子扩散至膜片内部，继而导致膜片发生氢脆开裂，具有重大的安全隐患。图 10-6 所示为隔膜压缩机的缸头，它包含两个腔室，腔室中间由金属膜片隔开。金属膜片由三个膜片组成：a. 与氢气直接接触的气侧膜片；b. 与液压油接触的油侧膜片；c. 位于气侧和油侧中间检测油气泄漏的中间膜片。工作时，液压油推动金属膜片在腔内做往复运动来压缩和输送气体。当活塞到达上止点时，膜片下侧液压油的压力达到最大值，膜片紧贴膜腔曲面；随着活塞向下止点运动，膜腔容积增大，气体压力降低，进气阀打开，开始进气；当活塞到达下止点时，膜片与配油盘部分贴合，进气结束；随后活塞推动液压油进而推动膜片压缩气体；最后膜片被液压油推动紧贴膜腔曲面，排气结束，完成一个循环。鉴于破裂常发生于膜片与出油阀孔接触处，故膜片上的应力分布和膜片的表面质量为影响其使用寿命的关键因素。膜片内应力为主挠度（源于仿形表面接触）和膜片与孔槽接触处产生的额外挠度的总和。压缩机启动期间，排气腔压力相对较低，甚至低为零。图 10-6 中的进气阀为弹簧负载安全阀，该阀无法维持恒定的油气压力差。故油气压力差高于平衡期所要求的最低值，进而导致局部应力升高，膜片使用寿命缩短。

根据膜片的使用工况和特点，膜片材料应具有较高的弹性极限和疲劳极限，以保证膜片在弹性范围内工作，有较长的使用寿命。压缩腐蚀性气体时，膜片还应该具有抗腐蚀的能力。适用于制作膜片的材料是高碳钢一类的薄钢板，对腐蚀性的气体则用不锈钢，如 316L、00Cr15Ni5、Inconel 718 等。通常，钢制膜片的厚度一般在 0.3～0.5mm 之间，过厚的膜片，其正应力将增高。为提高膜片工作的可靠性，可采用多层膜片，在安装时，相互之间的表面应该涂上油层以减少由摩擦而引起的层间磨损。三层膜片的结构，其中中间膜片上可以

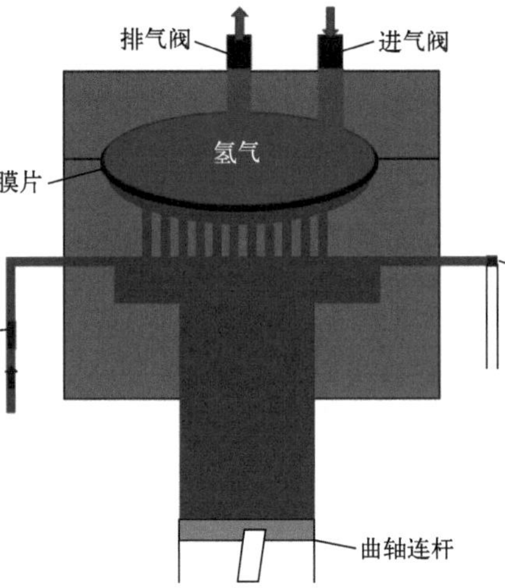

图 10-6 压缩机缸头示意图

开一个细长的槽，无论是油侧还是气侧的膜片发生破裂，油或者气体就会漏出，就可以通过气体密封槽或者压力感应器识别到。

表面粗糙度是影响膜片使用寿命的另一重要参数。鉴于每个周期内膜片均会不同程度地撞击空腔表面，膜片裂纹常发生于局部应力积累的凹陷之处。DOE 报告规定膜片表面粗糙度（Ra）应小于 1μm，断裂伸长率须大于 20%。膜片的制造必须精良，除了由膜片变形引起的应力外，还存在一种局部应力，如在阀孔处膜片的变形情况，在进排气口处，膜片在过剩油压（即超过气体压力的那部分油压）的作用下，产生局部的弯曲应力。当分别考虑由膜片变形所引起的正压力以及阀孔膜片的局部应力时，膜片总的应力为两者之和，这一总应力与膜片材料的疲劳强度之间保持 1.2～1.5 的安全系数。对于 70MPa 加氢站用压缩机，当流量为 500m^3（标）/h，采用二级压缩时，压缩机膜片的性能要求如表 10-8 所示。

表10-8 隔膜压缩机膜片性能要求

断裂伸长率 ε/%	拉伸强度 /MPa	表面粗糙度 Ra/μm	一级尺寸（直径）/mm	二级尺寸（直径）/mm	厚度 /mm	最大挠度 /mm
≥20	≥375	≤1	334	280	256	3.1

研究金属膜片的抗氢脆性能具有重要意义，国外首先完成了高排气压力的膜片的开发与改性，国内膜片的开发正在有序开展，但进步空间很大。本节介绍了四种国内外不同金属膜片进行预充氢慢应变速率拉伸试验的结果，评价不同材料在充氢前后的性能变化，并针对高压力、大流量的压缩机要求，介绍了国家能源集团北京低碳清洁能源研究院（以下称低碳院）新研发的一种抗氢脆膜片以及未来膜片发展方向。

10.2.1.1 膜片材料及制备方法

目前市场中主流的金属膜片如图 10-7 所示。国内不同厂家生产的 00Cr15Ni5 超低碳马氏体不锈钢（编号为 1#、2#）、进口 1.4310 奥氏体不锈钢、进口 Inconel 718 镍基合金膜片的成分如表 10-9 所示。目前，国产膜片的主要原料生厂商为抚顺特钢。20 世纪 60 年代，北京第一通用厂研制出我国第一台隔膜压缩机，主要用于军工和气体行业。直到 80 年代，一直是独家小批量生产中小型隔膜压缩机。当时我国工业技术落后，膜片的材质一直选用1Cr18Ni9Ti不锈钢，此种材料强度不高，易产生永久变形，大大影响了隔膜压缩机的工作效率。为了提高膜片的性能，70年代抚顺钢厂研制了一种Cr06Mo高碳工具钢，材料有很好的强度和弹性，使隔膜压缩机性能有了很大提高，但缺点是工作一段时间后，膜片严重锈蚀，造成膜片破裂。后经过改良开发新牌号00Cr15Ni5超低碳马氏体不锈钢膜片。国外隔膜压缩机生产商如PDC的膜片采用的材质为Inconel 718，属于高温镍合金，具有良好的抗氢脆性能。德国的Hofer公司采用1.4310（301）不锈钢为原料制备金属膜片[22,24]。

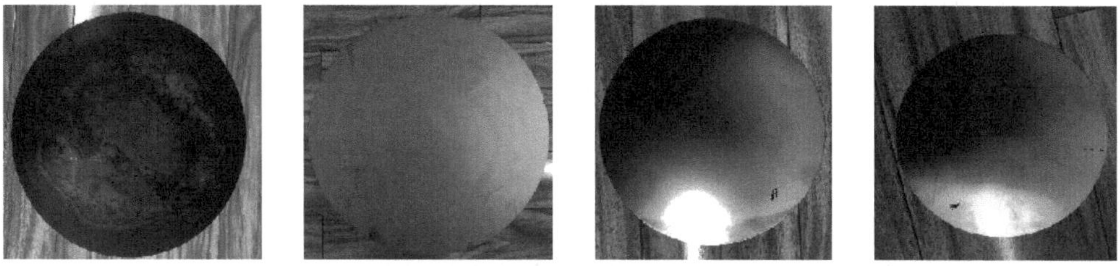

00Cr15Ni5(1#)　　00Cr15Ni5(2#)　　Inconel718　　1.4310

图 10-7　国内外不同厂家的金属膜片

表10-9　金属膜片成分表　　单位：%（质量分数）

样品	C	Cr	Ni	Si	Cu	Mn	Ti	Mo	Al	Nb
00Cr15Ni5（1#）	0.026	15.85	5.17	0.23	0.15	—	—	—	0.08	—
00Cr15Ni5（2#）	0.033	15.05	4.71	0.24	0.20	0.15	0.06	0.07	0.08	—
Inconel 718	0.058	18.39	51.06	0.58	0.02	0.06	0.95	3.00	0.56	4.94
1.4310	0.107	17.65	8.39	0.04	0.48	0.37	—	0.05	—	—

国内金属膜片的板材加工工艺流程为：真空感应炉电渣重熔—锻造开坯—热轧开坯—薄板热轧＋退火—板材冷轧＋退火—酸洗—平整剪切。

真空感应炉冶炼是在负压条件下进行炉料的加热、熔化、精炼、合金化和浇注的炼钢方法。同电弧炉、中频感应炉等方法相比具有以下优点。

① 精确合金化学成分控制　冶炼的全过程在真空下进行，因此减少了合金元素的氧化损失，钢液中氧含量很低，提高了合金元素的回收率。

② 冶炼合金具有较高的纯净度　真空下利用碳对钢液进行脱氧，避免了二次氧化，使冶炼钢中气体与夹杂物含量低，提高了钢的纯净度。

③ 降低钢中微量有害杂质含量　微量杂质元素硫、磷、铅、砷、锡、锑、铋等，使高温合金的热加工塑性和高温强度显著降低。利用微量杂质元素高蒸气压的特点，通过高温和高真空可以有效去除杂质元素，减弱其危害作用。

④ 真空感应炉冶炼的工艺参数可调性强　通过对冶炼真空度、温度、精炼时间以及炉内气氛等因素的调节，可以对工艺参数进行精确控制从而实现精炼目的。

固溶处理是将合金加热到高温单相区后恒温保持，使过剩相充分溶解到固溶体中后快速冷却，以得到过饱和固溶体的热处理工艺，主要目的为改善膜片的塑性和韧性。金属结晶后是由许多晶粒组成的多晶体，晶粒大小可以用单位体积内晶粒数目来表示。数目越多，晶粒越小。金属的晶粒大小对金属的许多性能有很大的影响。对于金属的常温力学性能来说，一般是晶粒越细小，强度和硬度越好。晶粒越细，塑性变形也越可分散在更多的晶粒内进行，使塑性变形均匀，内应力集中越小；而且晶粒越细，晶界面越多，晶界面越曲折，晶粒与晶粒中间犬牙交错的机会就越多，越不利于裂纹的传播和发展，强度和韧性就越好。金属材料机械性能的好坏，决定了它的使用范围与寿命。00Cr15Ni5 属于超低碳、高强度马氏体不锈钢，其组织为板条状的马氏体，具有高强度、高韧性、高弹性、高耐磨性及耐腐蚀性的特点，在交变载荷作用下具有超强的抵抗破坏的能力，适用于制作隔膜压缩机膜片[25,26]。此外，膜片热定型后，经喷砂处理，可进一步消除应力，极大地延长膜片的寿命。304、316L 等奥氏体不锈钢膜片，虽然有更好的耐腐蚀性和抗清脆性，但效率和寿命均不如 00Cr15Ni5，目前国内主流压缩机生产商的高压力机型上所采用的膜片均为 00Cr15Ni5 膜片。影响膜片寿命的因素主要有以下几个方面：

① 材料成分、冶炼方法、热处理工艺是关键；

② 膜片平整度差，表面缺陷造成疲劳损坏；

③ 异物硌伤；

④ 膜腔曲线不合适，应力不均匀；

⑤ 缺油造成膜片拍缸，环槽结构油分配不合适会导致拍缸；

⑥ 经常抽真空、介质含液、缸头预紧力过大、排气温度过高等都会影响膜片寿命。

10.2.1.2 膜片临氢测试性能对比

膜片的临氢性能对压缩机的寿命有决定性的影响，因此对比不同种类膜片的氢脆敏感性十分必要，这部分重点介绍采用预充氢及慢应变拉伸试验对表 10-9 中不同膜片测试后的结果。通过测量断裂前后的标距计算各试样的延伸率，用样品的相对延伸率损失作为材料的氢脆敏感性（HEI）[27]。计算公式如式（10-1）所示。

$$I_{HE}(\delta)=\frac{\delta_0-\delta_H}{\delta_0}\times 100\% \tag{10-1}$$

式中，δ_0 为未充氢试样的延伸率；δ_H 为充氢后试样的延伸率；$I_{HE}(\delta)$ 为相对延伸率损失。

采用电化学充氢方法对四种材料进行预充氢，装置如图 10-8 所示。

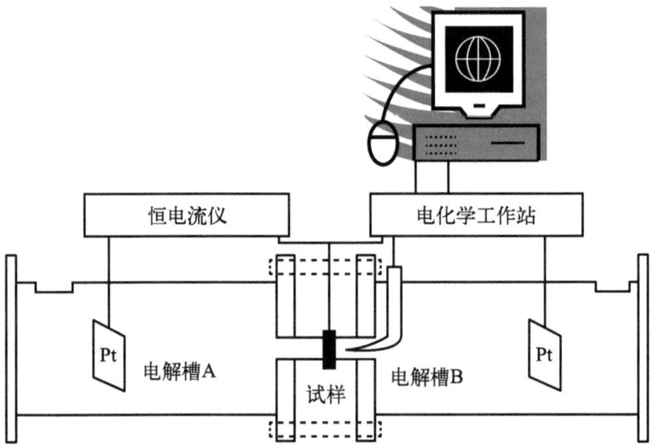

图 10-8 氢渗透装置

在阳极电流-时间曲线上找到 $\frac{I_a-I_0}{I_\infty-I_0}=0.63$ 所对应的时间，氢扩散系数 D 的计算公式如式（10-2）所示：

$$D = L^2/(6t_{0.63}) \tag{10-2}$$

式中，L 为试样厚度，cm；I_0 为残余阳极电流，A；I_∞ 为饱和阳极电流，A；$t_{0.63}$ 为 $0.63(I_\infty - I_0) + I_0$ 所对应的时间，s；D 为氢的表观扩散系数，cm^2/s。

10.2.1.3 显微组织结果

金属膜片作为氢气隔膜压缩机的核心部件，厚度只有 0.5mm，在工作时进行不间断的往复运动来压缩和运输氢气，工况十分恶劣，氢脆是其失效的主要形式之一。如果膜片开裂或严重变形会引发严重的安全事故，所以对材料的性能有很高的要求，材料不仅要有良好的塑性，还要有较高的强度以及较低的氢脆敏感性，因此研究多种金属膜片的抗氢脆性能对延长膜片的寿命具有重要的意义。

图 10-9 是样品在 SEM 下的形貌。从图中可以看出 1# 相比 2# 组织更均匀，而且马氏体板条更细小。1# 和 2# 是马氏体不锈钢，基体组织是板条状马氏体。Inconel 718 经侵蚀后出现了奥氏体晶界，但晶粒的尺寸均匀性较差。1.4310 作为一种奥氏体不锈钢，侵蚀后出现了马氏体相。而 1.4310 的奥氏体为亚稳态，易在受外力的条件下发生相变生成 α′马氏体。在 Inconel 718 的晶粒内部和晶界附近出现了少量的颗粒状析出相，经过 EDS 检测发现为（Nb，Ti）C 碳化物。1.4310 中观察到较浅的奥氏体晶界，除了奥氏体晶界外，还能观察到孪晶和近似滑移带的组织形貌。

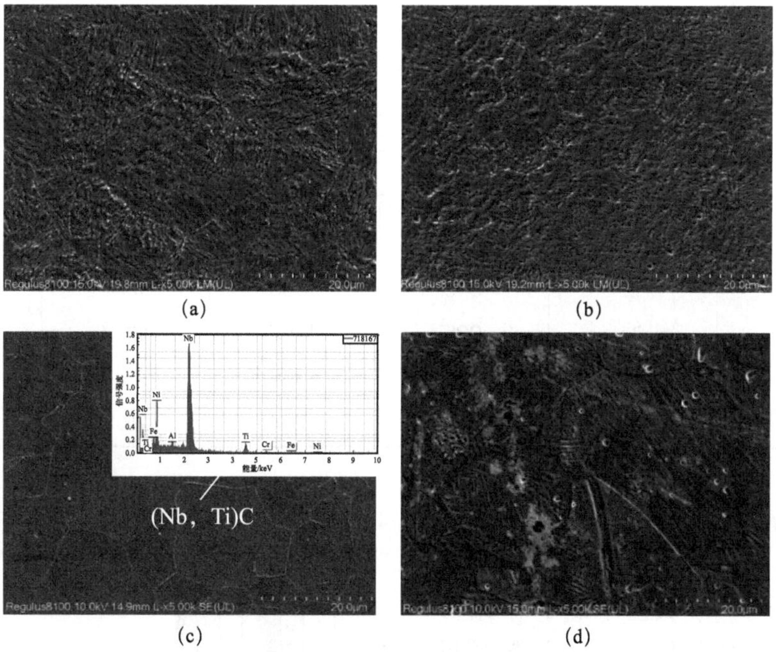

图 10-9 金属膜片 SEM 图

（a）00Cr15Ni5（1#）；（b）00Cr15Ni5（2#）；（c）Inconel 718；（d）1.4310

10.2.1.4 氢脆敏感性结果

通过计算获得膜片不同充氢时间的抗拉强度（σ_s）、屈服强度（σ_b）、延伸率（ε）和氢含量，如表 10-10 所示。由表 10-10 可以看到，00Cr15Ni5（1#）、00Cr15Ni5（2#）和 Inconel 718 在充氢后抗拉强度和屈服强度没有明显变化。1.4310 的抗拉强度和屈服强度随着充氢时间的延长有一定的下降。Inconel 718 虽然基体为 γ 相，但大量的 Cr、Fe、Nb、Mo 等元素固溶在 γ 相中起到了固溶强化作用，提高了材料的强度，因此在这四种膜片中 Inconel 718 具有最高的强度。Ronevich[28] 在对 TRIP980 汽车用钢进行氢脆敏感性研究时发现随着氢含量的增加，样品的抗拉强度和延伸率均降低，原因就是亚稳态奥氏体在充氢过程中吸收了较高含量的氢，在拉伸过程中发生马氏体相变，而马氏体的氢溶解度很低，导致氢在氢脆敏感性高的马氏体中快速扩散，降低样品的强度和塑性。这也解释了 1.4310 在充氢后强度降低的原因就是氢含量较高的亚稳态奥氏体在拉伸过程中转变成马氏体，氢聚集在裂纹等缺陷处，削弱了其本身应该具有的相变增强增塑机制。此外，随着充氢时间的增加，氢含量的增长量降低，Inconel 718 的可扩散氢含量在充氢 24h 时只有 2.48×10^{-6}。图 10-10 为金属膜片在不同充氢时间下的氢脆敏感性，Inconel 718 在相同充氢时间具有最低的氢脆敏感性，在充氢 24h 后氢脆敏感性只有 9.2%，除了本身的基体组织为奥氏体且稳定性很好，阻碍了氢的扩散外，在材料内部存在一定数量的（Nb、Ti）C 等氢陷阱，吸附了进入材料内部的氢。

表 10-10 膜片充氢前后力学性能及氢含量

样品	充氢时间/h	σ_s/MPa	σ_b/MPa	ε/%	氢含量/10^{-6}
00Cr15Ni5（1#）	0	760	854	14.7	0.1
	6	748	845	12.6	17.6
	12	752	833	7.1	27.5
	24	760	834	6.8	29.3
00Cr15Ni5（2#）	0	854	889	15.2	0.2
	6	858	881	7.3	16.3
	12	852	859	5.6	22.7
	24	846	870	4.4	24.2
Inconel 718	0	957	1301	20.6	0.1
	12	949	1298	19.4	1.35
	24	936	1295	18.7	2.48
1.4310	0	1030	1366	45.3	0.2
	12	988	1204	28.9	8.8

通过以上分析得知 Incone 718 膜片的综合性能最佳。Inconel 718（国内牌号 GH4169）是一种时效硬化型 Ni-Cr-Fe 基变形高温合金[29-30]，其基体相为 fcc 结构奥氏体 γ 相，合金以 DO_{22} 型有序相 γ″相（Ni_3Nb）为主要强化相，以 L12 型有序相 γ′相（Ni_3AlTi）为辅助强化相，γ″与 γ′彼此相间形成均匀分布的共格强化相，而 γ″是亚稳相，在一定条件下会转变成一种稳定的 δ 相（Ni_3Nb），在 650℃下该合金具有很高的韧性、抗疲劳性能及良好的

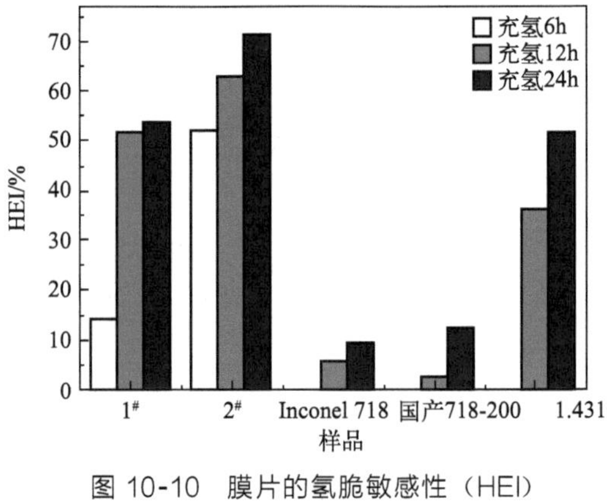

图 10-10 膜片的氢脆敏感性（HEI）

综合性能。

国家能源集团北京低碳清洁能源研究院（简称低碳院）在开发国内首台70MPa加氢站用隔膜压缩机过程中，通过自有专利技术，成功开发了一款新型抗氢脆膜片，其性能与国外Inconel 718相近，实现了70MPa加氢站用隔膜压缩机金属膜片的自主化生产，打破了国外的技术垄断。具体的成分对比见表10-11。

表10-11 Inconel 718与低碳院膜片的典型化学成分对比

单位：%（质量分数）

膜片	C	Cr	Ni	Mo	Al	Ti	Nb	Cu	Co	Mn	Si	S	P	Fe
Inconel 718	≤0.08	17~21	50~55	2.8~3.3	0.2~0.8	0.65~1.55	4.75~5.5	≤0.10	≤1.0	≤0.35	≤0.35	≤0.015	≤0.015	余
低碳院膜片	0.015~0.06	17~21	50~55	2.8~3.3	0.3~0.7	0.75~1.15	4.75~5.5	≤0.30	≤1.0	≤0.35	≤0.35	≤0.008	≤0.015	余

低碳院自主开发膜片与Inconel 718的性能对比参见表10-12。由表可知，低碳院自主开发膜片的力学性能与Inconel 718相当，同时其延展性超过Inconel 718。

表10-12 低碳院膜片与Inconel 718的性能对比

性能	低碳院膜片	Inconel 718	性能	低碳院膜片	Inconel 718
屈服强度/MPa	949	957	硬度（HV1）	392	394
拉伸强度/MPa	1300	1301	断后伸长率/%	33.8	30.7

10.2.1.5 膜片的其他改性方式

（1）表面处理

机械抛光可以降低表面粗糙度。当隔膜与腔体表面接触时，膜片表面的缺陷是产生裂纹的根源。降低金属膜片的表面粗糙度可以有效延长膜片的使用寿命。此外，通过热喷涂、镀膜等方法涂覆多层薄膜，也可以使材料表面的抗磨损性能大大提升[31-32]。

（2）改进膜片厚度以减轻膜片层间磨损程度

不同厚度的膜片在同等条件运行过程中，其所受的等效应力、最大主剪切应力及滑移距离是不一样的。膜片上的等效应力、主剪切应力及膜片层间滑移距离随着膜片厚度的减小而逐渐减小，因此降低膜片厚度可以大大减轻膜片滑移区片状剥落现象，同时大大减少隔膜压缩机工作能耗，从而提高膜片的耐久性能。

（3）三层膜片导电以减小接触面积

根据同极电荷相互排斥的原理，设想两块金属板上带上同极电荷，则这两块金属板也会发生相互排斥，将三层不锈钢膜片分别与三个直流电正极相连，由于不锈钢膜片上自由电子均流向直流电正极，则三层膜片表面均带有微量正电荷，这些正电荷之间均发生互斥效应，使膜片层间接触面积变小。在隔膜压缩机工作过程中，膜片层间因接触面变小，其互相摩擦产生的磨痕也会有所减少。

以上总结了隔膜式压缩机的工作原理及存在的主要问题，进一步分析了压缩机中的核心部件——金属膜片常见的失效形式，介绍了膜片材料选取原则。通过对比四种不同膜片的氢脆敏感性，得到了影响膜片质量的关键因素。从改性角度出发，介绍了两种高强度合金材料

Inconel 718 及低碳院膜片，通过对比分析其合金成分及性能差异，从热处理工艺出发研究了低碳院膜片的改性措施，进一步提高其强度及耐久性，能够接近国外 Inconel 718 合金的性能，有望将其应用于隔膜式压缩机，从而延长压缩机的使用寿命。

① 膜片是压缩机最核心的零部件，在临氢高压环境下要求具有良好的抗氢脆性、耐氢腐蚀性和抗疲劳性能。

② 国外采用的 Inconel 718 膜片的氢脆敏感性优于国产的 00Cr15Ni5 膜片。主要原因在于材料基体中增加多种合金元素，尤其是 Nb 和 Ti，可有效地提高材料的抗氢脆性能。另外，残余奥氏体的含量也对膜片的性能起到关键性的影响。

③ 膜片的表面质量是影响使用寿命的关键因素，裂纹开裂点和失效位置发生在表面凹坑处与表面缺陷处，通过机械抛光、喷涂、镀膜等表面处理手段以及降低膜片厚度、三层膜片导电以减小接触面积，能够进一步提高材料的耐久性能。

④ 国家能源集团北京低碳清洁能源研究院通过技术研发，实现了压缩机金属膜片的自主化生产，膜片性能与国外 Inconel 718 性能相当。

10.2.2 柱塞系统材料

隔膜压缩机柱塞系统包括柱塞套和柱塞杆（如图 10-11 所示），柱塞杆一端连接十字头，通过电机驱动在柱塞套内做往复运动，另一端挤压柱塞套中的液压油并推动膜片变形产生压

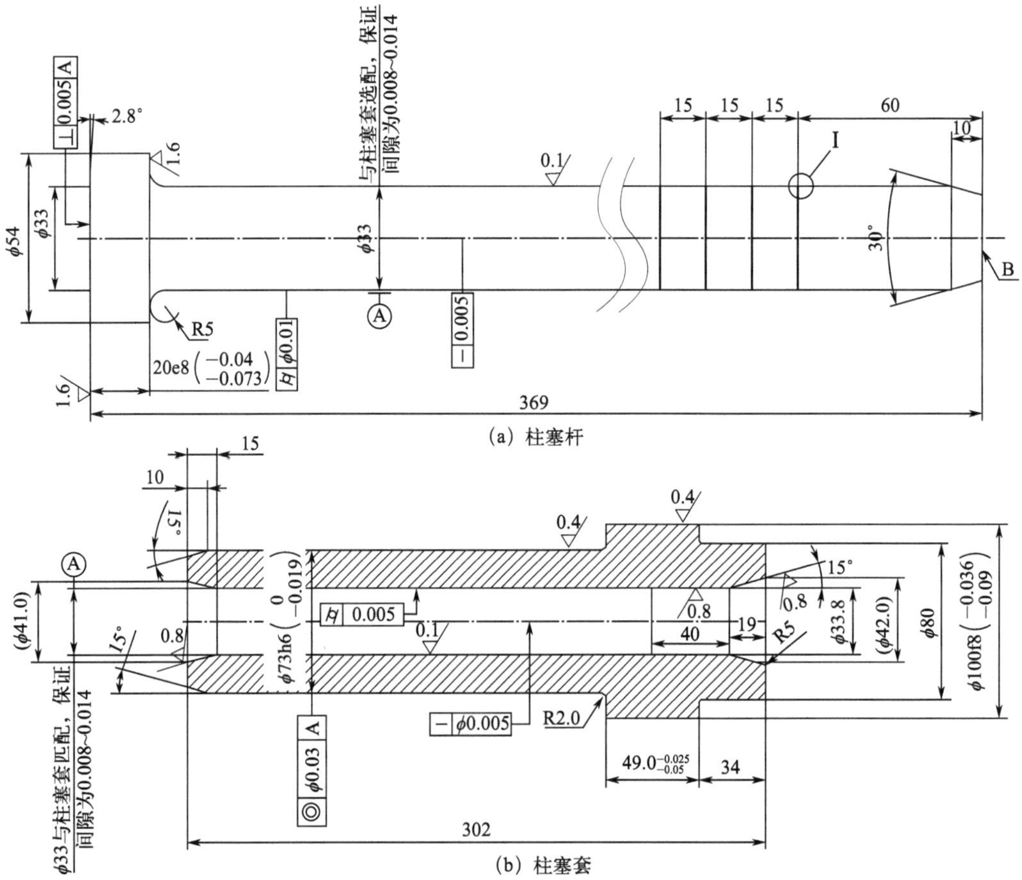

(a) 柱塞杆

(b) 柱塞套

图10-11 隔膜压缩机柱塞系统（单位：mm）

力。柱塞系统是隔膜压缩机的动力源，主要作用是使液压油产生的作用力均匀分布在膜片上，从而带动膜片压缩气缸中的气体达到气体增压的目的[33]。

10.2.2.1 柱塞杆和柱塞套的材料选择

由于柱塞杆/套承受交变载荷，摩擦副间隙较小，磨损严重，因此要求材料强度高、耐磨性好，材料的高温尺寸稳定性好（线胀系数低）。常用的柱塞材料如表 10-13 所示，常用的柱塞杆材料及其性能和处理方法如表 10-14 所示。柱塞要求有比较高的硬度，柱塞和柱塞套之间一般采用间隙配合，因此要求柱塞杆和柱塞套的尺寸稳定性要高。

表10-13 常用柱塞材料

活塞结构形式		材料
双作用活塞	铸造	ZL7、ZL8、ZL10、ZL15、HT200、HT250、HT300
	焊接	20 钢、16Mn、Q235、ZG25B
级差活塞	低压部分	HT20-40、HT25-47、HT30-54 或 20 钢 16Mn、Q235 的焊接结构
	高压部分	ZG25B 或钢
柱塞		35CrMoAlA、38CrMoAlA，均应渗氮

表10-14 柱塞杆常用材料及其性能和处理方法

材料	屈服强度 σ_s/MPa	抗疲劳强度 σ_{-1}/MPa	热处理方法	接触部分表面硬度	应用场合
35 钢	320	180	表面淬火	38～45HRC	压缩空气或无腐蚀性气体
45 钢	360	210	表面淬火	48～56HRC	压缩空气或无腐蚀性气体
40Cr	700	340	表面淬火	47～52HRC	压缩空气或无腐蚀性气体，有较高的强度和疲劳强度
38CrMoAlA	850	430	氮化	800～1100HV	有很高的硬度、耐磨性、疲劳强度和较高的耐腐蚀性
3Cr13	650	270	表面淬火	23-29HRC	压缩腐蚀性气体，如氧气等

在高压比、大流量的压缩机中，一般选择高碳轴承钢作为隔膜压缩机柱塞系统的制备原材料，轴承钢的优点主要有：具备高硬度、均匀硬度、高弹性极限、高接触疲劳强度、必需的韧性、一定的淬透性、在大气环境下润滑剂中的耐腐蚀性能。轴承钢是轴承的制备材料，轴承是国家重大技术装备的关键零部件，目前轿车、高铁、风电设备、精密机床、大型机械

主轴配套轴承等重型装备用的高端轴承一直是中国轴承行业的软肋，不能全部提供，有些仍然依赖进口。我国轴承处于中低端水平，出口量多、价值低，进口为高附加值轴承。“十二五”以来，国家把高品质特殊钢作为战略性新兴产业，我国特钢行业迎来新一轮发展，这是从根本上改变我国特钢落后面貌，整体提升我国特钢产业技术水平和战略产品研发水平的重要机遇期[34]。

为了满足大压力、高压比隔膜压缩机的需求，柱塞系统常用的材料有 GCr15、GCr15SiMn 等，为得到理想的硬度和耐磨性，轴承钢需要满足以下几个特点：

① 合理的硬度梯度分布　GCr15SiMn 钢种淬透性好，表层和芯部的硬度几乎相等，都在 HRC60 以上。GCr15 钢淬透性差，经适当热处理后，表层硬度可达 HRC60～63，而芯部较软，轴承有足够的疲劳寿命与磨损寿命，而且具有承受冲击负荷的优良性能。

② 残留奥氏体量控制　在相同的回火温度下，GCr15 经淬火和回火后，残余奥氏体量一般为百分之十几，GCr15SiMn 钢热处理后的残余奥氏体量高达百分之二十几。较高的残余奥氏体量导致轴承尺寸不稳定，常因此导致内孔直径胀大，使轴承与轴颈的配合过盈量得不到保证，从而出现透锈和弛缓现象。为减少残余奥氏体的含量需要对热处理及深冷过程进行优化，主要的方法有：热处理时加热温度不要高于 850℃，防止因加热时间过长和温度过高，热处理组织级别过大，也容易产生淬火裂纹，每次热处理前、中要对设备碳势进行标定，保证碳势控制的准确性，从分析来看碳势控制与实际值的相差很大，导致 0.14mm 的脱炭，从而因热处理后组织应力过大产生淬火裂纹，甚至表面会产生非马组织从而出现不合格，这些是要引起注意的。在深冷处理时注意降温速度的控制，速度过快也会产生裂纹。

③ 纯净度　氢的存在，易在钢中形成白点，这是产生裂纹的潜在根源；氮会增加钢的回火脆性；氧化物硬度高，而难变形的氧化物等非金属夹杂物氧化铝、氧化铁等则是产生疲劳的起点。

主要的处理流程包括：盐浴淬火—低温回火。

零件需进行盐浴淬火＋低温回火处理，处理后的显微组织应由隐晶、细小结晶或小针状马氏体、均匀分布的细小残留碳化物和少量残余奥氏体组成，热处理后硬度为 HRC 58～62。淬火和低温回火是决定轴承钢性能的最终热处理工序。淬火温度依钢的成分不同而不同，一般在 800～850℃。温度太低，碳化物不能充分溶解到奥氏体中，淬火后得不到理想的硬度、耐磨性和淬透层深度；温度过高，奥氏体晶粒长大，淬火后的马氏体组织变粗，又增加了残余奥氏体的量，致使钢的冲击韧性、疲劳强度急剧降低。淬火后应立即回火，回火温度为 150～160℃，保温 2～4h，目的是去除内应力，提高韧性和尺寸稳定性。为保证零件尺寸的稳定性，减小变形，淬火后必须进行深冷处理，即零件淬火后冷却至室温。经清洗后，在液氮深冷保温箱内冷却至－60～80℃（为避免应力集中和极冷产生微裂纹，深冷速度需控制在 2℃/min～3℃/min 并保温 1～1.5h，随保温箱恢复至室温后立即进行回火处理，中间停留时间不应超过 4h；因零件的圆柱度和垂直度要求较高，精加工时零件不能过热，要有充分的切削液，并在回火及磨削加工后，再在 120～130℃下进行 10～20h 的尺寸稳定化处理（时效处理）；加工完后的零件应进行无损探伤检验，不允许有裂纹、夹渣等缺陷；最终的尺寸测量需在恒温（23℃±5℃）室内进行[35-37]。

在大型、高压场合更要选择塑性和韧性良好的高碳铬轴承钢进行制造，例如在压缩机出口压力 70MPa、流量 $500m^3$(标)/h 时，二级压缩的机型对柱塞系统材料性能及尺寸的要求如表 10-15 所示，主要成分如表 10-16 所示。

表10-15 隔膜压缩机柱塞系统性能要求

硬度HRC	热处理方式	表面粗糙度Ra/μm	一级尺寸（直径）/mm	二级尺寸（直径）/mm	材质	其他要求
56～62	热处理后深冷处理硬化层深度1～2mm	≤0.1	28	38	GCr15SiMn	锻件材料中心疏松≤1.5级，不允许有白点、缩孔、气泡等缺陷

表10-16 实验材料成分表 单位：%（质量分数）

样品	C	Si	Mn	Cr	Ni	Cu	S	P
ZH	1.02	0.52	0.99	1.46	0.044	0.10	0.006	0.016

具体技术要求：

① 锻件应符合GB/T 18254的相关要求。

② 锻件材料中心疏松≤1.5级，不允许有白点、缩孔、气泡等缺陷。

③ 热处理硬度58～62，硬化层深度1～2mm，无氧淬火完应立即进行冷处理。Cr15SiMn冷处理温度不低于－80℃，冷处理保温时间不低于1h，降温速度不大于3℃/min，冷处理后工件恢复到室温后要立即进行150℃、不小于2h的回火，恢复至室温与回火的时间间隔不大于2h。

④ 无损探伤，不允许有裂纹、发纹。

经过加工与处理后的柱塞套如图10-12所示。

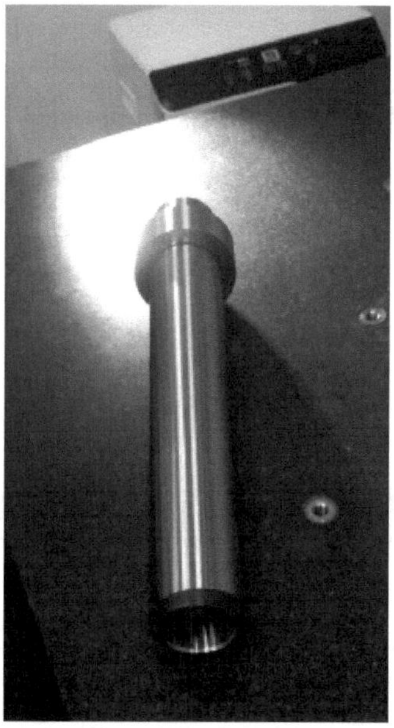

图10-12 薄壁长径GGr15柱塞套

10.2.2.2 柱塞系统装配与柱塞套裂纹分析

在高压比、大压力的隔膜压缩机系统中，为了保证柱塞系统与缸头连接稳定性，柱塞系统与缸头之间的连接采用了过盈装配，柱塞套需要进入液氮系统中实现体积收缩后才能装配到缸头中。这种装配方法对柱塞套的尺寸稳定性提出了更高的要求，只有严格控制热处理工艺进而精确控制材料中残余奥氏体含量，才能实现精确的过盈装配[38]。下面通过具体实例分析柱塞套在装配过程中产生裂纹的原因。裂纹产生的原因在于残余奥氏体相的马氏体转变，导致体积变化大。残余应力增加导致的柱塞套裂纹如图10-13所示。图10-14显示了柱塞套断面上裂纹的扩展方向和端面的围观形貌，从图中可以看出裂纹从端口开始，呈放射状向内扩展，端口主要为准解理，存在沿晶特征。对样品进行XRD分析，结果如图10-15所示，并根据YB/T 5338—2019计算残余奥氏体体积分数，结果如表10-17所示，其中yd代表放入液氮后20min的样品。从表10-17中可以看出，样品放入液氮20min后材料的奥氏体体积分数减小，从原始的23%下降到21.5%，奥氏体相减小导致奥氏体向马氏体的转变，由于马氏体的体积要比奥氏体的体积大，材料内部产生额外的残留应力，从而导致样品产生裂纹。

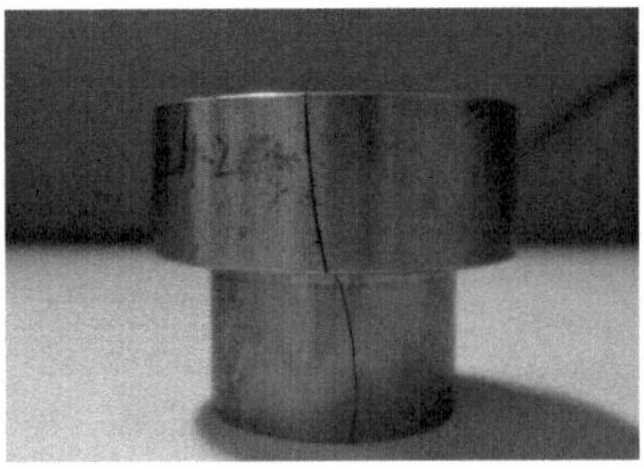

图 10-13 柱塞套裂纹

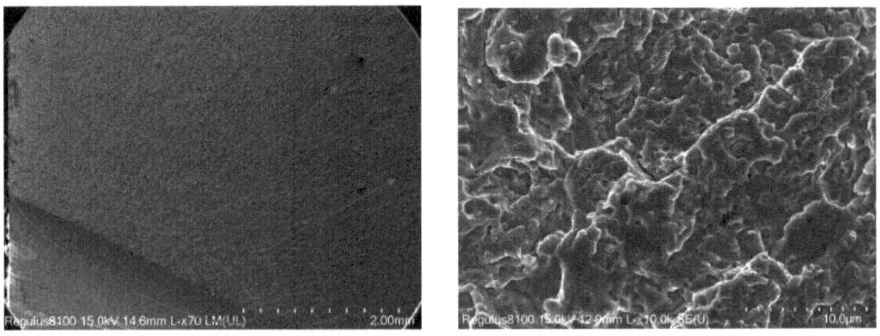

图 10-14 柱塞套失效断面裂纹扩展方向及形貌

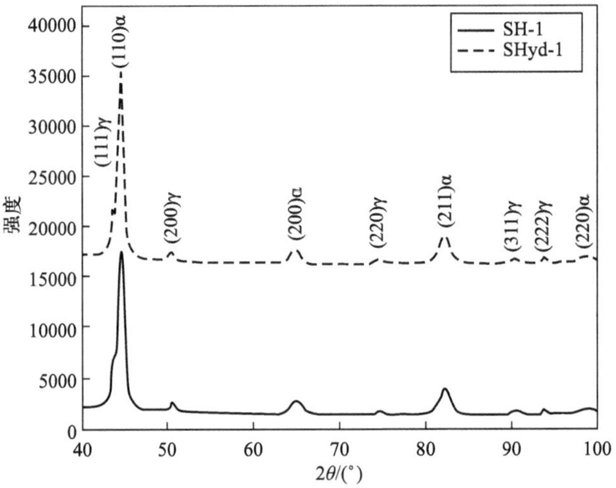

图 10-15 样品的 XRD 结果

表10-17 样品残余奥氏体体积分数

样品	SH-1	SHyd-1
残余奥氏体体积分数	23%	21.5%

对柱塞套的金相组织进行分析，发现其含有大量粒状碳化物，基体主要是由马氏体和残余奥氏体组成，其主要的化学成分如表 10-18 所示。

表10-18 基体的主要化学成分

样品	C	Si	Mn	Cr	Ni	Cu	S	P	Cu
ZH-1	1.02	0.52	0.99	1.46	0.044	0.10	0.0061	0.016	0.10
SH-1	1.10	0.52	0.99	1.46	0.016	0.10	0.0021	0.015	0.0050

柱塞系统作为隔膜压缩机的关键零部件，其温度、尺寸、稳定性、加工精度对压缩机性能及装备效果起到决定性的作用。高碳铬轴承钢由于具备高硬度、均匀硬度、高弹性极限、高接触疲劳强度、必需的韧性、一定的淬透性、在大气环境下的润滑剂中的耐腐蚀性能等优势被选定为柱塞系统制备用原材料。

① 在机组冷却可靠的前提下，柱塞杆/套的配合间隙按柱塞杆直径的 0.1%～0.2%选取完全可行。为保证压缩机长期可靠运行，考虑到长期运行过程中柱塞杆的线胀系数等，柱塞系统的间隙值可在原有基础上增加 0.1%柱塞直径，即柱塞/缸套的配合间隙按柱塞直径的

0.2%～0.3%选取，间隙增大后摩擦副的密封性变差，不再适用于直径较小、压力较高的场合。在压力相对较低、柱塞直径较大的场合选用优质合金结构钢作为柱塞套时，可以通过填料辅助密封来补偿密封间隙过大导致的泄漏。

② 柱塞系统的尺寸稳定性主要由 GGr15SiMn 的残余奥氏体含量决定，为保证加工质量需要对材料热处理工艺进行严格控制。

③ 柱塞套液氮过盈装配过程中会产生裂纹或由于奥氏体转变成马氏体发生体积形变，零件的收缩量较低，再加上装配过程中温度的升高和环境因素，零件承受更大的压应力，而且低温时材料会出现冷脆现象，所以发生了脆性开裂。柱塞套的加工尺寸精度必须满足设计要求，另外冷装的工装尺寸需要满足最小间隙 0.1mm。

10.2.3 螺栓材料

气缸盖螺栓属于隔膜压缩机中的强力螺栓，如图 10-16 所示，承受着密封和缸体内动载荷气体的交互作用，易发生疲劳失效。此处螺栓如果发生失效将引起严重事故。研究发现发生断裂的主要形式为疲劳失效，疲劳断裂的主要部位为螺栓与螺母拧紧的最里一圈的传力螺纹处，以及螺栓光杆与螺纹交接处，因为这些都是高应力集中部位[39]。

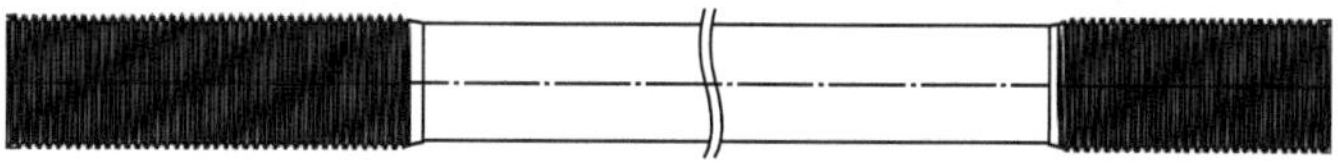

图 10-16 隔膜压缩机气缸盖螺栓

螺杆：承受交变载荷时应用弹性螺栓结构，即杆身直径要小于螺纹内径，以增加杆身弹性，以此降低应力幅。

螺母：为使螺母螺纹受力均匀，尤其是减少第一螺纹受力，螺母应该根据要求设计成各种形式。

(1) 螺栓的紧固方法

在压缩机气缸盖紧固中，由于螺栓承受交变载荷，因此，螺栓紧固时的预紧力特别重要。预紧力既要保证两零件工作时不脱开或密封，又要防止工作时最大应力不超过许用的疲劳极限。过去，许多螺栓或螺纹连接的断裂大都由这两种原因之一造成。因此，受交变载荷的螺栓或螺纹，设计与制造企业必须认真计算，明确要求，图纸上或使用说明中应注有该螺纹紧固的力矩大小。若为液压紧固时，则应注明液压值大小。

(2) 螺杆和螺母的材料

我国螺栓材料的性质按照 ISO 898/1 国际标准制定。GB 3098.1 规定钢制螺栓按其强度水平分为 10 个不同的性能等级，见表 10-19。螺栓性能等级和相应材料选择见表 10-20。

表10-19 螺栓的强度性能等级

力学性能		性能等级										
		3.6	4.6	4.8	5.6	5.8	6.8	8.8		9.8	10.9	12.9
								≤M16	＞M16			
抗拉强度 σ_b /MPa	公称值	300	400		500		600	800	800	900	1000	1200
	最小值	330	400	420	500	520			830			

续表

<table>
<tr><th colspan="2" rowspan="3">力学性能</th><th colspan="11">性能等级</th></tr>
<tr><th rowspan="2">3.6</th><th rowspan="2">4.6</th><th rowspan="2">4.8</th><th rowspan="2">5.6</th><th rowspan="2">5.8</th><th rowspan="2">6.8</th><th colspan="2">8.8</th><th rowspan="2">9.8</th><th rowspan="2">10.9</th><th rowspan="2">12.9</th></tr>
<tr><th>≤M16</th><th>＞M16</th></tr>
<tr><td rowspan="3">洛氏硬度</td><td></td><td colspan="5">HRB</td><td colspan="6">HRC</td></tr>
<tr><td>最小值</td><td>52</td><td>67</td><td>70</td><td>80</td><td>83</td><td>89</td><td>22</td><td>25</td><td>28</td><td>34</td><td>39</td></tr>
<tr><td>最大值</td><td colspan="5">95</td><td>99</td><td>32</td><td>35</td><td>37</td><td>41</td><td>44</td></tr>
<tr><td rowspan="2">屈服点/MPa</td><td>公称值</td><td>180</td><td rowspan="2">240</td><td>320</td><td rowspan="2">300</td><td>400</td><td rowspan="2">480</td><td colspan="5" rowspan="2"></td></tr>
<tr><td>最小值</td><td>190</td><td>340</td><td>420</td></tr>
<tr><td rowspan="2">屈服强度 $\sigma_{0.2}$/MPa</td><td>公称值</td><td colspan="6" rowspan="2"></td><td rowspan="2">640</td><td>640</td><td rowspan="2">720</td><td>900</td><td>1080</td></tr>
<tr><td>最小值</td><td>660</td><td>940</td><td>1000</td></tr>
<tr><td colspan="2">保证应力 S_p/MPa</td><td>180</td><td>230</td><td>310</td><td>280</td><td>380</td><td>440</td><td>580</td><td>600</td><td>660</td><td>830</td><td>970</td></tr>
</table>

表10-20 螺栓性能等级和相应材料选择

<table>
<tr><th>性能等级</th><th>推荐用材料</th><th>热处理</th><th>最低回火温度</th></tr>
<tr><td>3.6</td><td>C≤0.2%的低碳钢</td><td></td><td></td></tr>
<tr><td>4.6</td><td rowspan="6">0.15%≤C≤0.55%的低碳钢或中碳钢</td><td rowspan="6"></td><td rowspan="6"></td></tr>
<tr><td>4.8</td></tr>
<tr><td>5.6</td></tr>
<tr><td>5.8</td></tr>
<tr><td>6.8</td></tr>
<tr><td rowspan="2">8.8</td><td>0.15%≤C≤0.35%的低碳合金钢</td><td rowspan="8">淬火，回火</td><td>425</td></tr>
<tr><td>0.25%≤C≤0.55%的中碳钢</td><td>450</td></tr>
<tr><td rowspan="2">9.8</td><td>0.15%≤C≤0.35%的低碳合金钢</td><td rowspan="2"></td></tr>
<tr><td>0.25%≤C≤0.55%的中碳钢</td></tr>
<tr><td rowspan="3">10.9</td><td>0.15%≤C≤0.35%的低碳合金钢</td><td>340</td></tr>
<tr><td>0.25%≤C≤0.55%的中碳钢</td><td rowspan="2">425</td></tr>
<tr><td>0.20%≤C≤0.55%的低中碳合金钢</td></tr>
<tr><td>12.9</td><td>0.20%≤C≤0.50%的合金钢</td><td>380</td></tr>
</table>

注：C 为碳含量。

（3）螺栓预紧力计算及预紧方式

在预紧力的作用下，需要保证气缸的气密性。螺栓一般的设计为柔性设计，采用材料为抗拉强度和屈服强度较高的合金结构钢材料。隔膜压缩机中为了保证气缸的气密性和缸体的稳定性，螺栓预紧力的计算需要符合紧固件强度校核标准。

预紧力主要取决于工作时结合处仍有足够的紧密度以保证气封，在压缩机出口压力70MPa、流量500m^3（标）/h、二级压缩的机型上，螺栓预紧力计算可以按以下公式进行：

气体冲击力（T）可采用式（10-3）计算[40]：

$$T=K(1-x)P \tag{10-3}$$

式中，P 为气缸最大爆发总力；x 为载荷作用系数；K 为预紧系数。轴向力的计算式：

$$F=(1+k)F_g \tag{10-4}$$

式中，k 为预紧力系数，按载荷取；F_g 为气缸轴向力。

单根螺栓受力：

$$F=\frac{T+F}{N} \tag{10-5}$$

式中，N 为螺栓根数。

参考标准《压力边界螺栓法兰连接安装指南》（ASME PCC-1—2019）中有关螺栓预紧力施加计算方法，对螺栓采用分四次预紧的方式，为了保证螺栓预紧力施加均匀，采用液压螺栓拉伸器双向施加方式，如图10-17所示，具体计算数值参见表10-21。

图10-17 液压螺栓拉伸器双向拉伸

表10-21 单根螺栓预紧力计算及预紧力施加数值

级数	配气盘半径/mm	比压力y/MPa	计算力P_c/N	操作下最小垫片压紧力F_p/N	内压引起的总轴向力F/N	操作状态下需要的最小螺栓载荷W_p/N	单个螺栓受力/N
一级	201	124.1	65	7257031.2	7571743.3	14828774.5	617865.6
二级	174	124.1	100	9599596.3	8611864.7	18211460.9	758810.8

超高强度螺栓的制备过程主要包括：螺栓原材料热处理（提高硬度）—酸洗—真空除氢—硬度监测—磨光（去表皮）—螺纹加工（机加工）—检测（同轴度和螺纹尺寸）—熏黑

(抗腐蚀化学处理)。

热处理的主要目的是调质和提高材料的硬度，同时去除钢中多余的氢元素，真空除氢是为了去除在酸洗过程中引入的氢。氢致延迟断裂是超高强度螺栓服役过程中安全运行的关键问题，其本质是由材料内部、外部环境中的氢以及应力状态相互叠加引起的问题。

(4) 螺栓中氢的来源

螺栓中氢的来源主要包括内氢和外氢。内氢主要为螺栓在制备加工过程中各种工艺流程引入材料内部的氢。内氢的引入途径主要包括以下几个方面。

①冶炼和浇注　冶炼过程中，空气中的水蒸气、废钢上的水渍及其他炉料中所含的水分进入炉中均能水解成氢并进入钢液。研究表明，20 世纪 80 年代，即使是炉外精炼、真空冶气及真空冶炼技术，其炉中钢水的氢浓度也达到 $(2\sim3)\times10^{-6}$[41]，给钢材的后续使用带来安全隐患。在连铸坯或模铸锭中，由于存在宏观偏析现象，氢在钢锭中的分布更具随机性，浓度不均匀。

②酸洗和电镀　螺栓在使用前通常要进行电镀防护，以提高其使用过程中的耐蚀性。螺栓电镀前需进行酸溶液的清洗。而在酸洗过程中，强的还原性酸，如 H_2SO_4、HCl 及 HF 等，不仅与螺栓表面氧化膜之间发生化学作用，而且与基体表面也会发生析氢反应。因此，酸洗和电镀过程类似于一种充氢过程。研究认为，对于镀层厚度约为 2μm 的镀镉层，经 200℃烘烤前，镀层中的氢含量大约为 180×10^{-6}，钢中的氢含量大约为 20×10^{-6}，而烘烤后，虽然镀层及钢中的氢含量会有所减少，但是由于镀镉层的 hcp 晶体结构与钢的差异，氢更易于向钢中扩散，而非全部逸出镀层[42,43]。此外，高强度螺栓经过热镀锌后同样会出现氢致延迟断裂现象，烘烤工艺并不能使钢中氢原子全部逸出基体，因为氢原子很难在镀锌层中扩散、逸出。

螺栓在使用过程中所吸入的氢属于外氢，也即环境氢。不同服役环境下的螺栓，其引入的氢源也有所不同。

首先，在石油、化工及油气田中使用的螺栓，其长期处于含 H_2 及 H_2S 气体氛围内，在一定的温度范围内，总有部分氢分子能发生吸热反应，生成氢原子，进而通过吸附作用进入螺栓内部。其次，空气中的水分子在服役过程中也会深入螺栓内部，从而导致氢致延迟断裂。氢原子吸附于螺栓表面，但并非全部都可以进入螺栓内部，有一部分氢原子会发生反应生成 H_2 而逸出。根据这一现象，通常在阴极充氢过程中，在介质中添加 As_2O_3 或 Sb_2O_3 等毒化剂，以抑制 H 原子的吸附。

总之，高强度螺栓在制备加工及使用过程中，都会有氢进入基体内部。通常情况下，氢对高强度螺栓的影响是有害的，即使微量的氢也会导致延迟断裂现象的发生。

(5) 螺栓断裂失效分析及解决方案

对材质为 300M 钢的螺栓进行失效断裂分析，得出如下结论：螺栓的布氏硬度以及力学性能均满足执行标准要求，但化学成分中杂质元素偏高。金相组织为回火马氏体，存在一定程度的组织偏析。螺栓的失效方式为氢致延迟断裂，裂纹起始于螺纹根部应力集中区，在弯拉应力的作用下向对侧扩展至断裂。螺栓断口主要分为开裂源区、裂纹扩展区和后断区三个部分，源区为沿晶断口，断口附近无明显塑性变形，属于脆性断裂，如图 10-18 所示。

氢致延迟断裂是应力-氢-材料三者交互作用的结果，较大的载荷或偏载应力作用会促使氢向局部富集，达到临界浓度后引发氢脆开裂。考虑到 300M 钢本身具有材料强度高、氢脆敏感性大、临界开裂氢浓度低的特点，因此可以认为较大的弯拉应力作用是螺栓发生氢脆开裂的主要原因，钢中杂质元素偏高（表 10-22），并存在一定程度的组织偏析，促进了裂纹的

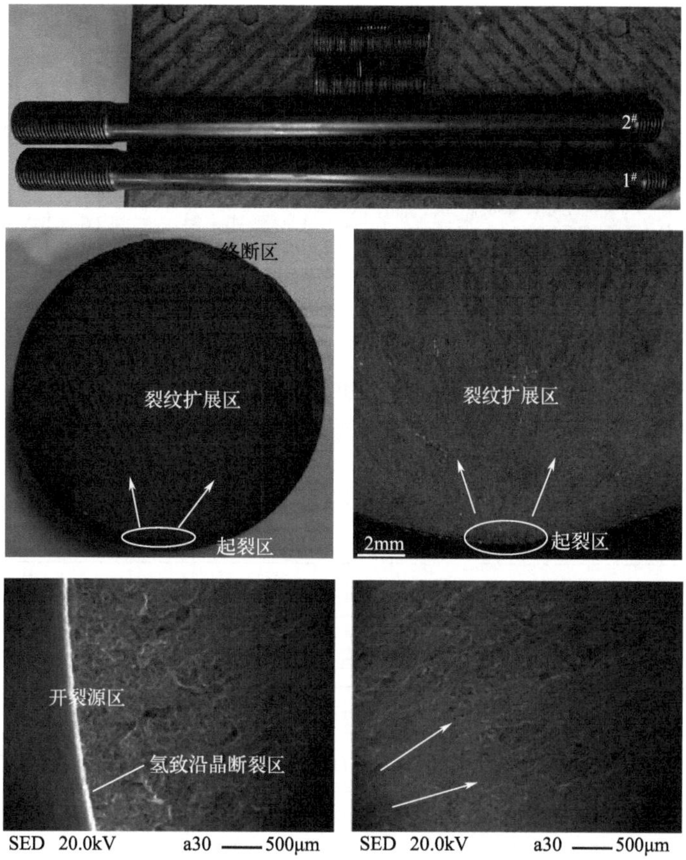

图 10-18 螺栓失效断口形貌

形成。断裂螺栓的力学性能如表 10-23 所示，其断裂的主要原因在于冲击韧性达不到材料使用要求。

表10-22 螺栓化学成分

螺栓	C	Si	Mn	Cr	P	S	Ni	Mo	V	Cu	H	
失效件	0.412	1.705	0.689	0.868	0.016	0.0026	1.733	0.332	0.078	0.057	0.55	0.41
标准（最小）	0.38	1.45	0.60	0.70	—	—	1.65	0.30	0.05	—	—	
标准（最大）	0.43	1.80	0.90	0.95	0.010	0.010	2.00	0.50	0.10	0.35	—	

表10-23 断裂螺栓的力学性能

螺栓	抗拉强度 R_m/MPa	规定塑性延伸强度 $R_{p0.2}$/MPa	断后伸长率 A/%	断面收缩率 Z/%	冲击韧性 KV_2/J		
1#	1921	1646	11.5	39	8.9	7.9	7.4
2#	1949	1686	11.5	38	11	11	12
标准	≥1862	≥1517	≥8.0	≥30	≥24		

通过严格控制螺栓材料杂质成分和改进热处理工艺，最终螺栓的性能达到了标准要求，在使用过程中未发生断裂情况，完好的螺栓如图 10-19 所示。改进后螺栓性能汇总如表 10-24 所示，改进后螺栓化学成分如表 10-25 所示。从表中可以看出，改进热处理工艺后螺栓的冲击韧性为 25J，超过标准要求，螺栓在实际使用过程中表现出了良好的韧性。

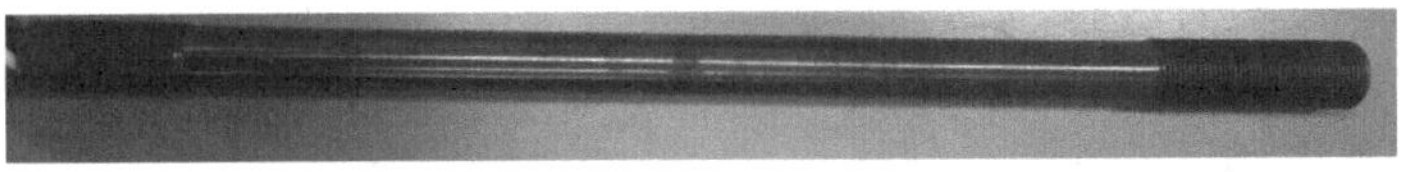

图 10-19 完好的螺栓

表10-24 改进后螺栓力学性能

螺栓	抗拉强度 R_m/MPa	规定塑性延伸强度 $R_{p0.2}$/MPa	断后伸长率 A/%	断面收缩率 Z/%	冲击韧性 KV_2/J	
改性件	2035	1709	11.5	35	25	25
标准	≥1862	≥1669	≥8.0	≥30	≥24	

表10-25 改进后螺栓化学成分 单位：%（质量分数）

螺栓	C	Si	Mn	Cr	P	S	Ni	Mo	V	Cu	H
1#	0.42	1.66	0.69	0.81	0.009	0.0020	1.74	0.33	0.081	0.046	6.69×10^{-5}
2#	0.41	1.66	0.68	0.80	0.009	0.0020	1.74	0.33	0.080	0.046	6.87×10^{-5}
标准（最小）	0.38	1.45	0.60	0.70	—	—	1.65	0.30	0.05	—	—
标准（最大）	0.43	1.80	0.90	0.95	0.010	0.010	2.00	0.50	0.10	0.35	—

(6) 总结

在高强度螺栓的结构中，缺口半径的大小直接关系着缺口根部的受力状态。应力集中越严重的螺栓，其发生氢致断裂的敏感性越大。通常来说，应尽量增大缺口根部半径以减少应力集中情况，而微区应变的控制，也直接影响缺口处的应力集中程度。因而，对于高强度螺栓部件的缺口半径及应力集中较为严重部位的设计尤其重要，直接影响其氢致延迟断裂敏感性。

在高强度螺栓的组织方面，改善其延迟断裂性能的途径主要有组织细化、氢陷阱设置及晶界强化等。因而，对于高强度螺栓用钢的选材及热处理，必须按上述途径进行优化控制，才能最大限度地降低其延迟断裂敏感性。

① 对于高强度螺栓的选材，通常采用马氏体组织的合金钢和不锈钢，以达到高强度的力学性能。传统的控制马氏体钢晶粒尺寸的方法是添加抑制晶粒长大的合金元素，如铝、钛、铅及铌等，此类元素能在奥氏体碳化温度范围内形成稳定的碳化物，从而抑制钢中晶粒粗化。

② 倘若将进入螺栓用钢中的氢均匀化分布，便能抑制氢在钢中薄弱部位如晶界和应力集中处的扩散富集，使其不能参与延迟断裂过程，从而改善高强度螺栓的延迟断裂敏感性。添加银、钛及铌等元素，能起到细化晶粒、强化析出及提高回火抗力等作用。此类合金元素与碳、氮元素具有较好的亲和力，形成的稳定碳化物或氮化物能捕获氢原子成为不可逆氢陷

阱，该陷阱能影响氢在螺栓用钢中的分布及扩散行为，具备有益作用，从而达到提高马氏体螺栓用钢的耐延迟断裂性能的目的。此外，氢陷阱的分布状态也是影响氢致延迟断裂的主要因素。在低温回火时，不可逆氢陷阱碳化物或氮化物主要以薄膜状分布于原奥氏体晶界，而且晶粒内部的陷阱较少，导致钢中氢原子优先进入晶界，使得晶界脆化；随回火温度的升高，晶界碳化物会发生球化，并在晶内大量析出，从而减少晶界碳化物的数量，使得晶界聚集的氢含量降低，提高钢的延迟断裂性能。

③ 对于 12.9 级以上的高强度螺栓，其组织多为回火马氏体，氢致延迟断裂的显著特征为沿晶断裂及准解理断裂的混合断口形貌，裂纹的起始位置和扩展路径通常为原奥氏体晶界。因而，晶界强化，降低晶界裂纹的萌生和扩展趋势是改善氢致延迟断裂的有效方法。首先，减少杂质元素在晶界的偏聚；其次，减少晶界碳化物的析出并控制碳化物的形态。这些途径均能够提高高强度螺栓用钢的晶界强度，改善钢的组织形态。此外，最新 EBSD 技术研究发现，晶界开裂具有一定的选择性和倾向性，能量高的大角度晶界易于发生裂纹扩展，而能量较低的重合位置点阵 CSL 晶界则对氢致裂纹具有抑制作用。因此，增加马氏体不锈钢中的 CSL 晶界和小角度晶界的比例可以提高钢的耐延迟断裂性能[44-46]。

内氢对高强度螺栓的影响可以从材料、应力方面进行改善、控制，当螺栓服役工况面临环境氢的氛围时，如何减少外氢的进入是表面防护工程面临的问题。合理的低氢脆表面防护是降低高强度螺栓氢致延迟断裂的必备措施。

① 表面处理　表面处理的方法很多，每种表面防护涂镀层各具优缺点。常用的防护方式，如 Zn-Ni 镀层、Cd 镀层、Cd-Ti 镀层、Ni 镀层、Cu 镀层，以及达克罗涂层、特氟龙聚四氟乙烯涂层等，均能对基体螺栓材料起到很好的保护作用。

② 合理的防腐结构设计　针对隔膜压缩机缸头采用的螺栓熏黑处理属于防腐结构设计的一种，通过化学蒸发镀层，使得高分子材料覆盖螺栓表面从而抑制氢进入螺栓内部，达到阻止氢致延迟断裂的目的。

10.2.4 气缸以及配气盘材料

隔膜压缩机的压缩过程是由液压油推动膜片运动使气腔减小，达到压缩的目的。而在实际压缩过程中，可能出现由于膜片径向变形不均匀，膜片中间先贴上排气孔，致使其余的高压气体无法排出的现象，进而导致流量以及容积效率达不到预期值。同时，由于未被排出的高压气体温度较高，而缸盖一般较厚，仅仅通过缸盖的表面换热很难及时将膜腔内的压缩热导出，而过高的缸盖温度容易导致压阀盖和排气法兰螺栓松动，危及系统运行安全。因此，及时将气腔内高压气体排出对提高隔膜压缩机的性能以及安全性具有重要意义。配气盘的作用就是使被压缩的气体均匀分布在腔体中，并能通过配气盘的深槽导通气体的流通，使得气体更快速和顺畅地从排气阀排出。隔膜压缩机配气盘包括配气盘本体；配气盘本体的表面上设有多个进气孔和多个排气孔；多个排气孔位于配气盘本体的中心且沿其周向均布；多个排气孔的外周设有多个导气槽，多个导气槽沿配气盘本体的周向均布，并分别与对应的排气孔一一连通；配气盘本体的内部设有进气阀安装部和排气阀安装部；进气阀安装部与进气孔连通；排气阀安装部与排气孔连通；排气阀安装部的外周至少设有一层冷水通道。具体的缸体和配气盘结构参见图 10-20。

由于缸体和配气盘以一体化结构形式存在，故缸体和配气盘的选材保持一致，具体的选材可以按照工作压力、气缸结构形状、气体性质等选择。表 10-26 列出了具体的选择方式[47]。

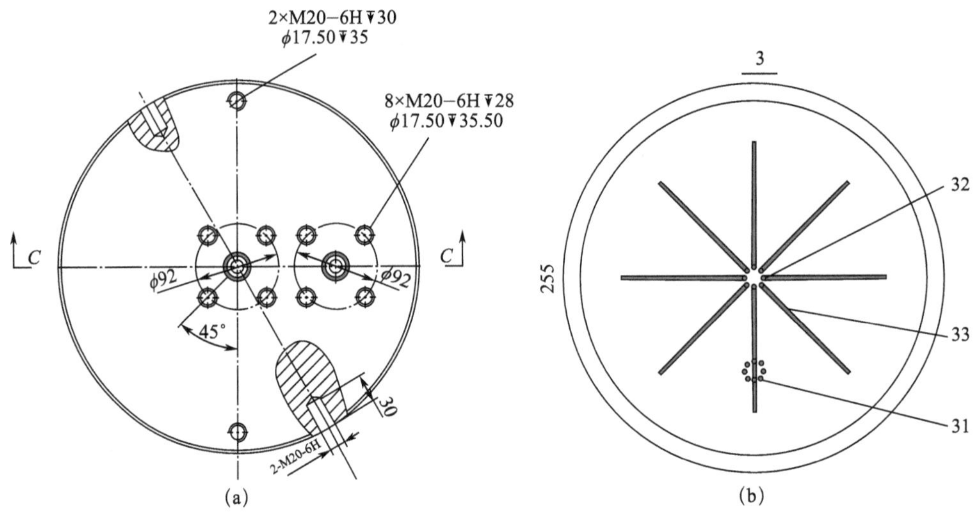

图 10-20 缸体与配气盘结构

表10-26 按照最大工作压力选择材料（工作温度不低于 - 50℃）[47]

零件名称	工作压力/MPa	材料	备注
气缸与配气盘	≤5	HT200	应进行时效处理消除内应力：自然时效一年以上
	5~15	铸钢 ZG270-500	
	15~35	35 钢、40Cr 球墨铸铁 QT400-15、QT500-7	形状简单，缸径 $D<75$mm
	35~110	316L/40CrMo/GH2132	室温冲击吸收能量 $A_{ku2}\geqslant 23.5$J，断后伸长率≥15%

在压缩机出口压力 70MPa、流量 500m^3（标）/h、二级压缩的机型上，由于排气压力大，排气温度高，加快了材料的氢损伤失效应，传统的配气盘材料已经难以满足需求。目前主要采用 GH2132 作为气缸和配气盘的主要生产加工原料。其主要成分如表 10-27 所示。具体技术要求如表 10-28 所示。

表10-27 材料成分表　单位：%（质量分数）

元素	C	Si	W	Cr	Ni	Mo	Ti	Al	P	S
含量	0.19	0.80	15	22	58	6	4.5	2	0.034	0.05

① 锻件材质应符合《航空用高温合金锻制圆饼规范》（GJB 3782）的有关规定，并按照 GJB 3782 进行锻造和热处理。热处理后其力学性能满足 GJB 3782，抗拉强度 1030MPa，屈服强度 780MPa。

② 粗车后根据 JB/T 5440 进行超声波探伤检测。

配气盘及缸头加工工艺为：锻造—固溶—粗车—精车—探伤—机加工。

(1) 配气盘失效分析

针对目前排气压力为 70MPa、二级压缩氢气环境下使用 100h 的失效配气盘进行失效分析，配气盘材料为 0Cr17Ni4Cu4Nb。化学成分如表 10-29 所示。

表10-28 螺栓制备材料性能要求

牌号	热处理制度	瞬时拉伸性能					室温冲击吸收能量 A_{ku2}/J	室温硬度 HBW 10/3000	高温持久性能		
		试验温度/℃	抗拉强度 R_m/MPa	规定残余伸长应力 $R_{p0.2}$/MPa	断后伸长率 A/%	断面收缩率 Z/%			试验温度/℃	应力/MPa	时间/h ≥
			≥								
GH2132	980~1000℃保温1~2h，油冷 700~720℃保温12~16h，空冷	室温	930	620	20.0	40.0	23.5	321~255	650	390	100
		650	735	—	15.0	20.0					

表10-29 材料成分表 单位：%（质量分数）

元素	C	Si	Mn	Cr	Ni	Mo	P	S	Nb
含量	0.07	1	1	17.5	5	—	0.02	0.016	0.232

图 10-21 为失效配气盘的断口微观形貌，从图中可以看出断口典型脆性断裂，一次断口和二次断口均为穿晶断口，是典型的氢脆引起的失效。从冲击结果（表 10-30）来看，材料的冲击吸收能过低，约为 2～3J，材料脆性强，未达到设计要求。

图 10-21 失效配气盘（a）及其断口形貌（b）和表面形貌（c，d）

表10-30 材料的冲击性能

	试样原号	试验温度/℃	冲击吸收能量 KV2/J	备注
V型缺口室温冲击	径-C1	23	3.0	样品尺寸：10mm×10mm×55mm
	径-C2	23	2.5	
	径-C3	23	2.5	
	轴-C1	23	2.0	
	轴-C2	23	2.0	
	轴-C3	23	2.0	

（2）失效原因总结

失效的原因为脆性断裂。材料韧性不足，冲击功仅为2～3J，材料过于脆为断裂主要原因。此外，结构局部存在应力集中也是重要因素。

（3）结论

随着加氢站对压缩机排气压力的要求越来越高、排量越米越大，传统的设计方法和设计理念已经不能满足高温、高压、临氢环境下的材料需求。配气盘及气缸材料从最开始选用的316L、40CrMo，到现在已经过渡到抗氢脆高温合金，才能满足设计要求。从整体考虑，材料的需求主要有以下三个方面：

①材料的冲击性能　配气盘材料在氢气的交变载荷下承受压力，对材料的冲击性能要求很高，在处理材料过程中一定要注意热处理参数的精确控制，使冲击功满足设计要求。建议选定材料后，在后期进行热处理时，选用强度中或中低的一档进行热处理，以降低硬度，提高材料韧性。建议材料冲击韧性不低于20J。

②材料的强度　压力的增高，对材料的拉伸强度提出了新的挑战和要求，例如排气压力为70MPa的压缩机，材料的设计拉伸强度要求超过900MPa。

③高温耐氢脆性能　配气盘的最高排气温度达到280℃，在氢气的影响下，材料的抗氢脆性能是要着重考虑的因素，因此奥氏体不锈钢以及高温镍合金常常成为高压隔膜压缩机配气盘和缸体的备选材料。

10.2.5 密封材料

10.2.5.1 压缩机密封材料的种类

金属隔膜压缩机内部结构复杂，由于工艺、制造、运输、检修和装拆内件的需要，隔膜压缩机中有多种密封结构，从使用环境来看，总体上可以分成三类：

① 临氢环境中压缩机缸头使用的O型橡胶密封圈；

② 其他非临氢环境中使用的柱塞密封、油密封圈；

③ 其他有氧气或者无氧气环境下使用的金属与金属间或者金属与其他材质材料间的密封胶。

以下主要介绍临氢橡胶O型圈材料。

一台隔膜压缩机的高压密封装置约占容器总重量的10%～30%，而成本则相应可达15%～40%。高压密封装置的密封性能和制造经济性的优劣，对隔膜压缩机使用效果和安全生产有很大的影响。因此，高压密封装置的设计是隔膜压缩机生产和使用中的一个重要环节[48,49]，图10-22中A点为压缩机二级缸头密封位置。

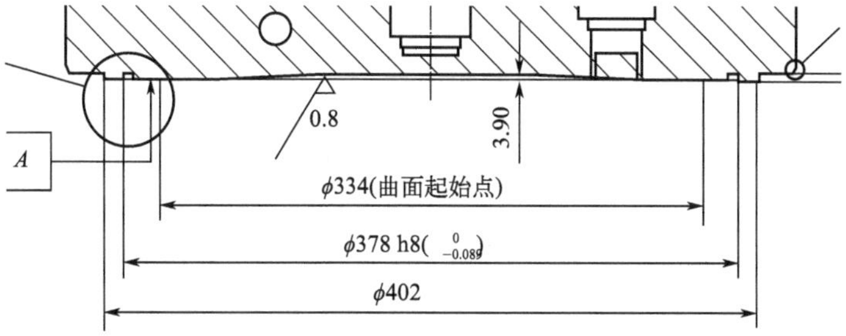

图 10-22 缸头密封位置（单位：mm）

O 型密封圈属于一种截面积相对较小的圆环型密封元件，通常使用的 O 型圈截面都是圆形的。而制造 O 型密封圈的主要材料为合成橡胶，在液压和气压工程中用得较多。合成橡胶 O 型密封圈也是使用比较普遍的一种密封元件，主要用于静密封和滑动密封。天然橡胶和合成橡胶的纯胶是线型或支链型分子，性能都较差，必须加入硫黄及各种配合剂混炼并硫化才能满足橡胶制品的使用要求。根据橡胶含硫黄量的多少，硫化胶有硬质胶和软质胶两种。硫黄占橡胶量 4%左右为软质胶，达到 40%以上为硬质胶，处于两者之间的为半硬质胶。二烯类橡胶、天然橡胶、丁苯橡胶、丁腈橡胶都能硫化为硬质胶。含有乙烯基的橡胶也可以在高温高压下制备成无硫硬质胶。硬质胶的机加工性、耐蚀性、电绝缘性、拉伸强度和弯曲强度都比软质胶高，缺点是脆性增大，耐磨性降低，不耐光老化[50]。相较其他密封元件而言，橡胶密封圈的特点如下：

① 密封性好，寿命长；

② 单圈就可以对里侧和外侧两个方向起到密封作用；

③ 对油液、温度和压力的适应性相对较好；

④ 动摩擦阻力小；

⑤ 体积小，重量轻，成本低；

⑥ 密封配合部位结构简单，便于拆装；

⑦ 既可用于静密封又可用于动密封；

⑧ 其尺寸大小与沟槽已被标准化，选用和外购都比较方便。

橡胶型圈的密封属于一种挤压型密封。挤压密封的基本工作原理是依靠密封件本身发生弹性形变，从而在密封接触面上造成接触压力，当接触压力大于被密封介质的内压时，就不会发生泄漏，而当接触压力小于密封介质的内压时，则 O 型圈密封结构将失效，发生泄漏。这种依靠介质本身的压力而改变 O 型密封圈接触状态使之实现密封的过程，称为“自封作用[51]。自封作用原理如图 10-23 所示，由于各类型法兰密封结构中预紧力的存在，O 型圈一开始就受到预紧密封的作用力，便会与密封光滑面和密封槽底面紧密接触。这样，当流体通过间隙进入沟槽时便会直接作用在 O 型圈的一个侧面上，形成作用力。

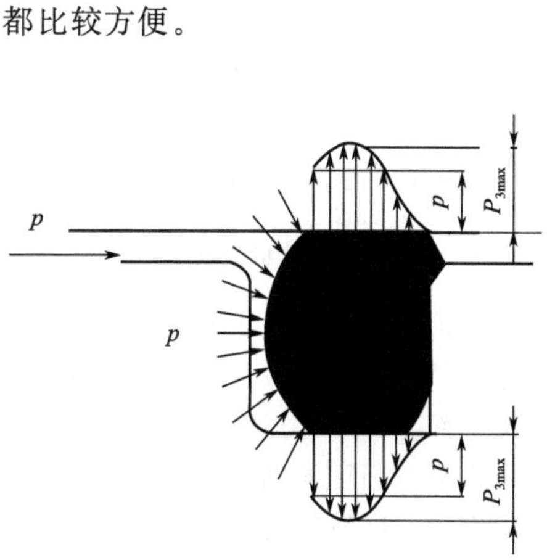

图 10-23 自封作用原理

P_{3max}—径向压力最大产生值

当流体压力较大时，把 O 型圈推向沟槽另一侧面，从而使它挤压变形，并把压力通过 O 型圈传递给外侧接触面。

由 O 型圈的密封机理可知，O 型圈的密封压力与 O 型圈和密封面的接触载荷有关，而接触载荷在很大程度上取决于 O 型圈的压缩率。密封圈的压缩性能是决定其质量的关键参数，O 型密封圈的压缩性能是指在施加载荷时垫圈高度的改变量，同时它也表征着密封圈进入和填补法兰密封表面缺陷的能力。压缩率越高，密封圈就越容易变形，同时也就越容易预紧。为了消除密封圈刚一开始受载荷时变形量的不确定性，开始测量密封圈压缩率时，一般先施加一规定的初始表面载荷，此时的 O 型密封圈高度被称为参考垫圈高度，然后施加主载荷，测量密封圈在总载荷作用下的变形量。总载荷作用下的密封圈变形量与参考高度之比，即为密封圈的压缩率[52]，用数学计算公式表示如下：

$$C=\frac{t_0-t_c}{t_0}\times 100\% \tag{10-6}$$

式中，C 为垫圈压缩率，%；t_0 为垫圈在初始载荷作用下的高度，即参考垫圈高度；t_c 为垫圈在主载荷、初始载荷共同作用下的高度。

同时，O 型密封圈的回弹性能是用来表征密封圈弹性的一个非常重要的性能。操作时介质压力和（或）温度的波动、振动都会引起密封面之间的分离，密封圈通过变形的恢复会对这种分离进行补偿，以保持法兰连接的密封。由此可知，回弹性能表示密封圈抵抗压力和温度波动的能力。目前在描述密封圈的回弹性能时，一般使用“回弹率”这一专业名词[53]。定义“回弹率”如下：密封圈卸载时回复量与加载时的压缩量之比，即为：

$$R=\frac{t_r-t_c}{t_0-t_c}\times 100\% \tag{10-7}$$

式中，R 为密封圈的回弹率，%；t_r 为密封圈在主载荷卸除后回复的高度；t_r-t_c 为在卸除主载荷至初始载荷下密封圈的回复量；t_0-t_c 为密封圈在主载荷作用下的压缩量。

在没有其他边界限制条件的情况下，橡胶 O 型密封圈受到初始载荷、初始载荷及主载荷之后又恢复到只受初始载荷的情况下所展现出来的外形及几何变化即为 O 型密封圈的回弹性能。然而，当橡胶 O 型密封圈放在缸体或缸盖法兰的密封槽中来实现密封的情况下 O 型圈必然会受到其他边条件的限制，两边的密封槽槽肩限制了受到载荷的情况下 O 型密封圈的径向伸张，而由于径向伸张受到限制，又会反作用于 O 型密封圈轴向的压缩变形。而且在隔膜压缩机正常工作过程中，橡胶 O 型密封圈必然还会受到由缸内压缩气体所形成的压力的作用，也会对 O 型密封圈的受载变形造成相应的影响。

10.2.5.2 隔膜压缩机的密封结构

目前国内隔膜压缩机缸盖密封的一个主体形式是法兰密封，即为了达到高压密封的效果，使用的方式是以法兰面接触型法兰结构配合 O 型圈达到密封效果。法兰面接触型密封是在单法兰面上开一环形凹槽，内装垫片，用螺栓预紧后，两法兰直接接触。这种结构的主要特点是将密封圈压缩到预定厚度后，继续追加螺栓载荷直至两法兰面直接接触。所以当存在介质压力和温度波动时，密封圈上的密封载荷不发生变化，以保持在最佳泄漏控制点，同时螺栓也不承受循环载荷，减少了发生疲劳或松脱的危险。国内多家压缩机厂商改进了这一结构，采用多槽压紧密封结构，即开多道槽，上下法兰凹槽按错位顺序排列，以多道法兰面接触型密封来达到密封目的，如图 10-24 所示。

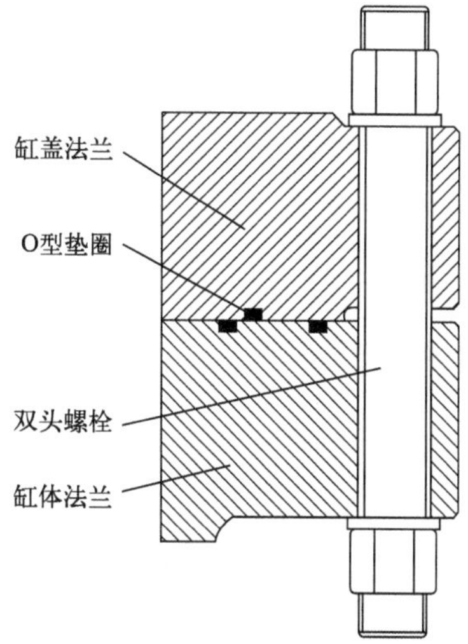

图 10-24 缸头法兰密封

表 10-31 中罗列了压缩机中常用的各种橡胶材质 O 型圈的主要优缺点和用途，材质要根据实际工况确定。

表10-31 各种橡胶材质 O 型圈的主要优缺点和用途

品种（代号）	优缺点		主要用途
	优点	缺点	
天然橡胶（NR）	弹性很大，机械强度好，抗撕裂，抗折，耐磨，加工性好，耐蚀性较好	易老化，耐热性及耐油性差，不耐氧化性介质	制造通用橡胶制品、化工设备防腐蚀衬里，用于密封和减振
丁苯橡胶（SBR）	一般性能优于天然橡胶，耐磨、耐蚀性与天然橡胶基本相同	耐寒性、耐油性和加工性差	代替天然橡胶
顺丁橡胶（BR）	机械性能和耐蚀性与天然橡胶基本相同	强力较低，抗撕裂性差	代替天然橡胶
丁基橡胶（ⅡR）	耐热性、耐老化性优于一般橡胶，耐酸碱和溶剂，可耐氧化性介质，耐动植物油脂	弹性差，硫化慢，加工性差，不耐石油产品	制造化工设备防腐衬里、减振制品、胶管、运输带
氯丁橡胶（CR）	耐热性、耐寒性、耐老化性、耐磨性超过天然橡胶，耐碱和稀酸，耐油性好，仅次于丁腈橡胶	耐寒性差，贮存稳定性差，不耐烃、酯、酮、醚等强极性溶剂和氧化性酸	用途广泛，制造耐油、耐腐蚀、耐热、耐燃、耐老化的橡胶制品、衬里和涂层

续表

品种（代号）	优缺点		主要用途
	优点	缺点	
丁腈橡胶（NBR）	耐油性优异，仅次于氟橡胶，耐热、耐磨、耐老化，耐碱及非氧化性稀酸	耐寒性差，不耐烃、酯、酮、醚等强极性溶剂和氧化性酸	广泛用于制作耐油橡胶制品，可作抗冲刷和腐蚀涂层
乙丙橡胶（EPM 二元）（EPDM 三元）	弹性、耐寒性、耐磨性等与天然橡胶相同，耐热性好，一般耐腐蚀性能良好	不耐芳烃和石油产品，硫化慢，黏着性差	代替天然橡胶，制作耐热胶管和胶带、一般防腐蚀衬里
氯磺化聚乙烯橡胶（CSM）	耐蚀性好，对氧化性介质具有良好的耐蚀性，耐热性、耐磨性好	不耐芳烃和石油产品，价格高	制作耐氧化性腐蚀及耐热的涂层、衬里和制品
丙烯酸酯橡胶（ACM）	坚韧、透明，耐热性、耐油性优良，耐老化，一般耐腐蚀	不耐强极性溶剂，耐寒性、弹性、耐磨性和强度较差	制作耐油、耐热、耐老化制品
聚氨橡胶（UR）	坚韧，耐磨性优于其他橡胶，耐老化，有一定的耐油性、耐溶剂性	不耐热，耐腐蚀性不突出	制作耐磨、耐油制品
氟橡胶（FPM）	耐高温达 300℃左右，耐油性、耐蚀性及其他性能全面优良	加工性差，价格高	用于制作宇航和军工制品，可用于化工耐高温和强腐蚀环境
硅橡胶（SR）	耐高温达 300℃左右，耐低温（−100℃），耐磨、耐老化，电绝缘性能优良	只能耐稀酸、碱、盐，不耐石油产品，强度较低，价格贵	用于耐高低温和需要优良电性能的环境
全氟醚橡胶（FFKM）	耐高温达 327℃左右，耐低温（−250℃），耐磨、耐老化，电绝缘性能优良	耐稀酸、碱、盐，不耐石油产品，强度较高，价格贵	用于高温、高压密封环境

对于 70MPa 加氢站用压缩机，当流量为 500m^3（标）/h、采用二级压缩时，压缩机缸头密封圈性能要求如表 10-32 所示。

表10-32　压缩机缸头密封圈性能要求

硬度 Shore A	压力等级	表面粗糙度 Ra/μm	材质	拉伸强度 /MPa	其他要求
90	100MPa	≤1	FFKM	20	耐温 200℃，使用时间 2000h，符合 GB 3452.3 规定

随着排气压力增大，排气温度升高，缸头密封圈的耐高温性能要求进一步提高，普通的

密封圈如 NBR 或者 EPDM 不能满足高温密封需求，采用高温性能更加优异的 FFKM 材料可以解决缸头密封问题。全氟橡胶由 TFE（主链）、PMVE（支链）及架桥部所构成，它不仅具有像聚四氟乙烯（PTFE）一样优异的耐高温、耐化学腐蚀的性能（可耐 1600 余种化学品的腐蚀），还兼备了橡胶的弹性，其在 300℃的压缩变形率也在 50%以下。全氟橡胶常用于化工行业以及强腐蚀性的介质和高温场合[54]。

10.2.5.3 金属密封与修补用胶

密封胶又称“液体垫片”，一般呈液态或膏状，品种繁多。一般根据固化特性分为液态密封胶和厌氧密封胶两大类。厌氧密封胶与液态密封胶的主要区别是在空气中不硬化，在隔绝空气即无氧情况下发生聚合，从液态转变为固态。厌氧密封胶属固化型，油、水和有机溶剂均可促进固化。密封胶的功能是填入连接件结合部的间隙中，将零件表面的凹凸不平处以及结合处的缝隙填平塞满并产生黏附力，以阻止流体介质泄漏。不干性黏结型和半干性黏弹型密封胶兼有弹性体和流体的力学性能，当流体透过密封胶发生泄漏时，是带压介质将胶液从结合面挤出所致，称为黏性流动泄漏。对于干性固化型和干性剥离型密封胶，涂敷后溶剂挥发，成为干性薄层或弹性固状薄膜，由于分子作用力而牢固地附着于结合面上，其密封作用与固体密封垫片类似，所不同的是它靠液态时的浸润性填满密封面的凹凸不平处，并且与胶的附着力及胶固化时自身的内聚力有关，亦即固化胶的密封是依靠浸润、附着和内聚力的综合作用。

密封胶的主要牌号见表 10-33 和表 10-34。使用密封胶时，应根据密封胶的综合特性，结合使用现场合理选择。干性黏结型密封胶主要用于不经常拆卸的部位，由于它较硬，弹性较差，不宜用在经常受振动、冲击的连接部位。这类胶的耐热性较好，常用于温度较高的场合。干性玻璃型密封胶由于其溶剂挥发后能形成柔软且具有弹性的胶膜，适用于振动或间隙较大的连接部位，但不适用于大型连接面和流水线装配作业。不干性黏结型密封胶可用于经常拆卸、检修的连接部位，形成的膜长期不干，并保持黏结，耐振动和冲击，适用于大型连接面和流水线装配作业，更适用子设备的应急检修，这类胶与垫片联用可增强密封效果。

表10-33 国产常用密封胶牌号

牌号	类型	组成	特点	用途
铁锚 601	半干性黏结型	聚酯型聚氨酯、填料、溶剂	浅黄色黏稠液，承受压力 1.4MPa，使用温度 150℃，容易拆卸，具有防漏、耐湿、耐压、耐介质等特点	用于法兰连接处、螺纹连接处、承插连接处
铁锚 602	半干性黏结型	聚酯型聚氨酯、填料、溶剂	蓝色黏稠液，承受压力 1.4MPa，使用温度 200℃，容易拆卸，热分解温度 332℃	用于法兰连接处、螺纹连接处、承插连接处
铁锚 603（W-1）	不干性黏结型	聚醚型聚氨酯、聚醚环氧树脂、助剂及填料	灰色黏稠液，承受压力 1MPa，使用温度 200℃，容易拆卸，热分解温度 220℃，耐振动，抗冲击，耐腐蚀	用于机械及油泵的法兰连接处，以及承插连接处

续表

牌号	类型	组成	特点	用途
DW-4 低温胶		环氧改性聚氨酯	黏度大，固化速度快，抗剪强度（铝）10MPa，使用温度为−269～40℃	用于低温管道及低温容器的黏结、密封，特别适用于快速固化的场合
MF-1 液态密封胶	不干性黏结型	酚醛树脂、蓖麻油、氧化镁、过氯乙烯树脂	黏稠单组分液态，灰色液体，适用温度−20～100℃，热分解温度230℃，承受压力1.4MPa，黏度（20～24）×10^2Pa·s	用于各种法兰面、管接头、盖板及其他机械结合面的静密封，防止水、油、气、药品泄漏，用于机床、阀门、压缩机、油泵等连接部位的密封

表10-34 国产常用厌氧密封胶牌号

牌号	主要组分	主要性能								用途
		外观	黏度/10^{-3}Pa·s	使用温度/℃	抗剪强度/MPa		扭矩/N·m		固化时间/h	
					铝	钢	破坏	退出		
铁锚300	甲基丙烯酸羟丙酯、引发剂、促进剂、稳定剂	无色液体	9～15	−30～120			25	> 20	24	适用于细牙螺栓、轴承、管道等密封及连接，用于平面黏结、铸件微细孔的修补，对活性金属材料特别有效
铁锚350	双甲基丙烯酸聚氨酯、少量促进剂、稳定剂	棕黄色液体	1200～1600	−30～120	13～14	18～20	20	25～30	8	
铁锚302	丙烯酸酯，少量引发剂等助剂	淡黄色溶液	9～10	−30～60		30	> 30	> 40	0.5	螺栓紧固和防振，螺纹连接的平面间密封，机械过盈装配，金属或非金属的黏结及铸件砂眼的修补
铁锚322		淡黄色溶液	600～800	−55～120		6	4～6	1～3	0.5	
铁锚342		淡黄色溶液	600～800	−55～120		8.5	8～10	2～5	0.5	
铁锚351		橘红色溶液	300～500	−55～120		21	> 30	> 40	0.5	
铁锚352		橘红色溶液	400～600	−55～120		22.5	> 30	> 40	0.5	

续表

牌号	主要组分	主要性能								用途
		外观	黏度/10^{-3} Pa·s	使用温度/℃	抗剪强度/MPa		扭矩/N·m		固化时间/h	
					铝	钢	破坏	退出		
Y-150	甲基丙烯酸环氧酯及甲基丙烯酸二缩三乙二醇	茶色溶液	150～300	<150		>15	31～38	31～38	1～2	管接头、接合面的耐压密封防漏，各种螺纹件的防松及密封，轴承等装配固定，不同材料的黏结及密封
XQ-1	309聚酯，丙烯酸	茶色溶液	200～300	<100	9.5	14		20	1～2	
CY-340	E-44环氧甲基丙烯酸酯、双甲基丙烯酸二缩三乙二醇酯	液体	150～300	-50～160			15～20	47～49	1～2	高强度胶，用于螺栓锁固，轴承装配，管道套接固定兼密封，平面结合部件密封及铸焊件的砂孔、裂缝填补

10.2.5.4 临氢高压密封圈材料失效分析

随着高温、高压氢气装备的需求进一步增大，了解在此环境下橡胶密封圈的失效机理对于相关基础设施的安全性和可靠性至关重要。

目前氢气与高压临氢密封材料的相互作用机理尚不完全清晰，密封圈在高压氢气环境中的长期使用问题主要有以下三个(图 10-25)：

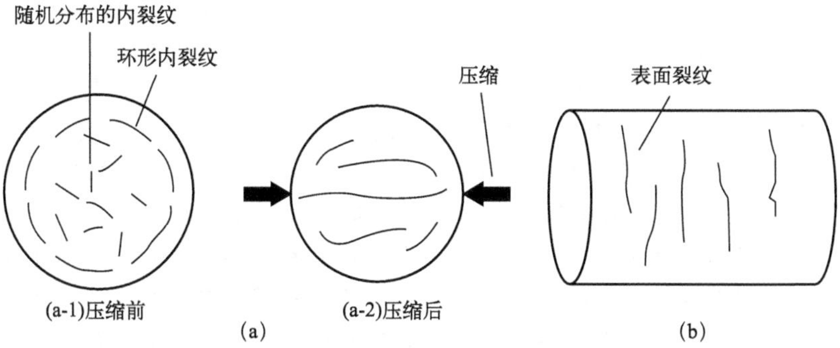

图 10-25 临氢密封圈裂纹扩展路径

(a) 内部裂纹；(b) 表面裂纹

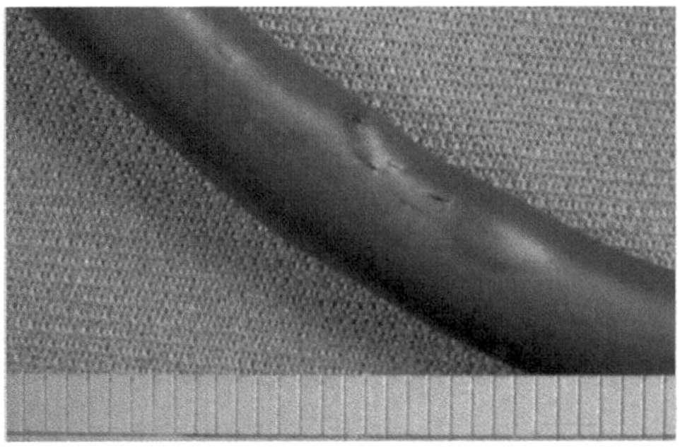

图 10-26 密封圈表面鼓包和气泡破裂

① 表面裂纹：氢气减压过快导致的暴露于氢气中的密封圈材料表面产生气泡，后破裂。

② 内部裂纹：氢气溶胀导致增强体和树脂基体之间的界面结合力变弱。

③ 密封圈临氢测试标准缺失、临氢测试装备不完善。

密封圈在高压氢气中会由于氢气的浸入迅速膨胀，尤其是当压力超过 100MPa 时情况更加剧烈；当外部压力泄掉后，进入密封圈内部的氢气不能快速排出，会在密封圈表面形成气泡，后破裂，从而影响密封圈的性能，如图 10-26 和图 10-27 所示。

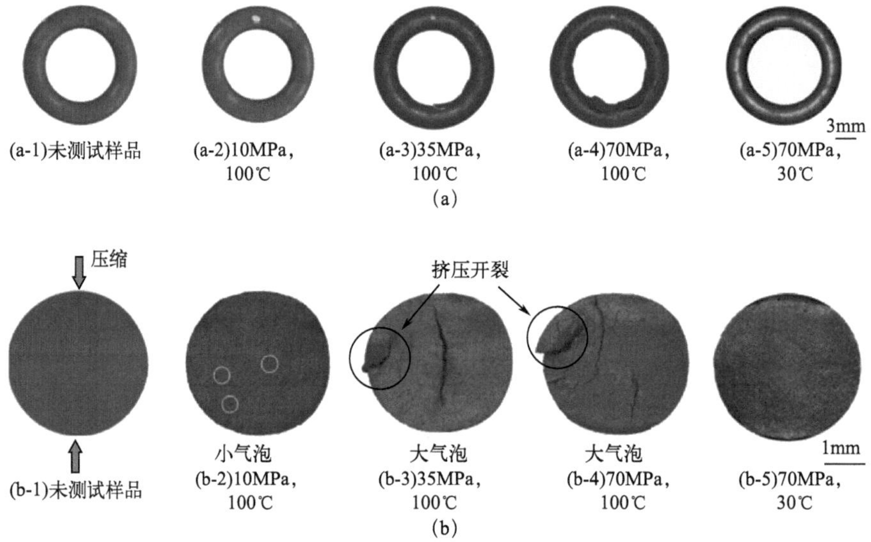

图 10-27 密封圈老化机理

许多学者已经对密封圈表面气泡破裂进行了研究。Gent 和 Tompkins 假设材料中存在的小缺陷是减压后产生气泡的原因，但这种气泡生长到显微镜下可以观察到的大小后才产生作用[55,56]。另外，Stevenson 和 Glyn[57,58] 报道称，许多可见表面气泡实际上不是气泡，而是由气泡引发并生长到可见大小的圆盘状裂纹。他们指出，气泡的起源不一定是缺陷。Stewart 等[59] 报告了类似的结果。这些早期的报告表明，气泡的产生和生长机制尚待阐明。到目前为止，气泡和裂纹的定义还不清楚。为了进一步研究气泡和裂纹产生的机理，Hook 等[60] 研究了炭黑和二氧化硅填料对氢气渗透到填充和未填充橡胶中的影响，他们研究了这些复合材料中氢的渗透性能、拉伸性能（由弹性模量和断裂强度表示）和气泡损伤之间的关系，得出氢气对密封圈性能的影响体现在其对填料与橡胶基体之间结合力的影响，由于填料与基体之间的膨胀系数不同，氢气容易进入两者之间的缝隙之中，并逐渐堆积，最后形成气泡，导致基体和填料之间的接合力降低，从而降低材料的整体力学性能。这些研究表明，氢气压力会降低聚合物材料的机械强度。几乎没有证据表明氢与聚合物链（测试的聚合物为聚乙烯、聚酰胺和 PPS）相互作用，导致永久降解，但吸附的氢的存在会影响聚合物的机械性能。

从测试密封圈临氢性能的标准来考虑，目前主要测试的密封圈的力学性能包括材料的强度、延展性和抗疲劳性。ASTM D 4762-10 概述了聚合物基复合材料机械性能测试的现行标准和试验方法。静态性能测试包括拉伸强度、压缩强度、剪切强度和弯曲强度的测定以及断裂韧性的测定。动态试验包括确定疲劳、蠕变和断裂能量的试验。ASTM 还就温度和相对湿度对材料的调节作用提供了一些指导，但不包括其他环境因素，如压力或气体环境（湿度除外）。要了解氢对聚合物力学性能的影响，需要对 ASTM D 4762 中概述的测试进行修改，包括氢压力和极端温度的测试，以及包括热和/或氢压力循环的新测试。因此，需要在氢气压力下对聚合物材料进行原位机械测试，以了解气体对材料的影响。此外，还需要在更极端的温度下施加氢气压力，因为这些材料可能暴露在宽范围的温度下，并且在氢气压力下进行温度循环。一些机构也在积极推进临氢测试装备，比如美国 NIST 研发的临氢测试装置如图 10-28 所示，他们开发了一种测量密封圈在氢气环境中摩擦系数的方法（最大压力 90MPa，温度－60～100℃）。但是加载力精度、加载力的调零控制还存在许多问题，亟需解决。

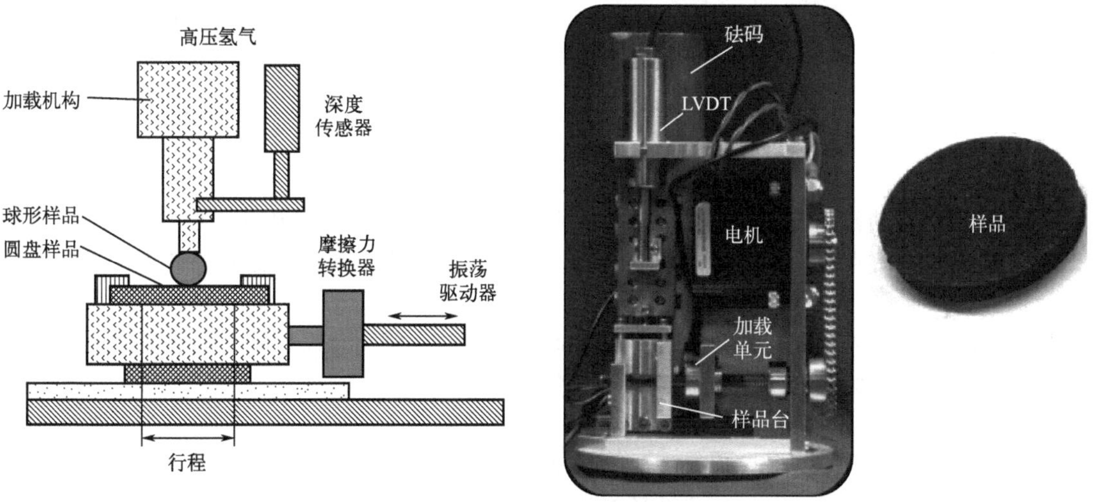

图 10-28 美国 NIST 临氢测试系统

高压氢系统中橡胶 O 型圈直接与高压、高纯氢气接触，此过程将会发生氢的吸附、侵入、溶解和扩散，溶解在橡胶 O 型圈内部的氢将会导致其体积明显增加，造成橡胶的溶胀（即吸氢膨胀现象），为了改善密封圈的临氢性能，一个可行的方法是对密封圈进行表面改性，通过在表面建立无机材料阻氢层实现隔绝氢气的目的。同时，可以在阻氢层的外面通过气相沉积的方式建立 PTFE 润滑层实现密封圈自润滑的功能，从而达到减小磨损的目的。美国 MIT 的 GLEASON 通过化学气相沉积的方式实现了密封圈的表面改性，建立了一种具有双层保护结构的密封圈涂层，其中的树脂涂层为 PTFE，厚度可以达到 10～50nm，主要作用在于自润滑，通过降低密封圈的摩擦系数进而减少磨损量，同时通过气相沉积建立无机阻氢层，达到阻碍氢气进入密封圈基体的作用。通过改性，密封圈的使用寿命延长了 4 倍。此种方式提供了一种密封圈表面改性的方式，但涂层的耐久性有待考证，具体的改性示意图及机理请参考图 10-29 和图 10-30。

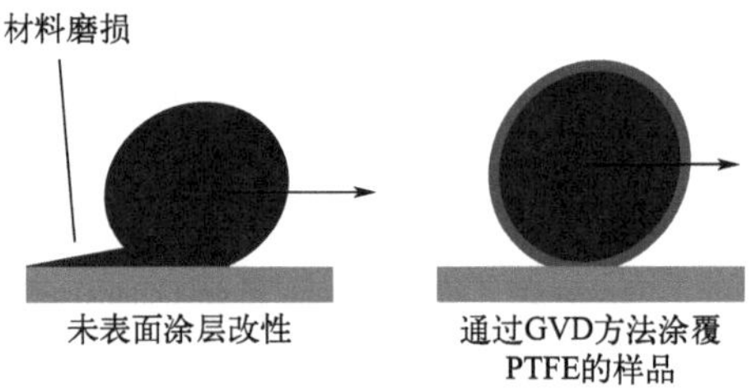

图 10-29 密封圈表面改性示意图

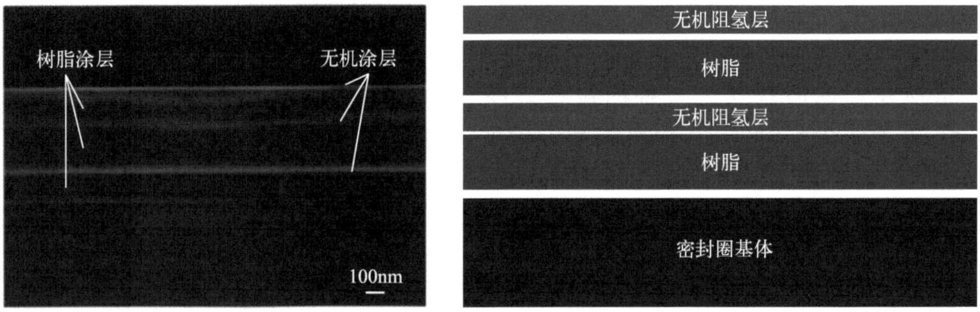

图 10-30 密封圈表面改性机理

④ 结论

橡胶 O 型密封圈常用作高压系统的密封部件，是高压氢系统中极其重要的关键部件，但往往也是薄弱环节，长期工作在高压、高温氢气环境中或出现吸氢膨胀和表面气泡破裂等失效形式，从而加剧密封性能的劣化。目前国际上对密封圈临氢失效的机理尚不明确，临氢测试方法缺失，临氢测试装备开发还不够完善。虽然一些研究者通过密封圈表面改性取得了一些成果，但是涂层的耐久性、密封圈的寿命等测试尚未进行。

研究临氢领域密封材料的力学性能对其安全使用来说非常有必要，这是一个科学界尚未广泛探索的领域。为了更好地理解失效的机理，需要在氢压力下的热循环和宽温度范围下的氢压力循环中进行测试，因为这些循环对聚合物的影响可能与空气中的热循环不同。同时，某些密封材料可能会经历低至－70℃和高达 200℃的温度，需要进行试验设计来覆盖这一宽范围的温度。此外，通过更深入地了解气泡破裂背后的机制，以及气泡破裂材料的强度，将有助于制定降压率和材料更换间隔的规范。最后，临氢密封材料的选择一定要谨慎细致，以避免事故的发生。

10.3 加氢机

加氢站中的加气机是为汽车提供压缩氢气燃料或天然气混氢燃料充装服务，并带有计量和计价等功能的专用设备，简称加氢机。加氢机是连接加氢站和氢燃料电池汽车的关键装置，保障其安全、稳定和高效地运行是关键问题。加氢机由电磁阀、过滤器、流量计、压力表、调压阀、安全阀、加氢枪、枪座以及中控部分等组成。其中，电磁阀用于自动开启和切断氢气气源；过滤器用于过滤管路内气体中的杂质，保证车载储氢瓶内气体的纯净度；流量计和压力表用于实时监测加注过程中气体的流量和压力；调压阀用于控制加氢过程中的升压速率，保障氢气的加注率；安全阀用于在超压等紧急情况下的自动泄放保护。当加氢机接收到加氢信号准备进行氢气加注时，加氢站内的控制系统首先进行站内设备自检，自检完成后将加氢枪插入车载储氢瓶加注口，加氢机内的电磁阀自动开启，同时调压阀开始动作，自动控制加氢机的氢气流速，防止流速过快导致车载储氢瓶的温升过高。当车载储氢瓶的氢气压力达到加氢机设定的加注压力时，电磁阀自动关闭，将加氢枪由车载储氢瓶加注口取出，停止氢气加注过程。35MPa/70MPa 加氢机作为加氢站的主要设备，是连接加氢站与用户的窗口，其性能的优劣直接决定着用户体验。35MPa/70MPa 加氢机一般都遵守目前世界上唯一的 SAEJ2601 氢燃料电池加注协议，该协议在制定过程中综合考虑了充装过程中的升压控制、预冷要求、管路压降、气瓶充氢过程的压缩产热及管路中的焦耳-汤姆森效应等，基于热力学模拟的方法建立了高压氢气加注表。35MPa/70MPa 加氢机硬件包括单向阀、过滤器、截止阀、调压阀、流量计和加氢枪等，图 10-31（a）为加氢机硬件系统示意图[61-65]，（b）为国家能源集团北京低碳清洁能源研究院自主开发的典型大流量加氢机数据参数。

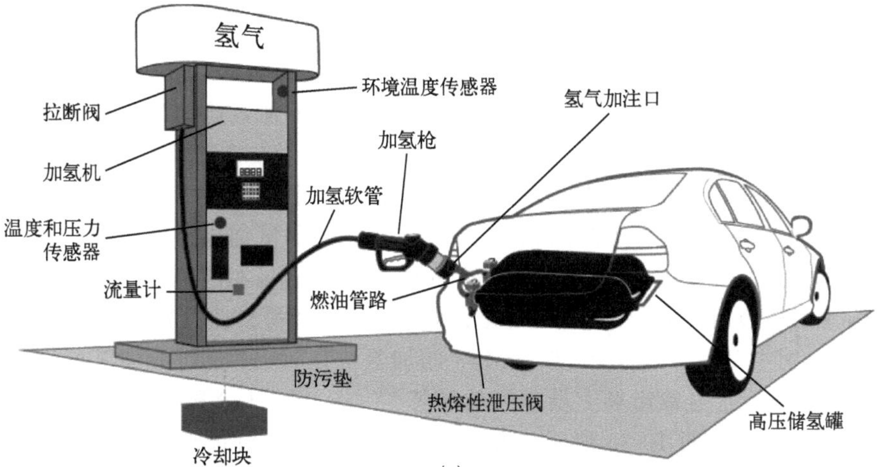

(a)

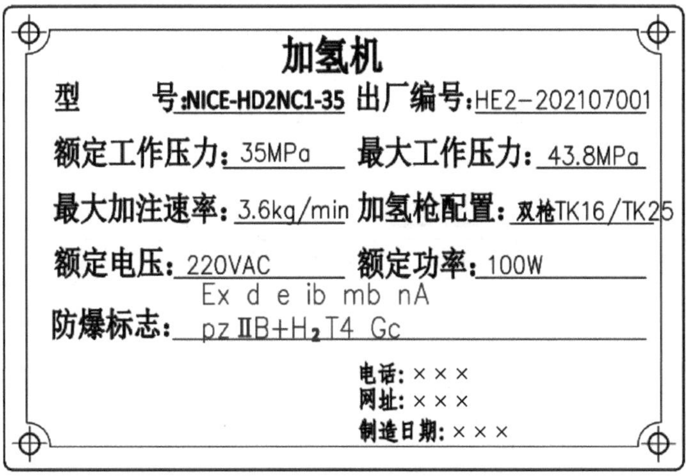

(b)

图 10-31 加氢站硬件示意图（a）及典型加氢机参数铭牌（b）

国内外加氢机生产商分析如下。

加氢站储氢领域，以高压气态储氢和低温液态储氢为主，目前高压气态储氢技术已经成熟，所以在加注方面，主要采用高压氢气进行加注，技术上比较成熟的是35MPa和70MPa加氢机。加氢机主要性能参见表10-35。国外的高压储氢加氢机制造企业，主要有美国的Plug Power公司、Air Product公司（图10-32），日本川崎公司和德国宝马公司等。而国内，35MPa加氢机设备目前正逐步进行国产化，有个别企业已经实现量产；而70MPa加氢机设备大部分依赖进口[66,67]。

国内加氢机主要是35MPa压力条件，更高压力的加氢机是未来的发展趋势。从目前情况来看，国内生产成套的加氢设备，35MPa条件下的加氢机设备已经量产，主要提供给郑州宇通加氢站，也已经研发出70MPa加氢机样品。2016年在大连高新区建成的加氢站，采用了同济大学研发的新型70MPa氢气加注和储存技术，是我国首座利用风光互补发电制氢的70MPa加氢机。北京航天试验技术研究所也已研发出70MPa样机一台，正在进行各项性能测试[68]。

国内加氢枪设备制造企业主要有天津朗安科技公司和成都安迪生公司。天津朗安科技公司目前拥有两款加氢枪，分别是LA-HF16型加氢枪和LA-HF25型加氢枪，为仿制WEH对应型号产品；成都安迪生公司生产的双手操作的35MPa加氢枪，该产品的研发和测试是依据GB/T 34425以及SAE J2600两个标准进行的，其密封结构能保证关键密封件寿命达到10万次。此外，该加氢枪依据国家标准完成了包括液压强度测试、气密性测试、手柄操作测试、循环寿命测试、连接件电阻测试等10余项测试，测试结果全部合格，已经量产。对于70MPa加氢枪产品，国内还没有自主研发的成型产品，基本依赖进口。国外主要加氢枪厂商有德国WEH公司、瑞士Staubli公司、美国OPW公司和日本的日东公司等。OPW公司和Staubli公司主要提供25MPa与35MPa的加氢枪。WEH公司的加氢枪设备产品种类齐全，是国内和国际加氢枪市场上最常见的品牌[69-71]。WEH公司提供25MPa、35MPa和70MPa加氢枪产品，如图10-33所示，并且产品功能多样，可选功能多。目前国际上生产70MPa加氢枪的厂商也比较少，因此从市场来看，进行70MPa加氢枪产品的研制不仅可以推进国内加氢站建设，更可以为将产品推向国际市场奠定基础。可以看出，国内加氢枪市场的主要竞争对手还是国外厂商。国内加氢站的发展必然会带动加氢枪市场的发展，更多的国外产品会进入中国市场，国外加氢枪的优势是技术成熟且应用广泛，但进口产品价格较高，所以价格将是国产产品的一个重要竞争优势，也是影响未来国内加氢枪市场格局的一个重要因素。

表10-35 加氢机主要性能

性能	主要技术参数		未来目标
工作压力/MPa	35	75	≥75
计量精度/%	±1.5		<1
流量范围/[kg/(min·枪)]	0.5～3.6	0.5～5	≥5
加氢枪	TK16/TK25	TK17	—
设计压力/MPa	50	96.3	≥100
过滤精度/μm	≤5		≤1

续表

性能	主要技术参数	未来目标
防爆等级	ⅡCT 4	ⅡCT 4
工作电源/（V/Hz）	220±15/50±1	—
功率/W	<200	≤100
显示功能	单价/金额/流量/压力/温度/瞬时流量/累积流量	—

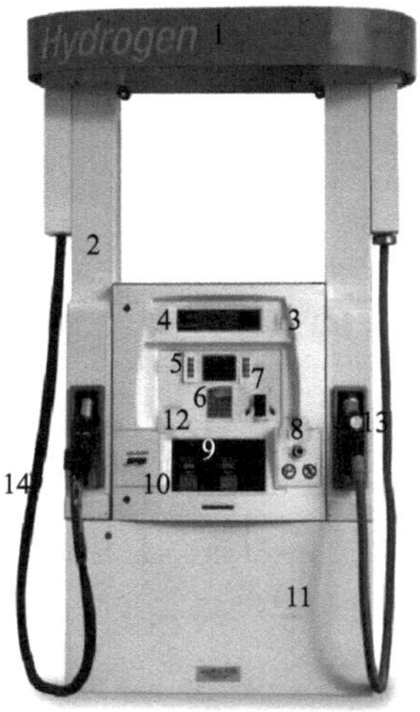

图 10-32 Air Product 70MPa 加氢机

1—加氢机；2—框架；3—控制面板；4—主显示器；
5—质量显示器；6—物理输入按键；7—报警装置；
8—进气口；9—分级压力显示；10—报警显示装置；
11—基座；12—分级控制面板；13—加氢枪；14—加氢软管

图 10-33 德国 WHE 70MPa 加氢枪

10.3.1 阀门材料

美国能源部统计的约40 座 70MPa 加氢站的运行结果表明[72]，加氢机是加氢站故障率最高的设备，直接影响加氢站的有效加氢时间。我国加氢站逐渐从 35MPa 向 70MPa 过渡，在 70MPa 高压环境下，加氢机各零部件的可靠性面临苛刻的考验，对其进行分析测试，开发高可靠性的 70MPa 加氢机，对降低加氢站运维成本具有重要意义。在加氢过程中，关键零部件的失效模式一般是外泄漏、内泄漏等，通过分析失效概率和失效后果，得出各零部件的重要度排序。图 10-34 的分析结果表明，阀门具有较高的重要度，尤其是当其发生外泄漏时，危害最大[73]。

对加氢机各阀门的运行工况进行分析，从图 10-35 中可以看到工况统计[73]，结果表明，在一次加注过程中，不同阀门的开关次数、高压脉冲次数和压力循环次数相差较大，尤其是某些气动阀，一次加注过程中需要开关 4～5 次，当阀门总开关次数一定时，该类阀门的无故障加氢次数显著减少。

阀门在加氢机中用于控制氢气的流动，高温高压临氢阀门是加氢系统的重要元件，对于

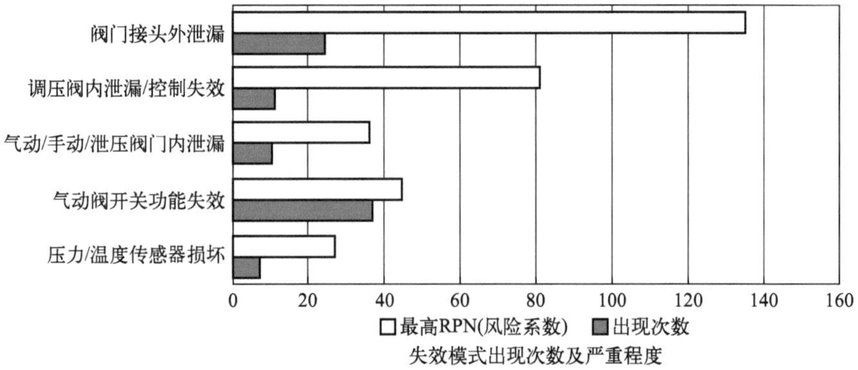

图 10-34　加氢机零部件失效频次及严重程度分析[73]

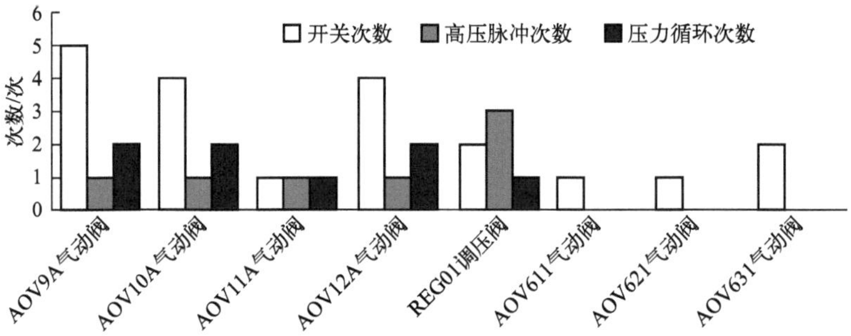

图 10-35　加氢机各阀门的工况统计[73]

在紧急情况下关闭系统至关重要。阀门的主体材料为锻造和铸造碳钢、合金钢及不锈钢等，阀门种类包括调节阀、拉断阀、安全阀、截止阀等。高压临氢阀门传输的介质为高压氢气，如果阀门损坏将引起严重事故。因此，对阀门的材料、结构设计、强度设计和制造质量等都提出了严格要求。其主要难点在于耐高压性、密封性能、寿命及抗腐蚀性。

高压氢气截止阀是指用在氢气管道上的截止阀，在氢气管路中主要用来切断、分配和改变氢气的流动方向，起切断氢气或调节氢气流量以及节流的作用。截止阀作为一种强制密封式阀门，在氢气领域也需要大量使用，是供氢系统中极其重要的部件。目前，为氢气专门设计的截止阀还未研制出，而现有技术中的截止阀与氢气介质密封不可靠，由于截止阀在加氢过程中频繁启动停止，阀体的核心材料容易受到高压氢气作用发生疲劳失效，从而降低截止阀的密封性能，使氢气截止外泄，容易造成爆炸事故。因此，研制一种专门用于加氢机的密封性能良好的截止阀是当下急需解决的技术问题。

10.3.1.1　加氢机阀门失效原因

高温氢侵蚀是指当相对较小的氢原子穿透金属时，氢腐蚀会在内部削弱金属，从而对其强度和延展性产生不利影响。当高浓度的氢气伴随着高温和高压经过阀门材料时会发生高温氢侵蚀。结果是导致阀体材料失去强度和延展性，并且材料失效明显发生在屈服应力以下，在此之前几乎没有任何失效迹象。其主要的失效原因可以归结为氢脆。它降低了钢的延展性，使其变脆并产生基于压力和时间的静载荷失效。氢对所有金属材料的影响并不相同，最脆弱的是高强度钢、钛合金和铝合金。此外，当氢被吸收到金属中并向内扩散时，叠层或夹杂物和基体界面沉淀分子氢，之后分子氢会聚集在一起导致压力增大，从而产生内部裂纹。

氢气阀的材料选择需要根据《氢气站设计规范》（GB 50177—2005）的推荐，当氢气纯度≥99.999%时，阀门需要选用内壁电抛光的低碳316L不锈钢管、内壁电抛光的304不锈钢管或铝合金6061等作为阀体材料，为避免高纯度氢气产生的氢腐蚀，可在阀体及阀芯外表面喷涂镍基合金涂层，涂层喷涂后再进行表面抛光处理，提高表面光洁度，避免氢气穿透涂层与基体直接接触。

图10-36是一个压力条件为140MPa的超高压截止阀的结构图，阀门的通径是4mm。从图中可以看出，阀门密封面采用了斜面密封的方式，这种密封结构的好处是加工方便，并且后期维修也比较容易。阀杆材料为0Cr17Ni4Cu4Nb，含有马氏体，强度和硬度都比较大。阀体采用了316L不锈钢材料，可以保证阀体的强度和抗腐蚀性。填料为聚四氟乙烯，通过填料压盖保证与阀杆接触位置的密封，即该截止阀的密封结构比较简单，采用了斜面密封和填料密封两种方式进行高压密封，拆卸和维修都比较容易。对于国外标准，高压加氢装置采用铸造高温临氢阀门，从抗氢腐蚀及耐高温的角度出发，多选用ASTM A351标准中的CF8C。

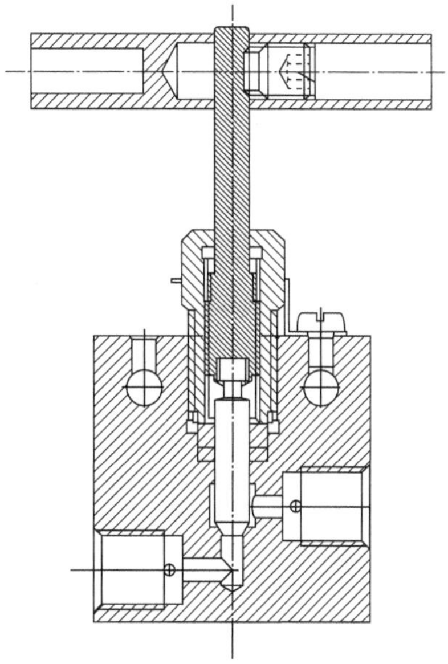

图10-36 超高压截止阀结构

针对阀体在氢气环境下的实效行为可以采用的改进方式有以下两种：

①耐氢脆性改善 ASTM A351标准中CF8C的C即为Cb（Nb）。Nb主要是在不锈钢中与碳生成碳化铌（Nb_4C_3），从而降低C对耐蚀性的不良影响，改善不锈钢的抗晶间腐蚀性能。又由于碳化铌（Nb_4C_3）的熔点高（3500℃），属难熔质点，可作为钢凝固时的结晶晶核，可产生细化晶粒的作用。高压临氢阀门提高钢的抗氢腐蚀性能的主要途径是尽量降低钢中的碳含量，其次为在钢中加入能形成稳定碳化物的合金元素Cr、Mo、Ti、Nb等，将C固定于稳定的碳化物中，如$Cr_{23}C_6$、$(CrMo)_{23}C_6$、TiC、Nb_4C_3等。所以，高压临氢阀门用的奥氏体不锈钢，是采用加稳定化合金元素Ti或Nb的稳定型不锈钢CF8C、F321、F347。在高压临氢工况中，H进入钢中后，原子氢和分子氢能部分地与钢中微裂纹或气泡壁上的碳或碳化物反应生成甲烷，所以降低或固定不锈钢中的C，均能有效地提高不锈钢的抗氢腐蚀性能[74]。

②耐密封性改善 氢气分子小、易扩散，供氢系统压力高，这些因素使氢气阀门的密封难度增加。阀门的密封位置主要有阀门启闭件和阀体静密封结构，其中阀门启闭件需要承受较大压差及高速氢气流的冲刷，对其密封性能和耐磨性的要求较高，可采用硬密封或软密封，软密封材料如四氟乙烯、聚醚醚酮等塑料材料，硬密封副有不锈钢等材料，密封副的材料选择需要考虑氢气兼容性和强度。对于静密封结构，需要考虑的是低泄漏率和高可靠性。依据密封压差的不同可以采用不同形式和材料的密封件，如橡胶O型圈、塑料密封环、金属O型圈等密封结构，常用非金属材料有氟橡胶、乙丙橡胶、聚氨酯橡胶、四氟乙烯聚酯亚胺等，非金属密封材料的选择还需要考虑耐久性、氢气兼容性和氢气渗透性[75]。

10.3.1.2 气动截止阀失效案例

经历 1 万次压力循环测试后，分别对加氢软管和气动截止阀进行内外泄漏测试，结果表明，加氢软管无泄漏，但气动截止阀发生了微量的内泄漏，泄漏率为 3.14mL（标）/h。这说明气动阀在反复开关和高压氢气循环下，阀杆和阀座的密封程度下降。将阀杆拆下，进行微观形貌表征。图 10-37 为加速测试后的气动阀阀杆。由加速测试后阀杆表面的扫描电镜照片（图 10-38）可以看到，阀杆表面的金属发生了剥落，有较多的凹坑。进一步进行元素分析（图 10-39，另见文前彩图），发现剥落的位置有较高的 Ti 含量，这说明可能是原有晶格中存在 Ti 富集的相界面，在高压氢气的频繁作用下，结合度下降，发生了剥离。

图 10-37 加速测试后的气动阀阀杆

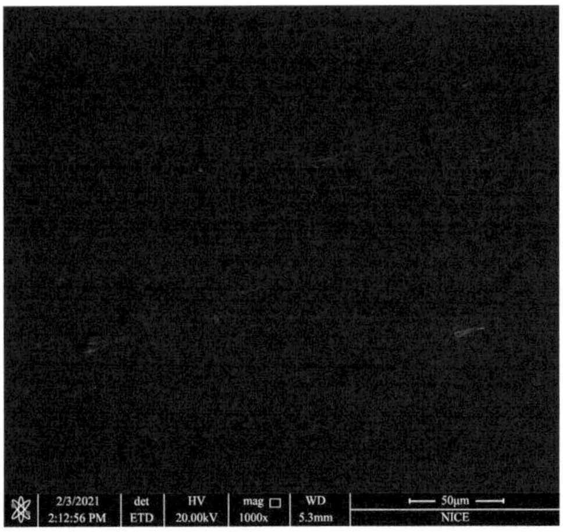

图 10-38 加速测试后阀杆表面的扫描电镜照片

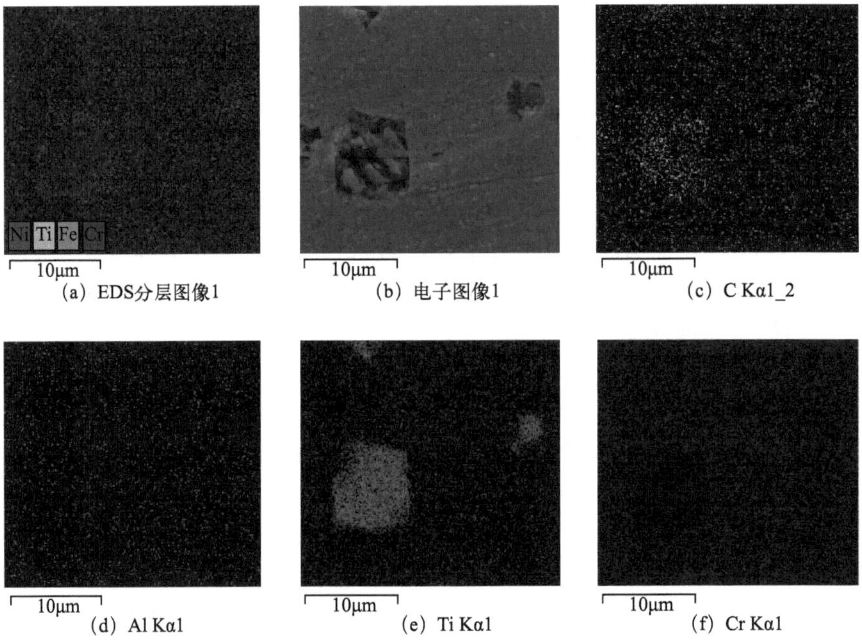

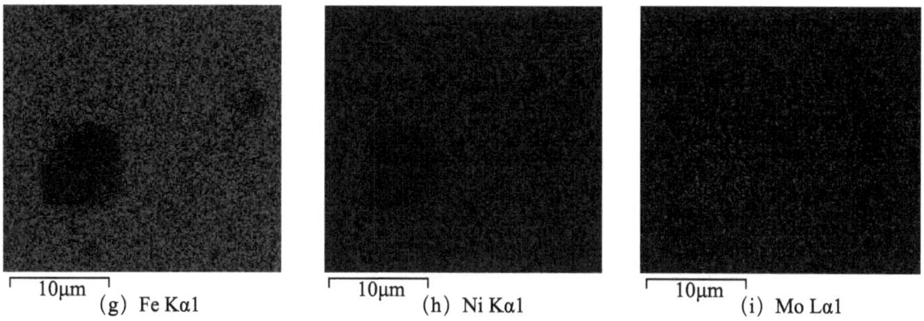

图 10-39 阀杆表面剥落位置的元素分析

10.3.1.3 防止阀门失效的方法

氢气环境中使用的阀门风险基于三个主要因素：压力、温度和氢气浓度。要解决阀门在氢气中失效的问题，需要从材料选择、加工制造以及后处理检查等方面进行优化。

目前，氢环境下材料的选择是依据美国石油协会的标准 API 941 RP，该标准总结了实验测试的结果和工厂获得的实际数据，以确定高温氢气环境中碳钢和低合金钢的实际运行极限。具体操作可以遵循 Nelson 曲线（图 10-40），曲线描绘了钢在高温和高压下对氢气侵蚀的抵抗力。在选择阀门材料时，除了要遵循 Nelson 曲线选择合适的基本材料外，还要根据实际操作环境整体考虑。

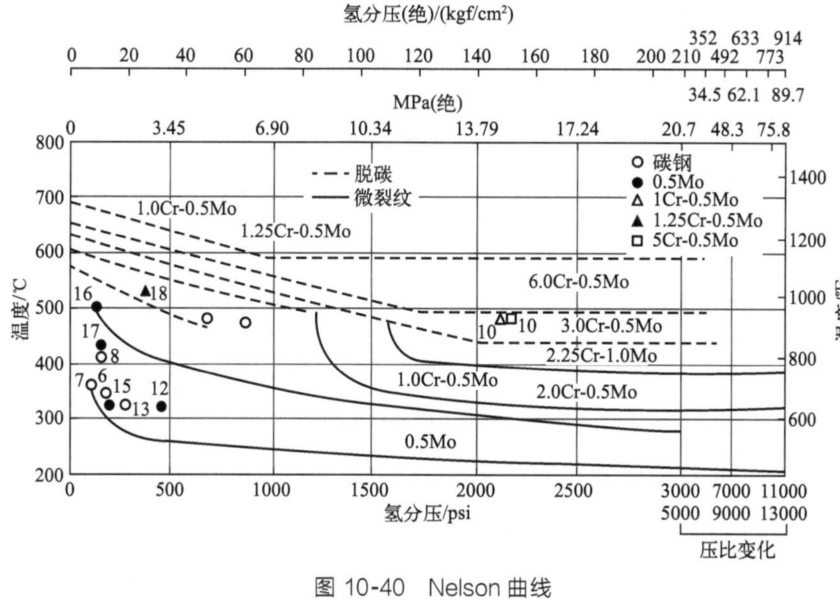

图 10-40 Nelson 曲线

具体阀体材料、阀座材料以及其他材料可以参考表 10-36 到表 10-42[76]。

表10-36 阀材料列表

材质	应用场景
碳钢	热水和冷水; 无腐蚀性清洁液体和气体

续表

材质	应用场景
铸铁	低压应用; 石墨膜提供了良好的防腐保护，前提是它不受高速、液体曝气、空化或侵蚀
黄铜	低压清洁水和清洁无腐蚀性气体
高强度钢	具有非腐蚀性清洁液体和气体的高压应用
球墨铸铁	略高于铸铁的压力和温度; 清洁液体和气体
马氏体不锈钢	高达 350℃的脱气热水; 高达 650℃的非氧化性气体; 适用于 200℃以上的应用场合，是碳钢的良好替代品; 更好的热稳定性，更高的抗压能力
镍合金铸铁	热 NaOH、海水、一些酸、焦炉气、煤焦油、湿硫化氢、造纸废水、含 HCl 和 H_2S 的碳氢化合物、污水、低压蒸汽
青铜	盐水、海水及其他中等腐蚀性的水溶液; 铝青铜和镍铝青铜在海水中比锡青铜更好
奥氏体不锈钢	热水、热气，一般腐蚀性应用，低至中压，高至高温
高强度镍基合金	酸或高温/高压的腐蚀性或氧化性应用，氯化物或热烟气，造纸废水
非金属材料	低温/中压条件下的酸、碱、其他腐蚀性试剂和溶剂，可以抵抗侵蚀

表10-37 镍基阀体材料

标准	等级	主要成分	拉伸强度/MPa	最高温度/℃	状态
DIN 1694	L- NiCr 20	1.8Cr20Ni1Mn	≥170	约 650	最低-50℃
DIN 1694	S-NiCr 20	2.25Cr20Ni1Mn	≥370	约 800	7% El 200
DIN 1694	S-NiMn 23	0.2Cr22.5Ni4Mn	≥440	约 250	耐磨

表10-38 铬基阀体材料

标准	等级	主要成分	拉伸强度/MPa	最高温度 /℃	状态
ASTM A182	F37	5Cr0.55Mo	≥485	649	锻造
ASTM A217	C5	5.2Cr0.75Si	≥620	649	ANSI 铸造

表10-39 13%铬基阀体材料

标准	等级	主要成分	拉伸强度/MPa	最高温度 /℃	状态
ASTM A182	F6a	12.5Cr1Mn1Si	≥485		锻造
DIN 17006	X 10 Cr 13	13Cr0.8Mn 0.8Si			
ASTM A217	CA-15				铸造

续表

标准	等级	主要成分	拉伸强度/MPa	最高温度 /℃	状态
ASTM A487	CA-6NM	12.75Cr4.25Ni			铸造
BS 1503	410S21	12.5Cr1Mn1Ni	≥464	600	锻造
BS 1504	420C29A	11/13Cr	≥620	600	铸造

表10-40 不锈钢阀体材料

标准	等级	主要成分	拉伸强度/MPa	最高温度/℃	状态
ASTM A705	Type 630	16.7Cr4Ni4Cu1Mn	≥795	315	
ASTM A705	Type 631	17Cr6.1Ni1Al1Mn	≥1170	315	
ASTM A182	F304	19Cr9.5Ni1Mn	≥515	815	锻造
BS 1503	304S40	18Cr10Ni2Mn1Si	≥510	450	
ASTM A351	CF-8	19.5Cr9.5Ni2Si	≥485	815	铸造
BS 1504	801	17Cr7Ni2Mn2Si	≥460	400	锻造
ASTM A182	F316	17Cr12Ni2.5Mo	≥515	815	锻造
BS1503	316S40	17.2Cr12Ni2.25Mo	≥510	500	
DIN 17440	X5 CrNiMo	17.5Cr12Ni2.25Mo	≥500		铸造
ASTM A351	CF-8M	19.5Cr10.5Ni2.5Mo	≥485	845	铸造
BS 1504	845B	17.5Cr10Ni2.5Mo	≥460		
ASTM A182	F304L	19Cr9.5Ni1Mn	≥485	454	锻造
BS 1503	304S30	18Cr11Ni2Mn1Si	≥490	454	
DIN 17440	X2 CrNi18 9	18.5Cr11.2Ni2Mn	≥450		锻造

表10-41 抗腐蚀阀体材料

标准	等级	主要成分	拉伸强度/MPa	最高温度/℃	状态
254 SMO	S31254	20Cr18Ni6Mo	≥650	约 400	锻造
ASTM A276	2205	22Cr5.5Ni3.2Mo2Mn	≥620		锻造
W 1.4465	S32654	24Cr22Ni7.3Mo	≥750	约 400	铸造
Zeron	25	25Cr6.5Ni2.5Mo	≥650		锻造
ASTM A351	100	25Cr7Ni3.5Mo1Mn	≥700		铸造
Ferralium	255	25.5Cr5.5Ni3Mo3Cu	≥530		铸造
ASTM A182	F XM-19	22Cr12.5Ni5Mn2.2Mo	≥690	565	锻造

续表

标准	等级	主要成分	拉伸强度/MPa	最高温度/℃	状态
ASTM A351	CG-6MMN	22Cr12.5Ni5Mn2.2Mo	≥515	510	铸造
ASTM B462	20Cb-3	20Cr3.5Cu2.5Mo	≥600	约 875	锻造
ASTM A494	CW-12M-1	17Mo16.5Cr6Fe4.5W	≥495	约 427	铸造
ASTM A494	M30C	63Ni31Cu1.75Fe	≥450	427	铸造
Titanium	Ti0.2Pd	0.2%Pd	≥385	250	铸造
Titanium	Ti-6Al-4V	6Al4V	≥900	300	锻造

表10-42 非金属阀座材料

材质	使用压力/bar	使用温度/℃	材质	使用压力/bar	使用温度/℃
Buna "N"	517	-23~121	PCTFE	414	-54~204
EP	414	-23~150	PEEK	50	-18~267
EP	172	-54~163	PTFE (virgin)	69	-254~204
KALREZ	34	27~93	PTFE (glass filled)	69	-100~210
KALREZ	69	32~260	VESPEL	690	-240~204
Neoprene	414	-23~149	Viton	414	-23~204
Nylon 612		-196~180	Viton "E"	517	-54~204

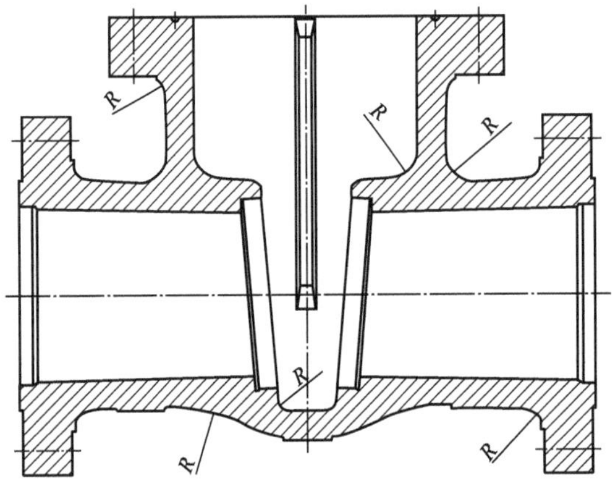

图 10-41 簧片材料

阀的加工制造也是防止阀门失效的关键因素，其最重要的设计原则是减少或消除锋利的边缘和突变的角度，因为这些位置更容易被氢侵入从而产生氢脆和氢裂纹。图 10-41 是一种典型的在氢气中使用的阀门的设计，其最显著的特点是大的弯曲半径，这些大的弯曲半径可以产生均匀的应力避免峰值应力，防止氢的应力集中。

阀门在成型过程中应尽量减少或消除焊接，因为焊接是可能发生脆化的最关键点之一。因此，因为铸件没有焊缝，更适合用于制造阀门，同时，铸造通常能消除锋利的边缘和由此产生的应力集中。但是，同时要注意的是铸件可能存在内部的气孔及杂质缺陷，因此铸造的阀门一定要进行严格的无损检测。

针对阀座泄漏，应选择金属对金属的阀座密封，通常采用柔软、弹性高的金属与钨铬钴合金硬面阀座组成密封。对于填料和密封圈，高压氢气中不能采用石墨，因为石墨可以使氢原子渗透，同时为了防止密封圈高温失效，要尽量减少使用聚四氟乙烯，聚四氟乙烯在火灾中会蒸发，造成严重的后果。所以要采用金属的填料和垫圈，同时金属垫圈需要精密地计算，保证密封的有效性。

无损探伤和出厂测试是保证氢气阀门质量的关键步骤。X 射线探伤可以检查内部缺陷，包括裂纹、热裂、孔洞和气体夹杂物。此外，采用和氢原子大小接近的氦气对完全组装的阀门进行出厂前高压测试，可以更好地模拟实际使用过程。

对于氢气环境中的阀门，焊后热处理可提高其对高温氢损伤的抵抗力。研究表明，焊后热处理使 0.5Mo 钢和铬钼钢中的合金碳化物稳定，从而减少可与氢气结合的碳量。该处理还减少了残余应力，使材料更具延展性。

10.3.1.4 结论

70MPa 加氢机对阀门的性能提出了新的要求。从材料的选择、加工工艺的优化、设计的角度要充分考虑氢气对材料的影响。主要的考虑因素有：

① 严格按 API 标准选择材料；

② 采用合适的成型过程（即铸造与焊接）；

③ 设计大半径圆弧，避免应力集中导致的氢脆；

④ 选择金属垫圈、复合材料填料；

⑤ 实施严格的无损探伤流程。

10.3.2 加氢机软管材料

加氢软管是传输高压力氢气的软管,连接加氢枪和高压气源，软管的两端带有具有锁定功能的喷嘴。软管一般由多层复合结构组成。图 10-42 为加氢机的连接系统，图 10-43 为典型加氢软管结构图[77]。

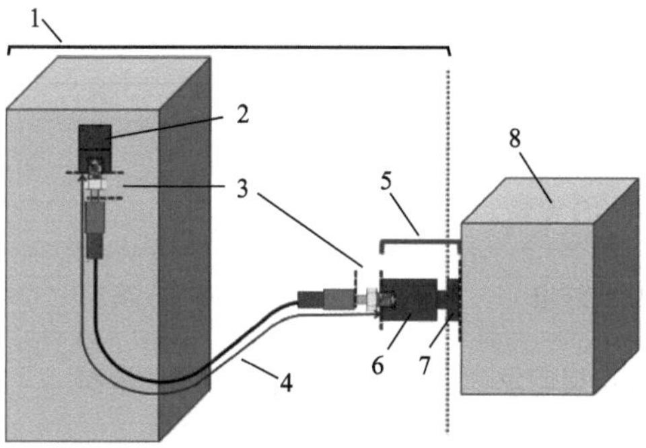

图 10-42 加氢机的连接系统

1—加氢机系统；2—流量计；3—拉断阀；4—加氢软管；5—加氢枪系统；6—压力套；7—管箍；8—外接设备

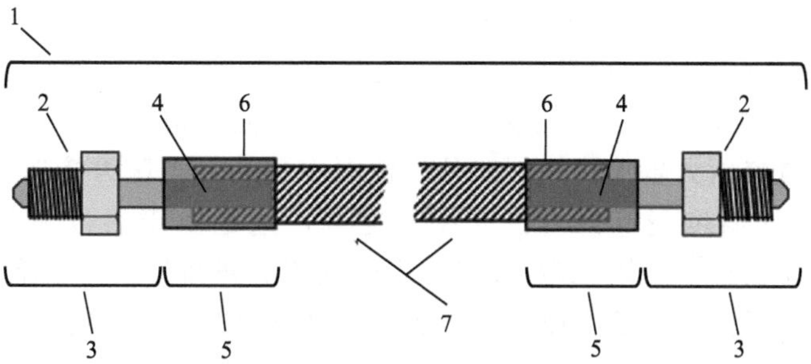

图 10-43 典型加氢软管结构

1—加氢软管系统；2—机械接头；3—连接件；4—异径接头；5—管箍；6—压力套；7—软管

加氢软管是加氢机中使用的与氢气面积接触最大的高分子材料类零部件，在 70MPa 加氢机中故障概率较高。加氢软管主要由芯管、加强层、表面防护层、弹簧护套组成，见图 10-44。其中芯管是直接与氢气接触的材料，要求具有抗氢脆、耐氢腐蚀的特点，一般采用工程树脂材料；加强层的作用是增强软管的抗压强度，一般采用复合材料；表面防护层的主要作用为阻隔环境腐蚀，一般采用工程树脂材料；弹簧护套起到增强耐磨性和保护内部结构的作用。常见加氢软管材料选择见表 10-43。加氢站中高压临氢环境软管的材料选择要考虑到氢气相容性、耐高压性、耐腐蚀性和温度适应性等关键因素。

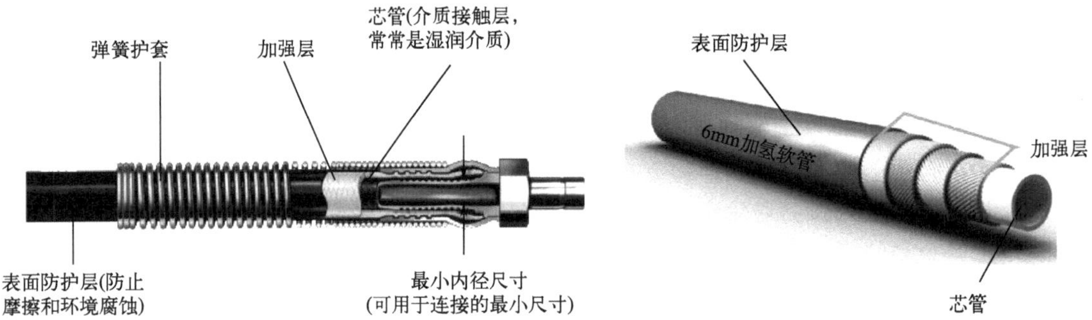

图 10-44　软管结构

表10-43　常见加氢软管材料选择

芯管	加强层	表面防护层	温度范围/℃	最大承压/MPa
316L	316L SS 编织	—	-40~200	100
卷 316L SS，退火处理	316L SS 编织	—	-80~200	100
PTFE	304 SS 编织	硅	-53~280	300
炭黑增强 PTFE	编织纤维	纤维增强 304 SS 编织	-65~450	300
尼龙	纤维增强尼龙	纤维增强 304 SS 编织	-40~200	500
聚乙烯	纤维编织	聚氨酯 304 SS 编织	-40~200	300
聚甲醛	PA	304 SS 编织	-80~200	100

一般在氢气环境下为了防止氢气渗透，选择 PA 芯管、纤维复合材料加强层和编织 316L 金属管表面防护层，最高抗压能力达到 200MPa，温度范围在-45～200℃区间。研究表明，加氢软管内氢气压力越大，氢气向外的泄漏率越高，当压力接近 65MPa 时，泄漏率为 6～7μg/s；当氢气温度越高时，泄漏率也越高，这是由于温度与氢渗透活化能有关(图 10-45，另见文前彩图)。除了高温及高压影响软管的寿命外，由于临氢软管的芯管材料采用高分子材料，其低温时会发生玻璃化转变，材料脆性提高，导致开裂，也会导致泄漏率升高[78]。表 10-44 为涉氢常用高分子材料的玻璃化温度统计，在实际设计过程中一定要注意材料的选择。

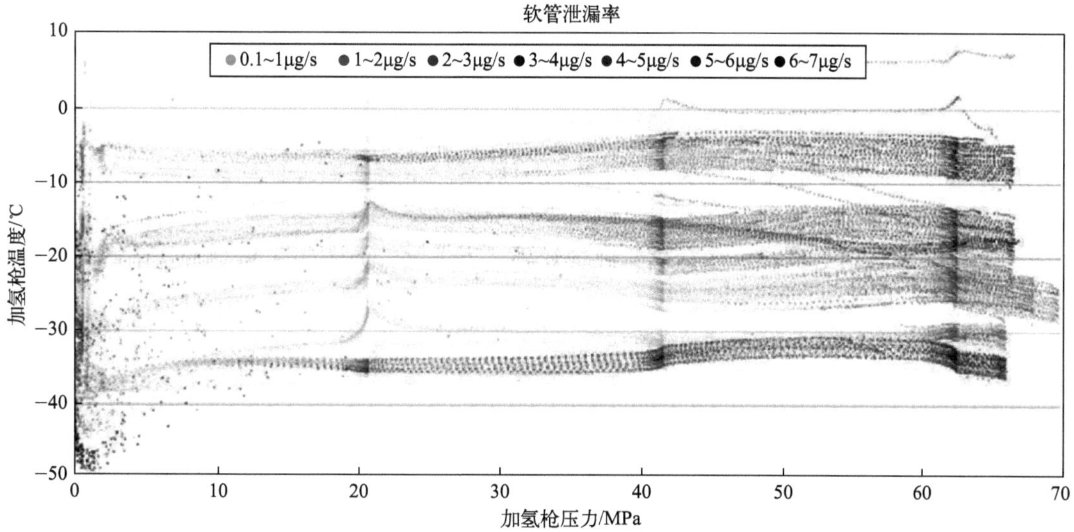

图 10-45 软管泄漏率与压力和温度的关系图谱

表10-44 涉氢常用高分子材料的玻璃化温度统计

材料	玻璃化温度 T_g/℃	100MPa 时玻璃化温度升高变化/℃
高密度聚乙烯（HDPE）	-110	
聚酰胺 6（PA6）	64	16
聚三氟氯乙烯（PCTFE）	100	
聚醚醚酮（PEEK）	150	
聚丙烯（PP）	-10	
聚四氟乙烯（PTFE）	115	
氯化聚氯乙烯（CPVC）	135	
聚氯乙烯（PVC）	75	13~19
氟硅橡胶（FSR）	-50	16
丁腈橡胶（NBR）	-28	
氯丁橡胶（Neoprene）	-40	
硅橡胶（SR）	-50	16
维纶（Victon）	-20	

综上可得：

① 加氢软管中最主要的芯材材料选择，主要考虑如何避免氢气的渗入引起的鼓泡，同时要注意选择合适的温度，高温情况下氢进入高分子材料的速率加快，会加快内部裂纹生长速率，低温情况下材料会发生玻璃化转变导致脆性增强，加速渗漏。

② 加氢软管主要生产厂家包括美国的 Swagelok、Parker 公司，日本 Yokohama 公司，国产化率低，需要继续加强科研投入，早日实现国产化。

10.4 加氢站高压管路材料

加氢站既是氢能产业的重要组成部分，同时也是燃料电池汽车、氢分布式热电联供等氢能利用技术推广应用中必不可少的基础设施。加氢站用不锈钢无缝管是整个体系的基础，支撑着整个加氢站的运营和维护。由于我国的氢能行业起步相对较晚，行业内现有不锈钢管主要依赖于进口品牌。为推进氢能行业的健康发展，不锈钢管的国产化研发成为重要原材料保障要求。

加氢站中的高压管路发挥加氢和储氢设备之间高压氢气输运的重要作用。加氢站用不锈钢无缝管长期工作在高压、高纯氢气环境中，对材料的氢气相容性等使用特性有很高要求，其材料的选择、管径的设计直接影响加氢站的安全。虽然目前国内在通用不锈钢无缝管领域已设立部分标准，但加氢站用不锈钢无缝管还存在着一些问题。

(1) 管路材料选择标准

奥氏体不锈钢因其较低的氢扩散系数、较高的氢溶解度，相对于体心立方的碳钢、低合金钢等而言，具有优异的抗氢性能。奥氏体不锈钢的种类繁多，其中典型代表为中科院沈阳金属所研发的 HR-1、HR-2、HR-3 以及 309S、304L、316L 等[79]。316L 不锈钢在美标和国标中的统一数字代号为 S31603，其国际牌号为 022Cr17Ni14Mo2。在众多的抗氢材料中，316L 含有 2%左右的 Mo 元素，增强了其抗氢腐蚀的能力。此外，当镍含量大于 12%时，其微观组织为稳定的奥氏体组织，抗氢性能更为优异，广泛应用于制造加氢站储氢压力容器、管道。镍在不锈钢中是较为重要的合金添加元素，在所有类型的不锈钢中添加镍元素的占到了 60%上。不锈钢的马氏体转变起始温度（M_s）会随合金元素镍的增加而降低，当镍含量达到一定值后不锈钢可以在室温下保持奥氏体组织，因此镍在不锈钢中的主要功能之一是稳定钢的奥氏体组织[80]。此外，304 不锈钢是最具经济性的奥氏体不锈钢之一，其中镍含量一般为 8%，是满足室温下具有奥氏体稳定组织的最低标准，因为其合金成分中也包含 18%的铬，所以也常叫作 18/8。因奥氏体不锈钢的优异的抗氢脆性能，目前加氢站高压管路的制备原材料一般采用 316L。在最新的研究中表明，随着镍含量的进一步增加，奥氏体不锈钢的抗应力腐蚀性能显著提升，而且在镍含量超过 45%后，基本不发生应力腐蚀。不锈钢中奥氏体相的稳定性对其抗应力腐蚀性能有很大的影响[81]，稳定性越高越不易发生应力腐蚀，例如，310 不锈钢中镍含量达到了 20%，使其具有较高的奥氏体稳定性，所以抗应力腐蚀性能要明显高于 304 奥氏体不锈钢。合金元素中 Ni 对不锈钢的氢脆型应力腐蚀抑制作用是最显著的，但其在不锈钢中抗氢脆的具体作用机制尚不明确。大量研究表明，镍在奥氏体不锈钢中除了可以增强奥氏体稳定性外还可以提高层错能，因此材料层错能的大小也常常被用作评判金属材料抗氢脆性能的依据。层错是晶体内部原子排列发生错误的错排面，所以系统内一旦出现层错，体系能量就会升高，层错能通常是指单位面积层错区所产生的能量。当层错能较大时，材料发生变形时位错扩展宽度较小，位错常以滑移的形式运动，因此形变后很容易发生缠结。关于层错能对奥氏体不锈钢变形方式的影响有研究者发现，随着层错能的升高，材料的变形组织逐渐由马氏体变为孪晶，当层错能足够高时变形组织为位错胞[82]。

国内标准《加氢站技术规范》（GB/T 50516—2021）中明确规定了加氢站氢气管道的材料宜选用 S31603 或其他已试验证实具有良好氢相容性的材料。选用奥氏体不锈钢材料时，其镍含量应大于 12%，镍当量不应小于 28.5%。镍当量应按式（10-8）计算：

$$\mathrm{Ni_{eq}} = Ni + 12.6C + 1.05Mn + 0.35Si + 0.65Cr + 0.98Mo \tag{10-8}$$

式中，$\mathrm{Ni_{eq}}$ 为奥氏体不锈钢材料的镍当量；Ni 为镍元素质量分数；C 为碳元素质量分数；Mn 为锰元素质量分数；Cr 为铬元素质量分数；Mo 为钼元素质量分数；Si 为硅元素质量分数。

镍含量与抗氢脆的关系主要体现在马氏体相变开始点对性能的影响：

① 镍含量高，使不锈钢的层错能升高，要耗费较多的能量才能产生层错，马氏体转变困难，因而镍当量高，马氏体转变温度下降；

② 当低温出现马氏体时，因固溶碳而强度高，因镍撑大晶格而碳化物析出少，故降低温度时强度提高，屈服强度、伸长率、断面收缩率降低很少；

③ 因镍含量高而层错能高，由奥氏体转变成马氏体相变时，消耗能量多，使裂纹传播困难，因而使冲击韧性和断裂韧性降低很少；

④ 马氏体转变温度愈低，析出的碳化物愈薄，韧性降低愈少。

标准 GB/T 50516—2021 对材料的临氢相容性也有相应的要求：6.6.1 加氢站氢气系统使用的临氢材料应选用有成熟使用经验或经试验验证具有良好氢相容性的金属材料。6.6.2 金属材料氢相容性试验应符合现行国家标准《氢气储存输送系统 第 2 部分：金属材料与氢环境相容性试验方法》（GB/T 34542.2—2018）和《氢气储存输送系统 第 3 部分：金属材料氢脆敏感度试验方法》（GB/T 34542.3—2018）的规定。6.6.3 用于制造液氢管道、液氢增压泵、液氢汽化器等的受压元件材料，应采用具有良好氢相容性的奥氏体不锈钢或其他具有相同性能的材料，在操作条件下应满足机械性能、冷脆性和冲击性要求。

对于加氢站用高压管道，团标《氢输送管道和储氢钢瓶用不锈钢无缝管》中对高压管路材料进行了规定，加氢站储气用不锈钢无缝管的尺寸计算方式可以参考标准《无缝钢管尺寸、外形、重量及允许偏差》（GB/T 17395—2008）和《流体输送用不锈钢无缝钢管》（GB/T 14976—2012）。加氢站高压管路的尺寸设计需要符合式（10-9）：

$$p_0 = \frac{2SR}{1.25 \times 1.1D} \tag{10-9}$$

式中，p_0 为公称压力，MPa；S 为钢管的公称壁厚，mm；D 为钢管的公称外径，mm；R 为允许应力，MPa；1.25 为安全系数，依据《压力容器 第 1 部分：通用要求》（GB/T 150.1—2011）选取。

团标也规定了加氢站高压管路的材料选择，具体材料牌号及化学成分参见表 10-45。

表10-45 加氢站高压管路材料牌号和化学成分

编号	GB/T 20878	材料牌号	$\mathrm{Ni_{eq}H}$	$\mathrm{Cr_{eq}/Ni_{eq}}$	M_s/℃	Δ	PREN
			要求				
			≥28.5	≤1.5	≤-253	≥0	
1	S31608-LH	06Cr17Ni14Mo2	28.57	1.27	-237	2.33	25.55
2	S31603-LH	022Cr17Ni14Mo2	28.94	1.29	-237	2.01	25.55
3	S31008	06Cr25Ni20	39.19	1.20	-237	4.50	25.46

续表

编号	GB/T 20878	材料牌号	$Ni_{eq}H$	Cr_{eq}/Ni_{eq}	M_s/℃	Δ	PREN
			要求				
			≥28.5	≤1.5	≤-253	≥0	
4	S31252	015Cr18Ni20Mo6CuN	41.08	0.90	-237	4.78	41.46
5	S31782	015Cr21Ni26Mo5Cu2	44.12	0.89	-237	9.78	35.29
6	S31782	05Cr22Ni13Mn5Mo2NNbV	37.14	1.00	-237	3.26	30.94

注：$Ni_{eq}H$ 为临氢镍当量；Cr_{eq}/Ni_{eq} 为铬当量/镍当量；M_s 为马氏体相变开始点；Δ 为奥氏体稳定性；PREN 为耐点蚀指数。表中所列五组数值为典型值。

对于表 10-45 中的具体材料，团标也给出了具体的解释说明：

① 按 GB/T 20801.2、ASME B31.3 和 ASME B31.12 规定：S31008 和 S31603 最低使用温度为－253℃。

② T/CATSI 05006 规定液氢管道使用的牌号为 S31608-LH。

③ GB 50516 规定：加氢站（包括液氢加氢站）氢气管道的材料宜采用 S31603 或其他试验证实具有良好氢相容性的材料。选用奥氏体不锈钢材料时，其镍含量应大于 12%，镍当量不应小于 28.5%，按化学成分确定的牌号为 022Cr17Ni14Mo2，与 GB/T 20878 规定的不同，故数字代号应为 S31603-LH。

④ GB 50156 规定：氢气管道材质（包括液氢加氢站）应具有与氢良好相容的特性，设计压力大于或等于 20MPa 的氢气管道应采用 316L/316 双牌号钢，常温机械性能应满足两个牌号中机械性能的较高值，化学成分应满足 L 级的要求，而且镍含量不应小于 12%，许用应力应按 316 号钢选取。

⑤ NACE MR0175 4.2 规定：奥氏体不锈钢的最大硬度不超过 22HRC，固溶状态时可用于氯化物含量小于 50mg/L、硫化氢的局部压力小于 350kPa 的环境。

团标比较适用于外径 5mm≤D≤25.4mm 的加氢站管路用管件。根据目标产品的市场调研，应用较为成熟的主要有 4 个规格。与一般不锈钢管标准文件相比较，团标增加了钢管冶炼方法、纯净度、耐腐蚀性、氢环境应用等专用要求，涉及工作压力、温度，主要参照采用 ISO 标准“适用于气态氢气、额定工作压力不超过 138MPa、工作温度范围不低于－40℃的加氢站用不锈钢无缝管”。当充氢压力为 70MPa 时，固定氢气储存系统不宜大于 90MPa。随着管道压力的增加，管道的壁厚也增加。管道强度是按许用应力来进行设计的，抗拉强度是许用应力的 3 倍，加上 1.25 的安全系数、1.1 的系统余量，总安全系数达到 4.125。管道公称压力增加到 70MPa 时，管道的壁厚也增加，始终保证总安全系数为 4.125，不锈钢管道运行时安全可靠。根据 GB/T 20801.2、ASME B31.3 和 ASME B31.12 的规定，S31008 和 S31603 的最低使用温度为－253℃。

目前国内虽然有严格的标准要求，但是各个加氢站建设单位及使用厂家还是普遍采用国外品牌的高压管路作为建站的基础材料，尤其是在高出口压力的加氢站上，这种现象更为严重。采用比较多的加氢站用高压管路主要有美国麦克斯维特（Maximator）和美国世伟洛克（Swagelok），原因在于国外品牌的产品经过市场验证，有完备的配套阀门等体系，这些对于要求安全第一的加氢站高压管路是最可靠的保障条件。国内也有部分钢厂在这方面进行了一些生产的尝试，如宝武特种冶金有限公司、山西太钢不锈钢钢管有限公司等。

（2）结论

根据标准要求和试验结果论证，加氢站高压管路材料应选择抗氢脆性能优异的奥氏体不锈钢，但目前金属材料与氢气相互作用的机理尚不明确，需要进一步加强探索和研发。加氢站内高压管路普遍采用国外品牌，国内厂家在临氢高压管路方面的投入和研发需要加强。

10.5 加氢站的储罐材料

加氢站中的储罐主要为固定式储氢压力容器，它是加氢站的核心设备，发挥连接管束车与终端使用设备的作用。固定式储氢压力容器按照存储介质特点可以分为气态储氢压力容器、液态储氢压力容器与固态储氢容器，图 10-46 为主要的储氢承压设备体系[83]。气态储氢压力容器主要用于气氢加氢站，35MPa 加氢站内储氢压力容器的设计压力一般为 45MPa，70MPa 加氢站内高压储氢压力容器的设计压力一般为 90MPa 左右。液态储氢容器主要用于液氢加氢站中液氢储存，内容器设计温度＜－253℃，设计压力≤1.08MPa。固态储氢容器主要是以储氢材料作为储氢介质，一般用于加氢站或小型氢气存储装置中，固态储氢容器可把设备的设计压力降低到 10MPa 以下，但在日常使用过程中需要氢气的吸附和脱附反应。本章将主要介绍加氢站中固定式气态储氢罐和液态储氢罐的材料选择及目前存在的主要问题。

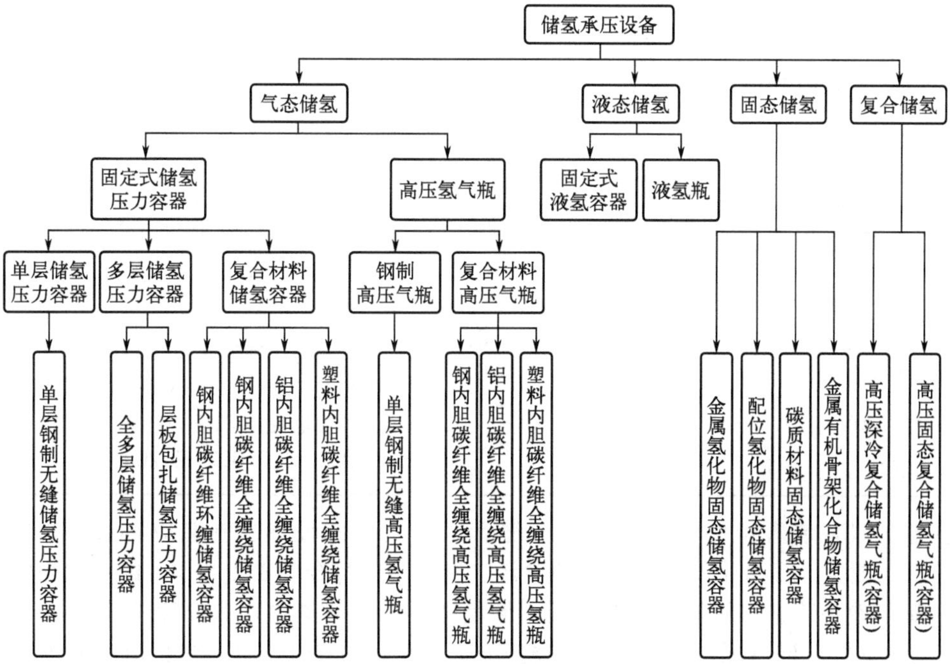

图 10-46　主要的储氢承压设备体系

目前，高压储氢是加氢站的主流储氢方式。根据氢气加注压力，加氢站分为 35MPa 和 70MPa 两类。我国绝大多数在用或在建的是 35MPa 加氢站。为了适应燃料电池汽车供氢系统压力逐渐从 35MPa 增加到 70MPa 的需求，加氢站的加注压力提高到 70MPa 已到了十分紧迫的地步。

由于加氢站主要利用储氢容器和车载供氢系统间的压力差进行加氢，因此储氢容器的压力应当高于供氢系统，其设计压力往往超过 40MPa，比石油加氢反应器、煤加氢反应器、普通氢气瓶的压力都要高。由于储存压力高，储存介质易燃易爆，而且容器材料有发生氢脆的倾向，加氢站用高压储氢容器具有潜在的泄漏和爆炸危险。在加氢站建设初期，研究储氢容器的特点、风险及其建造和使用管理基本安全技术要求，对保障储氢容器安全、促进氢能健康发展具有重要意义。

10.5.1 加氢站中气态氢储罐材料

加氢站内固定式气态氢储罐主要用于储存高压氢气，其优点是充氢放氢速度快、设备结构相对简单、技术相对成熟，是市场需求的主流储氢方式；缺点是体积储氢密度较低，而且需要高压力储存，以增大储氢密度。

储罐材料因长期处于高压临氢环境，容器材料有发生氢脆失效的风险，储罐常用材料为 Cr-Mo 钢、6061 铝合金、316L 等。对于 Cr-Mo 钢，我国常用材料为 ASTM A519 4130X（相当于我国材料 30CrMo），日本为 SCM 435 和 SNCM 439、美国为 SA 372 Gr. J。4130X 和日本 SCM 430、美国 SA 372 Gr. E 具有相近的化学成分和力学性能。加氢站高压氢储罐的常用材料、相应的标准及压力等级等汇总信息可以参看表 10-46。目前，有的加氢站储氢设备采用了按气瓶规范和标准设计制造的储氢气瓶，其优点是制造比较容易、成本较低，但这种应用未得到相关法规、安全技术规范和标准的支持，也不符合团体标准 T/CATSI 05003—2020《加氢站储氢压力容器专项技术要求》的规定，将来是否可以成为市场需求的一个发展方向，还要看国际、国内技术发展成熟度，以及相应安全技术规范和标准制修订进展情况。目前国内加氢站固定式储氢气罐的执行标准为 GB/T 34583—2017，具体要求如下：

表 10-46 加氢站用固定式储氢罐信息汇总

储罐临氢材料牌号	设计压力/MPa	容积/m^3	相关标准
S31603	41	0.3、0.9、1.0、2.0、5.0、7.3、10	《固定式高压储氢用钢带错绕式容器》（GB/T 26466—2011）；《固定式高压储氢用钢带错绕式容器定期检验与评定》（T/ZJASE 001—2019）；《加氢站储氢压力容器专项技术要求》（T/CATSI 05003—2020）
4130X	50		
35CrNi3MoV	70		
20MnMoV	98		
SA372 J	140		

① 储氢设备装置中储气罐和钢质无缝管式储气瓶的设计、制造应符合 TSG 21、JB 4732 的有关规定。钢带错绕式储氢罐的设计、制造还应符合 GB/T 26466 的相关规定。

② 储氢设备装置（储氢井、储氢罐、储氢瓶、高压储氢罐）的设计单位应取得相应的压力容器设计资质许可证，并应向设计委托方提供完整的设计文件，包括应力分析报告、设计图样、制造技术条件、风险评估报告、安装与使用维修说明、储氢装置安全泄放量、安全阀排量或者爆破片泄放面积的计算书。

③ 储氢装置应进行疲劳分析。

④ 储氢装置的工作压力应根据车载储氢气瓶的充氢方式和公称工作压力确定，通常不小于 1.38 倍公称工作压力。

⑤ 储氢装置中管道组成件的设计压力不应小于其工作压力的 1.1 倍。

⑥ 储氢装置的设计寿命（循环次数）不得低于预期使用年限内的压力循环次数。

⑦ 储氢装置的最低设计金属温度应小于或等于使用地区历年来月平均最低气温的最低值。

⑧ 无缝管式储气瓶储氢装置的瓶体不得进行焊接。

固定式储氢压力容器是加氢站、制氢站、氢储能系统、高压氢循环测试系统、发电站、加氢工艺装置等的核心设备。我国加氢站在用的固定式储氢压力容器将近1000台，大多数为境内制造，境外进口的仅占少数，主要结构形式有单层储氢压力容器（包括大容积无缝瓶式储氢容器、单层整体锻造式储氢压力容器等）和多层储氢压力容器（包括全多层储氢压力容器、层板包扎储氢压力容器等）。高压储氢设施具有氢气储存和压力缓冲作用，通过压力、温度等传感器对储存介质参数、安全状态等进行监测。加氢站氢气储存系统的工作压力高或该工作压力与氢能汽车充氢压力差大，将使氢能汽车充氢时间缩短；氢气储存系统工作压力的提高也会使氢气压缩机开启频繁度降低。钢质无缝储氢容器依据美国机械工程师协会锅炉压力容器规范建造，其无缝钢管经过两端锻造收口而成，属于整体无焊缝结构。钢质无缝容器发展时间较长，气瓶的生产线设备技术十分成熟，有成本低、交货快的优点。实际情况按照储氢最高压力可以分为以下两种：

① 储氢压力不大于20MPa时，一般可选用高压储氢瓶组作为储氢设施。目前主要应用于以低压管道氢气作为气源的加氢站，作为第一级储氢。该类储氢瓶组参照ASME（American Society of Mechanical Engineers，美国机械工程师协会）标准及《固定式压力容器安全技术监察规程》（TSG 21—2016）的要求进行设计制造，主体材质为4130X高强度结构钢，瓶身为单层厚壁结构。单层储氢容器包括瓶室压力容器和地下储氢井，一般采用GrMo低合金高强钢无缝钢管制造，两端热旋压封头收口，结构上不允许焊接，具体参见图10-47。

图 10-47 单层储氢容器

② 储氢压力大于20MPa时，考虑到高压氢气的氢脆腐蚀，一般选用高压储氢罐作为储氢设施，储罐壁也变为多层结构形式，内层采用耐氢脆腐蚀的不锈钢材质，外层采用高强度碳钢进行加固，从而兼具耐腐蚀和耐高压的特点。35MPa加氢站通常采用最高储氢压力为45MPa的储氢罐，70MPa加氢站通常还要增设最高储氢压力为90MPa的储氢罐。钢带错绕式压力容器首创于1964年，其容器结构完全由我国自主研发完成，主要产品包括高压空气储罐、高压氦气储罐和高压氢气储罐等。经过近60年的研究与验证，我国已有扎实的理论基础和丰富的实践经验。郑津洋等[84]以传统钢带错绕式压力容器为基础，在主体结构不变的条件下（扁平

图 10-48 多功能多层固定式储氢容器照片

钢带倾角错绕式容器结构)，提出了一种多功能全多层高压储氢容器。图 10-48 为多功能多层固定式储氢容器照片。钢带错绕式容器由 316L 不锈钢内胆、含 316L 不锈钢内胆的锻造封头和缠绕钢带组成，外胆缠绕的钢带提供足够的强度。该结构的优点有容积大、抗氢脆性能好等，缺点为工艺复杂、生产周期长。表 10-47 列举了不同气态固定式压力容器结构形式的技术对比。

表10-47 不同气态固定式压力容器结构形式的技术对比

分类	结构	成本	技术难点	其他信息
单层	单层瓶式	低	大壁厚单面热处理工艺	国内技术不成熟，仅有 50MPa 承压能力生产线
多层	金属内胆纤维缠绕	高	缠绕、自紧	国内技术尚不成熟
	钢带错绕式容器	低		国内 100MPa 级别主要技术，国外尚未报道

10.5.2 加氢站中液态氢储罐材料

常压下液氢的体积储氢密度为70.7kg/m^3，因此低温液化储氢是实现氢气大规模安全储存、中远距离运输最有效的手段。我国固定式液态氢储罐最早应用在航空航天领域，20 世纪 60 年代初研制出了 3.5m^3 液氢容器，随后在 2010 年，国内一些厂家研制出了 300m^3 液氢容器。目前，国内加氢站用液氢容器普及率不高，主要原因在于生产制造成本较高，液氢相关配套设施不完善。近年来国外公司将液氢作为重要的研究方向，比如 2022 年美国 AP 公司在浙江嘉兴建立液氢工厂，江苏国富氢能技术装备公司也在张家港、洛阳开展液氢加氢站示范。此外，俄罗斯、日本、法国都有成熟的大型液氢储罐研发技术。但目前世界范围内美国的固定式液氢储罐数量最多，表 10-48 列举了美国主要液氢储罐情况。美国 NASA 联合 CBI 公司建造了目前世界上最大的液氢储罐（5000m^3），见图 10-49，该储罐具有低蒸发率和高容量的特性。

图 10-49 美国 NASA 新型液氢储罐

表10-48 美国主要液氢储罐情况

生产厂家	地点	容积/m^3	结构	日蒸发量（质量分数）/%
联合碳化物公司林德分公司	加州安大略	30	高真空多层	0.1
空气产品与化学公司	加州长滩	60	高真空多层	0.1
CBI	肯尼迪航天中心	32	高真空多层	0.03

我国液氢储运技术较国外发展相对缓慢，最早也是在航天领域使用，而且多年来大型储罐和运输车一直是引进国外产品。例如 20 世纪 80 年代引进苏联的 70m^3 液氢铁路槽车。

2002 年应要求，为了快速从制氢厂把液氢运输到靶场，JSC 深冷机械制造股份有限公司特意为国内设计建造了 100m^3 铁路运输液氢槽车，其采用高真空多层缠绕结构，蒸发率为 1.2%（质量分数）/d。2005 年，航天晨光集团为国家“50 工程”自主研制 100m^3 液氢储罐、25m^3 液氢运输半挂车、80m^3 液氢标箱，该项目的实施也在当时填补了国内空白。随着我国航天技术的飞速发展以及需要，2011 年，国内的航天晨光、圣达因等厂家进行了 300m^3 大容积液氢运输槽车的研制，采用高真空多层绝热结构，蒸发率为 0.25%（质量分数）/d，产品技术国内领先，如图 10-50 所示。但以上的液氢储运容器都是应用于军工航天领域，民用领域基本处于空白。近年来，随着清洁能源替代以及“碳达峰，碳中和”的政策需要，国内近 20 个民用领域的氢液化装置（项目）在规划或建设中，液氢储运设备研发和建造迎来了黄金发展期。加氢站液氢装备需要两个具有较大储存容积的液氢容器，主要技术指标为：设计压力 0.6～1.0MPa，容积 100～500m^3。随着人们对氢能领域的关注度持续加强，国内多家深冷压力容器制造企业将发展方向逐渐转移到液氢容器研制工作上，主要研究目标为研制 100～400m^3 液氢容器。如中科富海牵头的 2020 年国家科技部“可再生能源与氢能技术”重点专项中的 400m^3 液氢球罐的研发已经完成制造。表 10-49 列出了我国相关企业在液氢储罐方面的研发情况[85]。

图 10-50 国内液氢储罐系统

表10-49 我国液氢储罐研发情况

生产厂家	液氢容器形式	容积/m^3	备注	蒸发率/[%（质量分数）/d）]
圣达因	带压卧式高真空多层绝热	300	已应用	0.1
中科富海	带压卧式高真空多层绝热	400	已完成制造	0.1
国富氢能	带压卧式高真空多层绝热	200	研发中	0.1
中石油管道设计研究院	薄膜型	1000	研发中	—

10.5.2.1 液氢储罐材料

低温液态储氢即先将氢气液化，然后储存在低温绝热容器中。由于液氢具有易燃易爆、易气化、易扩散等特点，储存液氢的低温绝热容器需满足安全稳定、功能可靠、损耗小等要求。液氢的沸点为 −253℃，属于超低温介质，超低温会使储存容器的材质发生韧脆转变，造成容器破裂破坏，极易引发安全问题。所以，低温韧性对液氢储运压力容器来说至关重要[86]。液氢储罐材料在具体设计时需要考虑如下几个方面：

① 金属材料在低温下的韧性，即在−253℃下金属材料及其焊接件仍具有良好的韧性；

② 从轻量化角度考虑，所选的金属材料应具有较低的密度及较高的强度；

③ 为确保液氢储罐漏热尽可能低，所选用的金属材料应具有较低的热导率；

④ 还应考虑在高纯氢环境下所选用的金属材料与氢的相容性及氢脆敏感性问题。

表10-50列出了根据《压力容器》(GB/T 150—2011)、《铝制焊接容器》(JB/T 4734—2002)及《钛制压力容器》(NB/T 11270—2023)，能用于−253℃低温的材料（奥氏体不锈钢、铝合金以及钛合金）的性能对比。奥氏体不锈钢屈强比偏低，延伸率和断面收缩率以及冲击值均很高，由于其晶格结构为面心立方，具有优良的低温韧性，其韧脆转变温度极低并且没有明显的韧脆转变，因而广泛地应用在低温压力容器上。目前，绝大多数地面液氢储罐均采用奥氏体不锈钢作为主要承压元件制造材料[87]。

表10-50 能用作−253℃储罐制备材料的性能对比

材料	标准	强度/MPa	密度/(kg/m³)	热导率/[W/(m·K)]
铝合金 AL2014	NB/T 47029	410	2700	164
钛合金 T4	GB/T 3261	895	4500	7.96
奥氏体不锈钢 316L	GB/T 713.7	490	7900	15

国内陈学东院士科研团队对超低温深冷容器焊接接头容易因韧性储备不足而引发低温脆性断裂的问题，开展了S30408和S30403奥氏体不锈钢母材与焊接接头超低温韧性研究[88]，所得结论与日本的研究成果基本类似。我国的团体标准《固定式真空绝热液氢压力容器专项技术要求》(T/CATSI 05006—2021)中针对液氢容器专用奥氏体不锈钢钢板、锻件和钢管提出了以下专项技术要求[88,89]：

① 应依据材料质量证明书上的化学成分实测值进行奥氏体稳定性、低温下马氏体自发转变温度的计算，满足奥氏体稳定性系数不小于0、低温下马氏体自发转变温度不高于内容器最低设计金属温度；

② 应按GB/T 13305进行铁素体含量测定，铁素体测量值应不大于3%。

在实际的工程应用中，国外公司一般采用SUS 316作为储罐内罐的选材，国内的选材一般为SUS 321、SUS 304、SUS 304L、SUS 316及SUS 316L。在进行液氢储罐的工程设计过程中，应在充分了解奥氏体不锈钢马氏体相变的机理及影响因素，以及奥氏体不锈钢化学成分对材料低温韧性的影响后，选出从经济成本及材料性能角度综合考虑最优的奥氏体不锈钢牌号。

10.5.2.2 总结

加氢站用固定式储氢储罐的制备材料目前主要集中在奥氏体不锈钢CrMo钢方面，材料的高压临氢疲劳、临氢氢脆失效、超低温临氢失效等诸多问题还有待解决。尤其是对于商用加氢站，设计寿命长，氢气加注频繁，储氢压力容器压力波动次数有可能超过10万次，而大量试验研究表明，对于CrMo钢，高压氢气会显著加速疲劳裂纹扩展速率，明显降低氢致开裂应力强度因子门槛值。为解决这一问题，以下三个方面的工作必须加强：

① 加强CrMo钢氢脆机理和性能研究，对其高压氢环境下的氢脆特性进行系统深入的

研究，积累大量的试验数据。美国正在制订储氢容器疲劳裂纹评估方法。我国瓶式容器的材料为 4130X，由于化学成分、力学性能不同，不能照搬美国、日本的专项技术要求。在高压氢气环境下，4130X 的力学性能数据极度匮乏，亟待加强氢脆机理和抗氢性能研究。

② 需结合我国储氢容器技术发展现状，借鉴 JPECTD 003 和 ASME BPVC Ⅷ 3 KD 10，对设计压力 40MPa 及以上的储氢容器，尽快制定专项安全技术要求。

③ 为综合考虑材料、应力、制造和环境对寿命的影响，应及早开展 4130X 疲劳试验研究，获得高压氢气环境中的疲劳设计曲线，建立气瓶寿命评估方法。同时，应进一步探讨站用储氢气瓶氢脆风险的控制方法。

10.6 本章总结

本章主要介绍了目前加氢站主要装备压缩机和加氢机中关键零部件材料的选择标准及制备工艺。通过对关键材料的失效分析，总结出了适用于大排量、高压力下的加氢站材料的选择标准及注意事项。氢能领域正处于蓬勃发展阶段，目前临氢关键材料的选择还面临巨大挑战，材料与氢气的相容性机理还有待进一步探究。以上介绍的材料问题绝大多数来自实际工程案例，仅供参考。主要结论如下：

① 深入研究材料临氢高压失效机制及建立临氢性能数据库。加强高压氢脆机制研究，不但有益于更深刻地认识氢脆现象的本质，而且有益于高性能、低成本抗氢材料的开发，以及氢能高压储运设备抗氢脆设计制造方法的建立和服役性能的调控。目前，已经对氢在材料中的溶解、扩散及偏聚等行为开展了深入研究，并提出了诸多氢致开裂理论，包括氢促进局域化塑性变形理论、弱键理论、氢压理论、氢吸附降低表面能理论等，然而这些理论虽能解释部分氢脆现象，但还没有一种理论能完全阐释氢的作用机制。同时，非金属材料如橡胶密封圈和复合材料等与氢气的相互作用机理仍然不明确，氢的扩散规律、材料溶胀机制、材料表面爆破失效原因等都需要进一步探索和研究。目前，我国已初步形成高压氢气环境下材料、零部件和系统的安全性能检测能力，并建立了铬钼钢、奥氏体不锈钢、管线钢、6061 铝合金等常用材料氢脆数据库，为氢能高压储运设备的发展提供了重要支撑。但是高压氢气环境下压力容器用钢疲劳设计曲线、疲劳门槛值等关键数据仍在测试，非金属材料、零部件及氢系统的测试数据还极为匮乏，抗氢性能测试评价方法尚需完善。基础数据的缺乏使得氢能高压储运设备在选材、设计、制造工艺优化等方面面临困难。

② 深耕可靠性设计制造技术。可靠性设计制造技术是保障氢能高压储运设备本质安全的重要手段。我国已在氢能高压储运设备失效模式、失效机制、设计方法、服役性能预测及调控等方面开展了深入研究，但在可靠性设计制造方面仍存在诸多不足。我国加氢站高压管路质量稳定性与国外同类产品相比还存在差距，产品竞争力有待提升。针对目前存在的问题，亟须系统考虑设备服役条件并甄别可能面临的失效模式，完善相关设计方法。同时，需要加强生产全过程控制，通过对原料中成分的控制、处理条件的严格把握以及后续加工过程的定制化管理，实现材料全生命周期管理，为确保材料安全服役提供数据支撑。

③ 拓展检验检测监测及诊断评估。缺陷和损伤在氢能领域关键零部件的制造、使用过程中会不可避免地出现，并可能在载荷和环境的共同作用下引起设备失效。基于在线检测监测技术对设备典型缺陷和损伤的演化行为及规律进行检测和监测，并对结构健康状态进行诊断评估，是防止设备在服役周期内发生突然失效的有效方法。

④ 我国虽已颁布系列氢能高压储运设备标准，但主要是测试方法和产品标准，尚未形

成完整体系。亟须加强标准体系研究，以及临氢材料选用、定期检验、输氢设备等标准制定工作。

参考文献

[1] 王明华，张东青. 加氢站技术经济性分析 [J]. 能源科技，2023 (4).

[2] 刘玮，何广利. 加氢站氢气压缩机技术装备开发进展 [J]. 装备制造技术，2021 (12).

[3] 张志芸，康启平. 我国加氢站建设现状与前景 [J]. 节能，2018 (6).

[4] 济南市人民政府办公厅关于推进我市汽车加氢站规划建设运营管理工作的实施意见 [J]. 济南市人民政府公报，2023 (6).

[5] 陈义，冯涛. 关于浙江省加氢站建设有关问题的思考 [J]. 节能，2020 (1).

[6] 何广利，许壮，董辉. 35MPa/70MPa 加氢站运行优化技术分析 [J]. 当代化工，2020，49 (11)：2625-2628.

[7] 万燕鸣，熊亚林. 全球主要国家氢能发展战略分析 [J]. 储能科学与技术，2022 (9).

[8] 赵月晶，何广利. 35MPa/70MPa 加氢机加注性能综合评价研究 [J]. 储能科学与技术，2020 (3).

[9] 熊亚林. 我国加氢基础设施关键技术及发展趋势分析 [J]. 储能科学与技术，2022 (11).

[10] Krishna Reddi，Amgad Elgowainy，et al. Hydrogen refueling station compression and storage optimization with tube-trailer deliveries [J]. International Journal of Hydrogen Energy，2014，228 (10)：1754-1766.

[11] Xue C，Peng X Y，et al. Journal of Engineering [J]. Hydrogen; New Hydrogen Study Findings Recently Were Reported by Researchers at Ministry of Education，2022，21 (8)：14-26.

[12] 郁永章，刘勇. 特种压缩机 [M]. 北京：机械工业出版社，1989.

[13] 郁永章，姜培正，孙嗣莹. 压缩机工程手册 [M]. 北京：中国石化出版社，2012.

[14] 刘建虎，李功洲，郑津洋，等. 加氢站等级划分原则的研究 [J]. 煤气与热力，2021，41 (1)：10-17.

[15] 董学成. 基于专利分析的加氢站技术进展 [J]. 中国氯碱，2020 (11).

[16] 郝加封. 加氢站用氢气压缩机研发现状与思考 [J]. 中国新技术新产品，2020 (11).

[17] 莽九兰. 隔膜压缩机膜片故障的监测 [J]. 通用机械，2003 (4).

[18] 郝加封，高沛. 加氢站用氢气压缩机研发现状与思考 [J]. 中国新技术新产品，2020 (6).

[19] Mathew B，Hegab H. Analytical modeling of microscale diaphragm compressors [J]. Applied thermal engineering：Design，processes，equipment，economics，2013，51 (1/2)：130-136.

[20] 熊则男，乔宗亮. 压缩机设计中的力学分析 [M]. 北京：机械工业出版社，1997.

[21] Chen J H，Jia X H. Design and validation of new cavity profiles for diaphragm stress reduction in a diaphragm compressor [J]. IOP Conf Ser Mater Sci Eng，2015，90：012083.

[22] Li J，Liang L. A new generatrix of the cavity profile of a diaphragm compressor [J]. Proc Inst Mech Eng Part C，2014，228 (10)：1754-1766.

[23] Li J，Jia X. The cavity profile of a diaphragm compressor for a hydrogen refueling station [J]. Int J Hydrog Energy，2014，39 (8)：3926-3935.

[24] Rohatgi A，Johnson K. Investigation of H_2 Diaphragm Compressors to Enable Low Cost Long-Life Operation [J]. DOE Hydrogen and Fuel Cells Program FY 2020 Annual Progress Report，2020.

[25] Sdanghi G，Celzard A，et al. Review of the current technologies and performances of hydrogen compression for stationary and automotive applications [J]. Renewable and Sustainable Energy Reviews，2019，102：150-170.

[26] 许中义. 隔膜式压缩机膜片开裂失效分析 [J]. 炼油与化工，2013，24 (5).

[27] 李霁阳. 隔膜压缩机膜片破裂理论分析 [J]. 工程力学，2015，32 (1).

[28] Dwivedi，Sandeep Kumar，Vishwakarma，et al. Hydrogen embrittlement in different materials：A review [J]. International journal of hydrogen energy，2018，43 (46).

[29] Zhao M，Han X. Determination of the mechanical properties of surface-modified layer of 18CrNiMo7-6 steel alloys after carburizing heat treatment [J]. International Journal of Mechanical science，2018：14884-14893.

[30] Anderson M，Bocher P，Savoie J. Delta Phase precipitation in Inconel 718 and associated mechanical properties [J]. Mater Sci Eng，2017 (A 679)：48-55.

[31] Amato K N. Hernandez J，Collins S. Microstructures and mechanical behavior of Inconel 718 fabricated by selective laser melting [J]. Acta Mater，2012 (2229-2239).

[32] Mahadevan S，Nalawade S. Evolution of δ phase microstructure in alloy 718 [J]. Deriv Proc Int Symp，2010 (737-750).

[33] Hydrogen. Researchers from University of Texas Detail New Studies and Findings in the Area of Hydrogen (Multi-

resolution model of an industrial hydrogen plant for plant wide operational optimization with non-uniform steam-methane reformer temperature field) [J]. Journal of Engineering, 2021, 21 (5): 144-162.

[34] Li Lin, Ni Jun. Reliability estimation based on operational data of manufacturing systems [J]. Quality and Reliability Engineering International, 2011, 11 (3): 121-129.

[35] Pei Zhiyuan, Guo Lin, Wang Qingfa. Design and implementation of operational system for national crop growth condition monitoring with remote sensing [J]. Transactions of the Chinese Society of Agricultural Engineering, 2022, 4 (12): 13-23.

[36] Dutta Saptak, Gunay H Burak, Bucking Scott. Bench marking operational performance of buildings by text mining tenant surveys [J]. Science and Technology for the Built Environment, 2017, 12 (2): 131-139.

[37] Raouf Ayman M, Al Ghamdi Sami G. Framework to evaluate quality performance of green building delivery: construction and operational stage [J]. International Journal of Construction Management, 2019, 11 (12): 55-66.

[38] Durrheim Craig. Risk management: Advancements in variable speed drive technology for reducing operational risk [J]. Australian and New Zealand Grapegrower and Winemaker, 2017, 10 (11): 152-167.

[39] Bertheussen Karolius Kristian. Maritime operational risk management using dynamic barriers [J]. Ships and Offshore Structures, 2017, 11 (2): 112-143.

[40] 沈啸彪，章兰珠，徐绍焕，等. 高压自紧式法兰密封结构研究 [J]. 润滑与密封，2020，45 (11)：52-59.

[41] 纪一丹，章兰珠. 基于泄漏率的垫片系数试验及分析 [J]. 润滑与密封，2019，44 (8)：99-103.

[42] 庄法坤，谢国山，刘文，等. 基于有限元的螺栓法兰接头密封影响因素分析 [J]. 全面腐蚀控制，2018 (10).

[43] 吴南星，成飞，廖达海，等. 高锁螺栓连接力学参数关系的实验研究 [J]. 机床与液压，2017 (1).

[44] 莫精忠，杨周，毛向阳，等. 正火预处理对 42CrMoVNb 高强度螺栓钢耐延迟断裂性能的影响 [J]. 上海金属，2020 (6).

[45] 王晓峰，陈伟庆. 冷却速率对 55CrSi 弹簧钢的相变组织和显微硬度的影响 [J]. 上海金属，2010 (6).

[46] Zhang Chaolei, Liu Yazheng, Jiang Chao, et al. Effects of niobium and vanadium on hydrogen-induced delayed fracture in high strength spring steel [J]. Journal of Iron and Steel Research, 2011 (6).

[47] 胡帅，董云海，孟祥军，等. 高纯气体生产装置中隔膜压缩机膜片故障分析 [J]. 装备制造技术，2014 (7)：161-163.

[48] Zhang Fan, Zhao Pengcheng, Niu Meng, et al. The survey of key technologies in hydrogen energy storage [J]. International journal of hydrogen energy, 2016, 41 (33): 14535-14552.

[49] Alessandra Sgobbi, Wouter Nijs, Rocco De Miglio, et al. How far away is hydrogen? Its role in the medium and long-term decarbonisation of the European energy system [J]. International journal of hydrogen energy, 2016, (1): 19-35.

[50] Zhou S M, Chen P, Shi Y. Analysis on sealing performance for a new type of rubber saddle-shaped sealing ring based on AQAQUS [J]. Procedia Engineering, 2015.

[51] Junichiro Yamabe, Hirotada Fujiwara, Shin Nishimura. Fracture analysis of rubber sealing material for high pressure hydrogen vessel [J]. Journal of Environment & Engineering, 2011, 6 (1): 53-68.

[52] Han Chuanjun, Zhang Han, Zhang Jie. Structural design and sealing performance analysis of biomimetic sealing ring [J]. Applied bionics and biomechanics, 2015, 16 (7): 13-27.

[53] Junichiro Yamabe, Shin Nishimura, Hirotada Fujiwara. Evaluation of the change in chemical structure of acrylonitrile butadiene rubber after high-pressure hydrogen exposure [J]. International journal of hydrogen energy, 2012, 37 (10): 112-119.

[54] 李新荣，修霞，叶杨，等. 丁腈橡胶 O 型密封圈力学性能分析 [J]. 橡塑技术与装备，2020 (7)：43-76.

[55] Zheng J, Liu L, Xu P, et al. Development of high pressure gaseous hydrogen storage technologies [J]. Int J Hydrogen Energy, 2012, 37 (3): 1048-1057.

[56] Fujiwara Hirotada, Ono Hiroaki, Nishimura Shin. Degradation behavior of acrylonitrile butadiene rubber after cyclic high-pressure hydrogen exposure [J]. International journal of hydrogen energy, 2015, 40 (4): 101-107.

[57] Han C, Zhang H, Zhang J. Structural design and sealing performance analysis of biomimetic sealing ring [J]. Applied bionics and biomechanics, 2015, 23 (8): 22-29.

[58] Nishimura S, Fujiwara H. Detection of hydrogen dissolved in acrylonitrile butadiene rubber by 1H nuclear magnetic resonance [J]. Chem Phys Lett, 2012 (522): 43-45.

[59] Yamabe J, Nakao M, Fujiwara H, et al. Influence of fillers on hydrogen penetration properties and blister fracture of EPDM composites exposed to 10MPa hydrogen gas [J]. Transact Jpn Soc, Mech Eng, 2008 (74): 971-981.

[60] Chen X，Feng J J，Bertelo C A. Plasticization effects on bubble growth during polymer foaming [J]. Polym Eng Sci，2006 (46)：97-107.

[61] Agilent TechnologiesAgilent 294A Precision Impedance Analyzer Operation Manual Seventh Edition，2003，(10)：341-343.

[62] 何广利，杨康，董文平，等. 基于国产三型瓶的氢气加注技术开发 [J]. 储能科学与技术，2020，9 (3)：696-701.

[63] 陈志丽. 加氢站的工艺设计研究 [J]. 能源与节能，2022 (5).

[64] 汪抒亚. 加氢站开发成本分析与优化——以燃料电池汽车示范城市为例 [J]. 石油石化绿色低碳，2022 (1).

[65] Abdin Z，Zafaranloo A，Rafiee A，et al. Hydrogen as an energy vector [J]. Renew Sust Energ Rev，2020，120：109620.

[66] 苏靖程. 中国加氢站现状调研 [J]. 山东化工，2020 (23).

[67] 刘子龙. 加氢站高效储氢加氢等关键技术的研究 [J]. 化工管理，2021 (34).

[68] 段志祥. 我国加氢站发展现状综述及问题分析 [J]. 化工装备技术，2021 (10).

[69] 肖方暐. 上海世博会燃料电池汽车加氢站设计与工程建设实践 [J]. 城市燃气，2011 (11).

[70] 王江涛. 多种形式加氢合建站建设优化与技术研究 [J]. 现代化工，2022 (1).

[71] 孟凡玉. 我国加氢合建站发展现状与问题分析 [J]. 能源技术与管理，2023 (3).

[72] 冯慧聪. 移动加氢站技术方案研究 [J]. 中国科技信息，2008 (12).

[73] 浙江加氢站建设专项规划技术导则与编制手册征求意见 [J]. 大氮肥，2023 (1).

[74] 何奖爱. 材料磨损与耐磨材料 [M]. 沈阳：东北大学出版社，2001.

[75] 合肥通用机械研究所编. 阀门产品样本 [M]. 北京：机械工业出版社，2002.

[76] 陈培文. 实用阀门设计手册 [M]. 北京：机械工业出版社，2007.

[77] Sandia. Technical reference for hydrogen compatibility of materials [J]. SANDIA report SAND2012-7321. https：//www. sandia. gov/matlsTechRef/chapters/SAND2012 _ 7321. pdf.

[78] Amit Khare，et al. A review on failures of industrial components due to hydrogen embrittlement & techniques for damage prevention [J]. International Journal of Applied Engineering Research，2017，8 (12)：1784-1792.

[79] 李依依，范存淦，戎利建. 抗氢脆奥氏体钢及抗氢铝 [J]. 金属学报，2010，46 (11)：1335-1346.

[80] 陈瑞，郑津洋，徐平. 金属材料常温高压氢脆研究进展 [J]. 太阳能学报，2008，29 (4)：502-508.

[81] 余存烨. 奥氏体不锈钢氢脆 [J]. 全面腐蚀控制，2015，29 (8)：11-15.

[82] 范宇恒. 不锈钢微观组织结构对其氢脆性能的影响 [D]. 合肥：中国科技技术大学，2019.

[83] 郑津洋，胡军，韩武林，等. 中国氢能承压设备风险分析和对策的几点思考 [J]. 压力容器，2020，37 (6)：39-47.

[84] 郑津洋，马凯，周伟明，等. 加氢站用高压储氢容器 [J]. 压力容器，2018，35 (9)：35-42.

[85] 蒋小文，杨攀，邵浩洋. 双碳背景下我国氢能产业链中氢的存储-大规模液氢储罐现状与思考 [J]. 化工设备与管道，2023，60 (4)：18-28.

[86] 郭志钒，巨永林. 低温液氢储存的现状及存在问题 [J]. 低温与超导，2019，47 (6)：21-29.

[87] 黄泽. 压力容器用奥氏体不锈钢深冷拉伸试验研究 [D]. 杭州：浙江大学，2013.

[88] 李惠萍. 液态氢输送和储存用奥氏体不锈钢的研究 [J]. 特殊钢，2006，20 (5)：60-69.

[89] 余王伟 . 超低温储氢容器用奥氏体不锈钢焊接接头韧性研究 [D]. 杭州：浙江大学，2013.

第11章 氢气传感器材料

氢气无色无味，是地球上已知密度最小的气体，密度只有 0.0899kg/m^3。氢气易燃易爆，其在空气中的体积分数在 4%～75% 的范围内均可爆炸。氢气的点燃能低，只有 0.017mJ，燃烧热高，达到 1.42×10^8J/kg。氢气作为氢能源的能量载体，其在制备、储存、运输和使用过程中均存在一定的安全风险，因此如何安全快速地检测氢气是实现氢能源安全发展的关键技术。传统的光谱、质谱和色谱等谱学手段可以对氢气进行分析检测，但这些方法一般需要复杂的设备和实验室条件，无法满足更为广泛的氢气检测需求。因此，更加便携的氢气传感器技术应运而生，氢气传感器可以快速准确地检测氢气浓度，有效预防氢气在生产、储存、运输和使用过程中的泄漏、爆炸等风险。随着氢能源的快速发展，对氢气传感器技术在实时在线监测、微型化、集成化和分布式测量等方面也提出了新的更高的要求。近年来，氢气传感器技术和氢气传感材料也迎来了日新月异的发展。

11.1 氢气传感器基本原理、敏感材料及种类

11.1.1 氢气传感器基本原理

不同于传统的分析检测手段，氢气传感器主要是通过合理的器件设计来检测氢气与敏感材料发生物理化学作用带来的力、热、声、光和电性质的变化，通过检测到的变化反映出氢气浓度信息。氢气传感器依赖于氢气敏感材料和传感元器件的结构设计，传感元器件的结构设计取决于敏感材料与氢气作用产生的具体变化。因此，能与氢气产生相互作用的敏感材料是发展氢气传感器技术的基础，也是开发新型氢气传感器的关键。

11.1.2 氢气传感器敏感材料

目前常见的氢气敏感材料可以分为6类：a. Pt、Pd 和 Ir 等有催化作用的贵金属材料；b. ZnO、SnO_2 和 WO_3 等过渡金属氧化物材料；c. AlGaN 和 GaN 等半导体材料；d. 能形成金属氢化物的 Pd、Y、Mg 及其合金；e. 石墨烯和碳纳米管等碳材料；f. 不同种类材料形成的复合敏感材料。每一类敏感材料对应着不同传感器原理和响应的传感元器件。贵金属材料主要应用在催化型和半导体型中的功函数型氢气传感器中，利用贵金属对氢气分子的吸附解离作用，实现氢气的催化燃烧或改变半导体材料的电学特性。金属氧化物主要应用在电阻式氢气传感器中，利用金属氧化物在还原性气氛环境中电阻发生变化的特性实现氢气的检测。WO_3 类金属氧化物薄膜与氢气反应后光学特性会发生变化，也可以应用到光纤型氢气

传感器中。金属氮化物半导体类材料主要应用在肖特基型氢气传感器中，通过氢气与材料相互作用改变肖特基势垒实现氢气传感。Pd、Y、Mg 及其合金主要应用在光学型和电阻型氢气传感器中，主要利用金属与氢气反应后导致的电阻和光学性质变化实现氢气的传感。碳材料可应用在电阻型和光学型传感器中，利用碳材料与氢气作用产生的电阻和光学性质变化实现氢气浓度的检测。随着传感器技术的发展，将不同性质的敏感材料组合形成复合材料，可以实现多种原理的氢气检测，这可以发挥不同敏感材料的优势，是目前传感器技术发展的一大趋势。

11.1.3 氢气传感器的种类

氢气传感器的种类繁多，根据其检测力、热、声、光、电等性质的不同原理，大致可以分为催化型、电化学型、半导体型、热导型、光学型、声学型和机械型等，每种类型的氢气传感器根据其具体的传感器元器件结构和敏感材料不同，又可细分为多种类型，表 11-1 列出了不同类型氢气传感器的原理和大致检测范围。半导体型传感器可以对低浓度和高浓度范围的氢气进行检测，催化型可以在很宽的氢浓度范围内进行检测，热导型主要对高浓度范围的氢气进行检测，光学型和声学型主要对低浓度的氢气进行检测。不同原理的传感器依据其传感元器件结构和敏感材料的差异，可以实现多个浓度范围的氢气检测，在实际的使用工况中可按需设计传感器。

表11-1 不同类型氢气传感器的原理和大致检测范围

类型	原理	检测范围
半导体型	电阻式：利用金属氧化物暴露在还原性气体中电阻的变化实现氢气浓度的检测	1% ~ 100%
	肖特基二极管型：利用半导体-金属（Pd 或 Pt）构成肖特基结，氢气在金属表面吸附、解离、扩散引起肖特基势垒的变化，检测电流或电压，实现对氢气浓度的检测	$0 \sim 2000 \times 10^{-6}$
	金属-氧化物半导体场效应晶体管型：利用催化金属-绝缘体-Si 衬底构成场效应晶体管，氢气在金属表面吸附、解离并扩散到金属 绝缘体界面处会引起晶体管电压的变化，通过测试电压的变化检测氢气浓度	0.001% ~ 1%
催化型	催化元件式：氢气在催化剂表面和氧气发生燃烧反应放热，热量引起电阻元器件的电阻变化，利用惠更斯电桥测量电阻变化实现氢气浓度的检测	0 ~ 4%
	热电式：利用催化剂使氢气和氧气发生燃烧反应放热，热量引起元器件的温度差，利用热电材料的温差发电效应实现对氢气的传感	0.025% ~ 10%
电化学型	电流式：氢气在传感电极表面发生电化学反应，检测电化学反应过程的电流变化来实现氢气检测	0.1% ~ 100%

续表

类型	原理	检测范围
电化学型	电位式：氢气在传感电极表面发生电化学反应，检测传感电极和参比电极之间的电势差来实现氢气检测	0.1% ~ 100%
热导型	利用电阻随温度发生变化和氢气的快速热传导特性，检测元器件的电阻变化从而实现对氢气浓度的检测	1% ~ 100%
光学型	微镜式：利用敏感材料吸氢前后的透光率变化实现对氢气浓度的检测	1% ~ 100%
	光纤布拉格光栅式：利用光纤光栅的滤波特性检测氢敏薄膜吸氢前后产生的应变，从而实现对氢气浓度的检测	0 ~ 9%
	干涉式：利用两束光的干涉原理，将敏感材料吸放氢导致的光纤应变转化为光的干涉信号实现传感	0 ~ 8%
	表面等离子体共振式和倏逝场式：利用光在金属表面传播的倏逝波与金属表面的自由电子局部振荡产生的表面等离子体波发生共振导致的光强变化，实现氢气传感	0 ~ 4%
	拉曼散射式：利用氢气分子与激光作用产生的拉曼光谱信号实现氢气浓度的检测	0 ~ 50%
声学型	声表面波式：利用氢敏材料吸放氢前后对声表面波频率的影响实现氢气的传感	7×10^{-6} ~ 3000×10^{-6}
机械型	利用微悬臂或电容测试的方法检测 Pd 或者储氢合金薄膜材料吸氢后发生的晶格膨胀，将检测到的晶格膨胀与氢气浓度建立定量关系实现氢气传感	0.005% ~ 100%

催化型、电化学型、半导体型和热导型的氢气传感器技术发展时间长，已实现商业化应用。表 11-2 列举了几种成熟的商用氢气传感器的参数。对于四种原理技术成熟的传感器，国内外均有很多公司品牌，针对特定的工作场景，可实现低浓度和高浓度范围的氢气浓度检测，响应时间可做到小于 1min，环境温度和湿度条件下可实现长寿命工作。随着光纤通信和测试技术的发展，光纤型传感器因其安全性高、抗干扰能力强和分布式测量等特点逐渐成为研究热点。声学型传感器主要是声表面波氢气传感器，其具有响应速度快和灵敏度高的特点，是近年来新发展的氢气传感器技术。本章将对商业化程度较高的半导体型、催化型、电化学型、热导型和新型的光学型、声学型氢气传感器逐一介绍。机械型氢气传感器的研究较少，技术成熟度较低，尚未成为关注热点，本章不做详细介绍。

表11-2 几种成熟的商用氢气传感器的参数

类型	品牌	型号	测量范围 /$\times10^{-6}$	分辨率 /灵敏度（R_s）	稳定性 /%FS	响应时间 /s	工作温度 /℃	工作湿度 RH/%	寿命 /a
电化学型	菲尔斯特	FST100-G110A	0 ~ 40000	10×10^{-6}	±3	< 15	0 ~ 50	15 ~ 95	10

续表

类型	品牌	型号	测量范围 /×10⁻⁶	分辨率 /灵敏度 (R_s)	稳定性 /%FS	响应时间 /s	工作温度 /℃	工作湿度 RH/%	寿命 /a
电化学型	美克森	MIX8060	0~1000	0.5×10^{-6}	±2	<60	-20~50	15~90	10
电化学型	EC	TB600C	0~40000	100×10^{-6}	±5	<3	-10~55	15~95	3
半导体型	费加罗	TGS2615-E00	40~4000	R_s=0.55~0.75	—	—	20±2	65±5	10
半导体型	美克森	MIX1008	100~1000	$R_s\leqslant0.2$	±2	≤15	20±2	55±5	10
半导体型	炜盛科技	MQ-8	100~1000	$R_s\leqslant0.2$	±5	≤15	20±2	55±5	10
催化型	瀚达科技	HD-T1000	0~1000	0.1×10^{-6}	±3	<20	-20~50	0~95	3
催化型	优倍安	B10	0~10000	500×10^{-6}	±5	≤30	-20~60	<95	3
热导型	Messkonzept GmbH	FTC300	0~1000000	1×10^{-6}	±1	1	-5~50	—	—

11.2 半导体型氢气传感器

11.2.1 传感器原理和结构

半导体型氢气传感器有电阻式和非电阻式两种类型。电阻式氢气传感器以金属氧化物为敏感材料，当金属氧化物暴露在还原性气体中时，电阻会发生变化。传感器的结构一般是在绝缘基片上涂覆一层金属氧化物，测量金属氧化物在不同浓度氢气中的电阻变化，电阻变化与氢气浓度呈线性关系。电阻式氢气传感器结构简单，缺点是选择性差，金属氧化物在所有还原性气体中时电阻都会发生变化。

非电阻式半导体型氢气传感器主要通过材料的势垒和电容随氢气浓度的变化关系实现氢气检测，也被称为功函数型（work function）氢气传感器。这类传感器根据原理和结构不同又可分为肖特基二极管型和金属-氧化物半导体场效应晶体管型（metal-oxide-semicon-ductor field-effect transistor，MOSFET）。肖特基二极管型氢气传感器是在半导体材料上沉积一层金属（Pd 或 Pt）构成肖特基结，在金属和半导体之间沉积一层金属氧化物绝缘层，以提高传感器的稳定性和对氢气的敏感性。氢气分子在金属表面吸附、解离成氢原子，氢原子扩散至半导体中，引起肖特基势垒的变化，通过检测电流或电压实现对氢气浓度的检测（图 11-1[1]）。

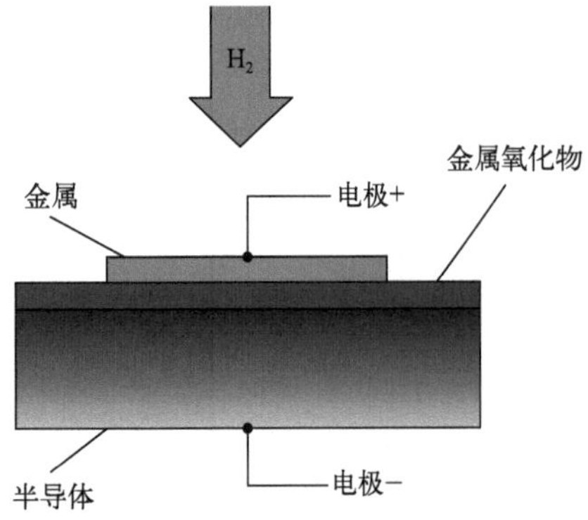

图 11-1 肖特基型半导体氢气传感器[1]

MOSFET 氢气传感器由催化金属-绝缘体-Si 衬底的三明治结构组成，氢气分子在金属表面吸附、解离成氢原子，氢原子扩散到金属-绝缘体界面处形成偶极子层，导致场效应管的电压变化，通过测试电压的变化得到氢气浓度。MOSFET 氢气传感器的关键是金属-绝缘体的界面层，通过对界面改性可以提高传感器的气体选择性和灵敏度。

半导体型氢气传感器的优点在于其结构简单、体积小、易集成、成本低、响应快，适合大规模的生产和使用，但受电磁干扰影响大，易产生信号漂移，难以在环境较为恶劣的情况中使用。此外，使用时可能产生电火花，存在燃烧、爆炸等安全问题。

11.2.2 敏感材料及发展现状

半导体型氢气传感器已实现大规模商业化应用，其原理决定了这类传感器非常依赖氢气敏感材料，基于不同敏感材料设计的器件结构也不同。

电阻式半导体型氢气传感器多以金属氧化物作敏感材料，常见的有 ZnO、SnO_2、TiO_2、MnO_2、WO_3 等[2,3]。1950 年以来，人们发现了金属氧化物在还原性气氛中电阻会发生变化[4]。1962 年，Seiyama 根据此现象，利用 ZnO 薄膜实现了气体检测[5]。同年，Taguchi [N. Taguchi，Japan. Pat. 45-38200 (1962)，4738840 (1963) 50-23317] 利用 SnO_2 实现了对低浓度可燃性和还原性气体的检测。Al_2O_3 是常用的衬底材料，金属氧化物敏感材料通过高温烧结或气相沉积的方式在 Al_2O_3 衬底表面形成薄膜。工作时，金属氧化物被加热到高温以促进其与还原性气体的反应，并消除水汽的影响。根据不同金属氧化物的特性，工作温度在 180～450℃之间。

金属氧化物传感氢气的机理较为复杂，其本质主要是氢气与金属氧化物表面的吸附氧发生反应，导致表面电子增加，从而带来电阻的变化。其过程可由两个方程式给出：

$$O_2 + 2e^- \longrightarrow 2O_{ads}^- \tag{11-1}$$

$$H_2 + O_{ads}^- \longrightarrow H_2O + e^- \tag{11-2}$$

第一步，氧气化学吸附到金属氧化物表面；第二步，氢气与表面吸附的氧发生反应产生电子。对于 SnO_2 这类 n 型半导体材料，产生的电子会进入导带，金属氧化物的电阻在有氢气存在时会降低，电阻降低的数量级与氢气浓度具有相关性。

表 11-3 列出了文献中报道的各种金属氧化物作为传感器的特性。大部分金属氧化物作为传感器的工作温度在 100～450℃，Ga_2O_3 这类材料的工作温度可以达到 600～900℃。检测范围一般不超过 4%（体积分数），响应时间从数秒到数十分钟。

表11-3 部分金属氧化物材料的半导体型氢气传感器的特性

敏感材料	工作温度/℃	检测范围	传感元件形态	传感器测试物理量	响应时间	参考文献
Al_2O_3、Bi_2O_3、Cr_2O_3、CuO、Fe_2O_3、NiO、TiO_2	450	9%	薄膜（TF）	电阻（R）	< 1min	[6]
Fe_2O_3	420	0.05% ~ 0.5%（体积分数）	多孔	R	30s	[7]
Cr_2O_3、NiO	300 ~ 640	1000×10^{-6}	负载	R	—	[8]

续表

敏感材料	工作温度/℃	检测范围	传感元件形态	传感器测试物理量	响应时间	参考文献
NiO_x	30	—	TF（MBE）	功函数（WF）	< 1min	[9]
CdO	450	2.10%	TF	R	5～90s	[6]
CdO	500	2.10%	TF	R	10～60s	[6]
In_2O_3	350	1000×10^{-6}	TF	R	—	[10]
SnO_2	25～575	（50～1000）$\times10^{-6}$	负载到 Pt 线圈	R	12～25s	[11,12]
SnO_2（Sb_2O_5）	20～300	1500×10^{-6}	负载到 Al_2O_3 管	R	30s	[13]
SnO_2（CdO）	150～450	（0.1～1000）$\times10^{-6}$	Al_2O_3 管		—	[14]
SnO_2（Bi_2O_3）	200～700	1%			1min	[15]
SnO_2	250～400	500×10^{-6}	片状	R	6～20s	[15,16]
SnO_2	200～600	0.32%（体积分数）	TF	R	1～2min	[17,18]
SnO_2-Sn	150～250	（100～5000）$\times10^{-6}$	TF	R	—	[19]
SnO_2-Pd	200～450	0.5%（体积分数）	膜	R	5～7s	[20,21]
SnO_2（Cu）	—	435×10^{-6}	TF	R	10～20s	[22]
SnO_2（Cu）	270～320	（400～1000）$\times10^{-6}$	TF	R	—	[23]
SnO_2（In）	50～250	（500～3000）$\times10^{-6}$	TF	R		[24]
SnO_2（Pd/PdO）	RT（室温）	（40～1000）$\times10^{-6}$	TF	R	5～20min	[25-27]
SnO_2（TiO_2）	450～650	（500～10000）$\times10^{-6}$	大体积和 TF	R	< 1min	[28]
SnO_2-Bi_2O_3-K_2PtCl_4	220～320	100×10^{-6}	负载	R		[29]
TiO_2（Pd/Pt）	225	—	TF	R	—	[21]
	25～60	0.0014%～1.5%	TF	肖特基二极管	2min	[30]

续表

敏感材料	工作温度/℃	检测范围	传感元件形态	传感器测试物理量	响应时间	参考文献
	150～300	（100～1000）$\times 10^{-6}$	TF	肖特基二极管	2min	[31]
$Au-WO_3$	250～350	（200～5000）$\times 10^{-6}$	TF	R	1min	[32]
ZnO	267～600	（1～100）$\times 10^{-6}$	片状	R	2min	[33-35]
	200～400	1.00%	圆片	R	30s	[15,33]
ZnO/Pt	300～450	8000×10^{-6}	厚膜		—	[36,37]
ZnO（Ru，Ag）	100～400	0.20%	负载	R	—	[36]
ZnO（Al，In）	200～350	（2～1000）$\times 10^{-6}$	TF	R	2～5min	[38-40]
$SrGe_{0.95}Y_{0.05}O_3$	1000	3%～100%	纳米 TF	R	60～500s	[41]
SnO_2	150～400	（500～3000）$\times 10^{-6}$	TF，溶胶-凝胶	R	7～85s	[42-47]
SnO_2/Pt，Pd	300～600	1%～2%	TF	R		[48]
SnO_2/SiO_2	200～400	2%	TF	R		[49]
SnO_2	150～250		TF	*R*，*WF*		[50]
SnO_2/Si	250	（10.6～100）$\times 10^{-6}$	TF	WF，CVC	1～4min	[51]
$SnO_2-Co_3O_4$	200～250	1000×10^{-6}	TF	R		[52]
TiO_2-Nb，Pd	200～250	1000×10^{-6}	TF，溶胶-凝胶	R		[53]
ZnO	300		TF	R		[54]
SnO_2-ZnO-CuO				R		[55]
Fe_2O_3-6%（质量分数）Ag_2O	320	（500～2000）$\times 10^{-6}$	TF	R	4s	[56]
In_2O_3	350		多孔 TF		10～60s	[57]
$Ga_2O_3-SiO_2$	700	（12.5～500）$\times 10^{-6}$	TF	R	30min	[58]
Ga_2O_3	600	500×10^{-6}	TF	R		[59]
	300～900		多孔分离膜	R		[60]
NiO-TiO_x	250～300	1000×10^{-6}	膜	R	2～2.3min	[61]

续表

敏感材料	工作温度/℃	检测范围	传感元件形态	传感器测试物理量	响应时间	参考文献
MoO_3-SiO_2-Si	300	(2000～9000)$\times10^{-6}$	TF	*R*	10～40s	[62]
MoO_3-V_2O_5	150	(1000～10000)$\times10^{-6}$	TF	*R*	20s	[63]
TiO_2(2% Al)	200～400	(500～1000)$\times10^{-6}$	多孔 TF	*R*	5s	[64]
TiO_2-WO_3	200		TF，溶胶-凝胶	*R*	1～20min	[65]
Pt-SnO_2(In_2O_3)	RT～50	4%～100%(体积分数)	溶胶-凝胶，多孔膜	*R*		[66]
SnO_2(F)			纳米薄膜	*R*		[67]

金属氧化物传感器的最大缺点是选择性低。根据其原理，金属氧化物对氢气、一氧化碳和甲烷等可燃性气体都有响应，对氢气的选择性不高。为了提高选择性，可以在氧化物中掺杂金属催化剂，金属催化剂对不同气体的选择性吸附可以提高氢气选择性，常用的金属催化剂有 Pt、Pd、Au、Ag 和 Cu 等[68,69]。另外，在金属氧化物表面沉积一层气体过滤层也可以提高选择性。例如在 SnO_2 表面沉积一层微孔 SiO_2 薄膜，不同气体在 SiO_2 微孔薄膜中的扩散速度不同，可以选择性地透过氢气，阻止其他气体与金属氧化物反应[70]。在 Ga_2O_3 表面沉积 SiO_2 薄膜有同样的效果[71]。气体过滤层的存在还可以对环境中低浓度氢气起到富集作用，提高金属氧化物对低浓度氢气的响应。除此之外，控制传感元件的工作温度也能改变金属氧化物表面对不同气体的吸附，从而提高选择性。例如通过周期性地调变金属氧化物表面的温度可以提高选择性[72,73]。在 ZnO 表面包裹一层 ZIF-8，不同气体在 ZIF-8 孔道中扩散的动力学直径不同，比氢气直径大的分子可以排除在外，无法与 ZnO 接触，通过这种方式同样可以提高 ZnO 对氢气响应的选择性[74]。更进一步，将金属催化剂与 MOFs 材料结合起来可以更加显著地提高金属氧化物敏感材料对氢气响应的选择性。

近年来，随着微机电系统（micro-electro-mechanical systems，MEMS）技术的发展，半导体传感器也可采用 MEMS 技术制造小尺寸低功耗的器件。利用 In 掺杂的 SnO_2 敏感材料和金电极，制作成 MEMS 传感器，可以实现室温下 900×10^{-6} 氢气的响应，响应时间仅为 250～350s[75]，并且消除了 CO 的干扰[76]。

除了金属氧化物外，部分 Pd 基合金也能用于半导体传感器中。表 11-4 列出了部分 Pd 基合金的半导体传感器的特性。

表11-4 部分 Pd 基合金材料的半导体传感器的特性

薄膜组分、厚度	H_2 浓度范围/测试环境	灵敏度/波长偏移/响应时间	参考文献
80nm 纳米多孔 Pd 薄膜	(250～5000)$\times10^{-6}$/25～100℃	0.36 Ω	[77]
Pd 纳米粒子+ 纳米纤维	(5～50)$\times10^{-6}$/20～70℃	2.2%/30min(25×10^{-6}、70℃)	[78]

续表

薄膜组分、厚度	H_2 浓度范围/测试环境	灵敏度/波长偏移/响应时间	参考文献
50nm $Pd_{77}Ag_{23}$	（100～5000）×10^{-6}	10.45%（5000×10^{-6}）	[79]
锯齿状 Pd_3Ag_2	2%、4%	15s（2% H_2）、0.8%（1% H_2）	[80]
$Pd_{93}Ni_7$		3.1%/5s	[81]
100nm $Pd_{92}Ni_8$	0～5%	70s	[82]
35nm $Pd_{68}Au_{32}$	2%/250℃	5.6%/114s	[83]
35nm $Pd_{68}Au_{32}$+辐照		9.1%/7s	
283nm CuO+Pd	（100～1000）×10^{-6}/50～350℃	S①=3.01（300℃、1000×10^{-6}）	[84]

① $S=R_g/R_a$，R_a 和 R_g 分别表示传感器在空气中和待测浓度氢气中的电阻值。

肖特基型半导体氢气传感器的传感元件的主要结构是在半导体材料上沉积 Pd 或 Pt 金属形成的肖特基结，最常用的半导体材料是氮化物，以 AlGaN/GaN 最具代表性。图 11-2 展示了典型的肖特基型氢气传感器的传感元件示意图。蓝宝石上分层沉积 GaN 和 AlGaN，AlGaN 的上面沉积 Pt、PdAg 和 IrPt 等具有催化活性的金属形成肖特基结，通过电子束沉积的方式沉积 Ti/Al/Mo/Au 提供欧姆接触，为了减少欧姆接触的衰减，还需要沉积一层 Si_3N_4 起钝化作用。氢气在催化金属上解离吸附，形成的氢原子扩散到异质结的界面处，氢原子的存在改变了界面处的表面电荷和二维电子气浓度，最终引起肖特基势垒发生改变。

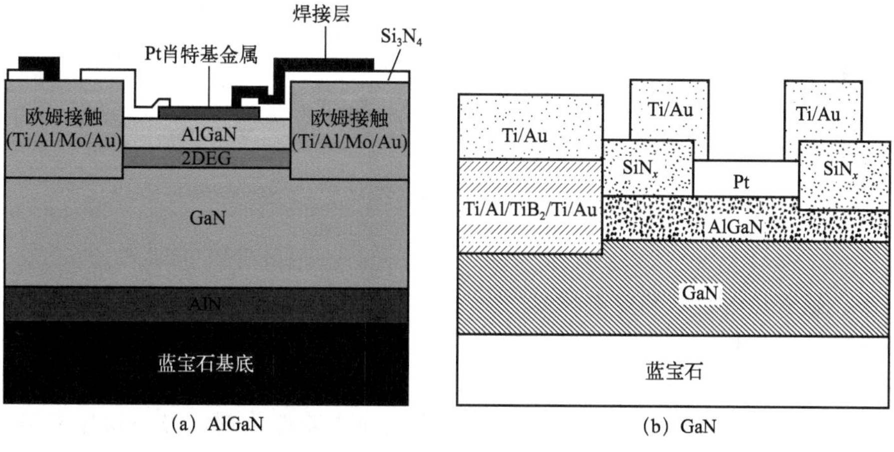

图 11-2 两种基于 AlGaN/GaN 材料的肖特基型氢气传感元件的结构示意图

2DEG—高迁移率二维电子气体

和基于 Si/SiO_2 材料的场效应晶体管型的氢气传感器相比，AlGaN/GaN 具有更好的热稳定性；Si 基 MOSFET 型氢气传感器的工作温度最高达到 200℃，AlGaN/GaN 型氢气传感器的工作温度可以达到 800℃。催化金属 Pt、PdAg 或 IrPt 会影响肖特基势垒随工作温度的变化规律，从而影响传感器对氢气的选择性。单一金属 Au 可以作为电极提供欧姆接触，多种金属组合在一起也可以实现欧姆接触，如 Ti/Al/Pt/Au/Ti/Au[85]、Ti/Al[86]、Ti/Al/Pt/Au[87]、Ti/Al/Ni/Au[88] 和 Ti/Al/Ti/Au[89]。除 Si_3N_4 外，SiO_2[85] 和 SiN_x[87] 也可以作为钝化层。

11.3 催化型传感器

11.3.1 传感器原理和结构

氢气和氧气在催化剂作用下反应生成水，同时释放热量，催化型氢气传感器通过检测反应产生的热量来检测氢气浓度。从原理上可知，这类传感器可以用于检测氢气和甲烷等所有可燃性气体，因此气体选择性差是催化型氢气传感器的主要缺陷。催化型氢气传感器按照反应热检测方式可分为催化元件式和热电式。

第一个催化型传感器是 Jones 在 1923 年发展的，可用于甲烷的检测[90]。催化元件式氢气传感器的基本结构如图 11-3（a）所示，传感元件包括催化剂（贵金属钯或铂）、两个载体和铂丝线圈，其中一个载体表面涂有催化剂，另一个载体作为补偿元件，表面没有催化剂，铂丝线圈置于载体上。氢气与氧气在催化剂的作用下反应放热，使涂有催化剂的载体温度升高，引起铂丝线圈电阻变化，利用惠斯通电桥对电阻变化进行测量，实现电阻信号对氢气浓度的响应。

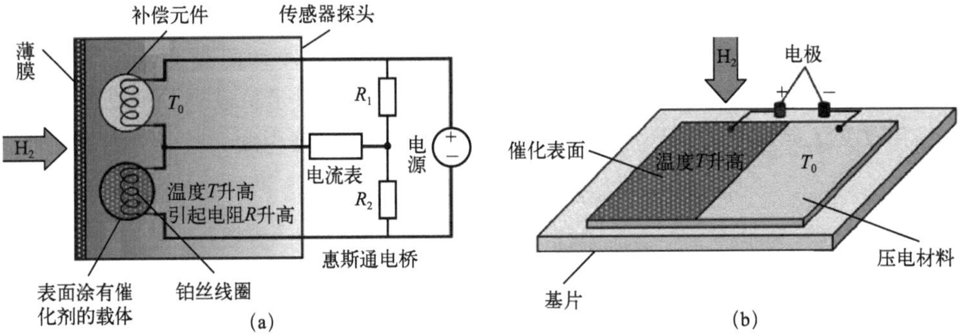

图 11-3 催化型氢气传感器原理示意图[1]

（a）催化元件式；（b）热电式

近年来，随着热电技术和热电材料的发展，热电效应也被应用到催化型传感器技术中。热电效应是指材料加热后，电子（空穴）会沿着温度梯度的方向由高温区往低温区迁移，产生电流或电荷堆积。利用热电效应，人们开发了热电式氢气传感器，其基本结构如图 11-3（b）所示，传感元件由两块热电薄膜组成，一块上面覆盖催化剂，另一块作参考不负载催化剂。氢气在有催化剂的表面和氧气反应，产生的热量使热电薄膜温度升高，两个热电薄膜间的温差导致二者间产生电势差，从而在外电路形成电信号，通过电信号的检测实现对氢气的传感。热电式催化型氢气传感器是一种自供能式传感器，相比催化元件式氢气传感器可以降低能耗。

11.3.2 敏感材料及发展现状

催化元件式氢气传感器使用寿命长、结构简单且性能稳定，但能耗较高且不易实现微型化。目前，催化元件式传感器的研究主要集中在传感器微型化和催化剂选择性上。Lee 等[91] 利用微机电系统技术（micro-electro-mechanical system，MEMS）制备了一体化催化型氢气传感器，将传感元件和参考元件集成到一块芯片上，芯片的尺寸为 5.76mm^2，传感器的响应时间为 0.36s。Ivanov 等[92] 对几种铂族催化剂（Pt、Pd、Ir、Rh、Pt+Pd、Pt+Pd+Rh、Pt+Pd+Ir）进行了研究，发现不同催化剂组成的传感器的灵敏度与工作温度相关，氢气在室温时就能在 Pd 和 Pt 表面发生氧化反应，在实际应用中即使关闭了传感器，催化剂表面也会发生氢气的氧化反应，会导致传感器的零点不准。在 Ir 和 Rh 表面，氢气氧化反应只有在温度高于 250℃时才能发生，这更利于实用条件。因此，在 Pd 和 Pt 催化剂中加入 Ir 和 Rh，可以改善低温不准确的问题，提高传感器的实用性。同时，Pt 族金属在温度高于 500℃时会发生氧化，低于 400℃时会还原成金属态，这会导致传感器的响应时间有滞后。将几种 Pt 族金属复合起来后，可以调控氢气发生氧化的温度，当此温度高于单独 Pd 和 Pt 并低于 Pt 族金属氧化温度时，就可以实现滞后的响应时间。

热电式氢气传感器的研究主要集中在催化表面结构和热电材料的选择上。催化表面厚度和纳米颗粒大小对催化性能有明显的影响，采用金属铂作为催化剂时，最佳的催化活性在 Pt 厚度为 60nm 时，而且 Pt 颗粒越小催化活性越好[93]。Sawaguchi 等[94] 对 Pt 催化剂表面进行了修饰，尝试提高传感器的气体选择性，将催化薄膜暴露在六甲基二硅氧烷中会在表面形成层状二氧化硅，并在氢浓度 1000×10^{-6} 左右的混合气体中进行了测试。结果表明，改进后的传感器对甲醇、乙醇等物质的敏感性明显降低，对氢气仍保持良好的灵敏度。除了提升气体选择性以外，也有学者尝试利用纳米结构或石墨烯等新型材料对催化剂进行了表面改性，来提高热电式氢气传感器的灵敏度和检测范围[95-97]。例如，Pujadó 等[97] 基于功能化热电硅纳米管开发了一种室温下检测极限为 250×10^{-6} 的传感器，响应信号和氢气浓度在较宽的范围内仍保持良好的线性关系。

催化型氢气传感器具有响应速度快、寿命长、准确度高等优势，目前技术发展较为成熟，已实现商业化生产。但这种传感器的气体选择性差，并且必须在有氧气的环境中才能实现测量。另外，催化型氢气传感器在工作中会释放大量热量，有引燃或爆炸的危险，在密闭空间中无法使用。

11.4 电化学型传感器

11.4.1 传感器原理和结构

电化学型氢气传感器是利用氢气在传感电极表面发生电化学反应，检测电化学反应过程的电流或电压变化来实现氢气检测，可分为电流式和电位式。电流式氢气传感器的原理如图 11-4 所示，氢气在感应电极表面吸附解离成 H^+ 和 e^-，氢离子通过电解液传递到对电极处，在电极上和氧气反应生产水，电子在电极间传递形成电流，检测该电流可实现传感。根据法拉第定律，两个电极间的电流可表示为：

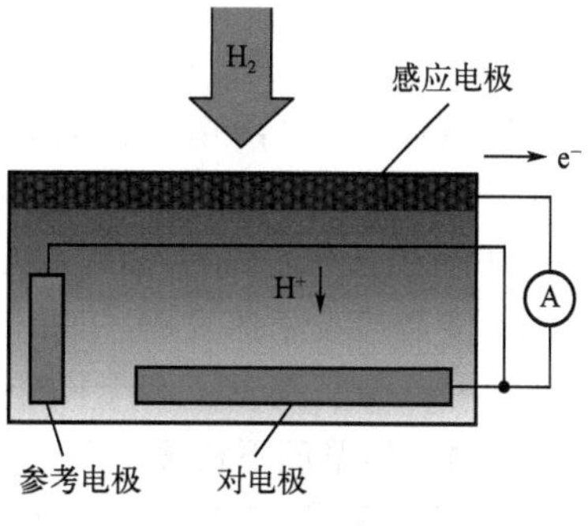

图11-4 电流式传感器原理示意图[1]

$$I=zFQ \tag{11-3}$$

其中，I 为电流；z 为参与反应的电子数；F 为法拉第常数；Q 为氢气转换率。

当气体在传感电极处的扩散速度远远低于在电极上的反应速度时，结合法拉第定律和菲克扩散定律，可以推导出电流和氢气浓度之间的关系：

$$I = 2qAD\frac{\partial C}{\partial x} \tag{11-4}$$

式中，q 为电子电荷；A 为氢气扩散层面积；D 为氢气的扩散系数；x 为氢气扩散层厚度；C 为氢气浓度。

通过设计传感器的结构，可以使电流和氢气浓度呈线性关系。

在实际应用中，为了增强传感器的抗干扰能力，还会引入一个参考电极，使感应电极在工作过程中保持电位恒定。电流式传感器一般使用液体电解液，最常用的是硫酸水溶液，但硫酸水溶液易吸附水分，在环境湿度较高时电池结构会膨胀变形导致电解液泄漏，而且电解质稀释也会影响 H^+ 的传递，使响应信号偏移，限制了电流式氢气传感器的实际应用。

电位式氢气传感器是检测传感电极和参比电极之间的电势差，理想工作状态下电流为零。电极电位与氢气浓度的关系由能斯特方程式（11-5）给出：

$$E = E^0 + \frac{RT}{zF}\ln\frac{a}{a_0} \tag{11-5}$$

式中，E 为电极电势；E^0 为标准电极电势；R 为通用气体常数；T 为热力学温度；a 为被分析物的化学活度，与氢气浓度呈线性关系；a^0 为参比物的活度。

电位式传感器的响应信号与尺寸和几何形状无关，相比于电流式传感器更易实现微型化。不同于电流式传感器测量信号与氢气浓度的线性关系，电位式传感器的响应信号与氢气浓度呈对数关系，在高浓度下的测量精度较差。

11.4.2 敏感材料及发展现状

电化学型氢气传感器的原理与氢气燃料电池的工作原理有类似之处，一个电化学型氢气传感器主要包含电极、膜和电解质。电极包括参比电极和传感电极（工作电极），常用的参比电极的材料有 $Ag/AgSO_4$[98]、Ag/AgCl[99]、NiO[100]、PbO_2[101]、ZrH_x、TiH_x、ThH_x、NbH_x[102]、Au、Pt[103] 等，传感电极的材料有贵金属及其合金（Ag、Au[104]、Pd[105]、Pt[106]、Pt/C[107]、Pt 合金）、金属氧化物（ITO[103]、ZnO、SnO_2[108]、CdO[108]）和纳米复合材料（Au/CuO、Au/Nb_2O_5、Au/Ga_2O_3、Au/Ta_2O_5）[109]。膜材料主要包括 PTFE[110]、Teflon[98,111] 和 Nafion[112] 等高分子材料，膜材料的气体透过率、膜厚和耐久性等是关键参数，同时膜材料需要防止电解液泄漏，并具有可加工性。

电解液提供离子导电性和电化学反应的环境，主要有液体电解质和固体电解质。电解液材料的特性对电化学型传感器的结构设计和传感特性有重大影响。早期的电解液材料主要是酸性或碱性水溶液，如 H_2SO_4 和 NaOH，这类电解液所要求的装置较大，不利于传感器的小型化。随着膜技术的发展，Nafion 膜也可以作为高分子电解质，膜电极可以大大降低传感器的尺寸。有机高分子和无机硅磷酸杂化的膜电解质可以提高膜的质子导电性[113]，实现在 100℃的工作温度下检测氢气。除此之外，一些新型的电解液材料也得到了发展。例如离子液体［TMBSA］［HSO_4］作为电解液[114]，不仅具有传统水溶液电解质灵敏度高、响应快和响应电流与氢气浓度呈线性相关的优点，还能克服传统水溶液电解质在高湿度环境中不稳定的问题，以离子液体为电解质可以构建一个适用于高湿度环境下的三电极式电流式氢气传感器，在 98%RH 的环境中存储 3 周后，电流信号漂移仅小于 2.25%。

液态电解质多用于电流式电化学氢气传感器，固态电解质多用于电位式电化学氢气传感器。与液态电解质相比，固态电解质可以防止泄漏，结构稳定性更高。固态电解质需要在高温条件下才有较高的离子导电率，因此可以实现高温环境的氢气传感。钇掺杂的氧化锆（YSZ）和钙钛矿型氧化物材料是两类常见的固态电解质材料，不同材料的固态电解质有最优的工作温度，$BaCeO_3$ 的工作温度在 200～900℃[115]，$BaCeO_3$/Y 的工作温度低于 500℃[116]。Juhera 等[117] 利用粉浆浇注技术（slip casting）将固体电解质材料 $BaCe_{0.6}Zr_{0.3}Y_{0.1}O_{3-\alpha}$ 压制成型，基于此开发了电化学型氢气传感器，该传感器可以应用于 500℃的环境中，并且通过增加电解质的活性面积可以提高传感器的灵敏度和测量范围。Jung 等[118] 研制了一种质子化 Nafion 膜的电位式氢气传感器，采用 Pt-C 电极作为催化活性电极，该传感器不需要提供对电极处的氧化气体，其检测范围为 3.9%～99.95%，响应时间为 1～15s。

11.5 热导型氢气传感器

热导型氢气传感器是利用电阻随温度发生变化的特性实现对氢气的检测。氢敏元件一般由硅片上沉积薄膜电阻构成，给电阻输入一定的电流、电压时，电阻会产生热量，温度升高，同时会向环境气氛中散热，产热与散热达到平衡时，电阻温度恒定在某个值，如果环境气氛发生变化，由于不同气体的热导率不同，电阻向环境中散热的速度会发生变化，此时为了维持电阻温度不变，就需要调节电流、电压，将电流、电压与环境气氛的热导率建立起关联。氢气在所有气体中具有最高的热导率，氢气与不同气体混合时，混合气的热导率与各气体组分浓度相关，故将氢敏元件放在不同浓度的气氛中时，可建立起电流、电压与气体浓度的关系，实现氢气传感。

热导型氢气传感器的原理是物理过程，氢敏元件对氢气是化学惰性的，具有好的稳定性。在实际的测试过程中，温度、气体密度和组分都会对热导率产生影响[119]，一般可通过传感器设计控制温度和气压，消除环境的影响，还可以通过测量温度和湿度对测量进行补偿校正[120]，提高传感器的精度。

与催化型传感器的不同之处在于，热导型氢气传感器的敏感元件的热量变化来自施加在敏感元件上的电流、电压产生的热量，而不是来自催化材料导致的氢气与氧气发生反应产生的热量。因此，热导型传感器的传感原理是物理过程，具有更好的稳定性，但无法区分可燃性气体与惰性气体，尤其是对热导率相近的氦气和氢气难以区分。另外，热导型氢气传感器的工作环境中不需要氧，可在无氧的惰性气体中工作，同时热导型氢气传感器的传感过程不涉及化学反应，响应时间非常短，已有报道响应时间小于 1s，对宽浓度范围（0～100%）的氢气均具有响应。

采用微纳技术实现热导型氢气传感器的微型化，降低传感器所需功耗是目前的发展趋势。利用 MEMS 技术可以实现传感器微型化，降低传感器的能耗，应用到在线监测氢气浓度的场景中[120]。Wootaek 等[121] 利用 C-MEMS 技术在硅晶圆上制造了 80μm 长的纳米加热线，制造的热导型传感器的功耗可降低到 240nW，能实现 1%～20%范围内的氢气检测。

11.6 光学型传感器

11.6.1 传感器原理和结构

光学型传感器主要是以光纤为载体，通过光信号感知和传输环境参数的光学传感技术，也被称为光纤型传感器。得益于光学测试技术及光纤通信技术的发展，光纤型传感器越来越受到广泛关注。半导体型和催化型传感器在常温、常压下可以快速准确地响应氢气的浓度，目前已经实现广泛的商业化应用，但基于电学特性的氢气传感器在使用过程中有可能产生火花，在氢气环境中存在安全隐患。光学型传感器基于敏感材料与氢气作用导致的光信号变化来检测氢气，具有本质安全的特征。同时，光学型传感器还具有以下特点：a. 光纤体积小，光学型传感器易于实现微小型化；b. 测量范围广，可对不同浓度范围的氢气进行测试；c. 光作为信号介质，不受电磁干扰；d. 光纤可耐高温、高压，环境适应性好。光学型氢气传感器根据原理不同可分为微镜式、光纤布拉格光栅式、干涉式、表面等离子体共振式、倏逝场式和拉曼散射式六种（图 11-5）。

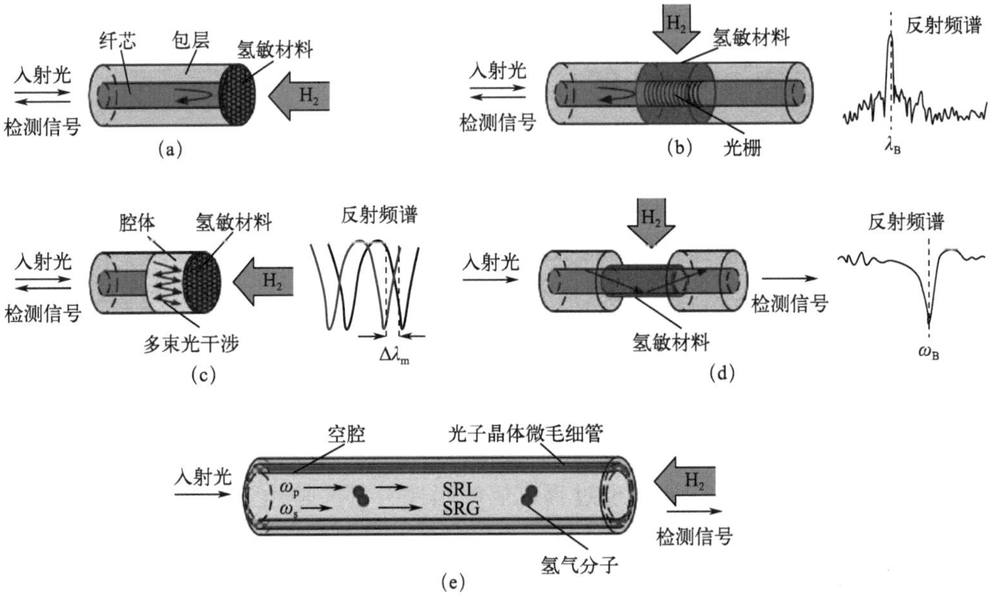

图 11-5 光学型氢气传感器的不同原理示意图[1]

(a) 微镜式；(b) 光纤布拉格光栅式；(c) 法布里-珀罗干涉式（F-P 式）；(d) 等离子体共振式；(e) 受激拉曼散射式

（1）微镜式

微镜式氢气传感器（micromirror hydrogen sensor）是利用氢敏材料对光的反射原理实现氢气传感，在光纤的端面涂覆一层氢敏材料，光传输到端面一部分被反射，另一部分被透射，氢气与敏感材料作用后，敏感层的透光率会发生变化，通过检测反射光或透射光的强度变化可以实现对氢气浓度的检测。

（2）光纤布拉格光栅式

光纤布拉格光栅（fiber Bragg grating，FBG），是在光纤纤芯内形成折射率的周期性变化，从而形成一个窄带的滤波器或反射镜。即一束连续波长的入射光进入光纤，在光栅区域发生布拉格衍射，最终反射回来一个特定波长的光，透射信号里缺失这部分波长的光。反射光的中心波长跟光栅的有效折射率和光栅周期有关，反射波长又称为布拉格波长（λ_B），由式（11-6）给出：

$$\lambda_B = 2n_{eff}\Lambda \tag{11-6}$$

其中，n_{eff} 为有效折射率；Λ 为光栅周期。

对于光纤光栅而言，对有效折射率和光栅周期有影响的因素主要有轴向应变（ε）和温度变化（ΔT）。布拉格波长的变化值（$\Delta\lambda_B$）由光纤的轴向应变（ε）和温度变化（ΔT）决定，由式（11-7）给出：

$$\Delta\lambda_B=\lambda_B(1-\rho_e)\varepsilon+\lambda_B(\alpha+\xi)\Delta T \tag{11-7}$$

其中，ρ_e 为有效弹光系数；α 为光纤材料的膨胀系数；ξ 为热光系数。

光纤纤芯的有效折射率也会因为热光效应发生变化。根据光纤光栅的特性可知，光纤布拉格光栅结构可直接作为温度和应变传感器，通过测试反射光的中心波长变化值（$\Delta\lambda$），可获得应变和温度信息。

在光纤布拉格光栅区域沉积一层氢气敏感薄膜，当薄膜与氢气反应时会发生体积变化或产生热效应来引起应变，这一应变会传导到光纤上使光栅区域产生应变，从而使中心波长发生变化，通过建立不同氢气浓度与中心波长变化之间的定量关系，即可实现对氢气的传感。

（3）干涉式

干涉式光纤氢气传感器是利用两束光的干涉原理，将敏感材料导致的光纤应变转化为光的干涉信号实现传感，目前常见的干涉式传感器主要有 Mach-Zehnder（M-Z）式、Michelson 式、Sagnac 式和 Fabry-Pérot（F-P）式。Butler 在 1984 年利用 Mach-Zehnder 干涉法制造了世界上第一个光纤氢气传感器，其原理如下：光纤氢气传感器由两条干涉臂（两根光纤）和检测系统构成，一条作为信号臂，表面镀氢敏材料，另一条作为参考臂，光束分别经过信号臂和参考臂传播，当信号臂接触氢气时，氢敏材料与氢气作用会引起光纤的轴向应变，使信号臂变长，信号臂和参考臂的光束出现光程差，两束光经过耦合器发生干涉，检测干涉后的相位信息从而实现对氢气的传感。传统的 M-Z 式等干涉式传感器结构比较复杂，具有复杂的光路，不易实现微型化，而且易受环境的干扰。

F-P 式不需要复杂的光路，在微小的反应腔内就可实现多束光干涉，克服了传统干涉式传感器易受环境干扰和难以实现微型化的缺点。其原理为光纤端面和敏感薄膜之间形成一个 F-P 腔，入射光在敏感薄膜和光纤端面之间发生多次反射，反射光与入射光发生干涉形成特定波长（λ_m）的光，波长由腔长和折射率决定。当氢气与敏感薄膜作用时，敏感薄膜的体积变化会引起腔长的变化，从而引起波长的变化（$\Delta\lambda_m$），变化量可由式（11-8）给出：

$$\Delta\lambda_m=\lambda_m\frac{\Delta L}{L} \tag{11-8}$$

式中，L 为腔长；ΔL 为腔长的变化量；λ_m 为反射光光谱波谷对应的波长；$\Delta\lambda_m$ 为腔长变化导致的反射光光谱波谷波长的漂移量。

（4）表面等离子体共振式和倏逝场式

表面等离子体共振（surface plasmon resonance，SPR）指的是，光从光疏到光密（一般是金属）界面发生全反射时会产生倏逝波，倏逝波与金属表面的自由电子局部振荡产生的表面等离子体波传播常数 k_{sp} 相匹配时，会发生共振，共振导致光波能量被大量吸收，反射光光强下降。k_{sp} 由式（11-9）给出：

$$k_{sp}=\frac{\omega}{c}\left(\frac{\varepsilon_m\varepsilon_d}{\varepsilon_m+\varepsilon_d}\right) \tag{11-9}$$

式中，ω 为光波频率；c 为光速；ε_m、ε_d 分别为金属和环境物质的介电常数，其大小近似等于折射率的平方。

基于此原理，形成了表面等离子体共振式和倏逝场式光学型氢气传感器。光学型 SPR 传感器的原理为光纤表面镀金和银或者钯和银的复合材料，在氢气气氛下，表面金属薄膜的折射率发生变化，表面等离子体波的传播常数发生变化，导致反射光谱的共振峰发生偏移，检测共振频率 ω_s 的变化实现氢气的传感。倏逝场式则是通过检测透射光强度的变化实现对氢气的检测。

（5）拉曼散射式

拉曼散射（Raman scattering）是分子内振动和光学声子等元激发与激光相互作用而产生的非弹性光散射，常用于样品分子组成的判别和定量分析。拉曼散射的散射光强度与入射光强度、分子拉曼横截面和样品浓度呈正比，拉曼散射式氢气传感器就是基于这个基本原理设计的。Adler-Golden 等[122] 设计了一种基于多通光学腔结构的自发拉曼散射氢气传感器，灵敏度约为 100×10^{-6}，响应时间仅需几秒。拉曼散射式氢气传感器无需氢敏材料，不会对其他气体交叉敏感，而且响应速度很快，但自发拉曼散射通常很弱，不利于检测，通常会利用各种技术手段来增强拉曼散射信号。

受激拉曼散射（stimulated Raman scattering，SRS）是增强型拉曼散射的典型代表之一，它属于非线性拉曼散射，需要功率达到或超过激励阈值的脉冲光源激发[123]。当泵浦光频率 ω_p、斯托克斯光频率 ω_s 二者的频率差 $\Delta\omega$ 与氢分子的振动或旋转跃迁频率匹配时，泵浦脉冲的强度降低，而斯托克斯光获得增益，检测二者的光强变化可实现氢气浓度的检测。相比于自发拉曼散射，SRS 的散射信号强，近年来与空芯光子晶体光纤（hollow-core photonic crystal fiber，HC-PCF）[124-126] 相结合，在氢气传感器的研究中取得了很好的结果。Yang 等[126] 对基于 HC-PCF 的受激拉曼散射式氢气传感器进行了研究，发现其单点检测极限可达 17×10^{-6}，而对于长 100m 的分布式传感实验，该传感器的响应时间小于 60s，氢气检测灵敏度为 883×10^{-6}，空间分辨率为 2.7m，对比其他光学型氢气传感器具有明显优势。

11.6.2 敏感材料及发展现状

光学型氢气传感器由于其独特的优势，越来越受到研究人员的关注。不同原理的光学型氢气传感器中，除了拉曼散射式不需要氢气敏感材料外，其他的传感器均需要借助氢气敏感材料。氢气敏感材料是影响传感器性能的关键因素，因此在光学型氢气传感器的研究中，氢气敏感材料同样受到了广泛的关注。针对不同原理的光学型氢气传感器，氢气敏感材料的研究各有侧重。常见的敏感材料有两类，即 Pd 及其合金和贵金属修饰的金属氧化物。

11.6.2.1 Pd 及其合金

Pd 及其合金是最典型的一类金属氢化物敏感材料，受到了较多的关注，已广泛应用于半导体型、光学型氢气传感器中。由于 Pd 基合金在光学型传感器中起主要作用的是金属吸氢后导致的晶格膨胀和电子结构的变化，Pd 基合金对氢气的响应过程实际上是 Pd 吸放氢的过程，因此 Pd 薄膜吸放氢的热力学和动力学过程得到了广泛的研究。理解 Pd 吸放氢的热力学和动力学过程有助于理解这类敏感材料的传感机理，为开发新的敏感材料奠定基础。

（1）吸氢热力学过程

Pd 与氢气反应的压力-浓度-温度（PCT）曲线如图 11-6[127] 所示。氢分压较低时，氢固溶到 Pd 的晶体间隙中形成 α 相；随着固溶氢浓度的增大，发生相变，由金属相向氢化物相（β 相）转变，在 PCT 曲线上表现出两相共存的平台区；氢浓度继续增大，Pd 完全转变成 PdH_x，只有 β 相。

（2）吸氢动力学过程

Pd 吸放氢的过程如图 11-7 所示。当氢分子与 Pd 相遇时，前者在 Pd 膜表面解离成氢原子。然后氢原子溶解并扩散到 Pd 中，形成间隙固溶体 PdH_x（x 是 H/Pd 的原子比）。该过程由以下化学反应式表示：

$$Pd(s)+\frac{1}{2}H_2 \underset{k_{1-}}{\overset{k_{1+}}{\rightleftharpoons}} Pd(s)\text{-}H \underset{k_{2-}}{\overset{k_{2+}}{\rightleftharpoons}} PdH \tag{11-10}$$

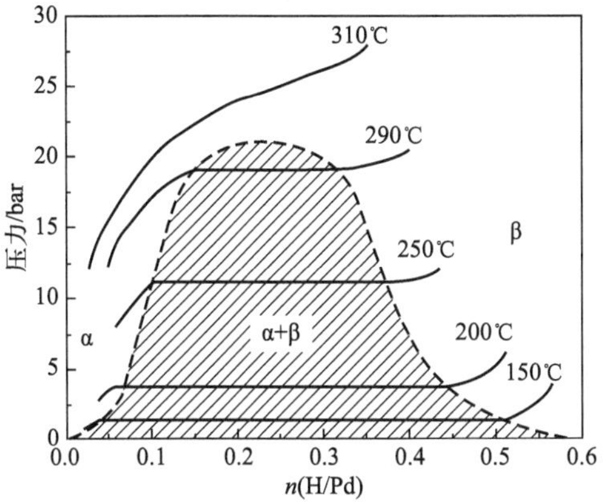

图 11-6 Pd 吸氢的压力-浓度-温度曲线[127]

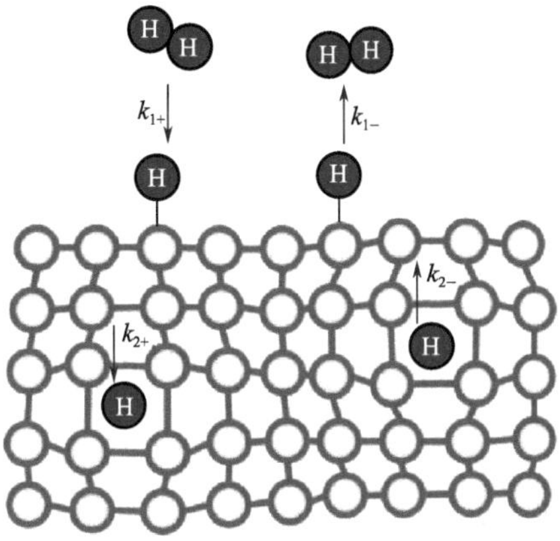

图 11-7 Pd 吸放氢过程示意图

（灰色和白色原子分别代表 H 和 Pd）[128]

式中，Pd(s)-H 表示 H 原子在 Pd 表面的吸附状态；PdH 表示 H 原子在 Pd 体相中的储存状态；k_i（i=1+、1−、2+、2−）表示反应速率常数。

在氢吸附/吸收 α 相的早期阶段，氢原子随机填充晶格结构中的小空隙，氢原子的浓度增加，直到氢化物相（β 相），晶格进一步膨胀，诱导氢以更高的密度聚集。当金属吸氢时，晶格常数的变化在 β 相中最大可达到长度的 3%或体积的 10%。这一过程是可逆的，当氢气释放后，金属会恢复到其原始状态[128]。

（3）Pd 吸氢的响应时间

Pd 合金吸氢的动力学过程直接影响氢气传感器的响应时间，为了更准确地理解 Pd 基敏感材料对氢气响应时间的影响，Liu 等基于菲克第二定律建立了钯基金属薄膜的氢单边扩散模型，如图 11-8 所示，推导了薄膜厚度和氢浓度对响应时间的影响函数。氢分子与钯接触时，首先在钯膜表面解离成氢原子，然后氢原子溶解并扩散到 Pd 中，形成间隙固溶体 PdH_x。当氢浓度降低时，体相中的氢原子从 Pd 膜表面脱附。这个反应是可逆的。假设膜中氢原子的扩散是典型的非稳态扩散过程，则可以用菲克第二定律来描述[129]。

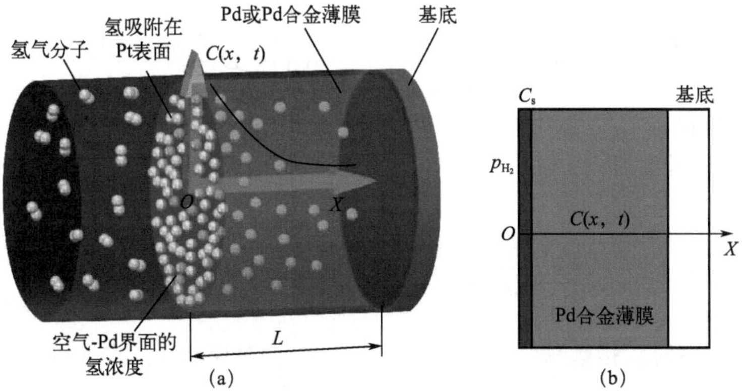

图 11-8 氢原子在钯基合金薄膜中的扩散[129]

（a）扩散过程；（b）基于菲克第二定律的模型坐标系

在膜和氢气之间的界面中心建立坐标系 O。x 轴垂直于薄膜表面。薄膜厚度表示为 L，氢原子在 Pd 基金属纳米膜中的扩散系数为 D，氢原子浓度为 $C(x, t)$，其是时间 t 和 Pd 基金属纳米膜中位置 x 的函数。当薄膜与氢气接触时（H_2 分压为 p_{H_2}），氢分子在固-气界面上连续解离成氢原子，并且在界面上形成恒定浓度（C_s）的氢原子。根据菲克第二定律，氢原子浓度 $C(x, t)$ 满足如下二阶偏微分方程：

$$\frac{\partial C(x, t)}{\partial t}=D\frac{\partial^2 C(x, t)}{\partial x^2} \tag{11-11}$$

在 $Pd\text{-}H_2$ 反应之前，膜中的氢浓度为零，因此，方程的初始条件如下：

$$C(x, 0)=0 \tag{11-12}$$

此外，固-气界面上的氢浓度是由周围环境中的氢浓度决定的常数 C_s。因此，第一个边界条件如下：

$$C(0, t)=C_s \tag{11-13}$$

当氢原子到达膜-基底界面时，它们以相反的方向扩散。这个过程类似于平面镜的反射。入射氢原子的浓度梯度等于反射氢原子的浓度梯度。因此，第二个边界条件如下：

$$\frac{\partial C(x, t)}{\partial x}\bigg|_{x=L}=0 \tag{11-14}$$

偏微分方程式（11-14）通过使用变量分离方法（也称为傅立叶方法）来求解。Pd 基金属膜中的氢原子浓度 $C(x, t)$ 由下式求得：

$$C(x, t)=C_s\left[1-\frac{4}{\pi}\sum_{m=1}^{\infty}\frac{1}{2m-1}\sin(\mu_{2m-1}\xi)\exp(-\mu_{2m-1}^2)\right] \tag{11-15}$$

其中，$\mu_{2m-1}=\dfrac{(2m-1)\pi}{2\xi_0}$，$\xi=\dfrac{x}{\sqrt{Dt}}$，$\xi_0=\dfrac{L}{\sqrt{Dt}}$

式（11-15）给出了氢原子在任意时间的浓度分布。在设计光纤氢传感器时，无论是在光纤端部还是侧面涂覆薄膜，都要检测薄膜折射率变化的平均效应。因此，沿着 x 轴方向的膜中氢原子的平均浓度如下：

$$\overline{C(t)}=\frac{\int_0^L C(x, t)\,dx}{L}=C_s-C_s\frac{8}{\pi^2}\sum_{m=1}^{\infty}\frac{1}{(2m-1)^2}\exp\left[-D\frac{(2m-1)^2\pi^2 t}{4L^2}\right] \tag{11-16}$$

膜中氢原子的平均浓度 $\overline{C(t)}$ 只取决于时间和膜厚，而不取决于膜的位置。如果我们将反应的百分比定义为 η 来表示反应的完成程度，则表达式如下：

$$\eta=\frac{\overline{C(t)}}{C_s}=1-\frac{8}{\pi^2}\sum_{m=1}^{\infty}\frac{1}{(2m-1)^2}\exp\left[-D\frac{(2m-1)^2\pi^2 t}{4L^2}\right] \tag{11-17}$$

模型讨论和简化：

① 瞬态浓度分析和简化。式（11-15）表示在任何时间膜中氢原子的瞬时浓度分布。式（11-16）的右侧展开如下：

$$C(x, t)=C_s\left\{1-\frac{4}{\pi}\sum_{m=1}^{\infty}\frac{1}{2m-1}\sin\left[\frac{(2m-1)\pi x}{2L}\right]\exp\left[-\frac{(2m-1)^2\pi^2 t}{4L^2}\right]\right\} \tag{11-18}$$

当时间 t 等于零时，指数项 $\left[-D\dfrac{(2m-1)^2\pi^2 t}{4L^2}\right]$ 对应于 1。式（11-18）简化如下：

$$C(x, t)=C_s\left\{1-\frac{4}{\pi}\sum_{m=1}^{\infty}\frac{1}{2m-1}\sin\left[\frac{(2m-1)\pi x}{2L}\right]\right\} \tag{11-19}$$

对式（11-19）中的无穷级数求和，可以改写如下：

$$C(x,\ t)=\begin{cases}C_s & x=0\\ 0 & 0<x<L\end{cases} \tag{11-20}$$

式（11-20）表明，当时间 $t=0$ 时，气-固界面处的氢浓度为 C_s，而 Pd 基金属膜中的氢浓度为 0，意味着氢原子在膜中的扩散还没有开始。

当 $t>0$ 时，指数项 $\left[-D\ \frac{(2m-1)^2\pi^2 t}{4L^2}\right]$ 在式（11-17）中迅速衰减，特别是在高次谐波中。如果我们选择无穷级数的前两项作为氢浓度分布的近似值，结果由下式给出：

$$C(x,\ t)\approx C_s\left[1-\frac{4}{\pi}\sin\left(\frac{\pi x}{2L}\right)\exp\left(-D\ \frac{\pi^2 t}{4L^2}\right)-\frac{4}{3\pi}\sin\left(\frac{3\pi x}{2L}\right)\exp\left(-D\ \frac{9\pi^2 t}{4L^2}\right)\right] \tag{11-21}$$

此外，截断误差由下式给出：

$$\delta=\frac{4C_s}{\pi}\sum_{m=3}^{\infty}\frac{1}{2m-1}\sin\left[\frac{(2m-1)\pi x}{2L}\right]\exp\left[-D\ \frac{(2m-1)^2\pi^2 t}{4L^2}\right] \tag{11-22}$$

令 $t=0$、2s、4s、6s、8s、10s、20s、40s 来研究 Pd-Y 合金膜中瞬态氢的浓度分布。假设 Pd-Y 合金膜的厚度 L 为 30nm，扩散系数 D 为 $10\mathrm{nm}^2/\mathrm{s}$，固-气界面上的氢浓度 C_s 为 $10^{-5}\mathrm{mol/mm}^3$。图 11-9 为基于式（11-20）和式（11-22）的氢的浓度分布[129]。固-气界面上的氢气浓度比薄膜中的高，随着时间的推移，氢的浓度增加。对于 $t=2$，曲线在 y 轴下，这是由截断误差引起的。

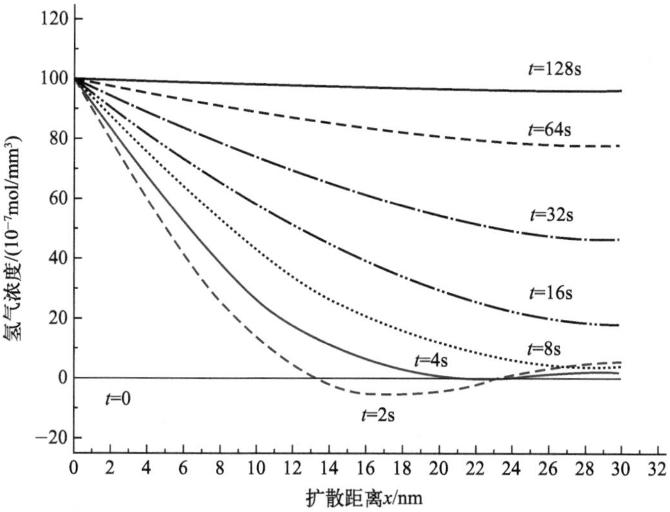

图 11-9 Pd-Y 合金膜中氢的浓度随时间的分布[129]

② 平均浓度分析和简化。式（11-16）中无穷级数的前两项保留为膜中平均氢原子浓度的近似值。结果为：

$$\overline{C(t)}\approx C_s\left[1-\frac{8}{\pi^2}\exp\left(-D\ \frac{\pi^2 t}{4L^2}\right)-\frac{8}{9\pi^2}\exp\left(-D\ \frac{9\pi^2 t}{4L^2}\right)\right] \tag{11-23}$$

同时，截断误差如下：

$$\delta=\frac{8}{\pi^2}\sum_{m=3}^{\infty}\frac{1}{(2m-1)^2}\exp\left[-D\ \frac{(2m-1)^2\pi^2 t}{4L^2}\right] \tag{11-24}$$

③ 响应百分比的简化和分析。基于式（11-23），响应百分比 η 相应地改写为：

$$\eta=\frac{\overline{C(t)}}{C_s}=1-\frac{8}{\pi^2}\exp\left(-D\frac{\pi^2 t}{4L^2}\right)-\frac{8}{9\pi^2}\exp\left(-D\frac{9\pi^2 t}{4L^2}\right) \tag{11-25}$$

假设扩散系数 D 为 $10\text{nm}^2/\text{s}$。基于式（11-25），不同厚度的薄膜的响应百分比如图 11-10 所示[129]。该图说明了响应的百分比呈指数上升，并且较薄的膜可以更早地完成响应。

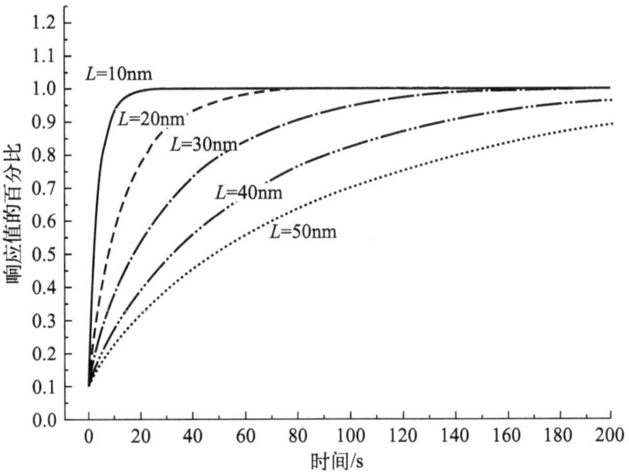

图 11-10 不同厚度的薄膜的响应百分比与时间的关系[129]

④ 响应速率分析。为了确定响应百分比的变化率，我们将响应率 V_r 表示为：

$$V_r=\frac{d\eta}{dt}=\frac{2D}{L^2}\exp\left(-D\frac{\pi^2 t}{4L^2}\right)+\frac{2D}{L^2}\exp\left(-D\frac{9\pi^2 t}{4L^2}\right) \tag{11-26}$$

式（11-26）表示传感器的响应速率并不是常数。在反应的初始状态下，反应率最高，随后迅速减弱。当时间 t 接近无穷大时，反应速率接近 0，反应向平衡状态前进。

⑤ 响应时间分析。响应百分比 η 是时间 t 的指数函数。只有当时间 t 接近无穷大时，响应百分比才能达到 100%，氢传感器的读数才能稳定。在实际测量中，我们通常把响应时间 T_{response} 定义为从反应开始到 90%稳定状态所需要的时间。因此，响应时间必须满足式（11-27）。

$$\eta\approx 1-\frac{8}{\pi^2}\exp\left(-D\frac{\pi^2 T_{\text{response}}}{4L^2}\right)-\frac{8}{9\pi^2}\exp\left(-D\frac{9\pi^2 T_{\text{response}}}{4L^2}\right)=90\% \tag{11-27}$$

响应时间 T_{response} 的典型值在几秒到几十分钟内变化。因此，式（11-28）中的二阶项比一阶项小得多。式（11-28）可以用一阶项近似如下：

$$1-\frac{8}{\pi^2}\exp\left(-D\frac{\pi^2 T_{\text{response}}}{4L^2}\right)=90\% \tag{11-28}$$

通过求解式（11-28），我们可以获得响应时间 T_{response}：

$$T_{\text{response}}=\frac{4L^2}{D\pi^2}\ln\frac{\pi^2}{80}\approx 0.85\frac{L^2}{D} \tag{11-29}$$

式（11-29）表示基于 Pd 或 Pd 合金膜的氢传感器的响应时间 T_{response} 取决于膜厚度和扩散系数。减小膜厚和增大扩散系数可以缩短响应时间，快速检测氢气泄漏。

（4）Pd合金薄膜吸氢的溶解度

物质的分子扩散系数表示它的扩散能力，是物质的物理性质之一。根据菲克定律，扩散系数是沿扩散方向，在单位时间每单位浓度梯度的条件下，垂直通过单位面积所扩散某物质的质量或摩尔数。

菲克扩散定律已经明确，扩散速度与扩散层厚度、扩散层的浓度梯度呈正比。其中扩散层的浓度梯度与溶解度相关，溶解度越大，浓度梯度越大，因此溶解度大的物质一般扩散速度较快，但还与物质的扩散系数有关。

此外，渗透系数 K、扩散系数 D 与溶解度 S 的关系如式（11-30）所示：

$$K = DS \tag{11-30}$$

图11-11[130]为钯晶格的八面体空隙（O）、四面体空隙（T）的示意图（另见文前彩图）。H主要存在于八面体位，扩散通过相邻八面体位之间的简单跳跃发生。Sonwane等采用密度泛函理论（DFT）研究了PdAg、PdAu和PdCu合金在不同温度与合金成分下的氢气溶解度。PdAg和PdAu被建模为完全混溶的fcc晶体结构，使用 $3\times3\times3$ 的超胞来模拟计算晶格常数、结合能和溶解度。Sonwane研究了 $Pd_{100-x}Ag_x$（其中 $x=14.81$、25.93、37.04和48.51）的合金成分、$Pd_{100-x}Au_x$（其中 $x=14.81$、25.93和37.04）的合金成分，以及 $Pd_{100-x}Cu_x$（其中 $x=25.93$ 和48.51）的合金成分。使用非线性方程以最近邻合金原子数（NN）、次近邻合金原子数（NNN）和晶格常数为自变量获得预测的结合能。

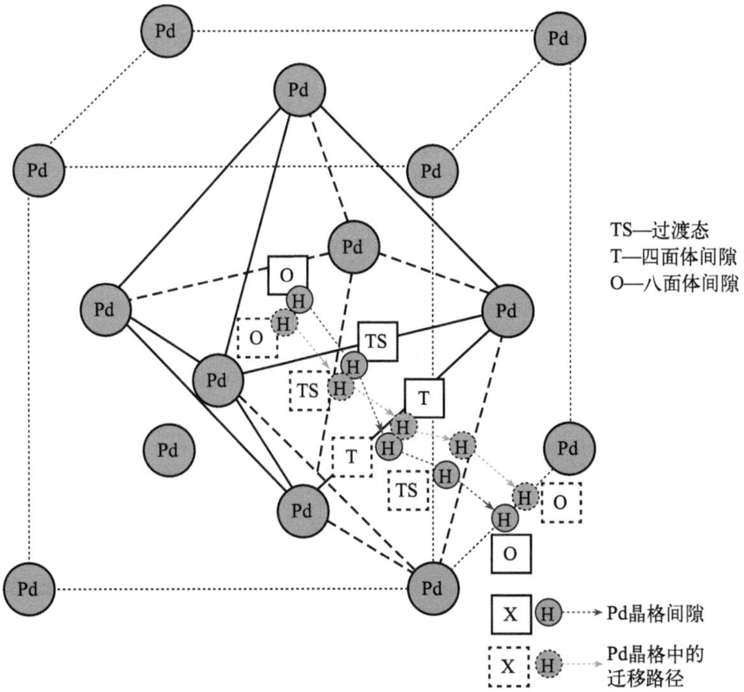

图11-11 钯晶格中的八面体位、四面体位示意图[130]

用Sievert公式描述H在Pd/Ag中的溶解度为：

$$\theta = K_S p_{H_2}^{1/2} \tag{11-31}$$

其中，θ 是氢的溶解度；K_S 是Sieverts常数；$p_{H_2}^{1/2}$ 是气相中的 H_2 压强。

Sievert 常数 K_S 可表示为：

$$K_S = \exp\left[\beta\left(-\frac{D_E}{2}+\frac{h\nu_{H_2}}{4}-E_0-\frac{3}{2}h\nu_H\right)\right]\frac{1}{\sqrt{\alpha}}\sqrt{1-\exp(-\beta h\nu_{H_2}/2)}\times\frac{2}{1-\exp^{(-\beta h\nu_{H_2})}} \tag{11-32}$$

$$\alpha=\left(\frac{2\pi mkT}{h^2}\right)^{1.5}\frac{4\pi^2 i(kT)^2}{h^2}$$

$$\beta=1/(k_B T)$$

式中，k_B 是玻尔兹曼常量，$k_B=1.3806505\times10^{-23}$J/K；$D_E$ 是经典离解能，$D_E=4.362\times10^5$J；E_0 是结合能；h 是普朗克常量，$h=6.6260755\times10^{-34}$J·S；$i$ 是氢分子转动惯量，$i=4.64\times10^{-34}$ kg·m^2；ν_H 和 ν_{H_2} 分别是 H 在 Pd 中和气态下的振动频率；m 是氢分子的质量。

纯 Pd 在低温下的 H 渗透率非常低，而且随着 H 的吸收，Pd 膜会发生 α→β 相变，导致晶格膨胀，Pd 膜脆化。为了解决 Pd 膜脆化和低渗透率的问题，通常使用 Pd 合金作为氢敏薄膜。与纯 Pd 相比，PdAg 合金具有更高的 H 溶解度和渗透性，PdCu 合金具有更低的 H 溶解度和渗透性，但是更耐硫中毒。

传统上，二元合金的近似晶格常数是用维加德定律由其单个金属的摩尔分数和晶格间距来估算的：

$$a_{PdM}=x_M a_M+(1-x_M)a_{Pd} \tag{11-33}$$

式中，a 为晶格常数；M 指合金原子；x 为合金原子的摩尔分数；$1-x$ 为 Pd 的摩尔分数。

表 11-5 为模拟得到的各组分 PdAg 和 PdAu 合金的晶格常数[130]。

表11-5 不含 H 的 PdAg 和 PdAu 合金的晶格常数[130]

PdM 合金（M= Ag、Au）中 M 元素的含量（摩尔分数）/%	PdAg 合金			PdAu 合金		
	理论值/Å	实验值/Å	误差/%	理论值/Å	实验值/Å	误差/%
0	3.960	3.883	1.94	3.960	3.883	1.94
14.8	3.989	3.909	2.01	3.997	3.911	2.15
25.9	4.010	3.928	2.04	4.022	3.932	2.24
37.0	4.030	3.947	2.06	4.046	3.952	2.32
48.2	4.049	3.967	2.03	4.069	3.972	2.38

将不同成分的合金及不同 NN 和 NNN 合金原子数时的位置的结合能数据结合在一起拟合得到：

$$E_0=a_1+a_2 n_{NN}+a_3 n_{NNN}+a_4 a_0+a_5 n_N n_{NNN}+a_6 n_{NN} a_0$$
$$+a_7 n_{NNN} a_0+a_8 n_{NN}^2+a_9 n_{NNN}^2+a_{10} a_0^2 \tag{11-34}$$

其中，a_0 是晶格常数；n_{NN} 和 n_{NNN} 分别是最近邻和次近邻合金原子数量。PdAg、PdAu 和 PdCu 的系数 $a_1\sim a_{10}$ 总结在表 11-6 中。

表11-6 式(11-34)中PdAg、PdAu和PdCu合金的系数 $a_1 \sim a_{10}$ [130]

系数	PdAg	PdAu	PdCu
a_1	-2.318×10	8.132×10	1.049×10^{-1}
a_2	-2.099×10^{-1}	1.581×10	7.423×10^{-1}
a_3	-4.373×10^{2}	-1.387×10^{3}	8.196×10^{-2}
a_4	8.862×10^{2}	2.795×10^{3}	5.740×10^{-1}
a_5	-1.413×10^{-3}	2.195×10^{-2}	1.020×10^{-2}
a_6	5.623×10^{-2}	-3.931×10^{-1}	-1.937×10^{-1}
a_7	5.497×10^{-1}	-2.062×10	-5.673×10^{-2}
a_8	4.2×10^{-2}	5.420×10^{-2}	2.207×10^{-2}
a_9	-2.096×10^{-3}	-3.560×10^{-3}	-2.017×10^{-3}
a_{10}	5.394×10^{1}	1.722×10^{2}	-5.727×10^{-2}

由此，估算了H在PdCu、PdAg和PdAu合金体系中的溶解度，如图11-12所示[130]。如图11-12(a)所示，PdCu合金中H的溶解度低于纯Pd。由图11-12(b)和(c)可以看出，在给定的温度下，H在PdAg和PdAu合金中的溶解度随着合金金属(Ag或Au)浓度的增大而增大，达到最大值后降低。在PdAg合金中，Ag的最大溶解度总是出现在30%Ag左右。PdAu合金的溶解度也表现出类似的趋势，最大溶解度出现在20%Au左右[130]。

此外，Cui等的研究还表明温度越高，PdH_x的生成速度越快，氢气在PdAg合金中的饱和速度越快。同时，在PdAg合金中，氢原子被赋予高能，氢原子从PdAg合金中的解吸也相应加剧，在较高的温度下，氢在PdAg合金中的溶解度θ降低，如图11-12所示[131]。Taşaltın等用Sieverts定律解释传感器响应随温度升高而降低的现象，根据该定律，氢溶解度的对数和温度的反比呈线性相关：

$$\left(\frac{\mathrm{H}}{\mathrm{Pd}}\right)_{\mathrm{at}}=K_{\mathrm{S}}\sqrt{p_{\mathrm{H_2}}} \tag{11-35}$$

其中，$\left(\frac{\mathrm{H}}{\mathrm{Pd}}\right)_{\mathrm{at}}$是H和Pd的原子比；$K_{\mathrm{S}}$是Sieverts常数；$p_{\mathrm{H_2}}$是以Pa为单位的氢分压。

Sieverts常数的温度依赖性由Arrhenius方程描述：

$$\ln K_{\mathrm{S}}=\frac{\Delta_{\mathrm{s}}S}{R}-\frac{\Delta_{\mathrm{s}}H}{RT} \tag{11-36}$$

其中，$\Delta_{\mathrm{s}}S$和$\Delta_{\mathrm{s}}H$分别是溶液的熵和焓；T是温度；R是摩尔气体常数。

Ma等给出的解释为：钯与氢接触生成氢化物是一个化学过程，氢化物分解为Pd和H是一个吸热过程，环境温度升高会促进氢化物分解过程，降低Pd的吸氢能力[132]。

(5) Pd及Pd合金薄膜的渗氢性能

扩散通过膜的气体流动受菲克定律控制，并且速率可以用以下形式表示：

$$V=K\left(\frac{a}{t}\right)DX \tag{11-37}$$

其中，V为氢气扩散速率；K为常数；a为薄膜面积；t为薄膜厚度；D为扩散系数；

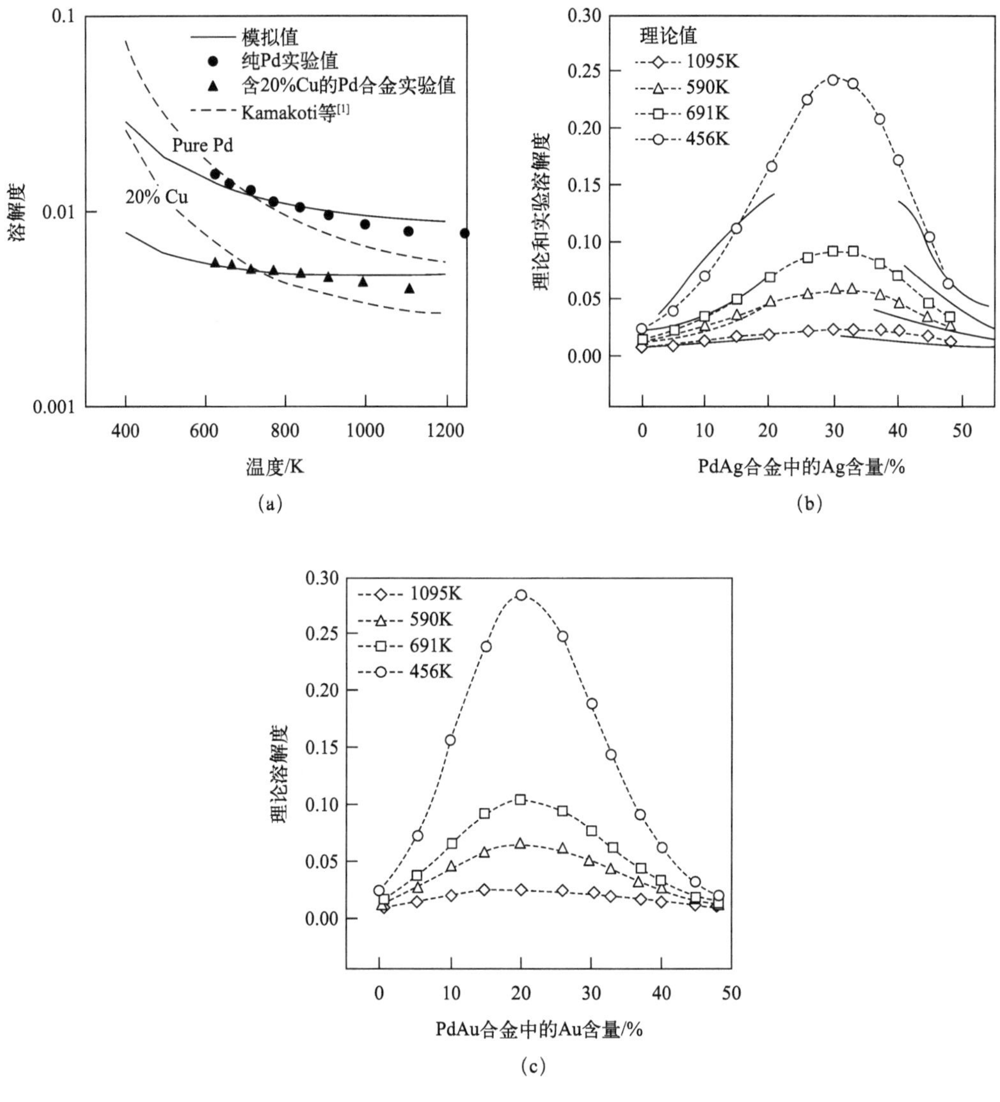

图 11-12 H在PdCu（a）、PdAg（b）和PdAu（c）合金中的溶解度[130]

X 为浓度梯度。

扩散系数 D 和浓度梯度 X 与膜的渗透性有关。几乎无一例外，钯的扩散系数 D 值在合金化时降低，因此，在合金中具有高浓度梯度时，才会产生高渗透性。

氢的分压差是钯膜透氢的推动力，氢总是从氢分压较高的一侧向氢分压较低的一侧渗透，遵循“溶解—扩散”机制。

氢在钯膜中的渗透率为：

$$J=\frac{Q}{l}(p_r^n-p_p^n) \tag{11-38}$$

式中，J 为氢气渗透量；Q 为渗透性（渗透率）；l 为膜厚度；p_r 和 p_p 分别为膜滞留侧和渗透侧的氢分压；n 为压力指数。

渗透率 Q 遵循阿伦尼乌斯定律：

$$Q = Q_0 \exp\left(-\frac{E_a}{RT}\right) \tag{11-39}$$

式中，E_a 为渗透过程总活化能。

由式（11-39）可以看出，氢在钯膜中的渗透量主要受温度、膜厚和膜两侧氢气分压差的影响。

从根本上来说，气体渗透可以分为两个过程：指数 $n=0.5$ 的表面过程（遵循 Sieverts 定律）和内部 $n=1$ 的体相过程（遵循 Fick 定律）。若透氢过程的速度控制步骤由两个过程共同控制，则指数 n 介于 0.5～1 之间。

由表 11-7 可以看到，纯钯膜 400℃时的氢渗透率为 1×10^{-8} mol/(m·s·$Pa^{0.5}$)，而掺入合金元素的种类和含量则会显著影响 Pd 合金的氢渗透率。以 PdAg 合金为例，$Pd_{77}Ag_{23}$ 是氢渗透率最高的配比[133]。

表11-7 Pd 及 Pd 合金的氢渗透率

Pd 及 Pd 合金	温度/℃	氢渗透率 /[mol/(m·s·$Pa^{0.5}$)]	Pd 及 Pd 合金	温度/℃	氢渗透率 /[mol/(m·s·$Pa^{0.5}$)]
Pd	400	1×10^{-8}	$Pd_{60}Cu_{40}$	400	2.0×10^{-9}
	500	1.9×10^{-8}	$Pd_{95}Ru_5$	400	8.2×10^{-9}
$Pd_{77}Ag_{23}$	400	2.52×10^{-8}	$Pd_{95}Y_5$	400	1.1×10^{-8}
$Pd_{94}Cu_6$	400	8.4×10^{-9}	$Pd_{95}Au_5$	400	1.1×10^{-8}

有研究表明，PdAg 和 PdY 合金有较优越的渗氢性能。而且有文献表明，在相同条件下测试的 Y 含量为 6%至 10%的合金的氢渗透率比 Ag 含量为 25%的 PdAg 合金高出约 50%[134]。此外，有研究表明，在低于 100psi（1psi=6894.76Pa）的压力下获得的 Y 和 Ag 合金在某个中间温度下出现最大渗透率，而不是通常出现的稳定增加。

添加 Au 可使 PdAu 的渗透率增大，达到最大值后继续增大合金中 Au 的含量时，渗透率开始迅速降低，如图 11-13 所示。Pt 会抑制氢的溶解和扩散，导致膜的氢渗透性降低，因此 PdPt 合金膜的氢渗透率低于纯钯膜。此外，PdCu 合金具有 fcc 和 bcc 两种结构，随着温度和 Pd 含量的变化，会发生两种结构的转变，透氢性能也会随之改变。在一定温度下，氢渗透率的下降顺序为 fcc-Pd→bcc-PdCu→fcc-PdCu[135]。

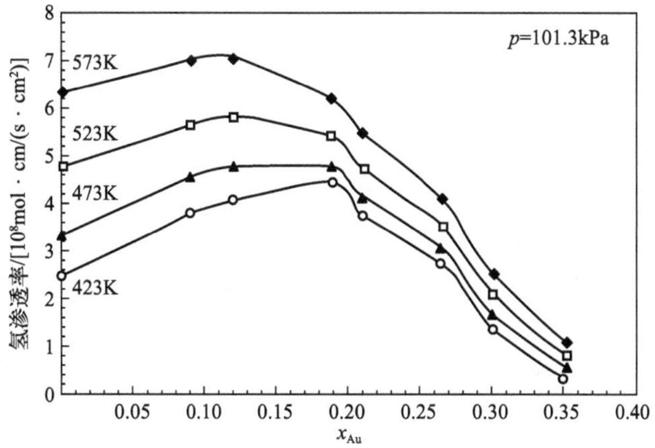

图 11-13 不同温度下 PdAu 的氢渗透率随 Au 含量变化示意图[135]

11.6.2.2 不同原理光学型氢气传感器的敏感材料

（1）微镜式

1991 年，Butler[136] 利用光纤端面镀 Pd 膜的方式发展了第一个微镜式氢气传感器，对空气中 0～10%的氢气有较好的响应，对 10%～100%的氢气也能响应。Bévenot 等[137] 利用多模光纤的端面镀 Pd 膜，研制了一款微镜式氢气传感器，可以在 −196～23℃的温度区间工作，检测范围（纯氮气中）为 1%～100%，响应时间小于 5s，该传感器被用于欧洲阿丽亚娜 5 型火箭发动机的氢气泄漏检测。通过材料优化可以对该类传感器的性能进行优化，Xu 等[138] 发展了一种基于偏振调制的微镜式氢气传感器，光纤端面采用 Pt/WO_3 作为敏感材料，通过检测保偏光纤反射光谱的波长偏移量来实现低浓度下的氢浓度测量，在 0～4%氢浓度范围内，该传感器的灵敏度为 18.04nm/%。微镜式传感器是目前发展较为成熟的一种光学型氢气传感器，这种传感器的结构简单，成本较低，响应时间快，后期信号处理简单。但与其他光学型传感器相比，其结构不适用于多点分布式测量。

（2）光纤布拉格光栅式

光纤布拉格光栅（FBG）式传感器的响应特征与氢敏材料的厚度和光纤直径有直接关系，通常情况下，减小氢敏材料的厚度和光纤直径可以有效地提高 FBG 式传感器的灵敏度和响应速度，但这样也会导致光纤结构易碎，使用寿命短[139]。为了解决这一矛盾，近年来对 FBG 式氢气传感器的研究主要集中于氢敏材料，FBG 式氢气传感器常用的氢气敏感材料有两类，即 Pd 及其合金和 WO_3。

Sutapun 等[140] 在 1999 年首次发展了 FBG 氢气传感器，在长度为 2～3cm 的 FBG 区域表面镀 560nm 厚的 Pd 膜，该传感器在 0.8%～1.3%的氢气浓度范围内显示出良好的响应，但由于 Pd 膜太厚，响应时间长达 10min。如图 11-6 所示，使用纯 Pd 膜作为氢敏薄膜的一个限制就是在 293℃的温度下，Pd 吸氢会产生 α 和 β 两个不同的相。与 α 相相比，β 相具有更大的晶格膨胀。因此，β 相在 α 相基体中的成核和生长在 Pd 膜中产生了严重的应变，导致变形、位错增殖和硬化。在几个氢化/脱氢循环之后，可能会发生扩散膜的分裂[134]。此外，纯钯膜易被 H_2S、CO 和 CH_4 等杂质气体毒化。Pd 会与 H_2S 发生反应生成 Pd_4S，导致 Pd 膜产生裂纹，而且导致 Pd 膜的透氢速率降低。CO 会吸附在 Pd 膜表面并发生碳沉积生成 PdC 相[135]。为了克服氢脆并提高钯膜的抗毒化性能，研究人员将目光投向钯合金膜。过渡金属与 Pd 形成合金，可以改善 Pd 膜氢脆的问题，并影响 Pd 膜的氢气溶解度和渗透率。以 Pd 合金形成的 FBG 传感器具备不同的特点，如表 11-8 所列。Ag 的加入可以抑制氢脆，增加薄膜的硬度，但对杂质气体的耐受性差。Au 的加入可以抑制氢脆，具有优异的抗 H_2S 和 CO 毒化性能，但 Au 容易表面偏析，热稳定性差。Y 的加入会使 Pd 膜的延伸率（伸长率）、硬度、抗拉强度提高，但易被氧化生成 Y_2O_3，对 H_2S 和 CO 的耐受性差。Cu 的加入可以在低温下抑制氢脆，热稳定性和化学稳定性差，Cu 易在表面偏析，抗 H_2S 毒化，但对 CO 和 CH_4 不耐受。Pt 和 Ru 都可以使膜的机械性能和热稳定性变好，Pt 的加入还可以提高抗毒化性能。Ni 的加入可以提高抗 H_2S 和 CO 毒化性能。

此外，在钯复合膜表面涂覆一层其他材料，可以改善 Pd 膜的稳定性和抗毒化性能。例如在 Pd 膜表面覆盖一层 MoS_2，可以优先吸附分解 H_2S 进而阻止 H_2S 与钯膜的直接接触，从而极大地增强钯膜对 H_2S 毒化的抑制作用[135]。

表11-8 二元 Pd 基合金薄膜的相关性质

合金	氢溶解度	氢渗透率	晶体结构	气体选择性	其他性质	参考文献
PdAg	> Pd	> Pd	fcc	杂质气体毒性耐受差	抑制氢脆，增加了硬度、化学惰性	[79]
PdAu	> Pd	> Pd 但超过 20% 后，渗透率会迅速降低	fcc 连续固溶体	优越的抗 H_2S、CO 毒化性能	抑制氢脆，Au 表面偏析，热稳定性差	[134]
PdY		> Pd	Fcc 固溶体	不易氧中毒但对 H_2S、CO 等耐受性差	延伸率、硬度、抗拉强度高，易被氧化生成 Y_2O_3	[135]
PdCu	< Pd	Pd > bcc-PdCu > fcc-PdCu		抗 H_2S 毒化，对 CO 和 CH_4 等不耐受	低温抑制氢脆，热稳定性、化学稳定性差，Cu 表面偏析	[134]
PdTi	< Pd	< Pd				[141]
PdCr	< Pd					
PdPt		< Pd		抗毒性好	机械性能、热稳定性好	[135]
PdRu		< Pd			热稳定性、机械性能好	
PdNi				抗 H_2S、CO 毒化[26, 27]		[142, 143]
PdCe		> Pd				

通过对 Pd 或 WO_3 类材料改性，可以提高 FBG 的灵敏度。Wang 等[144]研究了利用离子插层改善基于 α-MoO_3 的 FBG 氢气传感器的性能，离子插层可以通过加强层结构来提高传感器的可重复性，其改善程度取决于离子种类和离子键的数量，1mmol Na^+ 插层可以实现最好的效果。Fisser 等[145,146]将大截面积 Pd 箔粘接在光纤上，有效地提高了钯基 FBG 氢气传感器的灵敏度，约为 $0.062pm/10^{-6}$。另外，可以通过引入飞秒激光技术改变光纤结构来提高 FBG 传感器的灵敏度等性能。如周贤等[147]利用飞秒激光技术在光纤 FBG 包层上加工出交叉螺旋微槽，并在其表面镀 Pt-WO_3 薄膜，其灵敏度约为传统 FBG 传感器的 1.55 倍。

表 11-9 列出了部分基于 Pd 合金的 FBG 传感器的性能，Pd 基合金构成的 FBG 传感器

对 0～4%浓度范围的氢气有较好的响应。

表11-9 部分 Pd 基合金的 FBG 传感器的性能

薄膜组分、厚度	测试范围；测试环境	光纤波长/nm	光纤直径/μm	灵敏度/波长偏移/响应时间	参考文献
110nm $Pd_{76}Ag_{24}$ 磁控溅射	4%；61.7% RH、15.4℃	1302.685	125	8pm	[148]
			38	23pm	
			20.6	40pm	
110nm $Pd_{76}Ag_{24}$	4%；63.8% RH、12.7℃		侧抛光	18pm、300s	[149]
520nm $Pd_{80}Ag_{20}$	4%；32% RH、25℃		125、双螺旋微结构	51.5pm/% H、160～180s	[150]
400nm$Pd_{75}Ag_{25}$	0～20cm³/min；60℃		125+聚酰亚胺 1μm	0.055pm/（μL·L）、0.4h	[132]
500nm Pd_2Ag_1	4%	1550	125、螺旋微结构	18pm、45s	[151]
500nm Pd_4Ag_1				107pm、70s	
500nm Pd_6Ag_1				93pm、100s	
520nm $Pd_{75}Ag_{25}$	4%；30% RH、25℃		125、微槽结构	16.5pm/% H	[152]
110nm $Pd_{91}Ni_9$	0～4%；23℃、43% RH	1295.168	17	60pm（4%）、4～5min	[143]
130nm $Pd_{91}Ni_9$	0～4%；25℃		21+聚丙烯片	146pm（4%）、5～6min	[153]
50nm $Pd_{19}Ni_1$	4%		4.06	28pm（4%）、1min	[154]
675nm $Pd_{58}Cr_{42}$	0～643×10^{-6}		125	15pm（643×10^{-6}）	[155]
128nm graphene-Au-Pd（Au: 113nm; Pd: 13nm）	0～4.5%	1538	75（HCF+SMF）	290pm（4.5%）、2.88s（4.5%）	[156]

（3）干涉式

干涉式传感器的关键是光纤的 F-P 空腔结构，配合不同材料可制成不同性能的传感器。周阳林[157]以石墨烯为氢敏材料载体，研究了不同 Pd 厚度 F-P 式氢气传感器的各项性能。实验发现，Pd 膜厚为 5.6nm 时，传感器的综合性能最佳，其响应时间约为 18s，灵敏度约为 0.25pm/10^{-6}，而响应时间也受到氢气浓度的影响，在低浓度时传感器的响应时间相对较长。Li 等[158] 利用游标效应提出了一种光学级联 F-P 氢气传感器，该传感器由一段大模区光纤和一段空心光纤组成，在 0～2.4%氢气浓度范围内的灵敏度为－1.04nm/%，响应时间为 80s。Xu 等[159] 在 F-P 探头式光纤氢气传感器的微腔内充注热敏液体，尝试提升其灵敏度和抗干扰能力。实验表明，填充了热敏液体的传感器在 0～4%氢气浓度范围内的灵敏度和抗干扰能力较好，响应时间为 120～150s。虽然近期的研究证明了 F-P 式氢气传感器具有高灵敏度和低检测极限，但其响应时间较长（一般大于 20s），有待进一步的研究与改进。

（4）光纤 SPR 式

光纤 SPR 氢气传感器的研究主要集中于传感机理和敏感膜的设计等方面。Aray 等[160] 研制了一种纳米 MoO_3 传感层室温高灵敏度的局域表面等离子体共振（localized surface plasmon resonance，LSPR）氢气传感器，利用氧缺陷诱导纳米结构的 α-MoO_3 薄膜的等离子体特性实现传感，并在 $(150 \sim 2000) \times 10^{-6}$ 氢气浓度范围内对其进行测试，该传感器的灵敏度为 $38.1\text{pm}/10^{-6}$。Deng 等[161] 研制了一种基于 Ag-TiO_2 薄膜的光纤耦合棱镜式表面等离子体共振传感器，Ag 作为激发表面等离子波的金属材料，TiO_2 作为氢敏材料吸收氢气，依次镀在棱镜表面。研究表明，在氢气浓度为 14.7%～25%时，反射率与氢浓度呈线性关系，传感器的灵敏度为 523nW/%。光纤 SPR 式氢气传感器在常温下的灵敏度较高，响应速度快，但检测范围较小，有待进一步的研究与改进。

11.7 声学型传感器

声表面波（surface acoustic waves，SAW）型氢气传感器（声学型传感器）的原理是声表面波传播经过氢敏材料（如钯或钯合金）时，受氢敏材料吸收氢气后电导率或质量等特性变化的影响，声表面波的频率会发生变化。这种类型的传感器最早由 Amico 等[162] 提出。如图 11-14 所示，一般使用 $LiNbO_3$ 作为压电基片，氢敏材料沉积在压电基片表面，由基片上的叉指换能器（interdigital transducer，IDT）激励和接收声表面波实现传感。相比于电学型传感器和光纤型传感器，人们对这种方法的研究较少。

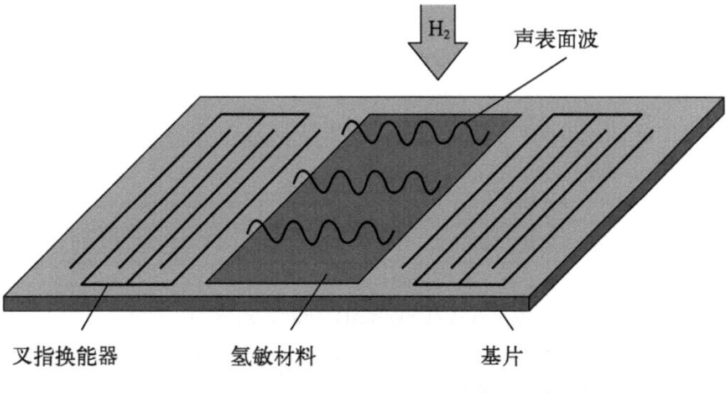

图 11-14 声表面波型氢气传感器的结构示意图[1]

SAW 型传感器相比于其他传感器最大的优势在于非常短的响应时间和很高的灵敏度，但缺陷是受环境温度影响大，高温下响应不稳定，目前的研究大多是在常温下进行的，主要围绕敏感膜的材料选择和结构设计。Wang 等[163,164] 研制了采用 Pd/Ni 和 Pd/Cu 纳米线膜涂层的 SAW 氢气传感器，并在室温下测试了这两种传感器，响应时间分别为 2s 和 4s，检测极限为 7×10^{-6}。Hejczyk 和 Urbańczyk[165] 研究了基于 Pd-WO_3 敏感膜的 SAW 氢气传感器，发现最佳氢敏感薄膜的厚度取决于探测氢气的浓度，浓度越低，最佳厚度越薄。Yang 等[166] 研制了一种 SnO_2 和 Pd 纳米颗粒层组成的双层结构敏感膜 SAW 传感器，这种结构可以增强 SnO_2 传感膜的性能，其响应时间仅为 1s，工作温度范围为 25～275℃。Li 等[167] 提出了一种基于钯纳米颗粒修饰氧化石墨烯的 SAW 氢气传感器，在室温下 0～3000×10^{-6} 氢气浓度范围内，其灵敏度约为 2070 Hz/1000×10^{-6}，约是氧化石墨烯 SAW 氢气传感器的 9 倍，响应时间为 6s。

参 考 文 献

[1] 张颖，宿禹祺，陈俊帅，等. 氢气传感器研究的进展与展望 [J]. 科学通报，2023，68 (Z1)：204-219.

[2] Mirzaei A，Yousefi H R，Falsafi F，et al. An overview on how Pd on resistive-based nanomaterial gas sensors can enhance response toward hydrogen gas [J]. International Journal of Hydrogen Energy，2019，44 (36)：20552-20571.

[3] Hubert T，Boon-Brett L，Black G，et al. Hydrogen sensors-A review [J]. Sensors and Actuators B-Chemical，2011，157 (2)：329-352.

[4] Wagner C. The mechanism of the decomposition of nitrous oxide on zinc oxide as catalyst [J]. The Journal of Chemical Physics，1950，18 (1)：69-71.

[5] Seiyama T，Kato A，Fujiishi K，et al. A new detector for gaseous components using semiconductive thin films [J]. Analytical Chemistry，1962，34 (11)：1502-1503.

[6] Seiyama T，Kagawa S. Study on a detector for gaseous components using semiconductive thin films [J]. Analytical Chemistry，1966，38 (8)：1069-1073.

[7] Nakatani Y，Matsuoka M，Iida Y. Gamma-Fe_2O_3 ceramic gas sensor [J]. IEEE Transactions on Components，Hybrids，and Manufacturing Technology，1982，5 (4)：522-527.

[8] Egashira M，Shimizu Y，Takao Y. Trimethylamine sensor based on semiconductive metal oxides for detection of fish freshness [J]. Sensors and Actuators B：Chemical，1990，1 (1)：108-112.

[9] Neubecker A，Pompl T，Doll T，et al. Ozone-enhanced molecular beam deposition of nickel oxide (NiO) for sensor applications [J]. Thin Solid Films，1997，310 (1)：19-23.

[10] Chung W Y，Sakai G，Shimanoe K，et al. Preparation of indium oxide thin film by spin-coating method and its gas-sensing properties [J]. Sensors and Actuators B-Chemical，1998，46 (2)：139-145.

[11] Katsuki A，Fukui K. H_2 selective gas sensor based on SnO_2 [J]. Sensors and Actuators B：Chemical，1998，52 (1)：30-37.

[12] Yannopoulos L N. A p-type semiconductor thick film gas sensor [J]. Sensors and Actuators，1987，12 (3)：263-273.

[13] Zhou X，Xu Y，Cao Q，et al. Metal-semiconductor ohmic contact of SnO_2-based ceramic gas sensors [J]. Sensors and Actuators B：Chemical，1997，41 (1)：163-167.

[14] Zhang T S，Hing P，Li Y，et al. Selective detection of ethanol vapor and hydrogen using Cd-doped SnO_2-based sensors [J]. Sensors and Actuators B-Chemical，1999，60 (2-3)：208-215.

[15] Egashira M，Shimizu Y，Takao Y，et al. Variations in I-V characteristics of oxide semiconductors induced by oxidizing gases [J]. Sensors and Actuators B：Chemical，1996，35 (1)：62-67.

[16] Li G J，Zhang X H，Kawi S. Relationships between sensitivity，catalytic activity，and surface areas of SnO gas sensors [J]. Sensors and Actuators B-Chemical，1999，60 (1)：64-70.

[17] Friedberger A，Kreisl P，Rose E，et al. Micromechanical fabrication of robust low-power metal oxide gas sensors [J]. Sensors and Actuators B-Chemical，2003，93 (1-3)：345-349.

[18] Wada K，Egashira M. Hydrogen sensing properties of SnO_2 subjected to surface chemical modification with ethoxysilanes [J]. Sensors and Actuators B-Chemical，2000，62 (3)：211-219.

[19] Choi W K，Song S K，Cho J S，et al. H_2 gas-sensing characteristics of SnO_x sensors fabricated by a reactive ion-assisted deposition with/without an activator layer [J]. Sensors and Actuators B：Chemical，1997，40 (1)：21-27.

[20] Korotchenkov G S, Dmitriev S V, Brynzari V I. Processes development for low cost and low power consuming SnO_2 thin film gas sensors (TFGS) [J]. Sensors and Actuators B: Chemical, 1999, 54 (3): 202-209.

[21] Schierbaum K D, Kirner U L, Geiger J F, et al. Schottky-barrier and conductivity gas sensors based upon Pd/SnO_2 and Pt/TiO_2 [J]. Sensors and Actuators B: Chemical, 1991, 4 (1): 87-94.

[22] Galdikas A, Jasutis V, Kačiulis S, et al. Peculiarities of surface doping with Cu in SnO_2 thin film gas sensors [J]. Sensors and Actuators B: Chemical, 1997, 43 (1): 140-146.

[23] Sharma R K, Chan P C H, Tang Z A, et al. Sensitive, selective and stable tin dioxide thin-films for carbon monoxide and hydrogen sensing in integrated gas sensor array applications [J]. Sensors and Actuators B-Chemical, 2001, 72 (2): 160-166.

[24] Salehi A, Gholizade M. Gas-sensing properties of indium-doped SnO_2 thin films with variations in indium concentration [J]. Sensors and Actuators B-Chemical, 2003, 89 (1-2): 173-179.

[25] Gaidi M, Chenevier B, Labeau M. Electrical properties evolution under reducing gaseous mixtures (H_2, H_2S, CO) of SnO_2 thin films doped with Pd/Pt aggregates and used as polluting gas sensors [J]. Sensors and Actuators B-Chemical, 2000, 62 (1): 43-48.

[26] Oyabu T, Osawa T, Kurobe T. Sensing characteristics of tin oxide thick film gas sensor [J]. Journal of Applied Physics, 1982, 53 (11): 7125-7130.

[27] Huck R, Böttger U, Kohl D, et al. Spillover effects in the detection of H_2 and CH_4 by sputtered SnO_2 films with Pd and PdO deposits [J]. Sensors and Actuators, 1989, 17 (3): 355-359.

[28] Radecka M, Zakrzewska K, Rękas M. SnO_2-TiO_2 solid solutions for gas sensors [J]. Sensors and Actuators B: Chemical, 1998, 47 (1): 194-204.

[29] Coles G S V, Williams G, Smith B. The effect of oxygen partial pressure on the response of tin (Ⅳ) oxide based gas sensors [J]. Journal of Physics D: Applied Physics, 1991, 24 (4): 633.

[30] Yamamoto N, Tonomura S, Matsuoka T, et al. A study on a palladium-titanium oxide Schottky diode as a detector for gaseous components [J]. Surface Science, 1980, 92 (2): 400-406.

[31] Hayakawa I, Iwamoto Y, Kikuta K, et al. Gas sensing properties of platinum dispersed-TiO_2 thin film derived from precursor [J]. Sensors and Actuators B-Chemical, 2000, 62 (1): 55-60.

[32] Davazoglou D, Georgouleas K. Low pressure chemically vapor deposited WO_3 thin films for integrated gas sensor applications [J]. Journal of the Electrochemical Society, 1998, 145 (4): 1346-1350.

[33] Saito S, Miyayama M, Koumoto K, et al. Gas sensing characteristics of porous ZnO and Pt/ZnO ceramics [J]. Journal of the American Ceramic Society, 1985, 68 (1): 40-43.

[34] Raju A R, Rao C N R. Gas-sensing characteristics of ZnO and copper-impregnated ZnO [J]. Sensors and Actuators B: Chemical, 1991, 3 (4): 305-310.

[35] Bott B, Jones T A, Mann B. The detection and measurement of CO using ZnO single crystals [J]. Sensors and Actuators, 1984, 5 (1): 65-73.

[36] Xu J Q, Shun Y A, Pan Q Y, et al. Sensing characteristics of double layer film of ZnO [J]. Sensors and Actuators B-Chemical, 2000, 66 (1-3): 161-163.

[37] van Geloven P, Moons J, Honore M, et al. Tin (Ⅳ) oxide gas sensors: thick-film versus metallo-organic based sensors [J]. Sensors and Actuators, 1989, 17 (3): 361-368.

[38] Pizzini S, Buttá N, Narducci D, et al. Thick film ZnO resistive gas sensors: analysis of their kinetic behavior [J]. Journal of the Electrochemical Society, 136 (7): 1945.

[39] Egashira M, Kanehara N, Shimizu Y, et al. Gas-sensing characteristics of Li^+-doped and undoped ZnO whiskers [J]. Sensors and Actuators, 1989, 18 (3): 349-360.

[40] Nanto H, Minami T, Takata S. Zinc - oxide thin - film ammonia gas sensors with high sensitivity and excellent selectivity [J]. Journal of Applied Physics, 1986, 60 (2): 482-484.

[41] Kosacki I, Anderson H U. Nanostructured oxide thin films for gas sensors [J]. Sensors and Actuators B-Chemical, 1998, 48 (1-3): 263-269.

[42] Wang Y D, Ma C L, Wu X H, et al. Electrical and gas-sensing properties of mesostructured tin oxide-based H_2 sensor [J]. Sensors and Actuators B-Chemical, 2002, 85 (3): 270-276.

[43] Pan Q Y, Xu J Q, Dong X W, et al. Gas-sensitive properties of nanometer-sized SnO_2 [J]. Sensors and Actuators B-Chemical, 66 (1-3): 237-239.

[44] Lu F, Liu Y, Dong M, et al. Nanosized tin oxide as the novel material with simultaneous detection towards CO, H_2

and CH_4 [J]. Sensors and Actuators B-Chemical, 2000, 66 (1-3): 225-227.

[45] Sakai G, Baik N S, Miura N, et al. Gas sensing properties of tin oxide thin films fabricated from hydrothermally treated nanoparticles: Dependence of CO and H_2 response on film thickness [J]. Sensors and Actuators B-Chemical, 2001, 77 (1-2): 116-121.

[46] Baik N S, Sakai G, Miura N, et al. Hydrothermally treated sol solution of tin oxide for thin-film gas sensor [J]. Sensors and Actuators B-Chemical, 2000, 63 (1-2): 74-79.

[47] Baik N S, Sakai G, Shimanoe K, et al. Hydrothermal treatment of tin oxide sol solution for preparation of thin-film sensor with enhanced thermal stability and gas sensitivity [J]. Sensors and Actuators B-Chemical, 2000, 65 (1-3): 97-100.

[48] Kawahara A, Yoshihara K, Katsuki H, et al. Gas-sensing properties of semiconductor heterolayers fabricated by a slide-off transfer printing method [J]. Sensors and Actuators B-Chemical, 2000, 65 (1-3): 17-22.

[49] Hyodo T, Baba Y, Wada K, et al. Hydrogen sensing properties of SnO_2 varistors loaded with SiO_2 by surface chemical modification with diethoxydimethylsilane [J]. Sensors and Actuators B-Chemical, 2000, 64 (1-3): 175-181.

[50] Chaudhary V A, Mulla I S, Vijayamohanan K. Selective hydrogen sensing properties of surface functionalized tin oxide [J]. Sensors and Actuators B-Chemical, 1999, 55 (2-3): 154-160.

[51] Hammond J W, Liu C C. Silicon based microfabricated tin oxide gas sensor incorporating use of Hall effect measurement [J]. Sensors and Actuators B-Chemical, 2001, 81 (1): 25-31.

[52] Choi U S, Sakai G, Shimanoe K, et al. Sensing properties of SnO_2-Co_3O_4 composites to CO and H_2 [J]. Sensors and Actuators B-Chemical, 2004, 98 (2-3): 166-173.

[53] Shimizu Y, Kuwano N, Hyodo T, et al. High H_2 sensing performance of anodically oxidized TiO_2 film contacted with Pd [J]. Sensors and Actuators B-Chemical, 2002, 83 (1-3): 195-201.

[54] Xu J Q, Pan Q Y, Shun Y A, et al. Grain size control and gas sensing properties of ZnO gas sensor [J]. Sensors and Actuators B-Chemical, 2000, 66 (1-3): 277-279.

[55] Moon W J, Yu J H, Choi J M. The CO and H_2 gas selectivity of CuO-doped SnO_2-ZnO composite gas sensor [J]. Sensors and Actuators B-Chemical, 2002, 87 (3): 464-470.

[56] Wang J H, Tong M S, Wang X Q, et al. Preparation of H_2 and LPG gas sensor [J]. Sensors and Actuators B-Chemical2002, 84 (2-3): 95-97.

[57] Chung W Y, Sakai G, Shimanoe K, et al. Spin-coated indium oxide thin film on alumina and silicon substrates and their gas sensing properties [J]. Sensors and Actuators B-Chemical, 2000, 65 (1-3): 312-315.

[58] Fleischer M, Kornely S, Weh T, et al. Selective gas detection with high-temperature operated metal oxides using catalytic filters [J]. Sensors and Actuators B-Chemical, 2000, 69 (1-2): 205-210.

[59] Pohle R, Fleischer M, Meixner H. In situ infrared emission spectroscopic study of the adsorption of H_2O and hydrogen-containing gases on Ga_2O_3 gas sensors [J]. Sensors and Actuators B-Chemical, 2000, 68 (1-3): 151-156.

[60] Weh T, Frank J, Fleischer M, et al. On the mechanism of hydrogen sensing with SiO_2 modificated high temperature Ga_2O_3 sensors [J]. Sensors and Actuators B-Chemical, 2001, 78 (1-3): 202-207.

[61] Imawan C, Solzbacher F, Steffes H, et al. TiO_x-modified NiO thin films for H_2 gas sensors: Effects of TiO_x-overlayer sputtering parameters [J]. Sensors and Actuators B-Chemical, 2000, 68 (1-3): 184-188.

[62] Imawan C, Steffes H, Solzbacher F, et al. A new preparation method for sputtered MoO_3 multilayers for the application in gas sensors [J]. Sensors and Actuators B-Chemical, 2001, 78 (1-3): 119-125.

[63] Imawan C, Steffes H, Solzbacher F, et al. Structural and gas-sensing properties of V_2O_5-MoO_3 thin films for H_2 detection [J]. Sensors and Actuators B-Chemical, 2001, 77 (1-2): 346-351.

[64] Hazra S K, Basu S. High sensitivity and fast response hydrogen sensors based on electrochemically etched porous titania thin films [J]. Sensors and Actuators B-Chemical, 2006, 115 (1): 403-411.

[65] Chaudhari G N, Bende A M, Bodade A B, et al. Structural and gas sensing properties of nanocrystalline TiO_2: WO_3-based hydrogen sensors [J]. Sensors and Actuators B-Chemical, 2006, 115 (1): 297-302.

[66] Shukla S, Seal S, Ludwig L, et al. Nanocrystalline indium oxide-doped tin oxide thin film as low temperature hydrogen sensor [J]. Sensors and Actuators B: Chemical, 2004, 97 (2): 256-265.

[67] Han C H, Han S D, Singh I, et al. Micro-bead of nano-crystalline F-doped SnO_2 as a sensitive hydrogen gas sensor [J]. Sensors and Actuators B-Chemical, 2005, 109 (2): 264-269.

[68] Matushko I P, Maksimovich N P, Nikitina N V, et al. Sensitivity to hydrogen of sensor materials based on SnO_2 promoted with 3d metals [J]. Theoretical and Experimental Chemistry, 2008, 44: 128-133.

[69] Ippolito S J, Kandasamy S, Kalantar-zadeh K, et al. Hydrogen sensing characteristics of WO_3 thin film conductometric sensors activated by Pt and Au catalysts [J]. Sensors and Actuators B, 2005, 108: 154-158.

[70] Tournier C P G. Selective filter for SnO_2-based gas sensor: application to hydrogen trace detection [J]. Sensors and Actuators B, 2005, 106: 553-562.

[71] M Seth, C-D Kohl, M Fleischer, et al. A selective H_2 sensor implemented using Ga_2O_3 thin-films which are covered with a gas-filtering SiO_2 layer [J]. Sensors and Actuators B, 1996, 36: 297-302.

[72] Ankara Z, Kammerer T, Gramm A, et al. Low power virtual sensor array based on a micromachined gas sensor for fast discrimination between H_2, CO and relative humidity [J]. Sensors and Actuators B, 2004, 100: 240-245.

[73] Lee A P, Reedy B J. Temperature modulation in semiconductor gas sensing [J]. Sensors and Actuators B, 1999, 60: 35-42.

[74] Weber M, Kim J-H, Lee J-H, et al. High-performance nanowire hydrogen sensors by exploiting the synergistic effect of Pd nanoparticles and metal-organic framework membranes [J]. ACS Applied Materials & Interfaces, 2018, 10 (40): 34765-34773.

[75] Shukla S, Zhang P, Cho H J, et al. Room temperature hydrogen response kinetics of nano-micro-integrated doped tin oxide sensor [J]. Sensors and Actuators B: Chemical, 2007, 120 (2): 573-583.

[76] Satyajit Shukla P Z, Hyoung J Cho, Rahman Zia, et al. Hydrogen-discriminating nanocrystalline doped-tin-oxide room-temperature microsensor [J]. Journal of Applied Physics, 2005, 98: 104306.

[77] Nevin Taşaltına B, Sadullah Öztürka, Necmettin Kılınça, et al. Investigation of the hydrogen gas sensing properties of nanoporous Pd alloy films based on AAO templates [J]. Journal of Alloys and Compounds, 2011, 509: 4701-4706.

[78] Jiang H, Yu Y, Zhang L, et al. Flexible and highly sensitive hydrogen sensor based on organic nanofibers decorated by Pd nanoparticles [J]. Sensors, 2019, 19: 1290.

[79] Sharma B, Kim J-S. Pd/Ag alloy as an application for hydrogen sensing [J]. International Journal of Hydrogen Energy, 2017, 42 (40): 25446-25452.

[80] Wang M, Feng Y. Palladium-silver thin film for hydrogen sensing [J]. Sensors and Actuators B-Chemical, 2007, 123 (1): 101-106.

[81] Lee E, Lee J M, Lee E, et al. Hydrogen gas sensing performance of Pd-Ni alloy thin films [J]. Thin Solid Films, 2010, 519 (2): 880-884.

[82] Cheng Y-T, Li Y, Lisi D, et al. Preparation and characterization of Pd/Ni thin films for hydrogen sensing [J]. Sensors and Actuators B, 1996, 30: 11-16.

[83] Kumar H, Tripathi A, Dey A B, et al. Improved hydrogen sensing behaviour in ion-irradiated Pd-Au alloy thin films [J]. Sensors and Actuators B, 2019, 301: 127006.

[84] Yadav P, Kumar A, Sanger A, et al. Sputter-grown Pd-capped CuO thin films for a highly sensitive and selective hydrogen gas sensor [J]. Journal of Electronic Materials, 50 (1): 192-200.

[85] Kang B S, Kim S, Ren F, et al. AlGaN/GaN-based diodes and gateless HEMTs for gas and chemical sensing [J]. IEEE Sensors Journal, 2005, 5 (4): 677-680.

[86] Tsung-Han Tsai H-I C, Lin Kun-Wei, Hung Ching-Wen, et al. Comprehensive study on hydrogen sensing properties of a Pd-AlGaN-based Schottky diode [J]. International Journal of Hydrogen Energy. 2008, 33: 2986-2992.

[87] Jang S, Son P, Kim J, et al. Hydrogen sensitive Schottky diode using semipolar (1, 1, 2, 2) AlGaN/GaN heterostructures [J]. Sensors and Actuators B, 2016, 222: 43-47.

[88] Jung S, Baik K H, Ren F, et al. Pt-AlGaN/GaN hydrogen sensor with water-blocking PMMA layer [J]. IEEE Electron Device Letters, 2017, 38 (5): 657-660.

[89] Chen Y-C C Huey-Ing, Chang Ching-Hong, Chen Wei-Cheng, et al. Hydrogen sensing performance of a Pd nanoparticle/Pd film/GaN-based diode [J]. Sensors and Actuators B, 2017, 247: 514-519.

[90] Firth J G, Jones A, Jones T A. The principles of the detection of flammable atmospheres by catalytic devices [J]. Combustion and Flame, 1973, 20: 303-311.

[91] Lee I-S H Eui-Bok, Cha Jung-Ho, Lee Ho-Jun, et al. Micromachined catalytic combustible hydrogen gas sensor [J]. Sensors and Actuators B, 2011, 153: 392-397.

[92] Ivanov I I, Baranov A M, Talipov V A, et al. Investigation of catalytic hydrogen sensors with platinum group

catalysts [J]. Sensors and Actuators B: Chemical, 2021, 346.
[93] 刘俊峰，陈侃松，王爱敏，等. 氢气传感器的研究进展 [J]. 传感器与微系统，28 (8): 8-11.
[94] Sawaguchi N, Shin W, Izu N, et al. Enhanced hydrogen selectivity of thermoelectric gas sensor by modification of platinum catalyst surface [J]. Materials Letters, 2006, 60 (3): 313-316.
[95] Pranti A S, Loof D, Kunz S, et al. Design and fabrication challenges of a highly sensitive thermoelectric-based hydrogen gas sensor [J]. Micromachines, 2019, 10: 650.
[96] Shin W, Matsumiya M, Qiu F, et al. Thermoelectric gas sensor for detection of high hydrogen concentration [J]. Sensors and Actuators B, 2004, 97: 344-347.
[97] Pujadó M P, Gordillo J M S, Avireddy H, et al. Highly sensitive self-powered H_2 sensor based on nanostructured thermoelectric silicon fabrics [J]. Advanced Materials Technologies, 2021, 6 (1): 200870.
[98] Chao Y T, Yao S, Buttner W J, et al. Amperometric sensor for selective and stable hydrogen measurement [J]. Sensors and Actuators B-Chemical, 2005, 106 (2): 784-790.
[99] Bouchet R, Rosini S, Vitter G, et al. Solid-state hydrogen sensor based on acid-doped polybenzimidazole [J]. Sensors and Actuators B-Chemical, 2001, 76 (1-3): 610-616.
[100] Alber K S, Cox J A, Kulesza P J. Solid-state amperometric sensors for gas phase analytes: A review of recent advances [J]. Electroanalysis, 1997, 9 (2): 97-101.
[101] Treglazov I, Leonova L, Dobrovolsky Y, et al. Electrocatalytic effects in gas sensors based on low-temperature superprotonics [J]. Sensors and Actuators B-Chemical, 2005, 106 (1): 164-169.
[102] Colomban P. Latest developments in proton conductors [J]. Annales De Chimie-Science Des Materiaux, 1999, 24 (1): 1-18.
[103] Martin L P, Glass R S. Hydrogen sensor based on YSZ electrolyte and tin-doped indium oxide electrode [J]. Journal of the Electrochemical Society, 2005, 152 (4): H43-H47.
[104] Hodgson A W E, Jacquinot P, Jordan L R, et al. Amperometric gas sensors of high sensitivity [J]. Electroanalysis, 1999, 11 (10-11): 782-787.
[105] Ramesh C, Velayutham G, Murugesan N, et al. An improved polymer electrolyte-based amperometric hydrogen sensor [J]. Journal of Solid State Electrochemistry, 2003, 7 (8): 511-516.
[106] Sakthivel M, Weppner W. Electrode kinetics of amperometric hydrogen sensors for hydrogen detection at low parts per million level [J]. Journal of Solid State Electrochemistry, 2007, 11 (5): 561-570.
[107] Tomita A, Namekata Y, Nagao M, et al. Room-temperature hydrogen sensors based on an In^{3+}-doped SnP_2O_7 proton conductor [J]. Journal of the Electrochemical Society, 2007, 154 (5): J172-J176.
[108] Miura N, Raisen T, Lu G, et al. Highly selective CO sensor using stabilized zirconia and a couple of oxide electrodes [J]. Sensors and Actuators B-Chemical, 1998, 47 (1-3): 84-91.
[109] Zosel J, Schiffel G, Gerlach F, et al. Electrode materials for potentiometric hydrogen sensors [J]. Solid State Ionics, 2006, 177 (26-32): 2301-2304.
[110] Okamura K, Ishiji T, Iwaki M, et al. Electrochemical gas sensor using a novel gas permeable electrode modified by ion implantation [J]. Surface & Coatings Technology, 2007, 201 (19-20): 8116-8119.
[111] Nikolova V, Nikolov I, Andreev P, et al. Tungsten carbide-based electrochemical sensors for hydrogen determination in gas mixtures [J]. Journal of Applied Electrochemistry, 2000, 30 (6): 705-710.
[112] Liu Y C, Hwang B J, Chen Y L. Nafion based hydrogen sensors: Pt/Naflon electrodes prepared by Takenata-Torikai method and modified with polypyrrole [J]. Electroanalysis, 2002, 14 (7-8): 556-558.
[113] Mika M, Paidar M, Klapste B, et al. Hybrid inorganic-organic proton conducting membranes for fuel cells and gas sensors [J]. Journal of Physics and Chemistry of Solids, 2007, 68 (5-6): 775-779.
[114] Zhan Z. An amperometric H_2 gas sensor based on ionic liquid for hydrogen fuel cell ships [J]. E3S Web Conf, 2021, 261: 02013.
[115] Iwahara H, Uchida H, Ogaki K, et al. Nernstian hydrogen sensor using $BaCeO_3$-based, proton - conducting ceramics operative at 200～900℃ [J]. Journal of the Electrochemical Society, 1991, 138 (1): 295.
[116] Wang W S, Virkar A V. Ionic and electron-hole conduction in $BaZr_{0.93}Y_{0.07}O_{3-\delta}$ by 4-probe dc measurements [J]. Journal of Power Sources, 2005, 142 (1-2): 1-9.
[117] Juhera E, Calvet M, Revuelta A, et al. High temperature hydrogen selective solid-state electrolyte sensor fabricated by slip casting [J]. Fusion Engineering and Design, 2019, 146: 2066-2069.
[118] Jung S-W, Lee E K, Lee S-Y. Communication-concentration-cell-type Nafion-based potentiometric hydrogen sensors

[J]. ECS Journal of Solid State Science and Technology, 2018, 7 (12): Q239.

[119] Boon-Brett L, Bousek J, Moretto P. Reliability of commercially available hydrogen sensors for detection of hydrogen at critical concentrations: Part Ⅱ-selected sensor test results [J]. International Journal of Hydrogen Energy, 2009, 34: 562-571.

[120] Berndt D, Muggli J, Wittwer F, et al. MEMS-based thermal conductivity sensor for hydrogen gas detection in automotive applications [J]. Sensors and Actuators A: Physical, 2020, 305: 111670.

[121] Cho W, Kim T, Shin H. Thermal conductivity detector (TCD) -type gas sensor based on a batch-fabricated 1D nanoheater for ultra-low power consumption [J]. Sensors and Actuators B: Chemical, 2022, 371: 132541.

[122] Adler-Golden S M, Goldstein N, Bien F, et al. Laser Raman sensor for measurement of trace-hydrogen gas [J]. Applied Optics, 1992, 31: 831-835.

[123] Woodbury E J, Ng W K. Ruby laser operation in near IR [J]. Proceedings of the institute of radio engineers, 1962, 50: 2367.

[124] Benabid F, Knight J C, Antonopoulos G, et al. Stimulated Raman scattering in hydrogen-filled hollow-core photonic crystal fiber [J]. Science, 2002, 298 (5592): 399-402.

[125] Hanf S, Bogozi T, Keiner R, et al. Fast and highly sensitive fiber-enhanced Raman spectroscopic monitoring of molecular H_2 and CH_4 for point-of-care diagnosis of malabsorption disorders in exhaled human breath [J]. Analytical Chemistry, 2015, 87 (2): 982-988.

[126] Yang F, Zhao Y, Qi Y, et al. Towards label-free distributed fiber hydrogen sensor with stimulated Raman spectroscopy [J]. Optics Express, 2019, 27 (9): 12869-12882.

[127] Fisser M, Badcock R A, Teal P D, et al. Optimizing the sensitivity of palladium based hydrogen sensors [J]. Sensors and Actuators B, 2018, 259: 10-19.

[128] Yakabe T, Imamura G, Yoshikawa G, et al. Hydrogen detection using membrane-type surface stress sensor [J]. Journal of Physics Communications, 2020, 4: 025005.

[129] Liu Y, Li Y, Peng H S, et al. Modeling of hydrogen atom diffusion and response behavior of hydrogen sensors in Pd-Y alloy nanofilm [J]. Scientific Reports, 2016, 6: 37043.

[130] Sonwane C G, Wilcox J, Ma Y H. Solubility of hydrogen in PdAg and PdAu binary alloys using density functional theory [J]. The Journal of Physical Chemistry B, 2006, 110 (48): 24549-24558.

[131] Cui L J, Zhang G, Shang H C, et al. Composition control of palladium-sliver alloy for optical fiber hydrogen sensor [J]. Advanced Materials Research, 2011, 317-319: 1045-1049.

[132] Ma G M, Jiang J, Li C R, et al. Pd/Ag coated fiber Bragg grating sensor for hydrogen monitoring in power transformers [J]. Review of Scientific Instruments, 2015, 86 (4): 045003.

[133] 钟博扬，李芳芳，陈长安，等. 钯膜制备及渗氢性能研究 [J]. 材料导报，2016，30 (19)：63-69.

[134] Knapton A G. Palladium alloys for hydrogen diffusion membranes [J]. Platinum Metals Review, 1977, 21 (2): 44-50.

[135] 殷朝辉，杨占兵，李帅. 氢气分离提纯用钯及钯合金膜的研究进展 [J]. 稀有金属，2021，45 (2)：226-239.

[136] Butler M A. Fiber optic sensor for hydrogen concentrations near the explosive limit [J]. Journal of the Electrochemical Society, 1991, 138 (9): L46-L47.

[137] Bévenot X, Trouillet A, Veillas C, et al. Hydrogen leak detection using an optical fibre sensor for aerospace applications [J]. Sensors and Actuators, 2000, 67: 57-67.

[138] Xu B, Chang R, Li P, et al. Reflective optical fiber sensor based on light polarization modulation for hydrogen sensing [J]. Journal of the Optical Society of America B, 2019, 36 (12).

[139] Dai J, Zhu L, Wang G, et al. Optical fiber grating hydrogen sensors: A review [J]. Sensors (Basel), 2017, 17 (3).

[140] Sutapun B. Pd-coated elastooptic fiber optic Bragg grating sensors for multiplexed hydrogen sensing [J]. Sensors and Actuators B: Chemical, 1999, 60 (1): 27-34.

[141] Li J, Ren G-K, Tian Y, et al. Boosting room temperature response of Pd-based hydrogen sensor by constructing in situ nanoparticles [J]. Physica E: Low-dimensional Systems and Nanostructures, 2022, 144: 115464.

[142] Ou Y J, Si W W, Yu G, et al. Nanostructures of Pd-Ni alloy deposited on carbon fibers for sensing hydrogen [J]. Journal of Alloys and Compounds, 2013, 569: 130-135.

[143] Dai J, Yang M, Yu X, et al. Greatly etched fiber Bragg grating hydrogen sensor with Pd/Ni composite film as sensing material [J]. Sensors and Actuators B: Chemical, 2012, 174: 253-257.

[144] Wang G, Yang S, Dai J, et al. Investigations of different ion intercalations on the performance of FBG hydrogen sensors based on Pt/MoO_3 [J]. Sensors (Basel), 2019, 19 (21).

[145] Fisser M, Badcock R A, Teal P D, et al. Palladium-based hydrogen sensors using fiber Bragg gratings [J]. Journal of Lightwave Technology, 2018, 36 (4): 850-856.

[146] Fisser M, Badcock R A, Teal P D, et al. Improving the sensitivity of palladium-based fiber optic hydrogen sensors [J]. Journal of Lightwave Technology, 2018, 36 (11): 2166-2174.

[147] 周贤，杨沫，张文，等. 基于飞秒激光微加工的 Pt-WO_3 膜光纤氢气传感器 [J]. 中国激光，2019，46 (12)：258-264.

[148] Dai J X, Yang M H, Yu X, et al. Optical hydrogen sensor based on etched fiber Bragg grating sputtered with Pd/Ag composite film [J]. Optical Fiber Technology, 2013, 19 (1): 26-30.

[149] Dai J, Yang M, Yang Z, et al. Comparison of side-polished fiber Bragg grating hydrogen sensors sputtered with Pd/Ag and Pd/Y composite films [J]. OFS2012 22nd International Conference on Optical Fiber Sensor, 2012-10-17.

[150] Zhou X, Dai Y, Zou M, et al. FBG hydrogen sensor based on spiral microstructure ablated by femtosecond laser [J]. Sensors and Actuators B: Chemical, 2016, 236: 392-398.

[151] Zhou X, Yang M, Ming X, et al. Hydrogen sensing characteristics of Pd-Ag composite film micro-structured grating fiber with different silver content [J]. Acta Photonica Sinica, 2019, 48 (8): 806004.

[152] Karanja J M, Dai Y, Zhou X, et al. Micro-structured femtosecond laser assisted FBG hydrogen sensor [J]. Optics Express, 2015, 23 (24): 31034.

[153] Dai J, Yang M, Yang Z, et al. Enhanced sensitivity of fiber Bragg grating hydrogen sensor using flexible substrate [J]. Sensors and Actuators B: Chemical, 2014, 196: 604-609.

[154] Wang G, Yang M, Dai J, et al. Microfiber Bragg grating hydrogen sensor base on co-sputtered Pd/Ni composite film [J]. Fifth Asia Pacific Optical Sensors Conference, 2015-7-1.

[155] Samsudin R, Shee Y G, Adikan F R M, et al. Fiber Bragg gratings (FBG) hydrogen sensor for monitoring the degradation of transformer oil [J]. IEEE Sensors, Journal, 2016, 16: 2993-2999.

[156] Luo J, Liu S, Chen P, et al. Fiber optic hydrogen sensor based on a Fabry-Perot interferometer with a fiber Bragg grating and a nanofilm [J]. Lab on a Chip, 2021, 21 (9): 1752-1758.

[157] 周阳林. 基于石墨烯的法布里-珀罗干涉型光纤氢气传感器研究 [D]. 广州：暨南大学，2020.

[158] Li Y, Zhao C, Xu B, et al. Optical cascaded Fabry-Perot interferometer hydrogen sensor based on vernier effect [J]. Optics Communications, 2018, 414: 166-171.

[159] Xu B, Zhao F P, Wang D N, et al. Tip hydrogen sensor based on liquid-filled in-fiber Fabry-Pérot interferometer with Pt-loaded WO_3 coating [J]. Measurement Science and Technology, 2020, 31 (12): 125107.

[160] Aray A, Ranjbar M, Shokoufi N, et al. Plasmonic fiber optic hydrogen sensor using oxygen defects in nanostructured molybdenum trioxide film [J]. Optics Letters, 2019, 44 (19): 4773-4776.

[161] Deng Y, Li M, Cao W, et al. Fiber optic coupled surface plasmon resonance sensor based Ag-TiO_2 films for hydrogen detection [J]. Optical Fiber Technology, 2021, 65: 102616.

[162] Amico A D, Palma A, Verona E. Hydrogen sensor using a palladium coated surface acoustic wave delay-line [J]. Ultrasonics Symposium, 1982: 308-311.

[163] Wang X, Du L, Cheng L, et al. Pd/Ni nanowire film coated SAW hydrogen sensor with fast response [J]. Sensors and Actuators B: Chemical, 2022: 351.

[164] Wang W, Liu X, Mei S, et al. Development of a Pd/Cu nanowires coated SAW hydrogen gas sensor with fast response and recovery [J]. Sensors and Actuators B: Chemical, 2019, 287: 157-164.

[165] Hejczyk T, Urbanczyk M. WO_3-Pd structure in SAW sensor for hydrogen detection [J]. Acta Physica Polonica A, 2011, 120 (4): 616-620.

[166] Yang L, Yin C, Zhang Z, et al. The investigation of hydrogen gas sensing properties of SAW gas sensor based on palladium surface modified SnO_2 thin film [J]. Materials Science in Semiconductor Processing, 2017, 60: 16-28.

[167] Li D, Le X, Pang J, et al. A SAW hydrogen sensor based on the composite of graphene oxide and palladium nanoparticles [J]. 2019 IEEE 32nd International Conference on Micro Electro Mechanical Systems (MEMS), 2019: 500-503.

第 12 章 氢冶金和氢还原

12.1 氢冶金的发展

钢铁是世界各地基础设施和制造业的重要组成部分，但随着钢铁工业的迅速发展，需要提供大量铁矿石和高质量的碳还原剂（焦炭）。由于焦炭资源短缺，焦炭的价格居高不下，同时炼焦过程对环境造成了巨大污染。

钢铁工业的典型传统工艺是碳冶金，是固体炭（焦炭等）在不完全燃烧条件下转化成CO，进行还原反应，高炉炼铁的基本反应如式（12-1）所示，最终排放的是 CO_2。

$$Fe_2O_3 + 3CO \longrightarrow 2Fe + 3CO_2 \tag{12-1}$$

另外，从高炉、转炉等上游工程到压延、热处理等下游工程，钢铁工艺全部排出 CO_2。特别是在还原原料铁矿石的高炉中，由于使用大量的焦炭进行碳的还原，产生的 CO_2 在整个钢铁业中占有很大的比例[1-3]。从能源消耗引起的 CO_2 排放量比例来看，钢铁业约占产业部门全体的 40%，是产业部门中比例最高的一个，如图 12-1 所示，整体能耗约占整个钢铁产业的 80%，如果在这一部分进行节能和 CO_2 削减的话，钢铁产业整体的 CO_2 排放量将会获得很大的改善[4-6]。

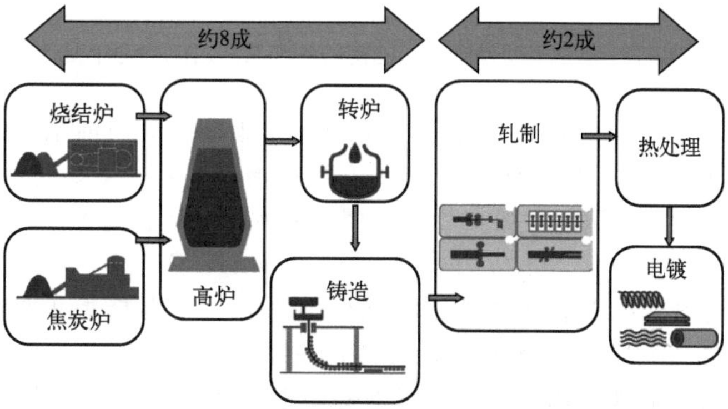

图 12-1　在整个钢铁冶炼和加工中的 CO_2 排放比例

为了减少炼焦过程中昂贵的焦炭消耗和 CO_2 排放，喷煤工艺（pulverized coal injection，PCI）已被广泛用作高炉工艺的辅助工艺。通过风口向高炉喷吹细磨的干煤，作为焦炭的部分替代品，可以降低高炉的焦比，提高净能效。与 PCI 类似，天然气注入可以替代部分焦炭，但它通常适用于年生产率为1.4～2.5Mt铁的中型熔炉。此外，使用组合燃料喷枪可以将天然气和煤粉同时喷入高炉风口。注入石油和废油是有益的，这与注入天然气类似。

以煤炭为主能源消耗的钢铁行业破坏了自然环境，不能可持续发展。钢铁生产过程的能源需要从煤炭转向天然气、氢气、电力、生物质等。事实证明，通过减少煤炭的使用，钢铁生产已逐步脱碳，煤炭将被天然气、石油、塑料垃圾、氢气、电力、二氧化碳以及可持续生物质部分取代。

国际能源转型委员会得出结论："脱碳的两条主要途径肯定是氢基还原和碳捕集，再加上储存或使用碳捕集（carbon capture storage，CCS）和碳储存利用（carbon capture storage and utilization，CCSU），但最佳脱碳途径因地点而异，具体取决于当地电价、CCS成本和可行性。"

炼钢从平炉（open hearth furnace，OHF）向电弧炉（electric arc furance，EAF）和碱性氧气炉（basic oxygen furnace，BOF）的转变（图12-2）通常被认为是全球钢铁行业的革命性转变。中国是当今世界上占主导地位的钢铁生产国，占全球总产量的近50%。2018年，中国88%的粗钢生产采用高炉-碱性氧气炉（BF-BOF）路线，这导致了中国钢铁行业的高能耗和温室气体排放，CO_2减排也成为一个紧要课题[7]。

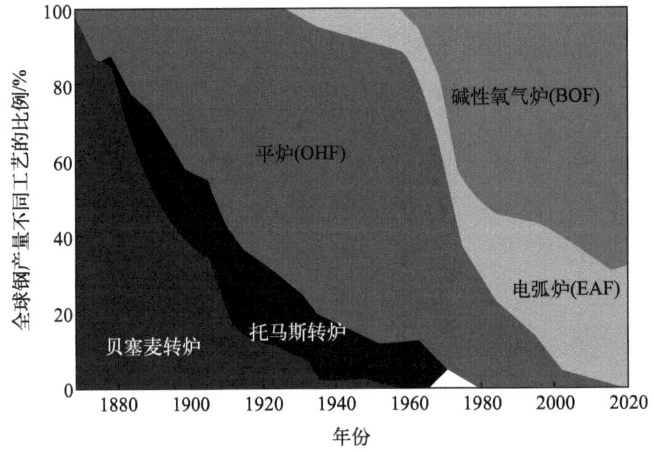

图12-2 全球不同冶炼技术的钢铁生产量所占比例的年变化[7]

氢作为一种清洁能源和优良的还原剂，在冶金工业中的应用前景越来越受到人们的重视。氢冶金是钢铁工业的一种新型还原工艺，在还原冶炼过程中主要使用氢气作还原剂，其基本反应式如式（12-2）所示，主要产物是金属铁和水蒸气，没有CO_2排放。

$$Fe_2O_3+3H_2 \longrightarrow 2Fe+3H_2O \tag{12-2}$$

通过氢基炼钢路线，二氧化碳排放量将减少80%以上。氢能炼钢将在很大程度上取决于绿色氢气的可用性。它可以由天然气通过蒸汽重整产生，也可以由水通过电解产生。如今，在少数天然气价格低廉的国家，氢基炼钢是一条潜在的低碳且具有经济吸引力的路线。不同生产路线的二氧化碳排放量评估如图12-3所示[8]。同时，水蒸气是目前最容易实现气-固分离的气体种类（降温脱水），还原后的尾气对环境没有任何不利的影响，可以明显减轻对环境的负荷。而且，废气中的水可以很容易地通过冷凝分离出来再利用。

氢气作为一种优良的还原剂和清洁的燃料，其大规模制备技术将有望在21世纪得以实现。目前，氢气在钢铁工业中的应用大致可分为两个方面：a. 作为还原剂还原氧化铁，主

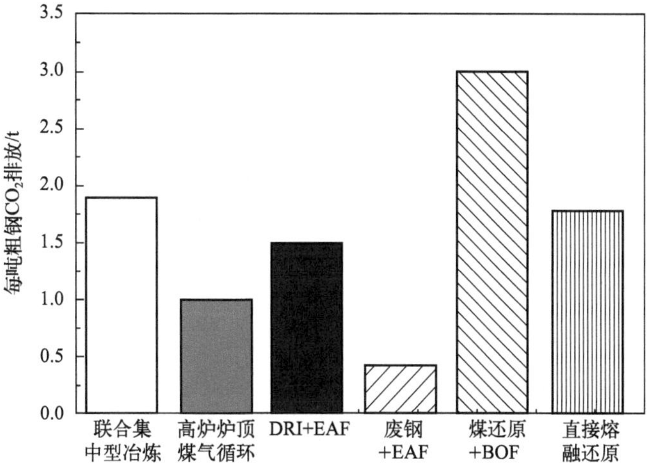

图 12-3 各种钢铁冶炼工艺的二氧化碳排放 CO_2[8]

要涉及高炉生产过程和煤气基直接还原铁（direct reduced iron，DRI）过程；b. 作为加热燃料，包括辅助烧结生产、码垛工艺、钢包炉等的加热。用氢气取代碳作为还原剂的氢冶金技术的研究，有望彻底改变钢铁行业的环境现状，为钢铁工业的可持续发展带来了希望。所以氢气直接还原冶金越来越受到研究者的重视[9]。

氢气主要用于石油和化工领域，同时也用于生产碳钢、特殊金属和半导体等材料，如图 12-4 所示。而且由于氢气的清洁能源和优良还原特性，氢在材料制备领域的发展尤其迅速，领域也在不断扩展，如钢铁冶炼、有色金属冶炼、粉末制备、金属提纯、超高纯多晶硅的制备、非晶硅薄膜太阳能电池、氢致非晶化和纳米晶、HD 和 HDDR 及微观组织调控、氢等离子体法制备金属纳米粉体、氢气燃烧金属切割、氢气燃烧与单晶制备、氢调控物理化学性能等等。

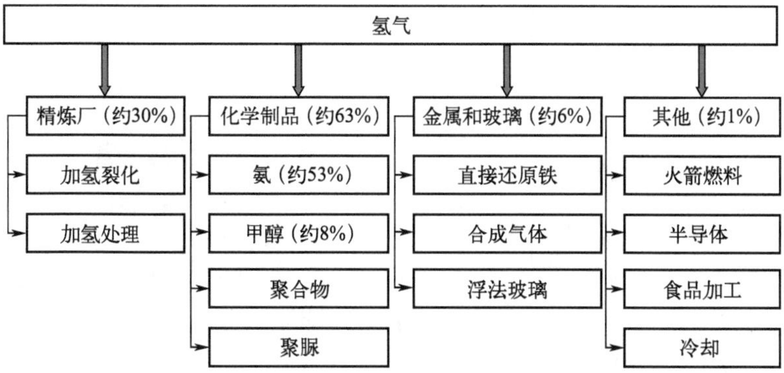

图 12-4 氢气在工业上的应用

冶金领域的 CO_2 减排对于碳达峰、碳中和尤为重要，氢冶金今后会有大的发展。图 12-5（另见文前彩插）是今后世界各领域氢气用量的增长[10]。2020 年用于直接还原铁的氢气量还很少，今后会迅速增长，到 2050 年用于 CCU 和直接还原铁的氢气量将达到 6300 万吨，接近 2020 年全球氢气生产量。21 世纪将可能迎来大规模用氢时代，氢气还原得到的高纯铁将可能带动炼钢、连铸、轧钢工艺新的技术革命，形成 21 世纪钢铁生产新流程，可生产出高纯度、高强韧性和高耐蚀性的新一代钢铁材料。

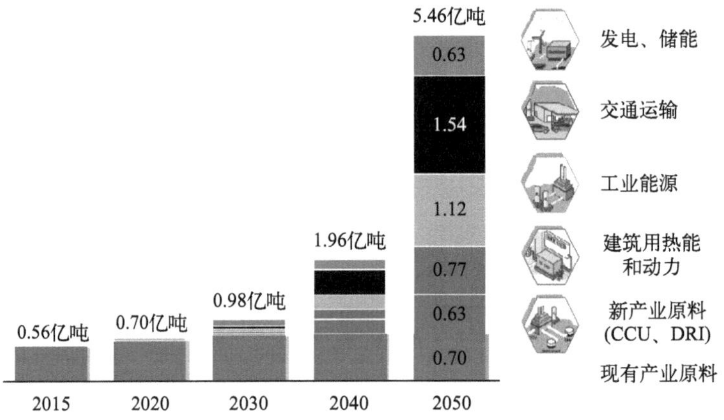

图 12-5 今后世界各领域氢气用量的增长[10]

12.2 直接还原铁

12.2.1 氢气直接还原铁

钢铁冶炼包括炼铁和炼钢两步，如图 12-6 所示[11-13]。炼铁是第一步，氢冶炼也是从炼铁开始，使用最广泛的就是直接还原铁。

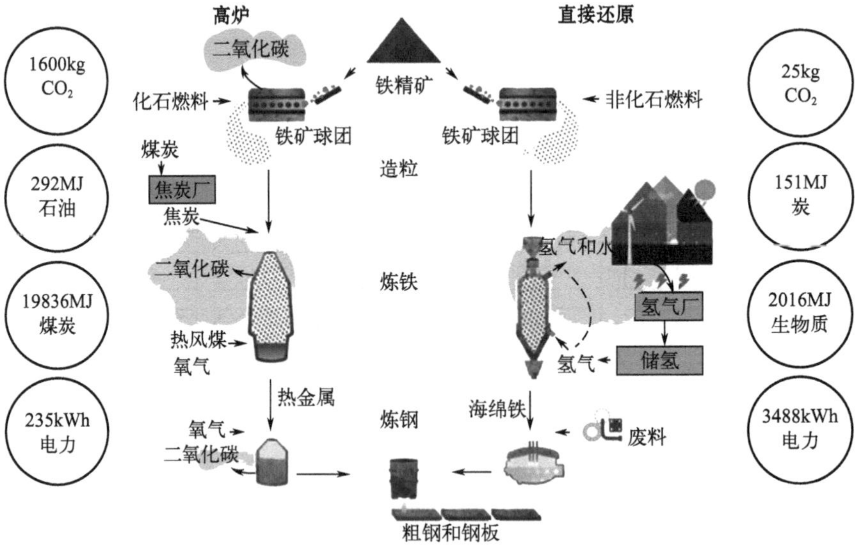

图 12-6 炼钢的两个步骤——炼铁和炼钢

直接还原铁是将天然矿石（粉）或人造团块在低于熔化温度（在 1000℃以下）的情况下通过固态还原，把铁矿石冶炼成铁的工艺过程。把这种方法生产出的铁叫作直接还原铁，由于这种铁保留了去氧时形成的大量微小气孔，呈低碳多孔状，在显微镜下观察形似海绵，所以直接还原铁也被称为海绵铁。直接还原铁在钢铁冶炼行业具有广泛的用途，通常被用作电弧炉和中频炉炼钢的优质原料，亦可作为转炉炼钢的冷却剂和高炉炼铁的炉料。随着氢气的使用，DRI 生产伴随的 CO_2 排放得到显著降低，如图 12-7 所示[7,13]。

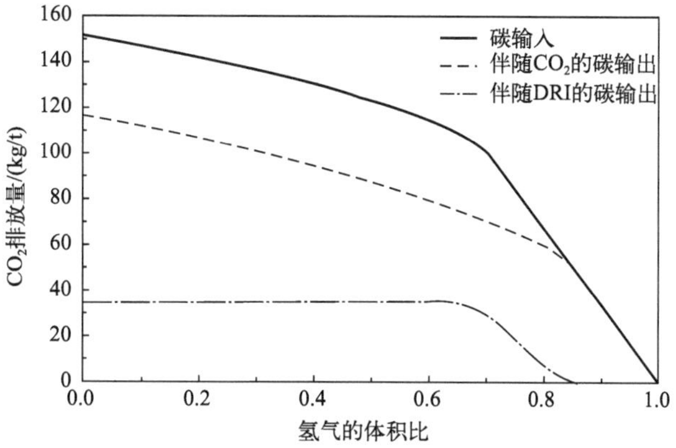

图 12-7 BF（高炉）和 DRI 中的碳的输入和输出

DRI 包括煤基直接还原铁（煤基法）和气基直接还原铁（气基法）。煤基法是通过煤充分热解产生的 H_2 和以 H_2O 作气化剂的碳气化反应产生的 H_2 对铁矿石进行还原，或是焦炭制备中产生的焦煤气，包括回转炉和转底炉两大类。气基法包括间歇式加热炉（batch）、竖式炉（shaft）和流化床（fluid bed）等三种。煤基还原法和气基还原法的结构以及特点如图 12-8 和表 12-1 所示。氢冶金在 DRI 中的应用主要集中在气基法上，目前该工艺占直接还原铁年总产量的 90%～92%，而煤基法仅占 8%～10%。在气基法中，通常利用天然气和钢厂尾气来获得混合还原气体，包括高浓度的 H_2 和一定量的 CO。为了减少 CO_2 排放，实现钢厂的可持续发展，采用纯氢气或进一步提高氢气在混合气体中的比例用于氢气冶金生产将是 DRI 技术未来的发展趋势。

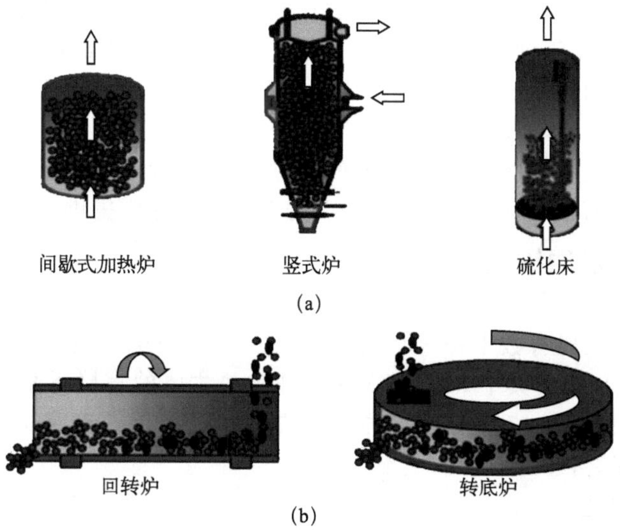

图 12-8 气基还原法［间歇式加热炉（batch）、竖式炉（shaft）和流化床（fluid bed）］（a）和煤基还原法［回转炉（rotary kilm）和转底炉（rotary hearth）］（b）[14]

表12-1 直接还原铁和熔融还原铁氢能利用工艺对比

分类	项目名称	工艺特征	技术特点	适用范围	还原方式
煤基直接还原铁	回转炉	1100℃	产量占煤基还原 78%	避免结圈	煤
	转底炉	1300℃	处理富锌粉尘	锌回收	煤或焦粉
	PRIME	多膛焙烧炉	生产效率较低	废弃物处理	煤粉
气基直接还原铁	MIDREX	850℃竖炉还原	产量占气基还原约 80%	镍催化转化	炉顶煤气裂解天然气
	HYL-III	制气与还原独立，950℃还原	产量占气基还原约 18%	高含量氢气（80%）	天然气与水蒸气重整
	HYL-ZR		工业试验		焦炉气
	DANAREX（固定床）	固定床气化炉	采用碳化球团	高压气化和低压还原匹配	天然气自动重整
	FINMET（流动床）	流化床气化炉	使用铁粉，不需造块	还原后须压块	顶煤气与蒸气重整
	CIRORED	粉矿气基还原	流化床预计还原+静止终还原	粉矿预热 850℃	纯氢气还原
熔融还原铁	COREX	球团和（或）块矿煤基还原	结合熔融气化炉和还原竖炉	气化炉顶煤气再利用	煤块气化
	HISMELT	铁浴反应器工艺	炉料高速喷入炉内	适于处理含磷矿	煤
	FINEX	粉矿直接还原	流化床取代块矿预还原竖炉	粉矿预还原后需压块	煤压块
	TECHNORED	冷固结自还原	炉料和燃料反应室独立	轧钢废料加收	无烟煤

2019 年全球直接还原铁年度产量再创历史新高，达到 1.081 亿 t，比 2018 年增长 7.3%，而且是连续第 4 年创纪录增长。现有的气基法和煤基法都还是含氢气的混合气体直接还原法，随着绿色制氢的规模化以及低成本化的发展，直接还原铁会向着纯氢气的还原方向发展。

气基法在天然气充足的国家和地区得到了发展，但在天然气缺乏的国家受到了限制。中国气少且分布不均，而煤炭资源比较丰富，为煤基直接还原铁提供了可持续发展的优势。

12.2.2 气基直接还原铁工艺

直接还原铁工艺已经有数十种，如 MIDREX、HYL、DANAREX（固定床）、FINMET（流化床）、CIRORED 等，其中 MIDREX 工艺作为最主要的直接还原铁生产工艺，2014 年世界直接还原铁产量达到 4700 万吨，约占世界直接还原铁总产量的 63%，HYL 工艺占 16%，煤基和其他工艺占 21%。

（1）MIDREX 工艺

迄今为止，MIDREX 工艺是气基直接还原生产海绵铁工艺中最成功的代表。MIDREX 工艺在天然气资源丰富的印度、伊朗、沙特等地区得到广泛应用。图 12-9 是 MIDREX 工艺的结构示意图[14]。MIDREX 工艺采用经炉顶煤气催化裂解的天然气为还原气，工艺可分为预热阶段、还原阶段和冷却阶段。铁矿石颗粒或块状物自竖炉进入后，在重力作用下首先进入还原阶段。还原阶段的温度大多高于 800℃，炉顶的那一段区域（预热阶段）温差较大。在还原过程中，铁矿石被自下而上的还原气流加热，短时间内达到预热温度，完成预热，形成海绵铁后进入冷却阶段。在冷却阶段，由洗涤装置对煤气进行清洗和冷却，加压机为自下而上的冷却煤气流提供动力，实现重新再利用。产品冷却后，排出炉外。

所包括设施有：a. 氢基竖炉炼铁设施，包括原料及成品储运系统、氢基竖炉炼铁系统等；b. 气体工艺设施，包括天然气重整处理、天然气储柜、气体加压、工艺气加热、循环气体净化、CO_2 脱除及精制等单元；c. 公辅设施，包括燃气、通风除尘、余热回收、水处理、供配电、自动化控制、液压与润滑、办公设施等。氢基竖炉是整个氢冶金的核心设备，是圆柱锥状的压力容器，由进料管、还原区、均压区、冷却椎体及排料系统等构成，其结构如图 12-9 所示。竖炉本体设置水套，可防止炉壳过热。本体内衬有耐火砖和浇注料，以承受高温和腐蚀。在耐火衬里和碳钢外壳体之间安装低密度绝缘浇注料。

所获得的成品为固态直接还原铁，根据后续工序主要分为 3 种，即冷态的直接还原铁（CDRI，或称海绵铁）、热态的直接还原铁（HDRI）和热压块铁（HBI）。这 3 种成品的储运方式为：a. 冷态的直接还原铁，直接通过皮带运输至储仓，再通过皮带或卡车运输到下游用户；b. HBI 配置热压块铁堆场，通过皮带或卡车再运输到下游用户；c. HDRI 直接注入下游的 EAF 炉，或通过气力输送或链板机热送热装至下游 EAF 炉。

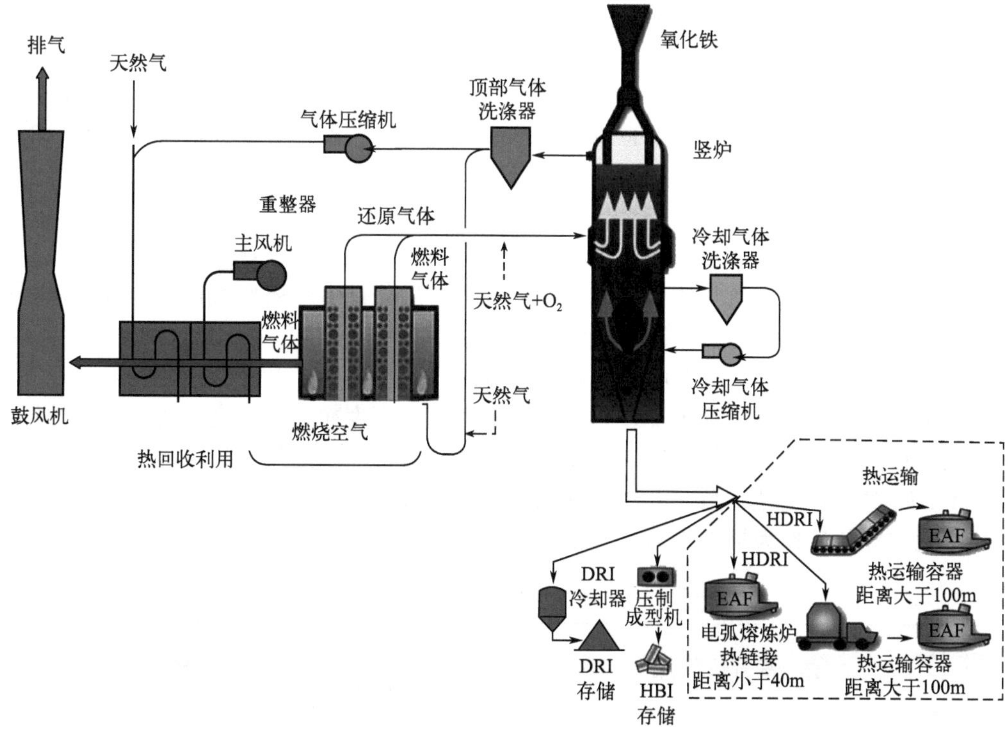

图 12-9 MIDREX 工艺示意图[14]

（2）HYL 工艺

HYL 与 MIDREX 最大的区别就是放弃炉顶煤气，采用水蒸气为裂化剂，对天然气催化

裂解得到以 H_2 和 CO 为主的还原气。HYL 工艺最大的优点就是对焦炉煤气、煤制气等气体的直接利用，这为天然气发展较慢的地区发展气基工艺指出了新的发展方向。

图 12-10 是 HYL 工艺示意图，可以分成制气和还原两个部分[14,15]。预热后的还原气从炉底进入，向炉顶流动，铁矿石自炉顶加入，在重力作用下向炉底运动，两者在对流运动中完成预热和还原。HYL 工艺的加料和卸料不会影响整个还原过程的气密性。还原后的产品经冷却气冷却后即可排出炉外。产品的金属化率可达到约 91%。

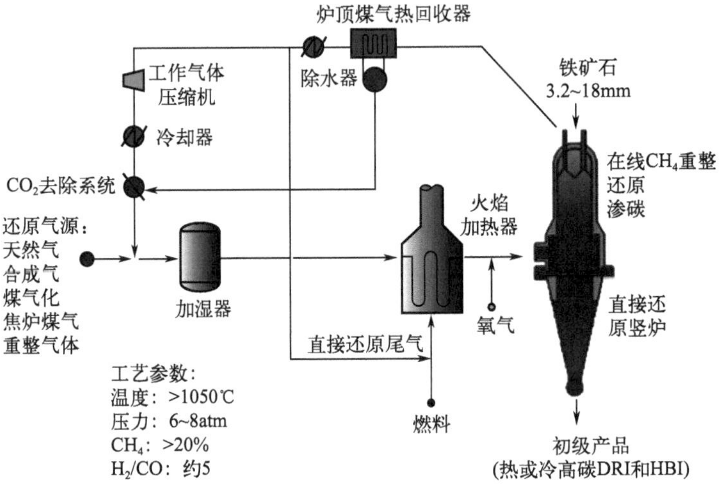

图 12-10 多种还原气体的 HYL 氢冶金工艺流程简图[14,15]

当前没有纯氢基 MIDREX 技术和 HYL 直接还原铁系统运行，比较成熟的是富氢基（CO+H_2，H_2 含量 55%～80%）直接还原铁的技术，这些技术源于拥有丰富天然气的南美地区，有几十年稳定生产实践。MIDREX 和 HYL 技术的单套系统产能每年达 250 万吨直接还原铁。

HYL 工艺设备结构与 MIDREX 工艺的大体相同，但是还原气体的种类有天然气、重整气、煤气、焦炉煤气和其他气体等多类。焦炉煤气是用得最多的还原气体，为炼焦过程产生的副产品，初步净化后的主要成分见表 12-2，主要由 H_2、CH_4、CO、CO_2 等气体组成，并含有一定量的 H_2S、CS_2、COS、NH_3、BTX（苯、甲苯、二甲苯等）、焦油和萘等。以焦炉煤气为气源的氢冶金工程需要首先对焦炉煤气进行深度净化。深度净化后的焦炉煤气进入煤气柜，供补充竖炉还原气使用。补充气体经过压缩机加压后从竖炉锥部下端通入，利用竖炉内 HDRI 的温度对焦炉煤气进一步热解，热解后的气体从竖炉锥部上端排出，经过洗涤塔的净化和冷却后作为补充气体进入竖炉还原的工艺气体循环回路[15]。

表 12-2 焦炉煤气深度净化前后的气体成分组成

组分	气体体积分数/%							氨质量浓度/(mg/m³)	H_2S质量浓度/(g/m³)	焦油质量浓度/(mg/m³)	萘质量浓度/(mg/m³)	BTX质量浓度/(mg/m³)	总硫/(mg/m³)
	H_2	CO	CH	N_2	CO_2	C_mH_n	O_2						
焦炉煤气	60.5	7.3	22	5	3	0.7	0.68	30	1	20	2400	2074	382.8

续表

组分	气体体积分数/%							氨质量浓度/(mg/m³)	H_2S质量浓度/(g/m³)	焦油质量浓度/(mg/m³)	萘质量浓度/(mg/m³)	BTX质量浓度/(mg/m³)	总硫/(mg/m³)
	H_2	CO	CH	N_2	CO_2	C_mH_n	O_2						
深度净化的焦炉煤气	约60.5	约7.3	约22	约5	约3	约0.7	约0.68	< 1	< 0.001	< 2	< 0.005	< 50	< 10

在MIDREX或HYL工艺中，DRI生产的一个重要因素是反应器中工艺的动态控制。这种动态控制以及工艺的优化对于确保工艺操作的顺利进行和产品的质量至关重要，例如，还原球团中的金属化程度和渗碳体积分数。在用于直接还原的逆流反应器中，氧化物颗粒从反应器的顶部向下移动，面向从下部注入的气体混合物。气体物质的化学势和温度在反应器的不同位置变化。物种的化学势在给定位置的每个颗粒内也可能不同。因此，对过程和产品质量的有效动态控制需要一个现实的过程模型，该模型使用纯H_2、纯CO和类似于MIDREX气体的气体混合物。纯气体还原在初始阶段由混合机制控制，在后期改为扩散控制机制。

(3) 流化床直接还原铁（氢基非高炉工艺）

除了MIDREX和HYL的高炉工艺外，还有氢基非高炉工艺，如以流化床为还原反应器的FIOR（fine iron ore reduction）技术、FINMET技术和FINEX技术。FIOR技术开发于20世纪60年代，1976年在委内瑞拉开发了一种粉矿在一系列串联的流化床反应器中用天然气加以还原的新工艺，命名为FIOR工艺，并建成40万吨/年的工业生产装置且稳定运行了几十年。

1991年，FIOR委内瑞拉公司和奥地利奥钢联工程技术公司（VAI）联合对FIOR流化床工艺进行改进，达到与目前以球团为原料的直接还原工艺相类似的水平，同时降低了整体能源消耗和人员需求，改进后的工艺被命名为FINMET工艺，每年100万吨DRI的FINMET系统于2001年投入运行。另外，FINEX熔融还原技术也以$CO+H_2$混合气为还原剂，采用多级流化床还原铁矿粉，产能达200万吨/年。从富氢转变为纯氢气基直接还原，最大的工程实践难点在于反应系统供热与还原的匹配。FINMET系统包括4个串联的流化床反应器，而且彼此间通过气体和固体输送管路相连，如图12-11所示[16]。粉矿在重力作用下从较高的反应器流向较低的反应器，而还原气体则以相反方向自下而上流动。此种逆向流动机理可以提高效率，因为在同样的还原气体和同样的流速条件下，多段系统比单一反应器还原得更充分。

1992年12月，浦项制铁与西门子奥钢联公司在COREX工艺基础上合作开发了FINEX工艺，主要目标是发展流化床还原粉铁矿的反应系统。流化床由四级反应器组成，粉矿和粒度8mm以下的添加剂由矿槽提升进入流化床反应器R4，在R4中干燥预热，并按重力依次进入R3和R2中进行预还原，最后在底部的R1中进行还原，如图12-12所示[17]。从R1排出的为热态粉状DRI，通过气力输送方式将DRI向上输送到热压块设备上部的喂料仓中。还原过程发生在高温（高达850℃）下，并通过压实机成型，称为HCI（热压铁），它为普通的HBI（热压块铁）工艺提供了一种真正的技术替代方案。直接使用矿石和煤生产熔融

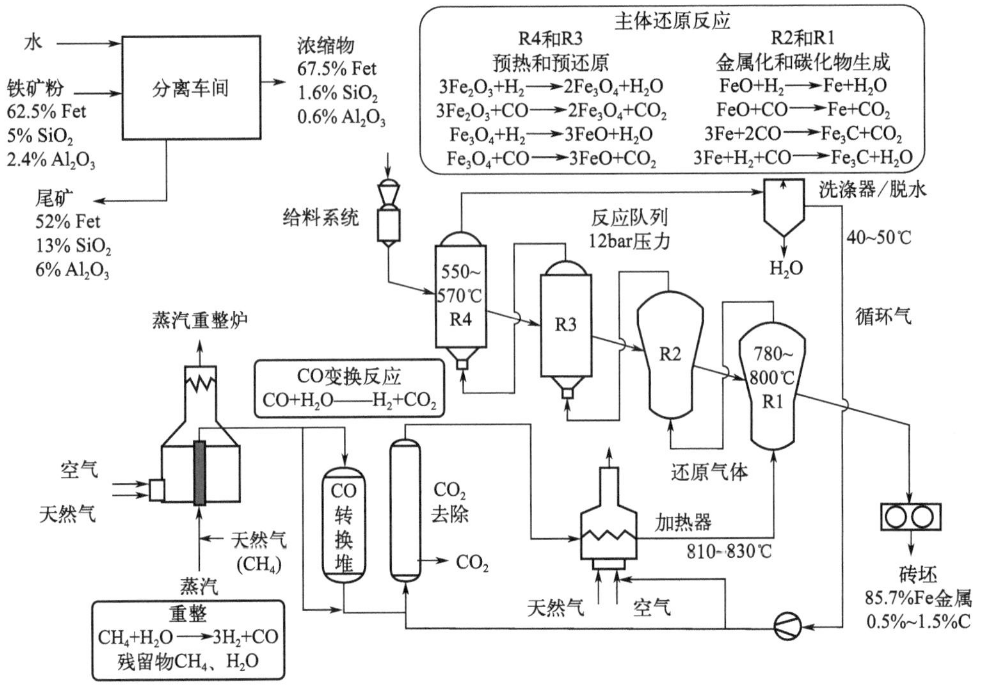

图 12-11 黑德兰港 HBI 工厂的 FINMET 工艺流程示意图[16]

（Fet—总铁）

铁的熔炼还原过程由生产直接还原铁的还原过程和通过煤的燃烧产生气体并熔化装料的熔化过程分开。为了使整个进程在稳定状态下连续运行，有必要添加一个连接分离的两个进程的进程。

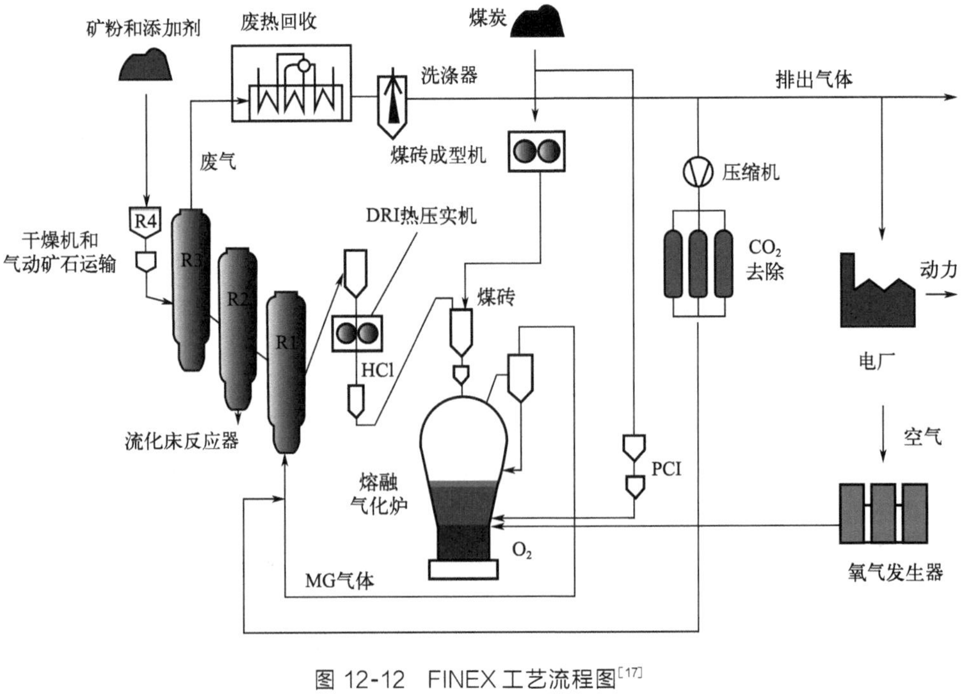

图 12-12 FINEX 工艺流程图[17]

FINEX 工艺是将流化床反应器（FB）和熔化气化器（MG）与熔融还原工艺 FINEX 连接起来的一种技术。也就是说，在 FB 反应器中生产添加了添加剂的精细 DRI，并且该 DRI 在通过压实机时在高温下以板的形式制成热压铁 HCI，然后在相关的分离器中将其压碎至适合 MG 的尺寸。HCI 工艺生产适用于炼铁工艺的致密形式的直接还原铁。由于其在 FINEX 中的应用，它能够减少机器安装的数量，因为它的高生产率降低了投资成本，并且由于压实机的使用寿命长，它有助于提高整体工艺的可用性。

美国钢铁协会 1980 年出版的《直接还原铁生产和应用的技术与经济》中的能量平衡表明，纯氢气竖炉和流化床直接还原流程的能耗非常高，如表 12-3 所示，包括制氢吨铁能耗高达 7.08～11.55Gcal，比现代竖炉高 3～4 倍[18]。由于纯氢气还原铁矿过程大量吸热，使竖炉散料层内的温度场急剧变凉，后续氢气还原氧化铁的反应变慢，100%氢气直接还原炼铁可能在经济上不可行。如要维持预定生产率，必须增加作为载热体的入炉氢气量。例如，炉顶压力 0.4MPa，900℃入炉氢气量至少要达到 $2600m^3/t$（DRI）以上，才能满足竖炉还原热量需求，纯氢流化床入炉氢气量高达 $4000m^3/t$（DRI）。与目前生产的竖炉相比，如果氢气供应量不变，纯氢气竖炉的 DRI 产量将减少 1/3，竖炉生产率降低 1/3，导致竖炉还原铁产品的成本大幅度提高，使企业亏损。其他问题包括氢源经济性、还原产物高活性、安全储运和政策等。氢基竖炉-电炉熔分短流程中，竖炉对球团矿的品位要求非常高（65%以上），对钢铁炉料造成比较大的挑战。低品位炉料通过氢基竖炉直接还原后，再进电炉进行渣铁熔分，渣量非常大，传统的电炉难以承受。是否可以通过特殊的电炉进行渣铁分离，形成铁水与转炉进行连接，走传统的转炉、连铸、轧钢的流程值得探讨[18]。

表12-3 纯氢基直接还原工艺的能量平衡　　单位:Gcal

工艺	需要能量（吨铁能耗）	能量来源（纯铁能耗）
纯氢气竖炉法	DRI 潜热：1.679	
	827℃DIR 显热：0.139	827℃还原气显热：0.633
	365℃DIR 显热 0.268	还原煤气潜热：1.473
	热损失：0.020	循环煤气潜热：4.977
	循环煤气潜热：4.977	
合计	7.083	7.083
储氢气流化床法的能量平衡	DRI 潜热：1.679	
	827℃DIR 显热：0.139	827℃补给还原气显热：1.103
	700℃废气显热 0.868	补给还原气潜热：1.473
	热损失：0.020	800℃铁矿石显热：0.220
	循环煤气潜热：8.848	循环煤气潜热：8.848
合计	11.554	11.644①

①上述数据合计大于左侧数据，主要是数据误差带来的。

12.3 直接还原铁的机理和特点

12.3.1 氢基竖炉内主要反应

在高炉或非高炉炼铁过程中实现 H_2 的充分利用在经济和技术上具有挑战性，但在环境上有希望。作为一种替代还原剂，H_2 的还原速度比 CO 快，产物（水）使其成为消除 CO_2 排放的最佳候选者。此外，H_2 可以减少铁矿石在低温还原过程中的崩解或溶胀行为，还可以通过改变其界面形态来减少铁矿石的黏附倾向。此外，预计在 H_2 气氛中，铁矿石填充床在更高温度下具有更好的透气性。

氢冶金工艺过程主要是以 H_2 为主、以 CO 为辅的还原气体对氧化球团进行还原脱氧的过程，可以用式（12-1）和式（12-2）表示[15]。但是铁矿石还原成铁是经过赤铁矿（Fe_2O_3）→磁铁矿（Fe_3O_4）→钨铁矿（Fe_xO）→Fe 等多步过程完成的，同时伴随着焦炉煤气自重整反应和渗碳反应等[16-20]。焦炉煤气中的 CH_4 在氢基竖炉的环境中会发生自重整反应，分解为 H_2 和 CO，增加还原气量；而且 CH_4 很容易与竖炉内新还原出的金属铁反应生成碳化铁，完成 DRI 的渗碳且生成 H_2，适量的渗碳将对后续电炉炼钢工序有利。所以，氢基竖炉内将会发生如下反应：

（1）竖炉内还原反应

$$3Fe_2O_3(s) + H_2(g) \longrightarrow 2Fe_3O_4(s) + H_2O(g) \tag{12-3}$$

$$Fe_3O_4(s) + H_2(g) \longrightarrow Fe_xO(s) + H_2O(g) \tag{12-4}$$

$$Fe_xO(s) + H_2(g) \longrightarrow Fe(s) + H_2O(g) \tag{12-5}$$

$$1/4Fe_3O_4(s) + H_2(g) \longrightarrow 3/4Fe(s) + H_2O(g) \tag{12-6}$$

$$3Fe_2O_3(s) + CO(g) \longrightarrow 2Fe_3O_4(s) + CO_2(g) \tag{12-7}$$

$$Fe_3O_4(s) + CO(g) \longrightarrow Fe_xO(s) + CO_2(g) \tag{12-8}$$

$$Fe_xO(s) + CO(s) \longrightarrow Fe(s) + CO_2(g) \tag{12-9}$$

$$1/4Fe_3O_4(s) + CO(g) \longrightarrow 3/4Fe(s) + CO_2(g) \tag{12-10}$$

（2）竖炉内自重整反应

$$CH_4(g) + H_2O(g) \longrightarrow CO(g) + 3H_2(g) \tag{12-11}$$

$$CH_4(g) + CO_2(g) \longrightarrow 2CO(g) + 2H_2(g) \tag{12-12}$$

（3）竖炉内渗碳反应

$$3Fe(s) + CH_4(g) \longrightarrow Fe_3C(s) + 2H_2(g) \tag{12-13}$$

12.3.2 氢还原铁的特点

天然气直接还原铁工艺中，除了原来的碳还原反应［式（12-1）］外，还新增加了氢气还原反应［式（12-2）］，如图 12-13 所示。

天然气直接还原铁矿石是氢气冶炼的第一步，容易实施，也可以降低 CO_2 的排放量，但天然气中仍然有 CO 气体还原铁矿石，也会产生 CO_2 气体。如果用氢气直接还原铁矿石的话就只有式（12-2）的反应，只会产生 H_2O，不会产生 CO_2，是最终的绿色冶炼方法。因此，使用氢的铁矿石还原法可以说是对地球有益的炼铁法。

从动力学性质上来说，氢气对铁氧化物具有良好的还原反应动力学潜质。如图 12-14 所

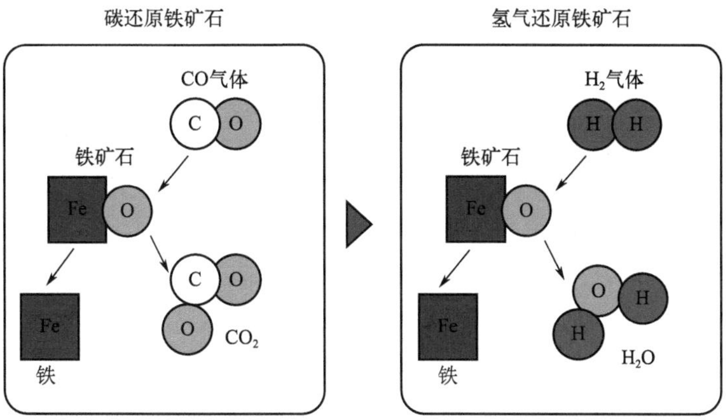

图 12-13 氢气直接还原铁矿石炼铁的开发

示，由于 H_2 是最活泼的还原剂，其分子量最小，分子直径最小，传质阻力小，能够很容易地渗透到颗粒铁矿石内部。同时，H_2 的渗透速度是 CO 的 5 倍，H_2 的还原潜能是 CO 的 11 倍，可对铁矿石进行快速、高质量的还原。因此，高炉使用氢气作还原剂理论上可以实现快速还原。图 12-15 是 H_2 和 CO 还原率的比较。在铁氧化物的气-固还原反应过程中，提高气体还原剂中氢气的比例，可以明显提高其还原速率。

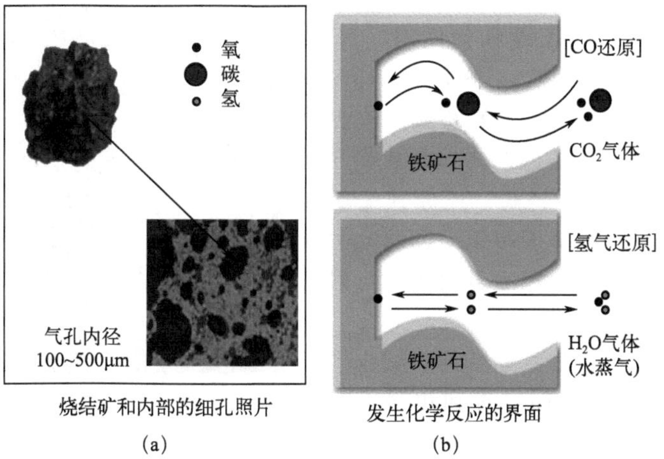

图 12-14 烧结矿和内部结构（a）以及 CO 和 H_2 渗透模型（b）

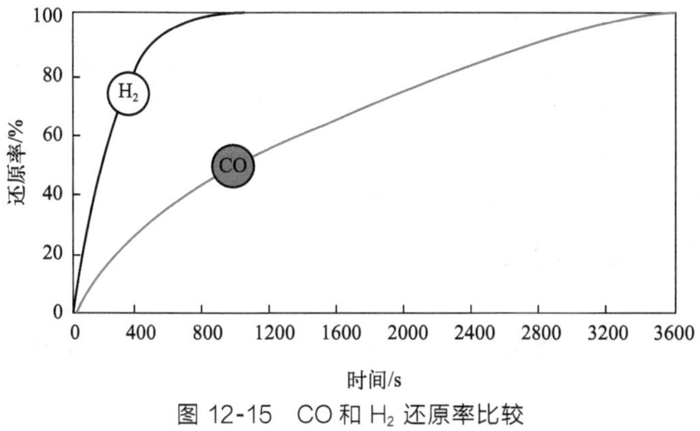

图 12-15 CO 和 H_2 还原率比较

从热力学上来说，氢还原是吸热反应（$\Delta H=+60.34\text{kJ/mol}$，1000℃），碳还原是放热反应（$\Delta H=-53.75\text{kJ/mol}$，1000℃），当温度小于810℃时，$H_2$ 还原铁矿石的能力低于CO，但当温度大于810℃时，H_2 还原铁矿石的能力大于CO。因此，在还原炉内宜采取较高温度来提高 H_2 的还原能力。在大于810℃条件下，用 H_2 还原铁氧化物所对应的 H_2 的平衡含量比用CO还原时所对应的CO的平衡含量低，这意味着用 H_2 还原时可以降低还原剂的使用量，从而减少化学能的消耗。与CO的还原潜能相比，H_2 的还原潜能远高于CO，前者是后者的14.0倍。

$$Fe_2O_3+3H_2 \longrightarrow 2Fe+3H_2O \tag{12-14}$$

$$6\rightarrow 112\ (1:18.667)$$

$$Fe_2O_3+3CO \longrightarrow 2Fe+3CO_2 \tag{12-15}$$

$$28\times 3\rightarrow 112\ (1:1.333)$$

$$H_2/CO=18.667/1.333=14.0$$

由此可见，大力开发和发展氢冶金，可以大大提高金属还原效率，成倍地提高金属冶炼的生产能力和生产效率。同时，可以大大减少金属冶炼过程中碳还原剂的消耗，从而大大降低钢铁生产中的煤耗，确保钢铁工业可持续发展。

向高炉内注入富氢气体时，混合气体的密度和黏度会降低，压降减小，混合气体与炉料之间的热交换加快，有利于提高高炉内气体的热利用率。同时，用 H_2 还原氧化铁时，H_2 的扩散能力是CO的3.74倍，通过铁矿石内部大孔和微孔的扩散，氢更快地转移到反应界面（图12-16）。因此，在还原剂体积分数相同的情况下，H_2/CO 的比例越高，还原速率越快，这一点已被许多学者基于氧化铁还原动力学研究所证明。一般来说，氢冶金的优点可以概括如下：

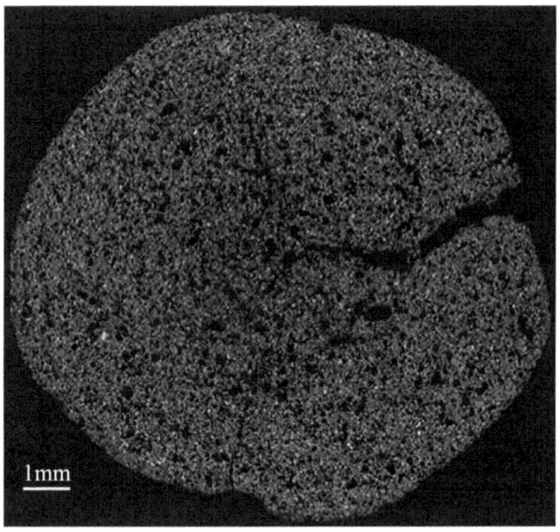

图12-16 铁矿石中的孔隙[19]

① 还原产物是 H_2O 而不是 CO_2，减少了 CO_2 排放和对化石燃料（如煤炭和焦炭）的依赖。

② H_2 是一种比CO更好的还原剂，因为它的热值更高、密度更低、穿透能力更强、还原速度更快等。

③ 制氢原料丰富，保证了所需氢气量的供用。

④ 氢冶金可以促进以氢替代天然气为基础的直接还原铁的快速发展，特别是在天然气资源短缺的地区（由于天然气能源的限制，气基直接还原仅在拥有天然气资源的国家和地区得到发展。中国因为天然气少，气基直接还原法少，而氢冶金则弥补了天然气短缺的问题）。

⑤ 氢冶金有利于钢铁企业的可持续发展。

12.3.3 直接还原铁成品的性能分析

图12-17是海绵铁和热压块铁的照片。表12-4是直接还原铁产品典型特征参数[15]，其基本特性如下。

(a)

(b) (c)

图 12-17 海绵铁（a，b）和热压块铁（c）的照片

表12-4 直接还原铁产品典型特征参数（质量分数）

序号	项目	CDRI	HDRI	HBI
1	金属化率/%	92~95	92~95	92~95
2	w(C)/%	1~5	1~5	0.5~5
3	w(P)/%	≤0.06	≤0.06	≤0.06
4	w(S)/%	≤0.004	≤0.004	≤0.004
5	脉石质量分数/%	2.8~6	2.8~6	2.8~6
6	体积密度/(kg/m^3)	1600~1900	1600~1900	2400~2800
7	表观密度/(kg/m^3)	3400~3600	3400~3600	4900~5500
8	产品温度/℃	常温	550	常温
9	典型粒度/mm	6.3~20	6.3~20	110×50×30

注：CDRI为碳直接还原铁，HDRI为氢直接还原铁，HBI为热压铁。

① 含碳量　由于是低温还原，得到的直接还原铁未能充分渗碳，含碳量较低（小于2%），一般波动在1.0%～3.0%，分别与金属化率95%和85%相对应。

② 杂质　直接还原铁中磷、硫及有色金属杂质低；一般磷、硫分别为0.01%～0.03%、0.01%以下，有色金属杂质铜、锌、铅、锡等只是痕量元素。

③ 脉石　矿石中的脉石成分无法被还原也无法造渣脱除，因而直接还原铁中保留了矿石中原有的脉石杂质，炼钢时增大了渣量，影响电炉生产效率和经济指标，因此生产DRI时应当选择铁品位高、脉石含量少的铁精矿富矿，DRI脉石含量一般不超过4%。

④ 密度　DRI密度比液态渣大时有助于快速穿过渣层进入渣钢界面，参与化学反应和

传热，因此，理想的 DRI 密度为 4.0～6.0g/cm^3，介于渣钢之间。

⑤ 二次氧化　因为 DRI 有很高的孔隙率（45%～70%），容易二次氧化。为减少二次氧化，可在产品制造时进行钝化处理。钝化是指在 DRI 的所有内外表面形成一层薄的四氧化三铁覆盖的保护膜，大部分钝化性是在最初几个小时内形成的，逐渐达到低的氧化性。

⑥ 氢含量　氢对材料的性能影响非常大，仅次于碳。氢气在 Ni、Fe、Co、Cr、Cu、Al、Ag、Mo、W、Mn 等金属中形成固溶体，其溶解度随着温度的上升而增大。这类金属在氢气固溶过程中伴随着吸热效应，称为第一类金属。铁矿石在含氢气氛下冶炼，氢气也会大量溶解到铁中，温度越高，含氢量也越多，如果铁水直接用来炼钢也会使钢中含氢量增加，影响钢的性质，严重时会导致氢脆现象，所以需要根据含氢量的情况考虑脱氢工艺。

因流行的几种工艺的能耗等主要技术经济指标比高炉炼铁落后，有人断言非高炉炼铁的能耗一定高于高炉炼铁，呼吁我国不要再上这种项目。其实我国直接还原工艺、熔融还原工艺发展艰难主要是工艺问题。高炉炼铁实际上就是一种煤基法竖炉炼铁工艺，只是以焦炭为主要能源，有利有弊。这种工艺经数百年发展，技术先进，生产效率较高，能耗较低。理论研究和生产实践均可证明，继承和发展高炉炼铁工艺、装备，在此基础上改进的煤基法竖炉，能耗低于高炉炼铁。通过发展煤基竖炉工艺，一定能提高 DRI 竞争力，促进冶金产业技术进步。

DRI 是将铁矿石在固态下直接还原为铁，由于比高炉生产铁水温度低，渗碳少，碳含量相当于钢，也叫直接炼钢。但因 Si、Al、S、P、Mn、Mg 等元素仍以氧化物形态存在，化学成分不符合钢的要求，还须在电炉和其他装置中进一步熔炼，也属于二步法炼钢。不过，由于减少了渗碳-脱碳这个过程，DRI-EAF 流程炼钢理应比高炉-转炉流程能耗低、三废排放少。

12.4 常规高炉的氢冶金

12.4.1 高炉富氢冶炼技术开发

与上述的直接还原铁不同，在常规的高炉上也可以引进氢冶金，高炉富氢低碳冶炼技术是目前开发的重点。高炉富氢还原工艺是通过喷吹天然气、焦炉煤气等富氢气体参与常规的高炉炼铁过程，如图 12-18 所示[20]。从高炉炼铁的基本原理出发实现高炉富氢低碳冶炼的核心技术环节包括：富氢（或纯氢）气源供给、预热调质和喷吹；实现炉内富氢低碳冶炼过程顺行高效的综合调控；富氢冶炼下适应性新炉料的使用；炉顶煤气循环喷吹；捕捉分离出的 CO_2 的固化利用。要实现炉顶煤气的循环喷吹，高炉排出的炉顶荒煤气需要除尘，分离去除氧化产物组分 CO_2、H_2O 和惰性组分 N_2。要最大限度地减少 CO_2 排放，需要对从煤气中捕捉富集出来的 CO_2 进行规模化综合利用[18]。

试验表明，富氢还原高炉工艺在一定程度上能够通过加快炉料还原，从而减少碳排放，但由于该工艺基于传统高炉，焦炭的骨架作用无法被完全替代，因此氢气喷吹量存在极限值，氢气不能完全取代焦炭用于高炉生产。一般认为高炉富氢还原的碳减排范围处于10%～20%之间，减排效果不够明显，碳在还原铁氧化物方面仍然占主导地位。然而，随着氢冶金技术的不断发展，氢与碳的替代率有望提高，以减少 CO_2 排放，这也是高炉炼铁工艺未来的发展方向。

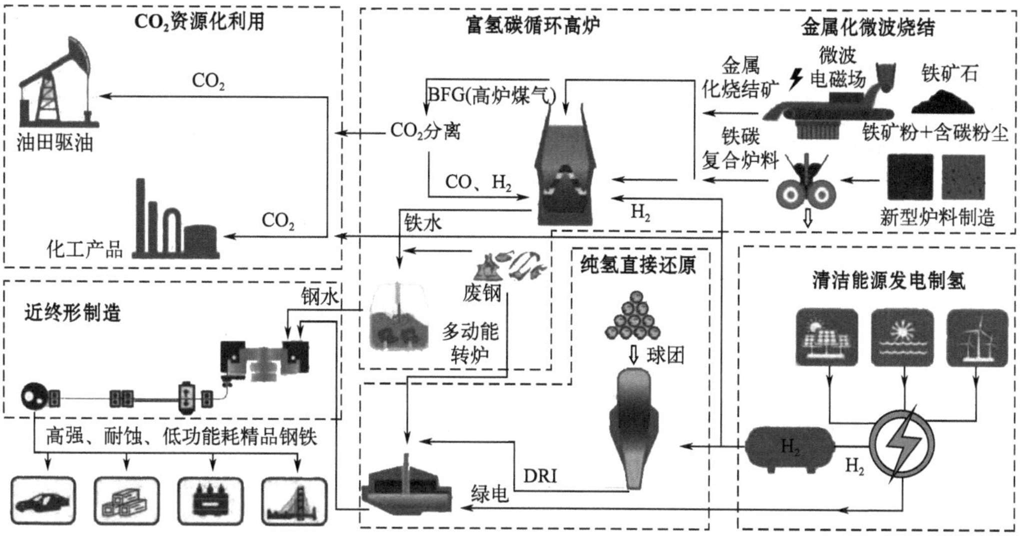

图 12-18 富氢还原高炉炼铁工艺流程[20]

12.4.2 高炉氢冶金

至今高炉炼铁是以碳为主要还原剂的炼铁技术，而氢冶金是以 H_2 为主要还原剂的炼铁技术。从铁矿石的还原过程来看，氢气还原铁矿石的速度快，但为吸热反应；CO 还原速度较慢，但为放热反应。如果将两种炼铁技术巧妙地整合起来，还原效果是比较理想的。图 12-19 是高炉炼铁过程中氢气制备和氢冶金的示意图。从图中可以看到，除了传统的焦炭

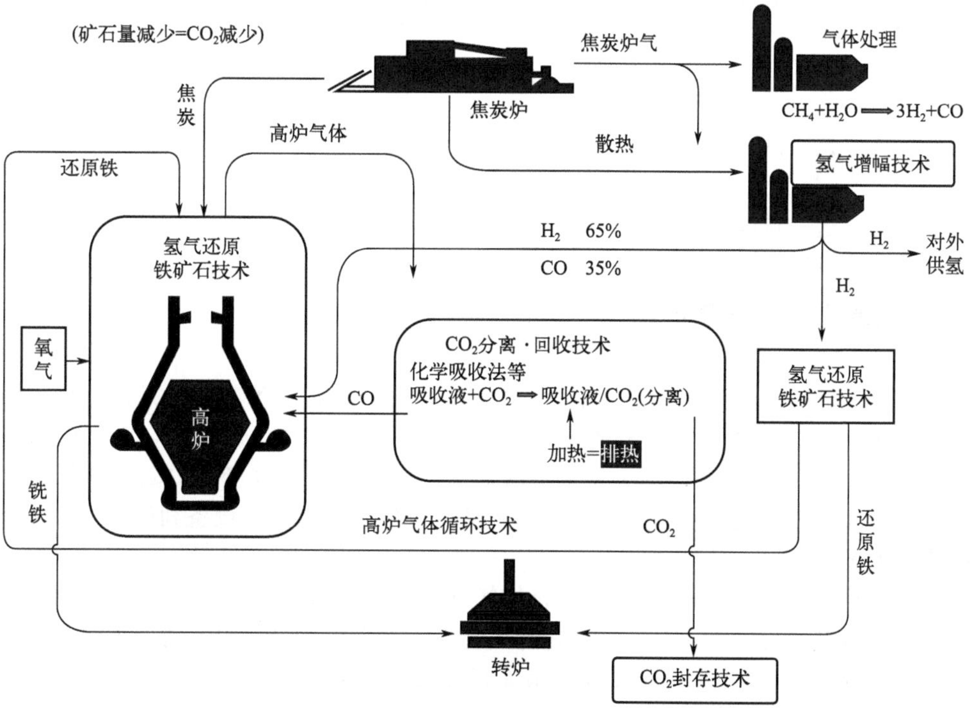

图 12-19 高炉炼铁过程中氢气制备和氢冶金示意图

以及 CO 的还原作用以外，从焦炭炉中出来的氢气以及从高炉尾气分离出来的氢气都可以直接导入高炉中还原铁矿石。这种把 CO 和 H_2 两种还原优势结合在一起的工艺形成了当代的一种新的联合炼铁工艺，必然会大大推动氢冶金的发展。

上述过程是通过碳氢混合气冶炼实现 CO_2 减排。现在高炉的 CO_2 减排主要是依赖三种技术：一是活性焦炭的使用，提高碳的还原效率；二是高炉尾气的回收利用；三是天然气等含氢多的燃料注入高炉。图 12-20 是这三种技术综合使用的示意图[21,22]，后两种都是利用氢气的使用降低 CO_2 排放。

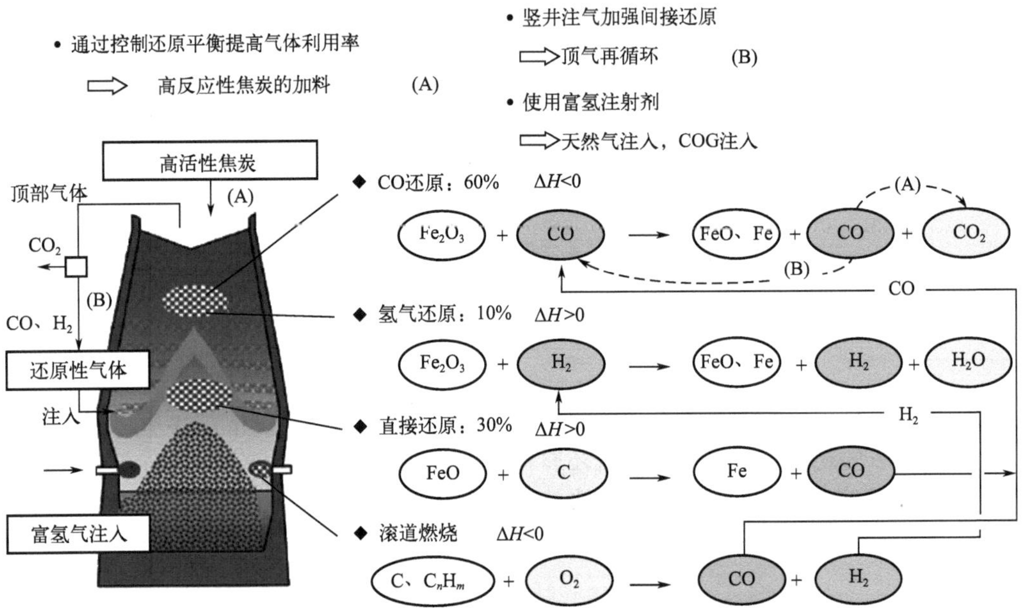

图 12-20 高炉炉内还原机理及低碳途径[21, 22]

用于还原赤铁矿的氢气的化学计量消耗量为每吨铁 54kg。一个每年 100 万吨的钢铁厂需要高达 70000m^3（标）STP/h 的氢气厂产能。目前，大规模的氢气生产是通过甲烷的蒸汽重整实现的。这一选择可以保留，甚至可以针对氢基炼铁进行优化，例如，通过将纯度定为 97%～98%的 H_2，而不是通常的 99.9%以上。

12.4.3 混氢冶金和全氢冶金

目前氢冶炼已经应用到成熟的工业生产中，主要的方案有两种：一种是部分使用氢气的混氢冶金；另一种是完全使用氢气的纯（全）氢冶金。上述的高炉氢冶金就属碳氢混合冶金，并不是一种 CO_2 零排放的冶金。全氢冶金过程中只有水蒸气产生，CO_2 减排效果优于混氢冶金。全氢冶金工艺还存在着气体利用率低、氢气消耗最大、设备利用率低和生产效率低下等诸多问题。

另外，即便是全氢冶金，目前 95%的氢气仍是以天然气和煤炭为原料生产的，在氢气制造过程中不可避免地产生 CO_2。初略估算生产 1t 氢气，要排出 10t 左右的 CO_2。所以，真正的无 CO_2 排放冶金需要利用可再生能源获得氢气，同时把直接还原铁矿石与炼钢结合起来，如图 12-21 所示。在这个冶金过程中，氢气通过可再生能源光伏以及风力发电水电解制氢获得，通过全氢直接还原铁-电弧炉相结合炼钢。

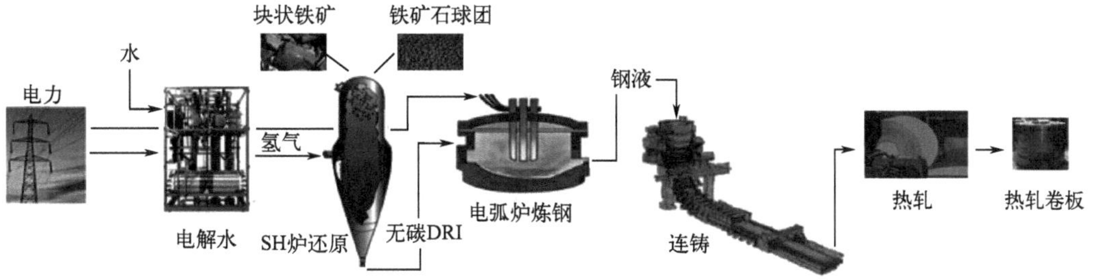

图 12-21 基于可再生能源制氢的直接还原铁矿石与炼钢相结合的示意图

图 12-22 是不同的冶炼路线的 CO_2 排放量，使用绿氢的直接还原和电弧炉路线可以实现全过程 CO_2 零排放，是将来的发展方向[23]。

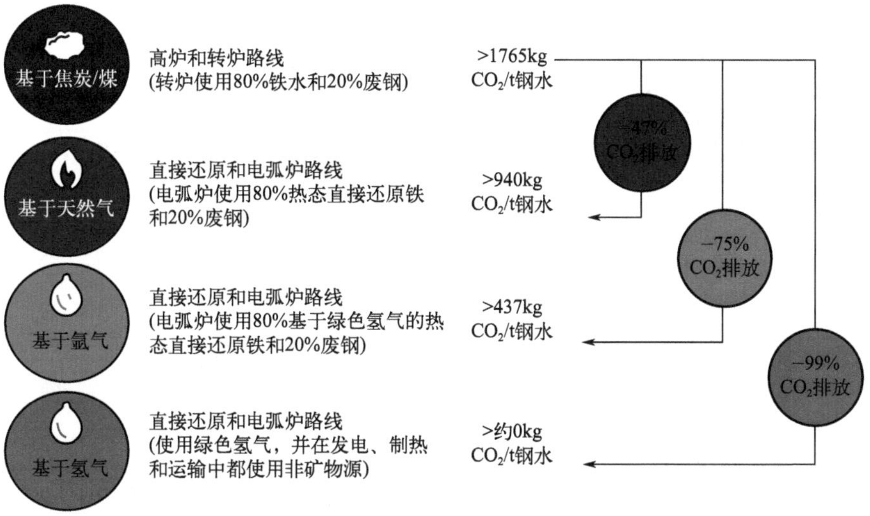

图 12-22 不同冶炼工艺的 CO_2 排放量

展望未来炼铁技术的发展，将实现常规高炉→富氢碳循环高炉→全氢绿电供热零碳高炉，最后通过绿氢还原、绿电加热，实现全氢冶金，实现零碳排放，如图 12-23 所示[24]。

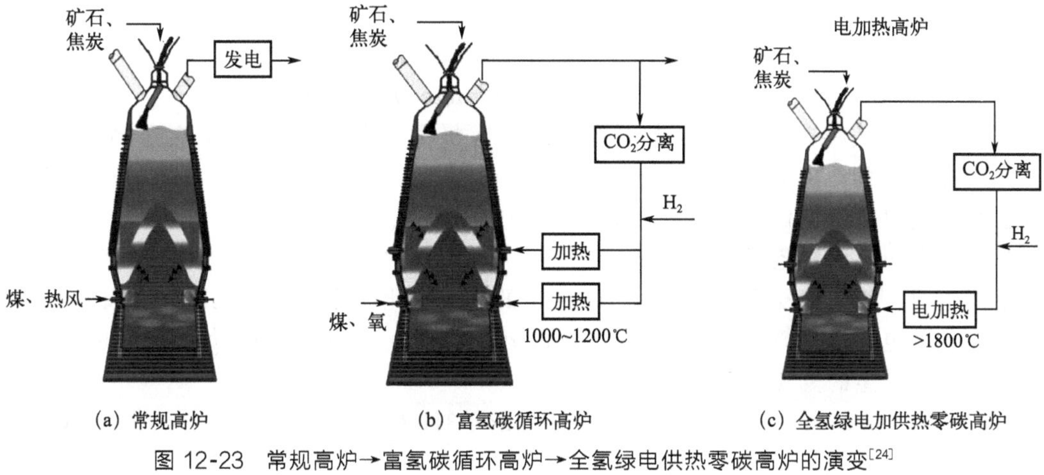

图 12-23 常规高炉→富氢碳循环高炉→全氢绿电供热零碳高炉的演变[24]

12.4.4 熔盐中的直接还原

除了直接还原铁和常规高炉炼铁外，熔盐中的直接还原也是一种氢还原炼铁的方法。在高温（>600℃）下在熔融盐中产生氢气的独特优势在于，所产生的氢气可用于金属氧化物的原位还原。研究表明，在660℃下，在1～1.4V的低电池电位下（1～5h），水在熔融LiCl中溶解产生的氢气可用于将氧化铁原位还原为金属铁。

这种方法为氧化铁的无碳还原提供了一种新的可持续和经济的技术，生产率高达约98.4%（1.4V，5h）。反应演变的示意图如图12-24所示。在阶段Ⅰ，Ni包裹的Fe_2O_3阴极上质子的还原导致在电极/熔体界面电化学产生$Li_2Fe_3O_5$：

$$3Fe_2O_3 + 2Li_2O + H^0 + H^+ + e^- \longrightarrow 2Li_2Fe_3O_5 + H_2O \quad (12\text{-}16)$$

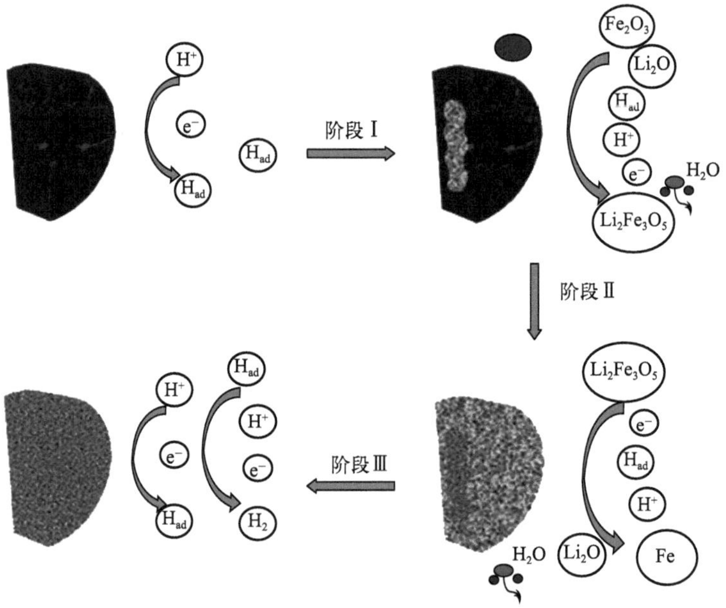

图12-24 氢辅助熔盐还原示意图

在阶段Ⅱ，在延长的电解时间下，可以从阴极中去除氧气，因此可以实现阴极的完全金属化：

$$Li_2Fe_3O_5 + 4H_2 \longrightarrow 3Fe + Li_2O + 4H_2O \quad (12\text{-}17)$$

$$\Delta G^0 = -1.1 \times 10^{-16} kJ/mol, \ T = 660℃$$

虽然先前的反应在能量上接近平衡，但小阴极电势的存在以及反应产物（Li_2O和H_2O）在熔体中的溶解为反应的进行提供了进一步的驱动力。在660℃，0.79V的电池电压理论上应该足以分解溶解在熔融盐中的水以形成阴极氢。该结果表明，在1.0V的低电压下，Fe_2O_3前体可以被还原为Fe。

有趣的是，简单地浸入660℃熔融LiCl中的单个氧化铁颗粒也可以通过在仅0.97V的低电压下水的电化学分解在熔体中原位产生的氢气还原为金属铁颗粒，如图12-25所示[25]，在石墨坩埚上产生的氢气的影响下：

$$Fe_2O_3 + 3H_2 \longrightarrow 2Fe + 3H_2O[LiCl] \quad (12\text{-}18)$$

$$\Delta G^0 = -12.5kJ, \ T = 650℃$$

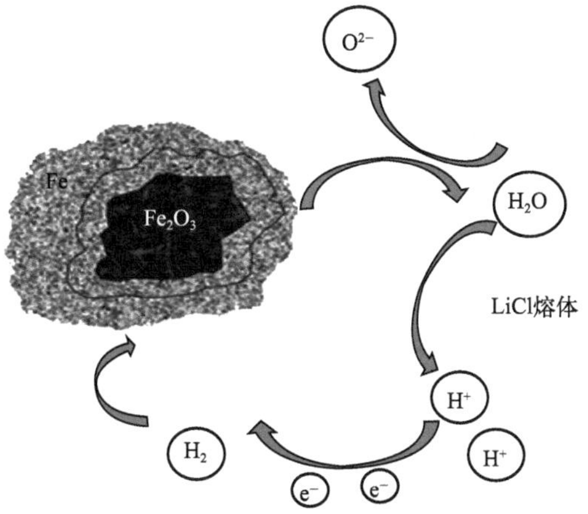

图 12-25 悬浮在熔盐中的氧化铁颗粒的直接还原示意图[25]

熔盐技术能在低至 1V 的低电池电压下分解水，从而在 600～900℃的温度窗口下产生氢气。所产生的氢气实际上可以减少添加到熔融盐中的 Fe_2O_3，而不需要消耗更多的能量，因为其吉布斯自由能的变化是负的（在 70℃时为 17kJ）。此外，金属氧化物的氢还原所释放的能量提供了足够的能量来维持熔融盐的高温。在金属氧化物的水辅助熔融盐还原中，熔融盐中的氢阳离子可以在金属氧化物阴极上被还原以形成金属和水。后者立即溶解在熔融盐中，以重整氢阳离子。因此，理论上，熔融盐中的少量水应足以在低电池电位下减少浸入熔体中的大量金属氧化物，该电池电位（<1V）刚好高到足以在高温下分解水。值得一提的是，制备熔盐所需的热能可以由从工业过程中回收的废热能提供。

12.5 氢还原热力学和动力学

12.5.1 O_2 分压和 H_2O 分压的影响

赤铁矿 Fe_2O_3 的还原是一个与温度密切相关的多步过程[26]。当温度低于 570℃时，中间产物 wüstite 在还原过程中不能稳定存在，但当温度超过 570℃时必须考虑。

$$3Fe_2O_3+H_2 \longrightarrow 2Fe_3O_4+H_2O \quad T<570℃ \tag{12-19}$$

$$Fe_3O_4+4H_2 \longrightarrow 3Fe+4H_2O \quad T>570℃ \tag{12-20}$$

$$Fe_3O_4+H_2 \longrightarrow 3FeO+H_2O \tag{12-21}$$

$$FeO+H_2 \longrightarrow Fe+H_2O \tag{12-22}$$

氧化铁还原的热力学可以通过 Baur-Glaessner 图有效地说明，如图 12-26 所示（另见文前彩图）。该图显示了不同氧化铁相的稳定区域取决于温度和气体氧化程度，气体氧化程度定义为氧化气体成分与氧化和可氧化气体成分之和的比率。当采用氢气作为还原剂时，铁的稳定区域随着温度的升高而扩大，表明较高的温度有助于提高氢气的还原效率。铁氧化物被 CO 还原的行为表现出相反的趋势。

同时，氢气的还原反应受动力学条件的影响，影响还原速率的因素包括温度、压力、气体成分、粒度、氧化铁孔隙率、氧化铁矿物学等，氢气还原应始终在尽可能高的温度下进行，因为铁的稳定区域随着温度的升高而膨胀。这导致理论气体利用率和还原的热力学驱动力的增加。

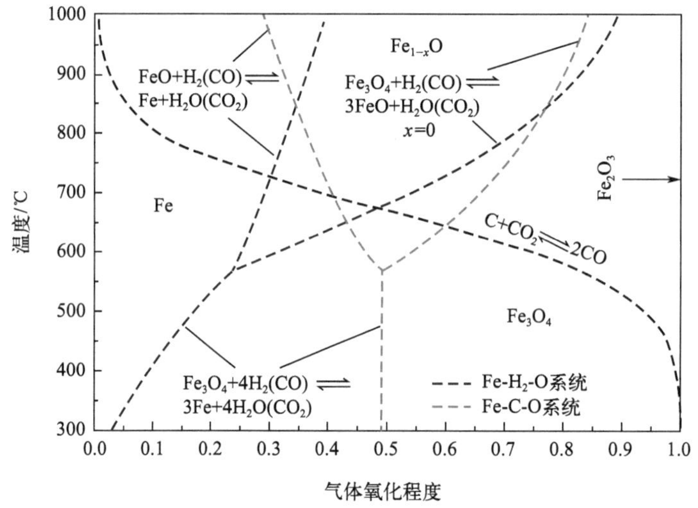

图 12-26 Baur-Glaessner 图

赤铁矿直接还原成 Fe 很困难，更多的是经过如下三步反应还原成 Fe。氢气还原铁氧化物的过程有多种途径，一种是两步还原机制［式（12-23)］，另一种是三步还原机制［式(12-24)］。

$$Fe_2O_3 \longrightarrow Fe_3O_4 \rightarrow Fe \tag{12-23}$$

$$Fe_2O_3 \longrightarrow Fe_3O_4 \longrightarrow Fe_xO \rightarrow Fe \tag{12-24}$$

反应途径取决于铁-铁氧化物的平衡相图中的 H_2O-H_2 分压比 p_{H_2O}/p_{H_2}，如图 12-27 所示[27]，K_A、K_B、K_{B1} 和 K_{B2} 是反应的平衡常数。

$$3Fe_2O_3+H_2 \longrightarrow 2Fe_3O_4+H_2O, K_A=\frac{x_{H_2O}}{x_{H_2}} \tag{12-25}$$

$$0.5Fe_3O_4+2H_2 \longrightarrow 1.5Fe+2H_2O, K_B=\frac{x_{H_2O}}{x_{H_2}} \tag{12-26}$$

$$1.202Fe_3O_4+H_2 \longrightarrow 3.808Fe_{0.947}O+H_2O, K_{B1}=\frac{x_{H_2O}}{x_{H_2}} \tag{12-27}$$

$$Fe_{0.947}O+H_2 \longrightarrow 0.947Fe+H_2O, K_{B2}=\frac{x_{H_2O}}{x_{H_2}} \tag{12-28}$$

随着分压比 p_{H_2O}/p_{H_2} 变化，反应途径会发生变化。总的来说，如图 12-27 中的线 a 所示，在高比率 p_{H_2O}/p_{H_2} 下热力学导致 $Fe_2O_3 \longrightarrow Fe_3O_4$ 反应，而在低比率 p_{H_2O}/p_{H_2} 下，则会发生 $Fe_3O_4 \longrightarrow Fe$ 反应。但是只有 p_{H_2O}/p_{H_2} 比例低于 0.35 时，发生线 b'下的反应，即 $Fe_3O_4 \longrightarrow Fe$；而在比率高于 0.35 时，则会发生线 b''上的反应。即三步还原反应 $Fe_2O_3 \longrightarrow Fe_3O_4 \longrightarrow Fe_{1-x}O \longrightarrow Fe$。

一般来说，水的浓度不会影响反应 $Fe_2O_3 \longrightarrow Fe_3O_4$，仅以温和的方式延缓 $Fe_3O_4 \longrightarrow Fe_{1-x}O$，但会强烈地延缓反应 $Fe_{1-x}O \rightarrow Fe$。

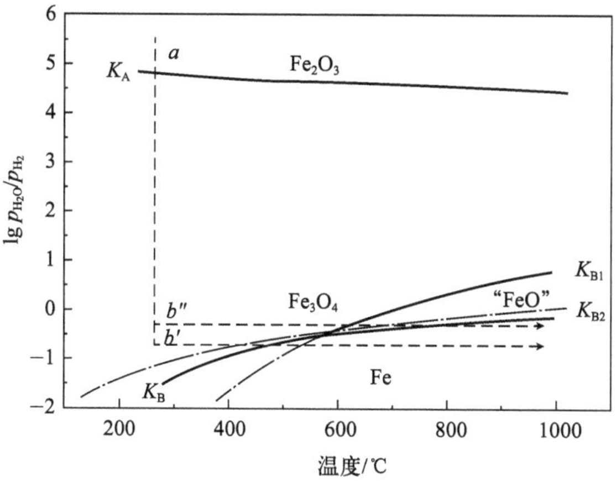

图 12-27 水-氢气氛中的铁-铁氧化物相图[27]

12.5.2 氢直接还原热力学

通常，称为赤铁矿的 Fe_2O_3 的还原不会直接发生在 Fe 中。如果还原温度低于 570℃，则从 Fe_2O_3 到 Fe_3O_4（称为磁铁矿）逐步还原为 Fe。中间氧化物 $Fe_{1-x}O$ 在低于 570℃的温度下不稳定。但在还原温度高于 570℃时，还原过程中还必须考虑钨铁素体。在这种情况下，还原从 Fe_2O_3 经由 Fe_3O_4 还原到 $Fe_{1-x}O$，然后继续到 Fe[28]。以下方程式显示了不同温度下的还原过程：

$$3Fe_2O_3+H_2 \longrightarrow 2Fe_3O_4+H_2O，T<570℃ \quad (12\text{-}29)$$

$$(1-x)\ Fe_3O_4+\ (1-4x)\ H_2 \longrightarrow 3Fe_{1-x}O+\ (1-4x)\ H_2O\ (T>570℃) \quad (12\text{-}30)$$

$$Fe_{1-x}O+H_2 \longrightarrow (1-x)\ Fe+H_2O\ (T>570℃) \quad (12\text{-}31)$$

图 12-28 显示了二元 Fe-O 系统的截面。赤铁矿是含氧量最高的氧化物，其次是磁铁矿和钨铁矿。钨铁矿只有在 570℃以上的温度下才稳定。在 570℃以下，它分解为 Fe_3O_4 和

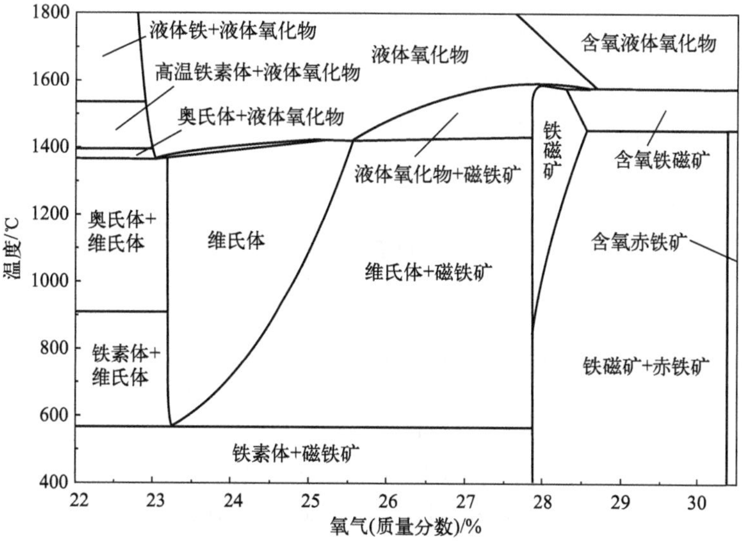

图 12-28 Fe-O 二元相图

Fe。随着温度的升高，钨铁矿的稳定区域扩大，因为并非晶格中的所有位置都被铁离子占据。因此，钨铁矿的分子式被写成 $Fe_{1-x}O$ 而不是 FeO，其中（$1-x$）表示铁晶格中的空位。

H_2 还原氧化铁的气相平衡图如图 12-29 所示。形成了三种还原产物，即 Fe_3O_4、FeO 和 Fe。此外，在 400～600℃的还原温度和<65%（体积分数）的 H_2 浓度下，Fe_2O_3 与 H_2 反应形成 Fe_3O_4。

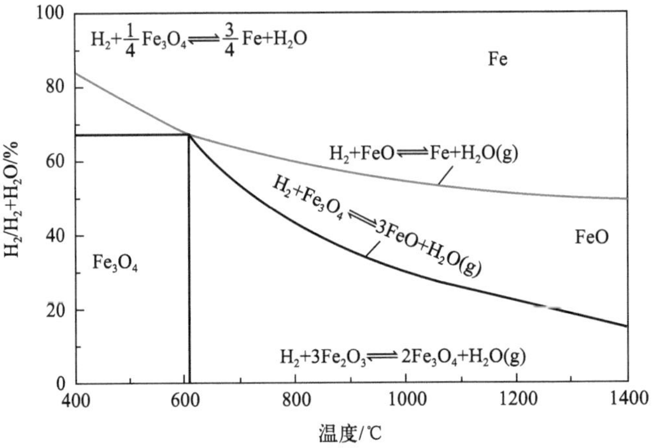

图 12-29 H_2 还原氧化铁的气相平衡图

图 12-30 是大气压下不同气体直接还原氧化铁的还原效率的温度变化。比较图 12-30（a）～（c）可知，还原效率在纯氢气氛下最快，H_2 和 CO 的混合气体其次，纯 CO 的最慢。

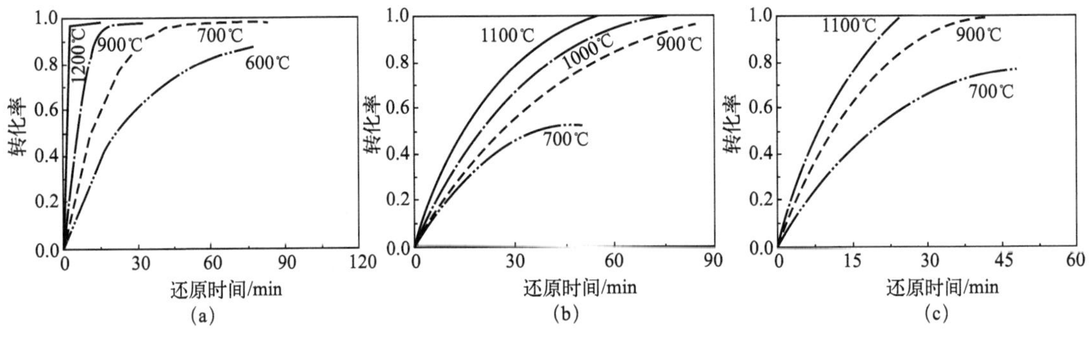

图 12-30 大气压下不同气体直接还原氧化铁的还原效率的温度变化

(a) H_2；(b) CO；(c) H_2 和 CO 的混合气体

在气体混合物的情况下的还原反应描述如下：

$$3Fe_2O_3+CO \rightleftharpoons 2Fe_3O_4+CO_2 \tag{12-32}$$

$$3Fe_2O_3+H_2 \rightleftharpoons 2Fe_3O_4+H_2O \tag{12-33}$$

$$Fe_3O_4+CO \rightleftharpoons 3FeO+CO_2 \tag{12-34}$$

$$Fe_3O_4+H_2 \rightleftharpoons 3FeO+H_2O \tag{12-35}$$

$$FeO+CO \rightleftharpoons Fe+CO_2 \tag{12-36}$$

$$FeO+H_2 \rightleftharpoons Fe+H_2O \tag{12-37}$$

在 DRI 工艺中，铁矿石颗粒被 H_2、CO 或两者还原为金属铁。如 MIDREX 或 HYL，颗粒或块状矿石形式的氧化铁通过料斗被引入竖炉顶部，在重力作用下下降，并遇到合成气的逆流，合成气主要是由天然气重整产生的 CO 和 H_2 的混合物。这种还原气体加热下降的固体与氧化铁反应，在反应器的圆柱形上部（即还原区）的底部将其转化为金属铁（DRI），释放 CO_2 和 H_2O。为了生产冷 DRI，还原铁在炉的下圆锥截面（冷却区）通过逆流冷却气体进行冷却和渗碳。DRI 也可以热排放并进料至用于生产 HBI（热压块铁）的压块机，或者直接热进料至 EAF（电弧炉）。

碳通常以渗碳体（Fe_3C）的形式存在于 DRI 中。反应通常在竖炉中进行，竖炉是一种移动床逆流反应器。在竖炉中，还原气体向上流动，而铁矿石则通过重力下落[29]。以下方程式分别提供了 H_2 基还原、CO 基还原和 CO 基渗碳的反应：

$$Fe_2O_3(s)+3H_2(g) \rightleftharpoons 2Fe(s)+3H_2O(g) \tag{12-38}$$

$$Fe_2O_3(s)+3CO(g) \rightleftharpoons 2Fe(s)+3CO_2(g) \tag{12-39}$$

$$3Fe(l)+2CO(g) \rightleftharpoons Fe_3C(s)+CO_2(g) \tag{12-40}$$

温度对 CO 还原效率的影响如图 12-30（b）所示。在含有 50%CO 和 50%H_2 的还原气氛的情况下，还原效率作为温度的函数如图 12-30（c）所示。从图中可以看出氢气的还原动力学性能比 CO 的强很多。

由于氢气代替不同百分比的天然气，总气体体积往往会增加，而且大量的氢被用于还原，竖井的内部压力控制变得很重要。此外，随着混合物中氢气百分比的增加，熔炉中会出现不同的还原环境[9,30]，引起化学反应变化，从而导致产物的金属化程度发生变化。气体成分强烈影响还原速率。在 900℃（直接还原竖井的最低温度）以上的温度下，氢气的还原电位超过 CO 的还原电位，转换反应（WGSR）向左移动，因此有利于铁的渗碳。

另外，随着天然气百分比的降低，冶炼过程所需的能源应该由替代资源提供。可以很容易地观查到，在还原的第一阶段，转化非常快，然后速率逐渐降低，如图 12-31 所示（另见文前彩图）[7]。FeO 的缓慢还原过程是控制整个还原过程的主要机制。许多研究表明，赤铁矿氢还原为磁铁矿的活化能约为 76kJ/mol，而当温度越来越低或越来越高时，磁铁矿还原为铁的活化能为 88kJ/mol 或 39kJ/mol。实验表明，$Fe_2O_3 \rightarrow Fe_3O_4 \rightarrow Fe_xO$ 还原过程是由扩散和相边界反应控制的。对于孔隙率低和孔隙之间连接差的致密颗粒，还原反应主要是扩散控制的。另外，如 Barde 等所描述的[31]，钨铁还原为铁的初始阶段是一个成核控制的过程，而在最终阶段是一种氧扩散控制的过程，如图 12-32 所示。

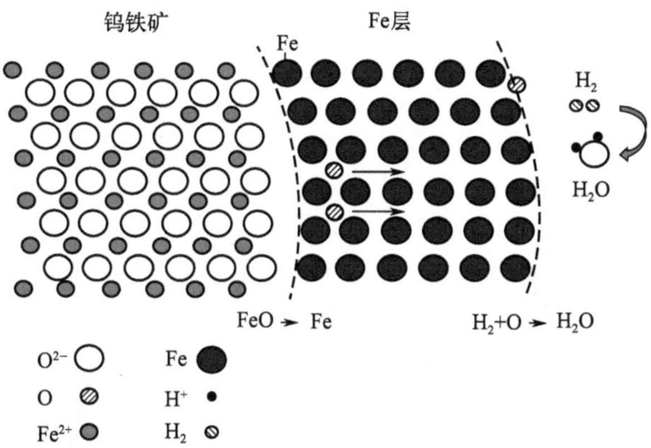

图 12-31 原子尺度上的氢还原钨铁矿示意图[7]

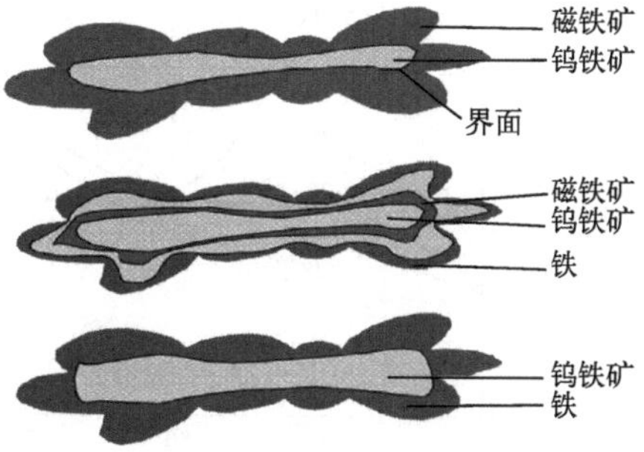

图 12-32 氢还原氧化铁的进展示意图

在此模型中，氢气入口流速是控制还原速率的一个重要操作参数。增大流速会增大反应结构内氢气的平均浓度，从而提高反应速率。氢气入口摩尔浓度是控制还原反应速率的另一个重要参数。摩尔浓度的增加提供给每单位体积更高数量的氢分子参与局部还原反应，增加了氢和氧化铁晶格中的氧之间发生反应的可能性。反应速率随着反应温度的升高呈指数级增加，因此反应动力学对温度的依赖性是最重要的。

因此，钨铁矿颗粒向铁的转化取决于钨铁矿周围铁层的形成。在还原的初始阶段，氢与氧化铁直接接触。首先，H_2 分子与铁氧化物颗粒表面的氧发生反应。这种反应形成水和电子，这些电子起到还原剂的作用：$Fe^{3+}+e^- \longrightarrow Fe^{2+}$。随后 Fe^{2+} 通过 Fe_3O_4（或 FeO）层迁移到 Fe_2O_3（或 Fe_3O_4）芯部，在那里再发生以下反应：

$$4Fe_2O_3+Fe^{2+}+2e^- \longrightarrow 3Fe_3O_4 \tag{12-41}$$

$$Fe_3O_4+Fe^{2+}+2e^- \longrightarrow 4FeO \tag{12-42}$$

在高压和高流速下，Fe^{2+} 通过层的传输是铁层形成之前的速率控制过程，还原过程非常复杂。氢扩散到表面，然后通过形成水与外表面的氧反应。水移动离开，而氧通过铁层扩散离开形成铁的 FeO/Fe 表面。每种氧化铁的质量分数随时间的变化如图 12-33 所示。前两个反应非常快，并且钨铁还原控制着整个转化。

图 12-34 是铁矿石在还原过程中的不同组分比例随时间的变化。低温下，纯氢气的还原率是纯一氧化碳的十倍。在高温下，还原率随着氢含量的增加而线性增加。氢气和一氧化碳还原的综合效应的动力学模型通过以下反应发展：

$$3Fe_2O_3(s)+H_2(g) \longrightarrow 2Fe_3O_4(s)+H_2O(g) \tag{12-43}$$

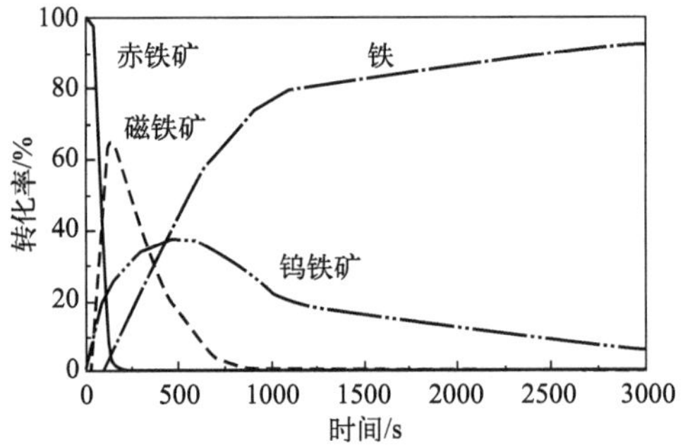

图 12-33 还原过程中的不同铁氧化物含量随时间的变化

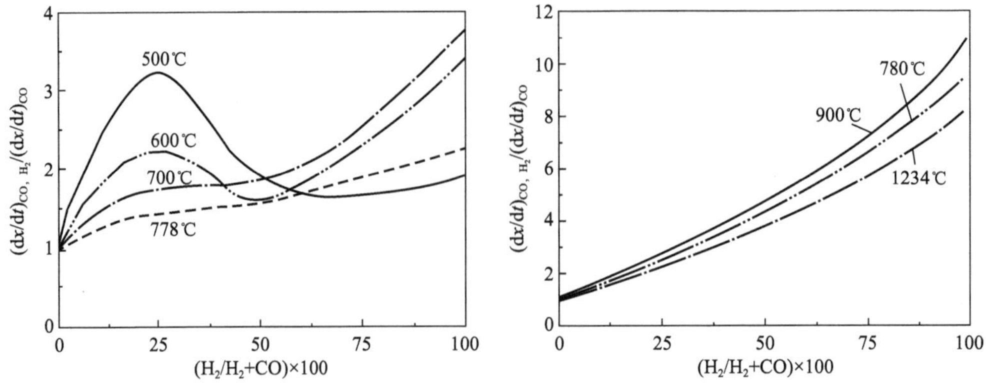

图 12-34 还原率随气体成分和温度的变化

$$Fe_3O_4(s)+\frac{16}{19}H_2(g)\longrightarrow \frac{60}{19}Fe_{0.95}O(s)+\frac{16}{19}H_2O(g) \tag{12-44}$$

$$Fe_{0.95}O(s)+H_2(g)\longrightarrow 0.95Fe(s)+H_2O(g) \tag{12-45}$$

$$3Fe_2O_3(s)+CO(g)\longrightarrow 2Fe_3O_4(s)+CO_2(g) \tag{12-46}$$

$$Fe_3O_4(s)+\frac{16}{19}CO(g)\longrightarrow \frac{60}{19}Fe_{0.95}O(s)+\frac{16}{19}CO_2(g) \tag{12-47}$$

$$Fe_{0.95}O(s)+CO(g)\longrightarrow 0.95Fe(s)+CO_2(g) \tag{12-48}$$

显然，还原过程与还原下颗粒的结构，特别是与它们的孔隙率密切相关。该过程由取决于颗粒结构的扩散控制。

12.5.3 CO 或 H_2 还原的区别

在铁矿石还原过程中，CO 或 H_2 还原铁氧化物的反应平衡图如图 12-35 所示[32]。由图可知，在铁矿石还原过程中，当温度小于 810℃时，H_2 还原铁矿石的能力低于 CO，但当温度大于 810℃时，H_2 还原铁矿石的能力大于 CO。因此，在还原炉内宜采取较高温度提高 H_2 的还原能力。

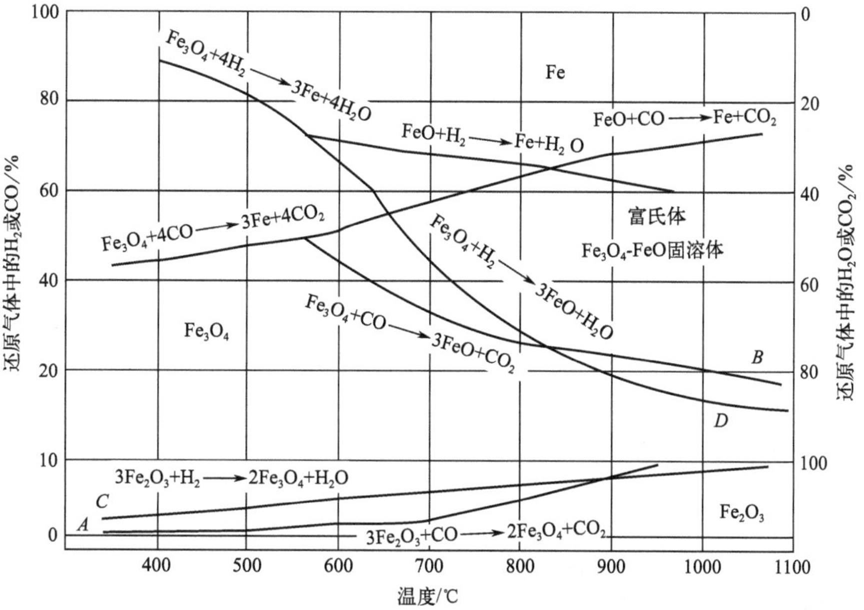

图 12-35 CO 或 H_2 还原铁氧化物反应平衡图[32]

当 H_2-CO 混合气体过渡到纯 H_2 时，还原过程和程度都会有所变化[33]。动力学、热力学、转移和气流等因素可以以不同的方式相互作用。图 12-36 是赤铁矿球团与 H_2、CO 和 H_2-CO 混合气体等三种气体的还原动力学比较。由图可知，H_2 的还原动力学最快，含 H_2 的混合气体比 CO 的快（最多 10 倍）[34-37]。

铁矿石还原过程中，混合气体中的 H_2 和 CO 都有助于还原。两者在还原反应中的作用不仅取决于它们的相对浓度，还取决于温度和反应器配置。Fabrice Patisson 等模拟了在 MIDREX 竖炉还原气体入口使用不同 H_2/CO 比例时的还原性能[38]，如图 12-37 所示，H_2 含量越高，DRI 的金属化程度越低，似乎与动力学特性相反。

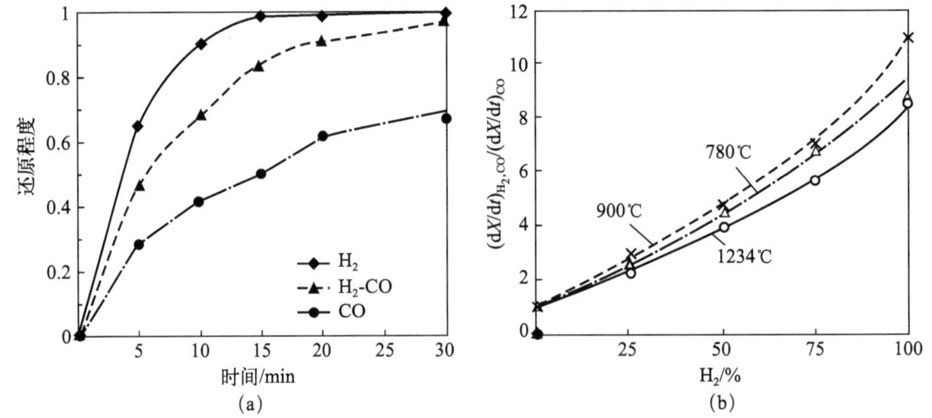

图 12-36 H_2、CO 和 H_2-CO 混合气体对赤铁矿球团的还原动力学性能比较

(a) 850℃下的还原曲线（H_2-CO=56%H_2+34%CO）；(b) 780℃、900℃和 1234℃下 55%转化率时的相对还原率随 H_2-CO 混合气体中 H_2 含量的变化

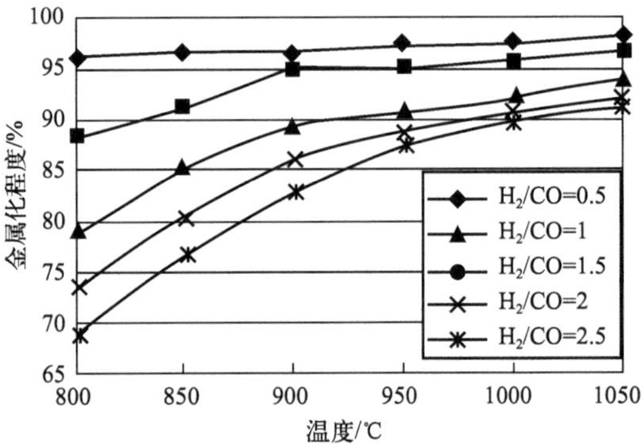

图 12-37 MIDREX 竖炉出口 DRI 的金属化程度与温度和 H_2/CO 比的函数关系

可以从几个方面解释这种矛盾。第一个是热力学，如图 12-38 所示，在低温下 CO 还原更有利。垂直的箭头表示乌斯岩（FeO_x）还原为铁的驱动力随温度和 H_2 分压的增加而增加，但随温度和 CO 分压的增加而降低。

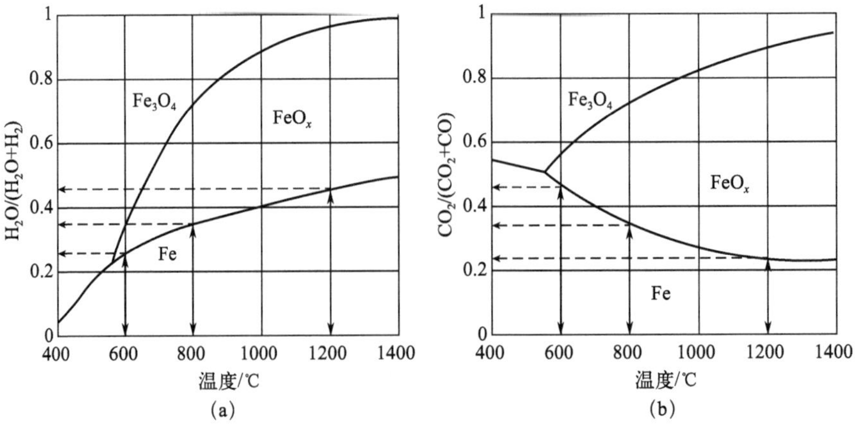

图 12-38 作为气体的温度和氧化能力的函数的铁相畴的 Chaudron（或 Baur-Glassner）相图

(a) 在 H_2-H_2O 气氛的情况下；(b) CO-CO_2 气氛

第二个是 H_2 和 CO 还原反应的热量的差别，如表 12-5 所示。H_2 还原赤铁矿成磁铁矿的反应放热性远小于 CO 还原，磁铁矿还原成乌斯体的反应都是吸热的，但氢还原的吸热更强。更不同的是，乌斯体氢还原成铁是吸热反应，而 CO 还原则是放热反应。总体而言，平衡建立在与 H_2 的吸热还原反应和与 CO 的放热还原反应中。

表12-5 800℃下的不同还原反应热值（减号表示放热反应）

反应	$\Delta H_{800℃}$ /（J/mol）	反应	$\Delta H_{800℃}$ /（J/mol）
$3Fe_2O_3 + H_2 \longrightarrow 2Fe_3O_4 + H_2O$	−6020	$Fe_3O_4 + CO \longrightarrow 3FeO + CO_2$	18000
$3Fe_2O_3 + CO \longrightarrow 2Fe_3O_4 + CO_2$	−40040	$FeO + H_2 \longrightarrow Fe + H_2O$	16410
$Fe_3O_4 + H_2 \longrightarrow 3FeO + H_2O$	46640	$FeO + CO \longrightarrow Fe + CO_2$	−17610

因此，如图 12-39[33] 所示，竖炉中的温度和成分随着入口气体成分的变化而发生很大变化。当离开气体注入区时，由于甲烷裂化，温度降低，但对于较高的 CO 含量，由于还原反应的放热，竖炉保持在较高的温度［图 12-39（a)］，而对于较多的 H_2，温度较低［图 12-39（c)］。图 12-39（d）和（e）外围的乌斯岩在不到 5m 处就完成了还原。而图 12-39（f）中，外围的乌斯岩在 8m 处才完成了还原。在中心区域，低温（由于从冷却区域上升的甲烷的冷却作用）阻碍了 H_2（热力学）的还原，而该区域中的乌斯特还原只能通过 CO 进行，中心区中 CO 的还原对最终金属化程度具有决定性作用。

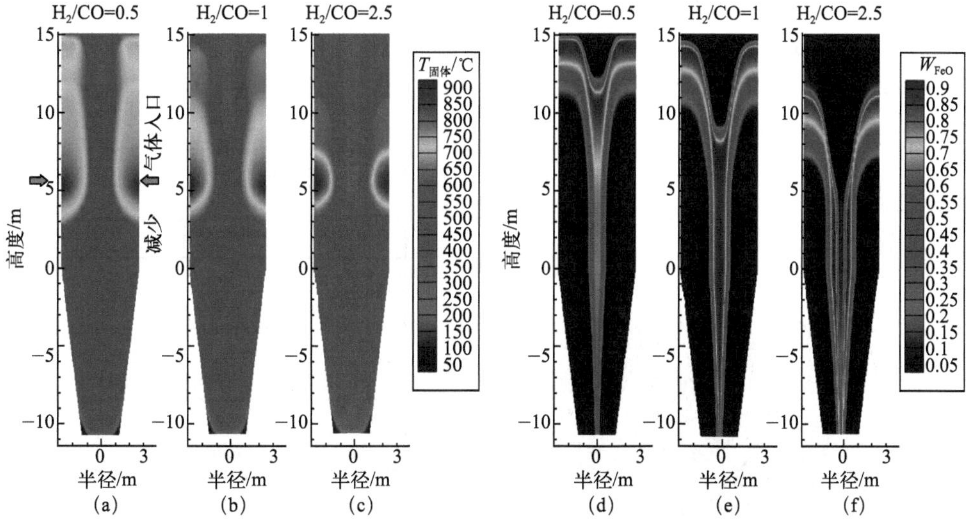

图 12-39 模拟计算的整个竖炉的固体温度［(a) ～ (c)］和铁质量分数［(d) ～ (f)］[33]
［向竖炉内加入的还原气体成分分别为：$H_2/CO=0.5$（a，d），$H_2/CO=1$（b，e），$H_2/CO=2.5$（c，f），其他物质为 CH_4（9%）、H_2O（4%）和 CO_2（2%）］

12.5.4 氢还原和铁的形成过程

竖炉(如 MIDREX 炉）是氢炼铁工艺的核心，关键问题如下：这样的竖炉能否在纯 H_2 下运行，并生产出金属化良好的直接还原铁？除了碳含量之外，与目前的竖炉是否类似？可以通过数学模拟计算来分析整个过程。Ranzani da Costa 等开发了一个名为 REDUCTOR 的模型，该模型的原理如图 12-40 所示[33]。

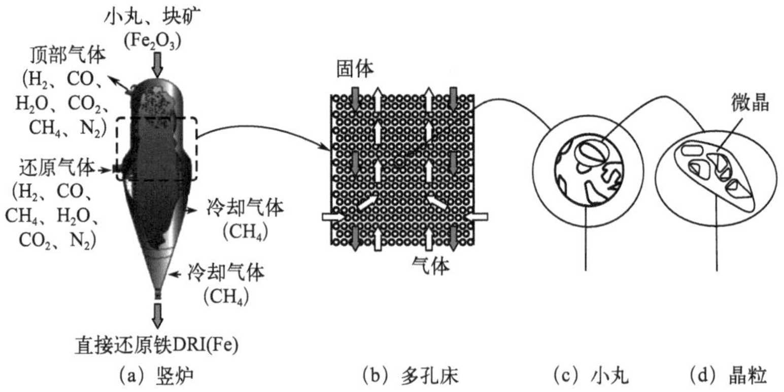

图 12-40 REDUCTOR 模型的概念图 (a) 和过程的放大图 [(b) ～ (d)]

从竖炉 [图 12-40 (a)] 顶部进料 (球团或块状矿石)，这些球团或块状矿石在重力作用下下降，遇到从反应器的中间高度横向通入的氢气流，并从顶部排出。还原反应发生在还原气体出口和入口之间的上部，还原为铁的过程是在进气口的水平面以上完成的。进气口下面是锥形部分，可以通入 CH_4 或 H_2 气体来冷却 DRI。从顶部排出的 H_2-H_2O 复合气体被冷却和分离，回收的 H_2 与电解厂的新鲜 H_2 混合，并重新加热至所需温度 (800～900℃)，冷凝的水也可以再利用。

结果表明，直接还原过程中球团的还原过程可以由金属层、金属氧化物层和氧化物芯组成的三区模型来描述。该过程如图 12-41 所示，包括赤铁矿转化为磁铁矿，然后转化为钨铁矿，最后转化为铁[7,39,40]。

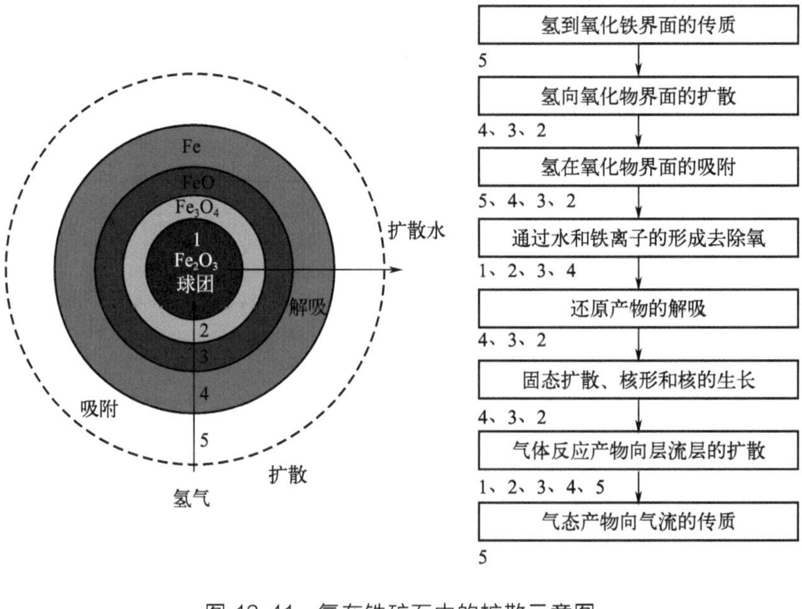

图 12-41 氢在铁矿石中的扩散示意图

铁矿石的整个还原反应 $Fe_2O_3 \rightarrow Fe_3O_4 \rightarrow Fe_xO$ 是一个连续的过程。整个过程分为四个阶段，即：(a) 赤铁矿 Fe_2O_3 转变为磁铁矿 Fe_3O_4；(b) Fe_3O_4 转变为多孔 Fe_xO；(c) 多孔 Fe_xO 转变为稠密 Fe_xO；(d) 稠密 Fe_xO 转变为 Fe。整个过程中，H_2 是从本体气体转

移到球团表面，而 H_2O 则相反，H_2 和 H_2O 的传输是通过粒间孔隙的扩散和粒内致密铁层的固态扩散来完成的，孔隙率和孔径大小随着温度的变化而变化。图 12-42 是更清楚的示意图，从微观结构给出了 $Fe_2O_3 \rightarrow Fe_3O_4 \rightarrow Fe_xO \rightarrow Fe$ 还原过程进展。

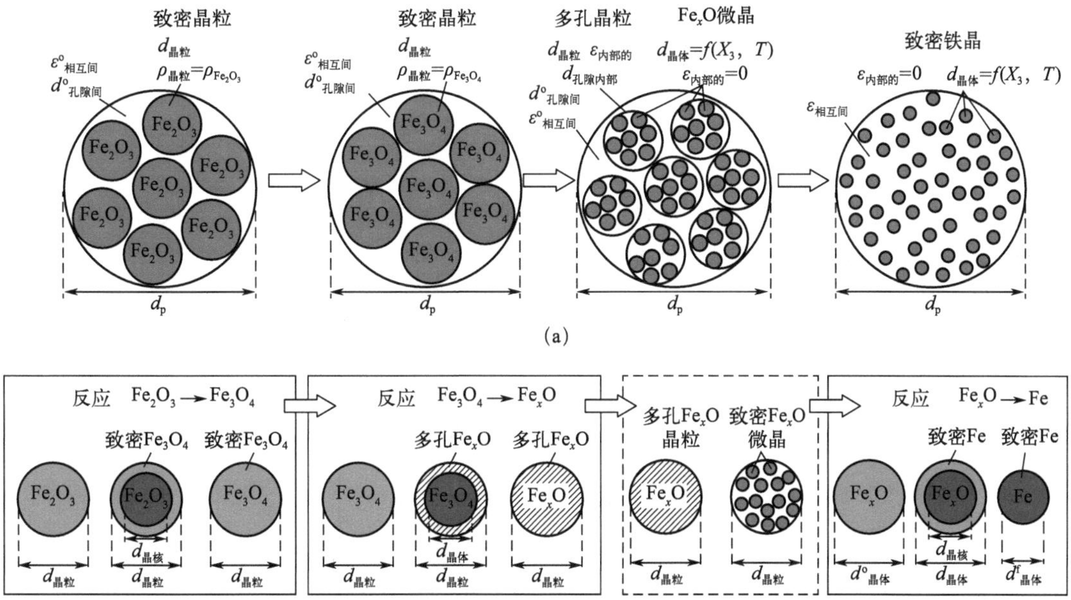

图 12-42 $Fe_2O_3 \rightarrow Fe_3O_4 \rightarrow Fe_xO \rightarrow Fe$ 还原过程中演变示意图

(a) 进料球团；(b) 颗粒

使用这种单颗粒动力学模型计算的转换顺序如图 12-43 (a) 所示。赤铁矿还原为磁铁矿的速度最快，而乌斯岩还原为铁的速度最慢。测量值见图 12-43 (b)，在 700℃、800℃和 900℃下的测量值与计算值的一致性非常好，而在 950℃时的最终减速则有一些差别。最后，

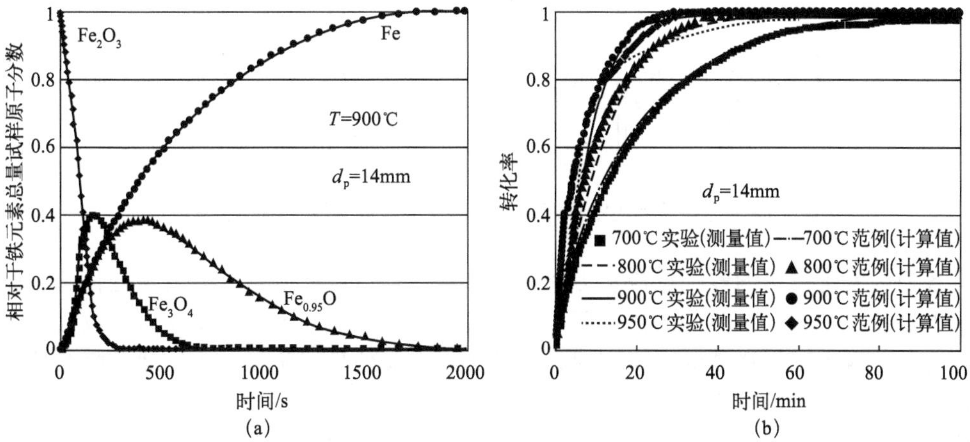

图 12-43 单进料球团模型的计算结果和实验结果比较

(a) 作为时间函数计算的固体分数；(b) 在热天平上不同温度下通过 2L/min H_2-He (60%～40%，体积分数) 气体还原 CVRD-DR 颗粒的实验数据

对计算的反应时间的详细研究表明，这是因为 $Fe_2O_3 \rightarrow Fe_3O_4 \rightarrow Fe_xO$ 在化学状态下开始，决速步是化学反应本身，无论温度如何，都会转变为晶间扩散状态。而 $Fe_xO \rightarrow Fe$ 反应，在较短的时间后，钨铁矿还原由高达 900℃的晶间扩散和 950℃以上的晶间/晶内混合扩散两种形式控制。

12.6 氢等离子体还原

12.6.1 两种还原模式

金属氧化物可以通过氢分子、氢原子、氢离子等还原制备金属。还原的模式有两种，即成核模型和收缩模型，如图 12-44 所示[41]。

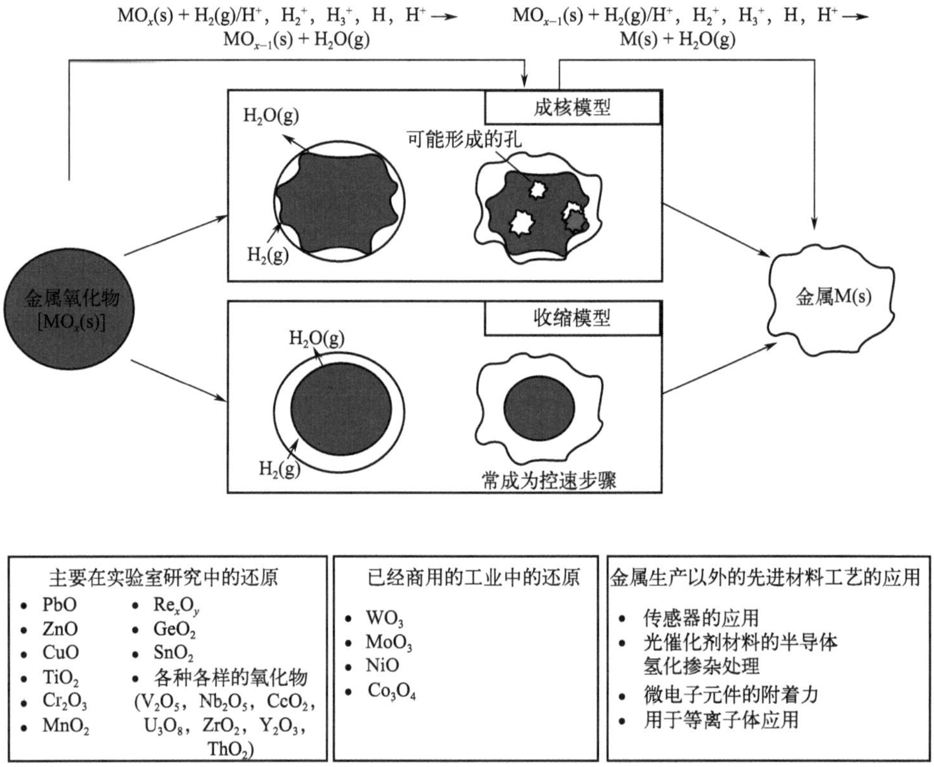

图 12-44 金属氧化物氢还原的两种模型（成核模型和收缩模型）

有各种因素可以影响整个反应动力学，并且它们可以在反应过程中发生变化。因此，将一个减少过程只纳入一个单一的机制可能是不现实的。然而，推广经验动力学数据的简单方法可能有助于深入了解详细的反应机理，尤其是在反应的早期阶段。收缩球或收缩核和成核可以被认为是最简单的表示，并在许多固体-气体还原反应中普遍观察到。下面给出的固体-气体反应的通用模型提供了无杂质、无缺陷或无各向异性的大块球形氧化物等温还原的常见表示。在成核模型中，氧离子的去除产生阴离子空位，阴离子空位在某个点重排以形成较低状态的氧化物和/或金属核。

成核模型的反应速率或动力学特性显示了诱导期和自催化反应的可能性。当由于不饱和还原金属氧化物（含有较低氧化态的金属阳离子）的存在而增强了氢吸附时，就会发生自催化反应。当还原氧化物生长并重叠时，还原遵循收缩模型，其中还原层的直径与整个球体相比较薄。在收缩模型中，氧化物被还原产物均匀分层，因此还原由扩散控制。还原层的厚度随着时间的推移而增加，反之亦然。

被分子氢还原为其低级氧化物和金属氧化物的吉布斯自由能变化如式（12-49）和式（12-50）所示。在这种情况下，由于从 $H_2(g)$ 到 $H_2O(g)$ 的熵变化较小，ΔS 对 ΔG 没有显著贡献。

$$MO_x + H_2(g) \longrightarrow MO_{x-1} + H_2O(g) \quad \Delta G = \Delta G^0 + RT\ln(p_{H_2O}/p_{H_2}) \tag{12-49}$$

$$MO_x + xH_2(g) \longrightarrow M + xH_2O(g) \quad \Delta G = \Delta G^0 + xRT\ln(p_{H_2O}/p_{H_2}) \tag{12-50}$$

图 12-45 显示了不同金属氧化物的埃林汉姆图[41]，包括氢气、氢等离子体和碳的还原。可以看出，在热力学上，分子氢可以用于还原许多金属氧化物，即 ZnO、CoO、NiO、PbO、Cu_2O 和 Fe_2O_3。然而，原子态和等离子态的氢则是一种更强大的还原剂，其中原子态和等离子体态的氢的 ΔG^0 比分子态的氢低得多。在这些状态下，它们还可以还原所有其他不可还原的氧化物，如 Al_2O_3、CaO 和 MgO。

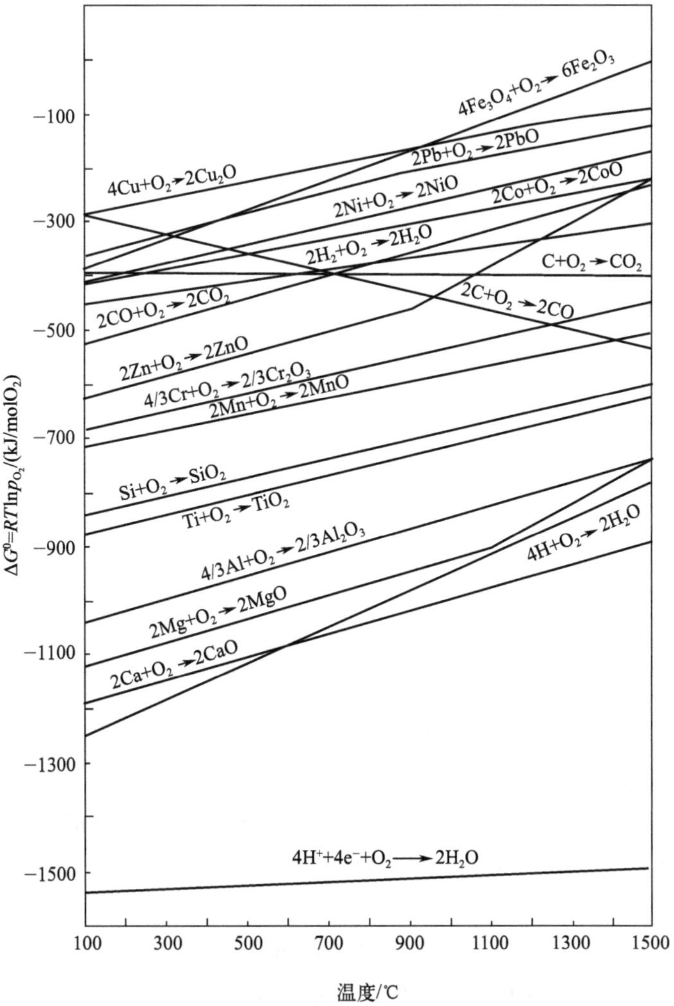

图 12-45 不同金属氧化物的埃林汉姆图[41]

12.6.2 氢等离子体熔炼还原

从增强还原效果的角度来看，氢等离子体是一种很有前途的替代方案，因为氢的振动激发分子、原子和离子态能够在较低的温度下还原铁矿石[42]。铁矿石与等离子体反应的动力学清楚地表明了还原率是如何大幅提高的。此外，由于不同氢物种的更大活化，氢气的消耗减小，也证明了这种技术的潜力[43]。

Filho Souza 等提出了通过使用等离子体氢将赤铁矿直接还原为铁的创新方法[44,45]。由于原子、离子和振动激发物种的同时作用，等离子体氢被证明具有动力学和热力学优势。这些物种在原材料界面释放高能量，从而导致局部活性。这一优点允许在总体节能的情况下减少体积加热。

物质聚集的第四种状态被称为等离子体状态。一旦向气体提供高能量促使气体电离，就会形成等离子体状态。工业等离子体通常有热等离子体和非热等离子体两种类型。热等离子体是通过电极放电、射频或微波场产生的，其压力低于 0.1atm。电子温度升高，导致压力升高，并与其他物种快速碰撞，从而快速实现平衡，被称为局部热力学平衡的现象。50% H_2+50%Ar 混合气体在 3500K 下可以解离成原子氢，相同混合气体中氢电离成离子氢 H^+ 则需要在 15000K 下，如图 12-46 所示。热等离子体是冶金工业中主要使用的等离子体。温度（T）、压力（p）和成分对氧化铁化学平衡的影响，氧化物的稳定性以及还原性可由埃林汉姆图描述，如图 12-47 所示[46]。

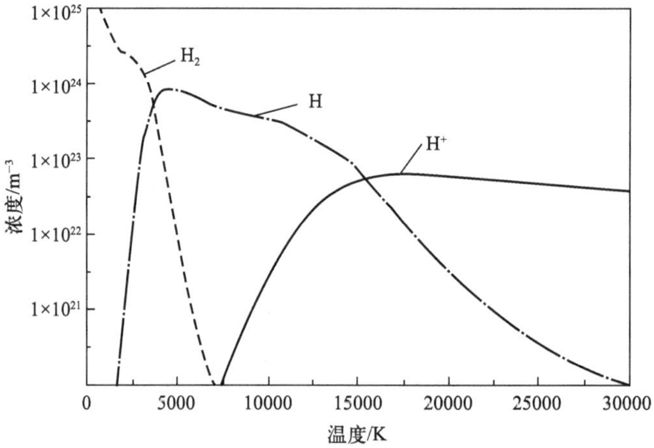

图 12-46 H_2、H 和 H^+ 等不同物种浓度与温度的关系

由图 12-45 可知，H_2-H_2O 线整个温度范围都位于赤铁矿（Fe_2O_3）线下方，对于 900K（627℃）以上的温度，位于磁铁矿（Fe_3O_4）线下方，所以氢分子 H_2 可以还原这些铁氧化物。但是在实践中，由于热力学的驱动力并不大，而且还有动力学的限制，直接还原 Fe_2O_3 和 Fe_3O_4 的情况并不会发生。氢气还原铁矿石的过程如前所述，是通过 $Fe_2O_3 \rightarrow Fe_3O_4 \rightarrow Fe_xO \rightarrow Fe$ 途径完成的。

然而，由图 12-47 可知，$4H+O_2 \longrightarrow 2H_2O$ 和 $4H+4e^-+O_2 \longrightarrow 2H_2O$ 的两条线却远远在 F_2O_3、Fe_3O_4、Fe_xO 线的下方，在整个温度范围（包括室温）内都可以直接还原这些氧化物。

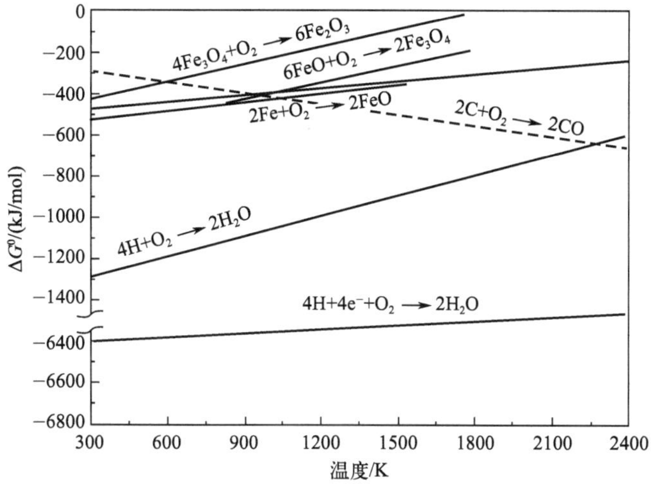

图 12-47 埃林汉姆简化图

从吉布斯自由能的角度来看，由于在该过程中消除了离解步骤，与分子氢相比，单原子氢（H）可以容易地还原许多氧化物。氢等离子体的热力学与等离子体态的组分高度相关，该组分由原子氢（H）、离子氢（H^+、H_2^+、H_3^+）和振动激发分子（H_2^*）组成。不同氢物种的还原能力依次为 $H^+ > H_2^+ > H_3^+ > H > H_2$，如图 12-48 所示。$H^+$、$H_2^+$、$H_3^+$ 也都比 H_2 的还原性强，充分说明通过氢气的等离子体化可以大幅度提高氢对氧化铁的还原能力，结果也表明等离子体态的氢是最强的还原剂[47-49]。

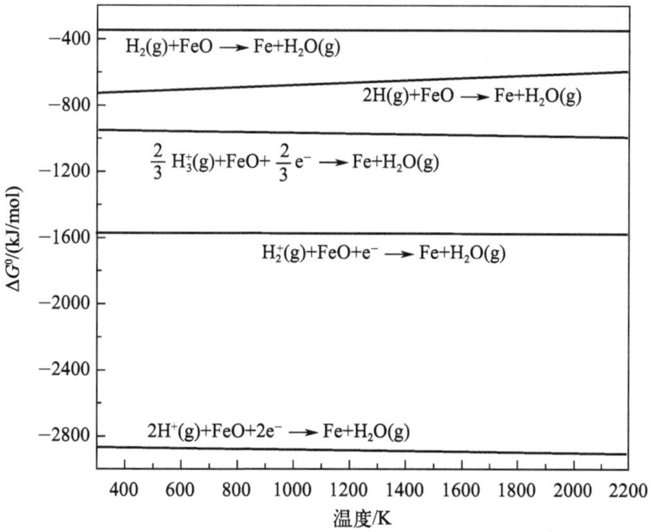

图 12-48 不同还原电离物质的自由能与温度的函数关系

氢等离子体熔炼还原（hydrogen plasma smelting reduction，HPSR）利用氢气等离子体还原铁氧化物，直接生产粗钢产品，从而避免了碳的使用。电子与氢分子在高温下的碰撞导致氢分子的活化。由于单原子氢是不稳定的，生产具有工业可用寿命的纯氢几乎是不可能的。然而，在等离子体电弧放电反应器中，可以产生 H 和 H_2 以及氢离子的混合物。所生产的亚稳混合物具有合适的使用寿命来减少铁矿石。

从动力学的角度来看，由于氢离子的高反应性，氢等离子体还原更有利，因此提供了比分子氢更强的还原剂。据推测，振动激发分子的存在显著增加了还原电位[41]。然而，还原机制各不相同，并取决于所使用的等离子体和工艺类型。一般来说，等离子体有两种类型：热等离子体和非热等离子体。在实验中，热等离子体可用于两种类型的工艺设置：飞行过程（类似流化床）和液体过程（类似熔炼）。而非热等离子体几乎采用直接还原过程。整个动力学在很大程度上受分子氢的原子化和电离程度的影响。

在氢等离子体熔炼还原中，电弧温度在 20000～25000℃之间。在氢气中混入氩气可以进一步优化等离子体的稳定性和输运特性[43]。图 12-49 显示了 50%（摩尔分数，下同）分子氢和 50%分子氩的混合气体等离子体平衡状态下，氢分子离解或电离的量随温度的变化。由图可知，在 15000℃以上，电离氢（H^+）的量超过了原子氢（H）的量。

随着氧化铁继续被还原，金属铁开始在氧化铁和等离子体之间的界面处形成。还原过程的速率与界面处退出物种的性质直接相关。但是与分子氢相比，在等离子体的情况下，物种的高能量能够克服还原的活化势垒，如图 12-50 所示。因此，氧化铁的还原过程由不同物种的能量决定。活化能分布和对 FeO 还原的影响如图 12-51 所示。

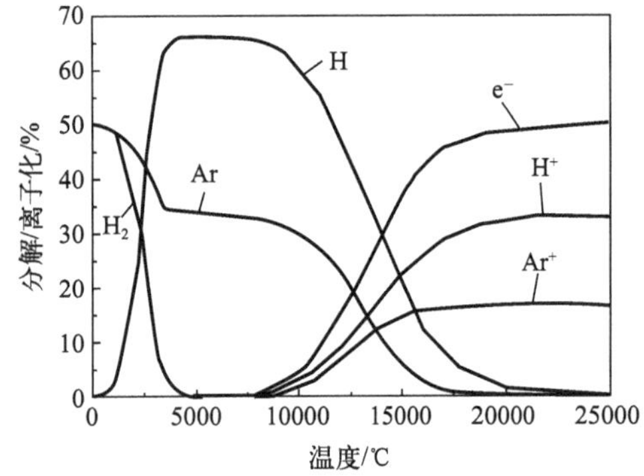

图 12-49 Ar-H_2 混合等离子体的组成与温度的关系

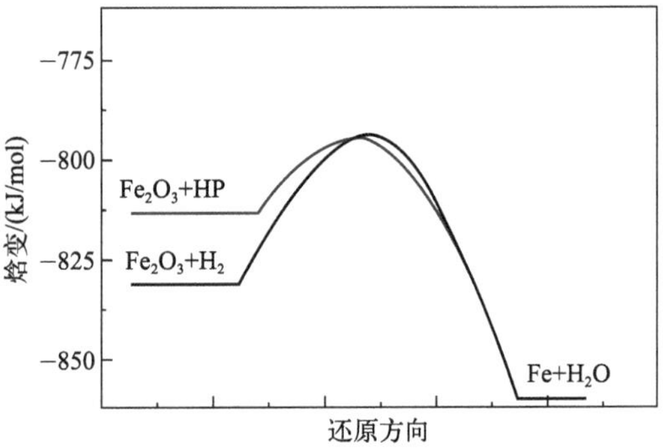

图 12-50 分子氢或氢等离子体存在下的还原演化

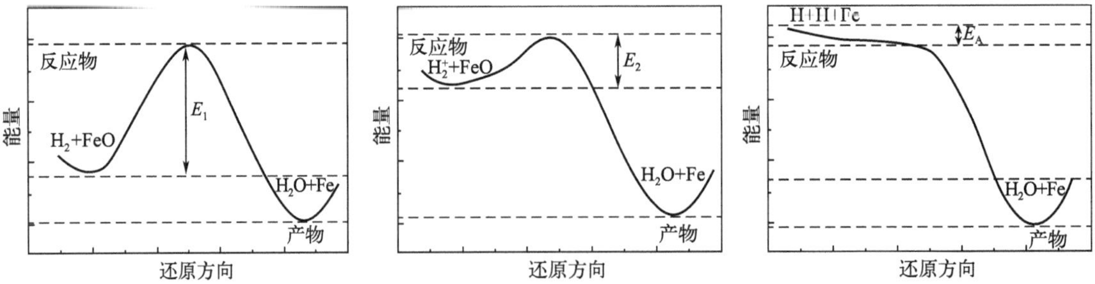

图 12-51 不同物种存在下的 FeO 还原活化能

氢等离子体熔炼还原（HPSR）是通过电离的 H_2（H^+，氢等离子体）将铁氧化物直接转化为钢液。通过电流使气体产生的等离子体起到还原剂的作用，并产生熔化金属铁所需的能量。氢气的流量越大，还原率越高。为了稳定等离子体电弧中的电流，会将氩（Ar）或氮（N_2）通过中空的石墨电极添加到反应器的电弧区中。由于其高电离能和导电性，氩是最佳的选择。

最近，Behera 等成功研制出一种能够达到 7kg 铁矿石的还原率非常高的反应器[50]。反应器示意图如图 12-52 所示。他们还展示了如何在适当的等离子体组成和反应体积下达到接近 100%的还原值。SuSteel 开发的反应器示例如图 12-53 所示。SuSteel 项目的目标是开发用于铁矿石冶炼还原的氢等离子体技术，从而直接生产钢铁。氢等离子体将用于还原氧化物和熔化金属铁[51]。

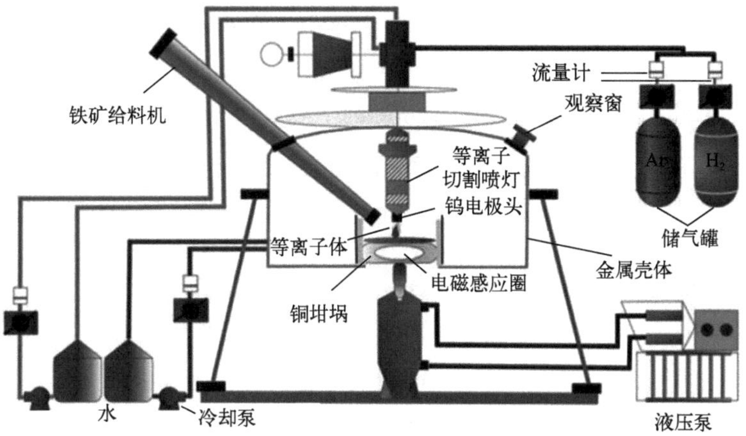

图 12-52 氢等离子体反应器示意图

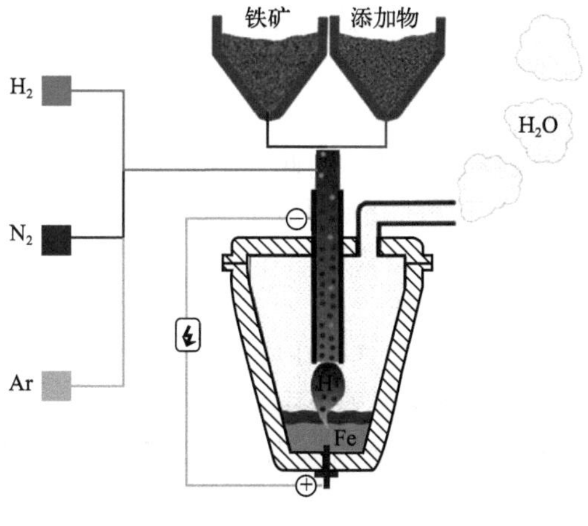

图 12-53 工业等离子体反应器

12.6.3 微波辅助低温氢等离子体

除了高温等离子体外，最近也有低温氢等离子体直接还原的报道[52]。这是利用微波辅助的氢等离子体，在低至 573K 的温度下直接还原赤铁矿，图 12-54 是反应室示意图和微波辅助方式。

研究表明等离子体态的氢具有热力学和动力学优势，可以在更低的温度下实现氧化铁还原。还原的温度随着氢分压的降低而降低。该过程中的重要反应有：

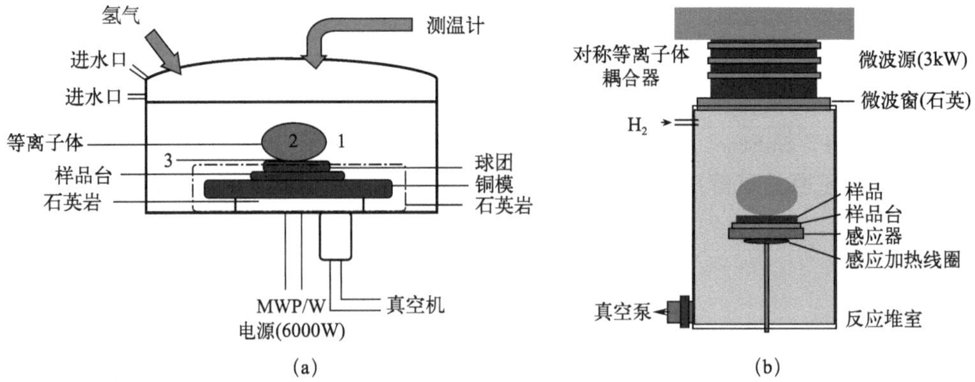

1—周围温度；2—等离子体温度；3—界面温度

图 12-54 反应室示意图（a）和微波辅助方式（b）[52, 53]

$$3Fe_2O_3 + H_2/2H/2(H^+ + e^-) \longrightarrow 2Fe_3O_4 + H_2O \tag{12-51}$$

$$w/(4w-3)Fe_3O_4 + H_2/2H/2(H^+ + e^-) \longrightarrow 3/(4w-3)Fe_wO + H_2O \tag{12-52}$$

$$Fe_wO + H_2/2H/2(H^+ + e^-) \longrightarrow wFe + H_2O \tag{12-53}$$

$$Fe_3O_4 + 4H_2/8H/8(H^+ + e^-) \longrightarrow 3Fe + 4H_2O \tag{12-54}$$

$$2H_2 + O_2 \longrightarrow 2H_2O \tag{12-55}$$

$$2Fe + O_2 \longrightarrow 2FeO \tag{12-56}$$

$$4H + O_2 \longrightarrow 2H_2O \tag{12-57}$$

$$4H^+ + 2O^{2-} \longrightarrow 2H_2O \tag{12-58}$$

这里，w 是钨铁矿石中铁/氧的原子比，其变化范围从沿钨铁矿石/铁边界的 0.95 到沿钨铁矿物/磁铁矿边界的 0.85。

在 833K 以下，钨铁矿石是不稳定的，因此，根据反应式（12-54），磁铁矿被直接还原为金属铁。通过氢气或在氢等离子体中还原铁矿石具有以下特征：

① 氢气在 1073K 的温度下可以有效还原赤铁矿，但在 573K 的温度下还原可以忽略不计。

② 微波辅助非热氢等离子体还原赤铁矿在所有温度下都非常有效。

③ 从赤铁矿到金属铁的反应同样也是分步骤进行的：$Fe_2O_3 \longrightarrow Fe_3O_4 \longrightarrow FeO \longrightarrow Fe$。

④ 在等离子体环境中存在的所有物种中，振动激发的氢分子似乎主要负责在低至 573K 的温度下刺激反应。

有多篇关于微波辅助氢等离子体材料加工的报道[54-60]，主要用于微电子中的表面清洁或电子氧化物、聚合物和半导体衬底/表面的干法蚀刻，金刚石或类金刚石碳薄膜的沉积等。通常，清洁或蚀刻需要低压（13.33Pa）等离子体，而金刚石薄膜沉积需要 $0.133\times10^3\sim13.33\times10^3$Pa 的高压。

比较在等离子体存在和不存在的情况下赤铁矿的气体还原，可以发现，在没有等离子体的情况下，氢气仅在相对较高的温度下还原赤铁矿。在 1073K 以上，还原是明显的，而在 573K 时，还原可以忽略不计。然而，在微波辅助的非热氢等离子体存在下，赤铁矿的还原在所有温度下都是非常有效的。实验数据与文献中可用的数据相结合的分析表明，等离子体环境中存在的振动激发的氢分子激发了 573K 下的还原过程。这些发现为利用 H_2 等离子体制备 DRI 开辟了新的可能性[53]。

12.7 有色金属氧化物的氢直接还原

氢气预计将取代化石燃料用作能源生产和金属生产过程中的还原剂，目前其在金属行业的使用仅占全球氢气产量的不到 10%。从热力学角度来看，有许多金属（如 W、Mo、Ni、Co、Cu、Pb、Zn 等）可以通过其氧化物的氢还原来生产，然而，目前商业上利用氢作为还原剂生产金属还很有限，即仅用于生产难熔金属粉末（钨、钼）及镍钴和铁[41]。

受到限制的原因有多个，例如：a. 直接氢还原导致金属制备过程更复杂；b. 与碳相比，在高温下，氢是一种较弱的还原剂，氢还原氧化物的吸热性意味着需要重新改造现有反应器，以保证整个能量平衡，而高温反应器和大容量还原反应器的设计与制造都存在挑战；c. 操作和维护成本仍然很高；d. 氢与脉石材料的相互作用可能影响整个过程，也可能是有害的。

尽管如此，金属氧化物的氢还原已经在实验室规模上进行了广泛的研究，特别是在动力学和反应机理方面。这些研究为工业金属生产工艺的发展提供了有用的基础知识，不仅用于原生矿石中的金属氧化物工业加工，还用于二次资源（如废渣、矿渣和工厂副产品）中的金属氧化物工业加工，从而促进循环经济和提高资源利用效率。最近，与金属氧化物的氢还原相关的实验和应用技术得到了很大发展。研究表明，氢气有潜力用于回收二次资源中有价值的金属（例如，从电弧炉粉尘中回收锌，从炉渣中回收铅），但仍需要进一步的研究来改进工艺。此外，也发现氢对许多先进材料的加工很有用，而且超出了金属冶金的范畴。

12.7.1 氧化钨还原

直接还原含钨化合物是生产金属钨的常用方法。钨是一种高熔点金属，这使得通过冶炼工艺生产钨变得不切实际。目前商业化的钨粉主要是通过钨氧化物的氢还原来生产的。因为碳的还原会导致钨的直接渗碳（碳化钨生产的工艺），所以碳热还原不用于生产纯钨。钨氧化物也不是钨还原的唯一起始材料，也有使用卤化钨的。

钨氧化物氢还原的早期研究包括动力学研究和自催化行为，在氧化钨的还原过程中会形成几种中间产物。黄色三氧化钨（WO_3）和蓝色氧化钨（WO_{3-x}）是常用的原料，这两种氧化物分别由仲钨铵 [$(NH_4)_{10}(H_2W_{12}O_{42})_{0.4}\cdot H_2O$] 和 APT 在有空气或无空气的情况下煅烧获得[41,61]。

$WO_{2.9}$、$WO_{2.72}$ 和 WO_2 是在干燥氢气气氛下还原过程中常观察到的中间氧化物。在相对高的水分含量下，挥发性氧氢化物 [$WO_2(OH)_2(g)$] 与其他钨氧化物一起作为中间体。其他重要的相还有金属钨的同素异构体，如 α-W 和 β-W。α-W 是纯钨，也称蓝钨，是市场上销售的常见最终产品，而其同素异构体 β-W 是一种钨相，是一种亚稳态。β-W 在 547～587℃的温度范围内进一步还原成蓝钨，氧的含量相当少[62-64]。β-W 可以通过添加 K、Be 和 As 等元素来稳定。β-W 也曾被称为化学式为 W_3O 的氧化物，但 Mannella 和 Hougen[65] 以及 Grifis[66] 证实，β-W 是一种含有少量 WO_2 的杂质钨相。

氧化钨的还原过程受温度、水蒸气、氢气流量和原料状态的影响。温度显著影响还原机理，其中温度的变化可以改变反应步骤和顺序，从而影响最终产物的状态。在干燥氢气气氛中还原的氧化钨的相变如图 12-55 所示。

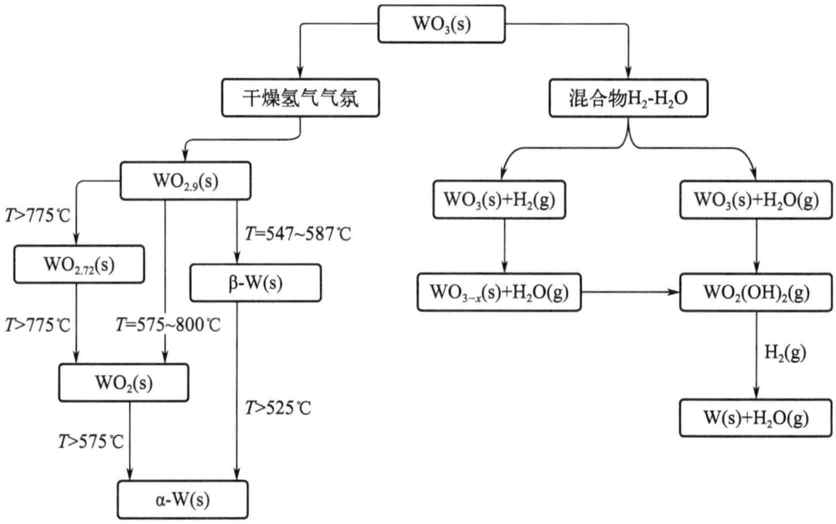

图 12-55 在干燥 H_2 和高水分含量下的 WO_3 还原过程

起始原料的状态可以改变还原步骤和顺序以及氢气流量和水蒸气的存在。Haubner 等[67,68]报道了 WO_2（OH）$_2$（g）中间体在特定的 p_{H_2}/p_{H_2O} 比例下形成。高湿度会改变反应路线，Charlton[63]观察到，在高水蒸气条件下，钨的成核速率降低。这种现象被认为是由核的再氧化引起的。因此，调整上述温度、湿度等工艺参数在工业实践中是至关重要的，特别是对 W 粉末尺寸的控制很重要。在工业过程中，WO_3 的还原是在 600～1000℃的旋转炉中进行的。

12.7.2 氧化钼还原

由于其熔化温度高，纯钼的生产是通过粉末冶金工艺技术进行的。氧化钼和金属钼与氧化钨和金属钨有非常类似的性质，可以用同样的氢还原方法制备金属钼粉。到目前为止，氢气仍被用于大规模商业生产纯钼中。与金属钨生产中提到的原因相同，由于碳化物的形成，碳热还原没有在工业上应用于纯钼生产。

由钼矿石生产金属钼的技术已有很多报道[6,69]。Mo 主要从辉钼矿或二硫化钼（MoS_2）中提取，其中 MoS_2 在多炉膛炉中转化为 MoO_3，通常为纯度 57%的技术级的 MoO_3。该技术级 MoO_3 需要转化为化学级的 MoO_3，以便于被氢气还原。主要有两种转化方法：第一种是在 1100～1200℃的温度范围内升华；第二种是在氨水中浸出以除去残留的杂质，然后蒸发获得钼酸铵晶体。后者产生六钼酸铵［$(NH_4)_2Mo_6O_{19}$］和二钼酸铵［$(NH_4)_2Mo_2O_7$］或 ADM，它们也能用作氢还原过程中的前驱体。这些钼酸盐化合物不仅可以作为钼金属前驱体，而且可以作为催化剂应用于炼油过程中。

式（12-59）和式（12-60）是相应的还原反应，第一步是 Mo 前体还原成 MoO_2，第二步是 MoO_2 还原成金属 Mo。MoO_3 还原为 MoO_2 的过程是放热的，在工业过程中，通常在低于 MoO_3 熔点（T_m=800℃）的 450～600℃下进行，以防止结块。

$$MoO_3(s)+H_2(g) \longrightarrow MoO_2(s)+H_2O(g) \quad (12\text{-}59)$$

$$MoO_2(s)+2H_2(g) \longrightarrow Mo(s)+2H_2O(g) \quad (12\text{-}60)$$

与 MoO_3 成分相近，还有关于 Mo_9O_{26}、Mo_8O_{23}、Mo_5O_{14} 和 Mo_4O_{11} 等亚氧化物的报道。Hawkins 和 Worrel[70] 报道在 300～450℃的 MoO_3 还原过程中，不仅观察到 MoO_2，还观察到其他氧化物。Mo_4O_{11} 在一定温度范围内存在于 MoO_3 还原为 MoO_2 的过程中，在 500℃以上的还原温度下形成，不是作为中间体，而是作为与 MoO_2 一起产生的平行产物[71-74]。在 440℃以上的温度下，Mo_4O_{11} 在还原过程中作为中间体存在，依照 $MoO_3 \rightarrow Mo_4O_{11} \rightarrow MoO_2$ 顺序还原。

第二步 $MoO_2 \rightarrow Mo$ 的还原是吸热反应[75,76]。值得注意的是，此过程会产生“新鲜”氢气（稀释氢气）可用于第一步的还原，以避免过热。MoO_2 还原成 Mo 金属的动力学过程在不同还原温度下会有变化[77-79]。

12.7.3 镍氧化物还原

镍也是少数通过氢还原其氧化物而大量生产的金属之一[80]。镍提取工艺本身由一系列冶金工艺组成，取决于来源矿石类型，即红土/氧化矿石或硫化矿石。氢还原是整个过程的一部分，用于将中间氧化镍产品还原为镍金属。商业镍产品根据化学成分分为两类：第一类是一种高纯度镍，包括镍的粉末、颗粒、压块和电解镍，镍纯度>99.0%；第二类是镍合金和镍化合物，通常以镍铁（镍 20%～50%）和氧化镍（镍 76%）的形式销售。值得注意的是，镍市场以第一类镍为主，占全球镍产量的 55%，全球约 66%的镍用于不锈钢生产。

与 W 和 Mo 两种难熔金属不同，Ni 是一种更常见的金属，因此对氧化镍的还原机理有更广泛的研究。Paravano 报道了 NiO 晶格中的缺陷对氢气还原速率的影响[81]。式（12-61）是多孔 NiO 还原反应，其还原模式与颗粒尺寸、结构和反应物或产物气体传输的扩散率/通道高度相关。

$$NiO(s) + H_2(g) \longrightarrow Ni(s) + H_2O(g) \tag{12-61}$$

控制无孔/致密 NiO 还原的关键是水蒸气的形成和界面结构。水的存在被认为会显著影响反应的程度[82]。Hidayat 等报道，在致密 NiO 的早期还原过程中会形成平均尺寸为 10～20nm 的多孔 Ni 结构[83]。不同的 H_2 分压和还原驱动力（ΔG）导致镍产物的不同形态和不同的孔径，这可以在图 12-56（a）和（b）所示的图谱中清楚地看到[84]。

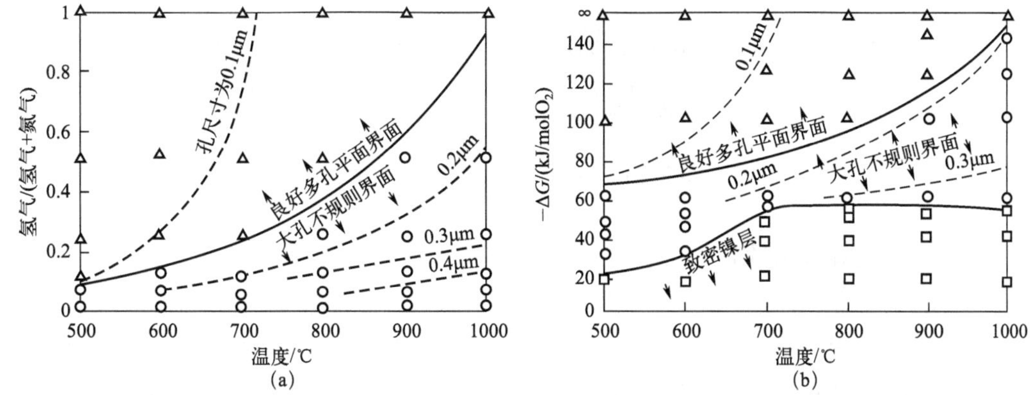

图 12-56 在 500～1000℃和 $p_{总}$ = 1atm 下还原致密 NiO 时形成的不同反应界面结构

（a）H_2-N_2 混合气体；（b）H_2-H_2O 混合气体

图 12-57 是 NiO 粉体还原过程与多孔形成和致密化示意图。NiO 的还原从 H_2 在 NiO 表面缺陷上的吸附和解离开始［图 12-57（a）］，随后是 Ni 成核［图 12-57（b）］、多孔 Ni 的生长［图 12-57（c）］。在图 12-57（d）中，在表层生成的 Ni 会包覆在 NiO 上，阻碍了 H_2 的进入和进一步还原。在最后阶段［图 12-57（e）］，系统的表面能在高于 600℃的温度下最小化，还原停止，Ni 开始致密化。

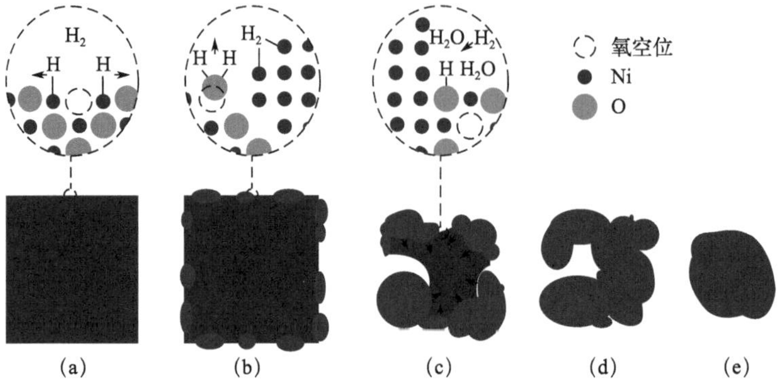

图 12-57 NiO 粉体还原过程与多孔形成和致密化示意图

（a）氢吸附和解离；（b）Ni 成核；（c）Ni 生长和多孔形成；（d）NiO 分离；（e）最终致密化

Manukyan 等在宽的温度范围（270～1320℃）内对部分氧化的镍丝进行了氢还原试验[85]，观察结果如图 12-58 所示。在低温（270～500℃）下，未被还原的 NiO 为宏观多孔复杂网络结构；在高温（>900℃）下，观察到 Ni 结构的快速生长，多孔结构更小、更致密；而在 500～900℃的温度下，则观察到从低温到高温的各种结构组合。

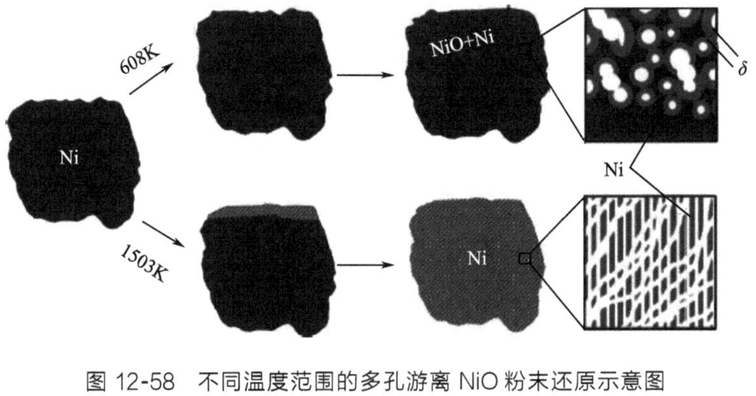

图 12-58 不同温度范围的多孔游离 NiO 粉末还原示意图

12.7.4 稀有金属氧化物

Bolivar 等[86]报告将 Re_2O_7 与 Pt 或 Pd 粉末混合，在 $T<200$℃的氢气气氛（1atm）中加热获得金属铼（Re）。Re 也可以通过高铼酸铵（NH_4ReO_4）在氢气中的两段还原获得[48,62]。首先在 300～350℃下进行，形成氧化铼；然后在 800℃下还原，形成 Re 金属粉末，如式（12-62）和式（12-63）所示。利用 CVD 法等其他氢气还原方法还可以制备超细 Re 粉[87]。

$$NH_4ReO_4 + H_2(g) \longrightarrow Re_xO_y + NH_3 + H_2O(g) \tag{12-62}$$

$$Re_xO_y + H_2(g) \longrightarrow Re + H_2O(g) \tag{12-63}$$

也有关于利用非热氢等离子体还原金属锗和铼的研究报告。Vandroux 等在 550℃的工艺室中使用含氢气体在锗衬底中还原 GeO_2 的工艺获得专利。同时，Bai 等研究了以高铼酸铵为起始前驱体，蒸发成 ReO_4 和 Re_2O_7 超细粉，然后在氢气气氛下，在 CVD 工艺中将氧化铼还原成铼粉末。

锗（Ge）的常用制备方法是在氢气氛下，在 650℃的管式炉中还原二氧化锗[88]。温度需要保持在 700℃以下，以避免产生挥发性的一氧化锗。在完全还原后，Ge 可以在铸造中熔化并缓慢固化。

12.7.5 氢辅助镁热还原 TiO_2

尽管金属钛（Ti）是地壳中含量很丰富的元素之一，但由于将其提炼成纯金属需要的高能量和高成本，在多数行业中的应用受到了限制[89,90]。这主要是因为 Ti 对氧的化学亲和力很高。几十年来，Ti 是利用熔融的金属镁（Mg）还原 $TiCl_4$（氯化浓缩二氧化钛矿物制成）制备的，即克罗尔（Kroll）工艺[91-93]。即便是每批几吨钛的生产规模，还原过程通常也需要几天。另外，为了将残留在海绵钛中的 Mg 和 Cl 含量降至最低，还需要用能量密集型真空蒸发设备蒸馏几天才行[94]，非常费工费时。因此，研究人员一直在寻找一种成本较低的钛金属生产路线。

尽管已经研究了许多方法，但到目前为止，还没有一种能够取代克罗尔工艺的过程。其中，值得关注的一种方法是 FFC 工艺[95-98]，这是使用 TiO_2（或其他二氧化钛前体）代替 $TiCl_4$ 作为原料，并在熔融氯化钙电解质中通过电解直接还原，制备 Ti 粉末。另一个是 Armstrong 工艺，利用 Na 连续还原 $TiCl_4$，制备海绵状的 Ti 粉末[94]。

另一种长期以来期待低成本钛金属生产的方法是直接使用钙或镁进行热化学还原 TiO_2[93,99]。因为 Ti-O 系统相当复杂，直接还原 TiO_2 涉及许多中间相[100]。钙在这种方法中的应用已经得到了广泛的研究，与钙相比，镁更具成本效益，但在热力学上无法生产出氧含量足够低的钛，难以满足行业标准[101]。

Mg 除氧的热力学极限在约 800℃下为 2%（质量分数，下同）氧，大约 600℃下为 1% 氧。但是，如果向系统中引入 H_2 气体（hydrogen-assisted magnesiothermic reduction, HAMR），有助于取代 Ti-O 相，形成不太稳定的 Ti-O-H 相，可以大幅降低氧浓度热力学极限。这种三元 Ti-O-H 相可以通过 Mg 脱氧获得氧含量足够低的金属 Ti，并且脱氧后剩余的氢可以通过在惰性气氛或高真空中简单地将粉末加热到中等温度去除，从而获得具有足够低氧含量的纯 Ti 金属粉末[102]。简言之，当使用氢气时，可以通过在中等低温下直接对 TiO_2 粉末进行镁热还原来生产低成本的 Ti 金属粉末。

图 12-59 是 HAMR 工艺流程图。TiO_2 粉末与镁和含镁盐混合，并在氢气气氛下还原，可在粉末中实现<0.15%（质量分数）的平均氧水平，符合 Ti 海绵产品的 ASTM 规范[32,103,104]。如果将来完全商业化的话，该工艺可能只需要 2～3 天的半连续加工即

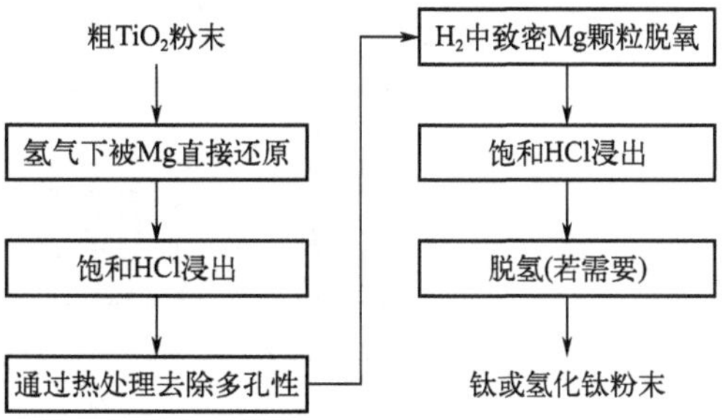

图 12-59 HAMR 过程的简单示意图

可完成，生产规模可在每年 1000～10000 多吨之间调整。新兴的氢辅助镁热还原工艺，使用镁在 H_2 气氛下直接还原 TiO_2 粉末，已被证明具有与 Kroll 工艺直接竞争的潜力。

整体 HAMR 处理方法的技术可行性基于三个关键因素：第一个是除氧步骤，也被称为还原步骤，使用 H_2 气氛使热力学条件有利于实现足够低的氧气水平；第二个是使用含 Mg^{2+} 的盐来改善反应动力学[105]；第三个是使用两个除氧步骤[103,106]。

图 12-60 和图 12-61 显示了在 TiO_2 还原过程中每个主要步骤的产品形态和结构[107]。原料 TiO_2 的粒度小于 1μm。还原后，形态和粒度没有显著变化，如图 12-60（b）所示。图 12-60（c）显示了颗粒尺寸为 106～212μm 的粉碎和筛分粉末。

图 12-60　产品在工艺的每个主要步骤期间的 SEM 图像

（a）原始 TiO_2；（b）还原的 TiH_2；（c）烧结和粉碎的粉末；（d）成品粉末

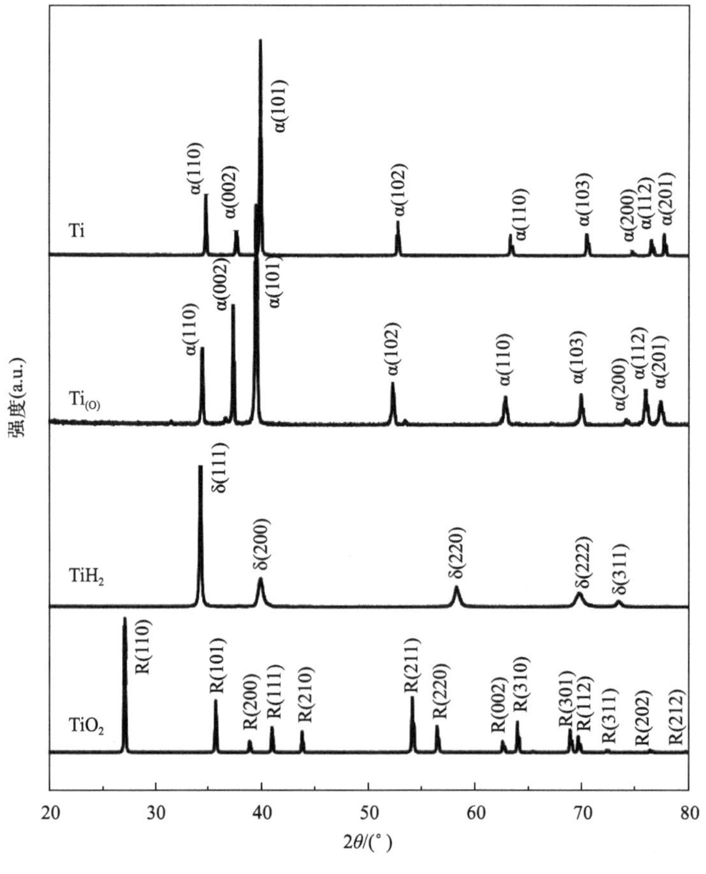

图 12-61　在 TiO_2 还原过程中每个主要步骤的产品结构 XRD 图谱

12.7.6 氢等离子体在金属氧化物还原中的应用

表12-6 显示原子氢或氢等离子体已经用于许多金属氧化物的还原[41,108-123]。Sabat 和 Murphy 对等离子体的产生过程进行了全面的解释[42]。Re 和 Ge 都可以利用氢等离子体还原法制备。从图 12-45 中的埃林汉姆图可以看出，与分子氢相比，原子氢和氢等离子体更强大，是强还原剂。氢等离子体可以解决热力学障碍，理论上可以还原不可还原的氧化物，如 SiO_2、CaO 和 MgO。然而，一些氧化物（即 Al_2O_3、TiO_2）仅被还原为低氧化物。

表12-6 使用混氢气体等离子体工艺还原各种金属氧化物

等离子体过程	金属氧化物	混合气体
液体还原热等离子体工艺	氧化铁	H_2
微波辅助非热等离子体工艺	CuO	H_2
微波辅助非热等离子体工艺	WO_3	H_2
微波辅助非热等离子体工艺	Co_3O_4	H_2
微波辅助非热等离子体工艺	铁氧化物	H_2
CVD 非热等离子体工艺	氧化铼	H_2
氢大气等离子体	Al_2O_3	H_2
液体还原热等离子体工艺	铁氧化物	H_2、CH_4、CO、CO_2
CVD 非热等离子体工艺	GeO_2	H_2
辉光放电非热等离子体工艺	TiO_2	H_2
直流等离子体炬	TiO_2	H_2-Ar
飞行热等离子体过程	FeO_3、CrO_3、TiO_2、Al_2O_3	Ar-H_2、Ar-CH_4
气相沉积非热等离子体工艺	CrO_3	H_2-Ar
液体还原热等离子体工艺	熔融 FeO	H_2-Ar
液体还原热等离子体工艺	铁氧化物	H_2-Ar
液体还原热等离子体工艺	铁氧化物	H_2-CH_4
液体还原热等离子体工艺	MoO_3	H_2
等离子体射流	Ta_2O_5	He-H
飞行热等离子体过程	金红石	H_2
氢原子扩散	MoO_2、GeO_2、WO_3、SnO_2、Fe_2O_3、PbO、CuO、NiO、CuO	H_2
等离子体射流	TiO_2、ZrO_2	H_2

12.8 氢冶金的研究动态

CO_2 排放量多的钢铁业，氢冶金作为解决方案备受瞩目。从以前的“高炉-转炉”的组合，到“用氢还原直接制铁法-利用可再生能源的电弧炉”的制铁的方式转换，成为一大转折点。以致力于 CO_2 排放削减的欧洲大型钢铁企业为中心，氢利用的措施正在稳步推进。

目前天然气产量最大的国家是开展氢冶金尤其是 DRI 铁的最佳地点，排名前五的国家是美国、俄罗斯、伊朗、卡塔尔和加拿大，都有氢直接还原的工厂，商业 HBI 工厂已经在美国和俄罗斯运营。此外，中东/北非（MENA）和独立国家联合体（CIS）的其他几个国家，以及澳大利亚、阿塞拜疆、中国、印度、印度尼西亚、墨西哥、尼日利亚、挪威、玻利维亚、巴西和委内瑞拉，都是重要的天然气生产国。有些国家把铁矿石在从矿山运输到钢铁厂的过程中，在沿海工厂使用天然气工艺转化为 HBI，如巴西南部海岸、加勒比海/墨西哥湾盆地（委内瑞拉、特立尼达和多巴哥以及美国墨西哥湾海岸）、西非（尼日利亚以南至安哥拉）、北非（阿尔及利亚至埃及）、阿拉伯海、西澳大利亚和马来-印度尼西亚群岛。有些地方虽然不是沿海，如北海和西伯利亚气田位于内陆，但可以通过陆运把矿石运到气田处，这些地方许多都适合建设 HBI 工厂。

图 12-62 显示了与上述完全匹配的世界 DRI 产量与地区。最好的场所是有足够数量和有足够竞争价格的天然气与铁矿石，且靠近海港的地方。在铁矿石海运贸易线上，并拥有天然气的国家适合开展商业 HBI 业务，容易创造经济效益。例如，Voestalpine Texas LLC 拥有和运营的工厂位于墨西哥湾的一个沿海地区，使用巴西-美国常规贸易路线上的天然气和铁矿石生产 HBI，供给奥地利 Voestalpin 的炼钢工业[124]。

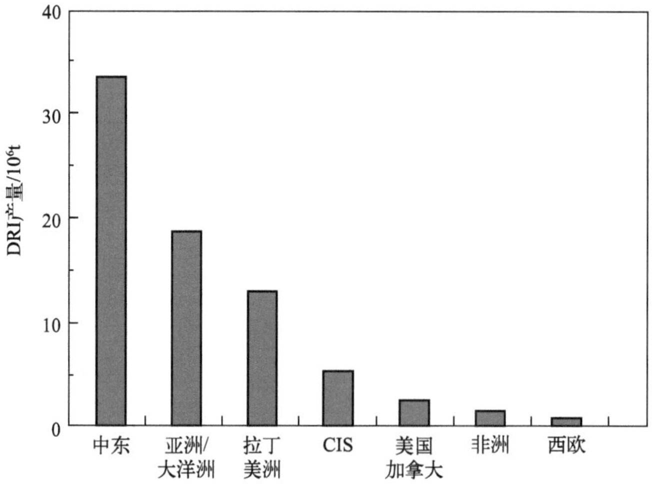

图 12-62 2015 年各地区 DRI 产量

图 12-63 是世界各国围绕降低碳排放和氢冶金的重要节点事件。表 12-7 是国外氢冶金代表性项目的情况。可以看出，随着清洁可再生能源和 CO_2 减排的推进，氢冶金受到广泛的关注。下面对各国的情况做进一步介绍。

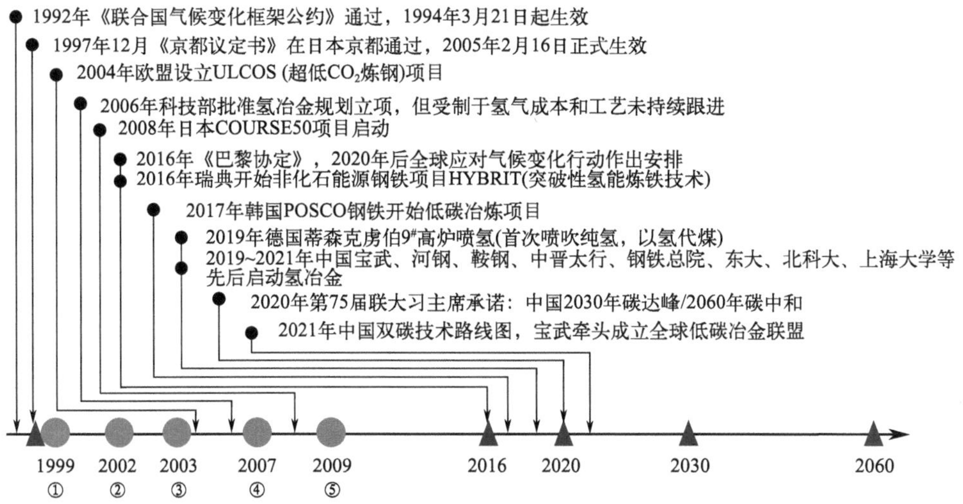
1992年《联合国气候变化框架公约》通过，1994年3月21日起生效
1997年12月《京都议定书》在日本京都通过，2005年2月16日正式生效
2004年欧盟设立ULCOS (超低CO₂炼钢)项目
2006年科技部批准氢冶金规划立项，但受制于氢气成本和工艺未持续跟进
2008年日本COURSE50项目启动
2016年《巴黎协定》，2020年后全球应对气候变化行动作出安排
2016年瑞典开始非化石能源钢铁项目HYBRIT(突破性氢能炼铁技术)
2017年韩国POSCO钢铁开始低碳冶炼项目
2019年德国蒂森克虏伯9#高炉喷氢(首次喷吹纯氢，以氢代煤)
2019~2021年中国宝武、河钢、鞍钢、中晋太行、钢铁总院、东大、北科大、上海大学等先后启动氢冶金
2020年第75届联大习主席承诺：中国2030年碳达峰/2060年碳中和
2021年中国双碳技术路线图，宝武牵头成立全球低碳冶金联盟
1999
①
2002
②
2003
③
2007
④
2009
⑤
2016
2020
2030
2060

①1999年第125次香山科学会议(北京)，21世纪钢铁生产流程的理论解析：提出氢还原铁矿石-电炉熔分工艺流程图。
②2002年国家自然科学基金委主办冶金学科战略研讨会(上海大学)，金属材料的低温干法制备新工艺：氢冶金技术思想，低温氢还原铁矿微粉多物理场下成型工艺流程。
③2003年中国钢铁年会，中国国民经济发展与钢铁工业：未来钢铁工艺的能源结构-氢，氢能经济，氢冶金。
④2007年中国钢铁年会，中国钢铁工业的发展和技术创新：建立资源节约型和环境友好型钢铁，冶金炉气制氢。
⑤2009年中国钢铁年会，低碳经济与钢铁工业：炉顶煤气循环，高炉富氢，碳捕集，制氢(蓝氢/绿氢)，氢冶金工艺。

图 12-63 围绕降低碳排放和氢冶金的重要节点事件[18]

表12-7 国外氢冶金代表性项目情况[20]

项目名称	项目类型	投资情况	氢源	项目进展
日本 COURSE50	氢炼铁	150 亿日元	焦炉煤气制氢	2008 年启动，hhsf2030rh 应用
韩国浦项氢冶金	氢炼铁	1000 亿韩元	核能制氢	2010 年 6 月立项
瑞典酐铁 HYBRIT	氢炼铁	10 亿～20 亿克朗	清洁能源电力电解水制氢	2016 年启动，2018 年 6 月起至 2024 年进行中试，hhsf2035rh 商业化
奥钢联 H2FUTURE	氢炼铁	1800 万欧克	电解水制氢	2017 年初项目启动，目标 2050 年碳减排 80%
普瑞特冶金技术公司无碳氢基铁矿粉直接还原	氢炼铁		可再生能源制氢、蒸汽重整制氢以及富氢废气	2019 年 6 月启动
安赛乐米塔尔建设氢能炼铁实证工厂	氢炼铁	6500 万欧元	天然气制氢	2019 年 9 月开工
蒂森克虏伯氢能炬铁（Carbonate Chem）	氢炼铁	100 亿欧元	液化空气通过位于莱茵-鲁尔区 200km 管首富提供氢气	2019 年 11 月
德国迪林根和萨尔钢氢炬铁技术开发	氢炼铁	1400 亿欧元	富氢焦炉煤气	2020 年实施
萨尔茨吉特低二氧化碳炬钢项目	氢炼钢	5000 亿欧元	风电、可逆式固体氧化物电解	2020 年投运

注：hhsf2030rh—目标 2030 应用；hhsf2035rh—目标 2035 应用。

12.8.1 日本和韩国

日本2018年不同领域整体的 CO_2 排放量为10.59亿吨，制造业和建设业产业链为2.70亿吨，如图12-64所示。其中钢铁业的二氧化碳为1.35亿吨，占算上家用冷暖气在内的日本总排放量的13.9%，占产业链的50%，钢铁产业的 CO_2 排放尤为突出。钢铁产业包括钢铁冶炼和加工，其中钢铁冶炼约占整个钢铁产业中的80%，如果在这一部分进行节能和 CO_2 削减的话，钢铁产业整体的 CO_2 排放量将会获得很大的改善。

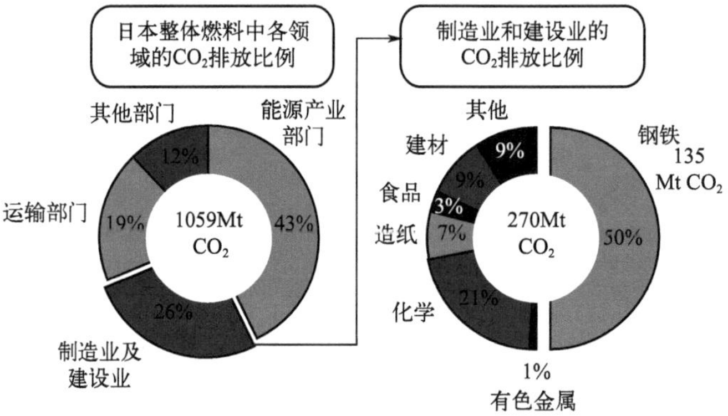

图12-64 日本2018年不同领域的 CO_2 排放

正因如此，日本尤其重视氢气还原冶金的发展。2008年，日本钢铁联盟为了削减来自钢铁厂的 CO_2 排放量，由神户制钢所、JFE钢铁、新日铁住金、日新制钢、新日铁住金工程等5家公司联合开展《环境调和型工艺技术开发/氢还原等工艺技术开发(COURSE50)》国家项目开发，如图12-65所示，拟通过 CO_2 分离回收以及向高炉中通入氢气来削减 CO_2 排放量30%，并将加速2050年的碳中和（温室效应气体的实质为零）[125]。

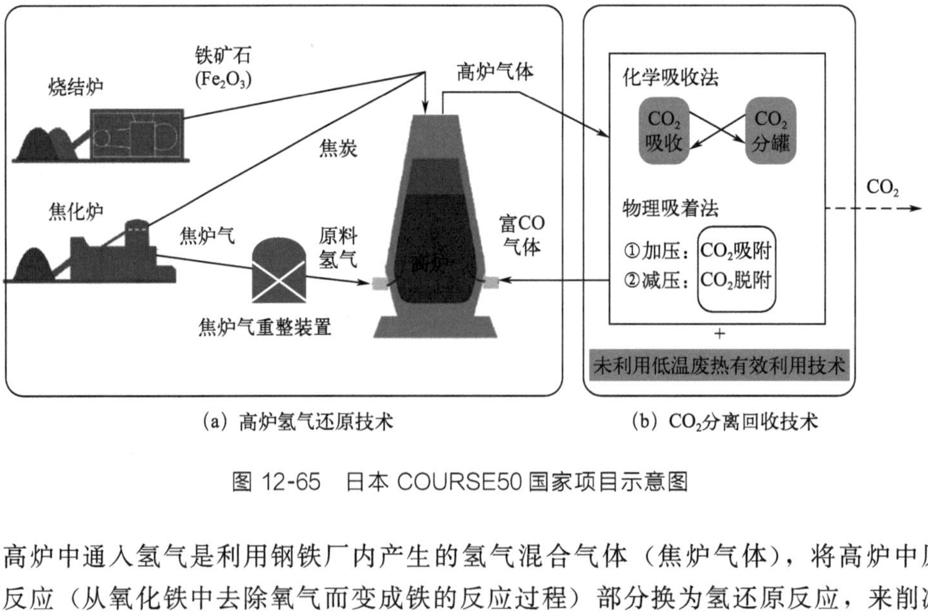

图12-65 日本COURSE50国家项目示意图

向高炉中通入氢气是利用钢铁厂内产生的氢气混合气体（焦炉气体），将高炉中原来的碳还原反应（从氧化铁中去除氧气而变成铁的反应过程）部分换为氢还原反应，来削减高炉

CO_2 排放量 10%，这是 COURSE50 中氢气还原降低 CO_2 排放的目标。在此基础上通过大量利用钢铁厂外部的氢气混合气体，大幅提高氢气还原效果，进一步削减 10%以上 CO_2 排放量（相当于钢铁厂长期目标 Super COURSE50），如图 12-66 所示[126]。

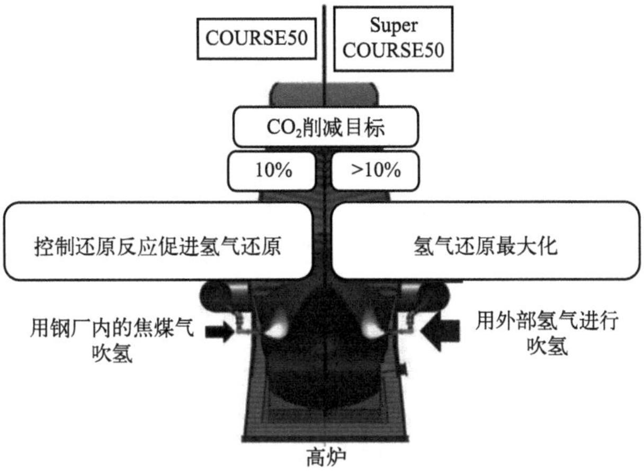

图 12-66　日本 Super COURSE50 国家项目[126]

2018 年日本钢铁联盟进一步制定了到 2100 年为止将制铁过程中的 CO_2 排放为零的方针，如图 12-67 所示。

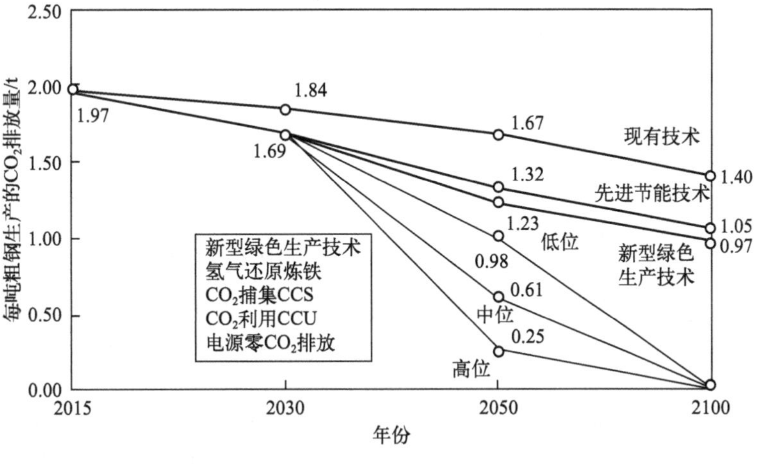

图 12-67　日本钢铁联盟 CO_2 减排的规划[127]

日本制铁、JFE 钢铁和神户制钢所等高炉 3 大公司，设定了二氧化碳的削减目标，在短期和中长期两方面推进设备投资和革新技术的开发，正在摸索使用氢代替焦炭的还原法，把氢还原制铁视为 CO_2 减排的王牌工艺，氢还原炼铁、碳捕集存储、碳捕集利用以及廉价稳定氢的供给是重点开发技术，如图 12-68 所示[18,128,129]。

韩国浦项核能制氢项目也将开发氢还原炼铁工艺。韩国政府 2017～2023 年投入 1500 亿韩元，通过官民合作方式进行研发，项目计划 2025 年开始在试验炉上进行，2030 年于 2 座高炉上生产，2040 年实现 12 座高炉的生产，从而完成氢还原炼铁工艺。

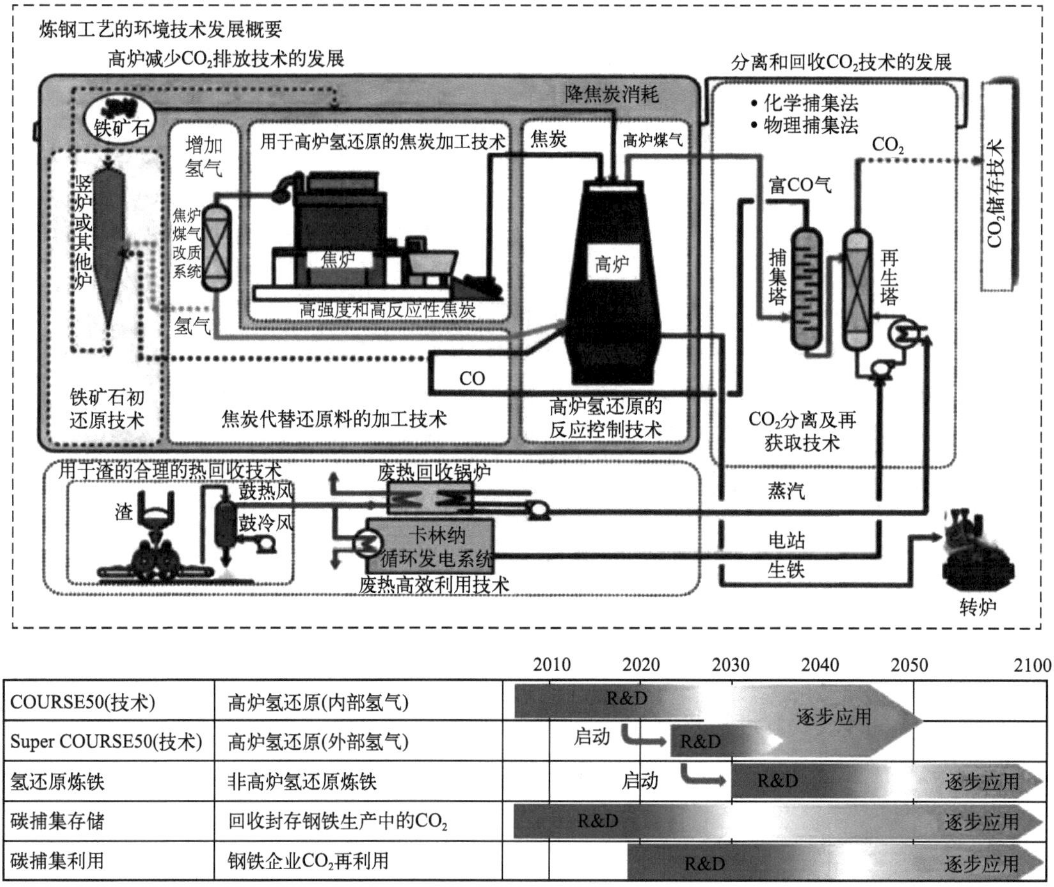

图 12-68　日本钢铁工业减碳技术实施路线

12.8.2　欧洲

在欧洲，围绕环境问题，来自股东和政治家的压力不断高涨，产业部门又开始注重新的清洁能源的开发，也就是将水电解制成绿氢。产业部门面临着巨大的压力，急需有能够解决环境问题的对策，在此背景下，各大能源公司在开发上展开了激烈竞争。

2016 年，瑞典钢铁公司（SSB）、瑞典国有铁矿石公司（LKAB）和瑞典大瀑布电力公司（Vattenfall）三家公司联合成立了 HYBRIT（Hydrogen Breakthrough Ironmaking Technology）公司，启动了氢还原钢铁冶炼的试验性工厂，开发用可再生电力从电解水中生产的氢替代焦炭的氢基直接还原炼铁技术，计划采用氢气直接还原球团矿生产还原铁。瑞典钢铁公司计划 2026 年向市场提供第一批非化石能源生产的钢铁产品。若该项目投入运行，有望将瑞典和芬兰的二氧化碳排放总量分别降低 10% 和 7%。

瑞典钢铁制造商奥巴尔公司（OvakoAB）在开发钢的冶炼和轧制工程中，在 CO_2 减排技术上，首次挑战性地进行了氢气体代替传统液化气等化石燃料的尝试，如图 12-69 所示。结果表明氢气的使用是可行的，而且具有简便性、灵活性，也不会对钢铁产品的特性产生不良影响，可以大幅削减二氧化碳排放量。奥巴尔公司到现在为止，钢铁的生产主要是通过电弧炉熔炼废钢实现的，他们在电弧炉中成功地使用再生能源，大幅度削减二氧化碳排放量。另外，以前在轧制厂的炉加热过程中，都是用的液化天然气。最近，奥巴尔公司与工业煤气领域最大的企业林德气体（Linde Gas AB）公司合作，在 Hofors 公司的轧钢工厂的加热炉中，进行了大规模使用氢气的试验，成功地证实了其设想。因为氢气的燃烧只排出水蒸气，所以对环境保护的贡献很大，初步估计，即使只是初期的投资，每年也能达到削减 2 万吨 CO_2 的效果。

图 12-69 OvakoAB 公司开发的氢冶炼和轧制工程

2017 年初，奥地利奥钢联发起“H_2 Future”项目，旨在通过研发突破性的 H_2 替代焦炭冶炼技术，来降低钢铁生产过程中 CO_2 排放。项目计划采用氢气直接还原铁工艺，最终实现到 2050 年减少 80% CO_2 排放的目标。该项目的氢气是通过质子交换膜（PEM）水电解技术制得的，技术上具有维护需求较低、产生的氢气纯度高、不使用腐蚀性溶液或酸等有害物质从而降低操作风险的优点。

2019 年 9 月，德国安赛乐米塔尔（ArcelorMittal）宣布，将与 DRI 技术的大型企业神户制钢所的子公司美国 Midrex Technologies 共同开发氢还原制铁的技术。2020 年 8 月，德国迪林根（Dillinger Hütte）和萨尔钢铁（Saarschmiede GmbH）投资 1400 万欧元，进行高炉喷吹富氢焦炉煤气工艺操作，未来该厂计划绿氢能在数量满足需求、成本具有竞争力的前提下，实现氢基直接还原铁-电炉的技术路线，从而达到 2035 年将碳排放量减少 40% 的目标。

2020 年 8 月 28 日，德国蒂森克虏伯公司（Thyssenkrupp Steel）向联邦经济大臣和诺斯顿法伦（NRW）州长提出了在杜斯堡建设 DR 设备的构想，把氢还原直接制铁法-可再生能源电力的电弧炉冶炼相结合进行新型绿色钢铁生产。该工厂目前正在实施将 BF 中使用的还原剂微粉炭置换为氢的试验，预计将在下一步建设 DRI 工厂。DRI 的年生产能力为 120 万吨（4600t/d），从高炉风口进行喷氢冶炼，喷吹流量为 25000m^3（标）/h，每吨铁消耗 11.7kg（131m^3）氢气，冶炼结果表明，每吨铁可减少 19% CO_2 排放。如果没有足够的氢气，就用天然气来运转。该公司计划在 2025 年之前完成设备的主要部分，利用绿色氢和可再生能源生产 40 万吨的绿色钢铁。

12.8.3 美国

美国 Midrex Technologies 公司与世界上最大的钢铁制造商 Arcelor Mittal（阿尔赛罗米塔尔公司）合作，共同推进氢的低碳制铁研究，开发的氢直接还原制铁技术已被客户采用了，并与该公司签订了共同开发合同。作为其中一环，Midlex 公司将利用该公司所拥有的技术，与巴塞罗·塔尔公司的德国汉堡工厂签署了合作协议，一同设计氢还原铁工艺，通过回收天然气作为还原剂，用既有的直接还原铁工厂的炉顶煤气中包含的氢，进行氢还原的生产示范。预计每年生产约 10 万吨的还原铁，是世界上最大规模的仅以氢作为还原剂直接还原铁的工厂。

在过去的几年里，北美已经逐步关闭了一些综合设施或高炉，并增加了电弧炉炼钢能力。为了利用低成本的天然气，美国南部已经建造了两个 DRI 设施。

12.8.4 中国

作为世界粗钢产量第一大国，中国的粗钢产量占世界的一半以上，2020 年突破 10 亿吨，CO_2 排放约 21 亿吨。目前，我国钢铁生产工艺主要包括高炉-转炉长流程、废钢-电弧炉短流程和直接还原铁（DRI）-电弧炉流程（表 12-8）[18]。

表12-8 我国钢铁生产工艺占比及碳排放现状

工艺路线	产钢量占比	吨钢碳排放量/t	碳排放主要工序
高炉-转炉长流程	> 90%	1.8~2.5	高炉（1.5t，70%~90%）
废钢-电弧炉短流程	< 10%	0.25~0.30	电弧炉（0.9t，75%）
直接还原铁（DRI）-电弧炉流程	很少	约 0.96	DRI（0.5t，52%）

国内钢铁工业碳排放量占全国碳排放总量的 15%左右。国内 80%以上的生铁由高炉工序生产，2020 年高炉-转炉长流程生产的粗钢产量占全国粗钢产量的 83.4%。国内以高炉-转炉长流程为主的工艺结构特点短时间内不会改变，因此，现有工艺结构的优化调整和新工艺的研发应用是国内钢铁工业碳中和的主要技术发展方向。国内各钢铁企业也在积极探索减碳甚至零碳的氢冶金工艺，围绕高炉以氢代碳、增加氢气还原比例是现阶段工艺技术改进的首选方式。

2019 年 1 月 15 日，中核集团与中国宝武、清华大学签订《核能制氢-冶金耦合技术战略合作框架协议》，打造核冶金产业联盟，联合开展核能制氢与氢能冶金研究，探索钢铁行业清洁生产的有效途径。宝武集团低碳冶金技术路线如图 12-70 所示[130,131]。

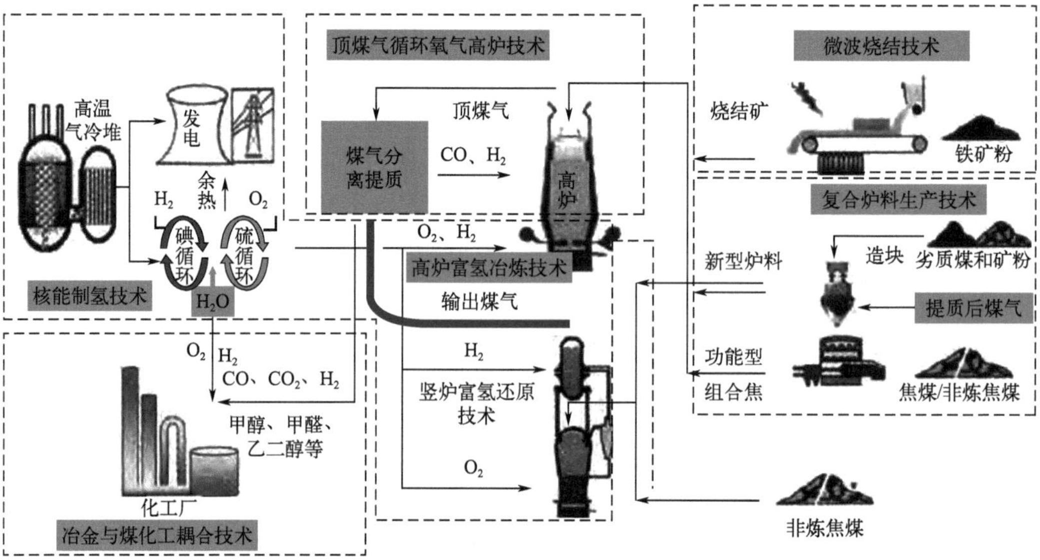

图 12-70 宝武集团低碳冶金技术路线

2022 年 12 月 16 日，河钢集团 120 万吨氢冶金示范工程一期全线贯通，与同等生产规模的传统高炉-转炉长流程工艺相比，该工程每年可减少二氧化碳排放 80 万吨，减排比例达到 70%以上。此外，宝武集团、鞍钢集团等各大钢铁企业在“双碳”目标推动下，也相继加入氢冶金项目布局队列，在氢直接还原、新能源制氢联产无碳燃料等技术领域持续深耕。表 12-9 是国内氢冶金相关项目情况[20]。

表12-9 国内氢冶金相关项目情况

企业	时间	项目进展	项目简介
宝武集团、中核集团、清华大学	2019 年 1 月	签订《核能制氢-冶金耦合技术战略合作框架协议》	开展超高温气冷堆核能制氢研发、耦合钢铁冶炼，实现钢铁产业超低排放
河钢集团、中国工程院咨询中心、中国钢研科技集团、东北大学	2019 年 3 月	组建“氢能技术与产业创新中心”	成立京津冀地区最具代表性和示范性的绿色、环保倡导者和实施者
酒钢集团	2019 年 9 月	成立氢冶金研究室	创立“煤基氢冶金理论”“氢冶金磁化焙烧理论”
天津荣程联合钢铁集团、陕鼓集团、韩城政府	2019 年 10 月	西部氢都、能运互联岛	建立国家级氢能源开发基地、氢能源应用技术研发基地和国际国内氢能源技术交流与合作中心
河钢集团、特诺恩集团	2019 年 11 月	建设全球产量 120 万吨/年规模氢冶金示范工程	分布式绿色能源、低成本制氢、气体自重整、氢冶金、成品热送、二氧化碳脱除等全流程的创新研发
中晋太行太业公司	2019 年底（调试）	干重整制还原气 DRI	焦炉煤气直接还原炼铁（CSDRI）。干重整技术优势：定制合成气 H/CO 比
建龙集团	2020 年 10 月（首次试生产）	高纯生铁项目	30 万吨/年富氢熔融还原法（CSDP）高纯铸造项目。碳冶金改为氢冶金
上海大学、山西中升钢铁公司	2020 年 11 月	富氢低碳冶金项目	建造半工业化试验系统——富氢低碳冶金模拟科学中心装置，用于高炉科学、低碳冶金及氢能利用研究
京华日钢集团、中国钢研科技集团	2020 年 5 月（签署合作协议）	氢冶金项目	计划利用氢气年产 50 万吨直接还原铁
晋城钢铁团、中冶京诚公司	2021 年 3 月	低碳冶金	中冶京诚公司利用氢冶金技术助力晋钢构建绿色低碳、协同高效示范工厂
东北大学	2021 年 6 月	氢冶金	东北大学与中钢国际公司合作进行低碳冶金、氢能制铁储存利用、冶金-能源-化工耦合优化技术合作及推广
鞍钢集团、中科院过程所、中科院大化所	2021 年 7 月（签署协议）	绿色氢冶金技术	项目工艺为风电-光伏-电解水制氢-氢冶金。配套钒电池储能调峰

续表

企业	时间	项目进展	项目简介
包钢集团、伊利集团、西部天然气公司	2021 年 8 月（签署战略协议）	氢冶金项目	包钢集团成立低碳氢冶金研究所，并与合作方探索低碳冶金技术
宝钢集团	2021 年 12 月（天工）	富氢碳循环高炉项目	项目以富氢碳循环氧气高炉工艺为核心，辅以 CO_2 捕集利用的创新型高炉低碳炬铁技术。目标减碳 30%
宝钢集团	2022 年	氢基竖炉	宝武集团将在湛江建设一套百万吨级氢基竖炉，采用 42% 氢基 DRI + 58% 废钢电炉冶炼，形成短流程低碳冶金路线

12.8.5 氢冶金的发展和面临的问题

在应对气候变化和能源转型的背景下，氢能是用能终端实现绿色低碳转型的重要载体。以氢代碳的氢冶金技术是钢铁产业优化能源结构和工艺流程、实现绿色低碳可持续发展的有效途径之一。

① 现在是发展氢冶金技术的较好时机。氢冶金工艺目前主要研究方向是高炉富氢冶炼和氢基直接还原，大部分氢冶金试点工艺主要通过化石能源制取氢气，随着技术推进和研究深入，将逐步向清洁可再生能源制取氢气的技术路径转变。

② 在冶金材料中，氢的重要性非常高，仅次于碳。氢含量和材料的冶金温度关系密切，氢含量随着冶金温度的升高而逐渐降低。在中变质材料以后，氢含量与冶金温度的这种规律更加明显。在冶金材料阶段，氢含量可高达 6.5%；在高变质冶金阶段，氢含量的百分比则下降到 1%以下。

但是氢冶炼是一种新工艺，会面临如下一些问题。

① 降低成本是其中一个关键的问题。氢是成本较高的二次能源，绿氢的成本更高，按目前的氢气价格进行竖炉氢冶金生产很难盈利，也难以商业化，只有当制氢技术提高，能比 14 元/kg H_2 更低的价格供给氢的情况下，氢还原冶炼成本才会低于高炉冶炼成本，具有商业化的价值。通过电解水制备的绿氢在生产规模上有限制，成本会更高，降低绿氢成本是实现钢铁行业低碳目标的关键。电价在 0.10～0.65 元/(kW・h) 波动变化时，电解水制氢成本从 13 元/kg 变到 46 元/kg。在电价比较低时，电解水制氢是可以与化石原料制氢竞争的。光伏和风力发电成本的进一步降低，以及 CO_2 税的实施，会大幅度提高纯氢冶金的竞争力。

② 由于 CO 还原铁为放热反应，氢还原为吸热反应，反应系统供热与还原的匹配问题是高炉富氢和纯氢基直接还原工程实践中需要解决的难点。增加通入高炉的氢量，提高氢还原量，会导致高炉内热量不足。如果还原气为 100% H_2，系统内部无法实现热量互补，就需要外部提供热量。如何解决系统的高效供热，优化反应温度和维持还原过程稳定，就成了氢冶金技术上的一个核心问题。此外，全氢冶金生产工艺还存在气体利用率低、氢气消耗量大、设备利用效率和生产效率低等诸多问题。

③ 氢气的密度低，气体密度仅为 CO、CO_2、H_2O 的 1/10 或更低，进入竖炉后会快速向炉顶逃逸，需要有相应的措施。氢气的配套设施以及安全问题也需要特别注意。铁矿石在氢还原过程中伴随着粉化，粉体会导致高炉内的气体通道堵塞，需要有相应的对策。

④ 氢气是一种还原性很强的气体，是最轻的物质，同样温度下氢气的分子运动速度最快，分子扩散速度最大，有极强的渗透性，它的导热能力很强，约为空气的 7 倍。如果在炉内通入含氢的保护气体，由于氢气具有上述特殊物理性质，通过炉壁的热流就比相同炉壁结构的一般火焰炉或通其他气体的炉子大很多，而且随着炉内气体含氢比例以及耐火材料气孔率的增大而增加，从而导致炉壳温度也比一般火焰炉的值高得多，所以，对炉体的耐热结构也需要进行改进。

12.9 氢气在其他材料制备领域的应用

氢能在材料领域的应用很广，除了上述的氢冶金外，还可以用在：a. 氢气还原制备金属粉末；b. 氢气氛下钢材热处理；c. 金属提纯-高纯稀土金属制备；d. 超高纯多晶硅的制备；e. 非晶硅薄膜太阳能电池；f. 金属间化合物氢致非晶化和纳米晶；g. HD 和 HDDR 及微观组织调控；h. 氢等离子体法制备金属纳米粉体；i. 氢气燃烧与金属切割；j. 氢气燃烧与单晶制备；k. 氢调控材料磁学、超导及电化学性能等很多领域。在《氢与氢能》一书中已有较详细的介绍，这里只做简单说明。

12.9.1 氢气氛下材料热处理和烧结

（1）氢气保护下热处理

热处理是指材料在固态下，通过加热、保温和冷却的手段，以获得预期组织和性能的一种材料热加工工艺，在金属材料中尤其重要。按照热处理不同的目的，热处理工艺可分为两大类：预备热处理和最终热处理。预备热处理的目的是改善加工性能、消除内应力和为最终热处理准备良好的金相组织，工艺有退火、正火、时效、调质等。最终热处理的目的是提高硬度、耐磨性和强度等力学性能，工艺有退火、淬火和回火等。对于功能材料，热处理也是调控表面状况、相成分和性能的有效方法。

一些关键的金属材料往往都要经过热处理过程，如高强度钢，包括其他合金，一般用于制造各种关键的航空部件。为保证结构的牢固性，这些机件必须满足严格的机械性能和冶金性能要求，而热处理在这项技术中起着极其重要的作用。所有的热处理操作必须在严格的控制条件下进行，以避免达不到性能要求。为了满足技术规范的规定，一般都制定严格的工艺措施，温度和炉内气氛一般是连续并自动监控。

氢气保护热处理处可通过氢气在高温下和材料中的 C、N、O、S 等杂质元素发生化学反应，生成气相化合物并排出炉外，从而达到净化合金的目的，随着温度的提高，原子扩散速度加快，净化作用得到提升；能避免产生合金元素蒸发和成分的变化，确保合金的力学、电学、磁学等性能。

退火处理是热处理的一种，往往是金属产品加工的最后一步。光亮退火是一种在氢气保护下退火的工艺，既能达到退火的效果，还能获得表面亮度，见图 12-71。光亮退火分两种：一种是全氢保护状态下的退火；另一种是用氨分解。两种方法的相同之处在于都是用氢气作为保护气体，这样就避免了带钢的氧化，因而经过光亮退火后的带钢不需要再酸洗，所以光亮退火的带钢比一般退火的带钢亮。

板卷罩式退火炉的能力可以通过增加气体循环量，例如采用氢气作为保护气体，将产量提高至 100%。目前宽带钢退火时的产量可以达到加热时大于 3t/h，冷却时大于 4t/h。通过提高循环量所引起的保护气体的较高流速，既可改善保护罩与保护气体之间的热交换，也可改善保护气体和板卷之间的热火件，其燃料消耗反而降低了。因为加热时间缩短，热损失亦将随之减少。使用氢气作为保护气体，由于氢气本身性能的优越，除可以进一步改善循环过程的热交换之外，还可以提高在板卷空隙间距调整的灵活性。

(a) 高强度螺栓

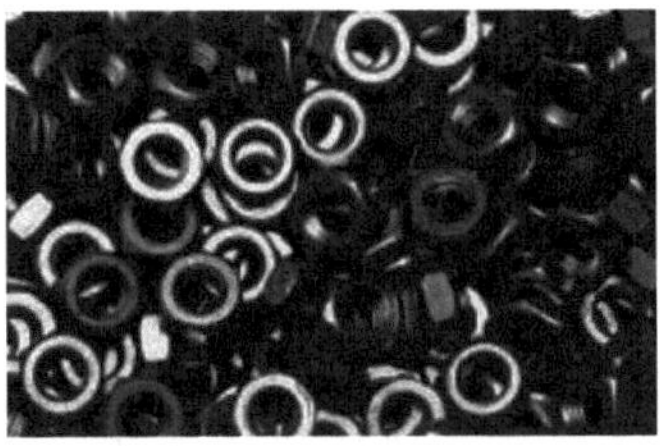
(b) 汽车螺母

(c) 五金工具

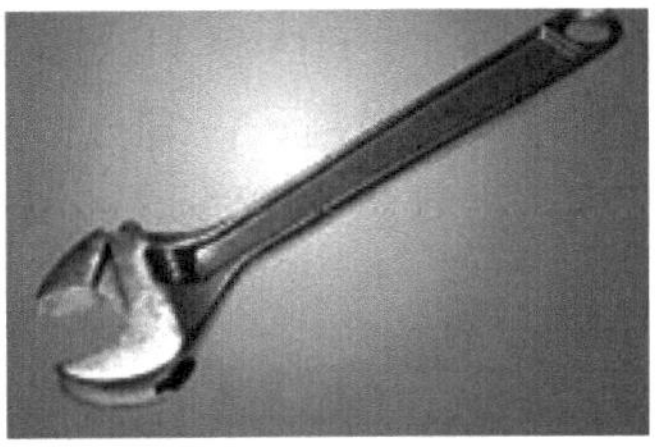
(d) 精密轴承

(e) 螺母

(f) 手工具

图 12-71　经过全氢光亮退火后的金属产品

图 12-72　经过干馏氢炉进行最终热处理后的高磁导率合金

坡莫合金作为高频电源中一种很好的软磁材料，具有低矫顽力和高磁导率。为了使坡莫合金达到最佳的磁性能，需对坡莫合金进行特殊热处理，即氢气高温退火，可以恢复其最大磁导率，并提高表面光洁度[132]。图 12-72 是经过干馏氢炉进行最终热处理后的高磁导率坡莫合金照片[133]。

（2）粉末烧结

粉末冶金技术是一种由粉末直接成型，生产零部件的工艺方法。从技术上看，用该方法可获得成分无偏析、性能稳定优越、组织均匀的零部件；从经济上看，该方法是一种少切屑或无切屑的工艺，材料利用率几乎可以达到100%，节省了加工费，提高了生产率。所以粉末冶金成了一个重要的材料制备工艺，也成了一个很大的产业。

所谓烧结就是将粉末压坯加热到一定的温度，并保持一定的时间，然后冷却，从而得到所需性能的制品。烧结的目的是使多孔的粉末压坯变为具有一定组织和性能的合金。烧结过程中，粉末颗粒在高温下发生扩散，从而形成烧结颈，将单个金属颗粒连接起来，使零件具有较高的力学强度。为了保证粉末颗粒间形成有效的烧结颈，除了加热到一定温度外，还需要往烧结炉中通入具有一定还原性的烧结气氛，将原金属颗粒表面的氧化层还原，同时保证其他烧结材料不被氧化。另外，还需要控制烧结气氛的碳势，避免意外的脱碳和渗碳。除了这些作用之外，烧结气氛还起到其他一些作用，如在脱蜡区去除润滑剂分解的残留物；保证零件在烧结炉的冷却区不发生氧化；保证烧结炉内的气压高于炉外气压；当烧结炉发生漏气现象时，防止空气大量进入炉内；同时保证生产过程稳定[134]。

图 12-73 是含氢或纯氢气氛下的烧结炉示意图和烧结产品照片。烧结胚体先经过预热区，然后在烧结区烧结，最后经冷却，便可获得烧结品。烧结胚体可以是金属粉体胚体，也可以是氧化物粉体胚体，不同之处是氧化物粉体胚体会经过还原和烧结两个过程。

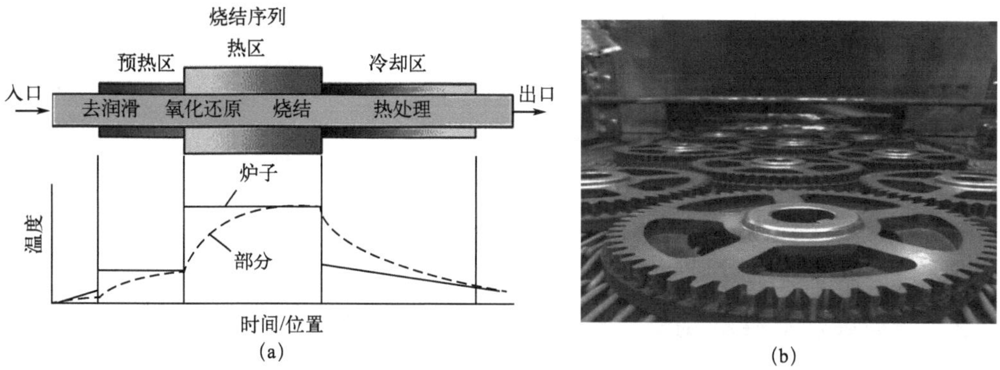

图 12-73 在含氢或纯氢气氛中的金属烧结

（a）烧结炉结构示意图；（b）机械部件的烧结现场照片

图 12-74 是粉体铁矿石烧结流程示意图。在以往的铁矿石烧结工艺中，粉状铁矿石、石灰石和焦炭粉（碳系固体燃料）混合、造粒后装入烧结机，点燃固体燃料后，一边进行烧结反应一边结块。烧结后的铁矿石经过粉碎和筛分，将 5mm 以上的矿石供高炉使用，小于 5mm 的矿粉送去再次烧结。如果烧结矿的低温强度能够提高，粒径 5mm 以上的烧结矿的收率能够提高，就能削减小于 5mm 的烧结矿的再烧结所需的焦炭粉量。另外，在烧结过程中通入含氢气体，可以提高烧结矿的还原程度，能削减作为还原材料使用的焦炭量，降低 CO_2 的排放量[22]。

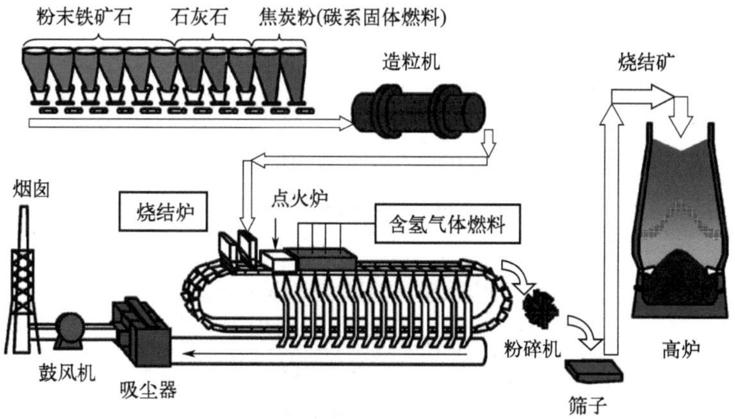

图 12-74 高炉用粉体铁矿石烧结过程示意图

图 12-75 所示是 2009 年 1 月东日本制铁所（京滨地区）的第 1 烧结工厂设备示意图，首次成功实现了“利用氢系气体燃料的铁矿石烧结工艺”的实用化，直到今天仍在顺利地继续运转。

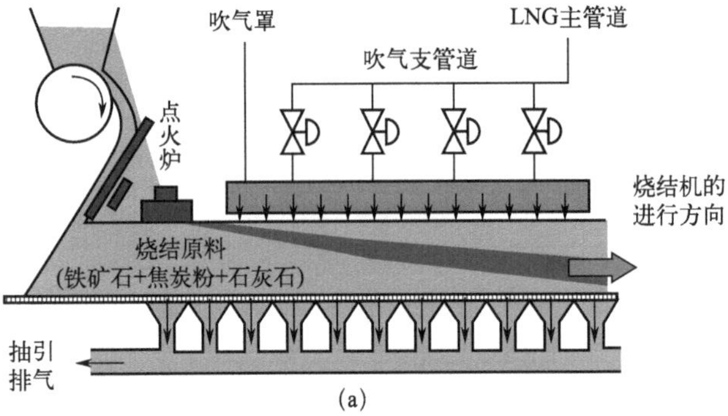

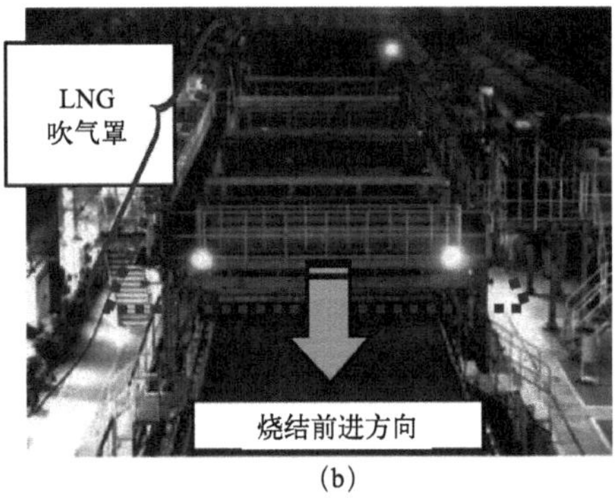

图 12-75 液化天然气（LNG）喷吹设备断面示意图（a）和照片（b）（京浜第 1 烧结工厂）

12.9.2 超高纯多晶硅的制备

硅按不同的纯度可以分为冶金级硅（MG）、太阳能级硅（SG）和超高纯的电子级硅（EG）。西门子法是由德国 Sicmens 公司于 1954 年开发的一项超高纯多晶硅的制备技术，该技术从发明到产业化用了近 10 年的时间，给超高纯硅制备技术带来了技术变革。西门子早期的技术方法是采用 $SiHCl_3$ 与 H_2 发生氧化还原反应，最终在硅芯上沉淀 Si。西门子技术经过了 3 代技术革新，通常将第 3 代西门子生产多晶工艺称为改良西门子方法。该法的主要特点是，在以往的技术上增加了 $SiCl_4$ 氢化工艺和对尾气进行回收的装置系统。

改良西门子法首先利用冶金级硅（纯度要求在 99.5%以上）与氯化氢（HCl）合成便于提纯的三氯氢硅气体（$SiHCl_3$），然后将 $SiHCl_3$ 精馏提纯，最后通过还原反应和化学气相沉积将高纯度的 $SiHCl_3$ 转化为高纯度的多晶硅，还原后产生的尾气进行干法回收，实现了氢气和氯硅烷的闭路循环利用[135]。改良西门子法包括五个主要环节，即 $SiHCl_3$ 合成、$SiHCl_3$ 精馏提纯、$SiHCl_3$ 的氢还原、尾气的回收和 $SiCl_4$ 的氢化分离。其核心过程是采用化学气相沉积法，在电加热还原炉内，用 H_2 还原 $SiHCl_3$ 产生 Si，在硅芯上不断沉积，长大成一定直径的硅棒。具体反应式如下。

主反应：

$$Si + 3HCl \longrightarrow SiHCl_3 + H_2\uparrow \tag{12-64}$$

$$SiHCl_3 + H_2 \longrightarrow Si + 3HCl\uparrow \tag{12-65}$$

副反应：

$$4SiHCl_3 \longrightarrow Si + 3SiCl_4 + 2H_2\uparrow \tag{12-66}$$

$$SiCl_4 + 2H_2 \longrightarrow Si + 4HCl\uparrow \tag{12-67}$$

$$2SiHCl_3 \longrightarrow Si + SiCl_4 + 2HCl\uparrow \tag{12-68}$$

$$SiHCl_3 \longrightarrow SiCl_2 + HCl\uparrow \tag{12-69}$$

$$2BCl_3 + 3H_2 \longrightarrow 2B + 6HCl\uparrow \tag{12-70}$$

$$2PCl_3 + 3H_2 \longrightarrow 2P + 6HCl\uparrow \tag{12-71}$$

图 12-76 为改良西门子法工艺流程简图。尾气的回收是尾气经过低温氯硅烷鼓泡喷淋回收多晶硅尾气中大部分 $SiCl_4$ 和 $SiHCl_3$ 后，然后将 $SiCl_4$ 和 $SiHCl_3$ 经精馏分离提纯后分别送至还原和氢化装置，从喷淋塔出来的不凝气体（H_2、HCl、少量 $SiCl_4$）经气液分离器除

去夹带的液滴后加压得到 H_2。吸收 HCl 的 $SiCl_4$ 混合液在解吸塔解吸 HCl 后循环使用。回收的 H_2 中含有微量的 HCl、$SiCl_4$，再通过活性炭吸附塔净化后送至还原和氢化装置，含 HCl、$SiCl_4$ 气体的 H_2 返回干法回收系统。图 12-77 为尾气干法回收流程图。

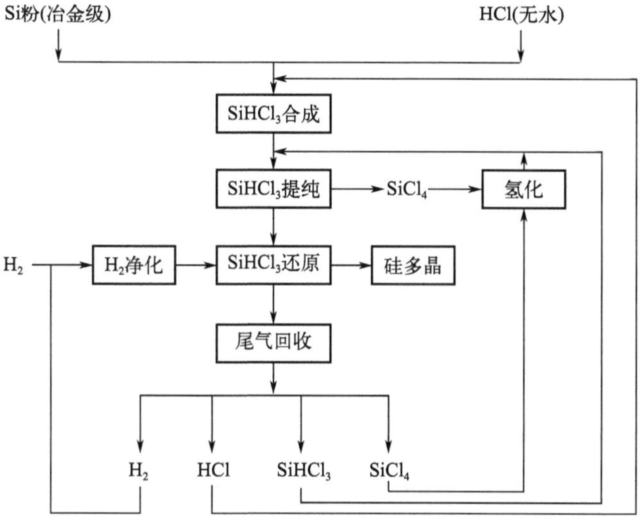

图 12-76　改良西门子法工艺流程简图

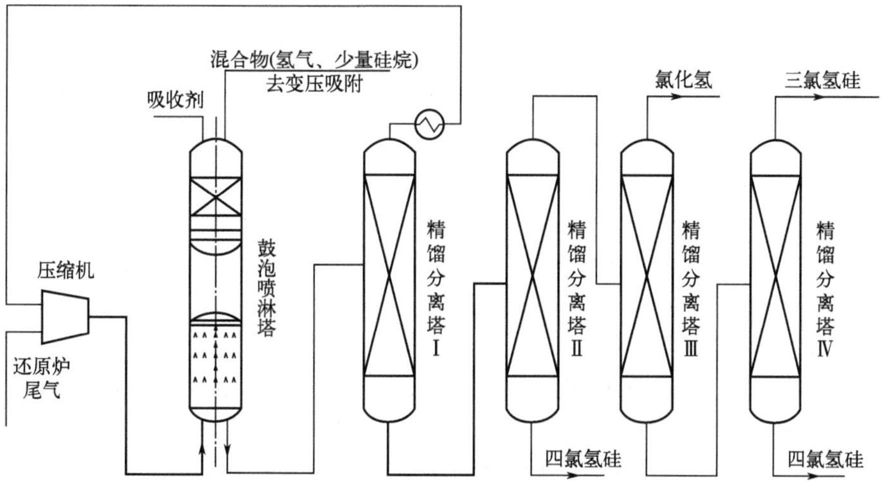

图 12-77　尾气干法回收流程图

改良西门子法所生产的多晶硅产量占全球总产量的 85%。改良西门子法通过采用大型还原炉，降低了单位产品的能耗。通过采用 $SiCl_4$ 的氢化和尾气干法回收工艺，实现了闭路循环利用，减少了废气的处理及排放，明显降低了原辅材料的消耗。

在改良西门子法中大量使用氢气，氢气起着重要的作用。首先在改良西门子法中，需要大量的原料 $SiHCl_3$（TCS）。同时，西门子法制备 1kg 多晶硅，会产生 15～18kg $SiCl_4$（STC），如果不能有效利用，不仅浪费，降低硅的实收率，增加生产成本，而且易危害人体健康和环境。因此，多晶硅行业对 $SiCl_4$ 的利用进行了大量研究。从 $SiCl_4$ 用途看主要有：

生产气相白炭黑、有机硅、光纤、钡盐等；利用氢化的方法生成 $SiHCl_3$ 供还原反应使用[136]。

多晶硅生产中 $SiHCl_3$ 的来源有两个：一是采用氢化尾气干法回收（CDI）技术来回收尾气中的 $SiHCl_3$；二是利用 $SiCl_4$ 氢化技术，将 $SiCl_4$ 经氢化反应生成 $SiHCl_3$。前些年，氢化工序普遍采用热氢化技术，使 $SiCl_4$ 和 H_2 在 0.2MPa、1250℃的条件下反应，生成 $SiHCl_3$，经过 CDI 分离提纯，重新用于还原反应。由于热氢化的反应温度高，一次转化率低，需多次循环，因此能耗较高。随着氢化技术的进步，催化氢化技术有了突破，降低了氢化反应温度，提高了 $SiCl_4$ 转化率，成为多晶硅生产中节能降耗的关键技术。

12.9.3　氢致金属非晶化

目前制备非晶态金属的方法主要是将金属熔化并快速喷到冷的金属基板上达到快速凝固的效果，为了实现非晶化，冷却速度往往要求在 10^6℃/s，是一种比较苛刻的工艺，所以仅能制备尺寸比较小的样品，如粉体、线或带。另外，对于金属间化合物，由于熔点高、与坩锅反应强、氧化性强等问题，制备更为困难。所以金属间化合物的非晶态制备是比较困难的。1983 年以后，固相反应制备非晶态材料的研究开始受到关注，主要有机械合金化法、多层膜互扩散法、电子线照射法以及氢气吸收非晶态化法，上述方法为解决这些问题提供了一条新的途径。

氢气吸收引起的非晶态化方法是让 AB、AB_2、AB_3 等类型的金属间化合物在常温或在常温以上的合适温度下通过金属间化合物吸收氢气使其变成非晶态结构，这种方法不需要熔解金属，不需要快速冷却，不需要特殊的设备，具有耗能少、容易控制、没有合成样品的尺寸限制的特点[137-140]，简称氢致非晶态化。

图 12-78（a）是 $GdFe_2$ 在不同温度下于 50bar 的氢气压力下反应后的产物的 XRD。反应前样品是单一的 Laves 相，在 300K 反应后，XRD 衍射峰整体朝着低角度偏移，但形态不变化，仅仅是晶体点阵常数随氢气吸收而增大，是一个氢原子在金属间化合物的晶格中固溶的过程。423K 时，晶体的衍射峰消失，这是一个非晶相形成过程。在 523K 反应后，新的结晶峰出现，样品和氢气反应后分解成 GdH_2 和 α-Fe 两相，这是一个新结晶相的形成过程。进一步加热到 675K，新结晶相的衍射峰尖化，这是一个晶粒长大的过程。$GdFe_2$ 在吸收氢气时随着温度不同会发生氢气固溶、非晶态形成、新结晶相形成和晶粒长大过程，这种现象在金属间化合物吸氢过程中常常出现。

图 12-78（b）是 $GdFe_2$ 在 423K 下吸氢后结构随吸氢量的变化。最初 $GdFe_2$ 以氢固溶的形式吸收氢气，发生晶格膨胀，随后随着吸氢量的增加逐步转变成非晶态结构。氢气的固溶极限含量是 1.0H/M（Hydrogen atom per metal atom），超过了这个极限就开始形成非晶态，当吸氢量达到 1.2H/M 时样品完全非晶态化。图 12-79 是非晶态化后样品的透射电子显微镜明场像和电子衍射像，显示了样品的非晶态状态。

表 12-10 为目前已经报道的可以通过氢气吸收而非晶化的金属间化合物。表中 A 是氢化物形成元素（Ti，Zr，R＝稀土元素等），B 是非氢化物形成元素（Fe、Co、Ni、Al、Ga、Sn 等）。氢气吸收非晶化的金属间化合物有 A_3B、A_2B 和 AB_2 类的成分，而有名的 $LaNi_5$ 型 AB_5 和 FeTi 型 AB 成分化合物都没有观察到氢气吸收非晶态化。从晶体结构来看，有 $L1_2$（fcc）、$D0_{19}$、C23、$B8_2$ 以及 C15 型结构。机械合金化等其他固相反应法与晶体的结构关系没有太大关系，这一点与氢气吸收非晶态化有很大的不同。其原因是氢原子要占住晶体中的特殊位置，使非晶态在热力学上稳定，在动力学上进行容易。

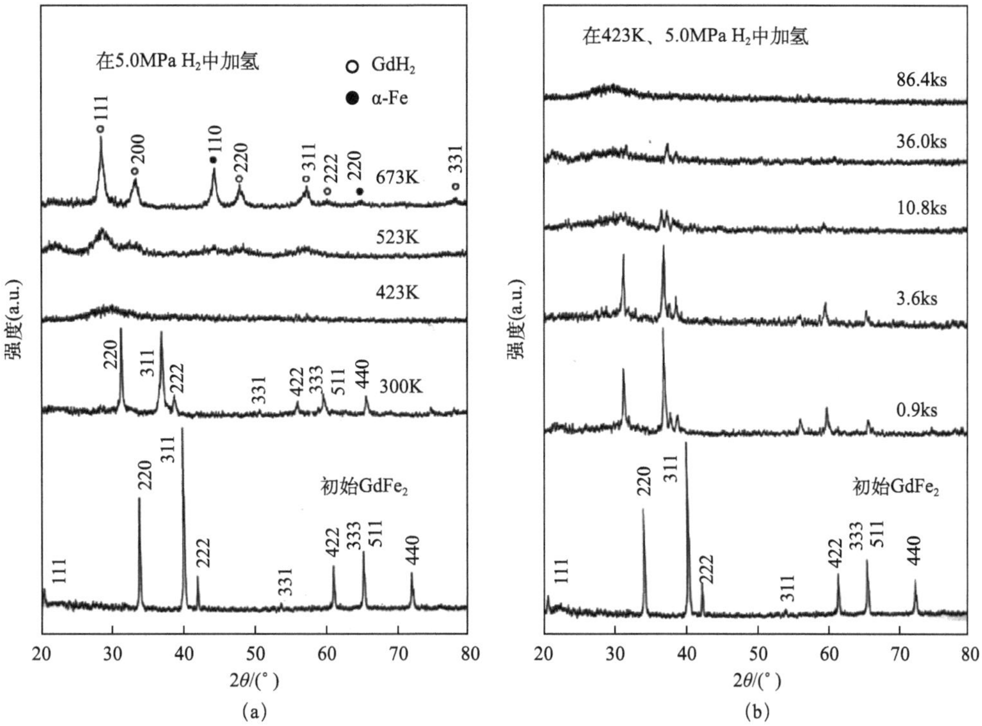

图 12-78 $GdFe_2$ 在不同条件下的吸氢的结构变化

(a) 在 5MPa 的氢气中在不同温度下保持不同时间后的 XRD;

(b) 在 5MPa 的氢气中在 423K 温度下保持不同时间后的 XRD

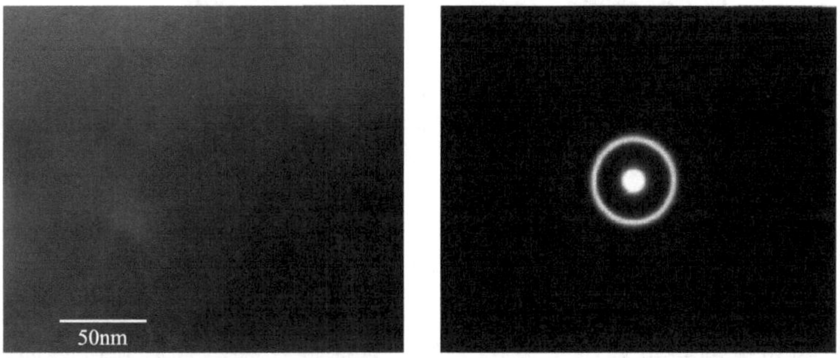

图 12-79 在 423K 下充氢后的 $GdFe_2$ 的 TEM 的组织和电子衍射结果

表12-10 氢致非晶化的金属间化合物的种类和晶体结构

组成	晶体结构	金属间化合物
A_3B	$L1_2$ (fcc)	Zr_3In、Zr_3Al、Zr_3Rh、R_3In (R= Ce、Pr、Nd、Sm)
	$D0_{19}$	R_3Ga (R= La、Pr、Nd、Sm)、R_3Al (R= La、Pr、Nd、Sm)、Ti_3Ga、Ti_3In、(Ti_2Zr) Al、(Ti_2Hf) Al
A_2B	C23	R_2Al (R= Y、Pr、Nd、Sm、Gd、Tb、Dy、Ho)
	$B8_2$	R_2In (R= La、Ce、Nd、Sm、Gd、Tb、Dy、Ho、Er)、Zr_2Al
AB		CeAl

续表

组成	晶体结构	金属间化合物
AB_2	C15	RFe_2（R= Y、Ce、Sm、Gd、Tb、Dy、Ho、Er）、RCo_2（R= Y、Ce、Pr、Nd、Sm、Gd、Tb、Dy、Ho、Er）、RNi_2（R= Y、La、Ce、Pr、Nd、Sm、Gd、Tb、Dy、Ho、Er）

12.9.4 氢致歧化和 HDDR

（1）氢致歧化

金属吸收氢气引起晶格常数变化、相分解、晶粒细化、微孔形成，甚至粉化等现象，称为氢致歧化，如 ZrCo 合金在高温高氢压或多次循环吸放氢条件下，会发生 $2ZrCo+H_2 \longrightarrow ZrCo_2+ZrH_2$ 相分解[141,142]。氢爆（hydrogen decrepitation，HD）是氢气吸收引起的微粉化现象，也是氢致歧化最严重的一种。合金吸收氢气时伴随体积膨胀，从而导致裂纹形成，并沿着晶界和晶粒内扩散，从而引起微粉化。

HD 有时是有害的，如导致储氢材料以及镍氢电池电极材料的寿命下降，需要有效抑制，但有时也是可以利用的，如用来制备难以粉碎的块状体得到微粉，而且具有易破碎、防止氧化、颗粒均匀、成分低等优点。Nb_3Al 既是一种超高温材料，也是一种重要的超导材料，都是经过粉体加工的方法制备。图 12-80 是 Nb_3Al 金属吸氢前后的照片，氢气吸收引起了显著的氢爆[143]。

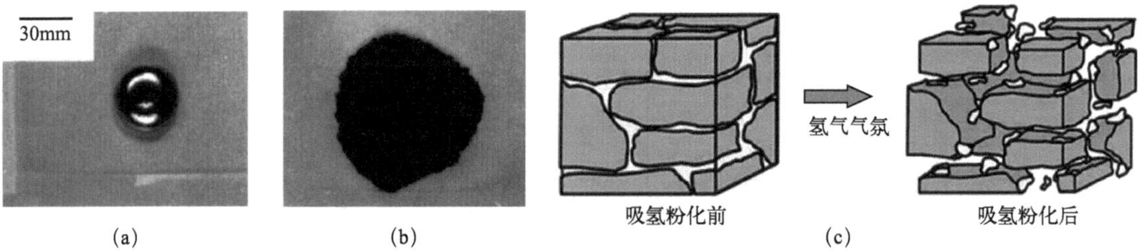

图 12-80 Nb_3Al 吸氢前后的照片［(a)，(b)］和 HD 粉化模型图（c）

钕铁硼合金的粉体制备也利用了氢爆工艺，具体操作是将具有新鲜表面的钕铁硼系合金铸锭装入不锈钢容器，抽真空到 10^{-2}Pa 以下，然后充入高纯氢气（一般为 99.99%），使氢气压力达到 1×10^5Pa，经 20～30min 后，就会听到合金锭的爆裂声，并伴随着炉内胆温度升高。实验表明，钕铁硼合金材料的氢爆现象与稀土化合物的氢化物体积膨胀有关，钕铁硼合金材料与氢反应生成氢化物后体积膨胀 2.8%～4.8%。由于钕铁硼合金材料属于脆性材料，伸长率接近零，断裂强度非常低，氢化时形成氢化物的局部区域产生体积膨胀和内应力，当内应力超过 NdFeB 合金材料的断裂强度时发生爆裂。此工艺可以将合金锭破碎为 45～355μm 的颗粒，如图 12-81 所示。氢爆工艺结合气流磨，将速凝铸片破碎成粉，之后进行取向成型和烧结致密化过程是目前永磁材料制备的一种方法[144,145]。

（2）HDDR

氢化-歧化-脱氢-再复合［hydrogenation disproportionation（or decomposition）desorption recombination，HDDR］现象是化合物在吸氢和放氢过程中引起的组织微细化现象。HDDR 被广泛应用在稀土永磁材料、镍氢电池电极材料的制备中。

(a) Ni包覆磁性NdFeB测试前 (b) 3MPa、25℃、24h后形貌 (c) 3MPa、25℃、72h后形貌

图 12-81 钕铁硼系合金的 HD 现象[145]

Nd-Fe-B 系永磁体是目前最强的永磁体，是计算机、通信设备、航空航天、交通运输（汽车）、办公自动化、家电等现代科学技术领域重要的功能材料。Nd-Fe-B 材料是已经产业化生产的磁性能最高、应用最广、发展最快的新一代永磁体材料，市场对高性能 Nd-Fe-B 材料的需求越来越大。图 12-82 是经过不锈钢和塑料封装后的 Nd-Fe-B 永磁体。

(a) 不锈钢封装产品 (b) 塑料封装产品

图 12-82 Nd-Fe-B 永磁体产品

Nd-Fe-B 永磁体的制备方法分为烧结与黏结两种，其中各向异性黏结磁体的磁能积从理论上来说是相应的各向同性磁体磁能积的 4 倍，不仅具有更大的磁性能潜力，而且结合了黏结磁体低成本、大形状自由度等优势，符合近终形尺寸的加工方向，近年来得到了很快的发展。黏结磁体用的 $Nd_2Fe_{14}B$ 合金粉体通过机械粉碎的方法获得，随着粉体的尺寸变小，其矫顽力也有变小的趋势，不利于使用。1989 年，Takeshita 等在 HD 法的基础上，成功发明了 HDDR 工艺以制备高矫顽力各向异性磁粉，其主要包括氢化（hydrogenation）、歧化（disproportionation）、脱氢（desorption）及再复合（recombination）4 个步骤，可以形成晶粒大小在亚微米级的 $Nd_2Fe_{14}B$ 相，从而显著地提高磁粉的矫顽力。经过近 20 年的发展，HDDR 工艺已经成了金属液体快淬方法以外的唯一一种制备高性能各向异性 $Nd_2Fe_{14}B$ 磁粉的最有效、最经济的方法。

HDDR 法制备 Nd-Fe-B 系微粉的过程如图 12-83 所示。基本过程可以描述为：Nd-Fe-B 合金在 650～900℃和 0.1MPa 的 H_2 气氛中保温 1～3h，富钕相和粗大的 $Nd_2Fe_{14}B$ 母相（晶粒尺寸约为 0.1mm）吸氢，$Nd_2Fe_{14}B$ 歧化分解成细小的歧化产物 Fe_2B、α-Fe 和 NdH_{2+x} 的混合物（晶粒尺寸约为 100～300nm），然后在相同的温度范围内，降低氢压使 NdH_{2+x} 脱氢，并和 Fe_2B、α-Fe 相再结合成细小晶粒的 $Nd_2Fe_{14}B$ 相（晶粒大小为 300nm）。此过程可以用以下 3 式表示：

加氢过程中：

$$Nd + H_2 \longrightarrow NdH_{2+x} \tag{12-72}$$

$$Nd_2Fe_{14}B + H_2 \longrightarrow Fe_2B + \alpha\text{-}Fe + NdH_{2+x} \tag{12-73}$$

减压过程中：

$$Fe_2B + \alpha\text{-}Fe + NdH_2 + x \longrightarrow Nd_2Fe_{14}B \tag{12-74}$$

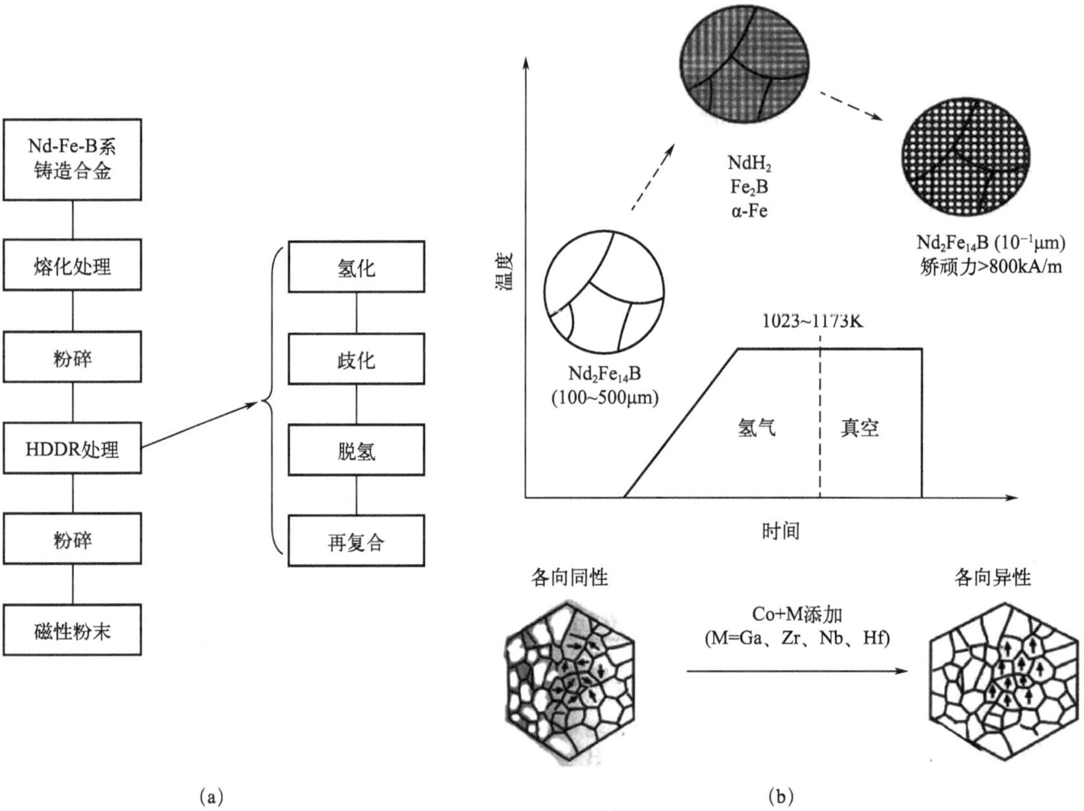

图 12-83 HDDR 制备 Nd-Fe-B 系微粉的过程和反应（a）以及结晶晶粒微细化示意图（b）

钕铁硼烧结磁体矫顽力的温度系数较大，为了在 200℃左右的高温下还能使用，需要在室温下具有较高的矫顽力（$\mu_0 H_c$ 约 3.0T）。Dy 的添加可以提高 Nd-Fe-B 烧结磁体的矫顽力，但却降低了其饱和磁化强度，也提高了其价格。因此，必须在不降低矫顽力的情况下降低 Dy 含量，减小 $Nd_2Fe_{14}B$ 相的晶粒被视为一个有效的方法[146]。

利用 N_2 的喷射研磨，可以将 Nd-Fe-B 粉末尺寸细化，但是极限是 3μm。Une 和 Sagawa 通过对带铸（strip-casted，SC）Nd-Fe-B 合金进行 He 喷射研磨，将喷射研磨粉末的平均粒度降低至约 1.1μm。使用这些 He 喷射研磨粉末，在不添加 Dy 的情况下，在晶粒细化的 Nd-Fe-B 烧结磁体中获得了 2.0T 的高矫顽力。为了进一步减小 Nd-Fe-B 烧结磁体中的晶粒尺寸，Nakamura 等研究了用 HDDR、氢爆和 He 喷射研磨相结合的方法制备 Nd-Fe-B 烧结磁体的超细喷射研磨粉末。

图 12-84 显示了 HDDR 过程的示意图。起始材料为 SC 后的 Nd-Fe-B 合金，其元素组成为 Nd11.9Pr2.2Febal.B5.7Al0.5Cu0.1Co1.1（Febal 表示剩余的为 Fe）。制备过程包括：a. 薄带连铸制备 Nd-Fe-B 合金碎片粉；b. 在室温下通过氢爆裂工艺将 SC 合金粉碎成粗粉

末；c. 在 HD 工艺中，Nd-Fe-B 粗粉末在 H_2 气氛下于 900℃下加热 60min；d. HDDR 工艺中，将粉末在 Ar 气氛下于 800℃下退火 10min，随后在真空（5Pa）中保持 60min；e. 将粉末在 H_2 中于 200℃下热处理 5h 以进行氢气爆裂；f. 并通过使用 He 气磨将其粉碎成超细粉末。

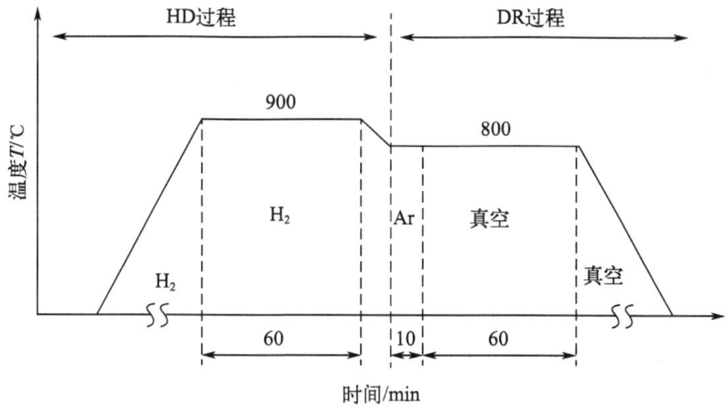

图 12-84 HDDR 处理过程图

图 12-85 显示了 SC、HD 和 HDDR 处理的合金的 XRD 图谱。SC 合金的大多数 XRD 峰对应于 $Nd_2Fe_{14}B$ 相。在 HD 处理的合金中，观察到 NdH_2、α-Fe 和 Fe_2B 相的 XRD 峰，这表明该样品中发生了歧化反应。然而，在 HDDR 合金的 XRD 图谱中，仅观察到 $Nd_2Fe_{14}B$ 相的峰，没有观察到对应于 NdH_2、α-Fe 或 Fe_2B 相的峰。

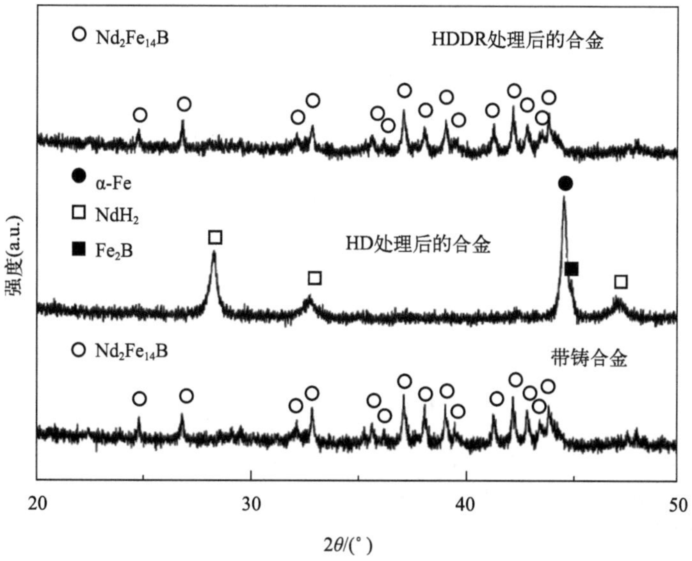

图 12-85 SC、HD 和 HDDR 处理的合金的 XRD

图 12-86 显示了 SC 合金（a）、HD 合金（b）、喷射研磨的 HDDR 合金（c）和喷射研磨的 SC 合金（d）的电镜照片。SC 合金的喷射研磨粉末的 d_{10} 和 d_{90} 值分别为 0.64μm 和 1.64μm，HDDR 合金的喷射研磨粉末的 d_{10} 和 d_{90} 值分别为 0.22μm 和 0.51μm，平均粉末尺寸为 0.33μm，远小于由 SC+He 喷射研磨制备的粉末尺寸。而且，HDDR 合金的喷射研

磨粉末的表面也比 SC 合金粉末的更光滑。

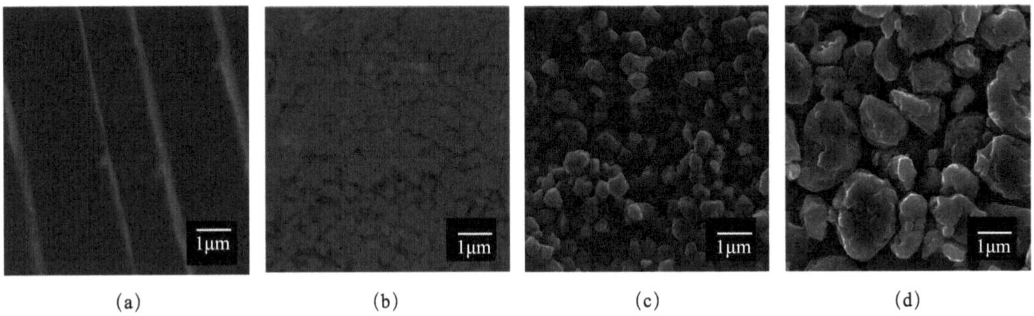

图 12-86 SC 的 Nd-Fe-B 合金（a）、HD 的 Nd-Fe-B 合金（b）、HDDR+ 喷射研磨的合金（c）和 SC+ 喷射研磨的合金（d）的电镜照片

图 12-87 显示了 SC 和 HDDR 合金的退磁曲线。实线和虚线分别对应于 HDDR 和 SC 合金。SC 和 HDDR 合金的饱和磁化强度（$\mu_0 M_s$）值几乎相同。然而，HDDR 合金的矫顽力为 1.32T（$\mu_0 H_c$），高于 SC 合金的 0.10T，用 HDDR 合金粉做成的永磁体可以获得更好的磁学性能。

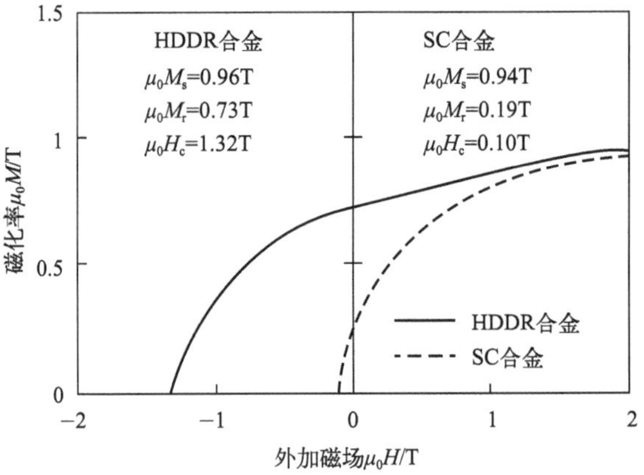

图 12-87 SC 和 HDDR 合金的退磁曲线

参 考 文 献

[1] Vogl V, Max Åhman M, Nilsson L J. The making of green steel in the EU: A policyevaluation for the early commercialization phase [J]. Climate Policy, 2021, 21 (1): 78-92.

[2] Ghenda J T. A steel roadmap for a low carbon europe 2050 [M]. Paris : The European Steel Association, 2013.

[3] 李星国. 氢与氢能 [M]. 北京: 科学出版社, 2022.

[4] 山口良祐. COURSE50 環境調和型製鉄プロセス技術開発: 鉄鉱石還元への水素活用技術開発 [J]. 水素エネルギーシステム, 2012, 37 (1): 63-66.

[5] 林昭二, 超臨界水, 製鉄スラッジ. 転炉スラグ間反応による水素系ガス製造と製鉄発生物の再資源化技術 [J]. 高温学会誌, 2007, 33 (4): 187-192.

[6] Habashi F. Handbook of extractive metallurgy [M]. volII Weinheim: Germany, 1997.

[7] Pasquale Cavaliere. Hydrogen assisted direct reduction of iron oxides [M]. Gewerbestrasse: Switzerland, 2022.

[8] Conejo A N, Birat J P, Dutta A. A review of the current environmental challenges of the steel industry and its value

chain [J]. Journal of environmental management，2020，259：109782.

[9] Valentin Vogl，Max Åhman，Lars J Nilsson. Assessment of hydrogen direct reduction for fossil-free steelmaking [J]. Journal of cleaner production，2018，203：736-745.

[10] Hydrogen Council. Hydrogen，scaling up [R]. 2019.

[11] Martin Pei，Markus Petäjäniemi，Andreas Regnell，et al. Toward a fossil free future with HYBRIT：Development of iron and steelmaking technology in sweden and finland [J]. Metals，2020 (10)：972.

[12] HYBRIT-fossil free steel. Summary of findings from HYBRIT pre-feasibility study 2016-HYBRIT development AB [R]. 2018.

[13] Muller N，Herz G，Reichelt E. CO_2 emission reduction potential in the steel industry integration of a direct reduction process into existing steel mills. In：Challenges for petrochemicals and fuels [C]. Integration of value chains and energy transition DGMK conference，Berlin，Germany，2018，1：1-12.

[14] 气基直接还原铁工艺 [N]. http：//www. bmmsteel. com/node/6276.

[15] 王新东，赵志龙，李传民，等. 基于富氢焦炉煤气零重整的氢冶金工程技术 [J]. 钢铁，2023，58 (5)：11-19.

[16] Brent A，Peter M Mayfield，Thomas A Honeyands. Fluidised bed production of high quality hot briquetted iron for steelmaking [J]. publication at：https：//www. researchgate. net/publication/318031825.

[17] SAHUT-CONRE. 热铁粉压块铁 (HCI) [EB/OL]. https：//sahutconreur. com/en/equipment-briquetting-hci. html.

[18] 鲁雄刚，张玉文，祝凯，等. 氢冶金的发展历程与关键问题 [J]. 自然杂志，2022，4 (4)：251-266.

[19] Augusto K S，Paciornik S. Porosity characterization of iron ore pellets by X-ray microtomography [J]. Materials research，2018，21 (2)：e20170621.

[20] 林圣华. 氢能在钢铁冶金中的应用及发展趋势研究 [J]. 中国煤炭，2022，48 (10)：95-102.

[21] 有山達郎. 鉄鋼における二酸化炭素削減長期目標達成に向けた技術展望 [J]. 鉄と鋼，2019，105 (6)：567-586.

[22] 大山伸幸，岩見友司，渡辺芳典碑. 水素系気体燃料を活用した鉄鉱石焼結プロセスの開発 [J]. まてりあ，2011，50 (2)：70-72.

[23] 搜狐新闻. 氢能炼钢：技术、经验与前景 [EB/OL]. https：//www. sohu. com/a/477874259_120157024，2021-07-16.

[24] 饶文涛，魏炜，蔡方伟，等. 零碳冶金工艺能源供应及用能技术及装备发展 [J]. 上海节能，2022，11：1437-1446.

[25] Ali Reza Kamali. Clean production and utilisation of hydrogen in molten salts [J]. RCS advance，2020，10：36020.

[26] Chen Z Y，Dang J，Hu X J，et al. Reduction kinetics of hematite powder in hydrogen atmosphere at moderate temperatures [J]. Metals，2018，8 (10)：751.

[27] Pineau A，Kanari N，Gaballah I. Kinetics of reduction of iron oxides by H_2. Part Ⅰ：Low temperature reduction of hematite [J]. Themochim acta，2006，447 (1)：89-100.

[28] Gavarri J R，Carel C. The complex nonstoichiometry of wüstite $Fe_{1-z}O$：Review and comments [J]. Progress in solid state chemistry，2019，53：27-49.

[29] Kruger A，Andersson J，Gronkvist S，et al. Integration of water electrolysis for fossilfree steel production [J]. International journal of hydrogen energy，2020，45：29966-29977.

[30] Se-Ho Ki，Zhang X，Ma Y，et al. Influence of microstructure and atomic-scale chemistry on the direct reduction of iron ore with hydrogen at 700℃ [J]. Acta Materialia，2021，212：116933.

[31] Barde A A，Klausner J F，Mei R. Solid state reaction kinetics of iron oxide reduction using hydrogen as a reducing agent [J]. International journal of hydrogen energy，2016，41：10103-10119.

[32] 权芳民，王明华. 铁矿石煤基氢冶金还原技术的研究 [J]. 甘肃冶金，2021，43 (3)：27-30.

[33] Fabrice Patisson，Olivier Mirgaux. Hydrogen ironmaking：How it works [J]. Metals，2020，10：922-914.

[34] Zare Ghadi A，Valipour M S，Vahedi S M，et al. A review on the modeling of gaseous reduction of iron oxide pellets [J]. Steel research international，2020，91：1900270.

[35] Sohn H Y. The law of additive reaction times in fluid-solid reactions [J]. Metallurgical Transactions，1978，9B：89-96.

[36] Towhidi N，Szekely J. Reduction kinetics of commercial low-silica hematite pellets with CO-H_2 mixtures over temperatures range 600～1234℃ [J]. Ironmaking & Steelmaking，1981，6：237-249.

[37] Bonalde A，Henriquez A，Manrique M. Kinetic analysis of the iron oxide reduction using hydrogen-carbon monoxide

mixtures as reducing agent [J]. Isij International, 2005, 45: 155-1260.

[38] Hamadeh H. Modélisation mathématique détaillée du procédé de réduction directe du minerai de fer [D]. Nancy: Université de Lorraine, 2017.

[39] Raymond L, Leiv K. Iron ore reduction with CO and H_2 gas mixtures—thermodynamic and kinetic modelling [J]. In: Proceedings of the fourth Ulcos seminar, 2008.

[40] Gransden J F, Sheasby J S, Bergougnou M A. Defluidization of iron ore during reduction by hydrogen in a fluidized bed [J]. Chemical engineering progress, 1970, 66: 208-214.

[41] Rukini M A A, Rhamdhani G A, Brooks A, et al. Metals production and metal oxides reduction using hydrogen: A review [J]. Journal of Sustainable Metallurgy, 2022, 8: 1-24.

[42] Sabat K C, Murphy A B. Hydrogen plasma processing of iron ore [J]. Metallurgical and materials transactions b, 2017, 48: 1561-1594.

[43] Murphy A B, Tam E. Thermodynamic properties and transport coefficients of arc lamp plasmas: Argon, krypton and xenon [J]. Journal of physics d-applied physics, 2014, 47 (29): 295202.

[44] Seftejani M N, Schenk J, Zarl M A. Reduction of haematite using hydrogen thermal plasma [J]. Materials, 2019, 12: 1608.

[45] Filho Souza I R, Ma Y, Kulse M, et al. Sustainable steel through hydrogen plasma reduction of iron ore: Process, kinetics, microstructure, chemistry [J]. Acta Materialia, 2021, 213: 116971.

[46] Murphy A B. Transport coefficients of plasmas in mixtures of nitrogen and hydrogen [J]. Chemical physics, 2012, 398: 64-72.

[47] IEA. The future of hydrogen [R]. 2019.

[48] Luidold S, Antrekowistch H. Hydrogen as a reducing agent: State-of-the-art science and technology [J]. Journal of metals, 2007, 59: 20-26.

[49] Zhang Y, Ding W, Guo S, et al. Reduction of metal oxide in nonequilibrium hydrogen plasma [J]. China Nonferrous Metal, 2004, 14: 317-321.

[50] Behera P R, Bhoi B, Paramguru R K, et al. Hydrogen plasma smelting reduction of Fe_2O_3 [J]. Metallurgical and materials transactions B, 2019, 50: 262-270.

[51] Buergler T, Prammer J. Hydrogen steelmaking: Technology options and R&D projects [J]. Berg huettenmaenn monatsh, 2019, 164 (11): 447-451.

[52] P. Rajput K C, Sabat R K, Paramguru B, et al. Direct reduction of iron in low temperature hydrogen plasma [J]. Ironmaking and steelmaking, 2014, 41 (10): 721-731.

[53] Rajput P, Bhoi B, Sahoo S, et al. Preliminary investigation into direct reduction of iron in low temperature hydrogen plasma [J]. Ironmaking and steelmaking, 2013, 40 (1): 61-68.

[54] Hassouni K, Gicquel A, Capitelli M, et al. Chemical kinetics and energy transfer in moderate pressure H_2 plasma used in diamond MPACVD processes [J]. Plasma sources science & technology, 1999, 8: 494-512.

[55] Hassouni K, Grotjohn T A, Gicquel A. Self-consistent microwave field and plasma discharge simulations for a moderate pressure hydrogen discharge reactor [J]. Journal of applied physics, 1999, 86 (1): 134-151.

[56] Chen C K, Wei T C, Collins L R, et al. Modelling the discharge region of a microwave generated hydrogen plasma [J]. Journal of physics D, 1999, 32D: 688-698.

[57] Hassouni K, Leroy O, Farhat S, et al. Modeling of H_2 and H_2/CH_4 moderate pressure microwave plasma used for diamond deposition [J]. Plasma chemistry and plasma processing, 1998, 18 (3): 325-362.

[58] Vankan P, Schram D C, Engeln R. High rotational excitation of molecular hydrogen in plasmas [J]. Chemical physics petters, 2004, 400: 196-200.

[59] Hassouni K, Capitelli M, Esposito F, et al. State to state dissociation constants and non-equilibrium vibrational distributions under microwave hydrogen plasmas [J]. Chemical physics letters, 2001, 340: 322-327.

[60] Mankelevich Y A, Ashfold M N R, Ma J. Plasma-chemical processes in microwave plasma-enhanced chemical vapour deposition reactors operating with C/H/Ar gas mixtures [J]. Journal of applied physics, 2008, 104: 113304.

[61] Wilken T R, Morcom W R, Wert C A. Reduction of tungsten oxide to tungsten metal [J]. Metallurgical and materials transactions, 1976, 7: 589-597.

[62] Xi Y, Zhang Q, Cheng H. Mechanism of hydrogen spillover on WO_3 (001) and formation of H_xWO_3 ($x=$ 0.125, 0.25, 0.375, and 0.5) [J]. The journal of physical chemistry C, 2014, 118: 494-501.

[63] Charlton M G. Hydrogen reduction of tungsten trioxide [J]. Nature, 1952, 169: 109-110.

[64] Charlton M D. Hydrogen reduction of tungsten oxides [J]. Nature, 1954, 174: 703.
[65] Mannella G, Hougen J O. β-tungsten as a product of oxide reduction [J]. Journal of physical chemistry letters, 1956, 60 (8): 1148-1149.
[66] Grifis R C. Equilibrium reduction of tungsten dioxide by hydrogen [J]. Journal of the electrochemical society, 1958, 105: 398.
[67] Haubner R, Schubert W D, Lassner E, et al. Mechanism of Technical reduction of tungsten: part 1 [J]. International Journal of Refractory Metals & Hard Materials, 1983, 2 (3): 108-115.
[68] Haubner R, Schubert W D, Lassner E, et al. Mechanism of technical reduction of tungsten: part 2 [J]. International Journal of Refractory Metals & Hard Materials, 1983, 2 (4): 156.
[69] Sutulov A, Wang C T. Encyclopedia Britannica [M]. Edinburgh: grolier incorporated, 2018.
[70] Hawkins D T, Worrel W L. Hydrogen reduction of MoO_3 at temperatures between 300and 450℃ [J]. Metallurgical Transactions, 1970, 1: 270-272.
[71] Dang J, Zhang G H, Chou K C. Phase transition and morphology evolutions during hydrogen reduction of MoO_3 To MoO_2 [J]. High Temperature Materials and Processes, 2014, 33 (4): 305-312.
[72] Lalik E, David W I F, Barnes P, et al. Mechanism of reduction of MoO_3 to MoO_2 reconciled [J]. Journal of Physical Chemistry B, 2001, 105: 9153-9156.
[73] Ressler T, Jentoft R E, Wienold J, et al. In situ XAS and XRD studies on the formation of Mo suboxides during reduction of MoO_3 [J]. Journal of Physical Chemistry B, 2000, 104: 6360-6370.
[74] Sloczynski J. Kinetics and mechanism of molybdenum (Ⅳ) oxide reduction [J]. Journal of Solid State Chemistry, 1995, 118: 84-92.
[75] Schulmeyer W V, Ortner H M. Mechanisms of the hydrogen reduction of molybdenum oxides [J]. International Journal of Refractory Metals & Hard Materials, 2002, 20: 261-269.
[76] Latif M N, Samsuri A, Wahab M, et al. Reduction of molybdenum trioxide by using hydrogen [J]. Materials Science Forum, 2017, 888: 404-408.
[77] Kennedy M J, Bevan S C. A kinetic study of the reduction of molybdenum trioxide by hydrogen [J]. Journal of the Less Common Metals, 1974, 36: 23-30.
[78] Majumdar S, Sharma I G, Samajdar I, et al. Kinetic studies on hydrogen reduction of MoO_3 and morphological analysis of reduced Mo powder [J]. Metallurgical and Materials Transactions B, 2008, 39: 431-438.
[79] Kim B S, Kim E, Jeon H S, et al. Study of the reduction of molybdenum dioxide by hydrogen [J]. Mater Trans, 2008, 49: 2147-2152.
[80] Nickel Institute. The life on Ni [R]. 2016.
[81] Parravano G. The reduction of nickel oxide by hydrogen [J]. Journal of the American Chemical Society, 1952, 74: 1194-1199.
[82] Hidayat T, Rhamdhani M A, Jak E, et al. Investigation of nickel product structures developed during the gaseous reduction of solid nickel oxide [J]. Metallurgical and Materials Transactions B, 2009, 40: 462-473.
[83] Hidayat T, Rhamdhani M A, Jak E, et al. The kinetics of reduction of dense synthetic nickel oxide in H_2-N_2 atmosphere [J]. Metallurgical and Materials Transactions B, 2009, 40: 1-16.
[84] Jeangros J, Hansen T W, Wagner J B, et al. Reduction of nickel oxide particles by hydrogen studied in an environmental TEM [J]. Journal of Materials Science, 2012, 48: 2893-2907.
[85] Manukyan K V, Avestiyan A G, Shuck C E, et al. Nickel oxide reduction by hydrogen: Kinetics and structural transformation [J]. J Phys Chem C, 2015, 119: 16131-16138.
[86] Bolivar C, Charcosset R, Frety R, et al. Platinum-rhenium/alumina catalyst: Ⅰ. Investigation of reduction by hydrogen [J]. Journal of Catalysis, 1975, 39 (2): 249-259.
[87] Bai M, Liu Z H, Zhou L J, et al. Preparation of ultrafine rhenium powders by CVD hydrogen reduction [J]. Transactions of Nonferrous Metals Society of China, 2013, 23: 538-542.
[88] VReduction of native oxide at germanium interface using hydrogen-based plasma: US6946368Bl [P]. 2005-9-29.
[89] Leeler H, Fang Z Z, Zhang Y, et al. Mechanisms of hydrogen-assisted magnesiothermic reduction of TiO_2 [J]. Metallurgical and Materials Transaction B, 2018, 49B (12): 2998-3006.
[90] Gambogi J, Gerdemann S J. Titanium metal: Extraction to application [J]. TMS Annual Meeting San Diego, 1999.
[91] US Patent 2, 205, 854: 1940.
[92] Fray D J. Novel methods for the production of titanium [J]. International Materials Reviews, 2008, 53: 317-325.

[93] Fang Z Z, Paramore J D, Sun P, et al. Powder metallurgy of titanium- past, present, and future [J]. International Materials Reviews, 2018, 63 (7): 407-459.

[94] Kraft E H. Summary of emerging titanium cost reduction technologies [R] . EHK Technologies for DOE/ORNL, Van couver, WA, 2004.

[95] Chen G Z, Fray D J, Farthing T W. Direct electrochemical reduction of titanium dioxide to titanium in molten calcium chloride [J]. Letter Nature, 2000, 407: 361-364.

[96] Hu D, Dolganov A, Ma M, et al. Development of the fray-farthing-chen cambridge process: Towards the sustainable production of titanium and its alloys [J]. Journal of Metals, 2018, 70: 129-137.

[97] Mellor L I, Grainger R, Kartik J, et al. 4-Titanium powder production via the metalysis process [J]. Titanium Powder Metallurg, 2015: 51-67.

[98] Froes F H. A historical perspective of titanium Powder Metallurgy [J]. Titanium Powder Metallurgy, 2015: 1-19.

[99] Froes F H. The production of low-cost titanium powders [J]. Journal of Metals, 1998, 9: 41-43.

[100] Waldner P, Eriksson G. Calphad-computer coupling of phase diagrams and thermochemistry [J]. Calphad, 1999, 23: 189-218.

[101] Choi K, Choi H, Sohn I. Understanding the magnesiothermic reduction mechanism of TiO_2 to produce Ti [J]. Metallurgical and Materials Transactions B, 2017, 48B: 922-932.

[102] Zhang Z Z, Fang P, Sun T, et al. Thermodynamic destabilization of Ti—O solid solution by H_2 and deoxygenation of Ti using Mg [J]. J Am Chem Soc, 2016, 138 : 6916-6919.

[103] Zhang Y, Fang Z Z, Xia Y, et al. Hydrogen assisted magnesiothermic reduction of TiO_2 [J]. Chemical Engineering Journal, 2017, 308: 299-310.

[104] B299-13-2015 Standard specification for titanium Sponge.

[105] Zhang Y, Fang Z Z, Sun P, et al. Kinetically enhanced metallothermic redox of TiO_2 by Mg in molten salt [J]. Chemical Engineering Journal, 2017, 327: 169-182.

[106] Xia Y, Fang Z Z, Zhang Y, et al. Hydrogen assisted magnesiothermic reduction (HAMR) of commercial TiO_2 to produce titanium powder with controlled morphology and particle size [J]. Materials Transactions, 2016, 58: 355-360.

[107] Zhang Y Y, Fang Z Z, Sun Y P, et al. Hydrogen assisted magnesiothermic reduction of TiO_2 [J]. Metallurgical and Materials Transactions B, 2018, 49: 2998-3006.

[108] Sabat K C, Paramguru R K, Mishra B K. Reduction of copper oxide by low-temperature hydrogen plasma [J]. Plasma Chemistry and Plasma Processing, 2016, 36: 1111-1124.

[109] Vesel A, Mozetic M, Balat-Pichelin M. Reduction of a thin chromium oxide film on Inconel surface upon treatment with hydrogen plasma [J]. Applied Surface Science, 2016, 387: 1140-1146.

[110] Fridman A. Plasma chemistry [D]. Cambridge : Cambridge University, 2008.

[111] Badr K, Back E, Krieger W. Reduction of iron ore by a mixture of Ar-H_2 with CO and CO_2 under plasma application [J] . In: Proceedings of the 18th International Symposium of Plasma Chemistry, Kyoto, 2007: 26-31.

[112] Zhang Y, Ding W, Lu X, et al. Reduction of TiO_2 with hydrogen cold plasma in DC pulsed glow discharge [J]. Ransactions of Nonferrous Metals Society of China, 2005, 3: 594-599.

[113] Palmer R A, Doan T M, Lloyd P G, et al. Reduction of TiO_2 with hydrogen plasma [J]. Plasma Chemistry and Plasma Processing, 2002, 22: 335-350.

[114] Kitamura T, Shibata K, Koichi T. In-flight reduction of Fe_2O_3, Cr_2O_3, TiO_2 and Al_2O_3 by Ar-H_2 and Ar-CH_4 plasma [J]. Isij International, 1993, 33: 1150-1158.

[115] Huczko A, Meubus P. Vapor phase reduction of chromic oxide in an Ar-H_2 Rf plasma [J]. Metallurgical and Materials Transactions B, 1988, 19: 927-934.

[116] Kamiya K, Kitahara N, Morinaka I, et al. Reduction of molten iron oxide and FeO bearing slags by H_2-Ar plasma [J]. Transactions of the Iron and Steel Institute of Japan, 1984, 24: 7-16.

[117] Nakamura Y, Ito M, Ishikawa H. Reduction and dephosporization of molten iron oxide with hydrogen-argon plasma [J]. Plasma Chemistry and Plasma Processing, 1981, 1: 149-160.

[118] Method of reducing ores: US4002466A [P]. 1977-01-11.

[119] Bolotov A V, Isikov V S, Filkov M N. In: Plasma processes in metallurgy and technology of inorganic materials [J]. A. A. Baikov Institute of Metallurgy of USSR Academy of Sciences, Nauka (Science), Moscow, 1976.

[120] Stokes C S. Reactions under plasma conditions [J]. vol 2. Wiley, New York, 1971: 259.

[121] Plasma reduction of titanium dioxide: US3429691A [P] . 1969-2-25.

[122] Bergh A A. Atomic hydrogen as a reducing agent [J]. Bell System Technical Journal, 1965, 44 (2): 261-271.

[123] Stokes C S. Plasma jet chemistry [R]. Air force office of scientific research, 1964.

[124] Tanaka H. Potential for CO_2 emissions reduction in Midrex direct reduction process [R]. Kobelco, 2013.

[125] 一般社团法人日本鉄鋼連盟. 日本 COURSE50 国家项目, 2008.

[126] 日本製鉄株式会社. 高炉還元製鉄における水素を活用したCO_2排出削減技術の開発 [EB/OL]. https://www.challenge-zero.jp/jp/casestudy/218.

[127] 山中久仁昭. 中国勢を引き離せ! 脱炭素への有力な切り札水素還元製鉄 [N]. 日刊工業新聞, 2021-01-04. https://newswitch.jp/p/25316.

[128] 魏侦凯, 郭瑞, 谢全安. 日本环保炼铁工艺 COURSE50 新技术 [J]. 华北理工大学学报 (自然科学版), 2018, 40 (3): 26-30.

[129] Kenichi Higuchi, Shinroku Matsuzaki, Akihiko Shinotake, et al. Technology development for reformed-COG injection into blast furnace to decrease CO_2 emission [J]. World Steel, 2013, 13 (4): 5-9.

[130] 毛晓明. 宝钢低碳冶炼技术路线 [C] //中国金属学会. 第十二届中国钢铁年会炼铁与原料分会场报告. 北京: 中国金属学会, 2019.

[131] 杨天钧, 张建良, 刘征建, 等. 低碳炼铁势在必行 [J]. 炼铁, 2021, 40 (4): 1-11.

[132] 舒立杰, 林帅, 魏智才. 软磁材料退火用快速冷却氢气炉的设计 [J]. 金属热处理, 2017, 42 (8): 218-222.

[133] Applying the heat to optimze magnetic shielding [N]. https://www.mushield.com/heat-treating/.

[134] 谭兆强, 王辉. 粉末冶金钢烧结过程控制和分析 [J]. 粉末冶金工业, 2016, 26 (6): 62-66.

[135] 佟宝山. 多晶硅生产方法探讨及展望 [J]. 天津化工, 2017, 31 (3): 6-9.

[136] 贾曦, 梅艳, 邓茹. 多晶硅生产中 $SiCl_4$ 氢化工艺进展 [J]. 广州化工, 2018, 46 (8): 8-12.

[137] Li X G, Aoki K, Yanagitani A, et al. Hydrogen-induced amorphization of Ce_3Al compound with D019 structure [J]. Transactions JIM, 1988, 29: 105-108.

[138] Li X G, Aoki K, Masumoto T. Hydrogen Induced Amorphization in Zr_3Al Compound with L12 Structure [J]. Scientific Reports RITU. 1990, 35A: 84-91.

[139] Aoki K, Li X G, Yanagitani A, et al. Amorphization of RCo_2 laves phases by hydrogen absorption [J]. Transactions JIM, 1988, 29: 101-104.

[140] Aoki K, Masumot T. Hydrogen-induced amorphization of intermatallic compounds [J]. Materia Japan, 1995, 34: 126-133.

[141] Devillers M, Sirch M, Penzhorn R D. Hydrogen-induced disproportionation of the intermetallic compound ZrCo [J]. Chemistry of Materials, 1992, 4 (3): 631-639.

[142] 罗林龄, 叶小球, 张光辉, 等. $Zr_{1-x}Nb_xC$ 合金吸放氢及抗歧化性能研究 [J]. 稀有金属材料与工程, 2021, 50 (1): 172-178.

[143] Li X G, Ohsaki K, Chiba A, et al. Disintegration and powder formation of $Nb_{75}M_{25}$ (M=Al, Si, Ga, Ge and Sn) due to hydrogenation in an arc-melting chamber [J]. Journal of Materials Research, 1998, 13 (9): 2526-2532.

[144] 李羽, 朱林, 乌云. 氢爆工艺及其对钕铁硼磁体性能的影响 [J]. 包钢科技, 2017, 43 (2): 49-52.

[145] MPCO. Hydrogen embrittlement failure of NdFeB magnet [EB/OL]. https://mpcomagnetics.com/blog/hydrogen-embrittlement-failure-of-ndfeb-magnet, 2018-07-05.

[146] Nakamura M, Matsuura M. Preparation of ultrafine jet-milled powders for Nd-Fe-B sintered magnets using hydrogenation-disproportionation-desorption-recombination and hydrogen decrepitation processes [J]. Applied Physics Letters, 2013, 103: 022404.

第13章 其他与氢相关材料

13.1 生物学氢材料

氢是宇宙中最原始的元素，也是生命体中最主要的元素，对生命体有广泛的积极影响，包括生理调节、选择性氧化等。目前，氢已经初步应用于医学和农学，并由此诞生“氢气生物学”的概念[1]。

随着医学领域及农业领域对氢气与生物方面研究的不断深入，氢参与生命活动的过程及作用机理也成为各学者的研究重点。氢在生物体中的积极作用已经被大量研究证实，氢医学及氢农学等也朝着多学科交叉融合的趋势快速发展。与此同时，“氢气生物学”中氢的应用同样离不开氢载体材料。本节主要介绍与“氢气生物学”相关的氢及产氢材料。

13.1.1 生物医学

关于氢气的医疗效果的理论,可以追溯到 1975 年在美国 *Science* 杂志发表的一篇名为“*Hyperbaric hydrogen therapy: a possible treatment for cancer*”的论文[2]。作者 Dole 等将患有鳞状细胞癌的大鼠暴露在含有 97.5%氢与 2.5%氧的压力为 8atm 的高压氢气气氛中治疗后发现肿瘤有缩小的倾向。该论文虽未对机理进行深入研究，但给出了一个假说：即氢气与氢氧自由基反应，抑制过氧离子与过氧化氢反应生成羟基自由基的反应，减少羟基自由基对细胞组织的破坏。

关于氢气治疗效果的文章最为著名的是在 2007 年，日本医科大学的太田成男教授在 *Nature Medicine* 杂志发表的一篇关于氢的抗氧化性效果的文章[3]。这篇论文中提到，超氧化物、过氧自由基、过氧化氢、羟基自由基和亚硝酸盐自由基是人体内存在的活性氧(ROS)。氧化应激反应会产生一些过量的活性氧，如过氧自由基、羟基自由基等。这些过量的活性氧会导致 DNA 和脂质的损伤，从而使细胞凋亡。特别是羟基自由基对细胞膜、线粒体和不饱和脂肪酸（PUFA）都有破坏性。如图 13-1 所示[3]，吸入氢气的大鼠的大脑切片显示坏死面积更小。该论文研究还表明吸入氢气的治疗效果可与其他用于氧化应激损伤的治疗药物的效果持平甚至更优，同时还发现利用氢气治疗可以选择性地与特定氧自由基反应而不会影响其他自由基，比利用抗氧化剂治疗的副作用更小。

此后的数年中，对氢气治疗效果的研究逐渐增多，至今为止已有一千多篇论文和书籍出版。内容主要分为三大方向，分别是研究氢气的摄取和在体内释放的方法，验证氢气对各种病症的治疗效果，以及病理学研究，即阐明氢气的作用机理。

目前氢气医学的供氢途径主要有含氢气体（吸入、腹腔注射）、富氢液体（口服富氢水、注射用富氢0.9%氯化钠溶液）、氢气微泡法、可释放氢气的药物以及内源性产氢。本节主要介绍富氢液体、氢气微泡法、可释放氢气的药物及内源性产氢的相关材料和方法。

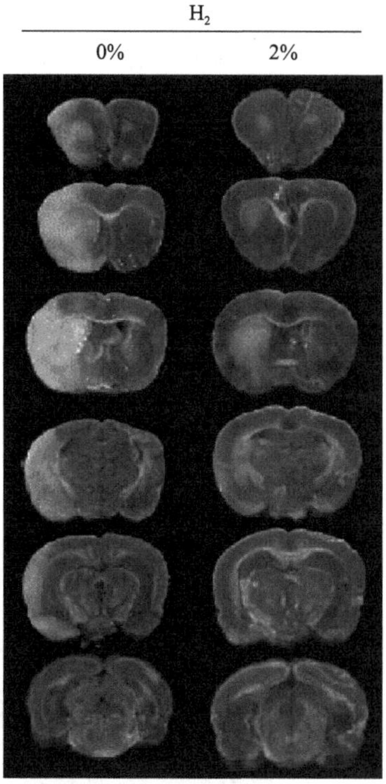

图 13-1 2%吸氢与未吸氢的大鼠脑部切片对比[3]

13.1.1.1 富氢液体

富氢液体主要包含口服富氢水及注射用富氢0.9%氯化钠溶液。目前氢水浓度经常用 ppm（10^{-6}）或 ppb（10^{-9}）来表示，但并不是标准的学术计量单位。1ppm 表示 100 万 g 水中含有 1g 氢气，1ppm＝1000ppb。1L 水在饱和状态下大约可以溶解 18mL 氢气，即饱和氢水中的氢气浓度大约为 1.6×10^{-6} 或 1600×10^{-9}。

富氢液体的制备方式类似，主要有以下三种制备方式。

① 物理溶解法　该方法采用高压氢气以及特殊工艺将高浓度的氢气溶解在水或生理盐水中并密封保存。这种方法生产的溶液中氢气浓度可达 3×10^{-6} 及以上。

② 电解法制氢　电解水是最早应用于人体的富氢水。日本劳动厚生省最早批准电解水机成为医疗设备。该方法通过电解水同时产生氢气与氧气。此方法生产的溶液中氢浓度大约为 1.6×10^{-6}。

③ 滤芯制氢　该方法是在水或者溶液中放入制氢滤芯。许多金属（Fe、Al、Mg 等）及其氢化物与水反应都可以生成氢气。Fe 和 Al 与水反应的速率过慢，而且存在一定的生物毒性，不适用于制备氢水。制氢滤芯中一般采用金属镁作为产氢材料。制氢反应式见式(13-1)。

$$Mg + 2H_2O \longrightarrow Mg(OH)_2 + H_2 \tag{13-1}$$

这种方法生产的溶液中氢浓度大约为 1.6×10^{-6}。但该方式产氢的主要问题是初始产氢效果较为理想，但使用一段时间后制氢效率会逐渐下降，需要定期更换滤芯。同时，虽然镁离子属于人体必需的元素，一般对人体没有危害性，但是如果患者患有某些特有病症从而对镁摄入有特殊需求的，需要遵医嘱谨慎使用此类氢水（例如肾功能衰竭等）。

13.1.1.2 氢气微泡法[4-8]

由上述内容可知，氢气在水中的溶解度低，而且在使用过程中除皮肤类疾病可以直接涂敷外均很难定向释放。这在一定程度上限制了其应用。载药超声微泡的靶向治疗是当前医药领域中的研究热点。超声微泡是指一类直径 1 ～ 8μm、内含气体、外部有一层膜包裹的微气泡。根据其膜材料的不同，超声微泡可以分为脂质体类、蛋白类、表面活性剂类和多聚体类四种。目前报道的氢气微泡主要是脂质体类微泡。

氢气微泡的制备原料主要有硬脂酸磷脂酰胆碱（DSPC）和二硬脂酸磷脂酰乙醇胺聚-乙

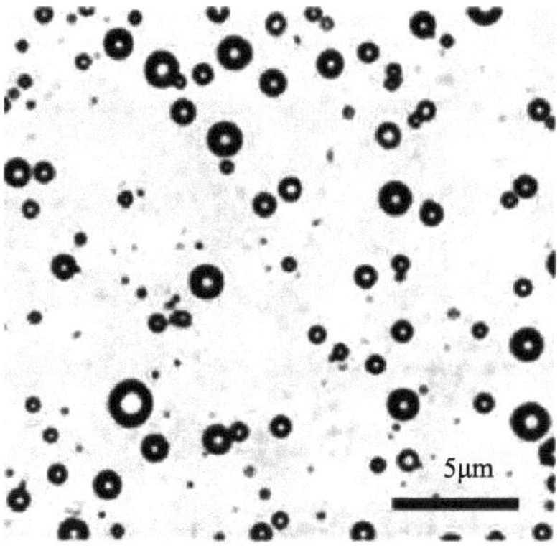

图 13-2 光学显微镜下的氢气微泡[6]

二醇（DSPE-PEG2000），同时还会用到三氯甲烷以及 Tris 缓冲溶液等。首先按照常规步骤制备纯全氟丙烷微泡（即普通微泡），然后再以一定数量的氢气置换其中的全氟丙烷，采用机械振荡法即可获得以一定比例混合的 C_3F_8/H_2 微泡，简称氢气微泡（见图 13-2）[6]。研究表明[6,8]，通过静脉注射 0.1mL 1×10^8 个微泡/mL 浓度的氢气微泡后，大鼠左心室超声造影成像结果显示，左心室室腔以及心肌组织的信号强度明显增强（见图 13-3）。

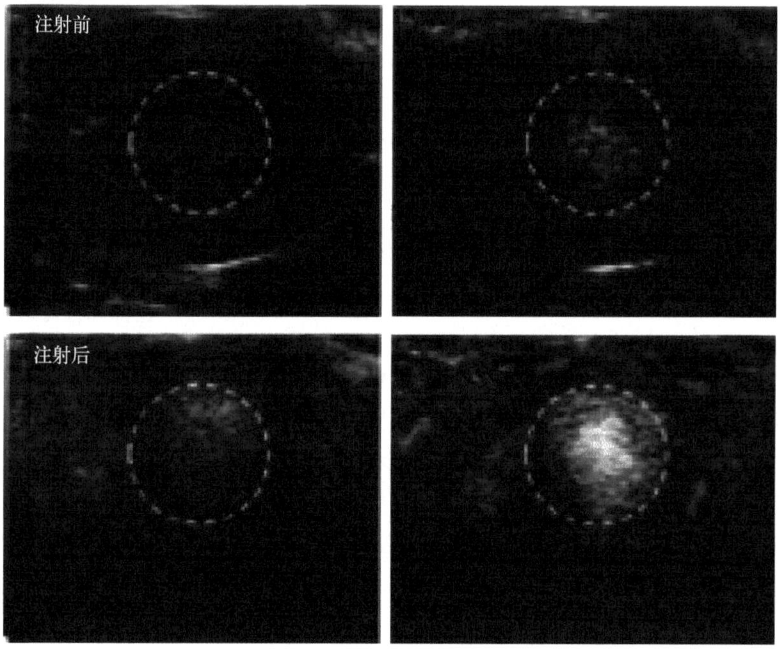

图 13-3 注射 0.1mL 1×10^8 个微泡/mL 浓度的氢气微泡后大鼠左心室超声造影成像[8]

氢气微泡具有靶向性好及浓度高的优点，既可用于造影成像，也可用于搭载药物治疗。基于这些优良的特性，氢气微泡有望将超声分子成像、靶向药物治疗与氢气治疗结合起来，取得更为精准、更大化的治疗效果。

13.1.1.3 内源性产氢

除外源性氢气外，人体内的大肠菌群也可以产生氢气。大肠产氢气主要来源于肠道细菌的糖酵解。

有研究表明[9]，口服乳果糖可以促进肠道内细菌产生氢气，健康人在口服 6g 乳果糖 70min 后呼出氢气浓度开始逐渐上升，至 180min 后达到 $(38.0\pm4.2)\times10^{-6}$（见图 13-4[9]）。但同时从其研究结果中也可发现，该现象存在一定个体差异，其中 14% 的健康受试者以及 41% 的帕金森病患者口服乳果糖后呼出氢气浓度未见明显变化。有资料表明，口服阿卡波糖、直链淀粉、姜黄素、乳果糖等都可以促进肠道内细菌产生氢气[10]。但目前的研究结果表明，内源性产氢对于不同人群具有明显的个体差异，影响机理目前尚未明确，尚需要多学科共同研究推进。

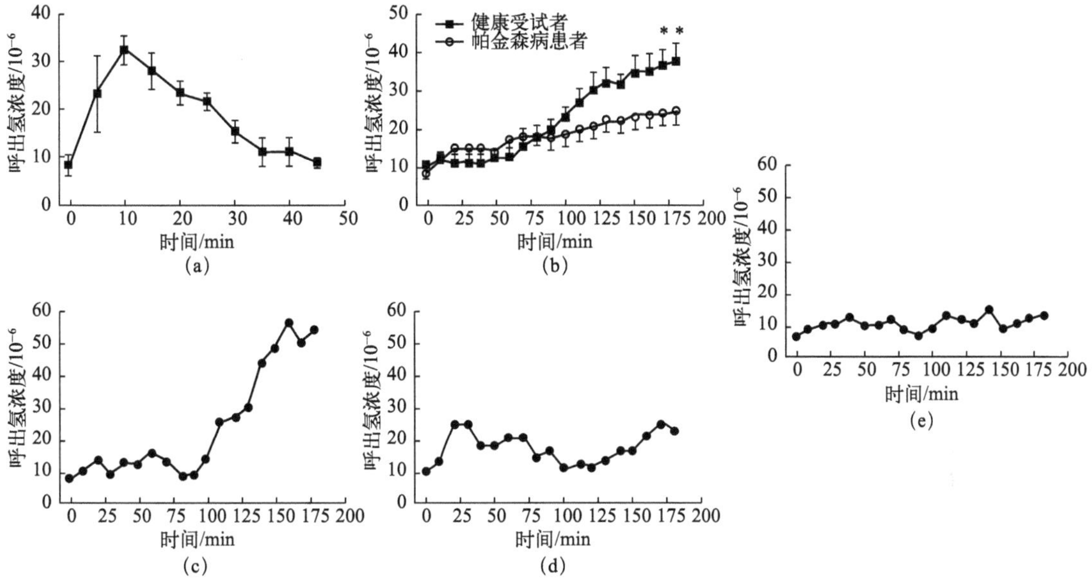

图 13-4 人呼出气体中氢浓度随时间变化曲线[9]

(a) 健康受试者饮用 200mL 饱和氢水后呼出氢浓度；(b) 健康受试者和帕金森病患者口服 6g 乳果糖后平均呼出氢浓度；(c) 呼出氢浓度单峰增加型（71.4%健康受试者及 27%帕金森病患者）；(d) 呼出氢浓度双峰增加型（14.3%健康受试者及 32%帕金森病患者）；(e) 呼出氢浓度基本不变型（14.3%健康受试者及 41%帕金森病患者）

13.1.1.4 可释放氢气的药物

金属镁曾作为治疗胃炎的药物使用，在胃酸的作用下，金属镁可以迅速产生氢气。Sung 等[11] 探究了利用聚乳酸-羟基乙酸共聚物包裹金属镁颗粒作为氢气来源。他们以肌内注射的方式将聚乳酸-羟基乙酸共聚物包裹镁颗粒（Mg@PLGA）后形成的微球注入小鼠的膝关节处，利用聚乳酸-羟基乙酸共聚物的疏水性来延缓镁颗粒的水解产氢反应进而达到缓释氢气的效果。与此同时，羟基乙酸水解产生的乳酸和乙醇酸又可以缓冲镁水解后的碱性。

Mg@PLGA 微球的形成是在水包油型单一乳液中进行的，其中水相中包含聚乙烯醇，油相中包含聚乳酸-羟基乙酸共聚物和分散的镁颗粒。通过调整水相和油相的比例，可以调整 Mg@PLGA 微球的理化性质。水油体积比越高则微球负载率越高，但是当比例增大到一定程度后，微球表面会形成大量空隙，这会导致微球渗透水量增多，从而使得镁颗粒反应迅速，最终导致局部 pH 值升高至 8.0 以上。研究者认为较为合适的比例为 1∶0.05。最终，将溶剂蒸发后就形成了最终的 Mg@PLGA 微球（见图 13-5[11]）。

除利用共聚物保护外，另一种延迟镁水解达到持续产氢的策略是采用无机涂层包覆。官建国等[12] 利用介孔纳米二氧化硅壳包覆镁微粒进行了相关研究（见图 13-6）。作者开发了一种采用含有少量氢氧化铵的丙酮作为溶剂的 Stöber 方法将介孔纳米二氧化硅包覆在了镁颗粒表面。

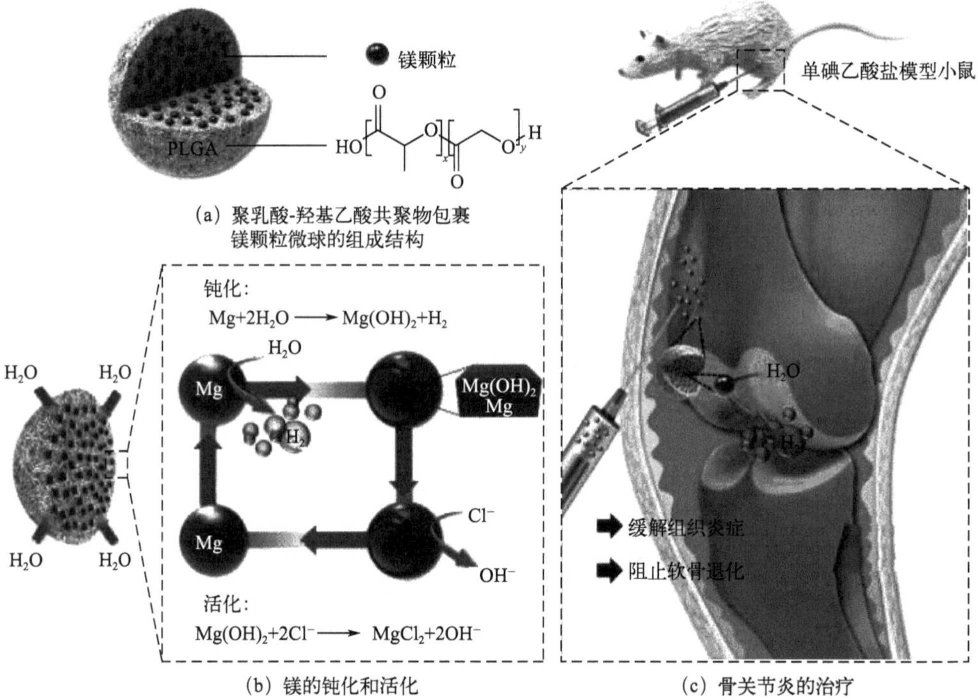

图 13-5 聚乳酸-羟基乙酸共聚物包裹金属镁颗粒作为氢气来源的研究[11]

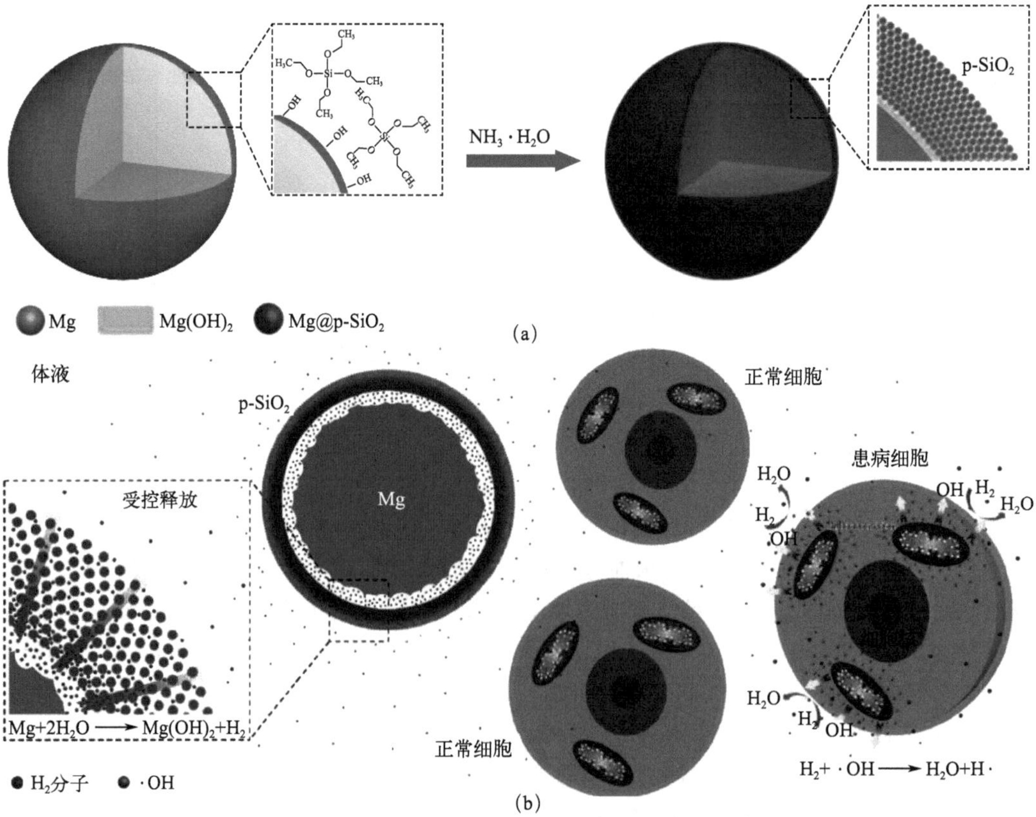

图 13-6 介孔纳米二氧化硅壳层包裹镁颗粒研究[12]

在常见的 Stöber 方法中一般采用醇水混合物作为溶剂来溶解正硅酸四乙酯（TEOS），但由于镁颗粒与醇-水溶剂的反应活性较高，因而可以采用丙酮作为溶剂，这样就可以避免镁颗粒的腐蚀。镁颗粒表面的氢氧化镁薄层会为二氧化硅涂层提供反应位点。溶剂中加入的少量氢氧化铵会引发 TEOS 水解产物与氢氧化镁壳层的羟基发生缩合反应，从而形成二氧化硅壳层。

通过增加介孔纳米二氧化硅壳层的厚度，可以减缓氢的释放速度，并显著延长氢的释放时间。这种缓慢释放的氢分子主要溶解在生理介质中，并不会形成具有潜在风险的氢气泡，同时微孔可以允许 Cl^- 穿过，从而使得镁水解产生的 $Mg(OH)_2$ 壳层溶解。最终镁颗粒完全释放后会形成一个空的二氧化硅壳层。

类似地，何前军等[13] 采用介孔纳米二氧化硅颗粒包覆氨硼烷作为氢气药物前体实现了细胞定向输入，利用癌细胞内的微酸环境进行长时高效的细胞内氢气释放，对癌细胞进行直接有效杀伤。为缓解镁在生物体液中的快速降解，也有研究者采用阳极氧化的方法在镁板表面生成一层氧化镁薄膜进而实现缓慢释氢[14]。

与 Mg 类似的还有 MgH_2、CaH_2 等可水解制氢材料，但是这类材料的水解产物如 $Mg(OH)_2$、$Ca(OH)_2$ 具有强碱性，对人体细胞具有严重的损害性。同时，如口服的话在胃酸环境中产氢速率极难控制。因此，也有研究者开发出了二维硼化镁纳米片（MBN）作为口服释氢药物[15]。MgB_2 对普通的酸碱较为稳定，在胃酸环境下可以发生式（13-2）的分解反应[15]：

$$MgB_2 + 6H_2O + 2H^+ \longrightarrow Mg^{2+} + 2B(OH)_3 + 4H_2 \qquad (13\text{-}2)$$

MBN 采用超声辅助化学蚀刻法制备（见图 13-7）[15]。因为 MgB_2 是具有 AB 型片层结构的材料，所以该方法采用醋酸和双氧水分别蚀刻镁层和硼层，同时利用高强度超声的空化效应剥离出二维纳米片。采用聚乙烯吡咯烷酮（PVP）作为保护剂和佐剂（5%，质量分数），与清洗干燥后的二维纳米片粉末进行包封成丸。PVP 的加入可以延长 MBN 在胃酸中的分解时间至 8h，实现在胃酸环境中高度持续释放氢气的目的。

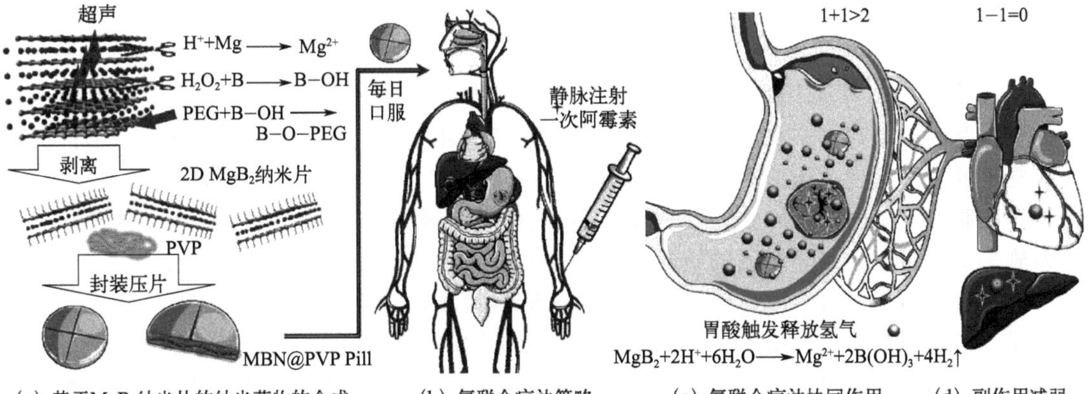

(a) 基于MgB_2纳米片的纳米药物的合成　(b) 氢联合疗法策略　(c) 氢联合疗法协同作用　(d) 副作用减弱

图 13-7 二维硼化镁纳米片释氢原理[15]

铁同样是人体必需的基本元素，可用于治疗缺铁性疾病。铁纳米颗粒同样在酸性条件下可以产生氢气，但是与镁类似，在人体生理环境中极不稳定。何前军等[16] 在氮气保护氛围下分别将 $FeSO_4 \cdot 7H_2O$ 与羧甲基纤维素（CMC）溶于水中，然后滴加硼氢化钠溶液反应后离心制备了羧甲基纤维素包裹的铁纳米粒子（Fe@CMC）并用于肿瘤疾病的治疗。Fe@

CMC 对酸性环境具有高敏感性，到达肿瘤组织的酸性环境中后可以释放氢气，极大地提高氢在肿瘤疾病中的利用度和抗癌效果。

光催化水裂解制氢是氢能源领域的研究热点，同时也为氢医学提供了一种可控释放氢的新途径。Wan 等[17]采用纳米金颗粒（AuNPs）作为催化剂，采用叶绿素 a（Chl a）作为光敏剂，采用左旋抗坏血酸（AA）作为电子供体，制备了一种纳米脂质体反应器。该反应器通过脂质体将亲水性的 AuNPs 和 AA 保持在水核中，又将两性的 Chl a 同时保持在水核和脂质层中，进而为光催化产氢反应提供最佳的反应环境。

纳米脂质体反应器在 600nm 激光照射下发生光催化反应。Chl a 吸收光子后变成 Chl a*，同时产生一个电子空穴对。Chl a* 又可以接受 AA 形成的电子回到基态 Chl a。而 AA 形成的质子和 Chl a 释放出的电子会在 AuNPs 的催化下生成氢气（见图 13-8）[17]。

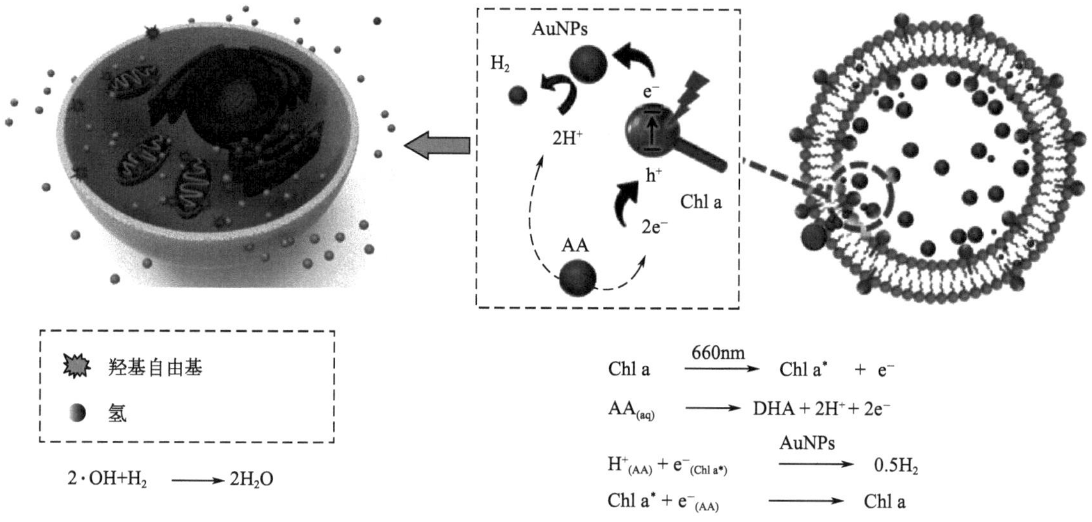

图 13-8 纳米脂质体反应器产氢及治疗原理[17]

类似的还有将半导体聚合物量子点作为光催化剂加入纳米脂质体反应器中[18]。但是脂质体反应器的载量导致产氢量较低，同时光合作用采用的紫外/可见光可能导致明显的光毒性和有限的处理深度。何前军等[19]根据 Pd 纳米颗粒的高近红外光热转换效率及良好的生物相容性制备了 30nm^3 的 Pd 以及 $PdH_{0.2}$ 颗粒作为氢载体，成功实现了对远红外光响应的氢释放。这一研究为亲氢金属的纳米颗粒作为氢载体进行光控释氢提供了参考。

值得注意的是，对于原位产氢的各种纳米材料其产氢反应的副产物应该具有无毒或者低毒特征。目前副产物的生物效应在很大程度上是未知的，有待未来进一步的研究。

氢医学正处于快速发展阶段，先进的给氢方式对提高氢治疗的可用性和疗效起着至关重要的作用。与其他气体或化疗药物相比，氢气作为治疗分子的首要优势是生物安全性高，因此氢气的输送应优先选择临床批准的材料。尽管许多微纳米材料已经被开发出来，并在给氢治疗中表现出优异的性能，但是这些研究大多是基础的，处于概念验证阶段，这些材料的稳定性需要优化，储氢能力需要提高，如何智能控制氢气的释放同样也需要在未来解决。在氢医学的临床前研究中，应充分考虑这些材料主要成分的生物相容性评价。许多纳米材料如铁纳米颗粒、硅纳米颗粒、多孔硅等在生理条件下都可能产生氢，其生物医学效应和作为氢医学的可能性有待于未来重新评估。

13.1.2 农学

农业是社会发展的基础。粮食安全是“国之大者”，保障国家粮食安全是确保经济发展、社会稳定、国家安全的重要基础。习近平总书记指出“中国人的饭碗要牢牢端在自己手中”。在此背景下，跨学科的“新农业”正在成为现代农业的重要发展趋势。氢农学主要研究氢气在农业中的生物学效应机理，为氢农业的实践提供理论基础。氢农业也是新型农业的组成部分。

2003 年，Dong 等[20] 就发现氢气可以改变土壤微生物群落结构，最终通过促进有益微生物群落生长来促进土壤肥力，进而提出了“氢肥”的概念。随后氢农学开始进入研究者视线并逐渐得到发展。氢气可以调节作物的生长发育，减少非生物胁迫伤害[21]。利用氢气还可以提高农产品的营养价值和品质[22-24]。目前，江苏、上海、广东以及浙江等省市已有多个氢农业产业园或机构在逐渐探索氢气在农业上的应用及推广。

目前氢农业中使用的氢肥主要是采用富氢水[22-24] 或者采用氢气氛围进行熏蒸[25] 来提供氢源。采用富氢水或者采用氢气气氛直接熏蒸作为“氢肥”是目前氢农业相关实验研究最方便、最宜采用的供氢方式。虽然富氢水是发挥氢气生物效应的一种有效且安全的方法，但并不是所有植物在生长过程中都需要浇大量的水，同时氢气在水中的高扩散性和低溶解度通常会给氢农学与氢农业的应用带来一些困难[26]。尤其我国幅员辽阔，许多农田没有条件使用电解水来获得富氢水，因此，富氢水的大规模推广利用也是不现实的。

为了氢农业的推广，有研究者通过各种方式获得固态的原位产氢的氢肥[27,28]。中科院华南植物园的曾纪晴开发了一种缓控释氢肥的制备方法[27]。该新型氢肥通过在一种或者多种制氢材料中按一定比例添加黏土、肥料以及农药等物质后造粒，再使用无机或者有机高分子防水材料进行包膜制成。其中的制氢材料主要是碱金属和碱土金属及其合金或氢化物材料，如钾、镁、钙及其氢化物，另外也可采用配位氢化物，如硼氢化钾、硼氢化钠、氨硼烷络合物等。

其中金属及其氢化物的产氢方程式可用下式表示：

$$M + xH_2O \longrightarrow M(OH)_x + xH_2 \qquad (13\text{-}3)$$

$$MH_x + xH_2O \longrightarrow M(OH)_x + xH_2 \qquad (13\text{-}4)$$

式中，M 代表金属，如 K、Mg、Ca。

其中配位氢化物的产氢方程式可用下式表示：

$$MBH_4 + 2H_2O \longrightarrow MBO_2 + 4H_2 \qquad (13\text{-}5)$$

式中，M 代表金属 K、Na。

最终产氢材料采用无机包膜材料（如凹凸棒土、黏土等）或者有机高分子包膜材料（如松香、植物油等）进行包覆，达到氢气的缓控释目的以及保证运输过程中的安全性。

王宗抗等[28] 同样也发明了一种类似的氢肥材料。该新型氢肥主要包含制氢材料、水溶性植物营养原料、油脂、亲水乳化剂、助乳化剂以及分散剂。该氢肥运输稳定性更好，在使用时的释氢效率更高，同时添加了水溶性的植物营养原料，可以根据作物对营养的需求及时补给。

新型氢肥的出现可以很好地解决富氢水的适用性问题，更易于在大田生产中进行推广。不过目前除相关专利外还未见到采用新型氢肥供氢的相关论文报道，还需要在实际生产中检验其实用性。

13.2 保健相关氢材料

近年来，人们的健康保健意识不断提高，除了医学上对于疾病的治疗效果外，氢的保健作用也在被广泛关注及大力宣传。关于氢的预防保健作用相关的临床研究也越来越多[29]，其中最多的产品就是富氢水和吸氢机。表 13-1 总结了部分常见氢保健产品及其特点，其中包含了日本及国内常见的富氢水及产氢设备。

表13-1 国内外常见氢保健产品及其特点

制氢方法	代表产品	公司	特点
加压填充	水素水	伊藤园	铝罐包装
	逃不掉的氢	奥长良川名水股份有限公司	PET（聚对苯二甲酸乙二醇酯）瓶装
	泰山氢泉	山东富氢源农业科技有限公司	铝罐包装
	怡氢泉	怡氢泉食品有限公司	铝袋
电解水制氢+纳米气泡混溶	富氢水设备+富氢水	湖南氢长老科技有限公司	电解水产氢后通过气水混溶、高频剪切、纳米气泡、负压兼容四种物理手段进行溶氢
镁等金属与水反应制氢	高浓度氢水生成器	San-A Trading Co.，LTD.	倒入水的同时开始制氢；饮用的同时摄入镁离子；去除水中的氯气
	吸氢机	苏州清德氢能源科技有限公司	材料制氢，方便使用
电解水制氢	便携水素杯	江田水处理技术集团公司	水温 25℃时，氢气浓度为 0.9×10^{-6}；可生成臭氧
	高浓度富氢水生成器 Lourdes	Victory Japan 株式会社	饮用时浓度为 1.2×10^{-6}
	各种电解水制氢装置	上海纳诺巴伯纳米科技有限公司	—
	氢氧气雾化机	上海潓美医疗科技有限公司	通过国家药监局三类医疗器械审核
	氢水杯、氢沐浴机、吸氢机	Chuanghui Electronics Co., Ltd.	—
	氢氧机	麦德哈特医疗科技有限公司	SPE 固体聚合物电解质纯水电解，自动加排水，水质检测

13.2.1 水素水（富氢水）

水素水这一名词来源于日本，水素在日语里的意思是“氢元素”。富氢水最先出现于日本，因此有时也会直接沿用日语的方式将富氢水称为“水素水”。

目前市场上在售的富氢水主要有三种：一是通过加压灌装；二是通过镁、铝、氧化钙等与水进行化学反应制氢；三是采用富氢水杯（机）现场制氢。

加压灌装是在一定压力下将氢气溶入纯净水中制备富氢水，然后制成袋装或者罐装富氢水。这种灌装方式一般可以达到 1600×10^{-9} 的氢浓度。不过由于氢气的扩散性及穿透性较强，因此富氢水的包装只能采用铝制材料容器，如铝箔袋或铝易拉罐。但是这种灌装好的富氢水在运输振动以及时间的影响下氢浓度会急剧下降。根据日本国民生活中心的调查结果，富氢水商品中的氢含量并不能维持其出厂时的饱和氢浓度[30]。

富氢水杯（机）目前一般有以下三种形式。

① 传统电解制氢　目前传统电解水制氢是电流通过水时在阴极生成氢气，在阳极生成氧气。氢气生成的量大约是氧气的两倍。这种电解方式工艺简单，技术成熟度高，因而现阶段富氢水杯主要采用这种方式。但这种传统电解存在一定的缺点，就是普通饮用水在电解过程中容易产生臭氧并提高水中的余氯含量，而且电解过程中需要水作为导体，因而正常情况下无法采用纯净水进行电解。

② SPE 电解水制氢　即固体聚合物电解质电解水制氢[31,32]。该技术的关键核心组件一般是质子交换膜电极（PEM）。膜电极由阴极催化层、阳极催化层、固体聚合物膜组成。其中固体聚合物膜是全氟磺酸类膜，该聚合物分子具有链式交联结构和大量的—SO_3H 官能团，使膜本身具有强酸性。如图 13-9 所示，当电解水时，阳极催化层上的水分子会生成 O_2 和 H^+，H^+ 穿过固体聚合物膜到达阴极催化层上发生还原反应生成氢气。这种制氢技术反应稳定，产氢效率高且不易产生有害物质，同时生成的氢气和氧气分离安全性高。但是这种氢水杯的结构要复杂一些，技术要求较高，相对于采用传统电解水技术的氢水杯售价相对高一些。

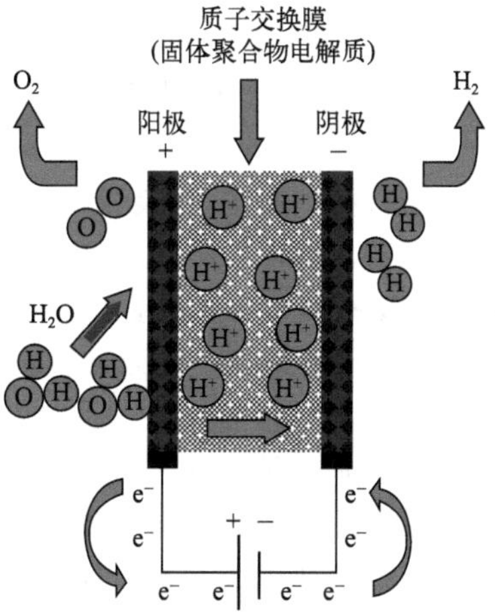

图 13-9　固体聚合物电解池原理图[32]

③ 非电解式水解产氢　非电解式水解产氢主要利用的是金属或其氢化物与水反应制氢。现阶段应用较多的是采用镁粒水解制氢。但是镁粒水解制氢存在较多问题，比如表面水解产生氢氧化镁钝化层、易氧化变色、容易产生沉淀物。为解决这些问题，目前市面上多采用合金材料或多种材料复合制备制氢料包或材料[33,34]。这种复合制氢材料一般是通过合金化、纳米包覆和微孔工艺处理制备的镁基、铝基或者硅基材料颗粒或陶瓷片[33,35]。这种颗粒或陶瓷片改善了镁、铝和硅的水解产氢速率，同时又解决了反应沉淀物脱落的问题。采用这种制氢颗粒或陶瓷片可以摆脱电解水的限制，只需要将其放入现有的杯、壶、净水器以及各种需要制备富氢水的场景当中即可。

非电解式氢水杯具有制氢速度快、无需用电、水源无限制且携带方便的优点。但是同时根据其反应原理亦可知其使用寿命有限制，制氢颗粒和陶瓷片需要经常更换（几周至几个月时间不等）。

13.2.2 吸氢机

除了采用富氢水摄取氢气外，另外一种更直接、摄入量更大的方式就是直接吸入氢气。一般包括纯氢气吸入和氢氧混合气吸入。纯氢气吸入安全性高，但是吸入量过大会导致氧分压下降，尤其在高原低氧环境下对人体会造成危害。氢氧混合气虽然不会产生低氧的损害，但是氢氧混合气产生燃烧爆炸的风险较高，具有一定的危险性。目前市场上吸氢机也可大致分为三种类型：传统电解水吸氢机、SPE电解水吸氢机、水解制氢材料吸氢机。

传统电解水吸氢机和SPE电解水吸氢机的富氢水杯原理相同，但是电解水功率加大。目前市场上电解水制氢机的产氢速率在100mL/min～3L/min不等。水解制氢材料吸氢机主要是采用铝基复合制氢材料，通过复合材料成分达到控制铝水解产氢速率的目的。目前市场上该类型吸氢机的产氢速率在80mL/min～1L/min左右。

13.2.3 其他类型氢产品

随着越来越多的氢气保健作用的研究被报道，越来越多的氢产品被开发了出来，例如可食用的压片糖果、微胶囊[36-38]，沐浴用的花洒[39]，氢面膜[40,41]，精华液[42]等。

除吴勇等[42]开发的氢精华液是采用含氢硅油、甘油等有机液体材料混合产氢外，这类产品基本上都是采用在微纳米镁和铝粉的基础上添加其他辅助成分制备而成。主要还是利用镁粉和铝粉的水解产氢原理来实现不同场景下的用氢需求。

13.3 军用含能材料

含能材料（火炸药）起源于中国四大发明之一，是一类通过瞬态化学反应产生高温、高压效应的物质，是武器发射、推进、毁伤的化学能源，同时被广泛应用于冶金、勘探、航天等领域，是国家战略资源和国防安全的关键与核心技术的重要组成[43]。含能材料一般是凝聚态的，生成焓应尽可能地高，在无氧条件下能按要求可控释放储存在分子结构中的能量[44]。

随着储氢材料的发展，目前其在含能材料中的应用已经在学术界引起了广泛的关注。金属储氢材料是一种体积密度大、方便快捷的吸放氢材料，在含能材料中已有大量研究[45]。从目前国内外的研究来看，储氢材料主要应用于含能材料中的固体推进剂和炸药中。

推进剂主要由黏合剂、氧化剂（高能炸药）、增塑剂、高能燃烧剂、燃烧催化剂等组成。比冲（I_{sp}）是推进剂最重要的参数。金属氢化物作为高能燃烧剂加入固体推进剂中燃烧，相当于在金属燃烧的同时将氢气引入固体推进剂中，氢的燃烧可以放出大量的热量，还可以实现降低分子平均质量的作用，有效提高推进剂的比冲。在炸药中增加金属氢化物可以增加爆炸总能量[46]，也可以显著改善乳化炸药的爆炸性能[47]。

Shark等[48]全面分析了常见金属氢化物作为能量添加剂对火箭推进剂理论性能的影响。如图13-10所示，金属氢化物的添加能在不同程度上提高推进剂比冲，而且随着体积储氢密度的增加，比冲和密度比冲均增加。图中所示为各类金属氢化物对比冲的贡献，其中AlH_3、$LiAlH_4$、$Mg(AlH_4)_2$及$B_{10}H_{14}$对比冲的贡献均处于较高的水平。

李猛等[49]通过对含金属氢化物的HTPB（端羟基聚丁二烯）三元和四元配方体系进行能量计算，研究了不同金属氢化物对推进剂标准理论比冲的影响规律，获得了HTPB黏合剂含量不变时金属氢化物含量与标准理论比冲的关系。以HTPB/AP/MH三组元配方体系为例，如图13-11所示。从图13-11（a）可看出，随金属氢化物含量的增加，标准理论比冲呈直线上升趋势，当金属氢化物含量达到一定程度时，出现标准理论比冲值的拐点；随后，标准理论比冲值呈现下降趋势，按标准理论比冲值大小，金属氢化物排序为AlH_3＞$LiAlH_4$＞$Mg(AlH_4)_2$＞MgH_2。Al与MgH_2曲线之间有交叉，说明Al作为燃烧剂虽在一定程度上增加了能量，但其增加到一定程度时，对能量水平的贡献低于MgH_2。从图13-11（b）可看出，随金属氢化物含量的增加，TiH_2、CaH_2、ZrH_2及SrH_2作为燃烧剂，使标准理论比冲稍微上涨，BaH_2和CsH则使标准理论比冲直线下降，按标准理论比冲值大小

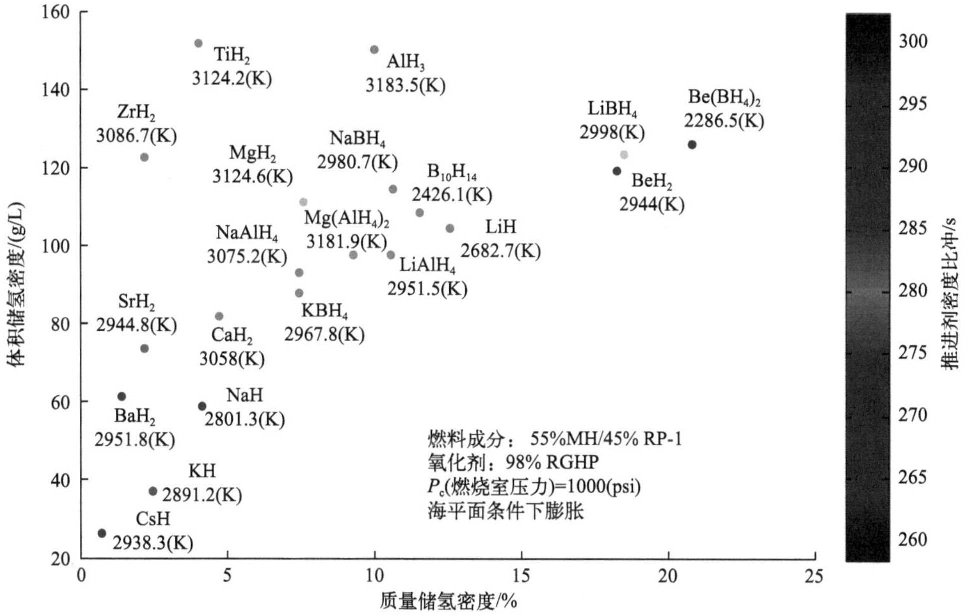

图 13-10 常见金属氢化物体积储氢密度、质量储氢密度和基于 RP-1 双组元推进剂的密度比冲

图中的温度为燃烧室温度 T_c

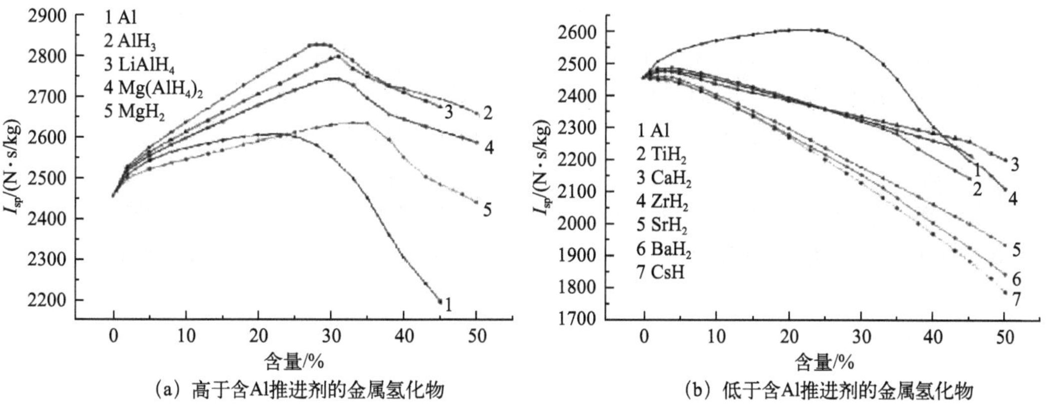

图 13-11 金属氢化物含量对 HTPB/AP/MH 标准理论比冲的影响

排序为 TiH_2＞CaH_2＞ZrH_2＞SrH_2＞BaH_2＞CsH。而 Al 作为燃烧剂，均比这 6 种金属氢化物引起的标准理论比冲值大。因此，并不是所有金属氢化物都能提高推进剂能量性能。氢含量高的金属氢化物由于氢含量高，从而会使燃气平均分子量降低较多，因而标准理论比冲高于含 Al 推进剂的标准理论比冲。

13.3.1 三氢化铝

AlH_3 和 BeH_2 是应用于固体推进剂的两种典型的金属氢化物，但是 BeH_2 反应产物具有毒性，因而其应用受到了很大的限制。目前三氢化铝（AlH_3）已经在固体推进剂中获得应用。AlH_3 具有七种晶型（α、α′、β、γ、δ、ε、ζ），其中作为推进剂材料使用的主要是最

稳定的 α-AlH_3，其标准摩尔生成焓为 11.8kJ/mol，绝对熵为 30.0kJ/(mol·℃)，标准生成摩尔吉布斯自由能为 45.4kJ/mol，分子量为 30.0，密度为 1.48g/cm^3，氢含量为 10.08%（质量分数），储氢密度为 148g/L，是液氢的两倍[44,50]。与固体推进剂中常用的金属铝粉相比，AlH_3 在燃烧时由于吸收热量发生放氢反应，使得固体推进剂可以获得更低的燃烧温度，降低了 CO_2、OH、H_2O 在燃烧产物中的占比，可以提高固体推进剂的比冲[51]。含 AlH_3 的推进剂的比冲较含 Be 的推进剂高 9.8～39.2N·s/kg[45]。

虽然 AlH_3 在固体推进剂中的应用具有大量优点，但是当其含量超过 20%～25%时制备工艺困难，同时与含能增塑剂以及氧化剂不相容，因而安全问题尤其突出，解决其制备工艺及其相容性是 AlH_3 在固体推进剂中应用的关键。

13.3.1.1 AlH_3 合成与制备

目前报道的 AlH_3 制备方法主要有湿法合成法、干法合成法、超临界合成法和电化学合成法[44,50]。

基于乙醚溶液的化学合成法是制备 α-AlH_3 的相对成熟以及工业化现实可行的方法。乙醚溶液化学合成法的工业化生产流程为：首先在乙醚溶液中采用过量的 $LiAlH_4$ 与 $AlCl_3$ 反应生成乙醚络合物 $AlH_3(C_2H_6O)_2$，然后往溶液中加入沸点较高的甲苯、二甲苯等溶剂后进行蒸馏，带出乙醚并使 $AlH_3(C_2H_6O)_2$ 脱醚生成 α-AlH_3[50]。

也有研究者[52]使用 $SiCl_4$ 或 $SiHCl_3$ 与 $LiAlH_4$ 在乙醚溶液中反应合成 α-AlH_3［见式（13-6）］。同时，也有研究者[53]使用 Al_2Br_6 和无水 H_2SO_4 与 $LiAlH_4$ 直接生成 AlH_3 的合成方法［见式（13-7）］。但是这种合成方式由于 $SiCl_4$ 易在潮湿空气中自燃、无水浓硫酸反应条件剧烈且会产生氢气，因而对反应条件的要求较高。

$$4LiAlH_4 + SiCl_4 \longrightarrow 4AlH_3 + 4LiCl + SiH_4 \tag{13-6}$$

$$2LiAlH_4 + H_2SO_4 \longrightarrow 2AlH_3 + Li_2SO_4 + 2H_2 \tag{13-7}$$

目前乙醚溶液湿法合成 α-AlH_3 的制备工艺已相对成熟，但在合成过程中仍需消耗大量容积，过程存在较大的安全隐患且后续处理烦琐。因此，研究人员也在不断尝试其他工艺进行 α-AlH_3 的合成制备。

固相反应合成法是降低合成成本的一种干法合成思路，但是理论上 AlH_3 在室温下的平衡压力约为 700MPa[54]，这意味着在目前的生产条件下很难达到要求。而通过添加催化剂的方式降低 Al 的吸氢条件可以使加氢容易，但对应的同时其放氢温度也将下降，这并不利于 α-AlH_3 在固体推进剂中的应用。

机械研磨法是另外一种干法合成方法。该方法采用相对廉价的 $NaAlH_4$、NaH、CaH_2 或 MgH_2 等取代 $LiAlH_4$，并通过这些氢化物与 $AlCl_3$ 干法研磨合成 AlH_3。但是该方式的效率和产品纯度问题较大，同时会生成大量室温下易分解的晶型，无法满足固体推进剂的使用要求。

超临界合成法是近年来发展起来的利用临界流体的互溶、互混的能力及催化特性来控制反应的方法。该方法是使用二氧化碳作为超临界流体，同时加入共溶剂乙醚或四氢呋喃等将铝粉和氢气在其中混合后在 60℃下得到超临界体系，反应 1h 后冷却至室温即可得到 AlH_3。但该方法目前尚无法满足大规模工业化生产。

电解法是通过电解 $NaAlH_4$ 或 $LiAlH_4$ 的 THF 溶液制备 AlH_3。该方法可实现 Al 的循环再生，但是工艺对环境要求较高，产率低，目前尚处于实验室研究阶段。

13.3.1.2 AlH_3 热稳定性及其在固体推进剂中的安全性[44]

AlH_3 在自然存放的条件下会缓慢分解并放出氢气，在温度升高的条件下会加速这种趋势，因此，一度导致其未能直接应用于固体推进剂中。如图 13-12[50] 所示，AlH_3 的分解曲线可划分为诱导期（Ⅰ）、加速期（Ⅱ）和消退期（Ⅲ）三个阶段。虽然 α-AlH_3 是七种晶型中最稳定的晶型，但是其在制备过程中往往容易产生其他易分解的晶型，在常温下会分解生成 Al 和 H_2。同时，在室温下 AlH_3 同样会缓慢分解。研究表明[55]，在 10～20℃条件下密封保存 25 年的 AlH_3 分解了 4.42%。固体推进剂的传统固化温度为 70℃，这会导致 AlH_3 的分解速度加快。含 AlH_3 的推进剂柱中由于氢气的缓慢扩散会导致内部出现孔洞或裂纹，进而失效。

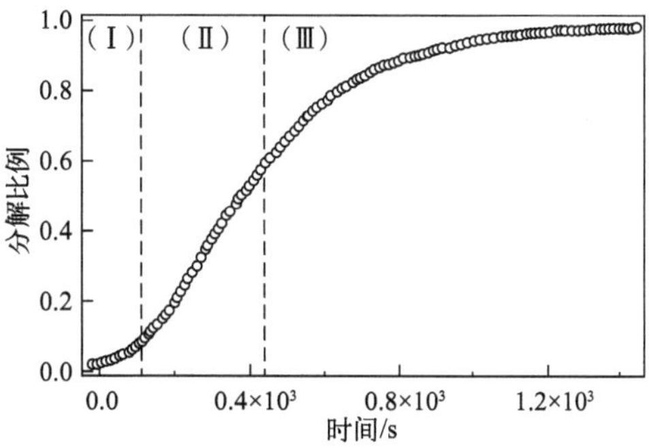

图 13-12 180℃条件下 α-AlH_3 等温分解反应时间和转化率的关系曲线[50]

AlH_3 的热力学不稳定性严重影响了其安全储存和应用。因而提高 AlH_3 的稳定性或者添加能够吸收分解产物的中间体物质方能实现含 AlH_3 的推进剂的长效储存要求。目前 AlH_3 的稳定化方法有表面钝化法、掺杂法和表面包覆法。

表面钝化法是应用最广泛的稳定化方法。研究表明[56]，α-AlH_3 表面致密 Al_2O_3 层的存在可显著延缓其脱氢。表面钝化法一般采用稀酸溶液或有机物浸泡使其表面钝化，或在 70℃的空气中加热使其表面钝化，生成一层致密氧化层，从而增强 α-AlH_3 的稳定性。

离子掺杂法针对晶体缺陷和晶体结构进行改性，达到稳定化目的，主要是在 AlH_3 合成或结晶时往溶液中加入正四价的阳离子或某些金属离子化合物，这些阳离子进入 AlH_3 的晶格中使得晶格膨胀，结构更加紧密，从而达到稳定化的效果。但是该方法会引入其他元素，导致 AlH_3 能量和纯度降低，从而影响其安全性和使用性能。

表面钝化和离子掺杂虽然可以显著提高 α-AlH_3 的稳定性，但是这两种方法的负面影响就是会影响 α-AlH_3 的放氢效率、相容性以及燃烧性能等。表面包覆法对 α-AlH_3 性能的影响相对较小，同时还可以提升其与固体推进剂组分的相容性。表面包覆的方法主要有金属置换或原子沉积法在 AlH_3 表面生成金属膜层，采用原位聚合法在 AlH_3 表面生成 HTPB、PEG、PET 等高分子膜层，表面包覆石蜡、硬脂酸等。包覆剂主要是能吸收自由基防止 AlH_3 表面分解的物质，如金精三羧酸三铵、8-羧基奎宁、邻苯二酚和一些氰基化合物等。

通过测试 AlH_3 加入前、后推进剂的撞击感度和摩擦感度的变化，可以评价 AlH_3 对固体推进剂安全性能的影响。表 13-2 所示的测试结果表明，加入 AlH_3 后推进剂的摩擦感度无显著变化，但撞击感度急剧恶化，这会大大增加其在固体推进剂中的安全风险[44]。

表13-2 AlH_3 加入前、后推进剂的撞击感度和摩擦感度[44]

序号	配方组成	撞击感度/J	摩擦感度/%
1	GAP/NG/BTTN/AP/CL-20/Al	10～18	84～100
2	GAP/NG/BTTN/AP/CL-20/Al/AlH_3	1～3	88～100

AlH_3 与黏合剂体系的相互作用是导致其撞击感度升高的主因[44]。与 HTPB、PET、PEG 等非含能黏合剂相比，GAP（磷化镓）与 AlH_3 混合后，体系的撞击感度显著升高，表明含能黏合剂 GAP 是导致 AlH_3 固体推进剂撞击感度升高的原因之一。同时，以钝感增塑剂替换 NG/BTTN 后，混合体系的撞击感度均得到不同程度的改善，表明 AlH_3 与硝酸酯增塑剂 NG/BTTN 的相互作用是导致 AlH_3 固体推进剂撞击感度升高的主要因素。因此，为改善其安全性能，通常采用表面包覆的方法对 AlH_3 和硝酸酯增塑剂进行物理隔离，进而提升其安全性。

13.3.1.3 AlH_3 对固体推进剂燃烧性能的影响

研究者认为[50,57,58]，α-AlH_3 在高温下的燃烧机理分为两步，即先释氢，后氧化。在 1500K 条件下其释氢反应时间仅需 100μs，尤其当 α-AlH_3 的粒径在 5～10μm 之间时，其放氢过程远快于点火和燃烧过程。第一步释放的氢气可以在第一火焰区燃烧，因而与 Al 粉相比，AlH_3 更易点火，而且火焰更为明亮。而 AlH_3 粉体颗粒度越小，粉体越细，则第一步释氢过程越快，点火后的火焰也越明亮，燃烧越剧烈。

含 AlH_3 固体推进剂的最大特征是采用 AlH_3 替代了部分或全部的传统燃料铝粉。徐星星等[59] 在推进剂固含量为 72%、黏合剂体系增塑比为 2.8、AP 质量分数为 19%、CL-20 质量分数为 35%的情况下，通过计算研究了 AlH_3 与 Al 相对含量对推进剂氧系数 O、密度 ρ、理论比冲 I_{sp}、燃烧产物中 H_2 含量、燃烧产物温度 T_c 和燃气平均分子量 $\overline{M_c}$ 的影响。计算结果如图 13-13 所示，当 PEG、NG/BTTN、CL-20、AP 含量一定时，随 AlH_3 含量的增加，推进剂的 O、I_{sp} 和燃烧产物中 H_2 含量升高，但 ρ、T_c 和 $\overline{M_c}$ 降低。此外，该配方体系下，当 AlH_3 取代全部 Al 后，推进剂的理论比冲达到 2760.84N·s/kg，比全 Al 推进

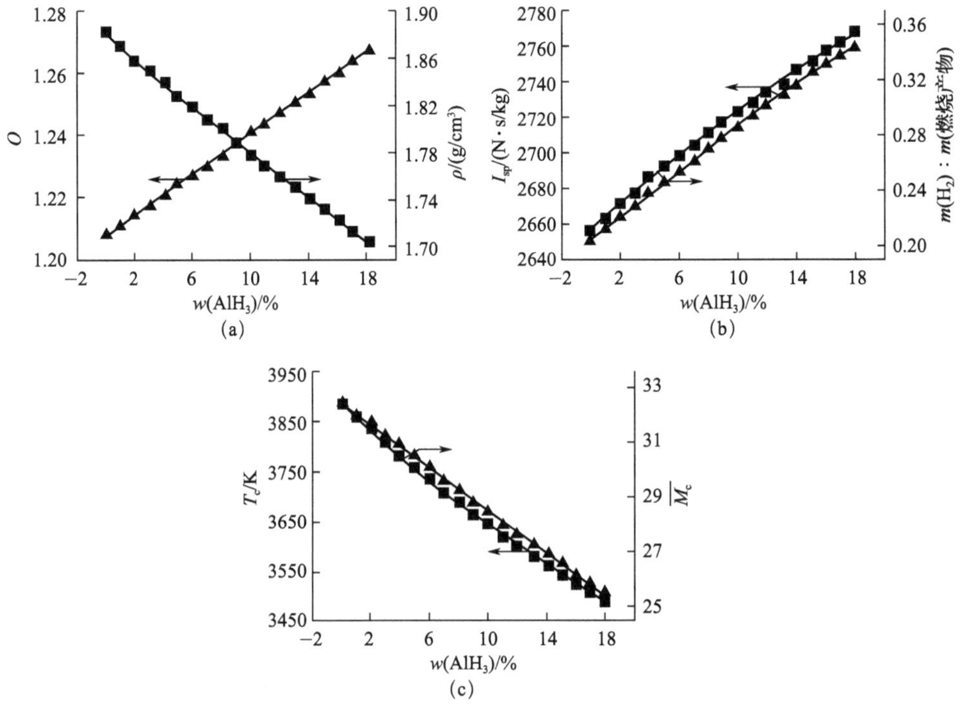

图 13-13 AlH_3 与 Al 相对含量对推进剂能量性能的影响

剂的理论比冲提高了 110.83N·s/kg。分析认为，推进剂理论比冲不断提高的主因是 AlH_3 的加入降低了燃气 $\overline{M_c}$。

表 13-3 对比了标准 ϕ165mm 发动机热试车结果[44]。测试结果表明，采用 15%的 AlH_3 取代 Al 粉推进剂的标准理论比冲（以重量描述）由 270.4s 提高至 280.1s，提高幅度为 9.7s；推进剂的标准实测比冲由 252.8s 提高至 261.3s，提高幅度为 8.5s。这表明 AlH_3 用于固体推进剂可显著提高推进剂的标准实测比冲。

表13-3 标准 ϕ165mm 发动机热试车结果[44]

配方	质量分数/%		标准理论比冲/s	标准实测比冲/s	比冲效率/%
	Al	AlH_3			
Al 粉	18	0	270.4	252.8	93.49
AlH_3	3	15	280.1	261.3	93.289

13.3.2 镁基储氢材料

镁基储氢材料相对于其他金属储氢材料具有储氢量高[MgH_2 储氢量为 7.6%（质量分数，下同），Mg_2NiH_4 储氢量为 3.6%，$Mg(BH_4)_2$ 储氢量为 14.8%]、资源丰富、吸放氢平台稳定、燃烧后污染少、氢化物稳定不易分解的特点。相比于其他金属储氢材料，镁基储氢材料具有更高的化学稳定性和热稳定性，应用于含能材料的生产和储存过程中不易发生分解，降低了安全隐患[60]。因此，镁基储氢材料在含能材料中具有良好的应用前景。

刘磊力等[61]研究发现 5%镁基储氢材料（Mg_2NiH_4、Mg_2Cu-H 和 MgH_2）对 AP（高氯酸铵）的热分解过程以及 1.3%镁基储氢材料对 AP/Al/HTPB（端羟基聚丁二烯）复合推进剂的热分解过程均具有显著的增强促进作用，可以降低热分解温度，使分解热明显增加。封雪松等[46]用镁铝硼体系和镁硼体系储氢合金氢化物替代纯铝对 RDX（环三亚甲基三硝胺）基炸药进行水下爆破实验，发现储氢合金中的氢元素通过燃烧放热产生水蒸气并促进铝、硼金属的氧化这两方面的作用来提高爆炸的总能量。

窦燕蒙[62]通过球磨法将 Al 包覆于 MgNiB 基储氢合金表面，并对其进行了一系列的研究。结果表明，储氢合金的燃烧效率明显高于 Al，而且对 AP 的热分解具有吸附和促进的作用。将球磨后的储氢材料加入复合固体推进剂中可以缩短推进剂的点火延迟时间，同时爆热、燃速、温度和燃烧性能都有大幅提高。同时其研究结果还表明，加入 17%的该合金氢化物后可以降低 AP/镁基储氢合金氢化物/HTPB 和 AP/镁基储氢合金氢化物/GAP 这两种复合固体推进剂的撞击感度和摩擦感度。

氢化镁具有较高的质量储氢容量（7.6%），同时放氢温度在 300℃左右，具有较高的热稳定性。因此，其在含能材料领域具有巨大的应用潜力。理论研究表明，用 MgH_2 代替复合固体推进剂中的金属燃料组分，可提高其能量水平。同时，作为炸药的高能添加剂，MgH_2 也能显著提高其爆炸威力。

研究表明[61]，氢化镁的添加可以将固体推进剂的燃速提高 13.9%。程扬帆等[47]利用相似相溶原理将包覆材料溶解在有机溶剂中，然后加入 MgH_2 粉末搅拌制备溶胶前体并真空烘干得到包覆的 MgH_2 颗粒。最终与玻璃微球型乳化炸药相比，MgH_2 型复合敏化储氢乳化炸药的冲击波峰值压力 p_K 降低了 4.90%，但其冲击波比冲量、比冲击波能、比气泡能和总能量分别提高了15.17%、7.83%、22.94%和18.32%，其做功能力显著增强。

张洋等[63]通过激光点火和高速摄影技术对MgH_2与RDX等5种含能材料的混合物进行了点火延迟时间和火焰传播速度的测试与计算。结果表明，MgH_2的质量分数为50%和11.1%时对提高RDX点火燃烧性能的效果最佳；质量分数11.1%的MgH_2最有利于HMX点火燃烧性能的改善；对于CL-20，添加质量分数20%～33.3%的MgH_2可显著提升其火焰传播速度，但是当MgH_2的质量分数为50%和11.1%时混合物的点火延迟时间更短；FOX-7和ADN与$MMgH_2$混合物的点火延迟时间均小于含能组分和MgH_2各自的点火延迟时间，即此类含能材料与MgH_2的点火过程具有相互促进的作用；综合考虑FOX-7点火性能和火焰燃烧性能的提升，添加质量分数11.1%的MgH_2最为有利；MgH_2对ADN点火燃烧性能的提升与MgH_2的添加量成正比。MgH_2促进含能材料点火燃烧性能提升的原因在于MgH_2的分解产物促进了含能材料相态转变，最终促进了点火燃烧性能的提升。

虽然MgH_2对固体推进剂及炸药具有如此明显的促进作用，但是其与推进剂及炸药的各种成分的相容性和安全性以及对感度的影响还需要进行大量深入的研究。Yao等[64]在RDX中加入了纳米MgH_2，发现二者的相容性较差，为3级，同时还降低了RDX的安定性。魏亚杰等[65]发现MgH_2会和AN反应，进而大大降低AN的初始反应温度，这会导致总的分解热下降，不利于爆炸反应。

刘晶如等[66-69]通过球磨的方式制备了Al和MgH_2复合的储氢合金，将Al包覆于MgH_2表面。他们通过一系列的研究发现，这种材料的燃烧热大于30000kJ/kg，燃烧效率达到94%，远大于同粒度的铝粉。并且DSC结果表明，含Al的MgH_2与固体推进剂中常用的含能组分AP、CL-20、1/1-NG/DEGDN、NC均具有较好的相容性。实测当该储氢合金质量分数达到22%时，复合固体推进剂的最大理论比冲提高了51.04N·s/kg，特征速率提高了28.7m/s。

13.3.3 其他储氢材料

德国慕尼黑技术大学的一次实验室爆炸事故中偶然发现了一种特殊的多孔硅材料，其爆炸力相当于TNT炸药的7倍[70]。研究发现，在这种多孔硅材料表面具有一层只有一个原子直径厚度的氢，隔绝了硅材料与氧气的接触进而保持稳定，当氢层被破坏后，氧气进入，就会如同燃烧一样在多孔硅中引发连锁反应进而形成爆炸。

参考文献

[1] 程为铮，邓涛，丁文江．氢在生命体中扮演什么样的角色？[J]．上海交通大学学报，2021，55（z1）：7-9.

[2] Dole M，Wilson F R，Fife W P. Hyperbaric hydrogen therapy：A possible treatment for cancer [J]. Science，1975，190（4210）：152-154.

[3] Ohsawa I，Ishikawa M，Takahashi K，et al. Hydrogen acts as a therapeutic antioxidant by selectively reducing cytotoxic oxygen radicals [J]. Nat Med，2007，13（6）：688-694.

[4] 杨世艳，何兵，李明星．载药超声微泡研究进展 [J]．中国中西医结合影像学杂志，2015（1）：92-95.

[5] 陈逸寒．氢气微泡减轻心肌缺血再灌注损伤的研究 [D]．广州：南方医科大学，2015.

[6] 韦紫君，潘敏，王辰，等．氢气微泡的制备及其超声成像研究 [J]．集成技术，2016，5（4）：37-43.

[7] 李恒宇，李嘉图，林莹妮，等．氢气医学研究中给氢方式选择及研究进展 [J]．内科理论与实践，2020，15（1）：53-56.

[8] He Y，Zhang B，Chen Y，et al. Image-guided hydrogen gas delivery for protection from myocardial ischemia-reperfusion injury via microbubbles [J]. Acs Appl Mater Interfaces，2017，9（25）：21190-21199.

[9] Mikako Ito M H K Y. Drinking hydrogen water and intermittent hydrogen gas exposure，but not lactulose or

continuous hydrogen gas exposure, prevent 6-hydorxydopamine-induced Parkinson's disease in rats [J]. Medical Gas Research, 2012, 2 (1): 15.

[10] 孙学军. 氢气医学 [M]. 上海: 上海交通大学出版社, 2020.

[11] Wan W, Lin Y, Shih P, et al. In situ depot for continuous evolution of gaseous H_2 mediated by magnesium passivation/activation cycle for treating osteoarthritis [J]. Angewandte Chemie (International Ed. In English), 2018, 57 (31).

[12] Kong L, Chen C, Mou F, et al. Magnesium particles coated with mesoporous nanoshells as sustainable therapeutic-hydrogen suppliers to scavenge continuously generated hydroxyl radicals in long term [J]. Particle & Particle Systems Characterization, 2019, 36 (2).

[13] Yang T, Jin Z, Wang Z, et al. Intratumoral high-payload delivery and acid-responsive release of H_2 for efficient cancer therapy using the ammonia borane-loaded mesoporous silica nanomedicine [J]. Applied Materials Today, 2018, 11: 136-143.

[14] Chen Y, Xiao M, Zhao H, et al. On the antitumor properties of biomedical magnesium metal [J]. Journal of Materials Chemistry. B, Materials for Biology and Medicine, 2015, 3 (5): 849-858.

[15] Fan M, Wen Y, Ye D, et al. Acid-responsive H_2-releasing 2D MgB_2 nanosheet for therapeutic synergy and side effect attenuation of gastric cancer chemotherapy [J]. Adv Healthc Mater, 2019, 8 (13): e1900157.

[16] Kou Z, Zhao P, Wang Z, et al. Acid-responsive H_2-releasing Fe nanoparticles for safe and effective cancer therapy [J]. J Mater Chem B, 2019, 7 (17): 2759-2765.

[17] Wan W L, Lin Y J, Chen H L, et al. In situ nanoreactor for photosynthesizing H_2 gas to mitigate oxidative stress in tissue inflammation [J]. J Am Chem Soc, 2017, 139 (37): 12923-12926.

[18] Zhang B, Wang F, Zhou H, et al. Polymer dots compartmentalized in liposomes as a photocatalyst for in situ hydrogen therapy [J]. Angew Chem Int Ed Engl, 2019, 58 (9): 2744-2748.

[19] Zhao P, Jin Z, Chen Q, et al. Local generation of hydrogen for enhanced photothermal therapy [J]. Nat Commun, 2018, 9 (1): 4241.

[20] Dong Z, Wu L, Kettlewell B, et al. Hydrogen fertilization of soils- is this a benefit of legumes in rotation? [J]. Plant, Cell and Environment, 2003, 26 (11): 1875-1879.

[21] 苏久厂. 氢气缓解渗透和盐胁迫及延长切花保鲜期的分子机制 [D]. 南京: 南京农业大学, 2018.

[22] Dong W, Shi L, Li S, et al. Hydrogen-rich water delays fruit softening and prolongs shelf life of postharvest okras [J]. Food Chemistry, 2023, 399: 133997.

[23] Li F, Hu Y, Shan Y, et al. Hydrogen-rich water maintains the color quality of fresh-cut Chinese water chestnut [J]. Postharvest Biology and Technology, 2022, 183: 111743.

[24] Dong B, Zhu D, Yao Q, et al. Hydrogen-rich water treatment maintains the quality of Rosa sterilis fruit by regulating antioxidant capacity and energy metabolism [J]. Food Science & Technology, 2022, 161: 113361.

[25] Hu H, Zhao S, Li P, et al. Hydrogen gas prolongs the shelf life of kiwifruit by decreasing ethylene biosynthesis [J]. Postharvest Biology and Technology, 2018, 135: 123-130.

[26] Wang Yueqiao, Liu Yuhao, Wang Shu, et al. Hydrogen agronomy: Research progress and prospects [J]. Journal of Zhejiang University-Science B (Biomedicine & Biotechnology), 2020, 21 (11): 841-861.

[27] 曾纪晴. 缓控释氢肥或复合氢肥的制备方法与应用: CN 106699330A [P]. 2017-05-24.

[28] 王宗抗, 吴佳玲, 曾薇. 含氢肥料及其制备方法和应用: CN 115872806A [P]. 2023-03-31.

[29] 江雪, 刘伯言, 吴逢霖, 等. 氢分子应用于预防保健的临床研究进展 [J]. 中国老年保健医学, 2023, 21 (3): 117-122.

[30] 李星国等. 氢与氢能. 2版 [M]. 北京: 科学出版社, 2023.

[31] 邹浩斌. 固体聚合物电解质水电解池及其膜电极的研究 [D]. 广州: 华南理工大学, 2016.

[32] Ursua A, Gandia L M, Sanchis P. Hydrogen production from water electrolysis: Current status and future trends [J]. Proceedings of the Ieee, 2012, 100 (2): 410-426.

[33] 金明江, 应仁龙, 汪玉冬. 一种基于铝镓基制氢微颗粒的便携式氢素水茶包: CN 108002346A [P]. 2018-05-08.

[34] 李霞, 王家胜. 制造富氢水合金陶瓷材料及其制备方法和应用: CN 105084468A [P]. 2015-11-25.

[35] 王家胜. 非电解制氢水技术及材料的应用 [J]. 新材料产业, 2017 (2): 51-53.

[36] 丁之光. 一种氢镁素微胶囊及其制备方法: CN 116270524A [P]. 2023-06-23.

[37] 丁之光, 谭晋韵, 裴佳. 一种包含益生菌微胶囊和氢镁素的缓释组合物、制备方法及应用: CN 116076733A [P]. 2023-05-09.

[38] 丁之光, 王怡. 一种 HydroMg 负氢离子缓释微胶囊及其制备方法和应用: CN 116637565A [P]. 2023-08-25.

[39] 王美岭. 一种养生保健富氢花洒：CN 206483593U [P]. 2017-09-12.
[40] 邹继庆，李烨. 富氢面膜用原料及富氢面膜：CN 108635311B [P]. 2021-04-02.
[41] 周平乐. 一种可持续释放氢气的面膜及其使用方法：CN 109125099B [P]. 2021-04-13.
[42] 吴勇，谢镭，郑捷，等. 一种用于外用医疗美容的有机氢缓释材料及其制备方法：CN 114601754A [P]. 2022-06-10.
[43] 肖忠良，丁亚军，周杰. 含能材料：保障国家安全 促进文明发展——含能材料分论坛侧记 [J]. 中国材料进展，2021，40 (10)：844-845.
[44] 庞爱民，李伟，何金选. 固体推进剂用新型含能物质的制备与应用 [M]. 西安：西北工业大学出版社，2020.
[45] 张志强，王玉平. 储氢材料及其在含能材料中的应用 [J]. 精细石油化工进展，2006，7 (11)：28-31.
[46] 封雪松，徐洪涛，田轩，等. 含储氢合金炸药的能量研究 [J]. 爆破器材，2013，42 (5)：13-17.
[47] 程扬帆，汪泉，龚悦，等. MgH_2 型复合敏化储氢乳化炸药的制备及其爆轰性能 [J]. 化工学报，2017，68 (4)：1734-1739.
[48] Shark S C，Sippel T R，Son S F，et al. Theoretical performance analysis of metal hydride fuel additives for rocket propellant applications，San Diego，CA，United states，2011 [C]. AIAA International，2011-01-01.
[49] 李猛，赵凤起，徐司雨，等. 含金属氢化物的复合推进剂能量特性 [J]. 固体火箭技术，2014，37 (1)：86-90.
[50] 庞爱民，朱朝阳，徐星星. 三氢化铝合成及应用评价技术进展 [J]. 含能材料，2019，27 (4)：317-325.
[51] 关健. AlH_3 吸氢剂的等温热分解行为及机理研究 [D]. 绵阳：西南科技大学，2023.
[52] Bakum S I，Kuznetsova S F，Kuznetsov N T. Method for the preparation of aluminum hydride [J]. Russian Journal of Inorganic Chemistry，2010，55 (12)：1830-1832.
[53] Bulychev B M，Verbetskii V N，Storozhenko P A. "Direct" synthesis of unsolvated aluminum hydride involving Lewis and Bronsted acids [J]. Russian Journal of Inorganic Chemistry，2008，53 (7)：1000-1005.
[54] Graetz J，Chaudhuri S，Wegrzyn J，et al. Direct and reversible synthesis of AlH_3-triethylenediamine from Al and H_2 [J]. Journal of Physical Chemistry C，2007，111 (51)：19148-19152.
[55] Milekhin Y M，Koptelov A A，Matveev A A，et al. Studying aluminum hydride by means of thermal analysis [J]. Russian Journal of Physical Chemistry A，2015，89 (7)：1141-1145.
[56] Nakagawa Y，Isobe S，Wang Y，et al. Dehydrogenation process of AlH_3 observed by TEM [J]. Journal of Alloys and Compounds，2013，580 (1)：S163-S166.
[57] 金磊磊，刘建忠，李和平，等. α型三氢化铝点火燃烧特性研究进展 [J]. 兵器装备工程学报，2018，39 (12)：171-177.
[58] 蔚明辉，徐江荣，李和平，等. 三氢化铝对铝点火燃烧性能的影响研究 [J]. 杭州电子科技大学学报（自然科学版），2019，39 (6)：60-65.
[59] 徐星星，唐根，胡翔，等. AlH_3 固体推进剂能量性能的理论研究 [J]. 化学推进剂与高分子材料，2017，15 (6)：58-63.
[60] 陈曦，邹建新，曾小勤，等. 镁基储氢材料在含能材料中的应用 [J]. 火炸药学报，2016，39 (3)：1-8.
[61] 刘磊力，李凤生，支春雷，等. 镁基储氢材料对 AP/Al/HTPB 复合固体推进剂性能的影响 [J]. 含能材料，2009，17 (5)：501-504.
[62] 窦燕蒙. 含储氢合金燃烧剂推进剂的燃烧性能研究 [D]. 北京：北京理工大学，2014.
[63] 张洋，徐司雨，赵凤起，等. MgH_2 对含能材料点火燃烧性能影响的实验研究 [J]. 火炸药学报，2021，44 (4)：504-513.
[64] Yao M，Chen L，Rao G，et al. Effect of nano-magnesium hydride on the thermal decomposition behaviors of RDX [J]. Journal of Nanomaterials，2013：1-8.
[65] 魏亚杰，陈利平，姚淼，等. MgH_2 和 $Mg(BH_4)_2$ 对硝酸铵热分解过程的影响 [J]. 火炸药学报，2015，38 (1)：59-63.
[66] 刘晶如，罗运军，杨寅. 新一代高能固体推进剂的能量特性计算研究 [J]. 含能材料，2008，16 (1)：94-99.
[67] 刘晶如，罗运军，杨寅. GAP 贫氧推进剂固化气孔问题研究 [J]. 固体火箭技术，2008，31 (1)：72-74.
[68] 刘晶如，罗运军. 贮氢合金燃烧剂与固体推进剂常用含能组分的相容性研究 [J]. 兵工学报，2008，29 (9)：1133-1136.
[69] 刘晶如，罗运军. 含储氢合金的丁羟推进剂固化气孔问题研究 [J]. 固体火箭技术，2011，34 (1)：92-96.
[70] Inagaki S，Guan S，Ohsuna T，et al. An ordered mesoporous organosilica hybrid material with a crystal-like wall structure [J]. Nature (London)，2002，416 (6878)：304-307.

第 14 章 氢环境下的材料安全

14.1 临氢材料的安全问题

14.1.1 氢气的安全性

氢气具有化工原料和能源的双重属性，氢气的物理和化学性质决定了其危化品属性。氢气的有些特性相比汽油、柴油危险性更大，例如点燃氢所需的能量很小，燃烧爆炸范围更宽等，以往也的确有过很多灾害事例。在我国，氢气长期被作为化学物质来处理，并定义为危险化学品。氢气的化学危险品阴影也影响了氢能的发展[1-3]。

全球碳中和的背景下，氢气的能源属性才逐渐受到重视。为了积极地开发氢能利用，首先必须充分认识到其危险性，并开发出能避免或减轻氢能利用时所发生危险的有效技术。针对氢气的化学物质危险性，已开发出严格的危险评估和对应措施，包括本征安全（事先）、主动安全（事中）和被动安全（事后）的措施。图 14-1 是氢能应用中的危险识别和风险评估程序[4]。表 14-1 是氢能产业链不同环节安全保障技术需求和难点[5]。

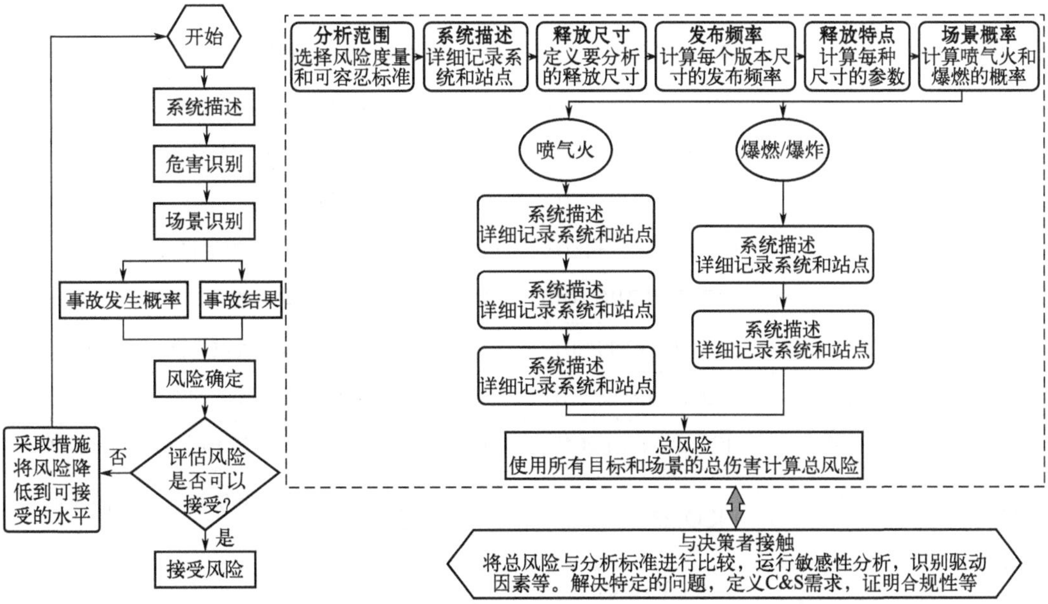

图 14-1 氢能应用中的危险识别和风险评估程序[4]

表14-1 氢能产业链不同环节安全保障技术需求和难点[5]

安全保障领域	氢能制备	氢能储存	氢能输运	氢能供应
重大事故风险演化与灾变机理	★★	★★	★★★	★★★
安全检测与监测	★★	★★★	★★★	★★★
实时风险感知与智能预警	★★★	★★	★★★	★★★
关键设施健康状态及结构完整性	★★★	★★★	★★★	★★
事故预防与控制	★★	★★★	★★★	★★★
应急预防及装备	★★	★★	★★★	★★★
安全标准化与保障机制	★	★★★	★★★	★★★

注：★★★—热点/难题；★★—热点/非难点；★—一般。

国内外也出台了很多氢气安全标准，如表14-2所示[6]。针对氢气制备、储存、输运以及应用等不同领域做出不同风险的评估和防护措施，如图14-2所示[5]。

表14-2 国内外氢气安全部分标准[6]

序号	组织	标准编号	标准名称
1	中华人民共和国标准化管理委员会	GB/T 23751.1—2009	微型燃料电池发电系统 第1部分：安全
2		GB/T 24549—2020	燃料电池电动汽车 安全要求
3		GB/T 27748.1—2017	固定式燃料电池发电系统 第1部分：安全
4		GB/T 29729—2022	氢系统安全的基本要求
5		GB/T 30084—2013	便携式燃料电池发电系统——安全
6		GB/T 31036—2014	质子交换膜燃料电池备用电源系统 安全
7		GB/T 31037.1—2014	工业起升车辆用燃料电池发电系统 第1部分：安全
8		GB/T 31139—2014	移动式加氢设施安全技术规范
9		GB/T 34539—2017	氢氧发生器安全技术要求
10		GB/T 34544—2017	小型燃料电池车用低压储氢装置安全试验方法
11		GB/T 34583—2017	加氢站用储氢装置安全技术要求
12		GB/T 34584—2017	加氢站安全技术规范
13		GB/T 36288—2018	燃料电池电动汽车 燃料电池堆安全要求
14	国际标准化组织	ISO/TR 15916:2015	氢气系统安全的基本考虑
15		ISO 16110-1:2007	使用燃料加工技术的氢气发生器 第1部分：安全
16		ISO/TR 19883:2017	氢气和纯化用变压吸附系统的安全性
17		ISO 21266-1:2018	道路车辆压缩气态氢（CGH_2）和氢气/天然气
18		ISO 23273:2013	燃料电池道路车辆用压缩氢燃料车辆的氢危险防护安全规范
19	美国国家标准协会	ANSI/AIAAG-095A-2017	氢气和氢气系统

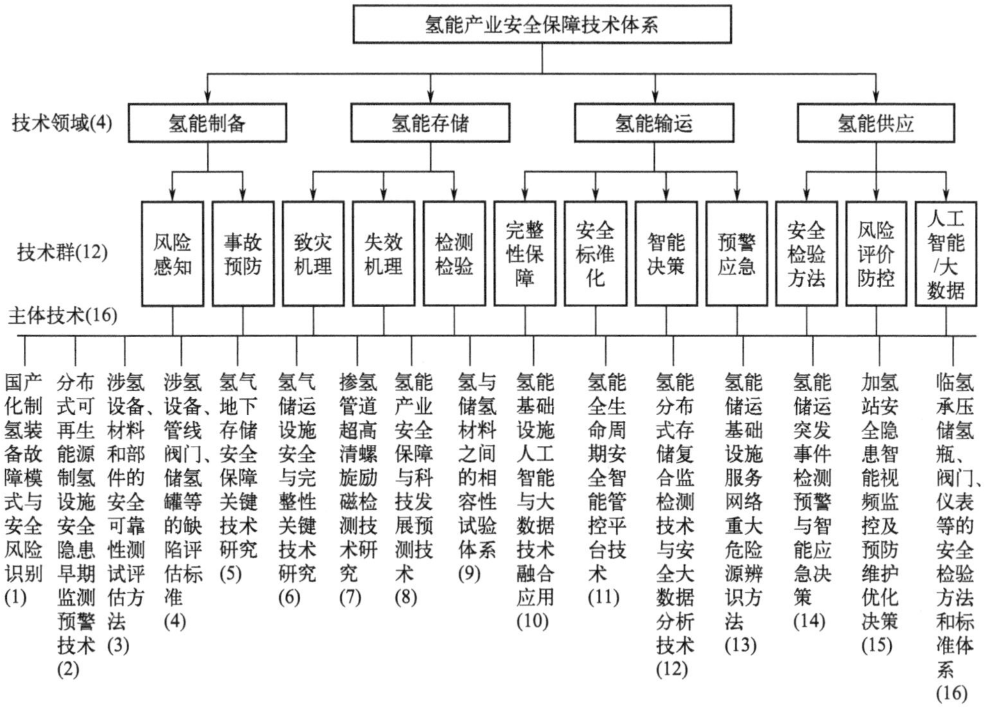

图 14-2 氢能产业安全保障技术体系发展建议[5]

14.1.2 材料的安全性

至今,人们对氢气的危险性都是基于氢气的燃烧和爆炸方面认识的。氢分子很小，容易被材料吸收，也容易扩散，容易与材料发生作用，从而引起氢临的容器、管道、器件、装备的材料损坏，人们对这方面的认识还不够充分。装备或器件的尺寸必须能够承受设计载荷，并且必须选择能够在部件使用寿命内安全可靠地工作的材料，同时氢气浓度的设计也与材料的选择密切相关。确保这些装置、装备、部件或器件在氢环境中工作的安全性至关重要，而这又是由所使用的材料所决定的，所以材料在氢环境下的使用安全性极为重要。

氢能产业中面临的安全问题很多，如图 14-3[4] 所示，大体可以分成氢气处理相关方面的和材料性能相关方面的两大类。前者包括气态氢泄漏、氢喷射火灾、延迟点火和爆炸、热辐射、温度变化、液氢（LH_2）释放、沸腾液体膨胀蒸汽爆炸等，后者包括氢脆、氢渗透、低温性能变化、压力容器内衬起泡、碳纤维损坏、耐火性和高温性等。氢气的燃烧和爆炸容易引起人们的注意，而材料的破坏往往被忽视，由此引起的事故也更多。前者在其他书籍和杂志上已有较详细的介绍[7,8]，所以本章重点对后者进行介绍。

氢能产业链长，包括重整制氢、电解槽、氢气储运、加氢站、燃料电池、氢内燃机、氨合成、石油化工、氢冶金等很多领域，因此氢能产业中材料使用的场所和环境也很广，会面临高压、高温、低温、强腐蚀、氢脆等方面的问题和挑战。如高压储氢容器、管道、仪器承有材料磨损、变形和断裂等力学性能和设计安全系数等要求，氢气压缩机伴有受压、磨损、疲劳等危害，氢内燃机和氢燃气轮机伴有超高温强度、蠕变、疲劳等破坏的危害，电解槽和氢燃料电池的双极板以及催化剂面临着强的电化学腐蚀，液态氢气储运面临材料的冷脆等。

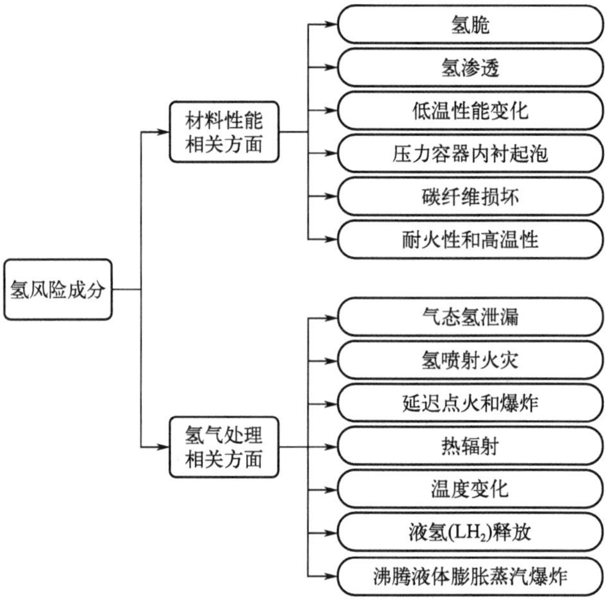

图 14-3 氢气应用中面临的安全问题[4]

有大量的文献涵盖了氢的破坏能力及其对材料的影响，涉及材料的有以下主题[9]：材料和规格、温度限制、冲击试验方法和验收标准、材料的流体服务要求、使用中的材料变质、接和辅助材料。

任何材料的使用首先需要满足相应的力学性能要求，避免机械性能的损伤。在高压储氢和低温储氢下，材料面临高压和低温问题；在电解槽和燃料电池方面，面临电化学的强腐蚀问题；在氢内燃机和氢燃气轮机方面，面临着超高温问题。此外，与其他气体不同，材料与氢气接触都会面临氢脆危害，是氢能源产业中材料存在的普遍问题，下面就这些方面进行介绍。

14.2 材料机械性能和破坏

材料长期在氢环境下工作，会出现力学性能劣化的现象，严重威胁设备安全。材料最基本的性能是力学性能，在工程上往往称为机械性能。常见的机械零件破坏有磨损、腐蚀、变形和断裂等四种形式，变形和断裂是最严重的破坏。材料拉伸中五个最基本的过程为：弹性变形过程、屈服过程、加工硬化过程、颈缩过程、断裂过程。材料最常见的力学性能有弹性、屈服强度、抗拉强度、延展性、韧性、硬度等。

14.2.1 材料的变形和断裂破坏

变形是指结构(或其一部分) 形状的改变。任何结构都是由可变形固体材料组成的，在外力作用下将会产生变形和位移，可以分为弹性变形和塑性变形两种。弹性变形是在外力作用下产生变形，如果将外力撤除，物体能够完全恢复它原来的形状和尺寸的变形，性能和组织不发生变化，不会引起材料的损坏。塑性变形是材料在外力作用下产生永久形变，即使外力撤除也不能恢复到初始的状态，这种永久的变形改变了材料的形状，会造成器件或设备的损坏，应该避免或控制。影响塑性变形的因素有化学成分、组织结构、零件形状、应变速率、使用环境等。

材料的破坏有变形破坏和断裂破坏。变形破坏是零件在外力作用下形状和尺寸发生变化引起的破坏，断裂破坏是零件在外力的作用下发生开裂或折断的现象。断裂（fracture）是材料或构件力学性能的基本表征。根据断裂前发生的塑性变形的大小，可把材料的断裂分为脆性断裂和延性断裂两大类。随材料和条件的不同，循环载荷作用下的疲劳断裂、高温下的蠕变断裂以及环境作用下的应力腐蚀断裂，均可表现为脆性断裂和延性断裂。

延性断裂是伴随有较大塑性变形的断裂。典型的延性断裂是穿晶的，通常有剪切断裂和法向（或正向）断裂两种。单轴拉伸载荷作用下沿着拉伸轴约45°的面滑开的断裂称剪切断裂。脆性断裂是没有或仅伴随着微量塑性变形的断裂。玻璃的断裂不发生任何塑性变形，是典型的脆性断裂；而金属的断裂总伴随着塑性变形，故金属的脆性断裂只是相对而言。根据裂纹扩展的路径，脆性断裂又可以分为解理断裂和晶间断裂。断裂是材料的最严重破坏，裂危害最大，需要绝对避免，脆性断裂没有先期征兆，不容易发现，尤其危险。

引起材料断裂的因素除了设计问题和使用违规外，从材料本身来看主要是由时效和应变时效、蠕变、低频疲劳、磨损疲劳、热冲击、热疲劳、氧化、硫化、腐蚀等因素引起的。

14.2.2 磨损、时效、蠕变和疲劳破坏

除了瞬时过载引起的变形和断裂破坏外，金属材料更多的是经历时效、蠕变、疲劳等缓慢的破坏，如下所述[10]。

（1）磨损破坏

磨损破坏是零部件失效的一种基本类型，是由于机械作用和（或）化学反应（包括热化学、电化学和力化学等反应），在固体的摩擦表面上产生的一种材料逐渐损耗，零部件几何尺寸（体积）变小的现象。零部件失去原有设计所规定的功能称为失效。失效包括：完全丧失原定功能；功能降低和有严重损伤或隐患，继续使用会失去可靠性及安全性。

物体相互接触和做相对运动时，因机械、物理-化学作用造成表面材料分离，使表面形状、尺寸、组织及性能发生变化。磨损是逐渐发展的过程，失效前有所预兆，但某些磨损件失效前特征不明显，可能引发突发事故。

（2）时效和应变时效

时效就是钢的强度、硬度和塑性，特别是冲击韧性在一定时间内自发改变的现象。沸腾钢和半镇静的低碳钢在210～480℃时效，会沉淀出微细的氮化物，从而使硬度增加，延展性和耐冲击性降低，造成所谓的蓝脆。时效通常在冷却尤其是快冷之后进行，另外应变也会加剧时效脆化。为了避免失效，关键部位使用的管件、阀门、管线应采用全镇静钢或细晶粒钢。

（3）蠕变

蠕变是金属与合金由于长期处于高温条件下，因应力的作用而产生缓慢连续的塑性变形和断裂的现象。蠕变温度约为熔化温度的30%。如碳钢和低合金钢通常考虑以350～500℃为蠕变温度界限。如电厂锅炉过热器管采用20号碳钢，在400℃长期运行，表面能高的片状珠光体会向表面能低的球状珠光体转化，珠光体球化导致钢的蠕变极限和持久极限降低，因而导致钢管在运行中因组织严重球化促进蠕变加速，最终爆破失效。如采用15CrMo钢，在＜500℃下长期运行，其蠕变量极小，但由于局部过热（超过500℃）就会导致组织变化，从而引起蠕变失效。如钢管组织合金铁素体析出 Cr_7C_3、Mo_2C，珠光体中 Fe_3C 发生球化也

可能转变为 Cr_7C_3、Mo_2C 颗粒，由于合金碳化物析出而使 Mo、Cr 等固溶强化元素贫化，导致钢材的蠕变抗力下降。

（4）疲劳破坏

疲劳破坏是在远低于材料强度极限甚至屈服极限的交变应力作用下，材料发生破坏的现象，包括低频疲劳、高频疲劳、热疲劳、磨损疲劳等多种形式。疲劳破坏即材料在循环应力和应变作用下，在一处或几处逐渐产生局部永久性累积损伤，经一定循环次数产生裂纹或突然发生完全断裂的过程。

加氢站的压缩机故障就是一个典型的例子。加氢站中最常见的压缩机是隔膜压缩机，是通过隔膜的振动实现氢气的压缩，如图 14-4 所示。凭借其优异的密封性能、无污染的气体压缩和高压缩比实现超高压压缩。但是由于隔膜压缩机中有许多易损部件，如金属隔膜、密封 O 型环、自动阀和活塞环，隔膜压缩机中经常发生故障，并导致意外停机，维护成本高、耗时长，严重阻碍了加氢站的部署和推广[11]。加氢站的氢气成本由其生产成本和压缩成本决定。氢气压缩机在加油站成本中占主导地位，占加油站总成本的 31%。金属隔膜失效主要是因为重复性往返振动和变形的疲劳破损引起的，密封 O 型环、自动阀和活塞环等则是磨损与疲劳的双重原因引起的。

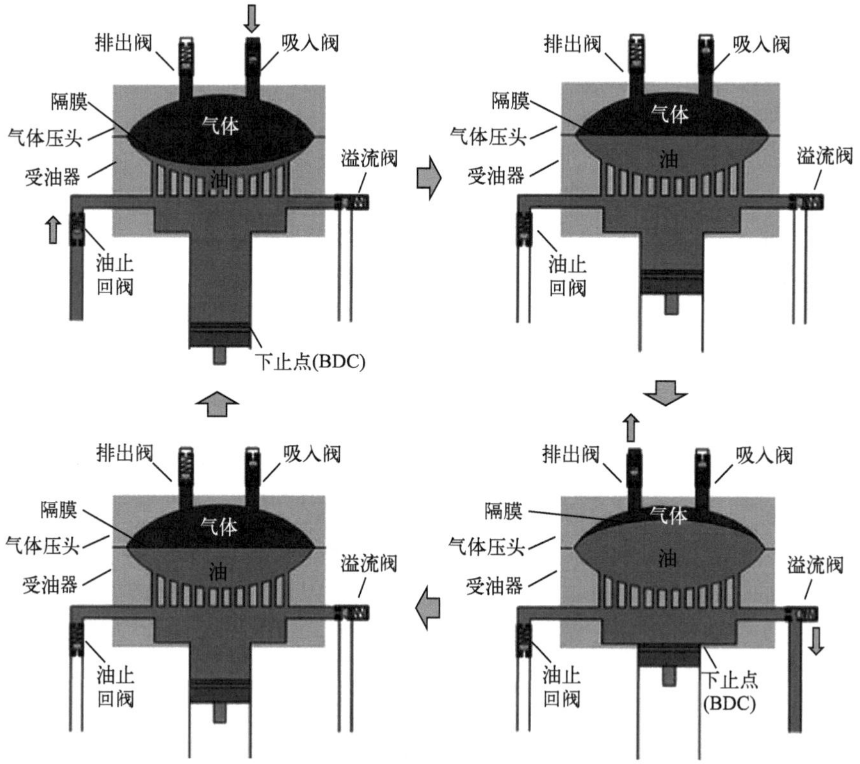

图 14-4 隔膜压缩机的结构和工作周期

热疲劳损坏是在无外加机械应力的条件下，外部温度的涨落使零件内部产生循环应变，由此导致的裂纹和断裂。加热炉炉管使用耐热合金，由于操作温度高达 700～1000℃，有时会因热冲击、热疲劳及热应力而发生龟裂。其原因有：由于调速变换时急冷产生了热冲击；加热过快产生热应力；700～800℃时发生晶界腐蚀；高温操作时发生急冷急热反复交替等。

设备轴向或径向受到较大的温差热应力作用，会造成热疲劳裂纹。如制氢转化炉管，催化剂脱落使炉管上部成为空管，外壁温度达 920℃，在频繁开停车情况下，上下炉管有最大的温差，必然在空管处造成热疲劳开裂。

两接触的表面在交变按角压力的作用下，材料表面因疲劳而产生物质损失的现象称为疲劳磨损。化工机器的磨损有磨料磨损、黏着磨损与微动磨损。其中微动磨损特别在机器的过盈配合处（如轴颈和转子的装配处）易于发生。由于在动载荷作用下发生相对运动，部件表面产生微动磨损点坑，甚至出现咬蚀疲劳裂纹。

对于机械作用引起的磨损、变形和断裂等破坏的更详细描述可参见各种机械性能方面的书籍。

14.3 腐蚀引起的破坏

腐蚀破坏是材料（包括金属材料和非金属材料）在环境的作用下引起的破坏或变质。对金属材料来说，金属和周围介质发生化学或电化学作用引起的破坏，称为金属腐蚀。对非金属材料来说，由直接的化学作用或物理作用（如氧化、溶解、溶胀等）所引起的破坏，称为非金属腐蚀。腐蚀可以按照腐蚀发生的机理和腐蚀形态来进行分类。

14.3.1 根据腐蚀机理分类

根据腐蚀发生的机理,可将其分为化学腐蚀、电化学腐蚀和物理腐蚀三大类。

（1）化学腐蚀（chemical corrosion）

化学腐蚀是指金属表面与非电解质直接发生纯化学作用而引起的破坏。金属在高温气体中的硫腐蚀、金属的高温氧化均属于化学腐蚀。

如 CO_2 的酸性腐蚀就是一种常见的化学腐蚀[12]。CO_2 易溶于水，常温、常压下饱和水溶液所溶解的 CO_2 浓度为 0.04mol/L，大部分 CO_2 是以结合较弱的水合物分子形式存在，只有一小部分形成碳酸，电离出的 H^+ 会降低水的 pH 值。CO_2 溶入水后对部分金属材料有极强的腐蚀性，腐蚀反应为：$CO_2+H_2O+Fe \longrightarrow FeCO_3+H_2$。在相同的 pH 值下，由于 CO_2 的总酸度比盐酸高，因此它对钢铁的腐蚀比盐酸还严重，其腐蚀速率可达 7mm/a，甚至更高。

CO_2 水溶液能引起钢铁迅速腐蚀，使得管道和设备发生早期失效。例如，美国 Little Creek 油田实施 CO_2 驱油试验期间，不到 5 个月油管管壁就腐蚀穿孔，腐蚀速率高达 12.7mm/a。中国华北油田 58 号井，曾日产原油 400t、天然气 $105m^3$，油中含水 3.1%，气中含 CO_2 42%，仅使用 18 个月，N-80 钢质油管就腐蚀得千疮百孔，造成井喷，被迫停产。

（2）电化学腐蚀（electrochemical corrosion）

电化学腐蚀是指金属表面与离子导电的介质发生电化学反应而引起的破坏。电化学腐蚀是最普遍、最常见的腐蚀，如金属在大气、海水、土壤和各种电解质溶液中的腐蚀都属此类。

电偶腐蚀是最典型的电化学腐蚀，当两种不同的金属接触并浸入导电介质中时，就会产生电势。表 14-3 是不同金属的活性（阳极），活性更强的金属的腐蚀速率增加，而贵金属（阴极）的腐蚀速率降低[13]。由此产生的腐蚀可以是均匀分布的或局部的。

（3）物理腐蚀（physical corrosion）

物理腐蚀是指金属由于单纯的物理溶解而引起的破坏。其特点是：当低熔点的金属溶入金属材料中时，会对金属材料产生“割裂”作用。由于低熔点的金属强度一般较低，在受力状态下它将优先断裂，从而成为金属材料的裂纹源。应该说，这种腐蚀在工程中并不多见。

常见的物理腐蚀包括晶间腐蚀（18-8奥氏体不锈钢经425～870℃范围加热或冷却时，碳迁移至晶界，与铬结合形成碳化铬，造成晶界附近区域贫铬，从而受到选择性的微电偶腐蚀）、点腐蚀［不锈钢等钝性金属，由于存在非金属夹杂，如MnS，或氧化膜薄弱部位，往往成为点蚀的核心。在有某种氧化剂和同时有活性阴离子（如Cl^-）的溶液中，常发生点状溃蚀或腐蚀小孔］、缝隙腐蚀（发生在换热器管子管板胀接部、法兰密封面、紧固件、积垢或沉积物下部等）、露点腐蚀（设备和管道在某种条件下会结露生成盐酸、硫酸、硝酸、碳酸、氢溴酸等引起露点腐蚀，从而造成开裂）、电偶腐蚀（异种金属联结往往会发生电偶腐蚀，在某种条件下会发生脆裂）、相变腐蚀、杂散电流腐蚀。

表14-3 镀锌金属和合金系列的活性

阴极(惰性或钝化)
Pt
Au
C
Ag
Alloy C-276
316不锈SST(钝化)
304不锈SST(钝化)
Ti
Al 600(钝化)
Ni(钝化)
青铜
合金400
Cu-Ni合金
Cu
黄铜
合金600(钝化)
Ni (活性)
Sn
Pb
316 SST(活性)
304 SST(活性)
410 SST(活性)
铸铁
钢或铁
2024 Al
Cd
工业纯铝
Zn
Mg合金
Mg
阳极(非惰性或活性)

14.3.2 根据腐蚀形态分类

按腐蚀形态分类，腐蚀可分为全面腐蚀、局部腐蚀和应力腐蚀三大类。

（1）全面腐蚀

全面腐蚀也称均匀腐蚀，是在管道和容器较大面积上产生的程度基本相同的腐蚀，是危险性最小的一种腐蚀。全面腐蚀常使表面涂有腐蚀产物。这种均匀分布是由于金属表面上阳极和阴极位置的移动。在均匀腐蚀的情况下，金属结垢通常是比失效更大的问题。如图14-5所示，当电流通过电解质从阳极流到阴极时，会发生阳极反应（$Fe \longrightarrow Fe^{2+} + 2e^-$）。同时，铁离子$Fe^{2+}$被释放并与$OH^-$结合，生成氢氧化亚铁$Fe(OH)_2$。随后，氢氧化亚铁与氧气和水结合，在表面产生氢氧化铁［$Fe(OH)_3$］或普通铁锈。

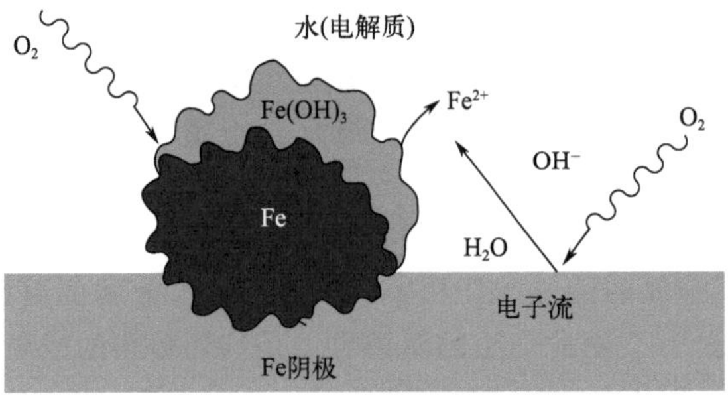

图14-5 经典腐蚀池

（2）局部腐蚀

又称非均匀腐蚀，其危害性远比全面腐蚀大，因为全面腐蚀容易被发觉，容易设防，而局部腐蚀则难以预测和预防，往往在没有先兆的情况下，使金属构件突然发生破坏，从而造成重大火灾或人身伤亡事故。局部腐蚀很普遍，据统计，全面腐蚀占整个腐蚀的 17.8%，而局部腐蚀则占 80%左右。常见危险性较大的局部腐蚀破坏形式有小孔腐蚀、应力腐蚀破裂、晶间腐蚀、缝隙腐蚀、电偶腐蚀、氢腐蚀及其他局部腐蚀形式，例如选择性腐蚀、空泡腐蚀、腐蚀疲劳等。

氢气管道铺设在高空、海洋和地下等复杂环境中。管道在使用过程中，长期暴露在结露、雨水、降雪等环境中，很容易产生锈蚀，如图 14-6 所示，时间越长，管道的锈蚀越严重。对于混氢气体，尤其是含有氯化物、氟化物、H_2S、NH_3、氰化物等有害杂质气体时，腐蚀损害会更严重。为了保证氢气管道及其阀门、设备和配件的安全，除了表面涂覆防护外，对材料的化学成分、力学性能、设备制造工艺及材料成分有特殊要求，需要严格控制有害元素含量，提高材料的抗蚀能力。

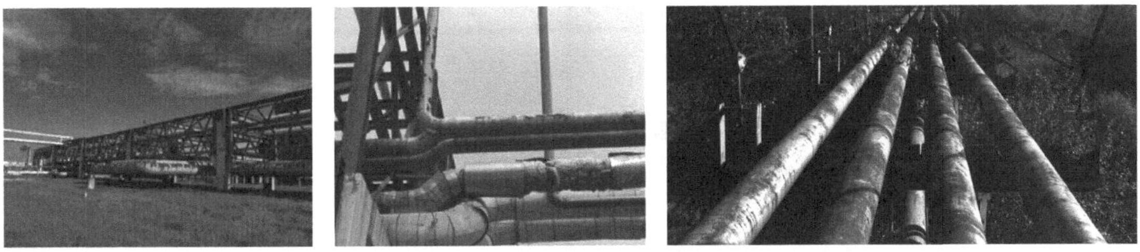

图 14-6 氢气管道现场情况

在腐蚀性环境中受振动或其他脉动应力作用的设备与部件会发生腐蚀疲劳。尤其材料表面存在蚀坑或尖口缺陷，在交变应力作用下，腐蚀疲劳裂纹扩展得更快。如 PVC 装置与 AN 装置较多，304 不锈钢塔的塔板发生过腐蚀疲劳开裂。又如 PTA 装置的回转式干燥机的螺旋输送机主轴，材质为 316 钢，由于含溴乙酸的湿 TA 物料产生孔蚀形成尖口，以及主轴上螺旋叶片对物料的反作用力而产生脉动应力作用，从而造成腐蚀疲劳开裂。再如某化肥厂氢氮气循环压缩机的活塞杆，由于镀铬后未经去氢处理以及与环境中氢相结合造成氢致裂纹，这为交变的工作载荷产生腐蚀疲劳开裂准备了条件。

（3）应力腐蚀

拉伸应力和腐蚀环境的作用同时发生，在远低于金属屈服强度的应力水平下，会导致脆性失效。张应力越高，失效时间越短。应力腐蚀是金属材料在拉应力和特定腐蚀介质的共同作用下发生的腐蚀破裂。发生应力腐蚀破裂的时间有长有短，有经过几天就开裂的，也有经过数年才开裂的，这说明应力腐蚀破裂通常有一个或长或短的孕育期。

应力腐蚀裂纹呈枯树枝状，大体上沿着垂直于拉应力的方向发展。裂纹的微观形态有穿晶型、晶间型（沿晶型）和两者兼有的混合型。应力的来源，对于管道来说，焊接、冷加工及安装时残余应力是主要的。

并不是任何的金属与介质的共同作用都引起应力腐蚀破裂。其中金属材料只有在某些特定的腐蚀环境中，才发生应力腐蚀破裂。表 14-4 列出了易产生应力腐蚀开裂的管道金属材料和腐蚀环境的组合。

表14-4 易产生应力腐蚀开裂的管道金属材料和腐蚀环境的组合（选自 SH 3059 附录 E）

材料	环境	材料	环境
碳钢及低合金钢	苛性碱溶液	奥氏体不锈钢	高温碱液如 NaOH、$Ca(OH)_2$、LiOH
	氨溶液		氯化物水溶液
	硝酸盐水溶液		海水、海洋大气
	含 HCN 水溶液		连多硫酸
	湿的 CO-CO_2 空气		高温高压含氧高纯水
	硝酸盐和重碳酸溶液		浓缩锅炉水
	含 H_2S 水溶液		水蒸气(260℃)
	海水		260℃硫酸
	海洋大气和工业大气		湿润空气（湿度 90%）
	CH_3COOH 水溶液		NaCl+ H_2O_2 水溶液
	$CaCl_2$、$FeCl_2$ 水溶液		热 NaCl+ H_2O_2 水溶液
	$(NH_4)_2CO_3$		热 NaCl
	H_2SO_4－HNO_3 混合酸水溶液		湿的 $MgCl_2$ 溶液
			H_2S 水溶液
钛及钛合金	发烟硝酸	铜合金	氨蒸气及氨水溶液
	N_2O_4（含 O_2、不含 NO，24～74℃）		三氯化铁
	湿的 Cl_2（288℃, 346℃, 427℃）		水, 水溶液
	HCl（10%,35℃）		汞
	硫酸（7%～60%）		硝酸根
	甲醇, 甲醇蒸气	铝合金	NaCl 水溶液
	海水		海水
	四氯化碳		$CaCl_2$+ NH_4Cl 水溶液
	氟利昂		汞

不同的工作环境下，由应力腐蚀可以引起多种形式的开裂，如氯脆、硫脆、碱脆、硝脆、碳脆、氰脆、溴脆、氨脆、氟脆等脆裂。氢气设备和管道在某种条件下会结露生成盐酸、硫酸、硝酸、碳酸、氢溴酸等，引起露点腐蚀，从而造成开裂。Cr-Ni 不锈钢在氢氟酸、氟硅酸和含 F^- 的水溶液中，同时在拉应力作用下，会产生应力腐蚀开裂。

14.3.3 氢损伤

除了上述常规的腐蚀破坏外，值得一提的是在含氢的环境下，氢会渗透进入金属内部从而造成金属性能劣化，称为氢损伤，也称氢破坏。氢损伤可分为四种不同的类型：氢鼓泡、脱碳、氢腐蚀和氢脆。

（1）氢鼓泡

氢鼓泡是指钢材氢损伤后出现的一种宏观缺陷——表面鼓泡。是由于钢材在氢环境（高温或高压）下溶解了大量的氢，温度下降后溶解度降低，便聚集成氢气泡，但又无法逸出，能形成很大的内压力，不但会使钢材内部产生氢致微裂纹，而且在接近钢材的表面将钢材撑破而形成鼓泡。一些电镀零件、加氢反应器等易出现这种缺陷，可以在宏观检查中发现这种缺陷[14]。

氢鼓泡主要发生在含湿硫化氢的介质中。硫化氢在水中离解：

$$H_2S \longrightarrow H^+ + HS^- \quad (14\text{-}1)$$

$$HS^- \longrightarrow H^+ + S^{2-} \quad (14\text{-}2)$$

钢在硫化氢水溶液中发生电化学腐蚀：

阳极反应：

$$Fe \longrightarrow Fe^{2+} + 2e^- \quad (14\text{-}3)$$

二次反应过程：

$$Fe^{2+} + S^{2-} \longrightarrow FeS \quad (14\text{-}4)$$

阴极反应：

$$2H^+ + 2e^- \longrightarrow 2H_{吸附} \longrightarrow H_2(g) \quad (14\text{-}5)$$

在湿硫化氢环境中，金属表面发生电化学腐蚀，阴极反应生成活性很强的氢原子，由于S^{2-}在金属表面的吸附对氢原子复合氢分子有阻碍作用，从而促进氢原子向金属内渗透，遇到了裂缝、分层、空隙、夹渣等缺陷，就聚集起来结合成氢分子造成体积膨胀，在钢结合面或夹杂物与金属之间产生极大压力（可达数百兆帕）。当氢压达到一定程度后，导致金属材料被撕开，就形成了分层缺陷；当分层内氢气压力产生的应力大于材料的弹性极限时，上层钢板产生塑性变形，向外隆起而形成鼓包，如图 14-7 所示[15]。

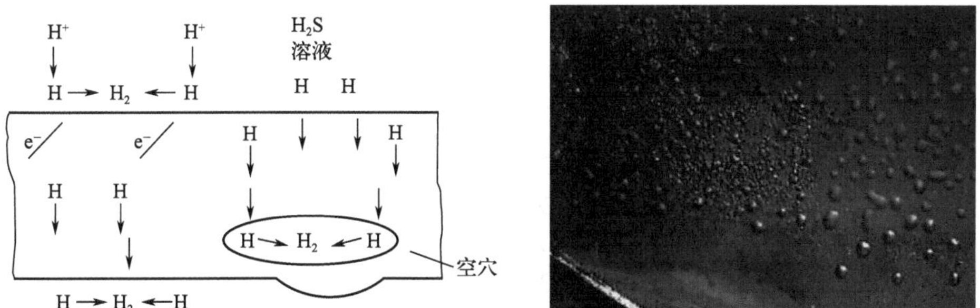

图 14-7 金属表面氢鼓泡机理（a）和氢鼓泡破坏形貌（b）

氢鼓泡需要一个硫化氢临界浓度值，如硫化氢分压达到 138Pa 时将会产生氢鼓泡。氢原子进入钢表面后，滞留在空穴、晶界、位错处，特别是一些受热压轧制时拉伸成扁长条的硫化物（如 MnS 夹质）的界面处，重组形成分子氢；分界面内较大的氢压导致硫化物夹杂带与基体分离，致使金属材料被撕开，形成小裂缝。这些微裂缝反过来可以收集更多的氢原子，邻近裂纹夹杂界面上的同一平面连接形成一个分层，最终形成鼓泡。如果在含湿硫化氢介质中同时存在磷化氢、砷和碲的化合物及 CN^- 时，有利于氢向钢中渗透，它们都是渗氢加速剂。氢鼓泡及氢诱发阶梯裂纹一般发生在钢板卷制的管道上。

根据分层形成的不同原因，氢鼓泡可以分为两种不同的类型，即“经典”鼓泡和氢鼓泡。由于钢材中存在大型层状夹杂物或严重成分偏析产生分层，在自由水环境中铁腐蚀产生原子氢，通过钢材表面扩散到分层处；重组形成分子氢，分子氢被困，一段时间之后，在氢内压作用下形成一个“经典”泡。

尽管分层原因各有不同，但在湿硫化氢环境中都会成为聚集氢原子的缺陷，导致氢鼓泡的出现或长大。因此，鼓泡与分层通常同时出现，相互促进，共同生长。影响氢鼓泡分层形成的因素包括介质的硫化氢含量、pH 值、温度及其他腐蚀介质，以及钢的纯度和制管工艺等。氢浓度越高，管材存在的分层、夹杂物或晶格缺陷越多，材料产生氢鼓泡分层的敏感性就越大。

防止氢鼓泡的方法：除去环境中含有硫化物、氰化物、含磷离子等阻止放氢反应的成分最为有效；也可选用无空穴的镇静钢以代替有众多空穴的沸腾钢。此外，可采用氢不易渗透的奥氏体不锈钢或镍的衬里，或橡胶、塑料、瓷砖衬里，加入缓蚀剂等[16]。

(2) 脱碳

脱碳指在工业制氢、氢储运、加氢裂化、加氢精制、催化重整等装置和管道中产生的碳成分损失。钢中的渗碳体在高温下与氢气作用生成甲烷：

$$Fe_3C + 2H_2(g) \longrightarrow 3Fe + CH_4(g) \tag{14-6}$$

反应结果导致表面层的渗碳体减少，同时产生气体。而碳便从邻近的尚未反应的金属层逐渐扩散到此反应区，于是有一定厚度的金属层因缺碳而变为铁素体。脱碳导致钢的晶格变形以及表面硬度、抗拉强度、疲劳极限的降低。

(3) 氢腐蚀

钢受到高温、高压氢作用后，其力学性能劣化，强度、韧性明显降低，并且是不可逆的，这种现象称为氢腐蚀。氢腐蚀的历程可用图 14-8 来解释。

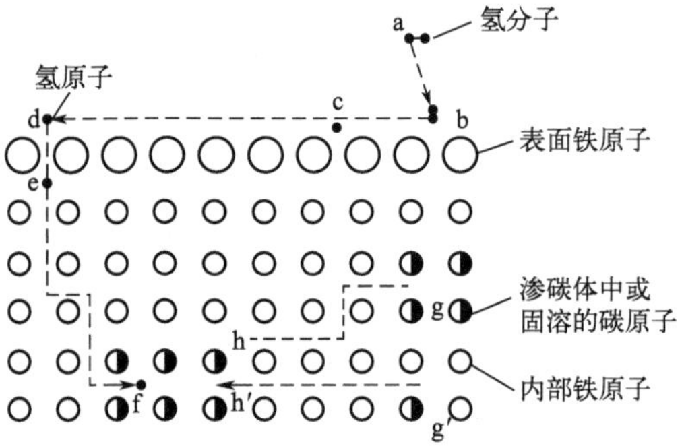

图 14-8 氢腐蚀的历程

氢腐蚀过程也引起脱碳现象，可以是 α-Fe 中的 C，也可以是渗碳体 Fe_3C 中的 C，如式 (14-7) 和式 (14-8) 所示：

$$Fe_3C + 4H \longrightarrow 3Fe + CH_4(g) \tag{14-7}$$

$$C_{(\alpha\text{-Fe中})} + 4H_{(\alpha\text{-Fe中})} \longrightarrow CH_4(g) \tag{14-8}$$

氢腐蚀的过程大致可分为三个阶段：a. 孕育期，钢的性能没有变化；b. 性能迅速变化阶段，迅速脱碳，裂纹快速扩展；c. 最后阶段，固溶体中碳已耗尽。氢腐蚀的孕育期是重要的，它往往决定了钢的使用寿命。

某氢压力下产生氢腐蚀有一起始温度，它是衡量钢材抗氢性能的指标。低于这个温度氢腐蚀反应速度极慢，以致孕育期超过正常使用寿命。碳钢的这一温度大约在 220℃。氢分压也有一个起始点（碳钢大约在 1.4MPa），即无论温度多高，低于此分压，只发生表面脱碳而不发生严重的氢腐蚀。此外，冷加工变形提高了碳、氢的扩散能力，对腐蚀起加速作用。

氢腐蚀、高温 H_2+H_2S 腐蚀、高温环烷酸腐蚀、湿硫化氢腐蚀、铵盐腐蚀是高压加氢装置中常见的腐蚀类型。321、347、316L、碳钢、抗硫抗氢碳钢等材料是目前高压加氢装置中广泛使用的管道材料，镍基合金材料 N08825 常用于容易发生严重铵盐腐蚀的高压换热器或高压空冷器管束，双相钢管道 2205 或 2507 也有部分应用，控制铵盐腐蚀需在选材和工艺系统方面共同优化。

316 含碳量较高，在焊缝热影响区（HAZ）容易发生应力腐蚀开裂。316L 为低碳奥氏体不锈钢，根据 API RP581—2016（2020）中对连多硫酸腐蚀破坏的描述，低碳钢在 427℃以下不容易发生连多硫酸应力腐蚀开裂（PTA SCC），因此 316L 得到广泛应用。为减小壁厚同时保证耐腐蚀性能，也可以选用 316/316L 双牌号钢，即钢管的物理机械性能符合 316 不锈钢的要求，化学成分符合 316L 不锈钢的要求。

表 14-5 是水蒸气重整装置中，从工艺的上游到下游，按照工艺顺序显示的流体条件、使用材料和损伤形式。除了产生高温损伤之外，由于流体中含有水蒸气，所以在局部存在的低温部分结露，并因此发生湿性腐蚀。压力越大，露点越上升，成为相当严重的腐蚀环境。特别是应力腐蚀裂纹越是在高温下越容易发生[17,18]，露出部分处于非常危险的状态[19]。

反应管是该装置的主体部分，使用的是离心铸造的高碳 25Cr20Ni 铸钢（耐热铸钢 HK40）或 20Cr32Ni 钢。以前由于离心铸造、焊接、管道或加热炉等设计和制备技术不成熟，经常发生损伤，如蠕变破坏、热疲劳裂纹、渗碳腐蚀及 σ 相脆性等损伤。在高温下，容易产生由管支撑或再生器部分的壁厚差等引起的热应力，损伤频率高，但现在在设计和制造方面都进行了改善。

表14-5 水蒸气重整法制氢装置中的使用材料和损伤形式

工艺	流体条件①		构成材料	损伤多的场所	损伤种类
	温度/K	组成			
脱硫	623～673（350～400℃）	碳氢化物、硫化氢、有机硫化物	18Cr-8Ni、18Cr-8Ni-Ti、Cr-Mo、碳钢	热交换器、配管	硫化腐蚀、应力腐蚀裂纹
水蒸气接触重整（蒸汽重整）	973～1123（700～850℃）	氢气、一氧化碳、碳酸、甲烷、蒸汽	耐热铸钢、HK-40、因科洛伊合金 800、25Cr-20Ni、18Cr-8Ni-Mo	反应管、配管	热疲劳、蠕变变形和断裂、σ 相脆、浸炭腐蚀、应力腐蚀裂纹、腐蚀疲劳
			18Cr-8Ni、碳钢	配管、热交换器	碳酸气体水溶液的腐蚀和氢损伤
一氧化碳变换	473～723（200～450℃）	同上	18Cr-8Ni、Cr-Mo、碳钢	配管、热交换器、零件	应力腐蚀裂纹、碳酸气体水溶液的腐蚀、氢损伤
CO_2 脱除	< 393（< 120℃）	同上、MEA②	18Cr-8Ni、碳钢	配管、洗净塔、热交换器、配管	应力腐蚀裂纹、应力腐蚀裂纹、碳酸气体水溶液的腐蚀

续表

工艺	流体条件①		构成材料	损伤多的场所	损伤种类
	温度/K	组成			
甲烷化	573~673 （300~450℃）	氢气、碳酸气体、甲烷	Cr-Mo、碳钢	配管	碳酸气体水溶液的腐蚀
产品		氢气			

① 原料为石脑油、丁烷、天然气等，流体压力在 0.29~3.9MPa 的范围内。

② MEA 表示单乙醇胺。

管道材料除了上述的常规碳钢和不锈钢之外，还包括衬里材料（钢衬胶及钢衬四氟）、非金属材料［氯化聚氯乙烯（CPVC）、玻璃钢/聚氯乙烯（FRP/PVC）、均聚聚丙烯（PPH）］、钛及钛合金等，进行管道材质的选择时要综合考虑介质的操作工况和腐蚀类型。工程技术人员应根据介质的组成、腐蚀机理、温度、压力等条件，按照相应规范和工程经验有依据地选材。

（4）氢脆

与其他气体显著不同，无论以什么方式进入材料内部的氢，都将引起材料延展性降低，即伸长率和断面收缩率显著下降，高强度钢尤其严重，被称为氢脆，这部分内容将在下一节详细介绍。

14.4 材料的氢脆

14.4.1 氢脆现象

氢脆是一种材料力学性能退化现象，是材料对氢相容性的上限范围，如图 14-9 所示，发生在环境、材料和应力/力学的交叉点，氢脆敏感地取决于环境、材料和施加的应力。

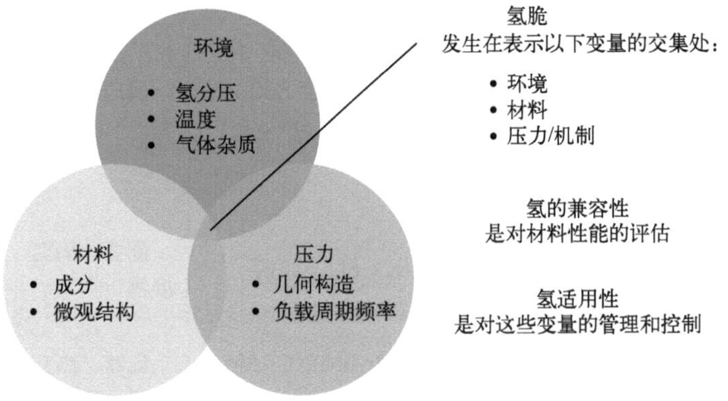

图 14-9 氢脆发生的相关因素

氢脆（hydrogen embrittlement，HE）是金属中存在过量的氢，这些氢在张应力协同作用下造成材料韧性变坏、抗拉强度降低以及低应力下滞后断裂的现象，也有把氢鼓泡、脱碳、氢蚀等都归于氢脆的。氢脆是一个古老的问题，氢对金属的影响可以追溯到氨合成。

1911 年启动的哈伯・波什法合成氨中发现各种管道和部件受到很大损伤，分析发现在 200atm、500～600℃的反应过程中，钢铁中的碳反应生成甲烷而脱碳和变脆，并将此现象称为氢蚀（hydrogen attack，HA）。之后发现几乎在所有的金属中都存在着不同程度的氢脆倾向，尤其是高碳钢和高强度结构钢对氢脆敏感[20-23]。

氢脆一直是引起部件及设备过早断裂的一个主要因素。金属的劣化除了氧化、硫化、酸化、生锈等因素外，就是氢脆。与其他元素不同的地方是，氢即便是在浓度非常小时，所引起的脆性效应也很显著，同时也与外加应力、内部应力以及材料中的微观组织密切相关。钢铁以及有色金属中出现的延迟断裂（delayed fracture，DF）、应力腐蚀开裂（stress corrosion cracking，SCC）都从侧面反映了氢脆的作用和影响。

早期关注更多的是铸铁白点以及焊接部冷裂纹等部位析出高压氢引起的氢脆，而现在来自自然环境中的氢产生的氢脆则更多，更受关注。随着航空、海洋、石油、核工业、新能源等领域的发展，对于临氢环境下使用的高强合金的抗氢脆性能要求越来越高。脆性断裂造成的事故多为灾难性的，损失非常巨大，所以探求氢脆发生的规律和机理，尤其是弄清各种不同因子对氢脆敏感性的影响，弄清其发生和发展过程，从而找到并采取相应的措施减缓或防止氢脆是一项非常有意义的工作。氢脆虽然是一个传统的课题，但现在又开始受到新的关注[24-28]，这是因为：

① 金属制备和加工的新工艺引起了新的氢脆问题。现代冶炼随着真空设备的广泛应用，氢脆问题本已得到了很好的解决，但是随着连铸工艺的广泛应用以及钢中硫含量的急剧降低，连铸洁净钢产生白点的敏感性急剧升高。

② 金属使用的环境发生大的变化，在氢气和水蒸气气氛下以及腐蚀溶液下使用得更多。氢气压力越高，水蒸气以及腐蚀溶液浓度越大，金属的断裂韧性值越低。

③ 金属的高强度化增强了氢脆敏感性。从方便使用、降低成本的角度出发，需要使用高强度钢，但金属强度越高，断裂韧性越低，对氢脆也越敏感。如我国确立了大飞机项目，对选用金属的强度/质量比的要求更高。高强度金属的选用可减轻飞机的重量，但强度增大使得金属韧性降低，对缺口、氢脆及应力腐蚀问题更加敏感，一直严重阻碍我国航空、航天工业的发展。

④ 新的产业领域对金属提出了更高的要求。如近年来，氢能利用正在快速推进，从低成本、安全地利用氢的角度出发，需要扩大低合金钢在氢能产业相关设备上的利用。在设计和制造高压氢气的储存容器及输送管道等结构时，需考虑所用金属材料的氢脆性能。

这些都要求对氢脆进行更深入的理解。当前所面临的课题大致可以分为两类：一类是找出工程中存在的氢脆隐患、氢脆类型和危害性，并提出相应的解决问题的措施；另一类是明确至今还没有完全理解的氢脆本质[29]。前者属于技术问题，后者属于科学问题，只有通过两者的协同研究，才能更全面更有效地理解和避免氢脆破坏。

14.4.2 氢脆的种类

在金属的制备加工和使用中，氢可以引起不同形式的金属劣化现象，统称为氢损伤，包括氢脆、氢蚀、氢鼓泡（blistering）、发纹或白点（shatter cracks、fisheyes）、显微穿孔（microperforation）、流变性能退化、形成金属氢化物（hydride）等。金属在低于屈服强度的应力作用下，经过一段孕育期后，在内部形成裂纹，并在应力持续作用下裂纹传播长大，最后突然产生脆性断裂的现象被称为滞后断裂。氢脆往往具有这种特点，所以氢脆断裂也被称为氢致滞后断裂。

图 14-10 是 SUS316 不锈钢分别在大气和 70MPa 氢气中拉伸断裂样品与微观形貌组织照片[30]。在大气下拉伸的样品显示杯形和锥形断裂（a），在微观组织中可以看到韧窝断裂组织（c）。而在 70MPa 氢气中拉伸的样品则显示平面断裂（b），微观组织则是准解理断裂组织（d），显示了显著的氢脆现象。由此可以看出，在氢气气氛下，不锈钢的力学性能发生显著的变化。

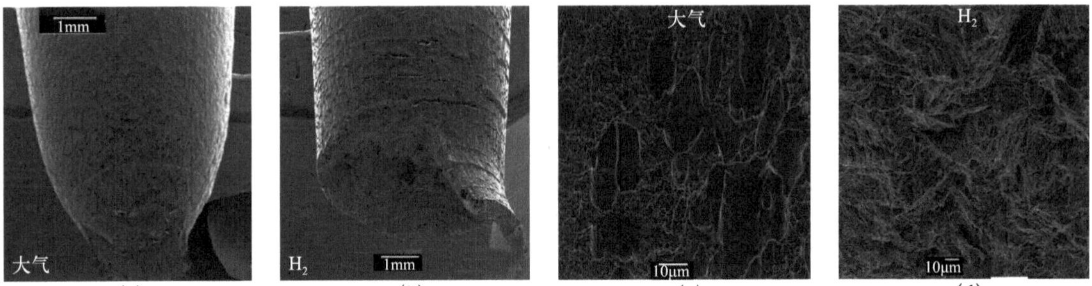

(a) (b) (c) (d)

图 14-10 SUS316 不锈钢在大气和 70MPa 氢气中拉伸实验后的断口照片
[（a）大气；（b）70MPa 氢气] 和微观组织 [（c）大气；（d）70MPa 氢气]

氢可能是在零部件使用前就存在的，也可能是在使用过程中从含氢介质环境中渗入的。根据氢的来源，氢脆可分为内部氢脆（internal hydrogen embrittlement）和环境氢脆（或外部氢脆，environment hydrogen embrittlement）。前者是指金属材料在冶炼、浇铸和加工过程，如熔炼、酸洗、电镀、热处理、焊接等过程中吸收了过量的氢，后者则是指在氢气气氛下或含氢的水介质（如硫化氢、水溶液、水汽等）等环境中长期静置或使用时吸收了过量的氢。环境氢脆出现的场合更多一些，尤其是在电镀过程中常常会出现，所以氢脆早期也被认为是电化学作用产生的原子氢渗入金属材料从而产生脆性破坏的一种现象。内部氢脆不显示滞后断裂，而环境氢脆常显示滞后断裂。两种氢脆特点如表 14-6 所示。

表14-6 氢脆的种类和特征

项目	内容	
两种氢脆	内部氢脆（internal hydrogen embrittlement）	环境氢脆（或外部氢脆）（external hydrogen embrittlement）
氢引入的途径	冶炼、锻造、焊接、酸洗、电镀过程中吸收了过量的氢气而造成的	服役过程中，在氢气或其他含氢介质（如水溶液）的环境下从表面浸入
氢脆行为特点	氢脆的敏感性随形变速度的提高而增加	氢脆敏感性随形变速度的提高而降低； 在一定温度范围（-100～100℃）内发生
氢的分布	弥散分布在金属内部，气体状态的多	氢从表面侵入金属，主要以氢原子分布在表层和晶界处
裂纹源和开裂处	内部	表面
可逆性	不可逆氢脆	有不可逆氢脆和可逆性氢脆； 第二类氢脆往往指可逆性氢脆； 有氢化物形成元素的可能出现不可逆氢脆

续表

项目	内容				
细分类	氢蚀（hydrogen attack），或称氢病、氢反应开裂	白点（shatter cracks、fisheyes）	氢化物氢脆（hydride）	电化学反应（应力腐蚀破裂，SCC）	吸氢反应（HE）
形成物	高压 CH_4 气体	高压 H_2 气体	氢化物 MH_x	H 原子、H 原子团、H_2 分子	H 原子、H 原子团、H_2 分子
形成原因	高压氢与钢中碳作用在晶界上生成	在冷凝过程中氢溶解度降低而析出大量氢分子	ⅥB 族（Ti、Zr、Hf）、ⅤB 族（V、Nb、Ta）和稀土（RE）极易生成氢化物	H^+ 离子侵入金属中，受电化学条件的控制	H_2 在金属表面吸附，分解为原子氢，向金属内部扩散，受热力学条件控制

另外，根据与形变速度的相关性，也把氢脆分为两种类型。第一类是在加负荷之前金属中已经含有足够量的氢或存在某种氢脆源，金属中的氢含量较高，应力的作用是加快裂纹的形成与扩展，氢脆的特点是敏感性随形变速度的增加而增强，内部氢脆大都属于这一类。第二类的特点是金属在加负荷之前含氢甚微，而且不存在断裂源，而是在氢与应力交互作用下逐步形成断裂源，并最后导致脆性断裂，氢脆的敏感性随形变速度的下降而增强，环境氢脆大多属于这一类。

第二类氢脆进一步可以分为可逆性氢脆和不可逆氢脆，这是因氢的迁移特性不同而引起的。前者的氢在金属中是可逆扩散的，在金属慢速变形时氢在应力的作用下会发生迁移和富集；当卸掉负荷并静止一定时间，或进行加热脱氢处理时，富集处的氢会自发扩散和重新分布，达到新的平衡，材料的性能也能恢复。这类氢脆对应力是可逆的，在进行变形时，金属的塑性可以得到恢复。后者的氢是非可逆扩散的，氢在应力的作用下会扩散和富集到某处形成氢化物，被完全束缚住。即便应力撤销，氢也不会自发扩散和重新分布，对应力是非可逆的。

图 14-11（另见文前彩图）给出了内部氢脆和环境氢脆中氢的分布情况以及裂纹萌生和扩展过程[31]。内部氢脆的氢是在材料制备加工过程中引入的，所以分布在金属内部，氢的扩散可以通过沿晶界的裂纹扩展（a）、沿滑移面的裂纹扩展（b）、沿孪晶边界的裂纹扩展（c）等多种途径，而环境氢脆的氢是在保存和使用时引入的，更多地分布在表面，并由表层向内部扩散，表层的影响很大[32,33]。

14.4.3 氢在金属中的存在状态

氢原子由一个质子和一个电子组成，在自然状态下以双原子分子气体形式存在。由于分子的尺寸太大，氢气无法直接穿过气体/金属界面，也无法在金属中扩散。因此，氢气必须在某些环境下在气体/金属界面分解成单原子氢才可以进入金属或合金中。

引起氢脆的 5 个必要步骤：a. 表面氢吸附。在范德华力和电子共享的作用下，氢分子在金属表面先物理吸附后转为化学吸附。b. 氢侵入金属中。氢必须进入金属中方可造成氢脆，单纯的氢气表面吸附不会引起氢脆。c. 表层氢向内部迁移。氢进入金属后，必须通过输送过程，方可聚集到某一局部区域。氢的迁移一般有两种途径，即氢在晶体点阵中的扩散

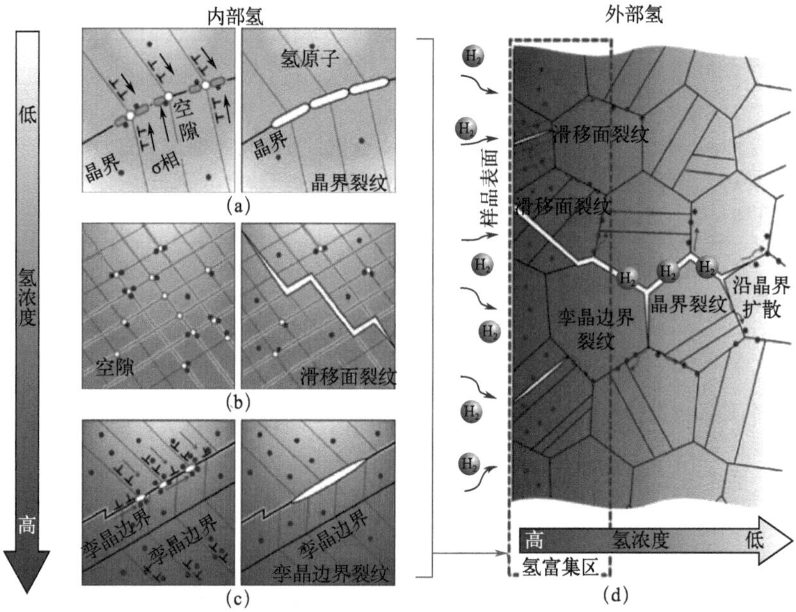

图 14-11 内部氢脆［（a）沿晶界的裂纹扩展；（b）沿滑移面的裂纹扩展；（c）沿孪晶边界的裂纹扩展］和外部氢脆的裂纹萌生及扩展过程（d）

和沿缺陷（如位错、晶界）的扩散。在 bcc 结构的铁或钢中，常温下扩散速率比较高，故氢的迁移以点阵扩散为主；而在 fcc 结构的奥氏体钢和铝合金等低扩散率的合金中，则是以位错输送为主。d. 氢的局部化。少量的氢如果均匀分布在金属中，则不会造成显著的危害。实际上，氢在金属中总是趋向于聚集在局部区域，如裂纹尖端、气孔和微孔、位错、晶界、沉淀或析出相、层晶面等地方。e. 微裂纹的形成与扩展。氢在应力或形变的作用下进一步富集，尤其是向应力集中区或各种微观结构非均匀区富集，引起纳米孔和微裂纹形成。整体过程如图 14-12 所示[34,35]。

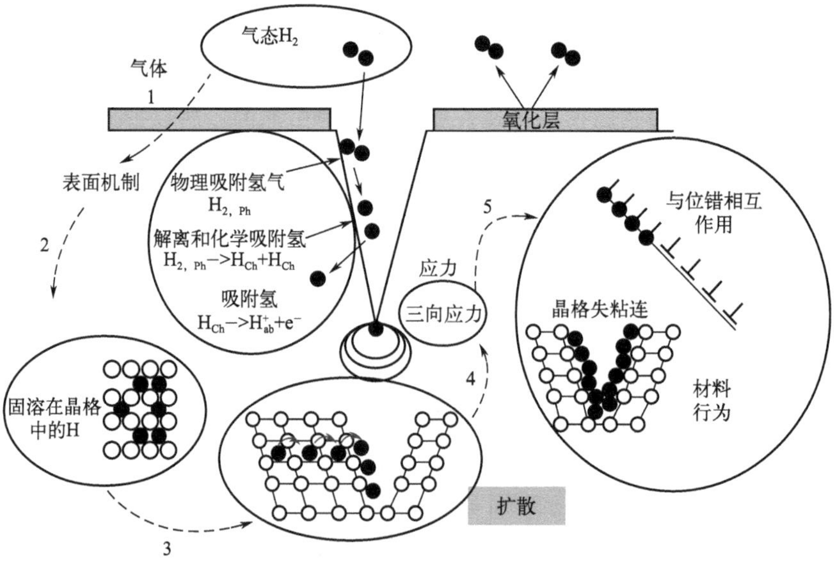

图 14-12 金属的氢气吸附、侵入、聚集和断裂模型

1—表面氢吸附；2—氢侵入金属中；3—表层氢向内部迁移；4—氢的局部化；5—微裂纹的形成与扩展

如果晶体是完整的，氢将处在四面体或八面体晶格间隙中。然而晶体中会有相界面、晶界面、位错、空位等缺陷，这些缺陷与氢的结合更强，形成氢陷阱，所以氢容易在这些陷阱处富集[36,37]。氢陷阱对氢在材料中的扩散和分布都有显著影响，在氢脆过程中起到极其重要的作用。典型的氢陷阱可以分成以下 4 类。

① 最弱陷阱：晶格间隙，在 5～10kJ/mol 级别（扩散氢）。

② 弱陷阱：小角晶界、马氏体板条界、位错、晶界，在 15～25kJ/mol 级别（扩散氢）。

③ 中强陷阱：微孔、裂纹，30～50kJ/mol 级别（难扩散氢）。

④ 强陷阱：相界、析出物界面，在 60～80kJ/mol 级别（非扩散氢）。

根据氢陷阱与氢原子结合能的大小，将氢陷阱分为可逆氢陷阱和不可逆氢陷阱，上述 4 类陷阱中，前两种为可逆氢陷阱，第三种为难可逆氢陷阱，第四种为不可逆氢陷阱。

图 14-13 给出了氢从侵入金属到引起破坏过程中的势能变化以及对应的金属破坏过程。在氢气气体中，氢分子物理吸附在金属表面，其中一部分会解离成氢原子形成化学吸附，一部分能量高的原子氢能够越过固溶热（E_S）势垒侵入金属内部形成固溶状态。固溶的氢通过晶格间隙扩散，借助热活化过程的帮助，越过扩散活化能（E_D）势垒向晶体内部扩散。由于实用金属含有很多原子排列紊乱的地方（晶格缺陷、位错、析出物、夹杂物等），这些地方容易与氢结合，形成具有各种结合能（E_B）的势阱，所以，氢在扩散过程中会被捕获到该位置。由于氢在这些部位富集会造成应力集中或产生微小的裂纹，因此，当受到外部加载应力时，即使是低应力或小应变也会导致该部位被破坏[38-40]。

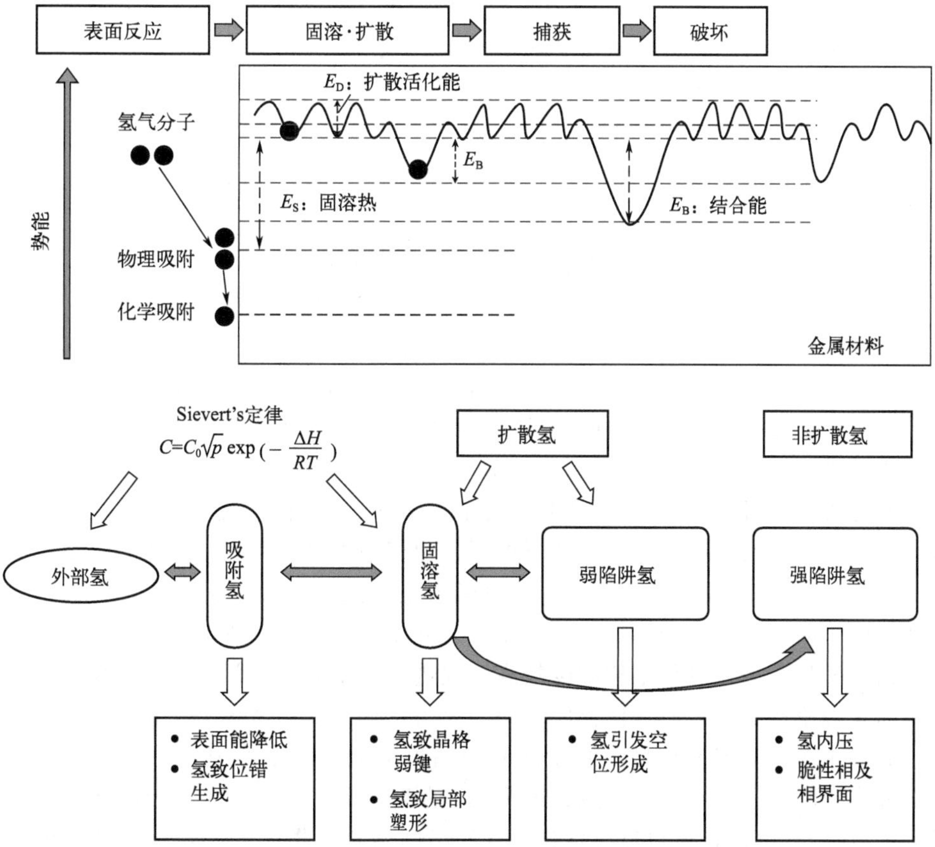

图 14-13 金属中氢元素的势能分布状态与氢脆模型相关性

14.4.4 氢脆机理

14.4.4.1 常见的六种氢脆机制

关于氢脆机制，已经提出了各种各样的理论模型，如氢内压理论、表面能降低氢脆理论、氢致晶格弱键理论、氢原子促进局部塑性变形理论、氢原子促进应变诱发空位形成理论、氢诱导相变理论等，其中前 4 种被人们广为接受。氢脆机理与金属中氢的存在状态密切相关，其可能的相关性也在图 14-14 中给出[41-43]。下面分别对 6 种模型做简单的介绍。

（1）氢内压模型

在高温下吸的氢因快速降温而在低温下过饱和，并以气体形式的氢气析出，造成极高的内压，使得金属内应力大于断裂强度（$\sigma > \sigma_c$），从而产生断裂，是一种内压氢脆的途径[44-46]。另一种内压氢脆途径如图 14-14（a）所示，氢以原子形式弥散分布，在应力的作用下发生移动，迁移到晶体缺陷处，如气孔、夹杂、微裂纹等，特别是在微孔、缝隙这样的缺陷部位聚集，并重新结合成氢分子，产生的压力使金属在内部缺陷处发生弱化导致氢脆[47-49]。

氢在金属内部以分子形式存在是目前公认的引起金属氢脆的机制之一。氢内压模型在解释某些合金钢中的白点和焊接冷裂等现象时较成功，但也有一些问题不能解释，如：a. 氢脆存在一个上限温度；b. 在非常低的氢压（$1 \sim 10^5$ Pa）下也可以产生氢脆；c. 氢致塑性损失和氢致滞后断裂的可逆性；d. 从热力学的原理出发，缺陷处的氢压不可能超过外压。

（2）表面能降低氢脆模型（hydrogen-reduced surface energy，HRSE）

Petch 等[50] 提出的表面吸附理论指出，固溶在晶格间的氢容易在晶粒界面或裂纹表面富集，降低原子间的结合力，如图 14-14（b）所示。此模型与 Griffith 断裂模型有相似之处，即吸附氢原子在开裂过程中起作用，开裂界面的界面能被吸附氢降低，从而减小了裂纹扩展时的阻力[51]。

根据材料断裂经典的 Griffith 理论可知，临界断裂强度 $\sigma_c = \beta\sqrt{2E\gamma/(\pi c)}$。其中，$\gamma$ 为表面能；c 为裂纹长度；E 为材料弹性模量；β 为与裂纹相关的常数，接近 1。裂纹尖端曲率半径大体在原子间距数量级，非常尖锐。当 γ 减小时，裂纹尖端的应力增加，以致大于临界断裂强度（$\sigma > \sigma_c$），断裂就会发生。虽然 Griffith 理论是在脆性材料中提出来的，有塑性变形的断裂要更复杂一些，但对断裂的基本特征是能很好地描述的。

（3）氢致晶格弱键模型（hydrogen-enhanced decohesion mechanism，HEDE）

该模型也称为晶格脆化模型。此机理是由 Troiano[52] 首先提出，随后由 Oriani[53,54] 完善的。该理论认为当氢溶入过渡族金属中后，由于过渡族元素的 3d 电子层未填满，氢原子的 1s 电子会进入金属 3d 电子层，使 3d 电子层电子浓度增大，从而增大了金属原子间的斥力，即降低了晶格的结合力，导致金属变脆，如图 14-14（c）所示。而且由于晶界上氢的扩散比晶格内容易，因此晶界上氢浓度较高，促进了裂纹的扩展，使晶格脆化[55]。

晶格脆化理论认为氢的侵入使得原子间结合力降低。如果考虑 Griffith 龟裂，则在龟裂尖端产生高静水压，引起氢富集，使该部分的晶格脆化。根据 Griffith 模型，裂缝扩展 Δc 对应的是外力拉断原子间结合力形成长度为 Δc 的两个新表面。外力所做的功等于新增表面的能量，即 $2\gamma\Delta c$。因此，也可以定性地认为原子间结合力降低也等同于 γ 的降低，其机理与表面能降低氢脆模型［机理（2）］相同。

表面能降低氢脆模型是从短程紧邻金属原子化学键的角度来理解氢脆，而晶格脆化模型是从长程晶格能带理论的角度来理解氢脆，两者都很好地在微观角度理解了氢脆行为，很好地说明了氢含量、温度等因素的影响，但是都不能说明氢脆与形变速率的相关性。

(4) 氢原子促进局部塑性变形模型（hydrogen-enhanced local plasticity mechanism，HELP）

该模型也称为促进位错运动模型。氢在位错处聚集，位错运动促进氢气的富集并在一定条件下形成溶质氢气团（Cottrell 气团），此气团有钉扎位错引起材料局部强化的作用，同时也可以促进位错的增加和运动，这种作用被称为氢原子促进局部塑性变形[56-58]。

氢原子促进局部塑性变形理论应是目前认可度较高的氢脆机理之一。Bastien 和 Azou 首先根据铁和软钢中的可逆氢脆与形变速率及温度关系的实验结果，并结合断口形貌观察及透射电镜的原位跟踪实验提出，氢原子进入钢中后，会偏聚在非固定位错、滑移障碍或其他弹性缺陷的应力场附近形成 Cottrell 气团，如图 14-14（d）所示[59]。氢原子会降低位错间以及位错与第二相间的交互作用能，位错密度越高的区域氢浓度越大，使位错运动阻力减小且可动性增大，导致裂纹尖端应力集中区域偏聚大量的位错及氢原子，从而引发局部塑性变形。因为 Cottrell 气团的运动受变形速度和温度的影响，以此可以解释高速形变和低温下不存在氢脆以及氢脆现象存在着一个上限温度。

然而，裂纹前端的微观观察表明氢脆是由微细的塑性部分和脆性部分混合在一起产生的，这一理论很难解释完全解理的脆性断裂行为。另外，在外部氢气中哪怕混入微量的氧气，裂纹生长就会在 1s 内迅速停止，这是一种很早就广为所知的现象。因为 1s 之内裂纹只能扩展 50～100nm，由此可见氢脆并不是由内部的氢富集引起的，而是由表层或近表层氢引起的。

(5) 氢原子促进应变诱发空位形成理论（hydrogen-enhanced strain-induced vacancies，HESIC）

为了解释氢脆断口中形成的小而浅的纳米韧窝形貌，Maire 等提出了氢原子促进应变诱发空位形成理论[60]。此理论认为氢原子的聚集会促进空位的形成并加速空位的合并，导致微孔的形成以及裂纹尖端逐渐失稳而发生断裂，如图 14-14（e）所示。此理论认为氢原子不仅能促进位错的运动，并在塑性变形中引发空位的形成，而且可以稳定已形成的空位，并促进空位的合并，这与氢原子促进局部塑性变形理论［机理（4）］相似，都与 Cottrell 气团相关[61-63]。

(6) 氢诱导相变理论（hydrogen-induced phase transformation，HIPT）

早在 20 世纪 60 年代，Westlaked[64] 就提出了溶质氢原子在应力的作用下，向裂尖处扩散富集，当富集的氢浓度超过其饱和浓度时会引起奥氏体（fcc 相）向马氏体（bcc 相）转变，使得氢脆敏感性提高。如果合金中有氢化物形成元素时，也可能导致脆性很大的氢化物析出，如图 14-14（f）所示。ⅣB 族（Ti、Zr、Hf）和ⅤB 族（V、Nb、Ta）金属极易生成氢化物，容易产生这类氢脆。

六种模型（机理）中，氢内压模型和氢诱导相变模型是由以不可扩散氢为主引起的氢脆，都为不可逆氢脆。而其他 4 种模型则是由以可扩散氢为主引起的氢脆，多为可逆氢脆，也有不可逆氢脆。结合表 14-5，可以得出涉及氢脆的一些核心要素为：a. 内部弥散分布的氢还是表层分布的氢；b. 氢分子还是原子氢或 Cottrell 气团；c. 氢对微裂纹的形成和长大的促进作用；d. 应力导致的氢迁移和分布变化。

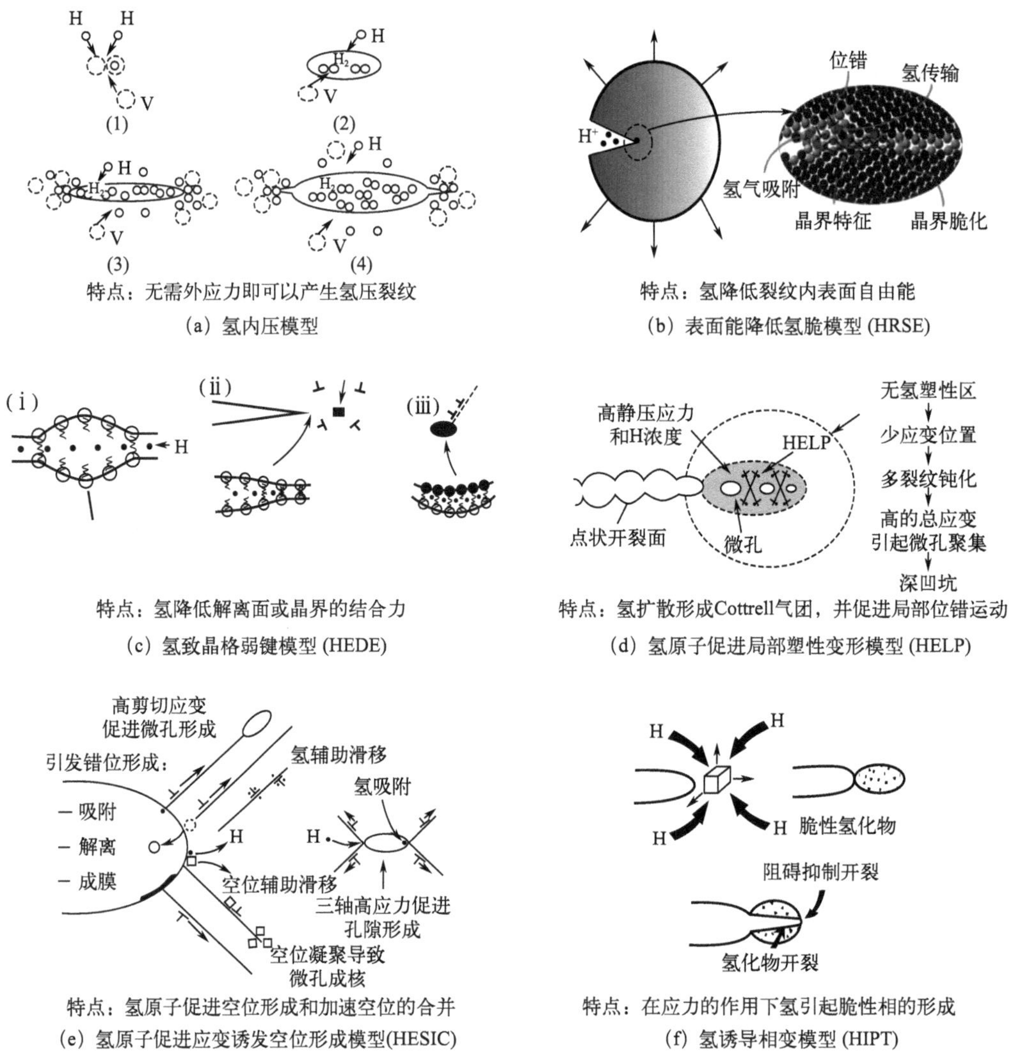

特点：无需外应力即可以产生氢压裂纹

（a）氢内压模型

特点：氢降低裂纹内表面自由能

（b）表面能降低氢脆模型 (HRSE)

特点：氢降低解离面或晶界的结合力

（c）氢致晶格弱键模型 (HEDE)

特点：氢扩散形成Cottrell气团，并促进局部位错运动

（d）氢原子促进局部塑性变形模型 (HELP)

特点：氢原子促进空位形成和加速空位的合并

（e）氢原子促进应变诱发空位形成模型(HESIC)

特点：在应力的作用下氢引起脆性相的形成

（f）氢诱导相变模型 (HIPT)

图 14-14　六种氢脆机制模型图和特点

14.4.4.2　对氢脆机理的讨论

根据这些模型，可以加深对氢脆的理解，通过进一步分析，可以获得如下一些推论：

① 氢脆与应变速度的关系取决于氢的扩散情况。第一类氢脆是随着应变速度的增加变得显著，主要是由非扩散的分子氢以及氢化物引起的；第二类氢脆则相反，说明第二类氢脆是由氢原子引起的，因为随着形变速度的增加，氢原子扩散会跟不上位错的移动。

② 分子氢引起的第一类氢脆是不可逆的。氢要想释放到大气中，需经过晶体中的扩散，在表面结合成氢分子形成化学吸附，并转变成物理吸附，最后离开金属表面。氢分子是不能扩散的，氢分子一旦形成，是难以释放到大气中的。

③ 原子氢或 Cottrell 气团引起的第二类氢脆是可逆的。因为原子氢或 Cottrell 气团是可以扩散的，当形变停止后，氢的分布几乎可以自发地回到最初的状态。

位错的运动是通过原子的短程移动完成的，速度可以很快。而氢或 Cottrell 气团的运动是长程移动，受到很多因素的影响，比短程移动要慢很多。当形变速度快时，氢或 Cottrell 气团的迁移跟不上位错的运动，对氢脆的影响就会减小，这就是第二类氢脆可逆的原因。而且在形变过程中，只要氢或 Cottrell 气团移动时不形成氢化物，当形变停止下来时，氢或 Cottrell 气团都会在热力学的驱动下扩散到和变形前相同的平衡状况，所以氢脆是可逆的。不过氢或 Cottrell 气团相对于位错移动的滞后会导致空位或纳米缝隙（void），产生一些晶格缺陷。而且这种滞后必然对位错起“钉扎”（pinning down）作用，使它不能自由运动，这样就造成了局部的加工硬化[65]。

④ 氢脆现象并不完全取决于金属中氢的含量，更为重要的是取决于氢的微观分布以及氢与金属中溶质原子和不连续结构（缺陷）的交互作用。氢会向高拉应力区迁移[42]，引起氢的偏聚和在缺陷处的捕获，以致氢在缺陷处的浓度［$x=C_0\mathrm{e}^{\sigma_\mathrm{h}V_\mathrm{H}/(RT)}$，这里 C_0 是平均氢浓度，σ_h 是静水压力，V_H 是氢摩尔体积］达到开裂临界强度的氢浓度。

⑤ 氢脆可以认为是氢起到放大材料脆性作用的表现，所以引起材料脆性大的因素，如晶体结构、强度、缺陷浓度、晶粒大小、杂质元素、外界应力等都会引起更严重的氢脆现象。在金属及合金的冶炼、铸造、锻压、焊接、热处理过程中，优化工艺提高塑性，也就可以达到提高抗氢损伤的目的。

⑥ 对于金属的氢脆也可以根据金属元素的氢化物形成热力学特点进一步深入理解。

金属氢化物的金属元素可以分成两大类。一类是吸热型金属氢化物（高温型金属氢化物），如上所述的 Fe、Co、Ni 等金属。这类金属及其合金的氢化反应是吸热反应，在热平衡的条件下氢的固溶非常小，不会形成氢化物，所以研究这类金属材料氢脆的过程和机理非常困难，至今为止还有很多无法理解的地方，其理论尚不成熟（即前五种模型）。

第二类是发热型金属氢化物（第六种氢脆模型），如 Ti、Zr、V、Nb、Mg、稀土以及它们的合金 TiFe、$MgNi_2$、$LaNi_5$ 等。这类金属则往往在表面先形成氢化物，然后向内部不断渗透，最后整体形成氢化物，所形成的氢化物失去原有的强度、刚度等力学性能。因为金属元素可以形成稳定的氢化物，这些氢化物都是脆性化合物，引起非可逆氢脆，所以这类金属吸收氢气导致韧性降低容易理解。

⑦ 不论哪一种机理，虽然可以说明一部分氢脆行为，但是由于材料的多样性、影响因素的多样性以及使用环境的多样性，每种氢脆机理也都有说明不了的地方。引起氢脆有时是单一机制，但有时是多种机制同时作用。

⑧ 不论是哪种机制，需要从断裂力学上理解氢脆，需要解释 $\sigma_\mathrm{c}=\beta\sqrt{2E\gamma/(\pi c)}$ 下降的原因，归纳起来是解释由 γ 或是 c 引起的。从 γ 的角度理解氢脆相对比较简单和笼统一些，从 c 的角度理解是局部的但更具体一些。

脆性断裂的关键因素是微裂纹的形成与长大。如果非扩散氢的含量比扩散氢的大很多是引起氢脆的主要原因，则产生的是不可逆氢脆。反之，扩散氢则是引起氢脆的主要原因，因为扩散氢可以产生原子空位或位错，也可以到裂纹处富集，可以形成新的微裂纹或改变微裂纹处的环境。

氢的作用是促进纳米孔隙（nano void）形成，并生长为微裂纹，与氢含量、孔隙以及聚集密度相关。从这个意义上来说，可以把氢脆理解为是一种延展性破坏的普通现象，氢的作用只是引起了纳米孔隙形成，其断裂行为与以往的材料脆性断裂没有什么不同。氢的作用可以看成是一个合金元素的作用，只是极微量的氢（$\times10^{-6}$ 数量级）也可导致金属脆化。氢对延迟破坏、疲劳、蠕变的影响也可以用同样的方式去理解。

14.4.5 不同材料的氢脆

14.4.5.1 钢铁材料的氢脆

钢铁因强度高、成本低、能源消耗低等特点，广泛应用于建筑、机械、车辆、船舶等领域。但在自然环境下氢极易进入钢铁中，导致钢铁产生氢致开裂现象，而且强度越高，碳含量越高，钢铁的氢致开裂越明显。

（1）氢固溶软化和氢固溶硬化

氢与位错的相互作用在塑性变形过程中尤为显著。图 14-15 是不同纯度的铁在充氢前后的应力（拉伸强度）-应变（拉伸形变）曲线[66]。从 1%应变处看，高纯度的充氢样品（A、B）比没有充氢的样品（A′、B′）形变应力减小很多，这也被称为氢固溶软化。而纯度低的充氢样品（D）比没有充氢的样品（D′）的强度提高，称为氢固溶硬化。图 14-16 是高纯度 Fe 吸放氢前后样品在不同温度下的应力-应变曲线。200K 以上温度显示氢固溶软化，190K 以下显示氢固溶硬化和脆化[66]。

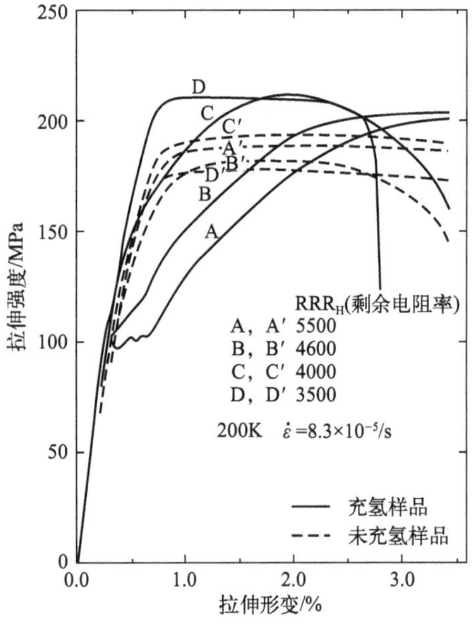

图 14-15 不同纯度 Fe 在 200K 温度下的拉伸性质以及充氢的影响

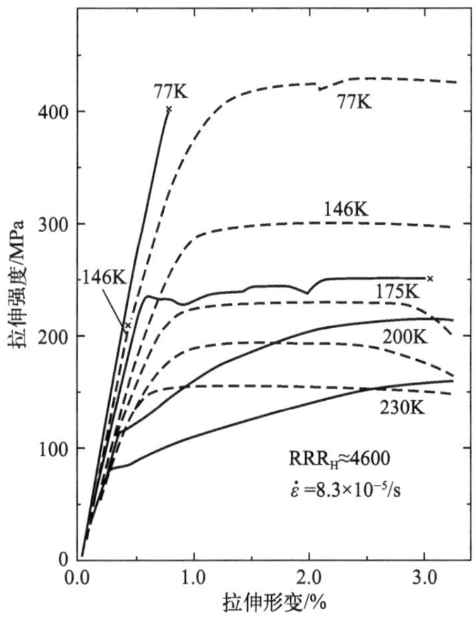

图 14-16 高纯度 Fe 的应力-应变曲线以及氢气吸收和温度的影响（虚线：未充氢；实线：充氢后）

（2）钢铁材料氢脆一般规律

① 成分的影响 碳钢的氢脆现象明显，但通过用适当的合金元素固定钢中的 C，可以有效改善其耐氢脆特性，因此钢的氢脆也与合金元素的种类有密切的关系[67]。

a. 碳的影响：钢的氢脆通常随着 C 含量的增大而显著增强。一个例子是，在高温高压氢中加热碳钢时，含碳量越多的钢，脱碳深度越大，越容易发生氢脆，因氢压增加而引起的拉伸强度的降低及重量减少的比例也越大。和钢材中的 Fe 原子相比，H 更容易与 C 原子相结合，所以与软质钢材相比，含碳多的弹簧钢、工具钢等更容易发生氢脆现象。

b. 碳化物形成元素的影响：向钢中添加 Cr、Mo、W、V、Ti、Zr、Nb 等碳化物形成元素，都有提高其耐氢脆特性的效果。碳化物形成元素的添加会增强钢对氢脆的抵抗性，但其添加量必须根据钢中的 C 含量来决定。

c. 非碳化物形成元素的影响：在钢中添加非碳化物形成元素没有改善其耐氢脆特性的效果或效果不明显。

d. 高温高压氢脱碳：钢在高温高压氢气氛下加热时脱碳显著。因为氢容易与碳发生式(14-9)的反应，生成 CH_4 气体，所以 C 越多，氢脆越严重。气体不能溶解于钢铁中，会产生巨大的内压力，使钢铁中生成微裂纹，并在内部产生气泡。气体的生成是引起氢脆的最关键因素。

$$Fe_3C+2H_2 \longrightarrow 3Fe+CH_4 \tag{14-9}$$

由于钢的主要强化相 Fe_3C 被氢还原了，所以强度也会大大下降。金属中产生气体的途径：$H+H \longrightarrow H_2$，$3H+N \longrightarrow NH_3$，$C+4H \longrightarrow CH_4$ 等。凡是能与氢反应生成气体的元素，都会引起显著的氢脆。因为晶体中的氢是原子氢，会比分子状态的 H_2 更容易与一些元素发生反应。这些反应需要一定的温度和氢气压力，一般发生在 200～600℃，氢压为 1～60MPa 的条件下，而这也是石化工艺中广泛使用的条件[68]。氢压对钢的脱碳作用随着氢压的增大而增强，但反应太强的话，会在极短的时间内形成脱碳层，反而形成抗氢脆层。

② 环境和工艺的影响　环境温度或氢压、应变速度、热处理、表面镀膜、氢含量等也会对氢脆有影响。

a. 钢铁材料放在氢气分子的环境中，并不会引起氢脆。然而在酸洗、电镀、酸性腐蚀等氢原子（H）发生的状态下，H 很容易与钢铁材料相结合，导致组织产生脆性。

b. 轧压、冲压等冷加工会导致材料变硬，冷压加工度越大，与 H 的结合越容易。

c. 淬火钢中碳会固溶到 Fe 晶体中以原子碳的形式存在，而没有淬火的钢中，则是 Fe 和 Fe_3C（化合物）的混合物。因为原子状态的 C 比化合物中的 C 更容易与 H 结合，所以淬火后的钢材更容易产生氢脆现象。

d. 在氢压降低或温度升高时，与钢材结合了的 H 将会脱离陷阱，通过扩散逃逸到金属表面。如果表面有涂覆的话，如镀锌铁板因表面涂覆了一层 Zn，H 散发出去的难度变大。这就是为什么冲压成型、经淬火处理的弹簧钢材在经过电镀锌表面处理后非常容易产生氢脆的原因。

e. 对于钢铁材料来说，环境氢脆刚开始随着温度的降低而增加，在 200K 附近达到最大，随着温度的进一步降低反而减小。

③ 其他因素　高强钢产生氢脆的因素有高强钢内部引起的组织结构因素和外部引起的环境因素。组织结构因素包括晶粒粒径、位错的稳定性、氢存在状态等。

(3) 纳尔逊（Nelson）曲线

为了提高管材的性能，会根据使用场景和氢气浓度对管材进行分析及选用[69]。当氢气体积浓度大于等于 10% 时，可依据 ASME B31.12—2014 进行分析；当氢气体积浓度小于 10% 时，主要参照欧洲的《Hydrogen Transportation Pipelines》和现有研究结论进行分析[70]，分析流程如图 14-17 所示，详细求解过程请参照原作者文章[71]。由于环境腐蚀和氢腐蚀的存在，而且通常存在一定的孕育期，因此临氢设备选材及标准控制应引起重视，一般按照著名的纳尔逊（Nelson）曲线进行选材，或确定各种抗氢钢发生腐蚀的温度和压力组合条件，在很多管道器材选用标准规范内均有此曲线图，如《石油化工管道设计器材选用规范》（SH/T 3059—2012）。

图 14-18 显示了温度范围在 150～820℃临氢作业用钢防止脱碳和微裂的操作极限，也

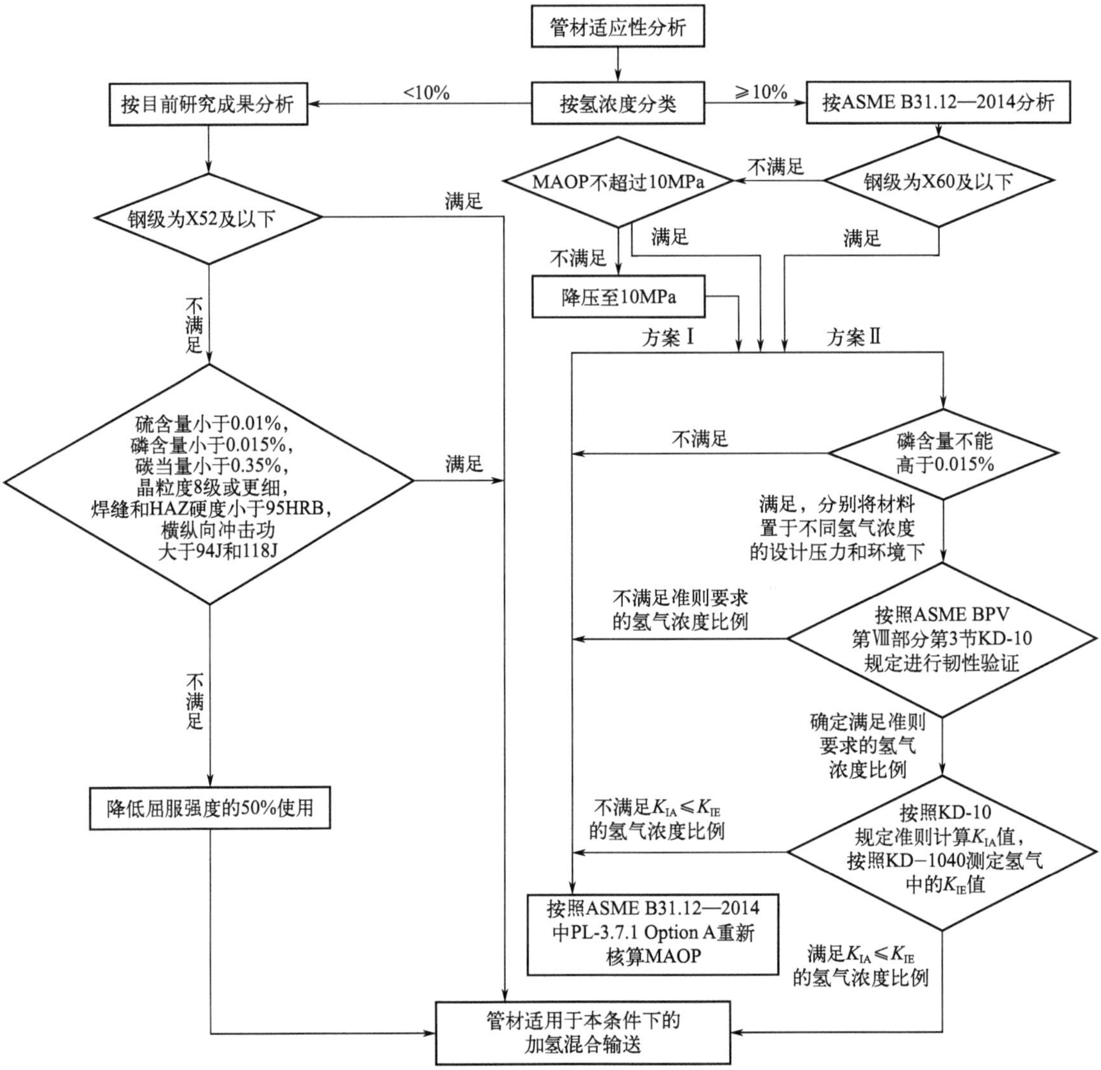

图 14-17　管材适应性分析流程

称为纳尔逊曲线[72,73]，是综合了过去约 30 年间所经历的高温高压氢装置的事故案例、工厂内的加氢试验或实验室试验得到的数据绘制而成的，给出了碳钢、Mo 钢及 Cr-Mo 钢在不同氢气压力下使用的温度上限，或者是在一定温度下能承载的最大氢气压力，在选择压力容器的用材时经常被参考。纳尔逊图中，高温低氢分压一侧主要是脱碳损伤，而低温高氢分压一侧是氢脆引起的损伤。

此曲线也可以作为目前氢燃料电池车（FCEV）供氢系统金属材料选择的参考，但是 FCEV 供氢系统压力高，温度不高，部分环节是低温环境，使用的氢气纯度高，如何选择材料防止氢脆，提高氢气与材料的相容性应进行必要的研究。此外，FCEV 供氢系统要在升压降压反复循环条件下长期运行，因此材料选择时还必须十分关注材料的抗疲劳性能[74]。

值得注意的是，纳尔逊曲线是根据实用金属的化学成分绘制而成的，而影响氢脆的其他因素很多，如金属的热处理、组织形貌、清洁度、焊接、成型加工等，另外还需要考虑工厂的环境条件、操作温度、压力变动等的影响。所以，Nelson 曲线只能作为一个参考，金属的安全使用范围需要根据金属具体的制备和使用条件来做判定。

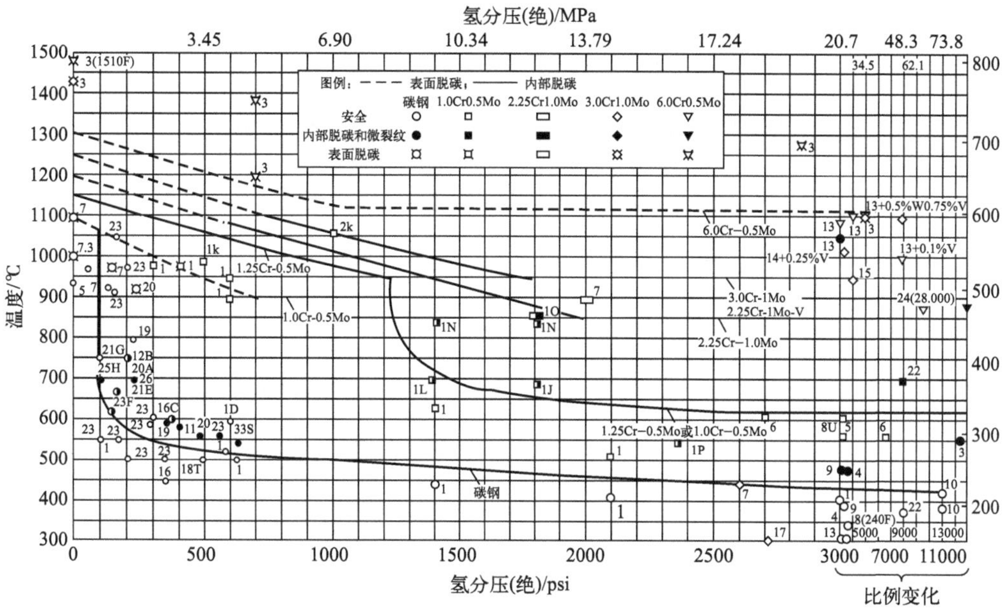

图 14-18 临氢作业用钢防止脱碳和微裂纹的操作极限（1997 年 API 修订后的新纳尔逊曲线）

（1psi＝6.895kPa）

表 14-7 是钢铁材料的伸长率和断面收缩率随氢含量的变化[75]。由表可知，氢含量的增加会引起明显的伸长率和断面收缩率的下降，另外通过回火和调制热处理，可以改变钢中含氢量和氢脆特性。图 14-19 是不同钢材的屈服强度与抗氢脆特性的比较。由图可知，高强度材料对氢脆敏感性强。一般可接受的材料包括奥氏体不锈钢、铝合金、铜和铜合金。灰铸铁、韧性铸铁和可锻铸铁不应用于氢气环境，因为它们容易发生严重的氢脆。

表14-7 钢铁材料的伸长率和断面收缩率随氢含量的变化[75]

粗钢块	试验的位置	时效前后①	屈服强度/(kgf/mm^2)	拉伸强度/(kgf/mm^2)	延展性/%	断面收缩/%	氢含量/(mL/100g)
退火	顶部	前	41.5	70.3	20.2	40.5	11.1
		后	41.3	68.8	28.1	58.0	0.39
	底部	前	39.6	64.5	15.5	23.4	2.47
		后	41.0	66.3	27.9	56.8	1.08
调质	顶部	前	57.6	73.2	21.5	48.2	0.94
		后	57.2	73.3	24.4	61.4	0.23
	底部	前	53.0	69.4	19.2	34.0	0.24
		后	52.9	69.5	26.1	62.7	0.00
锻材调质		前	46.0	67.4	21.6	41.5	0.24
		后	46.2	67.8	27.0	59.3	0.00
加氢前后的样品		前	46.1	67.0	19.2	33.4	0.22
		后	46.2	67.8	27.0	59.2	0.00

① 失效前：试样截取后直接进行拉伸试验。 失效后：试样截取后常温下放置 4 天再进行拉伸试验。

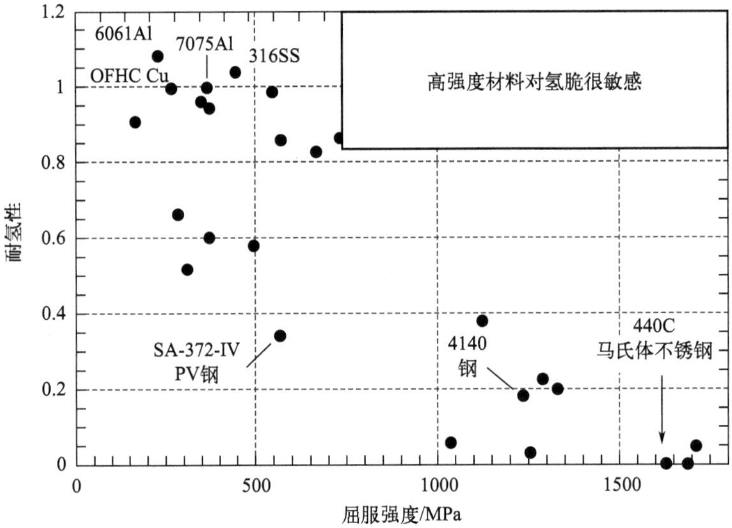

图 14-19 不同钢材的屈服强度与抗氢脆特性[75]

（4）在氢能产业上的例子

① 氢气管道 表 14-8 是氢气管道与天然气管道建设现状对比。由于环境氢脆的影响，氢气管道用材在合金元素、钢级、管型、操作压力等方面与天然气管道相比存在一定的限制范围。ASME B31.8—2018 中规定的天然气管道可用材料包括 API SPEC 5L 中所有钢管，但在实际工程中，为减小管道壁厚，一般优先选择高强度钢管，常用管型有直缝埋弧焊管（SAWL）、螺旋缝埋弧焊管（SAWH）、高频电阻焊管（HFW）及无缝钢管（SMLS）。在氢气管道中，由于氢环境的存在会诱导管道发生氢脆，进而有可能引发管道失效，而钢管成型工艺、焊缝质量、缺陷大小、钢材强度等因素都会影响其失效概率，所以 ASME B31.12—2014 在 API SPEC 5L 中限定了几种可用于氢气管道的钢材类型，并指明禁止使用炉焊管，标准中规定可用于氢气管道的管线钢材料及最大许用压力如表 14-9 所示，也需要根据标准进行管道的铺设，如表 14-10 所示[76]。

表14-8 氢气管道与天然气管道建设现状对比[76]

管道类型	管道直径/mm	设计压力/MPa	建设量程/km	常用材料
氢气管道	304～914	2～10	6000	X42，X52
天然气管道	1061～1420	6～20	1270000	X70，X80

表14-9 氢气管道可用材料及其性能[76]

材料类型（API 5L）	X42	X52	X56	X60	X65	X70	X80
屈服强度/MPa	289.6	358.5	386.1	413.7	448.2	482.7	551.6
抗拉强度/MPa	413.7	445.1	489.5	517.1	530.9	565.4	620.6
最大许用压力/MPa	20.68	20.68	20.68	20.68	10.34	10.34	10.34

表14-10 管道最小埋地厚度和安全间距要求[76]

标准	最小埋地厚度/mm		与地下管道、建筑物最小间距/mm
ASME B31. 12—2014	正常地段 石方地段 掺氢农田地段	914 610 914	457 （若不满足，需采用相应的隔离措施）
ASME B31. 12—2018	正常地段	610~910 300~610（$D \geqslant 500$）	150 （若不满足，需采用相应的隔离措施）
	石方地段	460~610（$D < 500$）	
GB 50251—2015	干旱地段 水田地段 岩石地段	600~800 800 500	300 （若不满足，需采用相应的隔离措施）

合金元素如 C、Mn、S、P、Cr 等会增强低合金钢的氢脆敏感性。同时，氢气压力越高、材料的强度越高，氢脆和氢致开裂现象就越明显，因此，在实际工程中，氢气管道用钢管优先选择低碳钢管。ASME B31. 12—2014 中推荐采用 X42、X52 钢管，同时规定必须考虑氢脆、低温性能转变、超低温性能转变等问题，所以在应用现有天然气管网设施输送氢气及天然气管道转变为氢气管道时需要重点考虑。

② 加氢站用储氢罐的设计　加氢站给氢燃料车加氢需要在短时间内完成，储氢罐需要能够满足该条件下的蓄氢量和氢流量[77]。假设储氢罐的压力为 82MPa，每小时充 5 台的情况下，储氢罐内容积需要在 900L 左右。表 14-11 是内径为 300mm 时的圆筒形压力容器在不同条件下的壁厚设计，使用材料为 SUS316L、SCM435 及 SNCM439，设计压力为 20MPa、45MPa、90MPa。为了使 SCM435 钢实现高强度化，要采用淬火处理。如果设计压力为 45MPa，壁厚则要求 33mm，SCM435 钢可以淬透。但是，该钢在通常进行的淬火热处理中，淬火厚度可达 40mm 左右，如果壁厚更大，会淬火不充分，难以同时获得防止储氢罐脆性破坏的韧性和能够承受高压力的必要强度。图 14-20 显示了每个钢种的设计压力与淬透性引起的尺寸极限的关系。如图所示，设计压力为 90MPa 时，SCM435 钢最大也只能对应 100L。为了得到更大的壁厚、高强度和高韧性，可以采用淬火性更好的含镍 SNCM439 钢。

表14-11 加氢站储氢罐的选材（厚度）和设计压力　　单位：mm

设计压力	SUS316L	SCM435	SNCM439
	$T_s \geqslant 480$MPa	$T_s \geqslant 930$MPa	$T_s \geqslant 980$MPa
	$\sigma = 100$MPa	$\sigma = 100$MPa	$\sigma = 100$MPa
20MPa	35	14	13
45MPa	94	33	31
90MPa	504	76	71

注：1. SUS316L 即 JIS G 4303　钢棒：制造困难
SCM435 即 JIS G 4053　钢钢材
SNCM439 即 JIS G 4053　钢钢材
2. T_s 为拉伸强度，σ 为设计强度，容器的内径为 300mm。

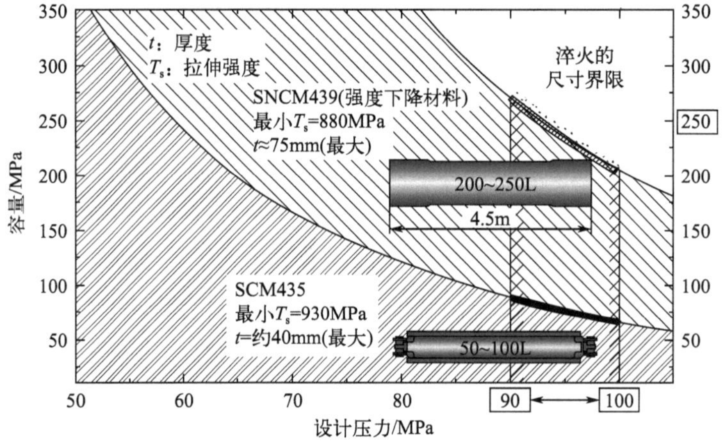

图 14-20 SCM435 和 SNCM439 的淬火尺寸效应和设计压力

图 14-21 是 SNCM439 钢的缺口试件的拉升强度（NT_s）[77]。从图中可知，在大气中，缺口试件的拉升强度随着大气中拉伸强度的增加而增加，但在 45MPa 和 90MPa 氢气中，当大气中的拉伸强度（T_s）超过 1000MPa 时，缺口的拉伸强度急剧下降。因此，在使用 SNCM439 钢作为氢容器的情况下，至少要尽量避免 T_s＝1000MPa 以上强度的使用。因此，通过 640℃的回火热处理将强度降低到 T_s＝942MPa 以下的 SNCM439 钢更安全可靠。

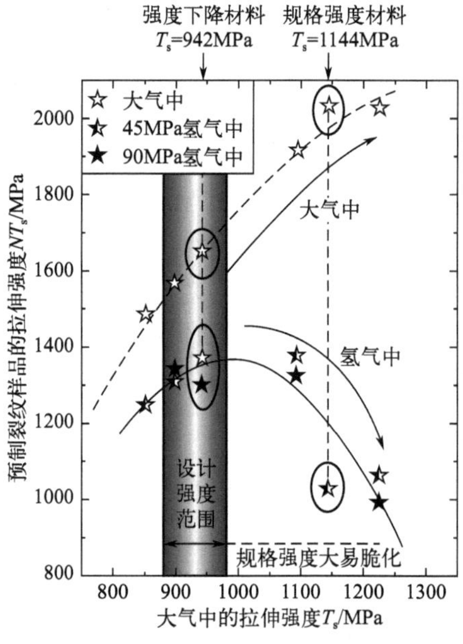

图 14-21 SNCM439 钢的缺口拉伸试验结果[77]

图 14-22 是疲劳裂纹的发生和传播寿命的示意图[77]。在疲劳设计中，在试验片上负载设计条件以上的重复载荷，通过平滑材料的疲劳试验求出直至产生裂纹为止的重复数 N 和直至断裂为止的次数 N。在重复性加载条件下，材料的破坏会经历晶格缺陷形成、裂纹形成、裂纹扩展等过程。图 14-23 是 SNCM439 钢的疲劳试验结果[77]，与大气环境中相比，90MPa 的氢气环境下的疲劳寿命下降很多。这个疲劳试验可以作为设计的依据，在没有应力集中的条件下，将压力安全系数定为 2，将疲劳寿命定为 20 倍，SNCM439 钢可在

146MPa 的压力下充放氢 3000 次。

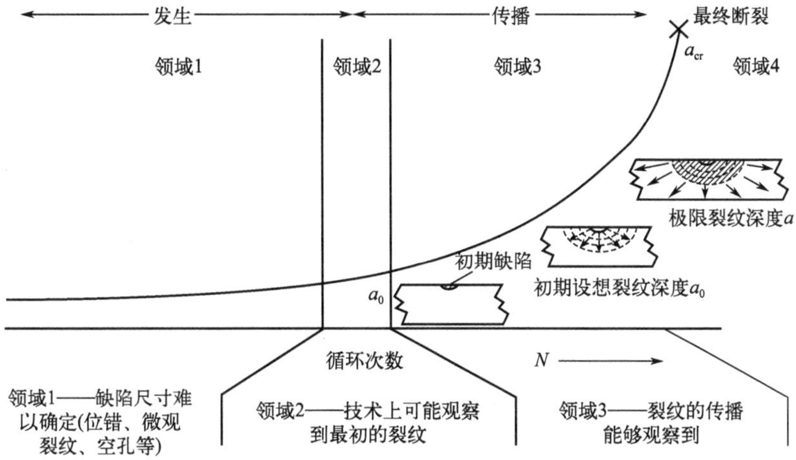

图 14-22 疲劳裂纹的发生和传播寿命[77]

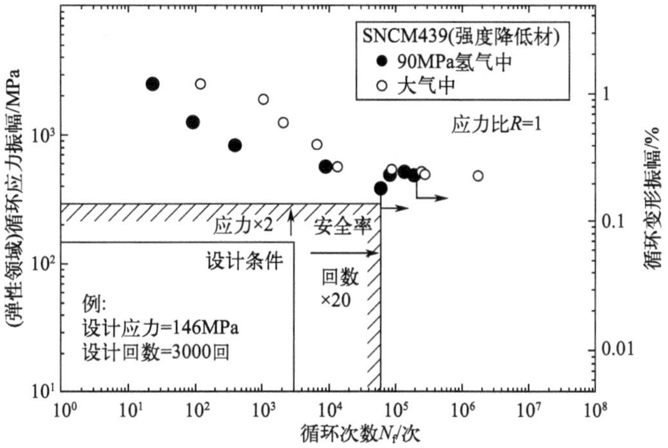

图 14-23 强度降低材料的疲劳试验结果[77]

SNCM439 是日标高强度合金结构钢材质，是一种抗氢脆性优良的钢材，我国 GB 钢号 40CrNi2MoA，德国 DIN 钢号 36CrNiMo4，英国牌号 817M40、816M40。表 14-12 是 SNCM439 钢的成分和性能[78]。图 14-24 是 SNCM439 钢材的照片。

表14-12 SNCM439 钢的成分和性能[78]

项目	合金成分	碳(C)	硅(Si)	锰(Mn)	铬(Cr)	镍(Ni)	铜(Cu)	钼(Mo)	硫(S)	磷(P)
项目	数值	0.36~0.43	0.15~0.35	0.60~0.90	0.60~1.00	1.60~2.00	允许残余含量≤0.025	0.15~0.30	允许残余含量≤0.025	允许残余含量≤0.025

项目	力学性能	抗拉强度 σ_b/MPa	屈服强度 σ_s/MPa	伸长率 δ/%	断面收缩率 ψ/%	冲击功 A_{kv}/J	冲击韧性值 α_{kv}/(J/cm^2)	硬度
项目	数值	≥980(100)	≥835(85)	≥12	≥55	≥78	≥98(10)	≤269HB

注：1. 试样毛坯尺寸为 25mm。
2. 热处理规范：淬火 850℃，油冷；回火 600℃，水冷、油冷。

14.4.5.2 不锈钢

不锈钢具有很强的韧性，作为耐低温和耐氢脆材料在工程上广泛应用。但在高压氢气环境以及应力腐蚀条件下，不锈钢也不例外，存在氢脆的风险。近年来由于氢燃料电池车的开发以及加氢站的储罐、配管和阀门等都需要不锈钢，因此不锈钢在高压氢气下的氢脆研究成为热点[79,80]。

图 14-24 SNCM439 钢材的照片

常用的不锈钢分为马氏体不锈钢、奥氏体不锈钢和双相不锈钢。马氏体中氢的溶解度小于奥氏体的，短时间能达到临界氢含量，而且氢在马氏体中扩散很快，扩散系数是奥氏体中的两个数量级以上。因此，相比于马氏体不锈钢，奥氏体不锈钢具有更好的抗氢脆性能，常用于高压氢系统中的压力容器、管道、阀门等承压部件中。

但奥氏体不锈钢存在氢致马氏体转变和形变致马氏体转变现象。如亚稳定奥氏体不锈钢（SUS 304、SUS 316）易生成马氏体相而引起氢脆，而稳定化的奥氏体不锈钢（SUS 310、SUS 400）则不易生成马氏体相，具有更好的抗氢脆性能。图 14-25 是在 54℃、27MPa 氢气压力下，静置 100h，各种钢中氢含量的变化以及 20%塑性变形的影响[81]。SUS 304 和 SUS 316 都具有很好的抗氢脆性能，而 SS 400、SNCM 439 和 SCM 435 具有更好的抗氢脆性能。冷压形变前的样品含氢量都在 3×10^{-6} 以下，冷压形变后氢含量明显增加，由此可知变形加工后的退火热处理对提高抗氢脆性能会有很大帮助。

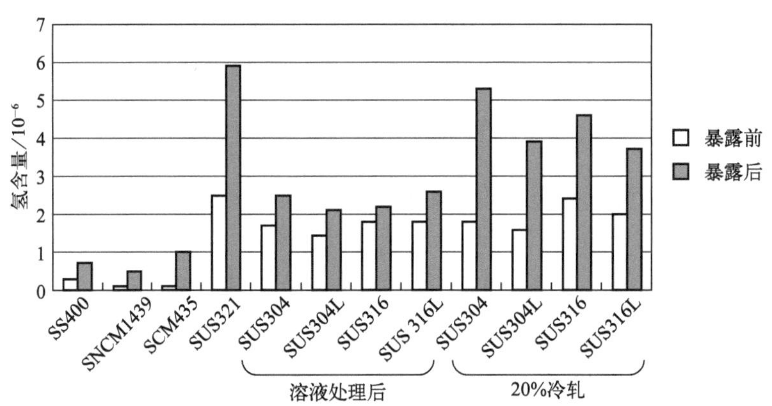

图 14-25 在 27MPa 氢气中放置 100h 前后各种钢中氢含量的变化以及 20%塑性变形的影响

不锈钢充氢不超过 10×10^{-6} 时，在低温至室温范围内不显示强度、冲击韧性、断裂韧性的明显变化，氢脆不明显。当氢气压力增大时，不锈钢中氢含量会迅速增加，如在 45MPa 时，SUS 304L、SUS 316、SUS 316L 的氢含量都变为（13～14）$\times10^{-6}$，拉伸实验显示延展性和强度都下降，而且拉伸速度越低，下降越大，下降量顺次为：SUS 304L＞SUS 316＞SUS 316L。下降的多少取决于钢中马氏体相的多少，氢浓度越高，氢诱导马氏体相越多。升高温度可以减少延展性和强度的下降，提高抗氢脆性能[82,83]。

双相不锈钢抗氢脆性能在马氏体不锈钢和奥氏体不锈钢之间，原始马氏体相以及氢诱导马氏体相或形变马氏体相含量越多，抗氢脆性能下降越大。另外，马氏体与奥氏体基体的电位差达 100mV，马氏体作为阳极优先腐蚀，产生腐蚀坑，坑内形成闭塞电池又引起应力集中，这样阳极溶解和氢的交换作用会诱发氢脆或 SCC 发展[79,84]。

各种不锈钢中，含镍成分高的不锈钢中马氏体相含量少，氢脆的影响小[85]。

14.4.5.3 Al 及其合金的氢脆

铝及合金的晶体结构同为面心立方，对氢脆的敏感性较低，成为新型高强和轻量化抗氢脆材料的首选，是一种广泛应用的轻金属材料。最近在氢能领域的应用也在迅速增加，如车载高压储氢气瓶使用的是铝内胆加碳纤维全缠绕气瓶，其内胆材料为 6000 系（Al-Mg-Si 系）和 7000 系（Al-Zn-Mg 系）[86,87]。

Al 的氢脆一般都是指在熔炼和铸造凝固过程中氢分子形成引起的白点等宏观的空洞缺陷，而对固溶氢的影响几乎不考虑，这是因为 Al 中固溶的氢含量很小，常温、常压下不会形成氢化物，在氢气气氛下使用也没有观察到机械性能的劣化。自 20 世纪 70 年代起，Al 的应力腐蚀断裂（stress corrosion cracking，SCC）的研究表明固溶氢也可以引起氢脆，并且被认为是导致 SCC 和腐蚀疲劳的主要原因。随着从氢脆的角度对高强 Al 合金的 SCC 裂纹生长的解释被广泛认可，不同 Al 合金的氢脆研究就开展起来了，Al 在服役环境中的氢脆问题受到了重视[88]。

如前第 3 章所述，不形成氢化物的金属中氢气的容量遵循 Sieverts 定律或 Henry 定律，随环境中氢气压力和温度变化。

$$S = k_1 p^{1/2} \tag{14-10}$$

$$S = k_2 \exp[-\Delta H/(2RT)] \tag{14-11}$$

这里，S 为金属内的氢浓度；p 为环境中的氢分压；ΔH 为氢的溶解焓；R 为气体常数；T 为温度；k_1、k_2 为比例常数。

由上式可知，气氛中的氢分压越高，温度越高，金属中的氢浓度越大。由于大气中的氢分压非常低，从大气中吸收的氢量并不会多。图 14-26 显示了在熔融铝中的氢溶解度和氢分压对其的影响，可以看出分压有很大的影响[89-92]。

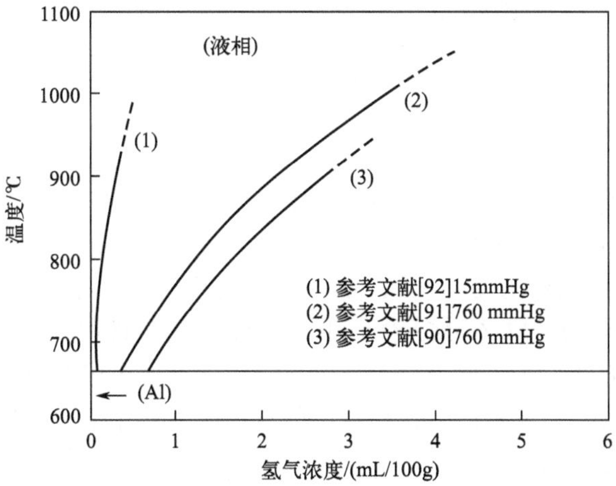

图 14-26 氢在铝中的溶解度和气氛中的氢分压对溶解度的影响[89-92]

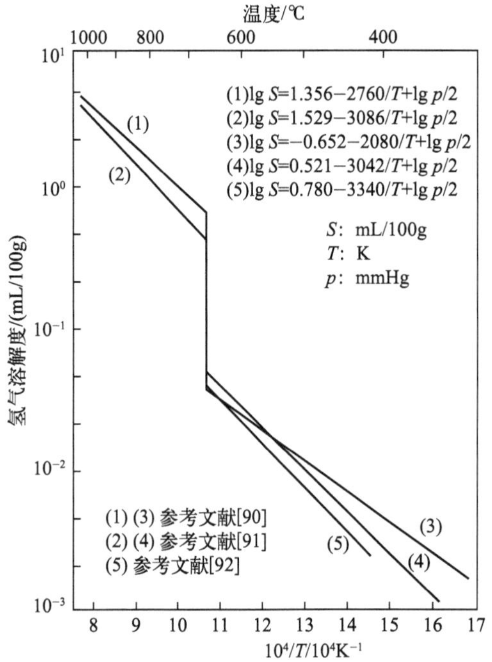

图 14-27 1atm 下固相和液相铝中氢的固溶度[89]

图 14-27 是氢在液相和固相铝中的溶解度的实验结果[89]。对于 660℃以上的液相铝，氢溶解度为 1mL/100g 左右，随着温度上升而增加。在 660℃的熔点下，平衡固溶度不连续地减少，在固相铝中几乎不固溶。氢在固相铝上的平衡固溶度作为实际问题几乎可以忽略。但是，实用材料中都含有平衡溶解度以上的氢。

普遍认为，铝中氢的主要来源是环境中的水分和铝的反应产生的氢。图 14-28 给出了氢进入 Al 中的示意图。Al 的表面会有一层惰性的氧化层阻碍氢的进入，但是在拉伸过程中，表面氧化物膜会局部破裂，暴露出没有氧化的活性表面，并和大气中的水蒸气发生式（14-12）的反应，形成氢气，其中一部分氢就可以进入 Al 的内部。因为新鲜活性表面会很快氧化形成惰性氧化膜，氢一旦进入 Al 中就被封入其中，很难从 Al 中脱离，并会从表面向内部扩散。这些过饱和的氢会在晶格缺陷以及析出相等势阱处富集。

$$2Al + 3H_2O \longrightarrow Al_2O_3 + 3H_2 \tag{14-12}$$

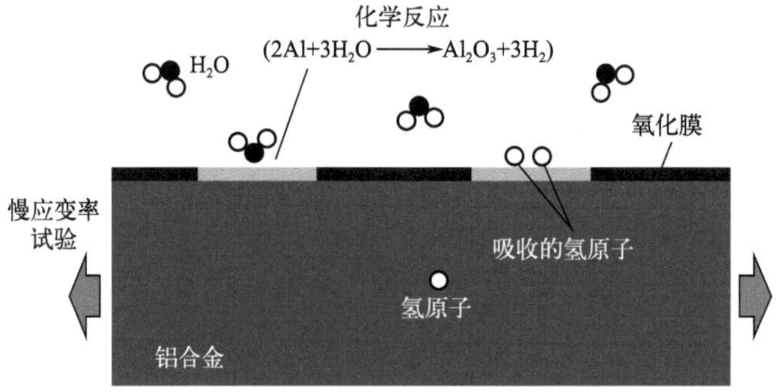

图 14-28 湿度控制环境下低速塑性变形时的 Al 表面状态示意图

Al 中氢与位点的结合能，或者说势阱的大小是随着晶界、位错和气孔（blister）顺次增大的。在合金中，不同组织处的氢势阱大小不同。Smith 等计算了 Al-Li 合金中不同组织的氢势阱，失效析出相 δ-Al_3Li 的为 25.2kJ/mol，与位错势阱相当，而固溶元素 Li 处的仅为 2.6kJ/mol，非常小。在 Al-Zn-Mg 合金中，在各种氢陷阱中，晶界处的氢占有率最高。虽然氢在点阵中的固溶度很小，但可以大量存在于陷阱处。由于陷阱处势阱较小，陷阱处的氢在室温下就可以逸出，是可扩散的。陷阱中的氢在应力作用下也可以迁移，通过应力诱导扩散而富集，从而引起氢脆[93-95]。

铝合金的氢脆有如下几个特点[96,97]：a. 随着含氢量的增加而变得更为敏感；b. 氢脆具有可逆性，如果充氢后再把氢去除，则其塑性和未充氢试样相同，这也表明氢脆是由原子氢引起的；c. 氢脆敏感性对形变速度和实验温度依赖明显，并由原子氢的扩散过程所控制；d. 氢致滞后裂纹的产生和扩展是以塑性变形为先导的，氢致滞后开裂在本质上与钢一样。

14.4.5.4 Ti和Cu合金的氢脆

（1）Ti 合金的氢脆

钛合金因其低密度、高比强度和良好的抗腐蚀性能等优势被广泛应用于航空、航天领域。钛的化学活性很强，是一种强的氢化物形成元素，在室温条件下也能与氧迅速反应。钛表面即使在超高真空条件下，仍然存在氧的污染，导致钛的吸氢性能下降[98-100]。进一步研究表明氧污染降低钛吸氢能力的原因是使钛表面氢分子解离的位点减少，而不是起扩散阻挡层的作用。

根据图 14-29 的钛-氢相图可知，随着氢含量的不同，有 α-Ti（hcp 结构）、β-TiH_x（bcc 结构）、δ-或 ε-TiH_2（fcc 或 fct 结构）等三个相。氢在 α 相中的固溶度较小，容易发生 α-δ 相转变，在室温附近仍可能得到 H/Ti 原子比接近 2 的脆性 δ 相氢化物[98,58]。这就是少量氢就有可能严重影响钛合金性能，使材料发生氢致塑性损失及氢致延迟开裂的原因。

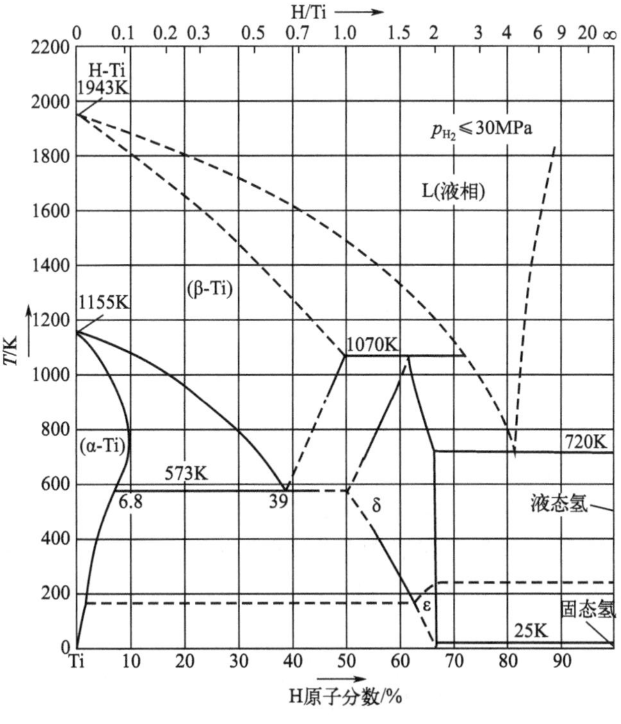

图 14-29 氢气压力小于 30MPa 下的钛-氢相图

纯 Ti 表面形成的氢化物对其机械性能影响不大，只有当氢化物均匀分布在 Ti 内部时才会有明显影响。α-Ti 中的氢扩散系数 D_0 的数量级为 $10^{-2}cm^2/s$，而 δ-TiH_x 中的氢扩散系数 D_0 的数量级为 $10^{-5}cm^2/s$，可以看出，H 在 TiH_x 中的扩散系数比在 Ti 基体中的小很多。氢化物完全覆盖在纯 Ti 表面时，会抑制 H 进一步向钛基体中扩散，阻碍其对氢的吸收，这对纯 Ti 的抗氢脆性能有利。当温度升高时，氢向晶体内部的扩散增强，促进内部形成氢化物，屈服强度和极限抗拉强度增加，塑性变形减小，导致脆性断裂。

钛及其合金的氢脆特点可以归纳为如下几点：

① 钛及其合金容易吸收大量的氢气，容易形成氢化物，所以氢脆敏感性高。

② 表面氧化性强，会形成表层氧化物；氢化时也会优先形成表层氢化物，这些都阻止了氢向钛内部扩散，具有抑制氢脆的效果。

③ γ 相氢化物，不具备塑性变形，会引起不可逆的氢脆。α 相的氢固溶量少，容易析出 δ 相，相比之下，β 相具有很高的氢溶解度，并且不易形成氢化物，氢脆敏感性较低。

与钛同类的镁、锆、钒金属及其合金都属于氢化物形成元素，具有相似的氢脆规律。

(2) Cu 合金的氢脆

铜合金很少有氢脆的报道，但是含氧的硬沥青铜（C1100）也会发生氢脆现象，主要发生在高温状态下。硬沥青铜含有 0.02%～0.05%左右的氧，该氧的存在导致在高温状态下会引起氢脆化。硬沥青铜含有的氧以氧化铜（Cu_2O）形式存在于内部。该氧化铜在 600℃以上时，与吸收的氢反应而产生水蒸气。金属内部产生空洞，在导致强度降低的同时产生裂纹和裂缝。并且，在氢和一氧化碳等还原性气体多的环境中，氢脆化变得更显著。由于硬沥青铜显示出氢脆性，所以不适合需要进行焊接、焊锡、热锻造等加工或高温加热的产品。取而代之的是不引起氢脆化的磷脱酸铜和无氧铜。

14.4.5.5 不同金属的氢脆性能比较

为了评价金属的氢脆性能需要让金属充氢，常见的方法有：a. 酸浸渍充氢；b. FIP (federation internationale precentrate) 盐浴充氢，常用来对 PC (pre-stressed concert) 钢棒进行评价；c. 周期腐蚀充氢，在实验室内模拟大气腐蚀环境加氢；d. 阴极电解充氢，这是在不腐蚀钢材的情况下充氢，是广泛使用的方法；e. 高压气相充氢。相比较来说，高压气相充氢和阴极电解充氢用得最多，前者容易达到平衡态，用于测试热力学特征；后者用于研究与缺陷有关的特征。近年来，燃料电池汽车和加氢站用的金属材料被暴露在氢气中，在高压环境下的渗氢和材料脆化特性检测变得尤为重要。如何准确地反映材料在实际使用环境下的氢吸收对氢脆的评价来说非常重要[38,39]。

图 14-30 是对 SCM435 钢、变形后的 SCM435 钢以及添加 V 的回火马氏体钢（0.41% C，0.20%Si，0.70%Mn，0.30%V）三种钢材采用不同的充氢方式所获得的氢吸收和扩散的氢含量变化。从图中可以看出，盐酸浸渍法的充氢量相对比较小，阴极电解充氢以及高压充氢量较大，阴极电解的充氢量通过控制阴极电流密度和电位可以是任意浓度。另外，在 FIP 浴中，通过改变 NH_4SCN 的浓度，也可以人为地控制所吸收的氢浓度。

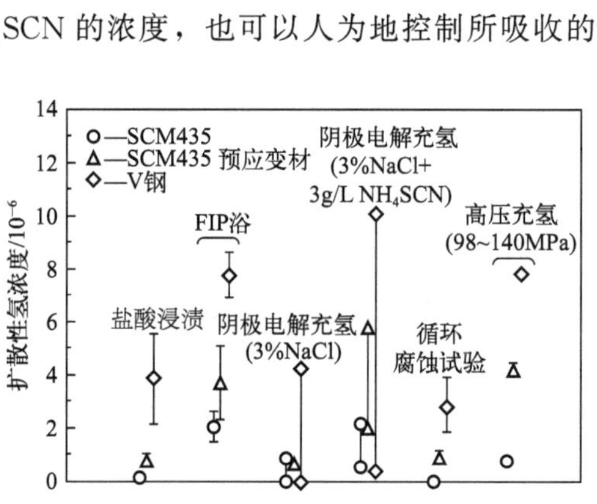

图 14-30 不同加氢法所产生的扩散性氢含量的对比

表 14-13 和表 14-14 分别是不同金属材料在不同气氛下拉伸的断面收缩率变化。可以发现，在氢气气氛下，不论是有缺口还是没有缺口的样品，断面收缩率都会明显降低[82,101]。

表14-13 美国 NASA 的金属氢脆数据

材料	氢气压力/ksi	强度/ksi				断面收缩率/%		
		缺口试样				无缺口试样		
		Kr	He	H_2	H_2/He	He	H_2	H_2/He
18Ni-250 MAR 钢	10	8.4	423	50	0.12	55	2.5	0.05
H-11 钢	10	8.4	2.52	63	0.25	30	0	0
440C SS	10	8.4	149	74	0.50	3.2	0	0
17-7 PH SS	10	8.4	302	70	0.23	45	2.5	0.06
铬镍铁合金 X-750	7	6.3	222	57	0.26	24	4	0.17
Fe-9Ni-4Co-0.20C	10	8.4	367	89	0.24	67	15	0.22
铬镍铁合金 718-STA2	10	8.4	274	126	0.46	26	1	0.04
AISI 4140 O & T	10	8.4	313	125	0.40	48	9	0.19
MAR-M246（Hf）（DS）	7	6.3	176	43	0.24	12	4	0.33
芳烃 41	10	8.4	280	77	0.27	29	11	0.38
EDNi-As 沉积	1.2	8.4	148	64	0.43	90	38	0.42
ASTM A-372 N 级	10	8.4	200	148	0.74	53	18	0.34
铬镍铁合金 625	7	6.3	155	121	0.78	63	23	0.37
ALSL 1042-标准的	10	8.4	153	115	0.75	59	27	0.46
铬镍铁合金 718-STAl WaspalotTMP	5	8.4	339	258	0.76	34	16	0.47
	7	6.3	278	221	0.79	34	15	0.44
ASTM A-212-61T-Norm. Niokel 270 退火铁	10	8.4	111	75	0.68	57	34	0.60
	10	8.4	77	54	0.70	89	67	0.75
	10	8.4	121	105	0.87	83	50	0.60
Haynes 188	7	6.3	164	151	092	63	40	0.63
HY-100	10	8.4	224	164	0.73	76	63	0.83
EDNi-482C（900F）Anneal	1.2	8.4		96		80	65	0.81
AISI 1020 热轧的	10	8.4	105	90	0.86	40	32	0.80
Ti-5Al-2.5Sn ELI	10	8.4	201	162	0.81	45	39	0.87
Ti-6Al-4V STA	10	8.4	243	183	0.75	48	48	1.0
304L SS	10	8.4	102	89	0.87	78	71	0.91
310 SS	10	8.4	116	108	0.93	64	63	0.98
氮化 40-Cast-CW	7	6.3	234	229	0.98	32	30	0.94

续表

材料	氢气压力/ksi	强度/ksi 缺口试样				断面收缩率/% 无缺口试样		
		Kr	He	H_2	H_2/He	He	H_2	H_2/He
Be-Cu 合金 25	10	8.4	195	181	0.93	72	71	0.99
7075-T73	10	8.4	116	114	0.98	37	35	0.95
A-286	10	8.4	233	227	0.97	44	43	0.98
OFHC Cu	10	8.4	87	86	0.99	94	94	1.00
NARloy-Z-Cu 合金	5.8	8.4	53	56	1.06	70	69	0.99
346 SS	10	8.4	161	161	1.00	72	75	1.04
耐热铬镍铁合金 903	7	6.3	208	201	0.97	41	47	1.15
5061-T	10	8.4	72	78	1.08	61	66	1.08

注：1ksi= 6. 895MPa。

表14-14 日本 AIST 的金属氢脆数据

材料	氢气压力/MPa	断面收缩率/%		相对面积减少	材料	氢气压力/MPa	断面收缩率/%		相对面积减少
		Ar	H_2	H_2/Ar			Ar	H_2	H_2/Ar
SCM 440（Q）	70	6.5	0.0	0.00	SUS 316（改性）	10	64.6	26.0	0.40
SNCM 439（Q）	20	50	0.0	0.00	SUS 304	70	82.6	33.9	0.41
18Ni-时效马氏体（H590）	20	30.0	0.0	0.00	MarM247LCDS	20	12.0	5.0	0.42
					S15C	70	73.1	36.2	0.50
SUS 630（H900）	45	49.6	2.2	0.05	Udimet 720	20	14.0	7.0	0.50
26Cr-1Mo	39	82.5	12.8	0.15	SUS 316	70	81.9	41.8	0.51
SUS 630（H1150）	45	64.6	11.9	0.18	SUY	70	87.5	46.2	0.53
SUS 304（改性）	39	61.1	12.7	0.21	IN100	20	12.0	7.0	0.58
SUS 329 J1（A）	39	75.2	16.0	0.21	SCM 440（A）	70	48.6	28.9	0.59
SUS 630	70	67.8	18.6	0.27	铬镍铁合金 718	70	68.6	41.0	0.60
S80C	70	30.6	8.4	0.27	SUS 405	39	78.2	50.9	0.65
SCM 440（N）	70	47.8	13.8	0.29	2.25Cr-1Mo（A）	39	74.0	52.8	0.71
SUH3	39	58.6	17.0	0.29	SUS 316LN	70	83.4	75.8	0.91
Fe-30Cr 合金	39	78.2	22.8	0.29	SUS 316L	70	81.1	78.8	0.97
S35C	70	47.5	14.1	0.30	A6061-T6	70	77.8	77.1	0.99
19Cr-1Mo	39	85.0	25.5	0.30	SUS 310S	70	84.6	84.8	1.00
SCM440H（QT）	70	59.5	18.4	0.31	SUH 660	70	55.2	55.9	1.01
S55C	70	51.5	17.9	0.35	C3771	45	49.2	51.2	1.04
SUS 304L	45	83.7	31.1	0.37					

表 14-15 是 NASA 在室温下测量的 70MPa 高压氢气中各种材料的氢脆结果[102,103]。氢脆的严重性随成分的变化可以分成极端氢脆、严重氢脆、轻度氢脆和可忽略的氢脆四类。除了钢铁材料外，Al、Cu、Ti、不锈钢等材料都显示一定的氢脆。正因为氢气可以改变钢铁、钛合金、铝合金等一些材料的性质，所以用于氢气系统的材料都需要经过严格的评估。

表14-15 NASA 在室温下测量的 70MPa 高压氢气中各种材料的氢脆结果[102, 103]

氢脆程度	材料	切口材料强度比 H_2/He	平滑拉深		
			He/%	H_2/%	H_2/He
极端氢脆	18Ni-250 马氏体时效钢	0.12	55.0	2.5	0.05
	410 不锈钢	0.22	60.0	12.0	0.20
	1042 钢(淬火和回火)	0.22	—	—	—
	17-7pH 不锈钢	0.23	45.0	2.5	0.06
	Fe-9Ni-4Co-0.20C	0.24	67.0	15.0	0.22
	H-11	0.25	30.0	0	0
	Rene-41 镍铬合金	0.27	29.0	11.0	0.38
	电铸镍	0.31	—	—	—
	4140 钢	0.40	48.0	9.0	0.19
	铬镍铁合金 718 合金	0.46	26.0	1.0	0.04
	440C 钢	0.50	3.2	0	0
严重氢脆	Ti-6Al-4V(STA)	0.58	—	—	—
	430F 钢	0.68	37.0	37.0	0.58
	镍 270	0.70	67.0	67.0	0.75
	A515	0.73	35.0	35.0	0.52
	HY-100	0.73	63.0	63.0	0.83
	A372（Ⅳ级）	0.74	18.0	18.0	0.34
	1042(正火)	0.75	27.0	27.0	0.46
	A533-B	0.78	33.0	33.0	0.50
	Ti-6Al-4V(退火)	0.79	—	—	—
	AISI 1020	0.79	45.0	45.0	0.66
	HY-50	0.80	60.0	60.0	0.86
	Ti-5Al-2.5Sn(ELI)	0.81	39.0	39.0	0.87
	阿姆柯铁	0.86	50.0	50.0	0.60
轻度氢脆	304 ELC 不锈钢	0.87	78.0	71.0	0.91
	305 不锈钢	0.89	78.0	75.0	0.96
	Be-Ca 合金 25	0.93	72.0	71.0	0.99
	钽	0.95	61.0	61.0	1.00

续表

氢脆程度	材料	切口材料强度比 H_2/He	平滑拉深		
			He/%	H_2/%	H_2/He
可忽略的氢脆	310 不锈钢	0.93	64.0	62.0	0.97
	A286	0.97	44.0	43.0	0.98
	7075-T73 铝合金	0.98	37.0	35.0	0.95
	316 不锈钢	1.00	72.0	75.0	1.04
	OFHC 铜	1.00	94.0	94.0	1.00
	NARloy-Z 合金	1.00	24.0	22.0	0.92
	6061-T6 铝合金	1.00	61.0	66.0	1.08
	1100 铝	1.40	93.0	93.0	1.00

14.4.5.6 陶瓷材料的氢脆

相比于金属材料，陶瓷材料本身塑性加工性能差，脆性大，氢脆的影响大都可以忽略不计。但是由于原子氢也可以进入陶瓷中，加热时也能扩散逸出陶瓷，如存在恒定的外载荷，氢可以通过应力诱导扩散而富集在应力最大处。另外，氢也可以降低陶瓷中的原子键合力，而且氢浓度愈高，含氢陶瓷的原子键合力就愈小。因此，当局部氢富集达到临界浓度时，该区域的原子键合力将大大降低，当局部区域的集中应力超过被氢降低了的原子键合力时也会导致裂纹形成和长大，进一步增加脆性。

陶瓷的吸氢在室外温度下几乎可以忽略，但在温度高的时候则会变得很明显。因为温度高，氢气压力低，氢气的吸收测量往往要在超高真空仪器系统下进行。图 14-31 是 ZrO_2 中的氢溶解度与氢气分压的关系[104]。ZrO_2 在 1Pa 数量级的压力下即可以吸收氢气，随着氢气压力的提高吸氢量也会增加，在 700℃以下，还会有一个吸氢平台压力，随着温度的升高，平台压力提高，属于典型的相变型吸氢，吸氢量可达 1H/Zr 以上。

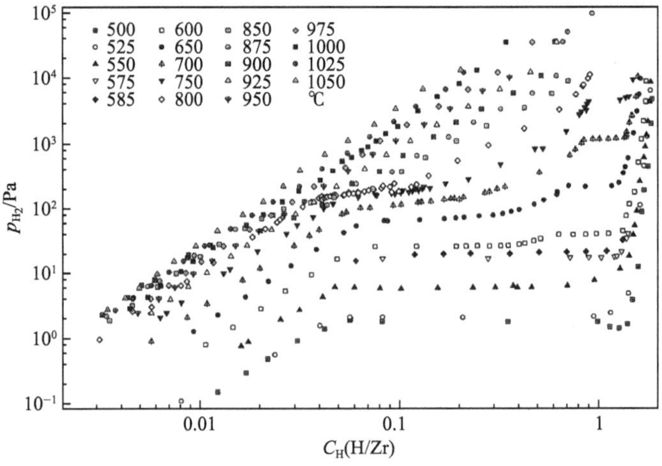

图 14-31 ZrO_2 中的氢溶解度 C_H 与氢气分压 p_{H_2} 的关系

图 14-32 是 ZrO_2 中的氢溶解度 C_H 和氢扩散系数 D 与温度的关系。随着温度的上升，吸氢量下降，而扩散系数增大[104]。当温度从 496℃升高到 977℃时，扩散系数从 $10^{-10}m^2/s$ 数量级增加到 $10^{-7}m^2/s$。氢气吸收使得 ZrO_2 进一步变脆，即便是 PZT 陶瓷，情况也是如此，也会发生氢致滞后断裂，存在氢脆敏感性。

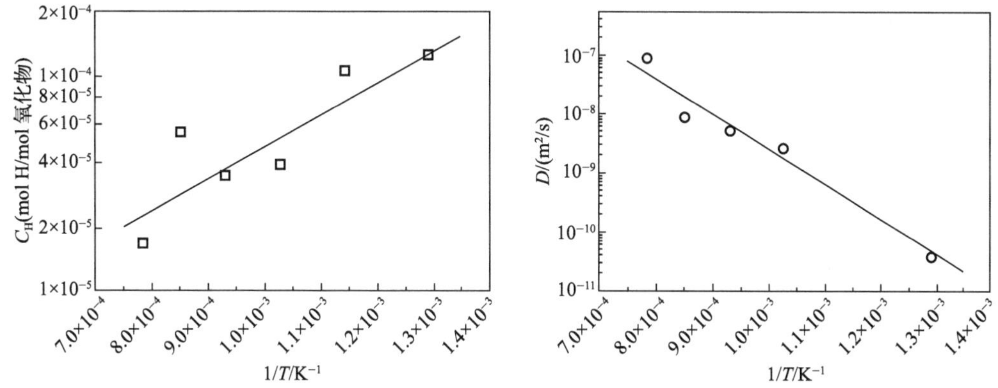

图 14-32 ZrO_2 中的氢溶解度 C_H 和氢扩散系数 D 与温度的关系（氧分压：10^5Pa，水蒸气分压：872Pa）

因为 Ti 和 Zr 有类似的氢气吸收特性，TiO_2 显示相同的氢脆特性。对 Al_2O_3 陶瓷的研究表明，在恒载荷下动态充氢时也会发生氢致滞后断裂，这间接证明氢能降低了 Al_2O_3 陶瓷的原子键合力。

14.4.6 常涉及氢脆的一些场合

通常情况下，氢气没有腐蚀性，也不与常用的容器材料发生反应，但却会引起材料的脆性化。为了避免这个问题，必须选择合适的材料来制备储氢容器或钢瓶，保证充氢后 100 年都不会发生泄漏或劣化。

除了母材材质外，其加工处理的工艺，尤其是焊接工艺也会对氢脆产生影响。常见的焊接有 TIG（tungsten inert gas）焊接、MIG（metal inert gas）焊接、SAW（submerged arc welding）焊接、减压电子束（reduced pressure electron beam，RPEB）焊接、摩擦搅拌（FSW）焊接、CO_2 激光焊接等方式。TIG、MIG、SAW 方法可以改变奥氏体不锈钢的低温韧性，而 FSW 和 RPEB 则更适用于铝合金焊接中[105]。

除了铁基金属外，其他金属也存在相同的问题，尤其是钛合金。在石油化工装置中，如醋酸、乙醛、精对苯二甲酸、尿素等产业有较多钛合金设备，乙烯合成与发电装置中也用钛合金制作海水冷却器及冷凝器。钛合金设备多是关键的心脏设备，对保证生产有举足轻重的作用。其多在高温、高压，而且接触强腐蚀性介质甚至易燃易爆环境下运行，使用条件苛刻，尽管大部分钛合金设备使用良好，而且预期寿命较长，但某些钛合金设备及零部件在使用短至 3～5 年，长至 10 余年后便需要逐步更换，个别的仅 1～2 年就会失效报废，甚至发生突然事故。钛合金设备失效大多是腐蚀与开裂，而腐蚀与开裂大多是由吸氢与氢脆造成的。因此对在役钛合金设备进行定期开放检测中，腐蚀吸氢与氢脆检测对钛合金设备的安全评定至关重要。

高温、高压容器中氢脆造成的破坏早期在氨合成装置中是常见的问题，在甲醇工业领域也出现过很多氢脆相关的事故，如表 14-16 所示[106]，都是由选材不当引起的。今天在石油精制装置及火力发电站锅炉和管道（包括焊接部）中也常见类似的问题。

表14-16 高温、高压氢环境下设备装置的损伤事故

序号	装置名称	材料	氢气压力/atm	温度/℃	事故原因	使用时间
1	氨合成容器	Ni 钢	不明	不明	选材不当	80h
2	高压供氢管	St45（碳钢）	250	350	选材不当	1.5 年
3	甲醇改性容器	SB 42	11.4	410～430	选材不当	4 年
4	氨合成容器	1Ni0.83Cr 钢	<300	480～580	选材不当	10 年
5	锅炉钢管①	碳钢	<63	482		4.5 年
6	氨合成容器内衬	碳钢	120～160	50～230	选材不当	40 年

①腐蚀反应引起氢气析出和氢侵入。

对于天然气、石油以及氢气的运输管道来说，一个至关重要的安全问题就是氢脆。氢溶入引起管道的机械强度和韧性变化方面的研究比较多。锰钢、镍钢以及其他高强度钢，若长期暴露在氢气中，尤其在高温、高压下，其强度会大大降低，导致失效。从氢脆的角度来看，高强钢管不宜直接在高压富氢环境下使用，但是高强钢管能够承受高压气体，可以减小管道口径，有助于降低建设成本。综合考虑，高强钢管可以用于今后的大规模主干道输氢管道建设上；低强度钢管更适合掺氢天然气输送，掺氢比<50%时管道不易发生灾难性氢脆断裂，输送压力<2MPa 时钢管也不易在缺陷处发生氢致裂纹扩展，但是，为了防止管道内的水分冷凝和水合物生成，需要干燥气体。

氢致开裂以及氢脆现象也一直是困扰着石油生产及石油化工的一个重要问题。油井管多采用无接缝钢管，每根无缝钢管的长度通常约为 12m，钢管之间用螺钉连接，深吊地下。油井和气井管道比天然气、石油以及氢气的运输管道的环境更恶劣。油井和气井生产中，不同直径的油井管采用多层结构埋设在地下。将起到防止外侧地层倒塌作用的钢管称为壳体，而悬挂在壳体内部用于石油、天然气生产的钢管称为管道。壳体主要为低合金钢；管道主要为低合金钢、不锈钢、高合金钢等。地表层附近的钢管承受着悬挂钢管的整体自重，在地层深部的钢管则需要同时承受地层压力破坏和内压，因此要求钢管具有足够的强度。油井管道要求有比以往更高的强耐腐蚀性。与油井管道不同，天然气管道随操作高压的提高，输送效率也会提高。为了提高天然气管道耐压和耐久性，则要求管道的厚壁化和高强度化。油井和天然气管道处在硫化氢、二氧化碳、盐水等腐蚀环境下，也需要注意伴随的氢脆现象[107]。

自从日本福岛核事故以来，反应堆和核燃料容器中的材料氢脆问题开始受到重视，尤其是乏燃料部件和容器不仅存在高温、高压、高辐射、高衰变热以及临界风险等问题，还存在氢脆问题。目前国内外，锆合金作为乏燃料包壳的首选材料被广泛应用，以 Zr-Sn、Zr-Nb 和 Zr-Sn-Nb 等合金为主[10]。锆合金中的氢固溶度随温度下降显著，常温时的氢固溶度约为 0.05×10^{-6}。锆合金具备在高温水腐蚀下的吸氢特性，当吸氢量超过其基体固溶度（TSSD）时，氢将以锆的氢化物的形式析出，引起不可逆的氢脆[26]。锆合金包壳中氢的总含量是影响材料脆性的一个重要因素。

综上所述，涉及氢脆的领域包括制氢、氢分离、储氢、输氢等系统，高压容器、高压管

道、高压加氢机、阀门等设备，车辆、列车、船舶、航空航天等众多领域[108]。

14.4.7 氢脆的预防

随着新材料、新制备工艺和新应用领域的发展，传统的氢脆现象遇到了新的问题，需要给予更多的关注，进一步探索和加深理解。与以往出现的内部氢脆相比，现在环境氢脆更普遍，金属在使用过程中的氢侵蚀是主要原因，金属表面的影响更大，故表面处理是防止氢脆的有效方法。

为了更深入地理解氢脆行为和机理，对氢在金属中的位置、氢陷阱类型和大小、氢扩散以及与应力场的关系、氢富集和Cottrell气团形成以及对裂纹的影响等这些关键环节需要进行更多的探索。与其他元素不同，氢元素可以理解为一种特殊合金元素，对金属力学性能的影响非常显著，微量的氢含量也会引起金属的强度和韧性发生很大变化。氢脆可以视为是氢起到放大材料脆性的作用，提高材料韧性的措施一般都可以起到减缓氢脆破坏的效果。当然产生氢脆的机制不同，同一措施对氢脆的影响也会有所不同。

为了促进氢能产业发展，需要提供临氢材料的选择指南，制定固定式用氢、氢燃料交通、加油站和氢气运输的规范与标准，需要对金属的变形、强度、断裂和抗疲劳性进行测量，掌握氢对材料特性等的影响规律。美国桑迪亚国家实验室对报告和期刊出版物进行广泛审查，收集现有材料数据，编写了《材料的氢兼容性技术参考》一书，可以参考。

氢脆的预防与材料的制备方法和使用环境密切相关，大体有如下一些方法。

① 首先需要减少材料在制备过程中氢的溶入。为了减少液体金属中的氢，可以先将其冷却到结晶温度以下令大量气体逸出后，再将金属快速熔化成液体，此时不使液体在高温下长期停留，即不给大量氢气重新溶入液体的机会。这样液体再凝固后的铸件中就不会形成大量气泡了。

② 抑制环境中氢的形成，降低氢的浓度，缩短在含氢环境中保持的时间。降低水蒸气、H_2S等气体的压力，减少产生氢气的来源；减小气体状态的压力进而降低环境中的氢气自由能，减少氢溶入样品的驱动力；电解过程中在条件允许的情况下采用高电流效率的电解液，尽量减小充电密度，从而降低原子氢的生成速率和浓度。

③ 抑制氢在样品中的扩散。选择适当的样品加工温度、加载应力和形变速度。

④ 表面强化处理。钢瓶内壁的拉应力容易导致氢脆，通过喷丸强化能在钢表面形成压应力层，产生的残余应力场可以削弱缺口处拉应力引起的应力集中。还可以改变钢形变层的组织结构，降低位错密度。

⑤ 对样品进行表层钝化处理或表层镀膜处理。利用氧化层、氮化层等其他致密薄膜阻碍氢向样品中渗透。通过镀膜涂覆可以阻止氢向金属中的浸入，但同时也会阻止金属中的氢往外脱附，所以镀膜涂覆之前需要加热处理，先让氢气充分排出。

⑥ 适当的合金化和热处理，获得抗氢脆强的微观金相组织。

⑦ 减少应力集中源。应力集中源是氢脆发生的条件之一，对于机械加工以及热处理后存在内应力的样品要进行充分的回火处理。

⑧ 对于可能存在氢脆的样品进行及时的去氢处理。适当的热处理可以把过饱和的氢释放出去，以减少发生氢脆的隐患。

除此之外，还有材料的成分优化、氢气纯化、减小应力、加强监测、安装爆破片等措施。

14.5 氢气泄漏和密封材料

氢气的最小着火能小、燃烧范围和爆炸范围宽，如表14-17所示[109]。氢气事故中发生频率最大的是燃烧和爆炸，已有很多报道。仅2019年，挪威、美国就相继发生多起氢气爆炸，事故起因分别是氢气云爆炸和氢气自燃引发的连锁爆炸，这些再一次引发公众对氢能安全的广泛关注、担忧甚至恐慌。

表14-17 几种气的物理和燃烧特性比较[109]

物性	氢气	甲烷	丙烷	氮气
化学式	H_2	CH_4	C_3H_8	N_2
分子量	2.016	16.04	44.10	28.01
气体密度（常压、20℃）/（kg/m^3）	0.0838	0.651	1.87	1.25（0℃）
液体密度（常压、沸点）/（kg/m^3）	70.8	422.4	582	808
临界温度/K	33.2	190.6	369.8	126.2
临界压力/MPa	1.316	4.595	4.250	3.4
临界密度/（kg/m^3）	31.6	162	217	31.4
沸点/K	20.28	111.7	231.2	77.35
熔点/K	14	90.4	85.5	63.14
定压比热容（C_p）（常压、25℃）/[kJ/（kg·K）]	14.31	2.223	1.667	1.039
定容比热容（C_V）（常压、25℃）/[kJ/（kg·K）]	10.18	1.713	1.478	0.742
热传导率（常压、20℃）/[W/（m·K）]	0.182	0.034	0.021	0.026
黏度（常压、20℃）/10^{-6}Pa·s	8.7	10.8	8.1	16.45
扩散系数（常压、20℃，空气中）/（cm^2/s）	0.61	0.16	0.12	0.18（0℃）
总热量/高值热量（GCV/HHV）/（MJ/m^3）	12.8	40	101.9	—
总热量/高值热量（GCV/HHV）/（MJ/kg）	142	55.9	51.8	—
真发热量/低值热量（NCV/LHV）/（MJ/m^3）	10.8	35.9	93.6	—
真发热量/低值热量（NCV/LHV）/（MJ/kg）	120	50.1	47.6	—
着火温度（点）（空气中）/℃	560	600	450	—
燃烧速度/（m/s）	2.1		0.3	
可燃范围（空气中，体积分数）/%	4.0~75.0	5.0~15.0	2.1~9.5	—
最小着火点/mJ	0.02	0.28	0.24	—
消焰距离/cm	0.06	0.20	0.17	—

燃烧和爆炸大都是氢气泄漏引起的，而引起泄漏的原因有人工事故、高压气体破坏以及氢气密封材料性能劣化和损坏。除了避免人工事故外，在系统设计上要尽可能减少高压氢气泄漏和密封件的损坏。

氢气密封除了保障安全外，也是保证氢气纯度、系统工作可靠性、装置寿命的重要环节。如电解槽和燃料电池生产能力的快速扩展给电池组中的许多组件带来了新的挑战，特别是密封解决方案需要一种新的创新方法来跟踪这个充满活力的市场的发展。随着行业从手工生产转向大批量半自动化或全自动化制造，需要更合适的密封解决方案和材料。在非常恶劣和恶劣的环境中，则需要使用长寿命的特殊材料。易于组装和生产过程的高安全性是支持绿色氢气生产和实现大规模生产的关键。

14.5.1 高压氢气泄漏

无论是高压制氢、高压储氢还是高压运氢，如遇到高温、氢脆破坏或外部撞击等，极易引发高压氢气的泄漏和扩散，甚至更为严重的火灾和爆炸事故灾害。根据高压氢气的泄漏行为，可将事故总体分为无燃烧泄漏扩散和有燃烧泄漏两种，如图 14-33 所示。无燃烧泄漏扩散，即高压氢气只发生单纯的泄漏扩散，未遇点火源或发生自燃。有燃烧泄漏则可分为三种情形：一是当氢气泄漏形成射流后，遇到点火源引发喷射火；二是虽无外部点火源，但高压氢气发生了自燃，并且可能发展为喷射火；三是氢气泄漏后先是在一定空间内与空气混合形成气云，此时若遇到点火源，则极易发生氢气云爆炸[110]。

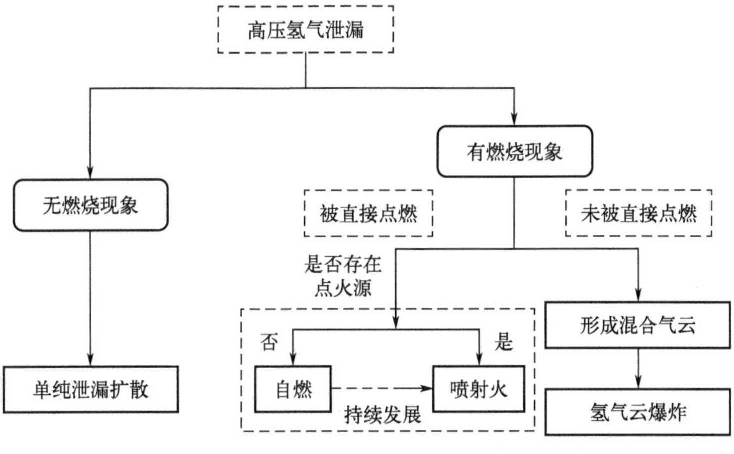

图 14-33 高压氢气泄漏事故类型

近年来，高压氢气泄漏自燃成了氢安全领域的研究热点。图 14-34（另见文前彩图）在矩形透明管道中完整记录了自燃火焰的形成过程，在氢/空气混合层前锋面的后方管壁上发现高度混合点，自燃火焰首先在该处出现，随后传播至氢/空气混合层的首尾部。

研究表明，61.98%的氢气燃爆事故找不到点火源，普遍认为是发生了氢气自燃，如图 14-35 所示，但对氢气自燃的发生机理还存在较大争议。所提出的自燃的机理有逆焦耳-汤姆逊效应、静电点火机理、扩散点火机理、瞬时绝热压缩机理和热表面点火机理等。然而，单一机理往往无法解释所有高压氢气泄漏自燃现象，因而其更可能是多个机理耦合作用的结果。

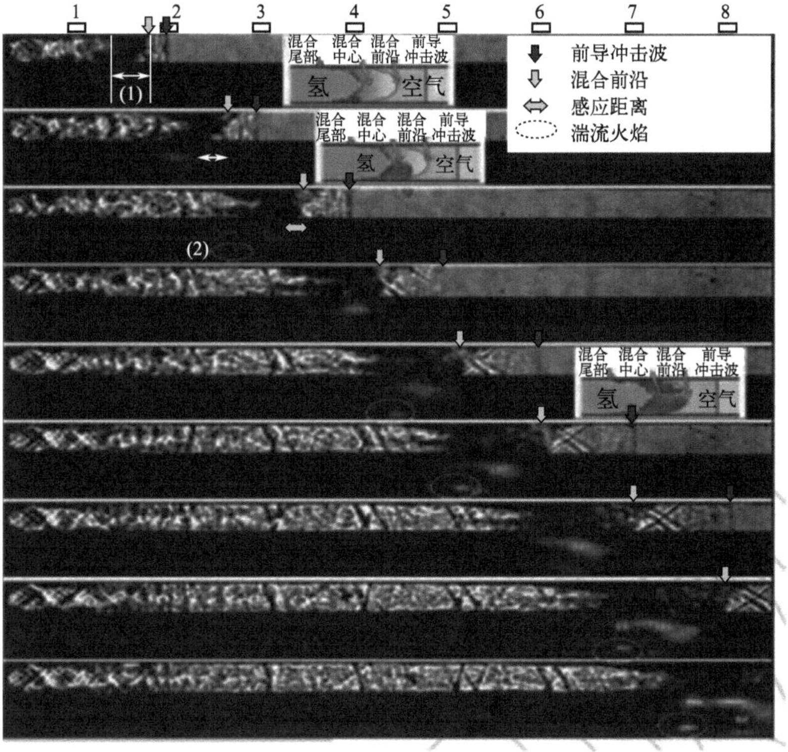

图 14-34 矩形透明管道内氢气自燃火焰的形成与传播[110]

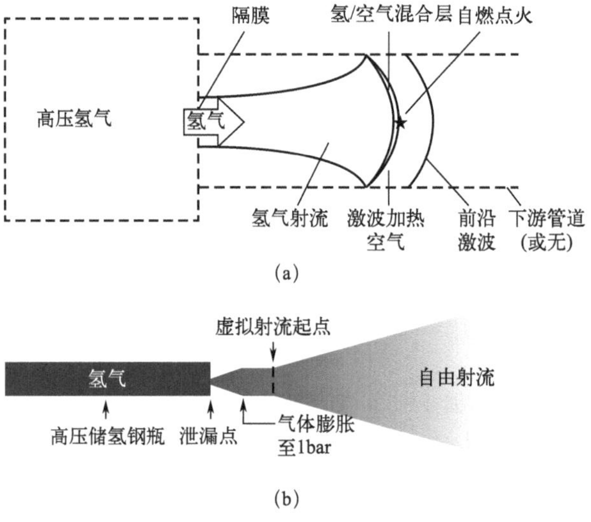

图 14-35 管道（a）和钢瓶（b）泄漏扩散点火机理示意图

14.5.2 氢气泄漏与密封材料损坏

气体泄漏与材料相关的安全性则是氢气密封件。表 14-18 以甲烷和丙烷气体为比较对象，列出了氢气的相对泄漏率及流动参数。氢气分子小，比其他燃料或气体的泄漏速率更快：在层流状态下，氢气的泄漏速率约为甲烷的 1.26 倍，而在高压下，氢气往往处于湍流状态，此时它的泄漏速率更快，约为甲烷的 2.83 倍。另外，氢气极易扩散，其在薄膜中的扩散速度约为甲烷的 3.8 倍。在非受限空间内，一旦发生意外泄漏，由于氢气的密度比空气低，其会迅速上浮并向四周扩散。而在受限空间，泄漏的氢气易于在局部聚积，由于其高扩散性，能够快速形成危险的可燃性混合物。由表 14-18 可知，氢气分子小，其泄漏速率远大于甲烷和丙烷。在高压下控制氢气的泄漏很重要[110]。

表14-18 氢气的相对泄漏率及流动参数

特性参数			甲烷	氢气	丙烷
相对泄漏率		扩散	1.0	3.8	0.63
		层流	1.0	1.26	1.38
		湍流	1.0	2.83	0.6
流动参数	0℃，101.3kPa（标况）	空气中的扩散系数/（cm^2/s）	0.223	0.611	0.121（丙烷为主的液化石油气）
		密度/（kg/m^3）	0.717	0.08985	2.020
		动力黏度/Pa·s	10.3	8.42	7.95（18℃）

氢气的燃烧速度很快，如表 14-17 所示，在常温、常压（27℃、0.1MPa）下，当燃空比为 1 时，氢气的燃烧速度可达 2m/s 左右，而天然气的燃烧速度仅为 0.4m/s，所以氢气常常被作为燃料的添加剂用来提升体系的层流燃烧速度。在空气中，氢气的燃烧范围很宽，一般为 4.1%～74.1%。另外，氢气点火能极低，它的最小点火能量大约为 0.02mJ，约为汽油的 1/10。

气体的泄漏机制如图 14-36[111] 所示，有如下 3 种。

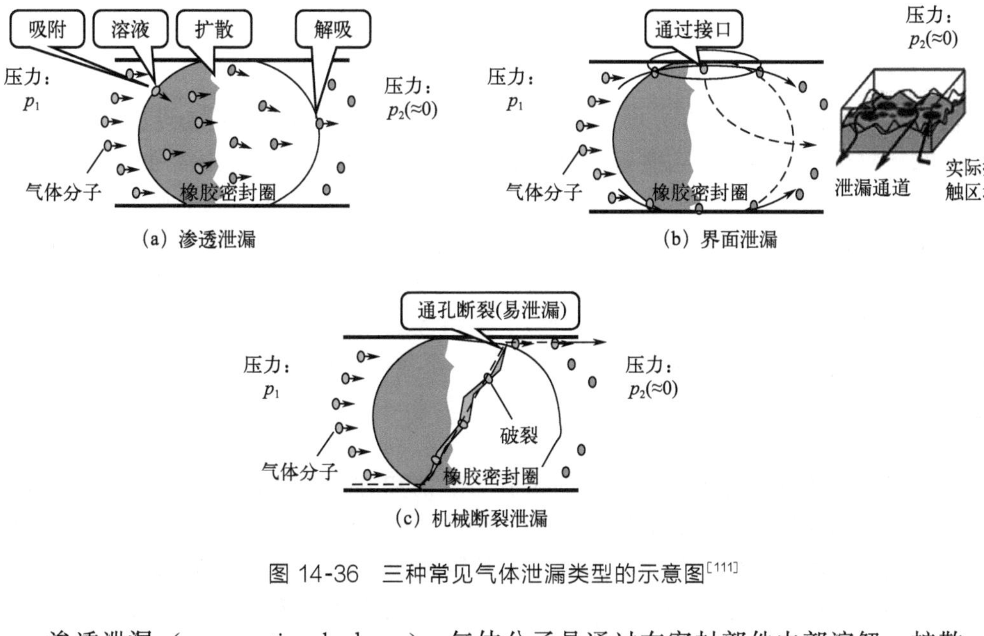

图 14-36 三种常见气体泄漏类型的示意图[111]

a. 渗透泄漏（permeation leakage）：气体分子是通过在密封部件内部溶解、扩散，并从相反侧表面脱离而产生的泄漏。

b. 界面泄漏（boundary leakage）：密封部件表面和组装部件之间界面处的泄漏。通过称为界面泄漏路径的微小泄漏路径与材料弹性、追随性和压缩永久应变特性相关，需要选择合适的密封材料。另外，O 型环槽设计的优化也很重要，这取决于泄漏路径的路径长度。

c. 机械破坏引起的泄漏（mechanical fracture leakage）：由于密封部件的机械破坏而产生的泄漏，能瞬时且大量地泄漏气体，会导致密封部件成为致命的功能缺陷。

第三种是氢气诱发磨损增加导致的。氢气环境下增加密封件磨损的机理如图 14-37 所示，包括氢气表面吸附（固体表面的物理吸附、通过催化作用吸附到化学吸附 DLC 活性位点的低摩擦）、小分子小元素（容易侵入和在材料中扩散、氢脆化导致材料强度降低）、还原性气体（金属表面的氧化膜或反应膜还原、边界润滑膜形成的阻碍）、非惰性气体（在氢气环境下材料的摩擦、磨损特性会有很大变化）等。与常规的密封材料磨损不同，氢气会进入密封材料中，使密封材料劣化，此外氢气会与接触金属表面作用，引起氢脆和表面粗糙，加大磨损。

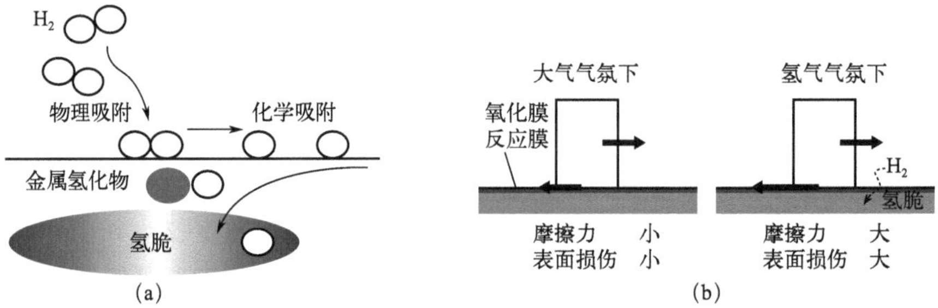

图 14-37 氢与材料的作用（a）及其对摩擦学的影响（b）

14.5.3 密封材料

14.5.3.1 高分子密封材料

目前燃料电池汽车（FCEV）中的氢气压缩、储存和输送的配套基础设施容易出现系统效率低下和可靠性差的问题。这些可靠性问题许多都源于塑料和弹性体密封件（包括 O 型环、垫圈和活塞密封件）的故障，会导致设备停机时间过长或重建，成本显著增加。

高分子材料是广泛使用的密封材料，如密封垫、活塞环、滑翔机环、自润滑性聚四氟乙烯（polytetrafluoroethylene，PTFE）。在高压氢气气氛中的滑动、高速振动、拉伸挤压、摩擦、磨损，如图 14-38 和图 14-39 中的阀门 O 型环处，都会改变密封材料的尺寸甚至结构，所引起的氢气泄漏对氢能利用效率、安全性、设备维护成本的影响较大[112]。

14.5.3.2 橡胶材料

橡胶是最常见的密封材料，但是不同橡胶与氢的相容性相差很大。在压缩机和加氢机上，密封件的工作环境随部位的不同，如温度范围、压力范围、变动的时间尺度等都会有很大的不同。例如，压缩机中氢气在出口被压缩升压到 90MPa，要在 150～180℃的高温环境下密封不泄漏。而加氢机中，为了避免加氢加压引起的温度上升太高，连接分配器、FCV 的软管以及联轴器的密封材料则要在－40℃下充氢至 90MPa 不泄漏。这就要求根据不同使用环境，设计最适合的高压氢气密封用橡胶材料。

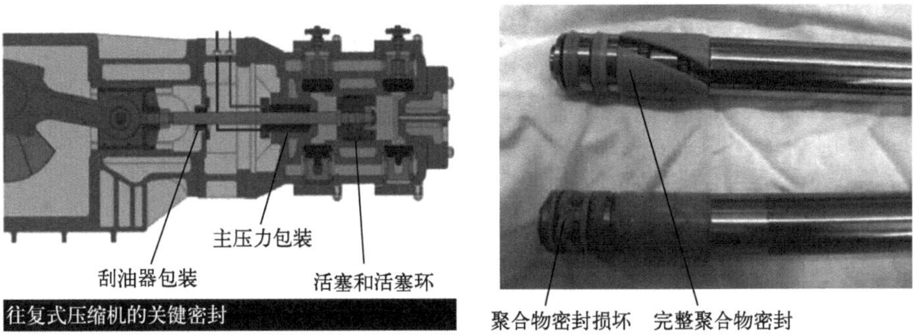

图 14-38 往复式氢压缩机树脂密封

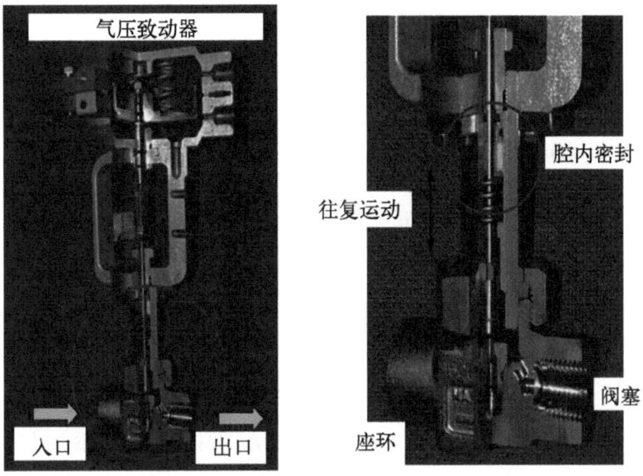

图 14-39 流量调节阀树脂密封

(1) 橡胶材料的加氢脱氢后变形

日本九州大学的西村伸对多种橡胶密封材料进行了深入的研究[113]。表 14-19 是相应的橡胶化学成分（质量份）、密度和机械性能。所研究的原料橡胶有两种，一种是住友化学株式会社 ESPREN505 的乙丙橡胶（EPDM），另一种是日本 Zeon 株式会社 Nipol1042 的丙烯腈丁二烯橡胶（NBR）。在原料橡胶中添加硫 1.5%，氧化锌 5%，硬脂酸 1%，放在模具中加热，制成了 2mm 厚平板和 ϕ29mm×12.5mm 圆柱体样品。作为比较，也在相同配方中分别加入炭黑（CB）和二氧化硅（SC）制成了复合物样品。EPDM-NFT 样品使用了过氧化物（dicmyl peroxide）作为硫化剂制作，通过过氧化物硫化，试验片可以变得透明，便于观察内部的气泡和缺陷等。

表14-19 试样的化学成分（质量份）、密度和机械性能[113]

试样	EPDM					NBR			
	CB50	CB25	SC60	NF	NFT	CB50	CB25	SC60	NF
EPDM	100	100	100	100	100	—	—	—	—
NBR	—	—	—	—	—	100	100	100	100
硬脂酸	1.0	1.0	1.0	1.0	—	1.0	1.0	1.0	1.0

续表

试样	EPDM					NBR			
	CB50	CB25	SC60	NF	NFT	CB50	CB25	SC60	NF
氧化锌	5.0	5.0	5.0	5.0	—	5.0	5.0	5.0	5.0
硫黄	1.5	1.5	1.5	1.5	—	1.5	1.5	1.5	1.5
1,3,5-异氰脲酸三烯丙基酯	—	—	—	—	1.0	—	—	—	—
过氧化二异丙苯	—	—	—	—	2.5	—	—	—	—
炭黑	50	25	—	—	—	50	50	—	—
二氧化硅	—	—	60	—	—	—	—	60	—
硬度	A79	A68	A91	A54	A52	A77	A67	A85	A52
密度/(g/cm³)	1.093	1.016	1.136	0.928	0.857	1.191	1.123	1.248	1.035
弹性模量 E/MPa	7.9	4.3	9.3	2.1	2.0	6.3	3.3	7.5	1.7
标称断裂应力 σ_n/MPa	19	11	13	1.3	1.0	24	14	28	2.0
断裂伸长率 λ_F	3.6	3.9	3.6	2.3	1.9	4.0	4.7	7.5	4.3

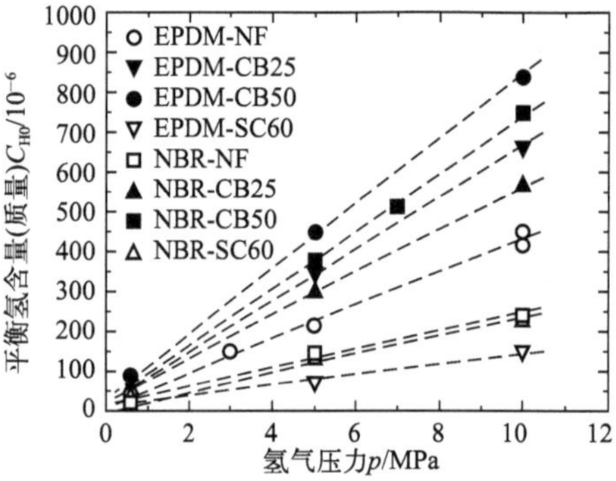

图 14-40 平衡氢含量与氢气压力的关系[113]

图 14-40[113] 给出了对橡胶材料施加不同氢气压力时，橡胶材料中的氢溶解量即饱和氢量 C_{H0}（质量，10^{-6}）的变化。橡胶材料中的氢气以分子的形式存在，表明是理想气体状态。从图中可知，添加炭黑的样品的吸附量比未配合的试验样品增加，而添加氧化硅的实验样品几乎没有变化。

使用表 14-20 所示规格的 O 型环，测试了氢气加压和降压过程中的密封行为。试验方法是对装有 O 型环密封的高压氢容器进行加压并保持 3h 左右，随后降压，并反复加减压，观察试验后的 O 型环变化。O 型环的氢气泄漏量通过高压氢容器 O 型环低压侧排气管线的氢浓度来测定。

表14-20 三元乙丙橡胶 O 型环的规格和材料性能

O 型环设计	内径	11.9mm	性质	硬度	A70
	横截面直径	3.53mm		密度	1.30g/cm³
	挤压比	16%		抗拉强度	12.0MPa
	填充率	86%		断裂伸长率	330%
材料	橡胶	过氧化物硫化 EPDM		弹性模量	4.0MPa
	填料	白炭黑		TR10	-45℃

在渗透泄漏量稳定后，在规定的条件下进行了 100 次加压和减压测试。结果表明随着加减压次数的增加，氢气泄漏量逐渐增加。图 14-41 是高压氢气容器中经过 100 次压力循环后

取出的 O 型环照片。与没有加减压的样品相比，加减压后的样品断面有明显的外伤。在 100℃下加减压时，压力越高，损伤越严重。外观变化也有很大差别，在 35MPa、70MPa 的情况下，在 O 型环的内侧发现裂纹。内侧产生裂纹是加减压时 O 型环的体积变化引起的，橡胶材料中处于饱和状态的氢气在被减压时，由于氢气向内侧逸出引起橡胶材料的体积膨胀，在 O 型环的内侧产生突起，内周部的突起引起龟裂。

从图 14-41 中可以看出，O 型环的截面观察结果也表明当氢气的上限压力越高时，氢气压力变化造成的胶圈损伤越严重。在氢气上限压力为 10MPa 时，截面上仅观察到微小气泡的痕迹。与此不同，在 35MPa、70MPa 的情况下，气泡发生破裂。

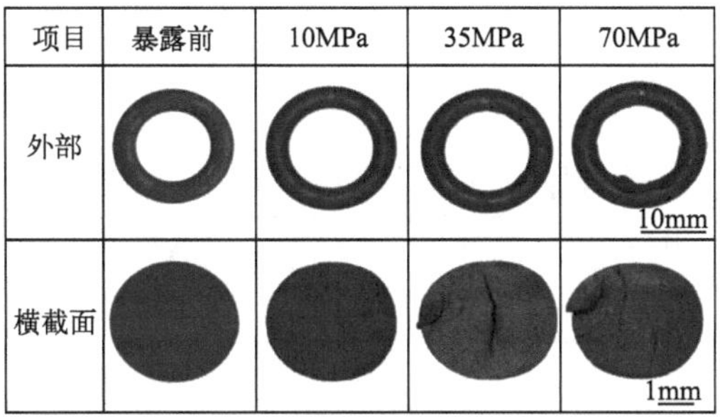

图 14-41　100℃高压氢气加压和减压循环试验后的 O 型环[113]

图 14-42[113] 是将材料为 EPDM-NOK70 的 O 型环放入 30℃、90MPa 的高压容器中，保持 24h，随后排出氢气，打开容器取出 O 型环后，O 型环的体积和外观形貌随时间的变化。横轴表示脱氢后所经过的时间，纵轴是 O 型环的体积变化率 $\Delta V/V_0$。因将高压容器内的氢气完全排除需要 30min，所以数据的记录是从 30min 后开始的。与未加氢的最初 O 型环相比，加氢取出后的 O 型环的体积明显增加。由图可知，30min 后取出的 O 型环的体积膨胀很大，达到 65%体积变化率，随后体积逐渐减小，4h 后，目视基本恢复到原来的尺寸，O 型环表面没有确认到裂纹。这些结果显示，EPDM-NOK70 具有很好的氢气相容性和力学性能。对于密封材料，尤其需要检测机械强度、压缩永久应变、低温特性和气体透过特性等四项性能。

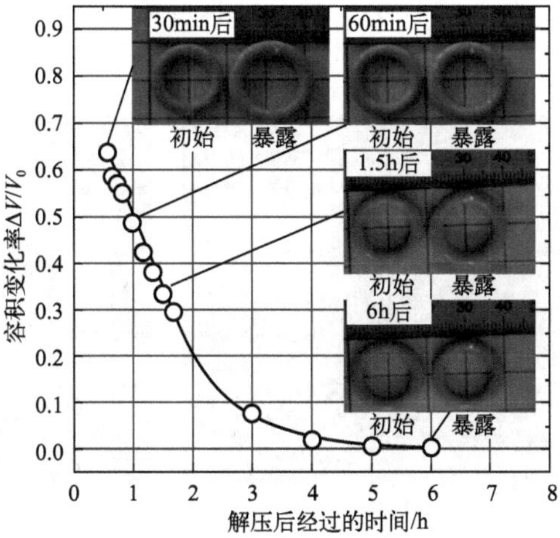

图 14-42　高压氢气暴露后的体积变化和 O 型环视图[113]

（2）不同橡胶与氢气的相容性

橡胶的种类很多，有的和氢气的相容性很好，有的则很差，不能用于氢气密封。表14-21[114]是ACM（polyacrylate rubber，聚丙烯酸酯橡胶）、AU（polyester urethane，聚酯氨基甲酸酯）、CR（chloroprene rubber，氯丁橡胶）、EPDM（ethylene propylene diene rubber，乙烯丙烯二烯橡胶）、FFKM（perfluoro rubber，全氟橡胶）、FKM（fluorocarbon rubber，氟碳橡胶）、FKM resifluor（fluorocarbon rubber resifluor，氟碳橡胶树脂氟）、FVMQ（fluorosilicone rubber，氟硅橡胶）、HNBR（hydrogenated acrylonitrile-butadiene rubber，氢化丙烯腈-丁二烯橡胶）、NBR（acrylonitrile-butadiene rubber，丙烯腈-丁二烯橡胶）和VMQ（silicone rubber，硅橡胶）等常用的气体密封橡胶与氢气的相容性以及对氢气的密封性能，从表中可知ACM的氢气相容性良好，FVMQ和VMQ的氢气相容性差，其他橡胶与氢气有优异的相容性和优异的氢气密封特性。

表14-21 气体密封橡胶的氢气相容性[114]

橡胶种类	ACM	AU	CR	EPDM	FFKM	FKM	FKM resifluor	FVMQ	HNBR	NBR	VMQ
相容性以及对氢气的密封性能的等级	B	A	A	A	A	A	A	C	A	A	C

注：A为相容性优异，密封性好，氢气对弹性等性能影响很小。B为相容性良好，会与氢气发生一些反应，引发化学膨胀和某些物理性能下降。C为相容性差，与氢气反应引起明显的膨胀和物理性能下降。

14.5.3.3 其他材料的氢气密封

橡胶材料性质随温度的变化很大，在高温和低温下的性能差，因此耐热耐冷的塑料也用在氢气密封上，如图14-43所示[115]。密封失效的一个原因是密封材料在高温和氢气压力下被氢分子饱和，从而引起尺寸和机械变化。另一个重要的失效机制是简单的摩擦磨损，这种磨损源于润滑性不足，并随温度和压力的增大而加剧。因此，迫切需要在极端温度（−40～200℃）和高压（>875bar）的氢气环境中具有延长寿命和提高聚合物密封性能的技术，以实现氢气系统的可靠运行。一种提高密封性能的方法是在密封件外部利用气相沉积法镀膜。

(a)

(b)

图14-43 用于测试GVD的PTFE涂层密封性的Hydropac氢压缩机（a）和氢压缩机中使用的密封件（b）

在更高温度下，金属和柔性石墨也可用在氢气密封上。阀门硬密封材料应采用堆焊司太立合金六号，阀座软密封材料应采用PTFE或其他氢气相容性好的材料[115]。法兰密封面为MFM（凹凸）面或TG（榫槽）面，并采用金属缠绕垫片+柔性石墨缠绕垫片，见图14-44。

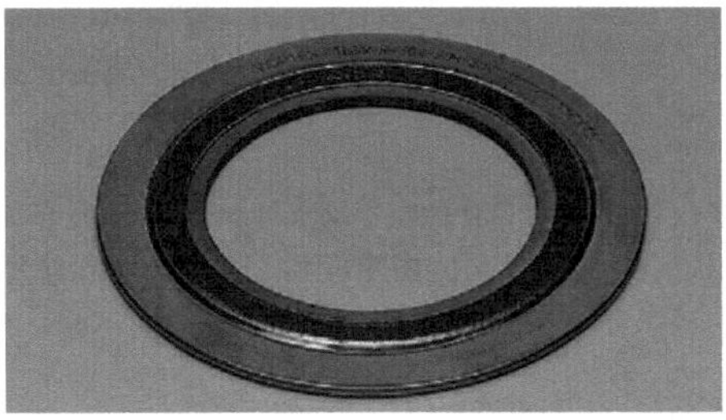

(a)

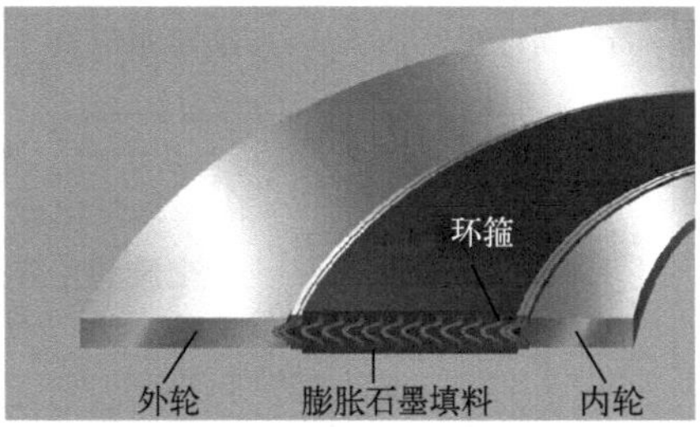

(b)

图 14-44 金属缠绕垫片+ 柔性石墨缠绕垫片

液氢的沸点20K，温度极低，氢扩散系数大，与其他液体相比密封很困难。金属或树脂材料在液氢温度下会变脆，而且因温度下降的收缩也大，密封性不能满足要求，也采用金属缠绕垫片+柔性石墨缠绕垫片[116]。按温度不同，In、Al和Cu常用在接口的垫片上。

14.5.4 气密性的检测方法

气瓶气密性试验是向气瓶腔体内充入一定压力的气体(惰性气体)，到达设定的压力值后再断开气体供给，静置一段时间待气压稳定后，通过特定的方法，检测气瓶是否出现泄漏现象。由于氢燃料电池汽车应用的是Ⅲ型瓶和Ⅳ型瓶，这两种气瓶的气密性检测方法如表14-22所示，检测方法主要分为四种形式：浸水法、涂液法、加压累积法、真空舱法[117]。具体试验流程如下。

① 浸水法　将气瓶匀速缓慢地充至设定压力，再将气瓶放入水槽，完全浸入水中，离水面≥5cm，保压至少1min，通过观察是否有气泡产生来判断气瓶的气密性。

② 涂液法　将气瓶匀速缓慢地充至设定压力，再将气瓶待查部位涂上检漏液，涂液保持时间至少1min，通过观察是否有气泡产生来判断气瓶的气密性。

③ 加压累积法和真空舱法　两种方法大致相似，均需要对被检工件充入一定压强的氦气或氦氮混合气，被检工件外面是具有一定真空度要求的压力舱或真空箱，压力舱或真空箱与氦质谱检漏仪检漏口相接。若被检工件有漏，则漏入压力舱或真空箱的氦气可通过氦质谱检漏仪测出。

表14-22 气瓶气密性检测方法分析

试验方法	浸水法	涂液法	加压累积法	真空舱法
适用样品	Ⅲ型瓶	Ⅲ型瓶	Ⅳ型瓶	Ⅳ型瓶
主要设备	试验水槽、充气装置	检漏液、充气装置	压力舱、氦质谱仪	真空舱、氦质谱仪
引用标准	GB/T 35544	GB/T 35544	T/CASI02 007	T/CASI02 007
适用范围	检测气瓶整体或局部气密性	检测气瓶表面气密性	检测气瓶整体气密性	检测气瓶整体气密性

续表

试验方法	浸水法	涂液法	加压累积法	真空舱法
优点	操作简单；直观判断泄漏位置	操作简单；直观判断泄漏位置	定量测量泄漏率；安全防护，降低风险	定量测量泄漏率；安全防护，降低风险；测量结果更精确
缺点	可定性，不可定量；带压操作，存在安全风险	可定性，不可定量；带压操作，存在安全风险；存在漏检风险	操作复杂，投入较大；泄漏位置不明确	操作复杂，投入较大；泄漏位置不明确
适合机构	气瓶制造厂、定期检验机构	气瓶制造厂、定期检验机构	气瓶制造厂、定期检验机构	型式试验机构

注：各类型气密性试验均应在液压试验合格后进行。水压试验可以计算出容积残余变形率，如变形率较差，说明强度较差，再使用气体开展试验有一定的安全风险。

氢泄漏预防方法：

① 在连接部分使用尺寸和性能适当的密封材料。对于液化氢，应考虑密封材料的极低温特性。

② 避免管道过多螺纹，扭转部位是泄漏的主要部位。

③ 在配管上敷设适当的支撑件。

④ 阀门不要太紧。

⑤ 高压、低温时，任何附件安装不得过紧。

⑥ 为了防止压力过大而产生大量的氢气排放，应设置压力调节阀等安全附属设备，安全地排出剩余氢气。

⑦ 搬运容器时，请勿碰撞、掉落、翻倒。

⑧ 往氢气容器上连接配管充氢时，应固定稳妥。搬运时，应确认充氢结束和配管的拆卸。

⑨ 进行氢气检测。

14.6 高压氢气与材料破坏

高压破坏直接与材料的选择密切相关。高压储氢是目前使用较为广泛的一种氢气存储方式，氢气设施的安全性与氢气的压力和温度等因素密切相关，不同国家管理方法不一样。压力在 $10kgf/cm^2$ 以上的氢气、装入容器中的液态氢气、大气压下温度达到 35℃的低温氢气都视为高压气体，操作人员需要经培训取得高压气体操作执照才能进行操作。同时，根据需要对使用场所有所改造，安装相应的标识和设施，设置排气和控温措施，禁火、禁引火电器。

14.6.1 一般工业钢瓶

对于一般工业钢瓶，ISO 11120 限定了钢瓶用钢的化学成分和热处理，其中杂质硫和磷的含量在熔炼分析时分别不能超过 0.02%，总量不能超过 0.03%；在对无缝钢管检查时，硫和磷的含量分别不能超过 0.025%，总量不能超过 0.035%。此外，若是有氢脆危害的气体，还应当验证材料的适应性，而且钢瓶的实际最终抗拉强度 Rm 不能超过 950MPa[118]。

氢气储存时，为保证高压容器的安全，所用材料必须为符合要求的临氢材料，并综合考虑材料的微观组织和力学性能、使用条件、应力水平及制造工艺等因素。常用的临氢材料为铬铝钢或奥氏体不锈钢，牌号有 4130X、30CrMo 或 S31603 等。对于 4130X 和 30CrMo 材料，其化学成分要求 C≤0.35%、P≤0.015%、S≤0.008%。经热处理后，材料的力学性能应满足在空气中的抗拉强度 Rm≤880MPa，屈强比≤0.86，断后伸长率（A）≥20%，−40℃下 3 个标准试样冲击吸收能量平均值 KV2≥47J，侧膨胀值 LE≥0.53mm，在氢气和空气中的抗拉强度之比、最大力总延伸率之比均≥0.9。对于 S31603 材料，其化学成分要求镍含量 Ni≥12%、镍当量 Ni_{eq}≥28.5%，其力学性能要求满足在空气中的断面收缩率≥70%，氢气和空气中的断面收缩率之比不小于 0.9。

14.6.2 高压氢气复合容器

传统钢制压力容器设计制造技术成熟、成本低、灌装速度快、能耗也较低，但是单位质量储氢密度较小，已经不能满足技术要求。轻质高压储氢容器技术是伴随着复合材料压力容器技术发展的新兴技术。高性能的复合材料具有高比强度、高比模量的优点，可以在保证容器承压能力的前提下，大幅度降低容器的质量。

为了增加储氢容量，高压钢瓶由原来的实心钢瓶发展到钢内衬＋碳纤维强化的复合钢瓶。如图 14-45[119] 所示，按照材料和结构不同，储氢气瓶可分为以下几种：Ⅰ型瓶，由金属材料制成的压力容器；Ⅱ型瓶，内胆为薄壁金属材料制成的承压容器，瓶体环向部分缠绕纤维树脂复合材料；Ⅲ型瓶，内胆为薄壁轻金属材料制成的承压容器，瓶体全向缠绕纤维树

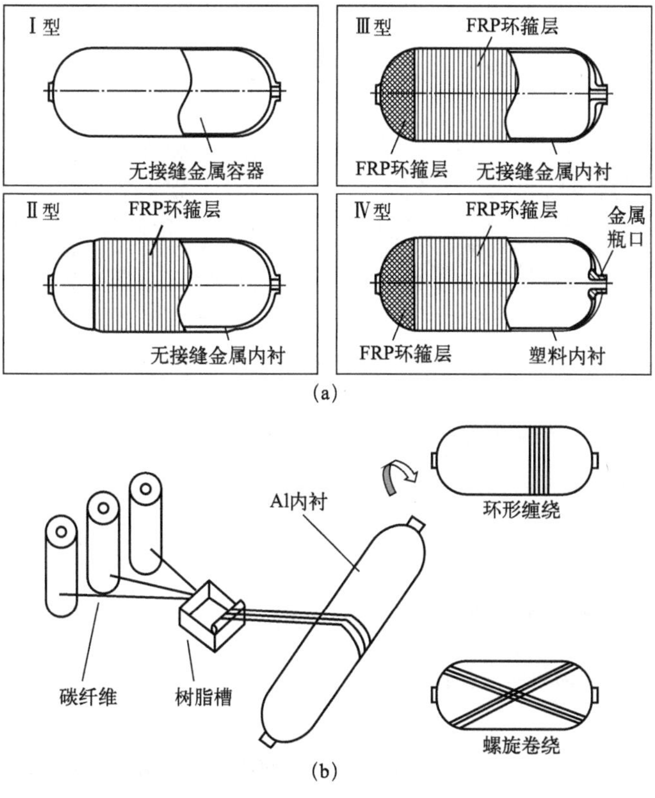

图 14-45 四种高压氢气容器（a）和碳纤维缠绕过程（b）[119]

脂复合材料；Ⅳ型瓶，内胆为聚合物工程塑料制成的容器，全向缠绕纤维树脂复合材料，配金属阀门安装套。这种复合钢瓶涉及内衬材料、高强碳纤维、玻璃纤维和有机胶料等材料。

图 14-46 是高压储氢罐管的加工现场图片和瓶结构图。图 14-47 是高压钢瓶组成的车载供氢系统的照片。表 14-23 是不同类型储氢压力容器的特性[4]。轻质高压储氢容器的设计，首先要解决材料问题。轻质高压储氢容器的不同分层要求使用相应的功能材料，完成多功能的复合作用。内衬材料要有很好的氢气阻隔性能。储氢容器进行充气的周期可能较长，而氢气在高压下又具有很强的渗透性能，所以氢气储罐必须具有良好的阻隔功能，保证大部分的气体能够存储于容器中。过渡层的材料需要有较好的黏合作用以及抗剪切作用。容器缠绕过程中的剪切作用有限，所以使用高剪切模量的粘连剂作为过渡层，也可以满足要求。外层保护层材料在受到冲击时要吸收大部分的能量，可以选择特定的玻璃纤维材料进行缠绕。缓冲层材料需要具有很好的抗点冲击能力，一般采用泡沫类材料，如聚氨酯和聚丙烯等材料。

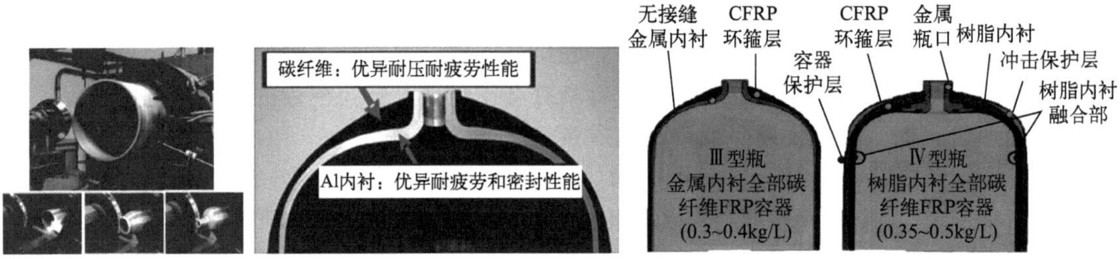

(a) (b) (c)

图 14-46 复合钢瓶的结构和加工方法

(a) 内层颈处收口；(b) Ⅲ型瓶的颈处；(c) 外侧碳纤维缠绕

图 14-47 大型高压氢气瓶和欧洲加氢站高压瓶组供氢系统

（80MPa、50L 的Ⅱ型瓶，15 个瓶一组，共 8 组 120 瓶，6000L）

表14-23 不同类型储氢压力容器的特性[4]

压力容器的类型	重量	成本	压力
Ⅰ类：全金属压力容器	最重	最低	达到 200bar
Ⅱ型：玻璃纤维复合层加钢的钢制容器	比Ⅰ型的轻 30%～40%	比Ⅰ型的贵 50%	300bar
Ⅲ型：带复合材料和金属内衬的全包裹容器	比Ⅰ型的轻 70%	大约是Ⅱ型的 2 倍	350～700bar
Ⅳ型：全复合材料	比Ⅰ型的轻 80%	比Ⅰ～Ⅲ都贵	高达 1000bar
Ⅴ型：无衬里全复合材料压力容器	比Ⅰ型的轻 85%	—	—

加氢站的储氢槽也处于高压状态，除了高压外，容积也大，需确保容器的安全。如图 14-48 所示，容器由 2 层不锈钢和 2 层碳钢组成，而且整体埋入地下，外侧进一步用预应力混凝土加固[120]。

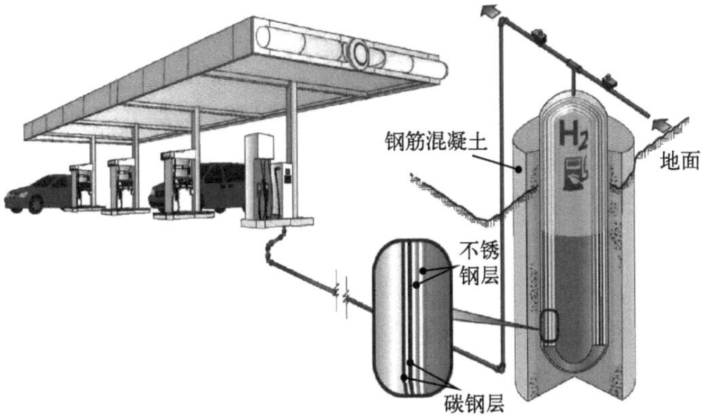

图 14-48 加氢站地下高压容器示意图[120]

14.6.3 高压储氢容器的安全检测

在氢气高压容器制备中，除了设计优化外，还必须对储氢容器进行试验检测，保证在可能出现事故的情况下，储氢容器仍能保证一定的安全性。试验项目应包括：制造纤维的性能试验、容器外观检查、拉伸强度检测、硬度检测、冲击试验等力学性能检测，水压试验、爆破试验、循环试验、渗漏性检测试验、冲击试验、枪击试验、焚烧试验等，同时进行超声波检测和静压测试等安全检测。

高压检测尤为重要。图 14-49 是对氢气部件进行检测的高压氢气实验室。建筑物的墙壁为 250mm 的钢筋水泥墙，屋顶在爆炸时可以掀开，实验室内安有监控，并每小时外气引入式换气 30 次，监视窗口由防弹防火双侧玻璃组成，试验件放入安有防爆罩的设施里面，氢气压缩机和蓄压器都放在隔壁房间，电器件都采用防爆标准。

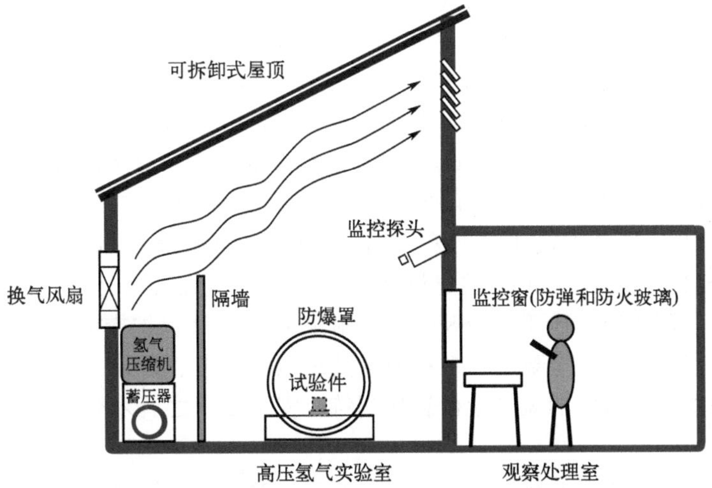

图 14-49 对氢气部件进行检测的高压氢气实验室

常压下的氢气泄漏到开放空间，由于空气的浮力，氢气很快扩散到远离地面的地方，但是从高压容器中泄漏的氢气浓度与泄漏处的距离成反比，受空气浮力影响很小，在泄漏口附近容易达到氢气爆炸的下限浓度，更需要对氢气泄漏进行监控。另外，高压容器内部压力快速上升时，为了防止容器爆炸，需要能够自动释放氢气，降低容器中的压力。为了保险，一般在容器上装有爆破板（一定压力以上时会自动破裂的薄板）或带有弹簧的安全阀门，不过需要防止微粉堵塞阀门。

在高压状态下，氢气的泄漏也会有所不同。从高压处的氢气泄漏可以是瞬间的（如压缩机、加氢设备），也可以是连续的（如管道裂缝），瞬间泄漏的氢气燃烧可以产生一个火团，连续泄漏导致的危害取决于燃烧的时间、火焰的方向。如果氢气的泄漏发生在一个封闭空间或者有很多管道裂缝时，爆炸就有可能发生。滞后燃烧导致爆炸的概率为 40%，火花燃烧导致爆炸的概率为 60%。

由氢气爆炸产生的压力波的振幅与氢在空气中的扩散以及氢的浓度分布相关。压力波会随着氢的总量增加而增加，爆炸的效果随着火焰传播速度的增大而增强。如果涉及大量存储氢气的基础设施，需要在储氢设施之间或与其他设施之间设置相当的距离，称为安全距离，避免二次危害。也需要设置远离热源的距离，把远离热源为 $9.8kW/m^2$ 的距离称为有效距离。对应这样距离的爆炸概率是 1%。

高压容器、管道、阀门也会在高于室温的条件下使用。高温、高压加氢工艺可以实现深度脱硫、脱氮、脱酸、脱饱和烯烃等，进而获得更清洁、更高质量、更高附加值的石油产品或为其他装置提供优质原料。随着环保要求的提高以及市场对高质量石油产品需求的增加，石油加工装置中高温高压加氢工艺的应用越来越广泛。高压加氢装置的设计温度可达 400℃上下，设计压力可达 10～20MPa，阀门磅级可达 CL900～CL2500，介质为氢气、油品、硫化氢等，在高压临氢工况下，一旦发生泄漏，可能会引发火灾、爆炸及中毒等事故，造成严重的经济和人身损失，因此高压加氢装置中管道材料的合理设计及选材尤为重要。管道材料选择除考虑安全性外，选材的经济性也非常重要，以节约项目投资成本，避免不必要的浪费[121]。

焊接是金属加工常用的一种方法，焊接处也是材料缺陷多、密封最弱的地方。在高压加氢装置中，对于碳钢管道，在临氢振动、高压振动和湿硫化氢腐蚀环境下需要对焊接接头进行焊后热处理，目的是消除焊缝处的残余应力，获得更加均匀的组织结构，以降低焊缝处振动或腐蚀开裂的概率。对于奥氏体不锈钢管道的焊后热处理（包括固溶和稳定化热处理），没有强制性标准，一般按照设计文件执行。由于奥氏体不锈钢在热处理后出现缺陷的概率大，不适宜进行焊后热处理，目前在石油化工装置中，对于非稳定化的奥氏体不锈钢，一般不要求焊后热处理。对于含 Ti 和 Nb 等稳定化元素的奥氏体不锈钢，根据 SH/T 3554—2013 附录 C 中的工业实践经验，321 材质在操作温度 399～427℃，347 材质在操作温度 427～454℃时，可不对焊接接头进行稳定化热处理。如温度超过此范围，可根据 SH/T 3554—2013 和 NB/T 10068—2018 的建议并结合工程经验进行选择。为防止停工期间的连多硫酸应力腐蚀，可参照 NB/T 10068—2018 附录 A 的几种保护措施[121]。

高压氢气容器使用的安全要求：在检修或处理氢气管道、设备、气瓶之前，必须先用惰性气体将容器和附属管道内的氢气含量置换到符合安全要求之后才能开展其他相关检修维护工作。

氢气从气瓶嘴泄漏或快速排放时，因气体的高速摩擦可产生静电火花，因此瓶装氢气出厂时，应保证瓶嘴与瓶阀无泄漏，并旋紧瓶帽。在使用瓶装氢气时，应缓慢开启瓶阀。

瓶装氢气应存放于无明火源，并远离热源、氧化剂，通风良好的地方。氢气瓶库房的建筑、电气、耐火以及防爆要求等应符合相关的规定。

储运氢气的工业钢瓶的瓶体材料，必须是经国家相关部门鉴定认可的材料，应选用优质锰钢、铬铝钢或其他合金钢。其化学成分应符合国标 GB/T 222 的相关规定。

14.7 液态氢气与材料低温冷脆

14.7.1 液态氢气及安全

液态氢气在储存和运输上的应用越来越多，以前主要是在军工以及航天领域（图 14-50）使用，今后在氢燃料电池车（图 14-51）等民用上会有很大发展[122,123]。在这些领域，会遇到如下的液氢低温风险。

(a) (b)

图 14-50 使用低温液体推进剂的火箭

(a) 阿丽亚娜 Ariane 5 号（25t 液氢，130t 液氧）；(b) 航天飞机（100t 液氢，600t 液氧）

图 14-51 氢燃料电池车的液氢罐

（1）大量液氢泄漏和汽化的危害

液氢沸点低，易汽化，汽化后的体积膨胀 780 多倍，会引起超压危险。需要防范大量液氢溢出产生的冲击波、人员冻伤和窒息。为了避免氢气的汽化压力引起液氢溢出，液氢储箱的充装系数为 0.9。

氢气液体与其他气体、液体相比，蒸发和扩散有很大的不同。与液氮相比，液氢的沸腾更加剧烈和不规则，氮气在容器表面扩散，而液氢迅速蒸发并向上膨胀，如图 14-52 所示[124]。表 14-24 是氢气、天然气和汽油的安全参数比较，相比可知，氢气的最小自燃温度低、扩散系数大、火焰传播速度快[124]。

(a) LN_2

(b) LH_2

图 14-52 液氢和液氮从储罐溢出后的行为特征[124]

表14-24 氢气、天然气和汽油的安全参数比较[124]

参数	氢气	天然气	汽油
密度/(kg/m³)	0.082	0.67	4.4
最小点火能量/mJ	0.02	0.3	0.3
着火点/K	843	923	700
可燃范围(在空气中，体积分数)/%	4~75	5~15	1~7
空气中的扩散系数/(cm²/s)	0.61	0.16	0.05
层流火焰速度/(m/s)	2.1	2.1	0.3

由于液氢的温度很低，所以外界物质对液氢而言均是热源，在转注或储存过程中，凡液氢可能到达（渗漏或意外情况）的“盲区”，如管道、夹层、阀腔等部位，若绝热不当或未采取有效的绝热措施，都可能使液氢汽化，随之导致系统压力升高，严重时会发生爆炸。在设计和使用设备时，应严格注意“盲区”的安全，必要时，可在这些部位增设安全阀或爆破薄膜装置。

（2）冻伤危险

液氢溅到皮肤上，或裸露皮肤或身穿较薄的衣服与装有液氢的输送管道、阀门接触时，都会发生严重的冻伤。需要指出的是，液氢的低温蒸气同样会冻伤操作人员的皮肤。在实际使用中，凡操作液氢设备的人员，均必须穿戴棉织的防护衣物，尽可能减少皮肤的裸露部位。一旦被液氢冻伤，可用 40℃左右的温水浸泡，然后就医，切勿揉擦。

操作使用时应该注意：戴棉质或石棉手套；穿棉质长袖衣服、长裤和棉靴（严禁穿合成纤维和毛类衣物）；戴防护眼睛的面具。

（3）固态氧和固态空气

液氢中的固态气体杂质会破坏有关设备的正常工作（如阀门卡住、管路堵塞）。空气或杂质混入液氢中，会产生固态氧或固态空气，形成类似炸药的易爆混合物，因此，要求液氢储存容器，每年至少要升温（正常温度）一次，把固态氧或固态空气排空。

（4）材料低温脆性和零件操作困难

低温对各种金属材料的性质有很大的影响。在液氢温度下，各种软钢会或多或少地失去它原有的延性，有的甚至变脆。温度的突然改变亦会使各种金属材料产生应力集中。此外，液氢的低温会使管路系统中的某些接头丧失其原有的灵活性，从而将增加这些接头泄漏液氢的危险。

14.7.2 冷却氢气的特性

图14-53是常见气体在不同低温下的蒸气压[122]。同一温度下，氢气的蒸气压仅次于氦气，比其他气体的都大。表14-25是不同冷冻剂在正常沸点下的一些性质，除氦和氢外，所有低温气体都表现为“正常”流体，它们的共同特点是比热容和蒸发焓低。所有气态冷冻剂都是无气味的，除了淡蓝色的氧气和淡黄色的氟外，所有液态冷冻剂都无色。除了氧有很强的顺磁性外，其他气体都是抗磁性的。与其他气体相比，氢气的沸点低，体积密度小，单位质量的蒸发焓变大。

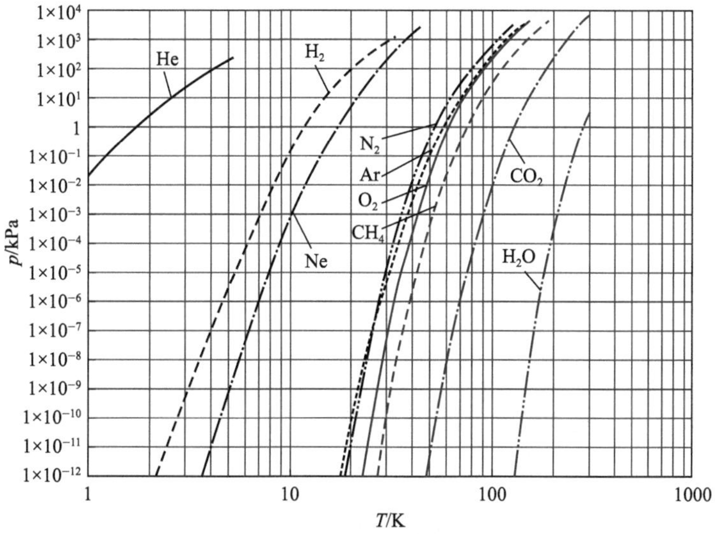

图 14-53 低温下常见气体的蒸气压

表14-25 不同冷冻气体在正常沸点下的一些性质

性质	^4He	$n\text{-}H_2$	D_2	Ne	N_2	CO	F_2	Ar	O_2	CH_4	Kr	Xe	C_2H_4
正常沸点/K	4.22	20.4	23.7	27.1	77.3	81.7	85.0	87.3	90.2	111.6	120.0	165.0	169.4
液体密度/（kg/m^3）	125	71.0	163	1205	809	792	1502	1393	1141	423	2400	3040	568
液体密度/蒸汽密度	7.4	53	71	126	175	181	267	241	255	236	270	297	272
蒸发焓/（kJ/kg）	20.42	446	301	86	199	216	157	161	213	512	108	96	482
蒸发焓/［kJ/（kg·mol）］	80.6	899	1211	2333	5565	6040	6659	6441	6798	8206	9042	12604	13534
单位能量液体蒸发体积/［cm^3/（W·h）］	1410	114	74	35	22	21	14	16	15	17	14	13	13

续表

性质	^4He	n-H_2	D_2	Ne	N_2	CO	F_2	Ar	O_2	CH_4	Kr	Xe	C_2H_4
液体的动态黏度 /(μN · s/m^2)	3.3	13.3	28.3	124	152	—	240	260	195	119	404	506	170
表面张力 /(mN/m)	0.10	1.9	~3	4.8	8.9	9.6	14.8	12.5	13.2	13.2	5.5	18.3	16.5
液体热导率 /[mW/(m · K)]	18.7	100	~100	113	135	—	—	128	152	187	94	74	192
15℃时从1体积液体中释放的气体体积	739	830	830	1412	168	806	905	824	842	613	689	520	475

图 14-54 是低温氢气热力学图。把 70MPa 氢气降至低温可以提供体积、容量和安全优势，这些优势与不断增长的技术需求相平衡。从产业的角度来看，低温气体储氢也是一个重要的发展方向，可以克服液氢和常温氢气储存时存在的热力学限制。如图所示，在低温区域内，氢气的储存容量可以通过压力在很大范围内调节。

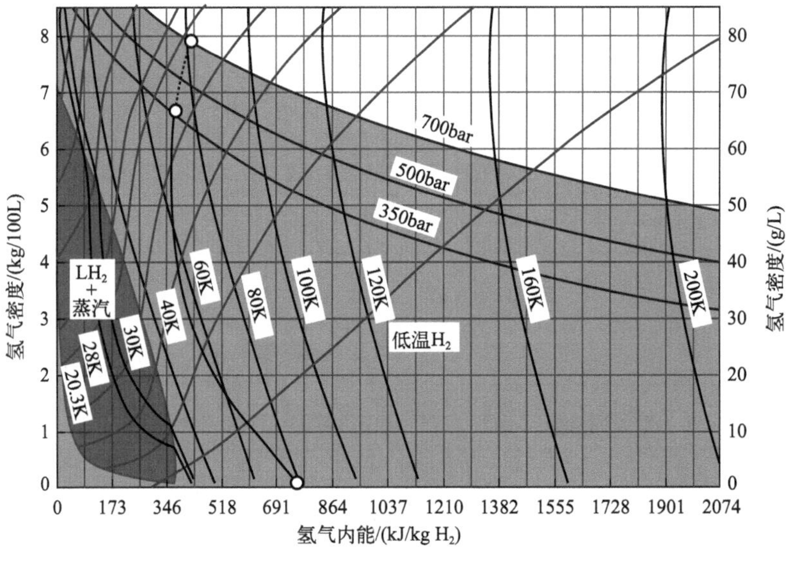

图 14-54 低温氢气热力学图（氢气内能 $E=3RT/2$）

14.7.3 材料的低温冷脆

材料破坏可以分为两类，一类是脆性破坏，另一类是延性破坏。容易认为材料在高温时有风险，因为高温下材料变软，所以人们非常注意材料的最高使用温度，但是对于材料的低温风险则认识不足。值得注意的是，材料也怕冷，高分子材料尤其如此。图 14-55 为高分子材料的变形特性随温度的变化，其中，T_b 为脆性转换温度，T_g 为玻璃固化温度，T_f 为黏流温度，T_m 为熔点温度或分解温度，一般来说 $T_m > T_f > T_g > T_b$。随着温度的降低，高分子材料会从黏流状态向高弹态和玻璃态转换，在 T_g 以下容易出现“冷脆现象”。高分子材料在高温和室温下都具有很好的变形和弹性，但在低温或液氢温度下则会呈玻璃态，失去弹性，变得非常硬和脆，在使用时尤其要注意温度变化带来的风险。

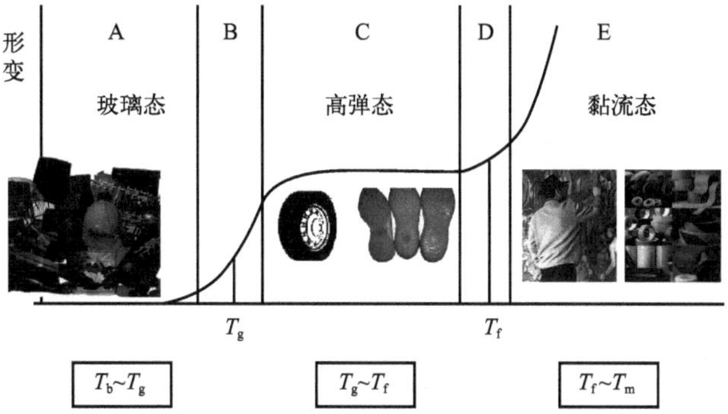

图 14-55 高分子材料的变形特性随温度的变化

在低温下，材料因其原子周围的自由电子活动能力和“黏结力”减弱而呈现脆性，金属也会出现“冷脆现象”。不仅锡金属及其合金怕冷，铝、镁甚至钢铁也都怕冷。常见的金属锡是白锡，在低于 13.2℃开始转变为它的同素异形体灰锡，但转变速度很慢，要冷到－40～－30℃才达到最大的转变速度。当白锡（密度 7.298g/cm^3）转变为灰锡（密度 5.846g/cm^3）时，体积增大约 20%，便崩碎成粉末，如图 14-56 所示。

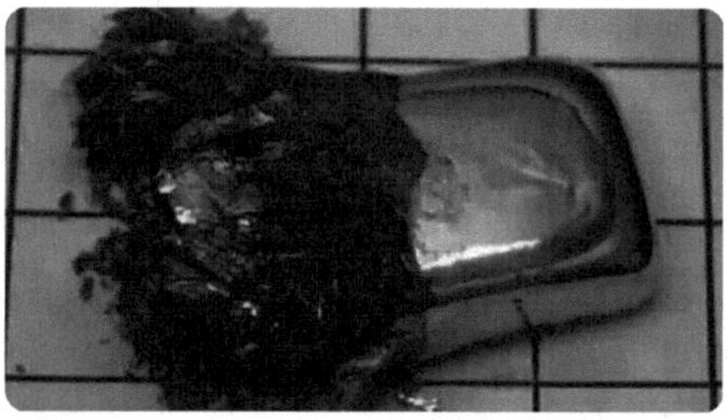

图 14-56 锡合金的冷脆粉化现象

对于金属材料，都有一个临界温度 t_k，当环境温度低于 t_k 时，材料的冲击韧性会急剧降低，这种现象称为金属材料的低温脆性转变，把 t_k 称为材料的冷脆转变温度（ductile-brittle transition temperature，DBT）。为了保证低温下的安全性，要求使用的材料具有低的冷脆转变温度。DBT 可以通过测量材料的冲击吸收功随温度的变化求得，如图 14-57 所示，冲击吸收功在 DBT 附近会有显著的变化。低温脆性断裂是结构材料最危险的破坏形式之一，原因是断裂瞬间发生，断裂时无明显的塑性变形，而且构件破坏时其承载能力很低。

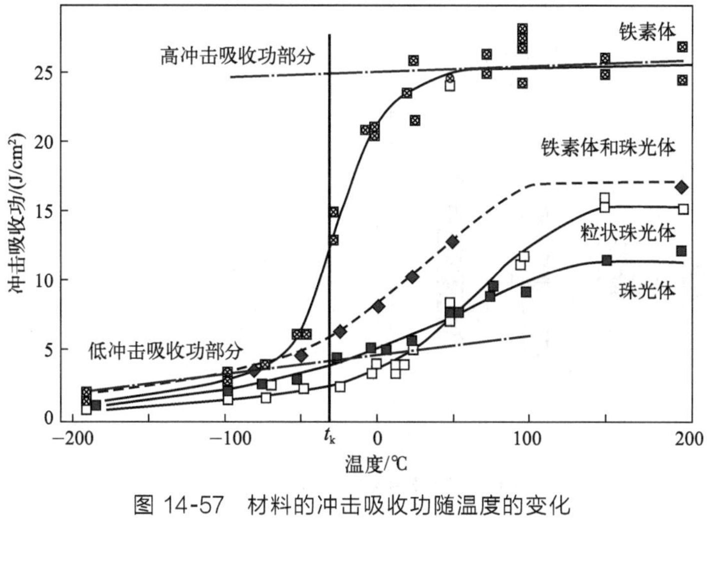

图 14-57 材料的冲击吸收功随温度的变化

钢的低温脆性或冷脆性表明钢在较低温度下对缺口的敏感性增大，冲击韧性降低，其破坏为低应力脆断，其应力一般低于钢材的屈服强度，往往低于设计许用应力，破坏之前无明显的塑性变形。在低温或室温下操作的碳钢管件、阀门、结构和容器尤其要注意。选用钢材时应掌握其韧性态变为脆性态的温度。因为钢材如在低于 DBT 下使用会迅速断裂。由于脱氧不完全，加工温度高，冷作时存在缺口和急弯、表面有缺陷等均容易造成低温脆性。钢材中的硫、磷是引起低温脆性的重要原因。以前为增加材料的硬度往往添加不少磷、硫[10]。

为防止环境低温脆断，对热轧态的低碳钢，应减少钢中碳含量，降低硅含量和游离态的氮以及有害元素硫、磷含量，适当提高锰含量。细化晶粒、球化脆化第二相可改善钢材的冷脆性。对低温使用的重要设备应根据实际情况选用高镍合金钢或奥氏体不锈钢，也可以采用耐低温的低合金钢，如 09Mn2VR。对有低温脆性破坏的钢材制成的容器进行水压试验时，试验温度应比冲击试验温度高 20℃以上。

另外，对于低碳钢和低合金钢，当其构件厚度在 10～40mm 范围内时，任何一个低冷脆性结构形式构件的塑性破坏到准脆性破坏的临界转变温度（T_k）与构件厚度成正比[125]，即：

$$T_k = A + Bt \tag{14-13}$$

式中，A、B 为计算系数，其取值与材料特性和结构的形式有关。

材料的塑性变形能力与材料的晶体结构密切相关。晶体结构为体心立方晶格的金属及其合金或某些密排六方晶格的金属及其合金，特别是工程上常用的中、低强度结构钢有明显的冷脆现象，而面心立方的金属及其合金一般没有低温脆性现象，如铜、铝、钛等金属及其合金，奥氏体不锈钢等。所以盛液态氢气时常使用金属铜和不锈钢制作容器。但也有实验证明，在 20～42 K 的极低温度下，奥氏体钢及铝合金也有冷脆性。

图 14-58 是 18Cr-8Ni 不锈钢在不同温度下的低温性能[126]。从图中可以看出，18Cr-8Ni 不锈钢的断裂韧性随着温度的降低而增加。如图 14-58（b）所示，与 77K 时相比，在 20K 时略有下降，但仍高于室温下的数值。对于具有体心立方结构的材料（马氏体钢等），塑性随着温度的降低而降低，并且存在明显的脆性断裂。材料紧密堆积的六方结构（钛合金等）介于上述结果之间，通过调整材料和微观结构也可以提高其低温下的塑性。获得不同材料在 20 K 下的拉伸性能对氢气容器、管道、阀门的设计非常重要。因此，有必要对温度拉伸性能（≤－196℃）进行系统全面的测试。

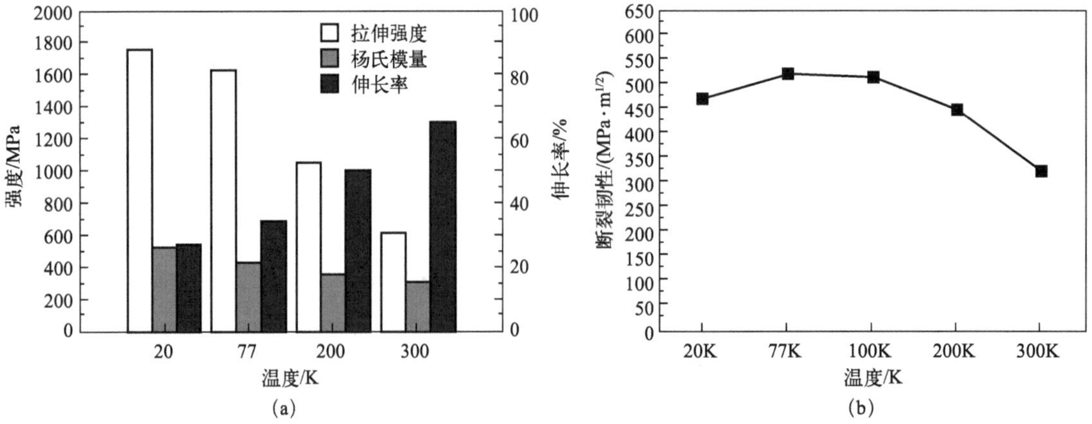

图 14-58　18Cr-8Ni 不锈钢在不同温度下的低温性能[126]

14.7.4 液氢使用时的材料选择

在氢产业上，除了大型液氢油轮和储存容器之外，在氢分散利用技术开发中，中小型集装箱、汽车、燃料电池汽车的车载液氢罐等也都要考虑材料的冷脆转变现象，不仅是厚板，薄板及其焊接接头也需要进行评价。必须保证即使在20.37 K的液氢低温环境下，材料也不脆化。在LNG容器等低温应用中都对冷脆转变做了充分的考虑，所选用的厚薄板材主要采用γ系不锈钢及铝合金，并获得了很好的效果。这些金属也可以用在液氢容器上，另外，在要求高速驱动的液氢泵部件中，轻质高强度的钛和钛合金更合适[81]。

液化氢的输送也受到高压气体保安法的限制，液氢能够充填到容器内容积的90%，即使容器内压力、温度上升，液氢膨胀，也能确保2%的空间，避免容器内不会充满液氢。运输中必须打开安全阀，使低压安全阀能够工作，在关闭低压安全阀原阀的基础上进行操作。

处理液化氢的主要事项有以下几点：a. 液化氢的汽化温度和汽化热在处理时会成为问题，通过冻结会危害人体组织；b. 由液化氢蒸发产生的气态氢的危害与液化氢同等严重；c. 蒸发氢气的温度在−250℃以下时，由于密度比常温空气大，蒸发氢气也会下沉，但是风或强制换气会影响氢气的移动方向；d. 当大气与液化氢接触时，会被冷凝、固化的空气蓄积污染，形成不稳定的混合物[127]。

14.8 储氢材料的安全问题

储氢材料在使用过程中也要注意安全问题，主要有如下几个方面。

14.8.1 金属氢化物的着火和燃烧

目前实际使用的储氢材料都是金属氢化物，但是金属氢化物活性比较大，而且往往是以粉体形式使用，容易着火和燃烧[128]。表14-26是$LaNi_5$氢化物、TiFe氢化物的着火性和燃烧特性，并和反应性强的Ce进行了比较[129,130]。金属氢化物在比较低的温度下可以着火，燃烧性比较大，但是不及Ce。$LaNi_5$系列的氢化物可以和氧进行缓慢的反应，而TiFe与氧反应会在表面覆盖一层氧化膜，不会着火。

表14-26 $LaNi_5$氢化物、TiFe氢化物的着火性和燃烧特性

气氛	金属或合金	相对燃烧能量/[area/(g·m)]	着火温度/℃	气氛	金属或合金	相对燃烧能量/[area/(g·m)]	着火温度/℃
O_2	Ce	90	149	O_2	Fe	<5	—
O_2	La	13	376	O_2	Ti	49.5	628
O_2	Ni	—	—	O_2	TiFe	<5	—
O_2	$LaNi_5$	28	323	O_2	TiFe氢化物	45	199
O_2	$LaNi_5$氢化物	38	228	空气	TiFe	<5	—
空气	$LaNi_5$	4	360	空气	TiFe氢化物	17	188
空气	$LaNi_5$氢化物	17	192				

表 14-27 是储氢合金及其氢化物粉体着火温度的比较[131,132]。稀土合金的着火温度最低，TiFe 类其次，Mg 类合金最高，变成氢化物后着火温度比原料合金下降 70～300℃。

冲撞、摩擦或静电火花也可以引起储氢合金及其氢化物着火。表 14-28 给出了各储氢合金及其氢化物粉体的最小着火能量。

表14-27 储氢合金及其氢化物在空气中的着火温度

储氢合金及其氢化物	粉尘云着火温度/℃	粉尘层着火温度/℃	燃烧热量/(cal/g)
MgNi 原料	607	482	3600
MgNi	546	409	3500
MgNi 氢化物	569	409	3400
TiFe 原料	494	439	1200
TiFe	315	369	1400
TiFe 氢化物	357	147	1400
MmNiCo 原料	272	205	1200
MmNiCo	257	153	1000
MmNiCo 氢化物	160	129	1000

表14-28 储氢合金及其氢化物的最小着火能量

物质	最小着火能量/J
TiFe	0.08
$TiFeH_x$	0.56
$LaNi_5$	0.04
$LaNi_5H_x$	0.16
U	0.000004
UH_3	0.000032
Th	0.000004
ThH_2	0.000006
Ti	0.000024
TiH_2	0.024
Zr	0.000006
ZrH_2	0.00032

14.8.2 粉尘爆炸的危险性

储氢合金吸氢后，活性得到提高。当容器中的储氢合金粉末喷射到大气中时，或者相反，当大气迅速进入储氢容器中时，活性的储氢合金粉末与动态空气处于一起，稳定性很差。尤其是粉末在空气中（或有氧的气氛中）卷起，形成粉尘云，遇到火源，一定会爆炸燃烧（粉尘爆炸），并且伴随着急剧的发热、空气膨胀、火焰爆炸声，从而造成巨大的损失。尤其是储氢合金反复吸放氢会微粉化，这种危险性进一步提高。

根据粉体爆炸的实验也可以测得储氢合金及其氢化物的爆炸临界浓度和爆炸压力。如图 14-59 和图 14-60 所示[133]，粉体粒径越小，爆炸的趋势越强，爆炸压力越大，不过与炭粉相比，要安全很多。

表 14-29 是各种物质的粉尘爆炸试验结果。金属储氢合金的着火点与氢气、甲烷和汽油的相当，但是镁基合金的爆炸下限浓度甚至比甲烷和汽油的还低。镁基储氢合金的易燃易爆是制备和使用中的一个大的问题[134]。

值得一提的是，很多含氢量高的复合氢化物料的自燃及爆炸风险比金属储氢材料的更大。表 14-29 给出了 $Mg(NH_2)$ ＋（8/3）LiH（氢释放物）的测试结果与其他物质的粉尘爆炸特征值的比较，其爆炸等级为 St3，其爆炸危险性超过了 Mm 系储氢合金（储氢和释放状态均为 St1），与 Mg 和 Al 的单体等（St3）相当，着火温度仅为 140℃。

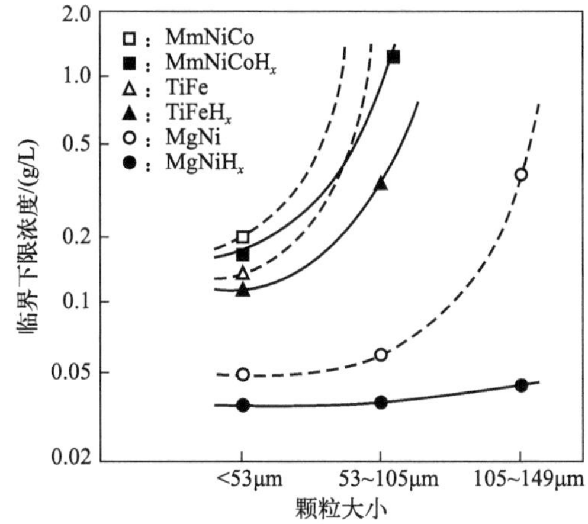

图 14-59 粉尘爆炸下限浓度

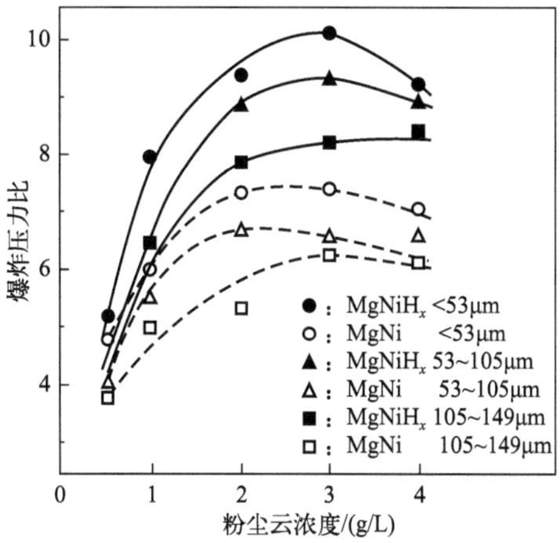

图 14-60 $MgNiH_x$ 以及 MgNi 的粉尘爆炸压力比

表14-29 各种物质的粉尘爆炸试验结果[134]

粉尘种类	浮游粉尘的着火点/℃	最小着火能/mJ	爆炸下限浓度/(g/m³)	最大爆发压力/(kgf/cm²)	压力上升速度/[kg/(cm²·s)] 平均	压力上升速度/[kg/(cm²·s)] 最大	氧气下限浓度/%	爆炸等级	试验时粉尘浓度/(g/L)
复合氢化物储氢材料									
$NaAlH_4$+(1/50)$TiCl_3$	—	<7	140	—	—	—	—	—	—
$Mg(NH_2)_2$+(8/3)LiH	140	1.4	90	10	—	115	—	St3	1.0
金属									
$MmNi_{2.32}Co_{2.31}$	—	—	180	4.0	—	7	—	St1	3.0
$MmNi_{2.32}Co_{2.32}H_{0.28\sim1.12}$	—	—	180	4.7	—	14	—	St1	3.0
$Mg_{0.954}Ni_{0.048}$	—	—	50	7.0	—	29	—	St1	2.0~3.0
$Mg_{0.954}Ni_{0.048}H_{1.6}$	—	—	34	1.0	—	144	—	St3	2.0~3.0
Zr	室温	15	40	2.9	102	280	①	—	
Mg	520	80	20	5	308	333	①	St3	
Al	645	20	35	6.2	151	399	3	St3	
Ti	460	120	45	3.1	53	77	①		
Si	775	900	160	4.3	32	84	15	—	
Fe	316	<100	120	2.4	16	30	10	—	
Zn	680	900	500	0.9	11	21	10	—	
V	500	60	220	2.4	14	21	13	—	

续表

粉尘种类	浮游粉尘的着火点/℃	最小着火能/mJ	爆炸下限浓度/(g/m³)	最大爆发压力/(kgf/cm²)	压力上升速度/[kg/(cm²·s)]		氧气下限浓度/%	爆炸等级	试验时粉尘浓度/(g/L)
					平均	最大			
气体									
H_2	585	0.02	3.6	5.6					
CH_4	540	0.29	38.0	0.56					
汽油	228~471	0.24	51.0	—	—	—	—	辛烷值	
其他物质									
木粉	430	20	40	4.3	58	146	12	St2	
玉米粉	470	40	45	5	74	151	—	St2	
大豆	560	100	40	4.6	56	172	17	St1	
小麦	470	160	60	4.1	—	—	—	St1	
炭粉(沥青粉)	610	40	35	3.2	25	56	16	St1	
塑料	560	40	15	3.5	33	115	—	—	
合成橡胶	320	30	30	4.1	33	131	15	—	
硬质橡胶	350	50	25	4	60	235	15	—	
肥皂	430	60	45	4.2	46	91	—	—	
S	190	15	35	2.9	49	137	11	St1	

① 纯碳酸气体的着火。

注：1. 氧气下限浓度指浮游粉尘电火花引火的氧气的最低浓度。

2. 各种粉尘为 200 目以下。

3. — 表示没有数据。

14.8.3 高温引起的高压

储氢合金的容器加热到一定的温度(大体在 400℃)，储藏在储氢合金中的氢气会被释放出来，其压力随着温度的升高而迅速增加，导致高压的危险性。

参 考 文 献

[1] Rigas F, Sklavounos S. Hydrogen safety [M]. 1st ed. CRC Press, 2008.

[2] Tchouvelevb M A V, Hayc D R, Wongd J, et al. Canadian hydrogen safety program [J]. International Journal of Hydrogen Energy, 2007, 32: 2134-2143.

[3] 太田時男監修. 水素エネルギー最先端技術 [J]. (株) アート・ワタナベ, 1995, 93: 113-138.

[4] Abohamzeh E, Salehi F, Sheikholeslami M, et al. Review of hydrogen safety during storage, transmission, and applications processes [J]. Journal of Loss Prevention in the Process Industries, 2021, 72: 104569.

[5] 张来斌，等. 氢能制-储-运安全与应急保障技术现状与发展趋势 [J]. 石油科学通报，2021，6 (2)：167-180.
[6] Chen X F，Zhang C C，Yi Li. Research and development of hydrogen energy safety [J]. Emergency Management Science and Technology，2022，2：3.
[7] 李星国，等. 氢与氢能 [M]. 2版. 北京：科学出版社，2022.
[8] 毛宗强，等. 氢安全 [M]. 北京：化学工业出版社，2021.
[9] Rivkin C，Burgess R，Buttner W. Hydrogen technologies safety guide，national renewable energy laboratory [J]. Technical Report，Springfield，US. 2015.
[10] 余存烨. 石化设备脆裂述评 [J]. 全面腐蚀控制，2014，28 (3)：26-35.
[11] Li X Y，Chen J H，Wang Z Z，et al. A non-destructive fault diagnosis method for a diaphragm compressor in the hydrogen refueling station [J]. International Journal of Hydrogen Energy，2019，44：24301-24311.
[12] 王金富. 制氢装置管道材料的选用 [J]. 石油化工腐蚀与防护，2004，21 (3)：19-22.
[13] Material Selection and Compatibility Considerations for Rosemount™ Pressure Transmitters [J]. Rosemount Pressure Transmitters，Sep. 2018.
[14] 崔克清. 安全工程大辞典 [M]. 北京：化学工业出版社，1995：156.
[15] 张其敏，徐春碧，陈美宝. 在役输气管道鼓泡分层缺陷机理分析 [J]. 油气田地面工程，2013，32 (4)：34-35.
[16] 寇杰，梁法春，陈婧. 油气管道腐蚀与防护 [M]. 北京：中国石化出版社，2008，8：89.
[17] Thomas K C，Ferrari H M，Allio R J. Corrsion：vol 20 [M]. the United States：National Association of Corrosion Engineers，1964.
[18] Kohl H. Corrosion：vol 23 [M]. the United States：National Association of Corrosion Engineers，1967.
[19] 西野知良，藤咲衛. 化学装置の構成材料と安全性 [J]. 日本金属学会会報，1977，16 (7)：427-438.
[20] Dwivedi S K，Vishwakarma M. Hydrogen embrittlement in different materials：A Review [J]. International Journal of Hydrogen Energy，2018，43：21603-21616.
[21] Kot R. Hydrogen attack，detection，assessment and evaluation [R]. https：//www. ndt. net/article/apcndt01/papers/1154/1154. htm.
[22] Song J，Curtin W A. Atomic mechanism and prediction of hydrogen embrittlement in iron [J]. Natural Material，2018，12 (2)：145.
[23] Condon J B，Schober T. Hydrogen bubbles in metals [J]. Journal of Nuclear Materials，1993，207：1-24.
[24] MacIntyrea A V，Tchouvelevb D R，Hayc J W，et al. Canadian hydrogen safety program [J]. International Journal of Hydrogen Energy，2007，32：2134-2143.
[25] Aprea J L. New standard on safety for hydrogen systems in spanish keys for understanding and use [J]. International Journal of Hydrogen Energy，2008，33：3526-3530.
[26] Staffell I，Scamman D，Abad A V，et al. The role of hydrogen and fuel cells in the global energy system [J]. Energy and Environmental Science，2019，12：463-491.
[27] 李星国. 金属的氢脆及其产生机制 [J]. 上海金属，2023，45 (5)：1-16.
[28] 李星国. 氢气制备和储运的状况与发展 [J]. 科学通报，2022，67 (4-5)：425-436.
[29] Carter T J，Cornish L A. Hydrogen in metals [J]. Engineering Failure Analysis，2001，8：113-121.
[30] Kim Y S，Kim S S，Choe B H. The role of hydrogen in hydrogen embrittlement of metals：The case of stainless steel [J]. Metals，2019，9：406.
[31] Ogawa Y，Takakuwa O，Okazaki S，et al. Pronounced transition of crack initiation and propagation modes in the hydrogen-related failure of a Ni-based superalloy 718 under internal and external hydrogen conditions [J]. Corrosion Science，2019，161：108-186.
[32] 周池楼，等. 高压氢环境奥氏体不锈钢焊件氢脆研究进展 [J]. 化工进展，2022，41 (2)：519-536.
[33] 颂华. 氢脆及防治方法 [J]. 国外导弹技术，1981，10：48-70.
[34] Michler T. Coatings to reduce hydrogen environment embrittlement of 304 austenitic stainless steel [J]. Surface and Coatings Technology，2009，203：1819-1828.
[35] Pundt A，Kirchheim R. Hydrogen in metals：Microstructural aspects [J]. Annual Review of Entomology，2006，36：555-608.
[36] Wen M，Zhang L，An B，et al. Hydrogen-enhanced dislocation activity and vacancy formation during nanoindentation of nickel [J]. Physical Review B，2009，80 (9)：94113.
[37] Li X，Zhang J，Shen S，et al. Effect of tempering temperature and inclusions on hydrogen-assisted fracture behaviors of a low alloy steel [J]. Materials Science and Engineering A，2017，682：359.
[38] 高井健一. 鉄鋼材料の水素脆化研究における基盤構築と最近の展開 [J]. Sanyo Technical Report，2015，22

(1): 14-20.

[39] 高井健一. 金属材料の水素脆性克服に向けた分析技術の重要性・新展開 [J]. Scas News, 2009-Ⅱ: 3-6.

[40] Frappart S, Feaugas X, Creus J, et al. Hydrogen solubility, diffusivity and trapping in a tempered Fe-C-Cr martensitic steel under various mechanical stess states [J]. Mater Sci Eng, 2012 (A 534): 384-393.

[41] Michihiko Nagumo. Characteristic features of hydrogen-related failure [J]. Zairyo-to-Kankyo, 56 (2007) 382-394.

[42] Li X F, Ma X F, Zhang J, et al. Review of hydrogen embrittlement in metals: hydrogen diffusion, hydrogen characterization, hydrogen embrittlement mechanism and prevention [J]. Acta Metallurgica Sinica (English Letters), 2020, 33: 759-773.

[43] Barrera O, Bombac D, Chen Y, et al. Understanding and mitigating hydrogen embrittlement of steels: A review of experimental, modelling and design progress from atomistic to continuum [J]. Journal of Material Science, 2018, 53: 6251-6290.

[44] Fukunaga Terasaki, Noriyuki Takano. Mechanism of hydrogen embrittlement in iron and low strength steels [J]. Materia Japan, 1994, 33 (7): 922-931.

[45] Tetelman A S, Robertson W D. Direct observation and analysis of crack propagation in iron 3% silicon single crystals [J]. Acta Metall, 1963, 11: 415.

[46] Tong Y, Knott J F. Evidence for the discontinuity of hydrogen-assisted fracture in mild steel [J]. Scr Metall, 1991, 25: 1651.

[47] 王佳, 等. 钛合金氢致损伤机理的研究现状 [J]. 材料保护, 2020, 53 (11): 98-105.

[48] 任学冲. 车轮钢中的白点和氢致开裂 [D]. 北京: 北京科技大学, 2007.

[49] 吴世丁, 等. Ⅰ型载荷下缺口前端氢浓度分布的研究 [J]. 金属学报, 1990, 26 (2): 10-15.

[50] Petch N J, Stables P. Delayed fracture of metals under static load [J]. Nature, 1952, 169 (4307): 842-843.

[51] Filipe V S L, Carlos A G, Ana M R, José M L, Oikonomopoulos E, Vladimiros N, Alírio E. Adsorption of H_2, CO_2, CH_4, CO, N_2 and H_2O in activated carbon and Zeolite for hydrogen production [J]. Separation Science and Technology, 2009, 44: 1045-1073.

[52] Troiano A R. The role of hydrogen and other interstitals in the mechanical behavior of metals [J]. Transactions of the ASM, 1960, 52: 54-80.

[53] Oriani R A, Josephic P H. Equilibrium aspects of hydrogen-induced cracking of steels [J]. Acta Metallurgica, 1974, 22 (9): 1065-1074.

[54] Oriani R A. Hydrogen embrittlement of steels [J]. Annual review of materials science, 1978, 8: 327-357.

[55] Troiano R A. The role of hydrogen and other interstitials in the mechanical behavior of metals [J]. Metallography Microstructure&Analysis, 2016, 5 (6): 557-569.

[56] Lynch S P. Environmentally assisted cracking: Overview of evidence for an adsorption-induced localised-slip process [J]. Acta Metallurgica, 1988, 36 (10): 2639-2661.

[57] Bernstein I M, Thompson A W. Hydrogen in metals [M]. Ohio, ASM, Metals Park, 1974.

[58] Lynch S P. Herringbone patterns on fracture surfaces [J]. Scripta Metallurgica, 1986, 20 (7): 1067-1072.

[59] Lynch S P. Mechanisms and kinetics of environmentally assisted cracking: Current status, issues, and suggestions for further work [J]. Metallurgical and Materials Transactions A, 2013, 44: 1209-1229.

[60] Maire E, Grabon S, Adrien J, et al. Role of hydrogen charging on nucleation and growth of ductile damage in austenitic stainless steels [J]. Materials, 2019, 12 (9): 1-15.

[61] 王贞, DP钢中氢扩散行为及其对氢脆敏感性的影响 [D]. 武汉: 武汉科技大学, 2021.

[62] Lynch S P. Mechanisms of hydrogen-assisted cracking [J]. Metals Forum, 1979, 2 (3): 189-200.

[63] Huang S, Zhang Y, Yang C, et al. Fracture strain model for hydrogen embrittlement based on hydrogen enhanced localized plasticity mechanism [J]. International Journal of Hydrogen Energy, 2020, 45 (46): 25541-255554.

[64] Westlaked D G. A generalized model for hydrogen embrittlement [J]. Trans ASM, 1969, 62: 1000-1006.

[65] Saini N, Pandey C, Mahapatra M M. Effect of diffusible hydrogen content on embrittlement of P92 steel [J]. Int J Hydrogen Energy, 2017, 42 (27): 17328-17338.

[66] Moriya S, Matsui H, Kimura H. The effect of hydrogen on the mechanical properties of high purity iron Ⅱ. Effect of quenched-in hydrogen below room temperature [J]. Materials Science & Engineering, 1979, 40 (2): 217-225.

[67] 石塚寛, 千葉隆一. 高温高圧水素による鋼の脆化 [J]. 日本金属学会会報, 1965, 4 (12): 761-775.

[68] 余存烨. 石化设备金属材料氢脆的探讨 [J]. 金属腐蚀控制, 2015, 29 (5): 17-22.

[69] 赵博鑫. 氢气长输管道的钢管及材料适应性分析 [J]. 现代化工, 2017, 37 (5): 217-219.

[70] Briottet L，Batisse R，Dinechin G，et al. Recommendations on X80 steel for the design of hydrogen gas transmission pipelines [J]. International Journal of Hydrogen Energy，2012，37：9423-9430.
[71] 张小强，蒋庆梅. 在已建天然气管道中添加氢气管材适应性分析 [J]. 压力容器，2015，32 (10)：17-22.
[72] G. A. Nelson. API Report [R]. 1965.
[73] Shih H M，Johnson H H. A model calculation of the Nelson curves for hydrogen attack [J]. Perspectives in Hydrogen in Metals，1986：163-171.
[74] 曹湘洪，魏志强. 氢能利用安全技术研究与标准体系建设思考 [J]. 中国工程科学，2020，22 (5)：144-151.
[75] 下田秀夫. 鉄鋼材料と水素との関係 [J]. 安全工学，1970，9 (4)：201-211.
[76] 刘自亮，熊思江，郑津洋，等. 氢气管道与天然气管道的对比分析 [J]. 压力容器，2020，37 (2)：56-63.
[77] 和田洋流. 水素スタンド用鋼製蓄圧器の材料選定と安全性評価について [J]. 水素エネルギーシステム，2010，35 (4)：38-44.
[78] 喜多晃一，加藤公明，原重樹. Zr-Ni 系アモルファス水素透過膜の実証開発 [J]. 資源と素材，2004，120：304-309.
[79] 余存烨. 奥氏体不锈钢氢脆 [J]. 中国腐蚀与防护学报，2015，29 (8)：11-15.
[80] Kim Y S，Bak S H，Kim S S. Effect of strain-induced martensite on tensile properties and hydrogen embrittlement of 304 stainless steel [J]. Metallurgical and materials transactions A，2016，47A：222-230.
[81] 藤井秀樹. 水素環境下における金属系構造材料の機械的性質 [J]. 压力技術，2004，42 (3)：154-161.
[82] 田村元紀，柴田浩司. 45MPa 高圧水素ガス雰囲気下での金属材料の機械的特性評価 [J]. 日本金属学会誌，2005，69 (12)：1039-1048.
[83] 小出賢一，南孝男，安樂敏朗，等. 250℃ の高圧水素ガス中でのSUS304 鋼の水素脆化感受性 [J]. 材料と環境，2014，63：523-527.
[84] Baek U B，Choe B H，Shim J H，et al. Hydrogen induced crack and phase transformation in hydrogen pressured tensile test of 316L stainless steel [J]. Korean journal of metals and materials，2015，53：82-89.
[85] 秋葉悦男監修. 水素エネルギーと材料技術 [M]. 東京：シーエムシー出版，2005.
[86] 郑津洋，崔天成，顾超华，等. 高压氢气对 6061 铝合金力学性能的影响 [J]. 高压物理学报，2017，31 (5)：505-510.
[87] 堀川敬太郎. 高圧水素貯蔵用アルミニウム合金の研究動向 [J]. 軽金属，2010，60 (11)：542-547.
[88] 崛川敬太郎. アルミニウム表面から侵入する水素と合金の脆化特性 [J]. 表面技術，2020，71 (5)：330-335.
[89] 大西忠一. 純アルミニウムおよびアルミニウム合金中の水素 [J]. 軽金属，1989，39 (3)：235-251.
[90] Ransley C E. Neufeld H. The solubility of hydrogen in liquid and solid aluminium [J]. Journal of the institute of metals，1948，74：599-622.
[91] Eichenauer W，Hattenbach K，Pebler A. The solubility of hydrogen in solid and liquid aluminum [J]. Z Metallkde，1961，52：682.
[92] Sergeev S V. Physicochemical properties of liquid metls [J]. Oborongiz，1952：5.
[93] Simith S W，Scully J R. The identification of hydrogen trapping states in an Al-Li-Cu-Zr alloy using thermal desorption spectroscopy [J]. Metallurgical and materials transactions A，2000，31A：179-193.
[94] Bhuiyan M S，Toda H，Peng Z，et al. Combined microtomography，thermal desorption spectroscopy，X-ray diffraction study of hydrogen trapping behavior in 7XXX aluminum alloys [J]. Materials science and engineering：A，2016，655：221-228.
[95] 伊藤吾朗，泉孝裕，遠山拓史. 7075 系アルミニウム合金における水素挙動に及ぼすミクロ組織の影響 [J]. 軽金属，2008，58 (1)：15-21.
[96] 李依依，范存淦，戎利建，等. 抗氢脆奥氏体钢及抗氢铝 [J]. 金属学报，2010，46 (11)：1335-1346.
[97] Ambat R，Dwarakadasa E S. Effect of hydrogen in aluminium and aluminium alloys：A review [J]. Bulletin of Materials Science，1996，19：103-114.
[98] Tal-Gutelmacher E，Eliezer D. The hydrogen embrittlement of titanium-based alloys [J]. Journal of metals，2005，57 (9)：46-49.
[99] 黄刚，曹小华，龙兴贵. 钛-氢体系的物理化学性质 [J]. 材料导报，2006，20 (10)：128-134.
[100] 张琦超，黄彦良，许勇，等. 高放射性核废料钛储罐深地质环境中氢吸收及氢脆研究进展 [J]. 中国腐蚀与防护学报，2020，40 (6)：485-497.
[101] NEDO Report. P03015 Development for safe utilization technology and an infrastructure for hydrogen [R]. 2004.
[102] NASA. Safety standard for hydrogen and hydrogen systems [R]. 1997.
[103] Chandler W T，Walter R J. Testing to determine the effect of high-pressure hydrogen environments on the

mechanical properties of metals [J]. American society for testing and materials，1972：152-169.
[104] 山中伸介. 水素と金属，酸化物セラミックス [J]. 生産と技術，1997，49 (3)：56-60.
[105] 水素エネルギー协会编. 水素エネルギー読本 [M]. 東京：オーム社出版，2007.
[106] 朝日均. 油井用鋼管・ラインパイプ鋼の水素脆化 [J]. Zairyo-to-Kankyo，2000，49：201-208.
[107] 王学新，潘玉婷，庄大杰，等. 乏燃料容器设计中组件包壳的氢脆特性影响分析 [J]. 包装工程，2021，42 (3)：93-99.
[108] 孟野，江鹏，史晓斌，等. 抗氢脆-高通量氢分离钒合金膜研究进展 [J]. 稀有金属材料与工程，2021，50 (3)：1107-1112.
[109] 繫森敦. 水素の物性と安全な取り扱いについて [J]. 低温工学，2020，55 (1)：59-61.
[110] 北极星氢能网. 高压氢气泄漏相关安全问题研究与进展 [EB/OL]. https：//news. bjx. com. cn/html/20210218/1136390. shtml，2021-02-18.
[111] 古賀敦. 高圧水素用 Oリングのシール耐久性に関する研究 [D]. 福岡：九州大学，2014.
[112] 澤江義則. 樹脂シール材の水素雰囲気における摩擦摩耗とガスシール性 [R]. 九州大学 100 年纪念会，高圧水素下における機械要素研究分科会，2011.
[113] 西村伸. 高圧水素ガス環境下におけるエチレンプロピレンゴム製シール材の破壊現象 [J]. 日本ゴム協会誌，2013，86 (12)：20-26.
[114] Relleborg sealing solutions. Materials Chemical Compatibility Guide [R]. 2012.
[115] DOE Hydrogen and Fuel Cells Program. FY 2019 Annual Progress Report，Coatings for Compressor Seals [R]. 2019.
[116] 神原華実. 液化水素使用条件における当社シール材の評価 [J]. ニチアル技術時報，2021，4：6-9.
[117] 搜狐新闻. 一文读懂四种气瓶气密性试验方法 [EB/OL]. https：//www. sohu. com/a/713643110 _ 121392661，2023-08-21.
[118] 王洪海. 关于氢气气瓶安全性的讨论 [J]. 压力容器，2003，20 (9)：29-31.
[119] 東條千太. 水素容器 [J]. 軽金属，2017，67 (7)：301-306.
[120] Oak ridge national laboratory report，Stationary High-Pressure Hydrogen Storage [R].
[121] 马向荣. 高压加氢装置管道选材研究 [J]. 全面腐蚀控制，2023，37 (4)：38-42.
[122] Zohuri B. Hydrogen energy [M]. 1st ed. Berlin：Springer Cham，2018：121-139.
[123] Muhammad Aziz. Liquid hydrogen：A review on liquefaction，storage，transportation，and safety [J]. Energies，2021，14：5917.
[124] Li H，Cao X W，Liu Y，et al. Safety of hydrogen storage and transportation：An overview on mechanisms，techniques，and challenges [J]. Energy Reports，2022，8：6258-6269.
[125] 李继中，唐文勇. 材料低温脆性对 LNG 船剩余极限强度的影响 [J]. 船舶工程，2015，37 (6)：22-26.
[126] Qiu Y N，Yang H，Tong L G，et al. Research progress of cryogenic materials for storage and transportation of liquid hydrogen [J]. Metals，2021，11：1101.
[127] 矢田部勝，水素製造. 輸送と安全性 [J]. 安全工学，2005，44 (6)：421-426.
[128] 大角泰章. 水素吸蔵合金——その物性と応用 [M]. 東京：アグネ技術センター出版，1993.
[129] Lundin C E，Sullivan R W. The Safety Characteristics of $LaNi_5$ Hydrides. Hydrogen energy [M]. Springer，1974，645-658.
[130] Sippel T R，Shark S C，Hinkelman M C，et al. Hypergolic ignition of metal hydride-based fuels with hydrogen peroxide [C]. 2011 7th US National Combustion Meeting Organized by the Eastern States Section of the Combustion Institute and Hosted by the Georgia Institute of Technology，Atlanta，GA March，2011：20-23.
[131] 堀口貞慈，岩坂雅二，浦野洋吉. 水素貯蔵用金属水素化物の爆発危険性 [J]. 高圧ガス. 1980，17：297.
[132] 橋口幸雄. 高圧ガスの安全管理 [J]. 高圧ガス，1969，6 (1)：3-8.
[133] 橋口幸雄. 水素容器の爆発事故について [J]. 高圧ガス. 1983，20：491.
[134] 田中秀明. 水素を高密度に蓄える水素貯蔵材料自身の危険性を知る [J]. 化学と教育，2011，59 (4)：220-223.